유형 + 내신

쟁이

수학 개념과 원리를 꿰뚫는
내신 대비 집중 훈련서

STAFF

발행인 정선욱

퍼블리싱 총괄 남형주

개발 김태원 김한길 이유미 조지훈 장인호

기획·디자인·마케팅 조비호 김정인 강윤정 한명희

유통·제작 서준성 신성철

유형+내신 고쟁이 공통수학1 I 202406 제3판 1쇄 202411 제3판 3쇄

펴낸곳 I 이투스에듀(주) 서울시 서초구 남부순환로 2547

고객센터 I 1599-3225 **등록번호** I 제 2007-000035호 **ISBN** I 979-11-389-2394-1(53410)

유형+내신 고쟁이 공통수학1 검토해 주신 선생님

※ 지역명, 이름은 가나다순입니다.

강원

고민정 로이스 물맷돌 수학
구영준 하이탑수학과학학원
김보건 영탑학원
심수경 Pf math
유선형 Pf math
장해연 영탑학원

경기

강명식 매쓰온수학학원
강소미 솜수학
강영미 쌤과통하는학원
강유정 더배움학원
강진욱 고밀도 학원
강하나 강하나수학
고안나 기찬에듀기찬수학
곽병무 뉴파인 동탄 특목관
구재희 오성학원
권은주 나만수학
기소연 지혜의 틀 수학기지
김관태 케이스 수학학원
김도현 유캔매스수학교습소
김민경 경화여자중학교
김민석 전문과외
김새로미 뉴파인동탄특목관
김연진 수학메디컬센터
김용환 수학의아침
김윤경 구리국빈학원
김지선 다산참수학영어2관학원
김태진 프라임리만수학학원
김현주 서부세종학원
김혜정 수학을 말하다
민동건 전문과외
박대수 대수학
박민주 카라Math
박신태 디엘수학전문학원
박은자 솔로몬공부방
박장군 수리연학원
박종필 정석수학학원
배재준 연세영어고려수학 학원
서지은 지은쌤수학
손동학 자호수학학원
심재현 웨이메이커 수학학원
양은진 수플러스 수학교습소
염승호 전문과외
유소현 웨이메이커수학학원
유혜리 유혜리수학
이서윤 곰수학 학원 (동탄)
이세복 퍼스널수학
이아현 전문과외
이예빈 아이콘수학
이재욱 고려대학교/KAMI
이 준 준수학고등관학원
이지영 GS112 수학 공부방
이창훈 나인에듀학원
이태희 펜타수학학원 청계관
이한솔 더바른수학전문학원
임소미 Sem 영수학원
임정혁 하이엔드 수학
장미선 하우투스터디학원
장민수 신미주수학
장혜련 푸른나비수학 공부방
장혜민 수학의 아침
정유정 수학VS영어학원
정하윤 공부방(정하윤수학)
주소연 알고리즘 수학 연구소
차동희 수학전문공감학원
최근정 SKY영수학원
최은혜 전문과외(G.M.C)
최재원 하이탑에듀 고등대입전문관
최재원 이지수학
하창형 오늘부터수학학원
한규욱 계수why수학학원
한미정 한쌤수학
한세은 이지수학
함민호 에듀매쓰수학학원(함수학)
함영호 함영호고등전문수학클럽
홍재욱 켈리윙즈학원
홍정욱 광교 김샘수학
3.14고등수학

경남

고은정 수학은고쌤학원
권영애 권쌤수학
김선희 책벌레국영수학원
김연지 HYPER영수학원
문주란 장유 올바른수학
민동록 민쌤수학
송상윤 비상한수학학원
이근영 매스마스터수학전문학원
이나영 TOP Edu
이선미 삼성영수학원
전창근 수과원학원
조윤호 조윤호수학학원
주기호 비상한수학국어학원

경북

김재경 필즈수학영어학원
김태웅 에듀플렉스
문소연 조쌤보습학원
박다현 최상위해법수학학원
손주희 이루다수학과학
송미경 강의하는 아이들
송종진 김천고등학교
신승규 영남삼육고등학교
신승용 유신수학전문학원
이재광 생존학원
이혜민 영남삼육중학교
이혜은 김천고등학교
조현정 올댓수학
천경훈 천강수학전문학원
최수영 수학만영어도학원

광주

곽웅수 카르페영수학원
김대균 김대균수학학원
김동희 김동희수학학원
김성기 원픽 영수학원
박주홍 KS수학
박충현 본수학과학전문학원
박현영 KS수학
선승연 MATHTOOL수학교습소
손동규 툴즈수학교습소
송승용 송승용수학학원
양동식 A+수리수학원
이헌기 보문고등학교
전주현 이창길수학학원
정원섭 수리수학학원
정형진 BMA롱맨영수학원
최혜정 이루다전문학원

대구

구정모 제니스클래스
김미경 풀린다수학교습소
김선영 수학학원 바른
김수영 봉덕김쌤수학학원
김지영 김지영수학교습소
김채영 전문과외
노현진 트루매쓰 수학학원
박장호 대구혜화여자고등학교
서경도 서경도수학교습소
소현주 정S과학수학학원
송영배 수학의정원
양은실 제니스 클래스
윤기호 샤인수학학원
이남희 이남희수학
이명희 잇츠생각수학 학원
이상훈 명석수학학원
이종환 이꼼수학
이진영 소나무학원
정민호 스테듀입시학원
조연호 Cho is Math
조유정 다원MDS
조인혁 루트원수학과학학원
최현정 MQ멘토수학
한원기 한쌤수학
홍은아 탄탄수학교실
황가영 루나수학
황지현 위드제스트수학학원

대전

고지훈 고지훈수학
지적공감입시학원
김승환 청운학원
김윤혜 슬기로운수학교습소
김지현 파스칼 대덕학원
나효명 열린아카데미
백승정 오르고 수학학원
송인석 송인석수학학원
오우진 양영학원
우현석 EBS 수학우수학원
윤찬근 오르고학원
이규영 쉐마수학학원
이민호 매쓰플랜수학학원
반석지점
이일녕 양영학원
임병수 모티브에듀학원
장용훈 프라임수학
전하윤 전문과외
조용호 오르고 수학학원
조충현 로하스학원

부산

권병국 케이스학원
권순석 남천다수인
김건우 4퍼센트의 논리 수학
김도현 해신수학학원
김성민 직관수학학원
김초록 수날다수학교습소
노향희 노쌤수학학원
부종민 부종민수학
서평승 신의학원
심혜정 명품수학
옥승길 옥승길수학학원
이가연 엠오엠수학학원
이경수 경:수학
이 철 과사람학원
장지원 해신수학학원

전찬용 다이나믹학원
정휘수 제이매쓰수학방
정희정 정쌤수학
채송화 채송화수학
천현민 키움스터디
최준승 주감학원
한주환 으뜸나무수학학원
황진영 진심수학

서울
강성철 목동 일타수학학원
고지영 황금열쇠학원
김강현 구주이배수학학원 송파점
김나래 전문과외
김동균 아우다키아 수학학원
김명후 김명후 수학학원
김미진 채움수학
김민수 대치 원수학
김병수 중계 학림학원
김상호 압구정 파인만 이촌특별관
김선정 이룸학원
김양식 송파영재센터GTG
김연주 목동쌤올림수학
김영숙 수 플러스학원
김윤태 두각학원, 김종철국어 수학전문학원
김이슬 전문과외
김재산 목동 일타수학학원
김지은 분석수학 선두학원
김지훈 드림에듀학원
김진규 서울바움수학(역삼럭키)
김하늘 역경패도 수학전문
김현주 숙명여자고등학교
김현혁 ◆성북학림
김혜연 수학작가
남식훈 수학만
목영훈 목동 일타수학학원
박상길 대길수학
박연주 물댄동산
박정훈 전문과외
박종태 일타수학학원
박 현 상일여자고등학교
서민재 서준학원
설세령 뉴파인 용산중고등관
손전모 다원교육
신은숙 마곡펜타곤학원
신은진 상위권수학학원
신지현 대치미래탐구
심혜진 반포파인만 의치대관
양창진 수학의 숲 수림학원
엄유빈 유빈쌤 수학
염승훈 성동뉴파인 초중등관

윤인영 전문과외
이명미 ◆대치위더스
이민호 강안교육
이서경 엘리트탑학원
이은숙 포르테수학 교습소
이준석 이가수학학원
이창석 핵수학 수학전문학원
이충안 ◆채움수학
이효진 올토수학
임규철 원수학 대치
임상혁 임상혁수학학원 (생각하는 두꺼비)
임정빈 임정빈수학
임지혜 위드수학교습소
장성훈 미독수학
정민교 진학학원
정수정 대치수학클리닉 대치본점
정유미 휴브레인압구정학원
정은영 CMS
조경미 레벨업수학(feat.과학)
조아라 유일수학
차슬기 사과나무학원 은평관
채행원 전문과외
최경민 배움틀수학학원
최지나 목동PGA전문가집단학원
한승환 짱솔학원 반포점
홍경표 ◆숨은원리수학

세종
강태원 원수학
류바른 더 바른학원
박민겸 강남한국학원
배지후 해밀수학과학학원
신석현 알파학원
오세은 플러스 학습교실
이진원 권현수수학학원
장준영 백년대계입시학원
최성실 샤위너스학원
최시안 세종 데카르트 수학학원

울산
고규라 고수학
권상수 호크마수학전문학원
김민정 전문과외
김봉조 퍼스트클래스 수학영어 전문학원
김진희 김진수학학원
김현조 깊은생각수학학원
문명화 문쌤수학나무
안지환 안누수학
오종민 수학공작소학원

이한나 꿈꾸는고래학원
최규종 울산 뉴토모수학 전문학원

인천
곽나래 일등수학
기미나 기쌤수학
기혜선 체리온탑수학영어학원
김강현 강수학전문학원
김보건 대치S클래스 학원
김준식 동춘아카데미 동춘수학
렴영순 이텀교육학원
박동석 매쓰플랜수학학원 청라지점
박용석 절대학원
박정우 청라디에이블영어 수학학원
박혜용 전문과외
박효성 지코스수학학원
석동방 송도GLA학원
오정민 갈루아수학학원
유성규 현수학전문학원
정진영 정선생 수학연구소
최은진 동춘수학
최 진 절대학원

전남
김경민 한샘수학
김윤선 전문과외
박미옥 목포 폴리아학원
정은경 목포베스트수학
조예은 스페셜 매쓰
한용호 한샘수학

전북
강원택 탑시드 수학전문학원
김상호 휴민고등수학전문학원
김선호 혜명학원
김수연 전선생수학학원
김윤빈 쿼크수학영어전문학원
나승현 나승현전유나 수학 전문학원
박미숙 전문과외
배태익 스키마아카데미 수학교실
송지연 아이비리그데칼트학원
양은지 군산중앙고등학교
이보근 미라클입시학원
이한나 알파스터디영어수학 전문학원

제주
강나래 전문과외
박대희 실전수학
양은석 신성여자중학교
여원구 피드백수학전문학원
오가영 ◆메타수학학원
이영주 전문과외
이현우 전문과외

충남
김명은 더하다 수학학원
김한빛 한빛수학학원
이아람 퍼펙트브레인학원
전혜영 타임수학학원
최소영 빛나는수학

충북
김가흔 루트 수학학원
김재광 노블가온수학학원
김하나 하나수학
이경미 행복한수학공부방
이윤성 블랙수학 교습소
정수연 모두의수학
조원미 원쌤수학과학교실
조형우 와이파이수학학원

유형+내신 고쟁이 공통수학1을 검토해 주셔서 감사합니다.

2024년 이투스북 수학 연간검토단

※ 지역명, 이름은 가나다순입니다.

강원

고민정 로이스 물맷돌 수학
고승희 고수수학
구영준 하이탑수학과학학원
김보건 영탑학원
김성영 빨리강해지는 수학과학학원
김정은 아이탑스터디
김지영 김지영 수학
김진수 MCR융합원/PF수학 (전문과외)
김호동 하이탑수학학원
김희수 이투스247원주
남정훈 으뜸장원학원
노명훈 노명훈쌤의 알수학학원
노명희 탑클래스
박미경 수올림수학전문학원
박상윤 박상윤수학
배형진 화천학습관
백경수 이코수학
서아영 스텝영수단과학원
신동혁 이코수학
심수경 PF math
안현지 전문과외
양광석 원주고등학교
오준환 수학다움학원
유선형 PF math
이윤서 더자람교실
이태현 하이탑 수학학원
이현우 베스트수학과학학원
장해연 영탑학원
정복인 하이탑수학과학학원
정인혁 수학과통하다학원
최수남 강릉 영.수배움교실
최재현 원탑M학원
홍지선 홍수학교습소

경기

강명식 매쓰온 수학학원
강민정 한진홈스쿨
강민종 필에듀학원
강소미 솜수학
강수정 노마드 수학학원
강신충 원리탐구학원
강영미 쌤과통하는학원
강유정 더배움학원
강정희 쓱보고싹푼다
강진욱 고밀도 학원
강하나 강하나수학
강태희 한민고등학교
강현숙 루트엠수학교습소
경유진 오늘부터수학학원
경지현 화서탑이지수학
고규혁 고동국수학학원
고동국 고동국수학학원
고명지 고쌤수학학원
고상준 준수학교습소
고안나 기찬에듀 기찬수학
고지윤 고수학전문학원
고진희 지니Go수학
곽병무 뉴파인 동탄 특목관
곽진영 전문과외
구재희 오성학원
구창숙 이룸학원
권영미 에스이마고수학학원
권영아 늘봄수학
권은주 나만수학
권준환 와이솔루션수학
권지우 수학앤마루
기소연 지혜의 틀 수학기지
김강환 뉴파인 동탄고등1관
김강희 수학전문 일비충천
김경민 평촌 바른길수학학원
김경오 더하다학원
김경진 경진수학학원 다산점
김경태 함께수학
김경훈 행복한학생학원
김관태 케이스 수학학원
김국환 전문과외
김덕락 준수학 수학학원
김도완 프라매쓰 수학 학원
김도현 유캔매스수학교습소
김동수 김동수학원
김동은 수학의힘 평택지제캠퍼스
김동현 JK영어수학전문학원
김미선 안양예일영수학원
김미옥 알프 수학교실
김민겸 더퍼스트수학교습소
김민경 경화여자중학교
김민경 더원수학
김민석 전문과외
김보경 새로운희망 수학학원
김보람 효성 스마트해법수학
김복현 시온고등학교
김상욱 Wook Math
김상윤 막강한수학학원
김새로미 뉴파인동탄특목관
김서림 엠베스트갈매
김서영 다인수학교습소
김석호 푸른영수학원
김선혜 수학의아침(수내 중등관)
김선홍 고밀도학원
김성은 블랙박스수학과학전문학원
김세준 SMC수학학원
김소영 김소영수학학원
김소영 호매실 예스셈올림피아드
김소희 도촌동멘토해법수학
김수림 전문과외
김수연 김포셀파우등생학원
김수진 봉담 자이 라피네 진샘수학
김슬기 용죽 센트로학원
김승현 대치매쓰포유 동탄캠퍼스
김시훈 smc수학학원
김연진 수학메디컬센터
김영아 브레인캐슬 사고력학원
김완수 고수학
김용덕 (주)매쓰토리수학학원
김용환 수학의아침
김용희 솔로몬학원
김유리 미사페르마수학
김윤경 구리국빈학원
김윤재 코스매쓰 수학학원
김은미 탑브레인수학과학학원
김은영 세교수학의힘
김은채 채채 수학 교습소
김은향 의왕하이클래스
김정현 채움스쿨
김종균 케이수학
김종남 제너스학원
김종화 퍼스널개별지도학원
김주영 정진학원
김주용 스타수학
김지선 고산원탑학원
김지선 다산참수학영어2관학원
김지영 수이학원
김지윤 광교오드수학
김지현 엠코드수학과학원
김지효 로고스에이
김진만 아빠수학엄마영어학원
김진민 에듀스템수학전문학원
김진영 예미지우등생교실
김창영 하이포스학원
김태익 설봉중학교
김태진 프라임리만수학학원
김태학 평택드림에듀
김하영 막강수학학원
김하현 로지플 수학
김학준 수담 수학 학원
김학진 별을셀수학
김현자 생각하는수학공간학원
김현정 생각하는Y.와이수학
김현주 서부세종학원
김현지 프라임대치수학교습소
김형숙 가우스수학학원
김혜정 수학을말하다
김혜지 전문과외
김혜진 동탄자이교실
김호숙 호수학원
나영우 평촌에듀플렉스
나혜림 마녀수학
남선규 로지플수학
노영하 노크온 수학학원
노진석 고밀도학원
노혜숙 지혜숲수학
도건민 목동 LEN
류은경 매쓰랩수학교습소
마소영 스터디MK
마정이 정이 수학
마지희 이안의학원 화정캠퍼스
문다영 평촌 에듀플렉스
문장원 에스원 영수학원
문재웅 수학의 공간
문제승 성공수학
문지현 문쌤수학
문진희 플랜에이수학학원
민건홍 칼수학학원 중.고등관
민동건 전문과외
민윤기 배곧 알파수학
박강희 끝장수학
박경훈 리버스수학학원
박대수 대수학
박도솔 도솔샘수학
박도현 진성고등학교
박민서 칼수학전문학원
박민정 악어수학
박민주 카라Math
박상일 생각의숲 수풀림수학학원
박성찬 성찬쌤's 수학의공간
박소연 이투스기숙학원
박수민 유레카 영수학원
박수현 용인능원 씨앗학원
박수현 리더가되는수학교습소
박신태 디엘수학전문학원
박연지 상승에듀
박영주 일산 후곡 쉬운수학
박우희 푸른보습학원
박유승 스터디모드
박윤호 이룸학원
박은자 솔로몬 공부방
박은주 은주짱샘 수학공부방
박은주 스마일수학
박은진 지오수학학원
박은희 수학에 빠지다
박재연 아이셀프수학교습소
박재현 LETS
박재홍 열린학원
박정화 우리들의 수학원
박종림 박쌤수학
박종필 정석수학학원
박주리 수학에반하다
박지영 전문과외
박지윤 파란수학학원
박지혜 수이학원
박진한 엡실론학원
박진홍 상위권을만드는 고밀도학원
박찬현 박종호수학학원
박태수 전문과외
박하늘 일산 후곡 쉬운 수학
박현숙 전문과외
박장군 수리연학원
박현정 빡꼼수학학원
박현정 탑수학 공부방
박혜림 림스터디 수학
박희동 미르수학학원
방미양 JMI 수학학원
방혜정 리더스수학영어
배재준 연세영어고려수학 학원
배정혜 이화수학
배준용 변화의시작
배탐스 안양 삼성학원
백흥룡 성공수학학원
변상선 바른샘수학전문보습학원
빅규진 김포 하이스트
서장호 로켓수학학원
서정환 아이디수학
서지은 지은쌤수학
서효언 아이콘수학
서희원 함께하는수학 학원
설성환 설샘수학학원
설성희 설쌤수학
성기주 이젠수학과학학원
성인영 정석 공부방
성지희 snt 수학학원
손동학 자호수학학원
손정현 참교육
손지영 엠베스트에스이프라임학원
손진아 포스엠수학학원
송빛나 원수학학원
송치호 대치명인학원
송태원 송태원1프로수학학원
송혜빈 인재와고수 학원
송호석 수학세상
신경성 한수학전문학원
신수연 동탄 신수연 수학과학
신일호 바른수학교육 한 학원
신정임 정수학학원
신정화 SnP수학학원
신준효 열정과의지 수학보습학원
심은지 고수학학원
심재현 웨이메이커 수학학원
안대호 독강수학학원
안하성 안쌤수학
안현경 전문과외
안효자 진수학
안효정 수학상상수학교습소
안희애 에이엔 수학학원
양병철 우리수학학원
양유열 고수학전문학원
양은진 수플러스 수학교습소
어성웅 어쌤수학학원
엄은희 엄은희스터디
염승호 전문과외
염철호 하비투스학원
오종숙 함께하는 수학
용다혜 에듀플렉스 동백점
우선혜 HSP수학학원
원준희 수학의 아침
유기정 STUDYTOWN 수학의신
유남기 의치한학원
유대호 플랜지 에듀
유소현 웨이메이커수학학원
유현종 SMT수학전문학원
유혜리 유혜리수학
유호애 지윤 수학
윤덕환 여주비상에듀기숙학원
윤도형 PST CAMP 입시학원
윤명희 사랑셈교실
윤문성 평촌 수학의 봄날 입시학원
윤미영 수주고등학교
윤여태 103수학
윤재은 놀이터수학교실
윤재현 윤수학학원
윤지영 의정부수학공부방
윤채린 전문과외
윤혜원 고수학전문학원
윤 희 희쌤수학과학학원
윤희용 매트릭스 수학학원
이건도 아론에듀학원
이경민 차앤국수학국어전문학원
이경복 전문과외
이광후 수학의아침 광교 특목자사관
이규상 유클리드 수학
이근표 정진학원
이나래 토리103수학학원
이나현 엠브릿지 수학
이다정 능수능란 수학전문학원
이대훈 밀알두레학교
이동희 이쌤 최상위수학교습소
이명환 다산 더원 수학학원
이무송 유투엠수학학원주엽점
이민영 목동 엘리엔학원
이민하 보듬교육학원
이보형 매쓰코드1학원
이봉주 분당성지수학
이상윤 엘에스수학전문학원
이상일 캔디학원
이상준 E&T수학전문학원
이상철 G1230 옥길
이상형 수학의이상형
이서령 더바른수학전문학원
이서윤 공수학 학원 (동탄)
이성희 피타고라스 셀파수학교실
이세복 퍼스널수학
이수동 부천 E&T수학전문학원
이수정 매쓰투미수학학원
이슬기 대치깊은생각
이승진 안중 호연수학
이승환 우리들의 수학원
이아현 전문과외

이애경 M4더메타학원
이연숙 최상위권수학영어학원 수지관
이연주 수학연주수학교습소
이영현 대치명인학원
이영훈 펜타수학학원
이예빈 아이콘수학
이우선 효성고등학교
이원녕 대치명인학원
이유림 수학의 아침
이은미 봄수학교습소
이은아 이은아 수학학원
이은지 수학대가 수지캠퍼스
이재욱 고려대학교/KAMI
이재환 칼수학학원
이정은 이루다영수전문학원
이정희 JH영어수학학원
이종익 분당파인만 고등부
이주혁 수학의아침(플로우교육)
이 준 준수학고등관학원
이지연 브레인리그
이지영 GS112 수학 공부방
이지예 대치명인 이매캠퍼스
이지은 리쌤앤탑경시수학학원
이지혜 이자경수학학원 권선관
이진주 분당 원수학학원
이창수 와이즈만 영재교육 일산화정센터
이창훈 나인에듀학원
이채열 하제입시학원
이철호 파스칼수학
이태희 펜타수학학원 청계관
이한솔 더바른수학전문학원
이현이 함께하는수학
이현희 폴리아에듀
이형강 HK수학학원
이혜민 대감학원
이혜수 송산고등학교
이혜진 S4국영수학원고덕국제점
이화원 탑수학학원
이희연 이엠원학원
임길홍 셀파우등생학원
임동진 S4 고덕국제점학원
임명진 서연고학원
임소미 Sem 영수학원
임율인 탑수학교습소
임은정 마테마티카 수학학원
임재현 임수학교습소
임정혁 하이엔드 수학
임지원 누나수학
임찬혁 차수학동삭캠퍼스
임현주 온수학교습소
임현지 위너스 하이
임형석 전문과외
장미선 하우투스터디학원
장민수 신미주수학
장종민 열정수학학원
장찬수 전문과외
장혜련 푸른나비수학 공부방
장혜민 수학의 아침
전경진 M&S 아카데미
전미영 영재수학
전 일 생각하는수학공간학원
전지원 원프로교육
전진우 플랜지에듀
전희나 대치명인학원 이매캠퍼스
정금재 혜윰수학전문학원
정다해 에픽수학
정미숙 쑥쑥수학교실
정미윤 함께하는수학 학원
정민정 정쌤수학 과외방
정민준 HM학원
정승호 이프수학
정양진 올림피아드학원
정연순 탑클래스 영수학원
정영진 공부의자신감학원
정예철 칼수학전문학원
정용석 수학마녀학원
정유정 수학VS영어학원
정은선 아이원수학
정장선 생각하는 황소 동탄점
정재경 산돌수학학원
정지영 SJ대치수학학원
정지훈 수지최상위권수학영어학원
정진욱 수원메가스터디학원
정하윤 공부방(정하윤수학)
정하준 2H수학학원
정한울 경기도 포천(한울스터디)
정해도 목동혜윰수학교습소
정현주 삼성영어쎈수학은계학원
정혜정 JM수학
조기민 일산동고등학교
조민석 마이엠수학학원 철산관
조병욱 PK독학재수학원 미금
조상숙 수학의 아침
조성철 매트릭스수학학원
조성화 SH수학
조연주 YJ수학학원
조 은 전문과외
조은정 최강수학
조의상 양지, 서초, 안성메가스터디 기숙학원, 강북, 분당메가스터디
조이정 필탑학원
조현웅 추담교육컨설팅
조현정 깨단수학
주소연 알고리즘 수학 연구소
주정례 청운학원
주태빈 수학을 권하다
지슬기 지수학학원
진동준 필탑학원
진민하 인스카이학원
차동희 수학전문공감학원
차무근 차원이다른수학학원
차일훈 대치엠에스학원
채준혁 인재의 창
천기분 이지(EZ)수학교습소
최경희 최강수학학원
최근정 SKY영수학원
최다혜 싹수학학원
최동훈 고수학 전문학원
최명길 우리학원
최문채 문산 열린학원
최범균 유투엠수학학원 부천옥길점
최보람 꿈꾸는수학연구소
최서현 이룸수학
최소영 키움수학
최수지 싹수학학원
최수진 재밌는수학
최승권 스터디올킬학원
최영성 에이블수학영어학원
최영식 수학의신학원
최영철 고밀도학원
최용재 필에듀입시학원
최용희 대치명인학원
최웅용 유타스 수학학원
최유미 분당파인만교육
최윤형 청운수학전문학원
최은혜 전문과외(G.M.C)
최재원 하이탑에듀 고등대입전문관
최재원 이지수학
최정아 딱풀리는수학 다산하늘초점
최종찬 초당필탑학원
최주영 옥쌤영어수학독서논술 전문학원
최지윤 와이즈만 분당영재입시센터
최한나 수학의아침
최호순 관찰과추론
표광수 풀무질 수학전문학원
하정훈 하쌤학원
하창형 오늘부터수학학원
한경태 한경태수학전문학원
한규욱 계수why수학학원
한기언 한스수학학원
한동훈 고밀도학원
한문수 성빈학원
한미정 한쌤수학
한상훈 동탄수학과학학원
한성필 더프라임학원
한세은 이지수학
한수민 SM수학학원
한유호 에듀셀파 독학 기숙학원
한은기 참선생 수학 동탄호수
한지희 이음수학학원
한혜숙 창의수학 플레이팩토
함민호 에듀매쓰수학학원
함영호 함영호고등전문수학클럽
허지현 최상위권수학학원
홍성미 부천옥길홍수학
홍성민 해법영어 셀파우등생 일월 메디학원
홍세정 전문과외
홍유진 평촌 지수학학원
홍의찬 원수학
홍재욱 켈리윙즈학원
홍정욱 광교 김샘수학 3.14고등수학
홍지윤 HONGSSAM창의수학
홍훈희 MAX 수학학원
황두연 전문과외
황민지 수학하는날 입시학원
황선아 서나수학
황애리 애리수학학원
황영미 오산일신학원
황은지 멘토수학과학학원
황인영 더올림수학학원
황지훈 명문JS입시학원

경남

강경희 TOP Edu
강도윤 강도윤수학컨설팅학원
강지혜 강선생수학학원
고병옥 옥쌤수학과학학원
고성대 math911
고은정 수학은고쌤학원
권영애 권쌤수학
김가령 킴스아카데미
김경문 참진학원
김미양 오렌지클래스학원
김민석 한수위 수학원
김민정 창원스키마수학
김선희 책벌레국영수학원
김승은 은쌤 수학
김수진 수학의봄수학교습소
김양준 이룸학원
김연지 하이퍼영수학원
김옥경 다온수학전문학원
김재현 타임영수학원
김정두 해성고등학교
김진형 수풀림 수학학원
김치남 수나무학원
김해성 AHHA수학(아하수학)
김형균 칠원채움수학
김형신 대치스터디 수학학원
김혜영 프라임수학
김혜인 조이매쓰
김혜정 올림수학 교습소
노현석 비코즈수학전문학원
문소영 문소영수학관리학원
문주란 장유 올바른수학
민동록 민쌤수학
박규태 에듀탑영수학원
박소현 오름수학전문학원
박영진 대치스터디수학학원
박우열 앤즈스터디메이트 학원
박임수 고탑(GO TOP)수학학원
박정길 아쿰수학학원
박주연 마산무학여자고등학교
박진현 박쌤과외
박혜인 참좋은학원
배미나 경남진주시
배종우 매쓰팩토리 수학학원
백은애 매쓰플랜수학학원
성민지 베스트수학교습소
송상윤 비상한수학학원
신욱희 창익학원
안성휘 매쓰팩토리 수학학원
안지영 모두의수학학원
어다혜 전문과외
유인영 마산중앙고등학교
유준성 시퀀스영수학원
윤영진 유클리드수학과학학원
이근영 매스마스터수학전문학원
이나영 TOP Edu
이선미 삼성영수학원
이아름 애시앙 수학맛집
이유진 멘토수학교습소
이진우 전문과외
이현주 즐거운 수학 교습소
장초향 이룸플러스수학학원
전창근 수과원학원
정승엽 해냄학원
정주영 다시봄이룸수학학원
조소현 in수학전문학원
조윤호 조윤호수학학원
주기호 비상한수학국어학원
차민성 율하차쌤수학
최소현 펠릭스 수학학원
하윤석 거제 정금학원
황진호 타임수학학원
황혜숙 합포고등학교

경북

강경훈 예천여자고등학교
강혜연 BK 영수전문학원
권오준 필수학영어학원
권호준 위너스터디학원
김대훈 이상렬입시단과학원
김동수 문화고등학교
김동욱 구미정보고등학교
김명훈 김민재수학
김보아 매쓰킹공부방
김수현 꿈꾸는 I
김윤정 더채움영수학원
김은미 매쓰그로우 수학학원
김재경 필즈수학영어학원
김태웅 에듀플렉스
김형진 닥터박수학전문학원
남영준 아르베수학전문학원
문소연 조쌤보습학원
박다현 최상위해법수학학원
박명훈 수학행수학학원
박우혁 예천연세학원
박유건 닥터박 수학학원
박은영 esh수학의달인
박진성 포항제철중학교
방성훈 매쓰그로우 수학학원
배재현 수학만영어도학원
백기남 수학만영어도학원
성세현 이투스수학두호장량학원
손나래 이든샘영수학원
손주희 이루다수학과학
송미경 강의하는 아이들
송종진 김천고등학교
신광섭 광 수학학원
신승규 영남삼육고등학교
신승용 유신수학전문학원
신지헌 문영수 학원
신채윤 포항제철고등학교
염성군 근화여자고등학교
예보경 피타고라스학원
오선민 수학만영어도학원
윤장영 윤쌤아카데미
이경하 안동 풍산고등학교
이다례 문매쓰달쌤수학
이상원 전문가집단 영수학원
이상현 인투학원
이성국 포스카이학원
이송제 다올입시학원
이영성 영주여자고등학교
이재광 생존학원
이준호 이준호수학교습소
이혜민 영남삼육중학교
이혜은 김천고등학교
장아름 아름수학학원
정은미 수학의봄학원
정재훈 현일고등학교
조진우 늘품수학학원
조현정 올댓수학
진성은 전문과외
천경훈 천강수학전문학원
최수영 수학만영어도학원
최진영 구미시 금오고등학교
추민지 닥터박수학학원
추호성 필즈수학영어학원
표현석 안동 풍산고등학교
하홍민 홍수학
홍영준 하이맵수학학원

광주

강민결 광주수피아여자중학교
강승완 블루마인드아카데미
곽웅수 카르페영수학원
권용식 와이엠 수학전문학원

김국진 김국진짜학원
김국철 풍암필즈수학학원
김대균 김대균수학학원
김동희 김동희수학학원
김미경 임팩트학원
김성기 원픽 영수학원
김안나 풍암필즈수학학원
김원진 메이블수학전문학원
김은석 만문제수학전문학원
김재광 디투엠 영수학학원
김종민 퍼스트수학학원
김태성 일곱지구 김태성 수학
김현진 에이블수학학원
나혜경 고수학학원
마채연 마채연 수학 전문학원
박서정 더강한수학전문학원
박용우 광주 더샘수학학원
박주홍 KS수학
박충현 본수학과학전문학원
박현영 KS수학
변석주 153유클리드수학학원
빈선욱 빈선욱수학전문학원
선승연 MATHTOOL수학교습소
소병효 새움수학전문학원
손광일 송원고등학교
손동규 툴즈수학교습소
송승용 송승용수학학원
신성호 신성호수학공화국
신예준 JS영재학원
신현석 프라임 아카데미
심여주 웅진 공부방
양동식 A+수리수학원
어흥범 매쓰피아
이만재 매쓰로드수학
이상혁 감성수학
이승현 본(本)영수학원
이창현 알파수학학원
이채연 알파수학학원
이충현 전문과외
이헌기 보문고등학교
임태관 매쓰멘토수학전문학원
장광현 장쌤수학
장민경 일대일코칭수학학원
장영진 새움수학전문학원
전주현 이창길수학학원
정다원 광주인성고등학교
정다희 다희쌤수학
정수인 더최선학원
정원섭 수리수학학원
정인용 일품수학학원
정종규 에스원수학학원
정태규 가우스수학전문학원
정형진 BMA롱맨영수학원
조일양 서안수학
조현진 조현진수학학원
조형서 조형서 수학교습소
채소연 마하나임 영수학원
천지선 고수학학원
최지웅 미라클학원
최혜정 이루다전문학원

대구

강민영 매씨지수학학원
고민정 전문과외
곽미선 좀다른수학
구정모 제니스클래스
구현태 대치깊은생각수학학원 시지본원
권기현 이렇게좋은수학교습소
권보경 학문당입시학원
권혜진 폴리아수학2호관학원
김기연 스텝업수학
김대운 그릿수학831
김도영 땡큐수학학원
김동영 통쾌한 수학
김득현 차수학 교습소 사월보성점
김명서 샘수학
김미경 풀린다수학교습소
김미랑 랑쌤수해
김미소 전문과외
김미정 일등수학학원
김상우 에이치투수학교습소
김선영 수학학원 바른
김성무 김성무수학 수학교습소
김수영 봉덕김쌤수학학원
김수진 지니수학
김연정 유니티영어
김유진 S.M과외교습소
김재홍 경북여자상업고등학교
김정우 이룸수학학원
김종희 학문당 입시학원
김지연 찐수학
김지영 김지영 수학교습소
김지은 정화여자고등학교
김채영 전문과외
김태진 구정남수학전문학원
김태환 로고스수학학원(성당원)
김해은 한상철수학과학학원 상인원
김현숙 메타매쓰
남인제 미쓰매쓰수학학원
노현진 트루매쓰 수학학원
민병문 선택과 집중
박경득 파란수학
박도희 전문과외
박민석 아크로수학학원
박민정 빡쎈수학교습소
박산성 Venn수학
박수연 쌤통수학학원
박순찬 찬스수학
박옥기 매쓰플랜수학학원
박장호 대구혜화여자고등학교
박정욱 연세스카이수학학원
박지훈 더엠수학학원
박태호 프라임수학교습소
박현주 매쓰플래너
방소연 대치깊은생각수학학원 시지본원
백승대 백박사학원
백승환 수학의봄 수학교습소
백재규 필즈수학공부방
백태민 학문당입시학원
백현식 바른입시학원
변용기 라온수학학원
서경도 서경도수학교습소
서재은 절대등급수학
성웅경 더빡쎈수학학원
소현주 정S과학수학학원
손승연 스카이수학
손태수 트루매쓰 학원
송영배 수학의정원
신묘숙 매쓰매티카 수학교습소
신수진 폴리아수학학원
신은경 황금라온수학
신은주 하이매쓰학원
양강일 양쌤수학과학학원
양은실 제니스 클래스
오세욱 IP수학과학학원
윤기호 샤인수학학원
이규철 좋은수학
이남희 이남희수학
이만희 오르라수학전문학원
이명희 잇츠생각수학 학원
이상훈 명석수학학원
이수현 하이매쓰 수학교습소
이원경 엠제이통수학영어학원
이인호 본투비수학교습소
이일균 수학의달인 수학교습소
이종환 이꼼수학
이준우 깊을준수학
이지민 아이플러스 수학
이진영 소나무학원
이진욱 시지이룸수학학원
이창우 강철FM수학학원
이태형 가토수학과학학원
이한조 닥터엠에스
이효진 진선생수학학원
임신옥 KS수학학원
임유진 박진수학
장두영 바움수학학원
장세완 장선생수학학원
장시현 전문과외
전동형 땡큐수학학원
전수민 전문과외
전준현 매쓰플랜수학학원
전지영 전지영수학
정민호 스테듀입시학원
정재현 율사학원
조미란 엠투엠수학 학원
조성애 조성애세움학원
조연호 Cho is Math
조유정 다원MDS
조인혁 루트원 수학과학학원
조지연 연쌤영수학원
주기헌 송현여자고등학교
진수정 마틸다수학
최대진 엠프로수학학원
최은미 수학다움 학원
최정이 탑수학교습소(국우동)
최현정 MQ멘토수학
최현희 다온수학학원
하태호 팀하이퍼 수학학원
한원기 한쌤수학
홍은아 탄탄수학교실
황가영 루나수학
황지현 위드제스트수학학원

대전

강유식 연세제일학원
강홍규 최강학원
고지훈 고지훈수학 지적공감입시학원
김 일 더브레인코어 학원
김근아 닥터매쓰205
김근하 엠씨스터디수학학원
김남홍 대전종로학원
김덕한 더칸수학학원
김동근 엠투오영재학원
김민지 (주)청명에페보스학원
김복응 더브레인코어 학원
김상현 세종입시학원
김수빈 제타수학전문학원
김승환 청운학원
김윤혜 슬기로운수학교습소
김주성 양영학원
김지현 파스칼 대덕학원
김 진 발상의전환 수학전문학원
김진수 김진수학
김태형 청명대입학원
김하은 고려바움수학학원
김한솔 시대인재 대전
김해찬 전문과외
김휘식 양영학원 고등관
나효명 열린아카데미
류재원 양영학원
박가와 마스터플랜 수학전문학원
박술비 매쓰톡수학 교습소
박주희 빡쌤의 빡센수학
박지성 엠아이큐수학학원
배용제 굿티쳐강남학원
백승정 오르고 수학학원
서동원 수학의 중심 학원
서영준 힐탑학원
선진규 로하스학원
송규성 하이클래스학원
송다인 더브라이트학원
송인석 송인석수학학원
송정은 바른수학전문교실
신성철 도안베스트학원
신성호 수학과학하다
신원진 수학의 길
신익주 신 수학 교습소
심훈흠 일인주의학원
양지연 자람수학
오우진 양영학원
우현석 EBS 수학우수학원
유수림 수림수학학원
유준호 더브레인코어 학원
윤석주 윤석주수학전문학원
윤찬근 오르고학원
이국빈 케이플러스수학
이규영 쉐마수학학원
이민호 매쓰플랜수학학원 반석지점
이성재 알파수학학원
이소현 바칼로레아영수학원
이수진 대전관저중학교
이용희 수림학원
이일녕 양영학원
이재옥 청명대입학원
이준희 전문과외
이희도 전문과외
인승열 신성 수학나무 공부방
임병수 모티브에듀학원
임현호 전문과외
장용훈 프라임수학
전병전 더브레인코어 학원
전하윤 전문과외
정순영 공부방,여기
정지윤 더브레인코어 학원
조용호 오르고 수학학원
조창희 시그마수학교습소
조충현 로하스학원
차영진 연세언더우드수학
차지훈 모티브에듀학원
홍진국 저스트수학
황은실 나린학원

부산

고경희 대연고등학교
권병국 케이스학원
권순석 남천다수인
권영린 과사람학원
김건우 4퍼센트의 논리 수학
김경희 해운대영수전문 y-study
김대현 해운대중학교
김도현 해신수학학원
김도형 명작수학
김민규 다비드수학학원
김민영 정모클입시학원
김성민 직관수학학원
김승호 과사람학원
김애랑 채움수학교습소
김원진 수성초등학교
김지연 김지연수학교습소
김초록 수날다수학교습소
김태영 뉴스터디학원
김태진 한빛단과학원
김효상 코스터디학원
나기열 프로매스수학교습소
노지연 수학공간학원
노향희 노쌤수학학원
류형수 연산 한샘학원
박대성 키움수학교습소
박성찬 프라임학원
박연주 매쓰메이트수학학원
박재용 해운대영수전문y-study
박주형 삼성에듀학원
배철우 명지 명성학원
백융일 과사람학원
부종민 부종민수학
서유진 다올수학
서은지 ESM영수전문학원
서자현 과사람학원
서평승 신의학원
손희옥 매쓰폴수학학원 (부산진구부암동)
송다슬 전문과외
신동훈 과사람학원
심현섭 과사람학원
심혜정 명품수학
안남희 명지 실력을키움수학
안애경 오메가 수학 학원
안찬종 전문과외
양인희 에센셜수학교습소
오인혜 하단초등학교
오희영
옥승길 옥승길수학학원
이가연 엠오엠수학학원
이경덕 수학으로 물들어 가다
이경수 경:수학
이명희 조이수학학원
이아름누리 청어람학원
이정화 수학의 힘 가야캠퍼스
이지영 오늘도,영어그리고수학
이지은 한수연하이매쓰
이 철 과사람 학원
이효정 해 수학
장지원 해신수학학원
장진권 오메가수학
전경훈 대치명인학원
전완재 강앤전 수학학원
전우빈 과사람학원
전찬용 다이나믹학원
정운용 정쌤수학교습소

정의진 남천다수인
정휘수 제이매쓰수학방
정희정 정쌤수학
조아영 플레이팩토 오션시티교육원
조우영 위드유수학학원
조은영 MIT수학교습소
조 훈 캠필학원
주유미 엠투수학공부방
채송화 채송화수학
천현민 키움스터디
최광은 럭스 (Lux) 수학학원
최수정 이루다수학
최운교 삼성영어수학전문학원
최준승 주감학원
하 현 하현수학교습소
한주환 으뜸나무수학학원
한혜경 한수학 교습소
허영재 자하연 학원
허윤정 올림수학전문학원
허정은 전문과외
황영찬 수피움 수학
황진영 진심수학
황하남 과학수학의봄날학원

서울

강동은 반포 세정학원
강성철 목동 일타수학학원
강수진 블루플랜
강영미 슬로비매쓰수학학원
강은녕 탑수학학원
강종철 쿠메수학교습소
강주석 염광고등학교
강태윤 미래탐구 대치 중등센터
강현숙 유니크학원
계훈범 MathK 공부방
고수환 상승곡선학원
고재일 대치 토브(TOV)수학
고지영 황금열쇠학원
고 현 네오 수학학원
공정현 대공수학학원
곽슬기 목동매쓰원수학학원
구난영 셀프스터디수학학원
구순모 세진학원
권가영 커스텀(CUSTOM)수학
권경아 청담해법수학학원
권민경 전문과외
권상호 수학은권상호 수학학원
권용만 은광여자고등학교
권은진 참수학뿌리국어학원
김가희 에이원수학학원
김강현 구주이배수학학원 송파점
김경진 덕성여자중학교
김경희 전문과외
김규보 메리트수학원
김규연 수력발전소학원
김금화 그루터기 수학학원
김기덕 메가매쓰 수학학원
김나래 전문과외
김나영 대치 새움학원
김도규 김도규수학학원
김동균 아우다키아 수학학원
김명후 김명후 수학학원
김미란 퍼펙트수학
김미아 일등수학교습소
김미애 스카이맥에듀
김미영 명수학교습소
김미영 정일품 수학학원
김미진 채움수학
김미희 행복한수학쌤
김민수 대치 원수학
김민정 전문과외
김민지 강북 메가스터디학원
김민창 김민창 수학
김병수 중계 학림학원
김병호 국선수학학원
김보민 이투스수학학원 상도점
김부환 압구정정보강북수학학원
김상철 미래탐구마포
김상호 압구정 파인만 이촌특별관
김선정 이룸학원
김성숙 써큘러스리더 러닝센터
김성현 하이탑수학학원
김성호 개념상상(서초관)
김수민 통수학학원
김수정 유니크 수학
김수진 싸인매쓰수학학원
김수진 깊은수학학원
김승원 솔(sol)수학학원
김승훈 하이스트 염창관
김양식 송파영재센터GTG
김여옥 매쓰홀릭학원
김연정 전문과외
김연주 목동쌤올림수학
김영란 일심수학학원
김영미 제로미수학교습소
김영숙 수 플러스학원
김영재 한그루수학
김영준 강남매쓰탑학원
김영진 세움수학학원
김 유 전문과외
김유진 전문과외
김윤태 두각학원, 김종철 국어수학 전문학원
김윤희 유니수학교습소
김은숙 전문과외
김은영 선우수학
김은영 와이즈만은평
김은영 휘경여자고등학교
김은찬 엑시엄수학학원
김은현 김쌤깨알수학
김의진 서울 성북구 채움수학
김이슬 전문과외
김이현 에듀플렉스 고덕지점
김인기 중계 학림학원
김재산 목동 일타수학학원
김재성 티포인트에듀학원
김재연 규연 수학 학원
김재헌 Creverse 고등관
김정민 청어람 수학원
김정민 학원 개원 예정
김정아 지올수학
김지선 수학전문 순수
김지숙 김쌤수학의숲
김지영 구주이배수학학원
김지은 티포인트 에듀
김지은 수학대장
김지은 분석수학 선두학원
김지훈 드림에듀학원
김지훈 형설학원
김지훈 마타수학
김진규 서울바움수학(역삼럭키)
김진영 이대부속고등학교
김찬열 라엘수학
김창재 중계세일학원
김창주 고등부관 스카이학원
김태현 반포파인만
김태훈 성북 페르마
김하늘 역경패도 수학전문
김하민 서강학원
김하연 전문과외
김항기 동대문중학교
김현미 김현미수학학원
김현욱 리마인드수학
김현유 혜성여자고등학교
김현정 미래탐구 중계
김현주 숙명여자고등학교
김현지 전문과외
김형진 소자수학학원
김혜연 수학작가
김호영 장학학원
김홍수 김홍학원
김효선 토이300컴퓨터교습소
김효정 블루스카이학원 반포점
김후광 압구정파인만
김희연 이룸공부방
김희원 대일외국어고등학교
김희진 엑시엄 수학학원
나은영 메가스터디 러셀중계
나태산 중계 학림학원
남식훈 수학만
남호성 퍼씰수학전문학원
노동일 형설학원
류도현 서초구 방배동
류정민 사사모플러스수학학원
목영훈 목동 일타수학학원
목지아 수리티수학학원
문근실 시리우스수학
문성호 차원이다른수학학원
문소정 대치명인학원
문용근 올림 고등수학
문지훈 문지훈수학
박경보 최고수챌린지에듀학원
박경원 대치메이드 반포관
박광남 올마이티캠퍼스
박교국 백인대장
박근백 대치멘토스학원
박동진 더힐링수학 교습소
박리안 CMS서초고등부
박명훈 김샘학원 성북캠퍼스
박미라 매쓰몽
박민정 목동 깡수학과학학원
박상길 대길수학
박상후 강북 메가스터디학원
박설아 수학을삼키다학원 흑석2관
박성재 매쓰플러스수학학원
박소영 창동수학
박소윤 제이커브학원
박수견 비채수학원
박연주 물댄동산
박연희 박연희깨침수학교습소
박연희 열방수학
박영규 하이스트핏 수학 교습소
박영욱 태산학원
박용진 푸름을말하다학원
박정아 한신수학과외방
박정훈 전문과외
박종선 스터디153학원
박종원 상아탑 학원/대치 오르비
박종태 일타수학학원
박주현 장훈고등학교
박준하 전문과외
박진희 박선생수학전문학원
박 현 상일여자고등학교
박현주 나는별학원
박혜진 강북수재학원
박혜진 진매쓰
박홍식 송파연세수보습학원
방정은 백인대장 훈련소
방효건 서준학원 지혜관
배재형 배재형수학
백아름 아름쌤수학공부방
서근환 대진고등학교
서다인 수학의봄학원
서민국 시대인재
서민재 서준학원
서수연 수학전문 순수
서승희 딥브레인수학
서용준 와이제이학원
서원준 잠실 시그마 수학학원
서은애 하이탑수학학원
서중은 블루플렉스학원
서한나 라엘수학학원
석현욱 잇올스파르타
선 철 일신학원
설세령 뉴파인 용산중고등관
손권민경 원인학원
손민정 두드림에듀
손전모 다원교육
손정화 4퍼센트수학학원
손충모 공감수학
송경호 스마트스터디 학원
송동인 송동인수학명가
송재혁 엑시엄수학전문학원
송준민 송수학
송진우 도진우 수학 연구소
송해선 불곰에듀
신연우 개념폴리아 삼성청담관
신은숙 마곡펜타곤학원
신은진 상위권수학학원
신정훈 STEP EDU
신지영 아하 김일래 수학 전문학원
신지현 대치미래탐구
신채민 오스카 학원
신현수 현수쌤의 수학해설
심창섭 피앤에스수학학원
심혜진 반포파인만 의치대관
안나연 전문과외
안도연 목동정도수학
안주은 채움수학
양원규 일신학원
양지애 전문과외
양창진 수학의 숲 수림학원
양해영 청출어람학원
엄시온 올마이티캠퍼스
엄유빈 유빈쌤 수학
엄지희 티포인트에듀학원
엄태웅 엄선생수학
여혜연 성북미래탐구
염승훈 성동뉴파인 초중등관
오명석 대치 미래탐구 영과센터
오재경 성북 학림학원
오재현 강동파인만 고덕 고등관
오종택 에이원수학학원
오한별 광문고등학교
우동훈 헤파학원
위명훈 대치명인학원(마포)
위성웅 시대인재수학스쿨
위형채 에이치앤제이형설학원
유가영 탑솔루션 수학 교습소
유시준 목동깡수학과학학원
유정연 장훈고등학교
유환승 강북청솔학원
윤고은 한솔학원
윤상문 청어람수학원
윤석원 공감수학
윤여균 전문과외
윤영숙 윤영숙수학학원
윤인영 전문과외
윤형중 씨알학당
은 현 목동 cms입시센터 과고대비반
이경용 열공학원
이경주 생각하는 황소수학 서초학원
이경환 전문과외
이광락 펜타곤학원
이규만 수퍼매쓰학원
이동규 형설학원
이동훈 최강수학전문학원
이루마 김샘학원
이민아 정수학
이민호 강안교육
이상영 대치명인학원 은평캠퍼스
이상훈 골든벨수학학원
이서경 엘리트탑학원
이성용 수학의원리학원
이성재 지앤정 학원
이소윤 목동선수학
이수지 전문과외
이수호 준토에듀수학학원
이슬기 예친에듀
이시현 SKY미래연수학학원
이어진 신목중학교
이영하 키움수학
이용우 올림피아드 학원
이원용 필과수 학원
이원희 수학공작소
이유예 스카이플러스학원
이윤주 와이제이수학교습소
이은경 신길수학
이은숙 포르테수학 교습소
이은영 은수학교습소
이재봉 형설에듀이스트
이재용 이재용the쉬운수학학원
이정석 CMS서초영재관
이정섭 은지호 영감수학
이정호 정샘수학교습소
이제현 막강수학
이종혁 유인어스 학원
이종호 MathOne수학
이종환 카이수학전문학원
이주연 목동 하이씨앤씨
이준석 이가수학학원
이지연 단디수학학원
이지우 제이 앤 수 학원
이지혜 세레나영어수학학원
이지혜 대치파인만
이지훈 백향목에듀수학학원
이 진 수박에듀학원
이진덕 카이스트수학학원
이진희 서준학원
이창석 핵수학 수학전문학원
이채윤 전문과외
이충훈 QANDA
이학송 뷰티풀마인드 수학학원

이 혁 강동메르센수학학원
이현주 그레잇에듀
이형수 피앤아이수학영어학원
이혜림 다오른수학학원
이혜림 대동세무고등학교
이혜수 대치수학원
이호준 형설학원
이효준 다원교육
이효진 올토수학
이희선 브리스톨
임규철 원수학 대치
임기호 대치 원수학
임다혜 시대인재 수학스쿨
임민정 전문과외
임상혁 임상혁수학학원 (생각하는 두꺼비)
임소영 123수학
임영주 송파 세빛학원
임정빈 임정빈수학
임지혜 위드수학교습소
임현우 선덕고등학교
장석진 이덕재수학이미선국어학원
장성훈 미독수학
장세영 스펀지 영어수학 학원
장승희 명품이앤엠학원
장영신 송례중학교
장은영 목동깡수학과학학원
장지식 피큐브아카데미
장희준 대치 미래탐구
전기열 유니크학원
전상현 뉴클리어 수학 교습소
전성식 맥스전성식수학학원
전은나 상상수학학원
전지수 전문과외
전진남 지니어스 논술 교습소
전진아 메가스터디
정광조 로드맵수학
정다운 정다운수학교습소
정대영 대치파인만
정명련 유니크 수학학원
정무웅 강동드림보습학원
정문정 연세수학원
정민교 진학학원
정수정 대치수학클리닉 대치본점
정슬기 티포인트에듀학원
정승희 뉴파인
정연화 풀우리수학
정영아 정이수학교습소
정유미 휴브레인압구정학원
정은경 제이수학
정은영 CMS
정재윤 성덕고등학교
정진아 정선생수학
정찬민 목동매쓰원수학학원
정화진 진화수학학원
정환동 씨앤씨0.1%의대수학
정효석 최상위하다학원
조경미 레벨업수학(feat.과학)
조병훈 꿈을담는수학
조아라 유일수학
조아라 수학의시점
조아람 서울 양천구 목동
조원해 연세YT학원
조재묵 천광학원
조정은 전문과외
조한진 새미기픈수학
조햇봄 대치동(너의일등급수학)

조현탁 전문가집단
주용호 아찬수학교습소
주은재 주은재수학학원
주정미 수학의꽃수학교습소
지명훈 선덕고등학교
지민경 고래수학교습소
진임진 전문과외
진혜원 더올라수학교습소
차민준 이투스수학학원 중계점
차성철 목동깡수학과학학원
차슬기 사과나무학원 은평관
차용우 서울외국어고등학교
채성진 수학에빠진학원
채우리 라엘수학
채행원 전문과외
최경민 배움틀수학학원
최규식 최강수학학원 보라매캠퍼스
최동영 중계이투스수학학원
최동욱 숭의여자고등학교
최백화 최백화수학
최병옥 최코치수학학원
최서훈 피큐브 아카데미
최성수 알티스수학학원
최성희 최쌤수학학원
최세남 엑시엄수학학원
최소민 최쌤ON수학
최엄견 차수학학원
최영준 문일고등학교
최용주 피크에듀학원
최윤정 최쌤수학학원
최정언 진화수학학원
최종석 강북수재학원
최지나 목동PGA전문가집단학원
최지선
최찬희 CMS중고등관
최철우 탑수학학원
최향애 피크에듀학원
최효원 한국삼육중학교
편순창 알면쉽다연세수학학원
피경민 대치명인sky
하태성 은평G1230
한나희 우리해법수학 교습소
한명석 아드폰테스
한승우 같이상승수학
한승환 짱솔학원 반포점
한유리 강북청솔학원
한정우 휘문고등학교
한태인 러셀 강남
한현주 PMG학원
현제윤 정명수학교습소
홍상민 전문과외
홍석화 강동홍석화수학학원
홍성윤 센티움
홍성주 굿매쓰 수학
홍성진 대치 김앤홍 수학전문학원
홍재화 티다른수학교습소
홍정아 서울사당
홍지혜 라온수학전문학원
황의숙 The 나은학원

세종
강태원 원수학
권정섭 너희가 꽃이다
권현수 권현수 수학전문학원
김광연 반곡고등학교
김기평 바른길수학학원
김서현 봄날영어수학학원
김수경 김수경 수학교실
김우진 정진수학학원
김편전 세종 데카르트 학원
김혜림 단하나수학
류바른 더 바른학원
박민겸 강남한국학원
배명욱 GTM 수학전문학원
배지후 해밀수학과학학원
설지연 수학적상상력
신석현 알파학원
오세은 플러스 학습교실
오현지 오 수학
윤여민 윤솔빈 수학하자
이준영 공부는습관이다
이지희 수학의강자
이진원 권현수수학학원
이혜란 마스터수학교습소
임채호 스파르타수학보람학원
장준영 백년대계입시학원
최성실 샤위너스학원
최시안 세종 데카르트 수학학원
황성관 카이젠프리미엄 학원

울산
강규리 퍼스트클래스 수학영어 전문학원
고규라 고수학
고영준 비엠더블유수학전문학원
권상수 호크마수학전문학원
김민정 전문과외
김봉조 퍼스트클래스 수학영어 전문학원
김수영 울산학명수학학원
김영배 이영수학학원
김제득 퍼스트클래스수학전문학원
김진희 김진수학학원
김현조 깊은생각수학학원
나순현 물푸레수학교습소
문명화 문쌤수학나무
박국진 강한수학전문학원
박민식 위더스 수학전문학원
반려진 우정 수학의달인
성수경 위룰수학영어전문학원
안지환 안누수학
오종민 수학공작소학원
이윤호 호크마수학
이은수 삼산차수학학원
이한나 꿈꾸는고래학원
정경래 로고스영어수학학원
최규종 울산 뉴토모수학전문학원
최이영 한양수학전문학원
허다민 대치동허쌤수학
황금주 제이티수학전문학원

인천
강동인 전문과외
고준호 베스트교육(마전직영점)
곽나래 일등수학
권경원 강수학학원
권기우 하늘스터디수학학원
금상원 수미다
기미나 기쌤수학
기혜선 체리온탑수학영어학원
김강현 강수학전문학원
김건우 G1230 검단아라캠퍼스
김남신 클라비스학원
김도영 태풍학원
김미희 희수학
김보건 대치S클래스 학원
김보경 오아수학
김연주 하나M수학
김영훈 청라공감수학
김윤경 엠베스트SE학원
김은주 형진수학학원
김응수 메타수학학원
김 준 쭌에듀학원
김준식 동춘아카데미 동춘수학
김진완 성일학원
김현기 옵티머스프라임학원
김현우 더원스터디학원
김현호 온풀이 수학 1관 학원
김형진 형진수학학원
김혜린 밀턴수학
김혜영 김혜영 수학
김혜지 전문과외
김효선 코다수학학원
남덕우 Fun수학
노기성 노기성개인과외교습
렴영순 이텀교육학원
박동석 매쓰플랜수학학원 청라지점
박소이 다빈치창의수학교습소
박용석 절대학원
박재섭 구월SKY수학과학전문학원
박정우 청라디에이블영어수학학원
박치문 제일고등학교
박해석 효성비상영수학원
박혜용 전문과외
박효성 지코스수학학원
서대원 구름주전자
서미란 파이데이아학원
석동방 송도GLA학원
손선진 일품수학과학전문학원
송대익 청라ATOZ수학과학학원
송세진 부평페르마
신현우 다원교육
안서은 Sun매쓰
안예원 전문과외
안지훈 인천수학의힘
오정민 갈루아수학학원
오지연 수학의힘 용현캠퍼스
왕건일 토모수학학원
유성규 현수학전문학원
유혜정 유쌤수학
이루다 이루다 교육학원
이민혁 혜윰학원
이애희 부평해법수학교실
이예나 E&M 아카데미
이필규 신현엠베스트SE학원
이혜경 이혜경고등수학학원
이혜선 우리공부
장태식 라이징수학학원
장혜림 와풀수학
전우진 인사이트 수학학원
정대웅 와이드수학
정진영 정선생 수학연구소
조미숙 수학의 신 학원
조민관 이앤에스 수학학원
조현숙 boo1class
차승민 황제수학학원
채선영 전문과외
최덕호 엠스퀘어수학교습소
최문경 (주)영웅아카데미
최웅철 큰샘수학학원
최은진 동춘수학
최 진 절대학원
한성윤 전문과외
한희영 더센플러스학원
허진선 수학나무
현미선 써니수학
현진명 에임학원
홍미영 연세영어수학과외
황규철 혜윰수학전문학원

전남
강선희 태강수학영어학원
김경민 한샘수학
김광현 한수위수학학원
김도형 하이수학교실
김도희 가람수학개인과외
김성문 창평고등학교
김윤선 전문과외
김은경 목포덕인고등학교
김은지 나주혁신위즈수학영어학원
김정은 바른사고력수학
박미옥 목포 폴리아학원
박유정 요리수연산&해봄학원
박진성 해남 한가람학원
배미경 창의논리upup
백지하 엠앤엠
서창현 전문과외
성준우 광양제철고등학교
위광복 엠베스트SE 나주혁신점
유혜정 전문과외
이강화 강승학원
이미아 한다수학
임정원 순천매산고등학교
임진아 브레인 수학
전윤정 라온수학학원
정은경 목포베스트수학
정정화 올라스터디
정현옥 JK영수전문
조두희 전문과외
조예은 스페셜 매쓰
조정인 나주엠베스트학원
주희정 주쌤의과수원
진양수 목포덕인고등학교
한용호 한샘수학
한지선 개인과외
황남일 SM 수학학원

전북
강원택 탑시드 수학전문학원
고혜련 성영재수학학원
권정욱 권정욱 수학
김상호 휴민고등수학전문학원
김선호 혜명학원
김성혁 S수학전문학원
김수연 전선생수학학원
김윤빈 쿼크수학영어전문학원
김재순 김재순수학학원
김준형 성영재 수학학원
나승현 나승현전유나 수학전문학원
노기한 포스 수학과학학원
박광수 박선생수학학원
박미숙 전문과외
박미화 엄쌤수학전문학원

박선미 박선생수학학원
박세희 멘토이젠수학
박소영 황규종수학전문학원
박은미 박은미수학교습소
박재성 올림수학학원
박재홍 예섬학원
박지유 박지유수학전문학원
박철우 익산 청운학원
배태익 스키마아카데미 수학교실
서영우 서영우수학교실
성영재 성영재수학전문학원
송지연 아이비리그데칼트학원
신영진 유나이츠학원
심우성 오늘은수학학원
양은지 군산중앙고등학교
양재호 양재호카이스트학원
양형준 대들보 수학
오혜진 YMS부송
유현수 수학당
윤병오 이투스247익산
이가영 마루수학국어학원
이보근 미라클입시학원
이송심 와이엠에스입시전문학원
이인성 우림중학교
이지원 긱매쓰
이한나 알파스터디영어수학전문학원
이혜상 S수학전문학원
임승진 이터널수학영어학원
장재은 YMS입시학원
정두리 전문과외
정용재 성영재수학전문학원
정혜승 샤인학원
정환희 릿지수학학원
조세진 수학의길
조영신 성영재 수학전문학원
채승희 전문과외(윤영권수학전문학원)
최성훈 최성훈수학학원
최영준 최영준수학학원
최 윤 엠투엠수학학원
최형진 수학본부
황규종 황규종수학전문학원

제주
강경혜 강경혜수학
강나래 전문과외
김기한 원탑학원
김대환 The원 수학
김보라 라딕스수학
김연희 whyplus 수학교습소
김장훈 프로젝트M수학학원
류혜선 진정성영어수학노형학원
박 찬 찬수학학원
박대희 실전수학
박승우 남녕고등학교
박재현 위더스입시학원
박진석 진리수
백민지 가우스수학학원
양은석 신성여자중학교
여원구 피드백수학전문학원
오재일 터닝포인트영어수학학원
이민경 공부의마침표
이상민 서이현아카데미학원
이선혜 The ssen 수학
이영주 전문과외
이현우 전문과외
장영환 제로링수학교실

편미경 편쌤수학
하혜림 제일아카데미
허은지 Hmath학원
현수진 학고제입시학원

충남
강민주 수학하다 수학교습소
강범수 전문과외
강 석 에이커리어
고영지 전문과외
권순필 권쌤수학
권오운 광풍중학교
김경원 한일학원
김명은 더하다 수학학원
김미경 시티자이수학
김태화 김태화수학학원
김한빛 한빛수학학원
김현영 마루공부방
남기용 전문과외
박유진 제이홈스쿨
박재혁 명성수학학원
박지화 MATH1022
박혜정 전문과외
서봉원 서산SM수학교습소
서승우 담다수학
서유리 더배움영수학원
서정기 시너지S클래스 불당
송은선 전문과외
신경미 Honeytip
신유미 무한수학학원
유정수 천안고등학교
유창훈 시그마학원
윤보희 충남삼성고등학교
윤재웅 베테랑수학전문학원
이봉이 더수학교습소
이승훈 공감(탑씨크리트)
이아람 퍼펙트브레인학원
이연지 하크니스 수학학원
이예진 명성학원
이은아 한다수학학원
이재장 깊은수학학원
이하나 에메트수학
이현주 수학다방
장다희 개인과외교습소
전혜영 타임수학학원
정광수 혜윰국영수단과학원
최소영 빛나는수학
최원석 명사특강학원
최지원 청수303수학
추교현 전문과외(더웨이수학)
한호선 두드림영어수학학원
허유미 전문과외

충북
고정균 엠스터디수학학원
구강서 상류수학 전문학원
김가흔 루트 수학학원
김경희 점프업수학학원
김대호 온수학전문학원
김미화 참수학공간학원
김병용 동남수학하는사람들학원
김영은 연세고려E&M
김재광 노블가온수학학원
김정호 생생수학
김주희 매쓰프라임수학학원

김하나 하나수학
김현주 루트수학학원
문지혁 수학의 문 학원
박연경 전문과외
안진아 전문과외
윤성길 엑스클래스 수학학원
윤성희 윤성수학
윤정화 페르마수학교습소
이경미 행복한수학공부방
이연수 오창로뎀학원
이예나 수학여우 정철어학원 주니어 옥산캠퍼스
이예찬 입실론수학학원
이윤성 블랙수학 교습소
이지수 일신여자고등학교
전병호 이루다 수학 학원
정수연 모두의 수학
조병교 에르매쓰수학학원
조원미 원쌤수학과학교실
조형우 와이파이수학학원
최윤아 피티엠수학학원

유 형 + 내 신

공통수학1

Preface 머리말

이 책은 연구진들이 최근 10년 간 실제 고등학교 중간 · 기말고사에서 출제된 2,000여 개의 시험지를 일일이 풀어가면서 유형별, 난이도별 출제 경향을 정리하고, 많은 학교에서 공통적으로 출제되는 문제가 무엇인지, 서술형으로 준비해야 할 문제가 무엇인지를 철저하게 분석하여 적중 가능성이 높은 문항만을 엄선하여 수록했습니다. 또한 내신에서 점차 수능형 문제의 비중이 높아지고 있는 만큼 이를 반영하여 최신 내신 트렌드에 최적화된 문제들을 엄선, 다양한 형태의 시험에 대비할 수 있도록 다채로운 아이디어를 담은 문항을 제작했습니다.
더불어 최근 수능/모평, 학평 기출문제를 분석하고, 핵심 문항들을 수록하여 수능형 문제에 대한 감각을 익히고, 문제해결력을 키울 수 있도록 하였습니다.

고난도 문제에서 해결 방향을 전혀 잡지 못하여 풀이를 시작조차 하지 못하는 일이 없으려면 단계별로 생각하는 훈련을 할 수 있는 문항이 필요합니다. 몇 가지 공식이나 유형을 암기하여 기계적으로 푸는 것은 한계가 있을 수밖에 없습니다. 물론 계산력을 키우는 것 자체도 중요하지만, 각각의 개념이 유기적으로 이해되고 활용 가능할 수 있도록 끊임없이 스스로 '왜?'라는 질문을 통해 확실하게 개념을 체화하는 것이 정말 중요합니다. 개념을 꿰뚫는 필수유형을 통해 유사한 문항을 비교 · 분석하고, 어떤 과정에서 실수가 자주 나오는지 유의하며 공부해야 합니다.

학생부(내신) 성적은 고등학교 생활 3년간의 노력을 꾸준히 쌓아 올리는 것입니다.
기초를 탄탄하게, 매일 성실하게 학습하는 것이 수학 고득점의 정답입니다.

Point 특장점

1

교과서 수준의 기본 문항부터 다양한 형태의 최고난도 문항까지 단계별로 담아내었습니다.

앞부분에서는 쉬운 문제를 빠르고 정확하게 풀이하는 훈련을 하고,
뒷부분에서는 독특하고 생소한 최고난도 문제를 해결하기 위한 다양한 연습을 할 수 있도록 구성하였습니다.

2

개념의 흐름을 보여주는 '개념 정리'와 유형별 문제해결방법을 알려주는 '유형 해결 TIP'을 수록하였습니다.

개념 정리에서는 선수학습과의 연결성을 통하여 개념이 발전되고 심화되는 흐름을 설명하였습니다.
유형 해결 TIP 에서는 개념학습 후 유형별로 실제 문제를 푸는 데에 도움이 되는 내용을 안내하였습니다.
또한 STEP2 마지막장의 '스키마(schema)' 코너에서는 대표문항에 대해 문제의 조건과 답을 연결할 수 있도록 풀이의 흐름을 도식화하여 문제풀이에 적용할 수 있도록 하였습니다.

3

내신 기출은 물론, 수능/모평, 학평 기출문제까지 철저하게 분석하여 요즘 내신에 최적화하였습니다.

2022 개정 교육과정을 적용하고, 최근 내신 시험 및 수능/모평, 학평의 출제 경향을 정확하게 파악하여 반영하였습니다.

Structure 구성

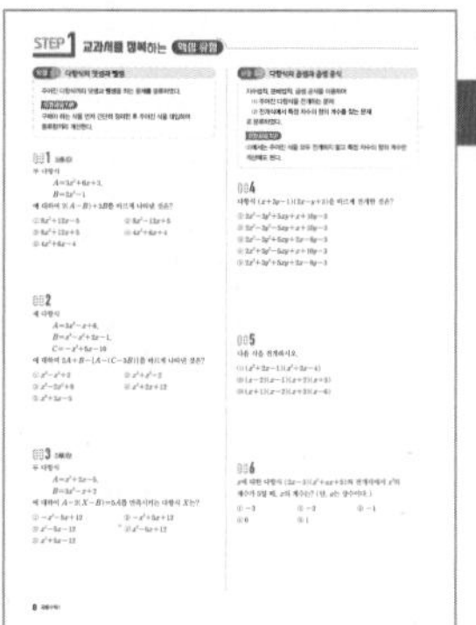

개념 정리

- 새로 학습하는 내용과 연결되는 이전 학습 내용을 함께 정리하였습니다.

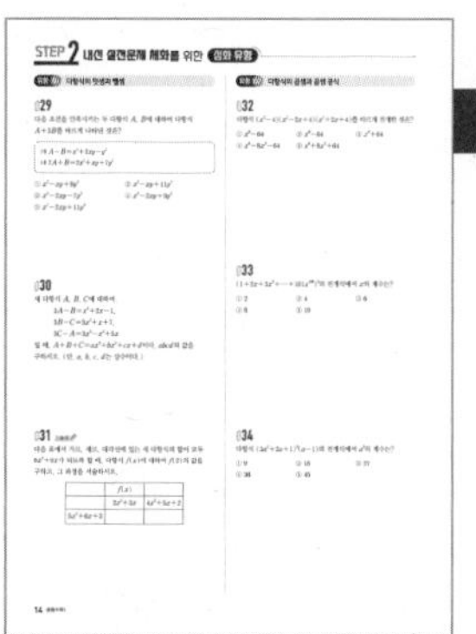

STEP 1 교과서를 정복하는 핵심 유형

- 개념을 적용하는 기본 훈련을 할 수 있는 중하 난이도의 문항들을 단원별 핵심 유형별로 분류하여 제공하였습니다.
- 유형별 문제 해결 방법을 알려주는 유형해결 TIP 을 제공합니다.

STEP 2 내신 실전문제 체화를 위한 심화 유형

- 학교 내신 시험에서 변별력 있는 문제로 자주 출제되는 중상 난이도의 문항들을 유형별로 분류하여 제공하였습니다.
- 배점이 높게 출제되는 **단답형 및 서술형 문항**에 대한 대비를 할 수 있도록 하였습니다.
- 대표문항 스키마(schema)를 제공합니다.

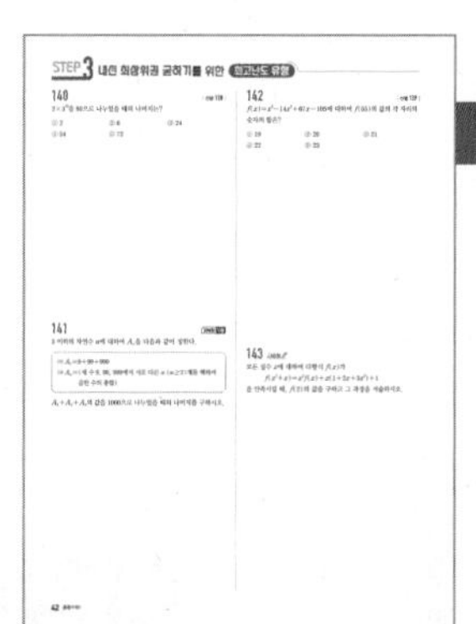

STEP 3 내신 최상위권 굳히기를 위한 최고난도 유형

- 종합적 사고력이 요구되는 최고난도 문항들을 제공하였습니다.
- 배점이 높게 출제되는 **단답형 및 서술형 문항**에 대한 대비를 할 수 있도록 하였습니다.

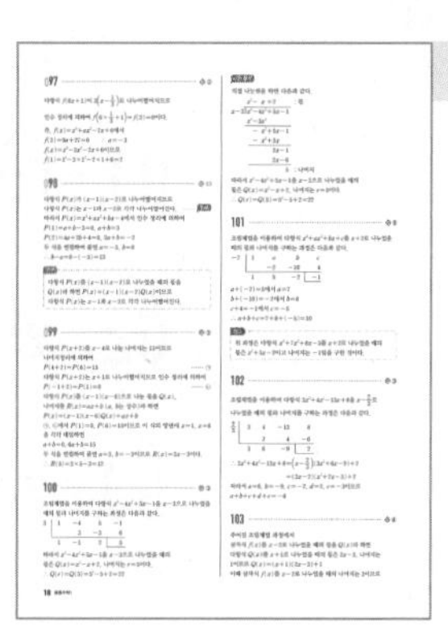

정답과 풀이

- 본풀이와 함께 다양한 아이디어 학습을 위한 다른 풀이 를 수록하였습니다.
- 좀 더 나이스한 풀이를 위한 추가 설명은 TIP 으로, 부가적이거나 심층적인 설명이 필요한 경우 참고 로 제공하여 풍부한 해설을 담았습니다.

■ 아이콘 활용하기

115 빈출 서술형 | 선행 085 |

$(x^3-2x-4)^4$을 전개한 식이 $a_0+a_1x+a_2x^2+\cdots+a_{12}x^{12}$일 때, 다음의 값을 구하고 그 과정을 서술하시오.

(단, a_0, a_1, a_2, $\cdots$, a_{12}는 상수이다.)

(1) a_0+a_{12}

(2) $a_0+a_2+a_4+a_6+a_8+a_{10}+a_{12}$

(3) $a_1+a_3+a_5+a_7+a_9+a_{11}$

062 선생님 Pick! 교육청 변형

그림과 같이 모든 모서리의 길이의 합이 60인 직육면체 ABCD−EFGH가 있다. 사면체 C−BGD의 모든 모서리의 길이의 제곱의 합이 249일 때, 직육면체 ABCD−EFGH의 겉넓이는?

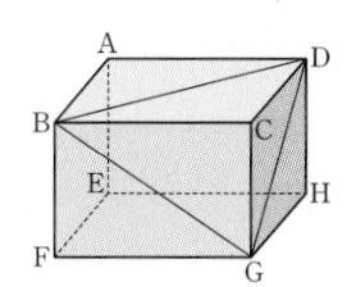

빈출

반드시 눈여겨보아야 하는 출제율이 높은 문항을 나타냅니다.

서술형

서술형 문제로 자주 출제되는 문항을 나타냅니다.
문제를 풀면서 스스로 서술형 답안지를 작성하는 훈련을 할 수 있습니다.

| 선행 085 |

비슷한 아이디어를 사용하는 좀 더 쉬운 문항을 안내합니다. 풀이의 접근법을 생각하기 어려울 때 안내된 선행문제를 먼저 풀어보면 심화 문제에 대한 접근에 도움이 됩니다.

평가원 변형 **평가원 기출** **교육청 변형** **교육청 기출**

평가원, 교육청 기출문제 또는 그 기출문제가 변형된 문항을 나타냅니다.

선생님 Pick!

현장에 계신 선생님들이 Pick한, 내신에 출제되는 평가원·교육청 모의고사 기출(변형) 문제를 나타냅니다.

Contents

차례

경우의 수

행렬

I

다항식

01 다항식의 연산

이전 학습 내용

• **일차 · 이차식의 덧셈과 뺄셈** 중1, 중2

• **곱셈 공식** 중3

(1) $(a+b)^2=a^2+2ab+b^2$

$(a-b)^2=a^2-2ab+b^2$

(2) $(a+b)(a-b)=a^2-b^2$

(3) $(x+a)(x+b)=x^2+(a+b)x+ab$

(4) $(ax+b)(cx+d)$

$=acx^2+(ad+bc)x+bd$

• **곱셈 공식의 변형** 중3

(1) $a^2+b^2=(a+b)^2-2ab$

$=(a-b)^2+2ab$

(2) $(a+b)^2=(a-b)^2+4ab$

$(a-b)^2=(a+b)^2-4ab$

• **자연수의 나눗셈** 초3

자연수 a를 자연수 b로 나누었을 때의 몫을 q, 나머지를 r이라 하면

$a=bq+r,\ 0\leq r<b$

특히, $r=0$일 때 a는 b로 나누어떨어진다고 한다.

예 $256\div11$

현재 학습 내용

• **다항식의 덧셈과 뺄셈** ······ 유형 01 다항식의 덧셈과 뺄셈

동류항의 계수끼리 계산한다.

• **다항식의 곱셈** ······ 유형 02 다항식의 곱셈과 곱셈 공식

지수법칙과 분배법칙을 이용하여 식을 전개한 후 동류항끼리 계산한다.

1. 곱셈 공식

(1) $(a+b)^3=a^3+3a^2b+3ab^2+b^3$

$(a-b)^3=a^3-3a^2b+3ab^2-b^3$

(2) $(a+b)(a^2-ab+b^2)=a^3+b^3$

$(a-b)(a^2+ab+b^2)=a^3-b^3$

(3) $(a+b+c)^2=a^2+b^2+c^2+2ab+2bc+2ca$

(4) $(a+b+c)(a^2+b^2+c^2-ab-bc-ca)=a^3+b^3+c^3-3abc$

(5) $(a^2+ab+b^2)(a^2-ab+b^2)=a^4+a^2b^2+b^4$

(6) $(x+a)(x+b)(x+c)=x^3+(a+b+c)x^2+(ab+bc+ca)x+abc$

2. 곱셈 공식의 변형 ······ 유형 03 곱셈 공식의 변형

(1) $a^3+b^3=(a+b)^3-3ab(a+b)$

$a^3-b^3=(a-b)^3+3ab(a-b)$

(2) $a^2+b^2+c^2=(a+b+c)^2-2(ab+bc+ca)$

(3) $a^2+b^2+c^2-ab-bc-ca=\frac{1}{2}\{(a-b)^2+(b-c)^2+(c-a)^2\}$

(4) $a^3+b^3+c^3=(a+b+c)(a^2+b^2+c^2-ab-bc-ca)+3abc$

• **다항식의 나눗셈** ······ 유형 04 다항식의 나눗셈

다항식 A를 다항식 $B\ (B\neq0)$로 나누었을 때의 몫을 Q, 나머지를 R이라 하면

$A=BQ+R$, R은 상수 또는 (R의 차수)<(B의 차수)

특히, $R=0$일 때 A는 B로 나누어떨어진다고 한다.

예 $(2x^2+5x+6)\div(x+1)$

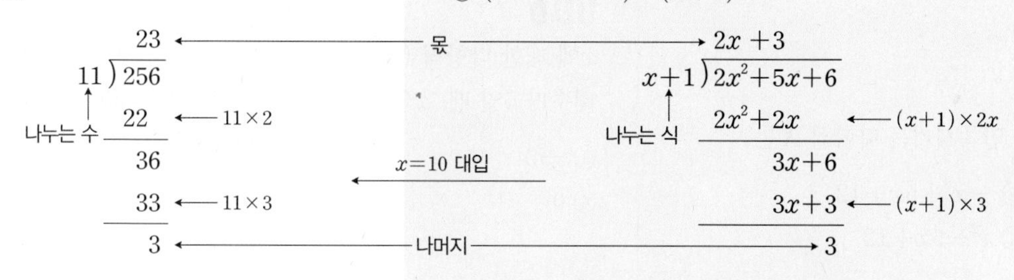

두 다항식을 내림차순으로 정리한 후 자연수의 나눗셈과 유사한 방법으로 몫과 나머지를 구한다.

$256=11\times23+3$

나머지는 나누는 수보다 작은 자연수 또는 0

$2x^2+5x+6=(x+1)(2x+3)+3$

나머지는 상수 또는 나누는 식보다 낮은 차수

유형 05 다항식의 연산의 활용

STEP 1 교과서를 정복하는 핵심 유형

유형 01 다항식의 덧셈과 뺄셈

주어진 다항식끼리 덧셈과 뺄셈을 하는 문제를 분류하였다.

유형해결 TIP

구해야 하는 식을 먼저 간단히 정리한 후 주어진 식을 대입하여 동류항끼리 계산한다.

001 빈출

두 다항식

$A=3x^2+6x+3$,

$B=2x^2-1$

에 대하여 $2(A-B)+3B$를 바르게 나타낸 것은?

① $8x^2+12x-5$　② $8x^2-12x+5$　③ $8x^2+12x+5$　④ $4x^2+6x+4$　⑤ $4x^2+6x-4$

002

세 다항식

$A=3x^3-x+6$,

$B=x^3-x^2+2x-1$,

$C=-x^2+5x-10$

에 대하여 $2A+B-\{A-(C-3B)\}$를 바르게 나타낸 것은?

① x^3-x^2+2　② x^3+x^2-2　③ x^3-2x^2+8　④ $x^3+2x+12$　⑤ x^3+3x-5

003 빈출

두 다항식

$A=x^2+2x-5$,

$B=3x^2-x+2$

에 대하여 $A-2(X-B)=5A$를 만족시키는 다항식 X는?

① $-x^2-5x+12$　② $-x^2+5x+12$　③ $x^2-5x-12$　④ $x^2-5x+12$　⑤ $x^2+5x-12$

유형 02 다항식의 곱셈과 곱셈 공식

지수법칙, 분배법칙, 곱셈 공식을 이용하여

(1) 주어진 다항식을 전개하는 문제

(2) 전개식에서 특정 차수의 항의 계수를 찾는 문제

로 분류하였다.

유형해결 TIP

(2)에서는 주어진 식을 모두 전개하지 말고 특정 차수의 항의 계수만 계산해도 된다.

004

다항식 $(x+3y-1)(2x-y+3)$을 바르게 전개한 것은?

① $2x^2-3y^2+5xy+x+10y-3$

② $2x^2-3y^2-5xy+x+10y-3$

③ $2x^2-3y^2+5xy+2x-8y-3$

④ $2x^2+3y^2-5xy+x+10y-3$

⑤ $2x^2+3y^2+5xy+2x-8y-3$

005

다음 식을 전개하시오.

(1) $(x^2+2x-1)(x^2+2x-4)$

(2) $(x-2)(x-1)(x+2)(x+3)$

(3) $(x+1)(x-2)(x+3)(x-6)$

006

x에 대한 다항식 $(2x-3)(x^2+ax+5)$의 전개식에서 x^2의 계수가 5일 때, x의 계수는? (단, a는 상수이다.)

① -3　② -2　③ -1　④ 0　⑤ 1

007

〈보기〉에서 옳은 것만을 있는 대로 고른 것은?

〈보 기〉

ㄱ. $(2x+1)^3=8x^3+12x^2+6x+1$

ㄴ. $(x+y)(x^2-xy+y^2)=x^3-y^3$

ㄷ. $(a-b+c)^2=a^2+b^2+c^2-2ab-2bc+2ca$

① ㄱ ② ㄴ ③ ㄷ

④ ㄱ, ㄷ ⑤ ㄱ, ㄴ, ㄷ

008

다항식 $(5x^3-3x^2+2x)^2$의 전개식에서 x^4의 계수를 구하시오.

009

다항식 $(x-2)(x+1)(x+3)$을 전개하였을 때, x^2의 계수를 a, x의 계수를 b라 하자. $a-b$의 값을 구하시오.

010

다음 (가), (나), (다)에 알맞은 것은?

분배법칙에 의하여

$(x-1)(x+1)=x^2-1$,

$(x-1)($ (가) $)=x^3-1$,

$(x-1)(x^3+x^2+x+1)=$ (나) 이고,

마찬가지 방법으로 자연수 n $(n\geq2)$에 대하여

$(x-1)(x^{n-1}+x^{n-2}+\cdots+x+1)=$ (다)

이 성립함을 알 수 있다.

	(가)	(나)	(다)
①	x^2-x+1	x^4-1	x^n-1
②	x^2-x+1	x^4+1	x^n+1
③	x^2+x+1	x^4-1	x^n-1
④	x^2+x+1	x^4+1	x^n+1
⑤	x^2+x+1	x^4-1	x^n+1

유형 03 곱셈 공식의 변형

주어진 정보와 곱셈 공식을 이용하여 새로운 식의 값을 구하는 문제를 분류하였다.

유형해결 TIP

$a^3\pm b^3$, $a^2\pm b^2$, $a\pm b$, ab, $a^2+b^2+c^2$, $ab+bc+ca$, $a^3+b^3+c^3$, abc 등 주어진 정보를 사용할 수 있는 곱셈 공식을 적절히 변형하여 해결할 수 있다.

011 빈출

두 실수 x, y에 대하여

$$x+y=2,\ xy=-5$$

일 때, x^3+y^3의 값을 구하시오.

012

두 실수 a, b에 대하여

$$a-b=2,\ a^2+b^2=6$$

일 때, a^3-b^3의 값은?

① 10 ② 12 ③ 14
④ 16 ⑤ 18

013 빈출

$x=1+\sqrt{3}$, $y=1-\sqrt{3}$일 때, x^3-y^3의 값은?

① $4\sqrt{3}$ ② $6\sqrt{3}$ ③ $8\sqrt{3}$
④ $10\sqrt{3}$ ⑤ $12\sqrt{3}$

014

$x=3-2\sqrt{2}$일 때, $x^3+\frac{1}{x^3}$의 값을 구하시오.

015

$x^2-3x-1=0$일 때, $x^3-\frac{1}{x^3}$의 값은?

① 30 ② 32 ③ 34
④ 36 ⑤ 38

016

세 실수 a, b, c가 $a+b+c=3$, $a^2+b^2+c^2=21$을 만족시킬 때, $ab+bc+ca$의 값은?

① -6 ② -5 ③ -4
④ -3 ⑤ -2

유형 04 다항식의 나눗셈

다항식 A를 다항식 B $(B\neq0)$로 나누었을 때의 몫을 Q, 나머지를 R이라 할 때,

(1) 두 다항식 A, B를 내림차순으로 정리한 후 자연수의 나눗셈과 유사한 방법으로 직접 계산하여 몫 Q와 나머지 R을 구하는 문제

(2) $A=BQ+R$ 꼴의 식을 세워 해결하는 문제

로 분류하였다.

유형해결 TIP

R은 상수 또는 (R의 차수)$<$(B의 차수)임에 유의한다.

017

다항식 $2x^3+3x^2-7x+4$를 $2x-3$으로 나누었을 때의 몫과 나머지를 바르게 나타낸 것은?

	몫	나머지
①	x^2-3x-1	7
②	x^2-3x+1	1
③	x^2+3x-1	7
④	x^2+3x+1	1
⑤	x^2+3x+1	7

018

다음은 다항식 $4x^2-5x+3$을 $x+a$로 나누는 과정이다.

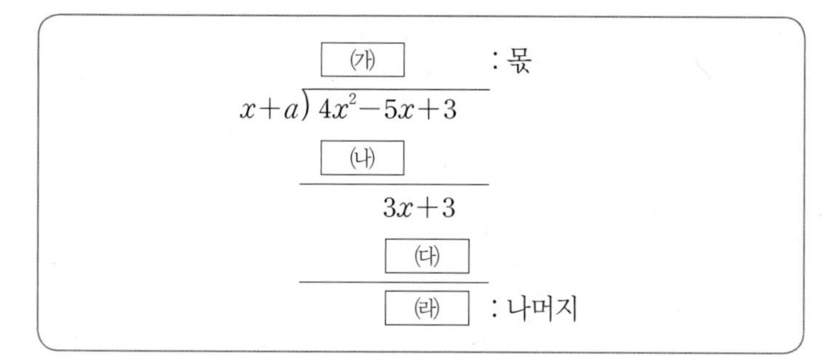

위의 과정에 대한 설명 중 옳지 않은 것은? (단, a는 상수이다.)

① $a=-2$이다.
② (가)에 알맞은 식은 $4x+3$이다.
③ (나)에 알맞은 식은 $4x^2-8x$이다.
④ (다)에 알맞은 식은 $3x-6$이다.
⑤ (라)에 알맞은 값은 -9이다.

019 빈출

다항식 $3x^4-x^2+5x+1$을 x^2+x+1로 나누었을 때의 몫을 $Q(x)$, 나머지를 $R(x)$라 하자. $Q(2)+R(1)$의 값은?

① 12 ② 13 ③ 14
④ 15 ⑤ 16

020

다항식 $f(x)$를 $4x^2+2x+1$로 나누었을 때의 몫은 $2x-1$이고 나머지는 $-x+3$이다. $f(1)$의 값을 구하시오.

021

다항식 A를 $x-1$로 나누었을 때의 몫은 $6x+5$이고 나머지는 -2이다. 다항식 A를 $3x+1$로 나누었을 때의 몫과 나머지의 합을 구하시오.

022

다항식 $P(x)$를 $4x+6$으로 나누었을 때의 몫을 $Q(x)$, 나머지를 R이라 할 때, 다항식 $P(x)$를 $x+\frac{3}{2}$으로 나누었을 때의 몫과 나머지를 순서대로 나열한 것은?

① $\frac{Q(x)}{4}$, $\frac{R}{4}$ ② $\frac{Q(x)}{4}$, R ③ $Q(x)$, $4R$
④ $4Q(x)$, R ⑤ $4Q(x)$, $4R$

023

다항식 $f(x)$를 x^2+3x-1로 나누었을 때의 나머지가 $2x-4$이다. $xf(x)$를 x^2+3x-1로 나누었을 때의 나머지를 $R(x)$라 할 때, $R(2)$의 값은?

① -6 ② -10 ③ -14
④ -18 ⑤ -22

유형 05 다항식의 연산의 활용

다항식의 연산을 이용하여
(1) 복잡한 수의 연산을 간단하게 하는 문제
(2) 도형의 둘레의 길이, 넓이, 부피를 구하거나 어떤 삼각형인지 판별하는 문제
로 분류하였다.

024

다음 물음에 답하시오.

(1) $(2+1)(2^2+1)(2^4+1)(2^8+1)=2^n-1$일 때, n의 값을 구하시오.
(2) $9\times11\times101\times10001=10^n-1$일 때, n의 값을 구하시오.

025

세 변의 길이가 각각 a, b, c인 삼각형에 대하여

$$(a+b+c)^2=3ab+3bc+3ca$$

가 성립할 때, 이 삼각형은 어떤 삼각형인가?

① $b=c$인 직각이등변삼각형
② $a=b$인 직각이등변삼각형
③ 빗변의 길이가 a인 직각삼각형
④ 빗변의 길이가 c인 직각삼각형
⑤ 정삼각형

026

그림과 같은 직육면체의 부피를 바르게 나타낸 식은?

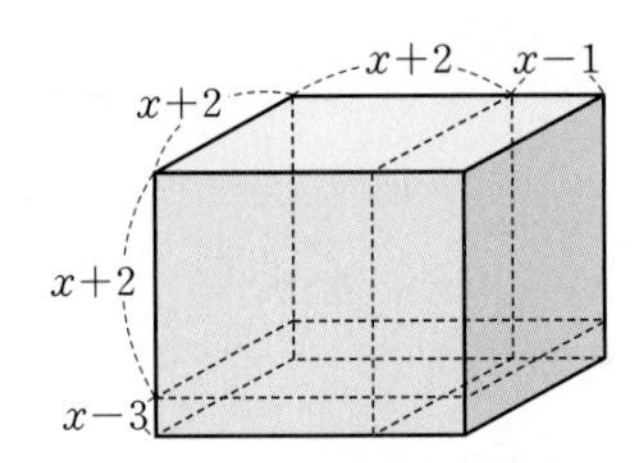

① $4x^3-8x^2-3x$ ② $4x^3-8x^2-3x+3$
③ $4x^3+8x^2-x-2$ ④ $4x^3+8x^2+x+2$
⑤ $4x^3+8x^2+3x+3$

027

지름의 길이가 14인 원에 내접하는 직각삼각형의 둘레의 길이가 32일 때, 이 직각삼각형의 넓이를 구하시오.

028 빈출

직육면체 ABCD−EFGH의 모든 모서리의 길이의 합이 32이고 $\overline{DF}=\sqrt{30}$일 때, 직육면체 ABCD−EFGH의 겉넓이를 구하시오.

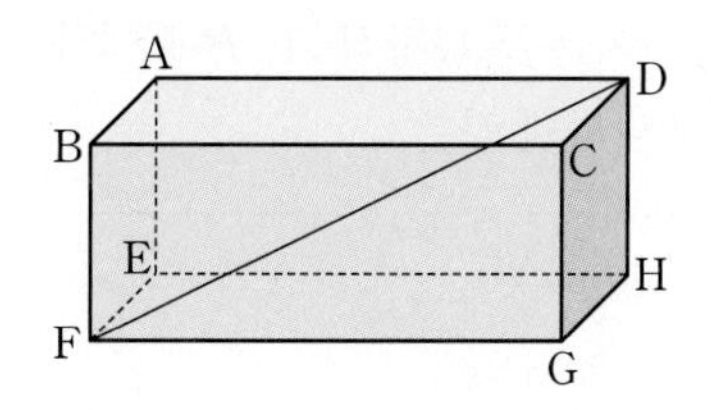

유형 01 다항식의 덧셈과 뺄셈

029

다음 조건을 만족시키는 두 다항식 A, B에 대하여 다항식 $A+3B$를 바르게 나타낸 것은?

(가) $A-B=x^2+2xy-y^2$
(나) $2A+B=2x^2+xy+7y^2$

① $x^2-xy+9y^2$　② $x^2-xy+11y^2$
③ $x^2-2xy-7y^2$　④ $x^2-2xy+9y^2$
⑤ $x^2-2xy+11y^2$

030

세 다항식 A, B, C에 대하여

$3A-B=x^3+2x-1$,
$3B-C=3x^2+x+7$,
$3C-A=3x^3-x^2+5x$

일 때, $A+B+C=ax^3+bx^2+cx+d$이다. $abcd$의 값을 구하시오. (단, a, b, c, d는 상수이다.)

031 서술형

다음 표에서 가로, 세로, 대각선에 있는 세 다항식의 합이 모두 $6x^2+9x$가 되도록 할 때, 다항식 $f(x)$에 대하여 $f(2)$의 값을 구하고, 그 과정을 서술하시오.

	$f(x)$	
	$2x^2+3x$	$4x^2+5x+2$
$5x^2+6x+3$		

유형 02 다항식의 곱셈과 곱셈 공식

032

다항식 $(x^2-4)(x^2-2x+4)(x^2+2x+4)$를 바르게 전개한 것은?

① x^8-64　② x^6-64　③ x^6+64
④ x^6-8x^3-64　⑤ x^6+8x^3+64

033

$(1+2x+3x^2+\cdots+101x^{100})^3$의 전개식에서 x의 계수는?

① 2　② 4　③ 6
④ 8　⑤ 10

034

다항식 $(3a^2+2a+1)^3(a-1)$의 전개식에서 a^5의 계수는?

① 9　② 18　③ 27
④ 36　⑤ 45

035

다항식 $(x^3+2x^2+3y)^3+(x^3+2x^2-3y)^3$의 전개식에서 x^2y^2의 계수를 구하시오.

036

다항식 $\{(x+1)^3+(x-1)^2\}^4$의 전개식에서 x의 계수와 x^{11}의 계수의 합을 구하시오.

유형 03 곱셈 공식의 변형

037

| 선행 011, 012 |

두 실수 x, y에 대하여

$$x+y=1,\ x^3+y^3=4$$

일 때, x^4+y^4의 값은?

① 6 ② 7 ③ 8
④ 9 ⑤ 10

038

| 선행 013 |

두 실수 a, b에 대하여

$$a^2=2\sqrt{2}+2,\ b^2=2\sqrt{2}-2$$

일 때, $(a^3+b^3)(a^3-b^3)$의 값을 구하시오.

039

| 선행 009, 016 |

다항식 $(x-a)(x+2b)(x+c)$의 전개식에서 x^2의 계수가 5이고 x의 계수가 -3일 때, $a^2+4b^2+c^2$의 값은?

(단, a, b, c는 상수이다.)

① 35 ② 31 ③ 27
④ 23 ⑤ 19

040

| 선행 015 |

$a>1$인 실수 a가 $a^4-\sqrt{5}a^2-1=0$을 만족시킬 때,

$a^6+2a^2-3a+\dfrac{3}{a}+\dfrac{2}{a^2}-\dfrac{1}{a^6}$의 값은?

① $2+4\sqrt{5}$ ② $3+4\sqrt{5}$ ③ $2+8\sqrt{5}$
④ $3+8\sqrt{5}$ ⑤ $4+8\sqrt{5}$

041

두 실수 x, y에 대하여

$$x+y=1,\ x^2+y^2=3$$

일 때, x^7+y^7의 값은?

① 26 ② 27 ③ 28
④ 29 ⑤ 30

042

세 실수 a, b, c에 대하여

$$a-2b-c=2ab-2bc+ca=5$$

일 때, $a^2+4b^2+c^2$의 값을 구하시오.

043

0이 아닌 세 실수 x, y, z에 대하여

$$\frac{1}{x}-\frac{1}{y}-\frac{1}{z}=0,\ x^2+y^2+z^2=4$$

일 때, $(x-y-z)^{10}$의 값은?

① 2^5 ② 2^{10} ③ 2^{15}
④ 2^{20} ⑤ 2^{25}

044 서술형

세 실수 x, y, z에 대하여

$$x+y+z=4,\ x^2+y^2+z^2=10,\ xyz=-2$$

일 때, 다음 식의 값을 구하고, 그 과정을 서술하시오.

(1) $x^3+y^3+z^3$

(2) $x^4+y^4+z^4$

045 빈출

| 선행 025 |

세 실수 a, b, c에 대하여

$$a-b=1+\sqrt{3},\ b-c=-2\sqrt{3}$$

일 때, $a^2+b^2+c^2-ab-bc-ca$의 값을 구하시오.

046 빈출

세 실수 x, y, z에 대하여

$$x+y+z=4,\ xy+yz+zx=1,\ xyz=-6$$

일 때, $(x+y)(y+z)(z+x)$의 값은?

① 2 ② 4 ③ 6
④ 8 ⑤ 10

유형 04 다항식의 나눗셈

047 빈출

다항식 $2x^3+3x^2-x+a$가 x^2-x+b로 나누어떨어질 때, 두 상수 a, b에 대하여 $a+b$의 값을 구하시오.

048

다항식 $f(x)$를 $x-1$로 나누었을 때의 몫은 $g(x)$, 나머지는 2이고, 다항식 $g(x)$를 x^2+x+1로 나누었을 때의 나머지는 $x+1$이다. 다항식 $f(x)$를 x^3-1로 나누었을 때의 나머지는?

① $x-1$ ② x^2-1 ③ x^2+1
④ x^2-x ⑤ x^2+x

049 서술형

다항식 $f(x)=(3x^2+2x+5)(x^2-x+2)+2x^3-5x^2-6x-10$을 x^2-x+2로 나누었을 때의 몫을 $Q(x)$, 나머지를 $R(x)$라 할 때, $Q(1)+R(2)$의 값을 구하고, 그 과정을 서술하시오.

050

상수가 아닌 두 다항식 $f(x)$, $g(x)$에 대하여 $f(x)$를 $g(x)$로 나누었을 때의 몫을 $Q(x)$, 나머지를 $R(x)$라 하자. 〈보기〉에서 옳은 것만을 있는 대로 고른 것은?

(단, ($f(x)$의 차수)$\geq$($g(x)$의 차수)이다.)

〈보 기〉

ㄱ. 다항식 $f(x)-R(x)$는 $Q(x)$로 나누어떨어진다.
ㄴ. 다항식 $f(x)$를 $Q(x)$로 나누었을 때의 몫은 $g(x)$이고 나머지는 $R(x)$이다.
ㄷ. 다항식 $2f(x)-g(x)$를 $g(x)$로 나누었을 때의 몫은 $2Q(x)-1$이고 나머지는 $2R(x)$이다.

① ㄱ ② ㄴ ③ ㄱ, ㄴ
④ ㄱ, ㄷ ⑤ ㄱ, ㄴ, ㄷ

051 빈출

| 선행 022, 023 |

다항식 $f(x)$를 $x-\frac{1}{6}$로 나누었을 때의 몫은 $Q(x)$이고 나머지는 R이다. 다항식 $xf(x)$를 $3x-\frac{1}{2}$로 나누었을 때의 몫과 나머지를 순서대로 나열한 것은?

① $\frac{x}{3}Q(x)$, $\frac{R}{3}$ ② $\frac{x}{3}Q(x)$, $\frac{R}{6}$
③ $\frac{x}{3}Q(x)+\frac{R}{3}$, $\frac{R}{3}$ ④ $\frac{x}{3}Q(x)+\frac{R}{3}$, $\frac{R}{6}$
⑤ $\frac{x}{6}Q(x)+\frac{R}{6}$, $\frac{R}{6}$

052

삼차다항식 $P(x)$를 $2x+1$로 나누었을 때의 몫은 $Q(x)$이고 나머지는 5이다. 다항식 $P(x)$를 $2Q(x)-1$로 나누었을 때의 몫과 나머지의 합을 바르게 나타낸 것은?

① $2x-6$ ② $x-6$ ③ x
④ $x+6$ ⑤ $2x+6$

053

최고차항의 계수가 1인 삼차식 $f(x)$를 $(x-2)^2$으로 나누었을 때의 몫과 나머지가 서로 같다. $f(2)=3$일 때, 다항식 $f(x)$를 $(x-2)^3$으로 나누었을 때의 나머지는?

① x^2-4x+7 ② $2x^2-7x+9$
③ $2x^2+5x-15$ ④ $3x^2+8x-13$
⑤ $3x^2-11x+13$

054

두 다항식 $f(x)$, $g(x)$에 대하여 다항식 $f(x)+g(x)$를 x^2-3x+7로 나누었을 때의 나머지가 2이고, 다항식 $f(x)-2g(x)$를 $(x-1)(x^2-3x+7)$로 나누었을 때의 나머지가 x^2+6x-9이다. 다항식 $f(x)$를 x^2-3x+7로 나누었을 때의 나머지는?

① $x-4$ ② $3x-4$ ③ $3x+7$
④ $3x-12$ ⑤ $9x-12$

유형 05 다항식의 연산의 활용

055

$a=9996$이라 할 때, a^2의 각 자리 숫자의 합을 구하시오.

056

$\{(\sqrt{3}+1)^{10}+(\sqrt{3}-1)^{10}\}^2-\{(\sqrt{3}+1)^{10}-(\sqrt{3}-1)^{10}\}^2$의 값은?

① 3×2^{10} ② 2^{12} ③ 3×2^{14}
④ 3×2^{16} ⑤ 2^{18}

057

다음 물음에 답하시오.

(1) $x^2+3x-1=0$일 때, $x^4+x^3-9x^2-4x+13$의 값을 구하시오.

(2) $x^2+7x+1=0$일 때, $(x+2)(x+3)(x+4)(x+5)$의 값을 구하시오.

058

$x=\sqrt{7}-3$일 때, $x^5-34x^3-13x^2-5x+1$의 값은?

① $\sqrt{7}$　② $\sqrt{7}-3$　③ $\sqrt{7}+3$
④ $2\sqrt{7}-6$　⑤ $2\sqrt{7}+6$

059

교육청 기출

그림과 같이 선분 AB를 빗변으로 하는 직각삼각형 ABC가 있다. 점 C에서 선분 AB에 내린 수선의 발을 H라 할 때, $\overline{CH}=1$이고 삼각형 ABC의 넓이는 $\frac{4}{3}$이다.

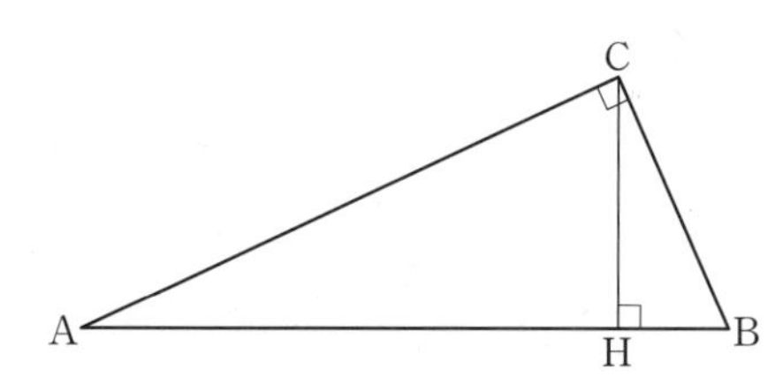

$\overline{BH}=x$라 할 때, $3x^3-5x^2+4x+7$의 값은? (단, $x<1$)

① $13-3\sqrt{7}$　② $14-3\sqrt{7}$
③ $15-3\sqrt{7}$　④ $16-3\sqrt{7}$
⑤ $17-3\sqrt{7}$

060

넓이가 850π인 원에 내접하는 직사각형 ABCD가 있다. 이 직사각형의 넓이가 1500일 때, $|\overline{AB}-\overline{BC}|$의 값은?

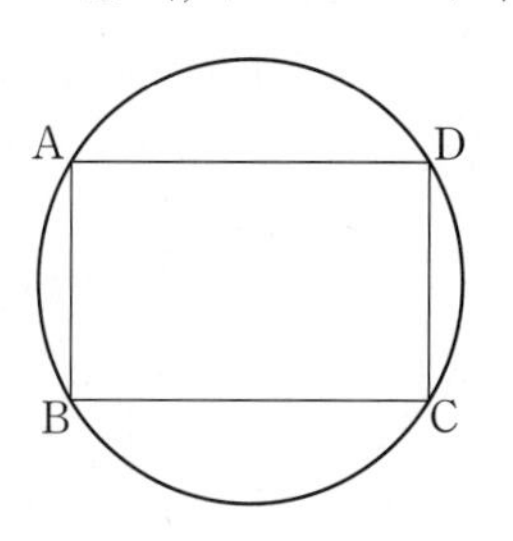

① 20　② 25　③ 30
④ 35　⑤ 40

061

빈출

그림과 같이 중심각의 크기가 $90°$이고 반지름의 길이가 $3\sqrt{3}$인 부채꼴 OAB 모양의 땅이 있다. 이 부채꼴에 내접하고 넓이가 11인 직사각형 모양의 잔디밭 OCDE를 만들었다.
$A\rightarrow C\rightarrow E\rightarrow B$를 잇는 최단 거리의 길을 만들려고 할 때, 그 길이는?

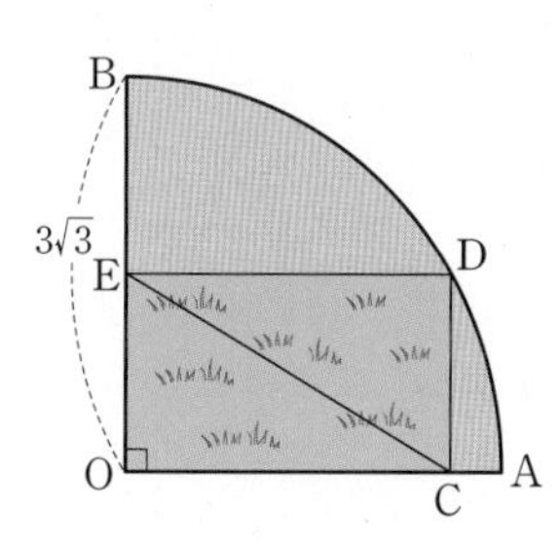

① $6\sqrt{3}-4$　② $6\sqrt{3}-5$　③ $9\sqrt{3}-6$
④ $9\sqrt{3}-7$　⑤ $9\sqrt{3}-8$

062

선생님 Pick! 교육청 변형

그림과 같이 모든 모서리의 길이의 합이 60인 직육면체 ABCD−EFGH가 있다. 사면체 C−BGD의 모든 모서리의 길이의 제곱의 합이 249일 때, 직육면체 ABCD−EFGH의 겉넓이는?

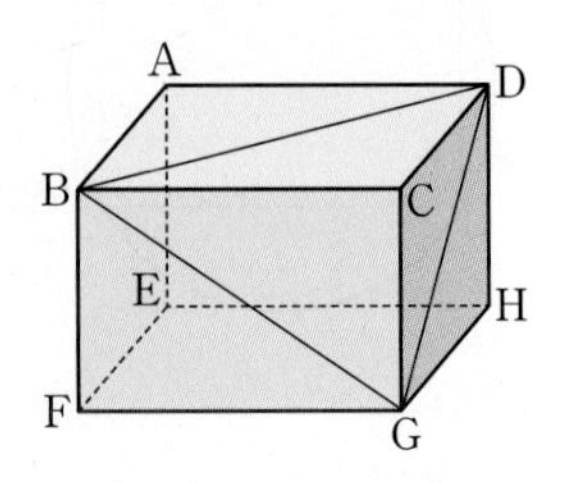

① 138 ② 140 ③ 142
④ 144 ⑤ 146

063

그림과 같이 $\overline{AB}=4$, $\overline{BC}=8$인 직사각형과 선분 BC를 지름으로 하는 반원이 있다. 선분 AD 위의 점이 아닌 호 BC 위의 한 점 P에서 선분 AB에 내린 수선의 발을 Q, 선분 AD에 내린 수선의 발을 R이라 하자. 사각형 AQPR의 대각선의 길이가 $4\sqrt{2}$일 때, 사각형 AQPR의 넓이는?

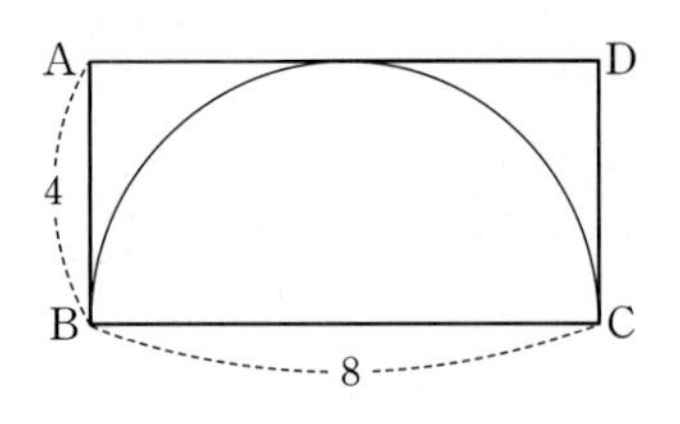

① 2 ② 3 ③ 4
④ 5 ⑤ 6

스키마 schema로 풀이 흐름 알아보기

최고차항의 계수가 1인 삼차식 $f(x)$를 $(x-2)^2$으로 나누었을 때의 몫과 나머지가 서로 같다.(조건 ①) $f(2)=3$(조건 ②)일 때, 다항식 $f(x)$를 $(x-2)^3$으로 나누었을 때의 나머지는?(답)

① x^2-4x+7 ② $2x^2-7x+9$ ③ $2x^2+5x-15$
④ $3x^2+8x-13$ ⑤ $3x^2-11x+13$

▶ 주어진 조건은 무엇인지? 구하는 답은 무엇인지? 이 둘을 어떻게 연결할지?

1 단계

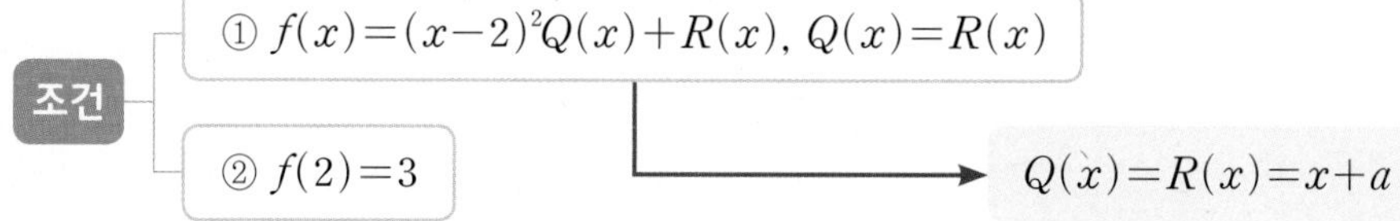

조건 ①에서 삼차식 $f(x)$의 최고차항의 계수가 1이고 이차식 $(x-2)^2$의 계수가 1이므로 삼차식 $f(x)$를 이차식 $(x-2)^2$으로 나눈 몫은 최고차항의 계수가 1인 일차식이다.

2 단계

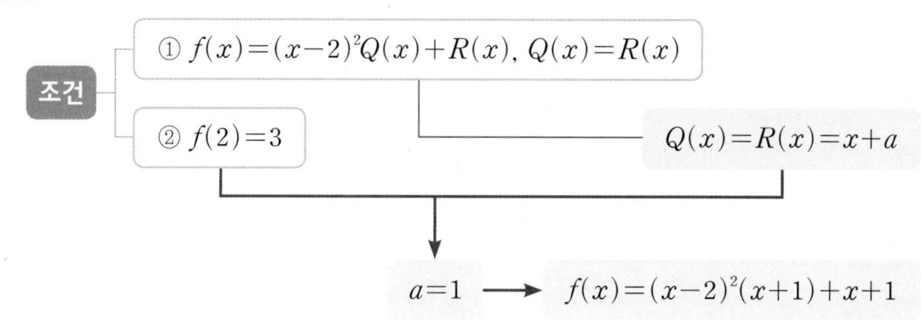

$Q(x)=R(x)=x+a$ (a는 상수)이므로

$f(x)=(x-2)^2(x+a)+x+a$

조건 ②에서

$f(2)=2+a=3$이므로

$a=1$

3 단계

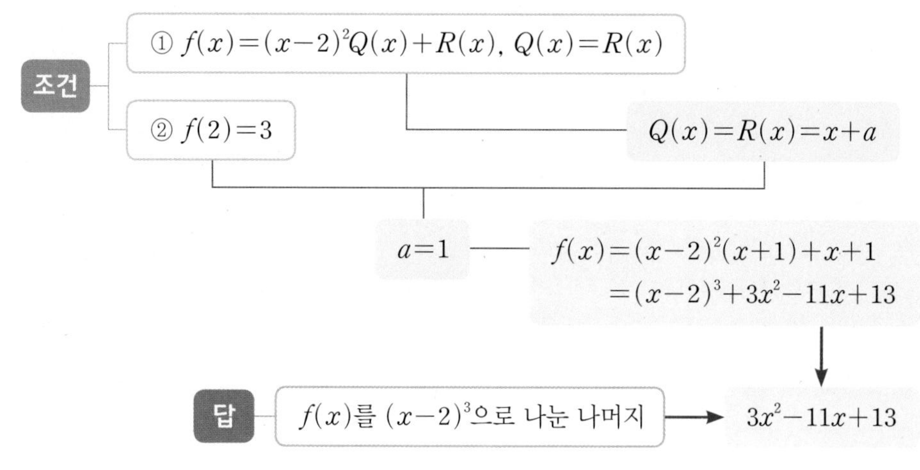

다항식 $f(x)$를 $(x-2)^3$으로 나눈 나머지를 구해야 하므로

$f(x)=(x-2)^3Q_1(x)+R_1(x)$

꼴로 변형한다.

$f(x)=(x-2)^2(x+1)+x+1$

$=(x-2)^2\{(x-2)+3\}+x+1$

$=(x-2)^3+3x^2-11x+13$

이므로 구하는 나머지는

$3x^2-11x+13$이다.

064

자연수 n에 대하여 다항식 $f_n(x)$가 다음 조건을 만족시킨다.

> (가) $f_1(x)=x^3+x^2+1$
> (나) $f_{n+1}(x)=f_n(x+n)$

다항식 $f_5(x)$의 x^2의 계수는?

① 29　② 30　③ 31
④ 32　⑤ 33

065

다항식

$$P(x)=\{(x-2)^4+6(x-2)^3+12(x-2)^2\}^3$$

을 정리하면 $(x-2)^m(x^3-n)^3$과 같다. 다항식 $P(x)$의 x^{3m}의 계수와 x^n의 계수의 합을 구하시오. (단, m, n은 자연수이다.)

066

교육청 기출

세 실수 x, y, z가 다음 조건을 만족시킨다.

> (가) x, y, $2z$ 중 적어도 하나는 3이다.
> (나) $3(x+y+2z)=xy+2yz+2zx$

$10xyz$의 값을 구하시오.

067

| 선행 042, 045 |

세 실수 x, y, z가 다음 조건을 만족시킨다.

> (가) $x+2y-z=12$
> (나) $x^2+4y^2+z^2=2xy-2yz-zx$

$x^2+y^2+z^2$의 값을 구하시오.

068

| 선행 046 |

세 실수 x, y, z에 대하여

$$x+y+z=1,\ x^3+y^3+z^3=13$$

일 때, 다음 식의 값을 구하시오.

$$xy(x+y)+yz(y+z)+zx(z+x)+2xyz$$

069

0이 아닌 두 실수 a, b에 대하여

$$a+\frac{1}{b}=3+\sqrt{5},\ b+\frac{1}{a}=3-\sqrt{5}$$

일 때, a^3+b^3의 값을 구하시오.

070

교육청 변형

다항식 $f(x)$를 x^2+1로 나눈 나머지가 $x+2$이다. $\{f(x)\}^3$을 x^2+1로 나눈 나머지가 $R(x)$일 때, $R(2)$의 값은?

① 24 ② 26 ③ 28 ④ 30 ⑤ 32

071

| 선행 054 |

세 다항식 $f(x)$, $g(x)$, $h(x)$에 대하여 다항식 $2f(x)+3g(x)$를 $h(x)$로 나눈 나머지가 $5x^2$이고, 다항식 $4f(x)+3g(x)$를 $h(x)$로 나눈 나머지가 $3x^2$이다. 30 이하의 두 자연수 m, n에 대하여 다항식 $mf(x)+ng(x)$가 $h(x)$로 나누어떨어질 때, $m+n$의 최솟값과 최댓값의 합을 구하시오.

072

두 다항식 $f(x)$, $g(x)$가 다음 조건을 만족시킨다.

> (가) $f(x)$를 $g(x)$로 나눈 몫과 나머지가 모두 $g(x)+x^3$이다.
> (나) $g(x)$를 $g(x)+x^3$으로 나눈 몫은 이차식이다.
> (다) $f(0)+g(0)=-1$

$f(x)$의 최고차항의 계수가 2일 때, $g(-2)$의 값을 구하시오.

073

두 다항식 $f(x)=(x^2+x+1)^3$, $g(x)=x^2+2$가 다음 조건을 만족시킨다.

> (가) $f(x)$를 $g(x)$로 나눈 나머지는 $R_1(x)$이다.
> (나) $xf(x)$를 $g(x)$로 나눈 나머지는 $R_2(x)$이다.

$R_1(2)\times R_2(1)$의 값을 구하시오.

074

다항식 $f(x)$를 $x+2$로 나누었을 때의 몫을 $Q_1(x)$, 나머지를 r_1이라 하고, $Q_1(x)$를 $x+2$로 나누었을 때의 몫을 $Q_2(x)$, 나머지를 r_2라 하자. 이와 같이 자연수 n에 대하여 $Q_n(x)$를 $x+2$로 나누었을 때의 몫을 $Q_{n+1}(x)$, 나머지를 r_{n+1}이라 할 때, 다항식 $f(x)$가 다음 조건을 만족시킨다.

> (가) 모든 자연수 n에 대하여 r_n은 0 또는 한 자리 자연수이다.
> (나) $f(x)$를 $(x+2)^4$으로 나누었을 때의 나머지를 $R(x)$라 할 때, $R(8)=1024$이다.

다항식 $f(x)$를 $(x+2)^3$으로 나누었을 때의 나머지는?

① $x+6$　② $x+8$　③ $2x+6$
④ $2x+8$　⑤ $4x+6$

075

교육청 변형

그림과 같이 중심이 O, 반지름의 길이가 5이고, 중심각의 크기가 90°인 부채꼴 OAB가 있다. 호 AB 위의 점 P에서 두 선분 OA, OB에 내린 수선의 발을 각각 H, I라 하자. 삼각형 PIH에 내접하는 원의 넓이가 $\frac{\pi}{4}$일 때, $\overline{PH}^3+\overline{PI}^3$의 값을 구하시오.

(단, 점 P는 점 A도 아니고 점 B도 아니다.)

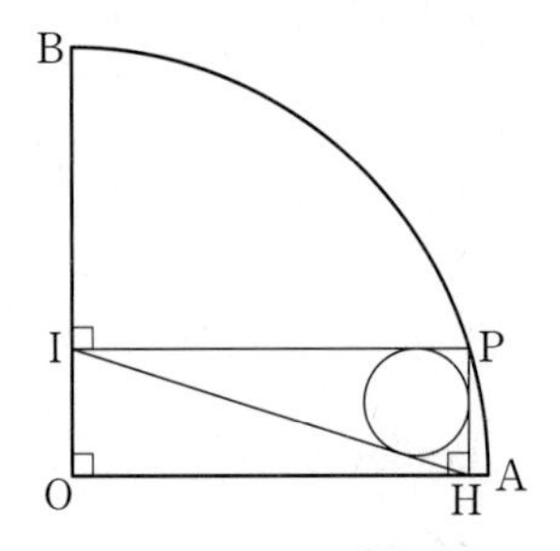

076

교육청 변형

$\overline{AB}=\overline{AC}=4$인 이등변삼각형 ABC가 있다. 그림과 같이 변 AB 위에 두 점 L_1, L_2를 잡고, 두 점 L_1, L_2에서 변 AC와 평행한 직선을 그어 변 BC와 만나는 점을 각각 M_1, M_2라 하고, 또한 두 점 M_1, M_2에서 변 AB와 평행한 직선을 그어 변 AC와 만나는 점을 각각 N_1, N_2라 하자.

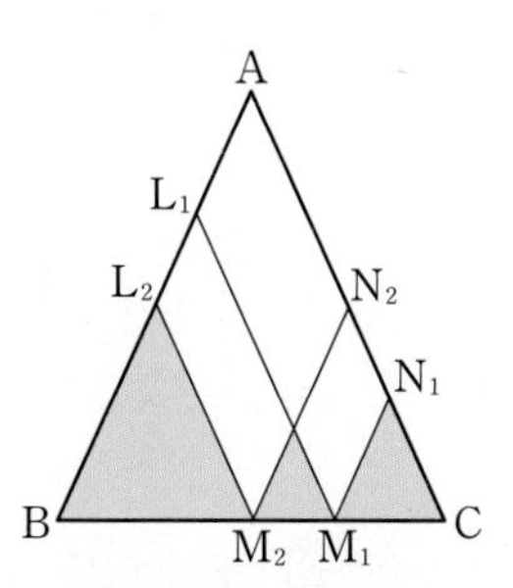

$\overline{AL_1}\times\overline{L_2B}=1$이고, 색칠한 부분 전체의 넓이가 삼각형 ABC의 넓이의 $\frac{1}{2}$이 되도록 두 점 L_1, L_2를 잡을 때, $15\overline{L_1L_2}$의 값을 구하시오. (단, $\overline{AL_1}+\overline{L_2B}\geq 2$이다.)

077

교육청 기출

그림과 같이 직육면체 ABCD$-$EFGH에서 단면 AFC가 생기도록 사면체 F$-$ABC를 잘라내었다. 입체도형 ACD$-$EFGH의 모든 모서리의 길이의 합을 l_1, 겉넓이를 S_1이라 하고, 사면체 F$-$ABC의 모든 모서리의 길이의 합을 l_2, 겉넓이를 S_2라 하자. $l_1-l_2=28$, $S_1-S_2=61$일 때, $\overline{AC}^2+\overline{CF}^2+\overline{FA}^2$의 값을 구하시오.

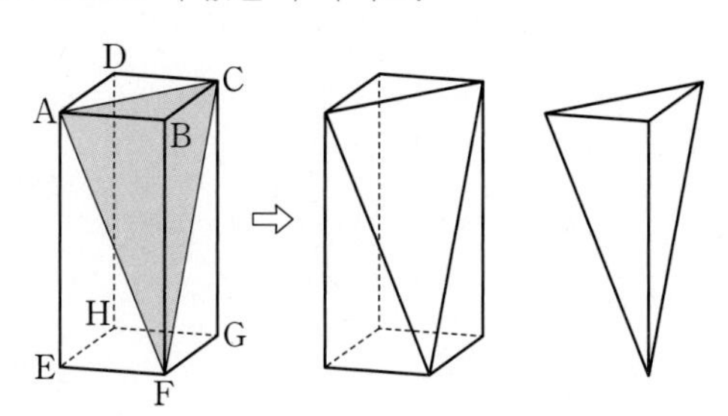

02 항등식과 나머지정리

이전 학습 내용

• 항등식 중1

x가 어떤 값을 가지더라도 항상 참이 되는 등식을 x에 대한 항등식이라 한다.

• 다항식의 나눗셈 01 다항식의 연산

다항식 A를 다항식 B $(B\neq0)$로 나누었을 때의 몫을 Q, 나머지를 R이라 하면

$A=BQ+R$

이때 R은 상수이거나 R의 차수는 B의 차수보다 낮다.

특히, $R=0$일 때 A는 B로 나누어떨어진다고 한다.

$P(x)=(ax-b)Q(x)+R$

$=\left(x-\frac{b}{a}\right)aQ(x)+R$

이므로 다항식 $P(x)$를 $ax-b$, $x-\frac{b}{a}$로 나누었을 때의 나머지는 $P\left(\frac{b}{a}\right)$로 서로 같다.

예 $(x^3-3x^2+5x+1)\div(x-2)$

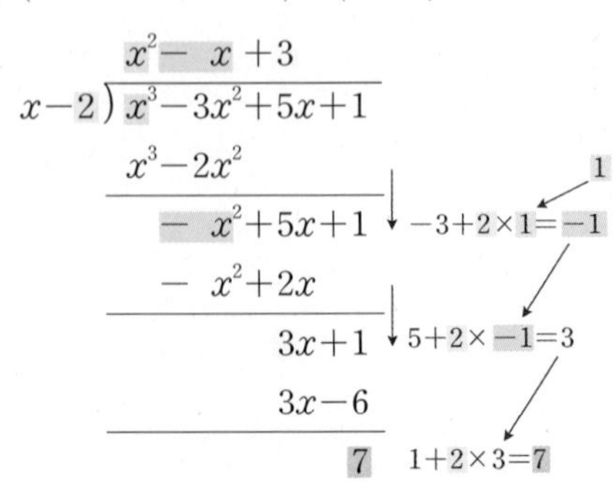

현재 학습 내용

• 항등식

주어진 식의 문자에 어떤 값을 대입하여도 항상 성립하는 등식을 그 문자에 대한 항등식이라 한다.

1. 항등식의 성질

(1) 등식 $ax^2+bx+c=0$이 x에 대한 항등식일 조건
: $a=b=c=0$

(2) 등식 $ax^2+bx+c=a'x^2+b'x+c'$이 x에 대한 항등식일 조건
: $a=a'$, $b=b'$, $c=c'$

2. 미정계수법 ········ 유형 01 항등식의 성질을 이용한 미정계수법

항등식에서 그 성질을 이용하여 미지의 계수를 구하는 방법이다.

(1) **계수비교법**: 양변을 정리한 후 동류항의 계수를 비교하여 미지의 계수를 구하는 방법

(2) **수치대입법**: 어떤 수를 대입하여도 항상 성립하므로 양변에 적당한 수를 대입하여 미지의 계수를 구하는 방법

• 나머지정리 ········ 유형 02 나머지정리

다항식 $P(x)$를 일차식 $x-a$로 나누었을 때의 몫을 $Q(x)$, 나머지를 R이라 하면

$P(x)=(x-a)Q(x)+R$ (R은 상수)

이 등식은 x에 대한 항등식이므로 양변에 $x=a$를 대입하면 $R=P(a)$이다.

이를 나머지정리라 한다.

(1) 다항식 $P(x)$를 일차식 $x-a$로 나누었을 때의 나머지를 R이라 하면

$R=P(a)$

(2) 다항식 $P(x)$를 일차식 $ax-b$로 나누었을 때의 나머지를 R이라 하면

$R=P\left(\frac{b}{a}\right)$

• 인수 정리 ········ 유형 03 인수 정리

다항식 $P(x)$에 대하여

(1) $P(a)=0$이면 다항식 $P(x)$는 일차식 $x-a$로 나누어떨어진다.

(2) $P(x)$가 일차식 $x-a$로 나누어떨어지면 $P(a)=0$이다.

• 조립제법 ········ 유형 04 조립제법

다항식 $P(x)$를 일차식으로 나눌 때 $P(x)$의 각 항의 계수만을 이용하여 몫과 나머지를 구하는 방법이다.

예 $(x^3-3x^2+5x+1)\div(x-2)$

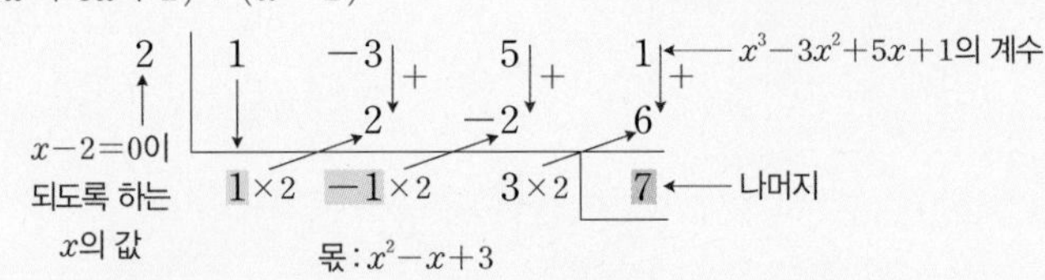

유형 01 항등식의 성질을 이용한 미정계수법

주어진 항등식의 미지의 계수를 구하는 문제를 분류하였다.

유형해결 TIP

계수비교법과 수치대입법 중 어느 방법으로 풀어도 그 결과는 같으므로 더 간단한 방법을 이용하여 해결하면 된다.
특히, 수치대입법을 사용할 때에는

(대입하는 수의 개수)=(계수에 포함된 문자의 개수)

임을 이용하여 얻은 방정식을 연립하여 풀면 된다. 이때 계산이 편리한 값을 대입할 수 있도록 한다.
한편, 'x에 대한 항등식'의 여러 가지 표현은 다음과 같다.

- 모든 x에 대하여 성립하는 등식
- 임의의 x에 대하여 성립하는 등식
- x의 값에 관계없이 항상 성립하는 등식
- x에 어떤 값을 대입해도 항상 성립하는 등식

078

등식 $ax^2-3x+5=x^2+(1-b)x+c$가 x에 대한 항등식이 되도록 하는 세 상수 a, b, c에 대하여 $a+b+c$의 값은?

① 6 ② 7 ③ 8 ④ 9 ⑤ 10

079 빈출

다음 등식이 x에 대한 항등식이 되도록 하는 세 상수 a, b, c에 대하여 abc의 값을 구하시오.

$$3x^2-4x+7=a(x-1)^2+b(x-1)+c$$

080

모든 실수 x에 대하여 등식

$$x^3+ax^2-4x-5=(x+1)(x^2+bx-5)$$

가 성립한다. 두 상수 a, b에 대하여 $a+b$의 값을 구하시오.

081 빈출

x에 대한 항등식

$$x^2-x+4=a(x+1)(x-2)+bx(x+1)+cx(x-2)$$

를 만족시키는 세 상수 a, b, c에 대하여 $a+2b+3c$의 값은?

① 3 ② 4 ③ 5 ④ 6 ⑤ 7

082 빈출

등식 $2kx+(k-2)y-(k+2)=0$이 k의 값에 관계없이 항상 성립하도록 하는 두 상수 x, y에 대하여 $x-y$의 값은?

① 0 ② 1 ③ 2 ④ 3 ⑤ 4

083

임의의 두 실수 x, y에 대하여

$$a(x+y)+b(2x-3y)+8x-7y=0$$

이 성립한다. 두 상수 a, b에 대하여 a^2+b^2의 값을 구하시오.

084

다항식 $3x^3+ax^2-22x+b$를 x^2+2x-5로 나누었을 때의 몫이 $3x-4$이고 나머지가 $x-3$일 때, 두 상수 a, b에 대하여 ab의 값을 구하시오.

085

등식

$$(x^2+2x-4)^3=a_0+a_1x+a_2x^2+\cdots+a_6x^6$$

이 모든 실수 x에 대하여 성립할 때, 다음의 값을 구하시오.

(단, a_0, a_1, a_2, $\cdots$, a_6은 상수이다.)

(1) $a_0+a_1+a_2+a_3+a_4+a_5+a_6$

(2) $a_0-a_1+a_2-a_3+a_4-a_5+a_6$

유형 02 나머지정리

나머지정리는 다항식을 일차식으로 나누었을 때의 나머지를 빠르게 구하는 방법이다. 나머지정리를 이용하여 다항식의 나눗셈을 해결하거나 복잡한 숫자의 나눗셈을 해결하는 문제를 분류하였다.

086

다음 물음에 답하시오.

(1) 다항식 x^3-3x^2+5x+2를 $x-1$로 나누었을 때의 나머지를 구하시오.

(2) 다항식 $8x^3+4x-3$을 $2x+1$로 나누었을 때의 나머지를 구하시오.

087

다항식 $x^{12}+ax^5-3$을 $x+1$로 나누었을 때의 나머지가 6일 때, 상수 a의 값은?

① -8 ② -4 ③ 0
④ 4 ⑤ 8

088

두 다항식 x^2+ax-4, x^2-x+a를 각각 $x+2$로 나누었을 때의 나머지가 서로 같을 때, 상수 a의 값은?

① -3 ② -2 ③ -1
④ 0 ⑤ 1

089 빈출

교육청 변형

다항식 $P(x)$를 $(x+3)(x-1)$로 나눈 나머지가 $3x+5$일 때, 다항식 $(x+2)P(x-4)$를 $x-1$로 나눈 나머지는?

① -6 ② -9 ③ -12
④ -15 ⑤ -18

090 빈출

다항식 $f(x)$를 $x+2$로 나누었을 때의 나머지는 4이고, 다항식 $f(x)$를 $x-3$으로 나누었을 때의 나머지는 -6이다. 다항식 $f(x)$를 $(x+2)(x-3)$으로 나누었을 때의 나머지는?

① $-x-3$ ② $-x-2$
③ $-2x-1$ ④ $-2x$
⑤ $-3x-2$

091

다항식 $f(x)$를 $(x-2)(x+2)$로 나누었을 때의 나머지는 2이고, 다항식 $g(x)$를 $x(x+2)$로 나누었을 때의 나머지는 $x-5$이다. 다항식 $3f(x)-g(x)$를 $x+2$로 나누었을 때의 나머지는?

① 5 ② 7 ③ 9
④ 11 ⑤ 13

092

다항식 $f(x)$를 x^2-3x+2로 나누었을 때의 나머지가 5이고, 다항식 $f(x)$를 x^2+3x+2로 나누었을 때의 나머지가 $2x+3$이다. 다항식 $f(x)$를 x^2+x-2로 나누었을 때의 나머지를 $R(x)$라 할 때, $R(4)$의 값을 구하시오.

093

다항식 $f(x)$를 $x-1$로 나누었을 때의 몫이 $Q(x)$, 나머지가 -3이고, 다항식 $Q(x)$를 $x-3$으로 나누었을 때의 나머지가 2일 때, $f(x)$를 $x-3$으로 나누었을 때의 나머지는?

① -1 ② 0 ③ 1
④ 2 ⑤ 3

094

다항식 $f(x)$를 x^2+2로 나누었을 때의 몫이 $Q(x)$, 나머지가 $3x+5$이고, 다항식 $f(x)$를 x^2-2x-3으로 나누었을 때의 나머지는 $x-3$이다. 다항식 $Q(x)$를 $x+1$로 나누었을 때의 나머지는?

① -2 ② -1 ③ 0
④ 1 ⑤ 2

095

다음은 $98\times99\times103$을 52로 나누었을 때의 나머지를 항등식을 이용하여 구하는 과정이다.

> $x=50$이라 하면
> $98\times99\times103=(2x-2)(2x-1)(2x+\boxed{(가)})$
> 이다. 이때
> $f(x)=(2x-2)(2x-1)(2x+\boxed{(가)})$
> 이라 하면 다항식 $f(x)$를 $x+2$로 나누었을 때의 나머지는
> $\boxed{(나)}$이므로
> $f(x)=(x+2)Q(x)+\boxed{(나)}$ (단, $Q(x)$는 다항식)
> 다시 $x=50$을 대입하면
> $98\times99\times103=52Q(50)+\boxed{(나)}$
> $=52\{Q(50)-1\}+\boxed{(다)}$
> 이므로 $98\times99\times103$을 52로 나누었을 때의 나머지는
> $\boxed{(다)}$이다.

위의 (가), (나), (다)에 알맞은 수를 각각 a, b, c라 할 때, $a-b+c$의 값은?

① 40 ② 45 ③ 50
④ 55 ⑤ 60

유형 03 인수 정리

인수 정리는 나머지정리에서 나머지가 0인 경우이다. 이를 이용하여 나눗셈을 해결하는 문제를 분류하였다.

유형 해결 TIP

'다항식 $P(x)$가 $x-a$로 나누어떨어진다.'의 여러 가지 표현은 다음과 같다.
- $P(a)=0$이다.
- $P(x)$가 $x-a$를 인수로 갖는다.
- $P(x)$를 $x-a$로 나누었을 때의 나머지가 0이다.

096 빈출

다항식 $f(x)=x^3+3x^2+ax-2$가 $x+2$로 나누어떨어질 때, 상수 a의 값은?

① -2 ② -1 ③ 0
④ 1 ⑤ 2

097

다항식 $f(x)=x^3+ax^2-2x+6$에 대하여 다항식 $f(6x+1)$이 $3x-1$로 나누어떨어질 때, $f(1)$의 값은? (단, a는 상수이다.)

① 1 ② 2 ③ 3
④ 4 ⑤ 5

098

다항식 $P(x)=x^3+ax^2+bx-4$가 $(x-1)(x-2)$로 나누어떨어질 때, 두 상수 a, b에 대하여 $b-a$의 값을 구하시오.

099 교육청 변형

다항식 $P(x+2)$를 $x-4$로 나눈 나머지는 15이고, 다항식 $P(x+2)$는 $x+1$로 나누어떨어진다. 다항식 $P(x)$를 $(x-1)(x-6)$으로 나눈 나머지를 $R(x)$라 할 때, $R(5)$의 값은?

① 8 ② 10 ③ 12
④ 14 ⑤ 16

유형 04 조립제법

조립제법을 이용하면 다항식을 일차식으로 나누었을 때 몫을 간단하게 구할 수 있다. 이를 이용하여 나눗셈을 해결하는 문제를 분류하였다.

유형해결 TIP

조립제법은 $x-a$ 꼴로 나눌때에만 사용할 수 있으므로 일차식 $ax-b$로 나눌 때 주의해야 한다.

$$P(x)=(ax-b)Q(x)+R=\left(x-\frac{b}{a}\right)aQ(x)+R$$

에서 다항식 $P(x)$를 $ax-b$, $x-\frac{b}{a}$로 나누었을 때의 몫과 나머지는 다음과 같다.

	$ax-b$	$x-\frac{b}{a}$
몫	$Q(x)$	$aQ(x)$
나머지	R	R

100

다항식 x^3-4x^2+5x-1을 $x-3$으로 나누었을 때의 몫을 $Q(x)$, 나머지를 r이라 할 때, $Q(r)$의 값은?

① 20　② 21　③ 22　④ 23　⑤ 24

101 빈출

다음은 조립제법을 이용하여 다항식 x^3+ax^2+bx+c를 $x+2$로 나누었을 때의 몫과 나머지를 구하는 과정이다. 세 상수 a, b, c에 대하여 $a+b+c$의 값은?

□	1	a	b	c
		□	□	□
	□	5	-2	-1

① 2　② 4　③ 6　④ 8　⑤ 10

102

다음과 같이 조립제법을 이용하여 다항식 $3x^3+4x^2-13x+8$을 $3x+c$로 나눈 결과를 나타낼 때, $a+b+c+d+e$의 값은?

(단, a, b, c, d, e는 정수이다.)

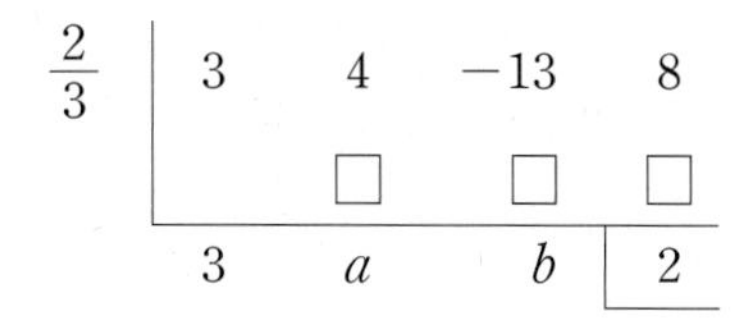

$$3x^3+4x^2-13x+8=(3x+c)(x^2+dx+e)+2$$

① -2　② -4　③ -6　④ -8　⑤ -10

103

다음은 조립제법을 이용하여 삼차식 $f(x)$를 $x-2$로 나누었을 때의 몫을 $x+1$로 다시 나누는 과정이다. 다항식 $f(x)$에 대하여 $f(1)$의 값은?

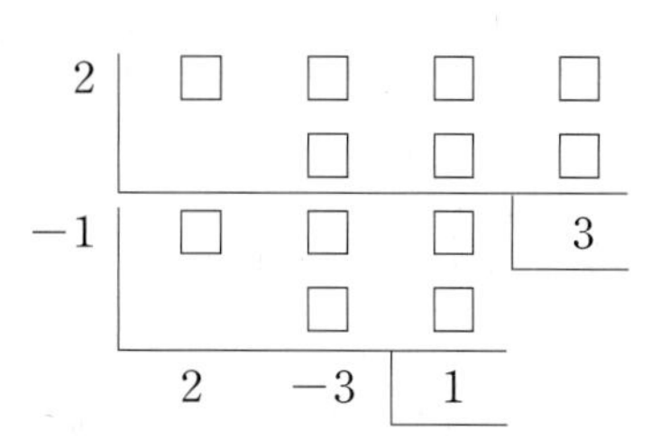

① -8　② -4　③ 0　④ 4　⑤ 8

유형 01 항등식의 성질을 이용한 미정계수법

104

다항식 $f(x)$에 대하여

$$x^8+ax^3+b=(x^2-x)f(x)-2x+5$$

가 x에 대한 항등식일 때, $f(-1)$의 값은? (단, a, b는 상수이다.)

① -1 ② 1 ③ 3
④ 5 ⑤ 7

105

| 선행 083 |

등식 $(x+y)a-(y-z)b-(y+z)c-3x+z=0$이 x, y, z의 값에 관계없이 항상 성립할 때, 세 상수 a, b, c에 대하여 abc의 값은?

① 4 ② 6 ③ 8
④ 10 ⑤ 12

106

$x-y=1$을 만족시키는 모든 실수 x, y에 대하여

$$(a+b)x+(b-2a)y=9$$

가 성립할 때, 두 상수 a, b의 곱 ab의 값은?

① -18 ② -9 ③ 0
④ 9 ⑤ 18

107

$\dfrac{2x-6y+a}{bx+3y+5}$가 x, y의 값에 관계없이 항상 일정한 값을 갖도록 하는 두 상수 a, b에 대하여 $a+b$의 값은? (단, $bx+3y+5\neq0$)

① -10 ② -11 ③ -12
④ -13 ⑤ -14

108

다항식 $f(x)=x^3-2x^2+5$에 대하여

$$f(a-2x)=-8x^3+4x^2+bx+c$$

가 x의 값에 관계없이 항상 성립한다. 세 상수 a, b, c에 대하여 $a-b+c$의 값은?

① -1 ② 1 ③ 3
④ 5 ⑤ 7

109

모든 실수 x에 대하여 등식

$$3x^2-4x-1=ab(x-2)+(a-b)(x-1)^2$$

이 성립할 때, 두 상수 a, b에 대하여 a^4b-ab^4의 값을 구하시오.

110

다항식 $f(x)$를 $2x^3-6x^2+5x$로 나누었을 때의 나머지는 $-2x^2+ax+7$이고, $x^2-3x+\frac{5}{2}$로 나누었을 때의 나머지는 $4x+b$일 때, 두 상수 a, b에 대하여 $a+b$의 값을 구하시오.

111

삼차식 $f(x)$에 대하여 $f(x)$는 x^2+x+1로 나누어떨어지고, $f(x)+6$은 x^2+2로 나누어떨어진다. $f(0)=2$일 때, $f(1)$의 값은?

① 8 ② 10 ③ 12
④ 14 ⑤ 16

112

두 다항식 $P(x)$, $Q(x)$가 모든 실수 x에 대하여 다음을 만족시킨다.

(가) $P(x)+Q(x)=3x-1$
(나) $\{P(x)\}^2-\{Q(x)\}^2=3x^2-16x+5$

$P(2)-Q(2)$의 값은?

① -3 ② -1 ③ 1
④ 3 ⑤ 5

113

| 선행 081 |

자연수 n에 대하여 다항식

$$P_n(x)=x(x-1)(x-2)\times\cdots\times(x-n+1)$$

이라 하자. 모든 실수 x에 대하여 등식

$$(2x-1)^3=aP_3(x)+bP_2(x)+cP_1(x)+d$$

가 성립할 때, 상수 a, b, c, d에 대하여 $a+b+c+d$의 값을 구하시오.

114

| 선행 085 |

다항식 $(2x-1)^3(x+1)^2$을 전개한 식이 $ax^5+bx^4+cx^3+dx^2+ex+f$일 때, $a+b+c+e$의 값을 구하시오. (단, a, b, c, d, e, f는 상수이다.)

115 빈출 서술형

| 선행 085 |

$(x^3-2x-4)^4$을 전개한 식이 $a_0+a_1x+a_2x^2+\cdots+a_{12}x^{12}$일 때, 다음의 값을 구하고 그 과정을 서술하시오.

(단, a_0, a_1, a_2, $\cdots$, a_{12}는 상수이다.)

(1) a_0+a_{12}

(2) $a_0+a_2+a_4+a_6+a_8+a_{10}+a_{12}$

(3) $a_1+a_3+a_5+a_7+a_9+a_{11}$

116

모든 실수 x에 대하여 등식

$$x^{10}+2=a_{10}(x+2)^{10}+a_9(x+2)^9+\cdots+a_1(x+2)+a_0$$

이 성립할 때, $a_1+a_2+a_3+\cdots+a_9$의 값은?

(단, a_0, a_1, a_2, $\cdots$, a_{10}은 상수이다.)

① -1028　② -1026　③ -1024　④ -1022　⑤ -1020

117

모든 실수 x에 대하여 등식

$$(3x^2-x-1)^5=a_0+a_1x+a_2x^2+\cdots+a_{10}x^{10}$$

이 성립할 때, $\frac{a_1}{3}+\frac{a_3}{3^3}+\frac{a_5}{3^5}+\cdots+\frac{a_9}{3^9}$의 값은?

(단, a_0, a_1, a_2, $\cdots$, a_{10}은 상수이다.)

① $\frac{1-3^5}{3^6}$　② $\frac{1-3^5}{2\times3^5}$　③ $\frac{1-3^5}{3^5}$　④ $\frac{1+3^5}{2\times3^5}$　⑤ $\frac{1+3^5}{3^5}$

유형 02 나머지정리

118

| 선행 090 |

다항식 $P(x)$가 모든 실수 x에 대하여 $P(x+3)=P(1-x)$를 만족시키고, 다항식 $P(x)+3x$를 $x-1$로 나눈 나머지는 6이다. 다항식 $(x+1)P(x)$를 $(x-1)(x-3)$으로 나누었을 때의 나머지를 $R(x)$라 할 때, $R(4)$의 값은?

① 7　② 9　③ 11　④ 13　⑤ 15

119

| 선행 112 |

두 다항식 $f(x)$, $g(x)$에 대하여 다항식 $f(x)+g(x)$를 $x-2$로 나누었을 때의 나머지가 5이고 다항식 $\{f(x)\}^3+\{g(x)\}^3$을 $x-2$로 나누었을 때의 나머지가 80일 때, 다항식 $f(x)g(x)$를 $x-2$로 나누었을 때의 나머지를 구하시오.

120

다항식 $f(x)$는 모든 실수 x에 대하여

$$f(x+1)=f(x)+3x^2-x$$

를 만족시킨다. 다항식 $f(x)$를 x로 나누었을 때의 나머지가 3일 때, 다항식 $f(x)$를 x^2-3x+2로 나누었을 때의 나머지는?

① $2x+1$　② $3x+2$　③ $4x+3$
④ $5x+4$　⑤ $6x+5$

121

최고차항의 계수가 양수인 다항식 $f(x)$가 모든 실수 x에 대하여

$$\{f(x+3)\}^2-4=x^2(x+2)(x-2)$$

를 만족시킬 때, 다항식 $f(x+1)$을 $x+k$로 나눈 나머지가 7이 되도록 하는 모든 실수 k의 값의 합을 구하시오.

122

| 선행 115 |

다항식 x^9을 $x+2$로 나누었을 때의 몫을

$$Q(x)=a_0+a_1x+a_2x^2+\cdots+a_8x^8$$

이라 할 때, $a_1+a_3+a_5+a_7$의 값을 구하시오.

(단, a_0, a_1, a_2, $\cdots$, a_8은 상수이다.)

123

다항식 $x^{20}+2x+5$를 x^2+x로 나누었을 때의 몫을 $Q(x)$라 할 때, 다항식 $Q(x)$의 상수항을 포함한 모든 항의 계수의 합을 구하시오.

124

삼차식 $f(x)$가 다음 조건을 만족시킨다.

(가) 다항식 $f(x)$를 $x+3$으로 나누었을 때의 나머지는 2이다.
(나) 다항식 $f(x)$를 $(x+3)^2$으로 나누었을 때의 몫과 나머지는 서로 같다.

다항식 $f(x)$를 $(x+3)^3$으로 나누었을 때의 나머지를 $R(x)$라 할 때, $R(0)=R(-2)$이다. $f(-4)$의 값을 구하시오.

125 빈출

다항식 $f(x)$를 $(x-2)^2$으로 나누었을 때의 나머지가 $x+3$이고, $x-1$로 나누었을 때의 나머지가 5이다. 다항식 $f(x)$를 $(x-2)^2(x-1)$로 나누었을 때의 나머지를 $R(x)$라 할 때, $R(3)$의 값을 구하시오.

126

다항식 $f(x)$를 x^3+5로 나누었을 때의 나머지가 x^2-2x이고, 다항식 $f(x)$를 $x-1$로 나누었을 때의 나머지가 11이다. 다항식 $f(x)$를 $(x^3+5)(x-1)$로 나누었을 때의 나머지를 $R(x)$라 할 때, $R(2)$의 값은?

① 24 ② 25 ③ 26
④ 27 ⑤ 28

127 교육청 기출

다항식 $P(x)$에 대하여 $(x-2)P(x)-x^2$을 $P(x)-x$로 나누었을 때의 몫은 $Q(x)$, 나머지는 $P(x)-3x$이다. $P(x)$를 $Q(x)$로 나눈 나머지가 10일 때, $P(30)$의 값을 구하시오.

(단, 다항식 $P(x)-x$는 0이 아니다.)

128 | 선행 095 |

나머지정리를 이용하여 다음 물음에 답하시오.

(1) 253^{11}을 254로 나누었을 때의 나머지를 구하시오.

(2) $8^{100}+8^{99}+8^{98}+\cdots+8+1$을 7로 나누었을 때의 나머지를 구하시오.

129

10^{39}을 99×101로 나누었을 때의 나머지는?

① 50 ② 100 ③ 500
④ 1000 ⑤ 5000

유형 03 인수 정리

130

| 선행 089 |

다항식 $f(x)+2x$가 x^2-6x+8로 나누어떨어진다. 다항식 $(x+2)f(x+5)$를 x^2+4x+3으로 나눈 나머지를 $R(x)$라 할 때, $R(-4)$의 값은?

① 7 ② 10 ③ 13
④ 16 ⑤ 19

131

삼차식 $P(x)$에 대하여 다항식 $P(x)-2x$가 $(x+2)^2$으로 나누어떨어지고, 다항식 $1-P(x)$가 x^2+4x+3으로 나누어떨어질 때, $P(2)$의 값은?

① -48 ② -46 ③ -44
④ -42 ⑤ -40

132 빈출

최고차항의 계수가 -2인 삼차식 $P(x)$에 대하여 $P(1)=1$, $P(2)=2$, $P(3)=3$일 때, 다항식 $P(x)$를 $x+2$로 나누었을 때의 나머지는?

① 106 ② 110 ③ 114
④ 118 ⑤ 122

133

최고차항의 계수가 1인 삼차식 $f(x)$가 다음 조건을 만족시킨다.

> (가) 다항식 $f(x)$를 $x-1$로 나눈 나머지는 $\frac{1}{2}$이다.
> (나) $4f(2)-3=0$, $f(3)=1$

다항식 $f(x+3)$을 $x-4$로 나눈 나머지는?

① 98 ② 106 ③ 114
④ 122 ⑤ 130

134 서술형

삼차식 $f(x)$는

$$f(1)-1=f(2)-2=f(3)-3$$

을 만족시킨다. 다항식 $f(x)$를 $x(x+1)$로 나누었을 때의 나머지가 $-17x-10$일 때, $f(-2)$의 값을 구하고 그 과정을 서술하시오.

135

| 선행 118 |

삼차다항식 $f(x)$가 모든 실수 x에 대하여 $(x-6)f(x+1)=(x+3)f(x-2)$를 만족시킨다. 다항식 $f(x)$를 $x-3$으로 나눈 나머지가 10일 때, $f(2)$의 값을 구하시오.

136

교육청 변형

두 이차다항식 $P(x)$, $Q(x)$가 다음 조건을 만족시킨다.

(가) 모든 실수 x에 대하여 $3P(x)+Q(x)=0$이다.
(나) $P(x)Q(x)$는 x^2+x-6으로 나누어떨어진다.

$P(1)=4$일 때, $Q(3)$의 값을 구하시오.

137

교육청 변형

다항식 $f(x)=x^3+3x^2+ax+b$를 x^2+4x-4로 나눈 몫을 $Q(x)$, 나머지를 $R(x)$라 하자. $R(3)=-4$이고 $f(x)$가 $Q(x)$로 나누어떨어질 때, $f(2)$의 값을 구하시오.

(단, a, b는 상수이다.)

유형 04 조립제법

138

| 선행 102 |

다음은 삼차식 $f(x)$를 $(2x-1)^2$으로 나누었을 때의 몫 $Q(x)$와 나머지 $R(x)$를 구하기 위해 조립제법을 두 번 이용한 결과이다. $Q(1)+R(-1)$의 값은?

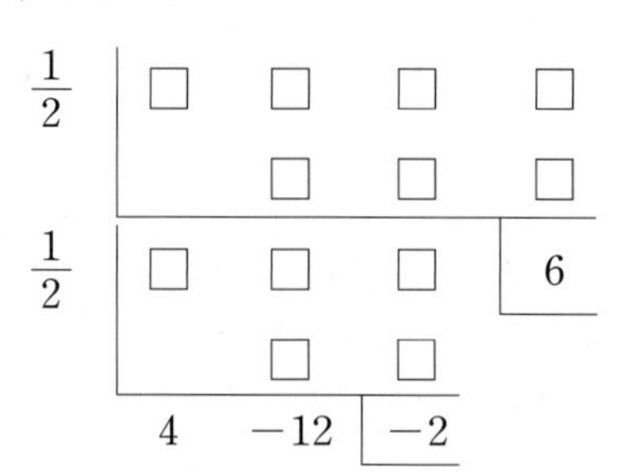

① 4　② 5　③ 6
④ 7　⑤ 8

139 빈출

모든 실수 x에 대하여

$$3x^3+2x^2-x+1=a(x+1)^3+b(x+1)^2+c(x+1)+d$$

가 성립할 때, 네 상수 a, b, c, d에 대하여 $2a+b+2c+d$의 값을 구하시오.

스키마 schema로 풀이 흐름 알아보기

유형 02 나머지정리 125

다항식 $f(x)$를 $(x-2)^2$으로 나누었을 때의 나머지가 $x+3$이고, $x-1$로 나누었을 때의 나머지가 5이다.
조건① 조건②
다항식 $f(x)$를 $(x-2)^2(x-1)$로 나누었을 때의 나머지를 $R(x)$라 할 때, $R(3)$의 값을 구하시오.
조건③ 답

▶ 주어진 조건은 무엇인지? 구하는 답은 무엇인지? 이 둘을 어떻게 연결할지?

1 단계

조건
① 다항식 $f(x)$를 $(x-2)^2$으로 나누었을 때의 나머지는 $x+3$
② 다항식 $f(x)$를 $x-1$로 나누었을 때의 나머지는 5
③ $f(x)=(x-2)^2(x-1)Q(x)+R(x)$

$R(3)$의 값을 구하기 위해선 $R(x)$를 알아야 한다.
다항식 $f(x)$를 $(x-2)^2(x-1)$로 나누었을 때의 몫을 $Q(x)$라 하면 나머지는 $R(x)$이므로
$f(x)=(x-2)^2(x-1)Q(x)+R(x)$ …… ㉠
라는 식을 세울 수 있다.
이때 $R(x)$는 삼차식으로 나누었을 때의 나머지이므로 이차 이하의 식이다.

2 단계

조건
① 다항식 $f(x)$를 $(x-2)^2$으로 나누었을 때의 나머지는 $x+3$
② 다항식 $f(x)$를 $x-1$로 나누었을 때의 나머지는 5
③ $f(x)=(x-2)^2(x-1)Q(x)+R(x)$

→ $R(x)=a(x-2)^2+x+3$

㉠에서 $(x-2)^2(x-1)Q(x)$는 $(x-2)^2$으로 나누어떨어지므로 조건 ①에 의하여 다항식 $R(x)$를 $(x-2)^2$으로 나누었을 때의 나머지가 $x+3$이어야 한다. 따라서
$R(x)=a(x-2)^2+x+3$ (a는 상수) …… ㉡
으로 나타낼 수 있다.

3 단계

조건
① 다항식 $f(x)$를 $(x-2)^2$으로 나누었을 때의 나머지는 $x+3$ — $R(x)=a(x-2)^2+x+3$ $=(x-2)^2+x+3$
② 다항식 $f(x)$를 $x-1$로 나누었을 때의 나머지는 5 → $f(1)=R(1)=5$
③ $f(x)=(x-2)^2(x-1)Q(x)+R(x)$

답 $R(3)$ → 7

한편, 조건 ②에서 나머지정리에 의하여 $f(1)=R(1)=5$이므로 ($\because$ ㉠)
a의 값을 알기 위하여 ㉡의 양변에 $x=1$을 대입하면
$R(1)=a+4=5$, $a=1$에서
$R(x)=(x-2)^2+x+3$이다.
$\therefore$ $R(3)=7$

스키마schema로 풀이 흐름 알아보기

최고차항의 계수가 1인 삼차식 $f(x)$가 다음 조건을 만족시킨다. 조건①

(가) 다항식 $f(x)$를 $x-1$로 나눈 나머지는 $\frac{1}{2}$이다. 조건②

(나) $4f(2)-3=0$, $f(3)=1$ 조건③

다항식 $f(x+3)$을 $x-4$로 나눈 나머지는? 답

① 98 ② 106 ③ 114 ④ 122 ⑤ 130

▶ 주어진 조건은 무엇인지? 구하는 답은 무엇인지? 이 둘을 어떻게 연결할지?

1 단계

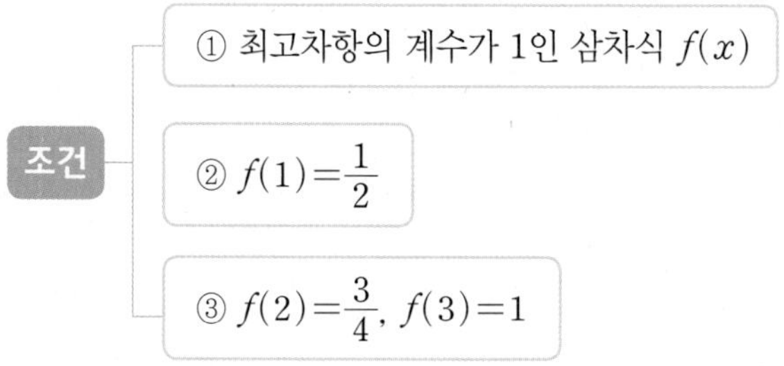

조건
- ① 최고차항의 계수가 1인 삼차식 $f(x)$
- ② $f(1)=\frac{1}{2}$
- ③ $f(2)=\frac{3}{4}$, $f(3)=1$

조건 ②에서 다항식 $f(x)$를 $x-1$로 나눈 나머지가 $\frac{1}{2}$이므로 나머지정리에 의하여 $f(1)=\frac{1}{2}$ …… ㉠

조건 ③에서 $4f(2)-3=0$, $f(3)=1$이므로

$f(2)=\frac{3}{4}$, $f(3)=1$ …… ㉡

2 단계

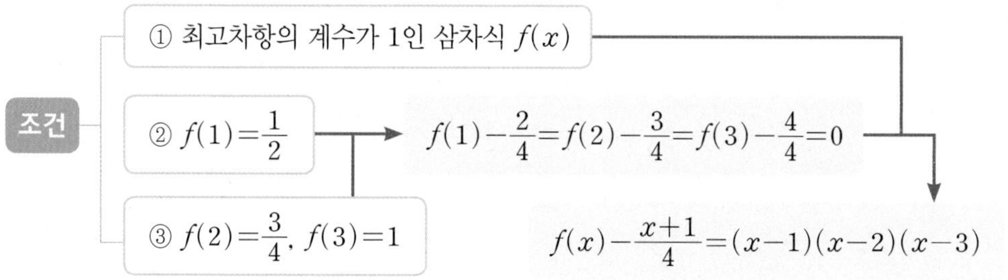

조건
- ① 최고차항의 계수가 1인 삼차식 $f(x)$
- ② $f(1)=\frac{1}{2}$
- ③ $f(2)=\frac{3}{4}$, $f(3)=1$

②, ③ → $f(1)-\frac{2}{4}=f(2)-\frac{3}{4}=f(3)-\frac{4}{4}=0$

①과 함께 → $f(x)-\frac{x+1}{4}=(x-1)(x-2)(x-3)$

$f(x)$는 최고차항의 계수가 1인 삼차식이고 ㉠, ㉡에서

$f(1)-\frac{2}{4}=f(2)-\frac{3}{4}=f(3)-\frac{4}{4}=0$

이므로 인수 정리에 의하여

$f(x)-\frac{x+1}{4}=(x-1)(x-2)(x-3)$

3 단계

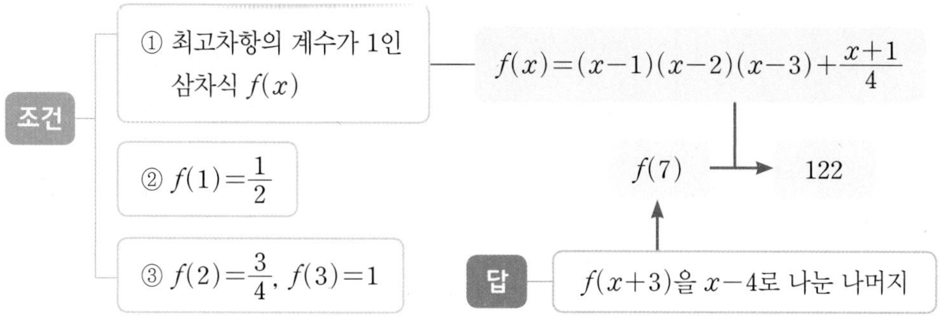

조건
- ① 최고차항의 계수가 1인 삼차식 $f(x)$
- ② $f(1)=\frac{1}{2}$
- ③ $f(2)=\frac{3}{4}$, $f(3)=1$

① — $f(x)=(x-1)(x-2)(x-3)+\frac{x+1}{4}$

답: $f(x+3)$을 $x-4$로 나눈 나머지 → $f(7)$ → 122

$\therefore f(x)=(x-1)(x-2)(x-3)+\frac{x+1}{4}$

따라서 다항식 $f(x+3)$을 $x-4$로 나눈 나머지는 나머지정리에 의하여 $f(4+3)=f(7)$이므로

$\therefore f(7)=6\times5\times4+2=122$

140

| 선행 128 |

2×3^{79}을 80으로 나누었을 때의 나머지는?

① 2 ② 6 ③ 24
④ 54 ⑤ 72

141

교육청 기출

3 이하의 자연수 n에 대하여 A_n을 다음과 같이 정한다.

(가) $A_1=9+99+999$
(나) $A_n=$(세 수 9, 99, 999에서 서로 다른 n $(n\geq2)$개를 택하여 곱한 수의 총합)

$A_1+A_2+A_3$의 값을 1000으로 나누었을 때의 나머지를 구하시오.

142

| 선행 139 |

$f(x)=x^3-14x^2+67x-105$에 대하여 $f(55)$의 값의 각 자리의 숫자의 합은?

① 19 ② 20 ③ 21
④ 22 ⑤ 23

143 서술형

모든 실수 x에 대하여 다항식 $f(x)$가

$$f(x^2+x)=x^2f(x)+x(1+2x+3x^2)+1$$

을 만족시킬 때, $f(2)$의 값을 구하고 그 과정을 서술하시오.

144

최고차항의 계수가 1인 삼차식 $P(x)$가 다음 조건을 만족시킨다.

> (가) $P(x)$를 $x-2$로 나눈 나머지는 -9이다.
> (나) 0이 아닌 모든 실수 x에 대하여 $P(x)=x^3P\left(\frac{1}{x}\right)$이다.

다항식 $(x-2)P(x-3)$을 $x-1$로 나눈 나머지를 구하시오.

145

x에 대한 다항식 $x^n(x^2+ax+b)$를 $(x-3)^2$으로 나누었을 때의 나머지가 $3^n(x-3)$일 때, 두 상수 a, b에 대하여 $b-a$의 값을 구하시오. (단, n은 자연수이다.)

146

다항식 $f(x)=x^3+ax^2+bx+c$가 0이 아닌 모든 실수 x에 대하여

$$f\left(x+3-\frac{1}{x}\right)=x^3+x^2+3+\frac{1}{x^2}-\frac{1}{x^3}$$

을 만족시킨다. 세 상수 a, b, c에 대하여 $a+b-c$의 값은?

① 26　② 29　③ 32　④ 35　⑤ 38

147

| 선행 115, 117 |

모든 실수 x에 대하여 등식

$$\left(\frac{x}{2}+1\right)^8=a_0+a_1x+a_2x^2+\cdots+a_8x^8$$

이 성립할 때, 〈보기〉에서 옳은 것만을 있는 대로 고른 것은?

(단, a_0, a_1, a_2, $\cdots$, a_8은 상수이다.)

〈보기〉

ㄱ. $a_0-2a_1+4a_2-\cdots+256a_8=0$
ㄴ. $2a_2+8a_4+32a_6=63$
ㄷ. $a_1+a_3+a_5+a_7=\frac{205}{16}$

① ㄱ　② ㄴ　③ ㄱ, ㄴ　④ ㄱ, ㄷ　⑤ ㄱ, ㄴ, ㄷ

148

x에 대한 등식

$$(x^3+x^2-2x)^6=a_0+a_1x+a_2x^2+\cdots+a_{18}x^{18}$$

이 모든 실수 x에 대하여 성립할 때,

$a_5+a_8+a_{10}+a_{12}+a_{14}+a_{16}+a_{18}$의 값은?

(단, a_0, a_1, a_2, $\cdots$, a_{18}은 상수이다.)

① -32　② -16　③ 0
④ 16　⑤ 32

149

다항식 $f(x)$를 $(x-1)^3$으로 나누었을 때의 나머지가 $-x^2+ax+b$이고, 다항식 $f(x)$를 $(x-1)^2$, $x-1$로 각각 나누었을 때의 나머지의 합이 $2x-6$일 때, 두 상수 a, b에 대하여 ab의 값은?

① -24　② -20　③ -16
④ -12　⑤ -8

150

두 다항식 x^3-4x+5, x^3-3x^2+5x-1을 $(x-a)(x-b)$로 나누었을 때의 나머지가 서로 같을 때, 그 나머지를 $R(x)$라 하자. 두 상수 a, b에 대하여 $R(a+b)$의 값을 구하시오.

151

교육청 기출

x에 대한 이차식 $f(x)$가 다음 조건을 만족시킨다.

> (가) 다항식 x^3+3x^2+4x+2를 $f(x)$로 나누었을 때의 나머지는 $g(x)$이다.
> (나) 다항식 x^3+3x^2+4x+2를 $g(x)$로 나누었을 때의 나머지는 $f(x)-x^2-2x$이다.

$g(1)$의 값은?

① 3　② 4　③ 5
④ 6　⑤ 7

152

이차 이상의 다항식 $P(x)$를 $x+2$로 나누었을 때의 몫은 $Q(x)$, 나머지는 R이다. 다항식 $Q(x)$를 $x+2$로 나누었을 때의 나머지가 $\frac{1}{R}$일 때, 〈보기〉에서 옳은 것만을 있는 대로 고른 것은? (단, $R\neq 0$)

〈보 기〉

ㄱ. 다항식 $P(x-1)$을 $x+1$로 나누었을 때의 나머지는 R이다.
ㄴ. 다항식 $P(x)$를 $(x+2)^2$으로 나누었을 때의 나머지와 다항식 $P(x-1)$을 $(x+1)^2$으로 나누었을 때의 나머지는 서로 같다.
ㄷ. 다항식 $\{P(x-1)\}^2-R^2$을 $(x+1)^2$으로 나누었을 때의 나머지는 $2x+2$이다.

① ㄱ ② ㄴ ③ ㄱ, ㄴ
④ ㄱ, ㄷ ⑤ ㄱ, ㄴ, ㄷ

153

다항식 $f(x)$는 다음 조건을 만족시킨다.

(가) 다항식 $f(x)$를 $x-4$로 나누었을 때의 나머지는 14이다.
(나) 다항식 $f(x)$를 $(x+1)(x-3)$으로 나누었을 때의 나머지는 $-3x+1$이다.

다항식 $(x-1)f(x)$를 $(x+1)(x-3)$으로 나누었을 때의 몫을 $Q(x)$라 할 때, $Q(4)$의 값을 구하시오.

154

최고차항의 계수가 k $(k>0)$인 다항식 $P(x)$와 최고차항의 계수가 -1인 다항식 $Q(x)$가 다음 조건을 만족시킨다.

(가) 모든 실수 x에 대하여 $P(x^2)=kx^3P(x+1)-2x^4+2x^2$이 성립한다.
(나) 다항식 $P(x)+x^4-3x$를 다항식 $Q(x)$로 나눈 나머지는 $2x^2+x-8$이다.

$Q(-2)\neq 0$일 때, $P(3)+Q(2)$의 값을 구하시오.

155

교육청 변형

최고차항의 계수가 1인 사차다항식 $f(x)$가 다음 조건을 만족시킬 때, 양수 p의 값은?

(가) $f(x)$를 $x+2$, x^2+4로 나눈 나머지는 모두 $3p^2$이다.
(나) $f(1)=f(-1)$
(다) $x-\sqrt{p}$는 $f(x)$의 인수이다.

① $\frac{1}{2}$ ② 1 ③ $\frac{3}{2}$
④ 2 ⑤ $\frac{5}{2}$

156

| 선행 134 |

최고차항의 계수가 음수인 삼차식 $P(x)$가 다음 조건을 만족시킨다.

> (가) 다항식 $P(x)$를 $x-2$로 나누었을 때의 나머지는 -1이다.
> (나) 다항식 $P(x)$를 $x-a$로 나누었을 때의 나머지가 a^3인 실수 a는 -1과 3뿐이다.

$P(1)$의 값은?

① -17　② -19　③ -21
④ -23　⑤ -25

157

| 선행 133 |

삼차식 $P(x)$에 대하여

$$\frac{P(1)}{P(2)}=2,\ \frac{P(2)}{P(3)}=\frac{3}{2},\ \frac{P(3)}{P(4)}=\frac{4}{3},\ P(4)=\frac{7}{4}$$

일 때, 다항식 $P(x)$를 $x+1$로 나누었을 때의 나머지를 구하시오.

158

교육청 기출

삼차다항식 $P(x)$와 일차다항식 $Q(x)$가 다음 조건을 만족시킨다.

> (가) $P(x)Q(x)$는 $(x^2-3x+3)(x-1)$로 나누어떨어진다.
> (나) 모든 실수 x에 대하여 $x^3-10x+13-P(x)=\{Q(x)\}^2$이다.

$Q(0)<0$일 때, $P(2)+Q(8)$의 값을 구하시오.

159

교육청 변형

이차항의 계수가 1인 이차다항식 $P(x)$와 일차항의 계수가 1인 일차다항식 $Q(x)$가 다음 조건을 만족시킨다.

> (가) 다항식 $P(x^2-1)-2Q(x+1)$은 $x+1$로 나누어떨어진다.
> (나) 방정식 $P(x)-2Q(x)=0$이 중근을 갖는다.

다항식 $2P(x)+Q(x)$를 $x-2$로 나눈 나머지가 13일 때, $P(3)+Q(3)$의 값을 구하시오.

160

| 선행 143, 144 |

다항식 $f(x)$에 대하여

$$f(x+1)+x^4f\left(\frac{1}{x^2}\right)=5x^4-x^2+x+6$$

이 0이 아닌 모든 실수 x에 대하여 성립할 때, $f(1)$의 값은?

① 3 ② 4 ③ 5
④ 6 ⑤ 7

161

이차다항식 $P(x)$가 다음 조건을 만족시킨다.

> (가) $P(1)P(2)=0$
> (나) 다항식 $P(x)\{P(x)-6\}$은 $x(x-3)$으로 나누어떨어진다.

가능한 모든 다항식 $P(x)$의 합을 $Q(x)$라 할 때, $Q(x)$를 $x-4$로 나눈 나머지를 구하시오.

03 인수분해

이전 학습 내용

• **인수분해** 중3

하나의 다항식을 두 개 이상의 다항식의 곱으로 나타낼 때 각각의 식을 처음 식의 **인수**라 하며, 하나의 다항식을 두 개 이상의 인수의 곱으로 나타내는 것을 인수분해한다고 한다.

• **곱셈 공식** 01 다항식의 연산

(1) $(a+b)^3=a^3+3a^2b+3ab^2+b^3$
$(a-b)^3=a^3-3a^2b+3ab^2-b^3$

(2) $(a+b)(a^2-ab+b^2)=a^3+b^3$
$(a-b)(a^2+ab+b^2)=a^3-b^3$

(3) $(a+b+c)^2$
$=a^2+b^2+c^2+2ab+2bc+2ca$

(4) $(a+b+c)(a^2+b^2+c^2-ab-bc-ca)$
$=a^3+b^3+c^3-3abc$

(5) $(a^2+ab+b^2)(a^2-ab+b^2)$
$=a^4+a^2b^2+b^4$

• **인수 정리** 02 항등식과 나머지정리

다항식 $P(x)$에 대하여 $P(a)=0$이면 다항식 $P(x)$는 일차식 $x-a$로 나누어떨어진다.

• **조립제법** 02 항등식과 나머지정리

다항식 $P(x)$를 일차식으로 나눌 때, $P(x)$의 각 항의 계수만을 이용하여 몫과 나머지를 구하는 방법이다.

현재 학습 내용

• **인수분해**

하나의 다항식을 두 개 이상의 다항식의 곱으로 나타내는 인수분해는 다항식의 전개와 서로 역과정이다.

1. 인수분해 공식

유형 01 인수분해 공식

(1) $a^3+3a^2b+3ab^2+b^3=(a+b)^3$
$a^3-3a^2b+3ab^2-b^3=(a-b)^3$

(2) $a^3+b^3=(a+b)(a^2-ab+b^2)$
$a^3-b^3=(a-b)(a^2+ab+b^2)$

(3) $a^2+b^2+c^2+2ab+2bc+2ca=(a+b+c)^2$

(4) $a^3+b^3+c^3-3abc=(a+b+c)(a^2+b^2+c^2-ab-bc-ca)$
$=\frac{1}{2}(a+b+c)\{(a-b)^2+(b-c)^2+(c-a)^2\}$

(5) $a^4+a^2b^2+b^4=(a^2+ab+b^2)(a^2-ab+b^2)$

전개 ← $x^2+5x+6=(x+2)(x+3)$ → 인수분해

인수분해 공식은 곱셈 공식의 좌변과 우변을 서로 바꾼 것이다.

2. 복잡한 식의 인수분해

(1) 공통부분이 있는 다항식의 인수분해 ······ 유형 02 공통부분이 있는 다항식의 인수분해
공통부분을 하나의 문자로 치환하여 인수분해한다.

(2) x^4+ax^2+b 꼴의 인수분해 ······ 유형 03 x^4+ax^2+b 꼴의 인수분해
$x^2=X$로 치환하거나 A^2-B^2 꼴로 변형하여 인수분해한다.

(3) 여러 가지 문자가 포함된 다항식의 인수분해 ······ 유형 04 여러 가지 문자가 포함된 식의 인수분해
차수가 가장 낮은 문자에 대하여 내림차순으로 정리한 후 인수분해한다.

3. 인수 정리를 이용한 인수분해

유형 05 인수 정리를 이용한 인수분해

삼차 이상의 다항식 $P(x)$는 다음과 같이 인수분해한다.

(1) $P(a)=0$을 만족시키는 a의 값을 찾는다.
이때 $P(x)$의 계수가 모두 정수라면 a의 값은
$$\pm\frac{(P(x)\text{의 상수항의 약수})}{(P(x)\text{의 최고차항의 계수의 약수})}$$
중 하나이다.

(2) 조립제법을 이용하여 $P(x)$를 $x-a$로 나누었을 때의 몫 $Q(x)$를 구한 후 $P(x)=(x-a)Q(x)$로 나타낸다.

(3) 몫 $Q(x)$도 (1), (2)의 과정을 반복한다.

이차식은 쉽게 인수분해되므로 $Q(x)$가 이차식이 될 때까지 (1), (2)의 과정을 반복한다.

유형 06 인수분해의 활용

유형 01 인수분해 공식

인수분해 공식을 이용하여 주어진 식을 인수분해하는 문제를 분류하였다.

유형해결 TIP
인수분해 과정에서 가장 먼저 해야 할 것은 공통 인수로 묶는 것이다.
공식이 바로 적용되지 않을 땐, 공통 인수가 생기도록 적절히 묶어내어 인수분해하도록 한다.
일반적으로 계수가 유리수인 범위까지 인수분해한다.

162

다음 다항식을 인수분해하시오.

(1) $a^2+4a+4-b^2$
(2) $a^3+9a^2b+27ab^2+27b^3$
(3) a^3+8b^3
(4) $a^2+4b^2+c^2+4ab-4bc-2ca$

163

다음 중 인수분해가 옳지 않은 것은?

① $x^3y-9xy^3=xy(x+3y)(x-3y)$
② $64x^3-48x^2+12x-1=(4x-1)^3$
③ $8a^3-b^3=(2a-b)(4a^2+4ab+b^2)$
④ $x^4-16y^4=(x^2+4y^2)(x+2y)(x-2y)$
⑤ $4a^2+b^2+9c^2+4ab+6bc+12ca=(2a+b+3c)^2$

164

다항식 $2a^3+3a^2b-3ab^2-2b^3$을 인수분해한 것으로 옳은 것은?

① $(a-b)(a+b)(a+2b)$
② $(a-b)(a+b)(2a+b)$
③ $(a-b)(a+2b)(2a+b)$
④ $(a+b)(a+2b)(2a-b)$
⑤ $(a-2b)(a+2b)(2a-b)$

165

$x+y=4$, $xy=2$일 때, $x^3-xy^2-x^2y+y^3$의 값을 구하시오.

166

$a+b+c=0$일 때, $a^3+b^3+c^3-3abc$의 값은?

① -6 ② -3 ③ 0
④ 3 ⑤ 6

유형 02 공통부분이 있는 다항식의 인수분해

공통부분을 한 문자로 나타내어 인수분해하는 문제를 분류하였다.

유형해결 TIP
예 $(x^2+x)^2-3(x^2+x)+2=X^2-3X+2$
$=(X-1)(X-2)$
$=(x^2+x-1)(x^2+x-2)$
$=(x^2+x-1)(x+2)(x-1)$
한편, 주어진 식을 공통부분이 생기도록 변형한 후 인수분해해야 하는 경우도 있다.

167 빈출

다음 다항식을 인수분해하시오.

(1) $(x^2+x+3)(x^2+2x+3)-2x^2$
(2) $(x^2+2x-2)(x^2+2x+5)+12$
(3) $(x^2-2x)^2-2x^2+4x-3$

168

다항식 $(x-1)(x-2)(x+2)(x+3)-60$의 인수가 아닌 것은?

① x^2+x+4 ② x^3-2x^2+x-12
③ $x+4$ ④ x^2+x-12
⑤ $x+3$

169

다항식 $(x^2-4x+3)(x^2+6x+8)-56$이 $(x^2+x-a)(x^2+x+b)$로 인수분해될 때, 두 양수 a, b에 대하여 $a-b$의 값을 구하시오.

170

다항식 $x^4-2x^3+3x^2-2x+1$의 인수인 것은?

① x^2-x ② x^2-x-1
③ x^2-x+1 ④ x^2+x-1
⑤ x^2+x+1

유형 03 x^4+ax^2+b 꼴의 인수분해

x^4+ax^2+b 꼴을 인수분해하는 문제를 분류하였다.

유형해결 TIP

$x^2=X$로 치환했을 때, 다음과 같이 인수분해한다.

- 인수분해가 바로 되는 경우:

  예 $x^4+3x^2+2=X^2+3X+2=(X+1)(X+2)$
  $=(x^2+1)(x^2+2)$

- 인수분해가 바로 되지 않는 경우: A^2-B^2 꼴로 변형

  예 $x^4+x^2+1=(x^2+1)^2-x^2$
  $=(x^2+1+x)(x^2+1-x)$

171

다음 주어진 계수의 범위에서 다항식 x^4-7x^2+12를 인수분해하시오.

(1) 유리수 범위
(2) 실수 범위

172

다항식 $x^4-6x^2y^2+y^4$의 인수인 것은?

① x^2+xy+y^2 ② x^2+xy-y^2
③ x^2-xy-y^2 ④ $x^2+2xy+y^2$
⑤ $x^2-2xy-y^2$

173 빈출

다음 다항식을 인수분해하시오.

(1) x^4+4
(2) x^4+7x^2+16

유형 04 여러 가지 문자가 포함된 식의 인수분해

한 문자에 대한 내림차순으로 정리하여 이차식의 인수분해를 활용하는 문제를 분류하였다.

유형해결 TIP

문자의 차수가 같을 땐 어느 것이든 한 문자에 대하여 정리하면 되고, 차수가 다를 땐 가장 낮은 차수의 문자에 대하여 정리하면 계산이 간편하다.

예 $a^2+b^2+2ab-1=a^2+2ba+b^2-1$

$=a^2+2ba+(b+1)(b-1)$

$a \quad b+1$

$a \quad b-1$

$=(a+b+1)(a+b-1)$

174 빈출

다항식 $x^2+3xy+2y^2-2x-y-3$의 인수인 것은?

① $x+y-1$ ② $x-y+1$
③ $x-y+3$ ④ $x+2y-3$
⑤ $x-2y+3$

175

다항식 $3x^2-2xy-y^2-7x-y+2$를 인수분해하면 $(ax-y+b)(cx+dy+2)$일 때, 네 상수 a, b, c, d에 대하여 $a-b+c-d$의 값은?

① -6 ② -4 ③ -2
④ 0 ⑤ 2

176

다음 다항식을 인수분해하시오.

(1) $8x^3+4x^2y-4xy-3y^2+4y-1$
(2) $x^4+2x^2y-4x^2+y^2-4y-5$

177

다항식 $a^2b-ab^2+b^2c-bc^2+c^2a-ca^2$을 바르게 인수분해한 것은?

① $(a-b)(b-c)(c-a)$
② $(a-b)(b-c)(a-c)$
③ $(a-b)(b+c)(a-c)$
④ $(a+b)(b-c)(c-a)$
⑤ $(a+b)(b+c)(c-a)$

유형 05 인수 정리를 이용한 인수분해

인수 정리를 이용하여 인수를 찾고, 조립제법을 이용하여 몫을 구하는 방법으로 인수분해하는 문제를 분류하였다.

유형해결 TIP

예 $P(x)=x^3-2x^2-5x+6$에서 $P(1)=0$이므로 인수 정리에 의하여 $P(x)$는 $x-1$을 인수로 갖는다.
따라서 조립제법을 이용하여 $P(x)$를 인수분해하면

x^3-2x^2-5x+6
$=(x-1)(x^2-x-6)$
$=(x-1)(x+2)(x-3)$

1	1	−2	−5	6
		1	−1	−6
	1	−1	−6	0

178

다항식 x^3+2x^2-5x-6을 인수분해하시오.

I 다항식

179 서술형

다항식 $f(x)=x^3-2x^2+kx+12$가 $x-1$로 나누어떨어질 때, 다음 물음에 답하고, 그 과정을 서술하시오.

(1) 상수 k의 값을 구하시오.

(2) (1)을 이용하여 다항식 $f(x)$를 인수분해하시오.
(단, 조립제법을 이용하시오.)

180

다항식 $2x^4-7x^3-6x^2+7x+4$의 인수가 아닌 것은?

① $x-1$ ② $2x+1$ ③ x^2-1
④ x^2+5x+4 ⑤ $2x^2-x-1$

유형 06 인수분해의 활용

인수분해를 이용하여
(1) 복잡한 수를 계산하는 문제
(2) 도형의 둘레의 길이, 넓이, 부피 등을 구하거나 어떤 삼각형인지 판별하는 문제
를 분류하였다.

181

다음을 계산하시오.

(1) $89^3+3\times89^2+3\times89+1$

(2) $32^2+19^2+49^2+2(32\times19+19\times49+49\times32)$

182

자연수 999^3-1을 $999\times1000+1$로 나누었을 때의 몫은?

① 997 ② 998 ③ 999
④ 1000 ⑤ 1001

183

자연수 N에 대하여 다음 물음에 답하시오.

(1) 1이 아닌 두 자연수 a, b에 대하여 자연수 N이 $N=38^3+7\times38^2-17\times38+9=a^2\times b$일 때, $b-a$의 값을 구하시오.

(2) 세 자연수 a, b, c에 대하여 자연수 $N=29^3+2\times29^2-5\times29-6$을 소인수분해하면 $2^a\times3^b\times5^c$일 때, $a+b+c$의 값을 구하시오.

184

그림과 같은 4가지 종류의 직육면체 A, B, C, D를 사용해서 새로운 정육면체를 만들려고 한다. 4가지 종류의 직육면체 A, B, C, D를 각각 27개, 1개, 9개, 27개 사용하여 만든 정육면체의 한 모서리의 길이는? (단, $x\neq y$)

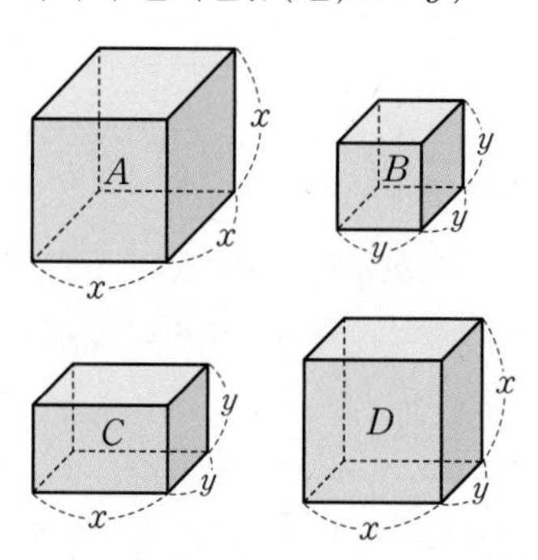

① $x+2y$ ② $x+3y$ ③ $2x+y$
④ $3x+y$ ⑤ $2x+3y$

유형 01 인수분해 공식

185

다음은 다항식 $a^3+b^3+c^3-3abc$를 $(a+b+c)($ (다) $)$로 인수분해하는 과정이다.

$a^3+b^3+c^3-3abc$
$=($ (가) $)^3-3ab(a+b)+c^3-3abc$
$=($ (가) $)^3+c^3-3ab(a+b+c)$
$=($ (나) $)\{(a+b)^2-(a+b)c+c^2\}-3ab(a+b+c)$
$=(a+b+c)($ (다) $)$

위의 (가), (나), (다)에 알맞은 식을 각각 X, Y, Z라 할 때, $XY+Z$를 바르게 나타낸 것은?

① $2a^2+3b^2+c^2+bc$
② $3ab+2ac+2bc+c^2$
③ $2a^2+2b^2+c^2+ab$
④ $ab+2ac+2bc-c^2$
⑤ $a^2+b^2+2c^2-ab$

186 빈출

다항식 $f(x)$를 $x-1$로 나누었을 때의 나머지는 9이고, 다항식 $f(x)$를 x^2+x+1로 나누었을 때의 나머지는 $2x-5$이다. 다항식 $f(x)$를 x^3-1로 나누었을 때의 나머지를 $R(x)$라 할 때, $R(2)$의 값은?

① 25 ② 27 ③ 29
④ 31 ⑤ 33

187

다항식 $x^6+x^4-3x^3-x^2$을 최고차항의 계수가 1인 다항식 $P(x)$로 나누었을 때의 몫은 $Q(x)$이고 나머지는 $-3x^3-2x^2$이다. 다항식 $Q(x-2)$를 $x-1$로 나누었을 때의 나머지가 3일 때, $P(1)+Q(3)$의 값은?

① 4 ② 6 ③ 8
④ 10 ⑤ 12

188

다항식 x^8을 $x+\frac{1}{2}$로 나누었을 때의 몫을 $Q(x)$, 나머지를 R_1이라 하고, 다항식 $Q(x)$를 $x+\frac{1}{2}$로 나누었을 때의 나머지를 R_2라 할 때, $\frac{R_2}{R_1}$의 값은?

① -64 ② -32 ③ -16
④ -8 ⑤ -4

189

다항식 $x^{101}-1$을 $x-1$로 나누었을 때의 몫을 $Q(x)$라 할 때, $Q(1)+Q(-1)$의 값은?

① 99 ② 100 ③ 101 ④ 102 ⑤ 103

190

다항식 $x^{50}-1$을 $(x-1)^2$으로 나누었을 때의 나머지를 $R(x)$라 할 때, $R(10)$의 값을 구하시오.

유형 02 공통부분이 있는 다항식의 인수분해

191 빈출

| 선행 168 |

이차식 $f(x)$에 대하여 x에 대한 다항식

$$(x+2)(x+4)(x+6)(x+8)+k$$

가 $\{f(x)\}^2$ 꼴로 인수분해될 때, 상수 k의 값과 $f(x)$로 옳은 것은?

① $k=-8$, $f(x)=x^2+8x+16$
② $k=-8$, $f(x)=x^2+10x+20$
③ $k=16$, $f(x)=x^2+8x+16$
④ $k=16$, $f(x)=x^2+10x+20$
⑤ $k=16$, $f(x)=x^2+12x+24$

192

교육청 변형 | 선행 169 |

다항식 $(x^2+x)(x^2+x-4)+a(x^2+x)+12$가 두 자연수 p, q에 대하여 $(x^2+x+p)(x^2+x+q)$로 인수분해 되도록 하는 모든 실수 a의 값의 합을 구하시오.

유형 03 x^4+ax^2+b 꼴의 인수분해

193

사차식 $(x-3)^4-5(x-3)^2+4$를 인수분해하면 $(x-a)(x-b)(x-c)(x-d)$이다. 네 상수 a, b, c, d에 대하여 $a^2+b^2+c^2+d^2$의 값을 구하시오.

유형 04 여러 가지 문자가 포함된 식의 인수분해

194

교육청 변형 | 선행 175, 176 |

다음과 같은 x, y에 대한 이차식이 x의 계수가 1인 두 일차식의 곱으로 인수분해 될 때, 정수 k의 값을 구하시오.

(1) $x^2+kxy-6y^2-x-7y-2$

(2) $x^2+3xy+2y^2-2x-5y+k$

195

〈보기〉의 다항식 중 $a-b+c$를 인수로 갖는 것만을 있는 대로 고른 것은?

〈보 기〉

ㄱ. $a^2+b^2+c^2-2ab-2bc+2ca$

ㄴ. $(a+b)(b+c)(c+a)+abc$

ㄷ. $a^2(b+c)-b^2(a-c)+c^2(a-b)-abc$

① ㄱ ② ㄷ ③ ㄱ, ㄴ
④ ㄱ, ㄷ ⑤ ㄴ, ㄷ

유형 05 인수 정리를 이용한 인수분해

196

다항식 $x^4-4x^3-x^2+16x-12$가 $(x+k)(x-k)P(x)$로 인수분해될 때, $P(k)$의 값을 구하시오. (단, k는 양수이다.)

197

최고차항의 계수가 1인 두 이차식 $P(x)$, $Q(x)$에 대하여 $P(x)Q(x)=x^4+6x^3+9x^2-4x-12$이다. 상수 k에 대하여 두 이차식 $P(x)$, $Q(x)$가 모두 $x-k$로 나누어떨어질 때, 다항식 $P(x)+Q(x)$는?

① $2x^2+6x+4$ ② $2x^2-6x-4$
③ $2x^2+4x-5$ ④ $2x^2+5x+6$
⑤ $2x^2-2x+1$

198

최고차항의 계수가 1이고 모든 항의 계수가 정수인 일차 이상의 다항식 $P(x)$, $Q(x)$에 대하여
$P(x)Q(x)=x^4-5x^3+9x^2-8x+4$이다. 다항식 $P(x)$의 차수가 다항식 $Q(x)$의 차수보다 클 때, 다항식 $P(x)$를 $\{Q(x)\}^2$으로 나눈 나머지를 구하시오.

199

다항식 $(x+2)^3-3(x+2)^2-6x-4$를 인수분해하면 $(x+a)(x+b)(x+c)$이다. 세 상수 a, b, c에 대하여 $a+2b+3c$의 값은? (단, $a<b<c$)

① 11　② 12　③ 13　④ 14　⑤ 15

200

다항식 x^4+ax^2+b가 $(x-1)^2$을 인수로 가질 때, 두 상수 a, b에 대하여 a^2+b^2의 값을 구하시오.

유형 06 인수분해의 활용

201

$\dfrac{19^6-11^6}{19^4+19^2\times11^2+11^4}$의 값을 구하시오.

202

$\dfrac{90^4+90^2+1}{90\times91+1}$의 값은?

① 8002　② 8005　③ 8009　④ 8011　⑤ 8014

203

$x=2+\sqrt{6}$일 때, $\frac{x^3-5x^2+5x-1}{x^3-5x^2+4x}$의 값은?

① 1 ② $\frac{3}{2}$ ③ 2
④ $\frac{5}{2}$ ⑤ 3

204

자연수 $\frac{1234^3-1234^2-3\times1234+2}{1234^2+1233}$의 각 자리의 숫자의 합을 구하시오.

205

어떤 자연수로 $2^{12}-1$을 나눌 때, 나누어떨어지도록 하는 30보다 크고 40보다 작은 모든 자연수의 합은?

① 65 ② 68 ③ 71
④ 74 ⑤ 77

206

교육청 변형

그림과 같은 정팔면체에서 여섯 개의 꼭짓점에는 자연수를 각각 적고, 여덟 개의 정삼각형의 면에는 각각의 삼각형의 꼭짓점에 적힌 세 수의 곱을 적는다. 여덟 개의 면에 적힌 수들의 합이 165일 때, 이 정팔면체의 여섯 개의 꼭짓점에 적힌 수들의 합을 구하시오.

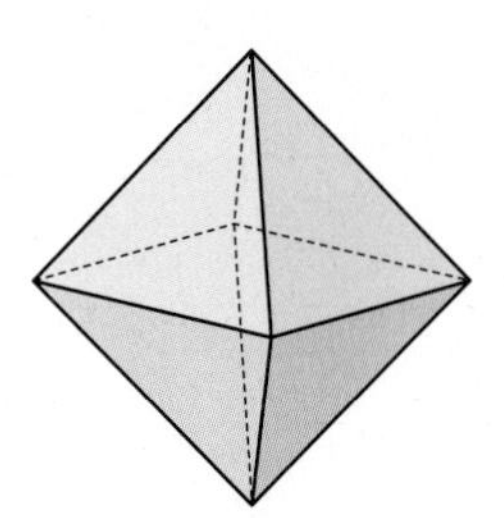

207

빈출

| 선행 177 |

삼각형의 세 변의 길이 a, b, c에 대하여 등식

$$ab(a+b)=bc(b+c)+ca(c-a)$$

가 성립할 때, 이 삼각형은 어떤 삼각형인가?

① 정삼각형
② $a=b$인 이등변삼각형
③ $a=c$인 이등변삼각형
④ 빗변의 길이가 b인 직각삼각형
⑤ 빗변의 길이가 c인 직각삼각형

208 빈출 서술형

넓이가 2인 삼각형 ABC의 세 변의 길이를 각각 a, b, c라 할 때, 다음 조건을 만족시킨다.

> (가) $a^3-ab^2-b^2c+a^2c+ac^2+c^3=0$
> (나) $a+c=\frac{3}{5}\sqrt{5}b$

삼각형 ABC의 둘레의 길이를 구하고, 그 과정을 서술하시오.

209

부피가 $(x^3+3x^2-9x+5)\pi$인 원기둥의 밑면의 반지름의 길이와 높이가 각각 최고차항의 계수가 1인 x에 대한 일차식으로 나타내어질 때, 이 원기둥의 겉넓이는? (단, $x>1$)

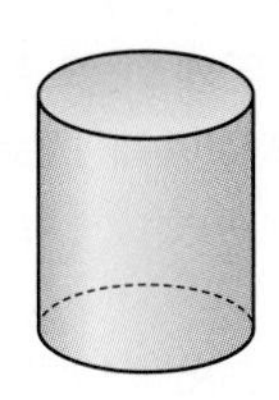

① $2\pi(x-1)^2$
② $2\pi(x-1)(x+2)$
③ $4\pi(x-1)(x+1)$
④ $4\pi(x-1)^2$
⑤ $4\pi(x-1)(x+2)$

210 교육청 기출

한 모서리의 길이가 x인 정육면체 모양의 나무토막이 있다. [그림 1]과 같이 이 나무토막의 윗면의 중앙에서 한 변의 길이가 y인 정사각형 모양으로 아랫면의 중앙까지 구멍을 뚫었다. 구멍은 정사각기둥 모양이고, 각 모서리는 처음 정육면체의 모서리와 평행하다. 이와 같은 방법으로 각 면에 구멍을 뚫어 [그림 2]와 같은 입체도형을 얻었다.

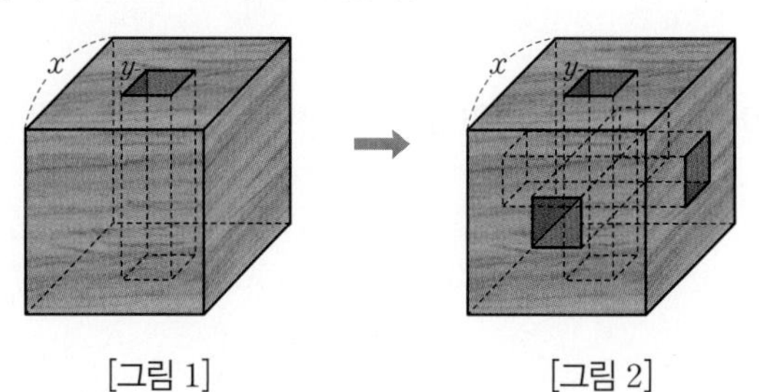

[그림 1] [그림 2]

[그림 2]의 입체의 부피를 x, y로 바르게 나타낸 것은?

① $(x-y)^2(x+2y)$
② $(x-y)(x+2y)^2$
③ $(x+y)^2(x-2y)$
④ $(x+y)(x-2y)^2$
⑤ $(x+y)^2(x+2y)$

스키마 schema로 풀이 흐름 알아보기

유형 06 인수분해의 활용 207

삼각형의 세 변의 길이 a, b, c에 대하여 등식 $ab(a+b)=bc(b+c)+ca(c-a)$가 성립할 때,
(조건① / 조건②)
이 삼각형은 어떤 삼각형인가? (답)

① 정삼각형 ② $a=b$인 이등변삼각형 ③ $a=c$인 이등변삼각형
④ 빗변의 길이가 b인 직각삼각형 ⑤ 빗변의 길이가 c인 직각삼각형

▶ 주어진 조건은 무엇인지? 구하는 답은 무엇인지? 이 둘을 어떻게 연결할지?

1 단계

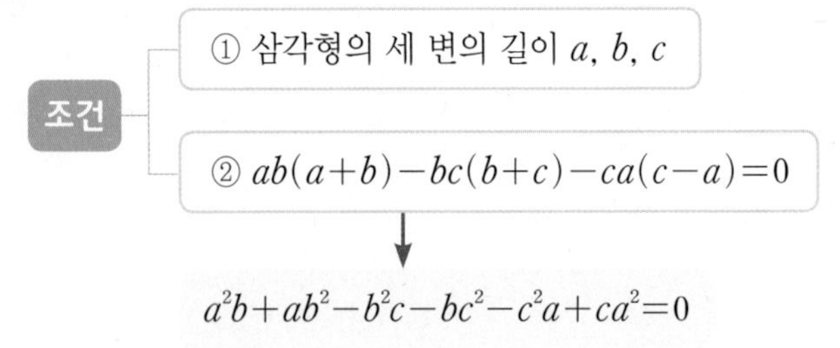

어떤 삼각형인지 알아내기 위하여 주어진 조건에서 세 변의 길이 a, b, c에 대한 정보를 알아내야 한다.
우선 조건 ②에서
$ab(a+b)-bc(b+c)-ca(c-a)=0$
의 좌변을 전개하면 다음과 같다.
$ab(a+b)-bc(b+c)-ca(c-a)$
$=a^2b+ab^2-b^2c-bc^2-c^2a+ca^2$ …… ㉠

2 단계

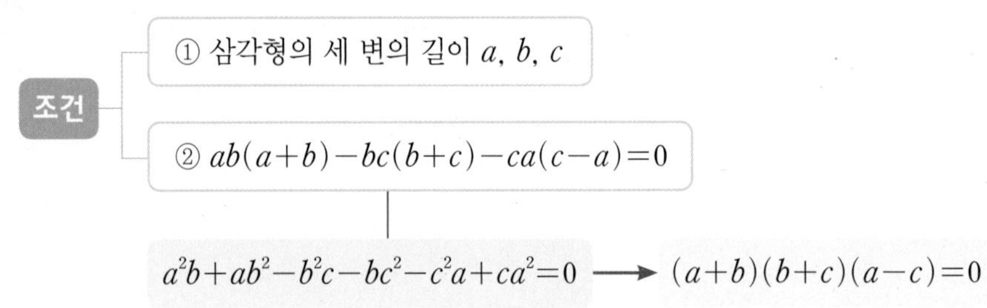

㉠은 두 개 이상의 문자를 포함하고 있으므로 a에 대하여 내림차순으로 정리하면
㉠$=(b+c)a^2+(b^2-c^2)a-bc(b+c)$
$=(b+c)a^2+(b+c)(b-c)a-bc(b+c)$
공통인수인 $b+c$로 묶어내면
㉠$=(b+c)\{a^2+(b-c)a-bc\}$
$=(a+b)(b+c)(a-c)$

3 단계

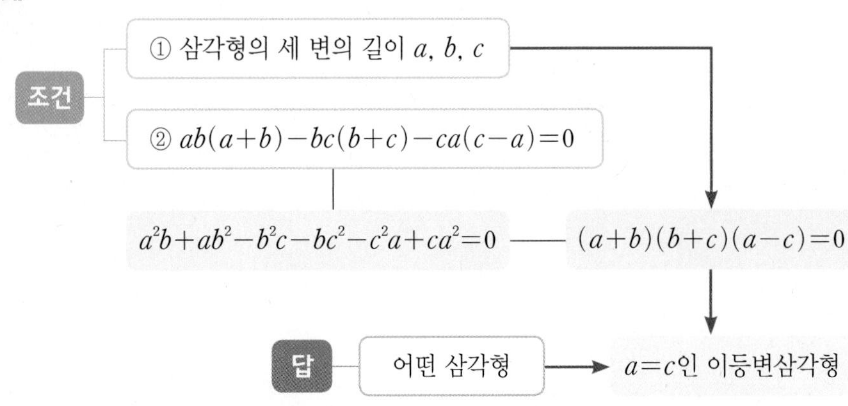

따라서 $(a+b)(b+c)(a-c)=0$이 성립한다.
이때 조건 ①에서
삼각형의 변의 길이는 모두 양수이므로
$a+b>0$, $b+c>0$
즉, $a+b\neq0$, $b+c\neq0$이므로
$a-c=0$에서 $a=c$이어야 한다.
따라서 주어진 조건을 만족시키는 삼각형은 $a=c$인 이등변삼각형이다.

정답과 풀이 p.41

211 서술형

| 선행 168 |

다음과 같이

$1\times2\times3\times4+1=5^2$

$2\times3\times4\times5+1=11^2$

$3\times4\times5\times6+1=19^2$

$\vdots$

이 성립한다. 이를 바탕으로 다음 물음에 답하고, 그 과정을 서술하시오.

(1) 모든 연속하는 네 자연수의 곱에 1을 더한 수는 어떤 자연수의 제곱임을 증명하시오.

(2) $\sqrt{11\times12\times13\times14+1}$의 값을 구하시오.

212

x에 대한 다항식 x^3+ax^2+bx+3이 일차항의 계수가 1이고 상수항이 정수인 3개의 일차식으로 인수분해 되도록 하는 실수 a, b에 대하여 $a+b$의 최댓값을 M, 최솟값을 m이라 하자. $M+m$의 값을 구하시오.

213

| 선행 192 |

두 정수 a, b와 100 이하의 자연수 n에 대하여 다항식 $x^3-(1-6ab)x+n$이 $(x-1)(x-2a)(x-3b)$로 인수분해 될 때, n의 최솟값과 최댓값의 합을 구하시오.

214

$(k^3+2k^2+3k+2)\div(k^2+4k+3)$의 값이 정수가 되도록 하는 모든 정수 k의 값의 합은? (단, $k\neq-3$, $k\neq-1$)

① -22 ② -23 ③ -24 ④ -25 ⑤ -26

215

교육청 기출

두 이차다항식 $P(x)$, $Q(x)$가 모든 실수 x에 대하여 다음 조건을 만족시킨다.

(가) $P(x)+Q(x)=4$
(나) $\{P(x)\}^3+\{Q(x)\}^3=12x^4+24x^3+12x^2+16$

$P(x)$의 최고차항의 계수가 음수일 때, $P(2)+Q(3)$의 값은?

① 6 ② 7 ③ 8 ④ 9 ⑤ 10

216

교육청 기출

2 이상의 자연수 n에 대하여 가로의 길이가 (n^3+an^2+8n+7)cm, 세로의 길이가 (n^3+6n^2+bn+7)cm인 직사각형 모양의 칠판이 있다. 그림과 같이 한 변의 길이가 $(n+2)$cm인 정사각형 모양의 사진을 겹치지 않게 빈틈없이 칠판의 왼쪽 위부터 차례로 최대한 많이 붙였더니 칠판의 오른쪽에 3 cm가 남고 아래쪽에 1 cm가 남았다. 이 칠판에 붙인 사진의 개수는? (단, a, b는 상수이다.)

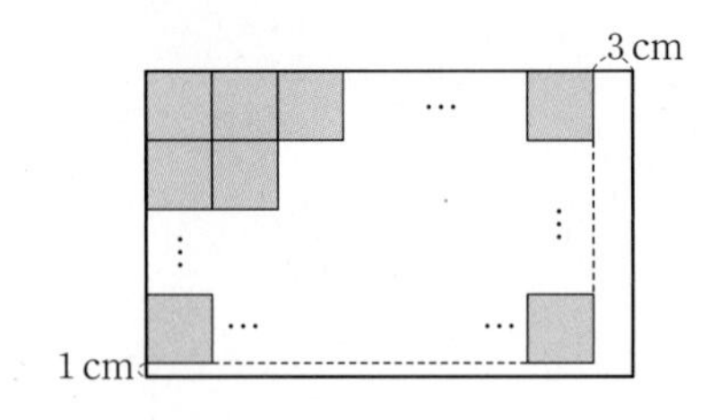

① $(n+1)(n+2)(n+3)$
② $(n+1)^2(n+2)(n+3)$
③ $(n+1)(n+2)(n+3)^2$
④ $(n+1)^3(n+2)$
⑤ $(n+2)(n+3)^3$

217

삼각형의 세 변의 길이 a, b, c가 등식

$$a^3+b^3-c^3-(b-c)a^2-(c+a)b^2-(a-b)c^2=0$$

을 만족시킬 때, 이 삼각형의 넓이는?

① $\frac{1}{2}ab$ ② $\frac{1}{2}bc$ ③ $\frac{1}{2}b^2$ ④ $\frac{1}{2}c^2$ ⑤ $\frac{\sqrt{3}}{4}a^2$

218

x에 대한 다항식 $x^4+2ax^3+bx^2+2ax+1$을 인수분해했을 때, 계수가 모두 정수인 일차식의 개수를 $N(a, b)$라 하자. 예를 들어 $N(0, 0)=0$이다. 〈보기〉에서 옳은 것만을 있는 대로 고른 것은?

〈보 기〉
ㄱ. $N(2, 6)+N(0, -2)=4$
ㄴ. $N(k, 2)=2$를 만족시키는 실수 k의 값은 2개이다.
ㄷ. $b=a^2+2$이면 $N(a, b)=4$를 만족시키는 모든 실수 a의 값의 곱은 -4이다.

① ㄱ ② ㄴ ③ ㄷ ④ ㄱ, ㄷ ⑤ ㄴ, ㄷ

219

정수 $N=x^4-25x^2-50x-25$에 대하여 $|N|$이 소수가 되도록 하는 정수 x의 개수를 p, 소수인 $|N|$의 최댓값을 q라 할 때, $p+q$의 값을 구하시오.

220

다항식 x^4-ax^2+36이 계수가 모두 정수인 일차식 4개로 인수분해 되도록 하는 모든 양수 a의 값의 합은?

① 30　② 35　③ 40　④ 45　⑤ 50

221

3 이상의 자연수 n에 대하여 자연수 n^4+2n^2-3이 $(n-1)(n-2)$의 배수가 되도록 하는 모든 자연수 n의 값의 합을 구하시오.

222

| 선행 194 |

x, y에 대한 다항식 $x^2-y^2-ax-by-2$가 계수가 모두 정수인 두 일차식의 곱으로 인수분해 될 때, $a+b$의 값이 될 수 없는 것은? (단, a, b는 상수이다.)

① -4　② -2　③ 0　④ 2　⑤ 4

223

10 이하의 세 자연수 a, b, c가

$ab(a^2-b^2)+bc(b^2-c^2)+ca(c^2-a^2)=138$을 만족시킬 때,

$a^2+b^2+c^2$의 값을 구하시오.

224

교육청 변형

두 자연수 a, b에 대하여 일차식 $x-a$를 인수로 가지는 다항식 $P(x)=x^4-250x^2+b$가 계수와 상수항이 모두 정수인 서로 다른 세 다항식의 곱으로 인수분해 된다. 모든 다항식 $P(x)$의 개수를 p라 하고, a가 최대일 때의 b의 값을 q라 할 때, $\frac{q}{9(p+1)}$의 값을 구하시오.

225

다항식 $P(x)=x^2+x+1$에 대하여 다항식 $P(x^{12})$을 $P(x)$로 나누었을 때의 나머지를 구하시오.

226

다항식 $x^{27}+x^{26}+x^{24}+x^{23}+x+3$을 $x^4+x^3+x^2+x+1$로 나누었을 때의 나머지는?

① $x+2$
② x^2+2
③ x^2+x+2
④ x^3+1
⑤ x^3+x^2+x+1

227

| 선행 190 |

다항식 $x^{10}-2x^5-3$을 $x+1$로 나누었을 때의 몫을 $Q(x)$라 할 때, 다항식 $Q(x)$를 $x+1$로 나누었을 때의 나머지는?

① -30　② -25　③ -20　④ -15　⑤ -10

228

교육청 기출

그림과 같이 모든 모서리의 길이가 a인 정사각뿔 O−ABCD가 있다. 네 선분 OA, OB, OC, OD 위의 네 점 E, F, G, H를 $\overline{OE}=\overline{OF}=\overline{OG}=\overline{OH}=b$가 되도록 잡는다.
두 정사각뿔 O−ABCD, O−EFGH의 부피의 합이 $2\sqrt{2}$이고 선분 AF의 길이가 2일 때, 사각형 ABFE의 넓이를 S라 하자. $32\times S^2$의 값을 구하시오. (단, a, b는 $a>b>0$인 상수이다.)

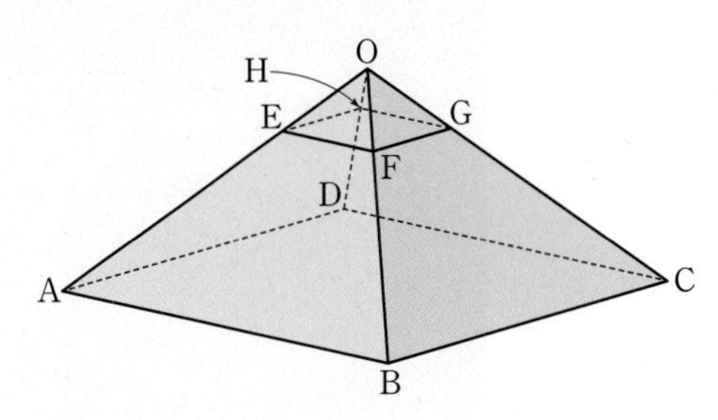

I

다항식

Ⅱ

방정식과 부등식

01 복소수와 이차방정식

이전 학습 내용

- **양수 a의 제곱근** 중3

제곱하여 a가 되는 수를 a의 제곱근이라 하고, $\pm\sqrt{a}$로 나타낸다.

- **실수** 중3

실수
- 유리수
  - 정수
    - 양의 정수 (자연수)
    - 0
    - 음의 정수
  - 정수가 아닌 유리수
- 무리수

- **무리수가 서로 같을 조건** 중3

네 유리수 a, b, c, d와 무리수 $\sqrt{m}$에 대하여

(1) $a=c$, $b=d$이면 $a+b\sqrt{m}=c+d\sqrt{m}$
$a+b\sqrt{m}=c+d\sqrt{m}$이면 $a=c$, $b=d$

(2) $a=0$, $b=0$이면 $a+b\sqrt{m}=0$
$a+b\sqrt{m}=0$이면 $a=0$, $b=0$

- **제곱근의 덧셈과 뺄셈** 중3

근호를 포함한 식의 덧셈과 뺄셈은 근호가 있는 수를 문자로 생각하여 다항식의 덧셈과 뺄셈에서 동류항끼리 계산하는 것과 같은 방법으로 계산한다.

- **분모의 유리화** 중3

예) $\dfrac{1}{2+\sqrt{3}}=\dfrac{1}{2+\sqrt{3}}\times\dfrac{2-\sqrt{3}}{2-\sqrt{3}}$
$=\dfrac{2-\sqrt{3}}{2^2-(\sqrt{3})^2}=2-\sqrt{3}$

- **제곱근의 성질** 중3

$a>0$일 때,

(1) $(\pm\sqrt{a})^2=a$ (2) $\sqrt{(\pm a)^2}=a$

- **제곱근의 곱셈과 나눗셈** 중3

$a>0$, $b>0$일 때,

(1) $\sqrt{a}\sqrt{b}=\sqrt{ab}$ (2) $\dfrac{\sqrt{a}}{\sqrt{b}}=\sqrt{\dfrac{a}{b}}$

현재 학습 내용

- **복소수** ······ 유형 01 복소수의 뜻과 연산

(1) 제곱하여 -1이 되는 수를 기호 i로 나타내고, 이를 허수단위라 한다.
$i^2=-1$ (단, $i=\sqrt{-1}$)

(2) 임의의 실수 a, b에 대하여 $a+bi$ 꼴로 나타내어지는 수를 복소수라 하고, a를 실수부분, b를 허수부분이라 한다.

복소수 $a+bi$
- $b=0$일 때, 실수
- $b\neq0$일 때, 허수
  - $a=0$일 때, 순허수
  - $a\neq0$일 때, 순허수가 아닌 허수

- **복소수가 서로 같을 조건**

두 복소수의 실수부분과 허수부분이 각각 같을 때, 두 복소수는 서로 같다고 한다. 따라서 a, b, c, d가 실수일 때,

(1) $a=c$, $b=d$이면 $a+bi=c+di$
$a+bi=c+di$이면 $a=c$, $b=d$

(2) $a=0$, $b=0$이면 $a+bi=0$
$a+bi=0$이면 $a=0$, $b=0$

- **켤레복소수** ······ 유형 02 켤레복소수

복소수 $a+bi$ (a, b는 실수)에 대하여 복소수 $a-bi$를 $a+bi$의 켤레복소수라 하고, 기호로 $\overline{a+bi}$와 같이 나타낸다.
$\overline{a+bi}=a-bi$

- **복소수의 사칙연산**

a, b, c, d가 실수일 때,

(1) $(a+bi)+(c+di)=(a+c)+(b+d)i$

(2) $(a+bi)-(c+di)=(a-c)+(b-d)i$

(3) $(a+bi)(c+di)=(ac-bd)+(ad+bc)i$ ······ 유형 03 복소수의 거듭제곱

(4) $(a+bi)\div(c+di)=\dfrac{ac+bd}{c^2+d^2}+\dfrac{bc-ad}{c^2+d^2}i$ (단, $c+di\neq0$)

- **음수의 제곱근** ······ 유형 04 음수의 제곱근

1. 음수의 제곱근

$a>0$일 때,

(1) $\sqrt{-a}=\sqrt{a}i$ (2) $-a$의 제곱근은 $\pm\sqrt{a}i$이다.

2. 음수의 제곱근의 성질

(1) $a<0$, $b<0$일 때, $\sqrt{a}\sqrt{b}=-\sqrt{ab}$ ← 이외의 경우에는 $\sqrt{a}\sqrt{b}=\sqrt{ab}$

(2) $a>0$, $b<0$일 때, $\dfrac{\sqrt{a}}{\sqrt{b}}=-\sqrt{\dfrac{a}{b}}$ ← 이외의 경우에는 $\dfrac{\sqrt{a}}{\sqrt{b}}=\sqrt{\dfrac{a}{b}}$ (단, $b\neq0$)

이전 학습 내용

• **이차방정식의 풀이** 중3

(1) 인수분해 이용

이차방정식을 $(ax-b)(cx-d)=0$ 꼴로 나타낼 수 있을 때, 두 근은

$$x=\frac{b}{a} \text{ 또는 } x=\frac{d}{c}$$

(2) 완전제곱식 이용

이차방정식을 완전제곱식을 포함한 $(x-A)^2=B$ 꼴로 변형할 때, 두 근은

$$x=A\pm\sqrt{B} \text{ (단, } B\geq 0)$$

(3) 근의 공식 이용

이차방정식 $ax^2+bx+c=0$에 대하여

두 근은 $x=\frac{-b\pm\sqrt{b^2-4ac}}{2a}$

특히, x의 계수가 짝수일 때, 즉 $b=2b'$일 때 두 근은

$$x=\frac{-b'\pm\sqrt{b'^2-ac}}{a}$$

이때는 실근만 다루었다.

• **인수 정리** Ⅰ 다항식_02 항등식과 나머지정리

다항식 $P(x)$에 대하여 $P(a)=0$이면 다항식 $P(x)$는 일차식 $x-a$로 나누어떨어진다.

현재 학습 내용

• **이차방정식의 실근과 허근** ········· 유형 05 이차방정식의 풀이와 근의 판별

계수가 실수인 이차방정식 $ax^2+bx+c=0$에서

(1) 근의 공식: $x=\frac{-b\pm\sqrt{b^2-4ac}}{2a}$

(2) 판별식: $D=b^2-4ac$ 근의 공식에서 제곱근 안의 식

(3) 근의 판별:

$D>0$이면 서로 다른 두 실근을 갖는다.
$D=0$이면 중근을 갖는다.
(이차방정식이 실근을 가질 조건: $D\geq 0$)
$D<0$이면 서로 다른 두 허근을 갖는다.

• **이차방정식의 근과 계수의 관계** ········· 유형 06 이차방정식의 근과 계수의 관계

(1) 이차방정식의 근과 계수의 관계

이차방정식 $ax^2+bx+c=0$의 두 근을 α, β라 하면

$$\alpha+\beta=-\frac{b}{a},\ \alpha\beta=\frac{c}{a}$$

(2) 두 수를 근으로 하는 이차방정식

x^2의 계수가 1인 이차방정식의 두 근을 α, β라 하면

$$(x-\alpha)(x-\beta)=0,\ x^2-(\alpha+\beta)x+\alpha\beta=0$$

(3) 이차식의 복소수 범위에서의 인수분해

이차방정식 $ax^2+bx+c=0$의 두 근을 α, β라 하면

$$ax^2+bx+c=a(x-\alpha)(x-\beta)$$

유형 07 이차방정식의 활용

유형 01 복소수의 뜻과 연산

허수단위 i에 대한 성질과 복소수가 서로 같을 조건을 이용하여 복소수의 연산을 하거나 식을 만족시키는 값을 찾는 문제를 분류하였다.

유형해결 TIP

복소수의 연산 과정에서 다음의 값이 많이 이용되므로 익혀두면 빠르게 계산할 수 있다.

$(1+i)^2=2i$, $(1-i)^2=-2i$, $(1+i)(1-i)=2$

$\frac{1}{1-i}=\frac{1+i}{2}$, $\frac{1}{1+i}=\frac{1-i}{2}$, $\frac{1+i}{1-i}=i$, $\frac{1-i}{1+i}=-i$

229

다음 설명 중 옳은 것은? (단, $i=\sqrt{-1}$이다.)

① i는 제곱하여 -1이 되는 음수이다.
② 실수는 복소수가 아니다.
③ $2+3i$의 허수부분은 $3i$이다.
④ 복소수의 허수부분은 실수이다.
⑤ 허수는 실수 a에 대하여 항상 ai 꼴로 나타낼 수 있다.

230

두 실수 a, b에 대하여 다음 복소수를 $a+bi$ 꼴로 나타내시오. (단, $i=\sqrt{-1}$이다.)

(1) $(1+i)^2+(1+2i)(1-2i)$

(2) $\frac{2}{1-i}+\frac{1-i}{1+i}$

(3) $\left(\frac{1+i}{1-i}\right)^2$

231

$\alpha=\frac{1+i}{1-i}$, $\beta=\frac{1-i}{1+i}$일 때, $\frac{2\alpha^2+\beta^2}{\alpha\beta}$의 값은? (단, $i=\sqrt{-1}$이다.)

① -5 ② -3 ③ -1
④ 1 ⑤ 3

232 빈출

x에 대한 다항식 x^3+x^2+x-3을 복소수 범위에서 인수분해한 것으로 옳은 것은? (단, $i=\sqrt{-1}$이다.)

① $(x-1)(x-1-\sqrt{2}i)(x-1+\sqrt{2}i)$
② $(x-1)(x+1-\sqrt{2}i)(x-1-\sqrt{2}i)$
③ $(x-1)(x+1-\sqrt{2}i)(x+1+\sqrt{2}i)$
④ $(x-2)(x+1-\sqrt{2}i)(x-1+\sqrt{2}i)$
⑤ $(x-2)(x+1-\sqrt{2}i)(x-1-\sqrt{2}i)$

233

두 실수 a, b에 대하여 등식

$$(3+i)a-2bi=6-4i$$

가 성립할 때, $a+b$의 값은? (단, $i=\sqrt{-1}$이다.)

① 1 ② 2 ③ 3
④ 4 ⑤ 5

234

두 실수 a, b에 대하여 등식

$$(1-i)^2-a(1+i)^4=16+bi$$

가 성립할 때, $a-b$의 값을 구하시오. (단, $i=\sqrt{-1}$이다.)

235

두 실수 a, b에 대하여 등식

$$\frac{a}{1-i}+\frac{b}{1+i}=5+2i$$

가 성립할 때, ab의 값을 구하시오. (단, $i=\sqrt{-1}$이다.)

236

$a=1+2i$, $b=1-2i$일 때, $a^3-a^2b-ab^2+b^3$의 값은?
(단, $i=\sqrt{-1}$이다.)

① -32　② $-16i$　③ -8
④ $16i$　⑤ 32

237

$x=\frac{2}{1+i}$, $y=\frac{2}{1-i}$일 때, x^3+y^3의 값은? (단, $i=\sqrt{-1}$이다.)

① $-8i$　② -4　③ 0
④ 4　⑤ $8i$

238

복소수

$$(1+i)x^2-(1-i)x-2i$$

가 0이 아닌 실수가 되도록 하는 실수 x의 값은?
(단, $i=\sqrt{-1}$이다.)

① -2　② -1　③ 0
④ 1　⑤ 2

239

복소수 $z=a+bi$에 대하여 다음 조건을 만족시키는 실수 a, b의 조건을 구하시오. (단, $i=\sqrt{-1}$이다.)

(1) z^2은 음의 실수이다.
(2) $z^2=0$
(3) z^2은 양의 실수이다.

유형 02 켤레복소수

켤레복소수의 정의와 성질을 이용하여 복소수를 연산하는 문제를 분류하였다.

유형해결 TIP

복소수 $z=a+bi$에 대하여 $\overline{z}=a-bi$이므로 $z+\overline{z}=2a$, $z\overline{z}=a^2+b^2$이다. 즉, 켤레복소수 관계인 두 복소수는 합과 곱이 실수이다. 이를 이용하면 곱셈 공식을 통하여 복소수를 연산하는데 유용하다.

240

복소수 $z=2-3i$에 대하여 다음 중 옳지 않은 것은?

(단, $i=\sqrt{-1}$이고, $\overline{z}$는 z의 켤레복소수이다.)

① $z+\overline{z}=4$ ② $z-\overline{z}=-6i$ ③ $z\overline{z}=13$

④ $\frac{z}{\overline{z}}=i$ ⑤ $z^2=-5-12i$

241

복소수 z에 대하여 다음 설명 중 옳지 않은 것은?

(단, $\overline{z}$는 z의 켤레복소수이다.)

① $z+\overline{z}$는 실수이다.

② $z-\overline{z}$의 실수부분은 0이다.

③ $z\overline{z}$는 0 또는 양수이다.

④ $z=\overline{z}$이면 z는 실수이다.

⑤ $z=-\overline{z}$이면 z는 순허수이다.

242

0이 아닌 복소수 z에 대하여 〈보기〉에서 항상 실수인 것만을 있는 대로 고른 것은? (단, $\overline{z}$는 z의 켤레복소수이다.)

〈보 기〉

ㄱ. $(1+z)(1+\overline{z})$ ㄴ. $\frac{1}{z}+\frac{1}{\overline{z}}$

ㄷ. $z^2-\overline{z}^2$ ㄹ. $(z-\overline{z})^2$

① ㄱ, ㄴ ② ㄱ, ㄷ ③ ㄷ, ㄹ

④ ㄱ, ㄴ, ㄹ ⑤ ㄴ, ㄷ, ㄹ

243

복소수 z와 그 켤레복소수 $\overline{z}$에 대하여

$$z+\overline{z}=6,\ z\overline{z}=11$$

일 때, z의 값은? (단, $i=\sqrt{-1}$이다.)

① $1\pm\sqrt{2}i$ ② $1\pm\sqrt{3}i$ ③ $3\pm\sqrt{2}i$

④ $3\pm\sqrt{3}i$ ⑤ $5\pm\sqrt{2}i$

244

0이 아닌 복소수 z에 대하여 〈보기〉에서 항상 성립하는 것의 개수는? (단, $\overline{z}$는 z의 켤레복소수이다.)

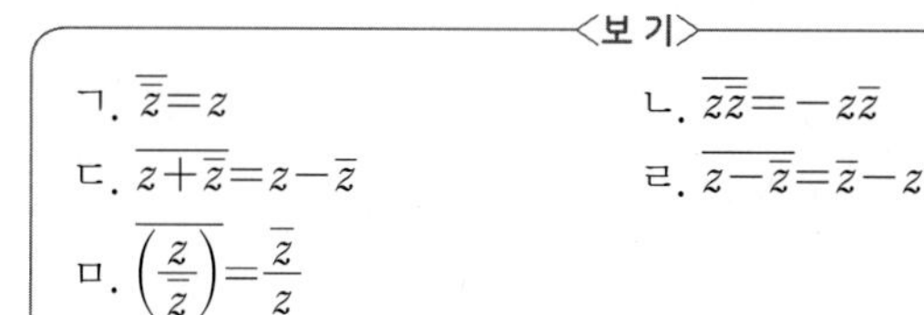

〈보 기〉

ㄱ. $\overline{\overline{z}}=z$ ㄴ. $\overline{z\overline{z}}=-z\overline{z}$

ㄷ. $\overline{z+\overline{z}}=z-\overline{z}$ ㄹ. $\overline{z-\overline{z}}=\overline{z}-z$

ㅁ. $\overline{\left(\frac{z}{\overline{z}}\right)}=\frac{\overline{z}}{z}$

① 1 ② 2 ③ 3

④ 4 ⑤ 5

245

복소수 $z=1-i$에 대하여

$$\frac{z+1}{z}+\frac{\overline{z}+1}{\overline{z}}$$

의 값은? (단, $i=\sqrt{-1}$이고, $\overline{z}$는 z의 켤레복소수이다.)

① -3 ② -1 ③ 0

④ 1 ⑤ 3

246

두 복소수 $\alpha=3-2i$, $\beta=2+3i$에 대하여

$$\alpha\overline{\alpha}-\alpha\overline{\beta}-\overline{\alpha}\beta+\beta\overline{\beta}$$

의 값을 구하시오.

(단, $i=\sqrt{-1}$이고, $\overline{\alpha}$, $\overline{\beta}$는 각각 α, β의 켤레복소수이다.)

247

두 복소수 z_1, z_2가

$$z_1-z_2=2-3i,\ z_1z_2=1+5i$$

를 만족시킬 때, $(\overline{z_1}-2)(\overline{z_2}+2)$의 값은?

(단, $i=\sqrt{-1}$이고, $\overline{z}$는 z의 켤레복소수이다.)

① $1-2i$ ② $1-i$ ③ 1
④ $1+i$ ⑤ $1+2i$

248

0이 아닌 복소수

$$z=x-4+(x^2+2x-24)i$$

가 $z=\overline{z}$를 만족시킬 때, 실수 x의 값은?

(단, $i=\sqrt{-1}$이고, $\overline{z}$는 z의 켤레복소수이다.)

① -6 ② -4 ③ 0
④ 4 ⑤ 6

249

0이 아닌 복소수

$$z=x^2-(3+i)x+2+i$$

가 $z+\overline{z}=0$을 만족시킬 때, 실수 x의 값을 a라 하고, 그때의 복소수 z를 b라 하자. $a+b$의 값은?

(단, $i=\sqrt{-1}$이고, $\overline{z}$는 z의 켤레복소수이다.)

① $-2+i$ ② $-1+i$ ③ $1-i$
④ $2-i$ ⑤ $2+i$

250

$(1+i)z+i\overline{z}=3+8i$를 만족시키는 복소수 z의 값은?

(단, $i=\sqrt{-1}$이고, $\overline{z}$는 z의 켤레복소수이다.)

① $-3-2i$ ② $-3+2i$ ③ $3-2i$
④ $3+2i$ ⑤ $6+2i$

251

두 복소수 α, β에 대하여

$$\alpha+\beta=4-i,\ \overline{\alpha}^2+\overline{\beta}^2=5-2i$$

가 성립할 때, $\alpha\beta+\overline{\alpha}\,\overline{\beta}$의 값은?

(단, $i=\sqrt{-1}$이고, $\overline{\alpha}$, $\overline{\beta}$는 각각 α, β의 켤레복소수이다.)

① -10 ② -5 ③ 0
④ 5 ⑤ 10

유형 03 복소수의 거듭제곱

복소수의 거듭제곱은
(1) 복소수를 직접 반복해서 곱해 규칙성을 찾는 문제
(2) 켤레복소수의 성질 또는 곱셈 공식의 변형을 통해 복소수의 규칙성을 찾는 문제
로 분류하였다.

유형해결 TIP
허수단위 i는 $i^2=-1$, $i^3=-i$, $i^4=1$이므로 자연수 n에 대하여 $i^n=i^{n+4}$이다. 이 성질을 이용하여 복소수의 거듭제곱은 직접 곱해 보면서 규칙성을 찾을 수 있는 경우가 많다.

252
$1+i+i^2+i^3+\cdots+i^{10}$의 값은? (단, $i=\sqrt{-1}$이다.)

① $-i$　② -1　③ 0　④ 1　⑤ i

253
$\dfrac{i^2+3i^4+5i^6+7i^8+9i^{10}+11i^{12}}{2i+4i^3+6i^5+8i^7+10i^9+12i^{11}}$의 값은? (단, $i=\sqrt{-1}$이다.)

① $-2i$　② $-i$　③ 0　④ i　⑤ $2i$

254
홀수인 자연수 n에 대하여 $\left(\dfrac{1+i}{1-i}\right)^{2n}+\left(\dfrac{1-i}{1+i}\right)^{2n}$의 값은?
(단, $i=\sqrt{-1}$이다.)

① -2　② $-1+i$　③ 0　④ $1-i$　⑤ 2

255
복소수 z가 $z^3=1-i$를 만족시킬 때, $\overline{z}^{24}$의 값은?
(단, $i=\sqrt{-1}$이고, $\overline{z}$는 z의 켤레복소수이다.)

① -16　② $-16i$　③ $16i$　④ 16　⑤ $32i$

256
복소수 $z=1+i$에 대하여 $z^{100}+\overline{z}^{100}$의 값은?
(단, $i=\sqrt{-1}$이고, $\overline{z}$는 z의 켤레복소수이다.)

① -2^{51}　② -2^{50}　③ 2^{50}　④ 2^{51}　⑤ 2^{100}

257
두 실수 a, b에 대하여
$$\frac{1}{i}+\frac{1}{i^2}+\frac{1}{i^3}+\cdots+\frac{1}{i^{50}}=a+bi$$
일 때, $a+b$의 값은? (단, $i=\sqrt{-1}$이다.)

① -2　② -1　③ 0　④ 1　⑤ 2

258

다음 식을 간단히 나타낸 것은? (단, $i=\sqrt{-1}$이다.)

$$\frac{1+i}{1-i}+\left(\frac{1-i}{1+i}\right)^2+\left(\frac{1+i}{1-i}\right)^3+\left(\frac{1-i}{1+i}\right)^4+\cdots+\left(\frac{1+i}{1-i}\right)^{29}+\left(\frac{1-i}{1+i}\right)^{30}$$

① $-1-i$ ② $-1+i$ ③ 0
④ $1-i$ ⑤ $1+i$

259

복소수 $z=\frac{-1+\sqrt{3}i}{2}$에 대하여 $z+z^2+z^3+\cdots+z^{40}$의 값은? (단, $i=\sqrt{-1}$이다.)

① $\frac{-1-\sqrt{3}i}{2}$ ② $\frac{-1+\sqrt{3}i}{2}$ ③ $\frac{1+\sqrt{3}i}{2}$
④ -1 ⑤ 0

유형 04 음수의 제곱근

음수의 제곱근의 성질을 이용하여 복소수를 연산하는 문제를 분류하였다.

유형해결 TIP
제곱근 안에 미지수가 포함된 경우 부호에 주의하여 연산하도록 한다.

260

다음 중 옳지 않은 것은? (단, $i=\sqrt{-1}$이다.)

① $\frac{\sqrt{-4}}{\sqrt{-2}}=\sqrt{2}$
② $\frac{\sqrt{-9}}{\sqrt{3}}=\sqrt{3}i$
③ $\sqrt{-2}\sqrt{-5}=-\sqrt{10}$
④ $\sqrt{-12}-\sqrt{-3}=\sqrt{3}i$
⑤ $\frac{\sqrt{8}}{\sqrt{-2}}=2i$

261

다음 계산 과정에서 등호를 잘못 사용한 곳은? (단, $i=\sqrt{-1}$이다.)

$$2i \overset{①}{=} \sqrt{-4} \overset{②}{=} \sqrt{\frac{4}{-1}} \overset{③}{=} \frac{\sqrt{4}}{\sqrt{-1}} \overset{④}{=} \frac{2}{i} \overset{⑤}{=} -2i$$

262

$\sqrt{-2}\sqrt{-8}+\frac{\sqrt{-6}\sqrt{8}}{\sqrt{-3}}+\frac{\sqrt{32}}{\sqrt{-2}}$를 간단히 나타낸 것은? (단, $i=\sqrt{-1}$이다.)

① $-4i$ ② $-2i$ ③ 0
④ $2i$ ⑤ $4i$

263

이차방정식 $x^2-9x-36=0$의 두 근을 α, β라 할 때, $\frac{\sqrt{\alpha}}{\sqrt{\beta}}+\frac{\sqrt{\beta}}{\sqrt{\alpha}}$의 값은? (단, $i=\sqrt{-1}$이다.)

① $-\frac{3}{2}i$ ② $-\frac{2}{3}i$ ③ $\frac{2}{3}$
④ $\frac{3}{2}$ ⑤ $\frac{3}{2}i$

264

0이 아닌 두 실수 a, b에 대하여 $\sqrt{a}\sqrt{b}=-\sqrt{ab}$일 때, 복소수 $\sqrt{a}-\sqrt{-b}$의 켤레복소수는?

① $\sqrt{a}-\sqrt{-b}$ ② $\sqrt{a}+\sqrt{-b}$
③ $-\sqrt{a}+\sqrt{-b}$ ④ $-\sqrt{a}-\sqrt{-b}$
⑤ $-\sqrt{a}+\sqrt{b}$

265

0이 아닌 두 실수 a, b에 대하여

$$\frac{\sqrt{b}}{\sqrt{a}}=-\sqrt{\frac{b}{a}}$$

일 때, 복소수 $\sqrt{-a}+\sqrt{\frac{a}{b}}+\sqrt{a^2b}$의 허수부분을 나타낸 것은?

① $\sqrt{-\frac{a}{b}}$ ② $a\sqrt{-b}$ ③ $\sqrt{a}$
④ $a\sqrt{b}$ ⑤ $\sqrt{\frac{a}{b}}$

266

$a>b>0$인 두 실수 a, b에 대하여 $\frac{\sqrt{-a}}{\sqrt{a}}-\frac{\sqrt{a-b}}{\sqrt{b-a}}$의 값은? (단, $i=\sqrt{-1}$이다.)

① $-2i$ ② $-i$ ③ 0
④ i ⑤ $2i$

유형 05 이차방정식의 풀이와 근의 판별

이차방정식의 풀이와 근의 판별은
(1) 허근을 갖는 방정식 또는 절댓값이 포함된 방정식의 근을 구하는 문제
(2) 미지수가 포함된 이차방정식에서 실근, 중근, 허근을 가질 때의 판별식 조건으로 미지수를 구하는 문제
로 분류하였다.

유형해결 TIP
실근을 가질 조건과 서로 다른 두 실근을 가질 조건이 서로 다름에 유의하여 문제를 풀이한다.

267

이차방정식 $x^2-3x+3=0$의 두 근을 α, β라 할 때, $\frac{2+9\beta-3\beta^2}{2\alpha^2-6\alpha+9}$의 값은?

① 6 ② $\frac{11}{3}$ ③ $\frac{5}{2}$
④ $\frac{9}{5}$ ⑤ $\frac{4}{3}$

268 빈출

다음과 같이 주어진 x에 대한 이차방정식이 실근을 갖도록 하는 자연수 k의 값을 모두 구하시오.

(1) $x^2+(2k-1)x+k^2-2=0$

(2) $(1+k^2)x^2-2(1+k)x+2=0$

269 빈출

x에 대한 이차방정식 $x^2-4ax+4a^2+a+3=0$이 서로 다른 두 허근을 갖도록 하는 정수 a의 최솟값은?

① 0 ② -1 ③ -2
④ -3 ⑤ -4

270

x에 대한 이차방정식 $kx^2-2kx+3=0$이 중근을 갖도록 하는 실수 k의 값과 그때의 중근을 α라 할 때, $k+\alpha$의 값은?

① 2 ② 3 ③ 4
④ 5 ⑤ 6

271

방정식 $3|x|^2-5|x|-2=0$의 모든 실근의 곱은?

① -4 ② $-\frac{2}{3}$ ③ $-\frac{1}{9}$
④ $\frac{2}{3}$ ⑤ 4

272

방정식 $x^2-2|x+1|-6=0$의 모든 실근의 합은?

① $-3-\sqrt{5}$ ② $-3+\sqrt{5}$ ③ $3-\sqrt{5}$
④ 3 ⑤ $3+\sqrt{5}$

273

x에 대한 두 이차방정식 $x^2+2x+a-2=0$, $x^2-4x+3a+10=0$ 중 하나만 실근을 갖는 방정식이 되도록 하는 모든 정수 a의 값의 합은?

① 2 ② 3 ③ 4
④ 5 ⑤ 6

유형 06 이차방정식의 근과 계수의 관계

이차방정식의 근과 계수의 관계는
(1) 두 근의 합과 곱으로 곱셈 공식을 변형하여 식의 값을 구하는 문제
(2) 미지수가 포함된 이차방정식에서 두 근의 합과 곱으로 미지수를 구하거나 새로운 방정식을 작성하는 문제
로 분류하였다.

274

이차방정식 $-3x^2+6x+1=0$의 두 근을 α, β라 할 때, 다음 중 옳지 않은 것은?

① $\alpha+\beta=2$
② $\alpha\beta=-\frac{1}{3}$
③ $\alpha^2+\beta^2=\frac{10}{3}$
④ $\alpha^3+\beta^3=10$
⑤ $\frac{1}{\alpha}+\frac{1}{\beta}=-6$

275

이차방정식 $x^2-5x+2=0$의 두 근을 α, β라 할 때, $\left(1+\frac{2}{\alpha}\right)\left(1+\frac{2}{\beta}\right)$의 값은?

① 2 ② 4 ③ 6
④ 8 ⑤ 10

276 빈출

이차방정식 $x^2+3x-5=0$의 두 근을 α, β라 할 때, 다음 값을 구하시오.

(1) $(\alpha^2+2\alpha-2)(\beta^2+2\beta-2)$
(2) $\frac{1}{(\alpha^2+4\alpha-4)(\beta^2+4\beta-4)}$

277

이차다항식 $f(x)$에 대하여 x에 대한 이차방정식 $f(x)-3x+2=0$의 두 근을 α, β라 할 때, $\alpha+\beta=-4$, $\alpha\beta=-2$이다. $f(0)=2$일 때, $f(-2)$의 값을 구하시오.

278 빈출

x에 대한 이차방정식 $x^2+(a+b)x+a^2+b^2=0$의 한 근이 $1+2i$일 때, 실수 a, b에 대하여 $\frac{a}{b}+\frac{b}{a}$의 값은? (단, $i=\sqrt{-1}$이다.)

① -4 ② -6 ③ -8
④ -10 ⑤ -12

279

이차방정식 $2x^2+8x-3k=0$의 두 근의 차가 k일 때, 양의 실수 k의 값은?

① 2 ② 4 ③ 6
④ 8 ⑤ 10

280

이차방정식 $x^2-(2k+1)x+(k^2+1)=0$이 서로 다른 두 양의 실근을 가질 때, 이 두 근의 비가 $1:2$가 되도록 하는 모든 실수 k의 값의 합은?

① 6　② 7　③ 8　④ 9　⑤ 10

281

이차식

$$f(x)=x^2-5x-5$$

에 대하여 이차방정식 $f(3x+1)=0$의 두 근의 차는?

① $\sqrt{5}$　② $3\sqrt{5}$　③ $5\sqrt{5}$　④ $7\sqrt{5}$　⑤ $9\sqrt{5}$

282

이차방정식 $x^2-3x+1=0$의 두 근을 α, β라 할 때, 다음 물음에 답하시오.

(1) 두 근이 $\alpha+\beta$, $\alpha\beta$이고 이차항의 계수가 1인 이차방정식을 구하시오.

(2) 두 근이 $\alpha-1$, $\beta-1$이고 이차항의 계수가 1인 이차방정식을 구하시오.

283

다음은 이차방정식 $ax^2+bx+c=0$ $(ac\neq0)$의 두 근이 α, β일 때, $\frac{1}{\alpha}$, $\frac{1}{\beta}$을 두 근으로 하는 이차방정식을 구하는 과정이다.

> $\frac{1}{\alpha}$, $\frac{1}{\beta}$을 두 근으로 하고 이차항의 계수가 1인 이차방정식은
>
> $x^2+($ (가) $)x+\frac{1}{\alpha\beta}=0$이다.
>
> 따라서 이차방정식의 근과 계수의 관계에 의하여 구하는 방정식은
>
> $cx^2+($ (나) $)x+($ (다) $)=0$이다.

위의 과정에서 (가), (나), (다)에 알맞은 것은?

(단, a, b, c는 상수이다.)

	(가)	(나)	(다)
①	$\frac{\alpha+\beta}{\alpha\beta}$	$-a$	b
②	$\frac{\alpha+\beta}{\alpha\beta}$	a	b
③	$-\frac{\alpha+\beta}{\alpha\beta}$	$-b$	b
④	$-\frac{\alpha+\beta}{\alpha\beta}$	b	$-a$
⑤	$-\frac{\alpha+\beta}{\alpha\beta}$	b	a

284

이차방정식 $x^2-kx+k+1=0$의 두 근의 부호가 서로 다를 때, 실수 k의 값의 범위는?

① $-1<k<0$ ② $k>-1$
③ $k<-1$ ④ $k<0$ 또는 $k>1$
⑤ $k>0$

285

이차방정식 $x^2+(k^2-k-6)x-2k+3=0$의 두 실근이 절댓값은 같고 부호는 서로 다를 때, 실수 k의 값은?

① 1 ② 2 ③ 3
④ 6 ⑤ 12

유형 07 이차방정식의 활용

이차방정식의 활용은
(1) 도형의 특징, 둘레의 길이, 넓이, 부피로 방정식을 세워 근을 구하는 문제
(2) 실생활에서 상황에 대한 방정식을 세워 근을 구하는 문제
로 분류하였다.

286

그림과 같이 한 변의 길이가 1인 정사각형 ABCD의 두 변 AB, BC 위에 각각 점 P, Q가 있다. 삼각형 PQD가 정삼각형일 때, 선분 AP의 길이를 구하시오.

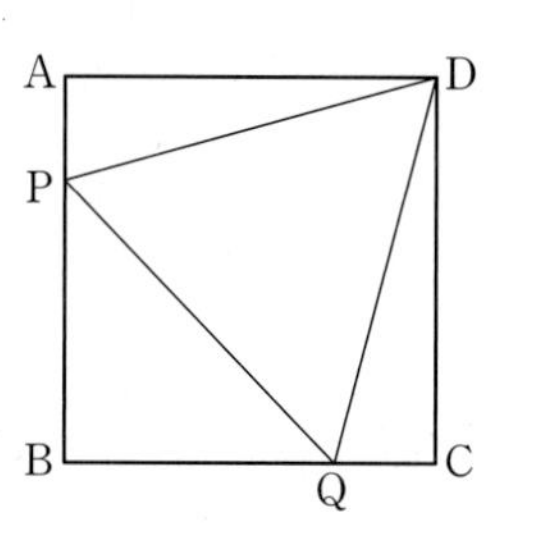

287

교육청 기출

어느 가족이 작년까지 한 변의 길이가 10 m인 정사각형 모양의 밭을 가꾸었다. 올해는 그림과 같이 가로의 길이를 x m만큼, 세로의 길이를 $(x-10)$ m만큼 늘여서 새로운 직사각형 모양의 밭을 가꾸었다. 올해 늘어난 ⌐┘ 모양의 밭의 넓이가 500 m^2일 때, x의 값은? (단, $x>10$)

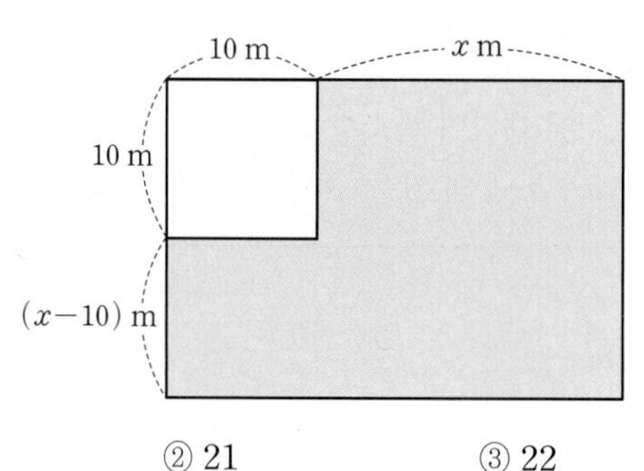

① 20 ② 21 ③ 22
④ 23 ⑤ 24

유형 01 복소수의 뜻과 연산

288

복소수 $z=\frac{3-i}{1+i}$에 대하여

$$z^3-3z^2+4z+1=a+bi$$

일 때, 두 실수 a, b에 대하여 $a+b$의 값은? (단, $i=\sqrt{-1}$이다.)

① -3　② 0　③ 3　④ 6　⑤ 9

289 빈출

| 선행 239 |

복소수

$$z=(1+2i)x^2-(7+16i)x+12+30i$$

에 대하여 z^2이 음의 실수일 때, 실수 x의 값을 구하시오. (단, $i=\sqrt{-1}$이다.)

290

세 실수 a, b, c에 대하여 복소수 $z=a+bi$가 다음 조건을 만족시킬 때, $a+b-c$의 값을 구하시오. (단, $i=\sqrt{-1}$이다.)

> (가) $(1-i+z)^2<0$
> (나) $z^2=c-8i$

291

두 실수 a, b에 대하여 등식

$$\{a(1+i)+b(1-i)\}^2=-4$$

가 성립할 때, ab의 값은? (단, $i=\sqrt{-1}$이다.)

① -2　② -1　③ 1　④ 2　⑤ 3

292 빈출

복소수

$$2(k-2i)+k^2-35+ki$$

의 제곱이 실수가 되도록 하는 모든 실수 k의 값의 합은? (단, $i=\sqrt{-1}$이다.)

① 1　② 2　③ 3　④ 4　⑤ 5

293

자연수 n에 대하여 복소수 z_n을

$$z_1=1+i,\ z_2=iz_1,\ \cdots,\ z_{n+1}=iz_n$$

이라 할 때, z_{1000}의 값은? (단, $i=\sqrt{-1}$이다.)

① $-1-i$　② $-1+i$　③ $1-i$　④ $1+i$　⑤ $-i$

294

50개의 복소수 z_1, z_2, z_3, $\cdots$, z_{50}에 대하여

$$z_1=2+i,$$
$$(1-z_1)z_2=(1-z_2)z_3=\cdots=(1-z_{49})z_{50}=1$$

일 때, 복소수 z_{50}의 값은? (단, $i=\sqrt{-1}$이다.)

① $i-1$ ② $\frac{i-1}{2}$ ③ $\frac{1+i}{2}$
④ $\frac{3+i}{5}$ ⑤ $2+i$

유형 02 켤레복소수

295

복소수 α, β에 대하여 다음 중 옳은 것은? (정답 2개)
(단, $\overline{\alpha}$, $\overline{\beta}$는 각각 α, β의 켤레복소수이다.)

① $\alpha+\overline{\alpha}=0$이면 $\alpha^2\geq0$이다.
② $\alpha+\beta$가 실수이면 $\beta=\overline{\alpha}$이다.
③ $\alpha\overline{\alpha}=1$이면 $\alpha+\frac{1}{\alpha}$은 실수이다.
④ $\alpha\beta=0$이면 $\alpha=0$ 또는 $\beta=0$이다.
⑤ $\alpha^2+\beta^2=0$이면 $\alpha=0$이고 $\beta=0$이다.

296

실수부분이 양수인 복소수 z에 대하여

$$z-\overline{z}=2i,\ z^3-\overline{z}^3=22i$$

일 때, $z^2-\overline{z}^2$의 값은?
(단, $i=\sqrt{-1}$이고, $\overline{z}$는 z의 켤레복소수이다.)

① $-8i$ ② $-4i$ ③ i
④ $4i$ ⑤ $8i$

297

복소수 $z=\frac{1+\sqrt{7}i}{2}$에 대하여 복소수 w를 $w=\frac{2z-1}{z+1}$이라 할 때, $w\overline{w}$의 값은? (단, $i=\sqrt{-1}$이고, $\overline{w}$는 w의 켤레복소수이다.)

① $-\frac{7}{4}$ ② $-\frac{4}{7}$ ③ 1
④ $\frac{4}{7}$ ⑤ $\frac{7}{4}$

298

복소수 z에 대하여

$$z^2=4\sqrt{3}+4i$$

를 만족시킬 때, $z\overline{z}$의 값을 구하시오.
(단, $i=\sqrt{-1}$이고, $\overline{z}$는 z의 켤레복소수이다.)

299

두 복소수 α, β에 대하여

$$\overline{\alpha}\beta=4,\ \alpha+\frac{4}{\overline{\alpha}}=5i$$

일 때, $\left(\beta+\frac{4}{\overline{\beta}}\right)^2$의 값은?

(단, $i=\sqrt{-1}$이고, $\overline{\alpha}$, $\overline{\beta}$는 각각 α, β의 켤레복소수이다.)

① $-25i$　② -25　③ $-16i$　④ -16　⑤ $-9i$

300

실수가 아닌 복소수 z에 대하여 $z+\frac{1}{z}$이 실수일 때, $z\overline{z}$의 값은?

(단, $\overline{z}$는 z의 켤레복소수이다.)

① -2　② -1　③ 0　④ 1　⑤ 2

301

실수가 아닌 복소수 z와 그 켤레복소수 $\overline{z}$에 대하여 $z\overline{z}+\frac{z}{\overline{z}}=5$일 때, $(z-\overline{z})^2$의 값은?

① -24　② -20　③ -16　④ -12　⑤ -8

302

실수 x에 대하여 복소수

$$z=(1+2i)x^2-2(1-i)x-3(1+4i)$$

가 다음 조건을 만족시킬 때, 실수 a, b의 합 $a+b$의 값을 구하시오. (단, $i=\sqrt{-1}$이고, $\overline{z}$는 z의 켤레복소수이다.)

(가) $x=a$일 때, $z\neq\overline{z}$이다.
(나) $x=b$일 때, $z=a$이다.

303

| 선행 289, 292 |

복소수 z에 대하여 $z^4<0$일 때, 〈보기〉에서 옳은 것만을 있는 대로 고른 것은? (단, $\overline{z}$는 z의 켤레복소수이다.)

〈보 기〉

ㄱ. $\overline{z}^2$은 순허수이다.
ㄴ. z의 실수부분과 허수부분은 같다.
ㄷ. $z+\overline{z}=4$이면 $z\overline{z}=8$이다.

① ㄱ　② ㄱ, ㄴ　③ ㄱ, ㄷ　④ ㄴ, ㄷ　⑤ ㄱ, ㄴ, ㄷ

유형 03 복소수의 거듭제곱

304 빈출

복소수 $z=\dfrac{-1+i}{\sqrt{2}}$에 대하여 $z^n=1$을 만족시키는 200 이하의 자연수 n의 개수를 구하시오. (단, $i=\sqrt{-1}$이다.)

305

$i-3i^2+5i^3-7i^4+\cdots-99i^{50}+101i^{51}$의 값은?

(단, $i=\sqrt{-1}$이다.)

① $50+51i$ ② $51-52i$ ③ $51+52i$ ④ $52-53i$ ⑤ $52+53i$

306

자연수 n에 대하여

$$f(n)=ni^n-(n+1)i^{n+1}$$

일 때, $f(1)+f(2)+f(3)+\cdots+f(16)$의 값은?

(단, $i=\sqrt{-1}$이다.)

① $-16i$ ② $-8i$ ③ 0 ④ $8i$ ⑤ $16i$

307

자연수 n에 대하여

$$f(n)=i^n+i^{n+1}+i^{n+2}$$

일 때, 〈보기〉에서 옳은 것만을 있는 대로 고른 것은?

(단, $i=\sqrt{-1}$이다.)

〈보 기〉

ㄱ. $f(2)=-i$

ㄴ. $f(n)=f(n+4)$

ㄷ. $f(1)+f(2)+f(3)+\cdots+f(98)=-1-i$

① ㄱ ② ㄴ ③ ㄱ, ㄴ ④ ㄴ, ㄷ ⑤ ㄱ, ㄴ, ㄷ

308

자연수 n의 모든 양의 약수 a_1, a_2, a_3, $\cdots$, a_k (k는 자연수 n의 모든 양의 약수의 개수)에 대하여

$$f(n)=i^{a_1}+i^{a_2}+i^{a_3}+\cdots+i^{a_k}$$

이라 하자. $f(2^m)-f(8)=10$을 만족시키는 자연수 m의 값을 구하시오. (단, $i=\sqrt{-1}$이다.)

309

실수가 아닌 복소수 z의 켤레복소수 $\overline{z}$에 대하여 $z^2=\overline{z}$일 때, $z^6+z^5+z^4+z^3+z^2+z+1$의 값은?

① -2 ② -1 ③ 0
④ 1 ⑤ 2

310 빈출

| 선행 256 |

등식 $(1+i)^m=2^n$을 만족시키는 100 이하의 두 자연수 m, n에 대하여 $m+n$의 최댓값을 구하시오. (단, $i=\sqrt{-1}$이다.)

311

| 선행 257 |

등식

$$\frac{1}{i}-\frac{1}{i^2}+\frac{1}{i^3}-\frac{1}{i^4}+\cdots+\frac{(-1)^{n+1}}{i^n}=1-i$$

가 성립하도록 하는 300 이하의 자연수 n의 개수를 구하시오.

(단, $i=\sqrt{-1}$이다.)

312

| 선행 259 |

두 복소수

$$z=\frac{\sqrt{2}}{1-i},\ w=\frac{-1+\sqrt{3}i}{2}$$

에 대하여 $z^n=w^n$을 만족시키는 자연수 n의 최솟값을 구하시오.

(단, $i=\sqrt{-1}$이다.)

유형 04 음수의 제곱근

313

| 선행 266 |

$a>0$, $b<0$인 두 실수 a, b에 대하여

$\dfrac{\sqrt{25a^2}}{\sqrt{-a^2}}+2\sqrt{ab}\sqrt{ab}+\sqrt{(a+1)^2}\sqrt{-(a+1)^2}=-24+4i$일 때, $a+b$의 값은? (단, $i=\sqrt{-1}$이다.)

① -2 ② -3 ③ -4
④ -5 ⑤ -6

314

| 선행 265 |

0이 아닌 세 실수 x, y, z에 대하여

$$\sqrt{x}\sqrt{y}=-\sqrt{xy},\ \frac{\sqrt{z}}{\sqrt{y}}=-\sqrt{\frac{z}{y}}$$

일 때, $|x+y|+\sqrt{(z-y)^2}-|x-z|$를 간단히 한 것은?

① $-2x$　② $-2y$　③ $2x-2y$
④ $-2y+2z$　⑤ $2x-2y+2z$

315

두 등식

$$\sqrt{x}\sqrt{x+4}=-\sqrt{x^2+4x},\ \frac{\sqrt{x+6}}{\sqrt{x-5}}=-\sqrt{\frac{x+6}{x-5}}$$

을 모두 만족시키는 정수 x의 개수는?

① 1　② 2　③ 3
④ 4　⑤ 5

316

0이 아닌 세 실수 a, b, c에 대하여

$$\sqrt{\frac{ab}{c}}=-\frac{\sqrt{ab}}{\sqrt{c}},\ \sqrt{b}\sqrt{c}=\sqrt{bc}$$

일 때, 〈보기〉에서 옳은 것만을 있는 대로 고른 것은?

<보 기>

ㄱ. $|a+b|=|a|+|b|$
ㄴ. $\frac{\sqrt{a}}{\sqrt{b}\sqrt{c}}=-\sqrt{\frac{a}{bc}}$
ㄷ. $\sqrt{-a}\sqrt{-b}\sqrt{-c}=\sqrt{-abc}$

① ㄱ　② ㄴ　③ ㄱ, ㄴ
④ ㄴ, ㄷ　⑤ ㄱ, ㄴ, ㄷ

317

두 실수 x, y에 대하여

$$x+3y=-21,\ xy=3$$

일 때, $\sqrt{\frac{x}{3y}}+\sqrt{\frac{3y}{x}}$의 값을 구하시오.

유형 05 이차방정식의 풀이와 근의 판별

318 빈출

x에 대한 이차방정식

$$x^2-2(k-a)x+k^2-4k+b=0$$

이 실수 k의 값에 관계없이 중근을 가질 때, ab의 값은?
(단, a, b는 실수이다.)

① 2　② 4　③ 6
④ 8　⑤ 10

319

x에 대한 이차방정식 $ax^2+bx+c=0$의 근의 공식을 $x=\frac{b\pm\sqrt{b^2+ac}}{a}$로 잘못 기억하여 한 근이 $1+i$로 나왔다.

이 방정식의 올바른 두 근을 α, β $(\alpha>\beta)$라 할 때, $\frac{\beta}{\alpha}$의 값은?

(단, $i=\sqrt{-1}$이고, a, b, c는 실수이다.)

① -1　② -2　③ -3
④ -4　⑤ -5

320

서로 다른 두 실수 p, q에 대하여 이차방정식 $x^2-2px+q=0$은 중근 α를 갖고, 이차방정식 $3x^2-2px+q-5p+3=0$은 서로 다른 두 실근 α, β를 가질 때, α, β의 값을 각각 구하시오.

321

정수 n에 대하여 x에 대한 방정식

$$(1-n)x^2+2\sqrt{2}x-1=0$$

의 서로 다른 실근의 개수를 $f(n)$이라 할 때, $f(0)+f(1)+f(2)+f(3)+f(4)$의 값은?

① 4 ② 5 ③ 6
④ 7 ⑤ 8

322 빈출

이차방정식 $x^2+ax+b=0$이 두 허근을 가질 때, 〈보기〉에서 항상 서로 다른 두 실근을 갖는 방정식을 있는 대로 고른 것은? (단, a, b는 실수이다.)

〈보 기〉
ㄱ. $x^2+2bx-a^2=0$
ㄴ. $x^2+ax+3b=0$
ㄷ. $x^2+2(a^2-4b)x-4b=0$

① ㄱ ② ㄷ ③ ㄱ, ㄴ
④ ㄱ, ㄷ ⑤ ㄱ, ㄴ, ㄷ

323

x에 대한 방정식

$$|x^2-(2a+1)x+3a+1|=2$$

의 한 근이 a가 되도록 하는 모든 양수 a의 값의 합을 구하시오.

324

방정식 $x^2+2|x|-7=2\sqrt{(x+1)^2}$의 모든 근을 구하시오.

325

50 이하의 소수 p, q에 대하여 이차방정식 $x^2+px+q=0$이 서로 다른 두 허근 α, β를 갖는다. α, β의 실수부분과 허수부분이 모두 정수일 때, $p+q$의 최솟값과 최댓값의 합은?

① 42 ② 43 ③ 44
④ 45 ⑤ 46

유형 06 이차방정식의 근과 계수의 관계

326
| 선행 283 |

x에 대한 이차방정식 $ax^2+bx+c=0$ $(ac\neq0)$의 두 근이 α, β일 때, x에 대한 이차방정식 $c(x-2)^2+b(x-2)+a=0$의 두 근을 각각 α, β로 나타낸 것은? (단, a, b, c는 상수이다.)

① $\alpha+2$, $\beta+2$ ② $\alpha-2$, $\beta-2$
③ $\frac{1}{\alpha}+2$, $\frac{1}{\beta}+2$ ④ $\frac{1}{\alpha}-2$, $\frac{1}{\beta}-2$
⑤ $\frac{2}{\alpha}$, $\frac{2}{\beta}$

327

이차방정식 $x^2-2x-1=0$의 두 근 α, β에 대하여 이차식 $f(x)=x^2+ax+b$가 $f(\alpha)=2\beta$, $f(\beta)=2\alpha$를 만족시킬 때, 두 상수 a, b에 대하여 $b-a$의 값을 구하시오.

328
| 선행 279 |

이차방정식 $ax^2-5ax+a+4=0$의 두 실근의 차가 3 이상이 되도록 하는 양의 실수 a의 값의 범위를 구하시오.

329

이차방정식 $x^2-4x+5=0$의 두 근을 α, β라 할 때, $\alpha^2\overline{\beta}+\overline{\alpha}\beta^2$의 값은? (단, $\overline{\alpha}$, $\overline{\beta}$는 각각 α, β의 켤레복소수이다.)

① -8 ② -4 ③ 0
④ 4 ⑤ 8

330 빈출

0이 아닌 세 실수 p, q, r에 대하여 이차방정식 $x^2+px+q=0$의 두 근은 α, β이고, 이차방정식 $x^2+qx+r=0$의 두 근은 3α, 3β일 때, $\frac{p}{r}$의 값은?

① 1 ② $\frac{1}{3}$ ③ $\frac{1}{9}$
④ $\frac{1}{27}$ ⑤ $\frac{1}{81}$

331
| 선행 289 |

x에 대한 이차방정식 $x^2+6x+a=0$의 한 근 z가

$$(2i+z)^2>0$$

을 만족시킬 때, 실수 a의 값을 구하시오. (단, $i=\sqrt{-1}$이다.)

332

이차방정식 $x^2-2x+3=0$의 한 근을 α라 하고, $z=\frac{\alpha}{2\alpha-1}$라 할 때, $z+\bar{z}$의 값은? (단, $\bar{z}$는 z의 켤레복소수이다.)

① $\frac{7}{9}$ ② $\frac{8}{9}$ ③ 1
④ $\frac{10}{9}$ ⑤ $\frac{11}{9}$

333

양의 실수 k에 대하여 이차방정식 $x^2+3kx+6k=0$의 두 실근 α, β가 $|\alpha|-|\beta|=3$을 만족시킨다. $k-\alpha-2\beta$의 값은?

① 13 ② 15 ③ 17
④ 19 ⑤ 21

334 빈출

| 선행 278 |

한 근이 $\frac{3}{1-\sqrt{3}i}$인 이차방정식 $x^2+ax+b=0$에 대하여 $\frac{3}{a+b}$, $\frac{5}{a-b}$를 두 근으로 하는 이차방정식은 $3x^2+px+q=0$일 때, $p+q$의 값은? (단, $i=\sqrt{-1}$이고, a, b, p, q는 실수이다.)

① -24 ② -26 ③ -28
④ -30 ⑤ -32

335

자연수 k에 대하여 x에 대한 이차방정식

$$x^2-(2+\sqrt{2})x+\sqrt{2}k-3=0$$

의 한 근이 정수일 때, 다른 한 근을 구하시오.

336

| 선행 323 |

x에 대한 방정식 $|x^2-2x-k|=3$의 네 실근의 곱이 16일 때, 상수 k의 값은?

① -5 ② -3 ③ 0
④ 3 ⑤ 5

337

| 선행 278 |

세 실수 a, b, c에 대하여 이차방정식 $ax^2+bx+c=0$의 한 근이 $\frac{1-\sqrt{2}i}{3}$일 때, 이차방정식 $cx^2+bx+a=0$의 두 근을 α, β라 하자. $(\alpha-\beta)^2$의 값은? (단, $i=\sqrt{-1}$이다.)

① -8 ② -4 ③ 0
④ 4 ⑤ 8

338 빈출

세 실수 a, b, c에 대하여 이차방정식 $ax^2+bx+c=0$에서 이차항의 계수를 0이 아닌 다른 실수로 잘못 보고 풀었더니 $2+i$를 한 근으로 구했고, 상수항을 다른 실수로 잘못 보고 풀었더니 $1+3i$를 한 근으로 구했다. 이차방정식 $ax^2+bx+c=0$의 서로 다른 두 근을 α, β라 할 때, $\alpha^2+\beta^2$의 값은? (단, $i=\sqrt{-1}$이다.)

① $-\frac{5}{2}$　② -2　③ $-\frac{3}{2}$
④ -1　⑤ $-\frac{1}{2}$

339

x에 대한 이차방정식 $x^2+px+q=0$이 두 허근 α, β를 가질 때, $2\alpha+\beta^2=1$이 성립한다. 두 실수 p, q에 대하여 $q-p$의 값을 구하시오.

340 빈출 서술형

| 선행 282, 330 |

이차방정식 $x^2-2x-1=0$의 두 근을 α, β라 할 때, $\frac{\beta^2}{1+\alpha}$, $\frac{\alpha^2}{1+\beta}$을 두 근으로 하고 x^2의 계수가 2인 이차방정식을 다음 순서에 따라 구하시오.

(1) $\alpha+\beta$, $\alpha\beta$의 값을 차례로 구하시오.

(2) $\frac{\beta^2}{1+\alpha}+\frac{\alpha^2}{1+\beta}$, $\frac{\beta^2}{1+\alpha}\times\frac{\alpha^2}{1+\beta}$의 값을 차례로 구하시오.

(3) $\frac{\beta^2}{1+\alpha}$, $\frac{\alpha^2}{1+\beta}$을 두 근으로 하고 x^2의 계수가 2인 이차방정식을 구하시오.

341

| 선행 281 |

이차방정식 $f(x)=0$의 두 근 α, β에 대하여

$$\alpha+\beta=2,\ \alpha\beta=5$$

이다. 이차방정식 $f(2x-1)+4=0$의 두 근의 곱이 1일 때, $f(2)$의 값은?

① -25　② -20　③ -15
④ -10　⑤ -5

342

이차항의 계수가 1인 이차함수 $f(x)$가 다음 조건을 만족시킬 때, $f(8)$의 값을 구하시오.

(가) 방정식 $f(x)=0$의 두 근의 곱은 8이다.
(나) 방정식 $x^2-3x+1=0$의 두 근 α, β에 대하여 $f(\alpha)+f(\beta)=2$이다.

343 빈출

이차방정식 $x^2+2x-1=0$의 두 근을 α, β라 할 때, 다음 조건을 만족시키는 이차식 $f(x)$에 대하여 $f(1)$의 값은?

(가) $f\left(\frac{\alpha}{3}\right)=f\left(\frac{\beta}{3}\right)=3$
(나) $f(0)=1$

① 28 ② 29 ③ 30
④ 31 ⑤ 32

344

x에 대한 이차방정식 $x^2+4x+k=0$이 한 허근 α를 가질 때, 〈보기〉에서 옳은 것만을 있는 대로 고른 것은?

(단, k는 실수이고, $\overline{\alpha}$는 α의 켤레복소수이다.)

〈보 기〉

ㄱ. $k>4$
ㄴ. α의 실수부분은 2이다.
ㄷ. $(1+\alpha)(1+\overline{\alpha})>1$

① ㄱ ② ㄴ ③ ㄱ, ㄷ
④ ㄴ, ㄷ ⑤ ㄱ, ㄴ, ㄷ

345

x에 대한 이차방정식 $x^2+px+1=0$이 서로 다른 두 실근 α, β를 가질 때, 〈보기〉에서 옳은 것만을 있는 대로 고른 것은?

(단, p는 실수이다.)

〈보 기〉

ㄱ. $|\alpha+\beta|=|\alpha|+|\beta|$
ㄴ. $0<\alpha<1$이면 $\beta>1$이다.
ㄷ. $\alpha^2+\beta^2$의 값은 2보다 크다.

① ㄱ ② ㄱ, ㄴ ③ ㄱ, ㄷ
④ ㄴ, ㄷ ⑤ ㄱ, ㄴ, ㄷ

346

두 복소수 α, β에 대하여

$$\alpha+\beta=2,\ \alpha\beta=7$$

일 때, 〈보기〉에서 옳은 것만을 있는 대로 고른 것은?

(단, $\overline{\alpha}$, $\overline{\beta}$는 각각 α, β의 켤레복소수이다.)

〈보 기〉

ㄱ. $\alpha\overline{\alpha}=\beta\overline{\beta}$

ㄴ. $\alpha+\overline{\beta}=\overline{\alpha}+\beta$

ㄷ. $\alpha^2=2\overline{\beta}-7$

① ㄱ ② ㄴ ③ ㄱ, ㄷ
④ ㄴ, ㄷ ⑤ ㄱ, ㄴ, ㄷ

347

교육청 변형

복소수 z에 대하여 $z+\overline{z}=-1$, $z\overline{z}=1$일 때,

$\dfrac{\overline{z}}{z^5}-\dfrac{2\overline{z}^2}{z^4}+\dfrac{3\overline{z}^3}{z^3}-\dfrac{4\overline{z}^4}{z^2}+\dfrac{5\overline{z}^5}{z}$의 값은?

(단, $\overline{z}$는 z의 켤레복소수이다.)

① 3 ② 6 ③ 9
④ 12 ⑤ 15

유형 07 이차방정식의 활용

348

그림과 같이 삼각형 ABC의 변 AB 위의 점 D에 대하여 네 점 A, B, C, D는 다음 조건을 만족시킨다.

(가) $\overline{AB}=\overline{AC}$
(나) $\overline{BC}=\overline{CD}=\overline{DA}=2$

x에 대한 이차방정식 $x^2+mx+n=0$의 두 근이 $\overline{AB}$, $\overline{BC}$일 때, 두 실수 m, n에 대하여 $m+n$의 값은?

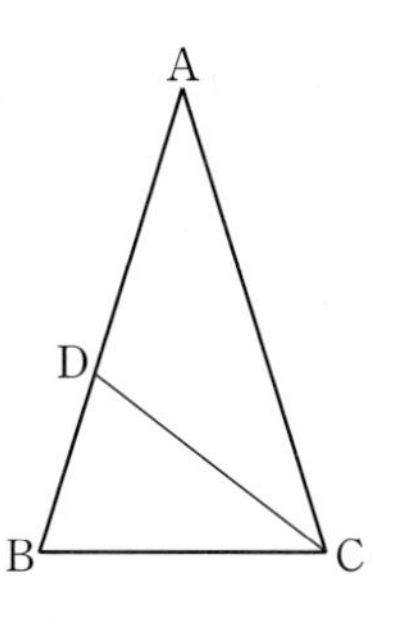

① $1-\sqrt{5}$ ② $-1+\sqrt{5}$ ③ $1+\sqrt{5}$
④ $2-\sqrt{5}$ ⑤ $-2+\sqrt{5}$

349

교육청 기출

$\dfrac{\sqrt{2}}{2}<k<\sqrt{2}$인 실수 k에 대하여 그림과 같이 한 변의 길이가 각각 2, $2k$인 두 정사각형 ABCD, EFGH가 있다. 두 정사각형의 대각선이 모두 한 점 O에서 만나고, 대각선 FH가 변 AB를 이등분한다. 변 AD와 EH의 교점을 I, 변 AD와 EF의 교점을 J, 변 AB와 EF의 교점을 K라 하자. 삼각형 AKJ의 넓이가 삼각형 EJI의 넓이의 $\dfrac{3}{2}$배가 되도록 하는 k의 값이 $p\sqrt{2}+q\sqrt{6}$일 때, $100(p+q)$의 값을 구하시오. (단, p, q는 유리수이다.)

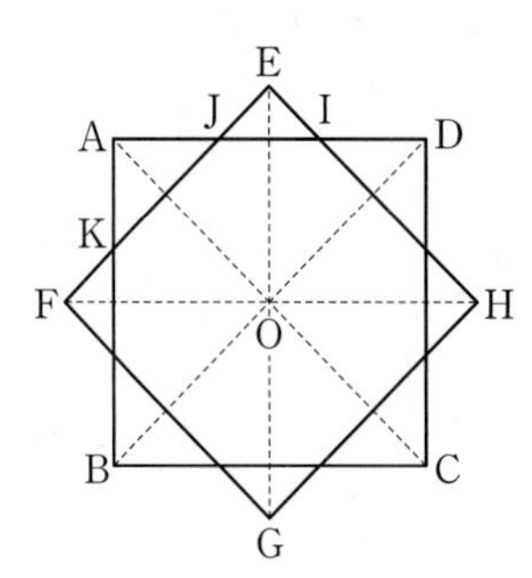

스키마 schema로 풀이 흐름 알아보기

유형 03 복소수의 거듭제곱 304

복소수 $z=\dfrac{-1+i}{\sqrt{2}}$에 대하여 $z^n=1$을 만족시키는 200 이하의 자연수 n의 개수를 구하시오. (단, $i=\sqrt{-1}$이다.)

조건① 조건② 답

▶ 주어진 조건은 무엇인지? 구하는 답은 무엇인지? 이 둘을 어떻게 연결할지?

1 단계

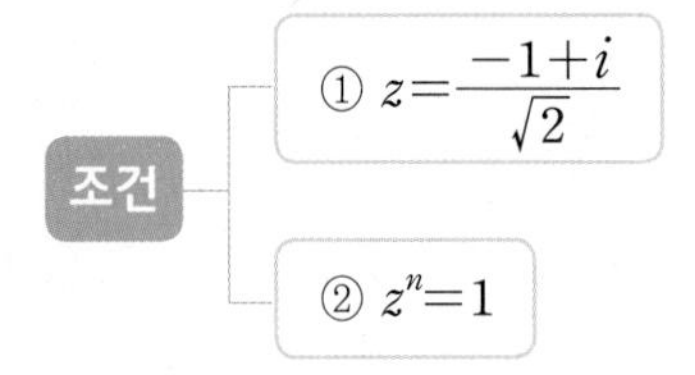

조건 ②를 만족시키는 200 이하의 자연수 n의 개수를 구하기 위하여 조건 ①의 $z=\dfrac{-1+i}{\sqrt{2}}$의 거듭제곱의 규칙성을 알아야 한다.

2 단계

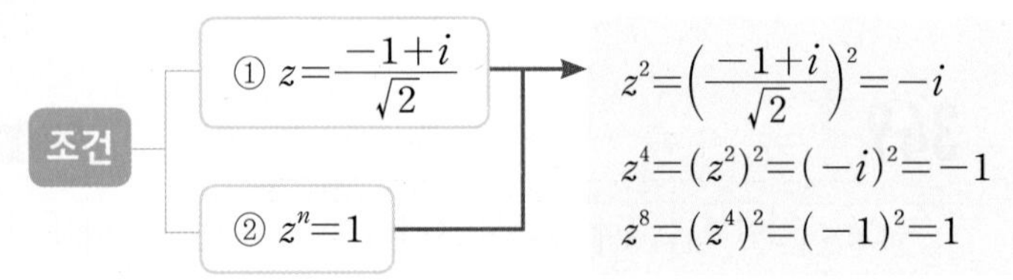

$z=\dfrac{-1+i}{\sqrt{2}}$

$z^2=\left(\dfrac{-1+i}{\sqrt{2}}\right)^2=-i$

$z^4=(z^2)^2=(-i)^2=-1$

$z^8=(z^4)^2=(-1)^2=1$

이므로 복소수 z의 거듭제곱은 z, z^2, $\cdots$, z^8의 값이 반복된다.

3 단계

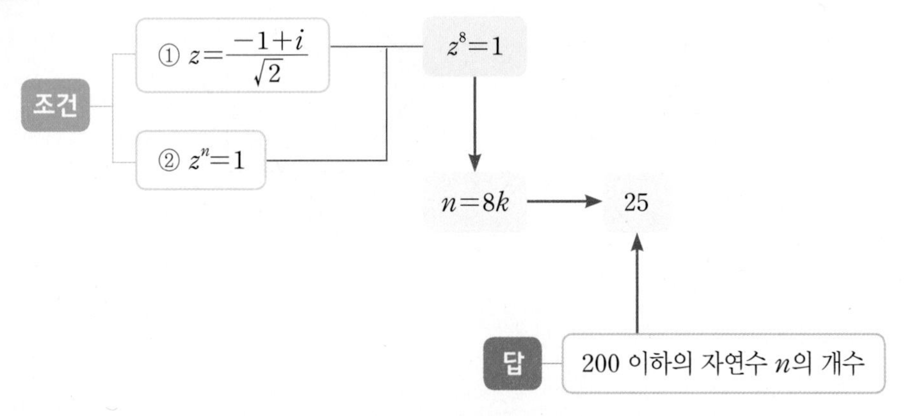

따라서 $z^n=1$을 만족시키는 자연수 n은 $n=8k$ (k는 자연수) 꼴이므로 $1\le n\le 200$을 만족시키는 자연수 n은 8×1, 8×2, $\cdots$, 8×25의 25개이다.

스키마 schema로 풀이 흐름 알아보기

이차방정식 $x^2-2x-1=0$의 두 근 α, β(조건①)에 대하여 이차식 $f(x)=x^2+ax+b$(조건②)가 $f(\alpha)=2\beta$, $f(\beta)=2\alpha$(조건③)를 만족시킬 때, 두 상수 a, b에 대하여 $b-a$의 값(답)을 구하시오.

▶ 주어진 **조건**은 무엇인지? 구하는 **답**은 무엇인지? 이 둘을 어떻게 연결할지?

1 단계

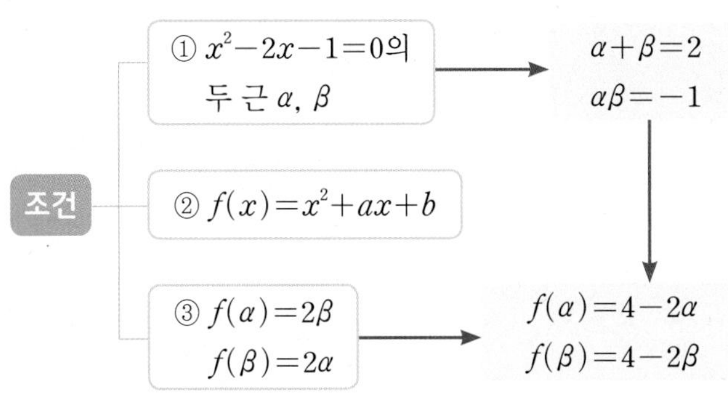

구해야 하는 값은 a, b이므로 $f(x)$에 관한 식을 세워야 한다.
조건 ①에서 이차방정식 $x^2-2x-1=0$의 두 근이 α, β이므로 근과 계수의 관계에 의하여
$\alpha+\beta=2$, $\alpha\beta=-1$
따라서 조건 ③에서
$f(\alpha)=2\beta=4-2\alpha$,
$f(\beta)=2\alpha=4-2\beta$임을 알 수 있다.

2 단계

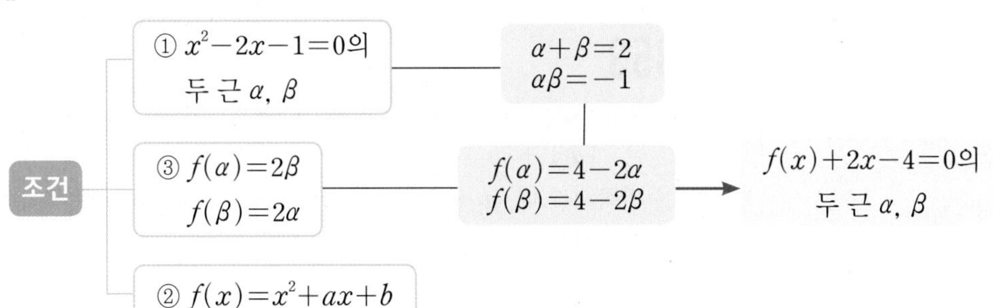

즉, $f(\alpha)+2\alpha-4=0$,
$f(\beta)+2\beta-4=0$이므로
방정식 $f(x)+2x-4=0$의
두 근이 α, β이다.

3 단계

조건
① $x^2-2x-1=0$의 두 근 α, β — $\alpha+\beta=2$, $\alpha\beta=-1$
③ $f(\alpha)=2\beta$, $f(\beta)=2\alpha$ — $f(\alpha)=4-2\alpha$, $f(\beta)=4-2\beta$ — $f(x)+2x-4=0$의 두 근 α, β
② $f(x)=x^2+ax+b$ → $f(x)=x^2-4x+3$ → 7
답 $b-a$

조건 ②에서
$f(x)$의 이차항의 계수는 1이므로
$f(x)+2x-4=x^2-(\alpha+\beta)x+\alpha\beta$
$=x^2-2x-1$
$f(x)=(x^2-2x-1)-2x+4$
$=x^2-4x+3$
따라서 $a=-4$, $b=3$이므로
$b-a=3-(-4)=7$

350

복소수 $z=\frac{3+\sqrt{2}i}{\sqrt{2}-3i}$에 대하여 등식

$$z-2z^2+3z^3-4z^4+\cdots+(-1)^{n+1}nz^n=52+51i$$

가 성립할 때, 자연수 n의 값을 구하시오. (단, $i=\sqrt{-1}$이다.)

351

실수나 순허수가 아닌 두 복소수 z, w에 대하여 $z-w$, zw가 모두 실수일 때, 〈보기〉에서 옳은 것만을 있는 대로 고른 것은?

(단, $\overline{z}$, $\overline{w}$는 각각 z, w의 켤레복소수이다.)

〈보 기〉

ㄱ. $z+w$는 순허수이다.

ㄴ. $zw<0$

ㄷ. $z\overline{z}-w\overline{w}=0$

① ㄱ　② ㄱ, ㄴ　③ ㄱ, ㄷ　④ ㄴ, ㄷ　⑤ ㄱ, ㄴ, ㄷ

352

자연수 n에 대하여 실수 a_n, b_n이 등식

$$a_n+b_ni=\frac{1-ni}{1+ni}$$

를 만족시킬 때,

$$\{(a_1)^2+(a_2)^2+(a_3)^2+\cdots+(a_{50})^2\}+\{(b_1)^2+(b_2)^2+(b_3)^2+\cdots+(b_{50})^2\}$$

의 값은? (단, $i=\sqrt{-1}$이다.)

① 25　② 50　③ 75　④ 100　⑤ 125

353

a_1, a_2, a_3, $\cdots$, a_{30}은 각각 -1, i, $1+i$ 중 하나의 값을 갖는다.

$$(a_1)^2+(a_2)^2+(a_3)^2+\cdots+(a_{30})^2=7+10i$$

를 만족시킬 때, $a_1+a_2+a_3+\cdots+a_{30}$의 실수부분과 허수부분의 합을 구하시오. (단, $i=\sqrt{-1}$이다.)

정답과 풀이 p.66

354

| 선행 298 |

복소수 z에 대하여 $(z-2)^2=2-2i$일 때, $z\bar{z}-2z-2\bar{z}$의 값은?
(단, $i=\sqrt{-1}$이고, $\bar{z}$는 z의 켤레복소수이다.)

① $-\sqrt{2}-2$ ② $\sqrt{2}+2$ ③ $-2\sqrt{2}+4$
④ $2\sqrt{2}-4$ ⑤ $-2\sqrt{2}-4$

355

| 선행 351 |

실수가 아닌 복소수 z에 대하여 $\frac{z^2}{1-z}$이 실수일 때, 〈보기〉에서 옳은 것만을 있는 대로 고른 것은? (단, $\bar{z}$는 z의 켤레복소수이다.)

〈보 기〉

ㄱ. $\frac{\bar{z}^2}{1-\bar{z}}$은 실수이다.
ㄴ. $z+\bar{z}=z\bar{z}$
ㄷ. 복소수 z의 실수부분은 2보다 작다.

① ㄱ ② ㄴ ③ ㄱ, ㄴ
④ ㄴ, ㄷ ⑤ ㄱ, ㄴ, ㄷ

356

| 선행 292, 303 |

복소수

$$z=(2+i)x^2+(3i-2)x-12+2i$$

에 대하여 $z^4<0$을 만족시킬 때, 모든 실수 x의 값의 합은?
(단, $i=\sqrt{-1}$이다.)

① 8 ② $\frac{26}{3}$ ③ $\frac{28}{3}$
④ 10 ⑤ $\frac{32}{3}$

357

x에 대한 이차방정식 $x^2-ax+2p=0$이 다음 조건을 만족시킬 때, 순서쌍 (a, p)의 개수는?

(가) a는 9의 배수인 두 자리 자연수이고, p는 소수이다.
(나) 두 근은 서로 다른 자연수이다.

① 3 ② 4 ③ 5
④ 6 ⑤ 7

358

| 선행 289 |

다음 조건을 만족시키는 40 이하의 자연수 n의 개수를 구하시오. (단, $i=\sqrt{-1}$이다.)

(가) $\{(1-i)^{2n}+2^{n}i\}^{2}<0$
(나) n은 3의 배수이다.

359

자연수 n에 대하여

$$z_n=\left(\frac{1+i}{\sqrt{2}}\right)^{2n}-\left(\frac{\sqrt{2}}{1+i}\right)^{2n}$$

이라 할 때, 〈보기〉에서 옳은 것만을 있는 대로 고른 것은? (단, $i=\sqrt{-1}$이다.)

〈보 기〉

ㄱ. 서로 다른 z_n의 값은 모두 4개이다.
ㄴ. $z_1+z_2+z_3+\cdots+z_n$으로 가능한 서로 다른 값의 총합은 $2i$이다.
ㄷ. $z_l\times z_m<0$을 만족시키는 10 이하의 자연수 l, m의 순서쌍 (l, m)의 개수는 13이다.

① ㄱ ② ㄴ ③ ㄱ, ㄷ
④ ㄴ, ㄷ ⑤ ㄱ, ㄴ, ㄷ

360

| 선행 315 |

다음 조건을 만족시키는 10 이하의 두 자연수 m, n의 순서쌍 (m, n)의 개수는?

(가) $\dfrac{\sqrt{n-3}}{\sqrt{4-m}}=-\sqrt{\dfrac{n-3}{4-m}}$
(나) $\sqrt{m-8}\sqrt{n-6}=\sqrt{(m-8)(n-6)}$

① 39 ② 40 ③ 41
④ 42 ⑤ 43

361

x, y에 대한 이차식 $x^2-xy-2y^2+kx-3y+2$가 두 일차식의 곱으로 인수분해 되도록 하는 양수 k의 값은?

① 2 ② 3 ③ 4
④ 5 ⑤ 6

362

$z=\frac{1+i}{1-i}$에 대하여 $z^n-z^{2n}+z^{3n}-z^{4n}+\cdots-z^{50n}$의 값이 실수가 되도록 하는 70 이하의 자연수 n의 개수는? (단, $i=\sqrt{-1}$이다.)

① 32　② 33　③ 34
④ 35　⑤ 36

363 서술형

x에 대한 이차방정식 $x^2-ax+a=0$이 허근 z를 가질 때, z^3이 실수가 되도록 하는 실수 a의 값을 구하고 그 과정을 서술하시오.

364

| 선행 285, 333 |

x에 대한 이차방정식 $2(k-1)^2x^2+3(k-3)x-2k+1=0$의 두 실근의 부호가 서로 다르고, 양수인 근의 절댓값이 음수인 근의 절댓값보다 크도록 하는 정수 k의 개수는?

① 1　② 2　③ 3
④ 4　⑤ 5

365

| 선행 311 |

자연수 n에 대하여

$$f(n)=\{i-i^2+\cdots+(-1)^{n+1}i^n\}\left\{\frac{1}{i}-\frac{1}{i^2}+\cdots+\frac{(-1)^{n+1}}{i^n}\right\}$$

이라 할 때, $f(k)+f(k+1)=1$을 만족시키는 30 이하의 자연수 k의 개수는? (단, $i=\sqrt{-1}$이다.)

① 13　② 14　③ 15
④ 16　⑤ 17

366

교육청 변형 | 선행 347 |

5 이상의 자연수 n에 대하여 다항식

$$P_n(x)=(1+x)(1+x^2)(1+x^3)\cdots(1+x^{n-1})(1+x^n)-32$$

가 x^2+x+1로 나누어떨어지도록 하는 모든 자연수 n의 값의 합을 구하시오.

367

| 선행 327, 347 |

이차방정식 $x^2+x+1=0$의 두 근 α, β에 대하여 이차함수 $f(x)=x^2+ax+b$가 $\beta f(\alpha^5)=3\beta+1$, $\alpha f(\beta^5)=3\alpha+1$을 만족시킬 때, $a+b$의 값은? (단, a, b는 상수이다.)

① 1　　② 2　　③ 3　　④ 4　　⑤ 5

368

이차방정식 $x^2-x+1=0$의 한 근을 z라 할 때, $z^n(1-z)^{2n+1}$의 값이 양의 실수가 되도록 하는 100 이하의 자연수 n의 개수를 구하시오.

369

교육청 변형

이차방정식 $x^2+\sqrt{2}x+1=0$의 두 근을 α, β라 할 때, $\alpha^n+\beta^n=0$이 되도록 하는 50 이하의 자연수 n의 개수를 구하시오.

370

교육청 기출

두 실수 a, b에 대하여 이차방정식 $x^2+ax+b=0$의 서로 다른 두 근은 α, β이고, 이차방정식 $x^2+3ax+3b=0$의 서로 다른 두 근은 $\alpha+2$, $\beta+2$이다. 다음 조건을 만족시키는 자연수 n의 최솟값을 구하시오.

(가) $\alpha^n+\beta^n>0$
(나) $\alpha^n+\beta^n=\alpha^{n+1}+\beta^{n+1}$

371

교육청 기출

정삼각형 ABC에서 두 변 AB와 AC의 중점을 각각 M, N이라 하자. 그림과 같이 점 P는 반직선 MN이 정삼각형 ABC의 외접원과 만나는 점이고, $\overline{NP}=1$, $\overline{MN}=x$이다. $x^3-\frac{1}{x^3}$의 값을 구하시오.

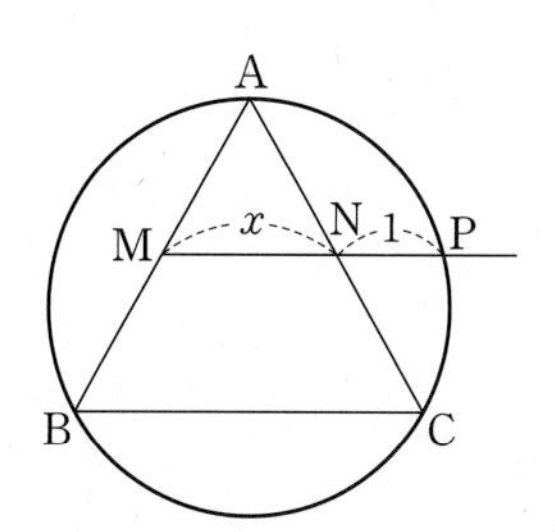

372

교육청 기출

50 이하의 두 자연수 m, n에 대하여 $\left\{i^n+\left(\frac{1}{i}\right)^{2n}\right\}^m$이 음의 실수가 되도록 하는 순서쌍 (m, n)의 개수를 구하시오.

(단, $i=\sqrt{-1}$이다.)

373

직육면체의 세 모서리의 길이를 각각 a, b, c라 할 때, x에 대한 이차방정식

$$(x-a)(x-b)+(x-b)(x-c)+(x-c)(x-a)=0$$

의 근에 대한 설명으로 〈보기〉에서 옳은 것만을 있는 대로 고른 것은?

〈보 기〉

ㄱ. 허근을 갖도록 하는 세 양수 a, b, c가 존재한다.

ㄴ. 중근을 가질 때, 세 모서리의 길이는 모두 같다.

ㄷ. 정육면체가 아닐 때, 서로 다른 두 양의 실근을 갖는다.

① ㄱ ② ㄴ ③ ㄷ

④ ㄴ, ㄷ ⑤ ㄱ, ㄴ, ㄷ

02 이차방정식과 이차함수

이전 학습 내용

- **이차함수와 그 그래프** 중3

함수 $y=f(x)$에서 y가 x에 관한 이차식, 즉 $y=ax^2+bx+c$ ($a\neq0$, a, b, c는 상수)로 나타날 때, 이 함수 $y=f(x)$를 이차함수라 하고, 그 그래프는 포물선이다.

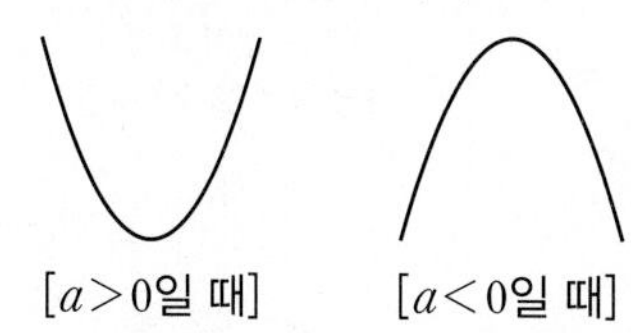

[$a>0$일 때]　　[$a<0$일 때]

- **이차방정식의 실근과 허근** 01 복소수와 이차방정식

이차방정식 $ax^2+bx+c=0$의 판별식을 D라 할 때,

(1) $D>0$이면 서로 다른 두 실근을 갖는다.
(2) $D=0$이면 중근을 갖는다.
(3) $D<0$이면 서로 다른 두 허근을 갖는다.

- **일차함수와 그 그래프** 중2

함수 $y=f(x)$에서 y가 x에 관한 일차식, 즉 $y=mx+n$ ($m\neq0$, m, n은 상수)으로 나타날 때, 이 함수 $y=f(x)$를 일차함수라 하고, 그 그래프는 직선이다.

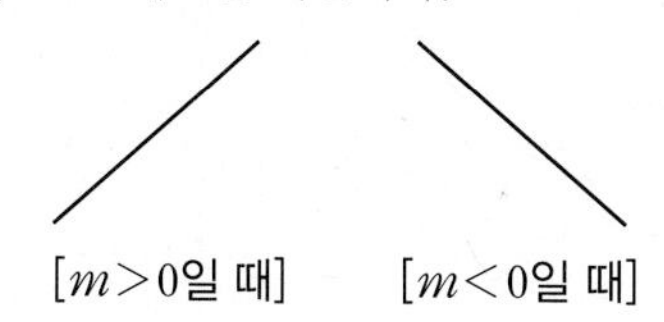

[$m>0$일 때]　　[$m<0$일 때]

현재 학습 내용

- **이차방정식과 이차함수의 관계** ········ 유형 01 이차방정식과 이차함수의 관계

(1) 이차함수 $y=ax^2+bx+c$의 그래프와 x축의 교점의 x좌표는 이차방정식 $ax^2+bx+c=0$의 실근과 같다.

(2) 이차함수 $y=ax^2+bx+c$의 그래프와 x축의 위치 관계와 이차방정식 $ax^2+bx+c=0$의 판별식 $D=b^2-4ac$의 부호는 다음과 같은 관계가 있다.

D의 부호	$D>0$	$D=0$	$D<0$
이차방정식 $ax^2+bx+c=0$의 해	서로 다른 두 실근	중근	서로 다른 두 허근
함수 $y=ax^2+bx+c$의 그래프와 x축의 교점	서로 다른 두 점	한 점	없다.
함수 $y=ax^2+bx+c$의 그래프 (단, $a>0$)	x	x	x

- **이차함수의 그래프와 직선의 위치 관계** ········ 유형 02 이차함수의 그래프와 직선의 위치 관계

이차함수 $y=ax^2+bx+c$의 그래프와 직선 $y=mx+n$의 위치 관계와 이차방정식 $ax^2+bx+c=mx+n$의 판별식 D의 부호는 다음과 같은 관계가 있다.

D의 부호	$D>0$	$D=0$	$D<0$
이차방정식 $ax^2+bx+c=mx+n$의 해	서로 다른 두 실근	중근	서로 다른 두 허근
함수 $y=ax^2+bx+c$의 그래프와 직선 $y=mx+n$의 교점	서로 다른 두 점	한 점	없다.
함수 $y=ax^2+bx+c$의 그래프와 직선 $y=mx+n$의 위치 관계 (단, $a>0$, $m>0$)			

이전 학습 내용

- **실수 전체의 범위에서 이차함수의 최댓값과 최솟값** 중3

실수 전체의 범위에서 이차함수 $y=a(x-p)^2+q$의 최댓값과 최솟값

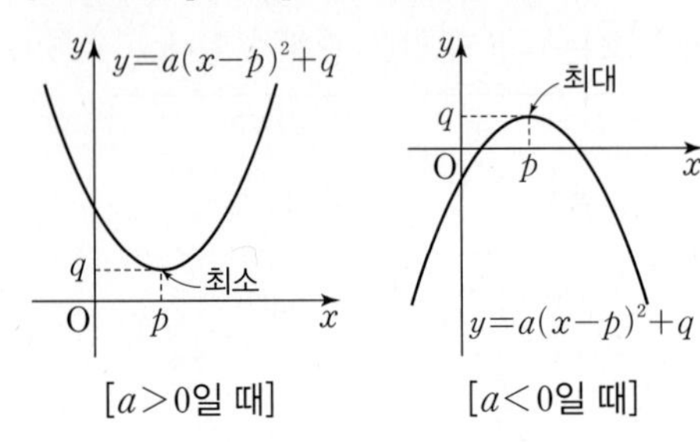

[$a>0$일 때] [$a<0$일 때]

현재 학습 내용

- **이차함수의 최대 · 최소** 유형 03 이차함수의 최대 · 최소

$\alpha \le x \le \beta$에서 이차함수 $f(x)=a(x-p)^2+q$의 최댓값과 최솟값은 다음과 같다.

	$a>0$	$a<0$	최댓값 · 최솟값
$\alpha \le p \le \beta$ 인 경우	$y=f(x)$, 최대, 최소	최대, $y=f(x)$, 최소	$f(p)$, $f(\alpha)$, $f(\beta)$ 중 가장 큰 값이 최댓값, 가장 작은 값이 최솟값
$p<\alpha$ 또는 $p>\beta$인 경우	$y=f(x)$, 최대, 최소	최대, $y=f(x)$, 최소	$f(\alpha)$, $f(\beta)$ 중 가장 큰 값이 최댓값, 가장 작은 값이 최솟값

유형 04 이차함수의 최대 · 최소의 활용

유형 01 이차방정식과 이차함수의 관계

이차함수 $y=f(x)$의 그래프와 x축이 만나는 점의 x좌표가 이차방정식 $f(x)=0$의 실근이라는 것을 이용하여
(1) 이차방정식 $f(x)=0$의 근의 판별로 이차함수 $y=f(x)$의 그래프와 x축의 위치 관계를 구하는 문제
(2) 이차함수 $y=f(x)$의 그래프와 x축의 위치 관계로 이차방정식 $f(x)=0$의 근을 판별하는 문제
로 분류하였다.

374

이차함수 $y=x^2+ax+b$의 그래프와 x축의 두 교점의 x좌표가 각각 -1과 2일 때, $a+b$의 값은? (단, a, b는 상수이다.)

① -3　② -2　③ -1　④ 0　⑤ 1

375

이차함수 $y=2x^2-4x-10$의 그래프가 x축과 만나는 두 점을 각각 A, B라 할 때, $\overline{AB}^2$의 값은?

① 20　② 22　③ 24　④ 26　⑤ 28

376

이차함수 $y=x^2-4x+k$의 그래프가 다음을 만족시키도록 하는 실수 k의 값 또는 범위를 구하시오.

(1) x축과 서로 다른 두 점에서 만난다.
(2) x축과 접한다.
(3) x축과 만나지 않는다.

377 빈출

이차함수 $y=-x^2+(2m-1)x-m^2+2$의 그래프가 x축과 만나지 않도록 하는 정수 m의 최솟값은?

① -1　② 0　③ 1　④ 2　⑤ 3

378

이차함수 $y=2x^2+ax+b$의 그래프가 x축과 접하고, 점 $(1, 8)$을 지날 때, a^2+b^2의 값을 구하시오. (단, a, b는 실수이고, $a>0$이다.)

379

이차함수 $f(x)=ax^2+bx+c$의 그래프가 그림과 같을 때, 다음 중 옳지 않은 것은? (단, a, b, c는 상수이다.)

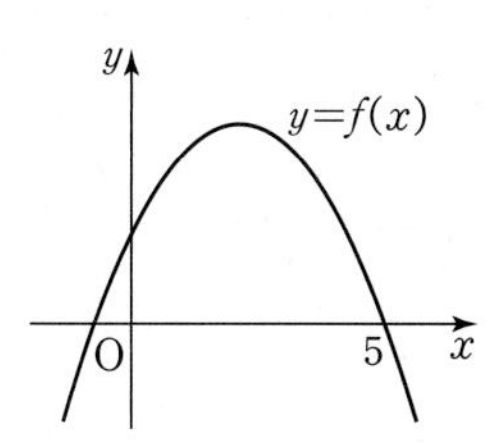

① $b>0$　② $c>0$
③ $b^2>4ac$　④ $a+\frac{1}{2}b+\frac{1}{4}c<0$
⑤ $25a+c<0$

380

이차방정식 $x^2+ax+4a-3=0$의 한 근은 2보다 작고, 나머지 한 근은 2보다 클 때, 정수 a의 최댓값은?

① -2　　② -1　　③ 0
④ 1　　⑤ 2

유형 02 이차함수의 그래프와 직선의 위치 관계

이차함수 $y=f(x)$의 그래프와 직선 $y=mx+n$이 만나는 점의 x좌표가 이차방정식 $f(x)=mx+n$의 실근이라는 것을 이용하여
(1) 이차방정식 $f(x)=mx+n$의 근의 판별로 이차함수 $y=f(x)$의 그래프와 직선 $y=mx+n$의 위치 관계를 구하는 문제
(2) 이차함수 $y=f(x)$의 그래프와 직선 $y=mx+n$의 위치 관계로 이차방정식 $f(x)=mx+n$의 근을 판별하는 문제
로 분류하였다.

381

이차함수 $y=2x^2-5x+3$의 그래프와 직선 $y=x+11$이 서로 다른 두 점에서 만날 때, 두 교점의 x좌표의 합은?

① -5　　② -3　　③ -1
④ 1　　⑤ 3

382 빈출

이차함수 $y=x^2-3x+a$의 그래프와 직선 $y=2x+1$이 서로 다른 두 점에서 만날 때, 정수 a의 최댓값은?

① 4　　② 5　　③ 6
④ 7　　⑤ 8

383

이차함수 $f(x)=x^2-4x+6$의 그래프가 직선 $y=kx-5$와 서로 다른 두 점 $(x_1, f(x_1))$, $(x_2, f(x_2))$에서 만난다. $x_1+x_2=7$일 때, 상수 k의 값은?

① 3　　② 4　　③ 5
④ 6　　⑤ 7

384 빈출

이차함수 $y=x^2+(a-1)x-b+2$의 그래프가 직선 $y=-2x+2$와 점 $(2, -2)$에서 접할 때, $a-b$의 값은?
(단, a, b는 실수이다.)

① -3　　② -1　　③ 1
④ 3　　⑤ 5

385 빈출

이차함수 $y=-x^2+3x+2$의 그래프와 직선 $y=x+k$가 적어도 한 점에서 만나도록 하는 실수 k의 값의 범위는?

① $k\le1$　　② $k\le2$　　③ $k\le3$
④ $k\le4$　　⑤ $k\le5$

386

점 $(-1,\ 1)$을 지나고 이차함수 $y=x^2-3x+1$의 그래프에 접하는 두 직선에 대하여 두 접점의 x좌표의 합은?

① -5 ② -4 ③ -3
④ -2 ⑤ -1

387

이차함수 $y=ax^2+bx+c$의 그래프와 직선 $y=mx+n$이 그림과 같을 때, 방정식 $ax^2+(b-m)x+c-n=0$의 모든 실근의 곱은?

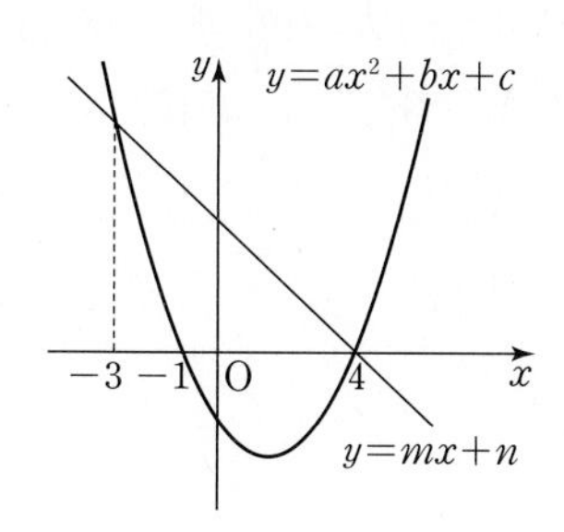

① -20 ② -16 ③ -12
④ -8 ⑤ -4

388

곡선 $y=x^2-3x+4$에 접하고 기울기가 2인 직선의 방정식은?

① $y=2x-\frac{9}{4}$ ② $y=2x-\frac{5}{4}$
③ $y=2x+\frac{1}{4}$ ④ $y=2x+\frac{5}{4}$
⑤ $y=2x+\frac{9}{4}$

389 빈출

이차함수 $y=x^2+a$의 그래프와 직선 $y=bx+1$이 서로 다른 두 점에서 만나고, 이 중 한 점의 x좌표가 $2+\sqrt{3}$이다. 두 유리수 a, b에 대하여 $a+b$의 값을 구하시오.

유형 03 이차함수의 최대 · 최소

실수 전체의 범위 또는 제한된 범위에서의 이차함수의 최댓값과 최솟값을 구하는 문제를 분류하였다.

유형 해결 TIP

(1) 실수 전체의 범위인 경우
이차함수의 최댓값 또는 최솟값은 꼭짓점의 y좌표이다.
아래로 볼록한 경우 최댓값이 존재하지 않고,
위로 볼록한 경우 최솟값이 존재하지 않는다.

(2) 제한된 범위인 경우
제한된 범위의 양 끝점에서의 함숫값과 꼭짓점의 y좌표가 이차함수의 최댓값 또는 최솟값의 후보가 된다.

이때 이차함수의 그래프는 축에 대하여 대칭이므로
(1) 아래로 볼록한 경우
축에서 멀어질수록 함숫값이 커진다.
(2) 위로 볼록한 경우
축에서 멀어질수록 함숫값이 작아진다.

390

이차함수 $y=2x^2-8x+5$는 $x=a$일 때 최솟값 b를 갖는다. $a+b$의 값은?

① -2 ② -1 ③ 0
④ 1 ⑤ 2

391

이차함수 $f(x)=ax^2+bx+c$ $(a>0)$에 대하여 $f(-5)=f(3)$이 성립한다. $-5\le x\le 2$일 때, 함수 $f(x)$의 최댓값과 최솟값을 차례대로 적은 것은? (단, a, b, c는 상수이다.)

① $f(-1)$, $f(1)$
② $f(-1)$, $f(-5)$
③ $f(-5)$, $f(-1)$
④ $f(-5)$, $f(2)$
⑤ $f(0)$, $f(2)$

392 빈출

$-3\le x\le 3$에서 함수 $y=-x^2-4x+3$의 최댓값을 M, 최솟값을 m이라 할 때, $M+m$의 값은?

① -11
② -7
③ -3
④ 1
⑤ 5

393

$-2\le x\le 3$에서 이차함수 $f(x)=x^2-2x+k$의 최솟값이 3일 때, $1\le x\le 5$에서 이차함수 $g(x)=-x^2+kx+3$의 최댓값과 최솟값의 합은? (단, k는 실수이다.)

① 3
② 5
③ 7
④ 9
⑤ 11

394

점 $(a,\ b)$가 이차함수 $y=x^2-2x-3$의 그래프 위를 움직일 때, $2a^2-b+3$의 최솟값을 구하시오.

395

두 실수 x, y에 대하여 $2x+y=3$일 때, $-1\le x\le 2$에서 $2x^2+y^2$의 최댓값을 M, 최솟값을 m이라 하자. $M+m$의 값은?

① 14
② 18
③ 22
④ 26
⑤ 30

396

이차항의 계수가 -1이고 꼭짓점의 좌표가 $(2,\ k)$인 이차함수 $f(x)$가 $-2\le x\le 1$에서 최솟값 -3을 가질 때, 최댓값을 M이라 하자. $k+M$의 값을 구하시오.

유형 04 이차함수의 최대 · 최소의 활용

이차함수의 최대 · 최소의 활용에서는
(1) 도형의 특징, 둘레의 길이, 넓이, 부피로 이차식을 세우고 최댓값 또는 최솟값을 구하는 문제
(2) 실생활에서 상황에 대한 이차식을 세우고 최댓값 또는 최솟값을 구하는 문제
로 분류하였다.

397

지면과 수직이 되도록 지면에서 쏘아 올린 공의 t $(t>0)$초 후의 높이 y(m)가 $y=-5t^2+60t$라 한다. 이 공은 $t=a$일 때, 지면으로부터 가장 높이 올라가게 되며 이때의 높이가 b(m)이다. $a+b$의 값을 구하시오. (단, a, b는 상수이다.)

398

그림과 같이 $\overline{AB}=\overline{BC}=8$인 직각이등변삼각형 ABC와 두 변이 선분 AB, BC 위에 있고 한 꼭짓점이 선분 AC 위에 있는 직사각형 BDEF가 있다. 직사각형 BDEF의 넓이의 최댓값은 $\overline{FB}=a$일 때, b이다. $a+b$의 값을 구하시오.

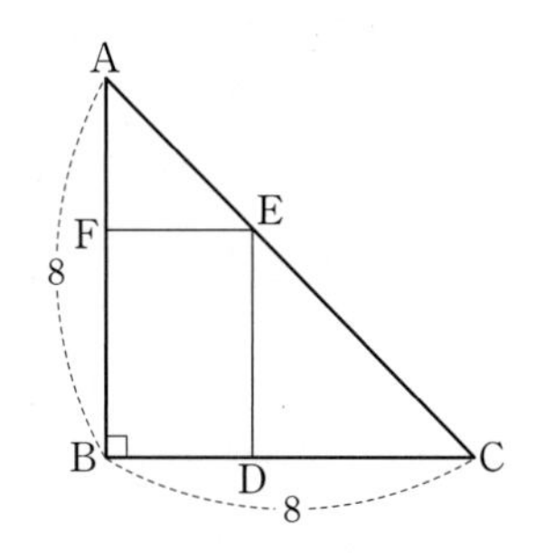

399

길이가 30인 철사를 두 개로 잘라서 각각 정삼각형을 하나씩 만들 때, 두 정삼각형의 넓이의 합의 최솟값은?
(단, 철사의 두께는 무시한다.)

① $5\sqrt{3}$　② $\frac{25\sqrt{3}}{4}$　③ $\frac{25\sqrt{3}}{3}$
④ $\frac{25\sqrt{3}}{2}$　⑤ $25\sqrt{3}$

400 빈출

길이가 20 m인 철망을 이용하여 그림과 같이 벽면을 제외한 세 면에 철망을 둘러 벽을 한 변으로 하는 직사각형 모양의 닭장을 만들려고 한다. 이 닭장의 바닥의 넓이가 최대가 되도록 할 때, 닭장에 포함되는 벽의 길이는 몇 m인가?
(단, 철망의 두께는 무시한다.)

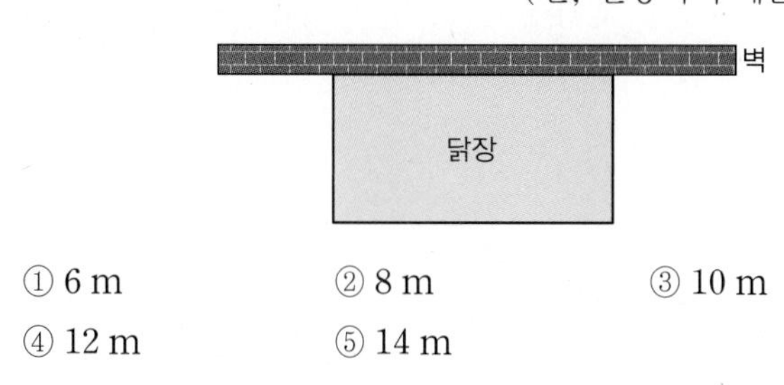

① 6 m　② 8 m　③ 10 m
④ 12 m　⑤ 14 m

401

어느 박물관의 1인당 입장료는 2000원이고 하루 입장객은 500명이라 한다. 이 박물관의 1인당 입장료를 50원 올릴 때마다 하루 입장객의 수가 10명씩 감소한다고 한다. 이 박물관의 하루 입장료의 총 판매액이 최대가 되도록 하는 1인당 입장료는?
(단, 금액의 단위는 원이다.)

① 1950　② 2050　③ 2150
④ 2250　⑤ 2350

유형 01 이차방정식과 이차함수의 관계

402

이차함수 $y=2x^2-4x+k$의 그래프가 x축과 만나는 두 점 사이의 거리가 4일 때, 상수 k의 값은?

① -8　② -7　③ -6　④ -5　⑤ -4

403 빈출

이차함수 $f(x)=x^2-(2a+4k)x+(a^2+4k^2+6k)$의 그래프가 실수 k의 값에 관계없이 항상 x축에 접할 때, 상수 a의 값은?

① $\frac{3}{2}$　② $\frac{1}{2}$　③ $-\frac{1}{2}$　④ $-\frac{3}{2}$　⑤ $-\frac{5}{2}$

404

그림과 같이 이차함수 $y=f(x)$의 그래프가 직선 $x=2$에 대하여 대칭이고, x축과 서로 다른 두 점에서 만난다. 방정식 $f(3x-1)=0$의 두 근의 합을 구하시오.

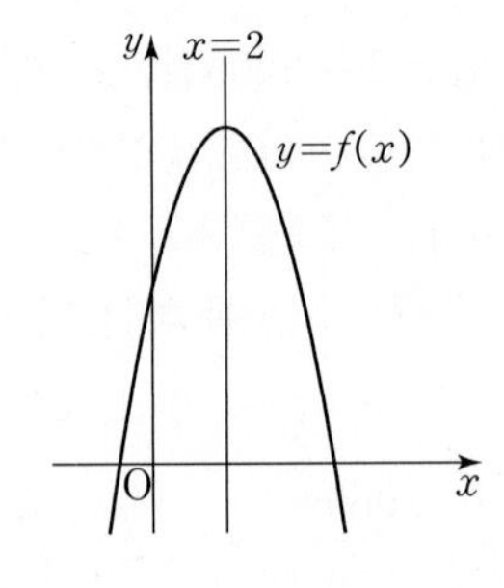

405

이차방정식 $x^2+3x+a=0$의 한 근은 -3보다 작고 다른 한 근은 1보다 크도록 하는 실수 a의 값의 범위는?

① $a<-4$　② $-4<a<0$　③ $a<0$　④ $a>0$　⑤ $a>-4$

406 빈출

이차방정식 $x^2-2x+k-3=0$이 -1보다 큰 서로 다른 두 실근을 갖도록 하는 모든 정수 k의 값의 합을 구하시오.

407

최고차항의 계수가 1인 두 이차함수 $f(x)$, $g(x)$가 다음 조건을 만족시킬 때, $f(3)+g(3)$의 값을 구하시오.

(가) $f(x)g(x)=x^4-9x^2+4x+12$
(나) 함수 $y=f(x)$의 그래프는 x축에 접한다.

408

교육청 변형

그림과 같이 최고차항의 계수의 절댓값이 같은 세 이차함수 $y=f(x)$, $y=g(x)$, $y=h(x)$의 그래프가 있다. 방정식 $f(x)+g(x)+h(x)=0$의 모든 근의 합은?

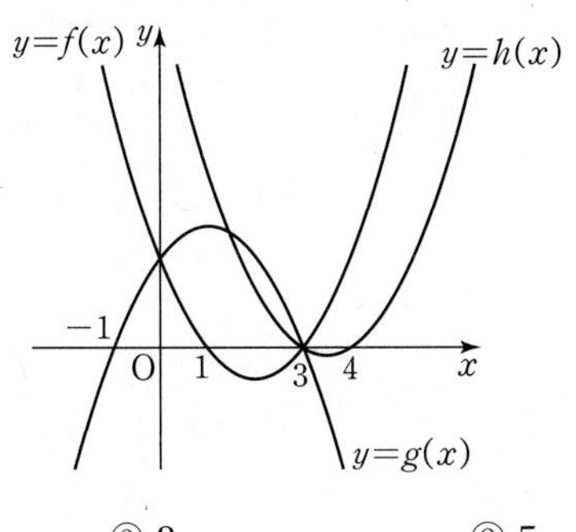

① 1　② 3　③ 5　④ 7　⑤ 9

409

교육청 변형

그림과 같이 두 함수 $f(x)=x^2+ax+b$, $g(x)=-x^2+cx+d$의 그래프가 제1사분면에서 접할 때, <보기>에서 옳은 것만을 있는 대로 고른 것은? (단, a, b, c, d는 상수이다.)

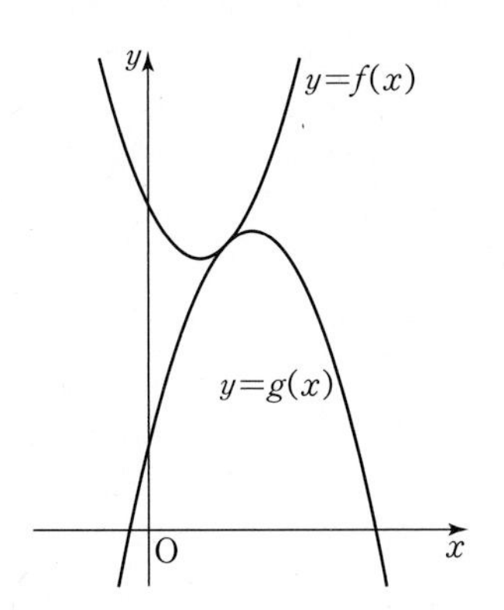

<보 기>

ㄱ. $(a-c)^2>8(b-d)$

ㄴ. $b-f\left(\frac{c-a}{2}\right)=d-g\left(\frac{c-a}{2}\right)$

ㄷ. $a-c-b+d<2$

① ㄱ　② ㄴ　③ ㄷ　④ ㄴ, ㄷ　⑤ ㄱ, ㄴ, ㄷ

410

선행 391

이차함수 $f(x)=x^2+ax+b$가 다음 조건을 만족시킬 때, $f(2)$의 값은? (단, a, b는 상수이다.)

(가) -1이 아닌 모든 실수 m에 대하여 x에 대한 방정식 $f(x)=f(m)$은 서로 다른 두 실근을 갖는다.
(나) 이차방정식 $x^2-3x-2=0$의 두 근 α, β에 대하여 $f(\alpha)+f(\beta)=5$이다.

① -3　② -1　③ 1　④ 3　⑤ 5

411

두 이차함수 $f(x)=x^2+2(k-1)x+k^2-5$, $g(x)=x^2+3x+k$에 대하여 함수 $y=f(x)$의 그래프가 x축과 만나는 점의 개수를 α, 함수 $y=g(x)$의 그래프가 x축과 만나는 점의 개수를 β라 하자. $\alpha^2+\beta^2=5$를 만족시키는 실수 k의 값을 구하시오.

유형 02 이차함수의 그래프와 직선의 위치 관계

412

| 선행 391 |

이차함수 $y=x^2-2kx+k^2+4k$의 그래프와 직선 $y=ax+b$가 실수 k의 값에 관계없이 항상 접할 때, 두 상수 a, b에 대하여 $a+b$의 값은?

① -8　② -4　③ 0　④ 4　⑤ 8

413

이차함수 $y=x^2+2ax+3$의 그래프와 직선 $y=2x-1$의 서로 다른 두 교점을 A, B라 할 때, 점 $(1, 1)$이 선분 AB 위에 있도록 하는 실수 a의 값의 범위를 구하시오.

414

직선 $y=2x+a$가 이차함수 $y=x^2-3x+5$의 그래프와는 만나지 않고, 이차함수 $y=x^2-2x-1$의 그래프와는 서로 다른 두 점에서 만나도록 하는 정수 a의 개수는?

① 1　② 2　③ 3　④ 4　⑤ 5

415

이차함수 $f(x)=x^2-5x-8$의 그래프가 두 상수 a, b $(a>b)$에 대하여 서로 다른 두 점 (a, b), (b, a)를 지난다. 함수 $y=x^2+k$의 그래프와 직선 $y=ax+b$가 접할 때, 실수 k의 값은?

① 5　② 6　③ 7　④ 8　⑤ 9

416

두 함수 $f(x)=-x^2+5$, $g(x)=-2x+k$의 그래프가 접하도록 하는 실수 k의 값을 k_1, 서로 다른 두 점에서 만나고 이때의 두 점의 y좌표의 차가 8이 되도록 하는 실수 k의 값을 k_2라 하자. k_1+k_2의 값은?

① 5　② 6　③ 7　④ 8　⑤ 9

417

교육청 변형

좌표평면에서 직선 $y=t$가 두 이차함수 $y=-x^2-2x+4$, $y=x^2-4x-8$의 그래프와 만나는 서로 다른 점의 개수를 $f(t)$라 하자. $f(t)=3$을 만족시키는 모든 실수 t의 값의 합을 구하시오.

418

그림과 같이 이차항의 계수가 2인 이차함수 $y=f(x)$의 그래프가 x축과 두 점 $(\alpha, 0)$, $(\beta, 0)$에서 만나고, 직선 $y=g(x)$와 두 점 $(\alpha, 0)$, $(\gamma, f(\gamma))$에서 만난다. $\beta-\alpha=6$, $\gamma-\alpha=4$이고 $g(-2)=4$일 때, $f(2\alpha)+g\left(\frac{\beta\gamma}{3}\right)$의 값은?

(단, α, β, γ는 상수이고, $\alpha<\gamma<\beta$이다.)

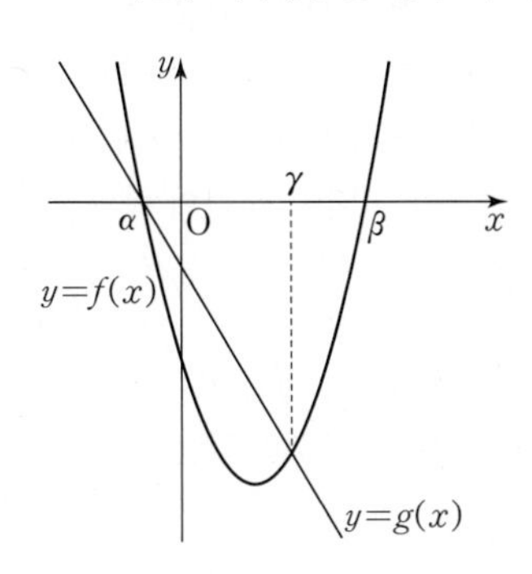

① -10　② -12　③ -14
④ -16　⑤ -18

419

교육청 변형

그림과 같이 이차함수 $y=x^2$의 그래프와 직선 $y=x+k$가 만나는 두 점을 각각 A, B라 하고, 점 A와 점 B에서 x축에 내린 수선의 발을 각각 C, D라 하자. 삼각형 AOC의 넓이를 S_1, 삼각형 DOB의 넓이를 S_2라 할 때, $S_1-S_2=14$를 만족시키는 양수 k의 값은? (단, O는 원점이고, 두 점 A, B는 각각 제1사분면과 제2사분면 위에 있다.)

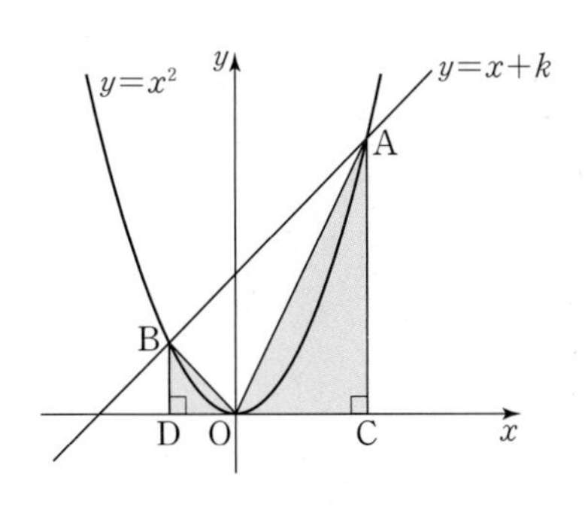

① 5　② 7　③ 9
④ 11　⑤ 13

420

빈출 서술형

이차함수 $y=x^2+2(k+4)x+4$의 그래프가 x축과 직선 $y=kx+3$에 동시에 접할 때, 실수 k의 값을 구하고 그 과정을 서술하시오.

421

정수 k에 대하여 두 이차함수 $y=x^2+2x+1$, $y=-(x-3)^2+k$의 그래프에 동시에 접하는 서로 다른 직선의 개수가 2일 때, 이 두 직선의 기울기의 곱의 최댓값을 구하시오.

422

이차함수 $f(x)=-x^2+4x+4$에 대하여 함수

$g(x)=\begin{cases} f(x) & (x\ge0) \\ f(-x) & (x<0) \end{cases}$이 직선 $y=t$와 만나는 서로 다른 점의 개수를 $h(t)$라 하자. 방정식 $h(t)=2$를 만족시키는 모든 자연수 t의 값의 합을 α, 방정식 $h(t)=4$를 만족시키는 모든 자연수 t의 값의 합을 β라 할 때, $\beta-\alpha$의 값은?

① 3 ② 4 ③ 5
④ 6 ⑤ 7

423

꼭짓점의 좌표가 $(0, -2)$인 이차함수 $y=f(x)$의 그래프와 원점을 지나는 직선 $y=g(x)$가 제1사분면 위의 점 $(a, 2)$에서 만난다. 방정식 $f(x)=g(x)$의 두 근의 차가 6일 때, 방정식 $f(x)=0$의 두 근의 곱을 구하시오.

424

이차함수 $f(x)=x^2-2x-8$에 대하여 함수 $g(x)=|f(x)|$의 그래프와 직선 $y=x+k$가 서로 다른 네 점에서 만나도록 하는 실수 k의 값의 범위가 $p<k<q$일 때, pq의 값을 구하시오.

425

교육청 변형

함수 $f(x)$를

$$f(x)=\begin{cases} 2x+2 & (x<-3,\ x\ge1) \\ x^2+4x-1 & (-3\le x<1) \end{cases}$$

이라 할 때, 〈보기〉에서 옳은 것만을 있는 대로 고른 것은?

〈보 기〉

ㄱ. 함수 $y=f(x)$의 그래프와 직선 $y=k$가 한 점에서 만나도록 하는 실수 k의 값의 범위는 $k<-5$ 또는 $k>-4$이다.

ㄴ. 함수 $y=f(x)$의 그래프와 직선 $y=x+a$가 서로 다른 세 점에서 만나도록 하는 실수 a의 값의 범위는 $-\frac{13}{4}<a<-1$이다.

ㄷ. 함수 $y=f(x)$의 그래프와 직선 $y=-x+b$가 서로 다른 두 점에서 만나도록 하는 실수 b의 값은 $b=-\frac{29}{4}$ 또는 $b=-4$이다.

① ㄱ ② ㄱ, ㄴ ③ ㄱ, ㄷ
④ ㄴ, ㄷ ⑤ ㄱ, ㄴ, ㄷ

유형 03 이차함수의 최대 · 최소

426

| 선행 396 |

$a\le x\le5$에서 함수 $f(x)=-x^2+4x-6$의 최댓값이 -3일 때, 상수 a의 값은?

① 0 ② 1 ③ 2
④ 3 ⑤ 4

427

최고차항의 계수가 2인 이차함수 $y=f(x)$의 그래프와 직선 $y=g(x)$가 두 점 $(\alpha, f(\alpha))$, $(\beta, f(\beta))$에서 만난다. 함수 $y=g(x)-f(x)$가 $x=3$에서 최댓값 4를 가질 때, $\alpha^2+\alpha\beta+\beta^2$의 값을 구하시오.

428

이차함수 $f(x)=x^2+ax+b$가 다음 조건을 만족시킬 때, $f(3)$의 값은? (단, a, b는 상수이다.)

> (가) $f(-1)=f(3)$
> (나) $-2\le x\le 2$에서 함수 $f(x)$의 최댓값은 12이다.

① 1 ② 3 ③ 5
④ 7 ⑤ 9

429 빈출

이차방정식 $x^2+2(k+1)x+k^2-2k+5=0$의 두 실근을 α, β라 할 때, $(\alpha-2)(\beta-2)$의 최솟값은? (단, k는 실수이다.)

① 10 ② 12 ③ 14
④ 16 ⑤ 18

430 교육청 변형

두 양의 실수 a, b에 대하여 이차함수 $f(x)=-x^2+ax-b$가 다음 조건을 만족시킬 때, a^2+b^2의 값을 구하시오.

> (가) 함수 $y=f(x)$의 그래프는 x축에 접한다.
> (나) $-a\le x\le a$에서 $f(x)$의 최솟값은 -45이다.

431

최고차항의 계수가 1인 이차함수 $f(x)$에 대하여 $f(-3)=f(9)$일 때, 〈보기〉에서 옳은 것만을 있는 대로 고른 것은?

> 〈보 기〉
> ㄱ. 함수 $f(x)$의 최솟값은 $f(3)$이다.
> ㄴ. $1\le x\le 6$에서 함수 $f(x)$의 최댓값과 최솟값의 차는 4이다.
> ㄷ. $f(0)>9$이면 함수 $y=f(x)$의 그래프는 x축과 만나지 않는다.

① ㄱ ② ㄴ ③ ㄱ, ㄴ
④ ㄱ, ㄷ ⑤ ㄱ, ㄴ, ㄷ

432

$2\le x\le 3$에서 이차함수 $f(x)=-2x^2+4kx-2k^2-1$의 최댓값이 -3이 되도록 하는 모든 실수 k의 값의 합을 구하시오.

433 서술형

$-1\le x\le 3$에서 함수

$$y=(x^2-4x+3)^2-12(x^2-4x+3)+30$$

의 최댓값과 최솟값을 각각 구하고 그 과정을 서술하시오.

434 서술형

그림과 같이 이차함수 $y=x^2-5x-6$의 그래프가 y축과 만나는 점을 A라 하고, x축과 만나는 두 점을 각각 B, C라 하자.
점 $\mathrm{P}(a, b)$가 점 A에서 출발하여 이차함수의 그래프를 따라 x축의 양의 방향으로 이동하여 점 C까지 움직였을 때, a^2+4b-1의 최댓값과 최솟값을 구하고 그 과정을 서술하시오.

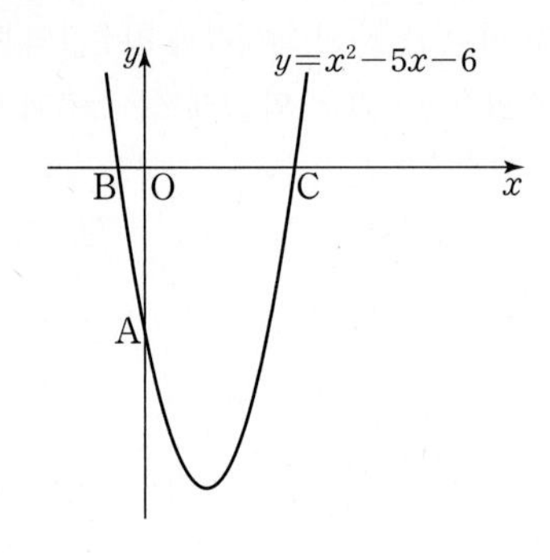

435 빈출

교육청 변형

이차함수 $f(x)$가 다음 조건을 만족시킨다.

> (가) $f(-1)=7$
> (나) 모든 실수 x에 대하여 $f(x)\le f(-1)$이다.

실수 t에 대하여 $t\le x\le t+2$에서 함수 $f(x)$의 최솟값을 $g(t)$라 하자. 함수 $g(t)$의 최댓값이 4일 때, $f(-5)$의 값은?

① -37 ② -39 ③ -41
④ -43 ⑤ -45

436

교육청 변형

이차함수 $f(x)$가 다음 조건을 만족시킬 때, $f(3)$의 값은?

> (가) $f(-1)=f(3)$
> (나) $f(-1)+|f(2)|=0$
> (다) $-2\le x\le 2$에서 함수 $f(x)$의 최솟값이 -26이다.

① -4 ② -6 ③ -8
④ -10 ⑤ -12

437

이차함수 $y=f(x)$가 다음 조건을 만족시킨다.

> (가) 모든 실수 x에 대하여 $f(2-x)=f(2+x)$이다.
> (나) 이차함수 $y=f(x)$의 그래프와 직선 $y=4x-1$이 오직 한 점에서 만난다.
> (다) $1\le x\le 4$일 때, 함수 $f(x)$의 최댓값은 5이고, 최솟값은 -3이다.

함수 $y=f(x)$의 그래프와 직선 $y=3$이 만나는 두 점의 x좌표를 각각 α, β라 할 때, $\alpha^2+\beta^2$의 값은?

① 5 ② 10 ③ 15
④ 20 ⑤ 25

유형 04 이차함수의 최대 · 최소의 활용

438

다음과 같이 직사각형 모양의 종이가 있다. 이 종이의 네 꼭짓점 부분에 한 변의 길이가 2인 정사각형 모양을 잘랐더니 남은 부분의 둘레의 길이가 40이었다. 남은 종이의 넓이의 최댓값은?

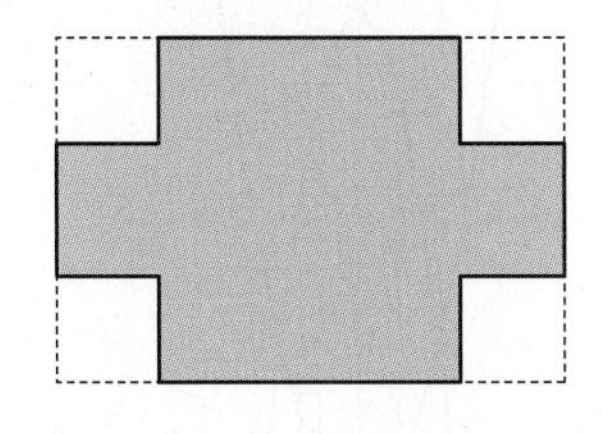

① 68 ② 72 ③ 76
④ 80 ⑤ 84

439 빈출

| 선행 398 |

그림과 같이 밑변의 길이와 높이가 모두 8인 이등변삼각형이 있다. 이 이등변삼각형의 밑변 위에 한 변이 있고, 이 이등변삼각형에 내접하는 직사각형의 넓이의 최댓값을 구하시오.

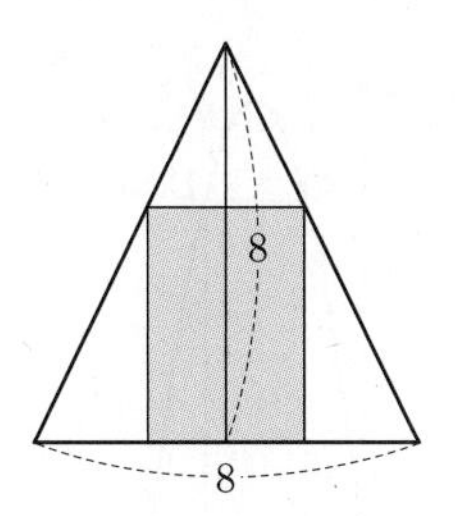

440

그림과 같이 $\overline{AB}=3$, $\overline{BC}=5$인 직사각형 ABCD에서 $\overline{AP}=\overline{BQ}=\overline{CR}=\overline{DS}$를 만족시키는 네 점 P, Q, R, S를 각각 선분 AB, BC, CD, DA 위에 잡을 때, 사각형 PQRS의 넓이의 최솟값은?

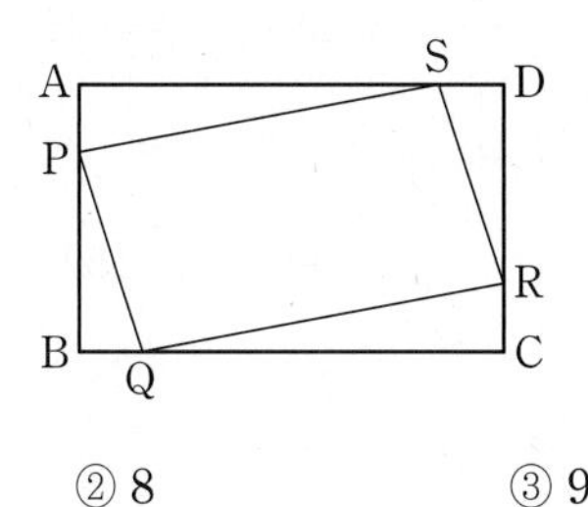

① 7 ② 8 ③ 9
④ 10 ⑤ 11

441

그림과 같이 한 변의 길이가 4인 정삼각형 ABC의 변 BC 위를 움직이는 점 P에 대하여 $\overline{AP}^2+\overline{BP}^2$의 최솟값은?

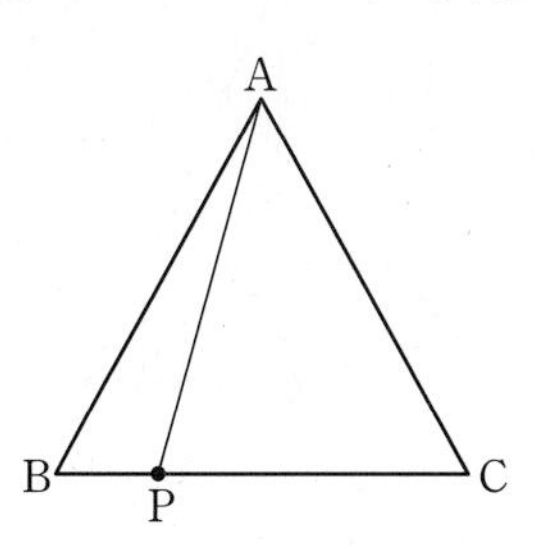

① $\frac{27}{2}$ ② 14 ③ $\frac{29}{2}$
④ 15 ⑤ $\frac{31}{2}$

442

| 선행 401 |

A기업에서 지난달에 판매 금액이 100만 원인 노트북을 300대 판매하였고, 이번 달부터는 가격을 높여서 판매하기로 하였다. 노트북의 판매 금액이 n % 증가하면 판매 대수는 $2n$대가 감소한다. 이번 달 노트북의 판매 금액이 지난달의 판매 금액보다 a % 증가할 때, 한 달 동안 총 판매 금액이 b만 원으로 최대가 된다고 한다. $\frac{b}{a^2}$의 값을 구하시오.

(단, a는 150 미만의 자연수이다.)

443

교육청 변형

그림과 같이 두 직선 $y=x+4$, $y=-2x+7$과 x축으로 둘러싸인 부분에 직사각형이 있다. 이 직사각형의 한 변은 x축 위에 있고, 두 꼭짓점은 각각 두 직선 $y=x+4$, $y=-2x+7$ 위에 있을 때, 이 직사각형의 넓이의 최댓값은?

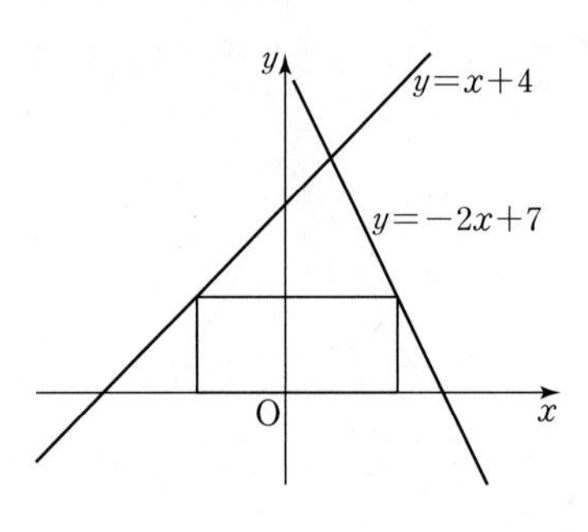

① $\frac{71}{8}$　② 9　③ $\frac{73}{8}$　④ $\frac{37}{4}$　⑤ $\frac{75}{8}$

444

교육청 기출

두 이차함수 $f(x)=x^2-7$과 $g(x)=-2x^2+5$가 있다. 그림과 같이 네 점 $\mathrm{A}(a,\ f(a))$, $\mathrm{B}(a,\ g(a))$, $\mathrm{C}(-a,\ g(-a))$, $\mathrm{D}(-a,\ f(-a))$를 꼭짓점으로 하는 직사각형 ABCD의 둘레의 길이가 최대가 되도록 하는 a의 값은? (단, $0<a<2$)

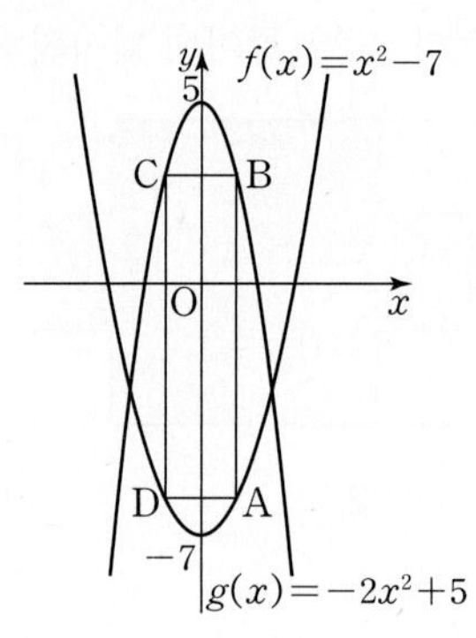

① $\frac{1}{3}$　② $\frac{2}{3}$　③ 1　④ $\frac{4}{3}$　⑤ $\frac{5}{3}$

445

빈출

그림과 같이 한 변이 x축 위에 있고, 두 꼭짓점이 이차함수 $y=-x^2+8x$의 그래프 위에 있는 직사각형 ABCD의 둘레의 길이의 최댓값은?

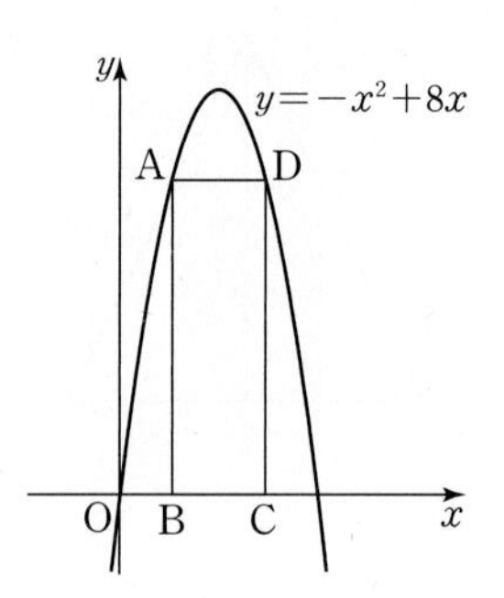

① 30　② 32　③ 34　④ 36　⑤ 38

446

이차함수 $y=x^2+3$의 그래프 위의 한 점 $\mathrm{P}(a,\ b)$에서 x축에 평행한 직선을 그어 직선 $y=x+1$과 만나는 점을 Q라 하자. $\overline{\mathrm{PQ}}$의 최솟값이 m일 때, $a+b+m$의 값은?

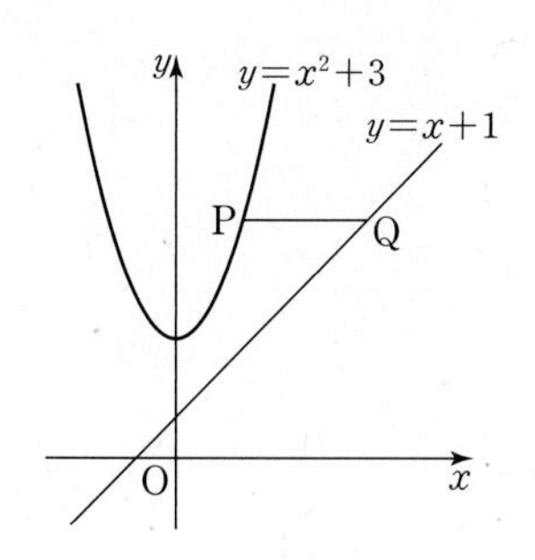

① $\frac{9}{2}$ ② $\frac{11}{2}$ ③ $\frac{13}{2}$
④ $\frac{15}{2}$ ⑤ $\frac{17}{2}$

447

그림과 같이 지면에 수직인 면으로 자른 단면의 폭이 4 m, 높이가 2 m인 포물선 모양인 조형물이 있고, 이 단면이 지면과 만나는 한 쪽 끝 점에서 1 m 떨어진 지점에 높이가 8 m인 가로등이 설치되어 있다. 가로등 불빛에 의하여 생기는 조형물의 그림자의 끝을 A라 할 때, A 지점과 가로등 사이의 거리는?

(단, 거리의 단위는 m이다.)

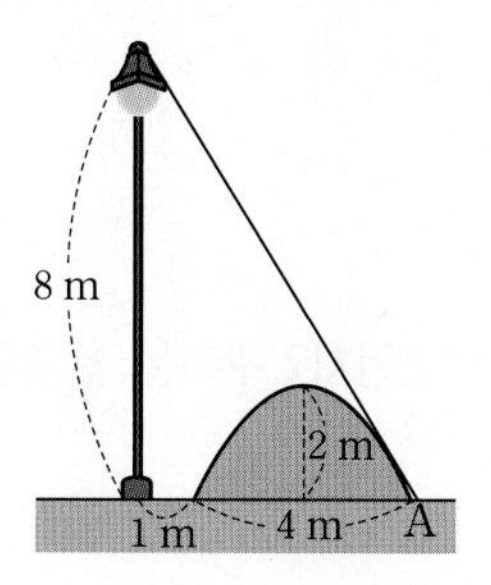

① $\frac{2(\sqrt{19}+3)}{3}$ ② $\frac{2(\sqrt{21}+3)}{3}$
③ $\frac{2(\sqrt{23}+3)}{3}$ ④ $\frac{3(\sqrt{19}+3)}{4}$
⑤ $\frac{3(\sqrt{21}+3)}{4}$

스키마 schema로 풀이 흐름 알아보기

유형 03 이차함수의 최대 · 최소 428

이차함수 $f(x)=x^2+ax+b$가 다음 조건을 만족시킬 때, $f(3)$의 값은? (단, a, b는 상수이다.)
조건① 답

(가) $f(-1)=f(3)$ 조건②
(나) $-2\le x\le 2$에서 함수 $f(x)$의 최댓값은 12이다. 조건③

① 1 ② 3 ③ 5 ④ 7 ⑤ 9

▶ 주어진 조건은 무엇인지? 구하는 답은 무엇인지? 이 둘을 어떻게 연결할지?

1 단계

조건
- ① $f(x)=x^2+ax+b$ → $f(x)=x^2-2x+b$
- ② $f(-1)=f(3)$ → 축 $x=1$
- ③ $-2\le x\le 2$에서 최댓값은 12

조건 (가)에서 이차함수 $y=f(x)$의 그래프가 직선 $x=1$에 대하여 대칭이므로 꼭짓점의 x좌표가 1이다.
따라서 $a=-2$이고,
$f(x)=x^2-2x+b$이다.

2 단계

조건
- ① $f(x)=x^2+ax+b$ — $f(x)=x^2-2x+b$
- ② $f(-1)=f(3)$ — 축 $x=1$
- ③ $-2\le x\le 2$에서 최댓값은 12 → $f(-2)=12$

$y=f(x)$
-2 1 2

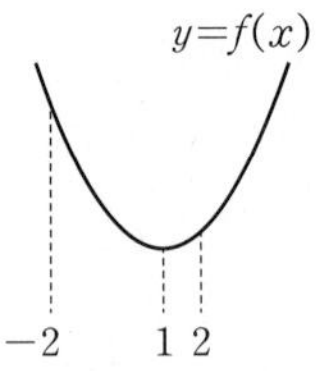

이때 조건 (나)에서 $-2\le x\le 2$의 범위에서 함수 $f(x)$의 최댓값은 12이다.
함수 $y=f(x)$의 축이 $x=1$이고 축과 더 멀리 떨어진 점에서 함숫값이 최대이므로 $-2\le x\le 2$에서 최댓값은 $f(-2)=12$이다.

3 단계

조건
- ① $f(x)=x^2+ax+b$ — $f(x)=x^2-2x+b$
- ② $f(-1)=f(3)$ — 축 $x=1$
- ③ $-2\le x\le 2$에서 최댓값은 12 — $f(-2)=12$

→ $b=4$ → 7

답 — $f(3)$의 값 → 7

$f(-2)=(-2)^2-2\times(-2)+b$
$=12$
이므로 $b=4$이다.
따라서 $f(x)=x^2-2x+4$이므로
$f(3)=3^2-2\times 3+4=7$

정답과 풀이 p.86

448

$0 \le x \le 2$에서 이차함수 $f(x)=(x-a)^2+b$의 최솟값이 3일 때, 두 실수 a, b에 대하여 〈보기〉에서 옳은 것만을 있는 대로 고른 것은?

〈보 기〉

ㄱ. $a=\frac{1}{2}$일 때, $b=3$이다.

ㄴ. $a>2$일 때, $b=-a^2+4a-1$이다.

ㄷ. $a+b$의 최댓값은 $\frac{21}{2}$이다.

① ㄱ ② ㄱ, ㄴ ③ ㄱ, ㄷ
④ ㄴ, ㄷ ⑤ ㄱ, ㄴ, ㄷ

449

이차함수 $y=x^2+2ax+a^2-12$의 그래프와 직선 $y=2x-n$이 서로 다른 두 점에서 만나도록 하는 자연수 n의 개수를 $f(a)$라 하자. 〈보기〉에서 옳은 것만을 있는 대로 고른 것은?

(단, a는 실수이다.)

〈보 기〉

ㄱ. $f(2)=8$

ㄴ. 두 실수 x_1, x_2에 대하여 $x_1<x_2$이면 $f(x_1)>f(x_2)$이다.

ㄷ. $f(0)+f(1)+f(2)+\cdots+f(100)=42$

① ㄱ ② ㄷ ③ ㄱ, ㄴ
④ ㄱ, ㄷ ⑤ ㄴ, ㄷ

450

이차함수 $y=f(x)$의 그래프가 x축과 만나는 서로 다른 두 점 사이의 거리가 a, 곡선 $y=f(x)$와 직선 $y=2$의 서로 다른 두 교점 사이의 거리가 $a+4$, 곡선 $y=f(x)$와 직선 $y=6$의 서로 다른 두 교점 사이의 거리가 $a+8$이다. 곡선 $y=f(x)$와 직선 $y=m$이 한 점에서 만날 때, 상수 m의 값은?

(단, a는 상수이다.)

① $-\frac{1}{8}$ ② $-\frac{1}{4}$ ③ $-\frac{3}{8}$
④ $-\frac{1}{2}$ ⑤ $-\frac{5}{8}$

451

이차함수 $f(x)=ax^2+bx+c$가 다음 조건을 만족시킬 때, ⟨보기⟩에서 옳은 것만을 있는 대로 고른 것은?

(단, a, b, c는 실수이다.)

> (가) 함수 $y=f(x)$의 그래프가 x축과 만나는 점의 x좌표의 곱이 0이다.
> (나) $f(-2)+f(2)<0$
> (다) $-2\le x_1<x_2\le 2$이면 $f(x_1)>f(x_2)$이다.

⟨보 기⟩

ㄱ. $f(1)<0$
ㄴ. $b\le 4a$
ㄷ. 방정식 $f(x)=0$의 두 근의 합은 -4보다 크거나 같다.

① ㄱ　② ㄷ　③ ㄱ, ㄴ
④ ㄴ, ㄷ　⑤ ㄱ, ㄴ, ㄷ

452

이차항의 계수가 1인 이차함수 $y=f(x)$의 그래프와 직선 $y=kx+5$와의 서로 다른 두 교점의 x좌표를 각각 α, β라 할 때, 함수 $y=f(x)$의 그래프가 다음 조건을 만족시킨다.

> (가) 꼭짓점이 직선 $y=kx$ 위에 있다.
> (나) 직선 $x=\frac{1}{2}\left(\alpha+\beta-\frac{1}{2}\right)$에 대하여 대칭이다.

$|\alpha-\beta|$의 값은? (단, k는 상수이다.)

① 3　② $\frac{7}{2}$　③ 4
④ $\frac{9}{2}$　⑤ 5

453

최고차항의 계수가 -1인 이차함수 $y=f(x)$의 그래프가 두 점 A(3, 0), B(k, 0)을 지난다. 이차함수 $y=f(x)$의 그래프의 꼭짓점을 C, 점 B를 지나고 직선 AC에 평행한 직선이 이차함수 $y=f(x)$의 그래프와 만나는 점 중 B가 아닌 점을 D, 점 D에서 x축에 내린 수선의 발을 E라 하자. 삼각형 AED의 넓이가 12일 때, 삼각형 ADB의 넓이를 구하시오.

(단, k는 3보다 큰 자연수이다.)

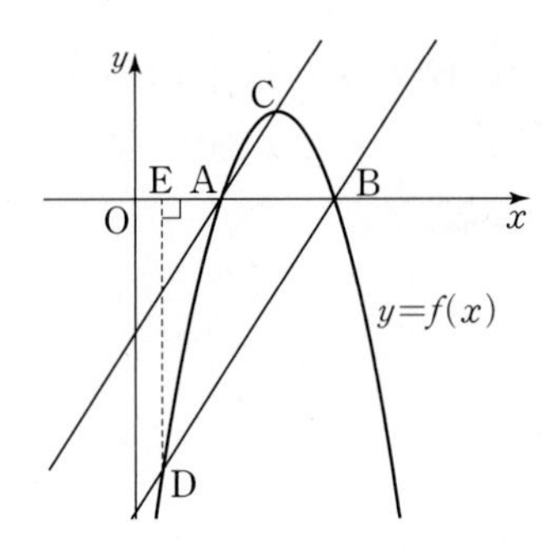

454

이차함수 $f(x)$가 다음 조건을 만족시킨다.

> (가) $f(x)=f(-x-4)$
> (나) 임의의 서로 다른 두 실수 x_1, x_2에 대하여
> $\frac{f(x_1)+f(x_2)}{2}<f\left(\frac{x_1+x_2}{2}\right)$이다.

다음 중 옳지 않은 것은?

① 함수 $y=f(x)$의 그래프는 위로 볼록하다.
② 함수 $f(x)$는 $x=-2$에서 최댓값을 갖는다.
③ $f(-5)<f(0)<f(-3)$
④ 방정식 $f(x)=0$의 두 근의 합은 -2이다.
⑤ $-4\le x<2$에서 함수 $f(x)$의 최솟값은 존재하지 않는다.

455

교육청 기출

두 이차함수 $f(x)$, $g(x)$가 다음 조건을 만족시킨다.

> (가) 함수 $y=f(x)$의 그래프는 x축과 한 점 $(0, 0)$에서만 만난다.
> (나) 부등식 $f(x)+g(x)\ge 0$의 해는 $x\ge 2$이다.
> (다) 모든 실수 x에 대하여 $f(x)-g(x)\ge f(1)-g(1)$이다.

x에 대한 방정식 $\{f(x)-k\}\times\{g(x)-k\}=0$이 실근을 갖지 않도록 하는 정수 k의 개수가 5일 때, $f(22)+g(22)$의 최댓값을 구하시오.

456

교육청 변형 | 선행 424, 425 |

두 이차함수 $f(x)=x^2-2x-1$, $g(x)=-x^2+3$에 대하여 함수 $h(x)$를

$$h(x)=\begin{cases} f(x) & (x\le -1 \text{ 또는 } x\ge 2) \\ g(x) & (-1<x<2) \end{cases}$$

라 하자. 직선 $y=kx+4$와 함수 $y=h(x)$의 그래프가 서로 다른 세 점에서 만나도록 하는 모든 실수 k의 값의 곱을 구하시오.

457

교육청 변형 | 선행 407 |

두 이차함수 $f(x)$, $g(x)$는 다음 조건을 만족시킨다.

> (가) $f(x)g(x)=(x^2-4)(x^2-16)$
> (나) $f(\alpha)=f(\alpha+6)=0$인 실수 α가 존재한다.

〈보기〉에서 옳은 것만을 있는 대로 고른 것은?

〈보 기〉
ㄱ. $f(2)=0$일 때, $g(4)=0$이다.
ㄴ. $g(-2)>0$이면 $-3\le x\le 3$에서 함수 $f(x)$의 최솟값은 $f(3)$이다.
ㄷ. x에 대한 방정식 $f(x)-g(x)=0$이 서로 다른 두 정수 m, n을 근으로 가질 때, $|m+n|=7$이다.

① ㄱ ② ㄱ, ㄴ ③ ㄱ, ㄷ
④ ㄴ, ㄷ ⑤ ㄱ, ㄴ, ㄷ

458

$-2\le x\le 2$일 때, 이차함수 $f(x)=ax^2-2abx+3$의 최솟값이 -5가 되도록 하는 정수 a, b의 순서쌍 (a, b)의 개수를 구하시오.

459

최고차항의 계수가 각각 1, 4인 두 이차함수 $y=f(x)$, $y=g(x)$와 일차함수 $y=h(x)$가 다음 조건을 만족시킨다.

> (가) 직선 $y=h(x)$는 두 이차함수 $y=f(x)$, $y=g(x)$의 그래프와 각각 한 점에서 만난다.
> (나) 모든 실수 x와 상수 k $(k>0)$에 대하여
> $f(x)-f(k)\ge h(x)-h(k)$,
> $g(x)-g(2k)\ge h(x)-h(2k)$가 성립한다.
> (다) 두 이차함수 $y=f(x)$, $y=g(x)$의 그래프가 만나는 두 점의 x좌표는 각각 α, 1 $(\alpha<1)$이다.

$f(2)-g(2)$의 값을 구하시오.

460

교육청 변형

두 이차함수 $f(x)=-x^2+2ax$, $g(x)=x^2-6ax+b$가 다음 조건을 만족시킨다.

> (가) 방정식 $f(x)=g(x)$는 서로 다른 두 실근 α, β를 갖는다.
> (나) $\beta-\alpha=4$

〈보기〉에서 옳은 것만을 있는 대로 고른 것은?
(단, a, b는 상수이다.)

〈보 기〉
ㄱ. $a=1$일 때, $b=0$이다.
ㄴ. $f(\beta)-g(\alpha)\le f(a)-g(3a)$
ㄷ. $f(\alpha)=g(\beta)+10a^2-b$이면 $a+b=26$이다.

① ㄱ ② ㄱ, ㄴ ③ ㄱ, ㄷ
④ ㄴ, ㄷ ⑤ ㄱ, ㄴ, ㄷ

461

| 선행 446 |

그림과 같이 두 이차함수 $y=-2x^2+2x+8$과 $y=x^2-4x+2$의 그래프가 만나는 두 점 A, B의 x좌표를 각각 α, β라 할 때, y축에 평행한 직선이 $\alpha<x<\beta$에서 두 이차함수의 그래프와 만나는 점을 각각 C, D라 하자. 사각형 ADBC의 넓이의 최댓값을 k라 할 때, k^2의 값을 구하시오.

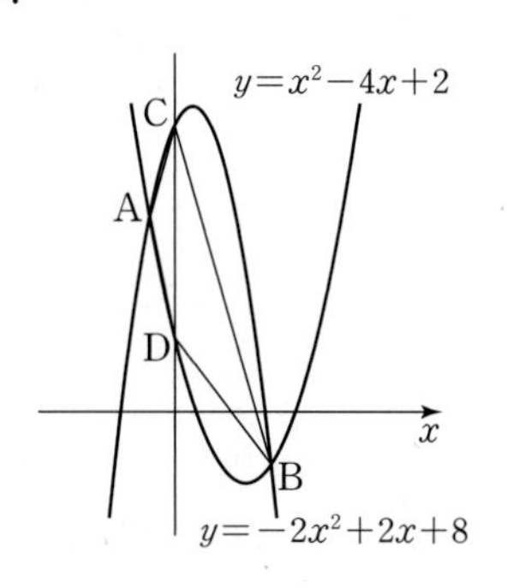

462

| 선행 439 |

그림과 같이 두 변 AD, BC가 서로 평행한 사다리꼴 ABCD가 있다. $\overline{AD}=2$, $\overline{BC}=10$이고 점 A에서 변 BC에 내린 수선의 발을 A′이라 할 때, $\overline{AA'}=5$이다. 선분 BC 위에 한 변이 있고, 두 꼭짓점이 각각 두 변 AB, DC 위에 존재하는 직사각형의 넓이의 최댓값이 S일 때, $8S$의 값을 구하시오.

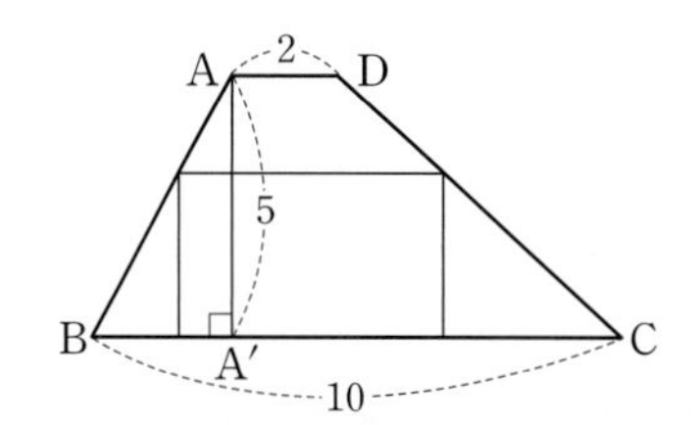

03 여러 가지 방정식

이전 학습 내용

• **인수분해 공식** Ⅰ 다항식_03 인수분해

(1) $a^2-b^2=(a+b)(a-b)$

(2) $a^3\pm b^3=(a\pm b)(a^2\mp ab+b^2)$

(3) $a^3\pm 3a^2b+3ab^2\pm b^3=(a\pm b)^3$

• **인수 정리와 조립제법을 이용한 인수분해** Ⅰ 다항식_03 인수분해

(1) 다항식 $P(x)$에서 $P(a)=0$을 만족시키는 a를 찾는다.

(2) 조립제법을 이용하여 $P(x)$를 $x-a$로 나누었을 때의 몫 $Q(x)$를 구한 후 $P(x)=(x-a)Q(x)$로 나타낸다.

(3) 몫 $Q(x)$도 (1), (2)의 과정을 반복한다.

• **미지수가 2개인 연립일차방정식** 중2

가감법이나 대입법을 이용하여 두 개의 미지수 중 한 개의 미지수만을 포함하는 일차방정식을 만들어 푼다.

• **이차방정식의 근과 계수의 관계** 01 복소수와 이차방정식

두 수 α, β를 근으로 하고 x^2의 계수가 1인 이차방정식은

$$x^2-(\alpha+\beta)x+\alpha\beta=0$$

• **이차방정식의 실근과 허근** 01 복소수와 이차방정식

이차방정식이 실근을 가질 조건은 판별식 $D\geq 0$이다.

현재 학습 내용

• **삼차 · 사차방정식의 풀이** ········ 유형 01 삼차·사차방정식의 풀이

(1) 인수분해 공식을 이용한 풀이

인수분해 공식을 이용하여 간단한 삼차방정식과 사차방정식을 푼다.

예 방정식 $x^3+1=0$에서 좌변을 인수분해하면 ········ 유형 02 삼차방정식 $x^3=\pm1$의 허근의 성질

$(x+1)(x^2-x+1)=0$

$x+1=0$ 또는 $x^2-x+1=0$

$\therefore x=-1$ 또는 $x=\dfrac{1\pm\sqrt{3}i}{2}$

(2) 인수 정리와 조립제법을 이용한 풀이

인수분해 공식을 이용하여 간단히 인수분해가 되지 않는 경우에는 인수 정리와 조립제법을 이용하여 인수분해한 후 방정식을 푼다.

• **미지수가 2개인 연립이차방정식** ········ 유형 03 미지수가 2개인 연립이차방정식 / 유형 04 방정식의 활용

(1) $\begin{cases}(\text{일차식})=0\\(\text{이차식})=0\end{cases}$ 꼴인 경우

일차방정식을 한 미지수에 관하여 풀고, 이것을 이차방정식에 대입하여 미지수가 1개인 이차방정식으로 만들어서 푼다.

(2) $\begin{cases}(\text{이차식})=0\\(\text{이차식})=0\end{cases}$ 꼴인 경우

한 이차방정식을 인수분해하여 얻은 두 일차방정식을 남은 다른 이차방정식과 각각 연립하여 푼다.

(3) $\begin{cases}x+y=a\\xy=b\end{cases}$ 꼴로 변형되는 경우

a, b를 이용하여 x, y를 근으로 갖는 이차방정식을 만들어 푼다.

• **부정방정식** ········ 유형 05 부정방정식

해가 무수히 많은 방정식을 부정방정식이라 한다. 한편, 방정식의 개수가 미지수의 개수보다 적을 때에는 그 근이 무수히 많아서 그 근을 정할 수 없다. 이때 특정 조건이 추가되면 무수히 많은 근 중 몇 개가 선택된다.

(1) 정수 조건이 주어진 경우

(일차식)×(일차식)=(정수) 꼴로 변형한다.

(2) 실수 조건이 주어진 경우

① $A^2+B^2=0$ 꼴로 변형하여 $A=0$, $B=0$임을 이용한다.

② 실수 계수의 이차방정식이 실근을 가지면 판별식 $D\geq 0$임을 이용한다.

정답과 풀이 p.93

유형 01 삼차 · 사차방정식의 풀이

삼차방정식 또는 사차방정식에서
(1) 인수분해 공식 또는 인수 정리와 조립제법을 통하여 방정식의 근을 구하는 문제
(2) 삼차방정식의 근과 계수의 관계를 활용하는 문제
(3) 복소수의 성질을 이용하여 켤레근을 활용하는 문제
로 분류하였다.

463

삼차방정식 $x^3+8=0$에 대한 설명으로 〈보기〉에서 옳은 것만을 있는 대로 고른 것은?

〈보 기〉
ㄱ. 실근은 $x=-2$로 유일하다.
ㄴ. 복소수 범위에서 서로 다른 근의 개수는 3이다.
ㄷ. 허근이 존재하고 모든 허근의 합은 -2이다.

① ㄱ ② ㄴ ③ ㄱ, ㄴ
④ ㄱ, ㄷ ⑤ ㄱ, ㄴ, ㄷ

464

삼차방정식 $x^3+5x^2+10x+6=0$의 두 허근을 α, β라 할 때, $\alpha^2+\beta^2$의 값을 구하시오.

465

사차방정식 $x^4+2x^3-x^2-2x-3=0$의 네 근을 α, β, γ, δ라 할 때, $(2-\alpha)(2-\beta)(2-\gamma)(2-\delta)$의 값은?

① 12 ② 15 ③ 18
④ 21 ⑤ 24

466

x에 대한 사차방정식 $x^4+ax^3+bx^2+cx+d=0$의 두 근이 $1-i$, $1+\sqrt{2}$일 때, 네 유리수 a, b, c, d의 곱 $abcd$의 값은? (단, $i=\sqrt{-1}$이다.)

① -80 ② -40 ③ 0
④ 40 ⑤ 80

467

사차방정식 $x^4-2x^3-x+2=0$의 두 허근을 α, β라 할 때, $(\alpha-\beta)^2$의 값을 구하시오.

468

사차방정식 $x(x+1)(x+2)(x+3)-15=0$의 한 허근을 w라 할 때, w^2+3w의 값은?

① -5 ② -3 ③ -1
④ 1 ⑤ 3

469

사차방정식 $x^4-16x^2+36=0$의 실근 중 가장 큰 수를 M, 가장 작은 수를 m이라 할 때, $M-m$의 값은?

① $1+\sqrt{7}$　② $2+\sqrt{7}$　③ $1+2\sqrt{7}$
④ $2+2\sqrt{7}$　⑤ $3+2\sqrt{7}$

470 빈출

x에 대한 사차방정식 $x^4-4x^3-x^2+16x-a=0$의 한 근이 -2일 때, -2가 아닌 서로 다른 근의 곱은? (단, a는 상수이다.)

① 6　② 8　③ 10
④ 12　⑤ 14

471

삼차방정식 $x^3+2kx^2+(k^2+2k-1)x+k^2=0$이 한 개의 실근과 두 개의 허근을 갖도록 하는 실수 k의 값의 범위를 구하시오.

472

삼차방정식 $x^3+kx-2=0$이 중근 α와 또 다른 실근 β를 가질 때, $k+\alpha+\beta$의 값은? (단, k는 상수이다.)

① -1　② -2　③ -3
④ -4　⑤ -5

473 빈출

삼차방정식 $x^3-2x^2+4x+3=0$의 세 근을 α, β, γ라 할 때, 다음 물음에 답하시오.

(1) $\alpha^3+\beta^3+\gamma^3$의 값을 구하시오.
(2) $\alpha^2\beta^2+\beta^2\gamma^2+\gamma^2\alpha^2$의 값을 구하시오.

474

두 실수 x, y에 대하여 $x^3=2-\sqrt{5}$, $y^3=2+\sqrt{5}$일 때, $x+y$의 값은?

① 1　② 2　③ 3
④ 4　⑤ 5

475

이차방정식 $x^2+(k^3-4k^2+k+6)x-k=0$이 절댓값은 같고 부호가 서로 반대인 서로 다른 두 실근을 갖도록 하는 모든 실수 k의 값의 합은?

① 3 ② 4 ③ 5
④ 6 ⑤ 7

476

$x^3-3x^2+4x-2=0$의 한 허근을 α라 할 때, $\left(\frac{\alpha+\overline{\alpha}+\alpha\overline{\alpha}i}{2}\right)^8$의 값은? (단, $\overline{\alpha}$는 α의 켤레복소수이고, $i=\sqrt{-1}$이다.)

① 4 ② 8 ③ 16
④ 32 ⑤ 64

유형 02 삼차방정식 $x^3=\pm1$의 허근의 성질

삼차방정식 $x^3=\pm1$의 허근의 성질을 이용하여
(1) 복소수의 거듭제곱을 활용하는 문제
(2) 이차방정식 $x^2\pm x+1=0$에서 이차방정식의 근과 계수의 관계를 활용하는 문제
로 분류하였다.

유형해결 TIP

방정식 $x^3=1$의 한 허근을 ω라 할 때
(1) $\omega^3=1$, $\omega^n=\omega^{n+3}$ (n은 자연수)
(2) $\omega^2+\omega+1=0$, $\omega=\frac{-1\pm\sqrt{3}i}{2}$
가 성립한다.
방정식 $x^3=-1$의 한 허근을 ω라 할 때
(1) $\omega^3=-1$, $\omega^6=1$, $\omega^n=\omega^{n+6}$ (n은 자연수)
(2) $\omega^2-\omega+1=0$, $\omega=\frac{1\pm\sqrt{3}i}{2}$
가 성립한다.

477

삼차방정식 $x^3-1=0$의 한 허근을 ω라 할 때, $\omega^5+\omega^4+\omega^3+\omega^2+\omega$의 값은?

① -2 ② -1 ③ 0
④ 1 ⑤ 2

478

삼차방정식 $x^3-1=0$의 한 허근을 ω라 할 때, 다음 중 $\omega^4+2\omega^3-2\omega^2+2\omega+1$의 값은? (단, $\overline{\omega}$는 ω의 켤레복소수이다.)

① $\frac{5}{\omega}$ ② $-5\overline{\omega}$ ③ 5ω
④ $1+\overline{\omega}$ ⑤ $5\overline{\omega}$

479

삼차방정식 $x^3+1=0$의 한 허근을 ω라 할 때, $\omega^2+\overline{\omega}^4+\omega^6+\overline{\omega}^8+\omega^{10}$의 값은? (단, $\overline{\omega}$는 ω의 켤레복소수이다.)

① -2　② -1　③ 0　④ 1　⑤ 2

480 빈출

삼차방정식 $x^3+1=0$의 한 허근을 ω라 할 때, 〈보기〉에서 옳은 것의 개수는? (단, $\overline{\omega}$는 ω의 켤레복소수이다.)

〈보 기〉

ㄱ. $\omega^9=-1$
ㄴ. $\omega=\omega^2+1$
ㄷ. $\frac{1}{\omega}+\frac{1}{\overline{\omega}}=1$
ㄹ. $\overline{\omega}^2-\overline{\omega}=1$
ㅁ. $(1-\omega)(1-\overline{\omega})=1$
ㅂ. $\frac{1}{1+\omega}+\frac{1}{1+\overline{\omega}}=1$

① 2　② 3　③ 4　④ 5　⑤ 6

유형 03 미지수가 2개인 연립이차방정식

두 식을 연립하여 이차방정식을 풀이하는 문제는

(1) $\begin{cases} (\text{일차식})=0 \\ (\text{이차식})=0 \end{cases}$ 꼴

(2) $\begin{cases} (\text{이차식})=0 \\ (\text{이차식})=0 \end{cases}$ 꼴

(3) $\begin{cases} x+y=a \\ xy=b \end{cases}$ 꼴

로 분류하였다.

481

연립방정식

$$\begin{cases} x+2y=3 \\ x^2+xy+y^2=3 \end{cases}$$

의 해가 $x=\alpha$, $y=\beta$일 때, $\alpha^2+\beta^2$의 최솟값을 구하시오.

482 빈출

연립방정식

$$\begin{cases} x^2-y^2=0 \\ x^2+2y^2-xy-8=0 \end{cases}$$

의 해를 모두 구하시오.

483 빈출

연립이차방정식

$$\begin{cases} x^2-3xy-4y^2=0 \\ x^2+2y^2=18 \end{cases}$$

의 해를 $x=\alpha$, $y=\beta$라 할 때, $\alpha+\beta$의 최댓값은?

① $\sqrt{6}$ ② 3 ③ $2\sqrt{6}$
④ 5 ⑤ $4\sqrt{6}$

484

연립방정식

$$\begin{cases} x+y=2 \\ x^2+y^2=a \end{cases}$$

가 실근을 갖도록 하는 양의 실수 a의 최솟값을 구하시오.

485

연립방정식

$$\begin{cases} x+y=2k+8 \\ xy=k^2 \end{cases}$$

이 실근을 갖지 않도록 하는 정수 k의 최댓값을 구하시오.

유형 04 방정식의 활용

방정식의 활용은
(1) 도형의 특징, 둘레의 길이, 넓이, 부피를 이용하여 방정식을 세우고 근을 구하는 문제
(2) 실생활의 상황에 대하여 방정식을 세우고 근을 구하는 문제
로 분류하였다.

486

어느 고등학교 동아리의 1, 2, 3학년 학생 수가 다음 조건을 만족시킬 때, 이 동아리의 1학년 학생 수를 구하시오.

(가) 1, 2, 3학년 학생 수의 곱이 210이다.
(나) 2학년 학생 수는 1학년 학생 수보다 한 명 적고, 3학년 학생 수 보다 1명 많다.

487

그림과 같이 둘레의 길이가 30이고, $\angle A=\angle C=90^\circ$인 사각형 ABCD가 있다. $\overline{AD}=7$, $\overline{BC}=3$일 때, 사각형 ABCD의 넓이를 구하시오.

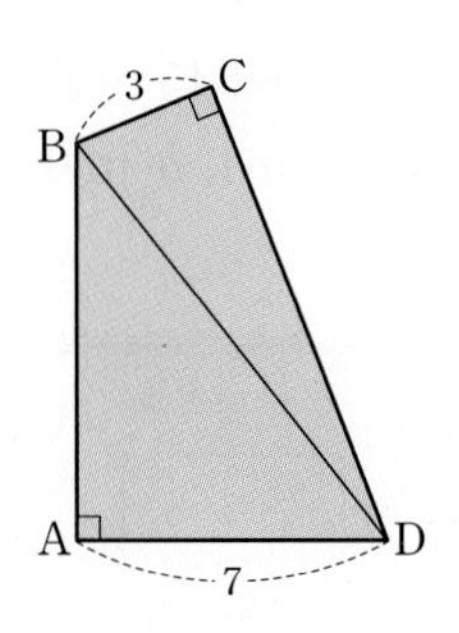

488

정육면체 A와 밑면의 가로와 세로의 길이가 각각 정육면체 A의 한 모서리의 길이보다 2만큼씩 더 길고, 높이는 1만큼 더 짧은 직육면체 B가 있다. 직육면체 B의 부피가 정육면체 A의 부피의 2배일 때, 정육면체 A의 한 모서리의 길이를 구하시오.

489

가로, 세로의 길이가 각각 10, 6인 직사각형 모양의 철판 네 귀퉁이를 한 변의 길이가 x $(0<x<3)$인 정사각형으로 잘라내어 부피가 24인 직육면체 모양의 뚜껑이 없는 상자를 만들려고 한다. 가능한 모든 x의 값의 합은?

① 2　② 6　③ $5-\sqrt{6}$
④ $5+\sqrt{6}$　⑤ 8

490

그림과 같이 대각선의 길이가 $\frac{5}{2}$ m인 직사각형 모양의 꽃밭에 1 m 간격을 두고 울타리가 설치되어 있다. 꽃밭을 둘러싸고 있는 직사각형 모양의 울타리의 길이가 15 m일 때, 꽃밭의 가로의 길이와 세로의 길이를 각각 a(m), b(m)라 하자. $a+2b$의 값을 구하시오. (단, $0<b<a$)

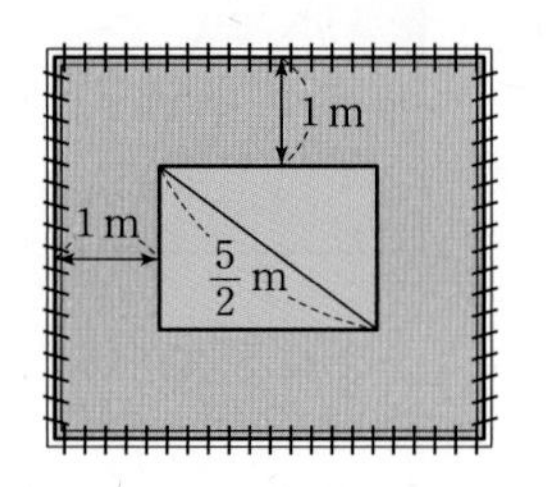

유형 05 부정방정식

문제에서 (식의 개수)<(미지수의 개수)인 경우
(1) 정수 또는 자연수 조건을 주는 문제
(2) 실수 조건을 주는 문제
로 분류하였다.

유형 해결 TIP
주어진 다항식을 인수분해하여 정수 또는 자연수의 곱으로 나타내어 풀이하거나 실수를 제곱하면 항상 0보다 크거나 같다는 것을 이용하여 풀이할 수 있는 경우가 많다.

491

1보다 큰 세 자연수 a, x, y에 대하여

$$(ax-y-2)(x-y+3)=1$$

이 성립할 때, $a+x+y$의 최솟값을 구하시오.

정답과 풀이 p.97

유형 01 삼차 · 사차방정식의 풀이

492

x에 대한 삼차방정식

$$x^3-4x^2+(m-14)x+2m-4=0$$

이 서로 다른 세 실근을 갖고 1보다 작거나 같은 근은 오직 1개이다. 모든 정수 m의 값의 합은?

① 21 ② 24 ③ 27 ④ 30 ⑤ 33

493 빈출 서술형

삼차방정식 $x^3-kx^2+k-1=0$이 중근을 가지도록 하는 모든 실수 k의 값의 합을 구하고 그 과정을 서술하시오.

494

사차방정식 $(x^2-4x)^2+(x^2-4x)-20=0$의 모든 실근의 합을 A, 모든 허근의 곱을 B라 할 때, $A+B$의 값은?

① -9 ② -8 ③ 0 ④ 8 ⑤ 9

495

x에 대한 사차방정식 $x^4-6x^2+a-5=0$의 근이 모두 실수가 되도록 하는 정수 a의 개수는?

① 7 ② 8 ③ 9 ④ 10 ⑤ 11

496

사차방정식 $x^4+(2-2a)x^2+10-5a=0$이 서로 다른 두 실근과 서로 다른 두 허근을 가지도록 하는 실수 a의 값의 범위가 $a>p$이다. 실수 p의 값은?

① -1 ② 0 ③ 1 ④ 2 ⑤ 3

497 교육청 기출

세 실수 a, b, c에 대하여 삼차다항식

$$P(x)=x^3+ax^2+bx+c$$

가 다음 조건을 만족시킨다.

> (가) x에 대한 삼차방정식 $P(x)=0$은 한 실근과 서로 다른 두 허근을 갖고, 서로 다른 두 허근의 곱은 5이다.
> (나) x에 대한 삼차방정식 $P(3x-1)=0$은 한 근 0과 서로 다른 두 허근을 갖고, 서로 다른 두 허근의 합은 2이다.

$a+b+c$의 값은?

① 3 ② 4 ③ 5 ④ 6 ⑤ 7

498

x에 대한 삼차방정식

$$2x^3-(2k+1)x^2+(5k+2)x-2k-1=0$$

이 k의 값에 관계없이 항상 성립하도록 하는 근을 구하시오.

499

방정식 $x^4+4x^3-7x^2+4x+1=0$을 만족시키는 x에 대하여 $x+\frac{1}{x}=k$라 할 때, 모든 k의 값의 곱은?

① -9 ② -7 ③ -5
④ -3 ⑤ -1

500

사차방정식 $x^4-7x^2+1=0$의 한 근을 α라 할 때, 〈보기〉에서 옳은 것만을 있는 대로 고른 것은?

〈보 기〉

ㄱ. $\alpha^2+3\alpha=-1$ 또는 $\alpha^2-3\alpha=-1$이다.
ㄴ. $\alpha+\frac{1}{\alpha}=3$을 만족시키는 α가 존재한다.
ㄷ. α는 항상 실수이다.

① ㄱ ② ㄴ ③ ㄱ, ㄴ
④ ㄴ, ㄷ ⑤ ㄱ, ㄴ, ㄷ

501 빈출

최고차항의 계수가 1인 삼차식 $f(x)$가 $f(-2)=f(1)=f(3)$을 만족시킨다. 방정식 $f(x)=0$의 한 근이 $x=2$일 때, 나머지 두 근을 각각 α, β라 하자. $\alpha^2+\beta^2$의 값을 구하시오.

502 빈출

| 선행 466 |

x에 대한 삼차방정식 $x^3+ax^2+bx+20=0$의 한 근이 $2+i$일 때, 실수 a, b에 대하여 $a-b$의 값을 구하시오. (단, $i=\sqrt{-1}$이다.)

503

삼차방정식 $x^3+ax^2+bx+c=0$이 다음 조건을 만족시킨다.

(가) 한 근이 $-1+\sqrt{2}i$이다.
(나) 이차방정식 $x^2+ax-8=0$과 공통인 근을 오직 하나 갖는다.

c의 값은? (단, a, b, c는 실수이고, $i=\sqrt{-1}$이다.)

① -12 ② -6 ③ 6
④ 12 ⑤ 18

504

| 선행 473 |

삼차방정식 $x^3-4x+2=0$의 세 근을 α, β, γ라 하자. 두 실수 A, B가

$$A=(3-\alpha)(3-\beta)(3-\gamma),\ B=\alpha^3+\beta^3+\gamma^3$$

일 때, A, B의 값을 각각 구하시오.

505

$f(x)=x^4+2x^3+ax^2+bx+5$일 때, $f(1-\sqrt{2}i)=-1$이 성립하도록 하는 두 실수 a, b에 대하여 $a+b$의 값은?

(단, $i=\sqrt{-1}$이다.)

① 5 ② 6 ③ 7
④ 8 ⑤ 9

506

삼차방정식 $x^3+ax^2+bx+c=0$의 세 근을 α, β, γ라 하자. $\frac{1}{\alpha\beta}$, $\frac{1}{\beta\gamma}$, $\frac{1}{\gamma\alpha}$을 세 근으로 하는 삼차방정식을 $x^3-x^2+3x-1=0$이라 할 때, $a^2+b^2+c^2$의 값을 구하시오.

(단, a, b, c는 상수이고, $c\neq0$이다.)

507

삼차방정식 $3x^3+5x^2+(a+2)x+a=0$이 한 개의 양수인 근과 서로 다른 두 개의 음수인 근을 갖도록 하는 정수 a의 최댓값은?

① -3 ② -2 ③ -1
④ 0 ⑤ 1

508

삼차방정식 $ax^3+3x^2-3x-a=0$이 1 이외의 실근을 오직 하나만 갖도록 하는 실수 a의 값은?

① 1 ② 2 ③ 3
④ 4 ⑤ 5

509 빈출

방정식 $x^3-8=0$의 한 허근을 w라 할 때, 〈보기〉에서 옳은 것의 개수는? (단, $\overline{w}$는 w의 켤레복소수이다.)

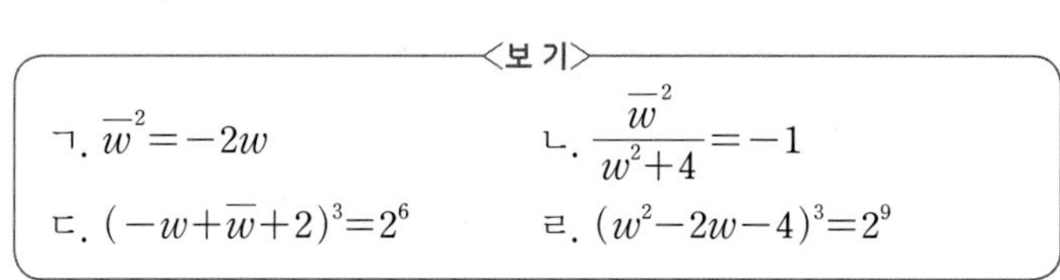
<보 기>
ㄱ. $\overline{w}^2=-2w$
ㄴ. $\frac{\overline{w}^2}{w^2+4}=-1$
ㄷ. $(-w+\overline{w}+2)^3=2^6$
ㄹ. $(w^2-2w-4)^3=2^9$

① 0 ② 1 ③ 2
④ 3 ⑤ 4

유형 02 삼차방정식 $x^3=\pm1$의 허근의 성질

510

사차방정식 $x^4-2x^3-x+2=0$의 한 허근을 ω라 할 때, $1+\omega+\omega^2+\omega^3+\cdots+\omega^{100}$을 간단히 나타낸 것은?

① -1 ② 0 ③ 1
④ ω ⑤ $1+\omega$

511

삼차방정식 $x^3=1$의 한 허근을 ω라 할 때, $\left(\dfrac{\omega^3+2\omega^2+\omega+1}{\omega^4+\omega^3-\omega}\right)^n$이 음의 실수가 되도록 하는 100 이하의 자연수 n의 개수를 구하시오.

512

삼차방정식 $x^3=1$의 한 허근을 ω라 하자. 자연수 n에 대하여

$$f(n)=\frac{\omega^n}{1+\omega^n}$$

이라 할 때, $f(1)+f(2)+f(3)+\cdots+f(300)$의 값은?

① 120 ② 130 ③ 140
④ 150 ⑤ 160

유형 03 미지수가 2개인 연립이차방정식

513

연립방정식

$$\begin{cases} x^2-xy=5 \\ xy-y^2=2 \end{cases}$$

의 해가 $x=\alpha$, $y=\beta$일 때, $\alpha\beta$의 값은?

① $\dfrac{4}{3}$ ② 2 ③ $\dfrac{8}{3}$
④ $\dfrac{10}{3}$ ⑤ 4

514

연립방정식

$$\begin{cases} x+y+xy=-2 \\ x^2y+y^2x=-24 \end{cases}$$

를 만족시키는 실수 x, y에 대하여 모든 xy의 값의 합은?

① -8 ② -5 ③ -2
④ 1 ⑤ 4

515

x, y에 대한 연립방정식

$$\begin{cases} (x+2)(y+2)=a \\ (x-4)(y-4)=a \end{cases}$$

의 해가 오직 한 쌍만 존재하도록 하는 실수 a의 값을 구하시오.

516

연립방정식

$$\begin{cases}(x-y)^2=x-y+2\\x^2=y^2+5\end{cases}$$

를 만족시키는 두 양수 x, y에 대하여 $80xy$의 값을 구하시오.

517

두 연립이차방정식 $\begin{cases}x+y=3\\x^2+py^2=15\end{cases}$, $\begin{cases}qx-y=5\\x^2+y^2=17\end{cases}$이 공통인 근 $x=\alpha$, $y=\beta$를 가질 때, 실수 p, q에 대하여 $\alpha+\beta+p+q$의 값은? (단, $\alpha>\beta$)

① 1　② 2　③ 3　④ 4　⑤ 5

518

| 선행 485 |

x, y에 대한 연립방정식 $\begin{cases}x^2+y^2+2(x+y)=k\\x^2+xy+y^2=5\end{cases}$의 해 $x=\alpha$, $y=\beta$에 대하여 $\alpha+\beta$의 값이 항상 양수가 되도록 하는 실수 k의 값의 범위를 구하시오.

유형 04 방정식의 활용

519

어떤 세 자리 자연수 N의 백의 자리의 수를 a, 십의 자리의 수를 b, 일의 자리의 수를 c라 하자. $a+b+c=12$, $2b=a+c$이고, $100c+10b+a=N+594$일 때, N의 값을 구하시오.

520

어느 화장품 회사에서 식물에 포함되어 있는 성분 A를 추출하기 위해서 세 종류의 식물 X, Y, Z를 각각 x g, y g, z g으로 총 1 kg을 준비했고 다음 조건을 만족시킨다.

(가) 성분 A는 세 종류의 식물 X, Y, Z에서 각각 식물 무게의 1 %, 2 %, 3 %만큼 추출할 수 있다.
(나) 세 종류의 식물에서 성분 A를 모두 추출하면 17 g을 얻을 수 있다.
(다) 식물 X, Y의 무게의 합은 식물 Z의 무게의 4배이다.

x, y, z의 값을 각각 구하시오.

521

갑은 A 지점에서 B 지점까지, 을은 B 지점에서 A 지점까지 동시에 출발하여 일정한 속력으로 걸어간다. 둘이 만났을 때 갑은 을보다 8 km를 더 걸었다. 또 갑과 을이 만나고 난 후 갑은 1시간 후에 B 지점에, 을은 4시간 후에 A 지점에 도착하였다. 갑의 속력을 x km/시, A 지점에서 B 지점까지의 거리를 S km라 할 때, $x+S$의 값은?

① 30 ② 32 ③ 34
④ 36 ⑤ 38

522

어느 제약회사에서 출시한 캡슐형 알약은 원기둥 양 끝에 반구를 각각 붙인 모양이다. 이 알약의 전체 부피는 117π mm^3이고, 원기둥 부분의 높이는 반구 부분의 반지름의 길이보다 6 mm 더 길다고 한다. 이 알약의 겉넓이는? (단, 반구의 반지름의 길이와 원기둥의 밑면의 반지름의 길이는 같고, 캡슐의 두께는 무시한다.)

① 56π mm^2 ② 63π mm^2 ③ 72π mm^2
④ 81π mm^2 ⑤ 90π mm^2

유형 05 부정방정식

523

x에 대한 이차방정식 $x^2+(m-1)x+2m+3=0$의 두 근이 정수가 되도록 하는 모든 실수 m의 값의 합은?

① 12 ② 14 ③ 16
④ 18 ⑤ 20

524

정수 k에 대하여 삼차방정식 $2x^3-kx^2+49=0$이 1보다 큰 자연수 α를 근으로 갖는다. 나머지 두 근을 β, γ라 할 때, $4(\beta^2+\gamma^2)-k$의 값은?

① 8 ② 10 ③ 12
④ 14 ⑤ 16

525

두 정수 x, y에 대하여 $x^2+y^2-2x+4y-8=0$이 성립할 때, xy의 최댓값을 구하시오.

526

x에 대한 삼차방정식

$$ax^3-2bx^2+4(a+b)x-16a=0$$

이 서로 다른 세 정수를 근으로 가질 때, $|a|\le 30$, $|b|\le 30$을 만족시키는 정수 a, b의 순서쌍 (a, b)의 개수를 구하시오.

스키마 schema로 풀이 흐름 알아보기

유형 01 삼차·사차방정식의 풀이 496

사차방정식 $x^4+(2-2a)x^2+10-5a=0$이 서로 다른 두 실근과 서로 다른 두 허근을 가지도록 하는 실수 a의 값의 범위가 $a>p$이다. 실수 p의 값은?

조건① 조건② 답

① -1 ② 0 ③ 1 ④ 2 ⑤ 3

▶ 주어진 조건은 무엇인지? 구하는 답은 무엇인지? 이 둘을 어떻게 연결할지?

1 단계

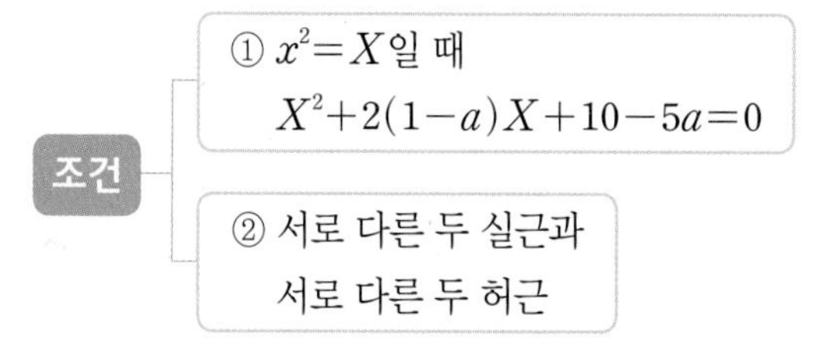

방정식의 실근 또는 허근을 판별하기 위해서는 이차방정식의 판별식을 사용해야 한다.
주어진 사차방정식이 사차항과 이차항, 상수항만으로 이루어져 있으므로 $x^2=X$로 치환하면 X에 대한 이차방정식으로 변형된다.

2 단계

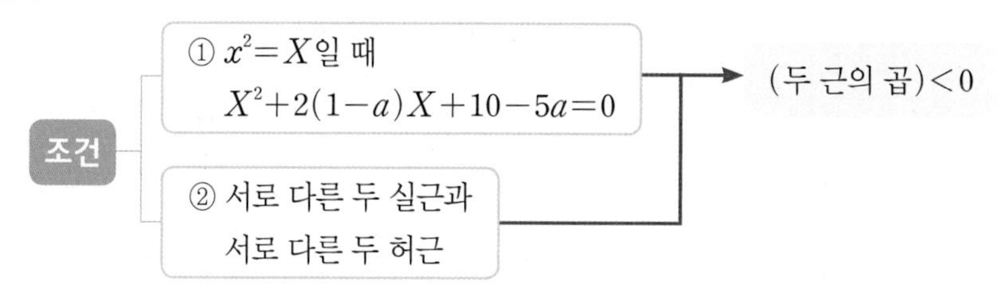

$X=x^2$에서 $X\geq 0$이므로 주어진 사차방정식이 서로 다른 두 실근과 서로 다른 두 허근을 갖도록 하려면 X에 대한 이차방정식은 양의 실근과 음의 실근을 각각 하나씩 가져야 한다. 따라서 이차방정식의 근과 계수의 관계에 의하여 두 근의 곱이 음수가 되면 된다.

3 단계

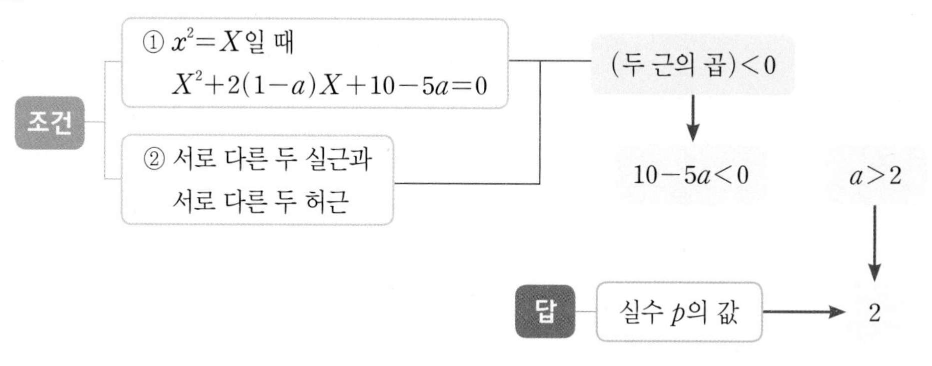

실수 a의 값의 범위는 $10-5a<0$에서 $a>2$이므로 구하는 p의 값은 $p=2$

527 빈출

사차방정식 $x^4-kx^3-(k+1)x^2+k^2x+k^2=0$이 서로 다른 네 실근을 갖도록 하는 10 이하의 정수 k의 개수를 구하시오.

528

| 선행 493 |

x에 대한 삼차방정식 $x^3-2x^2+x=k^3-2k^2+k$가 중근을 갖도록 하는 모든 실수 k의 값의 합은?

① $\frac{2}{3}$ ② $\frac{7}{6}$ ③ $\frac{5}{3}$
④ $\frac{13}{6}$ ⑤ $\frac{8}{3}$

529

| 선행 502 |

x에 대한 삼차방정식 $x^3+ax^2+bx-2=0$이 한 실근과 두 허근 α, $\frac{\alpha^2}{2}$을 갖는다. 두 실수 a, b에 대하여 $2a+b$의 값을 구하시오.

530

| 선행 512 |

삼차방정식 $x^3-1=0$의 한 허근을 ω라 하자. 자연수 n에 대하여

$$f(n)=\frac{1}{\omega}+\frac{1}{\omega^2}+\frac{1}{\omega^3}+\cdots+\frac{1}{\omega^n}$$

이라 할 때, 〈보기〉에서 옳은 것만을 있는 대로 고른 것은?

〈보 기〉

ㄱ. $f(3)=0$
ㄴ. 자연수 k에 대하여 $f(3k-2)=1$이다.
ㄷ. $\{f(n)\}^2+f(n)=0$을 만족시키는 모든 두 자리 자연수 n의 개수는 30이다.

① ㄱ ② ㄴ ③ ㄱ, ㄴ
④ ㄱ, ㄷ ⑤ ㄱ, ㄴ, ㄷ

531

연립방정식 $\begin{cases} x+y=2 \\ [x]^2+[x]-6=0 \end{cases}$을 만족시키는 실수 x, y에 대하여 $x^2+2x+2y^2$의 최댓값을 M, 최솟값을 m이라 할 때, $M+m$의 값은? (단, $[x]$는 x보다 크지 않은 최대의 정수이다.)

① 45 ② 49 ③ 53
④ 57 ⑤ 61

532

연립방정식

$$\begin{cases} 2x^2+3xy+y^2-3x-y-2=0 \\ 2x^2-5xy+2y^2+x+y-1=0 \end{cases}$$

의 해를 모두 구하시오.

533

이차함수 $y=f(x)$의 그래프가 직선 $y=2x+1$과 접할 때, 방정식

$$\{f(x)-2x\}^3-2\{f(x)-2x\}^2-5\{f(x)-2x\}+6=0$$

의 서로 다른 실근의 개수를 구하시오.

534

교육청 변형 | 선행 495, 496 |

x에 대한 사차방정식

$$x^4+2(1-a)x^2+a^2-2a-8=0$$

에 대하여 〈보기〉에서 옳은 것만을 있는 대로 고른 것은? (단, a는 실수이다.)

〈보 기〉

ㄱ. 실근과 허근을 모두 가질 때, 모든 실근의 곱이 -4이면 모든 허근의 곱은 2이다.
ㄴ. 서로 다른 실근의 개수가 3이 되도록 하는 실수 a의 개수는 1이다.
ㄷ. 정수인 근을 갖도록 하는 10 이하의 모든 자연수 a의 값의 합은 26이다.

① ㄱ ② ㄱ, ㄴ ③ ㄱ, ㄷ
④ ㄴ, ㄷ ⑤ ㄱ, ㄴ, ㄷ

535

교육청 기출

그림과 같이 $\overline{AD}=4$인 등변사다리꼴 ABCD에 대하여 선분 AB를 지름으로 하는 원과 선분 CD를 지름으로 하는 원이 오직 한 점에서 만난다. 사각형 ABCD의 넓이와 둘레의 길이를 각각 S, l이라 하면 $S^2+8l=6720$이다. $\overline{BD}^2$의 값을 구하시오.

(단, $\overline{AD}<\overline{CD}$, $\overline{AB}=\overline{CD}$이다.)

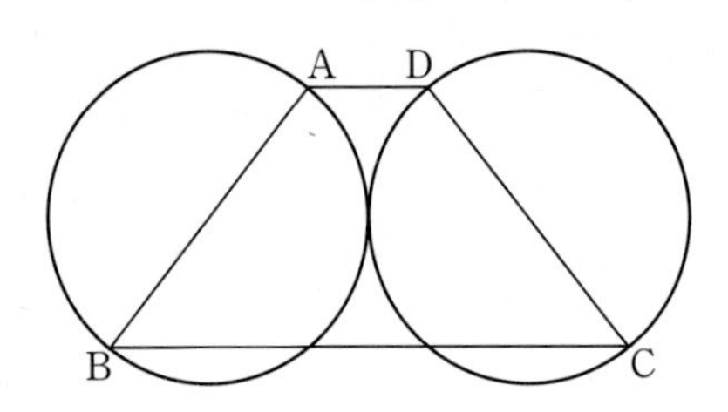

536

서로 다른 세 정수 p, q, r $(p<q<r)$에 대하여 방정식

$$(x-p)(x-q)(x-r)=14$$

의 한 근을 α라 할 때, 다음 중 정수 α의 값이 될 수 없는 것은?

① $\frac{p+q+r-6}{3}$ ② $\frac{p+q+r+4}{3}$

③ $\frac{p+q+r+10}{3}$ ④ $\frac{p+q+r-4}{3}$

⑤ $\frac{p+q+r-8}{3}$

537

방정식 $x^7=1$을 만족시키는 x에 대하여

$\frac{x}{1+x^2}+\frac{x^2}{1+x^4}+\frac{x^3}{1+x^6}$의 값의 합을 구하시오.

538

삼차방정식 $x^3-x^2+3x-1=0$의 세 근을 α, β, γ라 할 때, 삼차식 $f(x)=(x+2)^3+p(x+2)^2+q(x+2)+r$이

$f\left(\frac{2\beta+2\gamma}{\alpha}\right)=f\left(\frac{2\alpha+2\gamma}{\beta}\right)=f\left(\frac{2\alpha+2\beta}{\gamma}\right)=0$을 만족시킨다.

$\frac{pq}{r}$의 값을 구하시오. (단, p, q, r은 상수이다.)

04 여러 가지 부등식

이전 학습 내용

• **일차부등식** 중2

부등식에서 우변의 모든 항을 좌변으로 이항하여 정리할 때,

(일차식)<0, (일차식)>0,

(일차식)≤0, (일차식)≥0

중 어느 하나의 꼴이 되는 부등식을 일차부등식이라고 한다.

• **미지수가 2개인 연립일차방정식** 중2

$A=B=C$ 꼴인 경우

$\begin{cases}A=B\\B=C\end{cases}$ 또는 $\begin{cases}A=B\\A=C\end{cases}$ 또는 $\begin{cases}A=C\\B=C\end{cases}$

꼴로 변형하여 푼다.

• **절댓값 $|x|$의 의미** 중1

x의 절댓값 $|x|$는 수직선 위의 원점과 x를 나타내는 점 사이의 거리를 의미한다.

$$|x|=\begin{cases}x & (x\ge0)\\-x & (x<0)\end{cases}$$

• **이차함수의 그래프와 x축의 위치 관계**

02 이차방정식과 이차함수

이차함수 $y=ax^2+bx+c\ (a>0)$의 그래프와 x축의 위치 관계는 다음과 같이 이차방정식 $ax^2+bx+c=0$의 판별식 $D=b^2-4ac$의 부호에 따라 결정된다.

$D>0$	$D=0$	$D<0$
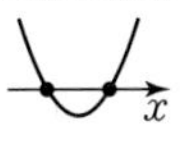	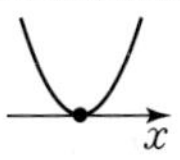	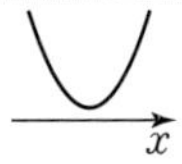

현재 학습 내용

• **연립일차부등식**

1. 미지수가 1개인 연립일차부등식 유형 02 미지수가 1개인 연립일차부등식

두 개 이상의 부등식을 한 쌍으로 묶어서 나타낸 것을 연립부등식이라 하며, 일차부등식으로 이루어진 연립부등식을 연립일차부등식이라 한다.

(1) $\begin{cases}(\text{일차식})<0\\(\text{일차식})<0\end{cases}$ 꼴인 경우

각 일차부등식을 만족시키는 공통부분을 구한다.

(2) $A<B<C$ 꼴인 경우

$\begin{cases}A<B\\B<C\end{cases}$ 꼴로 변형하여 (1)과 같이 푼다.

2. 절댓값을 포함한 일차부등식 유형 01 부등식의 성질과 절댓값을 포함한 일차부등식

$a>0$일 때,

(1) $|x|<a$이면 $-a<x<a$

(2) $|x|>a$이면 $x<-a$ 또는 $x>a$

• **이차부등식과 연립이차부등식**

1. 이차부등식과 이차함수의 관계 유형 03 이차부등식의 풀이

이차함수 $y=ax^2+bx+c$의 그래프가 x축과 만나는 점의 x좌표를 α, $\beta(\alpha\le\beta)$라 하고, 이차방정식 $ax^2+bx+c=0$의 판별식을 D라 하면 이차부등식의 해는 다음과 같다. (단, $a>0$)

	$D>0$	$D=0$	$D<0$
함수 $y=ax^2+bx+c$의 그래프	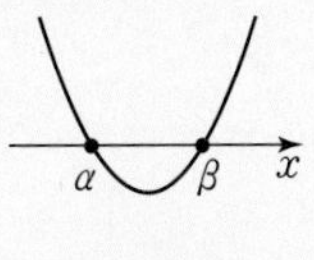	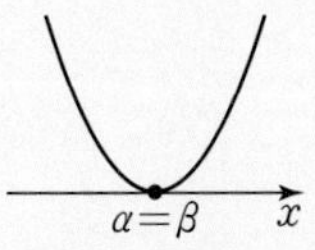	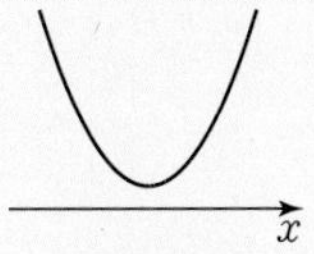
$ax^2+bx+c>0$의 해	$x<\alpha$ 또는 $x>\beta$	$x\ne\alpha$인 모든 실수	모든 실수
$ax^2+bx+c\ge0$의 해	$x\le\alpha$ 또는 $x\ge\beta$	모든 실수	모든 실수
$ax^2+bx+c<0$의 해	$\alpha<x<\beta$	없다.	없다.
$ax^2+bx+c\le0$의 해	$\alpha\le x\le\beta$	$x=\alpha$	없다.

2. 연립이차부등식 유형 04 연립이차부등식의 풀이

연립부등식에서 차수가 가장 높은 부등식이 이차부등식일 때, 이것을 연립이차부등식이라 한다.

유형 05 부등식의 활용

유형 01 부등식의 성질과 절댓값을 포함한 일차부등식

부등식의 성질을 활용하거나 절댓값 기호를 포함한 일차부등식을 풀이하는 문제를 분류하였다.

유형해결 TIP

부등식의 성질은 다음과 같다.

(1) $a>b$, $b>c$이면 $a>c$

(2) $a>b$에서 양변에 각각 같은 실수를 더하거나 빼주어도 부등식이 성립한다. ➡ $a\pm c>b\pm c$ (복부호동순, c는 실수)

(3) $a>b$에서
양변에 각각 같은 양수를 곱하거나 나누어도 부등호의 방향이 바뀌지 않는다. ➡ $ac>bc$, $\frac{a}{c}>\frac{b}{c}$ $(c>0)$
양변에 각각 같은 음수를 곱하거나 나누면 부등호의 방향이 바뀐다. ➡ $ac<bc$, $\frac{a}{c}<\frac{b}{c}$ $(c<0)$

절댓값을 포함한 일차부등식은 절댓값 기호 안의 식이 0이 될 때를 기준으로 범위를 나누어 부등식을 풀이하도록 한다.

539 빈출

부등식 $|3x-1|<5$를 만족시키는 정수 x의 개수를 구하시오.

540

두 상수 a, b $(a<b)$에 대하여 부등식 $|x-a|\le|x-b|$의 해를 구하시오.

541

부등식 $|ax-b|\le3$의 해가 $-1\le x\le2$일 때, 두 양의 실수 a, b에 대하여 $a-b$의 값은?

① -2 ② -1 ③ 0
④ 1 ⑤ 2

542 빈출

부등식 $|x+1|+|x-2|<9$를 만족시키는 정수 x의 개수는?

① 5 ② 6 ③ 7
④ 8 ⑤ 9

543

임의의 세 실수 a, b, c에 대하여 〈보기〉에서 옳은 것만을 있는 대로 고른 것은?

〈보 기〉
ㄱ. $a<b$이면 $a+c<b+c$이다.
ㄴ. $ab\ne0$이고, $a<b$이면 $\frac{1}{a}>\frac{1}{b}$이다.
ㄷ. $a^2<b^2$이면 $a<b$이다.

① ㄱ ② ㄴ ③ ㄱ, ㄴ
④ ㄱ, ㄷ ⑤ ㄱ, ㄴ, ㄷ

유형 02 미지수가 1개인 연립일차부등식

두 일차부등식의 해를 각각 구하고 공통부분을 찾아 풀이하는 문제를 분류하였다.

유형해결 TIP

수직선을 이용하여 공통부분을 찾으면 편리하다.

예) 연립부등식 $\begin{cases} -1 \le x \le 5 \\ -3 < x < 4 \end{cases}$에서 각각의 일차부등식의 해를 수직선에 나타내면 다음과 같다.

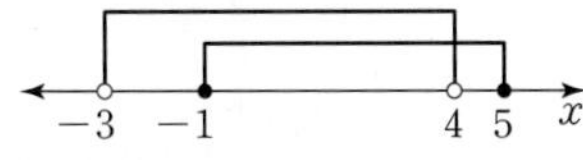

따라서 연립일차부등식의 해는 $-1 \le x < 4$이다.

또한 고난도 문항에서 절댓값 또는 새롭게 정의된 기호가 포함된 부등식과 통합되어 출제될 수 있으니 충분히 훈련하도록 한다.

544

연립부등식 $\begin{cases} -4 \le x \le 6 \\ -11 < 2x-1 < 9 \end{cases}$를 만족시키는 정수 x의 개수를 구하시오.

545

연립부등식 $-15 < 2x-3 < x+8$의 해가 $p < x < q$이다. $p+q$의 값을 구하시오.

유형 03 이차부등식의 풀이

이차부등식의 풀이는

(1) 이차함수의 그래프와 x축 또는 직선의 위치 관계로 이차부등식을 풀이하는 문제

(2) 이차부등식의 해를 통해 이차함수의 그래프와 x축 또는 직선의 위치 관계를 활용하는 문제

로 분류하였다.

546

다음 중 이차부등식의 해를 잘못 구한 것은?

① $x^2+4x+5>0$의 해: 모든 실수

② $x^2+2x-8 \le 0$의 해: $-4 \le x \le 2$

③ $x^2+6x+10 \le 0$의 해: 해는 없다.

④ $-x^2+4x-4<0$의 해: $x=2$

⑤ $3x^2-x-2>0$의 해: $x<-\frac{2}{3}$ 또는 $x>1$

547

이차부등식 $6x^2-ax+b<0$의 해가 $-\frac{1}{2}<x<\frac{7}{3}$일 때, 실수 a, b에 대하여 $a+b$의 값은?

① 2 ② 3 ③ 4 ④ 5 ⑤ 6

548 빈출

이차부등식 $x^2+(a+1)x+a\geq 0$이 모든 실수 x에 대하여 성립할 때, 실수 a의 값은?

① $\frac{1}{2}$ ② 1 ③ $\frac{3}{2}$
④ 2 ⑤ $\frac{5}{2}$

549 빈출

이차부등식 $f(x)>0$의 해가 $-3<x<1$일 때, 부등식 $f(2x-1)\geq f(2)$를 만족시키는 정수 x의 개수는?

① 1 ② 2 ③ 3
④ 4 ⑤ 5

550

이차항의 계수가 음수인 이차함수 $y=f(x)$의 그래프가 직선 $y=2x+1$과 서로 다른 두 점에서 만난다. 이 두 점의 y좌표가 각각 -1, 11일 때, 이차부등식 $f(x)-2x-1\geq 0$의 해를 구하시오.

551

이차함수 $y=f(x)$의 그래프가 그림과 같다. 부등식 $f(x)+7\geq 0$의 해는?

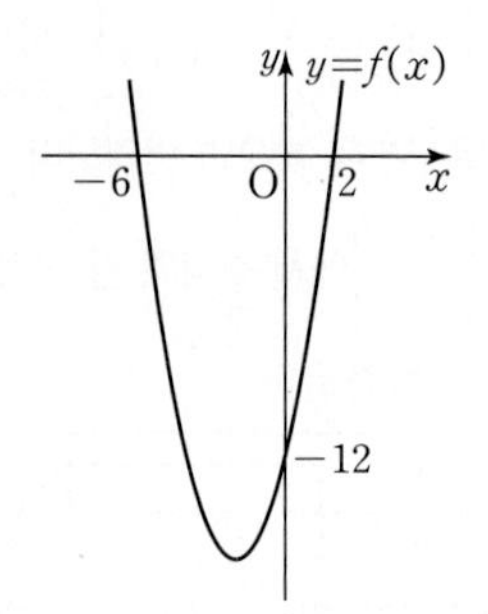

① $x\leq -5$ 또는 $x\geq 1$
② $-5\leq x\leq 1$
③ $x\leq -4$ 또는 $x\geq \frac{3}{2}$
④ $-4\leq x\leq 1$
⑤ $x\leq -3$ 또는 $x\geq \frac{3}{2}$

552 빈출

$0<x<2$인 모든 실수 x에 대하여 이차부등식 $-2x^2+4kx-k+3>0$이 성립하도록 하는 실수 k의 값의 범위를 구하시오.

유형 04 연립이차부등식의 풀이

일차부등식 또는 이차부등식의 해를 각각 구하고 공통부분을 찾아 풀이하는 문제를 분류하였다.

유형해결 TIP

수직선을 이용하여 공통부분을 찾으면 편리하다.

예) 연립부등식 $\begin{cases} x(x+3)\geq 0 \\ (x+2)(x-4)<0 \end{cases}$에서 각각의 이차부등식의 해를 수직선에 나타내면 다음 그림과 같다.

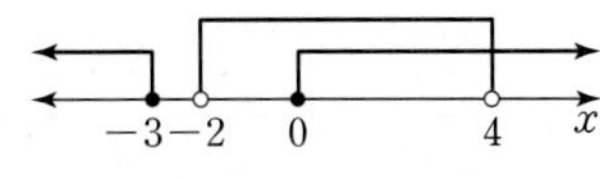

따라서 연립이차부등식의 해는 $0\leq x<4$이다.

553

다음 연립부등식의 해를 구하시오.

(1) $\begin{cases} 2x-3>1 \\ x^2-6x+5\leq 0 \end{cases}$

(2) $\begin{cases} x^2+3<4x \\ 2x^2-5x+2\geq 0 \end{cases}$

554

연립부등식 $x+2<x^2\leq 3x+10$을 만족시키는 정수 x의 개수를 구하시오.

555

연립부등식

$$\begin{cases} |x-1|\leq 4 \\ x^2-2x-3<0 \end{cases}$$

을 만족시키는 정수 x의 개수는?

① 1 ② 2 ③ 3 ④ 4 ⑤ 5

556

x에 대한 연립부등식 $x^2+6\leq 2x^2+x<x^2-2x+4$의 해는?

① $x\leq -3$ 또는 $x\geq 1$
② $-4\leq x\leq 1$
③ $x<1$ 또는 $x\geq 2$
④ $2\leq x<4$
⑤ $-4<x\leq -3$

557

연립부등식

$$\begin{cases} x^2-x-12\leq 0 \\ x^2+(1-k)x-k<0 \end{cases}$$

의 해가 $-3\leq x<-1$이 되도록 하는 실수 k의 값의 범위는?

① $k\geq -3$ ② $k\leq -3$ ③ $k<-3$ ④ $k<3$ ⑤ $k>3$

유형 05 부등식의 활용

부등식을 이용하여

(1) 이차방정식의 근의 조건을 만족시키는 값의 범위를 구하는 문제

(2) 실생활에서 상황에 대한 부등식을 세우고 해를 구하는 문제

로 분류하였다.

558 빈출

이차방정식 $x^2+(a-2)x+4=0$의 두 근이 모두 양수가 되도록 하는 실수 a의 값의 범위는?

① $a\leq -2$
② $-2\leq a\leq 6$
③ $a\geq 6$
④ $a>2$
⑤ $2<a\leq 6$

559

이차방정식 $x^2-4kx-4k-1=0$의 두 근이 모두 음수일 때, 실수 k의 값의 범위를 구하시오.

560

x에 대한 이차방정식

$$x^2-(k^2-4k+3)x-k+2=0$$

이 양의 실근과 음의 실근을 각각 하나씩 갖는다. 양의 실근의 절댓값보다 음의 실근의 절댓값이 더 클 때, 실수 k의 값의 범위는?

① $k>3$ ② $k>2$ ③ $1<k<2$
④ $2<k<3$ ⑤ $k<1$ 또는 $k>3$

561

지상으로부터의 높이가 50인 건물 위에서 어떤 물체를 위쪽으로 던지고 t $(t>0)$초 후의 이 물체가 지면에 닿기 전 지면으로부터의 높이가 $-5t^2+15t+50$이다. 이 물체가 지면에 닿기 전 지면으로부터의 높이가 건물의 높이보다 낮은 시간은 몇 초 동안인가? (단, 높이의 단위는 m이다.)

① $\frac{3}{2}$ ② 2 ③ $\frac{5}{2}$
④ 3 ⑤ $\frac{7}{2}$

정답과 풀이 p.112

유형 01 부등식의 성질과 절댓값을 포함한 일차부등식

562 빈출

부등식 $|2-3x|+|x-4|\geq 14$를 만족시키는 실수 x의 값의 범위는?

① $x\leq -1$
② $x\leq -2$ 또는 $x\geq 5$
③ $-2\leq x\leq 6$
④ $x\geq 4$
⑤ $x\leq 6$

563

x에 대한 이차방정식 $ax^2+b=0$이 서로 다른 두 실근을 가질 때, x에 대한 부등식 $|ax+4|\geq b$의 해가 $x\geq 6$ 또는 $x\leq -2$이다. 두 상수 a, b에 대하여 $a+b$의 값은?

① -2
② 0
③ 2
④ 4
⑤ 6

564

수직선 위의 실수 x에 대하여 x와 -2 사이의 거리와 x와 5 사이의 거리의 합이 9보다 크거나 같다. 실수 x의 값의 범위는?

① $x\leq -3$ 또는 $x\geq 6$
② $-3\leq x\leq 6$
③ $x\leq -2$ 또는 $x\geq 8$
④ $-4\leq x\leq 8$
⑤ $x\leq -1$ 또는 $x\geq 10$

565

| 선행 543 |

임의의 실수 a, b, c에 대하여 〈보기〉에서 옳은 것의 개수는?

〈보 기〉

ㄱ. $a<b$이고 $\frac{1}{a}<\frac{1}{b}$이면 $a<0$, $b>0$이다.

ㄴ. $0<a<b$이면 $a^2+2ab>3b^2$이다.

ㄷ. $0<a<b<1$이면 $a+\frac{1}{a}>b+\frac{1}{b}$이다.

ㄹ. $a\geq 0$, $b\geq 0$이면 $|a-b|\geq |a|-|b|$이다.

① 0
② 1
③ 2
④ 3
⑤ 4

유형 02 미지수가 1개인 연립일차부등식

566 빈출

부등식 $|x+1|+|x-3|\leq k$의 해가 존재하도록 하는 실수 k의 최솟값은?

① 2
② 3
③ 4
④ 5
⑤ 6

567

다음 조건을 만족시키는 모든 정수 x의 개수를 구하시오.

(가) $\sqrt{x-4}\sqrt{-3-x}=-\sqrt{(x-4)(-3-x)}$

(나) $\dfrac{\sqrt{x+5}}{\sqrt{x+1}}=-\sqrt{\dfrac{x+5}{x+1}}$

568

연립부등식 $x-1<|x+3|\le|x-5|$의 해는?

① $x\le-3$　② $-3<x\le1$　③ $x\le1$
④ $1\le x<5$　⑤ $x>5$

569 빈출

연립부등식 $4x+a>3x+5>5x-a$의 해가 모두 양수이도록 하는 실수 a의 값의 범위를 구하시오.

유형 03 이차부등식의 풀이

570 빈출

| 선행 547 |

이차부등식 $ax^2+bx+c>0$의 해가 $x<-\frac{1}{2}$ 또는 $x>\frac{1}{4}$일 때, 이차부등식 $cx^2+bx+a>0$을 만족시키는 모든 정수 x의 값의 합을 구하시오. (단, a, b, c는 상수이다.)

571

이차함수 $y=f(x)$의 그래프와 직선 $y=g(x)$가 그림과 같다.

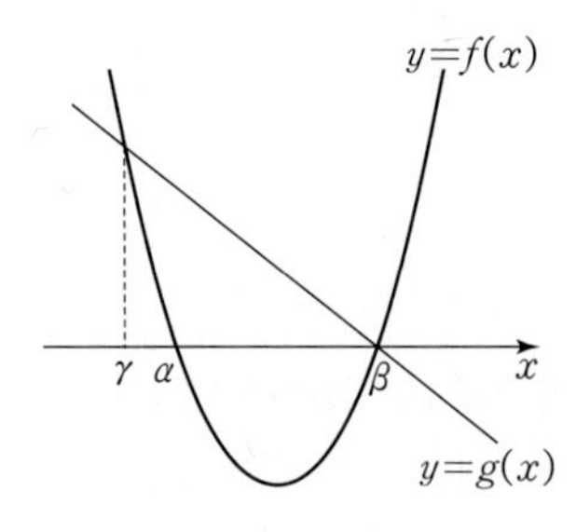

<보기>에서 옳은 것만을 있는 대로 고른 것은?
(단, $f(\alpha)=f(\beta)=g(\beta)=0$, $f(\gamma)=g(\gamma)$이다.)

<보 기>

ㄱ. $f(\gamma)>f\left(\dfrac{\alpha+\beta}{2}\right)$

ㄴ. 방정식 $f(x)\{f(x)-g(x)\}=0$의 서로 다른 실근의 개수는 3이다.

ㄷ. 부등식 $f(x)<g(x)$의 해는 $\alpha<x<\beta$이다.

① ㄱ　② ㄷ　③ ㄱ, ㄴ
④ ㄴ, ㄷ　⑤ ㄱ, ㄴ, ㄷ

572 빈출

부등식 $x^2-6x+8<0$을 만족시키는 모든 실수 x에 대하여 이차부등식 $x^2-2x+2k^2-6>0$이 성립하도록 하는 실수 k의 값의 범위는 $k\ge\alpha$ 또는 $k\le\beta$이다. 두 상수 α, β에 대하여 $\alpha\beta$의 값은?

① -1　② -2　③ -3
④ -4　⑤ -5

573 빈출

x에 대한 부등식

$$(k+1)x^2+k-2\le x^2-kx$$

를 만족시키는 실수 x의 값이 존재하도록 하는 음이 아닌 정수 k의 개수는?

① 1 ② 2 ③ 3
④ 4 ⑤ 5

574

임의의 실수 x, y에 대한 부등식

$$x^2-2xy+3y^2+4ay+2\ge 0$$

이 성립하도록 하는 정수 a의 개수는?

① 1 ② 2 ③ 3
④ 4 ⑤ 5

575

이차함수 $y=f(x)$의 그래프가 그림과 같을 때, 부등식 $f\left(\frac{x-a}{2}\right)<0$의 해가 $x<1$ 또는 $x>9$가 되도록 하는 상수 a의 값을 구하시오.

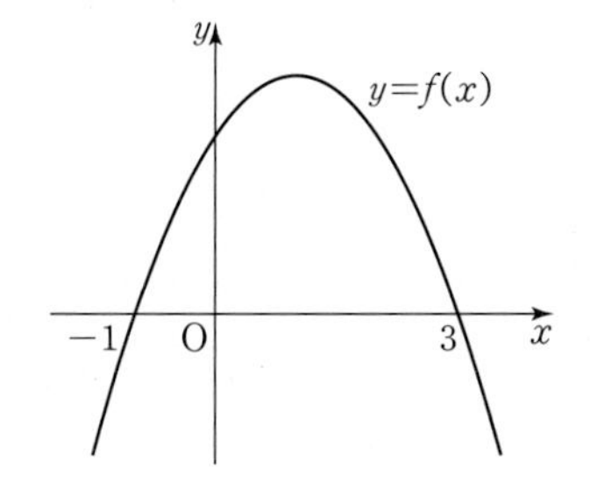

576 빈출

x에 대한 부등식 $(m-2)x^2-(2m-4)x+1>0$이 모든 실수 x에 대하여 항상 성립할 때, 실수 m의 값의 범위를 구하시오.

577

부등식 $x^2+2|x-2|\ge 4$의 해가 부등식 $x^2+ax+b\ge 0$의 해와 같을 때, a^2+b^2의 값을 구하시오. (단, a, b는 상수이다.)

578

최고차항의 계수가 각각 $\frac{1}{2}$, 2인 두 이차함수 $y=f(x)$, $y=g(x)$가 다음 조건을 만족시킨다.

> (가) 두 함수 $y=f(x)$와 $y=g(x)$의 그래프는 직선 $x=p$를 축으로 갖는다.
> (나) 부등식 $f(x)\ge g(x)$의 해는 $-2\le x\le 3$이다.

$4p\times\{f(2)-g(2)\}$의 값은? (단, p는 상수이다.)

① 8 ② 9 ③ 10
④ 11 ⑤ 12

579

두 이차함수 $f(x)$, $g(x)$에 대하여 이차부등식 $f(x) \le g(x)$의 해가 $-2 \le x \le 3$이고, $f(1)-g(1)=-24$일 때, $f(5)-g(5)$의 값을 구하시오.

580

두 실수 m, n $(m<n)$에 대하여 이차부등식 $(x-3)(x+1)<(n-3)(n+1)$의 해가 $-4<x<n$이고, $(m-3)(m+1)=(n-3)(n+1)$이 성립한다. m^2+n^2의 값을 구하시오.

581

이차함수 $f(x)=x^2-(2k+1)x+k^2-14$가 다음 조건을 만족시킬 때, 실수 k의 값의 범위를 구하시오.

> (가) $f(2)<0$
> (나) 함수 $y=f(x)$의 그래프가 $1 \le x \le 4$에서 최댓값 $f(1)$을 갖는다.

582

부등식 $\frac{1}{2}x^2-x+a \ge |x+3|+|x-1|$이 실수 x의 값에 관계없이 항상 성립할 때, 실수 a의 최솟값을 구하시오.

유형 04 연립이차부등식의 풀이

583

| 선행 551 |

두 이차함수 $y=f(x)$, $y=g(x)$의 그래프가 그림과 같을 때, 부등식 $0 \le f(x) < g(x)$의 해는?

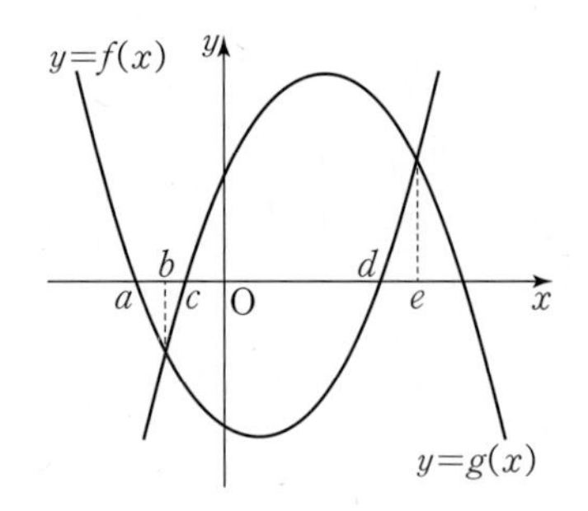

① $a \le x < c$
② $x \ge d$
③ $b < x < e$
④ $d \le x < e$
⑤ $x \le c$ 또는 $x > d$

584

| 선행 555 |

연립부등식

$$\begin{cases} |x+2| \le 5 \\ [x]^2-2[x]-8<0 \end{cases}$$

을 만족시키는 실수 x의 값의 범위는?

(단, $[x]$는 x보다 크지 않은 최대의 정수이다.)

① $-3 \le x \le 1$
② $x<-3$ 또는 $x>1$
③ $-1 \le x \le 3$
④ $x<-1$ 또는 $x>3$
⑤ $1 \le x \le 3$

585

| 선행 557 |

연립부등식

$$\begin{cases} x^2-x-6\geq 0 \\ 3x^2-(a+6)x+2a<0 \end{cases}$$

을 만족시키는 정수 x가 오직 3뿐일 때, 실수 a의 값의 범위는?

① $4<a\leq 8$ ② $6<a\leq 9$ ③ $8<a\leq 10$
④ $9<a\leq 12$ ⑤ $10<a\leq 14$

586 빈출

연립부등식

$$\begin{cases} x^2-2x-8\leq 0 \\ |x+1|<k \end{cases}$$

를 만족시키는 정수 x의 개수가 4일 때, 실수 k의 값의 범위는?

① $1<k<2$ ② $1\leq k<2$ ③ $1<k\leq 2$
④ $2\leq k<3$ ⑤ $2<k\leq 3$

587 빈출

연립부등식 $\begin{cases} 3x-3k>2x-1 \\ x^2-(k+2)x+2k\leq 0 \end{cases}$ 이 해를 갖지 않도록 하는 실수 k의 값의 범위를 구하시오.

588

x에 대한 연립부등식 $\begin{cases} -3x^2+4x\leq a \\ |2x-a|\geq 3-b \end{cases}$ 의 해가 모든 실수일 때, 두 정수 a, b에 대하여 $a+b$의 최솟값은?

① 1 ② 2 ③ 3
④ 4 ⑤ 5

589 빈출

| 선행 514 |

연립부등식

$$\begin{cases} x^2-3x-4\geq 0 \\ x^2-2(k+1)x+(k+3)(k-1)\leq 0 \end{cases}$$

을 만족시키는 정수 x의 개수가 2가 되도록 하는 모든 정수 k의 값의 합은?

① 3 ② 2 ③ 1
④ 0 ⑤ -1

590

x에 대한 연립부등식

$$\begin{cases} x^2+ax+b\geq 0 \\ x^2+cx+d\leq 0 \end{cases}$$

의 해가 $x=3$ 또는 $1\leq x\leq 2$일 때, 네 상수 a, b, c, d에 대하여 $(a+b)-(c+d)$의 값을 구하시오.

591 빈출

모든 실수 x에 대하여 부등식 $-x^2+5x-2 \le mx+n \le x^2-3x+6$이 성립할 때, m^2+n^2의 값을 구하시오. (단, m, n은 상수이다.)

유형 05 부등식의 활용

592

이차방정식 $kx^2+4x-5k=0$의 두 근의 차가 6 이하가 되도록 하는 실수 k의 값의 범위는?

① $k \le -1$ 또는 $k \ge 1$
② $0 < k \le 1$
③ $-1 \le k < 0$
④ $k \le -1$
⑤ $k \ge 1$

593 서술형

x에 대한 이차방정식

$$x^2+2(2k-a)x+k^2+4k-a=0$$

이 실수 k의 값에 관계없이 항상 실근을 가질 때, 실수 a의 값의 범위를 구하고 그 과정을 서술하시오.

594

이차방정식 $x^2+2kx-k=0$의 서로 다른 두 근이 모두 -1과 3 사이에 있을 때, 실수 k의 값의 범위는?

① $-3 < k < 1$
② $-3 < k < -1$ 또는 $0 < k < 1$
③ $-3 < k < \frac{1}{3}$
④ $-\frac{9}{5} < k < \frac{1}{3}$
⑤ $-\frac{9}{5} < k < -1$ 또는 $0 < k < \frac{1}{3}$

595

이차방정식 $x^2+5x+k=0$의 두 근 중에서 한 근이 이차방정식 $x^2+3x+2=0$의 두 근 사이에 존재할 때, 정수 k의 값을 구하시오.

596 빈출

이차방정식 $x^2-2(a+1)x+a-2=0$의 한 근이 -2와 0 사이에 있고, 다른 한 근은 3과 5 사이에 있도록 하는 실수 a의 값의 범위를 구하시오.

597 빈출

어느 고등학교의 특별활동 반 학생들이 조별 활동을 위해 원형 테이블에 나누어 앉으려고 한다. 한 테이블에 3명씩 둘러 앉으면 2명이 자리에 앉지 못하고, 5명씩 둘러 앉으면 2개의 테이블이 빈다고 할 때, 이 특별활동 반의 학생 수가 될 수 있는 가장 큰 수와 가장 작은 수의 합은?

① 40 ② 42 ③ 44
④ 46 ⑤ 48

598 빈출

세 변의 길이가 각각 $a+1$, $a+2$, $a+4$인 삼각형이 둔각삼각형이 되도록 하는 실수 a의 값의 범위는 $p<a<q+r\sqrt{3}$이다. 세 정수 p, q, r에 대하여 $p+q+r$의 값을 구하시오.

599

어느 커피숍에서 녹차라떼 가격을 x % 인상하면 녹차라떼를 주문하는 사람의 수가 $\frac{x}{2}$ %만큼 감소한다고 한다. 이 커피숍에서 녹차라떼의 총 판매액이 12 % 이상 증가되도록 하려고 할 때, x의 최댓값은?

① 40 ② 45 ③ 50
④ 55 ⑤ 60

600

둘레의 길이가 60 m이고, 넓이가 125 m^2 이상 200 m^2 이하인 직사각형 모양의 화단을 만들려고 한다. 직사각형의 짧은 변의 길이의 최댓값과 최솟값의 합을 구하시오.

(단, 길이의 단위는 m이다.)

스키마 schema로 풀이 흐름 알아보기

유형 03 이차부등식의 풀이 579

두 이차함수 $f(x)$, $g(x)$에 대하여 이차부등식 $f(x) \le g(x)$의 해가 $-2 \le x \le 3$이고, $f(1)-g(1)=-24$일 때, $f(5)-g(5)$의 값을 구하시오.

(조건 ①: 이차부등식 $f(x) \le g(x)$의 해가 $-2 \le x \le 3$, 조건 ②: $f(1)-g(1)=-24$, 답: $f(5)-g(5)$의 값)

▶ 주어진 조건은 무엇인지? 구하는 답은 무엇인지? 이 둘을 어떻게 연결할지?

1 단계

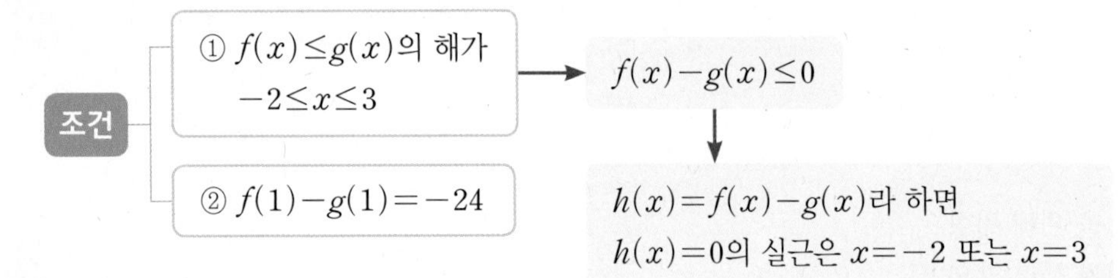

부등식 $f(x) \le g(x)$의 해가 $-2 \le x \le 3$이므로 $f(x)-g(x)=h(x)$라 하면 부등식 $h(x) \le 0$의 해가 $-2 \le x \le 3$이므로 함수 $h(x)$의 최고차항의 계수는 양수이고, 이차방정식 $h(x)=0$의 두 실근은 $x=-2$ 또는 $x=3$이다.

2 단계

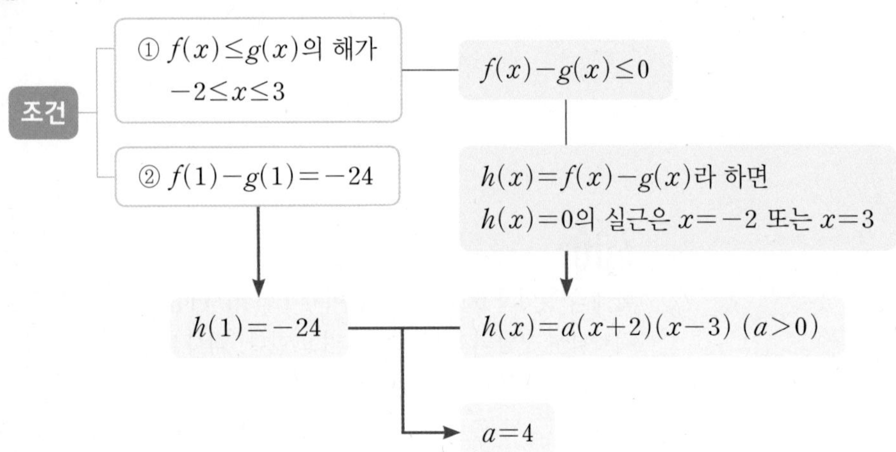

함수 $h(x)$를 구하면

$h(x)=a(x+2)(x-3)$ $(a>0)$

이때 $f(1)-g(1)=-24$이므로

$h(1)=a \times 3 \times (-2)=-24$

$\therefore a=4$

3 단계

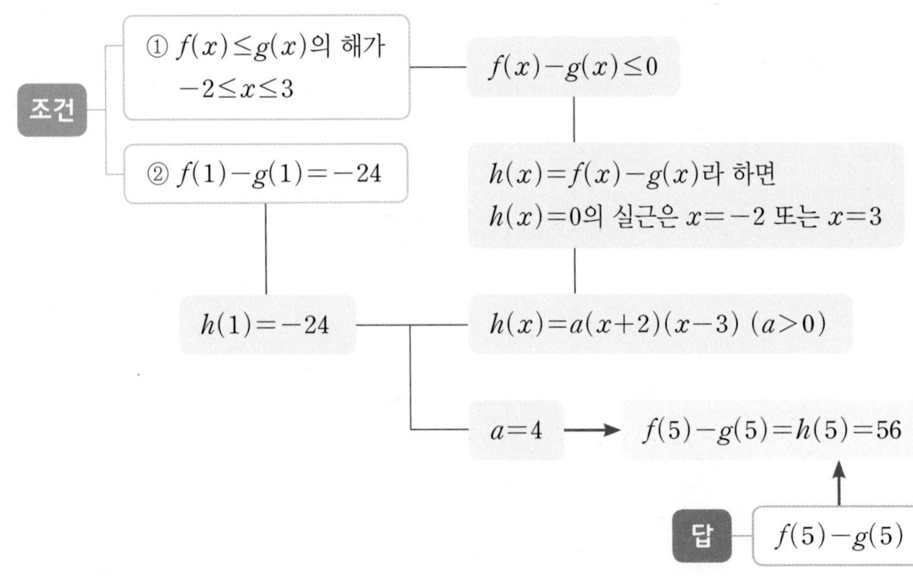

$h(x)=4(x+2)(x-3)$이므로

$f(5)-g(5)=h(5)=4 \times 7 \times 2=56$

601

$|a| \le 5$, $|b| \le 5$인 두 정수 a, b에 대하여 방정식
$(x^2+2ax+2a)(x^2+bx+4)=0$의 근 중 서로 다른 실근의 개수가 2가 되도록 하는 순서쌍 (a, b)의 개수를 구하시오.

602 빈출

| 선행 566 |

부등식 $|2x-2|+|x+1| \le k$를 만족시키는 정수 x가 존재하고, 이때의 모든 정수 x의 값의 합이 0이 되도록 하는 30 이하의 자연수 k의 개수는?

① 7 ② 8 ③ 9
④ 10 ⑤ 11

603

이차함수 $f(x)=ax^2-bx+2c$가 다음 조건을 만족시킨다.

> (가) a, b, c는 10보다 작은 자연수이다.
> (나) 이차방정식 $f(x)=0$의 두 근을 α, β라 할 때,
> $1<\alpha<2$, $5<\beta<6$이다.

이차부등식 $f(x)<-2$를 만족시키는 정수 x의 개수는?

① 2 ② 3 ③ 4
④ 5 ⑤ 6

604

함수 $f(x)=x^2-2x-8$에 대하여 부등식
$\dfrac{|f(x)|+f(x)}{2} \le a(x+2)$를 만족시키는 정수 x의 개수가 8이 되도록 하는 실수 a의 값의 범위를 구하시오. (단, $a>0$)

605

x에 대한 부등식 $|2x|+|2x-m|<n$ $(0<m<n)$을
만족시키는 정수 x의 개수를 $F(m, n)$이라 할 때, 〈보기〉에서
옳은 것만을 있는 대로 고른 것은? (단, a는 자연수이다.)

〈보 기〉

ㄱ. $F(5, 7)=3$
ㄴ. $F(2a, 6a+4)=3a$
ㄷ. $F(2a, 10a)>100$을 만족시키는 a의 최솟값은 21이다.

① ㄱ ② ㄴ ③ ㄱ, ㄴ
④ ㄱ, ㄷ ⑤ ㄱ, ㄴ, ㄷ

606

두 이차함수

$$f(x)=x^2+4x+6,\ g(x)=-x^2-2ax-2$$

에서 임의의 두 실수 x_1, x_2에 대하여 부등식 $f(x_1)\geq g(x_1)$이
성립하도록 하는 정수 a의 개수를 p, 부등식 $f(x_1)\geq g(x_2)$가
성립하도록 하는 정수 a의 개수를 q라 하자. $p+q$의 값을
구하시오.

607

두 이차함수 $y=f(x)$, $y=g(x)$의 그래프가 그림과 같다.
$-5\leq x\leq 5$인 정수 x에 대하여 부등식 $\{f(x)\}^2>f(x)g(x)$를
만족시키는 x의 개수는?

(단, $f(-3)=f(1)=g(-2)=g(2)=0$이다.)

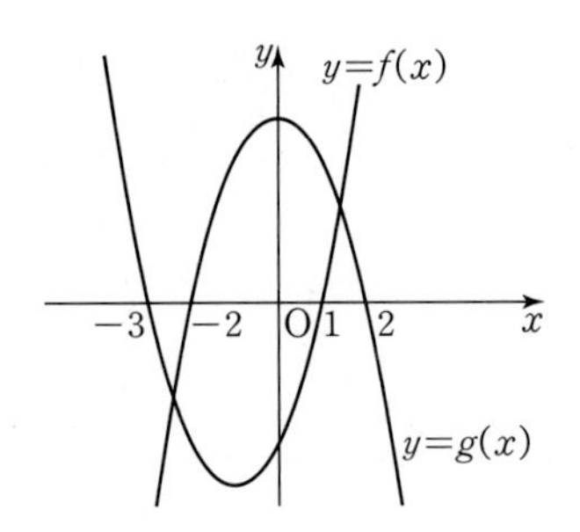

① 6 ② 7 ③ 8
④ 9 ⑤ 10

608

실수 a에 대하여 연립부등식

$$\begin{cases} |2x-1| \geq 3 \\ x^2-(a+1)x+a<0 \end{cases}$$

을 만족시키는 정수 x의 개수를 $f(a)$라 할 때, 〈보기〉에서 옳은 것만을 있는 대로 고른 것은?

〈보 기〉

ㄱ. $f(2)=0$

ㄴ. $f(a)=1$을 만족시키는 모든 정수 a의 값의 곱은 -6이다.

ㄷ. $f(a) \geq 3$을 만족시키는 양의 정수 a의 최솟값을 α, 음의 정수 a의 최댓값을 β라 하면 $\alpha-\beta=7$이다.

① ㄱ ② ㄴ ③ ㄱ, ㄴ
④ ㄴ, ㄷ ⑤ ㄱ, ㄴ, ㄷ

609

x에 대한 연립부등식

$$\begin{cases} 8x^2>2x+1 \\ x^2-(2+a)x+2a<0 \end{cases}$$

에 대하여 〈보기〉에서 옳은 것만을 있는 대로 고른 것은?

(단, a는 실수이다.)

〈보 기〉

ㄱ. $a=2$이면 주어진 연립부등식을 만족시키는 실수 x가 존재하지 않는다.

ㄴ. $4<a \leq 5$이면 주어진 연립부등식을 만족시키는 정수 x의 값이 3, 4뿐이다.

ㄷ. 주어진 연립부등식을 만족시키는 정수 x의 값이 -1, 1만 존재하도록 하는 a의 값의 범위는 $-3<a \leq -2$이다.

① ㄱ ② ㄴ ③ ㄱ, ㄴ
④ ㄱ, ㄷ ⑤ ㄱ, ㄴ, ㄷ

610

| 선행 590 |

연립부등식

$$\begin{cases} ax^2+bx+c>0 \\ px^2+qx+r<0 \end{cases}$$

이 모든 실수 x에 대하여 성립할 때, 〈보기〉에서 옳은 것만을 있는 대로 고른 것은?

(단, a, b, c, p, q, r은 모두 실수이고, $ap \neq 0$이다.)

〈보 기〉

ㄱ. $a-p>0$

ㄴ. $b^2-q^2>4(ac-pr)$

ㄷ. $(b-q)^2<4(a-p)(c-r)$

① ㄱ ② ㄴ ③ ㄱ, ㄴ
④ ㄱ, ㄷ ⑤ ㄱ, ㄴ, ㄷ

611

이차방정식 $x^2-(k+1)x+k-4=0$의 서로 다른 두 실근 α, β에 대하여 두 실근 중 적어도 하나가 -1 이상 2 이하가 되도록 하는 실수 k의 값의 범위는?

① $k<-3$ 또는 $k>2$
② $-2\le k\le 1$
③ $k\le -1$
④ $k\le -2$ 또는 $k\ge 1$
⑤ $k>2$

612

이차방정식 $x^2+(2k-1)x+k-3=0$의 두 근 α, β가 각각 $[\alpha]=-2$, $[\beta]=1$을 만족시킬 때, 실수 k의 값의 범위는 $p<k\le q$이다. $p+q$의 값은?

(단, $[x]$는 x보다 크지 않은 최대의 정수이다.)

① $\frac{2}{5}$
② $\frac{4}{5}$
③ $\frac{6}{5}$
④ $\frac{8}{5}$
⑤ 2

613 빈출

x에 대한 이차부등식 $(3x-k^2+3k)(3x-2k)\le 0$의 해가 $\alpha\le x\le\beta$이다. 정수가 아닌 두 실수 α, β가 다음 조건을 만족시킬 때, 모든 실수 k의 값의 곱을 구하시오.

> (가) $\beta-\alpha$는 자연수이다.
> (나) $\alpha\le x\le\beta$를 만족시키는 정수 x의 개수는 2이다.

614 빈출

| 선행 586, 589 |

연립부등식

$$\begin{cases} x^2-2x-8<0 \\ x^2-(3k+2)x+2k^2+7k-15\ge 0 \end{cases}$$

을 만족시키는 정수 x가 오직 하나 존재하도록 하는 모든 정수 k의 값의 합은?

① -2 ② -1 ③ 0 ④ 1 ⑤ 2

Ⅲ 경우의 수

01 경우의 수

이전 학습 내용

• **경우의 수** 중2

(1) 사건: 실험이나 관찰에 의하여 일어나는 결과

(2) 경우의 수: 사건이 일어나는 가짓수

(3) 사건 A 또는 B가 일어나는 경우의 수
두 사건 A, B가 동시에 일어나지 않을 때, 사건 A, B가 일어나는 경우의 수가 각각 m, n이면 사건 A 또는 B가 일어나는 경우의 수는 $m+n$이다.

(4) 사건 A, B가 동시에 일어나는 경우의 수
사건 A가 일어나는 경우의 수가 m이고, 그 각각에 대하여 사건 B가 일어나는 경우의 수가 n일 때, 사건 A, B가 동시에(잇달아) 일어나는 경우의 수는 $m\times n$이다.

현재 학습 내용

• **합의 법칙** ······ 유형 01 합의 법칙

(1) 두 사건 A, B가 동시에 일어나지 않을 때,
사건 A와 사건 B가 일어나는 경우의 수가 각각 m, n이면
사건 A 또는 사건 B가 일어나는 경우의 수는 $m+n$이다.

사건 A	또는	사건 B
m	$+$	n

(2) 합의 법칙은 어느 두 사건도 동시에 일어나지 않는 셋 이상의 사건에 대해서도 성립한다.

• **곱의 법칙** ······ 유형 02 곱의 법칙

(1) 두 사건 A, B에 대하여
사건 A가 일어나는 경우의 수가 m이고,
그 각각에 대하여 사건 B가 일어나는 경우의 수가 n이면
두 사건 A, B가 동시에(잇달아) 일어나는 경우의 수는 $m\times n$이다.

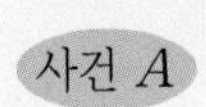

사건 A	동시에(잇달아)	사건 B
m	$\times$	n

(2) 곱의 법칙은 동시에(잇달아) 일어나는 셋 이상의 사건에 대해서도 성립한다.

유형 01 합의 법칙

합의 법칙을 적용하여 직접 나열하거나 수형도를 이용하여 일일이 세는 수학 내적 또는 외적 문제를 분류하였다.

유형해결 TIP

다양한 상황에서 합의 법칙을 적용하는 훈련을 하자.

615

어느 식당에서 다음 차림표와 같이 한식 5가지, 중식 3가지, 일식 4가지 메뉴를 판매하고 있다. 한식 중 메뉴를 1가지 선택하는 방법의 수를 a, 한식을 제외한 메뉴를 1가지 선택하는 방법의 수를 b라 할 때, a^2+b^2의 값을 구하시오.

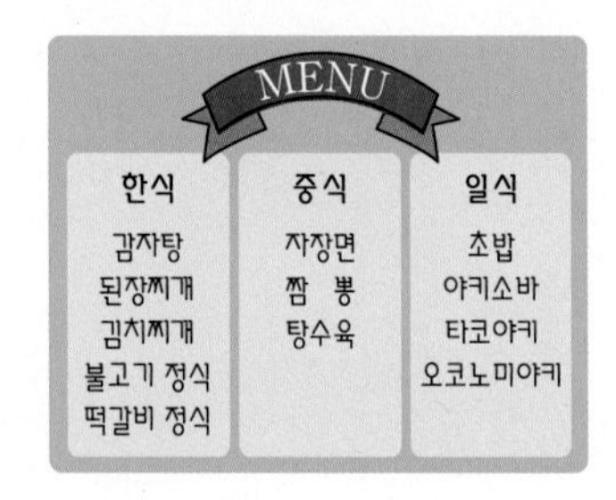

616 빈출

서로 다른 2개의 주사위를 동시에 던질 때, 나오는 두 눈의 수의 합이 5의 배수가 되는 경우의 수는?

① 4 ② 5 ③ 6
④ 7 ⑤ 8

617

부등식 $2x+y<7$을 만족시키는 자연수 x, y의 모든 순서쌍 (x, y)의 개수는?

① 5 ② 6 ③ 7
④ 8 ⑤ 9

618

1, 2, 3의 숫자가 각각 하나씩 적힌 세 장의 카드를 일렬로 나열할 때, n ($n=1, 2, 3$)번째 자리에는 숫자 n이 적힌 카드가 오지 않도록 나열하는 방법의 수는?

① 1 ② 2 ③ 3
④ 4 ⑤ 5

619

주머니에 1에서 10까지의 자연수가 하나씩 적힌 10개의 공이 들어 있다. 이 주머니에서 동시에 2개의 공을 꺼낼 때, 꺼낸 두 공에 적힌 수의 차가 3 미만인 경우의 수를 구하시오.

620 빈출

서로 다른 두 개의 주사위를 동시에 던질 때, 다음 물음에 답하시오.

(1) 나오는 두 눈의 수의 합이 소수가 되는 경우의 수를 구하시오.
(2) 나오는 두 눈의 수의 합이 8 이상의 합성수가 되는 경우의 수를 구하시오.

621

각 자리의 수의 곱이 9인 세 자리 자연수의 개수를 구하시오.

622

100 이하의 자연수 중 40과 서로소인 자연수의 개수는?

① 35 ② 40 ③ 45
④ 50 ⑤ 55

623

그림과 같은 도로망에서 A 지점에서 출발하여 도로를 따라 최단 거리로 B 지점까지 가는 방법의 수는?

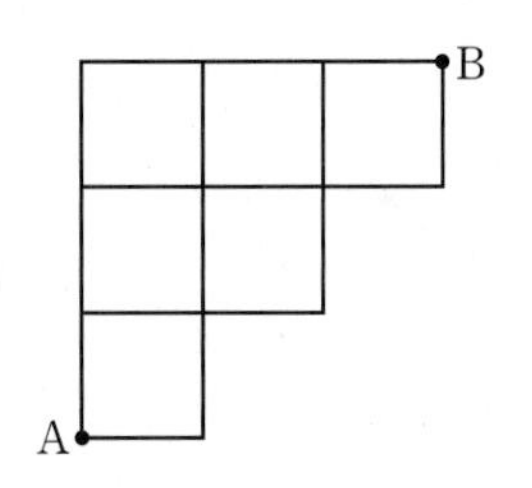

① 12 ② 13 ③ 14
④ 15 ⑤ 16

유형 02 곱의 법칙

곱의 법칙을 적용하는 수학 내적 또는 외적 문제를 분류하였다.

유형해결 TIP

합의 법칙과 곱의 법칙이 적용되는 상황의 차이점에 유의하여 문제에 적용할 수 있도록 하자.

624

어느 분식집에서 판매하는 떡볶이는 주문할 때 다음 표와 같이 치즈의 유무, 매운 정도, 양을 각각 선택해야 한다. 이 분식점에서 떡볶이를 주문하는 방법의 수를 구하시오.

떡볶이 주문방법

치즈	매운 정도	양
넣음	1단계	소
안넣음	2단계	중
	3단계	대
	4단계	
	5단계	
	6단계	

625 빈출

그림과 같은 도로망에서 P 지점에서 출발하여 도로를 따라 이동하여 R 지점에 도착하는 방법의 수는?

(단, 같은 지점을 두 번 이상 지나지 않는다.)

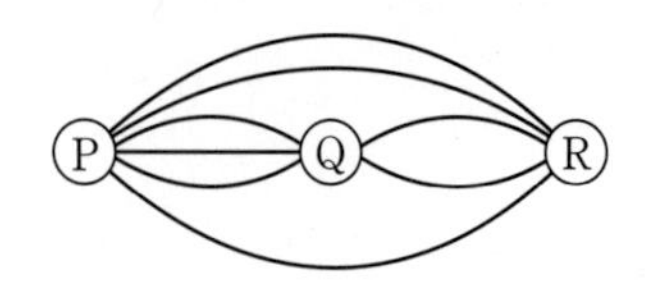

① 7　② 8　③ 9　④ 10　⑤ 11

626

0, 1, 2, 3, 4의 5개의 숫자가 있다. 이 중 서로 다른 3개의 숫자를 사용하여 만들 수 있는 세 자리 자연수의 개수는?

① 42　② 48　③ 54　④ 60　⑤ 66

627 빈출

다음 물음에 답하시오.

(1) 세 자리 자연수 중 백의 자리의 수는 짝수이고, 십의 자리와 일의 자리의 수는 홀수인 자연수의 개수를 구하시오.

(2) 0, 1, 2, 3, 4, 5의 숫자를 중복해서 사용하여 만들 수 있는 세 자리 자연수 중 짝수의 개수를 구하시오.

정답과 풀이 p.125

628

상자 A에는 1부터 10까지의 숫자가 각각 하나씩 적혀 있는 10개의 공이 들어 있고, 상자 B에는 11부터 20까지의 숫자가 각각 하나씩 적혀 있는 10개의 공이 들어 있다. 두 상자 A, B에서 각각 공을 한 개씩 뽑았을 때, 상자 A에서 뽑은 공에 적혀 있는 수가 짝수이고, 상자 B에서 뽑은 공에 적혀 있는 수가 16 이상인 경우의 수를 구하시오.

629 빈출

서로 다른 두 개의 주사위를 동시에 던질 때, 나오는 두 눈의 수의 곱이 짝수인 경우의 수를 구하시오.

630

다음 물음에 답하시오.

(1) $(x+y+z)(a+b+c+d)(p+q)(r+s)$의 전개식에서 s를 포함하는 서로 다른 항의 개수를 구하시오.

(2) $(x+y)(p+q+r)-(x+y+z)(a+b+c)$의 전개식에서 서로 다른 항의 개수를 구하시오.

631

남학생 3명, 여학생 2명 중 3명의 학생을 택하여 일렬로 나열할 때, 남학생과 여학생을 교대로 나열하는 경우의 수를 구하시오.

632 빈출

720의 양의 약수의 개수는?

① 24 ② 30 ③ 36
④ 42 ⑤ 48

633

480과 864의 양의 공약수의 개수는?

① 10 ② 12 ③ 14
④ 16 ⑤ 18

634 빈출

그림과 같이 A, B, C, D의 네 영역에 서로 다른 4가지 색의 일부 또는 전부를 이용하여 색칠하려고 한다. 같은 색을 중복하여 사용할 수 있으나 이웃한 영역은 서로 다른 색으로 칠할 때, 네 영역을 칠할 수 있는 방법의 수는?

(단, 하나의 영역은 한 가지 색으로만 칠한다.)

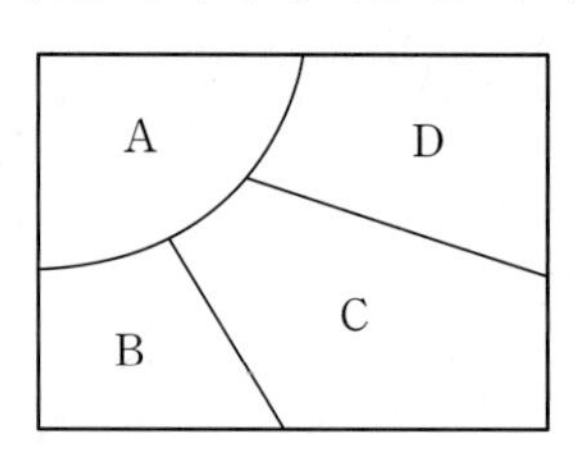

① 24 ② 36 ③ 48
④ 60 ⑤ 72

635 빈출

500원짜리 동전 3개, 100원짜리 동전 4개, 50원짜리 동전 2개의 일부 또는 전부를 사용하여 지불할 수 있는 방법의 수를 구하시오.

(단, 0원을 지불하는 것은 제외한다.)

정답과 풀이 p.127

유형 01 합의 법칙

636 빈출

주사위를 두 번 던져 나온 눈의 수를 차례로 x, y라 할 때, 부등식 $x+3y\le 10$을 만족시키는 순서쌍 (x, y)의 개수는?

① 7 ② 9 ③ 11
④ 13 ⑤ 15

637

각 자리의 수의 합이 7인 10 이상 300 이하의 자연수의 개수는?

① 11 ② 14 ③ 17
④ 20 ⑤ 23

638 빈출

주사위를 2번 던져 나온 눈의 수를 차례로 a, b라 하자. x에 대한 이차함수 $y=x^2+ax+2b$의 그래프가 x축과 적어도 한 점에서 만나도록 하는 순서쌍 (a, b)의 개수는?

① 6 ② 10 ③ 14
④ 18 ⑤ 22

639 빈출

방정식 $x+3y+2z=18$을 만족시키는 양의 정수 x, y, z의 모든 순서쌍 (x, y, z)의 개수는?

① 15 ② 16 ③ 17
④ 18 ⑤ 19

640

이차방정식 $48x^2-14nx+n^2=0$이 적어도 하나의 정수해를 갖도록 하는 200 이하의 자연수 n의 개수는?

① 46 ② 50 ③ 54
④ 58 ⑤ 62

641

100원, 500원짜리 동전과 1000원짜리 지폐를 사용하여 3500원을 지불하는 방법의 수는?

(단, 각각의 동전과 지폐는 충분히 준비되어 있다.)

① 12 ② 14 ③ 16
④ 18 ⑤ 20

642 빈출

5 g, 10 g, 20 g짜리의 세 종류의 저울추가 있다. 이 저울추를 각각 적어도 한 개씩 사용하여 80 g을 만드는 경우의 수를 구하시오. (단, 각 종류의 저울추는 충분히 준비되어 있고, 같은 무게의 저울추는 서로 구분하지 않는다.)

643

그림과 같이 두 점 A, B를 꼭짓점으로 하고 모서리의 길이가 모두 4 이하의 자연수인 직육면체가 있다. 이 직육면체의 가로, 세로의 길이와 높이를 각각 a, b, c라 할 때, 다음 조건을 만족시키는 a, b, c의 모든 순서쌍 (a, b, c)의 개수를 구하시오.

(가) $a \leq b$
(나) $\overline{AB} < 5$

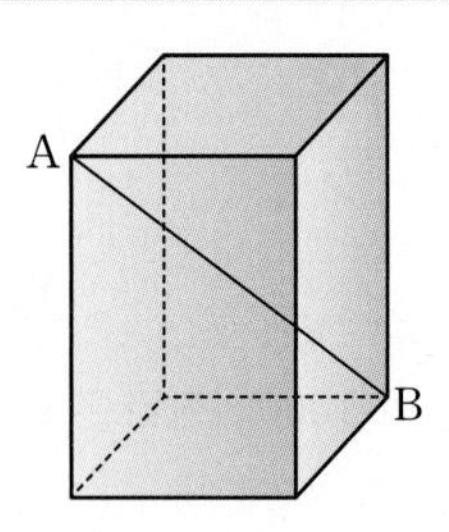

644

$a \geq -1$, $b \leq 3$, $c \geq 4$인 세 정수 a, b, c에 대하여 방정식 $a-2b+c=8$의 해의 순서쌍 (a, b, c)의 개수는?

① 36 ② 38 ③ 40 ④ 42 ⑤ 44

645

밑면의 반지름의 길이가 4이고 높이가 5인 원기둥 모양의 수조에 물이 $\frac{3}{4}$만큼 차 있다. 이 수조에 부피가 각각 π, 3π, 4π인 돌을 적어도 하나씩 동시에 가라앉혀 수조에 물이 넘치지 않고 가득 차게 하려고 한다. 수조에 돌을 넣는 방법의 수를 구하시오. (단, 부피가 같은 돌끼리는 구분하지 않고, 각각의 돌은 충분히 준비되어 있으며, 수조의 두께는 무시한다.)

646

그림과 같이 앞면에 대문자 A, B, C, D, E가 하나씩 적힌 5장의 카드가 있다. 5장의 카드 뒷면에 각각 소문자 a, b, c, d, e를 다음 조건을 만족시키도록 하나씩 모두 적는 방법의 수를 구하시오.

> (가) C가 적힌 카드 뒤에는 반드시 a를 적는다.
> (나) B가 적힌 카드 뒤에는 b를 적을 수 없고,
> D가 적힌 카드 뒤에는 d를 적을 수 없고,
> E가 적힌 카드 뒤에는 e를 적을 수 없다.

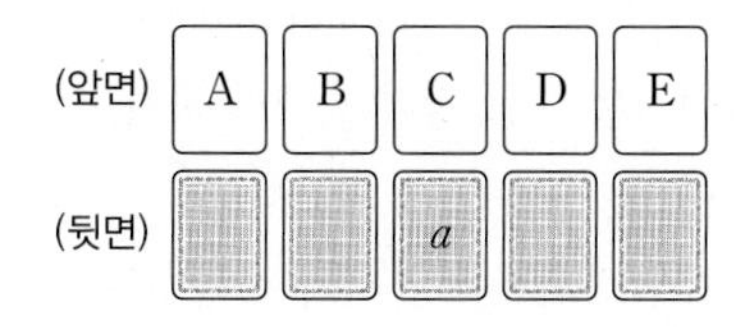

647

평가원 기출

A, B 두 사람이 하루에 한 번씩 탁구 경기를 하기로 하였다. 첫 경기부터 A가 이긴 횟수가 B가 이긴 횟수보다 항상 많거나 같도록 유지되면서 경기가 진행될 때, 처음 7일 동안 경기를 치른 결과, A가 네 번 이기고 B가 세 번 이기는 경우의 수를 구하시오.

648

어느 독서 동아리에서 회장 1명, 부회장 1명, 회원 3명의 총 5명이 자신이 소장하고 있던 책을 한 권씩 가져와 서로 바꾸어 갖기로 했다. 회장은 부회장이 가져온 책으로 바꾸어 갖지 않고 부회장은 회장이 가져온 책으로 바꾸어 갖지 않기로 할 때, 5명이 자신이 가져오지 않은 책으로 각각 한 권씩 나누어 갖는 방법의 수를 구하시오. (단, 5권의 책은 모두 서로 다른 책이다.)

Ⅲ

경우의 수

649

| 선행 623 |

그림과 같은 도로망에서 일부 교차로가 공사로 인하여 진입이 제한되고 있다. A 지점에서 출발하여 도로를 따라 최단 거리로 B 지점까지 이동하는 방법의 수는?

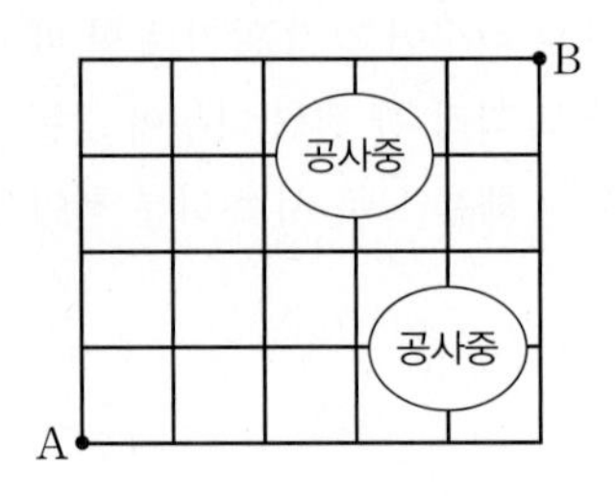

① 34 ② 37 ③ 40
④ 43 ⑤ 46

650

교육청 변형

그림과 같이 두 원판 A, B가 있다.

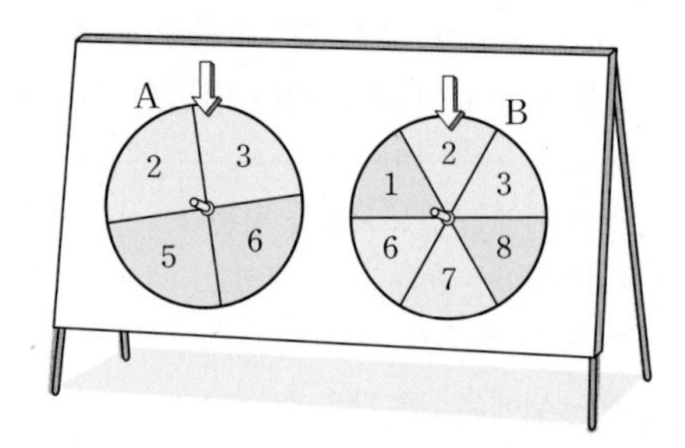

두 원판 A, B를 각각 한 번씩 돌려 회전이 멈추었을 때, 화살표(⇩)가 가리키는 수를 각각 a, b라 하자. $a-1<b-3$인 경우의 수를 구하시오.

(단, 화살표가 경계선을 가리키는 경우는 생각하지 않는다.)

유형 02 곱의 법칙

651

| 선행 630 |

다항식 $(x-y)^3(a+b+c)^2$의 전개식에서 서로 다른 항의 개수를 구하시오.

652

| 선행 625 |

네 지점 A, B, C, D 사이의 도로망이 그림과 같을 때, A 지점에서 출발해서 도로를 따라 이동하여 D 지점에 도착하는 방법의 수를 구하시오.

(단, 같은 지점을 두 번 이상 지나지 않는다.)

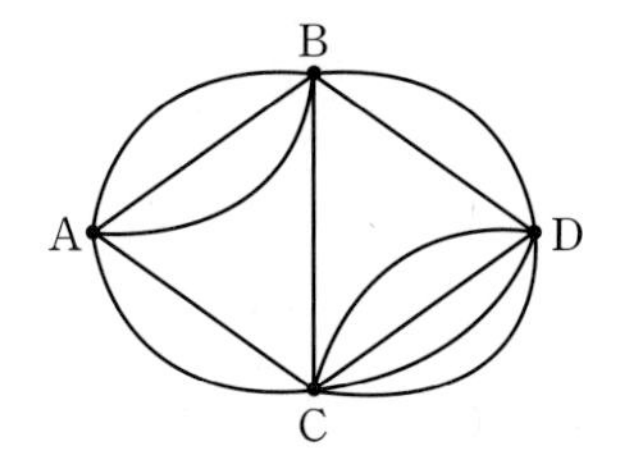

653

두 자리의 자연수 n과 54의 최대공약수를 M이라 하자. M의 양의 약수의 개수가 6이 되도록 하는 모든 자연수 n의 값의 합을 구하시오.

654

각 자리의 숫자가 모두 다른 네 자리 자연수 중 적어도 하나의 자리의 숫자는 6의 약수인 자연수의 개수를 k라 할 때, $\frac{k}{12}$의 값을 구하시오.

655

9 이하의 자연수 k에 대하여 0, 1, 2, $\cdots$, k 중 3개의 숫자를 택하여 세 자리 자연수를 만들려고 한다. 중복을 허락하지 않고 만들어지는 세 자리 자연수의 개수는 a이고, 중복을 허락하여 만들어지는 세 자리 자연수의 개수는 b일 때, $\frac{b}{a}=\frac{25}{18}$를 만족시키는 k의 값을 구하시오.

656 빈출

100부터 400까지 홀수 중 각 자리의 숫자가 모두 다른 자연수의 개수는?

① 100 ② 104 ③ 108
④ 112 ⑤ 116

657

1, 1, 2, 2, 3, 3, 5, 7, 7, 7의 숫자가 각각 하나씩 적혀 있는 10장의 카드가 들어 있는 주머니가 있다. 이 주머니에서 적어도 2장의 카드를 꺼내고, 꺼낸 카드에 적힌 수를 모두 곱해서 만들 수 있는 서로 다른 자연수의 개수를 구하시오.

658

주사위를 3번 던져서 나온 눈의 수를 차례대로 a, b, c라 할 때, abc가 10의 배수가 되는 경우의 수를 구하시오.

659

| 선행 632 |

540의 양의 약수 중 짝수의 개수는?

① 10 ② 12 ③ 14
④ 16 ⑤ 18

660

서로 다른 3개의 주사위를 던져서 나오는 눈의 수를 각각 a, b, c라 할 때, $a+b+c+abc$의 값이 홀수가 되는 경우의 수는?

① 63 ② 72 ③ 81
④ 90 ⑤ 99

661 빈출 서술형

| 선행 635 |

10000원짜리 지폐 2장, 5000원짜리 지폐 3장, 1000원짜리 지폐 6장이 있다. 이 지폐의 일부 또는 전부를 사용하여 지불할 수 있는 방법의 수를 a, 지불할 수 있는 금액의 수를 b라 하자. $a+b$의 값을 구하고, 그 과정을 서술하시오.

(단, 0원을 지불하는 것은 제외한다.)

662

그림과 같이 가로 방향으로 평행한 7개의 직선과 이 직선에 수직인 세로 방향으로 평행한 8개의 직선이 있다. 이 15개의 직선으로 둘러싸여 만들어지는 직사각형 중 색칠된 부분을 모두 포함하는 것의 개수는?

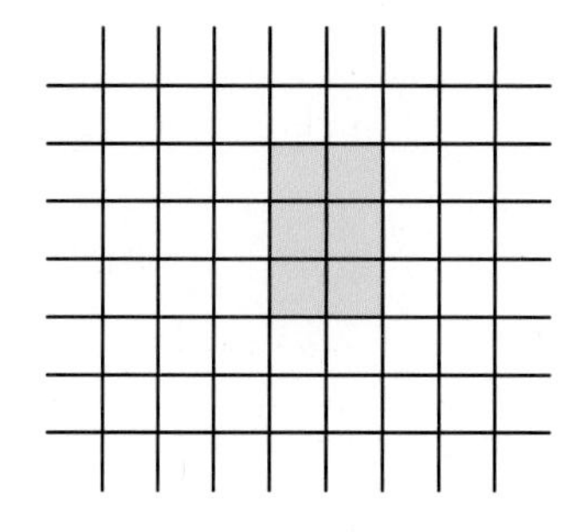

① 60　② 64　③ 68　④ 72　⑤ 76

663 빈출

그림과 같이 원의 둘레를 8등분하는 8개의 점 중 3개의 점을 선택하여 선택한 점을 꼭짓점으로 하는 삼각형을 만들었다. 만들어지는 삼각형 중 외심이 삼각형의 외부에 존재하는 삼각형의 개수는?

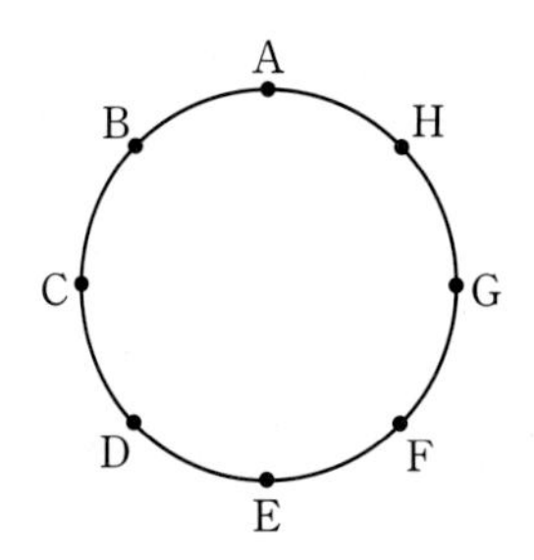

① 16　② 20　③ 24　④ 28　⑤ 32

664

어느 상점에서 각 자리의 숫자가 모두 다른 세 자리 자연수를 각각 하나씩 적어 응모권을 만들었다. 응모권에 적힌 수를 작은 수부터 크기 순서로 나열할 때, 201번째 수를 당첨번호로 정했다. 당첨번호를 구하시오.

665

1부터 500까지의 자연수를 각각 한 번씩 쓸 때, 숫자 1을 쓰는 횟수는?

① 180　　② 190　　③ 200
④ 210　　⑤ 220

666 빈출

| 선행 634 |

그림과 같이 콤팩트디스크 모양의 원판이 A, B, C, D의 네 영역으로 나뉘어 있다. 이 네 영역에 서로 다른 4개의 색의 일부 또는 전부를 이용하여 색칠하려고 한다. 같은 색을 중복하여 사용할 수 있으나 인접한 영역은 서로 다른 색으로 칠할 때, 네 영역을 칠할 수 있는 방법의 수를 구하시오.

(단, 하나의 영역은 한 가지 색으로만 칠한다.)

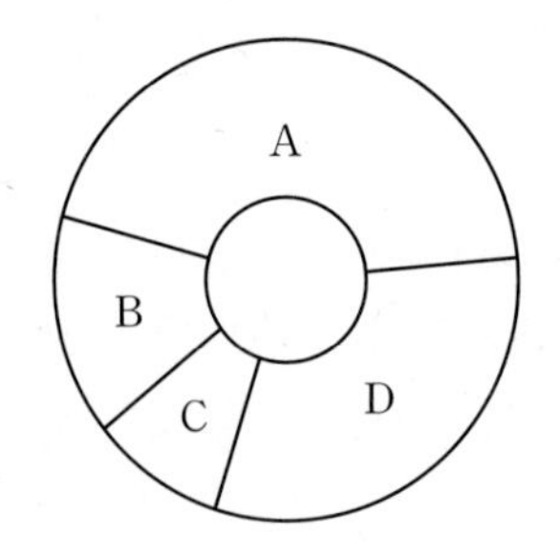

667

그림과 같이 작은 직각삼각형 4개를 사용하여 큰 직각삼각형을 만들었다. 1부터 6까지의 자연수 중 서로 다른 4개의 수를 택하여 작은 직각삼각형에 각각 하나씩 적을 때, 같은 변을 공유하는 직각삼각형에 적힌 수가 연속하지 않도록 적는 경우의 수를 구하시오.

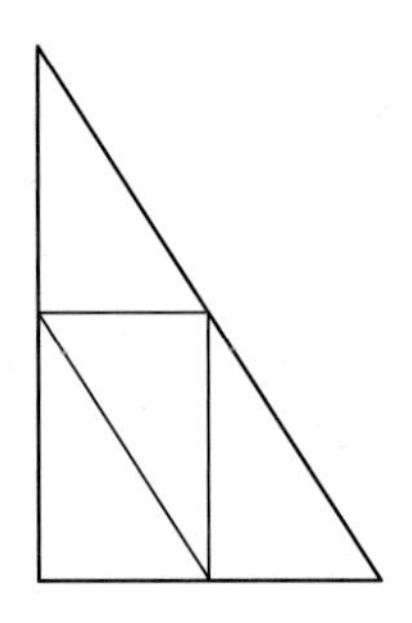

스키마 schema로 풀이 흐름 알아보기

5 g, 10 g, 20 g짜리의 세 종류의 저울추가 있다.(조건①) 이 저울추를 각각 적어도 한 개씩 사용하여(조건②) 80 g을 만드는 경우의 수를 구하시오.(답)

(단, 각 종류의 저울추는 충분히 준비되어 있고, 같은 무게의 저울추는 서로 구분하지 않는다.)

▶ 주어진 **조건**은 무엇인지? 구하는 **답**은 무엇인지? 이 둘을 어떻게 연결할지?

1 단계

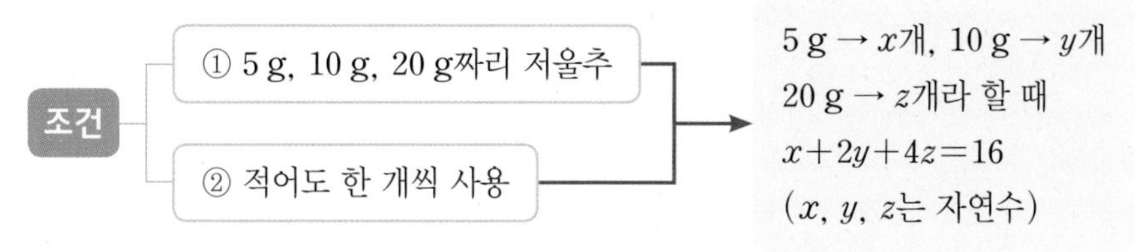

5 g, 10 g, 20 g짜리의 저울추의 개수를 각각 x, y, z라 하면 저울추의 총 무게가 80 g이 되어야 하므로

$5x+10y+20z=80$이다.

즉, $x+2y+4z=16$을 만족시켜야 하고 각 저울추를 적어도 한 개씩 사용해야 하므로 x, y, z는 자연수이다.

2 단계

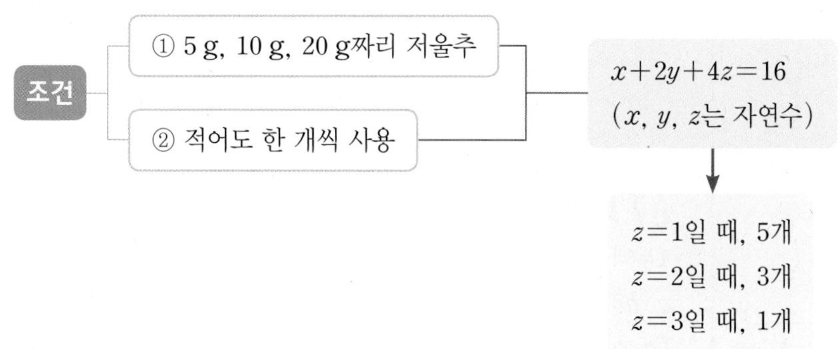

방정식 $x+2y+4z=16$을 만족시키는 x, y, z의 값을 찾을 때, 계수가 가장 큰 z의 값을 기준으로 찾는다.

(i) $z=1$일 때, $x+2y=12$이므로 순서쌍 (x, y)는 $(10, 1)$, $(8, 2)$, $(6, 3)$, $(4, 4)$, $(2, 5)$의 5개

(ii) $z=2$일 때, $x+2y=8$이므로 순서쌍 (x, y)는 $(6, 1)$, $(4, 2)$, $(2, 3)$의 3개

(iii) $z=3$일 때, $x+2y=4$이므로 순서쌍 (x, y)는 $(2, 1)$의 1개

3 단계

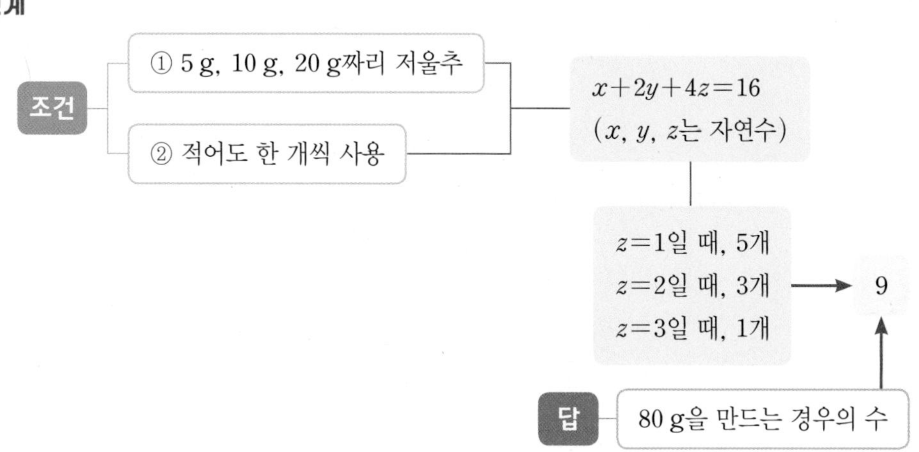

(i)~(iii)에 의하여 방정식을 만족시키는 순서쌍 (x, y, z)의 개수는

$5+3+1=9$이고,

구하는 경우의 수는 이 방정식을 만족시키는 순서쌍 (x, y, z)의 개수와 같으므로 구하는 답은 9이다.

668

| 선행 649 |

그림과 같이 도로망에서 일부 도로가 침수되어 통행에 제한이 있다. A 지점에서 출발하여 침수된 곳을 지나지 않고 도로를 따라 최단 거리로 B 지점까지 이동하는 방법의 수는?

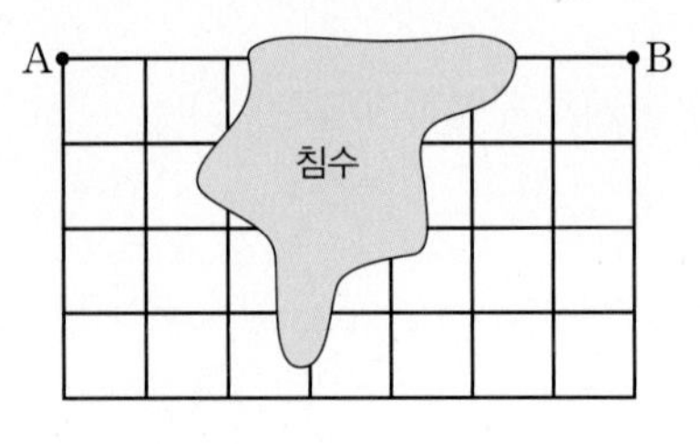

① 228 ② 240 ③ 252
④ 264 ⑤ 276

669

그림과 같은 직육면체의 꼭짓점 A에서 출발하여 모서리를 따라 꼭짓점 G에 도착하도록 이동하는 방법의 수는? (단, 한 번 지난 꼭짓점은 다시 지나지 않고 꼭짓점 G에 도착하면 더 이상 움직이지 않는다.)

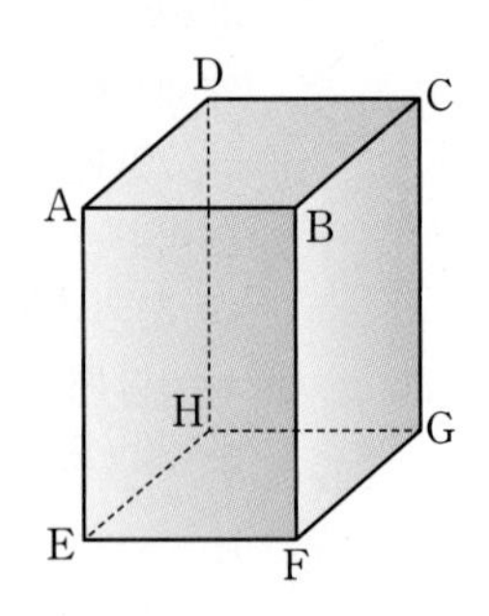

① 15 ② 18 ③ 21
④ 24 ⑤ 27

670

| 선행 646 |

두 대문자 A, B와 두 소문자 a, b를 중복을 허락하여 4개를 선택하고, 선택된 4개의 문자를 일렬로 나열하여 만든 모든 문자열 중 다음 규칙을 만족시키는 문자열의 개수는?

> (가) A의 바로 오른쪽에는 대문자가 오지 않는다.
> (나) a의 바로 오른쪽에는 B 또는 b가 오지 않는다.
> (다) B의 바로 오른쪽에는 B가 오지 않고,
> b의 바로 오른쪽에는 b가 오지 않는다.

① 44 ② 48 ③ 52
④ 56 ⑤ 60

671

1부터 49까지의 홀수 중 서로 다른 두 수를 선택하여 각각 a, b라 할 때, $a+b$가 6의 배수가 되도록 하는 a, b의 순서쌍 (a, b)의 개수를 구하시오.

672

어느 학급의 월요일 시간표를 작성하려고 한다. 총 6교시이고, 국어, 영어, 수학, 과학, 체육을 반드시 포함하면서 다음 조건을 만족시키도록 월요일 시간표를 작성하는 방법의 수를 구하시오.
(단, 점심시간은 고려하지 않는다.)

> (가) 6교시에는 국어를 넣지 않고, 국어 바로 다음 교시는 영어이다.
> (나) 5교시 또는 6교시에는 영어를 넣지 않는다.
> (다) 과학은 두 교시를 하는데 연달아서 넣지 않는다.
> (라) 체육 바로 다음 교시에는 수학을 넣지 않는다.

673

체육관에 축구공 10개가 있다. 이 축구공을 최대 4개 담을 수 있는 가방을 6개 이하로 사용하여 이 10개의 축구공을 모두 나누어 담는 방법의 수를 구하시오. (단, 축구공은 서로 구분하지 않고, 가방은 서로 구분하지 않는다.)

674

다음 정육면체의 8개의 꼭짓점 중 서로 다른 세 점을 택하여 그 세 점을 꼭짓점으로 하는 삼각형을 만든다고 한다. 이때 정육면체의 한 모서리만을 공유하는 삼각형의 개수를 a, 정육면체의 두 모서리를 공유하는 삼각형의 개수를 b, 정육면체의 어느 모서리도 공유하지 않는 삼각형의 개수를 c라 할 때, $a+2b+3c$의 값을 구하시오.

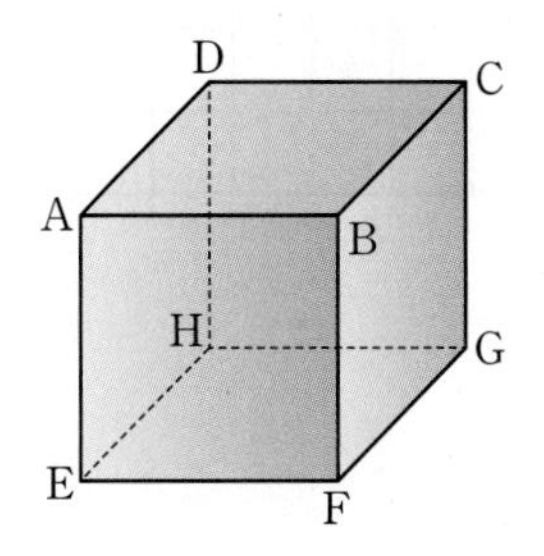

675

| 선행 664 |

1부터 10까지의 자연수를 하나씩 번호로 부여받은 10명의 학생이 번호 순서대로 시계 방향으로 원형의 탁자에 둘러앉아 다음과 같은 규칙으로 게임을 하려고 한다.

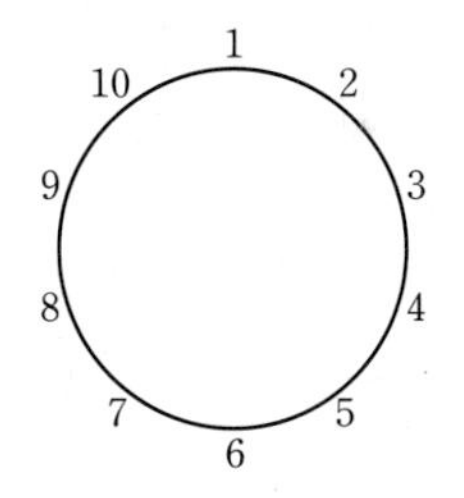

> (가) 번호가 1인 학생부터 시작해서 시계 방향으로 돌아가며 한 명씩 1부터 크기가 작은 순서대로 자연수를 하나씩 말한다.
> (나) 숫자 3 또는 6을 포함하는 자연수는 말하지 않는다.

예를 들어 22를 말한 학생 다음 순서에는 24를 말해야 하고, 599를 말한 학생 다음 순서에는 700을 말해야 한다. 이와 같은 규칙으로 게임을 해서 틀리게 말한 사람이 없다고 할 때, 2000을 말한 학생의 번호는?

① 3　② 4　③ 5
④ 6　⑤ 7

676

| 선행 662 |

다음은 합동인 정사각형 25개를 이어 붙여 만든 도형이다. 이 도형의 선으로 이루어진 직사각형 중 ★을 하나만 포함하는 직사각형의 개수를 구하시오.

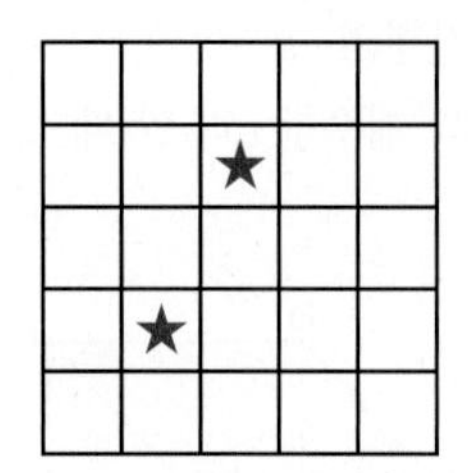

677

그림과 같이 A, B, C, D, E, F의 여섯 영역에 서로 다른 5가지 색의 일부 또는 전부를 이용하여 색칠하려고 한다. 같은 색을 중복해서 사용할 수 있으나 이웃한 영역은 서로 다른 색으로 칠할 때, 여섯 영역을 칠할 수 있는 방법의 수는?

(단, 하나의 영역은 한 가지 색으로만 칠한다.)

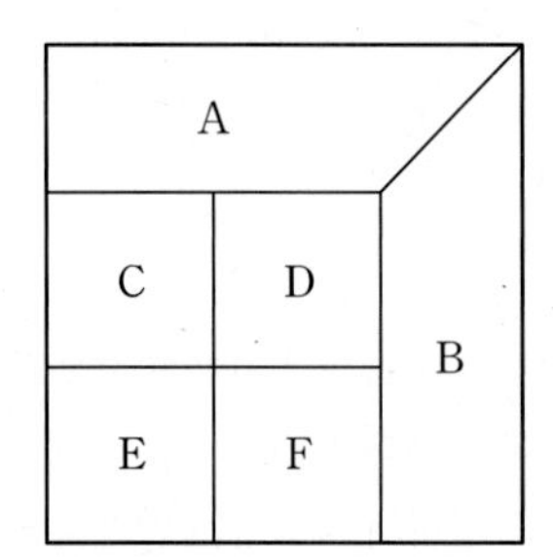

① 1260 ② 1500 ③ 1740
④ 1980 ⑤ 2220

678

교육청 변형

그림과 같이 1단, 2단에 번호가 적힌 10개의 사물함이 있다.

2단 →			13	14	15		
1단 →	1	2	3	4	5	6	7

A, B를 포함한 5명의 학생이 다음 규칙에 따라 10개의 사물함 중 서로 다른 5개의 사물함을 하나씩 배정받는 경우의 수를 구하시오.

> (가) A가 배정받는 사물함의 번호는 14 이상이고, B가 배정받는 사물함의 번호는 4 이하이다.
> (나) 5명의 학생 중 어느 두 학생도 배정받는 사물함의 번호의 차가 1 또는 10이 되는 경우는 없다.

679

교육청 변형

그림과 같이 크기가 같은 6개의 정사각형에 a부터 f까지의 알파벳이 하나씩 적혀 있다.

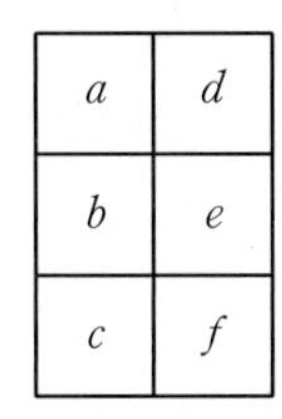

서로 다른 4가지 색의 일부 또는 전부를 사용하여 다음 조건을 만족시키도록 6개의 정사각형에 색을 칠하는 경우의 수는?
(단, 한 정사각형에 한 가지 색만을 칠한다.)

> (가) a가 적힌 정사각형과 f가 적힌 정사각형에는 같은 색을 칠한다.
> (나) 변을 공유하는 두 정사각형에는 서로 다른 색을 칠한다.

① 72 ② 84 ③ 96
④ 108 ⑤ 120

680

다음은 좌우대칭의 모양으로 36개의 칸에 S, P, R, I, N, G를 나누어 써놓은 문자판이다.

S	P	R	I	N	G	N	I	R	P	S
	S	P	R	I	N	I	R	P	S	
		S	P	R	I	R	P	S		
			S	P	R	P	S			
				S	P	S				
					S					

이 문자판에서 이웃한 칸끼리 연결하여 6개의 칸을 색칠해서 색칠된 부분이 단어 $SPRING$이 되도록 하려고 한다. 아래의 그림은 6개의 칸을 색칠하여 단어 $SPRING$을 만든 경우이다.

S	P	R	I	N	**G**	N	I	R	P	S
	S	P	R	I	**N**	I	R	P	S	
		S	P	R	**I**	R	P	S		
			S	P	**R**	**P**	**S**			
				S	P	S				
					S					

이와 같은 방법으로 문자판에서 단어 $SPRING$이 만들어지도록 6개의 칸을 색칠하는 방법의 수를 구하시오.
(단, 두 칸이 서로 한 변을 공유하는 경우 이웃하는 것으로 본다.)

681

그림과 같이 아홉 개의 빈 칸이 있다. 1, 2, 3, 11, 12, 13, 21, 22, 23을 각각 한 칸에 하나씩 써 넣으려고 한다. 가로 줄에 있는 세 수의 합이 모두 k로 같고, 세로 줄에 있는 세 수의 합도 모두 k로 같도록 숫자를 모두 써넣는 경우의 수를 m이라 할 때, $k+m$의 값을 구하시오.

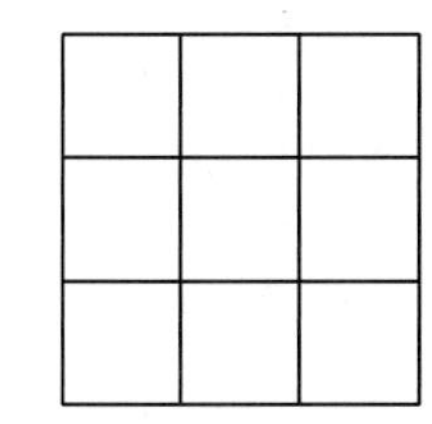

정답과 풀이 p.138

682

그림과 같이 이웃한 두 교차로 사이의 거리가 모두 같은 도로망이 있다.

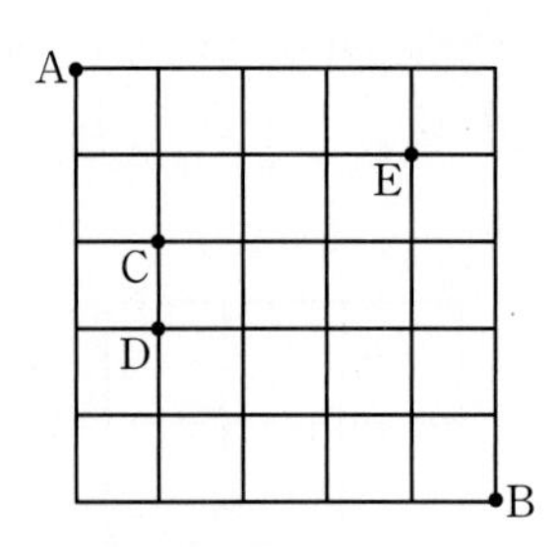

지점 A에서 출발하여 세 개의 지점 C, D, E를 모두 지나 지점 B에 도달하는 최단 경로의 수를 구하시오.

(단, 같은 지점을 두 번 이상 지나지 않는다.)

683

그림과 같이 평행한 두 직선 l_1, l_2 위에 11개의 점 A, B, C, ⋯, K가 있다. 두 직선 l_1, l_2 사이의 거리가 1이고 한 직선 위의 이웃한 두 점 사이의 거리가 모두 1일 때, 두 직선 l_1, l_2에서 각각 2개의 점을 선택하여 이 4개의 점을 꼭짓점으로 하는 사각형을 만들려고 한다. 이 중 넓이가 3인 사각형의 개수를 구하시오.

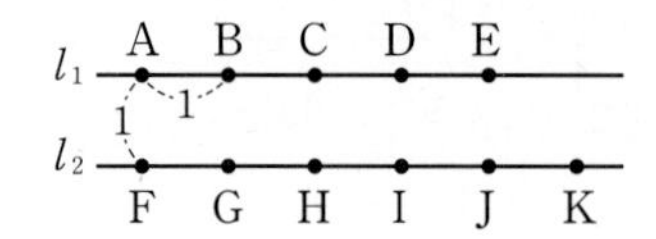

02 순열과 조합

이전 학습 내용

• **곱의 법칙** 01 경우의 수

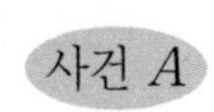

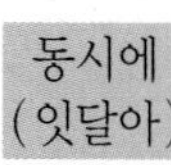

$m \qquad \times \qquad n$

곱의 법칙은 동시에(잇달아) 일어나는 셋 이상의 사건에 대해서도 성립한다.

현재 학습 내용

• **순열** 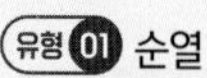

(1) 서로 다른 n개에서 $r\ (0<r\le n)$개를 택하여 일렬로 나열하는 것을 n개에서 r개를 택하는 **순열**이라 하며, 이 순열의 수를 기호로 ${}_n\mathrm{P}_r$과 같이 나타낸다.

$${}_n\mathrm{P}_r=\underbrace{n(n-1)(n-2)\times\cdots\times(n-r+1)}_{r\text{개}}$$

(2) 1부터 n까지의 자연수를 차례대로 곱한 것을 n의 **계승**이라 하며, 이것을 기호로 $n!$과 같이 나타낸다.

$$n!=n(n-1)(n-2)\times\cdots\times3\times2\times1$$

(3) **순열의 수**

① ${}_n\mathrm{P}_n=n!,\ 0!=1,\ {}_n\mathrm{P}_0=1$

② ${}_n\mathrm{P}_r=\dfrac{n!}{(n-r)!}$ (단, $0\le r\le n$)

③ ${}_n\mathrm{P}_r=n\times{}_{n-1}\mathrm{P}_{r-1}$ (단, $1\le r\le n$)

④ ${}_n\mathrm{P}_r={}_{n-1}\mathrm{P}_r+r\times{}_{n-1}\mathrm{P}_{r-1}$ (단, $1\le r<n$)

• **조합** 

(1) 서로 다른 n개에서 순서를 생각하지 않고 $r\ (0<r\le n)$개를 택하는 것을 n개에서 r개를 택하는 **조합**이라 하며, 이 조합의 수를 기호로 ${}_n\mathrm{C}_r$과 같이 나타낸다.

(2) **조합의 수**

① ${}_n\mathrm{C}_0=1,\ {}_n\mathrm{C}_n=1$

② ${}_n\mathrm{C}_r=\dfrac{{}_n\mathrm{P}_r}{r!}=\dfrac{n!}{r!(n-r)!}$ (단, $0\le r\le n$)

③ ${}_n\mathrm{C}_r={}_n\mathrm{C}_{n-r}$ (단, $0\le r\le n$)

④ ${}_n\mathrm{C}_r={}_{n-1}\mathrm{C}_r+{}_{n-1}\mathrm{C}_{r-1}$ (단, $1\le r<n$)

서로 다른 n개에서 r개를 선택
- 순서 ○ —— ${}_n\mathrm{P}_r$ (순열)
- 순서 × —— ${}_n\mathrm{C}_r$ (조합)

유형 03 조합의 활용

유형 01 순열

서로 구분이 되는 n개의 대상 중 r개의 순서 또는 자리를 정해주는 경우의 수를 순열의 수(${}_nP_r$)를 이용하여 구하는 문제를 분류하였다.

유형해결 TIP

일렬로 나열하는 경우 '교대로', '이웃하도록', '이웃하지 않도록', '적어도 양 끝에' 등의 조건을 다양한 상황에서 훈련하자.

684

다음 물음에 답하시오.

(1) 등식 ${}_5P_r=60$을 만족시키는 r의 값을 구하시오.

(2) 등식 $12\times{}_nP_2={}_nP_4$를 만족시키는 n의 값을 구하시오.

685

다음 중 옳지 않은 것은?

① ${}_4P_0=1$

② ${}_nP_r=\dfrac{n!}{(n-r)!}$

③ ${}_4P_1={}_4P_3$

④ $3!\times0!=6$

⑤ ${}_nP_r=n(n-1)(n-2)\times\cdots\times(n-r+1)$

686

서로 다른 n개에서 r개를 택하여 일렬로 배열하는 순열의 수 ${}_nP_r\ (0<r\le n)$은 다음과 같이 생각할 수 있다.

> 서로 다른 n개에서 
>
> □ □ □ … □
>
> 첫 번째 자리 / 두 번째 자리 / 세 번째 자리 / r번째 자리
>
> [그림 1]
>
> [그림 1]의 첫 번째 자리에 올 대상을 정하는 방법은 (가) 가지이다. 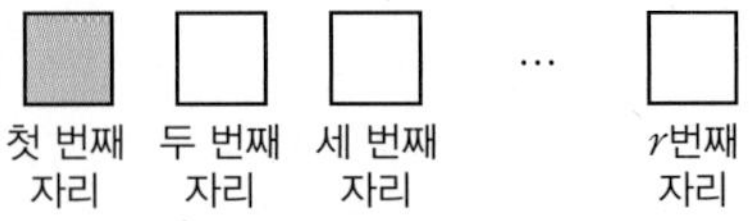
>
> ■ □ □ … □
>
> 첫 번째 자리 / 두 번째 자리 / 세 번째 자리 / r번째 자리
>
> [그림 2]
>
> 이때 [그림 2]의 나머지 자리에 남은 것을 일렬로 배열하는 경우의 수는 (나) 이다.
>
> 따라서 서로 다른 n개에서 r개를 택하여 일렬로 배열하는 순열의 수 ${}_nP_r$은 곱의 법칙에 의하여
>
> ${}_nP_r=$ (가) $\times$ (나) 이다.

위의 (가), (나)에 알맞은 것은?

	(가)	(나)
①	$n-r$	${}_{n+1}P_r$
②	$n-r$	${}_{n-1}P_{r-1}$
③	n	${}_{n+1}P_r$
④	n	${}_nP_{r-1}$
⑤	n	${}_{n-1}P_{r-1}$

687

개, 고양이, 곰, 돼지, 토끼 인형이 각각 1개씩 있다. 이 5개의 인형을 일렬로 나열하는 방법의 수를 구하시오.

688

서로 다른 n권의 책 중 3권을 뽑아 책꽂이에 일렬로 꽂는 방법의 수가 720일 때, n의 값을 구하시오.

689 빈출

남학생 2명과 여학생 4명이 일렬로 설 때, 양 끝 적어도 한 자리에 남학생이 서는 경우의 수는?

① 408 ② 416 ③ 424
④ 432 ⑤ 440

690

어느 고등학교 체육대회 100 m 달리기 시합에서 빨리 들어온 순서대로 1등, 2등, 3등까지 상품을 받는다. A, B를 포함한 6명의 학생이 이 달리기 시합에 나갔을 때, A, B가 모두 상품을 받도록 6명의 순위가 정해지는 경우의 수는?

(단, 동시에 들어온 사람은 없다.)

① 108 ② 120 ③ 132
④ 144 ⑤ 156

691 빈출

m, o, n, d, a, y의 6개의 문자를 일렬로 나열할 때, o와 a 사이에 2개의 문자가 들어 있는 경우의 수를 구하시오.

692 빈출

어느 장기자랑에서 노래 3팀, 춤 3팀이 모두 공연을 하려고 한다. 노래와 춤을 교대로 공연할 때, 이 6팀의 공연 순서를 정하는 방법의 수를 구하시오.

693 빈출

서로 다른 수학책 5권과 서로 다른 영어책 4권을 일렬로 나열할 때, 수학책과 영어책을 번갈아 나열하는 경우의 수는?

① 2640 ② 2760 ③ 2880
④ 3000 ⑤ 3120

694 빈출

어느 재생목록에 발라드 3곡과 힙합 4곡이 담겨 있다. 이 7곡을 순서를 정하여 차례대로 한 번씩 들으려고 할 때, 발라드는 2곡 이상 연속하여 듣지 않도록 순서를 정하는 경우의 수는?

① 1400 ② 1420 ③ 1440
④ 1460 ⑤ 1480

695

0, 1, 2, 3, 4, 5의 6개의 수를 일렬로 나열하려고 한다. 양 끝의 두 수의 합이 나머지 네 수의 합보다 큰 경우의 수를 구하시오.

696

부모와 자녀 3명으로 총 5명인 가족이 그림과 같은 5개의 의자에 각각 한 명씩 앉으려고 한다. 부모가 같은 열에 앉는 경우의 수는?

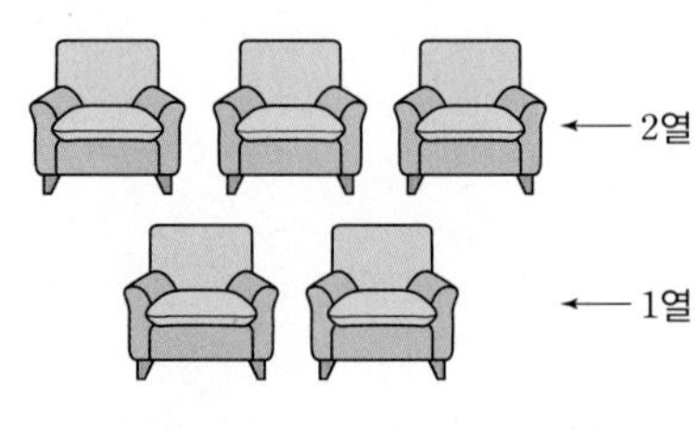

① 32 ② 36 ③ 40
④ 44 ⑤ 48

유형 02 조합

서로 구분이 되는 n개의 대상 중 r개를 선택하는 경우의 수를 조합의 수(${}_{n}\mathrm{C}_{r}$)를 이용하여 구하는 문항 중 수학 내적 문제를 분류하였다.

697

다음 중 옳은 것은?

① ${}_{n}\mathrm{C}_{0}=0$
② ${}_{7}\mathrm{C}_{4}=\frac{{}_{7}\mathrm{P}_{4}}{3!}$
③ ${}_{6}\mathrm{C}_{2}={}_{6}\mathrm{C}_{4}$
④ ${}_{3}\mathrm{P}_{2}={}_{3}\mathrm{C}_{2}+2$
⑤ ${}_{8}\mathrm{P}_{7}=\frac{8!}{2!}$

698 빈출

등식 $3\times{}_{n}\mathrm{P}_{2}=2\times{}_{n}\mathrm{C}_{3}$을 만족시키는 자연수 n의 값을 구하시오.

699

등식 ${}_{10}\mathrm{C}_{r-2}={}_{10}\mathrm{C}_{2r-3}$을 만족시키는 자연수 r의 값을 구하시오.

700

1부터 8까지의 자연수 중 9의 약수가 존재하지 않도록 서로 다른 4개의 수를 택하여 일렬로 나열하는 경우의 수를 구하시오.

701 빈출

a, b, c, d, e, f, g의 7개의 문자 중 서로 다른 5개의 문자를 뽑아 일렬로 나열하여 문자열을 만들려고 한다. 문자열에 반드시 a, c를 포함하되 a와 c가 서로 이웃하지 않는 문자열의 개수는?

① 660 ② 690 ③ 720
④ 750 ⑤ 780

702 빈출 평가원 기출

그림과 같이 반원 위에 7개의 점이 있다. 이 중 세 점을 꼭짓점으로 하는 삼각형의 개수는?

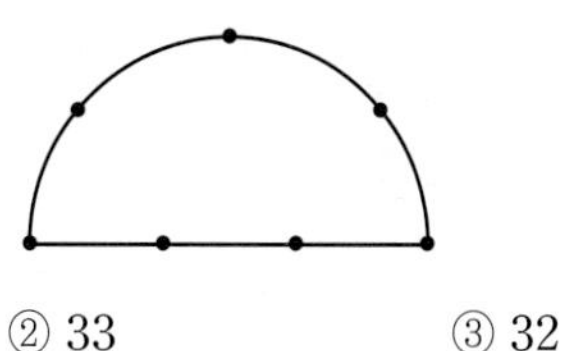

① 34 ② 33 ③ 32
④ 31 ⑤ 30

703 빈출

그림과 같이 4개의 평행선과 또 다른 5개의 평행선이 서로 만나고 있다. 이 평행선으로 이루어지는 평행사변형의 개수는?

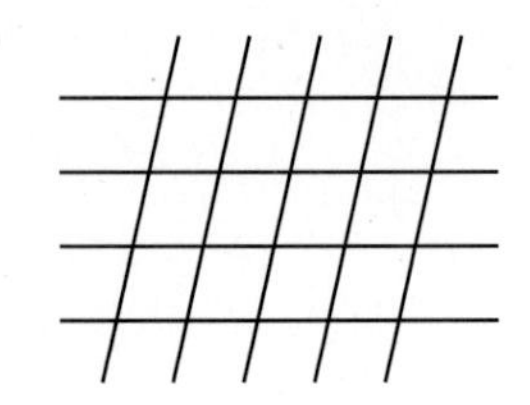

① 42 ② 48 ③ 54
④ 60 ⑤ 66

유형 03 조합의 활용

서로 구분이 되는 n개의 대상 중 r개를 선택하는 경우의 수 또는 선택하여 나열하는 경우의 수를 순열의 수$({}_n\mathrm{P}_r)$와 조합의 수$({}_n\mathrm{C}_r)$를 이용하여 구하는 문항 중 수학 외적 문제를 분류하였다.

704 빈출

9명으로 이루어진 학생회에서 회장 1명과 부회장 2명을 뽑는 경우의 수는?

① 246 ② 248 ③ 250
④ 252 ⑤ 254

705

어느 샐러드 가게에서 주재료 2종류와 부재료 4종류를 선택하여 샐러드를 주문하려고 한다. 부재료 중 계란이 반드시 포함되도록 샐러드를 주문하는 방법의 수를 구하시오.

(단, 선택 재료의 양은 고려하지 않는다.)

주재료
새우
연어
닭가슴살
돼지 목살
한우 채끝살

부재료	
양파	적근대
계란	치커리
토마토	샐러리
단호박	리코타치즈

706

어느 고등학교 동아리의 부원은 1학년 4명, 2학년 5명, 3학년 6명으로 구성되어 있다. 이 중 4명을 선택하여 동아리 홍보팀을 만들려고 할 때, 선택한 4명이 모두 같은 학년인 경우의 수를 구하시오.

707

간식 상자에 서로 다른 종류의 초콜릿 5개, 서로 다른 종류의 사탕 3개, 서로 다른 종류의 젤리 2개가 있다. 이 중 5개를 선택하여 포장하려 할 때, 사탕을 적어도 1개 이상 선택하는 경우의 수를 구하시오.

708

1부터 9까지의 자연수가 각각 하나씩 적혀 있는 9장의 카드 중 6장을 선택할 때, 선택한 카드에 적혀 있는 수의 합이 홀수가 되는 경우의 수를 구하시오.

709

회원 수가 n인 어느 동호회의 모든 회원들이 서로 한 번씩 악수를 했더니 악수를 한 총 횟수가 171이었다. 자연수 n의 값을 구하시오. (단, $n \geq 2$)

710

10개의 농구팀이 참가하는 프로농구 정규 리그에서 각 팀은 나머지 팀과 각각 6회씩 경기를 할 때, 총 경기의 수는?

① 240 ② 270 ③ 300
④ 330 ⑤ 360

711

어느 옷가게에서 서로 다른 티셔츠 5벌과 서로 다른 원피스 4벌 중 티셔츠 3벌과 원피스 2벌을 선택하여 매장 앞에 일렬로 진열하는 방법의 수는?

① 2400 ② 3600 ③ 4800
④ 6000 ⑤ 7200

712

딸기 맛 사탕 4개, 사과 맛 사탕 5개, 포도 맛 사탕 3개, 커피 맛 사탕 3개가 각각 15개의 서로 다른 색의 포장지에 담겨 있다. 이 15개의 사탕 중 2개의 사탕을 동시에 꺼낼 때, 꺼낸 두 사탕이 서로 다른 맛인 경우의 수는?

① 79 ② 83 ③ 87
④ 91 ⑤ 95

713

어느 제과점에서 똑같은 초콜릿 10개와 서로 다른 쿠키 7개 중 10개를 묶어 세트 상품을 만들려고 한다. 세트 상품에 들어가는 초콜릿의 개수가 홀수일 때, 만들 수 있는 세트 상품의 종류는 몇 가지인지 구하시오.

714

서로 다른 8개의 볼펜을 두 사람에게 각각 4개씩 나누어 주는 방법의 수는?

① 55 ② 60 ③ 65
④ 70 ⑤ 75

715

어느 여행 동아리 회원 7명을 서로 다른 3개의 방에 배정하려고 한다. 2명, 2명, 3명으로 나누어 서로 다른 3개의 방에 배정하는 방법의 수를 구하시오.

716

함께 여행을 간 8명이 4인실과 6인실 방을 하나씩 예약을 해 두었다. 8명을 이 2개의 방에 나누어 배정하는 방법의 수는?

(단, 정원을 초과하여 방을 배정할 수 없다.)

① 142　② 148　③ 154
④ 160　⑤ 166

717

어느 고등학교 6개의 반이 참가하는 반별 피구 경기를 그림과 같은 대진표에 의해 진행하려고 한다. 대진표를 작성하는 방법의 수는?

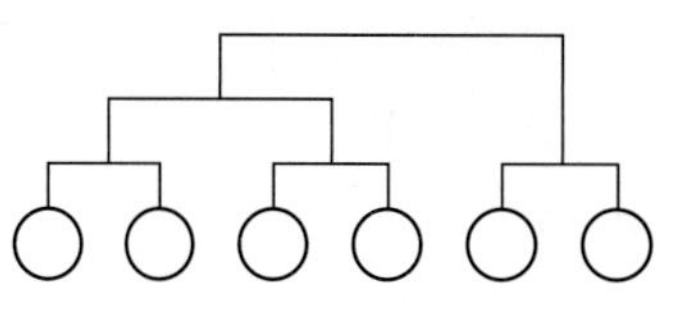

① 30　② 45　③ 60
④ 75　⑤ 90

유형 01 순열

718 서술형

2 이상의 자연수 n, r에 대하여 등식

$${}_{n-1}\mathrm{P}_r + r \times {}_{n-1}\mathrm{P}_{r-1} = {}_{n}\mathrm{P}_r$$

이 성립함을 증명하시오.

719

| 선행 696 |

어른 2명과 어린이 5명이 공연관람을 위해 그림과 같이 A열의 3개의 좌석, B열의 4개의 좌석을 예약하였다. 어른은 각 열에 한 명씩 양 끝 자리 중 한 곳에 앉는다고 할 때, 이 7명이 좌석에 앉는 방법의 수는?

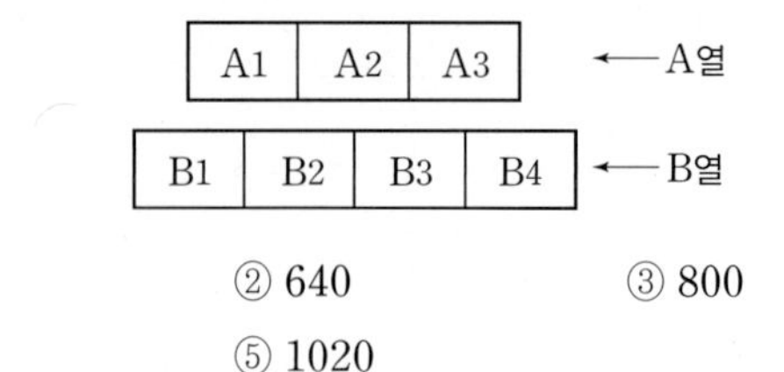

① 480 ② 640 ③ 800 ④ 960 ⑤ 1020

720 빈출

지상 1층부터 12층까지 운행하는 엘리베이터가 있다. 1층에서 탑승한 3명이 12층까지 1회 운행하는 동안 모두 내릴 때, 다음 조건을 만족시키는 경우의 수는?

> (가) 4층까지는 아무도 내리지 않는다.
> (나) 서로 연속한 층에 내리는 경우는 없고, 3명은 모두 서로 다른 층에서 내린다.

① 108 ② 120 ③ 132 ④ 144 ⑤ 156

721 빈출

| 선행 694 |

그림과 같은 의자 6개에 남학생 2명과 여학생 2명이 앉을 때, 여학생끼리는 서로 이웃하고 남학생끼리는 서로 이웃하지 않도록 앉는 방법의 수는? (단, 두 학생 사이에 다른 학생 또는 빈 의자가 있으면 서로 이웃하지 않는 것으로 한다.)

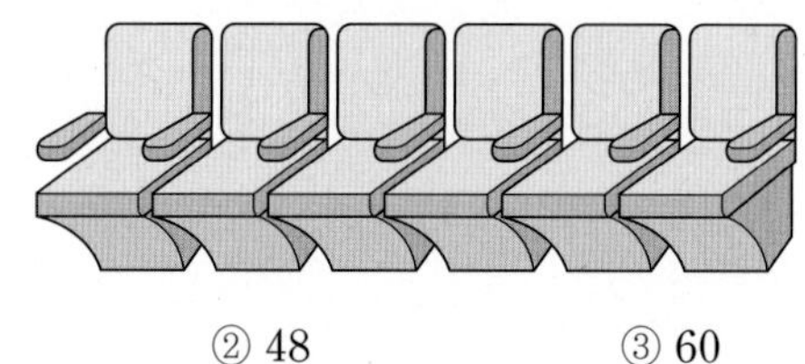

① 36 ② 48 ③ 60 ④ 72 ⑤ 84

722

a, b, c, d의 이름이 각각 하나씩 적혀 있는 4장의 쪽지가 들어 있는 상자가 있다. 이 상자에서 a, b, c, d의 4명이 각각 쪽지를 한 장씩 뽑을 때, 적어도 한 명이 자신의 이름이 적힌 쪽지를 뽑는 경우의 수를 구하시오. (단, 뽑은 쪽지는 다시 상자에 넣지 않는다.)

723 빈출

1, 2, 3, 4의 4개의 숫자를 일부 또는 전부 사용하여 만들 수 있는 각 자리의 숫자가 모두 다른 자연수 중 300보다 크고 4000보다 작은 자연수의 개수는?

① 24 ② 26 ③ 28
④ 30 ⑤ 32

724

| 선행 708 |

1부터 9까지의 자연수 중 서로 다른 5개를 선택하여 다음 규칙을 만족시키도록 다섯 자리의 자연수를 만드는 방법의 수는?

> (가) 이웃한 두 자리의 수의 합이 모두 홀수이다.
> (나) 모든 자리의 수의 합이 홀수이다.

① 360 ② 480 ③ 600
④ 720 ⑤ 840

725 빈출

다음 조건을 만족시키도록 1, 2, 3, 4, 5, 6의 6개의 숫자를 일렬로 나열하는 방법의 수는?

> (가) 짝수끼리는 서로 이웃하지 않는다.
> (나) 홀수인 소수끼리는 서로 이웃하지 않는다.

① 60 ② 80 ③ 100
④ 120 ⑤ 140

726 빈출

1, 2, 3, 4, 5, 6의 6개의 숫자가 각각 하나씩 적혀 있는 6장의 카드 중 네 장을 뽑아 일렬로 나열하여 네 자리 자연수를 만들 때, 3의 배수의 개수를 a, 4의 배수의 개수를 b라 하자. $a+b$의 값은?

① 180 ② 192 ③ 204
④ 216 ⑤ 228

727

1, 2, 3, 4, 5, 6의 6개의 숫자를 모두 사용하여 만들 수 있는 여섯 자리의 자연수를 크기가 작은 수부터 차례대로 나열할 때, 430번째에 놓이는 수는?

① 435612 ② 435621
③ 436215 ④ 436251
⑤ 436512

728

주머니 안에 서로 다른 빨간 공 2개와 서로 다른 파란 공 3개가 있다. 이 주머니에서 다음 조건에 따라 공을 1개씩 꺼내서 5개의 공을 모두 꺼내는 방법의 수는?

> (가) 빨간 공은 연속하여 꺼내지 않는다.
> (나) 파란 공은 3개가 모두 연속하도록 꺼내지 않는다.

① 48 ② 54 ③ 60
④ 66 ⑤ 72

유형 02 조합

729

자연수 n, r에 대하여 〈보기〉에서 옳은 것의 개수는?

〈보 기〉

ㄱ. ${}_nP_n={}_nC_n$
ㄴ. $(n+1)_nP_r={}_{n+1}P_{r+1}$
ㄷ. ${}_nP_r={}_nC_r\times r$
ㄹ. ${}_{n+1}C_{r+1}={}_{n+1}C_{n-r}$
ㅁ. ${}_nP_0={}_nC_0=0!$

① 1 ② 2 ③ 3
④ 4 ⑤ 5

730 서술형

2 이상의 자연수 n, r에 대하여 등식

$${}_{n-1}C_{r-1}+{}_{n-1}C_r={}_nC_r$$

이 성립함을 증명하시오.

731

3 이상의 자연수 n에 대하여 $f(n)={}_nC_2+{}_nC_3$이라 하자. $f(n)=165$를 만족시키는 자연수 n의 값을 구하시오.

732

x에 대한 삼차방정식

$$12x^3-9{}_nC_r\,x^2-2{}_nP_r\,x+144=0$$

에 대하여 2, -2가 방정식의 근이다. 두 자연수 n, r의 합 $n+r$의 값은?

① 5 ② 6 ③ 7
④ 8 ⑤ 9

733

자연수 2310을 1보다 큰 세 자연수의 곱으로 나타내는 방법의 수를 a, 두 개의 합성수만의 곱으로 나타내는 방법의 수를 b라 할 때, $a+b$의 값은? (단, 곱하는 순서는 고려하지 않는다.)

① 30 ② 35 ③ 40
④ 45 ⑤ 50

734

9 이하의 네 자연수 a, b, c, d에 대하여

$$a\times10^3+b\times10^2+c\times10+d$$

로 나타낼 수 있는 네 자리 자연수 중 $a<b<c<d$를 만족시키는 자연수를 작은 수부터 차례대로 나열할 때, 115번째 자연수는?

① 3789 ② 4568 ③ 4578
④ 4678 ⑤ 5678

735

교육청 변형

그림과 같이 한 개의 정삼각형과 세 개의 정사각형으로 이루어진 도형이 있다.

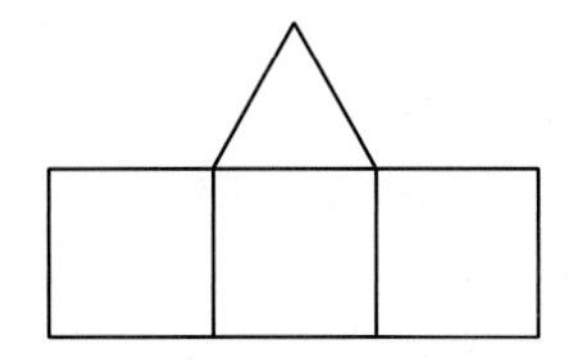

숫자 1, 2, 3, 4, 5, 6 중 중복을 허락하여 네 개를 택하고 네 개의 정다각형 내부에 하나씩 적을 때, 다음 조건을 만족시키는 경우의 수를 구하시오.

> (가) 세 개의 정사각형에 적혀 있는 수는 모두 정삼각형에 적혀 있는 수보다 크다.
> (나) 변을 공유하는 두 정사각형에 적혀 있는 수는 서로 다르다.

736

| 선행 703 |

다음은 가로, 세로의 길이가 각각 4, 3인 직사각형을 한 변의 길이가 1인 정사각형 12개로 나눈 도형이다. 이 도형의 선분으로 둘러싸인 사각형 중 정사각형이 아닌 직사각형의 개수는?

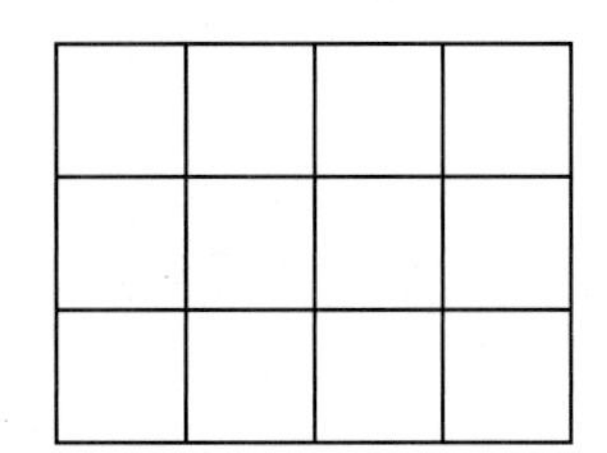

① 38 ② 40 ③ 42
④ 44 ⑤ 46

737

다음은 15개의 정사각형으로 이루어진 도형이다. 이 도형의 선들로만 만들 수 있는 직사각형의 개수는?

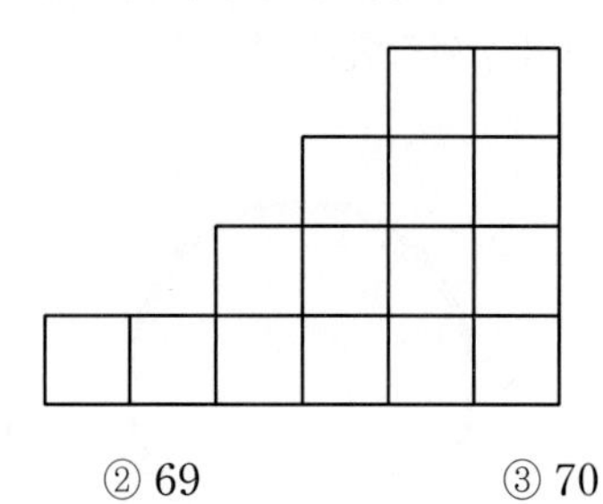

① 68 ② 69 ③ 70
④ 71 ⑤ 72

738

| 선행 702 |

그림과 같이 같은 간격으로 놓인 서로 다른 12개의 점이 있다. 이 중 3개의 점을 꼭짓점으로 하는 삼각형의 개수는?

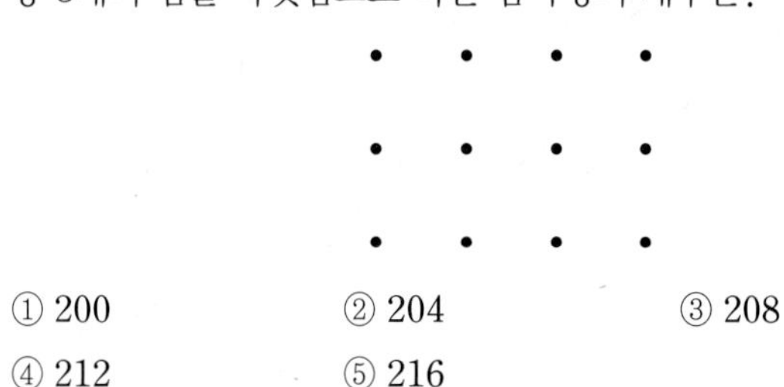

① 200 ② 204 ③ 208
④ 212 ⑤ 216

739

| 선행 663 |

그림과 같이 원 위의 서로 다른 12개의 점을 연결한 십이각형이 있다. 이 십이각형의 꼭짓점 중 3개의 점을 꼭짓점으로 하는 삼각형을 만들 때, 이 십이각형과 어느 한 변도 공유하지 않는 삼각형의 개수는?

① 96　② 100　③ 104　④ 108　⑤ 112

740

자연수 n에 대하여

$${}_{2n-1}C_0+{}_{2n-1}C_1+{}_{2n-1}C_2+\cdots+{}_{2n-1}C_{n-1}=\alpha$$

일 때, 다음은

$$1\times{}_{2n}C_{2n-1}+2\times{}_{2n}C_{2n-2}+3\times{}_{2n}C_{2n-3}+\cdots+2n\times{}_{2n}C_0$$

을 α를 이용하여 간단히 나타내는 과정이다.

> $0\le k\le n$인 정수 k에 대하여
> ${}_nC_k=$ (가) 이고
> $k\times{}_nC_k=($ (나) $)\times{}_{n-1}C_{k-1}$
> 이므로
> $1\times{}_{2n}C_{2n-1}+2\times{}_{2n}C_{2n-2}+3\times{}_{2n}C_{2n-3}+\cdots+2n\times{}_{2n}C_0$
> $=2\alpha\times($ (다) $)$
> 이다.

위의 과정에서 (가), (나), (다)에 알맞은 것은?

	(가)	(나)	(다)
①	${}_nC_{n-k}$	n	$2n$
②	${}_nC_{n-k}$	$n+1$	$2n+1$
③	${}_nC_{n-k}$	n	$2n+2$
④	${}_nC_{n-2k}$	$n+1$	$2n+1$
⑤	${}_nC_{n-2k}$	n	$2n$

유형 03 조합의 활용

741

A, B 두 사람이 방과 후 수업으로 개설된 서로 다른 5개의 수업 중 각각 2개씩 선택해서 수강하려고 한다. 두 사람이 동시에 수강하는 수업이 1개 이하가 되도록 수업을 선택하는 경우의 수는? (단, 각각의 수업은 모두 다른 시간에 진행된다.)

① 75　② 90　③ 105　④ 120　⑤ 135

742

크기가 서로 다른 A사 카메라 3대와 크기가 서로 다른 B사 카메라 3대를 모두 일렬로 진열하려고 한다. 이 6대의 카메라를 크기가 가장 큰 A사 카메라가 크기가 가장 작은 B사 카메라보다 왼쪽에 위치하도록 모두 나열하는 방법의 수는?

① 240　② 300　③ 360　④ 420　⑤ 480

743

서로 다른 7켤레의 운동화 14짝 중 5짝을 택할 때, 오직 한 켤레만 짝이 맞도록 하는 경우의 수는?

① 960　② 1000　③ 1040　④ 1080　⑤ 1120

744 빈출 서술형

남녀 학생 14명으로 이루어져 있는 학생회에서 3명의 대표를 선출하려고 한다. 남학생이 적어도 1명 포함되도록 선출하는 방법의 수가 308일 때, 이 학생회의 남학생 수를 구하고, 그 과정을 서술하시오.

745

어느 아마추어 탁구팀의 여자 선수는 남자 선수보다 2명이 더 많다. 이 팀에서 여자 2명으로 이루어진 여자 복식팀을 만드는 방법의 수가 남자 1명과 여자 1명으로 이루어진 혼성 복식팀을 만드는 방법의 수보다 20만큼 작을 때, 이 팀에 속한 여자 선수의 수를 구하시오.

746 빈출

| 선행 722 |

7명의 학생이 각각 수학 과제를 하나씩 제출하였다. 선생님이 채점을 마치고 7명의 학생에게 다시 과제를 임의로 하나씩 나누어 주었을 때, 3명만 자신이 제출한 과제를 받고 나머지 4명은 자신이 제출하지 않은 과제를 받는 경우의 수를 구하시오.

747

상자에 1부터 8까지의 자연수가 각각 하나씩 적혀 있는 8장의 카드가 들어 있다. 이 상자에서 4장의 카드를 동시에 뽑았을 때, 뽑은 카드에 적혀 있는 수 중 가장 큰 수와 가장 작은 수의 합이 9 또는 10이 되는 경우의 수는?

① 31 ② 33 ③ 35
④ 37 ⑤ 39

748 빈출

| 선행 726 |

1에서 20까지의 자연수가 각각 하나씩 적혀 있는 20장의 카드 중 동시에 3장을 뽑을 때, 카드에 적힌 수의 합이 3의 배수가 되는 경우의 수는?

① 374 ② 379 ③ 384
④ 389 ⑤ 394

749

주머니에 서로 다른 빨간색 공 3개와 서로 다른 파란색 공 3개가 들어 있다. 이 주머니에서 1개의 공을 꺼낸 후 다시 3개의 공을 동시에 꺼냈을 때, 나중에 꺼낸 3개의 공 중 파란색 공의 개수가 빨간색 공의 개수보다 더 많도록 공을 꺼내는 방법의 수는?
(단, 꺼낸 공은 다시 주머니에 넣지 않는다.)

① 30 ② 33 ③ 36
④ 39 ⑤ 42

750

길이가 5인 나무토막과 길이가 2인 나무토막을 일렬로 나열하여 길이가 19인 나무토막을 만드는 방법의 수를 구하시오.
(단, 길이가 같은 나무토막끼리는 서로 같은 것으로 보고, 각각의 길이의 나무토막은 충분히 있다.)

751 빈출

| 선행 717 |

어느 학교 1학년 1반부터 7반까지 7개의 반이 반별 축구시합을 그림과 같은 대진표로 진행하려고 한다. 1반과 2반이 결승전 이전에 서로 대결하는 일이 없도록 대진표를 작성하는 방법의 수는?

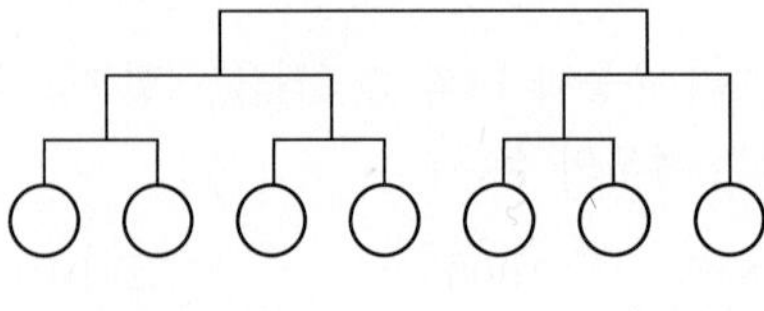

① 60 ② 90 ③ 120
④ 150 ⑤ 180

752

색이 서로 다른 6개의 구슬을 같은 종류의 3개의 상자에 나누어 넣으려고 한다. 각 상자에 적어도 하나의 구슬이 들어가도록 나누어 넣는 방법의 수를 구하시오.

753

4명이 가위바위보 게임을 한 번 했을 때, 비길 경우의 수는?

① 33 ② 36 ③ 39
④ 42 ⑤ 45

754

어느 여행 동호회의 회원 6명이 4개의 수목원 A, B, C, D에 사전 답사를 가려고 한다. 각각의 수목원에 적어도 한 명의 회원이 사전 답사를 가도록 6명이 다녀올 수목원을 정하는 방법의 수는?
(단, 각각의 회원은 오직 한 곳의 수목원만 사전 답사를 한다.)

① 1380 ② 1440 ③ 1500
④ 1560 ⑤ 1620

755

| 선행 716 |

4인승 자동차 1대와 7인승 자동차 1대에 A, B를 포함한 8명이 나누어 타려고 한다. 이 중 운전면허를 가지고 있는 사람이 3명이고 A, B는 모두 운전면허를 가지고 있지 않다. A, B가 서로 다른 차에 타도록 8명이 모두 차에 나누어 타는 방법의 수를 구하시오. (단, 운전석을 제외한 차 안의 자리는 서로 구분하지 않고, 차의 정원을 초과해서 타지 않는다.)

756

엘리베이터가 7층에서 출발하여 1층까지 내려가는데 7층에서 6명이 타서 6층, 5층, 3층에서만 문이 열리고 문이 열린 층마다 적어도 한 사람이 내렸다. 이 엘리베이터가 1층에 도착했을 때 아무도 타고 있지 않았다고 할 때, 7층에서 탔던 6명이 엘리베이터에서 내리는 방법의 수는?
(단, 중간에 타는 사람은 없었다.)

① 480 ② 510 ③ 540
④ 570 ⑤ 600

Ⅲ 경우의 수

스키마schema로 풀이 흐름 알아보기

유형 03 조합의 활용 744

남녀 학생 14명으로 이루어져 있는 학생회에서 3명의 대표를 선출하려고 한다. 남학생이 적어도 1명 포함되도록 선출하는 방법의 수가 308일 때, 이 학생회의 남학생 수를 구하고, 그 과정을 서술하시오.

(조건 ① 남녀 학생 14명으로 이루어져 있는 학생회에서, 조건 ② 남학생이 적어도 1명 포함되도록 선출하는 방법의 수가 308, 답 이 학생회의 남학생 수)

▶ 주어진 조건은 무엇인지? 구하는 답은 무엇인지? 이 둘을 어떻게 연결할지?

1 단계

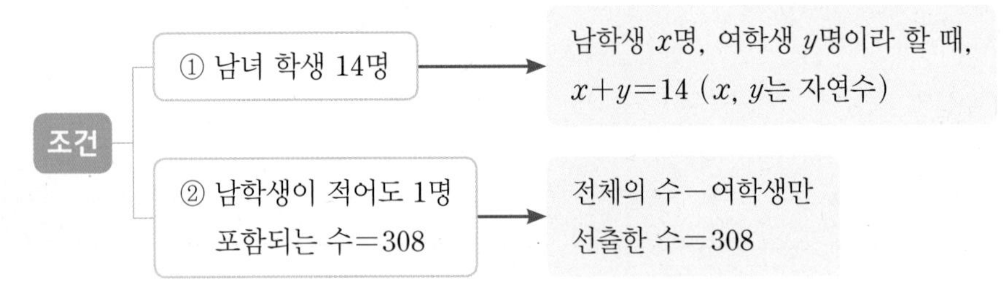

조건 ①에서 남학생의 수와 여학생의 수를 각각 x, y라 하면 학생회의 총 인원수는 14이므로 $x+y=14$이다.
또한 조건 ②에서 남학생이 적어도 1명 포함되도록 선출하는 방법의 수는 전체 학생 중 3명을 대표로 선출하는 방법의 수에서 여학생 3명을 대표로 선출하는 방법의 수를 뺀 것과 같다.

2 단계

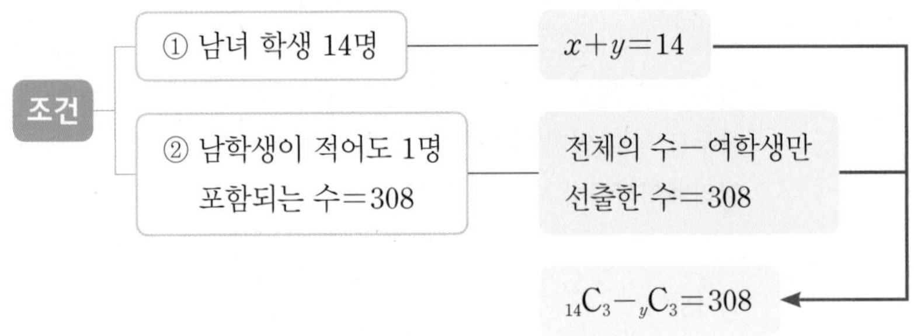

전체 학생의 수는 14이므로 전체 학생 중 3명을 대표로 선출하는 방법의 수는 ${}_{14}C_3$이고, 여학생의 수는 y이므로 여학생 3명을 대표로 선출하는 방법의 수는 ${}_{y}C_3$이다. 따라서
${}_{14}C_3-{}_{y}C_3=308$이다.

3 단계

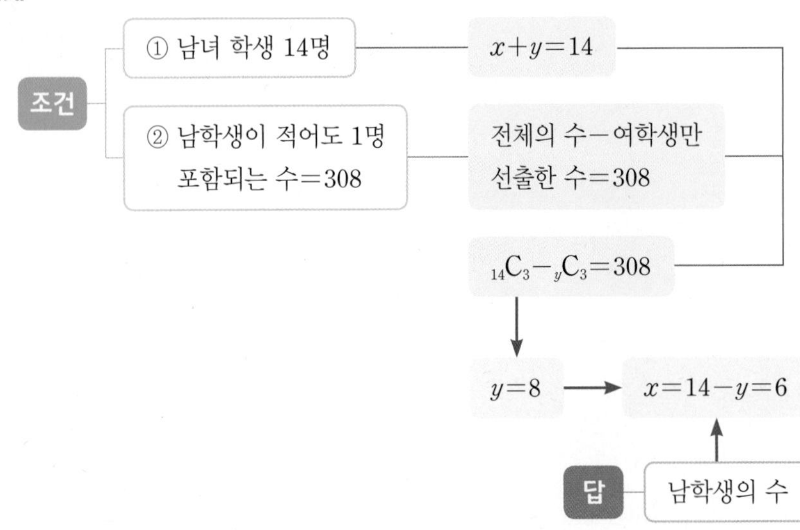

${}_{14}C_3-{}_{y}C_3=308$에서
$364-{}_{y}C_3=308$이므로 ${}_{y}C_3=56$
${}_{y}C_3=\dfrac{y(y-1)(y-2)}{3!}=56$
$y(y-1)(y-2)=8\times7\times6$
$\therefore y=8$
여학생의 수가 8이므로 구하는 남학생의 수는
$x=14-y=14-8=6$이다.

757

교육청 변형

서로 다른 종류의 과자 4봉지와 같은 종류의 사탕 2개를 5명의 어린이에게 남김없이 나누어 주려고 한다. 아무것도 받지 못하는 어린이가 없도록 과자와 사탕을 나누어 주는 경우의 수를 구하시오.

758

1부터 15까지의 자연수가 각각 하나씩 적혀 있는 15개의 사물함이 번호 순서대로 일렬로 나열되어 있다. 이 중 3개의 사물함을 선택할 때, 선택한 사물함 사이에 각각 n개 이상의 사물함이 있도록 선택하는 방법의 수를 $f(n)$이라 하자. $f(3)+f(4)$의 값을 구하시오.

759

1, 2, 3, 4의 숫자가 각각 하나씩 적혀 있는 카드가 각각 3장씩 총 12장 있다. 이 12장의 카드를 그림과 같은 숫자판에 다음 규칙에 따라 한 칸에 하나씩 모두 배열하려고 한다.

	1열	2열	3열	4열
1행				
2행				
3행				

(가) 각 행에는 1, 2, 3, 4가 적힌 카드를 한 장씩 배열한다.
(나) 같은 열에서는 이웃한 행에 같은 숫자가 적힌 카드를 배열하지 않는다.

예를 들어 [그림 1]은 규칙에 맞도록 배열한 경우이고, [그림 2]는 규칙에 어긋나게 배열한 경우이다. 규칙에 맞게 카드를 모두 배열하는 방법의 수는?

(단, 같은 숫자가 적힌 카드끼리는 서로 구분하지 않는다.)

	1열	2열	3열	4열
1행	1	4	2	3
2행	4	1	3	2
3행	2	4	1	3

[그림 1]

	1열	2열	3열	4열
1행	4	1	3	2
2행	1	4	3	2
3행	3	1	2	4

[그림 2]

① 1934　② 1944　③ 1954　④ 1964　⑤ 1974

760

상자에 1부터 8까지의 자연수가 각각 하나씩 적혀 있는 8장의 카드가 들어 있다. 이 상자에서 카드를 한 장씩 꺼내 짝수가 적힌 카드를 모두 뽑으면 더 이상 카드를 꺼내지 않는다고 한다. 더 이상 카드를 꺼내지 않을 때까지 뽑은 카드의 개수가 n일 경우의 수를 $f(n)$이라 할 때, $\frac{f(3)+f(4)+f(5)+f(6)}{4!}$의 값은?

(단, 꺼낸 카드는 다시 상자에 넣지 않는다.)

① 117 ② 122 ③ 127
④ 132 ⑤ 137

761

1부터 9까지의 자연수가 각각 하나씩 적혀 있는 9장의 카드 중 3장을 뽑아 일렬로 나열하여 세 자리 자연수를 만들 때, 다음 조건을 만족시키는 세 자리 자연수의 개수를 구하시오.

> 각 자리의 수 중 어떤 두 수의 합도 7의 배수가 아니다.

762

두 문자 X, Y에서 중복을 허락하여 8개의 문자를 택해 8자리 문자열을 만들 때, 다음 조건을 만족시키는 문자열의 개수는?

> (가) X, Y는 모두 적어도 1개씩 사용한다.
> (나) 첫 번째 문자는 X이고, Y끼리는 서로 이웃하지 않는다.

① 30 ② 31 ③ 32
④ 33 ⑤ 34

763

선행 723

0, 1, 2, 3, 4의 숫자 중 서로 다른 4개의 숫자를 이용하여 만들 수 있는 모든 네 자리 자연수의 합은?

① 246990 ② 249980 ③ 249990
④ 259980 ⑤ 259990

764

그림과 같이 8개의 칸으로 나누어진 도형에 A, B, C, D, E, F, G, H의 8개의 문자를 각각 하나씩 써넣으려고 한다. 다음 조건을 만족시키는 경우의 수가 $24k$일 때, 자연수 k의 값을 구하시오.

> (가) 두 문자 A와 C는 같은 변을 공유하는 칸에 써넣지 않는다.
> (나) 두 문자 E와 F는 같은 행에 써넣지 않는다.

	1열	2열	3열	4열
1행				
2행				

765

그림과 같이 한 변의 길이가 1인 정사각형 ABCD가 그려진 말판이 있다. 말을 처음 점 A에 두고 동전을 던져 다음 규칙에 따라 말을 움직인다.

> (가) 동전의 앞면이 나오면 정사각형의 변을 따라 시계 방향으로 1만큼 말을 이동시킨다.
> (나) 동전의 뒷면이 나오면 정사각형의 변을 따라 시계 반대 방향으로 1만큼 말을 이동시킨다.

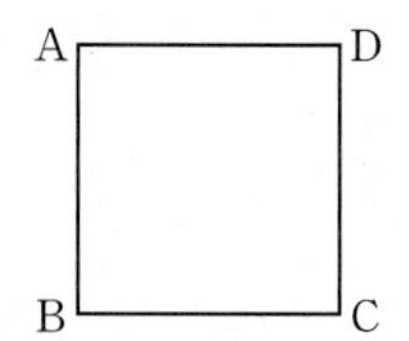

동전을 5번 던져서 말을 이동시켰을 때, 말이 점 B에 있도록 하는 방법의 수를 구하시오.

766

교육청 기출

반지름의 길이와 색이 모두 다른 나무 원판 5개가 있다. 5개의 원판의 중심이 일치하도록 원판을 쌓으려고 한다. 그림은 위에서 내려다봤을 때 원판 2개가 보이도록 원판 5개를 쌓은 한 가지 예이다. 이와 같이 위에서 내려다봤을 때 원판 2개가 보이도록 원판 5개를 쌓는 방법의 수를 구하시오.

IV

행렬

01 ◆ 행렬의 뜻과 연산

01 행렬의 뜻과 연산

이전 학습 내용

- **덧셈의 계산 법칙** 중1

세 수 a, b, c에 대하여 다음이 성립한다.

(1) 교환법칙: $a+b=b+a$

(2) 결합법칙: $(a+b)+c=a+(b+c)$

현재 학습 내용

- **행렬의 뜻과 성분** ······ 유형 01 행렬의 뜻

(1) 행렬: 여러 개의 수 또는 문자를 직사각형 모양으로 배열하여 괄호로 묶어 나타낸 것

(2) 성분: 행렬을 구성하고 있는 각각의 수 또는 문자

(3) 행: 행렬의 가로줄

(4) 열: 행렬의 세로줄

(5) $m\times n$ 행렬: m개의 행과 n개의 열로 이루어진 행렬

(6) 정사각행렬: 행의 개수와 열의 개수가 서로 같은 행렬

(7) (i, j) 성분: 행렬 A의 제i행과 제j열이 만나는 위치에 있는 성분을 행렬 A의 (i, j) 성분이라 하고, 기호로 a_{ij}와 같이 나타낸다.

- **서로 같은 행렬** ······ 유형 01 행렬의 뜻

두 행렬 $A=\begin{pmatrix} a_{11} & a_{12} \\ a_{21} & a_{22} \end{pmatrix}$, $B=\begin{pmatrix} b_{11} & b_{12} \\ b_{21} & b_{22} \end{pmatrix}$에 대하여

$A=B$이면 $a_{11}=b_{11}$, $a_{12}=b_{12}$, $a_{21}=b_{21}$, $a_{22}=b_{22}$

- **행렬의 덧셈과 뺄셈** ······ 유형 02 행렬의 덧셈, 뺄셈과 실수배

1. 행렬의 덧셈과 뺄셈

두 행렬 $A=\begin{pmatrix} a_{11} & a_{12} \\ a_{21} & a_{22} \end{pmatrix}$, $B=\begin{pmatrix} b_{11} & b_{12} \\ b_{21} & b_{22} \end{pmatrix}$에 대하여

(1) 행렬의 덧셈

$$A+B=\begin{pmatrix} a_{11}+b_{11} & a_{12}+b_{12} \\ a_{21}+b_{21} & a_{22}+b_{22} \end{pmatrix}$$

(2) 행렬의 뺄셈

$$A-B=\begin{pmatrix} a_{11}-b_{11} & a_{12}-b_{12} \\ a_{21}-b_{21} & a_{22}-b_{22} \end{pmatrix}$$

2. 행렬의 덧셈에 대한 성질

(1) 교환법칙: $A+B=B+A$

(2) 결합법칙: $(A+B)+C=A+(B+C)$

3. 영행렬

$(0\ \ 0)$, $\begin{pmatrix} 0 & 0 \\ 0 & 0 \end{pmatrix}$과 같이 모든 성분이 0인 행렬을 영행렬이라 하고, 주로 기호 O로 나타낸다.

이전 학습 내용

• **곱셈의 계산 법칙** 중1

세 수 a, b, c에 대하여 다음이 성립한다.

(1) 교환법칙: $a\times b=b\times a$

(2) 결합법칙: $(a\times b)\times c=a\times(b\times c)$

(3) 분배법칙: $a\times(b+c)=a\times b+a\times c$

$(a+b)\times c=a\times c+b\times c$

현재 학습 내용

• **행렬의 실수배** ······ 유형 02 행렬의 덧셈, 뺄셈과 실수배

1. 행렬의 실수배

$A=\begin{pmatrix} a_{11} & a_{12} \\ a_{21} & a_{22} \end{pmatrix}$이고 k가 실수일 때,

$$kA=\begin{pmatrix} ka_{11} & ka_{12} \\ ka_{21} & ka_{22} \end{pmatrix}$$

2. 행렬의 실수배의 성질

같은 꼴의 두 행렬 A, B와 두 실수 k, l에 대하여

(1) $(kl)A=k(lA)$

(2) $(k+l)A=kA+lA$

(3) $k(A+B)=kA+kB$

• **행렬의 곱셈**

1. 행렬의 곱셈 ······ 유형 03 행렬의 곱셈

두 행렬 $A=\begin{pmatrix} a_{11} & a_{12} \\ a_{21} & a_{22} \end{pmatrix}$, $B=\begin{pmatrix} b_{11} & b_{12} \\ b_{21} & b_{22} \end{pmatrix}$에 대하여

$$AB=\begin{pmatrix} a_{11}b_{11}+a_{12}b_{21} & a_{11}b_{12}+a_{12}b_{22} \\ a_{21}b_{11}+a_{22}b_{21} & a_{21}b_{12}+a_{22}b_{22} \end{pmatrix}$$

2. 행렬의 곱셈에 대한 성질 ······ 유형 04 행렬의 곱셈에 대한 성질 / 유형 05 행렬의 변형과 곱셈

덧셈과 곱셈을 할 수 있는 세 행렬 A, B, C에 대하여

(1) 일반적으로 곱셈에 대한 교환법칙이 성립하지 않는다.

즉, $AB\neq BA$이다.

(2) 결합법칙: $(AB)C=A(BC)$

(3) 분배법칙: $A(B+C)=AB+AC$, $(A+B)C=AC+BC$

(4) $k(AB)=(kA)B=A(kB)$ (단, k는 실수)

• **단위행렬** ······ 유형 06 단위행렬

1. 단위행렬

$\begin{pmatrix} 1 & 0 \\ 0 & 1 \end{pmatrix}$, $\begin{pmatrix} 1 & 0 & 0 \\ 0 & 1 & 0 \\ 0 & 0 & 1 \end{pmatrix}$과 같이 정사각행렬 중 왼쪽 위에서 오른쪽 아래로 내려가는 대각선 위의 성분이 모두 1이고, 그 외 나머지 성분이 모두 0인 정사각행렬을 단위행렬이라 하고, 주로 기호 E로 나타낸다.

2. 단위행렬의 성질

(1) 임의의 n차 정사각행렬 A와 단위행렬 E에 대하여

$AE=EA=A$

(2) $E^n=E$ (단, n은 자연수)

유형 07 행렬의 연산의 활용

정답과 풀이 p.154

유형 01 행렬의 뜻

행렬의 뜻에는
(1) (i, j) 성분이 주어질 때, 행렬을 구하는 문제
(2) 행렬의 성분과 실생활 활용 문제
(3) 서로 같은 행렬의 의미를 이용하는 문제
로 분류하였다.

유형해결 TIP
두 행렬 A, B가 서로 같기 위해서는 두 행렬 A, B가 서로 같은 꼴이고, 대응하는 성분이 각각 같아야 함을 알아두도록 하자.

767 빈출

3×2 행렬 A의 (i, j) 성분 a_{ij}가 $a_{ij}=(-1)^i+3j-2ij$일 때, 행렬 A의 모든 성분의 합을 구하시오.

768

그림과 같이 강에 댐을 설치하고, 물고기를 위한 통로인 어도를 상류 댐에 3개, 하류 댐에 4개를 설치하였다. 삼차정사각행렬 A의 (i, j) 성분 a_{ij}가 다음 조건을 모두 만족시킬 때, 행렬 A를 구하시오.

(단, 물고기는 같은 구역을 두 번 이상 지나지 않는다.)

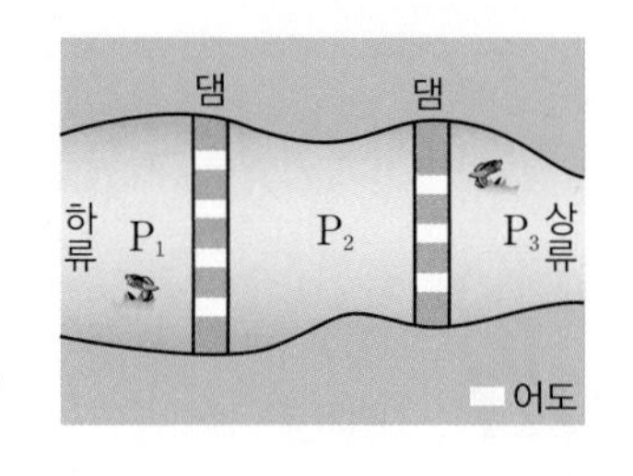

(가) $i=j$일 때, $a_{ij}=0$
(나) $i\neq j$일 때, a_{ij}는 물고기가 구역 P_i에서 구역 P_j로 갈 수 있는 방법의 수

769 평가원 변형

삼차정사각행렬 A의 (i, j) 성분 a_{ij}가

$$a_{ij}=\begin{cases} ij & (i>j) \\ 2i^2-3j & (i=j) \\ a_{ji} & (i<j) \end{cases}$$

일 때, 행렬 A의 제2열의 모든 성분의 합을 구하시오.

770

두 행렬 $A=\begin{pmatrix} x & y+3z \\ x+2y & 1 \end{pmatrix}$, $B=\begin{pmatrix} y+4 & 5 \\ 1 & x-z \end{pmatrix}$에 대하여 $A=B$일 때, 세 실수 x, y, z에 대하여 $x^2+y^2+z^2$의 값을 구하시오.

771

삼차정사각행렬 A의 (i, j) 성분 a_{ij}가

$$a_{ij}=\begin{cases} 1 & (i=j) \\ ai+bj+3 & (i\neq j) \end{cases}$$

일 때, 행렬 $A=\begin{pmatrix} 1 & 6 & 8 \\ 3 & 1 & x \\ 2 & y & 1 \end{pmatrix}$이다. 두 실수 x, y에 대하여 xy의 값을 구하시오. (단, a, b는 상수이다.)

772

두 행렬 $A=\begin{pmatrix} x^2-x & -4 \\ 3 & 3y-2 \end{pmatrix}$, $B=\begin{pmatrix} 6 & xy \\ 3 & y^2 \end{pmatrix}$에 대하여 $A=B$일 때, 두 실수 x, y에 대하여 $y-x$의 값을 구하시오.

773

등식 $\begin{pmatrix} a^3 & a-b \\ ab & b^3 \end{pmatrix}=\begin{pmatrix} 5\sqrt{2}+7 & 2 \\ k & 5\sqrt{2}-7 \end{pmatrix}$이 성립할 때, 상수 k의 값은?

① 1 ② 2 ③ 3
④ 4 ⑤ 5

유형 02 행렬의 덧셈, 뺄셈과 실수배

행렬의 덧셈, 뺄셈과 실수배에는 주어진 행렬의 덧셈, 뺄셈과 실수배를 이용하여 새로운 행렬을 구하거나 미지수를 찾는 문제를 분류하였다.

774

두 행렬 $A=\begin{pmatrix} -4 & 6 \\ 0 & 8 \end{pmatrix}$, $B=\begin{pmatrix} 3 & -5 \\ 1 & -1 \end{pmatrix}$에 대하여 행렬 $3(A-2B)-\frac{1}{2}(5A-8B)$의 모든 성분의 합은?

① 7 ② 8 ③ 9
④ 10 ⑤ 11

775

교육청 변형

두 행렬 $A=\begin{pmatrix} 5 & 4 \\ 3 & 2 \end{pmatrix}$, $B=\begin{pmatrix} 3 & -3 \\ 2 & -1 \end{pmatrix}$에 대하여 $2(A-2X)+8B=6(2B-X)$를 만족시키는 행렬 X의 모든 성분의 곱을 구하시오.

776 빈출

세 행렬 $A=\begin{pmatrix} 0 & 1 \\ -3 & 4 \end{pmatrix}$, $B=\begin{pmatrix} 0 & k \\ -4 & 1 \end{pmatrix}$, $C=\begin{pmatrix} 0 & -7 \\ 6 & 5 \end{pmatrix}$에 대하여 $xA+yB=C$가 성립할 때, $k+x+y$의 값을 구하시오.
(단, k, x, y는 실수이다.)

777 서술형

두 이차정사각행렬 A, B에 대하여

$$2A-3B=\begin{pmatrix} -8 & 1 \\ 2 & 6 \end{pmatrix},\ 3A+2B=\begin{pmatrix} 1 & 8 \\ -10 & 9 \end{pmatrix}$$

일 때, $A+B=\begin{pmatrix} a & b \\ c & d \end{pmatrix}$이다. 네 상수 a, b, c, d에 대하여 $ad-bc$의 값을 구하고, 그 과정을 서술하시오.

778

x에 대한 이차방정식 $x^2-ax+b^2=0$의 두 근을 α, β라 하자.

등식 $\alpha\begin{pmatrix} \alpha & 2 \\ \beta & 0 \end{pmatrix}+\beta\begin{pmatrix} \beta & 2 \\ \alpha & 0 \end{pmatrix}=\begin{pmatrix} 7 & 6 \\ 2\alpha\beta & 0 \end{pmatrix}$이 성립할 때, 두 실수 a, b에 대하여 $a+b$의 값은? (단, $b>0$)

① 2 ② 3 ③ 4 ④ 5 ⑤ 6

779

두 이차정사각행렬 A, B에 대하여 행렬 A의 (i, j) 성분 a_{ij}는

$a_{ij}=\begin{cases} i-3j & (i\neq j) \\ i+j & (i=j) \end{cases}$이고 행렬 $B-2A$의 (i, j) 성분 c_{ij}는 $c_{ij}=i^2-j$일 때, 행렬 B의 모든 성분의 합을 구하시오.

유형 03 행렬의 곱셈

행렬의 곱셈에는
(1) 행렬의 곱셈, 행렬의 거듭제곱을 계산하는 문제
(2) 행렬의 곱셈을 실생활에 활용하는 문제
로 분류하였다.

780

행렬 $A=\begin{pmatrix} 1 & 0 \\ 0 & 2 \end{pmatrix}$에 대하여 행렬 A^n의 모든 성분의 합이 65가 되도록 하는 자연수 n의 값을 구하시오.

781

등식 $\begin{pmatrix} 5 & -2 \\ 4 & a \end{pmatrix}\begin{pmatrix} a \\ b \end{pmatrix}=\begin{pmatrix} 1 & 3 \\ -3 & 4 \end{pmatrix}\begin{pmatrix} -2 \\ a \end{pmatrix}$가 성립할 때, 두 실수 a, b에 대하여 a^2+b^2의 값을 구하시오.

782

교육청 기출

이차정사각행렬 A의 (i, j) 성분 a_{ij}와 이차정사각행렬 B의 (i, j) 성분 b_{ij}를 각각 $a_{ij}=i-j+1$, $b_{ij}=i+j+1$ $(i=1, 2, j=1, 2)$이라 할 때, 행렬 AB의 $(2, 2)$ 성분을 구하시오.

783 빈출

교육청 변형

행렬 $A=\begin{pmatrix} 1 & 0 \\ 3 & 1 \end{pmatrix}$과 자연수 n에 대하여 행렬 A^n의 모든 성분의 합을 S_n이라 할 때, $S_n>150$을 만족시키는 n의 최솟값은?

① 48 ② 49 ③ 50 ④ 51 ⑤ 52

784

[표 1]은 마트와 편의점에서의 빵과 우유의 개당 가격을 나타낸 것이고, [표 2]는 지수와 민지가 구입한 빵과 우유의 개수를 나타낸 것이다.

(단위: 원)

	빵	우유
마트	a	b
편의점	c	d

[표 1]

(단위: 개)

	지수	민지
빵	e	f
우유	g	h

[표 2]

두 행렬 $A=\begin{pmatrix} a & b \\ c & d \end{pmatrix}$, $B=\begin{pmatrix} e & f \\ g & h \end{pmatrix}$에 대하여 다음 중 민지가 마트에서 빵과 우유를 살 때와 지수가 편의점에서 빵과 우유를 살 때 지불해야 하는 각 금액의 합과 같은 것은?

① 행렬 AB의 제1행의 모든 성분의 합
② 행렬 AB의 $(1, 2)$ 성분과 $(2, 1)$ 성분의 합
③ 행렬 BA의 $(1, 2)$ 성분과 $(2, 1)$ 성분의 합
④ 행렬 AB의 $(1, 1)$ 성분과 $(2, 2)$ 성분의 합
⑤ 행렬 BA의 $(1, 1)$ 성분과 $(2, 2)$ 성분의 합

785

두 이차정사각행렬 A, B에 대하여

$$A+2B=\begin{pmatrix} 3 & -1 \\ 1 & 6 \end{pmatrix},\ A-2B=\begin{pmatrix} -5 & 7 \\ 1 & -6 \end{pmatrix}$$

일 때, 행렬 A^2-4B^2의 $(1, 2)$ 성분은?

① -33 ② -12 ③ -1
④ 12 ⑤ 37

786

행렬 $A=\begin{pmatrix} 1 & -3 \\ 1 & -3 \end{pmatrix}$에 대하여 $A^6+A^7+A^8=kA$일 때, 실수 k의 값을 구하시오.

787 서술형

등식 $\begin{pmatrix} x & y \\ 1 & 1 \end{pmatrix}\begin{pmatrix} 2 & x \\ -1 & y \end{pmatrix}=\begin{pmatrix} 1 & 40 \\ 4 & x \end{pmatrix}+\begin{pmatrix} 4 & 10 \\ -3 & y \end{pmatrix}$을 만족시키는 두 실수 x, y에 대하여 xy의 최솟값을 구하고, 그 과정을 서술하시오.

유형 04 행렬의 곱셈에 대한 성질

행렬의 곱셈에 대한 성질에는
(1) 행렬의 곱셈에 대한 연산법칙을 다루는 문제
(2) 식을 변형한 후 필요한 행렬을 구하는 문제
(3) $AB=BA$가 성립하는 경우를 다루는 문제
로 분류하였다.

유형해결 TIP
행렬의 곱셈에 대한 교환법칙은 일반적으로 성립하지 않음에 유의하여 풀이하도록 한다.

788

두 이차정사각행렬 A, B에 대하여

$$A-B=\begin{pmatrix} 1 & 0 \\ 3 & -2 \end{pmatrix},\ A^2+B^2=\begin{pmatrix} 3 & 5 \\ 2 & 1 \end{pmatrix}$$

일 때, 행렬 $AB+BA$의 제2열의 모든 성분의 합을 구하시오.

789

세 이차정사각행렬 A, B, C에 대하여

$$A=\begin{pmatrix} -1 & 0 \\ 3 & 1 \end{pmatrix},\ \frac{1}{3}(B-C)=\begin{pmatrix} 2 & 1 \\ -1 & 0 \end{pmatrix}$$

일 때, 행렬 $A(2B+3C)-5AC$의 가장 큰 성분과 가장 작은 성분의 합을 구하시오.

790

두 이차정사각행렬 A, B에 대하여

$$(A+B)^2=\begin{pmatrix} 1 & 0 \\ 2 & 4 \end{pmatrix},\ A^2+B^2=\begin{pmatrix} 1 & 0 \\ 0 & 4 \end{pmatrix}$$

일 때, 행렬 $(A-B)^2$의 가장 큰 성분을 구하시오.

791 빈출

두 행렬 $A=\begin{pmatrix} 2 & -2 \\ 3 & -1 \end{pmatrix}$, $B=\begin{pmatrix} x & y \\ -3 & 4 \end{pmatrix}$에 대하여 $(A-2B)^2=A^2-4AB+4B^2$이 성립할 때, 두 실수 x, y에 대하여 xy의 값을 구하시오.

792

두 이차정사각행렬 A, B에 대하여

$$(A-B)(A+B)=\begin{pmatrix} 4 & 3 \\ 0 & 0 \end{pmatrix},\ A^2-B^2=\begin{pmatrix} 3 & 4 \\ 1 & 1 \end{pmatrix}$$

일 때, 행렬 $(A+B)(A-B)$의 모든 성분의 합은?

① 8 ② 9 ③ 10 ④ 11 ⑤ 12

793

세 행렬 $A=\begin{pmatrix} 1 & 2 \\ 3 & 4 \end{pmatrix}$, $B=\begin{pmatrix} 1 & 3 \\ -1 & 0 \end{pmatrix}$, $C=\begin{pmatrix} 0 & -1 \\ 1 & 2 \end{pmatrix}$에 대하여 행렬 $(A+B)C+A(B-C)-(A-C)B$의 모든 성분의 합을 구하시오.

794

두 행렬 $A=\begin{pmatrix} 2 & 1 \\ 0 & -3 \end{pmatrix}$, $B=\begin{pmatrix} 0 & -1 \\ 1 & 2 \end{pmatrix}$에 대하여 행렬 $A^2+2AB-BA-2B^2$의 (1, 1) 성분과 (2, 2) 성분의 합을 구하시오.

795 빈출

교육청 변형

두 이차정사각행렬 A, B에 대하여

$$A^2+B^2=\begin{pmatrix} \frac{1}{2} & 0 \\ -\frac{1}{2} & 5 \end{pmatrix},\ AB+BA=\begin{pmatrix} \frac{1}{2} & 0 \\ \frac{5}{2} & -4 \end{pmatrix}$$

이 성립할 때, 행렬 $(A+B)^{66}$의 모든 성분의 합은?

① 66 ② 67 ③ 68 ④ 69 ⑤ 70

796

두 행렬 $A=\begin{pmatrix} x & 5 \\ 2x & -2 \end{pmatrix}$, $B=\begin{pmatrix} -2 & -5 \\ y & 3 \end{pmatrix}$에 대하여

$$(A-3B)(A+3B)=A^2-9B^2$$

일 때, 행렬 $A-B$의 (2, 1) 성분을 구하시오.

797

두 행렬 $A=\begin{pmatrix} 1 & 2 \\ 2 & -3x \end{pmatrix}$, $B=\begin{pmatrix} y & 3 \\ 3 & 4 \end{pmatrix}$가 $(A+B)^2=A^2+2AB+B^2$을 만족시킨다. 점 (x, y)가 나타내는 그래프가 점 $(3, k)$를 지날 때, 상수 k의 값은?

① 11 ② 13 ③ 15
④ 17 ⑤ 19

798 서술형

두 행렬 $A=\begin{pmatrix} 6x & 1 \\ 1 & x^2 \end{pmatrix}$, $B=\begin{pmatrix} y^2 & 1 \\ 1 & 7 \end{pmatrix}$에 대하여 $(A+2B)(A-B)=A^2+AB-2B^2$이 성립할 때, 두 정수 x, y의 순서쌍 (x, y)의 개수를 구하고, 그 과정을 서술하시오.

유형 05 행렬의 변형과 곱셈

행렬의 변형과 곱셈에는
(1) $aX+bY=Z$일 때,
$$AZ=A(aX+bY)=aAX+bAY$$
임을 이용하여 행렬 AZ를 구하는 문제
(2) $A\begin{pmatrix} a \\ b \end{pmatrix}=\begin{pmatrix} c \\ d \end{pmatrix}$이면 $A\begin{pmatrix} c \\ d \end{pmatrix}=AA\begin{pmatrix} a \\ b \end{pmatrix}=A^2\begin{pmatrix} a \\ b \end{pmatrix}$
로 나타내어 계산하는 문제
로 분류하였다.

799

이차정사각행렬 A에 대하여 $A\begin{pmatrix} 3a \\ b \end{pmatrix}=\begin{pmatrix} 4 \\ -1 \end{pmatrix}$, $A\begin{pmatrix} 3a \\ 5b \end{pmatrix}=\begin{pmatrix} 2 \\ 1 \end{pmatrix}$이 성립할 때, $A\begin{pmatrix} a \\ b \end{pmatrix}$는?

① $\begin{pmatrix} -3 \\ -1 \end{pmatrix}$ ② $\begin{pmatrix} 0 \\ -2 \end{pmatrix}$ ③ $\begin{pmatrix} 1 \\ 0 \end{pmatrix}$
④ $\begin{pmatrix} 1 \\ 1 \end{pmatrix}$ ⑤ $\begin{pmatrix} 6 \\ 3 \end{pmatrix}$

800

이차정사각행렬 A에 대하여 $A^2=\begin{pmatrix} 1 & 0 \\ 0 & 3 \end{pmatrix}$, $A\begin{pmatrix} p \\ q \end{pmatrix}=\begin{pmatrix} r \\ s \end{pmatrix}$가 성립할 때, 다음 중 행렬 $A\begin{pmatrix} p-r \\ q-s \end{pmatrix}$와 같은 것은?

① $\begin{pmatrix} p-r \\ -3q-s \end{pmatrix}$ ② $\begin{pmatrix} -p+r \\ -3q+s \end{pmatrix}$ ③ $\begin{pmatrix} 3p-r \\ q+s \end{pmatrix}$
④ $\begin{pmatrix} 3p+r \\ -q+s \end{pmatrix}$ ⑤ $\begin{pmatrix} p+r \\ 3q-s \end{pmatrix}$

801

이차정사각행렬 A에 대하여

$$A\begin{pmatrix} 1 \\ 2 \end{pmatrix}=\begin{pmatrix} 3 \\ 1 \end{pmatrix},\ A\begin{pmatrix} 2 \\ -1 \end{pmatrix}=\begin{pmatrix} 2 \\ 6 \end{pmatrix},\ A\begin{pmatrix} 1 \\ 7 \end{pmatrix}=\begin{pmatrix} p \\ q \end{pmatrix}$$

가 성립할 때, 두 상수 p, q에 대하여 $p+q$의 값을 구하시오.

유형 06 단위행렬

단위행렬에는
(1) 단위행렬을 이용하여 행렬의 거듭제곱을 계산하는 문제
(2) 단위행렬을 이용하여 식을 계산하는 문제
(3) $A^n \pm B^n$을 구하는 문제
로 분류하였다.

유형해결 TIP
정사각행렬 A가 두 자연수 m, n과 실수 k에 대하여 $A^m = kE$이면 $(A^m)^n = k^n E$임을 이용하여 풀이하도록 한다.

802

행렬 $A=\begin{pmatrix} 1 & -1 \\ 3 & -2 \end{pmatrix}$에 대하여 행렬 A^{1021}은?

① $\begin{pmatrix} -2 & 1 \\ -3 & 1 \end{pmatrix}$ ② $\begin{pmatrix} -1 & 0 \\ 0 & -1 \end{pmatrix}$ ③ $\begin{pmatrix} 1 & -1 \\ 3 & -2 \end{pmatrix}$
④ $\begin{pmatrix} 1 & 0 \\ 0 & 1 \end{pmatrix}$ ⑤ $\begin{pmatrix} 1 & 9 \\ 1 & 4 \end{pmatrix}$

803

행렬 $A=\begin{pmatrix} 1 & 2 \\ -1 & -1 \end{pmatrix}$에 대하여 다음 중 $A^{80}+A^{81}+A^{82}$과 같은 행렬은? (단, E는 단위행렬이다.)

① $-3A$ ② $-E$ ③ A
④ $3E$ ⑤ $A+2E$

804

행렬 $A=\begin{pmatrix} -1 & -1 \\ 2 & 1 \end{pmatrix}$에 대하여 $A^n=E$를 만족시키는 두 자리 자연수 n의 최댓값을 구하시오. (단, E는 단위행렬이다.)

805 빈출

행렬 $A=\begin{pmatrix} 1 & -4 \\ 2 & -1 \end{pmatrix}$에 대하여 행렬 $(A+E)(A^2-A+E)$의 모든 성분의 합을 구하시오. (단, E는 단위행렬이다.)

806 선생님 Pick! 평가원 기출

행렬 $A=\begin{pmatrix} -1 & 3 \\ -1 & -1 \end{pmatrix}$에 대하여 $A^6\begin{pmatrix} 1 \\ 1 \end{pmatrix}=\begin{pmatrix} a \\ b \end{pmatrix}$일 때, $a+b$의 값을 구하시오.

807

두 행렬 $A=\begin{pmatrix} 1 & -1 \\ 2 & 3 \end{pmatrix}$, $B=\begin{pmatrix} -2 & -1 \\ 2 & 0 \end{pmatrix}$에 대하여 행렬 A^2B-AB^2의 가장 작은 성분을 구하시오.

808 서술형

행렬 $A=\begin{pmatrix} x & -2 \\ 2 & -y \end{pmatrix}$에 대하여 행렬 $(A-2E)(A+2E)=E$가 성립할 때, 두 실수 x, y에 대하여 $x+y$의 최솟값을 구하고, 그 과정을 서술하시오. (단, E는 단위행렬이다.)

809

두 이차정사각행렬 A, B에 대하여 $A+B=O$, $AB=2E$일 때, $A^4+B^4=\begin{pmatrix} a & b \\ c & d \end{pmatrix}$이다. 네 상수 a, b, c, d에 대하여 $a+b+c+d$의 값은? (단, E는 단위행렬, O는 영행렬이다.)

① -16 ② -8 ③ -4
④ 4 ⑤ 16

810

두 이차정사각행렬 A, B에 대하여 $A-B=E$, $AB=O$일 때, A^8-B^8을 간단히 하면? (단, E는 단위행렬, O는 영행렬이다.)

① $-2A+2E$ ② $4A-4E$ ③ E
④ $A+B$ ⑤ $4A+4B$

811

두 이차정사각행렬 A, B에 대하여 $A+B=3E$, $AB=E$일 때, $A^2+B^2=kE$이다. 실수 k의 값을 구하시오.

(단, E는 단위행렬이다.)

812

이차정사각행렬 A에 대하여 $A^2=\begin{pmatrix} 1 & 2 \\ -1 & a \end{pmatrix}$일 때, 행렬 $(A^2+A+E)(A^2-A+E)$의 모든 성분의 합은 37이다. 양수 a의 값을 구하시오. (단, E는 단위행렬이다.)

유형 07 행렬의 연산의 활용

행렬의 연산의 활용에는
(1) 행렬의 연산에 대한 진위 판정을 다루는 문제
(2) 주어진 연산에 맞게 등식의 좌변과 우변을 각각 계산한 후, 등호가 성립하는지 판단하는 문제
로 분류하였다.

813

두 실수 x, y에 대하여 $x\triangle y$를 행렬 $\begin{pmatrix} x & y \\ y & x \end{pmatrix}$라 할 때, 〈보기〉에서 옳은 것만을 있는 대로 고른 것은?

〈보 기〉
ㄱ. 임의의 두 실수 a, b에 대하여 $a\triangle b=b\triangle a$
ㄴ. 임의의 세 실수 a, b, k에 대하여 $k(a\triangle b)=ka\triangle kb$
ㄷ. 임의의 네 실수 a, b, c, d에 대하여 $(a\triangle b)-(c\triangle d)=(a-c)\triangle(b-d)$

① ㄴ ② ㄷ ③ ㄱ, ㄴ
④ ㄴ, ㄷ ⑤ ㄱ, ㄴ, ㄷ

814

두 이차정사각행렬 A, B에 대하여 〈보기〉에서 옳은 것만을 있는 대로 고른 것은? (단, E는 단위행렬, O는 영행렬이다.)

〈보 기〉

ㄱ. $A^5=A^2=E$이면 $A=E$이다.
ㄴ. $(A-B)^2=O$이면 $A=B$이다.
ㄷ. $A=3B^2$이면 $AB=BA$이다.

① ㄱ ② ㄴ ③ ㄱ, ㄴ
④ ㄱ, ㄷ ⑤ ㄴ, ㄷ

815

두 이차정사각행렬 A, B에 대하여 $AB+BA=O$가 성립할 때, 〈보기〉에서 옳은 것만을 있는 대로 고른 것은?
(단, O는 영행렬이다.)

〈보 기〉

ㄱ. $A^2B=BA^2$
ㄴ. $(A+B)^2=A^2+B^2$
ㄷ. $(A+B)(A-B)=A^2-B^2$

① ㄱ ② ㄴ ③ ㄱ, ㄴ
④ ㄱ, ㄷ ⑤ ㄱ, ㄴ, ㄷ

816

두 이차정사각행렬 A, B에 대하여 $A⊙B=AB+BA$라 할 때, 〈보기〉에서 옳은 것만을 있는 대로 고른 것은?

〈보 기〉

ㄱ. $A⊙B=B⊙A$
ㄴ. 임의의 실수 k에 대하여 $kA⊙kB=k(A⊙B)$
ㄷ. 이차정사각행렬 C에 대하여
$(A⊙B)⊙C=A⊙(B⊙C)$

① ㄱ ② ㄴ ③ ㄷ
④ ㄱ, ㄴ ⑤ ㄱ, ㄷ

817

임의의 행렬 $A=\begin{pmatrix} a & b \\ c & d \end{pmatrix}$에 대하여 $f(A)=ad-bc$라 하자.
행렬 $B=\begin{pmatrix} -1 & 3 \\ -2 & 4 \end{pmatrix}$, $E=\begin{pmatrix} 1 & 0 \\ 0 & 1 \end{pmatrix}$에 대하여 x에 대한 이차방정식 $f(B^2-xE)=0$의 두 근의 합을 구하시오.

818 빈출

두 이차정사각행렬 A, B에 대하여 〈보기〉에서 옳은 것만을 있는 대로 고른 것은? (단, O는 영행렬이다.)

〈보 기〉

ㄱ. $A+B=O$이면 $AB=BA$이다.
ㄴ. $AB=A$, $BA=B$이면 $A^2+B^2=A+B$이다.
ㄷ. $A^2-B^2=O$이면 $A=B$ 또는 $A=-B$이다.

① ㄱ ② ㄴ ③ ㄱ, ㄴ
④ ㄱ, ㄷ ⑤ ㄱ, ㄴ, ㄷ

유형 01 행렬의 뜻

819

두 행렬 $A=\begin{pmatrix} a+5 & 3 \\ 2c^2 & c^2+ac \end{pmatrix}$, $B=\begin{pmatrix} 4 & 3b \\ 3b+5c & 6 \end{pmatrix}$에 대하여 $A=B$이다. 세 상수 a, b, c에 대하여 abc의 값을 구하시오.

820 빈출

2×3 행렬 A의 (i, j) 성분 a_{ij}가 $a_{ij}=(i^2+1)(j^2-k)$일 때, 행렬 A의 모든 성분의 합은 14이다. 상수 k의 값은?

① 2 ② 3 ③ 4
④ 5 ⑤ 6

821

두 이차정사각행렬 A, B의 (i, j) 성분을 각각 a_{ij}, b_{ij}라 하면

$$a_{ij}=pi+qj,\ b_{ij}=\begin{cases} 2^i & (i+j\text{가 짝수인 경우}) \\ 3i-j & (i+j\text{가 홀수인 경우}) \end{cases}$$

이다. $A=B$일 때, 두 상수 p, q에 대하여 p^2+q^2의 값은?

① 2 ② 5 ③ 8
④ 10 ⑤ 13

822

교육청 변형

그림과 같이 1부터 100까지의 자연수가 배열되어 있는 숫자판에 4개의 수(1, 2, 11, 12)를 포함하는 색칠된 정사각형이 놓여 있다. 이 색칠된 정사각형을 오른쪽으로 m칸, 아래쪽으로 n칸 이동하였을 때, 이동된 정사각형 내부의 자연수를 그대로 괄호로 묶어서 나타내어 행렬 $S(m, n)$이라 하자. 예를 들어 $S(3, 2)=\begin{pmatrix} 24 & 25 \\ 34 & 35 \end{pmatrix}$이다.

1	2	3	4	5	6	7	8	9	10
11	12	13	14	15	16	17	18	19	20
21	22	23	24	25	26	27	28	29	30
31	32	33	34	35	36	37	38	39	40
41	42	43	44	45	46	47	48	49	50
51	52	53	54	55	56	57	58	59	60
61	62	63	64	65	66	67	68	69	70
71	72	73	74	75	76	77	78	79	80
81	82	83	84	85	86	87	88	89	90
91	92	93	94	95	96	97	98	99	100

8 이하의 두 자연수 a, b에 대하여 행렬 $S(a, b)$의 모든 성분의 합이 282일 때, a^2+b^2의 값을 구하시오.

823

등식 $\begin{pmatrix} x^2+y^2+z^2 & 3 \\ 1 & xyz \end{pmatrix}=\begin{pmatrix} xy+yz+zx & 3 \\ 1 & -8 \end{pmatrix}$이 성립할 때, 세 실수 x, y, z에 대하여 $x-3y-z$의 값을 구하시오.

824

이차정사각행렬 A의 (i, j) 성분이 이차함수 $y=x^2-(2i+j)x+9$의 그래프와 직선 $y=jx$의 교점의 개수일 때, 행렬 A를 구하시오.

유형 02 행렬의 덧셈, 뺄셈과 실수배

825

세 행렬 $A=\begin{pmatrix} -2 & 4 \\ 0 & -1 \end{pmatrix}$, $B=\begin{pmatrix} -1 & 3 \\ 3 & -2 \end{pmatrix}$, $C=\begin{pmatrix} 1 & 0 \\ -1 & 1 \end{pmatrix}$에 대하여 행렬 $3(2A+B)-5(A-C+B)$의 가장 큰 성분과 가장 작은 성분의 차는?

① 17 ② 18 ③ 19
④ 20 ⑤ 21

826 빈출 서술형

| 선행 776 |

세 행렬 $A=\begin{pmatrix} a & 3 \\ b & 4 \end{pmatrix}$, $B=\begin{pmatrix} b & 6 \\ a & -3 \end{pmatrix}$, $C=\begin{pmatrix} 8 & -3 \\ -7 & 18 \end{pmatrix}$에 대하여 $xA+yB=C$일 때, 네 실수 a, b, x, y에 대하여 $abxy$의 값을 구하고, 그 과정을 서술하시오.

827

등식 $\begin{pmatrix} a & b \\ 3 & c \end{pmatrix}+\begin{pmatrix} b & c \\ 1 & a \end{pmatrix}=\begin{pmatrix} 7 & 2 \\ 2 & -1 \end{pmatrix}-\begin{pmatrix} -2 & -1 \\ d & -5 \end{pmatrix}$를 만족시키는 네 실수 a, b, c, d에 대하여 $ab+cd$의 값은?

① 20 ② 22 ③ 24
④ 26 ⑤ 28

828

두 행렬 A, B에 대하여

$$2A+B=\begin{pmatrix} 9 & 6 \\ 21 & -11 \end{pmatrix},\ A-3B=\begin{pmatrix} 1 & -4 \\ 0 & -2 \end{pmatrix}$$

일 때, $X-5A=2(B-2A)$를 만족시키는 행렬 X의 $(1, 2)$ 성분과 $(2, 1)$ 성분의 합을 구하시오.

829

$\begin{pmatrix} x^2 & 0 \\ x & x^3 \end{pmatrix}-3\begin{pmatrix} a & 1 \\ 2 & b \end{pmatrix}+\begin{pmatrix} y^2 & xy \\ y & y^3 \end{pmatrix}=\begin{pmatrix} 0 & 0 \\ 0 & 0 \end{pmatrix}$을 만족시키는 두 실수 a, b에 대하여 $a+b$의 값을 구하시오.

(단, x, y는 상수이다.)

830

| 선행 779 |

두 이차정사각행렬 X, Y에 대하여 X의 $(i,\ j)$ 성분을 x_{ij}, Y의 $(i,\ j)$ 성분을 y_{ij}라 하면 $x_{ij}=i+3j$, $y_{ij}=i^2+j^2$이다. 두 이차정사각행렬 A, B에 대하여 $-A+B=X$, $3A-B=Y$일 때, 행렬 $5A-2B$의 모든 성분의 곱을 구하시오.

831

교육청 변형

두 행렬 A, B의 $(i,\ j)$ 성분을 각각 a_{ij}, b_{ij}라 할 때,

$$a_{ij}-a_{ji}=0,\ b_{ij}+b_{ji}=0\ (i=1,\ 2,\ j=1,\ 2)$$

가 성립한다. $3A-2B=\begin{pmatrix} 6 & 19 \\ 11 & -3 \end{pmatrix}$일 때, $a_{21}+a_{22}+b_{12}$의 값을 구하시오.

유형 03 행렬의 곱셈

832

빈출

행렬 $A=\begin{pmatrix} 1 & 0 \\ -1 & 1 \end{pmatrix}$에 대하여 행렬

$A-A^2+A^3-A^4+\cdots+A^{999}-A^{1000}$의 $(2,\ 1)$ 성분은?

① -500　② -250　③ 0　④ 250　⑤ 500

833

행렬 $A=\begin{pmatrix} 5 & 0 \\ 1 & 5 \end{pmatrix}$에 대하여 $A^{100}=\begin{pmatrix} a & b \\ c & d \end{pmatrix}$라 할 때, $\dfrac{c}{d}$의 값을 구하시오.

834

빈출 | 선행 784 |

아래 표는 지난해 과수원 A, B에서 2개월 동안 수확한 사과의 개수를 나타낸 것이다. 세 행렬 $X=\begin{pmatrix} x_1 & y_1 \\ x_2 & y_2 \end{pmatrix}$, $Y=\dfrac{1}{2}(1\ \ 1)$, $Z=\begin{pmatrix} 0 \\ 1 \end{pmatrix}$에 대하여 다음 중 행렬 YXZ의 계산 결과와 같은 것은?

	8월	9월
A	x_1	y_1
B	x_2	y_2

① 과수원 A에서 2개월 동안 수확한 사과의 개수의 평균
② 과수원 B에서 2개월 동안 수확한 사과의 개수의 평균
③ 두 과수원에서 8월에 수확한 사과의 개수의 평균
④ 두 과수원에서 9월에 수확한 사과의 개수의 평균
⑤ 두 과수원에서 2개월 동안 수확한 사과의 개수의 평균

835 서술형

$2x-y+3=0$을 만족시키는 두 실수 x, y에 대하여 행렬

$(x\ \ y)\begin{pmatrix} 2 & 3 \\ 1 & -2 \end{pmatrix}\begin{pmatrix} x \\ y \end{pmatrix}$의 성분은 $x=a$일 때 최솟값 b를 갖는다.

$a-b$의 값을 구하고, 그 과정을 서술하시오.

836

두 동호회 A, B의 현재 회원 수를 각각 a명, b명이라 하고, 1년 후의 회원 수를 각각 a'명, b'명이라 하면

$\begin{pmatrix} a' \\ b' \end{pmatrix}=\begin{pmatrix} 0.6 & 0.4 \\ 0.9 & 0.2 \end{pmatrix}\begin{pmatrix} a \\ b \end{pmatrix}$인 관계가 성립한다고 한다. 이와 같은 추세로 두 동호회의 회원 수가 변하고 현재 동호회 A와 B의 회원 수의 비가 2 : 3일 때, 2년 후의 두 동호회 A와 B의 회원 수의 비는 $m:n$이다. $m+n$의 값을 구하시오.

(단, m과 n은 서로소인 자연수이다.)

837

행렬 $A=\begin{pmatrix} 3 & -6 \\ -1 & 2 \end{pmatrix}$에 대하여 행렬 A^n의 성분 중 가장 큰 수를 $M(n)$, 가장 작은 수를 $m(n)$이라 하자.

$M(n)-m(n)>9000$을 만족시키는 자연수 n의 최솟값은?

① 5 ② 6 ③ 7
④ 8 ⑤ 9

838

선생님 Pick! 교육청 변형

두 행렬 $A_1=\begin{pmatrix} 2 & 3 \\ 4 & 5 \end{pmatrix}$, $P=\begin{pmatrix} 0 & 1 \\ 1 & 0 \end{pmatrix}$에 대하여 행렬 A_{n+1}은 모든 자연수 n에 대하여 다음 조건을 만족시킨다.

> (가) 행렬 A_n의 (1, 1) 성분이 (1, 2) 성분보다 작으면
> $A_{n+1}=A_nP$
> (나) 행렬 A_n의 (1, 1) 성분이 (1, 2) 성분보다 작지 않으면
> $A_{n+1}=-PA_n$

행렬 A_{111}의 (2, 2) 성분을 구하시오.

839

평가원 기출

행렬 $A=\begin{pmatrix} 1 & 1 \\ a & a \end{pmatrix}$와 이차정사각행렬 B가 다음 조건을 만족시킬 때, 행렬 $A+B$의 (1, 2) 성분과 (2, 1) 성분의 합은?

> (가) $B\begin{pmatrix} 1 \\ -1 \end{pmatrix}=\begin{pmatrix} 0 \\ 0 \end{pmatrix}$이다.
> (나) $AB=2A$이고, $BA=4B$이다.

① 2 ② 4 ③ 6
④ 8 ⑤ 10

유형 04 행렬의 곱셈에 대한 성질

840

두 행렬 $A=\begin{pmatrix} 2 & 0 \\ 0 & -3 \end{pmatrix}$, $B=\begin{pmatrix} -1 & x \\ 1 & -4 \end{pmatrix}$에 대하여 행렬 $A^2-AB+BA-B^2$의 모든 성분의 합이 2일 때, 실수 x의 값은?

① -3 ② -2 ③ 0
④ 2 ⑤ 3

841 빈출

| 선행 797 |

두 행렬 $A=\begin{pmatrix} x^2 & -1 \\ -1 & 1 \end{pmatrix}$, $B=\begin{pmatrix} y & 4 \\ 4 & -y \end{pmatrix}$에 대하여 등식 $(A-B)(A-2B)=A^2-3AB+2B^2$이 성립한다. 점 (x, y)가 나타내는 그래프와 x축의 두 교점을 각각 P, Q라 하고, y축과의 교점을 R이라 할 때, 삼각형 PQR의 넓이를 구하시오.

842 서술형

두 이차정사각행렬 A, B에 대하여

$$A+B=\begin{pmatrix} 1 & -2 \\ 3 & 0 \end{pmatrix},\ A^2+B^2=\begin{pmatrix} -a & 4a \\ -a & 2a \end{pmatrix},$$

$$AB+BA=\begin{pmatrix} -3b & b \\ b & -2b \end{pmatrix}$$

일 때, 행렬 $(A-B)^2$의 (1, 2) 성분과 (2, 1) 성분의 곱을 구하고, 그 과정을 서술하시오.

843

0이 아닌 두 실근 α, β를 갖는 이차방정식 $x^2-ax+b=0$과 두 행렬 $A=\begin{pmatrix} \alpha & \beta \\ \beta & \alpha \end{pmatrix}$, $B=\begin{pmatrix} \alpha & \beta \\ 3 & 4 \end{pmatrix}$에 대하여 $(A-B)(A-2B)=A^2-3AB+2B^2$이 성립할 때, $a-b$의 값을 구하시오. (단, a, b는 실수이다.)

844

두 이차정사각행렬 A, B에 대하여

$$A+2B=\begin{pmatrix} 2 & 0 \\ -6 & 8 \end{pmatrix},\ A-2B=\begin{pmatrix} 6 & 4 \\ 2 & 4 \end{pmatrix}$$

일 때, 행렬 $A^2+2AB-3BA-6B^2$의 (1, 1) 성분과 (2, 2) 성분의 합은?

① 4 ② 5 ③ 6
④ 7 ⑤ 8

845 빈출

이차방정식 $x^2-4x-2=0$의 두 근을 α, β라 할 때, 두 행렬 A, B가

$$(A+B)^2=\begin{pmatrix} \alpha+\beta & \alpha\beta \\ \frac{1}{\alpha}+\frac{1}{\beta} & \alpha^2+\beta^2 \end{pmatrix}$$

$$AB+BA=\begin{pmatrix} \alpha & 2 \\ 2 & \alpha \end{pmatrix}\begin{pmatrix} \beta & 2 \\ 2 & \beta \end{pmatrix}$$

를 만족시킨다. 행렬 A^2+B^2의 모든 성분의 합을 구하시오.

846

두 이차정사각행렬 A, B가 다음 조건을 만족시킬 때, 행렬 $(A-3B)(A+5B)$의 모든 성분의 합을 구하시오.

(가) $(A+3B)(A-5B)=\begin{pmatrix} -8 & 0 \\ 16 & 0 \end{pmatrix}$

(나) 행렬 A^2-15B^2의 모든 성분의 합은 3이다.

847

| 선행 794 |

세 행렬 $A=\begin{pmatrix} 1 & 0 \\ 1 & 1 \end{pmatrix}$, $B=\begin{pmatrix} 0 & 0 \\ -1 & -2 \end{pmatrix}$, $C=\begin{pmatrix} 3 & 0 \\ -1 & z \end{pmatrix}$에 대하여 $xA^2+yB^2+yBA+xAB=C$가 성립할 때, $x+y+z$의 값을 구하시오. (단, x, y, z는 실수이다.)

848

두 행렬 $A=\begin{pmatrix} 2 & -3 \\ a & b \end{pmatrix}$, $B=\begin{pmatrix} x & 3 \\ y & 3 \end{pmatrix}$에 대하여

$$A^2=5A,\ (A+B)(A-B)=A^2-B^2$$

이 성립할 때, 네 실수 a, b, x, y에 대하여 $a+b+x+y$의 값은?

① 1 ② 3 ③ 5 ④ 7 ⑤ 9

849

두 행렬 $A=\begin{pmatrix} a & b \\ c & d \end{pmatrix}$, $B=\begin{pmatrix} a & b-1 \\ c-1 & d-1 \end{pmatrix}$에 대하여

$$(A+B)^2=A^2+2AB+B^2,\ A^2-B^2=\begin{pmatrix} 5 & 7 \\ 7 & 12 \end{pmatrix}$$

일 때, 행렬 A의 모든 성분의 합은?

① 9 ② 11 ③ 13 ④ 15 ⑤ 17

850

두 행렬 A, B가 다음 조건을 만족시킬 때, 행렬 A^3+B^3의 모든 성분의 합을 구하시오.

(가) $(A+B)(A-B)=A^2-B^2$

(나) $A+B=\begin{pmatrix} 2 & 1 \\ -4 & -2 \end{pmatrix}$

(다) $AB=\begin{pmatrix} 2 & 0 \\ 0 & 2 \end{pmatrix}$

851

두 이차정사각행렬 A, B가 $AB-BA=\begin{pmatrix} 0 & 1 \\ 0 & 0 \end{pmatrix}$을 만족시킨다.

$A=\begin{pmatrix} -5 & 3 \\ 0 & 8 \end{pmatrix}$일 때, 행렬 A^2B-BA^2을 구하시오.

유형 05 행렬의 변형과 곱셈

852 빈출

이차정사각행렬 A에 대하여 $A\begin{pmatrix} a \\ -b \end{pmatrix}=\begin{pmatrix} 3 \\ -5 \end{pmatrix}$,

$A\begin{pmatrix} -2a+c \\ 2b-3d \end{pmatrix}=\begin{pmatrix} 0 \\ 1 \end{pmatrix}$일 때, $A\begin{pmatrix} c \\ -3d \end{pmatrix}$를 구하시오.

853

| 선행 801 |

이차정사각행렬 A에 대하여 $A\begin{pmatrix} 2 \\ 5 \end{pmatrix}=\begin{pmatrix} 0 \\ 2 \end{pmatrix}$, $A^2\begin{pmatrix} 2 \\ 5 \end{pmatrix}=\begin{pmatrix} 4 \\ -1 \end{pmatrix}$가 성립한다. $A\begin{pmatrix} x \\ y \end{pmatrix}=\begin{pmatrix} -12 \\ 5 \end{pmatrix}$를 만족시키는 두 실수 x, y에 대하여 $x-y$의 값은?

① 1 ② 2 ③ 3
④ 4 ⑤ 5

854

다음 조건을 만족시키는 이차정사각행렬 A에 대하여 행렬 $A\begin{pmatrix} 3 \\ 5 \end{pmatrix}$의 모든 성분의 곱을 구하시오.

(단, E는 단위행렬, O는 영행렬이다.)

> (가) $A^2-2A+E=O$
> (나) $A\begin{pmatrix} 1 \\ 1 \end{pmatrix}=\begin{pmatrix} 3 \\ 5 \end{pmatrix}$

855

행렬 $A=\begin{pmatrix} a & b \\ c & d \end{pmatrix}$에 대하여 $A\begin{pmatrix} 2 \\ 3 \end{pmatrix}=\begin{pmatrix} 3 \\ 4 \end{pmatrix}$, $A^2\begin{pmatrix} 2 \\ 3 \end{pmatrix}=\begin{pmatrix} 5 \\ 7 \end{pmatrix}$일 때, $abcd$의 값을 구하시오.

856

선생님 Pick! 교육청 기출

이차정사각행렬 A가 $A^2\begin{pmatrix} 1 \\ 2 \end{pmatrix}=\begin{pmatrix} 1 \\ 2 \end{pmatrix}$, $A^3\begin{pmatrix} 1 \\ 2 \end{pmatrix}=\begin{pmatrix} 3 \\ 2 \end{pmatrix}$를 만족시킬 때, $A\begin{pmatrix} -1 \\ 6 \end{pmatrix}=\begin{pmatrix} x \\ y \end{pmatrix}$이다. 두 실수 x, y에 대하여 $x+y$의 값을 구하시오.

857 빈출

이차정사각행렬 A에 대하여 $A\begin{pmatrix} 2 \\ -1 \end{pmatrix}=\begin{pmatrix} -4 \\ 2 \end{pmatrix}$, $A\begin{pmatrix} -2 \\ 9 \end{pmatrix}=\begin{pmatrix} 0 \\ 0 \end{pmatrix}$이다. $A^{200}\begin{pmatrix} 0 \\ 8 \end{pmatrix}=\begin{pmatrix} x \\ y \end{pmatrix}$를 만족시키는 두 실수 x, y에 대하여 $\frac{x}{y}$의 값을 구하시오. (단, $y\neq0$)

유형 06 단위행렬

858

행렬 $A=\begin{pmatrix} 3 & 7 \\ -1 & -2 \end{pmatrix}$에 대하여 $A^{100}\begin{pmatrix} x \\ y \end{pmatrix}=\begin{pmatrix} 5 \\ -1 \end{pmatrix}$일 때, $x-y$의 값을 구하시오.

859

이차정사각행렬 A는 모든 성분의 합이 0이고

$$A^6+A^7=-4A-4E$$

를 만족시킨다. 행렬 $A^{12}+A^{13}$의 모든 성분의 합을 구하시오.

(단, E는 단위행렬이다.)

860

행렬 $A=\begin{pmatrix} 1 & 1 \\ 0 & -1 \end{pmatrix}$, $B=\begin{pmatrix} 0 & 1 \\ 1 & 0 \end{pmatrix}$에 대하여 행렬 $(AB)^{55}+B^{55}A^{55}$의 모든 성분의 합을 구하시오.

861 빈출

이차정사각행렬 A가 $(A-E)^2=2A-3E$를 만족시킬 때, $(A-E)^3=mA+nE$이다. 두 실수 m, n에 대하여 mn의 값은?

(단, E는 단위행렬이다.)

① -15　② -8　③ -2
④ 1　⑤ 5

862

이차정사각행렬 A가 다음 조건을 만족시킬 때, 양수 a의 값을 구하시오. (단, E는 단위행렬이다.)

(가) $A=\begin{pmatrix} a & 1 \\ 4 & -1 \end{pmatrix}$

(나) $(A+3E)(A-2E)$의 모든 성분의 합이 12이다.

863

| 선행 805 |

이차정사각행렬 A가 $A^2-2A+4E=O$를 만족시킬 때, 행렬 A^{15}의 모든 성분의 합은? (단, E는 단위행렬, O는 영행렬이다.)

① -2^{16}　② -2^5　③ 0　④ 2^5　⑤ 2^{16}

864

빈출 서술형

행렬 $A=\begin{pmatrix} 2 & -3 \\ 1 & -1 \end{pmatrix}$에 대하여 행렬 $A+A^2+A^3+\cdots+A^{1028}$의 모든 성분의 합을 구하고, 그 과정을 서술하시오.

865

| 선행 811 |

두 이차정사각행렬 A, B에 대하여 $3A+B=O$, $AB=3E$일 때, $A^{10}+B^4=kE$이다. 실수 k의 값을 구하시오.

(단, E는 단위행렬, O는 영행렬이다.)

866

빈출

두 이차정사각행렬 A, B에 대하여 $A+B=2E$, $BA=O$일 때, 행렬 $A^{50}+A^{49}B+A^{48}B^2+\cdots+AB^{49}+B^{50}$의 모든 성분의 합은? (단, E는 단위행렬, O는 영행렬이다.)

① 2　② 2^{50}　③ 2^{51}　④ 2^{100}　⑤ 2^{101}

867

두 행렬 A, B에 대하여 $A+B=E$, $A^3+B^3=\begin{pmatrix} -5 & 9 \\ -3 & 4 \end{pmatrix}$일 때, 행렬 AB의 모든 성분의 곱을 구하시오. (단, E는 단위행렬이다.)

868

행렬 $A=\begin{pmatrix} a & b \\ c & d \end{pmatrix}$에 대하여 $A^2-3A-5E=O$이고, 행렬 $B=\begin{pmatrix} 2-a & -b \\ -c & 2-d \end{pmatrix}$에 대하여 $B^3=xA+yE$이다. 두 실수 x, y에 대하여 $x+y$의 값을 구하시오.

(단, E는 단위행렬, O는 영행렬이다.)

869

방정식 $x^3=1$의 한 허근을 ω라고 할 때, $A=\begin{pmatrix} \omega^2 & \omega \\ 1 & \omega+1 \end{pmatrix}$에 대하여 A^{18}의 모든 성분의 합은?

① 2^6 ② 2^7 ③ 2^8
④ 2^9 ⑤ 2^{10}

870 빈출

이차정사각행렬 $A=\begin{pmatrix} 4 & x+13 \\ y-5 & 2-z \end{pmatrix}$, $B=\begin{pmatrix} 1 & 2-x \\ 4-y & z-5 \end{pmatrix}$에 대하여 $AB=A$, $BA=B$가 성립할 때, $A^{100}+B^{100}=\begin{pmatrix} a & b \\ c & d \end{pmatrix}$이다. 네 상수 a, b, c, d에 대하여 $ad-bc$의 값을 구하시오.

Ⅳ 행렬

유형 07 행렬의 연산의 활용

871 빈출

두 이차정사각행렬 A, B에 대하여 〈보기〉에서 옳은 것만을 있는 대로 고른 것은? (단, E는 단위행렬이고, O는 영행렬이다.)

〈보 기〉

ㄱ. $A\neq O$이고 $AB=A$이면 $B=E$이다.
ㄴ. $A^2=E$, $B^2=E$이면 $(ABA)^2=E$이다.
ㄷ. $A+E=(B+E)^2$이면 $AB=BA$이다.

① ㄱ　② ㄴ　③ ㄷ
④ ㄱ, ㄴ　⑤ ㄴ, ㄷ

872

두 이차정사각행렬 X, Y에 대하여 $f(X, Y)=XY-YX$라 하자. 두 행렬 A, B에 대하여 $f(A, B)=\begin{pmatrix} -1 & 2 \\ -3 & 1 \end{pmatrix}$일 때, 행렬 $f(A+B, A-B)$의 모든 성분의 합을 구하시오.

873

두 이차정사각행렬 X, Y에 대하여 연산 $*$를 $X*Y=(X-Y)(X+Y)$라 하자. 이차정사각행렬 A, B에 대하여 〈보기〉에서 옳은 것만을 있는 대로 고른 것은?
(단, E는 단위행렬이고, O는 영행렬이다.)

〈보 기〉

ㄱ. $A*O=O$이면 $A=O$이다.
ㄴ. $A*B=A*(-B)$이면 $(AB)^2=A^2B^2$이다.
ㄷ. $A*E=E$이면 $A^6=6E$이다.

① ㄱ　② ㄴ　③ ㄷ
④ ㄱ, ㄴ　⑤ ㄴ, ㄷ

874

| 선행 817 |

행렬 $X=\begin{pmatrix} a & b \\ c & d \end{pmatrix}$에 대하여 $f(X)=ad-bc$라 하자. 행렬 $A=\begin{pmatrix} x & 1 \\ -4 & 1 \end{pmatrix}$에 대하여 $f(A^2)=f(3A)$를 만족시키는 모든 실수 x의 값의 합을 구하시오.

875

| 선행 818 |

두 이차정사각행렬 A, B에 대하여

$$A-B=5E,\ BA=4A$$

가 성립할 때, 〈보기〉에서 옳은 것만을 있는 대로 고른 것은?

(단, E는 단위행렬이다.)

〈보 기〉

ㄱ. $A^2=9A$

ㄴ. $B^2+B=20E$

ㄷ. $A^2-B^2=5(A-B)$

① ㄱ ② ㄱ, ㄴ ③ ㄱ, ㄷ
④ ㄴ, ㄷ ⑤ ㄱ, ㄴ, ㄷ

876

두 이차정사각행렬 A, B에 대하여 〈보기〉에서 옳은 것만을 있는 대로 고른 것은? (단, E는 단위행렬이고, O는 영행렬이다.)

〈보 기〉

ㄱ. $A^2-AB-BA+B^2=O$이면 $(A-B)^3=O$이다.

ㄴ. $A^2-A+E=O$이면 $A^6=E$이다.

ㄷ. $A^k=A^m=A^n=E$를 만족시키는 서로 다른 세 자연수 k, m, n이 존재하면 $A=E$이다.

① ㄱ ② ㄴ ③ ㄱ, ㄴ
④ ㄱ, ㄷ ⑤ ㄱ, ㄴ, ㄷ

877

빈출

두 이차정사각행렬 A, B에 대하여 〈보기〉에서 옳은 것만을 있는 대로 고른 것은? (단, E는 단위행렬이고, O는 영행렬이다.)

〈보 기〉

ㄱ. $A^2=O$, $B^2=O$이면 $AB=O$이다.

ㄴ. $A-2B=E$이면 $AB=BA$이다.

ㄷ. $A^2+A-E=O$, $AB=-E$이면 $B^2=A+2E$이다.

① ㄴ ② ㄷ ③ ㄱ, ㄴ
④ ㄴ, ㄷ ⑤ ㄱ, ㄴ, ㄷ

878

두 이차정사각행렬 A, B가 $(A+B)^2=(A-B)^2$을 만족시킬 때, 〈보기〉에서 옳은 것만을 있는 대로 고른 것은?

〈보 기〉

ㄱ. $(AB)^2=A^2B^2$

ㄴ. $(AB)^3=-A^3B^3$

ㄷ. $(AB)^7=-A^7B^7$

① ㄱ ② ㄴ ③ ㄷ
④ ㄱ, ㄴ ⑤ ㄴ, ㄷ

스키마 schema로 풀이 흐름 알아보기

유형 06 단위행렬 867

두 행렬 A, B에 대하여 $\underline{A+B=E}$(조건 ①), $\underline{A^3+B^3=\begin{pmatrix} -5 & 9 \\ -3 & 4 \end{pmatrix}}$(조건 ②)일 때, 행렬 $\underline{AB\text{의 모든 성분의 곱}}$(답)을 구하시오.

(단, E는 단위행렬이다.)

▶ 주어진 조건은 무엇인지? 구하는 답은 무엇인지? 이 둘을 어떻게 연결할지?

1 단계

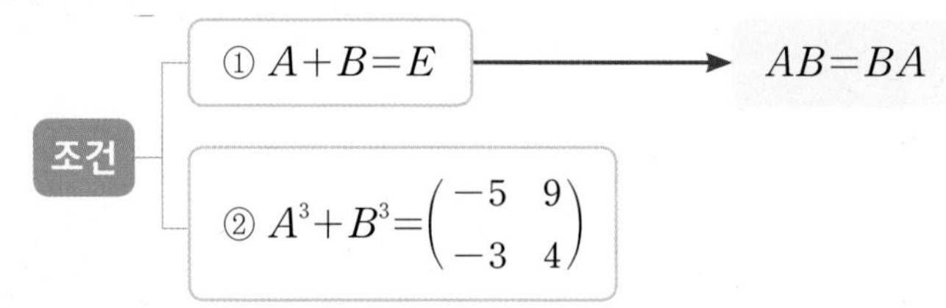

조건 ①에서 $A=E-B$이므로
$AB=(E-B)B=B-B^2$
$BA=B(E-B)=B-B^2$
따라서 $AB=BA$이다.

2 단계

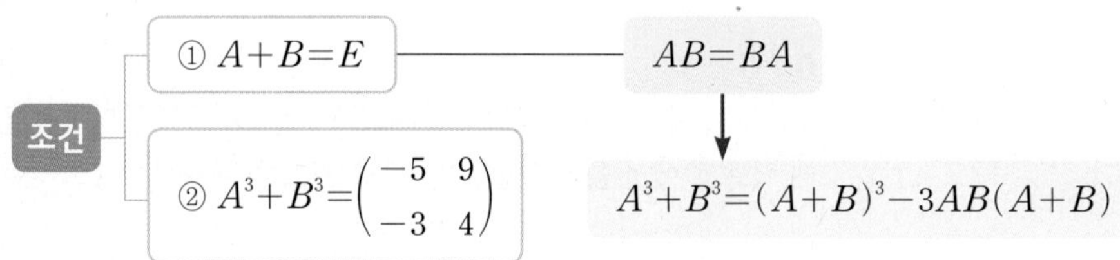

두 행렬 A, B에 대하여
$AB=BA$이므로 다음이 성립한다.
$(A+B)^3$
$=A^3+3AB(A+B)+B^3$
이를 정리하면 다음과 같다.
A^3+B^3
$=(A+B)^3-3AB(A+B)$

3 단계

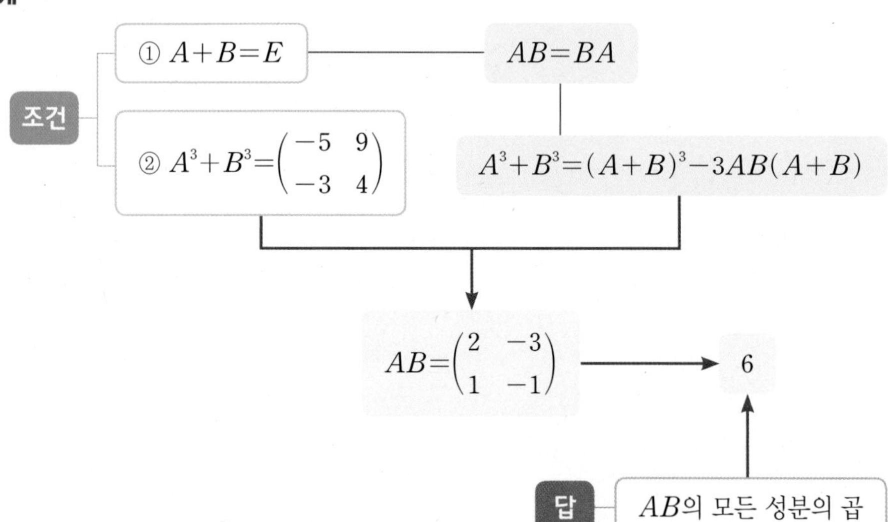

두 조건 ①, ②에 의하여
$\begin{pmatrix} -5 & 9 \\ -3 & 4 \end{pmatrix}=\begin{pmatrix} 1 & 0 \\ 0 & 1 \end{pmatrix}-3AB$
$3AB=\begin{pmatrix} 1 & 0 \\ 0 & 1 \end{pmatrix}-\begin{pmatrix} -5 & 9 \\ -3 & 4 \end{pmatrix}$
$=\begin{pmatrix} 6 & -9 \\ 3 & -3 \end{pmatrix}$
$AB=\frac{1}{3}\begin{pmatrix} 6 & -9 \\ 3 & -3 \end{pmatrix}=\begin{pmatrix} 2 & -3 \\ 1 & -1 \end{pmatrix}$
따라서 행렬 AB의 모든 성분의 곱은 6이다.

879

$A=\begin{pmatrix} a+1 & b \\ c & d+1 \end{pmatrix}$, $B=\begin{pmatrix} a-1 & b \\ c & d-1 \end{pmatrix}$에 대하여

$A^2-B^2=\begin{pmatrix} 4 & 7 \\ 8 & 9 \end{pmatrix}$일 때, $a+b+c+d$의 값은?

(단, a, b, c, d는 상수이다.)

① 3 ② 5 ③ 7
④ 9 ⑤ 11

880

교육청 기출 | 선행 834 |

그림과 같은 두 개의 도로망이 있다.

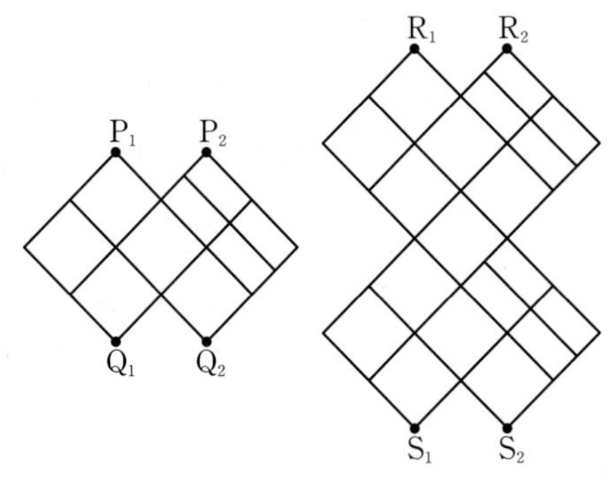

이차정사각행렬 A의 (i, j) 성분 a_{ij} $(i=1, 2, j=1, 2)$를

$a_{ij}=$(P_i 지점에서 도로망을 따라 Q_j 지점까지 최단 거리로 가는 방법의 수)

라 하자. 다음 중 R_1 지점에서 도로망을 따라 S_2 지점까지 최단 거리로 가는 방법의 수와 같은 것은?

(단, 모든 도로는 서로 평행하거나 수직이다.)

① 행렬 $2A$의 $(1, 2)$ 성분
② 행렬 A^2의 $(1, 2)$ 성분
③ 행렬 A^2의 $(2, 1)$ 성분
④ 행렬 A의 $(1, 2)$ 성분과 $(2, 2)$ 성분의 곱
⑤ 행렬 A의 $(1, 2)$ 성분과 $(2, 1)$ 성분의 곱

881

두 이차정사각행렬 A, B와 실수 k에 대하여

$$A+kB=\begin{pmatrix} 3 & 3 \\ 2 & 4 \end{pmatrix},\ A+B=E,\ B^2=B$$

가 성립할 때, k의 값을 구하시오. (단, E는 단위행렬이다.)

882

두 행렬 $A=\begin{pmatrix} 5 & -3 \\ -8 & 5 \end{pmatrix}$, $B=\begin{pmatrix} 3 & -1 \\ -2 & 1 \end{pmatrix}$과 이차정사각행렬 C에 대하여 행렬 $(A-2C)^2+(3B-2C)^2-\frac{1}{2}(A+3B-4C)^2$의 모든 성분의 합은?

① 6 ② 8 ③ 10
④ 12 ⑤ 14

883 서술형

두 이차정사각행렬 $A=\begin{pmatrix} x & 1 \\ y & z \end{pmatrix}$, B에 대하여

$$A+B=4E,\ AB=-E$$

일 때, 세 실수 x, y, z에 대하여 $x^2+y^2+z^2$의 최솟값을 구하고, 그 과정을 서술하시오. (단, E는 단위행렬이다.)

884 선생님 Pick! 교육청 기출

두 이차정사각행렬 A, B에 대하여 $A+B=E$, $AB=-E$가 성립할 때, 〈보기〉에서 옳은 것만을 있는 대로 고른 것은?

(단, E는 단위행렬이다.)

〈보 기〉

ㄱ. $A^2+B^2=3E$

ㄴ. $A^{n+2}+B^{n+2}=A^{n+1}+B^{n+1}+A^n+B^n$ ($n=1, 2, 3, \cdots$)

ㄷ. $A^9+B^9=76E$

① ㄱ　② ㄱ, ㄴ　③ ㄱ, ㄷ　④ ㄴ, ㄷ　⑤ ㄱ, ㄴ, ㄷ

885 빈출

행렬 $A=\begin{pmatrix} -3 & -a \\ a & 3 \end{pmatrix}$에 대하여 〈보기〉에서 옳은 것만을 있는 대로 고른 것은? (단, E는 단위행렬이고, O는 영행렬이다.)

〈보 기〉

ㄱ. $A^2=O$이면 $a=\pm 9$이다.

ㄴ. $A^4=E$를 만족시키는 서로 다른 실수 a의 개수는 4이다.

ㄷ. 자연수 n이 홀수일 때, $A^n=E$를 만족시키는 실수 a가 존재한다.

① ㄱ　② ㄴ　③ ㄷ　④ ㄱ, ㄴ　⑤ ㄴ, ㄷ

886 선행 820

다음 조건을 만족시키는 삼차정사각행렬 A의 개수를 구하시오.

(가) 행렬 A의 (i, j) 성분 a_{ij}에 대하여
$a_{ij}=-a_{ji}$

(나) 행렬 A의 모든 성분은 정수이다.

(다) 행렬 A의 모든 성분의 제곱의 합은 18이다.

887 빈출

| 선행 857 |

행렬 $A=\begin{pmatrix} -1 & 2 \\ -1 & 1 \end{pmatrix}$에 대하여

$A\begin{pmatrix} a \\ b \end{pmatrix}+A^2\begin{pmatrix} a \\ b \end{pmatrix}+A^3\begin{pmatrix} a \\ b \end{pmatrix}+\cdots+A^{110}\begin{pmatrix} a \\ b \end{pmatrix}=A\begin{pmatrix} 8 \\ 11 \end{pmatrix}$일 때,

a^2+b^2의 값을 구하시오. (단, a, b는 상수이다.)

888

이차정사각행렬 X에 대하여 $d(X)$를

$X^n=E$를 만족시키는 자연수 n이 존재하면 n의 최솟값,

$X^n=E$를 만족시키는 자연수 n이 존재하지 않으면 0

이라 하자. 〈보기〉에서 옳은 것만을 있는 대로 고른 것은?
(단, A, B는 이차정사각행렬이고, E는 단위행렬, O는 영행렬이다.)

〈보 기〉

ㄱ. $A=\begin{pmatrix} -1 & 1 \\ -1 & 0 \end{pmatrix}$이면 $d(A)=3$이다.

ㄴ. $d(A)=0$이면 $A=O$이다.

ㄷ. $AB=BA$, $AB\neq E$일 때,
$d(A)=2$, $d(B)=3$이면 $d(AB)=6$이다.

① ㄱ ② ㄱ, ㄴ ③ ㄱ, ㄷ
④ ㄴ, ㄷ ⑤ ㄱ, ㄴ, ㄷ

889

두 실수 a, b에 대하여 행렬 A를 $A=\begin{pmatrix} a & b \\ -b & a \end{pmatrix}$라 할 때,

〈보기〉에서 옳은 것만을 있는 대로 고른 것은?
(단, E는 단위행렬이고, O는 영행렬이다.)

〈보 기〉

ㄱ. $A^2=O$이면 $A=O$이다.

ㄴ. $A^2+E=O$를 만족시키는 행렬 A는 4개이다.

ㄷ. $A^2-A=O$를 만족시키는 행렬 A는 2개이다.

① ㄱ ② ㄷ ③ ㄱ, ㄴ
④ ㄱ, ㄷ ⑤ ㄴ, ㄷ

890

두 이차정사각행렬 A, B가

$$A^2+B=3E,\ A^4+B^2=7E$$

를 만족시킬 때, 〈보기〉에서 옳은 것만을 있는 대로 고른 것은?

(단, E는 단위행렬이다.)

〈보 기〉

ㄱ. $AB=BA$
ㄴ. $B^2=3B-E$
ㄷ. $A^6+B^3=18E$

① ㄱ ② ㄴ ③ ㄱ, ㄴ
④ ㄱ, ㄷ ⑤ ㄱ, ㄴ, ㄷ

891

두 행렬 $A=\begin{pmatrix} 0 & 1 \\ -1 & 0 \end{pmatrix}$, $B=\begin{pmatrix} -2 & 1 \\ -5 & 2 \end{pmatrix}$에 대하여 행렬 C_n을 $C_n=B(A^n+B^n)A^5$이라 하자. 행렬 $C_3+C_7+C_{11}+\cdots+C_{51}$의 모든 성분의 합을 구하시오. (단, n은 자연수이다.)

892 빈출

| 선행 877 |

두 이차정사각행렬 A, B에 대하여

$$AB+B=A,\ ABA-A^2=E$$

일 때, 〈보기〉에서 옳은 것만을 있는 대로 고른 것은?

(단, E는 단위행렬이다.)

〈보 기〉

ㄱ. $(A+B)^2=A^2+2AB+B^2$
ㄴ. $A^5B^5=E$
ㄷ. $(A-E)^{60}=3^{30}E$

① ㄱ ② ㄱ, ㄴ ③ ㄱ, ㄷ
④ ㄴ, ㄷ ⑤ ㄱ, ㄴ, ㄷ

893

두 이차정사각행렬 A, B에 대하여

$$AB+BA=E,\ A^2=B^2=O$$

일 때, 〈보기〉에서 옳은 것만을 있는 대로 고른 것은?

(단, E는 단위행렬이고, O는 영행렬이다.)

〈보 기〉

ㄱ. $(A+B)^3=A+B$

ㄴ. $(AB)^{50}=AB$

ㄷ. 이차정사각행렬 C에 대하여 $(A+B)C=ABC$이면 $C=O$이다.

① ㄱ ② ㄱ, ㄴ ③ ㄱ, ㄷ
④ ㄴ, ㄷ ⑤ ㄱ, ㄴ, ㄷ

894

선생님 Pick! 교육청 변형 | 선행 838 |

행렬 $A=\begin{pmatrix} 0 & -1 \\ 1 & 0 \end{pmatrix}$에 대하여 행렬 B_n (n은 자연수)이 다음 조건을 만족시킬 때, 행렬 B_{1970}을 구하시오.

(가) $B_1=A$
(나) $B_{2k}=A^{2k}B_{2k-1}$ ($k=1, 2, 3, \cdots$)
(다) $B_{2k+1}=B_{2k}A^{2k+1}$ ($k=1, 2, 3, \cdots$)

895

두 행렬 $A=\begin{pmatrix} -1 & 3 \\ -1 & 2 \end{pmatrix}$, $B=\begin{pmatrix} -2 & 3 \\ -1 & 1 \end{pmatrix}$에 대하여 행렬 $A^{100}+A^{99}B+A^{98}B^2+\cdots+AB^{99}+B^{100}$의 모든 성분의 합을 구하시오.

MEMO

빠른 정답

I 다항식

01 다항식의 연산

STEP 1 교과서를 정복하는 핵심 유형

001 ③ 002 ② 003 ④ 004 ①
005 풀이 참조 006 ② 007 ④
008 29 009 7 010 ③ 011 38
012 ③ 013 ⑤ 014 198 015 ④
016 ① 017 ⑤ 018 ⑤ 019 ⑤
020 9 021 $2x-7$ 022 ④ 023 ④
024 (1) 16 (2) 8 025 ⑤ 026 ③
027 32 028 34

STEP 2 내신 실전문제 체화를 위한 심화 유형

029 ⑤ 030 24 031 풀이 참조
032 ② 033 ③ 034 ① 035 108
036 48 037 ② 038 112 039 ②
040 ④ 041 ④ 042 35 043 ②
044 풀이 참조 045 10 046 ⑤
047 12 048 ③ 049 풀이 참조
050 ④ 051 ④ 052 ⑤ 053 ⑤
054 ② 055 36 056 ②
057 (1) 11 (2) 99 058 ① 059 ④
060 ① 061 ④ 062 ③ 063 ①

STEP 3 내신 최상위권 굳히기를 위한 최고난도 유형

064 ③ 065 112 066 135 067 36
068 -4 069 18 070 ① 071 50
072 11 073 21 074 ④ 075 117
076 15 077 148

02 항등식과 나머지정리

STEP 1 교과서를 정복하는 핵심 유형

078 ⑤ 079 36 080 3 081 ④
082 ③ 083 13 084 34
085 (1) -1 (2) -125 086 (1) 5 (2) -6
087 ① 088 ② 089 ③ 090 ④
091 ⑤ 092 11 093 ③ 094 ①
095 ④ 096 ④ 097 ② 098 13
099 ③ 100 ③ 101 ⑤ 102 ③
103 ④

STEP 2 내신 실전문제 체화를 위한 심화 유형

104 ② 105 ② 106 ⑤ 107 ②
108 ③ 109 90 110 22 111 ③
112 ① 113 21 114 6 115 풀이 참조
116 ③ 117 ② 118 ⑤ 119 3
120 ① 121 -4 122 -170 123 1
124 20 125 7 126 ③ 127 91
128 (1) 253 (2) 3 129 ④ 130 ②
131 ③ 132 ④ 133 ④ 134 풀이 참조
135 8 136 18 137 6 138 ④
139 8

STEP 3 내신 최상위권 굳히기를 위한 최고난도 유형

140 ④ 141 999 142 ③ 143 풀이 참조
144 13 145 11 146 ⑤ 147 ⑤
148 ① 149 ② 150 8 151 ②
152 ④ 153 12 154 4 155 ④
156 ④ 157 28 158 13 159 15
160 ② 161 54

빠른 정답

03 인수분해

STEP 1 교과서를 정복하는 핵심 유형

162 풀이 참조　163 ③　164 ③
165 32　166 ③　167 풀이 참조
168 ⑤　169 14　170 ③　171 풀이 참조
172 ⑤　173 풀이 참조　174 ④
175 ①　176 풀이 참조　177 ②
178 $(x+1)(x+3)(x-2)$　179 풀이 참조
180 ④　181 (1) 729000　(2) 10000　182 ②
183 (1) 10　(2) 11　184 ④

STEP 2 내신 실전문제 체화를 위한 심화 유형

185 ③　186 ②　187 ④　188 ③
189 ④　190 450　191 ④　192 40
193 46　194 (1) -1　(2) -3　195 ④
196 -1　197 ①　198 $3x-6$　199 ②
200 5　201 240　202 ④　203 ②
204 8　205 ④　206 19　207 ③
208 풀이 참조　209 ⑤　210 ①

STEP 3 내신 최상위권 굳히기를 위한 최고난도 유형

211 풀이 참조　212 8　213 96
214 ②　215 ⑤　216 ②　217 ②
218 ⑤　219 74　220 ⑤　221 40
222 ③　223 181　224 98　225 3
226 ①　227 ③　228 126

II 방정식과 부등식

01 복소수와 이차방정식

STEP 1 교과서를 정복하는 핵심 유형

229 ④　230 (1) $5+2i$　(2) 1　(3) -1　231 ②
232 ③　233 ⑤　234 6　235 21
236 ①　237 ②　238 ①
239 (1) $a=0$, $b\neq0$　(2) $a=b=0$　(3) $a\neq0$, $b=0$
240 ④　241 ⑤　242 ④　243 ③
244 ③　245 ⑤　246 26　247 ④
248 ①　249 ④　250 ④　251 ⑤
252 ⑤　253 ④　254 ①　255 ④
256 ①　257 ①　258 ②　259 ②
260 ⑤　261 ③　262 ①　263 ①
264 ④　265 ①　266 ⑤　267 ②
268 (1) 1, 2　(2) 1　269 ③　270 ③
271 ①　272 ③　273 ④　274 ③
275 ④　276 (1) 13　(2) $-\frac{1}{7}$　277 4
278 ④　279 ④　280 ③　281 ①
282 (1) $x^2-4x+3=0$　(2) $x^2-x-1=0$　283 ⑤
284 ③　285 ③　286 $2-\sqrt{3}$　287 ①

STEP 2 내신 실전문제 체화를 위한 심화 유형

288	⑤	289	4	290	18	291	②
292	②	293	③	294	②	295	③, ④
296	⑤	297	⑤	298	8	299	②
300	④	301	①	302	9	303	③
304	25	305	②	306	①	307	⑤
308	13	309	④	310	144	311	75
312	24	313	③	314	②	315	④
316	③	317	7	318	④	319	②
320	$\alpha=\frac{3}{2}$, $\beta=-\frac{1}{2}$			321	③	322	④
323	4	324	$-\sqrt{5}$, 3	325	②	326	③
327	7	328	$a\geq\frac{4}{3}$	329	④	330	④
331	13	332	④	333	②	334	①
335	$-1+\sqrt{2}$			336	⑤	337	①
338	④	339	5	340	풀이 참조		
341	⑤	342	16	343	④	344	③
345	⑤	346	③	347	①	348	②
349	50						

STEP 3 내신 최상위권 굳히기를 위한 최고난도 유형

350	102	351	⑤	352	②	353	3
354	④	355	⑤	356	②	357	④
358	4	359	④	360	①	361	②
362	④	363	풀이 참조			364	①
365	②	366	32	367	③	368	16
369	13	370	6	371	4	372	150
373	④						

02 이차방정식과 이차함수

STEP 1 교과서를 정복하는 핵심 유형

374	①	375	③				
376	(1) $k<4$ (2) $k=4$ (3) $k>4$					377	⑤
378	20	379	④	380	②	381	⑤
382	④	383	①	384	②	385	③
386	④	387	③	388	①	389	6
390	②	391	③	392	①	393	②
394	5	395	⑤	396	25	397	186
398	20	399	④	400	③	401	④

STEP 2 내신 실전문제 체화를 위한 심화 유형

402	③	403	①	404	2	405	①
406	6	407	25	408	⑤	409	④
410	③	411	$\frac{9}{4}$	412	③	413	$a\leq-\frac{3}{2}$
414	③	415	③	416	④	417	-14
418	①	419	③	420	풀이 참조		
421	14	422	②	423	-8	424	$\frac{33}{2}$
425	②	426	④	427	29	428	④
429	④	430	45	431	④	432	5
433	풀이 참조			434	풀이 참조		
435	③	436	②	437	②	438	⑤
439	16	440	①	441	②	442	50
443	⑤	444	①	445	③	446	②
447	②						

STEP 3 내신 최상위권 굳히기를 위한 최고난도 유형

448	②	449	④	450	②	451	③
452	④	453	24	454	④	455	120
456	5	457	③	458	9	459	$-\frac{13}{3}$
460	⑤	461	243	462	125		

03 여러 가지 방정식

STEP 1 교과서를 정복하는 핵심 유형

463 ③　464 4　465 ④　466 ①
467 -3　468 ①　469 ④　470 ①
471 $k>\frac{1}{4}$　472 ②　473 (1) -25 (2) 28
474 ①　475 ③　476 ③　477 ②
478 ②　479 ②　480 ④　481 2
482 $\begin{cases} x=2 \\ y=2 \end{cases}$, $\begin{cases} x=-2 \\ y=-2 \end{cases}$, $\begin{cases} x=-\sqrt{2} \\ y=\sqrt{2} \end{cases}$, $\begin{cases} x=\sqrt{2} \\ y=-\sqrt{2} \end{cases}$
483 ④　484 2　485 -3　486 7
487 48　488 2　489 ③　490 5
491 14

STEP 2 내신 실전문제 체화를 위한 심화 유형

492 ③　493 풀이 참조　494 ⑤
495 ④　496 ④　497 ①　498 $x=\frac{1}{2}$
499 ①　500 ⑤　501 10　502 11
503 ①　504 $A=17$, $B=-6$　505 ①
506 11　507 ②　508 ③　509 ③
510 ⑤　511 17　512 ④　513 ④
514 ③　515 9　516 45　517 ③
518 $10<k\le 11$　519 147
520 $x=500$, $y=300$, $z=200$　521 ②　522 ⑤
523 ⑤　524 ④　525 8　526 42

STEP 3 내신 최상위권 굳히기를 위한 최고난도 유형

527 9　528 ⑤　529 6　530 ①
531 ⑤　532 $\begin{cases} x=1 \\ y=1 \end{cases}$, $\begin{cases} x=-\frac{3}{5} \\ y=\frac{1}{5} \end{cases}$, $\begin{cases} x=0 \\ y=-1 \end{cases}$
533 3　534 ⑤　535 164　536 ④
537 $-\frac{1}{2}$　538 3

04 여러 가지 부등식

STEP 1 교과서를 정복하는 핵심 유형

539 3　540 $x\le\frac{a+b}{2}$　541 ④
542 ④　543 ①　544 9　545 5
546 ④　547 ③　548 ②　549 ③
550 $-1\le x\le 5$　551 ①　552 $\frac{5}{7}\le k\le 3$
553 (1) $2<x\le 5$ (2) $2\le x<3$　554 4
555 ③　556 ⑤　557 ③　558 ①
559 $k<-\frac{1}{4}$　560 ④　561 ②

STEP 2 내신 실전문제 체화를 위한 심화 유형

562 ②　563 ⑤　564 ①　565 ④
566 ③　567 2　568 ③　569 $\frac{5}{3}<a\le 5$
570 5　571 ③　572 ③　573 ③
574 ③　575 3　576 $2\le m<3$
577 4　578 ⑤　579 56　580 52
581 $2\le k<6$　582 $\frac{13}{2}$　583 ④　584 ③
585 ④　586 ⑤　587 $k\ge 1$　588 ⑤
589 ③　590 2　591 5　592 ①
593 풀이 참조　594 ⑤　595 5
596 $\frac{1}{5}<a<\frac{13}{9}$　597 ④　598 4
599 ⑤　600 15

STEP 3 내신 최상위권 굳히기를 위한 최고난도 유형

601 61　602 ③　603 ①　604 $1\le a<2$
605 ④　606 14　607 ④　608 ③
609 ③　610 ④　611 ④　612 ③
613 -2　614 ②

III 경우의 수

01 경우의 수

STEP 1 교과서를 정복하는 핵심 유형

615	74	616	④	617	②	618	②
619	17	620	(1) 15 (2) 13			621	6
622	②	623	③	624	36	625	③
626	②	627	(1) 100 (2) 90			628	25
629	27	630	(1) 24 (2) 15			631	18
632	②	633	②	634	③	635	59

STEP 2 내신 실전문제 체화를 위한 심화 유형

636	③	637	④	638	②	639	⑤
640	②	641	⑤	642	9	643	24
644	④	645	11	646	11	647	14
648	24	649	⑤	650	7	651	24
652	30	653	216	654	353	655	9
656	②	657	72	658	72	659	④
660	③	661	풀이 참조			662	④
663	③	664	380	665	③	666	84
667	72						

STEP 3 내신 최상위권 굳히기를 위한 최고난도 유형

668	⑤	669	②	670	③	671	200
672	19	673	16	674	96	675	②
676	88	677	③	678	60	679	③
680	63	681	108	682	70	683	20

02 순열과 조합

STEP 1 교과서를 정복하는 핵심 유형

684	(1) 3 (2) 6			685	③	686	⑤
687	120	688	10	689	④	690	④
691	144	692	72	693	③	694	③
695	96	696	⑤	697	③	698	11
699	5	700	360	701	③	702	④
703	④	704	④	705	350	706	21
707	231	708	44	709	19	710	②
711	⑤	712	②	713	64	714	④
715	630	716	③	717	②		

STEP 2 내신 실전문제 체화를 위한 심화 유형

718	풀이 참조			719	④	720	②
721	④	722	15	723	④	724	④
725	④	726	④	727	④	728	③
729	③	730	풀이 참조			731	10
732	③	733	②	734	③	735	130
736	②	737	④	738	①	739	⑤
740	①	741	②	742	③	743	⑤
744	풀이 참조			745	8	746	315
747	③	748	③	749	①	750	18
751	⑤	752	90	753	③	754	④
755	132	756	③				

STEP 3 내신 최상위권 굳히기를 위한 최고난도 유형

757	960	758	119	759	②	760	⑤
761	306	762	④	763	④	764	624
765	16	766	50				

IV 행렬

01 행렬의 뜻과 연산

STEP 1 교과서를 정복하는 핵심 유형

767	-11	768	$\begin{pmatrix} 0 & 4 & 12 \\ 4 & 0 & 3 \\ 12 & 3 & 0 \end{pmatrix}$			769	10
770	14	771	28	772	4	773	①
774	③	775	40	776	2	777	풀이 참조
778	③	779	4	780	6	781	13
782	13	783	③	784	②	785	⑤
786	-96	787	풀이 참조			788	2
789	18	790	4	791	2	792	④
793	12	794	4	795	③	796	12
797	⑤	798	풀이 참조			799	③
800	②	801	4	802	③	803	③
804	96	805	16	806	128	807	-12
808	풀이 참조			809	⑤	810	④
811	7	812	5	813	④	814	④
815	③	816	①	817	5	818	③

STEP 2 내신 실전문제 체화를 위한 심화 유형

819	-3	820	③	821	④	822	52
823	6	824	$\begin{pmatrix} 0 & 1 \\ 1 & 2 \end{pmatrix}$	825	③	826	풀이 참조
827	②	828	21	829	64	830	160
831	2	832	⑤	833	20	834	④
835	풀이 참조			836	21	837	②
838	-2	839	③	840	④	841	2
842	풀이 참조			843	-5	844	⑤
845	0	846	-2	847	12	848	④
849	②	850	18	851	$\begin{pmatrix} 0 & 3 \\ 0 & 0 \end{pmatrix}$	852	$\begin{pmatrix} 6 \\ -9 \end{pmatrix}$
853	③	854	45	855	30	856	19
857	-2	858	5	859	32	860	2
861	①	862	2	863	①	864	풀이 참조
865	80	866	③	867	6	868	15
869	⑤	870	0	871	⑤	872	2
873	②	874	1	875	②	876	③
877	④	878	⑤				

STEP 3 내신 최상위권 굳히기를 위한 최고난도 유형

879	③	880	②	881	6	882	④
883	풀이 참조			884	⑤	885	②
886	30	887	25	888	③	889	④
890	⑤	891	-52	892	③	893	⑤
894	$\begin{pmatrix} 0 & 1 \\ -1 & 0 \end{pmatrix}$			895	2		

MEMO

MEMO

유 형 + 내 신

고쟁이

공통수학1

| 정답과 풀이 |

이투스북

유형 + 내신
고쟁이

유 형 + 내 신

수학 개념과 원리를 꿰뚫는

내신 대비 집중 훈련서

공통수학1

정답과 풀이

I 다항식

01 다항식의 연산

001 ⓐ ③

$2(A-B)+3B$
$=2A+B$
$=2(3x^2+6x+3)+(2x^2-1)$
$=8x^2+12x+5$

002 ⓐ ②

$2A+B-\{A-(C-3B)\}$
$=2A+B-(A-C+3B)$
$=2A+B-A+C-3B=A-2B+C$
$=(3x^3-x+6)-2(x^3-x^2+2x-1)+(-x^2+5x-10)$
$=x^3+x^2-2$

003 ⓐ ④

$A-2(X-B)=5A$에서
$-2(X-B)=4A,\ X-B=-2A$
$\therefore\ X=B-2A=(3x^2-x+2)-2(x^2+2x-5)$
$=x^2-5x+12$

004 ⓐ ①

$(x+3y-1)(2x-y+3)$
$=(2x^2-xy+3x)+(6xy-3y^2+9y)+(-2x+y-3)$
$=2x^2-3y^2+5xy+x+10y-3$

005 ⓐ 풀이 참조

(1) $x^2+2x=t$라 하면
$(x^2+2x-1)(x^2+2x-4)$
$=(t-1)(t-4)=t^2-5t+4$
$=(x^2+2x)^2-5(x^2+2x)+4$
$=(x^4+4x^3+4x^2)+(-5x^2-10x)+4$
$=x^4+4x^3-x^2-10x+4$

(2) $(x-2)(x-1)(x+2)(x+3)$
$=(x-1)(x+2)(x-2)(x+3)$
$=(x^2+x-2)(x^2+x-6)$
이때 $x^2+x=t$라 하면
$(t-2)(t-6)=t^2-8t+12$
$=(x^2+x)^2-8(x^2+x)+12$
$=(x^4+2x^3+x^2)+(-8x^2-8x)+12$
$=x^4+2x^3-7x^2-8x+12$

(3) $(x+1)(x-2)(x+3)(x-6)$
$=(x+1)(x-6)(x-2)(x+3)$
$=(x^2-5x-6)(x^2+x-6)$
이때 $x^2-6=t$라 하면
$(t-5x)(t+x)=t^2-4xt-5x^2$
$=(x^2-6)^2-4x(x^2-6)-5x^2$
$=(x^4-12x^2+36)+(-4x^3+24x)-5x^2$
$=x^4-4x^3-17x^2+24x+36$

006 ⓐ ②

$(2x-3)(x^2+ax+5)$의 전개식에서 x^2의 계수는
(x의 계수)×(x의 계수)+(상수항)×(x^2의 계수)이므로
$2\times a+(-3)\times 1=5$에서 $a=4$이다.
따라서 $(2x-3)(x^2+4x+5)$의 전개식에서 x의 계수는
(x의 계수)×(상수항)+(상수항)×(x의 계수)이므로
$2\times 5+(-3)\times 4=-2$이다.

007 ⓐ ④

ㄱ. $(2x+1)^3=(2x)^3+3\times(2x)^2\times 1+3\times 2x\times 1^2+1^3$
$=8x^3+12x^2+6x+1$ (참)
ㄴ. $(x+y)(x^2-xy+y^2)=x^3+y^3$ (거짓)
ㄷ. $(a-b+c)^2$
$=a^2+(-b)^2+c^2+2\times a\times(-b)+2\times(-b)\times c+2ca$
$=a^2+b^2+c^2-2ab-2bc+2ca$ (참)
따라서 옳은 것은 ㄱ, ㄷ이다.

008 ⓐ 29

$(5x^3-3x^2+2x)^2=(5x^3-3x^2+2x)(5x^3-3x^2+2x)$의 전개식에서 x^4의 계수는
(x^3의 계수)×(x의 계수)+(x^2의 계수)×(x^2의 계수)
+(x의 계수)×(x^3의 계수)이므로
$5\times 2+(-3)\times(-3)+2\times 5=29$이다.

다른 풀이

$(5x^3-3x^2+2x)^2$
$=25x^6+9x^4+4x^2+2(-15x^5-6x^3+10x^4)$
$=25x^6-30x^5+29x^4-12x^3+4x^2$
에서 x^4의 계수는 29이다.

009 ⓐ 7

$(x-2)(x+1)(x+3)$
$=x^3+(-2+1+3)x^2+\{(-2)\times 1+1\times 3+3\times(-2)\}x+(-2)\times 1\times 3$
$=x^3+2x^2-5x-6$
에서 x^2의 계수는 $a=2$, x의 계수는 $b=-5$이다.
$\therefore\ a-b=2-(-5)=7$

다른 풀이

$(x-2)(x+1)(x+3)$의 전개식에서 x^2의 계수는
$(x$의 계수$)\times(x$의 계수$)\times($상수항$)$
$+(x$의 계수$)\times($상수항$)\times(x$의 계수$)$
$+($상수항$)\times(x$의 계수$)\times(x$의 계수$)$이므로
$a=1\times1\times3+1\times1\times1+(-2)\times1\times1=2$
x의 계수는
$(x$의 계수$)\times($상수항$)\times($상수항$)$
$+($상수항$)\times(x$의 계수$)\times($상수항$)$
$+($상수항$)\times($상수항$)\times(x$의 계수$)$이므로
$b=1\times1\times3+(-2)\times1\times3+(-2)\times1\times1=-5$
$\therefore a-b=2-(-5)=7$

010 ······ 답 ③

분배법칙에 의하여 $(x-1)(x+1)=x^2-1$,
$(x-1)(\boxed{x^2+x+1})=x^3-1$,
$(x-1)(x^3+x^2+x+1)=\boxed{x^4-1}$이고,
마찬가지 방법으로 자연수 n $(n\ge2)$에 대하여
$(x-1)(x^{n-1}+x^{n-2}+\cdots+x+1)=\boxed{x^n-1}$
이 성립함을 알 수 있다.
$\therefore$ (가) x^2+x+1, (나) x^4-1, (다) x^n-1

011 ······ 답 38

$x+y=2$, $xy=-5$이므로
$x^3+y^3=(x+y)^3-3xy(x+y)$
$=2^3-3\times(-5)\times2=38$

012 ······ 답 ③

$a-b=2$, $a^2+b^2=6$이므로
$a^2+b^2=(a-b)^2+2ab$에서 $6=2^2+2ab$ $\quad\therefore ab=1$
$\therefore a^3-b^3=(a-b)^3+3ab(a-b)$
$=2^3+3\times1\times2=14$

013 ······ 답 ⑤

$x=1+\sqrt{3}$, $y=1-\sqrt{3}$이므로
$x-y=(1+\sqrt{3})-(1-\sqrt{3})=2\sqrt{3}$
$xy=(1+\sqrt{3})(1-\sqrt{3})=-2$
$\therefore x^3-y^3=(x-y)^3+3xy(x-y)$
$=(2\sqrt{3})^3+3\times(-2)\times2\sqrt{3}$
$=24\sqrt{3}-12\sqrt{3}=12\sqrt{3}$

014 ······ 답 198

$x=3-2\sqrt{2}$에서
$\dfrac{1}{x}=\dfrac{1}{3-2\sqrt{2}}=\dfrac{3+2\sqrt{2}}{(3-2\sqrt{2})(3+2\sqrt{2})}=3+2\sqrt{2}$이므로
$x+\dfrac{1}{x}=(3-2\sqrt{2})+(3+2\sqrt{2})=6$
$\therefore x^3+\dfrac{1}{x^3}=\left(x+\dfrac{1}{x}\right)^3-3\left(x+\dfrac{1}{x}\right)$
$=6^3-3\times6=198$

015 ······ 답 ④

$x^2-3x-1=0$에서 $x\ne0$이므로
양변을 각각 x로 나누면
$x-3-\dfrac{1}{x}=0$ $\quad\therefore x-\dfrac{1}{x}=3$
$\therefore x^3-\dfrac{1}{x^3}=\left(x-\dfrac{1}{x}\right)^3+3\left(x-\dfrac{1}{x}\right)$
$=3^3+3\times3=36$

016 ······ 답 ①

$a+b+c=3$, $a^2+b^2+c^2=21$이므로
$(a+b+c)^2=a^2+b^2+c^2+2(ab+bc+ca)$에서
$3^2=21+2(ab+bc+ca)$
$\therefore ab+bc+ca=-6$

017 ······ 답 ⑤

다항식 $2x^3+3x^2-7x+4$를 $2x-3$으로 나누는 과정은 다음과 같다.

$$\begin{array}{r l}
x^2+3x+1 & :\text{몫}\\
2x-3\,\overline{)\,2x^3+3x^2-7x+4} & \\
2x^3-3x^2 & \\
\hline
6x^2-7x+4 & \\
6x^2-9x & \\
\hline
2x+4 & \\
2x-3 & \\
\hline
7 & :\text{나머지}
\end{array}$$

따라서 구하는 몫은 x^2+3x+1, 나머지는 7이다.

018 ······ 답 ⑤

다항식 $4x^2-5x+3$을 $x+a$로 나누는 과정은 다음과 같다.

$$\begin{array}{r l}
\boxed{4x+(-5-4a)} & :\text{몫}\\
x+a\,\overline{)\,4x^2-\quad 5x+\quad 3} & \\
\boxed{4x^2+\quad 4ax} & \\
\hline
(-5-4a)x+\quad 3 & \cdots\cdots ㉠ \quad \cdots\cdots \text{TIP}\\
\boxed{(-5-4a)x+\ a(-5-4a)} & \\
\hline
\boxed{4a^2+5a+3} & :\text{나머지}
\end{array}$$

① ㉠에서 $(-5-4a)x+3$은 $3x+3$과 같으므로
$-5-4a=3$에서 $a=-2$이다. (참)
② $a=-2$이므로 (가)에 알맞은 식은
$4x+(-5-4a)=4x+3$이다. (참)
③ $a=-2$이므로 (나)에 알맞은 식은 $4x^2+4ax=4x^2-8x$이다. (참)
④ $a=-2$이므로 (다)에 알맞은 식은
$(-5-4a)x+a(-5-4a)=3x-6$이다. (참)
⑤ $a=-2$이므로 (라)에 알맞은 값은 $4a^2+5a+3=9$이다. (거짓)

TIP

㉠에서 $a=-2$임을 알 수 있으므로 다항식 $4x^2-5x+3$을 $x-2$로 나누어 다음과 같이 빈칸을 좀 더 빨리 알아낼 수 있다.

$$\begin{array}{r|l} & \boxed{4x+3} \quad : 몫 \\ x-2 & 4x^2-5x+3 \\ & \boxed{4x^2-8x} \\ \hline & 3x+3 \\ & \boxed{3x-6} \\ \hline & \boxed{9} \quad : 나머지 \end{array}$$

019 ········· 답 ⑤

다항식 $3x^4-x^2+5x+1$을 x^2+x+1로 나누는 과정은 다음과 같다.

$$\begin{array}{r|l} & 3x^2-3x-1 \quad : 몫 \\ x^2+x+1 & 3x^4 \qquad -x^2+5x+1 \\ & 3x^4+3x^3+3x^2 \\ \hline & -3x^3-4x^2+5x+1 \\ & -3x^3-3x^2-3x \\ \hline & -x^2+8x+1 \\ & -x^2-x-1 \\ \hline & 9x+2 \quad : 나머지 \end{array}$$

따라서 $Q(x)=3x^2-3x-1$, $R(x)=9x+2$이므로

$Q(2)=3\times2^2-3\times2-1=5$, $R(1)=9\times1+2=11$

$\therefore Q(2)+R(1)=5+11=16$

020 ········· 답 9

다항식 $f(x)$를 $4x^2+2x+1$로 나누었을 때의 몫과 나머지는 각각 $2x-1$, $-x+3$이므로 이를 식으로 나타내면 다음과 같다.

$f(x)=(4x^2+2x+1)(2x-1)-x+3$

$\therefore f(1)=(4\times1^2+2\times1+1)(2\times1-1)-1+3=9$

참고

$f(x)=(2x-1)(4x^2+2x+1)-x+3$

$=(8x^3-1)-x+3$

$=8x^3-x+2$

021 ········· 답 $2x-7$

다항식 A를 $x-1$로 나누었을 때의 몫과 나머지는 각각 $6x+5$, -2이므로 이를 식으로 나타내면 다음과 같다.

$A=(x-1)(6x+5)-2$

$=6x^2\quad x-7$

$=(3x+1)(2x-1)-6$

따라서 다항식 A를 $3x+1$로 나누었을 때의

몫은 $2x-1$, 나머지는 -6이므로

구하는 합은 $(2x-1)+(-6)=2x-7$이다.

다른 풀이

다항식 A를 $x-1$로 나누었을 때의 몫과 나머지는 각각 $6x+5$, -2이므로 이를 식으로 나타내면 다음과 같다.

$A=(x-1)(6x+5)-2$

$=6x^2-x-7$

이때 다항식 A를 $3x+1$로 나누는 과정은 다음과 같다.

$$\begin{array}{r|l} & 2x-1 \quad : 몫 \\ 3x+1 & 6x^2-x-7 \\ & 6x^2+2x \\ \hline & -3x-7 \\ & -3x-1 \\ \hline & -6 \quad : 나머지 \end{array}$$

따라서 다항식 A를 $3x+1$로 나누었을 때의

몫은 $2x-1$, 나머지는 -6이므로

구하는 합은 $(2x-1)+(-6)=2x-7$이다.

022 ········· 답 ④

다항식 $P(x)$를 $4x+6$으로 나누었을 때의 몫과 나머지는 각각 $Q(x)$, R이므로 이를 식으로 나타내면 다음과 같다.

$P(x)=(4x+6)Q(x)+R$

$=\left(x+\frac{3}{2}\right)\times4Q(x)+R$

따라서 다항식 $P(x)$를 $x+\frac{3}{2}$으로 나누었을 때의

몫은 $4Q(x)$, 나머지는 R이다.

023 ········· 답 ④

다항식 $f(x)$를 x^2+3x-1로 나누었을 때의 몫을 $Q(x)$라 하면 나머지가 $2x-4$이므로 이를 식으로 나타내면 다음과 같다.

$f(x)=(x^2+3x-1)Q(x)+2x-4$

$xf(x)=x(x^2+3x-1)Q(x)+x(2x-4)$

$=x(x^2+3x-1)Q(x)+2(x^2+3x-1)-10x+2$

$=(x^2+3x-1)\{xQ(x)+2\}-10x+2$

따라서 $R(x)=-10x+2$이므로 $R(2)=-10\times2+2=-18$이다.

024 ········· 답 (1) 16 (2) 8

(1) $(2+1)(2^2+1)(2^4+1)(2^8+1)$

$=(2-1)(2+1)(2^2+1)(2^4+1)(2^8+1)$

$=(2^2-1)(2^2+1)(2^4+1)(2^8+1)$

$=(2^4-1)(2^4+1)(2^8+1)$

$=(2^8-1)(2^8+1)$

$=2^{16}-1$

따라서 $n=16$이다.

(2) $9\times11\times101\times10001$

$=(10-1)(10+1)(10^2+1)(10^4+1)$

$=(10^2-1)(10^2+1)(10^4+1)$

$=(10^4-1)(10^4+1)$

$=10^8-1$

따라서 $n=8$이다.

TIP

(1)에서 주어진 등식의 양변에 각각 $2-1=1$을 곱하면
$(a-b)(a+b)=a^2-b^2$ 꼴을 반복하여 간단하게 계산할 수 있다.
마찬가지로 (2)에서 주어진 숫자를
$(a-b)(a+b)=a^2-b^2$ 꼴을 사용할 수 있도록 적절하게 변형하여 계산하면 편리하다.

025 ······ 답 ⑤

$(a+b+c)^2=3ab+3bc+3ca$에서
$a^2+b^2+c^2+2(ab+bc+ca)=3ab+3bc+3ca$
$a^2+b^2+c^2-ab-bc-ca=0$
$\frac{1}{2}(a^2-2ab+b^2)+\frac{1}{2}(b^2-2bc+c^2)+\frac{1}{2}(c^2-2ca+a^2)=0$
$\frac{1}{2}\{(a-b)^2+(b-c)^2+(c-a)^2\}=0$
$\therefore a=b=c$
따라서 이 삼각형은 세 변의 길이가 모두 같으므로 정삼각형이다.

026 ······ 답 ③

주어진 직육면체의
밑면의 가로의 길이는 $(x+2)+(x-1)=2x+1$,
밑면의 세로의 길이는 $x+2$,
높이는 $(x+2)+(x-3)=2x-1$이다.
$\therefore$ (구하는 직육면체의 부피)
$=(2x+1)(x+2)(2x-1)$
$=(4x^2-1)(x+2)$
$=4x^3+8x^2-x-2$

다른 풀이

주어진 직육면체는 그림과 같이 4개의 직육면체 A, B, C, D로 이루어져 있다.

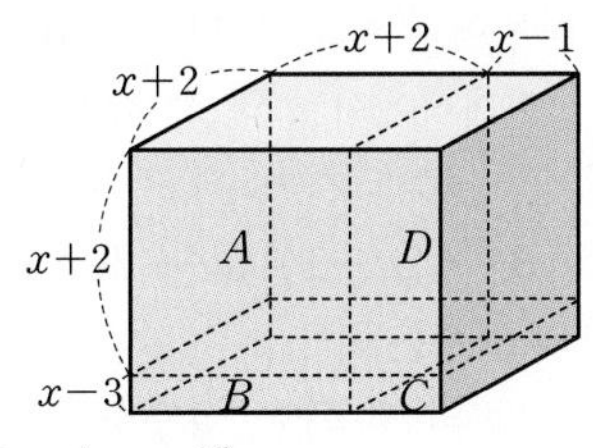

직육면체 A의 부피는 $(x+2)^3$
직육면체 B의 부피는 $(x+2)^2(x-3)$
직육면체 C의 부피는 $(x+2)(x-1)(x-3)$
직육면체 D의 부피는 $(x+2)^2(x-1)$
$\therefore$ (구하는 직육면체의 부피)
$=(x+2)^3+(x+2)^2(x-3)+(x+2)(x-1)(x-3)$
$+(x+2)^2(x-1)$
$=4x^3+8x^2-x-2$

027 ······ 답 32

원에 내접하는 직각삼각형의 빗변은 원의 지름이다.
그림과 같이 직각삼각형 ABC의 빗변을 AC라 하면
원의 지름의 길이가 14이므로 $\overline{AC}=14$

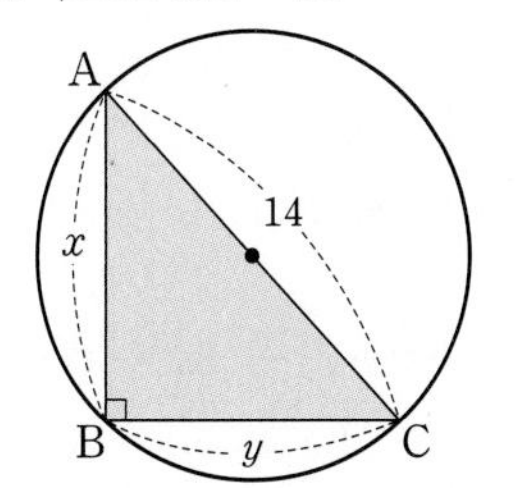

이때 $\overline{AB}=x$, $\overline{BC}=y$ $(x>0,\ y>0)$라 하면
직각삼각형 ABC에서
$\overline{AB}^2+\overline{BC}^2=\overline{AC}^2$이므로 $x^2+y^2=14^2$ ······ ㉠
직각삼각형의 둘레의 길이가 32이므로
$\overline{AB}+\overline{BC}+\overline{AC}=32$에서
$x+y+14=32$ $\therefore x+y=18$ ······ ㉡
$(x+y)^2=x^2+y^2+2xy$이므로 ㉠, ㉡에서
$18^2=14^2+2xy$
$xy=\frac{1}{2}(18^2-14^2)=\frac{1}{2}(18+14)(18-14)$
$=\frac{1}{2}\times32\times4=64$
이므로 $xy=64$이다.
$\therefore$ (직각삼각형의 넓이)$=\frac{1}{2}\times\overline{AB}\times\overline{BC}$
$=\frac{1}{2}xy$
$=\frac{1}{2}\times64=32$

028 ······ 답 34

$\overline{FG}=a$, $\overline{GH}=b$, $\overline{HD}=c$ $(a>0,\ b>0,\ c>0)$라 하자.

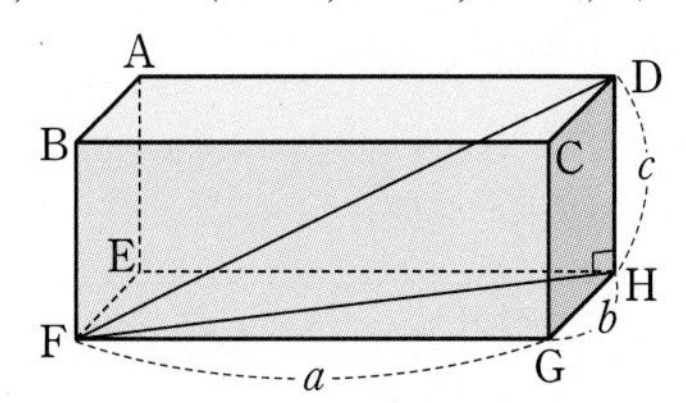

모든 모서리의 길이의 합이 32이므로
$4(a+b+c)=32$에서 $a+b+c=8$ ······ ㉠
$\overline{DF}=\sqrt{30}$이므로
$\sqrt{a^2+b^2+c^2}=\sqrt{30}$에서 $a^2+b^2+c^2=30$ ······ ㉡
$(a+b+c)^2=a^2+b^2+c^2+2(ab+bc+ca)$이므로 ㉠, ㉡에서
(직육면체의 겉넓이)$=2(ab+bc+ca)$
$=(a+b+c)^2-(a^2+b^2+c^2)$
$=8^2-30=34$

029 ······ 답 ⑤

두 조건 (가), (나)의 등식을 변끼리 더하면
$3A=3x^2+3xy+6y^2$이므로 $A=x^2+xy+2y^2$
이를 조건 (가)의 등식에 대입하면 $B=-xy+3y^2$
$\therefore A+3B=(x^2+xy+2y^2)+3(-xy+3y^2)$
$=x^2-2xy+11y^2$

030 ··· 답 24

주어진 세 등식을 변끼리 더하면

$(3A-B)+(3B-C)+(3C-A)$

$=2(A+B+C)$

$=(x^3+2x-1)+(3x^2+x+7)+(3x^3-x^2+5x)$

$=4x^3+2x^2+8x+6$

따라서 $A+B+C=2x^3+x^2+4x+3$이므로

$a=2,\ b=1,\ c=4,\ d=3$이다.

$\therefore abcd=2\times1\times4\times3=24$

031 ··· 답 풀이 참조

다음과 같이 일부 빈칸의 다항식을 각각 $A(x)$, $B(x)$, $C(x)$라 하자.

$B(x)$	$f(x)$	$C(x)$
$A(x)$	$2x^2+3x$	$4x^2+5x+2$
$5x^2+6x+3$		

두 번째 가로의 합에서

$A(x)+(2x^2+3x)+(4x^2+5x+2)=6x^2+9x$이므로

$A(x)=x-2$ ······ ㉠

첫 번째 세로의 합에서

$A(x)+B(x)+(5x^2+6x+3)=6x^2+9x$이므로

$B(x)=x^2+2x-1$ ($\because$ ㉠) ······ ㉡

$C(x)$를 포함한 대각선의 합에서

$(5x^2+6x+3)+(2x^2+3x)+C(x)=6x^2+9x$이므로

$C(x)=-x^2-3$ ······ ㉢

첫 번째 가로의 합에서

$B(x)+C(x)+f(x)=6x^2+9x$이므로

$f(x)=6x^2+7x+4$ ($\because$ ㉡, ㉢)

$\therefore f(2)=6\times2^2+7\times2+4=42$

채점 요소	배점
세 다항식 $A(x)$, $B(x)$, $C(x)$ 구하기	60%
다항식 $f(x)$ 구하기	30%
$f(2)$의 값 구하기	10%

032 ··· 답 ②

$(x^2-4)(x^2-2x+4)(x^2+2x+4)$

$=(x+2)(x-2)(x^2-2x+4)(x^2+2x+4)$

$=(x+2)(x^2-2x+4)(x-2)(x^2+2x+4)$

$=(x^3+8)(x^3-8)=x^6-64$

다른 풀이

$(x^2-4)(x^2-2x+4)(x^2+2x+4)$

$=(x^2-4)\{(x^2+4)^2-(2x)^2\}$

$=(x^2-4)(x^4+4x^2+16)$

$=(x^2)^3-4^3=x^6-64$

033 ··· 답 ③

$(1+2x+3x^2+\cdots+101x^{100})^3$

$=(1+2x+3x^2+\cdots+101x^{100})\times(1+2x+3x^2+\cdots+101x^{100})$

$\times(1+2x+3x^2+\cdots+101x^{100})$ ······ ㉠

의 전개식에서 x의 계수는 ······ TIP

(x의 계수)$\times$(상수항)$\times$(상수항)

$+$(상수항)$\times$(x의 계수)$\times$(상수항)

$+$(상수항)$\times$(상수항)$\times$(x의 계수)

이므로 $2\times1\times1+1\times2\times1+1\times1\times2=6$이다.

다른 풀이

구하는 것이 x의 계수이므로

$(1+2x+3x^2+\cdots+101x^{100})^3$에서

$3x^2$, $4x^3$, $\cdots$, $101x^{100}$은 고려하지 않아도 된다.

따라서 $(1+2x)^3$의 전개식에서 x의 계수를 구하면

$(1+2x)^3=1+6x+12x^2+8x^3$이므로 6이다.

TIP

$(1+2x+3x^2+\cdots+101x^{100})^3$은

$1+2x+3x^2+\cdots+101x^{100}$을 3번 곱한 것이다.

따라서 ㉠의 전개식에서 x의 계수는

(x의 계수)$\times$(상수항)$\times$(상수항) ← $2x\times1\times1$

$+$(상수항)$\times$(x의 계수)$\times$(상수항) ← $1\times2x\times1$

$+$(상수항)$\times$(상수항)$\times$(x의 계수) ← $1\times1\times2x$

로 같은 것을 3번 더한 것과 같다.

따라서 $3\times\{$(x의 계수)$\times$(상수항)$\times$(상수항)$\}$으로 계산하면 편리하다.

이와 같은 방법으로 다항식 $\{P(x)\}^3$ 꼴의 전개식에서 특정 계수를 간단하게 구할 수 있다.

034 ··· 답 ①

$(3a^2+2a+1)^3(a-1)$의 전개식에서 a^5의 계수는

다음과 같이 경우를 나누어 구할 수 있다.

(i) $(3a^2+2a+1)^3$의 전개식에서 a^4의 계수와 $a-1$에서 a의 계수를 곱하는 경우

$(3a^2+2a+1)^3=(3a^2+2a+1)(3a^2+2a+1)(3a^2+2a+1)$

의 전개식에서 a^4의 계수는

$3\times\{$(a^2의 계수)$\times$(a^2의 계수)$\times$(상수항)$\}$

$=3\times(3\times3\times1)=27$,

$3\times\{$(a^2의 계수)$\times$(a의 계수)$\times$(a의 계수)$\}$

$=3\times(3\times2\times2)=36$

의 합이므로 $27+36=63$ ······ ㉠

$a-1$에서 a의 계수는 1 ······ ㉡

㉠, ㉡에서 a^5의 계수는 $63\times1=63$

(ii) $(3a^2+2a+1)^3$의 전개식에서 a^5의 계수와 $a-1$에서 상수항을 곱하는 경우

$(3a^2+2a+1)^3=(3a^2+2a+1)(3a^2+2a+1)(3a^2+2a+1)$

의 전개식에서 a^5의 계수는

$3\times\{$(a^2의 계수)$\times$(a^2의 계수)$\times$(a의 계수)$\}$

$=3\times(3\times3\times2)=54$ ······ ㉢

$a-1$에서 상수항은 -1 ······ ㉣

㉢, ㉣에서 a^5의 계수는 $54\times(-1)=-54$

(i), (ii)에 의하여 주어진 다항식의 전개식에서
a^5의 계수는 $63+(-54)=9$이다.

035 　답 108

$(x^3+2x^2+3y)^3+(x^3+2x^2-3y)^3$의 전개식에서 x^2y^2의 계수는 $(x^3+2x^2+3y)^3$의 전개식에서 x^2y^2의 계수와 $(x^3+2x^2-3y)^3$의 전개식에서 x^2y^2의 계수의 합과 같다.

(i) $(x^3+2x^2+3y)^3$의 전개식에서 x^2y^2의 계수
$3\times\{(x^2\text{의 계수})\times(y\text{의 계수})\times(y\text{의 계수})\}$
$=3\times(2\times3\times3)=54$

(ii) $(x^3+2x^2-3y)^3$의 전개식에서 x^2y^2의 계수
$3\times\{(x^2\text{의 계수})\times(y\text{의 계수})\times(y\text{의 계수})\}$
$=3\times\{2\times(-3)\times(-3)\}=54$

(i), (ii)에 의하여 주어진 다항식의 전개식에서
x^2y^2의 계수는 $54+54=108$이다.

다른 풀이

$x^3+2x^2=A$, $3y=B$라 하면
$(x^3+2x^2+3y)^3+(x^3+2x^2-3y)^3$
$=(A+B)^3+(A-B)^3$
$=(A^3+3A^2B+3AB^2+B^3)+(A^3-3A^2B+3AB^2-B^3)$
$=2A^3+6AB^2$
$=2(x^3+2x^2)^3+6(x^3+2x^2)(3y)^2$
이므로 x^2y^2의 계수는 $6(x^3+2x^2)(3y)^2$에서 $6\times2\times3^2=108$이다.

036 　답 48

$(x+1)^3+(x-1)^2=x^3+4x^2+x+2$이므로
$\{(x+1)^3+(x-1)^2\}^4=(x^3+4x^2+x+2)^4$의 전개식에서
x의 계수는
$4\times\{(x\text{의 계수})\times(\text{상수항})\times(\text{상수항})\times(\text{상수항})\}$ …… TIP
$=4\times(1\times2\times2\times2)=32$
x^{11}의 계수는
$4\times\{(x^3\text{의 계수})\times(x^3\text{의 계수})\times(x^3\text{의 계수})\times(x^2\text{의 계수})\}$
$=4\times(1\times1\times1\times4)=16$
따라서 구하는 값은 $32+16=48$이다.

TIP

$(x^3+4x^2+x+2)^4$은 x^3+4x^2+x+2를 4번 곱한 것이므로
$(x^3+4x^2+x+2)^4$
$=(x^3+4x^2+x+2)(x^3+4x^2+x+2)(x^3+4x^2+x+2)\times(x^3+4x^2+x+2)$
의 전개식에서 x의 계수는
$(x\text{의 계수})\times(\text{상수항})\times(\text{상수항})\times(\text{상수항})$ ← $x\times2\times2\times2$
$+(\text{상수항})\times(x\text{의 계수})\times(\text{상수항})\times(\text{상수항})$ ← $2\times x\times2\times2$
$+(\text{상수항})\times(\text{상수항})\times(x\text{의 계수})\times(\text{상수항})$ ← $2\times2\times x\times2$
$+(\text{상수항})\times(\text{상수항})\times(\text{상수항})\times(x\text{의 계수})$ ← $2\times2\times2\times x$
$=4\times\{(x\text{의 계수})\times(\text{상수항})\times(\text{상수항})\times(\text{상수항})\}$
이다.
이와 같은 방법으로 x^{11}의 계수도 구할 수 있다.

037 　답 ②

$x+y=1$, $x^3+y^3=4$이므로
$(x+y)^3=x^3+y^3+3xy(x+y)$에서 $1^3=4+3xy\times1$
$3xy=-3$ 　 $\therefore xy=-1$ …… ㉠
$(x+y)^2=x^2+y^2+2xy$에서
$1^2=x^2+y^2+2\times(-1)$ ($\because$ ㉠)
$\therefore x^2+y^2=3$ …… ㉡
$(x^2+y^2)^2=x^4+y^4+2x^2y^2$이므로
$3^2=x^4+y^4+2\times(-1)^2$ ($\because$ ㉠, ㉡)
$\therefore x^4+y^4=7$

038 　답 112

$(a^3+b^3)(a^3-b^3)=a^6-b^6=(a^2)^3-(b^2)^3$
$=(a^2-b^2)^3+3a^2b^2(a^2-b^2)$ …… ㉠
이때 $a^2=2\sqrt{2}+2$, $b^2=2\sqrt{2}-2$이므로
$a^2-b^2=(2\sqrt{2}+2)-(2\sqrt{2}-2)=4$
$a^2b^2=(2\sqrt{2}+2)(2\sqrt{2}-2)=4$
$\therefore (a^3+b^3)(a^3-b^3)=4^3+3\times4\times4$ ($\because$ ㉠)
$=112$

039 　답 ②

$(x-a)(x+2b)(x+c)$
$=x^3+(-a+2b+c)x^2+\{(-a)\times2b+2b\times c+c\times(-a)\}x+(-a)\times2b\times c$
$=x^3+(-a+2b+c)x^2+(-2ab+2bc-ca)x-2abc$
x^2의 계수가 5이므로
$-a+2b+c=5$ …… ㉠
x의 계수가 -3이므로
$-2ab+2bc-ca=-3$ …… ㉡
$(-a+2b+c)^2=a^2+4b^2+c^2+2(-2ab+2bc-ca)$
$5^2=a^2+4b^2+c^2+2\times(-3)$ ($\because$ ㉠, ㉡)
$\therefore a^2+4b^2+c^2=31$

040 　답 ④

$a^4-\sqrt{5}a^2-1=0$의 양변을 a^2으로 나누면
$a^2-\sqrt{5}-\frac{1}{a^2}=0$ 　 $\therefore a^2-\frac{1}{a^2}=\sqrt{5}$ …… ㉠
$\left(a^2+\frac{1}{a^2}\right)^2=\left(a^2-\frac{1}{a^2}\right)^2+4=(\sqrt{5})^2+4=9$
$\therefore a^2+\frac{1}{a^2}=3$ ($\because a^2>0$)
$\left(a-\frac{1}{a}\right)^2=a^2+\frac{1}{a^2}-2=3-2=1$
$\therefore a-\frac{1}{a}=1$ ($\because a>1$)
$a^6-\frac{1}{a^6}=\left(a^2-\frac{1}{a^2}\right)^3+3\left(a^2-\frac{1}{a^2}\right)$
$=(\sqrt{5})^3+3\times\sqrt{5}=8\sqrt{5}$ ($\because$ ㉠)
$\therefore a^6+2a^2-3a+\frac{3}{a}+\frac{2}{a^2}-\frac{1}{a^6}$

$=\left(a^6-\frac{1}{a^6}\right)+2\left(a^2+\frac{1}{a^2}\right)-3\left(a-\frac{1}{a}\right)$
$=8\sqrt{5}+2\times3-3\times1$
$=3+8\sqrt{5}$

041 답 ④

$x+y=1$, $x^2+y^2=3$이므로
$x^2+y^2=(x+y)^2-2xy$에서
$3=1^2-2xy \quad \therefore xy=-1$
$x^3+y^3=(x+y)^3-3xy(x+y)=1^3-3\times(-1)\times1=4$
$x^4+y^4=(x^2+y^2)^2-2x^2y^2=3^2-2\times(-1)^2=7$
$(x^3+y^3)(x^4+y^4)=x^7+x^3y^4+x^4y^3+y^7$
$=x^7+y^7+x^3y^3(x+y)$
$\therefore x^7+y^7=(x^3+y^3)(x^4+y^4)-x^3y^3(x+y)$
$=4\times7-(-1)^3\times1=29$

042 답 35

$a-2b-c=2ab-2bc+ca=5$이므로
$(a-2b-c)^2=a^2+4b^2+c^2+2(-2ab+2bc-ca)$에서
$a^2+4b^2+c^2=(a-2b-c)^2-2(-2ab+2bc-ca)$
$=5^2-2\times(-5)=35$

043 답 ②

0이 아닌 세 수 x, y, z에 대하여
$\frac{1}{x}-\frac{1}{y}-\frac{1}{z}=0$에서 $\frac{yz-zx-xy}{xyz}=0$이므로
$-xy+yz-zx=0$이다.
한편, $x^2+y^2+z^2=4$이므로
$(x-y-z)^2=x^2+y^2+z^2+2(-xy+yz-zx)$
$=4+2\times0=4$
$\therefore (x-y-z)^{10}=\{(x-y-z)^2\}^5=4^5=2^{10}$

044 답 풀이 참조

(1) $x+y+z=4$, $x^2+y^2+z^2=10$이므로
$x^2+y^2+z^2=(x+y+z)^2-2(xy+yz+zx)$에서
$10=4^2-2(xy+yz+zx)$
$xy+yz+zx=3$
$\therefore x^3+y^3+z^3$
$=(x+y+z)(x^2+y^2+z^2-xy-yz-zx)+3xyz$
$=4\times(10-3)+3\times(-2)$ ($\because xyz=-2$)
$=22$

(2) $(xy+yz+zx)^2$
$=(xy)^2+(yz)^2+(zx)^2+2(xy^2z+yz^2x+zx^2y)$
$=x^2y^2+y^2z^2+z^2x^2+2xyz(x+y+z)$
(1)에서 $xy+yz+zx=3$이므로
$3^2=x^2y^2+y^2z^2+z^2x^2+2\times(-2)\times4$
$x^2y^2+y^2z^2+z^2x^2=25$
$\therefore x^4+y^4+z^4=(x^2)^2+(y^2)^2+(z^2)^2$
$=(x^2+y^2+z^2)^2-2(x^2y^2+y^2z^2+z^2x^2)$
$=10^2-2\times25=50$

채점 요소	배점
$xy+yz+zx$의 값 구하기	10%
$x^3+y^3+z^3$의 값 구하기	40%
$x^2y^2+y^2z^2+z^2x^2$의 값 구하기	10%
$x^4+y^4+z^4$의 값 구하기	40%

045 답 10

$a-b=1+\sqrt{3}$, $b-c=-2\sqrt{3}$을 변끼리 더하면
$a-c=1-\sqrt{3}$
$\therefore a^2+b^2+c^2-ab-bc-ca$
$=\frac{1}{2}\{(a-b)^2+(b-c)^2+(c-a)^2\}$
$=\frac{1}{2}\{(1+\sqrt{3})^2+(-2\sqrt{3})^2+(-1+\sqrt{3})^2\}$
$=10$

046 답 ⑤

$xy+yz+zx=1$, $xyz=-6$이고
$x+y+z=4$에서
$x+y=4-z$, $y+z=4-x$, $z+x=4-y$
$\therefore (x+y)(y+z)(z+x)$
$=(4-z)(4-x)(4-y)$
$=4^3-4^2(x+y+z)+4(xy+yz+zx)-xyz$
$=4^3-4^2\times4+4\times1-(-6)$
$=10$

047 답 12

다항식 $2x^3+3x^2-x+a$를 x^2-x+b로 나누는 과정은 다음과 같다.

$$\begin{array}{r|l} & 2x+5 \\ x^2-x+b & 2x^3+3x^2-\quad x+\quad a \\ & 2x^3-2x^2+\quad 2bx \\ \hline & 5x^2-(1+2b)x+\quad a \\ & 5x^2-\quad 5x+\quad 5b \\ \hline & (4-2b)x+a-5b \end{array}$$

이때 나머지가 0이어야 하므로 나머지 $4-2b=0$, $a-5b=0$
두 식을 연립하여 풀면 $a=10$, $b=2$
$\therefore a+b=10+2=12$

다른 풀이

항등식을 학습한 이후에는 다음과 같이 풀이할 수 있다.
$2x^3+3x^2-x+a$가 x^2-x+b로 나누어떨어지므로 다음 등식이 성립한다.
$2x^3+3x^2-x+a=(x^2-x+b)(2x+k)$ (k는 상수)
이는 x에 대한 항등식이므로
x^2의 계수를 비교하면 $3=k-2 \quad \therefore k=5$
따라서 $2x^3+3x^2-x+a=(x^2-x+b)(2x+5)$이므로
x의 계수를 비교하면 $-1=-5+2b \quad \therefore b=2$
상수항을 비교하면 $a=5b=10$
$\therefore a+b=10+2=12$

048 ⋯⋯ 답 ③

다항식 $f(x)$를 $x-1$로 나누었을 때의 몫과 나머지는 각각 $g(x)$, 2이고, 다항식 $g(x)$를 x^2+x+1로 나누었을 때의 몫을 $h(x)$라 하면 나머지가 $x+1$이므로

$$\begin{aligned}f(x)&=(x-1)g(x)+2\\&=(x-1)\{(x^2+x+1)h(x)+x+1\}+2\\&=(x-1)(x^2+x+1)h(x)+(x-1)(x+1)+2\\&=(x^3-1)h(x)+x^2+1\end{aligned}$$

따라서 구하는 나머지는 x^2+1이다.

049 ⋯⋯ 답 풀이 참조

$f(x)=(3x^2+2x+5)(x^2-x+2)+2x^3-5x^2-6x-10$에서 $(3x^2+2x+5)(x^2-x+2)$는 x^2-x+2로 나누어떨어지므로 $f(x)$를 x^2-x+2로 나눈 나머지는 $2x^3-5x^2-6x-10$을 x^2-x+2로 나눈 나머지와 같다.

이때 다항식 $2x^3-5x^2-6x-10$을 x^2-x+2로 나누는 과정은 다음과 같다.

$$\begin{array}{r}2x\ -3\\ x^2-x+2\,\overline{)\,2x^3-5x^2-\ 6x-10}\\ \underline{2x^3-2x^2+\ 4x}\\ -3x^2-10x-10\\ \underline{-3x^2+\ 3x-6}\\ -13x-4\end{array}$$

즉, $2x^3-5x^2-6x-10=(x^2-x+2)(2x-3)-13x-4$

이고, 다항식 $f(x)$는

$$\begin{aligned}f(x)&=(3x^2+2x+5)(x^2-x+2)+(x^2-x+2)(2x-3)-13x-4\\&=(x^2-x+2)\{(3x^2+2x+5)+(2x-3)\}-13x-4\\&=(x^2-x+2)(3x^2+4x+2)-13x-4\end{aligned}$$

따라서 $Q(x)=3x^2+4x+2$, $R(x)=-13x-4$이므로

$Q(1)+R(2)=(3+4+2)+(-26-4)=-21$

채점 요소	배점
$f(x)$를 x^2-x+2로 나눈 나머지는 $2x^3-5x^2-6x-10$을 x^2-x+2로 나눈 나머지와 같음을 보이기	30%
$Q(x)$, $R(x)$ 구하기	50%
$Q(1)+R(2)$의 값 계산하기	20%

050 ⋯⋯ 답 ④

다항식 $f(x)$를 $g(x)$로 나누었을 때의 몫과 나머지가 각각 $Q(x)$, $R(x)$이므로 $f(x)=g(x)Q(x)+R(x)$이다.

ㄱ. $f(x)=g(x)Q(x)+R(x)$에서
$f(x)-R(x)=g(x)Q(x)$이므로
$f(x)-R(x)$는 $Q(x)$로 나누어떨어진다. (참)

ㄴ. $f(x)=x^3+x^2$, $g(x)=x^2+2x$인 경우,
$x^3+x^2=(x^2+2x)(x-1)+2x$이므로
$Q(x)=x-1$, $R(x)=2x$이다.
이때 $f(x)$를 $Q(x)$로 나누면
$x^3+x^2=(x-1)(x^2+2x+2)+2$이므로 몫은 x^2+2x+2이고 나머지는 2이므로 ㄴ이 성립하지 않는다. (거짓)

ㄷ. $f(x)=g(x)Q(x)+R(x)$에서
$2f(x)=2g(x)Q(x)+2R(x)$
이때 양변에서 각각 $g(x)$를 빼면
$$\begin{aligned}2f(x)-g(x)&=2g(x)Q(x)+2R(x)-g(x)\\&=g(x)\{2Q(x)-1\}+2R(x)\quad\cdots\cdots\ \text{TIP}\end{aligned}$$
따라서 다항식 $2f(x)-g(x)$를 $g(x)$로 나누었을 때의 몫은 $2Q(x)-1$, 나머지는 $2R(x)$이다. (참)

따라서 옳은 것은 ㄱ, ㄷ이다.

TIP

$R(x)$는 상수 또는 ($g(x)$의 차수)$>$($R(x)$의 차수)이므로 다항식 $2f(x)-g(x)$를 $g(x)$로 나누었을 때의 나머지는 $2R(x)$이다.

051 ⋯⋯ 답 ④

다항식 $f(x)$를 $x-\frac{1}{6}$로 나누었을 때의 몫과 나머지가 각각 $Q(x)$, R이므로

$$f(x)=\left(x-\frac{1}{6}\right)Q(x)+R\quad\cdots\cdots\ ㉠$$

㉠의 양변에 x를 곱하면

$$\begin{aligned}xf(x)&=x\left(x-\frac{1}{6}\right)Q(x)+Rx\\&=\left(3x-\frac{1}{2}\right)\frac{x}{3}Q(x)+\frac{R}{3}\left(3x-\frac{1}{2}\right)+\frac{R}{6}\\&=\left(3x-\frac{1}{2}\right)\left\{\frac{x}{3}Q(x)+\frac{R}{3}\right\}+\frac{R}{6}\end{aligned}$$

이므로 다항식 $xf(x)$를 $3x-\frac{1}{2}$로 나누었을 때의 몫과 나머지는 각각 $\frac{x}{3}Q(x)+\frac{R}{3}$, $\frac{R}{6}$이다.

052 ⋯⋯ 답 ⑤

다항식 $P(x)$를 $2x+1$로 나누었을 때의 몫과 나머지는 각각 $Q(x)$, 5이므로

$$\begin{aligned}P(x)&=(2x+1)Q(x)+5\\&=2Q(x)\left(x+\frac{1}{2}\right)+5\\&=\{2Q(x)-1\}\left(x+\frac{1}{2}\right)+\left(x+\frac{1}{2}\right)+5\\&=\{2Q(x)-1\}\left(x+\frac{1}{2}\right)+x+\frac{11}{2}\end{aligned}$$

이다. 이때 $P(x)$는 삼차다항식이고 $Q(x)$는 이차다항식이므로 다항식 $P(x)$를 $2Q(x)-1$로 나누었을 때의 몫과 나머지는 각각 $x+\frac{1}{2}$, $x+\frac{11}{2}$이다.

따라서 구하는 합은 $\left(x+\frac{1}{2}\right)+\left(x+\frac{11}{2}\right)=2x+6$이다.

053 ⋯⋯ 답 ⑤

최고차항의 계수가 1인 삼차식 $f(x)$를 $(x-2)^2$으로 나누었을 때의 몫과 나머지는 서로 같으므로

$f(x)=(x-2)^2(x+a)+x+a$ (a는 상수) …… ㉠
라 할 수 있다.
이때 $f(2)=3$이므로 이를 ㉠에 대입하면
$2+a=3$에서 $a=1$
$f(x)=(x-2)^2(x+1)+x+1$
$=(x-2)^2(x-2+3)+x+1$
$=(x-2)^3+3(x-2)^2+x+1$
$=(x-2)^3+3x^2-11x+13$
이므로 구하는 나머지는 $3x^2-11x+13$이다.

054 ······ 답 ②

다항식 $f(x)+g(x)$를 x^2-3x+7로 나누었을 때의 몫을 $Q_1(x)$, 다항식 $f(x)-2g(x)$를 $(x-1)(x^2-3x+7)$로 나누었을 때의 몫을 $Q_2(x)$라 하면
$f(x)+g(x)=(x^2-3x+7)Q_1(x)+2$ …… ㉠
$f(x)-2g(x)=(x-1)(x^2-3x+7)Q_2(x)+x^2+6x-9$ …… ㉡
$2\times$㉠$+$㉡을 하면
$3f(x)=2\times\{(x^2-3x+7)Q_1(x)+2\}$
$+\{(x-1)(x^2-3x+7)Q_2(x)+x^2+6x-9\}$
$=2(x^2-3x+7)Q_1(x)+4+(x-1)(x^2-3x+7)Q_2(x)$
$+(x^2-3x+7)+9x-16$
$=(x^2-3x+7)\{2Q_1(x)+(x-1)Q_2(x)+1\}+9x-12$
$\therefore f(x)=\frac{1}{3}(x^2-3x+7)\{2Q_1(x)+(x-1)Q_2(x)+1\}+3x-4$
따라서 구하는 나머지는 $3x-4$이다.

055 ······ 답 36

$a=9996=10^4-4$이므로
$a^2=(10^4-4)^2$
$=10^8-8\times10^4+16$
$=100000000-80000+16$
$=99920016$
따라서 a^2의 각 자리 숫자의 합은
$9+9+9+2+0+0+1+6=36$이다.

056 ······ 답 ②

$(\sqrt{3}+1)^{10}+(\sqrt{3}-1)^{10}=X$, $(\sqrt{3}+1)^{10}-(\sqrt{3}-1)^{10}=Y$라 하면
$X+Y=2(\sqrt{3}+1)^{10}$, $X-Y=2(\sqrt{3}-1)^{10}$이므로
$\{(\sqrt{3}+1)^{10}+(\sqrt{3}-1)^{10}\}^2-\{(\sqrt{3}+1)^{10}-(\sqrt{3}-1)^{10}\}^2$
$=X^2-Y^2=(X+Y)(X-Y)$
$=2(\sqrt{3}+1)^{10}\times2(\sqrt{3}-1)^{10}$
$=4\{(\sqrt{3}+1)(\sqrt{3}-1)\}^{10}$
$=4\{(\sqrt{3})^2-1^2\}^{10}$
$=4\times2^{10}=2^{12}$

다른 풀이

$(\sqrt{3}+1)^{10}=A$, $(\sqrt{3}-1)^{10}=B$라 하면
$\{(\sqrt{3}+1)^{10}+(\sqrt{3}-1)^{10}\}^2-\{(\sqrt{3}+1)^{10}-(\sqrt{3}-1)^{10}\}^2$
$=(A+B)^2-(A-B)^2=4AB$
$=4(\sqrt{3}+1)^{10}(\sqrt{3}-1)^{10}$
$=4\{(\sqrt{3}+1)(\sqrt{3}-1)\}^{10}$
$=4\{(\sqrt{3})^2-1^2\}^{10}$
$=4\times2^{10}=2^{12}$

057 ······ 답 (1) 11 (2) 99

(1) 다항식 $x^4+x^3-9x^2-4x+13$을 x^2+3x-1로 나누는 과정은 다음과 같다.

$$
\begin{array}{r}
x^2-2x-2 \\
x^2+3x-1\,\big)\,\overline{x^4+x^3-9x^2-4x+13} \\
x^4+3x^3-x^2 \\
\hline
-2x^3-8x^2-4x+13 \\
-2x^3-6x^2+2x \\
\hline
-2x^2-6x+13 \\
-2x^2-6x+2 \\
\hline
11
\end{array}
$$

$x^4+x^3-9x^2-4x+13=(x^2+3x-1)(x^2-2x-2)+11$
이고 $x^2+3x-1=0$이므로
$x^4+x^3-9x^2-4x+13=11$

(2) $(x+2)(x+3)(x+4)(x+5)$
$=(x+2)(x+5)(x+3)(x+4)$
$=(x^2+7x+10)(x^2+7x+12)$
$=\{(x^2+7x+1)+9\}\{(x^2+7x+1)+11\}$
$x^2+7x+1=0$이므로
$(x+2)(x+3)(x+4)(x+5)=99$

058 ······ 답 ①

$x=\sqrt{7}-3$에서 $x+3=\sqrt{7}$이고, 이 식의 양변을 제곱하면
$(x+3)^2=7$이므로
$x^2+6x+2=0$ …… ㉠
한편, 다항식 $x^5-34x^3-13x^2-5x+1$을 x^2+6x+2로 나누는 과정은 다음과 같다.

$$
\begin{array}{r}
x^3-6x^2-1 \\
x^2+6x+2\,\big)\,\overline{x^5-34x^3-13x^2-5x+1} \\
x^5+6x^4+2x^3 \\
\hline
-6x^4-36x^3-13x^2-5x+1 \\
-6x^4-36x^3-12x^2 \\
\hline
-x^2-5x+1 \\
-x^2-6x-2 \\
\hline
x+3
\end{array}
$$

$\therefore x^5-34x^3-13x^2-5x+1$
$=(x^2+6x+2)(x^3-6x^2-1)+x+3$
$=0+(\sqrt{7}-3)+3$ ($\because$ ㉠)
$=\sqrt{7}$

059 ······ 답 ④

$\overline{CH}=1$, $\overline{BH}=x$이고
삼각형 ABC의 넓이가 $\frac{4}{3}$이므로 $\overline{AB}=\frac{8}{3}$

직각삼각형 AHC와 직각삼각형 CHB는 닮음이므로

$\overline{AH}:\overline{CH}=\overline{CH}:\overline{BH}$이다.

$\left(\frac{8}{3}-x\right):1=1:x$이므로 $x\left(\frac{8}{3}-x\right)=1$에서 $3x^2-8x+3=0$

$0<x<1$이므로 $x=\frac{4-\sqrt{7}}{3}$이다.

한편, 다항식 $3x^3-5x^2+4x+7$을 $3x^2-8x+3$으로 나누는 과정은 다음과 같다.

$$\begin{array}{r} x+1 \\ 3x^2-8x+3 \overline{\smash{)}\,3x^3-5x^2+4x+7} \\ \underline{3x^3-8x^2+3x} \\ 3x^2+\ \ x+7 \\ \underline{3x^2-8x+3} \\ 9x+4 \end{array}$$

$3x^3-5x^2+4x+7=(3x^2-8x+3)(x+1)+9x+4$

$=0+9\times\frac{4-\sqrt{7}}{3}+4$

$=16-3\sqrt{7}$

다른 풀이

$\overline{CH}=1$이고 삼각형 ABC의 넓이가 $\frac{4}{3}$이므로

$\overline{AB}=\frac{8}{3}$

선분 AB의 중점을 M이라 하면 점 M은 직각삼각형 ABC의 외심이므로

$\overline{AM}=\overline{BM}=\overline{CM}=\frac{1}{2}\times\overline{AB}=\frac{4}{3}$

또한 $\overline{BH}=x\ (x<1)$이므로 H는 선분 BM 위의 점이다.

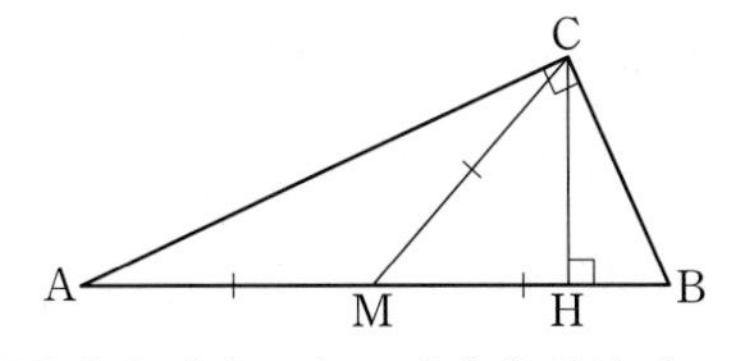

직각삼각형 MHC에서 피타고라스 정리에 의하여

$\overline{CM}^2=\overline{MH}^2+\overline{CH}^2$, $\left(\frac{4}{3}\right)^2=\overline{MH}^2+1^2$

$\overline{MH}^2=\frac{16}{9}-1=\frac{7}{9}$ $\quad\therefore \overline{MH}=\frac{\sqrt{7}}{3}$

$\overline{BH}=\overline{BM}-\overline{MH}$에서 $x=\frac{4}{3}-\frac{\sqrt{7}}{3}$이므로

$3x=4-\sqrt{7}$, $4-3x=\sqrt{7}$이고,

이 식의 양변을 제곱하면 $(4-3x)^2=7$이므로

$9x^2-24x+9=0$

$\therefore 3x^2-8x+3=0$ …… ㉠

한편, 다항식 $3x^3-5x^2+4x+7$을 $3x^2-8x+3$으로 나누는 과정은 다음과 같다.

$$\begin{array}{r} x+1 \\ 3x^2-8x+3 \overline{\smash{)}\,3x^3-5x^2+4x+7} \\ \underline{3x^3-8x^2+3x} \\ 3x^2+\ \ x+7 \\ \underline{3x^2-8x+3} \\ 9x+4 \end{array}$$

$\therefore 3x^3-5x^2+4x+7=(3x^2-8x+3)(x+1)+9x+4$

$=0+9\times\frac{4-\sqrt{7}}{3}+4\ (\because ㉠)$

$=16-3\sqrt{7}$

060 …… 답 ①

$\overline{AB}=a$, $\overline{BC}=b\ (a>0,\ b>0)$라 하자.

직사각형 ABCD의 넓이가 1500이므로

$ab=1500$ …… ㉠

원의 반지름의 길이를 r이라 하면

원의 넓이가 850π이므로

$\pi r^2=850\pi$, $r^2=850$ …… ㉡

삼각형 ABC에서 피타고라스 정리에 의하여

$a^2+b^2=(2r)^2$, 즉 $a^2+b^2=4r^2$에서

$a^2+b^2=3400\ (\because ㉡)$이고,

$(a-b)^2=a^2+b^2-2ab$에서

$(a-b)^2=3400-2\times1500=400\ (\because ㉠)$

$\therefore |\overline{AB}-\overline{BC}|=|a-b|=\sqrt{400}=20$

061 …… 답 ④

직사각형 OCDE의 대각선의 길이는 부채꼴의 반지름의 길이와 같으므로 $\overline{CE}=\overline{OD}=3\sqrt{3}$

이때 $\overline{OC}=x$, $\overline{OE}=y\ (x>0,\ y>0)$라 하면

직각삼각형 OCE에서 $\overline{OC}^2+\overline{OE}^2=\overline{CE}^2$이므로

$x^2+y^2=27$ …… ㉠

직사각형 OCDE의 넓이는 11이므로

$\overline{OC}\times\overline{OE}=11$ $\quad\therefore xy=11$ …… ㉡

㉠, ㉡에서

$(x+y)^2=x^2+y^2+2xy$

$=27+2\times11=49$

$\therefore x+y=7\ (\because x>0,\ y>0)$

따라서 A → C → E → B를 잇는 최단 거리는

$\overline{AC}+\overline{CE}+\overline{EB}=(3\sqrt{3}-x)+3\sqrt{3}+(3\sqrt{3}-y)$

$=9\sqrt{3}-(x+y)$

$=9\sqrt{3}-7$

062 …… 답 ③

$\overline{AB}=a$, $\overline{BC}=b$, $\overline{BF}=c\ (a>0,\ b>0,\ c>0)$라 하자.

직육면체의 모든 모서리의 합이 60이므로

$4(a+b+c)=60$에서 $a+b+c=15$ …… ㉠

피타고라스 정리에 의하여

$\overline{DB}^2=\overline{BC}^2+\overline{CD}^2=a^2+b^2$

$\overline{BG}^2=\overline{BC}^2+\overline{CG}^2=b^2+c^2$

$\overline{GD}^2=\overline{CG}^2+\overline{CD}^2=c^2+a^2$

이므로 사면체 C−BGD의 모든 모서리의 길이의 제곱의 합은

$\overline{DB}^2+\overline{BG}^2+\overline{GD}^2+\overline{CD}^2+\overline{BC}^2+\overline{CG}^2=249$

$(a^2+b^2)+(b^2+c^2)+(c^2+a^2)+a^2+b^2+c^2=249$

$3(a^2+b^2+c^2)=249$

$\therefore a^2+b^2+c^2=83$ …… ㉡

$(a+b+c)^2=a^2+b^2+c^2+2(ab+bc+ca)$이므로 ㉠, ㉡에서

$15^2=83+2(ab+bc+ca)$

$\therefore ab+bc+ca=71$

따라서 직육면체 ABCD－EFGH의 겉넓이는

$2(ab+bc+ca)=142$

063 답 ①

$\overline{AQ}=a$, $\overline{AR}=b$ $(a>0,\ b>0)$라 하면 사각형 AQPR의 대각선의 길이가 $4\sqrt{2}$이므로 $a^2+b^2=32$ …… ㉠

다음과 같이 점 P에서 선분 BC 위로 내린 수선의 발을 S, 반원의 중심을 O라 하자.

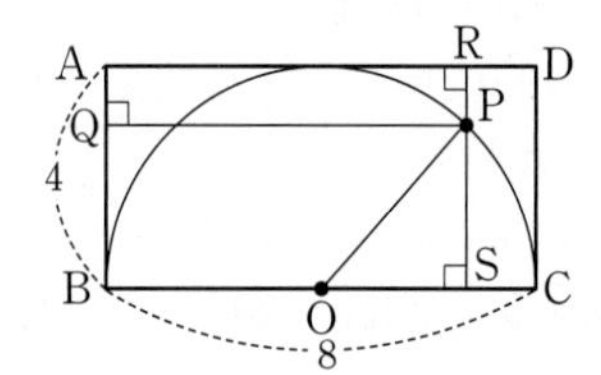

삼각형 OSP에서

$\overline{OP}=4$, $\overline{PS}=\overline{RS}-\overline{PR}=\overline{AB}-\overline{AQ}=4-a$,

$\overline{OS}=\overline{BS}-\overline{BO}=\overline{AR}-\overline{BO}=b-4$

이고 피타고라스 정리에 의하여

$\overline{OP}^2=\overline{PS}^2+\overline{OS}^2$

$4^2=(4-a)^2+(b-4)^2$

$16=(a^2-8a+16)+(b^2-8b+16)$

$a^2+b^2-8(a+b)+16=0$

$32-8(a+b)+16=0$ ($\because$ ㉠)

$\therefore a+b=6$ …… ㉡

사각형 AQPR의 넓이는 ab이므로

$(a+b)^2=a^2+b^2+2ab$에서

$6^2=32+2ab$ ($\because$ ㉠, ㉡)

$\therefore ab=2$

064 답 ③

조건 (가)에서 $f_1(x)=x^3+x^2+1$

조건 (나)에 의하여

$f_2(x)=f_1(x+1)=(x+1)^3+(x+1)^2+1$

$f_3(x)=f_2(x+2)=(x+1+2)^3+(x+1+2)^2+1$

$f_4(x)=f_3(x+3)=(x+1+2+3)^3+(x+1+2+3)^2+1$

$f_5(x)=f_4(x+4)=(x+1+2+3+4)^3+(x+1+2+3+4)^2+1$

$\qquad =(x+10)^3+(x+10)^2+1$

따라서 $f_5(x)$의 x^2의 계수는 $3\times1^2\times10+1=31$이다.

065 답 112

$\{(x-2)^4+6(x-2)^3+12(x-2)^2\}^3$

$=[(x-2)^2\{(x-2)^2+6(x-2)+12\}]^3$

$=(x-2)^6\{(x-2)^2+6(x-2)+12\}^3$

$=(x-2)^6(x^2+2x+4)^3$

$=(x-2)^3\{(x-2)(x^2+2x+4)\}^3$

$=(x-2)^3(x^3-8)^3$

이므로 $m=3$, $n=8$이다.

$(x-2)^3(x^3-8)^3$

$=(x^3-6x^2+12x-8)(x^9-24x^6+192x^3-512)$

에서 x^{3m}, 즉 x^9의 계수는

(x^3의 계수)$\times$(x^6의 계수)$+$(상수항)$\times$(x^9의 계수)이므로

$1\times(-24)+(-8)\times1=-32$이다.

또한 x^n, 즉 x^8의 계수는 (x^2의 계수)$\times$(x^6의 계수)이므로

$(-6)\times(-24)=144$이다.

따라서 구하는 값은 $-32+144=112$이다.

066 답 135

조건 (가)에서 $(x-3)(y-3)(2z-3)=0$이므로

$(x-3)(y-3)(2z-3)$

$=(xy-3x-3y+9)(2z-3)$

$=2xyz-3xy-6xz+9x-6yz+9y+18z-27$

$=2xyz-3(xy+2yz+2zx)+9(x+y+2z)-27$

$=2xyz-3\times3(x+y+2z)+9(x+y+2z)-27$ ($\because$ 조건 (나))

$=2xyz-27=0$

$2xyz=27$, $xyz=\dfrac{27}{2}$

$\therefore 10xyz=10\times\dfrac{27}{2}=135$

다른 풀이

조건 (가)에서 x, y, $2z$ 중에서 적어도 하나는 3이므로

일반성을 잃지 않고 $x=3$이라 하면

조건 (나)의 $3(x+y+2z)=xy+2yz+2zx$에서

$3(3+y+2z)=3y+2yz+6z$, $9=2yz$, $yz=\dfrac{9}{2}$

$\therefore 10xyz=10\times3\times\dfrac{9}{2}=135$

067 답 36

조건 (나)에서

$x^2+4y^2+z^2-2xy+2yz+zx=0$

$\dfrac{1}{2}\{(x-2y)^2+(2y+z)^2+(z+x)^2\}=0$

이므로 $x=2y=-z$이다.

따라서 조건 (가)에 의하여 $x=2y=-z=4$이므로

$x=4$, $y=2$, $z=-4$이다.

$\therefore x^2+y^2+z^2=4^2+2^2+(-4)^2=36$

068 답 －4

$x+y+z=1$이므로

$(x+y+z)^2=x^2+y^2+z^2+2(xy+yz+zx)$에서

$1=x^2+y^2+z^2+2(xy+yz+zx)$

$x^2+y^2+z^2=1-2(xy+yz+zx)$ …… ㉠

$x^3+y^3+z^3=13$이므로

$x^3+y^3+z^3=(x+y+z)(x^2+y^2+z^2-xy-yz-zx)+3xyz$에서
$13=1\times\{1-3(xy+yz+zx)\}+3xyz$ ($\because$ ㉠)
$xy+yz+zx-xyz=-4$
$\therefore xy(x+y)+yz(y+z)+zx(z+x)+2xyz$
$=xy(1-z)+yz(1-x)+zx(1-y)+2xyz$ ($\because x+y+z=1$)
$=xy+yz+zx-xyz=-4$

069 답 18

주어진 두 식의 양변을 각각 더하면
$\left(a+\frac{1}{b}\right)+\left(b+\frac{1}{a}\right)=6$에서 $a+b+\frac{1}{a}+\frac{1}{b}=6$이므로
$a+b+\frac{a+b}{ab}=6$ …… ㉠
주어진 두 식의 양변을 각각 곱하면
$\left(a+\frac{1}{b}\right)\left(b+\frac{1}{a}\right)=4$에서 $ab+1+1+\frac{1}{ab}=4$이므로
$ab+\frac{1}{ab}=2$ …… ㉡
이때 $ab=t$라 하고 ㉡의 양변에 t를 곱하여 정리하면
$t^2-2t+1=0$, $(t-1)^2=0$ $\quad\therefore t=1$, 즉 $ab=1$
이를 ㉠에 대입하면 $a+b=3$
$\therefore a^3+b^3=(a+b)^3-3ab(a+b)$
$=3^3-3\times1\times3=18$

070 답 ①

다항식 $f(x)$를 x^2+1로 나눈 몫을 $Q(x)$라 하면 나머지가 $x+2$이므로
$f(x)=(x^2+1)Q(x)+x+2$
$A=x^2+1$, $B=x+2$라 하면
$\{f(x)\}^3=\{A\times Q(x)+B\}^3$
$=A^3\{Q(x)\}^3+3A^2B\{Q(x)\}^2+3AB^2Q(x)+B^3$
$=A[A^2\{Q(x)\}^3+3AB\{Q(x)\}^2+3B^2Q(x)]+B^3$
에서 $\{f(x)\}^3$을 x^2+1로 나눈 나머지는 $B^3=(x+2)^3$을 x^2+1로 나눈 나머지와 같다.
$B^3=(x+2)^3=x^3+6x^2+12x+8$에서
$x^3+6x^2+12x+8$을 x^2+1로 나누는 과정은 다음과 같다.

$$\begin{array}{r}
x+6 \\
x^2+1\,\overline{)\,x^3+6x^2+12x+8} \\
\underline{x^3+x} \\
6x^2+11x+8 \\
\underline{6x^2+6} \\
11x+2
\end{array}$$

이를 식으로 나타내면 $B^3=(x^2+1)(x+6)+11x+2$이므로
$\{f(x)\}^3$을 x^2+1로 나눈 나머지는 $R(x)=11x+2$이다.
$\therefore R(2)=11\times2+2=24$

071 답 50

다항식 $2f(x)+3g(x)$를 $h(x)$로 나누었을 때의 몫을 $Q_1(x)$라 할 때, 나머지가 $5x^2$이므로
$2f(x)+3g(x)=h(x)Q_1(x)+5x^2$ …… ㉠
다항식 $4f(x)+3g(x)$를 $h(x)$로 나누었을 때의 몫을 $Q_2(x)$라 할 때, 나머지가 $3x^2$이므로
$4f(x)+3g(x)=h(x)Q_2(x)+3x^2$ …… ㉡
$3\times$㉠$-5\times$㉡을 하면
$3\{2f(x)+3g(x)\}-5\{4f(x)+3g(x)\}=h(x)\{3Q_1(x)-5Q_2(x)\}$
$-14f(x)-6g(x)=h(x)\{3Q_1(x)-5Q_2(x)\}$ …… ㉢
이므로 다항식 $-14f(x)-6g(x)$가 $h(x)$로 나누어떨어진다.
이때 다항식 $mf(x)+ng(x)$에서 m, n이 30 이하의 두 자연수이므로
㉢의 양변에 각각 $-\frac{1}{2}$을 곱해주면
$7f(x)+3g(x)=h(x)\times\frac{1}{2}\{5Q_2(x)-3Q_1(x)\}$
에서 $m+n$의 최솟값은 $m=7$, $n=3$일 때 $7+3=10$이다.
㉢의 양변에 각각 -2를 곱해주면
$28f(x)+12g(x)=h(x)\times\{10Q_2(x)-6Q_1(x)\}$
에서 $m+n$의 최댓값은 $m=28$, $n=12$일 때 $28+12=40$이다.
따라서 구하는 $m+n$의 최솟값과 최댓값의 합은 $10+40=50$이다.

072 답 11

조건 (가)에서
$f(x)=g(x)\{g(x)+x^3\}+g(x)+x^3$ …… ㉠
이고, $f(x)$를 $g(x)$로 나눈 나머지는 $g(x)$의 차수보다 낮아야 하므로 $g(x)+x^3$의 차수는 $g(x)$보다 낮다.
따라서 $g(x)$는 $-x^3$을 반드시 포함하는 삼차식이다.
이때 조건 (나)에서 $g(x)$를 $g(x)+x^3$으로 나눈 몫이 이차식이려면 $g(x)+x^3$이 일차식이어야 하므로
$g(x)+x^3=ax+b$ (a, b는 상수, $a\neq0$)로 놓으면
$g(x)=-x^3+ax+b$ …… ㉡
㉡을 ㉠에 대입하면
$f(x)=(-x^3+ax+b)(ax+b)+ax+b$
이고, $f(x)$의 최고차항의 계수가 2, 즉 $a=-2$이므로
$f(x)=(-x^3-2x+b)(-2x+b)-2x+b$ …… ㉢
조건 (다)에서 $f(0)+g(0)=-1$이므로 ㉡, ㉢에서
$f(0)+g(0)=(b^2+b)+b=b^2+2b=-1$
$b^2+2b+1=0$, $(b+1)^2=0$ $\quad\therefore b=-1$
즉, $g(x)=-x^3-2x-1$이다.
$\therefore g(-2)=-(-2)^3-2\times(-2)-1=11$

073 답 21

$f(x)=(x^2+x+1)^3$
$=\{(x^2+2)+(x-1)\}^3$
$=(x^2+2)^3+3(x^2+2)^2(x-1)+3(x^2+2)(x-1)^2+(x-1)^3$
$=(x^2+2)\{(x^2+2)^2+3(x^2+2)(x-1)+3(x-1)^2\}+(x-1)^3$ …… ㉠
이므로 $f(x)$를 $g(x)$로 나눈 나머지는 $(x-1)^3$을 x^2+2로 나눈 나머지와 같다.
$(x-1)^3=x^3-3x^2+3x-1$에서 x^3-3x^2+3x-1을 x^2+2로 나누는 과정은 다음과 같다.

$$\begin{array}{r} x-3 \\ x^2+2 \overline{)x^3-3x^2+3x-1} \\ \underline{x^3 \quad\quad +2x} \\ -3x^2+\ x-1 \\ \underline{-3x^2 \quad\quad -6} \\ x+5 \end{array}$$

이를 식으로 나타내면

$x^3-3x^2+3x-1=(x^2+2)(x-3)+x+5$이므로 이를 ㉠에 대입하면

$$f(x)=(x^2+2)\{(x^2+2)^2+3(x^2+2)(x-1)+3(x-1)^2\}+(x^2+2)(x-3)+x+5$$
$$=(x^2+2)\{(x^2+2)^2+3(x^2+2)(x-1)+3(x-1)^2+(x-3)\}+x+5$$

$\therefore R_1(x)=x+5$

$xf(x)$
$=x(x^2+2)\{(x^2+2)^2+3(x^2+2)(x-1)+3(x-1)^2+(x-3)\}+x(x+5)$
$=x(x^2+2)\{(x^2+2)^2+3(x^2+2)(x-1)+3(x-1)^2+(x-3)\}+(x^2+2)+5x-2$

$\therefore R_2(x)=5x-2$

$\therefore R_1(2)\times R_2(1)=(2+5)\times(5-2)$
$=21$

074 ㉰ ④

$f(x)=(x+2)Q_1(x)+r_1,\ Q_1(x)=(x+2)Q_2(x)+r_2$이므로

$f(x)=(x+2)\{(x+2)Q_2(x)+r_2\}+r_1$
$=(x+2)^2Q_2(x)+r_2(x+2)+r_1$

에서 다항식 $f(x)$를 $(x+2)^2$으로 나누었을 때의 나머지는 $r_2(x+2)+r_1$이다.

또한

$f(x)=(x+2)^2\{(x+2)Q_3(x)+r_3\}+r_2(x+2)+r_1$
$=(x+2)^3Q_3(x)+r_3(x+2)^2+r_2(x+2)+r_1$

이므로 다항식 $f(x)$를 $(x+2)^3$으로 나누었을 때의 나머지는 $r_3(x+2)^2+r_2(x+2)+r_1$이다. …… ㉠

마찬가지 방법으로 다항식 $f(x)$를 $(x+2)^4$으로 나누었을 때의 나머지는

$R(x)=r_4(x+2)^3+r_3(x+2)^2+r_2(x+2)+r_1$이다.

조건 ㈏에서

$R(8)=1000r_4+100r_3+10r_2+r_1=1024$이므로

조건 ㈎에 의하여 $r_4=1,\ r_3=0,\ r_2=2,\ r_1=4$이다.

따라서 다항식 $f(x)$를 $(x+2)^3$으로 나누었을 때의 나머지는

$0\times(x+2)^2+2\times(x+2)+4=2x+8$ ($\because$ ㉠)

075 ㉰ 117

$\angle HPI=90^\circ$이므로 $\overline{HI}=\overline{OP}$이고, $\overline{OP}$는 부채꼴의 반지름의 길이와 같으므로 $\overline{HI}=5$이다.

$\overline{PH}=x,\ \overline{PI}=y\ (x>0,\ y>0)$라 하면 삼각형 PIH에서 피타고라스 정리에 의하여

$x^2+y^2=25$ …… ㉠

삼각형 PIH의 내접원의 반지름의 길이를 r이라 하면 내접원의 넓이가 $\frac{\pi}{4}$이므로 $\pi r^2=\frac{\pi}{4}$에서 $r=\frac{1}{2}$

삼각형 PIH의 넓이는 …… TIP

$\frac{1}{2}xy=\frac{1}{2}\times\frac{1}{2}\times(x+y+5),\ xy=\frac{1}{2}\times(x+y+5)$에서

$x+y=2xy-5$ …… ㉡

$(x+y)^2=x^2+y^2+2xy$이므로 이 식에 ㉠, ㉡을 대입하면

$(2xy-5)^2=25+2xy$

$4(xy)^2-20xy+25=25+2xy$

$4(xy)^2-22xy=0,\ xy(2xy-11)=0$

이때 $xy\neq0$이므로 $2xy-11=0$에서 $xy=\frac{11}{2}$

이를 ㉡에 대입하면

$x+y=2\times\frac{11}{2}-5=6$

$\therefore \overline{PH}^3+\overline{PI}^3=x^3+y^3$
$=(x+y)^3-3xy(x+y)$
$=6^3-3\times\frac{11}{2}\times6$
$=117$

TIP

내접원의 반지름의 길이와 삼각형의 넓이

삼각형 ABC의 내접원의 반지름의 길이를 r이라 하면

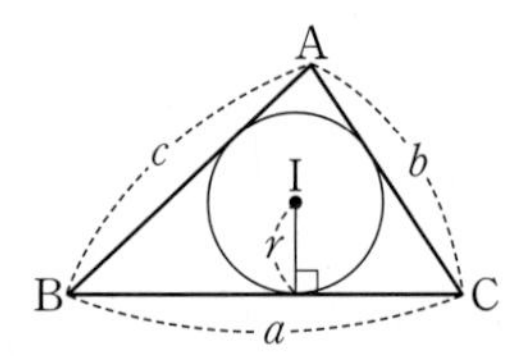

(삼각형 ABC의 넓이)$=\frac{1}{2}r(a+b+c)$

076 ㉰ 15

$\overline{AL_1}=a,\ \overline{L_1L_2}=b,\ \overline{L_2B}=c$라 하면

$\overline{AB}=4$에서 $a+b+c=4$ …… ㉠

$\overline{AL_1}\times\overline{L_2B}=1$에서 $ac=1$ …… ㉡

한편, 두 선분 L_1M_1, M_2N_2의 교점을 P라 하면

네 삼각형 ABC, N_1M_1C, PM_2M_1, L_2BM_2는 서로 닮음이고, 닮음비는 $4:a:b:c$이므로 넓이의 비는 $16:a^2:b^2:c^2$이다.

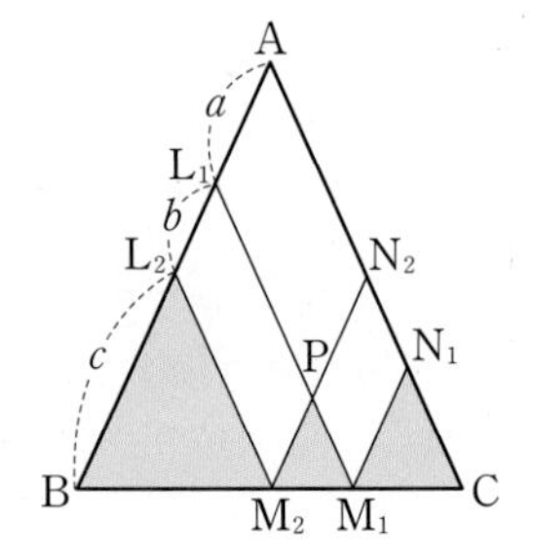

이때 세 삼각형 N_1M_1C, PM_2M_1, L_2BM_2의 넓이의 합이 삼각형 ABC의 넓이의 $\frac{1}{2}$이므로

$\frac{a^2+b^2+c^2}{16}=\frac{1}{2}$, 즉 $a^2+b^2+c^2=8$ …… ㉢

㉠에 의하여

$(a+b+c)^2=a^2+b^2+c^2+2(ab+bc+ca)=16$

이고, 이에 ㉡, ㉢을 대입하면

$8+2(ab+bc+1)=16$, $ab+bc+1=4$

$b(a+c)=3$, $b(4-b)=3$ ($\because$ ㉠)

$b^2-4b+3=0$, $(b-1)(b-3)=0$

$\therefore b=1$ ($\because a+c=4-b\geq 2$)

$\therefore 15\overline{L_1L_2}=15\times b=15\times 1=15$

077

답 148

$\overline{AB}=x$, $\overline{AD}=y$, $\overline{AE}=z$라 하면

$l_1=3x+3y+3z+\overline{AC}+\overline{CF}+\overline{FA}$

$l_2=x+y+z+\overline{AC}+\overline{CF}+\overline{FA}$

이므로 $l_1-l_2=2x+2y+2z=28$에서

$x+y+z=14$

$S_1=xy+yz+zx+\frac{1}{2}xy+\frac{1}{2}yz+\frac{1}{2}zx+$(삼각형 AFC의 넓이)

$S_2=\frac{1}{2}xy+\frac{1}{2}yz+\frac{1}{2}zx+$(삼각형 AFC의 넓이)

이므로 $S_1-S_2=xy+yz+zx=61$

$$\begin{aligned}\overline{AC}^2+\overline{CF}^2+\overline{FA}^2&=(x^2+y^2)+(y^2+z^2)+(z^2+x^2)\\&=2(x^2+y^2+z^2)\\&=2\{(x+y+z)^2-2(xy+yz+zx)\}\\&=2\times(14^2-2\times 61)=148\end{aligned}$$

02 항등식과 나머지정리

078

답 ⑤

$ax^2-3x+5=x^2+(1-b)x+c$가 x에 대한 항등식이므로

양변의 계수를 비교하면

$a=1$, $-3=1-b$에서 $b=4$, $5=c$

$\therefore a+b+c=1+4+5=10$

다른 풀이

$ax^2-3x+5=x^2+(1-b)x+c$가 x에 대한 항등식이므로

x에 어떤 값을 대입하여도 항상 성립한다.

따라서 주어진 등식의 양변에

$x=0$을 대입하면 $5=c$

$x=1$을 대입하면 $a+2=2-b+c$, $a+b=5$ ...... ㉠

$x=-1$을 대입하면 $a+8=b+c$, $a-b=-3$ ...... ㉡

㉠, ㉡을 연립하여 풀면 $a=1$, $b=4$

$\therefore a+b+c=1+4+5=10$

079

답 36

등식의 우변을 전개한 후 x에 대하여 정리하면

$$\begin{aligned}3x^2-4x+7&=a(x-1)^2+b(x-1)+c\\&=a(x^2-2x+1)+b(x-1)+c\\&=ax^2+(-2a+b)x+a-b+c\end{aligned}$$

이 등식은 x에 대한 항등식이므로 양변의 계수를 비교하면

$3=a$, $-4=-2a+b$, $7=a-b+c$에서

$a=3$, $b=2$, $c=6$

$\therefore abc=3\times 2\times 6=36$

다른 풀이

주어진 등식은 x에 대한 항등식이므로 x에 어떤 값을 대입하여도

항상 성립한다.

따라서 주어진 등식의 양변에

$x=1$을 대입하면 $6=c$ ...... ㉠

$x=0$을 대입하면 $7=a-b+c$ ...... ㉡

$x=2$를 대입하면 $11=a+b+c$ ...... ㉢

㉠을 ㉡, ㉢에 대입하면 $a-b=1$, $a+b=5$이므로

이를 연립하여 풀면

$a=3$, $b=2$

$\therefore abc=3\times 2\times 6=36$

080

답 3

주어진 등식은 x에 대한 항등식이므로 x에 어떤 값을 대입하여도

항상 성립한다.

따라서 주어진 등식의 양변에

$x=-1$을 대입하면 $a-2=0$, $a=2$

$x=1$을 대입하면 $a-8=2(b-4)$, $b=1$

$\therefore a+b=2+1=3$

다른 풀이

등식의 우변을 전개한 후 x에 대하여 정리하면

$x^3+ax^2-4x-5=(x+1)(x^2+bx-5)$

$=x^3+(b+1)x^2+(b-5)x-5$

이 등식은 x에 대한 항등식이므로 양변의 계수를 비교하면

$a=b+1$, $-4=b-5$에서 $b=1$, $a=2$

$\therefore a+b=2+1=3$

081 ······ 답 ④

주어진 등식은 x에 대한 항등식이므로 x에 어떤 값을 대입하여도 항상 성립한다.

따라서 주어진 등식의 양변에

$x=0$을 대입하면 $4=-2a$, $a=-2$

$x=2$를 대입하면 $6=6b$, $b=1$

$x=-1$을 대입하면 $6=3c$, $c=2$

$\therefore a+2b+3c=-2+2\times1+3\times2=6$

082 ······ 답 ③

$2kx+(k-2)y-(k+2)=0$이 k에 대한 항등식이므로

k에 대하여 정리하면

$(2x+y-1)k-2y-2=0$

양변의 계수를 비교하면

$2x+y-1=0$, $-2y-2=0$에서 $y=-1$, $x=1$

$\therefore x-y=1-(-1)=2$

083 ······ 답 13

$a(x+y)+b(2x-3y)+8x-7y=0$이

x, y에 대한 항등식이므로 x, y에 대하여 정리하면

$(a+2b+8)x+(a-3b-7)y=0$

양변의 계수를 비교하면

$a+2b+8=0$ ······ ㉠

$a-3b-7=0$ ······ ㉡

㉠, ㉡을 연립하여 풀면 $a=-2$, $b=-3$

$\therefore a^2+b^2=(-2)^2+(-3)^2=13$

084 ······ 답 34

다항식 $3x^3+ax^2-22x+b$를 x^2+2x-5로 나누었을 때의 몫이 $3x-4$이고 나머지가 $x-3$이므로

$3x^3+ax^2-22x+b=(x^2+2x-5)(3x-4)+x-3$

$=3x^3+2x^2-22x+17$

이 등식은 x에 대한 항등식이므로 양변의 계수를 비교하면

$a=2$, $b=17$

$\therefore ab=2\times17=34$

085 ······ 답 (1) -1 (2) -125

(1) $a_0+a_1+a_2+a_3+a_4+a_5+a_6$은

주어진 항등식의 우변에 $x=1$을 대입한 것이다.

따라서 주어진 항등식의 양변에 $x=1$을 대입하면

$a_0+a_1+a_2+a_3+a_4+a_5+a_6=(1+2-4)^3=-1$

(2) $a_0-a_1+a_2-a_3+a_4-a_5+a_6$은

주어진 항등식의 우변에 $x=-1$을 대입한 것이다.

따라서 주어진 항등식의 양변에 $x=-1$을 대입하면

$a_0-a_1+a_2-a_3+a_4-a_5+a_6=(1-2-4)^3=-125$

086 ······ 답 (1) 5 (2) -6

(1) $f(x)=x^3-3x^2+5x+2$라 하면 다항식 $f(x)$를 $x-1$로 나누었을 때의 나머지는 나머지정리에 의하여

$f(1)=1^3-3\times1^2+5\times1+2=5$

(2) $f(x)=8x^3+4x-3$이라 하고 다항식 $f(x)$를 $2x+1$로 나누었을 때의 몫을 $Q(x)$, 나머지를 R이라 하면

$f(x)=(2x+1)Q(x)+R=2\left(x+\frac{1}{2}\right)Q(x)+R$

이 등식은 x에 대한 항등식이므로 양변에 $x=-\frac{1}{2}$을 대입하면

$R=f\left(-\frac{1}{2}\right)=8\times\left(-\frac{1}{2}\right)^3+4\times\left(-\frac{1}{2}\right)-3=-6$

087 ······ 답 ①

$f(x)=x^{12}+ax^5-3$이라 하자.

다항식 $f(x)$를 $x+1$로 나누었을 때의 나머지가 6이므로

나머지정리에 의하여

$f(-1)=(-1)^{12}+a\times(-1)^5-3$

$=-a-2=6$

$\therefore a=-8$

088 ······ 답 ②

$f(x)=x^2+ax-4$, $g(x)=x^2-x+a$라 하자.

두 다항식 $f(x)$, $g(x)$를 $x+2$로 나누었을 때의 나머지는

나머지정리에 의하여 각각

$f(-2)=(-2)^2+a\times(-2)-4=-2a$,

$g(-2)=(-2)^2-(-2)+a=a+6$

이때 두 나머지는 서로 같으므로 $-2a=a+6$

$\therefore a=-2$

089 ······ 답 ③

다항식 $P(x)$를 $(x+3)(x-1)$로 나눈 몫을 $Q(x)$라 하면 나머지가 $3x+5$이므로

$P(x)=(x+3)(x-1)Q(x)+3x+5$ ······ ㉠

이때 다항식 $(x+2)P(x-4)$를 $x-1$로 나눈 나머지는

나머지정리에 의하여

$(1+2)P(1-4)=3P(-3)$이다.

㉠에서 $P(-3)=3\times(-3)+5=-4$

따라서 구하는 값은

$3P(-3)=3\times(-4)=-12$

090 ······ 답 ④

다항식 $f(x)$를 $x+2$로 나누었을 때의 나머지는 4이므로
나머지정리에 의하여 $f(-2)=4$ ······ ㉠
다항식 $f(x)$를 $x-3$으로 나누었을 때의 나머지는 -6이므로
나머지정리에 의하여 $f(3)=-6$ ······ ㉡
한편, 다항식 $f(x)$를 $(x+2)(x-3)$으로 나누었을 때의
몫을 $Q(x)$, 나머지를 $ax+b$ (a, b는 상수)라 하면
$f(x)=(x+2)(x-3)Q(x)+ax+b$
이므로 ㉠, ㉡에서
$f(-2)=-2a+b=4$, $f(3)=3a+b=-6$
두 식을 연립하여 풀면 $a=-2$, $b=0$
따라서 구하는 나머지는 $-2x$이다.

091 ······ 답 ⑤

다항식 $3f(x)-g(x)$를 $x+2$로 나누었을 때의 나머지는
나머지정리에 의하여 $3f(-2)-g(-2)$이다.
다항식 $f(x)$를 $(x-2)(x+2)$로 나누었을 때의 몫을 $Q_1(x)$라 하면
나머지가 2이므로
$f(x)=(x-2)(x+2)Q_1(x)+2$ ······ ㉠
다항식 $g(x)$를 $x(x+2)$로 나누었을 때의 몫을 $Q_2(x)$라 하면
나머지가 $x-5$이므로
$g(x)=x(x+2)Q_2(x)+x-5$ ······ ㉡
㉠, ㉡의 양변에 각각 $x=-2$를 대입하면
$f(-2)=2$, $g(-2)=-7$
$\therefore 3f(-2)-g(-2)=3\times2-(-7)=13$

092 ······ 답 11

다항식 $f(x)$를 x^2-3x+2로 나누었을 때의 몫을 $Q_1(x)$라 하면
나머지가 5이므로
$f(x)=(x-1)(x-2)Q_1(x)+5$ ······ ㉠
다항식 $f(x)$를 x^2+3x+2로 나누었을 때의 몫을 $Q_2(x)$라 하면
나머지가 $2x+3$이므로
$f(x)=(x+2)(x+1)Q_2(x)+2x+3$ ······ ㉡
다항식 $f(x)$를 x^2+x-2로 나누었을 때의 몫을 $Q(x)$, 나머지를
$R(x)=ax+b$ (a, b는 상수)라 하면
$f(x)=(x+2)(x-1)Q(x)+ax+b$
이 식의 양변에 $x=-2$, $x=1$을 각각 대입하면
$f(-2)=-2a+b$, $f(1)=a+b$이고
㉠에서 $f(1)=5$, ㉡에서 $f(-2)=-1$이므로
$a+b=5$, $-2a+b=-1$
두 식을 연립하여 풀면 $a=2$, $b=3$이므로
$R(x)=2x+3$
$\therefore R(4)=2\times4+3=11$

093 ······ 답 ③

다항식 $f(x)$를 $x-1$로 나누었을 때의 몫이 $Q(x)$, 나머지가
-3이므로
$f(x)=(x-1)Q(x)-3$ ······ ㉠
다항식 $Q(x)$를 $x-3$으로 나누었을 때의 나머지가 2이므로
나머지정리에 의하여 $Q(3)=2$
따라서 다항식 $f(x)$를 $x-3$으로 나누었을 때의 나머지는
㉠에서 나머지정리에 의하여 $f(3)=2Q(3)-3=1$이다.

094 ······ 답 ①

다항식 $f(x)$를 x^2+2로 나누었을 때의 몫이 $Q(x)$, 나머지가
$3x+5$이므로
$f(x)=(x^2+2)Q(x)+3x+5$ ······ ㉠
다항식 $f(x)$를 x^2-2x-3으로 나누었을 때의 몫을 $Q_1(x)$라 하면
나머지가 $x-3$이므로
$f(x)=(x+1)(x-3)Q_1(x)+x-3$ ······ ㉡
다항식 $Q(x)$를 $x+1$로 나누었을 때의 나머지는 나머지정리에
의하여 $Q(-1)$이다.
㉠의 양변에 $x=-1$을 대입하면 $f(-1)=3Q(-1)+2$
㉡의 양변에 $x=-1$을 대입하면 $f(-1)=-4$
따라서 $3Q(-1)+2=-4$이므로
$Q(-1)=-2$

095 ······ 답 ④

$x=50$이라 하면
$98\times99\times103=(2x-2)(2x-1)(2x+\boxed{3})$
이다. 이때
$f(x)=(2x-2)(2x-1)(2x+\boxed{3})$
이라 하면 다항식 $f(x)$를 $x+2$로 나누었을 때의 나머지는
나머지정리에 의하여
$f(-2)=(-4-2)\times(-4-1)\times(-4+3)=\boxed{-30}$이므로
$f(x)=(x+2)Q(x)+\boxed{-30}$ (단, $Q(x)$는 다항식)
다시 $x=50$을 대입하면
$98\times99\times103=52Q(50)+\boxed{-30}$
$=52\{Q(50)-1\}+\boxed{22}$ ······ TIP
이므로 $98\times99\times103$을 52로 나누었을 때의 나머지는 $\boxed{22}$이다.
따라서 $a=3$, $b=-30$, $c=22$이므로
$a-b+c=3-(-30)+22=55$

TIP
자연수 a를 자연수 b로 나누었을 때의 나머지를 r이라 하면
r은 $0\le r<b$인 정수이다.
따라서 자연수의 나눗셈을 다항식의 나눗셈으로 변형하여
계산할 때 조건 $0\le r<b$에 맞는지 확인해야 한다.

096 ······ 답 ④

다항식 $f(x)$가 $x+2$로 나누어떨어지므로
인수 정리에 의하여 $f(-2)=0$이다.
따라서 $f(x)=x^3+3x^2+ax-2$에서
$f(-2)=(-2)^3+3\times(-2)^2+a\times(-2)-2=0$
$\therefore a=1$

097 ······ 답 ②

다항식 $f(6x+1)$이 $3\left(x-\frac{1}{3}\right)$로 나누어떨어지므로

인수 정리에 의하여 $f\left(6\times\frac{1}{3}+1\right)=f(3)=0$이다.

즉, $f(x)=x^3+ax^2-2x+6$에서

$f(3)=9a+27=0 \quad \therefore a=-3$

$f(x)=x^3-3x^2-2x+6$이므로

$f(1)=1^3-3\times1^2-2\times1+6=2$

098 ······ 답 13

다항식 $P(x)$가 $(x-1)(x-2)$로 나누어떨어지므로

다항식 $P(x)$는 $x-1$과 $x-2$로 각각 나누어떨어진다. ······ TIP

따라서 $P(x)=x^3+ax^2+bx-4$에서 인수 정리에 의하여

$P(1)=a+b-3=0,\ a+b=3$

$P(2)=4a+2b+4=0,\ 2a+b=-2$

두 식을 연립하여 풀면 $a=-5,\ b=8$

$\therefore b-a=8-(-5)=13$

TIP

다항식 $P(x)$를 $(x-1)(x-2)$로 나누었을 때의 몫을 $Q(x)$라 하면 $P(x)=(x-1)(x-2)Q(x)$이므로 다항식 $P(x)$는 $x-1$과 $x-2$로 각각 나누어떨어진다.

099 ······ 답 ③

다항식 $P(x+2)$를 $x-4$로 나눈 나머지는 15이므로

나머지정리에 의하여

$P(4+2)=P(6)=15$ ······ ㉠

다항식 $P(x+2)$는 $x+1$로 나누어떨어지므로 인수 정리에 의하여

$P(-1+2)=P(1)=0$ ······ ㉡

다항식 $P(x)$를 $(x-1)(x-6)$으로 나눈 몫을 $Q(x)$,

나머지를 $R(x)=ax+b$ (a, b는 상수)라 하면

$P(x)=(x-1)(x-6)Q(x)+ax+b$

㉠, ㉡에서 $P(1)=0$, $P(6)=15$이므로 이 식의 양변에 $x=1$, $x=6$을 각각 대입하면

$a+b=0,\ 6a+b=15$

두 식을 연립하여 풀면 $a=3,\ b=-3$이므로 $R(x)=3x-3$이다.

$\therefore R(5)=3\times5-3=12$

100 ······ 답 ③

조립제법을 이용하여 다항식 x^3-4x^2+5x-1을 $x-3$으로 나누었을 때의 몫과 나머지를 구하는 과정은 다음과 같다.

3	1	-4	5	-1
		3	-3	6
	1	-1	2	5

따라서 x^3-4x^2+5x-1을 $x-3$으로 나누었을 때의

몫은 $Q(x)=x^2-x+2$, 나머지는 $r=5$이다.

$\therefore Q(r)=Q(5)=5^2-5+2=22$

다른 풀이

직접 나눗셈을 하면 다음과 같다.

$$\begin{array}{r} x^2-\ x+2 \quad :\text{몫} \\ x-3\,\overline{)\,x^3-4x^2+5x-1} \\ \underline{x^3-3x^2\qquad\qquad} \\ -\ x^2+5x-1 \\ \underline{-\ x^2+3x\qquad} \\ 2x-1 \\ \underline{2x-6} \\ 5 \quad :\text{나머지} \end{array}$$

따라서 x^3-4x^2+5x-1을 $x-3$으로 나누었을 때의

몫은 $Q(x)=x^2-x+2$, 나머지는 $r=5$이다.

$\therefore Q(r)=Q(5)=5^2-5+2=22$

101 ······ 답 ⑤

조립제법을 이용하여 다항식 x^3+ax^2+bx+c를 $x+2$로 나누었을 때의 몫과 나머지를 구하는 과정은 다음과 같다.

-2	1	a	b	c
		-2	-10	4
	1	5	-2	-1

$a+(-2)=5$에서 $a=7$

$b+(-10)=-2$에서 $b=8$

$c+4=-1$에서 $c=-5$

$\therefore a+b+c=7+8+(-5)=10$

참고

위 과정은 다항식 x^3+7x^2+8x-5를 $x+2$로 나누었을 때의 몫은 x^2+5x-2이고 나머지는 -1임을 구한 것이다.

102 ······ 답 ③

조립제법을 이용하여 다항식 $3x^3+4x^2-13x+8$을 $x-\frac{2}{3}$로 나누었을 때의 몫과 나머지를 구하는 과정은 다음과 같다.

$\frac{2}{3}$	3	4	-13	8
		2	4	-6
	3	6	-9	2

$\therefore 3x^3+4x^2-13x+8=\left(x-\frac{2}{3}\right)(3x^2+6x-9)+2$

$=(3x-2)(x^2+2x-3)+2$

따라서 $a=6,\ b=-9,\ c=-2,\ d=2,\ e=-3$이므로

$a+b+c+d+e=-6$

103 ······ 답 ④

주어진 조립제법 과정에서

삼차식 $f(x)$를 $x-2$로 나누었을 때의 몫을 $Q(x)$라 하면

다항식 $Q(x)$를 $x+1$로 나누었을 때의 몫은 $2x-3$, 나머지는 1이므로 $Q(x)=(x+1)(2x-3)+1$

이때 삼차식 $f(x)$를 $x-2$로 나누었을 때의 나머지는 3이므로

$f(x)=(x-2)Q(x)+3$
$\quad =(x-2)\{(x+1)(2x-3)+1\}+3$
$\therefore f(1)=-1\times\{2\times(-1)+1\}+3=4$

참고

주어진 조립제법 과정에서 빈칸을 채우면 다음과 같다.

2	2	−5	0	7
		4	−2	−4
−1	2	−1	−2	3
		−2	3	
	2	−3	1	

따라서 $f(x)=2x^3-5x^2+7$이므로
$f(1)=2\times1^3-5\times1^2+7=4$이다.

104 ······ 답 ②

$x^8+ax^3+b=x(x-1)f(x)-2x+5$ ······ ㉠
이 등식은 x에 대한 항등식이므로 양변에 ······ TIP
$x=0$을 대입하면 $b=5$
$x=1$을 대입하면 $1+a+b=3$, $a=-3$
이를 ㉠에 대입하면
$x^8-3x^3+5=x(x-1)f(x)-2x+5$이므로
양변에 $x=-1$을 대입하면
$1+3+5=2f(-1)+7$
$\therefore f(-1)=1$

TIP

주어진 등식에서 $f(x)$를 구체적으로 알 수 없으므로
$f(x)$에 곱해진 $x(x-1)$의 값이 0이 되도록 하는 x의 값, 즉
$x=0$, $x=1$을 각각 대입하여 문제를 해결한다.

105 ······ 답 ②

$(x+y)a-(y-z)b-(y+z)c-3x+z=0$이
x, y, z에 대한 항등식이므로 x, y, z에 대하여 정리하면
$(a-3)x+(a-b-c)y+(b-c+1)z=0$
양변의 계수를 비교하면
$a-3=0$ ······ ㉠
$a-b-c=0$ ······ ㉡
$b-c+1=0$ ······ ㉢
㉠에서 $a=3$이므로 이를 ㉡에 대입하면
$b+c=3$
이를 ㉢과 연립하여 풀면
$b=1$, $c=2$
$\therefore abc=3\times1\times2=6$

106 ······ 답 ⑤

$x-y=1$에서 $x=y+1$이므로 이를
$(a+b)x+(b-2a)y=9$에 대입하면
$(a+b)(y+1)+(b-2a)y=9$
$(-a+2b)y+a+b=9$
이 등식은 y에 대한 항등식이므로 양변의 계수를 비교하면
$-a+2b=0$, $a+b=9$
두 식을 연립하여 풀면 $a=6$, $b=3$
$\therefore ab=6\times3=18$

다른 풀이 1

$x-y=1$에서 $9x-9y=9$이므로 이를
$(a+b)x+(b-2a)y=9$에 대입하면
$(a+b)x+(b-2a)y=9x-9y$
이 등식은 x, y에 대한 항등식이므로 양변의 계수를 비교하면
$a+b=9$, $b-2a=-9$
두 식을 연립하여 풀면 $a=6$, $b=3$
$\therefore ab=6\times3=18$

다른 풀이 2

$x-y=1$을 만족시키는 임의의 x, y의 값을
$(a+b)x+(b-2a)y=9$에 대입하여 다음과 같이 문제를 해결할 수 있다.
$(a+b)x+(b-2a)y=9$의 양변에
$x=1$, $y=0$을 대입하면 $a+b=9$ ······ ㉠
$x=0$, $y=-1$을 대입하면 $2a-b=9$ ······ ㉡
㉠, ㉡을 연립하여 풀면 $a=6$, $b=3$
$\therefore ab=6\times3=18$

107 ······ 답 ②

$\frac{2x-6y+a}{bx+3y+5}=k$ (k는 상수)로 일정한 값을 갖는다고 하면
$2x-6y+a=k(bx+3y+5)$
이 등식은 x, y에 대한 항등식이므로 양변의 계수를 비교하면
$2=bk$, $-6=3k$, $a=5k$이므로
$k=-2$, $a=-10$, $b=-1$
$\therefore a+b=-10+(-1)=-11$

108 ······ 답 ③

$f(x)=x^3-2x^2+5$에서
$f(a-2x)=(a-2x)^3-2(a-2x)^2+5$
$\quad =(a^3-6a^2x+12ax^2-8x^3)-2(a^2-4ax+4x^2)+5$
$\quad =-8x^3+(12a-8)x^2+(-6a^2+8a)x+a^3-2a^2+5$
$\quad =-8x^3+4x^2+bx+c$
이 등식은 x에 대한 항등식이므로 양변의 계수를 비교하면
$12a-8=4$, $-6a^2+8a=b$, $a^3-2a^2+5=c$에서
$a=1$, $b=2$, $c=4$
$\therefore a-b+c=1-2+4=3$

109 ······ 답 90

$3x^2-4x-1=ab(x-2)+(a-b)(x-1)^2$
이 등식은 x에 대한 항등식이므로
양변에 $x=2$를 대입하면
$3\times2^2-4\times2-1=a-b$에서
$a-b=3$ ······ ㉠

양변에 $x=1$을 대입하면

$3\times1^2-4\times1-1=ab\times(-1)$에서

$ab=2$ ...... ㉡

$\therefore a^4b-ab^4=ab(a^3-b^3)=ab\{(a-b)^3+3ab(a-b)\}$

$=2(3^3+3\times2\times3)$ ($\because$ ㉠, ㉡)

$=90$

110 .... 답 22

다항식 $f(x)$를 $2x^3-6x^2+5x$로 나누었을 때의 몫을 $Q(x)$라 하면 나머지가 $-2x^2+ax+7$이므로

$f(x)=(2x^3-6x^2+5x)Q(x)-2x^2+ax+7$

$=2x\left(x^2-3x+\frac{5}{2}\right)Q(x)-2x^2+ax+7$

이때 다항식 $f(x)$를 $x^2-3x+\frac{5}{2}$로 나누었을 때의 나머지가 $4x+b$이므로 다항식 $-2x^2+ax+7$을 $x^2-3x+\frac{5}{2}$로 나누었을 때의 나머지가 $4x+b$이다.

즉, $-2x^2+ax+7=-2\left(x^2-3x+\frac{5}{2}\right)+4x+b$에서

$-2x^2+ax+7=-2x^2+10x+b-5$

이 등식은 x에 대한 항등식이므로 양변의 계수를 비교하면

$a=10$, $7=b-5$에서 $b=12$

$\therefore a+b=10+12=22$

111 .... 답 ③

삼차식 $f(x)$는 x^2+x+1로 나누어떨어지므로

두 상수 a $(a\neq0)$, b에 대하여

$f(x)=(x^2+x+1)(ax+b)$ ...... ㉠

삼차식 $f(x)+6$은 x^2+2로 나누어떨어지고,

㉠에서 $f(x)$의 삼차항의 계수가 a이므로 상수 c에 대하여

$f(x)+6=(x^2+2)(ax+c)$

$\therefore f(x)=(x^2+2)(ax+c)-6$ ...... ㉡

$f(0)=2$이므로 ㉠에서 $b=2$, ㉡에서 $c=4$

따라서 ㉠, ㉡에서

$(x^2+x+1)(ax+2)=(x^2+2)(ax+4)-6$ ...... ㉢

$ax^3+(a+2)x^2+(a+2)x+2=ax^3+4x^2+2ax+2$

이 등식은 x에 대한 항등식이므로 양변의 계수를 비교하면

$a+2=4$, $a+2=2a$에서 $a=2$

따라서 $f(x)=(x^2+x+1)(2x+2)$이므로

$f(1)=12$

다른 풀이

㉢은 x에 대한 항등식이므로 양변에 $x=-1$을 대입하면

$-a+2=3(-a+4)-6$에서 $a=2$

따라서 $f(x)=(x^2+x+1)(2x+2)$이므로

$f(1)=12$

112 .... 답 ①

조건 (가)에서 $P(x)+Q(x)=3x-1$

이 등식은 x에 대한 항등식이므로 양변에 $x=2$를 대입하면

$P(2)+Q(2)=3\times2-1=5$ ...... ㉠

조건 (나)에서 $\{P(x)\}^2-\{Q(x)\}^2=3x^2-16x+5$

이 등식은 x에 대한 항등식이므로 양변에 $x=2$를 대입하면

$\{P(2)\}^2-\{Q(2)\}^2=3\times2^2-16\times2+5=-15$ ...... ㉡

이때 $\{P(2)\}^2-\{Q(2)\}^2=\{P(2)+Q(2)\}\{P(2)-Q(2)\}$이므로

$-15=5\times\{P(2)-Q(2)\}$ ($\because$ ㉠, ㉡)

$\therefore P(2)-Q(2)=-3$

다른 풀이

조건 (나)에서

$\{P(x)\}^2-\{Q(x)\}^2=3x^2-16x+5$

$=(3x-1)(x-5)$ ...... ㉠

이고 곱셈법칙에 의하여

$\{P(x)\}^2-\{Q(x)\}^2=\{P(x)+Q(x)\}\{P(x)-Q(x)\}$

조건 (가)에서 $P(x)+Q(x)=3x-1$이므로

$\{P(x)\}^2-\{Q(x)\}^2=(3x-1)\{P(x)-Q(x)\}$

이를 ㉠에 대입하면

$(3x-1)\{P(x)-Q(x)\}=(3x-1)(x-5)$

이 등식은 x에 대한 항등식이므로

$P(x)-Q(x)=x-5$

$\therefore P(2)-Q(2)=2-5=-3$

113 .... 답 21

$P_1(x)=x$,

$P_2(x)=x(x-1)$,

$P_3(x)=x(x-1)(x-2)$이므로

$(2x-1)^3=ax(x-1)(x-2)+bx(x-1)+cx+d$ ...... ㉠

이 등식은 x에 대한 항등식이므로 양변에

$x=0$을 대입하면 $-1=d$

$x=1$을 대입하면 $1=c+d$, $c=2$

$x=2$를 대입하면 $27=2b+2c+d$, $b=12$

㉠의 양변의 x^3의 계수를 비교하면 $8=a$

$\therefore a+b+c+d=8+12+2+(-1)=21$

다른 풀이

㉠의 좌변을 전개하면 $8x^3-12x^2+6x-1$

이 식을 x, $x-1$, $x-2$로 나누었을 때의 몫과 나머지를 차례대로 조립제법을 이용하여 구하는 과정은 다음과 같다.

0	8	−12	6	−1
		0	0	0
1	8	−12	6	−1 $=d$
		8	−4	
2	8	−4	2 $=c$	
		16		
	8 $=a$	12 $=b$		

따라서 조립제법의 결과를 이용하면

$8x^3-12x^2+6x-1$

$=x(8x^2-12x+6)-1$

$=x\{(x-1)(8x-4)+2\}-1$

$=x[(x-1)\{8(x-2)+12\}+2]-1$

$=8x(x-1)(x-2)+12x(x-1)+2x-1$

이므로 $a=8$, $b=12$, $c=2$, $d=-1$

$\therefore a+b+c+d=21$

114 ········ 답 6

$(2x-1)^3(x+1)^2=ax^5+bx^4+cx^3+dx^2+ex+f$

이 등식은 x에 대한 항등식이므로 양변에 $x=1$을 대입하면

$4=a+b+c+d+e+f$

이때 $(2x-1)^3(x+1)^2=(8x^3-12x^2+6x-1)(x^2+2x+1)$

에서 x^2의 계수는

(x^2의 계수)×(상수항)+(x의 계수)×(x의 계수)+(상수항)×(x^2의 계수)

이므로 $(-12)\times1+6\times2+(-1)\times1=-1$

즉, $d=-1$

상수항은 (상수항)×(상수항)에서 $(-1)\times1=-1$

즉, $f=-1$

$\therefore a+b+c+e=(a+b+c+d+e+f)-(d+f)$

$=4-\{(-1)+(-1)\}=6$

다른 풀이

$(2x-1)^3(x+1)^2=(8x^3-12x^2+6x-1)(x^2+2x+1)$

$=8x^5+4x^4-10x^3-x^2+4x-1$

이므로 $a=8$, $b=4$, $c=-10$, $e=4$

$\therefore a+b+c+e=6$

115 ········ 답 풀이 참조

$(x^3-2x-4)^4=a_0+a_1x+a_2x^2+\cdots+a_{12}x^{12}$ ······ ㉠

이는 x에 대한 항등식이다.

(1) a_0은 $(x^3-2x-4)^4$의 상수항과 같으므로

㉠의 양변에 $x=0$을 대입하면 $a_0=256$

a_{12}는 $(x^3-2x-4)^4$의 x^{12}의 계수와 같으므로 $a_{12}=1$

$\therefore a_0+a_{12}=256+1=257$

(2) ㉠의 양변에

$x=1$을 대입하면

$625=a_0+a_1+a_2+a_3+\cdots+a_{11}+a_{12}$ ······ ㉡

$x=-1$을 대입하면

$81=a_0-a_1+a_2-a_3+\cdots-a_{11}+a_{12}$ ······ ㉢

㉡, ㉢의 양변을 각각 더하면

$2(a_0+a_2+a_4+a_6+a_8+a_{10}+a_{12})=706$

$\therefore a_0+a_2+a_4+a_6+a_8+a_{10}+a_{12}=353$

(3) (2)의 풀이에서 ㉡에서 ㉢을 변끼리 빼면

$2(a_1+a_3+a_5+a_7+a_9+a_{11})=544$

$\therefore a_1+a_3+a_5+a_7+a_9+a_{11}=272$

채점 요소	배점
a_0+a_{12}의 값 구하기	20%
$a_0+a_2+a_4+a_6+a_8+a_{10}+a_{12}$의 값 구하기	40%
$a_1+a_3+a_5+a_7+a_9+a_{11}$의 값 구하기	40%

116 ········ 답 ③

$x^{10}+2=a_{10}(x+2)^{10}+a_9(x+2)^9+\cdots+a_1(x+2)+a_0$ ······ ㉠

이 등식은 x에 대한 항등식이므로 양변에

$x=-1$을 대입하면 ······ TIP

$3=a_{10}+a_9+\cdots+a_1+a_0$

$x=-2$를 대입하면

$1026=a_0$

㉠의 양변의 x^{10}의 계수를 비교하면 $a_{10}=1$

$\therefore a_1+a_2+\cdots+a_8+a_9=a_0+a_1+a_2+\cdots+a_{10}-(a_0+a_{10})$

$=3-(1026+1)$

$=-1024$

TIP

㉠의 우변에서 $a_0+a_1+a_2+\cdots+a_{10}$의 값을 구하려면 $x+2=1$이어야 하므로 ㉠의 양변에 $x=-1$을 대입해야 하고, a_0의 값을 구하려면 $x+2=0$이어야 하므로 ㉠의 양변에 $x=-2$를 대입해야 한다.

117 ········ 답 ②

$(3x^2-x-1)^5=a_0+a_1x+a_2x^2+\cdots+a_{10}x^{10}$

이 등식은 x에 대한 항등식이므로 양변에

$x=\frac{1}{3}$을 대입하면

$-1=a_0+\frac{a_1}{3}+\frac{a_2}{3^2}+\cdots+\frac{a_9}{3^9}+\frac{a_{10}}{3^{10}}$ ······ ㉠

$x=-\frac{1}{3}$을 대입하면

$-\frac{1}{3^5}=a_0-\frac{a_1}{3}+\frac{a_2}{3^2}-\cdots-\frac{a_9}{3^9}+\frac{a_{10}}{3^{10}}$ ······ ㉡

㉠에서 ㉡을 변끼리 빼면

$\frac{-3^5+1}{3^5}=2\left(\frac{a_1}{3}+\frac{a_3}{3^3}+\frac{a_5}{3^5}+\cdots+\frac{a_9}{3^9}\right)$

$\therefore \frac{a_1}{3}+\frac{a_3}{3^3}+\frac{a_5}{3^5}+\cdots+\frac{a_9}{3^9}=\frac{1-3^5}{2\times3^5}$

118 ········ 답 ⑤

다항식 $P(x)+3x$를 $x-1$로 나눈 나머지는 6이므로

나머지정리에 의하여

$P(1)+3=6$, $P(1)=3$ ······ ㉠

이때 등식 $P(x+3)=P(1-x)$가 x에 대한 항등식이므로

양변에 $x=0$을 대입하면

$P(3)=P(1)$, $P(3)=3$ ($\because$ ㉠) ······ ㉡

다항식 $(x+1)P(x)$를 $(x-1)(x-3)$으로 나눈 몫을 $Q(x)$, 나머지를 $R(x)=ax+b$ (a, b는 상수)라 하면

$(x+1)P(x)=(x-1)(x-3)Q(x)+ax+b$

이 식의 양변에 $x=1$을 대입하면 $2P(1)=a+b=6$ ($\because$ ㉠)

이 식의 양변에 $x=3$을 대입하면 $4P(3)=3a+b=12$ ($\because$ ㉡)

두 식을 연립하면 $a=3$, $b=3$이므로 $R(x)=3x+3$이다.

$\therefore R(4)=3\times4+3=15$

119 ······ 답 3

다항식 $f(x)+g(x)$를 $x-2$로 나누었을 때의 나머지가 5이므로
나머지정리에 의하여
$f(2)+g(2)=5$ ······ ㉠
다항식 $\{f(x)\}^3+\{g(x)\}^3$을 $x-2$로 나누었을 때의 나머지가
80이므로 나머지정리에 의하여
$\{f(2)\}^3+\{g(2)\}^3=80$ ······ ㉡
다항식 $f(x)g(x)$를 $x-2$로 나누었을 때의 나머지는
나머지정리에 의하여 $f(2)g(2)$이다.
$\{f(2)\}^3+\{g(2)\}^3=\{f(2)+g(2)\}^3-3f(2)g(2)\{f(2)+g(2)\}$
이므로 ㉠, ㉡에 의하여
$80=5^3-3\times f(2)g(2)\times 5$
$\therefore f(2)g(2)=3$

120 ······ 답 ①

다항식 $f(x)$를 x로 나누었을 때의 나머지가 3이므로
나머지정리에 의하여 $f(0)=3$이다.
따라서 항등식 $f(x+1)=f(x)+3x^2-x$의 양변에
$x=0$을 대입하면 $f(1)=f(0)=3$ ······ ㉠
$x=1$을 대입하면 $f(2)=f(1)+2=5$ ······ ㉡
이때 다항식 $f(x)$를 $x^2-3x+2=(x-1)(x-2)$로 나누었을 때의
몫을 $Q(x)$, 나머지를 $ax+b$ (a, b는 상수)라 하면
$f(x)=(x-1)(x-2)Q(x)+ax+b$이므로
㉠에서 $f(1)=a+b=3$, ㉡에서 $f(2)=2a+b=5$
두 식을 연립하여 풀면 $a=2$, $b=1$
따라서 구하는 나머지는 $2x+1$이다.

121 ······ 답 −4

$\{f(x+3)\}^2-4=x^2(x+2)(x-2)$에서
$\{f(x+3)\}^2=x^2(x+2)(x-2)+4$
$=x^2(x^2-4)+4$
$=x^4-4x^2+4$
$=(x^2-2)^2$
이고, $f(x)$의 최고차항의 계수가 양수이므로
$f(x+3)=x^2-2$ ······ ㉠
이때 다항식 $f(x+1)$을 $x+k$로 나눈 나머지가 7이 되려면
$f(-k+1)=7$이어야 하므로 ㉠에 $x=-k-2$를 대입하면
$(-k-2)^2-2=7$, $k^2+4k+4-2=7$
$k^2+4k-5=0$, $(k+5)(k-1)=0$에서 $k=-5$ 또는 $k=1$
따라서 모든 실수 k의 값의 합은
$(-5)+1=-4$

122 ······ 답 −170

$Q(x)=a_0+a_1x+a_2x^2+\cdots+a_8x^8$에서
$Q(1)=a_0+a_1+a_2+\cdots+a_8$ ······ ㉠
$Q(-1)=a_0-a_1+a_2-\cdots+a_8$ ······ ㉡
㉠에서 ㉡을 변끼리 빼면
$Q(1)-Q(-1)=2(a_1+a_3+a_5+a_7)$에서
$a_1+a_3+a_5+a_7=\frac{1}{2}\{Q(1)-Q(-1)\}$이다.
한편, $f(x)=x^9$이라 하면 다항식 $f(x)$를 $x+2$로 나누었을 때의
나머지는 나머지정리에 의하여 $f(-2)=-512$이므로
$f(x)=(x+2)Q(x)-512$
이 등식은 x에 대한 항등식이므로 양변에
$x=1$을 대입하면
$f(1)=3Q(1)-512$
이때 $f(1)=1^9=1$이므로
$1=3Q(1)-512$ $\quad\therefore Q(1)=171$
$x=-1$을 대입하면
$f(-1)=Q(-1)-512$
이때 $f(-1)=(-1)^9=-1$이므로
$-1=Q(-1)-512$
$\therefore Q(-1)=511$
$\therefore a_1+a_3+a_5+a_7=\frac{1}{2}\{Q(1)-Q(-1)\}$
$=\frac{1}{2}(171-511)=-170$

123 ······ 답 1

다항식 $x^{20}+2x+5$를 x^2+x로 나누었을 때의
나머지를 $ax+b$ (a, b는 상수)라 하면 몫이 $Q(x)$이므로
$x^{20}+2x+5=x(x+1)Q(x)+ax+b$ ······ ㉠
이 등식은 x에 대한 항등식이므로 양변에
$x=0$을 대입하면 $5=b$
$x=-1$을 대입하면 $4=-a+b$에서 $a=1$
이를 ㉠에 대입하면
$x^{20}+2x+5=x(x+1)Q(x)+x+5$ ······ ㉡
이때 다항식 $Q(x)$의 상수항을 포함한 모든 항의 계수의 합은
$Q(1)$과 같으므로 ㉡의 양변에 $x=1$을 대입하면
$8=2Q(1)+6$
$\therefore Q(1)=1$

124 ······ 답 20

조건 (나)에서 삼차식 $f(x)$를 $(x+3)^2$으로 나누었을 때의 몫은
일차식이므로 $ax+b$ ($a\neq0$, b는 상수)라 하면
$f(x)=(x+3)^2(ax+b)+ax+b$ ······ ㉠
이때 조건 (가)에서 $f(-3)=2$이므로
$f(-3)=-3a+b=2$, $b=3a+2$
이를 ㉠에 대입하면
$f(x)=(x+3)^2(ax+3a+2)+ax+3a+2$
$=(x+3)^2\{a(x+3)+2\}+ax+3a+2$
$=a(x+3)^3+2(x+3)^2+ax+3a+2$ ······ ㉡
따라서 다항식 $f(x)$를 $(x+3)^3$으로 나누었을 때의 나머지는
$R(x)=2(x+3)^2+ax+3a+2$이다.
$R(0)=3a+20$, $R(-2)=a+4$이므로
$R(0)=R(-2)$에서
$3a+20=a+4$ $\quad\therefore a=-8$

이를 ㉡에 대입하면

$f(x)=-8(x+3)^3+2(x+3)^2-8x-22$

$\therefore f(-4)=20$

125 ········ 답 7

다항식 $f(x)$를 $(x-2)^2(x-1)$로 나누었을 때의 몫을 $Q(x)$라 하면 나머지가 $R(x)$ ($R(x)$는 이차 이하의 다항식)이므로

$f(x)=(x-2)^2(x-1)Q(x)+R(x)$ ······ ㉠

이때 다항식 $f(x)$를 $(x-2)^2$으로 나누었을 때의 나머지가 $x+3$이므로 다항식 $R(x)$를 $(x-2)^2$으로 나누었을 때의 나머지는 $x+3$과 같다.

즉, $R(x)=a(x-2)^2+x+3$ (a는 상수) ······ ㉡

이를 ㉠에 대입하면

$f(x)=(x-2)^2(x-1)Q(x)+a(x-2)^2+x+3$

이때 다항식 $f(x)$를 $x-1$로 나누었을 때의 나머지가 5이므로 나머지정리에 의하여

$f(1)=a+4=5,\ a=1$

따라서 ㉡에서 $R(x)=(x-2)^2+x+3$이므로

$R(3)=7$

126 ········ 답 ③

다항식 $f(x)$를 $(x^3+5)(x-1)$로 나누었을 때의 몫을 $Q(x)$, 나머지를 $R(x)$ ($R(x)$는 삼차 이하의 다항식)라 하면

$f(x)=(x^3+5)(x-1)Q(x)+R(x)$ ······ ㉠

이때 다항식 $f(x)$를 x^3+5로 나누었을 때의 나머지가 x^2-2x이므로 다항식 $R(x)$를 x^3+5로 나누었을 때의 나머지는 x^2-2x와 같다.

즉, $R(x)=a(x^3+5)+x^2-2x$ (a는 상수)이므로

이를 ㉠에 대입하면

$f(x)=(x^3+5)(x-1)Q(x)+a(x^3+5)+x^2-2x$ ······ ㉡

한편, 다항식 $f(x)$를 $x-1$로 나누었을 때의 나머지가 11이므로 나머지정리에 의하여 $f(1)=11$이다.

㉡의 양변에 $x=1$을 대입하면

$f(1)=6a-1=11$이므로 $a=2$

따라서 $R(x)=2(x^3+5)+x^2-2x$이므로

$R(2)=26$

127 ········ 답 91

다항식 $(x-2)P(x)-x^2$을 $P(x)-x$로 나누었을 때의 나머지가 $P(x)-3x$이므로

나머지 $P(x)-3x$의 차수는 $P(x)-x$의 차수보다 낮아야 한다.

다항식 $P(x)$의 차수가 1이 아니면 $P(x)-x$의 차수와 $P(x)-3x$의 차수는 같아지므로 $P(x)$의 차수는 1이다.

$P(x)=ax+b$ ($a\neq0$, a, b는 실수)라 하자.

$P(x)-3x=(a-3)x+b$는 상수이므로 $a=3$

$P(x)=3x+b$에 대하여

$(x-2)P(x)-x^2=\{P(x)-x\}Q(x)+P(x)-3x$

위 식을 정리하면

$\{P(x)-x\}Q(x)=(x-2)P(x)-x^2-\{P(x)-3x\}$

$=\{P(x)-x\}(x-3)$

이므로 $Q(x)=x-3$

$P(x)$를 $Q(x)$, 즉 $x-3$으로 나눈 나머지는 10이므로

나머지정리에 의하여

$P(3)=9+b=10,\ b=1$

$P(x)=3x+1$

따라서 $P(30)=91$

128 ········ 답 (1) 253 (2) 3

(1) $x=253$이라 하고 x^{11}을 $x+1$로 나누었을 때의 나머지를 구하는 문제로 변형하자.

$f(x)=x^{11}$이라 하면 다항식 $f(x)$를 $x+1$로 나누었을 때의 나머지는 나머지정리에 의하여 $f(-1)=-1$이므로

몫을 $Q(x)$라 하면

$x^{11}=(x+1)Q(x)-1$

다시 $x=253$을 대입하면

$253^{11}=254Q(253)-1$

$=254\{Q(253)-1\}+253$

따라서 구하는 나머지는 253이다.

(2) $x=8$이라 하고 $x^{100}+x^{99}+x^{98}+\cdots+x+1$을 $x-1$로 나누었을 때의 나머지를 구하는 문제로 변형하자.

$f(x)=x^{100}+x^{99}+x^{98}+\cdots+x+1$이라 하면

다항식 $f(x)$를 $x-1$로 나누었을 때의 나머지는

나머지정리에 의하여 $f(1)=1+1+\cdots+1=101$이므로

몫을 $Q(x)$라 하면

$x^{100}+x^{99}+x^{98}+\cdots+x+1=(x-1)Q(x)+101$

다시 $x=8$을 대입하면

$8^{100}+8^{99}+8^{98}+\cdots+8+1$

$=7Q(8)+101=7Q(8)+7\times14+3$

$=7\{Q(8)+14\}+3$

따라서 구하는 나머지는 3이다.

TIP

$5=3\times1+2$에서 5를 3으로 나누었을 때의 나머지는 2이고,

$7=3\times2+1$에서 7을 3으로 나누었을 때의 나머지는 1이다.

$5+7=(3\times1+2)+(3\times2+1)$에서

$5+7$을 3으로 나누었을 때의 나머지는

5와 7을 각각 3으로 나누었을 때의 나머지 2, 1을 합한 $2+1$을 3으로 나누었을 때의 나머지인 0과 같다.

$5\times7=(3\times1+2)\times(3\times2+1)$에서

5×7을 3으로 나누었을 때의 나머지는

5와 7을 각각 3으로 나누었을 때의 나머지 2, 1을 곱한 2×1을 3으로 나누었을 때의 나머지인 2와 같다.

이를 일반화하여

A, B, C, $\cdots$를 각각 P로 나누었을 때의 나머지를 a, b, c, $\cdots$라 하면

$A+B+C+\cdots$를 P로 나누었을 때의 나머지는 $a+b+c+\cdots$를 P로 나누었을 때의 나머지와 같고,

$A\times B\times C\times\cdots$를 P로 나누었을 때의 나머지는 $a\times b\times c\times\cdots$를 P로 나누었을 때의 나머지와 같다.

이를 이용하여 ⑵를 다음과 같이 생각할 수 있다.
8을 7로 나누었을 때의 나머지가 1이므로
8^2을 7로 나누었을 때의 나머지는 $1^2=1$,
8^3을 7로 나누었을 때의 나머지는 $1^3=1$,
⋮
8^n을 7로 나누었을 때의 나머지는 $1^n=1$이다.
(단, n은 자연수)
따라서 $8^{100}+8^{99}+8^{98}+\cdots+8+1$을 7로 나누었을 때의 나머지는
$1+1+1+\cdots+1=101$을 7로 나누었을 때의 나머지와 같으므로
$101=7\times14+3$에서 3이다.

129

답 ④

$x=100$이라 하면
$10^{39}=10\times(10^2)^{19}=10x^{19}$, $99\times101=(x-1)(x+1)$
이므로 $10x^{19}$을 $(x-1)(x+1)$로 나누었을 때의 나머지를 구하는 문제로 변형하자.
$10x^{19}$을 $(x-1)(x+1)$로 나누었을 때의 몫을 $Q(x)$, 나머지를 $ax+b$ (a, b는 상수)라 하면
$10x^{19}=(x-1)(x+1)Q(x)+ax+b$
이 등식은 x에 대한 항등식이므로 양변에
$x=1$을 대입하면 $10=a+b$ …… ㉠
$x=-1$을 대입하면 $-10=-a+b$ …… ㉡
㉠, ㉡을 연립하여 풀면 $a=10$, $b=0$이므로
$10x^{19}=(x-1)(x+1)Q(x)+10x$
다시 $x=100$을 대입하면
$10^{39}=99\times101\times Q(100)+1000$
따라서 구하는 나머지는 1000이다.

130

답 ②

다항식 $f(x)+2x$가 $x^2-6x+8=(x-2)(x-4)$로 나누어떨어지므로 인수 정리에 의하여
$f(2)+2\times2=0$, $f(2)=-4$ …… ㉠
$f(4)+2\times4=0$, $f(4)=-8$ …… ㉡
다항식 $(x+2)f(x+5)$를 x^2+4x+3으로 나눈 몫을 $Q(x)$, 나머지를 $R(x)=ax+b$ (a, b는 상수)라 하면
$(x+2)f(x+5)=(x^2+4x+3)Q(x)+ax+b$
$=(x+1)(x+3)Q(x)+ax+b$
양변에 $x=-1$을 대입하면
$f(4)=-a+b$, $-a+b=-8$ ($\because$ ㉡)
양변에 $x=-3$을 대입하면
$-f(2)=-3a+b$, $-3a+b=4$ ($\because$ ㉠)
두 식을 연립하여 풀면 $a=-6$, $b=-14$이므로
$R(x)=-6x-14$
$\therefore R(-4)=-6\times(-4)-14=10$

131

답 ③

$P(x)-2x$가 삼차식이고 $(x+2)^2$으로 나누어떨어지므로
$P(x)-2x=(x+2)^2(ax+b)$ ($a\neq0$, b는 상수)
$\therefore P(x)=(x+2)^2(ax+b)+2x$ …… ㉠
한편, 다항식 $1-P(x)$가 x^2+4x+3, 즉 $(x+1)(x+3)$으로 나누어떨어지므로
$1-P(-1)=0$에서 $P(-1)=1$
$1-P(-3)=0$에서 $P(-3)=1$
㉠에 $x=-1$을 대입하면
$P(-1)=-a+b-2=1$에서 $-a+b=3$ …… ㉡
㉠에 $x=-3$을 대입하면
$P(-3)=-3a+b-6=1$에서 $-3a+b=7$ …… ㉢
㉡, ㉢을 연립하여 풀면 $a=-2$, $b=1$이므로
$P(x)=(x+2)^2(-2x+1)+2x$
$\therefore P(2)=-44$

132

답 ④

$P(1)=1$, $P(2)=2$, $P(3)=3$에서
$P(1)-1=P(2)-2=P(3)-3=0$이다.
즉, 다항식 $P(x)-x$가 $x-1$, $x-2$, $x-3$으로 나누어떨어진다.
이때 다항식 $P(x)$는 최고차항의 계수가 -2인 삼차식이므로
다항식 $P(x)-x$도 최고차항의 계수가 -2인 삼차식이다.
$P(x)-x=-2(x-1)(x-2)(x-3)$
$\therefore P(x)=-2(x-1)(x-2)(x-3)+x$
따라서 구하는 다항식 $P(x)$를 $x+2$로 나누었을 때의 나머지는
나머지정리에 의하여
$P(-2)=-2\times(-3)\times(-4)\times(-5)-2=118$

133

답 ④

조건 ㈎에서 다항식 $f(x)$를 $x-1$로 나눈 나머지가 $\frac{1}{2}$이므로
나머지정리에 의하여
$f(1)=\frac{1}{2}$ …… ㉠
조건 ㈏에서 $4f(2)-3=0$, $f(3)=1$이므로
$f(2)=\frac{3}{4}$, $f(3)=1$ …… ㉡
$f(x)$는 최고차항의 계수가 1인 삼차식이고 ㉠, ㉡에서
$f(1)-\frac{2}{4}=f(2)-\frac{3}{4}=f(3)-\frac{4}{4}=0$이므로 인수 정리에 의하여
다항식 $f(x)-\frac{x+1}{4}$은 $x-1$, $x-2$, $x-3$으로 나누어떨어진다.
$f(x)-\frac{x+1}{4}=(x-1)(x-2)(x-3)$
$\therefore f(x)=(x-1)(x-2)(x-3)+\frac{x+1}{4}$
따라서 다항식 $f(x+3)$을 $x-4$로 나눈 나머지는
나머지정리에 의하여 $f(4+3)=f(7)$이므로
$f(7)=6\times5\times4+2=122$

134

답 풀이 참조

$f(1)-1=f(2)-2=f(3)-3=k$ (k는 상수)라 하면
$f(1)-1-k=0$, $f(2)-2-k=0$, $f(3)-3-k=0$이므로

인수 정리에 의하여

$f(x)-x-k=a(x-1)(x-2)(x-3)$ (a는 $a\neq0$인 상수)

$\therefore f(x)=a(x-1)(x-2)(x-3)+x+k$ …… ㉠

한편, 다항식 $f(x)$를 $x(x+1)$로 나누었을 때의 몫을 $Q(x)$라 하면 나머지가 $-17x-10$이므로

$f(x)=x(x+1)Q(x)-17x-10$에서

$f(-1)=7$, $f(0)=-10$이다.

㉠에 $x=-1$을 대입하면

$f(-1)=-24a-1+k=7$

$-24a+k=8$ …… ㉡

㉠에 $x=0$을 대입하면

$f(0)=-6a+k=-10$ …… ㉢

㉡, ㉢을 연립하여 풀면 $a=-1$, $k=-16$이므로

$f(x)=-(x-1)(x-2)(x-3)+x-16$

$\therefore f(-2)=42$

채점 요소	배점
$f(-1)$, $f(0)$의 값 구하기	20%
$f(x)$의 식 세우기	70%
$f(-2)$의 값 구하기	10%

135 …… 답 8

$(x-6)f(x+1)=(x+3)f(x-2)$는 x에 대한 항등식이므로

양변에 $x=6$을 대입하면 $0=9f(4)$, $f(4)=0$

양변에 $x=-3$을 대입하면 $-9f(-2)=0$, $f(-2)=0$

양변에 $x=3$을 대입하면 $-3f(4)=6f(1)$, $f(1)=0$ ($\because f(4)=0$)

삼차식 $f(x)$가 $f(4)=f(-2)=f(1)=0$이므로

인수 정리에 의하여

$f(x)=a(x+2)(x-1)(x-4)$ (a는 $a\neq0$인 상수) …… ㉠

이때 다항식 $f(x)$를 $x-3$으로 나눈 나머지가 10이므로

나머지정리에 의하여 $f(3)=10$이다.

$f(3)=a\times5\times2\times(-1)=10$, $a=-1$

이를 ㉠에 대입하면

$f(x)=-(x+2)(x-1)(x-4)$

$\therefore f(2)=-4\times1\times(-2)=8$

136 …… 답 18

조건 (가)에서

$3P(x)+Q(x)=0$, 즉 $Q(x)=-3P(x)$이므로

$P(x)Q(x)=P(x)\times\{-3P(x)\}=-3\{P(x)\}^2$ …… ㉠

조건 (나)에서

$P(x)Q(x)$는 x^2+x-6으로 나누어떨어지므로

나눈 몫을 $A(x)$라 하면

$P(x)Q(x)=(x^2+x-6)A(x)$

$-3\{P(x)\}^2=(x+3)(x-2)A(x)$ ($\because$ ㉠)

$\therefore \{P(x)\}^2=(x+3)(x-2)\left\{-\frac{1}{3}A(x)\right\}$

$P(x)$가 이차다항식이고 $\{P(x)\}^2$이 $(x+3)(x-2)$를 인수로 가지므로 $P(x)$도 $(x+3)(x-2)$를 인수로 가져야 한다.

$P(x)=a(x+3)(x-2)$(a는 $a\neq0$인 상수)

이때 $P(1)=4$이므로

$P(1)=a\times4\times(-1)=4$, $a=-1$

즉, $P(x)=-(x+3)(x-2)$,

$Q(x)=3(x+3)(x-2)$ ($\because Q(x)=-3P(x)$)

$\therefore Q(3)=3\times6\times1=18$

137 …… 답 6

$f(x)=x^3+3x^2+ax+b$를 x^2+4x-4로 나눈 몫이 $Q(x)$, 나머지가 $R(x)$이므로

$x^3+3x^2+ax+b=(x^2+4x-4)Q(x)+R(x)$

$f(x)$가 삼차식, x^2+4x-4는 이차식이므로

$Q(x)$는 일차식, $R(x)$는 일차 이하의 식이다.

$f(x)=x^3+3x^2+ax+b$를 x^2+4x-4로 나누는 과정은 다음과 같다.

$$\begin{array}{r|l} & x-1 \\ \hline x^2+4x-4 & x^3+3x^2+ax+b \\ & x^3+4x^2-4x \\ \hline & -x^2+(a+4)x+b \\ & -x^2-4x+4 \\ \hline & (a+8)x+b-4 \end{array}$$

이를 식으로 나타내면

$x^3+3x^2+ax+b=(x^2+4x-4)(x-1)+(a+8)x+b-4$

이고, $Q(x)=x-1$, $R(x)=(a+8)x+b-4$이다.

주어진 조건에서 $R(3)=-4$이므로

$R(3)=3(a+8)+b-4=-4$에서 $3a+b=-24$ …… ㉠

이때 $f(x)$가 $Q(x)$로 나누어떨어지므로 $f(1)=0$이다.

$f(1)=0$에서 $1+3+a+b=0$, $a+b=-4$ …… ㉡

㉠, ㉡에서 두 식을 연립하면 $a=-10$, $b=6$

즉, $f(x)=x^3+3x^2-10x+6$이다.

$\therefore f(2)=2^3+3\times2^2-10\times2+6=6$

138 …… 답 ④

주어진 조립제법 과정에서

삼차식 $f(x)$를 $x-\frac{1}{2}$로 나누었을 때의 몫을 $Q_1(x)$라 하면 다항식 $Q_1(x)$를 $x-\frac{1}{2}$로 나누었을 때의 몫은 $4x-12$, 나머지는 -2이므로

$Q_1(x)=\left(x-\frac{1}{2}\right)(4x-12)-2$

이때 삼차식 $f(x)$를 $x-\frac{1}{2}$로 나누었을 때의 나머지는 6이므로

$$\begin{aligned} f(x)&=\left(x-\frac{1}{2}\right)Q_1(x)+6 \\ &=\left(x-\frac{1}{2}\right)\left\{\left(x-\frac{1}{2}\right)(4x-12)-2\right\}+6 \\ &=\left(x-\frac{1}{2}\right)^2(4x-12)-2\left(x-\frac{1}{2}\right)+6 \\ &=(2x-1)^2(x-3)-2x+7 \end{aligned}$$

따라서 $Q(x)=x-3$이고 $R(x)=-2x+7$이므로

$Q(1)+R(-1)=(-2)+9=7$

139 ······ 답 8

다항식 $3x^3+2x^2-x+1$을 $x+1$로 나누는 조립제법을 연속으로 이용하면 다음과 같다.

-1	3	2	-1	1
		-3	1	0
-1	3	-1	0	$1=d$
		-3	4	
-1	3	-4	$4=c$	
		-3		
	$3=a$	$-7=b$		

따라서 조립제법의 결과를 이용하면

$$\begin{aligned}3x^3+2x^2-x+1&=(x+1)(3x^2-x)+1\\&=(x+1)\{(x+1)(3x-4)+4\}+1\\&=(x+1)[(x+1)\{3(x+1)-7\}+4]+1\\&=3(x+1)^3-7(x+1)^2+4(x+1)+1\end{aligned}$$

이므로 $a=3$, $b=-7$, $c=4$, $d=1$이다.

$\therefore 2a+b+2c+d=8$

다른 풀이

$3x^3+2x^2-x+1$

$=a(x+1)^3+b(x+1)^2+c(x+1)+d$

$=a(x^3+3x^2+3x+1)+b(x^2+2x+1)+c(x+1)+d$

$=ax^3+(3a+b)x^2+(3a+2b+c)x+a+b+c+d$

이 등식은 x에 대한 항등식이므로 양변의 계수를 비교하면

$a=3$, $3a+b=2$, $3a+2b+c=-1$, $a+b+c+d=1$

따라서 $b=-7$, $c=4$, $d=1$이므로

$2a+b+2c+d=8$

140 ······ 답 ④

$x=80$이라 하면

$$\begin{aligned}2\times3^{79}&=2\times(3^4)^{19}\times3^3=54\times(3^4)^{19}\\&=54\times81^{19}=54(x+1)^{19}\end{aligned}$$ ······ TIP

이므로 $54(x+1)^{19}$을 x로 나누었을 때의 나머지를 구하는 문제로 변형하자.

$f(x)=54(x+1)^{19}$이라 하면

다항식 $f(x)$를 x로 나누었을 때의 나머지는 $f(0)=54$이므로

몫을 $Q(x)$라 하면

$54(x+1)^{19}=xQ(x)+54$

다시 $x=80$을 대입하면

$54\times81^{19}=80Q(80)+54$

따라서 구하는 나머지는 54이다.

TIP

나머지정리를 이용하기 위해서 나누는 수를 x에 대한 일차식으로 변형하면 간단하게 풀 수 있다.
만약 $x=3$이라 하고 $2\times x^{79}$을 x^4-1로 나누었을 때의 나머지를 구하는 것으로 변형한다면 답을 구하는 것에 어려움이 있다.
따라서 위의 풀이와 같이 나누는 수인 80과 가장 차가 작은 $3^4=81$을 이용하여 식을 변형한다.

141 ······ 답 999

$A_1=9+99+999$,

$A_2=9\times99+99\times999+999\times9$,

$A_3=9\times99\times999$이므로

$(x+9)(x+99)(x+999)=x^3+A_1x^2+A_2x+A_3$

양변에 $x=1$을 대입하면

$10\times100\times1000=1+A_1+A_2+A_3$

$\therefore A_1+A_2+A_3=1000000-1=999999$

따라서 $A_1+A_2+A_3$을 1000으로 나누었을 때의 나머지는 999이다.

142 ······ 답 ③

$f(55)$에서 $\frac{55}{5}-1=10$이므로

$f(x)=a\left(\frac{1}{5}x-1\right)^3+b\left(\frac{1}{5}x-1\right)^2+c\left(\frac{1}{5}x-1\right)+d$

(a, b, c, d는 상수)로 나타내면

$f(55)=a\times10^3+b\times10^2+c\times10+d$로 값을 쉽게 구할 수 있다.

다항식 $x^3-14x^2+67x-105$를 $x-5$로 나누는 조립제법을 연속으로 이용하면 다음과 같다.

5	1	-14	67	-105
		5	-45	110
5	1	-9	22	5
		5	-20	
5	1	-4	2	
		5		
	1	1		

따라서

$$\begin{aligned}f(x)&=(x-5)^3+(x-5)^2+2(x-5)+5\\&=5^3\left(\frac{1}{5}x-1\right)^3+5^2\left(\frac{1}{5}x-1\right)^2+2\times5\left(\frac{1}{5}x-1\right)+5\\&=125\left(\frac{1}{5}x-1\right)^3+25\left(\frac{1}{5}x-1\right)^2+10\left(\frac{1}{5}x-1\right)+5\end{aligned}$$

이고 양변에 $x=55$를 대입하면

$$\begin{aligned}f(55)&=125\times10^3+25\times10^2+10\times10+5\\&=125000+2500+100+5\\&=127605\end{aligned}$$

따라서 $f(55)$의 값의 각 자리의 숫자의 합은

$1+2+7+6+0+5=21$

143 ······ 답 풀이 참조

$f(x^2+x)=x^2f(x)+x(1+2x+3x^2)+1$ ······ ㉠

에서 다항식 $f(x)$가 n차식 (n은 자연수)일 때

$f(x^2+x)$의 최고차항은 x^{2n},

$x^2f(x)$의 최고차항은 x^{n+2}이므로

㉠에서 좌변의 최고차항은 x^{2n}이고

우변의 최고차항은 x^{n+2} 또는 x^3이다.

이때 자연수 n에 대하여 $x^{2n}=x^3$은 가능하지 않으므로

$x^{2n}=x^{n+2}$에서 $2n=n+2$, $n=2$

따라서 다항식 $f(x)$가 이차식이므로
$f(x)=ax^2+bx+c$ ($a\neq0$, b, c는 상수)라 하면
㉠에서
$a(x^2+x)^2+b(x^2+x)+c$
$=x^2(ax^2+bx+c)+x(1+2x+3x^2)+1$
$ax^4+2ax^3+(a+b)x^2+bx+c$
$=ax^4+(b+3)x^3+(c+2)x^2+x+1$
이 등식은 x에 대한 항등식이므로 양변의 계수를 비교하면
$2a=b+3$, $a+b=c+2$, $b=1$, $c=1$
따라서 $a=2$, $b=1$, $c=1$이므로 $f(x)=2x^2+x+1$이다.
$\therefore f(2)=2\times2^2+2+1=11$

채점 요소	배점
다항식 $f(x)$의 차수 구하기	30%
다항식 $f(x)$ 구하기	60%
$f(2)$의 값 구하기	10%

144 ··· 답 13

$P(x)$는 최고차항의 계수가 1인 삼차식이므로
$P(x)=x^3+ax^2+bx+c$ (a, b, c는 상수) ······ ㉠
조건 (나)에서 $P(x)=x^3P\left(\frac{1}{x}\right)$이므로 ㉠을 대입하면
$$x^3+ax^2+bx+c=x^3\left\{\left(\frac{1}{x}\right)^3+a\left(\frac{1}{x}\right)^2+b\left(\frac{1}{x}\right)+c\right\}$$
$$=x^3\left(\frac{1}{x^3}+\frac{a}{x^2}+\frac{b}{x}+c\right)$$
$$=cx^3+bx^2+ax+1$$
이 등식은 x에 대한 항등식이므로 양변의 계수를 비교하면
$a=b$, $c=1$
이를 ㉠에 대입하면
$P(x)=x^3+ax^2+ax+1$ ······ ㉡
조건 (가)에서 $P(x)$를 $x-2$로 나눈 나머지는 -9이므로
나머지정리에 의하여 $P(2)=-9$이다.
$P(2)=2^3+a\times2^2+a\times2+1=-9$, $a=-3$
이를 ㉡에 대입하면
$P(x)=x^3-3x^2-3x+1$
다항식 $(x-2)P(x-3)$을 $x-1$로 나눈 나머지는
나머지정리에 의하여 $-P(-2)$이므로
$-P(-2)=-(-8-12+6+1)=13$

145 ··· 답 11

다항식 $x^n(x^2+ax+b)$를 $(x-3)^2$으로 나누었을 때의
몫을 $Q(x)$라 하면 나머지가 $3^n(x-3)$이므로
$x^n(x^2+ax+b)=(x-3)^2Q(x)+3^n(x-3)$ ······ ㉠
㉠의 양변에 $x=3$을 대입하면
$3^n(9+3a+b)=0$에서 $3^n\neq0$이므로
$b=-3a-9$ ······ ㉡
㉡을 x^2+ax+b에 대입하면
$x^2+ax+b=x^2+ax-3a-9=(x-3)(x+a+3)$
이므로 ㉠에서
$x^n(x-3)(x+a+3)=(x-3)^2Q(x)+3^n(x-3)$
이 등식은 x에 대한 항등식이므로
$x^n(x+a+3)=(x-3)Q(x)+3^n$
양변에 $x=3$을 대입하면
$3^n(a+6)=3^n$에서 $3^n\neq0$이므로
$a+6=1$ $\quad\therefore a=-5$
이를 ㉡에 대입하면 $b=6$
$\therefore b-a=6-(-5)=11$

146 ··· 답 ⑤

$$f\left(x+3-\frac{1}{x}\right)=x^3+x^2+3+\frac{1}{x^2}-\frac{1}{x^3}$$
$$=\left(x^3-\frac{1}{x^3}\right)+\left(x^2+\frac{1}{x^2}\right)+3$$
$$=\left\{\left(x-\frac{1}{x}\right)^3+3\left(x-\frac{1}{x}\right)\right\}+\left\{\left(x-\frac{1}{x}\right)^2+2\right\}+3$$
$$=\left(x-\frac{1}{x}\right)^3+\left(x-\frac{1}{x}\right)^2+3\left(x-\frac{1}{x}\right)+5$$
이때 $x-\frac{1}{x}=k$라 하면
$f(k+3)=k^3+k^2+3k+5$
$k+3=t$라 하면 $k=t-3$이므로
$f(t)=(t-3)^3+(t-3)^2+3(t-3)+5$
$=(t^3-9t^2+27t-27)+(t^2-6t+9)+(3t-9)+5$
$=t^3-8t^2+24t-22$
즉, $f(x)=x^3-8x^2+24x-22$이므로
$a=-8$, $b=24$, $c=-22$
$\therefore a+b-c=-8+24-(-22)=38$

147 ··· 답 ⑤

$\left(\frac{x}{2}+1\right)^8=a_0+a_1x+a_2x^2+\cdots+a_8x^8$ ······ ㉠
이 등식은 x에 대한 항등식이다.
ㄱ. ㉠의 양변에 $x=-2$를 대입하면
$0=a_0-2a_1+4a_2-\cdots+256a_8$ (참) ······ ㉡
ㄴ. ㉠의 양변에 $x=2$를 대입하면
$256=a_0+2a_1+4a_2+\cdots+256a_8$ ······ ㉢
㉡과 ㉢을 변끼리 더하면
$256=2(a_0+4a_2+16a_4+64a_6+256a_8)$
$a_0+4a_2+16a_4+64a_6+256a_8=128$ ······ ㉣
이때 $\left(\frac{x}{2}+1\right)^8$의 전개식에서
x^8의 계수는 $\frac{1}{2^8}$이므로 $a_8=\frac{1}{256}$
상수항은 1이므로 $a_0=1$
따라서 ㉣에서 $1+4a_2+16a_4+64a_6+1=128$이므로
$2a_2+8a_4+32a_6=63$ (참)
ㄷ. ㉠의 양변에 $x=1$을 대입하면
$\left(\frac{3}{2}\right)^8=a_0+a_1+a_2+\cdots+a_8$ ······ ㉤
㉠의 양변에 $x=-1$을 대입하면
$\left(\frac{1}{2}\right)^8=a_0-a_1+a_2-\cdots+a_8$ ······ ㉥

ⓜ에서 ⓗ을 변끼리 빼면

$\left(\frac{3}{2}\right)^8-\left(\frac{1}{2}\right)^8=2(a_1+a_3+a_5+a_7)$

$\therefore a_1+a_3+a_5+a_7=\frac{3^8-1}{2^9}$

$=\frac{(3^4+1)(3^2+1)(3+1)(3-1)}{2^9}$

$=\frac{205}{16}$ (참)

따라서 옳은 것은 ㄱ, ㄴ, ㄷ이다.

148

답 ①

x에 대한 항등식

$(x^3+x^2-2x)^6=a_0+a_1x+a_2x^2+\cdots+a_{18}x^{18}$에서 좌변은

$\{x(x^2+x-2)\}^6=x^6(x^2+x-2)^6$이므로

이 전개식에서 x에 대한 오차 이하의 항의 계수와 상수항은 모두 0이다.

따라서 $a_0=a_1=a_2=a_3=a_4=a_5=0$이므로

$(x^3+x^2-2x)^6=a_6x^6+a_7x^7+a_8x^8+\cdots+a_{18}x^{18}$ …… ㉠

또한 $x^6(x^2+x-2)^6$의 전개식에서 x^6의 계수는

$(x^2+x-2)^6$의 전개식에서 상수항과 같으므로

$a_6=(-2)^6=64$

㉠의 양변에 $x=1$을 대입하면

$0=a_6+a_7+a_8+\cdots+a_{18}$ …… ㉡

㉠의 양변에 $x=-1$을 대입하면

$2^6=a_6-a_7+a_8-\cdots+a_{18}$ …… ㉢

㉡과 ㉢을 변끼리 더하면

$2^6=2(a_6+a_8+a_{10}+\cdots+a_{18})$이므로

$a_6+a_8+a_{10}+\cdots+a_{18}=32$

$\therefore a_5+a_8+a_{10}+a_{12}+\cdots+a_{18}$

$=a_5+(a_6+a_8+a_{10}+a_{12}+\cdots+a_{18})-a_6$

$=0+32-64=-32$

149

답 ②

다항식 $f(x)$를 $(x-1)^3$으로 나누었을 때의 몫을 $Q(x)$라 하면

나머지가 $-x^2+ax+b$이므로

$f(x)=(x-1)^3Q(x)-x^2+ax+b$

$=(x-1)^3Q(x)-(x-1)^2+(a-2)x+b+1$ …… ㉠

$=(x-1)^3Q(x)-(x-1)^2+(a-2)(x-1)+a+b-1$ …… ㉡

㉠에서 다항식 $f(x)$를 $(x-1)^2$으로 나누었을 때의 나머지는

$(a-2)x+b+1$이고,

㉡에서 다항식 $f(x)$를 $x-1$로 나누었을 때의 나머지는

$a+b-1$이다. …… TIP

따라서 두 나머지의 합은

$\{(a-2)x+b+1\}+(a+b-1)=(a-2)x+a+2b$

$=2x-6$

이 등식은 x에 대한 항등식이므로 양변의 계수를 비교하면

$a-2=2$, $a+2b=-6$에서 $a=4$, $b=-5$

$\therefore ab=4\times(-5)=-20$

TIP

㉠에서

$(x-1)^3Q(x)-(x-1)^2+(a-2)x+b+1$

$=(x-1)^2\{(x-1)Q(x)-1\}+(a-2)x+b+1$

이므로 다항식 $f(x)$를 $(x-1)^2$으로 나누었을 때의 나머지는

$(a-2)x+b+1$이다.

또한, ㉡에서

$(x-1)^3Q(x)-(x-1)^2+(a-2)(x-1)+a+b-1$

$=(x-1)\{(x-1)^2Q(x)-(x-1)+(a-2)\}+a+b-1$

이므로 다항식 $f(x)$를 $x-1$로 나누었을 때의 나머지는

$a+b-1$이다.

150

답 8

두 다항식 x^3-4x+5, x^3-3x^2+5x-1을 $(x-a)(x-b)$로

나누었을 때의 몫을 각각 $Q_1(x)$, $Q_2(x)$라 하면

나머지가 모두 $R(x)$이므로

$x^3-4x+5=(x-a)(x-b)Q_1(x)+R(x)$ …… ㉠

$x^3-3x^2+5x-1=(x-a)(x-b)Q_2(x)+R(x)$ …… ㉡

㉠에서 ㉡을 변끼리 빼면

$3x^2-9x+6=(x-a)(x-b)\{Q_1(x)-Q_2(x)\}$

이때 $3x^2-9x+6=3(x-1)(x-2)$이므로

$Q_1(x)-Q_2(x)=3$이고, $a=1$, $b=2$ 또는 $a=2$, $b=1$이다.

따라서 ㉠에서

$x^3-4x+5=(x-1)(x-2)(x+3)+3x-1$이므로

다항식 x^3-4x+5를 $(x-1)(x-2)$로 나누었을 때의 몫은

$Q_1(x)=x+3$이고, 나머지는 $R(x)=3x-1$이다.

$\therefore R(a+b)=R(3)=8$

참고

다항식 x^3-3x^2+5x-1을 $(x-1)(x-2)$로 나누었을 때의

몫은 $Q_2(x)=x$이고, 나머지는 $R(x)=3x-1$이다.

151

답 ②

조건 ㈎에서 다항식 x^3+3x^2+4x+2를 $f(x)$로 나누었을 때의 몫을

$Q_1(x)$라 하면 나머지가 $g(x)$이므로

$x^3+3x^2+4x+2=f(x)Q_1(x)+g(x)$ …… ㉠

이때 $f(x)$가 이차식이므로 나머지인 $g(x)$는 일차 이하의

다항식이다.

조건 ㈏에서 다항식 x^3+3x^2+4x+2를 $g(x)$로 나누었을 때의 몫을

$Q_2(x)$라 하면 나머지가 $f(x)-x^2-2x$이므로

$x^3+3x^2+4x+2=g(x)Q_2(x)+f(x)-x^2-2x$ …… ㉡

이때 $g(x)$가 일차 이하의 다항식이므로 나머지인 $f(x)-x^2-2x$는

상수이다.

$f(x)=x^2+2x+a$ (a는 상수)라 하자. …… ㉢

다항식 x^3+3x^2+4x+2를 $f(x)=x^2+2x+a$로 나누었을 때의

몫이 $x+1$이고, 나머지가 $(2-a)x+(2-a)$이므로

㉠에서 $g(x)=(2-a)(x+1)$이다.

따라서 ㉡에서

$x^3+3x^2+4x+2=(2-a)(x+1)Q_2(x)+a$

이 등식은 x에 대한 항등식이므로 양변에 $x=-1$을 대입하면

$a=0$

따라서 $g(x)=2(x+1)$이므로

$g(1)=4$

152 답 ④

ㄱ. 다항식 $P(x)$를 $x+2$로 나누었을 때의 나머지는 R이므로 나머지정리에 의하여 $R=P(-2)$이다.
따라서 다항식 $P(x-1)$을 $x+1$로 나누었을 때의 나머지는 나머지정리에 의하여
$P(-1-1)=P(-2)=R$이다. (참)

ㄴ. 다항식 $P(x)$를 $x+2$로 나누었을 때의 몫은 $Q(x)$, 나머지는 R이므로

$P(x)=(x+2)Q(x)+R$ …… ㉠

다항식 $Q(x)$를 $x+2$로 나누었을 때의 몫을 $Q_1(x)$라 하면 나머지가 $\frac{1}{R}$이므로

$Q(x)=(x+2)Q_1(x)+\frac{1}{R}$

이를 ㉠에 대입하면

$P(x)=(x+2)\left\{(x+2)Q_1(x)+\frac{1}{R}\right\}+R$

$=(x+2)^2Q_1(x)+\frac{1}{R}(x+2)+R$

양변에 x 대신 $x-1$을 대입하면

$P(x-1)=(x+1)^2Q_1(x-1)+\frac{1}{R}(x+1)+R$ …… ㉡

따라서 다항식 $P(x)$를 $(x+2)^2$으로 나누었을 때의 나머지는 $\frac{1}{R}(x+2)+R$이고, 다항식 $P(x-1)$을 $(x+1)^2$으로 나누었을 때의 나머지는 $\frac{1}{R}(x+1)+R$이므로 서로 다르다. (거짓)

ㄷ. $\{P(x-1)\}^2-R^2=\{P(x-1)-R\}\{P(x-1)+R\}$이다.
㉡에서

$P(x-1)-R=(x+1)^2Q_1(x-1)+\frac{1}{R}(x+1)$이므로

다항식 $P(x-1)-R$을 $(x+1)^2$으로 나누었을 때의 나머지는 $\frac{1}{R}(x+1)$이다.

또한 ㉡에서

$P(x-1)+R=(x+1)^2Q_1(x-1)+\frac{1}{R}(x+1)+2R$이므로

다항식 $P(x-1)+R$을 $(x+1)^2$으로 나누었을 때의 나머지는 $\frac{1}{R}(x+1)+2R$이다.

$\frac{1}{R}(x+1)\times\left\{\frac{1}{R}(x+1)+2R\right\}=\frac{1}{R^2}(x+1)^2+2(x+1)$

이므로 다항식 $\{P(x-1)\}^2-R^2$을 $(x+1)^2$으로 나누었을 때의 나머지는 $2(x+1)=2x+2$이다. (참)

따라서 옳은 것은 ㄱ, ㄷ이다.

153 답 12

조건 ㈎에서 나머지정리에 의하여 $f(4)=14$ …… ㉠

조건 ㈏에서 다항식 $f(x)$를 $(x+1)(x-3)$으로 나누었을 때의 몫을 $Q_1(x)$라 하면 나머지는 $-3x+1$이므로

$f(x)=(x+1)(x-3)Q_1(x)-3x+1$

양변에 $x-1$을 곱하면

$(x-1)f(x)=(x+1)(x-3)(x-1)Q_1(x)+(x-1)(-3x+1)$

이때 다항식 $(x-1)f(x)$를 $(x+1)(x-3)$으로 나누었을 때의 나머지는 다항식 $(x-1)(-3x+1)$을 $(x+1)(x-3)$, 즉 x^2-2x-3으로 나누었을 때의 나머지와 같으므로

$(x-1)(-3x+1)=-3x^2+4x-1$

$=-3(x^2-2x-3)-2x-10$

에서 나머지는 $-2x-10$이다.

즉, $(x-1)f(x)=(x+1)(x-3)Q(x)-2x-10$이므로

양변에 $x=4$를 대입하면

$3f(4)=5Q(4)-18$, $5Q(4)=3\times14+18=60$ ($\because$ ㉠)

$\therefore Q(4)=12$

154 답 4

조건 ㈎의 $P(x^2)=kx^3P(x+1)-2x^4+2x^2$에서

$P(x^2)=kx^3P(x+1)-2x^4+2x^2$

$=x^2\{kxP(x+1)-2x^2+2\}$

이고, 이 식이 x에 대한 항등식이므로

양변에 $x=0$을 대입하면 $P(0)=0$

양변에 $x=-1$을 대입하면

$P(1)=-kP(0)=0$ ($\because P(0)=0$)

양변에 $x=1$을 대입하면

$P(1)=kP(2)=0$, 즉 $P(2)=0$ ($\because P(1)=0$)

양변에 $x=\sqrt{2}$를 대입하면

$P(2)=2\{\sqrt{2}kP(\sqrt{2}+1)-2\}=0$ ($\because P(2)=0$)

따라서 $P(\sqrt{2}+1)=\frac{\sqrt{2}}{k}$이다. …… ㉠

이때 $P(0)=P(1)=P(2)=0$이고, $P(x)$는 최고차항의 계수가 양수 k이므로 3차 이상의 다항식이다.

$P(x)$가 n $(n\geq3)$차 다항식이라 하면 조건 ㈎의 식에서 좌변의 차수는 $2n$, 우변의 차수는 $n+3$이므로 $2n=n+3$에서 $n=3$이다.

$P(x)=kx(x-1)(x-2)$

양변에 $x=\sqrt{2}+1$을 대입하면

$P(\sqrt{2}+1)=k(\sqrt{2}+1)\times\sqrt{2}\times(\sqrt{2}-1)=\sqrt{2}k$

㉠에서 $\sqrt{2}k=\frac{\sqrt{2}}{k}$, $k^2=1$, $k=1$ ($\because k>0$)이므로

$P(x)=x(x-1)(x-2)$이다. …… ㉡

조건 ㈏에서 $P(x)+x^4-3x$를 다항식 $Q(x)$로 나누었을 때 몫을 $A(x)$라 하면 나머지가 이차식이므로 $Q(x)$는 삼차 이상의 다항식이다.

$x(x-1)(x-2)+x^4-3x=Q(x)A(x)+2x^2+x-8$

$x^4+x^3-3x^2-x=Q(x)A(x)+2x^2+x-8$

$x^4+x^3-5x^2-2x+8=Q(x)A(x)$

좌변에 $x=-2$를 대입하면

$(-2)^4+(-2)^3-5(-2)^2-2(-2)+8=0$
이므로 조립제법을 이용하면 다음과 같다.

−2	1	1	−5	−2	8
		−2	2	6	−8
	1	−1	−3	4	0

$(x+2)(x^3-x^2-3x+4)=Q(x)A(x)$
이때 $Q(-2)\neq0$이고 $Q(x)$가 최고차항의 계수가 -1인 삼차 이상의 다항식이므로 $Q(x)=-(x^3-x^2-3x+4)$이다.
$\therefore P(3)+Q(2)=3\times2\times1-(2^3-2^2-3\times2+4)$ ($\because$ ㉡)
$=6-2=4$

155 ⋯⋯ 답 ④

조건 ㈎에서 $f(x)$를 $x+2$, x^2+4로 나눈 몫을 각각 $Q_1(x)$, $Q_2(x)$라 하면 나머지는 모두 $3p^2$이므로
$f(x)=(x+2)Q_1(x)+3p^2=(x^2+4)Q_2(x)+3p^2$ ⋯⋯ ㉠
이때
$(x+2)Q_1(x)=(x^2+4)Q_2(x)$
에서 양변은 각각 최고차항의 계수가 1인 사차다항식이므로 $Q_1(x)$는 x^2+4를, $Q_2(x)$는 $x+2$를 인수로 가지고, 일차식의 계수가 1인 일차식을 공통인수로 갖는다. 따라서
$Q_1(x)=(x^2+4)(x+a)$, $Q_2(x)=(x+2)(x+a)$ (a는 상수)이고
㉠에서
$f(x)=(x+2)(x^2+4)(x+a)+3p^2$ ⋯⋯ ㉡
조건 ㈏에서 $f(1)=f(-1)$이므로
$f(1)=3\times5\times(1+a)+3p^2=15(1+a)+3p^2$
$f(-1)=1\times5\times(-1+a)+3p^2=5(-1+a)+3p^2$
에서 $15(1+a)+3p^2=5(-1+a)+3p^2$
$3(1+a)=-1+a$, $a=-2$
이를 ㉡에 대입하면
$f(x)=(x+2)(x-2)(x^2+4)+3p^2$
$=(x^2-4)(x^2+4)+3p^2$
조건 ㈐에서 $x-\sqrt{p}$는 $f(x)$의 인수이므로 인수 정리에 의하여 $f(\sqrt{p})=0$이다.
$f(\sqrt{p})=(p-4)(p+4)+3p^2=0$, $4p^2-16=0$,
$(p+2)(p-2)=0$ $\therefore p=2$ ($\because p>0$)

156 ⋯⋯ 답 ④

조건 ㈎에서 나머지정리에 의하여 $P(2)=-1$
조건 ㈏에서 나머지정리에 의하여
$P(a)=a^3$, 즉 $P(a)-a^3=0$을 만족시키는
실수 a는 -1과 3뿐이므로 인수 정리에 의하여
상수 k에 대하여 다음과 같은 식을 세울 수 있다.
(i) $P(x)-x^3=k(x+1)(x-3)$인 경우
$P(x)=x^3+k(x+1)(x-3)$
즉, 삼차항의 계수는 1이므로 최고차항의 계수가 음수라는 조건에 모순이다.
(ii) $P(x)-x^3=k(x+1)^2(x-3)$인 경우
양변에 $x=2$를 대입하면
$P(2)-8=-9k$에서 $k=1$이므로
$P(x)=(x+1)^2(x-3)+x^3=2x^3-x^2-5x-3$
즉, 삼차항의 계수는 2이므로 조건에 맞지 않다.
(iii) $P(x)-x^3=k(x+1)(x-3)^2$인 경우
양변에 $x=2$를 대입하면
$P(2)-8=3k$에서 $k=-3$이므로
$P(x)=-3(x+1)(x-3)^2+x^3=-2x^3+15x^2-9x-27$
삼차항의 계수는 -2, 즉 음수이므로 조건을 만족한다.
(i)~(iii)에서 조건을 만족시키는 다항식 $P(x)$는
$P(x)=-2x^3+15x^2-9x-27$이므로
$P(1)=-23$

157 ⋯⋯ 답 28

$P(4)=\frac{7}{4}$,
$P(3)=\frac{4}{3}P(4)=\frac{7}{3}$,
$P(2)=\frac{3}{2}P(3)=\frac{7}{2}$,
$P(1)=2P(2)=\frac{7}{1}$이므로
$n=1, 2, 3, 4$일 때, $P(n)=\frac{7}{n}$, 즉 $nP(n)-7=0$
이때 $xP(x)-7$은 사차식이므로 인수 정리에 의하여
$xP(x)-7=k(x-1)(x-2)(x-3)(x-4)$ $(k\neq0)$
양변에 $x=0$을 대입하면 $-7=24k$에서 $k=-\frac{7}{24}$이므로
$xP(x)-7=-\frac{7}{24}(x-1)(x-2)(x-3)(x-4)$ ⋯⋯ ㉠
한편, 다항식 $P(x)$를 $x+1$로 나누었을 때의 나머지는 나머지정리에 의하여 $P(-1)$이므로
㉠의 양변에 $x=-1$을 대입하면
$-P(-1)-7=-\frac{7}{24}\times(-2)\times(-3)\times(-4)\times(-5)$
$\therefore P(-1)=28$

158 ⋯⋯ 답 13

조건 ㈎에서 $Q(1)=0$인 경우와 $Q(1)\neq0$인 경우로 나누어 생각할 수 있다.
(i) $Q(1)=0$인 경우
$Q(x)=a(x-1)$ $(a\neq0)$라 하면 조건 ㈏에 의하여
$P(x)=x^3-10x+13-\{Q(x)\}^2$
$=x^3-a^2x^2+(2a^2-10)x+13-a^2$ ⋯⋯ ㉠
이다. 조건 ㈏에 의하여 $x^3-10x+13-P(x)$는 이차식이 되어야 하므로 $P(x)$는 최고차항의 계수가 1이고 이차식 x^2-3x+3을 인수로 가져야 한다.
$P(x)=(x^2-3x+3)(x-k)$ (k는 상수)
$=x^3+(-k-3)x^2+(3k+3)x-3k$ ⋯⋯ ㉡
㉠과 ㉡에 의하여
$-a^2=-k-3$, $2a^2-10=3k+3$, $13-a^2=-3k$
하지만 이를 만족시키는 a와 k는 존재하지 않는다.
(ii) $Q(1)\neq0$인 경우
$P(x)$는 x^2-3x+3과 $x-1$을 인수로 가지고 조건 ㈏에 의하여

$x^3-10x+13-P(x)$는 이차식이 되어야 하므로

$P(x)$의 최고차항의 계수는 1이다.

$P(x)=(x^2-3x+3)(x-1)=x^3-4x^2+6x-3$

이고, 조건 ㈏에 의하여

$\{Q(x)\}^2=x^3-10x+13-P(x)$

$=x^3-10x+13-(x^3-4x^2+6x-3)$

$=4x^2-16x+16$

$=(2x-4)^2$

이므로 $Q(x)=2x-4$ 또는 $Q(x)=-2x+4$이다.

이때 $Q(0)<0$이므로 $Q(x)=2x-4$이다.

(i), (ii)에 의하여 $P(2)+Q(8)=13$이다.

159

답 15

$P(x)$는 이차항의 계수가 1인 이차다항식이므로

$P(x)=x^2+ax+b$ (a, b는 상수) …… ㉠

$Q(x)$는 일차항의 계수가 1인 일차다항식이므로

$Q(x)=x+c$ (c는 상수) …… ㉡

조건 ㈎에서 $P(x^2-1)-2Q(x+1)$이 $x+1$로 나누어떨어지므로

인수 정리에 의하여 $P(0)-2Q(0)=0$이다.

㉠, ㉡에서 $P(0)=b$, $Q(0)=c$이므로

$P(0)-2Q(0)=b-2c=0$, $b=2c$

이를 ㉠에 대입하면

$P(x)=x^2+ax+2c$ …… ㉢

따라서

$P(x)-2Q(x)=(x^2+ax+2c)-2(x+c)$

$=x^2+(a-2)x$

조건 ㈏에서 방정식 $P(x)-2Q(x)=0$이 중근을 가지므로

다항식 $P(x)-2Q(x)$는 완전제곱식이다.

$x^2+(a-2)x$가 완전제곱식이 되려면 일차항의 계수가 0이어야

하므로 $a=2$이고, 이를 ㉢에 대입하면

$P(x)=x^2+2x+2c$ …… ㉣

이때 다항식 $2P(x)+Q(x)$를 $x-2$로 나눈 나머지가 13이므로

나머지정리에 의하여

$2P(2)+Q(2)=2(2^2+2\times2+2c)+(2+c)=13$

$5c=-5$, $c=-1$

이를 ㉡, ㉣에 각각 대입하면

$P(x)=x^2+2x-2$, $Q(x)=x-1$

$\therefore P(3)+Q(3)=(3^2+2\times3-2)+(3-1)=15$

160

답 ②

다항식 $f(x)$를 n차식 (n은 자연수)이라 하면

$f(x+1)+x^4f\left(\frac{1}{x^2}\right)=5x^4-x^2+x+6$ …… ㉠

에서 $f\left(\frac{1}{x^2}\right)$은 $\frac{1}{x^{2n}}$항을 가진다.

이때 $n\geq3$이면 $x^4f\left(\frac{1}{x^2}\right)$에서

$x^4\times\frac{1}{x^{2n}}=\frac{1}{x^{2n-4}}$ ($\because 2n>4$)항이 생기므로

㉠은 항등식이 될 수 없다. …… TIP

따라서 $f(x)$는 이차 이하의 다항식이므로

$f(x)=ax^2+bx+c$ (a, b, c는 상수)라 하면

$f(x+1)+x^4f\left(\frac{1}{x^2}\right)$

$=a(x+1)^2+b(x+1)+c+x^4\left(\frac{a}{x^4}+\frac{b}{x^2}+c\right)$

$=cx^4+(a+b)x^2+(2a+b)x+2a+b+c$

이므로 ㉠에 의하여

$cx^4+(a+b)x^2+(2a+b)x+2a+b+c=5x^4-x^2+x+6$

이 등식은 x에 대한 항등식이므로 양변의 계수를 비교하면

$c=5$, $a+b=-1$, $2a+b=1$, $2a+b+c=6$에서

$a=2$, $b=-3$, $c=5$

따라서 $f(x)=2x^2-3x+5$이므로

$f(1)=4$

TIP

$n=3$인 경우, $f(x)$가 삼차식이면 $f(x+1)$도 삼차식이고

$x^4f\left(\frac{1}{x^2}\right)$은 $x^4\times\frac{1}{x^6}=\frac{1}{x^2}$항을 갖는다.

따라서 ㉠에서 좌변은 $\frac{1}{x^2}$항을 갖지만 우변은 $\frac{1}{x^2}$항을 갖지

않으므로 ㉠은 항등식이 될 수 없다.

마찬가지로 $n>3$인 경우, $x^4f\left(\frac{1}{x^2}\right)$은

$x^4\times\frac{1}{x^{2n}}=\frac{1}{x^{2n-4}}$ ($\because 2n>4$)항을 가지므로 ㉠은 항등식이

될 수 없다.

161

답 54

조건 ㈎에서 $P(1)P(2)=0$이므로

$P(1)=0$ 또는 $P(2)=0$ …… ㉠

이고, 조건 ㈏에서 다항식 $P(x)\{P(x)-6\}$은 $x(x-3)$으로

나누어떨어지므로 인수 정리에 의하여

$P(0)\{P(0)-6\}=0$, $P(3)\{P(3)-6\}=0$이다.

이를 만족시키는 경우는 다음과 같다.

(i) $P(0)=0$, $P(3)=6$일 때

㉠에서 $P(1)=0$인 경우 $P(0)=P(1)=0$이므로

이차식 $P(x)$를 $P(x)=ax(x-1)$ (a는 $a\neq0$인 상수)이라 하자.

이때 $P(3)=6$이므로 $6a=6$, $a=1$에서 $P(x)=x(x-1)$

㉠에서 $P(2)=0$인 경우 $P(0)=P(2)=0$이므로

이차식 $P(x)$를 $P(x)=bx(x-2)$ (b는 $b\neq0$인 상수)라 하자.

이때 $P(3)=6$이므로 $3b=6$, $b=2$에서 $P(x)=2x(x-2)$

(ii) $P(0)=6$, $P(3)=0$일 때

㉠에서 $P(1)=0$인 경우 $P(1)=P(3)=0$이므로

이차식 $P(x)$를 $P(x)=c(x-1)(x-3)$ (c는 $c\neq0$인 상수)이라

하자.

이때 $P(0)=6$이므로 $3c=6$, $c=2$에서

$P(x)=2(x-1)(x-3)$

㉠에서 $P(2)=0$인 경우 $P(2)=P(3)=0$이므로

이차식 $P(x)$를 $P(x)=d(x-2)(x-3)$ (d는 $d\neq0$인 상수)이라

하자.

이때 $P(0)=6$이므로 $6d=6$, $d=1$에서

$P(x)=(x-2)(x-3)$

(iii) $P(0)=6$, $P(3)=6$일 때

$P(0)=P(3)=6$이므로 이차식 $P(x)$를

$P(x)-6=ex(x-3)$ (e는 $e\neq0$인 상수)에서

$P(x)=ex(x-3)+6$이라 하자. …… ㉡

㉠에서 $P(1)=0$인 경우 ㉡에 대입하면

$P(1)=-2e+6=0$, $e=3$에서

$P(x)=3x(x-3)+6$

㉠에서 $P(2)=0$인 경우 ㉡에 대입하면

$P(2)=-2e+6=0$에서 $e=3$이므로 $P(1)=0$을 만족시키는 경우와 같다.

(iv) $P(0)=0$, $P(3)=0$일 때

$P(x)$는 이차식이므로 $P(0)=0$, $P(3)=0$일 때 ㉠에서

$P(1)=0$ 또는 $P(2)=0$을 만족시킬 수 없다.

(i)~(iv)에서 가능한 $P(x)$는 $x(x-1)$, $2x(x-2)$, $2(x-1)(x-3)$, $(x-2)(x-3)$, $3x(x-3)+6$이므로

$Q(x)=x(x-1)+2x(x-2)+2(x-1)(x-3)$
$+(x-2)(x-3)+3x(x-3)+6$

$\therefore Q(4)=4\times3+2\times4\times2+2\times3\times1+2\times1+3\times4\times1+6=54$

03 인수분해

162 …… 답 풀이 참조

(1) $a^2+4a+4-b^2=(a+2)^2-b^2$
$=\{(a+2)+b\}\{(a+2)-b\}$
$=(a+b+2)(a-b+2)$

(2) $a^3+9a^2b+27ab^2+27b^3$
$=a^3+3\times a^2\times3b+3\times a\times(3b)^2+(3b)^3$
$=(a+3b)^3$

(3) $a^3+8b^3=a^3+(2b)^3=(a+2b)(a^2-2ab+4b^2)$

(4) $a^2+4b^2+c^2+4ab-4bc-2ca$
$=a^2+(2b)^2+(-c)^2+2(2ab-2bc-ca)$
$=(a+2b-c)^2$

163 …… 답 ③

① $x^3y-9xy^3=xy(x^2-9y^2)=xy(x+3y)(x-3y)$

② $64x^3-48x^2+12x-1$
$=(4x)^3+3\times(4x)^2\times(-1)+3\times(4x)\times(-1)^2+(-1)^3$
$=(4x-1)^3$

③ $8a^3-b^3=(2a)^3-b^3$
$=(2a-b)(4a^2+2ab+b^2)$

④ $x^4-16y^4=(x^2+4y^2)(x^2-4y^2)$
$=(x^2+4y^2)(x+2y)(x-2y)$

⑤ $4a^2+b^2+9c^2+4ab+6bc+12ca$
$=(2a)^2+b^2+(3c)^2+2(2ab+3bc+6ca)$
$=(2a+b+3c)^2$

따라서 인수분해가 옳지 않은 것은 ③이다.

참고

인수분해 공식은 항등식이므로 우변을 각각 곱셈 공식으로 전개하여 좌변과 비교해서 풀 수도 있다.

164 …… 답 ③

$2a^3+3a^2b-3ab^2-2b^3$
$=2(a^3-b^3)+3ab(a-b)$
$=2(a-b)(a^2+ab+b^2)+3ab(a-b)$
$=(a-b)(2a^2+5ab+2b^2)$
$=(a-b)(a+2b)(2a+b)$

165 …… 답 32

주어진 식을 인수분해하면

$x^3-xy^2-x^2y+y^3=x^2(x-y)-y^2(x-y)$
$=(x^2-y^2)(x-y)$
$=(x-y)^2(x+y)$

이때 $x+y=4$, $xy=2$이므로

$(x-y)^2=(x+y)^2-4xy=4^2-8=8$
따라서 $(x-y)^2(x+y)=8\times4=32$이므로
구하는 값은 32이다.

166 ········ 답 ③

$a+b+c=0$이므로

$$a^3+b^3+c^3-3abc=(a+b+c)(a^2+b^2+c^2-ab-bc-ca)=0$$

167 ········ 답 풀이 참조

(1) $x^2+3=X$라 하면

$(x^2+x+3)(x^2+2x+3)-2x^2$
$=(X+x)(X+2x)-2x^2$
$=X^2+3xX=X(X+3x)$
$=(x^2+3)(x^2+3x+3)$

(2) $x^2+2x=X$라 하면

$(x^2+2x-2)(x^2+2x+5)+12$
$=(X-2)(X+5)+12$
$=X^2+3X+2=(X+1)(X+2)$
$=(x^2+2x+1)(x^2+2x+2)$
$=(x+1)^2(x^2+2x+2)$

(3) $x^2-2x=X$라 하면

$(x^2-2x)^2-2x^2+4x-3$
$=(x^2-2x)^2-2(x^2-2x)-3$
$=X^2-2X-3=(X+1)(X-3)$
$=(x^2-2x+1)(x^2-2x-3)$
$=(x-1)^2(x+1)(x-3)$

168 ········ 답 ⑤

$(x-1)(x-2)(x+2)(x+3)-60$
$=\{(x-1)(x+2)\}\{(x-2)(x+3)\}-60$
$=(x^2+x-2)(x^2+x-6)-60$
이때 $x^2+x=X$라 하면
$(x^2+x-2)(x^2+x-6)-60$
$=(X-2)(X-6)-60$
$=X^2-8X-48=(X-12)(X+4)$
$=(x^2+x-12)(x^2+x+4)$
$=(x+4)(x-3)(x^2+x+4)$
따라서 주어진 다항식의 인수가 아닌 것은 ⑤이다.

TIP

$(x-3)(x^2+x+4)=x^3-2x^2+x-12$이므로
②의 식 x^3-2x^2+x-12는
다항식 $(x-1)(x-2)(x+2)(x+3)-60$의 인수이다.

169 ········ 답 14

$(x^2-4x+3)(x^2+6x+8)-56$
$=(x-1)(x-3)(x+2)(x+4)-56$
$=\{(x-1)(x+2)\}\{(x-3)(x+4)\}-56$
$=(x^2+x-2)(x^2+x-12)-56$
이때 $x^2+x=X$라 하면
$(x^2+x-2)(x^2+x-12)-56$
$=(X-2)(X-12)-56$
$=X^2-14X-32=(X-16)(X+2)$
$=(x^2+x-16)(x^2+x+2)$
a, b는 양수이므로 $a=16$, $b=2$이다.
$\therefore a-b=16-2=14$

170 ········ 답 ③

$$\begin{aligned}x^4-2x^3+3x^2-2x+1&=x^2\left(x^2-2x+3-\frac{2}{x}+\frac{1}{x^2}\right)\\&=x^2\left\{\left(x^2+\frac{1}{x^2}\right)-2\left(x+\frac{1}{x}\right)+3\right\}\\&=x^2\left[\left\{\left(x+\frac{1}{x}\right)^2-2\right\}-2\left(x+\frac{1}{x}\right)+3\right]\\&=x^2\left\{\left(x+\frac{1}{x}\right)^2-2\left(x+\frac{1}{x}\right)+1\right\}\end{aligned}$$

이때 $x+\frac{1}{x}=t$라 하면

$$\begin{aligned}x^2\left\{\left(x+\frac{1}{x}\right)^2-2\left(x+\frac{1}{x}\right)+1\right\}&=x^2(t^2-2t+1)\\&=x^2(t-1)^2\\&=x^2\left(x+\frac{1}{x}-1\right)^2\\&=\left\{x\left(x+\frac{1}{x}-1\right)\right\}^2\\&=(x^2-x+1)^2\end{aligned}$$

따라서 주어진 다항식의 인수인 것은 ③이다.

171 ········ 답 풀이 참조

(1) $x^2=X$라 하면

$$\begin{aligned}x^4-7x^2+12&=X^2-7X+12\\&=(X-3)(X-4)\\&=(x^2-3)(x^2-4)\\&=(x^2-3)(x+2)(x-2) \qquad \cdots\cdots ㉠\end{aligned}$$

이므로 유리수 범위까지 인수분해하면
$x^4-7x^2+12=(x^2-3)(x+2)(x-2)$이다.

(2) ㉠에서 $x^2-3=(x+\sqrt{3})(x-\sqrt{3})$이므로
실수 범위까지 인수분해하면
$x^4-7x^2+12=(x+\sqrt{3})(x-\sqrt{3})(x+2)(x-2)$이다.

172 ········ 답 ⑤

$$\begin{aligned}x^4-6x^2y^2+y^4&=(x^4-2x^2y^2+y^4)-4x^2y^2\\&=(x^2-y^2)^2-(2xy)^2\\&=(x^2+2xy-y^2)(x^2-2xy-y^2)\end{aligned}$$

따라서 주어진 다항식의 인수인 것은 ⑤이다.

173 ······ 답 풀이 참조

(1) $x^4+4=(x^4+4x^2+4)-4x^2$
$=(x^2+2)^2-(2x)^2$
$=\{(x^2+2)+2x\}\{(x^2+2)-2x\}$
$=(x^2+2x+2)(x^2-2x+2)$

(2) $x^4+7x^2+16=(x^4+8x^2+16)-x^2$
$=(x^2+4)^2-x^2$
$=(x^2+x+4)(x^2-x+4)$

174 ······ 답 ④

주어진 식을 x에 대한 내림차순으로 정리하여 인수분해하면
$x^2+3xy+2y^2-2x-y-3$
$=x^2+(3y-2)x+(2y^2-y-3)$
$=x^2+(3y-2)x+(y+1)(2y-3)$

$x \quad y+1$
$x \quad 2y-3$

$=(x+y+1)(x+2y-3)$
따라서 주어진 다항식의 인수인 것은 ④이다.

175 ······ 답 ①

주어진 식을 x에 대한 내림차순으로 정리하여 인수분해하면
$3x^2-2xy-y^2-7x-y+2$
$=3x^2-(2y+7)x-(y^2+y-2)$
$=3x^2-(2y+7)x-(y+2)(y-1)$

$3x \quad y-1$
$x \quad -(y+2)$

$=(3x+y-1)(x-y-2)$
$=(-3x-y+1)(-x+y+2)$
따라서 $a=-3$, $b=1$, $c=-1$, $d=1$이므로
$a-b+c-d=-3-1+(-1)-1=-6$

176 ······ 답 풀이 참조

(1) 주어진 식을 y에 대한 내림차순으로 정리하여 인수분해하면
$8x^3+4x^2y-4xy-3y^2+4y-1$
$=-3y^2+(4x^2-4x+4)y+8x^3-1$
$=-3y^2+(4x^2-4x+4)y+(2x-1)(4x^2+2x+1)$

$-3y \quad 4x^2+2x+1$
$y \quad 2x-1$

$=\{-3y+(4x^2+2x+1)\}\{y+(2x-1)\}$
$=(4x^2+2x-3y+1)(2x+y-1)$

(2) 주어진 식을 y에 대한 내림차순으로 정리하여 인수분해하면
$x^4+2x^2y-4x^2+y^2-4y-5$
$=y^2+(2x^2-4)y+x^4-4x^2-5$
$=y^2+(2x^2-4)y+(x^2+1)(x^2-5)$

$y \quad x^2+1$
$y \quad x^2-5$

$=\{y+(x^2+1)\}\{y+(x^2-5)\}$
$=(x^2+y+1)(x^2+y-5)$

177 ······ 답 ②

주어진 식을 a에 대한 내림차순으로 정리하여 인수분해하면
$a^2b-ab^2+b^2c-bc^2+c^2a-ca^2$
$=(b-c)a^2+(c^2-b^2)a+bc(b-c)$
$=(b-c)a^2-(b-c)(b+c)a+bc(b-c)$
$=(b-c)\{a^2-(b+c)a+bc\}$
$=(b-c)(a-b)(a-c)$
$=(a-b)(b-c)(a-c)$

178 ······ 답 $(x+1)(x+3)(x-2)$

$f(x)=x^3+2x^2-5x-6$이라 하면
$f(-1)=-1+2+5-6=0$이므로
조립제법을 이용하여 인수분해하면

-1	1	2	-5	-6
		-1	-1	6
	1	1	-6	0

$\therefore x^3+2x^2-5x-6=(x+1)(x^2+x-6)$
$=(x+1)(x+3)(x-2)$

179 ······ 답 풀이 참조

(1) 다항식 $f(x)=x^3-2x^2+kx+12$가
$x-1$로 나누어떨어지므로 인수 정리에 의하여
$f(1)=1-2+k+12=0$
$\therefore k=-11$

(2) (1)에 의하여 $f(x)=x^3-2x^2-11x+12$이고
$f(1)=0$이므로 조립제법을 이용하여 인수분해하면

1	1	-2	-11	12
		1	-1	-12
	1	-1	-12	0

$\therefore f(x)=(x-1)(x^2-x-12)$
$=(x-1)(x+3)(x-4)$

채점요소	배점
인수 정리를 이용하여 k의 값 구하기	30 %
조립제법을 이용하여 다항식 $f(x)$를 인수분해하기	70 %

180 ······ 답 ④

$f(x)=2x^4-7x^3-6x^2+7x+4$라 하면
$f(1)=2-7-6+7+4=0$,
$f(-1)=2+7-6-7+4=0$이므로
조립제법을 이용하여 인수분해하면

1	2	-7	-6	7	4
		2	-5	-11	-4
-1	2	-5	-11	-4	0
		-2	7	4	
	2	-7	-4	0	

$2x^4-7x^3-6x^2+7x+4$
$=(x-1)(x+1)(2x^2-7x-4)$

$=(x-1)(x+1)(2x+1)(x-4)$
따라서 주어진 식의 인수가 아닌 것은
④ $x^2+5x+4=(x+1)(x+4)$이다.

181

답 (1) 729000 (2) 10000

(1) $x=89$라 하면
$89^3+3\times89^2+3\times89+1$
$=x^3+3x^2+3x+1$
$=(x+1)^3$
$=90^3=729000$

(2) $a=32$, $b=19$, $c=49$라 하면
$32^2+19^2+49^2+2(32\times19+19\times49+49\times32)$
$=a^2+b^2+c^2+2(ab+bc+ca)$
$=(a+b+c)^2$
$=(32+19+49)^2=100^2=10000$

182

답 ②

$x=999$라 하면
$999^3-1=x^3-1$
$999\times1000+1=x(x+1)+1$
$=x^2+x+1$
이때 $x^3-1=(x-1)(x^2+x+1)$이므로
$999^3-1=(999-1)(999^2+999+1)$
$=998\times(999\times1000+1)$
따라서 구하는 몫은 998이다.

183

답 (1) 10 (2) 11

(1) $x=38$이라 하면
$38^3+7\times38^2-17\times38+9=x^3+7x^2-17x+9$
$f(x)=x^3+7x^2-17x+9$라 하면
$f(1)=1^3+7-17+9=0$이므로
조립제법을 이용하여 인수분해하면

1	1	7	−17	9
		1	8	−9
	1	8	−9	0

$x^3+7x^2-17x+9=(x-1)(x^2+8x-9)$
$=(x-1)^2(x+9)$
다시 $x=38$을 대입하면
$38^3+7\times38^2-17\times38+9=37^2\times47$
에서 $a=37$, $b=47$
$\therefore b-a=47-37=10$

(2) $x=29$라 하면
$29^3+2\times29^2-5\times29-6=x^3+2x^2-5x-6$
$f(x)=x^3+2x^2-5x-6$이라 하면
$f(-1)=-1+2+5-6=0$이므로
조립제법을 이용하여 인수분해하면

−1	1	2	−5	−6
		−1	−1	6
	1	1	−6	0

$x^3+2x^2-5x-6=(x+1)(x^2+x-6)$
$=(x+1)(x+3)(x-2)$
다시 $x=29$를 대입하면
$29^3+2\times29^2-5\times29-6=30\times32\times27$
$=2^6\times3^4\times5$
에서 $a=6$, $b=4$, $c=1$
$\therefore a+b+c=6+4+1=11$

184

답 ④

직육면체 A, B, C, D의 부피는 각각 x^3, y^3, xy^2, x^2y이므로
직육면체 A, B, C, D를 각각 27개, 1개, 9개, 27개 사용하여
만든 정육면체의 부피는 $27x^3+y^3+9xy^2+27x^2y$이다.
이를 인수분해하면
$27x^3+27x^2y+9xy^2+y^3$
$=(3x)^3+3\times(3x)^2\times y+3\times(3x)\times y^2+y^3$
$=(3x+y)^3$
따라서 구하는 정육면체의 한 모서리의 길이는 $3x+y$이다.

185

답 ③

$a^3+b^3+c^3-3abc$에서 $a^3+b^3=(a+b)^3-3ab(a+b)$이므로
$a^3+b^3+c^3-3abc=(\boxed{a+b})^3-3ab(a+b)+c^3-3abc$
$=(\boxed{a+b})^3+c^3-3ab(a+b+c)$
이때 $(a+b)^3+c^3=\{(a+b)+c\}\{(a+b)^2-(a+b)c+c^2\}$이므로
$(\boxed{a+b})^3+c^3-3ab(a+b+c)$
$=(\boxed{a+b+c})\{(a+b)^2-(a+b)c+c^2\}-3ab(a+b+c)$
$=(\boxed{a+b+c})(a^2+2ab+b^2-ac-bc+c^2-3ab)$
$=(a+b+c)(\boxed{a^2+b^2+c^2-ab-bc-ca})$
따라서 $X=a+b$, $Y=a+b+c$,
$Z=a^2+b^2+c^2-ab-bc-ca$이므로
$XY+Z=(a+b)(a+b+c)+(a^2+b^2+c^2-ab-bc-ca)$
$=(a+b)^2+c(a+b)+(a^2+b^2+c^2-ab-bc-ca)$
$=2a^2+2b^2+c^2+ab$

186

답 ②

다항식 $f(x)$를 x^3-1로 나누었을 때 몫을 $Q(x)$라 하면
나머지가 $R(x)$($R(x)$는 이차 이하의 다항식)이므로
$f(x)=(x^3-1)Q(x)+R(x)$에서
$f(x)=(x-1)(x^2+x+1)Q(x)+R(x)$ …… ㉠
다항식 $f(x)$를 x^2+x+1로 나누었을 때의 나머지가 $2x-5$이므로
$R(x)$를 x^2+x+1로 나눈 나머지도 $2x-5$이다.
즉, $R(x)=a(x^2+x+1)+2x-5$ (a는 상수) …… ㉡
이를 ㉠에 대입하면
$f(x)=(x-1)(x^2+x+1)Q(x)+a(x^2+x+1)+2x-5$
이때 다항식 $f(x)$를 $x-1$로 나누었을 때의 나머지가 9이므로
나머지정리에 의하여 $f(1)=9$이다.
$3a-3=9$, $a=4$
이를 ㉡에 대입하면
$R(x)=4(x^2+x+1)+2x-5$

$\therefore R(2)=4(2^2+2+1)+4-5=27$

187 …… 답 ④

다항식 $x^6+x^4-3x^3-x^2$을 다항식 $P(x)$로 나누면 몫은 $Q(x)$이고
나머지는 $-3x^3-2x^2$이므로

$x^6+x^4-3x^3-x^2=P(x)Q(x)-3x^3-2x^2$

$P(x)Q(x)=x^6+x^4+x^2$

$=x^2(x^4+x^2+1)$

$=x^2(x^2+x+1)(x^2-x+1)$ …… ㉠

$x^6+x^4-3x^3-x^2$을 다항식 $P(x)$로 나눈 나머지가 삼차식이므로
$P(x)$는 사차 이상의 다항식이고, $Q(x)$는 이차 이하의 다항식이다.
이때 다항식 $Q(x-2)$를 $x-1$로 나눈 나머지가 3이므로
나머지정리에 의하여 $Q(-1)=3$이다.
㉠에서 이를 만족시키는 경우는

$Q(x)=x^2-x+1,\ P(x)=x^2(x^2+x+1)$

$\therefore P(1)+Q(3)=3+7=10$

188 …… 답 ③

$f(x)=x^8$이라 하면 다항식 $f(x)$를 $x+\frac{1}{2}$로 나누었을 때의
나머지는 나머지정리에 의하여

$R_1=f\left(-\frac{1}{2}\right)=\left(-\frac{1}{2}\right)^8=\frac{1}{2^8}$

따라서 $x^8=\left(x+\frac{1}{2}\right)Q(x)+\frac{1}{2^8}$이므로

$x^8-\frac{1}{2^8}=\left(x+\frac{1}{2}\right)Q(x)$ …… ㉠

㉠의 좌변을 인수분해하면

$x^8-\frac{1}{2^8}=\left(x^4+\frac{1}{2^4}\right)\left(x^4-\frac{1}{2^4}\right)$

$=\left(x^4+\frac{1}{2^4}\right)\left(x^2+\frac{1}{2^2}\right)\left(x^2-\frac{1}{2^2}\right)$

$=\left(x^4+\frac{1}{2^4}\right)\left(x^2+\frac{1}{2^2}\right)\left(x+\frac{1}{2}\right)\left(x-\frac{1}{2}\right)$

이므로 이를 ㉠에 대입하여 정리하면

$Q(x)=\left(x^4+\frac{1}{2^4}\right)\left(x^2+\frac{1}{2^2}\right)\left(x-\frac{1}{2}\right)$

따라서 다항식 $Q(x)$를 $x+\frac{1}{2}$로 나누었을 때의 나머지는
나머지정리에 의하여

$R_2=Q\left(-\frac{1}{2}\right)=\left(\frac{1}{2^4}+\frac{1}{2^4}\right)\left(\frac{1}{2^2}+\frac{1}{2^2}\right)\left(-\frac{1}{2}-\frac{1}{2}\right)$

$=\frac{1}{2^3}\times\frac{1}{2}\times(-1)=-\frac{1}{2^4}$

$\therefore \frac{R_2}{R_1}=\left(-\frac{1}{2^4}\right)\div\frac{1}{2^8}=-2^4=-16$

189 …… 답 ④

$x^{101}-1=(x-1)(x^{100}+x^{99}+x^{98}+\cdots+x+1)$이므로
다항식 $x^{101}-1$을 $x-1$로 나누었을 때의 몫은

$Q(x)=x^{100}+x^{99}+x^{98}+\cdots+x+1$

$x=1$을 대입하면

$Q(1)=1+1+1+\cdots+1=101$

$x=-1$을 대입하면

$Q(-1)=1-1+1-1+\cdots-1+1=1$

$\therefore Q(1)+Q(-1)=101+1=102$

190 …… 답 450

다항식 $x^{50}-1$을 $(x-1)^2$으로 나누었을 때의 몫을 $Q(x)$,
나머지를 $R(x)=ax+b$ (a, b는 상수)라 하면

$x^{50}-1=(x-1)^2Q(x)+ax+b$ …… ㉠

양변에 $x=1$을 대입하면 $0=a+b$ $\quad\therefore b=-a$ …… ㉡

㉡을 ㉠에 대입하면

$x^{50}-1=(x-1)^2Q(x)+a(x-1)$

$=(x-1)\{(x-1)Q(x)+a\}$

이때 $x^{50}-1=(x-1)(x^{49}+x^{48}+x^{47}+\cdots+x+1)$이므로

$(x-1)(x^{49}+x^{48}+x^{47}+\cdots+x+1)=(x-1)\{(x-1)Q(x)+a\}$

양변을 $x-1$로 나누면

$x^{49}+x^{48}+x^{47}+\cdots+x+1=(x-1)Q(x)+a$

이 등식은 x에 대한 항등식이므로 양변에 $x=1$을 대입하면
$a=50$, $b=-50$ ($\because$ ㉡)에서 $R(x)=50x-50$이다.

$\therefore R(10)=450$

191 …… 답 ④

$(x+2)(x+4)(x+6)(x+8)+k$

$=\{(x+2)(x+8)\}\{(x+4)(x+6)\}+k$

$=(x^2+10x+16)(x^2+10x+24)+k$

$x^2+10x+16=X$라 하면 …… TIP

$(x^2+10x+16)(x^2+10x+24)+k=X(X+8)+k$

$=X^2+8X+k$

이때 X^2+8X+k가 x에 대한 이차식의 완전제곱 꼴로
인수분해되기 위해서는
$X^2+8X+k=(X+4)^2$을 만족시켜야 하므로

$k=16$

다시 $X=x^2+10x+16$을 대입하면

$(X+4)^2=(x^2+10x+20)^2$이므로

$f(x)=x^2+10x+20$

따라서 옳은 것은 ④이다.

TIP

$x^2+10x=X$라 하면

$(x^2+10x+16)(x^2+10x+24)+k$

$=(X+16)(X+24)+k=X^2+40X+384+k$

이때 $X^2+40X+384+k=(X+20)^2$을 만족시켜야 하므로
$384+k=400$에서 $k=16$임을 구할 수도 있으나,
본풀이와 같이 $x^2+10x+16=X$라 하면 큰 수의 곱셈 없이
좀 더 간단하게 풀 수 있다.

192 …… 답 40

$x^2+x=X$라 하면

$(x^2+x)(x^2+x-4)+a(x^2+x)+12$

$=X(X-4)+aX+12$

$=X^2+(a-4)X+12$
이때 p, q는 자연수이고, $12=1\times12=2\times6=3\times4$이므로
$X^2+(a-4)X+12$
$=(X+1)(X+12)=(x^2+x+1)(x^2+x+12)$ …… ㉠
$=(X+2)(X+6)=(x^2+x+2)(x^2+x+6)$ …… ㉡
$=(X+3)(X+4)=(x^2+x+3)(x^2+x+4)$ …… ㉢
로 인수분해 할 수 있다.
㉠에서 $(X+1)(X+12)=X^2+13X+12$이므로
$a-4=13$, $a=17$
㉡에서 $(X+2)(X+6)=X^2+8X+12$이므로
$a-4=8$, $a=12$
㉢에서 $(X+3)(X+4)=X^2+7X+12$이므로
$a-4=7$, $a=11$
따라서 구하는 모든 실수 a의 값의 합은
$11+12+17=40$이다.

193

답 46

$(x-3)^4-5(x-3)^2+4$에서 $(x-3)^2=X$라 하면
$(x-3)^4-5(x-3)^2+4=X^2-5X+4=(X-1)(X-4)$
$=\{(x-3)^2-1^2\}\{(x-3)^2-2^2\}$
$=\{(x-4)(x-2)\}\{(x-5)(x-1)\}$
$=(x-1)(x-2)(x-4)(x-5)$
$\therefore a^2+b^2+c^2+d^2=1^2+2^2+4^2+5^2=46$

194

답 (1) -1 (2) -3

(1) 주어진 식을 x에 대한 내림차순으로 정리하면
$x^2+(ky-1)x-6y^2-7y-2$
$=x^2+(ky-1)x-(3y+2)(2y+1)$
이 식이 인수분해 되므로
$(2y+1)-(3y+2)=ky-1$이다.
양변의 y항의 계수를 비교하면 $k=-1$이다.
(2) 주어진 식을 x에 대한 내림차순으로 정리하면
$x^2+3xy+2y^2-2x-5y+k$
$=x^2+(3y-2)x+2y^2-5y+k$ …… ㉠
이 식이 인수분해되므로
$2y^2-5y+k=(2y+a)(y+b)$ (a, b는 상수) …… ㉡
라 하면 양변의 y항의 계수에서 $-5=a+2b$ …… ㉢
또한 ㉠에서
$x^2+(3y-2)x+2y^2-5y+k$
$=x^2+(3y-2)x+(2y+a)(y+b)$
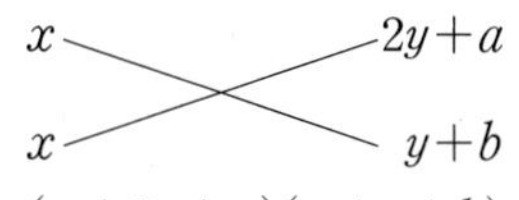

$=(x+2y+a)(x+y+b)$
의 양변의 x항의 계수에서
$3y-2=(2y+a)+(y+b)$
$=3y+a+b$
이므로 $-2=a+b$ …… ㉣
㉢, ㉣을 연립하여 풀면 $a=1$, $b=-3$
$\therefore k=ab=-3$ ($\because$ ㉡)

195

답 ④

ㄱ. $a^2+b^2+c^2-2ab-2bc+2ca=(a-b+c)^2$
ㄴ. $(a+b)(b+c)(c+a)+abc$
$=(ab+ac+b^2+bc)(c+a)+abc$
$=abc+ac^2+b^2c+bc^2+a^2b+a^2c+ab^2+abc+abc$
이 식을 a에 대한 내림차순으로 정리하여 인수분해하면
$(b+c)a^2+(b^2+3bc+c^2)a+bc(b+c)$
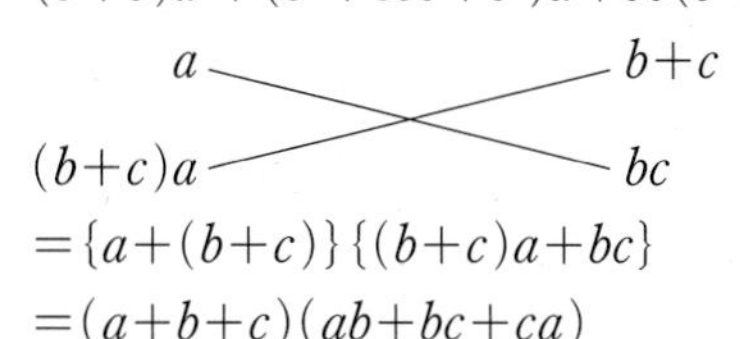

$=\{a+(b+c)\}\{(b+c)a+bc\}$
$=(a+b+c)(ab+bc+ca)$
ㄷ. 주어진 식을 a에 대한 내림차순으로 정리하여 인수분해하면
$a^2(b+c)-b^2(a-c)+c^2(a-b)-abc$
$=(b+c)a^2-(b^2+bc-c^2)a+bc(b-c)$
$a \qquad -(b-c)$
$(b+c)a \qquad -bc$
$=\{a-(b-c)\}\{(b+c)a-bc\}$
$=(a-b+c)(ab-bc+ca)$
따라서 $a-b+c$를 인수로 갖는 것은 ㄱ, ㄷ이다.

196

답 -1

$f(x)=x^4-4x^3-x^2+16x-12$라 하면
$f(1)=1-4-1+16-12=0$
$f(2)=16-32-4+32-12=0$
이므로 조립제법을 이용하여 인수분해하면

1	1	-4	-1	16	-12
		1	-3	-4	12
2	1	-3	-4	12	0
		2	-2	-12	
	1	-1	-6	0	

$x^4-4x^3-x^2+16x-12$
$=(x-1)(x-2)(x^2-x-6)$
$=(x-1)(x-2)(x+2)(x-3)$
따라서
$(x+k)(x-k)P(x)=(x+2)(x-2)(x-1)(x-3)$
에서 $k=2$ ($\because k>0$)이므로 $P(x)=(x-1)(x-3)$이다.
$\therefore P(2)=1\times(-1)=-1$

197

답 ①

$P(x)Q(x)=x^4+6x^3+9x^2-4x-12$에서
$P(1)Q(1)=1+6+9-4-12=0$
$P(-2)Q(-2)=16-48+36+8-12=0$
이므로 조립제법을 이용하여 인수분해하면

1	1	6	9	-4	-12
		1	7	16	12
-2	1	7	16	12	0
		-2	-10	-12	
	1	5	6	0	

$P(x)Q(x)=(x-1)(x+2)(x^2+5x+6)$
$\qquad\qquad=(x-1)(x+3)(x+2)^2$
두 이차식 $f(x)$, $g(x)$가 모두 $x-k$로 나누어떨어지므로 $x-k$를 공통인수로 갖는다.
따라서 $k=-2$이고, 두 이차식은 각각 $x+2$를 인수로 갖는다.
이때 두 다항식의 최고차항의 계수가 모두 1이므로
두 다항식은 $(x+2)(x-1)$, $(x+2)(x+3)$이고
구하고자 하는 합은
$(x+2)(x-1)+(x+2)(x+3)$
$=(x+2)\{(x-1)+(x+3)\}$
$=(x+2)(2x+2)=2x^2+6x+4$

198

답 $3x-6$

$P(x)Q(x)=x^4-5x^3+9x^2-8x+4$에서
$P(2)Q(2)=16-40+36-16+4=0$
이므로 조립제법을 이용하여 인수분해하면

2	1	−5	9	−8	4
		2	−6	6	−4
	1	−3	3	−2	0

$P(x)Q(x)=(x-2)(x^3-3x^2+3x-2)$
이고 $f(x)=x^3-3x^2+3x-2$라 할 때, $f(2)=0$이므로
다시 조립제법을 이용하여 인수분해하면

2	1	−3	3	−2
		2	−2	2
	1	−1	1	0

따라서
$P(x)Q(x)=(x-2)^2(x^2-x+1)$
이때 다항식 $P(x)$의 차수가 다항식 $Q(x)$의 차수보다 크고,
두 다항식이 모두 일차 이상이므로
$P(x)$는 삼차식이고 $Q(x)$는 일차식이다.
$P(x)=(x-2)(x^2-x+1)$, $Q(x)=x-2$
이때
$P(x)=(x-2)(x^2-x+1)$
$\qquad=(x-2)\{(x-2)(x+1)+3\}$
$\qquad=(x-2)^2(x+1)+3(x-2)$
이므로 다항식 $P(x)$를 $\{Q(x)\}^2=(x-2)^2$으로 나눈 나머지는
$3(x-2)$, 즉 $3x-6$이다.

199

답 ②

$x+2=t$라 하면
$(x+2)^3-3(x+2)^2-6x-4$
$=(x+2)^3-3(x+2)^2-6(x+2)+8$
$=t^3-3t^2-6t+8$
이때 $f(t)=t^3-3t^2-6t+8$이라 하면
$f(1)=0$이므로 조립제법을 이용하여 인수분해하면

1	1	−3	−6	8
		1	−2	−8
	1	−2	−8	0

$t^3-3t^2-6t+8=(t-1)(t^2-2t-8)$
$\qquad=(t-1)(t+2)(t-4)$
$\qquad=(x+1)(x+4)(x-2)$ ($\because t=x+2$)
따라서 $a=-2$, $b=1$, $c=4$이다. ($\because a<b<c$)
$\therefore a+2b+3c=-2+2\times1+3\times4=12$

200

답 5

다항식 x^4+ax^2+b가 $(x-1)^2$을 인수로 가지므로
다항식 x^4+ax^2+b는 $x-1$로 나누어떨어진다.
$f(x)=x^4+ax^2+b$라 하면 인수 정리에 의하여
$f(1)=1+a+b=0$에서 $b=-a-1$ ······ ㉠
$f(x)=x^4+ax^2-a-1$
$\qquad=(x^2+a+1)(x^2-1)$
$\qquad=(x^2+a+1)(x+1)(x-1)$
이때 $f(x)$가 $(x-1)^2$을 인수로 가져야 하므로
x^2+a+1이 $x-1$을 인수로 가져야 한다.
따라서 $g(x)=x^2+a+1$이라 하면
인수 정리에 의하여 $g(1)=1+a+1=0$이므로
$a=-2$, $b=1$ ($\because$ ㉠)
$\therefore a^2+b^2=5$

다른 풀이

다항식 x^4+ax^2+b가 $(x-1)^2$을 인수로 가지므로
다항식 x^4+ax^2+b는 $x-1$로 나누어떨어진다.
그때의 몫을 $Q(x)$라 하면
$x^4+ax^2+b=(x-1)Q(x)$
이때 다항식 x^4+ax^2+b가 $(x-1)^2$을 인수로 가지므로
다항식 $Q(x)$도 $x-1$로 나누어떨어진다.
따라서 이를 조립제법을 이용하여 나타내면

1	1	0	a	0	b
		1	1	$a+1$	$a+1$
1	1	1	$a+1$	$a+1$	$a+b+1=0$
		1	2	$a+3$	
	1	2	$a+3$	$2a+4=0$	

$2a+4=0$에서 $a=-2$이므로 $a+b+1=0$에서 $b=1$
$\therefore a^2+b^2=5$

201

답 240

$x=19$, $y=11$이라 하면
$\dfrac{19^6-11^6}{19^4+19^2\times11^2+11^4}=\dfrac{x^6-y^6}{x^4+x^2y^2+y^4}$
$=\dfrac{(x^2-y^2)(x^4+x^2y^2+y^4)}{x^4+x^2y^2+y^4}$
$=x^2-y^2$
$=(x-y)(x+y)$
$=(19-11)\times(19+11)$
$=8\times30$
$=240$

202

답 ④

$x=90$이라 하면

$$\frac{90^4+90^2+1}{90\times91+1}=\frac{x^4+x^2+1}{x(x+1)+1}$$
$$=\frac{(x^2-x+1)(x^2+x+1)}{x^2+x+1} \quad \cdots\cdots \text{TIP}$$
$$=x^2-x+1$$
$$=90^2-90+1$$
$$=8011$$

TIP

$$x^4+x^2+1=(x^4+2x^2+1)-x^2=(x^2+1)^2-x^2$$
$$=\{(x^2+1)-x\}\{(x^2+1)+x\}$$
$$=(x^2-x+1)(x^2+x+1)$$

203 ······ 답 ②

$x=2+\sqrt{6}$에서 $x-2=\sqrt{6}$이므로

양변을 제곱하면 $x^2-4x+4=6$

$\therefore x^2-4x=2$ ······ ㉠

이때 $\dfrac{x^3-5x^2+5x-1}{x^3-5x^2+4x}$에서

$f(x)=x^3-5x^2+5x-1$이라 하면

$f(1)=0$이므로 조립제법을 이용하여 인수분해하면

1	1	−5	5	−1
		1	−4	1
	1	−4	1	0

$f(x)=(x-1)(x^2-4x+1)$

또한 분모를 인수분해하면

$$x^3-5x^2+4x=x(x^2-5x+4)$$
$$=x(x-1)(x-4)$$

$$\therefore \frac{x^3-5x^2+5x-1}{x^3-5x^2+4x}=\frac{(x-1)(x^2-4x+1)}{x(x-1)(x-4)}$$
$$=\frac{x^2-4x+1}{x^2-4x}=\frac{3}{2}\ (\because ㉠)$$

다른 풀이

$x=2+\sqrt{6}$에서 $x-2=\sqrt{6}$이므로 양변을 제곱하면

$x^2-4x+4=6 \quad \therefore x^2-4x-2=0$

$\dfrac{x^3-5x^2+5x-1}{x^3-5x^2+4x}$의 분자와 분모를 각각 x^2-4x-2로 나누었을 때의 몫은 모두 $x-1$이고, 나머지는 각각 $3x-3$, $2x-2$이므로

$$\frac{x^3-5x^2+5x-1}{x^3-5x^2+4x}=\frac{(x^2-4x-2)(x-1)+3x-3}{(x^2-4x-2)(x-1)+2x-2}$$
$$=\frac{0+3(x-1)}{0+2(x-1)}\ (\because x^2-4x-2=0)$$
$$=\frac{3}{2}$$

204 ······ 답 8

$x=1234$라 하면

$$\frac{1234^3-1234^2-3\times1234+2}{1234^2+1233}=\frac{x^3-x^2-3x+2}{x^2+x-1} \quad \cdots\cdots ㉠$$

이때 $f(x)=x^3-x^2-3x+2$라 하면

$f(2)=0$이므로 조립제법을 이용하여 인수분해하면

2	1	−1	−3	2
		2	2	−2
	1	1	−1	0

$f(x)=(x-2)(x^2+x-1)$

㉠에서

$$\frac{x^3-x^2-3x+2}{x^2+x-1}=\frac{(x-2)(x^2+x-1)}{x^2+x-1}$$
$$=x-2$$
$$=1234-2$$
$$=1232$$

따라서 구하는 합은 $1+2+3+2=8$이다.

205 ······ 답 ④

$$2^{12}-1=(2^6+1)(2^6-1)$$
$$=(2^6+1)(2^3+1)(2^3-1)$$
$$=65\times9\times7$$
$$=3^2\times5\times7\times13$$

따라서 $2^{12}-1$을 나누어떨어지도록 하는 30보다 크고 40보다 작은 자연수는 $5\times7=35$, $3\times13=39$이므로 그 합은

$35+39=74$

206 ······ 답 19

다음과 같이 여섯 개의 꼭짓점에 적힌 자연수를 각각 a, b, c, d, e, f라 하자.

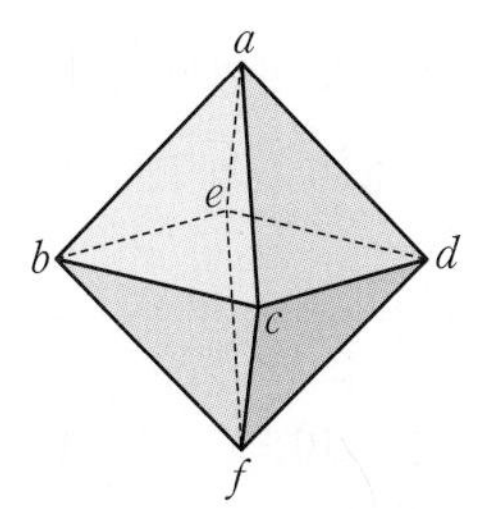

여덟 개의 면에 적힌 수는 각각의 삼각형의 꼭짓점에 적힌 세 수의 곱이고, 적힌 수들의 합이 165이므로

$abc+acd+ade+abe+fbc+fcd+fde+fbe=165$

좌변을 정리하면

$$a(bc+cd+de+be)+f(bc+cd+de+be)$$
$$=(a+f)(bc+cd+de+be)$$
$$=(a+f)\{b(c+e)+d(c+e)\}$$
$$=(a+f)(c+e)(b+d)$$

a, b, c, d, e, f는 모두 자연수이므로

$a+f$, $c+e$, $b+d$는 모두 2 이상의 자연수이다.

$165=3\times5\times11$이므로 구하는 값은

$a+b+c+d+e+f=3+5+11=19$

207 ······ 답 ③

$ab(a+b)=bc(b+c)+ca(c-a)$에서

$ab(a+b)-bc(b+c)-ca(c-a)=0$이므로

좌변을 전개하여 a에 대한 내림차순으로 정리한 후 인수분해하면

$ab(a+b)-bc(b+c)-ca(c-a)$
$=a^2b+ab^2-b^2c-bc^2-c^2a+ca^2$
$=(b+c)a^2+(b^2-c^2)a-bc(b+c)$
$=(b+c)\{a^2+(b-c)a-bc\}$

$a \diagdown b$, $a \diagup -c$

$=(b+c)(a+b)(a-c)=0$
이때 $a+b\neq 0$, $b+c\neq 0$이므로 ($\because a>0, b>0, c>0$)
$a-c=0$에서 $a=c$이다.
따라서 주어진 삼각형은 $a=c$인 이등변삼각형이다.

208 ········ 답 풀이 참조

조건 (가)에서 $a^3-ab^2-b^2c+a^2c+ac^2+c^3=0$이고
좌변을 인수분해하면
$a^3-ab^2-b^2c+a^2c+ac^2+c^3$
$=a^3+c^3-b^2(a+c)+ac(a+c)$
$=(a+c)(a^2-ac+c^2)-b^2(a+c)+ac(a+c)$
$=(a+c)\{(a^2-ac+c^2)-b^2+ac\}$
$=(a+c)(a^2+c^2-b^2)=0$
a, b, c는 양수이므로 $a+c>0$에서
$a^2+c^2=b^2$ ······ ㉠
따라서 삼각형 ABC는 빗변의 길이가 b인 직각삼각형이다.
이때 삼각형 ABC의 넓이가 2이므로
$\frac{1}{2}ac=2$, $ac=4$ ······ ㉡
조건 (나)에서 $a+c=\frac{3}{5}\sqrt{5}b$이고 양변을 각각 제곱하면
$a^2+2ac+c^2=\frac{9}{5}b^2$
$b^2+8=\frac{9}{5}b^2$ ($\because$ ㉠, ㉡)
$5b^2+40=9b^2$, $4b^2=40$, $b^2=10$ $\quad\therefore b=\sqrt{10}$ ($\because b>0$)
이를 조건 (나)의 식에 대입하면
$a+c=\frac{3}{5}\sqrt{5}\times\sqrt{10}=3\sqrt{2}$
따라서 삼각형 ABC의 둘레의 길이는
$(a+c)+b=3\sqrt{2}+\sqrt{10}$이다.

채점 요소	배점
조건 (가)로 삼각형 ABC는 빗변의 길이가 b인 직각삼각형임을 구하기	40%
조건 (나)와 삼각형의 넓이를 이용하여 b의 값 구하기	40%
삼각형 ABC의 둘레의 길이 구하기	20%

209 ········ 답 ⑤

부피가 $(x^3+3x^2-9x+5)\pi$인 원기둥의 밑면의 반지름의 길이를 $r(x)$, 높이를 $h(x)$라 하면
$(x^3+3x^2-9x+5)\pi=\pi\{r(x)\}^2h(x)$
$\therefore x^3+3x^2-9x+5=\{r(x)\}^2h(x)$ ······ ㉠
이때 $f(x)=x^3+3x^2-9x+5$라 하면
$f(1)=0$이므로 조립제법을 이용하여 인수분해하면

1	1	3	-9	5
		1	4	-5
	1	4	-5	0

$x^3+3x^2-9x+5=(x-1)(x^2+4x-5)$
$=(x-1)(x-1)(x+5)$
$=(x-1)^2(x+5)$
㉠에서 $r(x)=x-1$, $h(x)=x+5$
따라서 구하는 원기둥의 겉넓이는
$2\times\pi(x-1)^2+2\pi(x-1)\times(x+5)$
$=2\pi(x-1)\{(x-1)+(x+5)\}$
$=2\pi(x-1)(2x+4)$
$=4\pi(x-1)(x+2)$

210 ········ 답 ①

한 모서리의 길이가 x인 정육면체의 부피는 x^3이고,
[그림 1]에서 높이 방향으로 구멍을 뚫은 부분은
가로의 길이, 세로의 길이, 높이가 각각
y, y, x인 직육면체 모양이므로
그 부피는 $y\times y\times x=xy^2$이다.
마찬가지로 [그림 2]에서 각 면에 뚫은 구멍의 부피도 모두 xy^2이다.
이때 뚫은 세 개의 구멍에서 겹치는 부분은
한 모서리의 길이가 y인 정육면체 모양이므로 그 부피는 y^3이다.
따라서 구하는 [그림 2]의 입체의 부피는
$x^3-3xy^2+2y^3=x^3-y^3-3xy^2+3y^3$ ······ TIP
$=(x-y)(x^2+xy+y^2)-3y^2(x-y)$
$=(x-y)(x^2+xy-2y^2)$
$=(x-y)(x-y)(x+2y)$
$=(x-y)^2(x+2y)$

다른 풀이

본 풀이에서 구한 [그림 2]의 입체의 부피 $x^3-3xy^2+2y^3$을
다음과 같이 인수분해할 수도 있다.
$x^3-3xy^2+2y^3$을 x에 대한 식으로 보자.
$f(x)=x^3-3y^2x+2y^3$이라 하면
$f(y)=y^3-3y^3+2y^3=0$이므로
조립제법을 이용하여 인수분해하면

y	1	0	$-3y^2$	$2y^3$
		y	y^2	$-2y^3$
	1	y	$-2y^2$	0

$\therefore x^3-3xy^2+2y^3=(x-y)(x^2+xy-2y^2)$
$=(x-y)(x-y)(x+2y)$
$=(x-y)^2(x+2y)$

TIP

부피가 x^3인 정육면체에서
부피가 xy^2인 3개의 직육면체의 부피를 빼면
부피가 y^3인 정육면체의 부피가 3번 중복하여 빠진다.
따라서 [그림 2]의 입체의 부피를 구하기 위해선
부피가 y^3인 정육면체의 부피를 다시 2번 더해야 한다.
따라서 [그림 2]의 입체의 부피는
$x^3-3\times xy^2+2\times y^2=x^3-3xy^2+2y^3$이다.

211 ⓐ 풀이 참조

(1) 자연수 n부터 연속하는 네 자연수의 곱에 1을 더한 수를 식으로 나타내면 $n(n+1)(n+2)(n+3)+1$이다.
이를 인수분해하면
$n(n+1)(n+2)(n+3)+1$
$=\{n(n+3)\}\{(n+1)(n+2)\}+1$
$=(n^2+3n)(n^2+3n+2)+1$
$n^2+3n=X$라 하면
$(n^2+3n)(n^2+3n+2)+1$
$=X(X+2)+1=(X+1)^2=(n^2+3n+1)^2$
이때 n^2+3n+1은 자연수이므로
모든 연속하는 네 자연수의 곱에 1을 더한 수는 어떤 자연수의 제곱이 된다.

(2) (1)에서 $n(n+1)(n+2)(n+3)+1=(n^2+3n+1)^2$이 성립하므로 $n=11$일 때
$\sqrt{11\times12\times13\times14+1}=\sqrt{(11^2+3\times11+1)^2}$
$=121+33+1=155$

채점 요소	배점
$n(n+1)(n+2)(n+3)+1$로 식 세우기	30 %
$(n^2+3n+1)^2$으로 인수분해하기	50 %
$\sqrt{11\times12\times13\times14+1}$의 값 구하기	20 %

212 ⓐ 8

주어진 조건에 의하여 다항식 x^3+ax^2+bx+3이
$x^3+ax^2+bx+3=(x+p)(x+q)(x+r)$ (p, q, r은 정수)과 같이 인수분해 되어야 하고, $pqr=3$이어야 하므로
다음과 같이 경우를 나누어 생각할 수 있다.

(i) $(x+1)(x+1)(x+3)$으로 인수분해 되는 경우
$(x+1)^2(x+3)=x^3+5x^2+7x+3$에서
$a=5$, $b=7$이므로
$a+b=12$

(ii) $(x+1)(x-1)(x-3)$으로 인수분해 되는 경우
$(x+1)(x-1)(x-3)=x^3-3x^2-x+3$에서
$a=-3$, $b=-1$이므로
$a+b=-4$

(iii) $(x-1)(x-1)(x+3)$으로 인수분해 되는 경우
$(x-1)^2(x+3)=x^3+x^2-5x+3$에서
$a=1$, $b=-5$이므로
$a+b=-4$

(i)~(iii)에서 $a+b$의 최댓값은 $M=12$, 최솟값은 $m=-4$이므로
$M+m=8$

213 ⓐ 96

다항식 $x^3-(1-6ab)x+n$이 $x-1$을 인수로 가지므로
$f(x)=x^3-(1-6ab)x+n$이라 할 때
인수 정리에 의하여 $f(1)=0$이다.
조립제법을 이용하여 인수분해하면

1	1	0	$6ab-1$	n
		1	1	$6ab$
	1	1	$6ab$	$n+6ab=0$

따라서 $n=-6ab$이고 n이 100 이하의 자연수이므로
$-6ab\le100$, $ab\ge-\frac{50}{3}$ …… ㉠
$x^3-(1-6ab)x+n=(x-1)(x^2+x+6ab)$
이때 $(x-1)(x^2+x+6ab)=(x-1)(x-2a)(x-3b)$
로 인수분해 되는 경우는
$-2a-3b=1$에서 $2a+3b=-1$ …… ㉡
을 만족시킬 때이다.
㉠, ㉡을 만족시키는 a, b의 값을 찾아보면
$a=4$, $b=-3$일 때, $2\times4+3\times(-3)=-1$이고
$ab=-12\ge-\frac{50}{3}$
$a=1$, $b=-1$일 때, $2\times1+3\times(-1)=-1$이고
$ab=-1\ge-\frac{50}{3}$
$a=-2$, $b=1$일 때, $2\times(-2)+3\times1=-1$이고
$ab=-2\ge-\frac{50}{3}$
$a=-5$, $b=3$일 때, $2\times(-5)+3\times3=-1$이고
$ab=-15\ge-\frac{50}{3}$
따라서 n의 최솟값은 $ab=-1$일 때, $n=-6\times(-1)=6$이고
최댓값은 $ab=-15$일 때, $n=-6\times(-15)=90$이므로
구하는 값은 $6+90=96$이다.

214 ⓐ ②

$(k^3+2k^2+3k+2)\div(k^2+4k+3)$의 값이 정수이므로
$\frac{k^3+2k^2+3k+2}{k^2+4k+3}$가 정수이다. …… ㉠
$f(k)=k^3+2k^2+3k+2$라 하면 $f(-1)=-1+2-3+2=0$이므로
조립제법을 이용하여 인수분해하면

-1	1	2	3	2
		-1	-1	-2
	1	1	2	0

$k^3+2k^2+3k+2=(k+1)(k^2+k+2)$이고, 이를 ㉠에 다시 대입하면
$\frac{k^3+2k^2+3k+2}{k^2+4k+3}=\frac{(k+1)(k^2+k+2)}{(k+3)(k+1)}$
$=\frac{k^2+k+2}{k+3}$
$=\frac{(k+3)(k-2)+8}{k+3}$
$=k-2+\frac{8}{k+3}$
k는 정수이므로 $k-2+\frac{8}{k+3}$이 정수이려면
$\frac{8}{k+3}$이 정수가 되어야 한다.
이때 8의 양의 약수는 1, 2, 4, 8이므로 분모인 $k+3$이 1, 2, 4, 8, -1, -2, -4, -8 중 하나가 되어야 한다.

$k=-2$일 때 $\frac{8}{-2+3}=8$, $k=1$일 때 $\frac{8}{1+3}=2$,

$k=5$일 때 $\frac{8}{5+3}=1$, $k=-4$일 때 $\frac{8}{-4+3}=-8$,

$k=-5$일 때 $\frac{8}{-5+3}=-4$, $k=-7$일 때 $\frac{8}{-7+3}=-2$,

$k=-11$일 때 $\frac{8}{-11+3}=-1$이므로 모든 정수 k의 값의 합은

$(-2)+1+5+(-4)+(-5)+(-7)+(-11)=-23$

215 ········· 답 ⑤

조건 (나)에서

$\{P(x)\}^3+\{Q(x)\}^3=12x^4+24x^3+12x^2+16$ ······ ㉠

곱셈 공식을 이용하면

$\{P(x)\}^3+\{Q(x)\}^3$

$=\{P(x)+Q(x)\}^3-3P(x)Q(x)\{P(x)+Q(x)\}$

이고, 조건 (가)에 의하여 $P(x)+Q(x)=4$이므로

$\{P(x)\}^3+\{Q(x)\}^3=4^3-3\times4\times P(x)Q(x)$

$=64-12P(x)Q(x)$

따라서 ㉠에서

$64-12P(x)Q(x)=12x^4+24x^3+12x^2+16$

$-12P(x)Q(x)=12x^4+24x^3+12x^2-48$

$-P(x)Q(x)=x^4+2x^3+x^2-4$

이때 $-P(1)Q(1)=0$, $-P(-2)Q(-2)=0$이므로

조립제법을 이용하여 인수분해하면

1	1	2	1	0	−4
		1	3	4	4
−2	1	3	4	4	0
		−2	−2	−4	
	1	1	2	0	

$-P(x)Q(x)=(x-1)(x+2)(x^2+x+2)$

$=(x^2+x-2)(x^2+x+2)$

조건 (가)에서 $P(x)+Q(x)=4$이고 $P(x)$의 최고차항의 계수가 음수이므로

두 이차식 $P(x)$, $Q(x)$는

$P(x)=-x^2-x+2$, $Q(x)=x^2+x+2$

$\therefore P(2)+Q(3)=(-2^2-2+2)+(3^2+3+2)$

$=-4+14=10$

216 ········· 답 ②

칠판의 오른쪽이 3 cm가 남으므로

$n^3+an^2+8n+7-3$, 즉 n^3+an^2+8n+4가 $n+2$로 나누어떨어진다.

$f(n)=n^3+an^2+8n+4$라 하면 인수 정리에 의하여

$f(-2)=-8+4a-16+4=0$에서 $a=5$

따라서 $f(n)=n^3+5n^2+8n+4$, $f(-2)=0$이므로

조립제법을 이용하여 인수분해하면

−2	1	5	8	4
		−2	−6	−4
	1	3	2	0

$n^3+5n^2+8n+4=(n+2)(n^2+3n+2)$

$=(n+2)^2(n+1)$

따라서 칠판의 가로 방향으로 붙인 사진의 개수는

$(n+2)(n+1)$ ······ ㉠

또한 칠판의 아래쪽이 1 cm가 남으므로

$n^3+6n^2+bn+7-1$, 즉 n^3+6n^2+bn+6이 $n+2$로 나누어떨어진다.

$g(n)=n^3+6n^2+bn+6$이라 하면 인수 정리에 의하여

$g(-2)=-8+24-2b+6=0$에서 $b=11$

따라서 $g(n)=n^3+6n^2+11n+6$, $g(-2)=0$이므로

조립제법을 이용하여 인수분해하면

−2	1	6	11	6
		−2	−8	−6
	1	4	3	0

$n^3+6n^2+11n+6=(n+2)(n^2+4n+3)$

$=(n+2)(n+1)(n+3)$

따라서 칠판의 세로 방향으로 붙인 사진의 개수는

$(n+1)(n+3)$ ······ ㉡

㉠, ㉡에 의하여 칠판에 붙인 모든 사진의 개수는

$(n+2)(n+1)\times(n+1)(n+3)=(n+1)^2(n+2)(n+3)$이다.

217 ········· 답 ②

$a^3+b^3-c^3-(b-c)a^2-(c+a)b^2-(a-b)c^2$

$=a^2(a-b+c)-b^2(a-b+c)-c^2(a-b+c)$

$=(a-b+c)(a^2-b^2-c^2)=0$ ······ ㉠

이때 삼각형에서 한 변의 길이는 나머지 두 변의 길이의 합보다 작으므로 $b<a+c$이다.

즉, $a-b+c>0$에서 $a-b+c\neq0$이므로

㉠에서 $a^2-b^2-c^2=0$, $a^2=b^2+c^2$이다.

즉, 주어진 삼각형은 빗변의 길이가 a인 직각삼각형이다.

따라서 이 삼각형의 직각을 낀 두 변의 길이가 각각 b, c이므로

넓이는 $\frac{1}{2}bc$이다.

218 ········· 답 ⑤

$x^4+2ax^3+bx^2+2ax+1=x^2\left\{\left(x^2+\frac{1}{x^2}\right)+2a\left(x+\frac{1}{x}\right)+b\right\}$

$=x^2\left\{\left(x+\frac{1}{x}\right)^2+2a\left(x+\frac{1}{x}\right)+b-2\right\}$

ㄱ. $a=2$, $b=6$인 경우

$x^2\left\{\left(x+\frac{1}{x}\right)^2+4\left(x+\frac{1}{x}\right)+4\right\}=x^2\left(x+\frac{1}{x}+2\right)^2$

$=(x^2+2x+1)^2$

$=(x+1)^4$

이므로 $N(2, 6)=4$

$a=0$, $b=-2$인 경우

$x^2\left\{\left(x+\frac{1}{x}\right)^2-4\right\}=x^2\left(x+\frac{1}{x}+2\right)\left(x+\frac{1}{x}-2\right)$

$=(x^2+2x+1)(x^2-2x+1)$

$=(x+1)^2(x-1)^2$

이므로 $N(0, -2)=4$

$\therefore N(2, 6)+N(0, -2)=8$ (거짓)

ㄴ. $a=k$, $b=2$인 경우

$$x^2\left\{\left(x+\frac{1}{x}\right)^2+2k\left(x+\frac{1}{x}\right)\right\}=x^2\left(x+\frac{1}{x}\right)\left(x+\frac{1}{x}+2k\right)$$
$$=(x^2+1)(x^2+2kx+1)$$

이므로 $N(k, 2)=2$를 만족시키려면 $x^2+2kx+1$이 계수가 모두 정수인 일차식으로 인수분해되어야 한다.

따라서 $k=1$ 또는 $k=-1$이다. (참) ...... TIP

ㄷ. $b=a^2+2$이면

$$x^2\left\{\left(x+\frac{1}{x}\right)^2+2a\left(x+\frac{1}{x}\right)+a^2\right\}=x^2\left(x+\frac{1}{x}+a\right)^2$$
$$=(x^2+ax+1)^2$$

따라서 $N(a, b)=4$를 만족시키려면

$a=2$ 또는 $a=-2$이어야 하므로

모든 a의 값의 곱은 -4이다. (참)

따라서 옳은 것은 ㄴ, ㄷ이다.

TIP

$x^2+2kx+1$의 상수항이 1이므로

$x^2+2kx+1=(x+1)^2$ 또는 $x^2+2kx+1=(x-1)^2$으로

인수분해 되어야 한다.

따라서 x항의 계수를 비교하면 $k=1$ 또는 $k=-1$이다.

219

답 74

$N=x^4-25x^2-50x-25$

$=x^4-25(x^2+2x+1)$

$=(x^2)^2-\{5(x+1)\}^2$

$=(x^2+5x+5)(x^2-5x-5)$

이므로 $|N|$이 소수가 되려면

x^2+5x+5가 1 또는 -1이고

x^2-5x-5가 $\pm$(소수)이거나

x^2-5x-5가 1 또는 -1이고

x^2+5x+5가 $\pm$(소수)이어야 한다.

(i) x^2+5x+5가 1 또는 -1이고 x^2-5x-5가 $\pm$(소수)인 경우

$x^2+5x+5=1$일 때, $x^2+5x+4=(x+4)(x+1)=0$에서

$x=-4$ 또는 $x=-1$

$x=-4$일 때, $x^2-5x-5=16+20-5=31$에서 $|N|=31$

$x=-1$일 때, $x^2-5x-5=1+5-5=1$에서 $|N|=1$이므로 소수가 아니다.

$x^2+5x+5=-1$일 때, $x^2+5x+6=(x+2)(x+3)=0$에서

$x=-2$ 또는 $x=-3$

$x=-2$일 때, $x^2-5x-5=4+10-5=9$에서 $|N|=9$이므로 소수가 아니다.

$x=-3$일 때, $x^2-5x-5=9+15-5=19$에서 $|N|=19$

(ii) x^2-5x-5가 1 또는 -1이고 x^2+5x+5가 $\pm$(소수)인 경우

$x^2-5x-5=1$일 때, $x^2-5x-6=(x-6)(x+1)=0$에서

$x=6$ 또는 $x=-1$

$x=6$일 때, $x^2+5x+5=36+30+5=71$에서 $|N|=71$

$x=-1$일 때, $x^2+5x+5=1-5+5=1$에서 $|N|=1$이므로 소수가 아니다.

$x^2-5x-5=-1$일 때, $x^2-5x-4=0$에서 좌변이 정수 범위에서 인수분해 되지 않으므로 조건을 만족시키는 정수 x의 값이 존재하지 않는다.

(i), (ii)에서 $|N|$이 소수가 되도록 하는 정수 x의 값은 $x=-4$, $x=-3$, $x=6$으로 개수는 $p=3$이고, 이때 소수 $|N|$의 최댓값은 $q=71$이다.

$\therefore p+q=3+71=74$

220

답 ⑤

$x^2=t$라 하면 $x^4-ax^2+36=t^2-at+36$

이 식을 계수가 모두 정수인 t에 대한 두 일차식으로 인수분해할 수 있는 경우는

$t^2-at+36=(t-1)(t-36)$

$t^2-at+36=(t-2)(t-18)$

$t^2-at+36=(t-3)(t-12)$

$t^2-at+36=(t-4)(t-9)$

$t^2-at+36=(t-6)^2$

의 5개이다. ($\because$ $a>0$이므로 자연수 m, n에 대하여 $(t+m)(t+n)$으로 인수분해할 수 없다.)

이때 $(t-m)(t-n)=(x^2-m)(x^2-n)$에서

x에 대한 각 이차식이 계수가 모두 정수인 두 일차식으로 인수분해 되려면 m, n이 각각 어떤 자연수의 제곱이 되어야 한다.

따라서 가능한 경우는 다음과 같다.

$(t-1)(t-36)=(x^2-1)(x^2-36)$

$=(x+1)(x-1)(x+6)(x-6)$

$=x^4-37x^2+36$

$(t-4)(t-9)=(x^2-4)(x^2-9)$

$=(x+2)(x-2)(x+3)(x-3)$

$=x^4-13x^2+36$

따라서 양수 a가 될 수 있는 값은 37 또는 13이므로

그 합은 $37+13=50$이다.

221

답 40

$n^4+2n^2-3=(n^2-1)(n^2+3)$

$=(n-1)(n+1)(n^2+3)$

$=(n-1)(n^3+n^2+3n+3)$

$=(n-1)\{(n-2)(n^2+3n+9)+21\}$

$=(n-1)(n-2)(n^2+3n+9)+21(n-1)$ ...... ㉠

$(n-1)(n-2)(n^2+3n+9)$는 $(n-1)(n-2)$의 배수이므로

㉠이 $(n-1)(n-2)$의 배수가 되기 위해서는

$21(n-1)$이 $(n-1)(n-2)$의 배수가 되어야 한다.

즉, $n-2>0$이므로 $n-2$가 21의 양의 약수이어야 한다.

이때 21의 양의 약수는 1, 3, 7, 21이므로

$n-2=21$일 때, $n=23$

$n-2=7$일 때, $n=9$

$n-2=3$일 때, $n=5$

$n-2=1$일 때, $n=3$

따라서 구하는 모든 자연수 n의 값의 합은

$23+9+5+3=40$이다.

222 ········· 답 ③

주어진 식을 x에 대한 내림차순으로 정리하면
$x^2-y^2-ax-by-2=x^2-ax-(y^2+by+2)$ ······ ㉠
이 식이 계수가 정수인 x, y에 대한 두 일차식의 곱으로
인수분해되려면 x에 대한 다항식 ㉠의 상수항은
다음과 같아야 한다.
(i) $y^2+by+2=(y+1)(y+2)=y^2+3y+2$인 경우
y의 계수를 비교하면 $b=3$이다.
이때 ㉠에서
$x^2-ax-(y+1)(y+2)=\{x-(y+1)\}\{x+(y+2)\}$
$=x^2+x-(y+1)(y+2)$
인 경우 x의 계수를 비교하면 $a=-1$이고,
$x^2-ax-(y+1)(y+2)=\{x+(y+1)\}\{x-(y+2)\}$
$=x^2-x-(y+1)(y+2)$
인 경우 x의 계수를 비교하면 $a=1$이다.
(ii) $y^2+by+2=(y-1)(y-2)=y^2-3y+2$인 경우
y의 계수를 비교하면 $b=-3$이다.
이때 ㉠에서
$x^2-ax-(y-1)(y-2)=\{x-(y-1)\}\{x+(y-2)\}$
$=x^2-x-(y-1)(y-2)$
인 경우 x의 계수를 비교하면 $a=1$이고,
$x^2-ax-(y-1)(y-2)=\{x+(y-1)\}\{x-(y-2)\}$
$=x^2+x-(y-1)(y-2)$
인 경우 x의 계수를 비교하면 $a=-1$이다.
(i), (ii)에서 가능한 $a+b$의 값은
$a=-1$, $b=3$에서 $a+b=2$
$a=1$, $b=3$에서 $a+b=4$
$a=1$, $b=-3$에서 $a+b=-2$
$a=-1$, $b=-3$에서 $a+b=-4$
따라서 $a+b$의 값이 될 수 없는 것은 ③이다.

다른 풀이

다항식 $x^2-y^2-ax-by-2$가 계수가 모두 정수인 두 일차식의 곱으로 인수분해 되므로
$x^2-y^2-ax-by-2=(x+y+C_1)(x-y+C_2)$ (C_1, C_2는 정수)
와 같이 나타낼 수 있다.
$x^2-y^2-ax-by-2=x^2-y^2+(C_1+C_2)x-(C_1-C_2)y+C_1C_2$
즉, $a=-C_1-C_2$, $b=C_1-C_2$에서
$a+b=-2C_2$ ······ ㉠
이고 $C_1C_2=-2$이다.
이때 두 정수 C_1, C_2의 순서쌍 (C_1, C_2)는 $(1, -2)$, $(2, -1)$, $(-2, 1)$, $(-1, 2)$로 4개이므로
㉠에 의하여 가능한 $a+b$의 값은 -4, -2, 2, 4이다.
따라서 $a+b$의 값이 될 수 없는 것은 ③이다.

223 ········· 답 181

$ab(a^2-b^2)+bc(b^2-c^2)+ca(c^2-a^2)=138$에서
좌변을 전개하여 인수분해하면
$a^3b-ab^3+b^3c-bc^3+ac^3-a^3c$
$=a^3(b-c)-a(b^3-c^3)+bc(b^2-c^2)$
$=a^3(b-c)-a(b-c)(b^2+bc+c^2)+bc(b-c)(b+c)$
$=(b-c)\{a^3-a(b^2+bc+c^2)+bc(b+c)\}$
$=(b-c)(a^3-ab^2-abc-ac^2+b^2c+bc^2)$
$=(b-c)\{(b^2c-ab^2)+(bc^2-abc)-(ac^2-a^3)\}$
$=(b-c)\{b^2(c-a)+bc(c-a)-a(c-a)(c+a)\}$
$=(b-c)(c-a)\{b^2+cb-a(c+a)\}$

$b \quad c+a$
$b \quad -a$

$=(b-c)(c-a)(b-a)(a+b+c)$
$=(b-c)(a-c)(a-b)(a+b+c)$
이때 $138=2\times3\times23$이므로
$(b-c)(a-c)(a-b)(a+b+c)=1\times2\times3\times23$이다.
a, b, c는 10 이하의 자연수이므로 $a+b+c=23$
이고, $a>b>c$라 하면
$a-c=3$이고, $a-b=2$, $b-c=1$ 또는 $a-b=1$, $b-c=2$이다.
이를 만족시키는 a, b, c는 $a=9$, $b=8$, $c=6$이다.
$\therefore a^2+b^2+c^2=9^2+8^2+6^2=181$

224 ········· 답 98

다항식 $P(x)$가 일차식 $x-a$를 인수로 가지므로 인수 정리에 의하여 $P(a)=0$이다.
$P(a)=a^4-250a^2+b=0$에서 $b=250a^2-a^4$이고 ······ ㉠
b가 자연수이므로 $b=250a^2-a^4=a^2(250-a^2)>0$에서
자연수 a로 가능한 값은 $1, 2, 3, \cdots, 15$이다. ······ ㉡
㉠을 $P(x)$에 대입하면
$P(x)=x^4-250x^2+250a^2-a^4$이고
$P(-a)=0$이므로 조립제법을 이용하여 인수분해하면

a	1	0	-250	0	$250a^2-a^4$
		a	a^2	$-250a+a^3$	$-250a^2+a^4$
$-a$	1	a	$-250+a^2$	$-250a+a^3$	0
		$-a$	0	$250a-a^3$	
	1	0	$-250+a^2$	0	

따라서
$P(x)=(x-a)(x+a)(x^2-250+a^2)$
$=(x-a)(x+a)\{x^2-(250-a^2)\}$
이고, 이 식이 계수와 상수항이 모두 정수인 서로 다른 세 다항식의 곱으로 인수분해 되려면 $x^2-(250-a^2)$이 두 일차식으로 인수분해 되지 않아야 한다.
$x^2-(250-a^2)$이 두 일차식으로 인수분해 되는 경우는
$250-a^2$이 제곱수가 될 때이고, $250=5^2+15^2=9^2+13^2$이므로
$a=5$, $a=9$, $a=13$, $a=15$일 때 $250-a^2$이 제곱수가 된다.
㉡에서 a는 15 이하의 자연수이고 이 중에서 $a=5$, $a=9$, $a=13$, $a=15$일 때를 제외하고 만들어지는 모든 다항식 $P(x)$의 개수는
$p=15-4=11$이다.
또한 a의 최댓값은 14이고 그때의 b의 값은
$q=14^2(250-14^2)=14^2\times54$이다.
$\therefore \dfrac{q}{9(p+1)}=\dfrac{14^2\times54}{9(11+1)}=98$

225 ··· 답 3

$P(x^{12})=x^{24}+x^{12}+1$
$=\{(x^3)^8-1\}+\{(x^3)^4-1\}+3$
$=(x^3-1)\{(x^3)^7+(x^3)^6+(x^3)^5+\cdots+x^3+1\}$
$+(x^3-1)\{(x^3)^3+(x^3)^2+x^3+1\}+3$

이때 $x^3-1=(x-1)(x^2+x+1)=(x-1)P(x)$이므로
다항식 x^3-1은 $P(x)$로 나누어떨어진다.
따라서 다항식 $P(x^{12})$을 $P(x)$로 나누었을 때의 나머지는 3이다.

226 ··· 답 ①

$x^{27}+x^{26}+x^{24}+x^{23}+x+3$
$=x^{27}+x^{26}+x^{25}+x^{24}+x^{23}-x^{25}+x+3$
$=x^{23}(x^4+x^3+x^2+x+1)-x^{25}+x+3$
$=x^{23}(x^4+x^3+x^2+x+1)-(x^{25}-1)+x+2$
$=x^{23}(x^4+x^3+x^2+x+1)$
$-(x^5-1)(x^{20}+x^{15}+x^{10}+x^5+1)+x+2$ ······ TIP
$=x^{23}(x^4+x^3+x^2+x+1)$
$-(x-1)(x^4+x^3+x^2+x+1)(x^{20}+x^{15}+x^{10}+x^5+1)+x+2$
$=(x^4+x^3+x^2+x+1)\{x^{23}-(x-1)(x^{20}+x^{15}+x^{10}+x^5+1)\}$
$+x+2$

따라서 구하는 나머지는 $x+2$이다.

TIP

$x^{25}-1$에서 $x^5=t$라 하면
$x^{25}-1=t^5-1=(t-1)(t^4+t^3+t^2+t+1)$이므로
$x^{25}-1=(x^5-1)(x^{20}+x^{15}+x^{10}+x^5+1)$이다.

227 ··· 답 ③

$f(x)=x^{10}-2x^5-3$이라 하면
다항식 $f(x)$를 $x+1$로 나누었을 때의 나머지는
나머지정리에 의하여 $f(-1)=1-2\times(-1)-3=0$이다.
다항식 $x^{10}-2x^5-3$을 $x+1$로 나누었을 때의 몫이 $Q(x)$이므로
$x^{10}-2x^5-3=(x+1)Q(x)$ ······ ㉠
이때 $x^5=X$라 하면
$x^{10}-2x^5-3=X^2-2X-3=(X+1)(X-3)$
$=(x^5+1)(x^5-3)$
$=(x+1)(x^4-x^3+x^2-x+1)(x^5-3)$ ······ TIP
이를 ㉠에 대입하면
$(x+1)(x^4-x^3+x^2-x+1)(x^5-3)=(x+1)Q(x)$에서
$Q(x)=(x^4-x^3+x^2-x+1)(x^5-3)$
따라서 다항식 $Q(x)$를 $x+1$로 나누었을 때의 나머지는
나머지정리에 의하여
$Q(-1)=\{1-(-1)+1-(-1)+1\}\times(-1-3)$
$=-20$

TIP

3 이상의 홀수인 자연수 n에 대하여
$x^n+1=(x+1)(x^{n-1}-x^{n-2}+x^{n-3}-\cdots-x+1)$
이 성립한다.
[증명]
2 이상의 자연수 n에 대하여
$x^n-1=(x-1)(x^{n-1}+x^{n-2}+x^{n-3}+\cdots+x+1)$ ······ ㉠
은 x에 대한 항등식이다.
따라서 n이 3 이상의 홀수일 때,
㉠에 x 대신 $-x$를 대입하면
$-x^n-1=(-x-1)(x^{n-1}-x^{n-2}+x^{n-3}-\cdots-x+1)$
$\therefore x^n+1=(x+1)(x^{n-1}-x^{n-2}+x^{n-3}-\cdots-x+1)$

228 ··· 답 126

정사각뿔 O−ABCD의 부피는
$\frac{1}{3}\times a^2\times\frac{\sqrt{2}}{2}a=\frac{\sqrt{2}}{6}a^3$ ······ TIP
정사각뿔 O−EFGH의 부피는
$\frac{1}{3}\times b^2\times\frac{\sqrt{2}}{2}b=\frac{\sqrt{2}}{6}b^3$
두 정사각뿔 O−ABCD, O−EFGH의 부피의 합이 $2\sqrt{2}$이므로
$\frac{\sqrt{2}}{6}a^3+\frac{\sqrt{2}}{6}b^3=\frac{\sqrt{2}}{6}(a^3+b^3)=2\sqrt{2}$,
$a^3+b^3=12$ ······ ㉠
한편, 점 F에서 선분 AB에 내린 수선의 발을 I라 하면
삼각형 BFI는 ∠FBI=60°인 직각삼각형이므로
$\overline{FI}=\frac{\sqrt{3}}{2}\overline{FB}=\frac{\sqrt{3}}{2}(a-b)$, $\overline{BI}=\frac{1}{2}\overline{FB}=\frac{1}{2}(a-b)$에서
$\overline{AI}=\overline{AB}-\overline{BI}=a-\frac{1}{2}(a-b)=\frac{1}{2}(a+b)$
삼각형 FAI는 직각삼각형이므로
$\overline{AF}^2=\overline{FI}^2+\overline{AI}^2$
$=\left\{\frac{\sqrt{3}}{2}(a-b)\right\}^2+\left\{\frac{1}{2}(a+b)\right\}^2$
$=\frac{3}{4}(a^2-2ab+b^2)+\frac{1}{4}(a^2+2ab+b^2)$
$=a^2-ab+b^2=4$ ······ ㉡
㉠, ㉡에서
$a^3+b^3=(a+b)(a^2-ab+b^2)=(a+b)\times4=12$이므로
$a+b=3$ ······ ㉢
$a^2-ab+b^2=(a+b)^2-3ab=3^2-3ab=4$이므로
$ab=\frac{5}{3}$ ······ ㉣
㉢, ㉣에서
$(a-b)^2=(a+b)^2-4ab=3^2-4\times\frac{5}{3}=\frac{7}{3}$이므로
$a-b=\frac{\sqrt{21}}{3}$ ······ ㉤
사각형 ABFE의 넓이는 정삼각형 OAB의 넓이에서
정삼각형 OEF의 넓이를 뺀 것과 같으므로

$$S=\frac{\sqrt{3}}{4}a^2-\frac{\sqrt{3}}{4}b^2$$
$$=\frac{\sqrt{3}}{4}(a^2-b^2)$$
$$=\frac{\sqrt{3}}{4}(a+b)(a-b)$$
$$=\frac{\sqrt{3}}{4}\times 3\times\frac{\sqrt{21}}{3}\ (\because ㉢, ㉤)$$
$$=\frac{3}{4}\sqrt{7}$$
$$\therefore 32\times S^2=32\times\frac{63}{16}=126$$

TIP

모든 모서리의 길이가 같은 정사각뿔의 부피

모든 모서리의 길이가 a인 정사각뿔 O$-$ABCD에 대하여
점 O에서 밑면에 내린 수선의 발을 O′이라 하면
점 O′은 선분 AC의 중점이다.

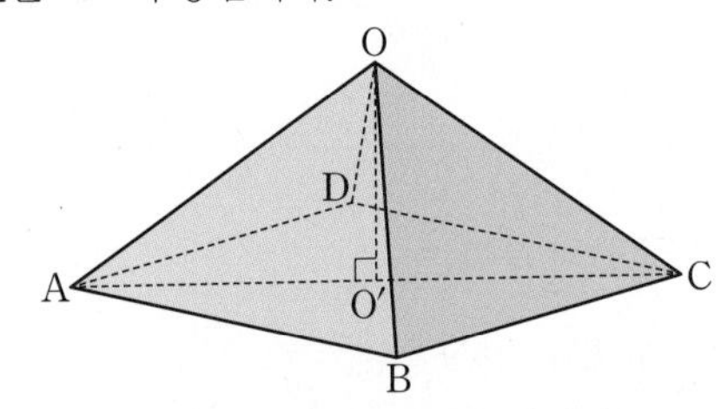

$\overline{OA}=\overline{OC}=a$이고 정사각형 ABCD에서 $\overline{AC}=\sqrt{2}a$이므로
삼각형 OAC는 $\angle AOC=90°$인 직각이등변삼각형이다.
따라서 $\overline{OO'}=\overline{AO'}=\frac{1}{2}\overline{AC}=\frac{\sqrt{2}}{2}a$이므로
정사각뿔 O$-$ABCD의 부피는
$\frac{1}{3}\times a^2\times\frac{\sqrt{2}}{2}a=\frac{\sqrt{2}}{6}a^3$

Ⅱ 방정식과 부등식

01 복소수와 이차방정식

229 ····· 답 ④

① 허수는 양수, 음수를 판단할 수 없다.
② 복소수 $a+bi$ (a, b는 실수)에 대하여 $b=0$이면 실수이다.
③ $2+3i$의 허수부분은 3이다.
④ 복소수의 허수부분은 실수이다.
⑤ 허수는 실수 a와 0이 아닌 실수 b에 대하여 $a+bi$ 꼴로 나타낼 수 있다.

따라서 옳은 것은 ④이다.

230 ····· 답 (1) $5+2i$ (2) 1 (3) -1

(1) $(1+i)^2+(1+2i)(1-2i)=(1+2i+i^2)+\{1^2-(2i)^2\}$
$=(1+2i-1)+\{1-(-4)\}$
$=5+2i$

(2) $\frac{2}{1-i}=\frac{2(1+i)}{(1-i)(1+i)}=\frac{2(1+i)}{1-i^2}=\frac{2(1+i)}{2}=1+i$이고,
$\frac{1-i}{1+i}=\frac{(1-i)^2}{(1+i)(1-i)}=\frac{1-2i+i^2}{1-i^2}$
$=\frac{1-2i-1}{1-(-1)}=\frac{-2i}{2}=-i$
$\therefore \frac{2}{1-i}+\frac{1-i}{1+i}=(1+i)+(-i)=1$

(3) $\frac{1+i}{1-i}=\frac{(1+i)^2}{(1-i)(1+i)}=\frac{1+2i+i^2}{1-i^2}$
$=\frac{1+2i-1}{1-(-1)}=\frac{2i}{2}=i$
$\therefore \left(\frac{1+i}{1-i}\right)^2=i^2=-1$

231 ····· 답 ②

$\alpha=\frac{1+i}{1-i}=\frac{(1+i)^2}{(1-i)(1+i)}=\frac{1+2i-1}{1-(-1)}=i$
$\beta=\frac{1-i}{1+i}=\frac{(1-i)^2}{(1+i)(1-i)}=\frac{1-2i-1}{1-(-1)}=-i$
$\therefore \frac{2\alpha^2+\beta^2}{\alpha\beta}=\frac{2i^2+(-i)^2}{i\times(-i)}=-3$

다른 풀이

$\alpha=\frac{1+i}{1-i}$, $\beta=\frac{1-i}{1+i}$에서
$\alpha^2=\left(\frac{1+i}{1-i}\right)^2=\frac{1+2i-1}{1-2i-1}=\frac{2i}{-2i}=-1$
$\beta^2=\left(\frac{1-i}{1+i}\right)^2=\frac{1-2i-1}{1+2i-1}=\frac{-2i}{2i}=-1$
$\alpha\beta=\frac{1+i}{1-i}\times\frac{1-i}{1+i}=1$이므로

$$\frac{2\alpha^2+\beta^2}{\alpha\beta}=\frac{2\times(-1)+(-1)}{1}=-3$$

232 …… 답 ③

$f(x)=x^3+x^2+x-3$이라 할 때 $f(1)=0$이므로
조립제법을 이용하여 인수분해하면

$$\begin{array}{c|cccc} 1 & 1 & 1 & 1 & -3 \\ & & 1 & 2 & 3 \\ \hline & 1 & 2 & 3 & 0 \end{array}$$

$x^3+x^2+x-3=(x-1)(x^2+2x+3)$이고,
$x^2+2x+3=0$에서 이차방정식의 근의 공식에 의하여
$x=-1\pm\sqrt{1^2-3}=-1\pm\sqrt{2}i$이므로
$x^2+2x+3=\{(x-(-1+\sqrt{2}i)\}\{(x-(-1-\sqrt{2}i)\}$
$=(x+1-\sqrt{2}i)(x+1+\sqrt{2}i)$
따라서 주어진 다항식은
$x^3+x^2+x-3=(x-1)(x+1-\sqrt{2}i)(x+1+\sqrt{2}i)$
로 인수분해 된다.

233 …… 답 ⑤

$(3+i)a-2bi=6-4i$에서
$3a+(a-2b)i=6-4i$이므로
복소수가 서로 같을 조건에 의하여
$3a=6$, $a-2b=-4$에서 $a=2$, $b=3$
$\therefore a+b=2+3=5$

234 …… 답 6

$(1-i)^2=1-2i-1=-2i$
$(1+i)^2=1+2i-1=2i$이므로
$(1+i)^4=(2i)^2=-4$
$(1-i)^2-a(1+i)^4=-2i-a\times(-4)=4a-2i$
이고, $4a-2i=16+bi$이므로
복소수가 서로 같을 조건에 의하여
$4a=16$, $a=4$이고 $b=-2$
$\therefore a-b=4-(-2)=6$

235 …… 답 21

$$\frac{a}{1-i}+\frac{b}{1+i}=\frac{a(1+i)}{(1-i)(1+i)}+\frac{b(1-i)}{(1+i)(1-i)}$$
$$=\frac{a(1+i)}{2}+\frac{b(1-i)}{2}$$

이고, $\frac{a+b}{2}+\frac{a-b}{2}i=5+2i$이므로
복소수가 서로 같을 조건에 의하여
$\frac{a+b}{2}=5$, $\frac{a-b}{2}=2$
$a+b=10$, $a-b=4$에서 $a=7$, $b=3$
$\therefore ab=7\times3=21$

236 …… 답 ①

$a^3-a^2b-ab^2+b^3=a^2(a-b)-b^2(a-b)$
$=(a^2-b^2)(a-b)$
$=(a+b)(a-b)^2$ …… ㉠
한편, $a+b=(1+2i)+(1-2i)=2$,
$a-b=(1+2i)-(1-2i)=4i$이므로
이를 ㉠에 대입하면
$(a+b)(a-b)^2=2\times(4i)^2=-32$

237 …… 답 ②

$x=\frac{2}{1+i}=\frac{2(1-i)}{(1+i)(1-i)}=1-i$,
$y=\frac{2}{1-i}=\frac{2(1+i)}{(1-i)(1+i)}=1+i$이므로
$x+y=(1-i)+(1+i)=2$
$xy=(1-i)(1+i)=2$
$\therefore x^3+y^3=(x+y)^3-3xy(x+y)$
$=2^3-3\times2\times2=-4$

다른 풀이

$x=\frac{2}{1+i}=\frac{2(1-i)}{(1+i)(1-i)}=1-i$,
$y=\frac{2}{1-i}=\frac{2(1+i)}{(1-i)(1+i)}=1+i$이므로
$x^3=(1-i)^3=1-3i-3+i=-2-2i$
$y^3=(1+i)^3=1+3i-3-i=-2+2i$
$\therefore x^3+y^3=(-2-2i)+(-2+2i)=-4$

참고

$x=\frac{2}{1+i}$, $y=\frac{2}{1-i}$를 그대로 계산하기보다는
분모가 실수가 되도록 $x=1-i$, $y=1+i$와 같이 정리한 후
계산하는 것이 더 편리하다.

238 …… 답 ①

$z=(1+i)x^2-(1-i)x-2i$라 하면
$z=(x^2-x)+(x^2+x-2)i$
$=x(x-1)+(x+2)(x-1)i$에서
(실수부분)$=x(x-1)$ …… ㉠
(허수부분)$=(x+2)(x-1)$ …… ㉡
이므로 복소수 z가 실수가 되기 위해서는
㉡에서 $x=-2$ 또는 $x=1$이어야 한다.
이때 $x=1$이면 ㉠에서 실수부분도 0이 되어 $z=0$이 되므로
z가 0이 아닌 실수가 되도록 하는 실수 x의 값은 -2이다.

TIP

$z=(1+i)x^2-(1-i)x-2i$의 값은
① $x=1$일 때, $z=0$ (실수)
② $x=-2$일 때, $z=6$ (실수)
③ $x=0$일 때, $z=-2i$ (순허수)
그 이외의 실수 x에 대하여 z는 순허수가 아닌 허수이다.

참고

복소수 $z=a+bi$ (a, b는 실수)에서 실수부분이 0이고
허수부분은 0이 아닌 경우 $z=bi$와 같이 나타낼 수 있고,
이러한 복소수를 순허수라 한다.

239

답 (1) $a=0, b\neq0$ (2) $a=b=0$ (3) $a\neq0, b=0$

$z=a+bi$ (a, b는 실수)에 대하여

$z^2=(a+bi)^2=a^2-b^2+2abi$ …… ㉠

(1) z^2이 음의 실수일 때,
㉠에서 $a^2-b^2+2abi<0$이므로
$a^2-b^2<0$이고 $2ab=0$이어야 한다.
(i) $a=0$이면 $-b^2<0$이어야 하므로 $b\neq0$
(ii) $b=0$이면 $a^2<0$을 만족시키는 실수 a가 존재하지 않는다. …… TIP
(i), (ii)에서 $a=0$이고 $b\neq0$이다. 즉, z는 순허수이다.

(2) $z^2=0$일 때,
㉠에서 $a^2-b^2+2abi=0$이므로
$a^2-b^2=0$이고 $2ab=0$이어야 한다.
따라서 $a=b=0$이다. 즉, $z=0$이다.

(3) z^2이 양의 실수일 때,
㉠에서 $a^2-b^2+2abi>0$이므로
$a^2-b^2>0$이고 $2ab=0$이어야 한다.
(i) $a=0$이면 $-b^2>0$을 만족시키는 실수 b가 존재하지 않는다.
(ii) $b=0$이면 $a^2>0$이어야 하므로 $a\neq0$
(i), (ii)에서 $a\neq0$이고 $b=0$이다.
즉, z는 0이 아닌 실수이다.

TIP

모든 실수 x에 대하여 $x^2\geq0$이 성립한다.
즉, $x^2<0$을 만족시키는 실수 x는 존재하지 않는다.

참고

복소수 z에 대하여
① $z=0$이면 $z^2=0$이고, $z^2=0$이면 $z=0$이다.
② z가 0이 아닌 실수이면 $z^2>0$이고, $z^2>0$이면 z는 0이 아닌 실수이다.
③ z가 순허수이면 $z^2<0$이고, $z^2<0$이면 z는 순허수이다.

240

답 ④

$z=2-3i$, $\bar{z}=2+3i$이므로
① $z+\bar{z}=(2-3i)+(2+3i)=4$ (참)
② $z-\bar{z}=(2-3i)-(2+3i)=-6i$ (참)
③ $z\bar{z}=(2-3i)(2+3i)=13$ (참)
④ $\dfrac{z}{\bar{z}}=\dfrac{2-3i}{2+3i}=\dfrac{-5-12i}{13}$ (거짓)
⑤ $z^2=(2-3i)^2=-5-12i$ (참)
따라서 옳지 않은 것은 ④이다.

241

답 ⑤

$z=a+bi$ (a, b는 실수)라 하면
복소수 z의 켤레복소수는 $\bar{z}=a-bi$이다.
① $z+\bar{z}=(a+bi)+(a-bi)=2a$이므로
$z+\bar{z}$는 실수이다. (참)
② $z-\bar{z}=(a+bi)-(a-bi)=2bi$이므로
$z-\bar{z}$의 실수부분은 0이다. (참)
③ $z\bar{z}=(a+bi)(a-bi)=a^2+b^2\geq0$이므로
$z\bar{z}$는 0 또는 양수이다. (참)
④ $z=\bar{z}$이면 $a+bi=a-bi$에서 $b=-b$, $b=0$
즉, $z=a$이므로 z는 실수이다. (참)
⑤ $z=-\bar{z}$이면 $a+bi=-(a-bi)=-a+bi$에서
$a=-a$, $a=0$
즉, $z=bi$이므로 z는 0 또는 순허수이다. (거짓)
따라서 옳지 않은 것은 ⑤이다.

TIP

복소수 z와 그 켤레복소수 $\bar{z}$에 대하여
$z+\bar{z}$와 $z\bar{z}$는 항상 실수이고, $z-\bar{z}$는 0 또는 순허수이다.

242

답 ④

복소수 $z=a+bi$ (a, b는 실수)라 하면
z의 켤레복소수는 $\bar{z}=a-bi$이다.
$z+\bar{z}=(a+bi)+(a-bi)=2a$: 실수
$z\bar{z}=(a+bi)(a-bi)=a^2+b^2$: 0이 아닌 실수
($\because$ z는 0이 아닌 복소수)
$z-\bar{z}=(a+bi)-(a-bi)=2bi$: 0 또는 순허수
ㄱ. $(1+z)(1+\bar{z})=1+(z+\bar{z})+z\bar{z}=1+2a+a^2+b^2$이므로
항상 실수이다.
ㄴ. $\dfrac{1}{z}+\dfrac{1}{\bar{z}}=\dfrac{z+\bar{z}}{z\bar{z}}=\dfrac{2a}{a^2+b^2}$이므로 항상 실수이다.
ㄷ. $z^2-\bar{z}^2=(z+\bar{z})(z-\bar{z})=2a\times2bi=4abi$이므로
0 또는 순허수이다.
ㄹ. $(z-\bar{z})^2=(2bi)^2=-4b^2$이므로 항상 실수이다.
따라서 항상 실수인 것은 ㄱ, ㄴ, ㄹ이다.

243

답 ③

$z=a+bi$ (a, b는 실수)라 하면 $\bar{z}=a-bi$이므로
$z+\bar{z}=(a+bi)+(a-bi)=2a=6$에서 $a=3$
$z\bar{z}=(a+bi)(a-bi)=a^2+b^2=9+b^2=11$에서
$b^2=2$, $b=\pm\sqrt{2}$
$\therefore z=3\pm\sqrt{2}i$

244

답 ③

$z=a+bi$ (a, b는 실수)라 하면 $\bar{z}=a-bi$
ㄱ. $\bar{z}=a-bi$의 켤레복소수는 z이므로 $\bar{\bar{z}}=z$ (참)
ㄴ. $\overline{z\bar{z}}=\bar{z}\bar{\bar{z}}=\bar{z}z$ (거짓)

ㄷ. $\overline{z+\bar{z}}=\bar{z}+\bar{\bar{z}}=\bar{z}+z$ (거짓)

ㄹ. $\overline{z-\bar{z}}=\bar{z}-\bar{\bar{z}}=\bar{z}-z$ (참)

ㅁ. $\overline{\left(\frac{z}{\bar{z}}\right)}=\frac{\bar{z}}{\bar{\bar{z}}}=\frac{\bar{z}}{z}$ (참)

따라서 항상 성립하는 것은 ㄱ, ㄹ, ㅁ의 3개이다.

TIP

0이 아닌 두 복소수 z, w와 각각의 켤레복소수 $\bar{z}$, $\bar{w}$에 대하여 다음이 성립한다.

$\bar{\bar{z}}=z$, $\overline{zw}=\bar{z}\bar{w}$, $\overline{z+w}=\bar{z}+\bar{w}$, $\overline{z-w}=\bar{z}-\bar{w}$, $\overline{\left(\frac{z}{w}\right)}=\frac{\bar{z}}{\bar{w}}$

245 ……… 답 ⑤

$z=1-i$이므로 $\bar{z}=1+i$

$z+\bar{z}=(1-i)+(1+i)=2$

$z\bar{z}=(1-i)(1+i)=1-(-1)=2$

$$\therefore \frac{z+1}{z}+\frac{\bar{z}+1}{\bar{z}}=1+\frac{1}{z}+1+\frac{1}{\bar{z}}$$
$$=2+\frac{z+\bar{z}}{z\bar{z}}$$
$$=2+\frac{2}{2}=3$$

다른 풀이

$$\frac{z+1}{z}=\frac{(1-i)+1}{1-i}=\frac{2-i}{1-i}=\frac{3+i}{2}$$
$$\frac{\bar{z}+1}{\bar{z}}=\overline{\left(\frac{z+1}{z}\right)}=\frac{3-i}{2}$$
$$\therefore \frac{z+1}{z}+\frac{\bar{z}+1}{\bar{z}}=\frac{3+i}{2}+\frac{3-i}{2}=3$$

246 ……… 답 26

$\alpha\bar{\alpha}-\alpha\bar{\beta}-\bar{\alpha}\beta+\beta\bar{\beta}$

$=\alpha(\bar{\alpha}-\bar{\beta})-\beta(\bar{\alpha}-\bar{\beta})=(\alpha-\beta)(\bar{\alpha}-\bar{\beta})$

이때 $\alpha-\beta=(3-2i)-(2+3i)=1-5i$

이므로 $\bar{\alpha}-\bar{\beta}=\overline{\alpha-\beta}=1+5i$이다.

따라서 $(\alpha-\beta)(\bar{\alpha}-\bar{\beta})=(1-5i)(1+5i)=1+25=26$

TIP

주어진 식 $\alpha\bar{\alpha}-\alpha\bar{\beta}-\bar{\alpha}\beta+\beta\bar{\beta}$에

$\alpha=3-2i$, $\beta=2+3i$, $\bar{\alpha}=3+2i$, $\bar{\beta}=2-3i$

를 먼저 대입하는 것보다 위의 풀이처럼 주어진 식을 변형하여 계산하는 것이 더 편리하다.

247 ……… 답 ④

$\bar{z_1}-\bar{z_2}=\overline{z_1-z_2}=\overline{2-3i}=2+3i$

$\bar{z_1}\bar{z_2}=\overline{z_1z_2}=\overline{1+5i}=1-5i$

$\therefore (\bar{z_1}-2)(\bar{z_2}+2)=\bar{z_1}\bar{z_2}+2(\bar{z_1}-\bar{z_2})-4$

$=(1-5i)+2(2+3i)-4$

$=1+i$

다른 풀이

$(z_1-2)(z_2+2)=z_1z_2+2(z_1-z_2)-4$

$=(1+5i)+2(2-3i)-4$

$=1-i$

$\therefore (\bar{z_1}-2)(\bar{z_2}+2)=\overline{(z_1-2)(z_2+2)}$

$=\overline{1-i}=1+i$

248 ……… 답 ①

$z=\bar{z}$를 만족시키므로 z는 실수이다.

$z=x-4+(x^2+2x-24)i$

$=(x-4)+(x+6)(x-4)i$

에서 허수부분이 0이 되려면 $x=-6$ 또는 $x=4$이다.

이때 $z\neq 0$에서 실수부분은 0이 아니므로 $x\neq 4$이다.

$\therefore x=-6$

249 ……… 답 ④

$z+\bar{z}=0$을 만족시키므로 z가 순허수이다.

$z=x^2-(3+i)x+2+i$

$=(x^2-3x+2)-(x-1)i$

$=(x-1)(x-2)-(x-1)i$

에서 $(x-1)(x-2)=0$이고 $x-1\neq 0$이므로 $x=2$이다.

따라서 $a=2$, $b=-i$이므로

$a+b=2-i$

250 ……… 답 ④

복소수 $z=a+bi$ (a, b는 실수)라 하면 $\bar{z}=a-bi$이므로

$(1+i)z+i\bar{z}=(1+i)(a+bi)+i(a-bi)$

$=a+bi+ai-b+ai+b$

$=a+(2a+b)i$

$=3+8i$

복소수가 서로 같을 조건에 의하여

$a=3$, $2a+b=8$이므로 $a=3$, $b=2$

$\therefore z=3+2i$

251 ……… 답 ⑤

$\bar{\alpha}^2+\bar{\beta}^2=5-2i$에서 $\overline{\bar{\alpha}^2+\bar{\beta}^2}=\alpha^2+\beta^2=5+2i$이다.

이때 $\alpha+\beta=4-i$이므로

$(\alpha+\beta)^2=\alpha^2+\beta^2+2\alpha\beta$에 대입하면

$(4-i)^2=(5+2i)+2\alpha\beta$

$2\alpha\beta=10-10i$에서 $\alpha\beta=5-5i$이다.

따라서 $\bar{\alpha}\bar{\beta}=\overline{\alpha\beta}=5+5i$이므로

$\alpha\beta+\bar{\alpha}\bar{\beta}=(5-5i)+(5+5i)$

$=10$

TIP

두 복소수 z, w에 대하여 $\overline{zw}=\bar{z}\bar{w}$이므로 $\overline{z^n}=\bar{z}^n$가 성립한다.

252 ⋯ 답 ⑤

$i^2=-1$, $i^3=-i$, $i^4=1$, $i^5=i$, $\cdots$이므로
자연수 n에 대하여 $i^n=i^{n+4}$이다.

$\therefore 1+i+i^2+i^3+\cdots+i^{10}$
$=(1+i+i^2+i^3)+(i^4+i^5+i^6+i^7)+i^8+i^9+i^{10}$
$=\{1+i+(-1)+(-i)\}+\{1+i+(-1)+(-i)\}+1+i+(-1)$
$=i$

253 ⋯ 답 ④

$i^2=-1$, $i^3=-i$, $i^4=1$, $i^5=i$, $\cdots$이므로
자연수 n에 대하여 $i^n=i^{n+4}$이다.

$$\therefore \frac{i^2+3i^4+5i^6+7i^8+9i^{10}+11i^{12}}{2i+4i^3+6i^5+8i^7+10i^9+12i^{11}}$$
$$=\frac{(-1+3)+(-5+7)+(-9+11)}{(2i-4i)+(6i-8i)+(10i-12i)}$$
$$=\frac{2+2+2}{(-2i)+(-2i)+(-2i)}$$
$$=\frac{6}{-6i}=i$$

254 ⋯ 답 ①

$$\frac{1+i}{1-i}=\frac{(1+i)(1+i)}{(1-i)(1+i)}=\frac{1+2i-1}{1-(-1)}=i$$
$$\frac{1-i}{1+i}=\frac{(1-i)(1-i)}{(1+i)(1-i)}=\frac{1-2i-1}{1-(-1)}=-i$$
$$\therefore \left(\frac{1+i}{1-i}\right)^{2n}+\left(\frac{1-i}{1+i}\right)^{2n}=\left\{\left(\frac{1+i}{1-i}\right)^2\right\}^n+\left\{\left(\frac{1-i}{1+i}\right)^2\right\}^n$$
$=(i^2)^n+\{(-i)^2\}^n$
$=(-1)^n+(-1)^n$
$=-2$ ($\because$ n은 홀수)

255 ⋯ 답 ④

$z^3=1-i$이므로 $\overline{z}^3=\overline{z^3}=\overline{1-i}=1+i$
$\overline{z}^6=(\overline{z}^3)^2=(1+i)^2=2i$, $\overline{z}^{12}=(\overline{z}^6)^2=(2i)^2=-4$이다.
$\therefore \overline{z}^{24}=(\overline{z}^{12})^2=(-4)^2=16$

256 ⋯ 답 ①

$z=1+i$이므로
$z^2=(1+i)^2=2i$
$z^{100}=(z^2)^{50}=(2i)^{50}=2^{50}\times(i^4)^{12}\times i^2=-2^{50}$
$\overline{z}^{100}=\overline{z^{100}}=-2^{50}$
$\therefore z^{100}+\overline{z}^{100}=(-2^{50})+(-2^{50})=-2^{51}$

257 ⋯ 답 ①

$\frac{1}{i}=-i$이므로

$\frac{1}{i}+\frac{1}{i^2}+\frac{1}{i^3}+\cdots+\frac{1}{i^{50}}$
$=-i+(-i)^2+(-i)^3+\cdots+(-i)^{50}$
$=(-i-1+i+1)+(-i-1+i+1)+\cdots+(-i-1+i+1)-i-1$
$=12\times(-i-1+i+1)-i-1$
$=-1-i$
따라서 $a=-1$, $b=-1$이므로
$a+b=(-1)+(-1)=-2$

258 ⋯ 답 ②

$$\frac{1+i}{1-i}=\frac{(1+i)(1+i)}{(1-i)(1+i)}=\frac{1+2i-1}{1-(-1)}=i$$
$$\frac{1-i}{1+i}=\frac{(1-i)(1-i)}{(1+i)(1-i)}=\frac{1-2i-1}{1-(-1)}=-i$$
$$\therefore \frac{1+i}{1-i}+\left(\frac{1-i}{1+i}\right)^2+\left(\frac{1+i}{1-i}\right)^3+\left(\frac{1-i}{1+i}\right)^4+\cdots+\left(\frac{1+i}{1-i}\right)^{29}+\left(\frac{1-i}{1+i}\right)^{30}$$
$=\{i+(-i)^2+i^3+(-i)^4\}+\cdots+\{i^{25}+(-i)^{26}+i^{27}+(-i)^{28}\}+i^{29}+(-i)^{30}$
$=-1+i$

259 ⋯ 답 ②

복소수 $z=\frac{-1+\sqrt{3}i}{2}$에 대하여

$$z^2=\left(\frac{-1+\sqrt{3}i}{2}\right)^2=\frac{-2-2\sqrt{3}i}{4}=\frac{-1-\sqrt{3}i}{2}$$
$$z^3=z\times z^2=\frac{-1+\sqrt{3}i}{2}\times\frac{-1-\sqrt{3}i}{2}=\frac{1-(-3)}{4}=1$$
이므로 자연수 n에 대하여 $z^n=z^{n+3}$이다. $\cdots\cdots$ ㉠

이때 $z+z^2+z^3=\frac{-1+\sqrt{3}i}{2}+\frac{-1-\sqrt{3}i}{2}+1=0$이므로

$z+z^2+z^3+\cdots+z^{40}$
$=(z+z^2+z^3)+(z^4+z^5+z^6)+\cdots+(z^{37}+z^{38}+z^{39})+z^{40}$
$=(z+z^2+z^3)+(z+z^2+z^3)+\cdots+(z+z^2+z^3)+z$ ($\because$ ㉠)
$=z=\frac{-1+\sqrt{3}i}{2}$

다른 풀이

복소수 $z=\frac{-1+\sqrt{3}i}{2}$에서 $2z=-1+\sqrt{3}i$이므로
$2z+1=\sqrt{3}i$
양변을 각각 제곱하면
$4z^2+4z+1=-3$에서 $z^2+z+1=0$ $\cdots\cdots$ ㉠
양변에 각각 $z-1$을 곱하면
$(z-1)(z^2+z+1)=0$에서 $z^3=1$
따라서 자연수 n에 대하여 $z^n=z^{n+3}$이므로 $\cdots\cdots$ ㉡
$z+z^2+z^3+\cdots+z^{40}$
$=(z+z^2+z^3)+(z^4+z^5+z^6)+\cdots+(z^{37}+z^{38}+z^{39})+z^{40}$
$=(z+z^2+z^3)+(z+z^2+z^3)+\cdots+(z+z^2+z^3)+z$ ($\because$ ㉡)
$=z$ ($\because$ ㉠)
$=\frac{-1+\sqrt{3}i}{2}$

260 ······ 답 ⑤

① $\frac{\sqrt{-4}}{\sqrt{-2}}=\frac{\sqrt{4}i}{\sqrt{2}i}=\frac{\sqrt{4}}{\sqrt{2}}=\sqrt{2}$ (참)

② $\frac{\sqrt{-9}}{\sqrt{3}}=\frac{\sqrt{9}i}{\sqrt{3}}=\sqrt{3}i$ (참)

③ $\sqrt{-2}\sqrt{-5}=\sqrt{2}i\sqrt{5}i=-\sqrt{10}$ (참)

④ $\sqrt{-12}-\sqrt{-3}=2\sqrt{3}i-\sqrt{3}i=\sqrt{3}i$ (참)

⑤ $\frac{\sqrt{8}}{\sqrt{-2}}=\frac{\sqrt{8}}{\sqrt{2}i}=\frac{2}{i}=-2i$ (거짓)

따라서 옳지 않은 것은 ⑤이다.

다른 풀이

① $\frac{\sqrt{-4}}{\sqrt{-2}}=\sqrt{\frac{-4}{-2}}=\sqrt{2}$ (참)

② $\frac{\sqrt{-9}}{\sqrt{3}}=\sqrt{\frac{-9}{3}}=\sqrt{-3}=\sqrt{3}i$ (참)

③ $\sqrt{-2}\sqrt{-5}=-\sqrt{(-2)\times(-5)}=-\sqrt{10}$ (참)

⑤ $\frac{\sqrt{8}}{\sqrt{-2}}=-\sqrt{\frac{8}{-2}}=-\sqrt{-4}=-2i$ (거짓)

따라서 옳지 않은 것은 ⑤이다.

261 ······ 답 ③

$a<0$, $b>0$에 대하여 $\frac{\sqrt{b}}{\sqrt{a}}=-\sqrt{\frac{b}{a}}$ 이므로

$\sqrt{\frac{4}{-1}}=-\frac{\sqrt{4}}{\sqrt{-1}}$이다.

따라서 등호를 잘못 사용한 곳은 ③이다.

262 ······ 답 ①

$\sqrt{-2}\sqrt{-8}+\frac{\sqrt{-6}\sqrt{8}}{\sqrt{-3}}+\frac{\sqrt{32}}{\sqrt{-2}}$

$=-\sqrt{(-2)\times(-8)}+\sqrt{\frac{-6}{-3}}\times\sqrt{8}-\sqrt{\frac{32}{-2}}$

$=-\sqrt{16}+\sqrt{2}\times2\sqrt{2}-\sqrt{-16}$

$=-4+4-4i=-4i$

다른 풀이

$\sqrt{-2}\sqrt{-8}+\frac{\sqrt{-6}\sqrt{8}}{\sqrt{-3}}+\frac{\sqrt{32}}{\sqrt{-2}}$

$=\sqrt{2}i\times2\sqrt{2}i+\frac{\sqrt{6}i\times2\sqrt{2}}{\sqrt{3}i}+\frac{4\sqrt{2}}{\sqrt{2}i}$

$=-4+4-4i=-4i$

263 ······ 답 ①

$x^2-9x-36=0$에서 $(x+3)(x-12)=0$

$\therefore x=-3$ 또는 $x=12$

$\alpha=-3$, $\beta=12$라 하면

$\frac{\sqrt{\alpha}}{\sqrt{\beta}}+\frac{\sqrt{\beta}}{\sqrt{\alpha}}=\frac{\sqrt{-3}}{\sqrt{12}}+\frac{\sqrt{12}}{\sqrt{-3}}=\sqrt{\frac{-3}{12}}-\sqrt{\frac{12}{-3}}$

$=\frac{i}{2}-2i=-\frac{3}{2}i$

다른 풀이

이차방정식의 근과 계수의 관계에 의하여

$\alpha+\beta=9$, $\alpha\beta=-36$

$\therefore \frac{\sqrt{\alpha}}{\sqrt{\beta}}+\frac{\sqrt{\beta}}{\sqrt{\alpha}}=\frac{\alpha+\beta}{\sqrt{\alpha}\sqrt{\beta}}=\frac{\alpha+\beta}{\sqrt{\alpha\beta}}=\frac{9}{6i}=-\frac{3}{2}i$

264 ······ 답 ④

$\sqrt{a}\sqrt{b}=-\sqrt{ab}$이므로 $a<0$, $b<0$이다.

따라서 복소수 $\sqrt{a}-\sqrt{-b}$의 허수부분은 $\sqrt{-a}$이므로

$\sqrt{a}-\sqrt{-b}$의 켤레복소수는 $-\sqrt{a}-\sqrt{-b}$이다.

265 ······ 답 ①

$\frac{\sqrt{b}}{\sqrt{a}}=-\sqrt{\frac{b}{a}}$에서 $a<0$, $b>0$이므로

$-a>0$, $\frac{a}{b}<0$, $a^2b>0$이다.

따라서 $\sqrt{-a}+\sqrt{\frac{a}{b}}+\sqrt{a^2b}$에서

실수부분은 $\sqrt{-a}+\sqrt{a^2b}$이고, 허수부분은 $\sqrt{-\frac{a}{b}}$이다.

266 ······ 답 ⑤

$a>b>0$에서 $-a<0$, $a-b>0$, $b-a<0$이므로

$\frac{\sqrt{-a}}{\sqrt{a}}-\frac{\sqrt{a-b}}{\sqrt{b-a}}=\sqrt{\frac{-a}{a}}+\sqrt{\frac{a-b}{b-a}}=\sqrt{-1}+\sqrt{-1}$

$=i+i=2i$

다른 풀이

$a>b>0$에서 $b-a<0$이므로

$\frac{\sqrt{-a}}{\sqrt{a}}-\frac{\sqrt{a-b}}{\sqrt{b-a}}=\frac{\sqrt{a}i}{\sqrt{a}}-\frac{\sqrt{a-b}}{\sqrt{a-b}i}$

$=i-\frac{1}{i}=i-(-i)=2i$

267 ······ 답 ②

$x^2-3x+3=0$의 두 근이 α, β이므로

$\alpha^2-3\alpha+3=0$, $\beta^2-3\beta+3=0$에서

$\alpha^2-3\alpha=-3$, $\beta^2-3\beta=-3$이다.

$\therefore \frac{2+9\beta-3\beta^2}{2\alpha^2-6\alpha+9}=\frac{2-3(\beta^2-3\beta)}{2(\alpha^2-3\alpha)+9}$

$=\frac{2-3\times(-3)}{2\times(-3)+9}=\frac{11}{3}$

268 ······ 답 (1) 1, 2 (2) 1

(1) 이차방정식 $x^2+(2k-1)x+k^2-2=0$의 판별식을 D라 할 때, 실근을 가지려면 $D\geq0$이어야 한다.

$D=(2k-1)^2-4(k^2-2)=-4k+9\geq0$

즉, $k\leq\frac{9}{4}$이어야 한다.

따라서 자연수 k의 값은 1, 2이다.

(2) 이차방정식 $(1+k^2)x^2-2(1+k)x+2=0$의 판별식을 D라 할 때, 실근을 가지려면 $D\geq0$이어야 한다.

$\frac{D}{4}=(1+k)^2-2(1+k^2)=-(k-1)^2\geq0$

즉, $(k-1)^2\leq0$이어야 한다.

이때 자연수 k에 대하여 $(k-1)^2\geq0$이므로 $k-1=0$

$\therefore k=1$

269 ······ 답 ③

이차방정식 $x^2-4ax+4a^2+a+3=0$의 판별식을 D라 할 때, 서로 다른 두 허근을 가져야 하므로 $D<0$이어야 한다.

$\frac{D}{4}=(-2a)^2-(4a^2+a+3)<0$

$-a-3<0$에서 $a>-3$

따라서 정수 a의 최솟값은 -2이다.

다른 풀이

$x^2-4ax+4a^2+a+3=0$에서 $(x-2a)^2=-a-3$이므로

서로 다른 두 허근을 갖기 위해선

$-a-3<0$, 즉 $a>-3$이어야 한다.

따라서 정수 a의 최솟값은 -2이다.

270 ······ 답 ③

주어진 방정식이 이차방정식이므로 $k\neq0$

이차방정식 $kx^2-2kx+3=0$ ······ ㉠

의 판별식을 D라 할 때, 중근을 가져야 하므로 $D=0$이어야 한다.

$\frac{D}{4}=k^2-3k=0$, $k(k-3)=0$

$\therefore k=3$ ($\because k\neq0$)

㉠에 $k=3$을 대입하면

$3x^2-6x+3=0$, $3(x-1)^2=0$

$\therefore \alpha=1$

$\therefore k+\alpha=3+1=4$

271 ······ 답 ①

$3|x|^2-5|x|-2=(3|x|+1)(|x|-2)=0$에서

$|x|=-\frac{1}{3}$ 또는 $|x|=2$

이때 $|x|\geq0$이므로 $|x|=2$이다.

즉, $x=\pm2$이므로 구하는 모든 실근의 곱은 -4이다.

272 ······ 답 ③

(i) $x\geq-1$일 때,

$x^2-2|x+1|-6=0$에서

$x^2-2x-8=0$, $(x+2)(x-4)=0$

$\therefore x=4$ ($\because x\geq-1$)

(ii) $x<-1$일 때,

$x^2-2|x+1|-6=0$에서

$x^2+2x-4=0$

$\therefore x=-1-\sqrt{5}$ ($\because x<-1$)

(i), (ii)에서 구하는 모든 실근의 합은

$4+(-1-\sqrt{5})=3-\sqrt{5}$

273 ······ 답 ④

이차방정식 $x^2+2x+a-2=0$의 판별식을 D_1이라 할 때, 실근을 가지려면

$\frac{D_1}{4}=1^2-(a-2)\geq0$, $a\leq3$ ······ ㉠

이차방정식 $x^2-4x+3a+10=0$의 판별식을 D_2라 할 때, 실근을 가지려면

$\frac{D_2}{4}=(-2)^2-(3a+10)\geq0$, $3a\leq-6$, $a\leq-2$ ······ ㉡

㉠, ㉡에서 둘 중 하나의 조건만 만족해야 하므로 $-2<a\leq3$일 때, 이차방정식 $x^2+2x+a-2=0$은 실근을 가지고 이차방정식 $x^2-4x+3a+10=0$은 허근을 갖는다.

따라서 $-2<a\leq3$인 모든 정수 a의 값의 합은

$(-1)+0+1+2+3=5$

274 ······ 답 ③

방정식 $-3x^2+6x+1=0$의 두 근이 α, β이므로

이차방정식의 근과 계수의 관계에 의하여

$\alpha+\beta=2$, $\alpha\beta=-\frac{1}{3}$

① $\alpha+\beta=2$ (참)

② $\alpha\beta=-\frac{1}{3}$ (참)

③ $\alpha^2+\beta^2=(\alpha+\beta)^2-2\alpha\beta$

$=2^2-2\times\left(-\frac{1}{3}\right)=\frac{14}{3}$ (거짓)

④ $\alpha^3+\beta^3=(\alpha+\beta)^3-3\alpha\beta(\alpha+\beta)$

$=2^3-3\times\left(-\frac{1}{3}\right)\times2=10$ (참)

⑤ $\frac{1}{\alpha}+\frac{1}{\beta}=\frac{\alpha+\beta}{\alpha\beta}=\frac{2}{-\frac{1}{3}}=-6$ (참)

따라서 옳지 않은 것은 ③이다.

275 ······ 답 ④

방정식 $x^2-5x+2=0$의 두 근이 α, β이므로

이차방정식의 근과 계수의 관계에 의하여

$\alpha+\beta=5$, $\alpha\beta=2$

$\therefore \left(1+\frac{2}{\alpha}\right)\left(1+\frac{2}{\beta}\right)=1+\frac{2}{\alpha}+\frac{2}{\beta}+\frac{4}{\alpha\beta}$

$=1+\frac{2(\alpha+\beta)}{\alpha\beta}+\frac{4}{\alpha\beta}$

$=1+\frac{2\times5}{2}+\frac{4}{2}=8$

276 ······ 답 (1) 13 (2) $-\frac{1}{7}$

이차방정식 $x^2+3x-5=0$의 두 근이 α, β이므로

$\alpha^2+3\alpha-5=0$, $\beta^2+3\beta-5=0$ ······ ㉠

이차방정식의 근과 계수의 관계에 의하여

$\alpha+\beta=-3$, $\alpha\beta=-5$ ······ ㉡

(1) $(\alpha^2+2\alpha-2)(\beta^2+2\beta-2)$

$=\{(\alpha^2+3\alpha-5)-\alpha+3\}\{(\beta^2+3\beta-5)-\beta+3\}$

$=(-\alpha+3)(-\beta+3)$ ($\because$ ㉠)

$=\alpha\beta-3(\alpha+\beta)+9$

$=(-5)-3\times(-3)+9=13$ ($\because$ ㉡)

(2) $\frac{1}{(\alpha^2+4\alpha-4)(\beta^2+4\beta-4)}$

$=\frac{1}{\{(\alpha^2+3\alpha-5)+\alpha+1\}\{(\beta^2+3\beta-5)+\beta+1\}}$

$=\frac{1}{(\alpha+1)(\beta+1)}$ ($\because$ ㉠)

$=\frac{1}{\alpha\beta+\alpha+\beta+1}=\frac{1}{(-5)+(-3)+1}$ ($\because$ ㉡)

$=-\frac{1}{7}$

277 ······ 답 4

이차방정식 $f(x)-3x+2=0$의 두 근 α, β에 대하여

$\alpha+\beta=-4$, $\alpha\beta=-2$이므로

$f(x)-3x+2=a(x^2+4x-2)$ $(a\neq0)$

$f(x)=a(x^2+4x-2)+3x-2$ ······ ㉠

$f(0)=2$이므로

$f(0)=-2a-2=2$에서 $a=-2$

이를 ㉠에 대입하면

$f(x)=-2(x^2+4x-2)+3x-2$

$=-2x^2-5x+2$

$\therefore f(-2)=-2\times(-2)^2-5\times(-2)+2=4$

278 ······ 답 ④

이차방정식의 계수가 모두 실수이므로 한 근이 $1+2i$이면 다른 한 근은 그 켤레복소수인 $1-2i$이다.

이차방정식의 근과 계수의 관계에 의하여 두 근의 합은

$(1+2i)+(1-2i)=-(a+b)$에서 $a+b=-2$ ······ ㉠

두 근의 곱은

$(1+2i)(1-2i)=a^2+b^2$에서 $a^2+b^2=5$ ······ ㉡

이때 $(a+b)^2=a^2+b^2+2ab$에 ㉠, ㉡을 대입하면

$(-2)^2=5+2ab$에서 $ab=-\frac{1}{2}$

$\therefore \frac{a}{b}+\frac{b}{a}=\frac{a^2+b^2}{ab}$

$=\frac{5}{-\frac{1}{2}}=-10$

279 ······ 답 ④

이차방정식 $2x^2+8x-3k=0$의 두 근을 α, β라 할 때,

이차방정식의 근과 계수의 관계에 의하여

$\alpha+\beta=-4$, $\alpha\beta=-\frac{3}{2}k$

$(\alpha-\beta)^2=(\alpha+\beta)^2-4\alpha\beta$이고 $|\alpha-\beta|=k$이므로

$k^2=(-4)^2-4\times\left(-\frac{3}{2}k\right)=16+6k$

$k^2-6k-16=0$, $(k+2)(k-8)=0$

$\therefore k=|\alpha-\beta|=8$ ($\because k>0$)

280 ······ 답 ③

x에 대한 이차방정식 $x^2-(2k+1)x+(k^2+1)=0$의 판별식을 D라 할 때, 서로 다른 두 실근을 가지려면

$D=(2k+1)^2-4(k^2+1)=4k-3>0$

$\therefore k>\frac{3}{4}$ ······ ㉠

한편, 주어진 이차방정식의 두 근의 비가 1 : 2이므로

두 근을 α, 2α (α는 양수)라 하면

이차방정식의 근과 계수의 관계에 의하여

$\alpha+2\alpha=2k+1$에서 $\alpha=\frac{2k+1}{3}$ ······ ㉡

$\alpha\times2\alpha=k^2+1$에서 $2\alpha^2=k^2+1$ ······ ㉢

㉡을 ㉢의 식에 대입하면 $2\left(\frac{2k+1}{3}\right)^2=k^2+1$

$2(2k+1)^2=9(k^2+1)$, $k^2-8k+7=0$

$(k-1)(k-7)=0$ $\therefore k=1$ 또는 $k=7$

이때 $k=1$과 $k=7$은 모두 ㉠을 만족시키고, ㉡에서

$2k+1>0$이므로

구하는 모든 실수 k의 값의 합은

$1+7=8$이다.

281 ······ 답 ①

이차방정식 $f(x)=0$의 두 근을 α, β라 하면

이차방정식의 근과 계수의 관계에 의하여

$\alpha+\beta=5$, $\alpha\beta=-5$

$f(3x+1)=0$의 두 근은 $3x+1=\alpha$, $3x+1=\beta$에서

$\frac{\alpha-1}{3}$, $\frac{\beta-1}{3}$이다.

이때 $(\alpha-\beta)^2=(\alpha+\beta)^2-4\alpha\beta=25+20=45$에서

$|\alpha-\beta|=3\sqrt{5}$이므로 방정식 $f(3x+1)=0$의 두 근의 차는

$\left|\frac{\alpha-1}{3}-\frac{\beta-1}{3}\right|=\frac{|\alpha-\beta|}{3}=\frac{3\sqrt{5}}{3}=\sqrt{5}$

다른 풀이

$f(x)=x^2-5x-5$에서 x 대신 $3x+1$을 대입하면

$f(3x+1)=(3x+1)^2-5(3x+1)-5$

$=9x^2-9x-9$

따라서 이차방정식 $f(3x+1)=0$, 즉 $9x^2-9x-9=0$의 두 근을 α, β라 하면 이차방정식의 근과 계수의 관계에 의하여

Ⅱ 방정식과 부등식

$\alpha+\beta=1$, $\alpha\beta=-1$

$\therefore |\alpha-\beta|=\sqrt{(\alpha+\beta)^2-4\alpha\beta}$
$=\sqrt{1^2-4\times(-1)}=\sqrt{5}$

282

답 (1) $x^2-4x+3=0$ (2) $x^2-x-1=0$

이차방정식 $x^2-3x+1=0$의 두 근이 α, β이므로
이차방정식의 근과 계수의 관계에 의하여
$\alpha+\beta=3$, $\alpha\beta=1$이다.

(1) 두 근이 $\alpha+\beta$, $\alpha\beta$이고 이차항의 계수가 1인 이차방정식은
$(x-3)(x-1)=0$, 즉 $x^2-4x+3=0$이다.

(2) $(\alpha-1)+(\beta-1)=\alpha+\beta-2=3-2=1$,
$(\alpha-1)(\beta-1)=\alpha\beta-(\alpha+\beta)+1=1-3+1=-1$이므로
두 근이 $\alpha-1$, $\beta-1$이고 이차항의 계수가 1인 이차방정식은
$x^2-x-1=0$이다.

다른 풀이

(2) $f(x)=x^2-3x+1$이라 할 때, 방정식 $f(x)=0$의 두 근이 α, β이므로 방정식 $f(x+1)=0$의 두 근은 $\alpha-1$, $\beta-1$이다.
$f(x+1)=(x+1)^2-3(x+1)+1$
$=(x^2+2x+1)-3x-3+1$
$=x^2-x-1$
이므로 구하는 이차방정식은 $x^2-x-1=0$이다.

283

답 ⑤

이차방정식 $ax^2+bx+c=0$의 두 근이 α, β이므로
이차방정식의 근과 계수의 관계에 의하여
$\alpha+\beta=-\frac{b}{a}$, $\alpha\beta=\frac{c}{a}$

따라서 두 근이 $\frac{1}{\alpha}$, $\frac{1}{\beta}$이고 이차항의 계수가 1인 이차방정식은

$x^2-\left(\frac{1}{\alpha}+\frac{1}{\beta}\right)x+\frac{1}{\alpha\beta}=0$, $x^2+\left(\boxed{-\frac{\alpha+\beta}{\alpha\beta}}\right)x+\frac{1}{\alpha\beta}=0$

위 식에 $\alpha+\beta=-\frac{b}{a}$, $\alpha\beta=\frac{c}{a}$를 대입하면

$x^2+\frac{b}{c}x+\frac{a}{c}=0$

이때 양변에 c를 곱하면 $cx^2+(\boxed{b})x+(\boxed{a})=0$이다.

따라서 (가) $-\frac{\alpha+\beta}{\alpha\beta}$, (나) b, (다) a이다.

TIP

이차방정식 $ax^2+bx+c=0$ $(ac\neq0)$의 두 근이 α, β이면
이차방정식 $cx^2+bx+a=0$의 두 근은 $\frac{1}{\alpha}$, $\frac{1}{\beta}$이다.

284

답 ③

이차방정식 $x^2-kx+k+1=0$의 두 근을 α, β라 할 때,
두 근의 부호가 서로 다르므로 $\alpha\beta<0$이다.
이차방정식의 근과 계수의 관계에 의하여 $\alpha\beta=k+1$이므로
$k+1<0$에서 $k<-1$

TIP

이차방정식 $ax^2+bx+c=0$이 서로 다른 부호의 두 실근을 가지면 판별식 $D>0$이고, 두 근의 곱이 음수이다.
이차방정식의 근과 계수의 관계에 의하여 두 근의 곱이 음수이면
$\frac{c}{a}<0$, 즉 $ac<0$이다.
이때 판별식 $D=b^2-4ac$에서 $b^2\geq0$이고 $ac<0$에서
$-4ac>0$이므로 $D>0$을 만족시킨다.
따라서 이차방정식 $ax^2+bx+c=0$이 서로 다른 부호의 두 실근을 가지기 위해서는 두 근의 곱이 음수인 것, 즉 $\frac{c}{a}<0$만을 보이면 된다.

285

답 ③

이차방정식 $x^2+(k^2-k-6)x-2k+3=0$의 두 실근을 α, β라 하면
두 실근의 절댓값은 같고 부호는 서로 다르므로
$\alpha\beta<0$, $\alpha+\beta=0$을 만족시켜야 한다.
이차방정식의 근과 계수의 관계에 의하여
$\alpha+\beta=-(k^2-k-6)=0$ …… ㉠
$\alpha\beta=-2k+3<0$ …… ㉡
㉠에서 $(k+2)(k-3)=0$이므로
$k=-2$ 또는 $k=3$
㉡에서 $k>\frac{3}{2}$
$\therefore k=3$

TIP

이차방정식 $ax^2+bx+c=0$의 두 실근이 절댓값은 같고
부호가 서로 다르면 한 실근이 α일 때 다른 실근은 $-\alpha$이므로
두 근의 합은 0이고, 두 근의 곱은 음수이다.
따라서 $ax^2+bx+c=0$의 두 실근이 절댓값은 같고 부호가 서로 다르면 이차방정식의 근과 계수의 관계에 의하여
$b=0$, $\frac{c}{a}<0$임을 보이면 된다.

286

답 $2-\sqrt{3}$

$\overline{AP}=x$ $(0<x<1)$라 하면 $\overline{BP}=1-x$

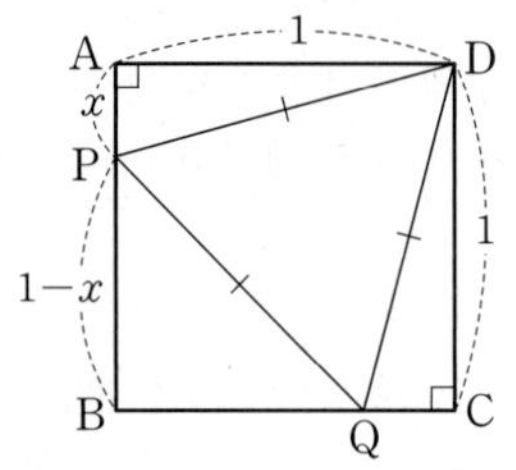

한편, 두 삼각형 PAD, QCD는
$\angle A=\angle C=90^\circ$, $\overline{PD}=\overline{QD}$, $\overline{AD}=\overline{CD}=1$
이므로 서로 합동이다.
따라서 $\overline{CQ}=\overline{AP}=x$이므로 $\overline{BQ}=1-x$
직각이등변삼각형 PBQ에서 $\overline{PQ}=\sqrt{2}(1-x)$

직각삼각형 PAD에서 $\overline{PD}=\sqrt{x^2+1}$
정삼각형 PQD에서 $\overline{PQ}=\overline{PD}$이므로
$\sqrt{2}(1-x)=\sqrt{x^2+1}$, $2(1-x)^2=x^2+1$
$x^2-4x+1=0$
$\therefore x=2-\sqrt{3}$ ($\because 0<x<1$)

287 답 ①

올해 밭의 총넓이는 $10\times10+500=600$이므로
$(10+x)(10+x-10)=600$에서
$x^2+10x-600=0$, $(x+30)(x-20)=0$
$\therefore x=-30$ 또는 $x=20$
이때 $x>10$이므로 $x=20$이다.

288 답 ⑤

$z=\frac{3-i}{1+i}=\frac{(3-i)(1-i)}{(1+i)(1-i)}=\frac{2-4i}{2}=1-2i$이므로
$z-1=-2i$에서 $(z-1)^3=(-2i)^3$
$z^3-3z^2+3z-1=8i$
$z^3-3z^2+4z+1=(z^3-3z^2+3z-1)+z+2$
$=8i+(1-2i)+2=3+6i$
$3+6i=a+bi$에서 $a=3$, $b=6$
$\therefore a+b=3+6=9$

다른 풀이

$z=\frac{3-i}{1+i}=\frac{(3-i)(1-i)}{(1+i)(1-i)}=\frac{2-4i}{2}=1-2i$이므로
$(z-1)^2=(-2i)^2$에서 $z^2-2z+5=0$
$z^3-3z^2+4z+1=(z^2-2z+5)(z-1)-3z+6$
$=-3z+6$
$=3+6i$
$3+6i=a+bi$에서 $a=3$, $b=6$
$\therefore a+b=3+6=9$

289 답 4

$z=(1+2i)x^2-(7+16i)x+12+30i$
$=(x^2-7x+12)+(2x^2-16x+30)i$
$=(x-3)(x-4)+2(x-3)(x-5)i$
이므로 $z^2<0$이기 위해서는 z가 순허수, 즉
(실수부분)$=(x-3)(x-4)=0$
(허수부분)$=2(x-3)(x-5)\neq0$
이어야 한다.
$\therefore x=4$

참고

$z^2>0$, 즉 z가 0이 아닌 실수이기 위해서는 $x=5$
$z^2=0$, 즉 $z=0$이기 위해서는 $x=3$
$z^2<0$, 즉 z가 순허수이기 위해서는 $x=4$이어야 한다.

290 답 18

조건 ㈎에서 $(1-i+z)^2<0$이므로
$1-i+z$는 순허수이다.
즉, $1-i+a+bi=(a+1)+(b-1)i$가 순허수이므로
$a=-1$, $b\neq1$
조건 ㈏에서
$z^2=(a+bi)^2=(-1+bi)^2=1-b^2-2bi=c-8i$
복소수가 서로 같을 조건에 의하여
$1-b^2=c$, $-2b=-8$이므로 $b=4$, $c=-15$
$\therefore a+b-c=(-1)+4-(-15)=18$

291 답 ②

$\{a(1+i)+b(1-i)\}^2=-4<0$이므로
복소수 $a(1+i)+b(1-i)$는 순허수이다.
$a(1+i)+b(1-i)=(a+b)+(a-b)i$에서
$a+b=0$ …… ㉠
이때 $\{(a-b)i\}^2=-4$이므로
$a-b=2$ 또는 $a-b=-2$ …… ㉡
㉠, ㉡을 연립하여 풀면
$a=1$, $b=-1$ 또는 $a=-1$, $b=1$이므로
$ab=(-1)\times1=-1$

다른 풀이

$a(1+i)+b(1-i)$가 -4의 제곱근이므로
$a(1+i)+b(1-i)$는 $2i$ 또는 $-2i$이다.
(i) $(a+b)+(a-b)i=2i$일 때
$a+b=0$이고 $a-b=2$이므로
$a=1$, $b=-1$
(ii) $(a+b)+(a-b)i=-2i$일 때
$a+b=0$이고 $a-b=-2$이므로
$a=-1$, $b=1$
(i), (ii)에 의하여 $ab=-1$이다.

292 답 ②

$2(k-2i)+k^2-35+ki=(k^2+2k-35)+(k-4)i$
이므로 이 복소수를 제곱해서 실수가 되려면
실수부분이 0이거나 허수부분이 0이 되어야 한다.
(i) (실수부분)$=0$인 경우
$k^2+2k-35=0$, $(k+7)(k-5)=0$에서
$k=-7$ 또는 $k=5$
(ii) (허수부분)$=0$인 경우
$k-4=0$에서 $k=4$
(i), (ii)에 의하여 모든 실수 k의 값의 합은
$(-7)+5+4=2$

293 답 ③

$z_1=1+i$
$z_2=iz_1=i(1+i)=i+i^2=i-1$

$z_3=iz_2=i(i-1)=i^2-i=-1-i$
$z_4=iz_3=i(-1-i)=-i-i^2=-i+1$
$z_5=iz_4=i(-i+1)=-i^2+i=1+i$
⋮
이므로 $z_n=z_{n+4}$이다.
$\therefore z_{1000}=z_{996}=z_{992}=\cdots=z_4=1-i$

다른 풀이

$z_2=iz_1$
$z_3=iz_2=i^2z_1$
$z_4=iz_3=i^3z_1$
$z_5=iz_4=i^4z_1=z_1$ ($\because i^4=1$)
⋮
따라서 $z_{n+4}=z_n$이다.
이때 $1000=4\times250$이므로
$z_{1000}=z_4=i^3z_1=-i(1+i)=1-i$

294 ······ 답 ②

$z_1=2+i$

$$z_2=\frac{1}{1-z_1}=\frac{1}{1-(2+i)}=\frac{-1+i}{2}$$

$$z_3=\frac{1}{1-z_2}=\frac{1}{1-\frac{-1+i}{2}}=\frac{3+i}{5}$$

$$z_4=\frac{1}{1-z_3}=\frac{1}{1-\frac{3+i}{5}}=2+i=z_1$$

⋮
이므로 $z_n=z_{n+3}$이다.
이때 $50=3\times16+2$이므로

$$z_{50}=z_2=\frac{i-1}{2}$$

295 ······ 답 ③, ④

① $\alpha=a+bi$ (a, b는 실수)라 하면 $\bar{\alpha}=a-bi$에서
$\alpha+\bar{\alpha}=(a+bi)+(a-bi)=2a=0$이므로
$\alpha=bi$이고 $\alpha^2=-b^2\le0$ (거짓)
② $\alpha=1+i$, $\beta=2-i$이면 $\alpha+\beta$는 실수이지만 $\beta\ne\bar{\alpha}$이다. (거짓)
③ $\alpha\bar{\alpha}=1$이면 $\bar{\alpha}=\frac{1}{\alpha}$이므로 $\alpha+\frac{1}{\alpha}=\alpha+\bar{\alpha}$는 실수이다. (참)
④ $\alpha=0$인 경우는 참이므로 $\alpha\ne0$인 경우를 생각해보면
$\alpha\beta=0$에서 $\frac{1}{\alpha}\times\alpha\beta=\frac{1}{\alpha}\times0$, 즉 $\beta=0$이다.
따라서 $\alpha\beta=0$이면 $\alpha=0$ 또는 $\beta=0$이다. (참)
⑤ $\alpha=1$, $\beta=i$이면 $\alpha^2+\beta^2=0$이지만 $\alpha\ne0$, $\beta\ne0$이다. (거짓)
따라서 옳은 것은 ③, ④이다.

296 ······ 답 ⑤

$z=a+bi$ (a, b는 실수, $a>0$)라 하면 $\bar{z}=a-bi$
$z-\bar{z}=2bi=2i$에서 $b=1$이므로 $z=a+i$

$$\begin{aligned}z^3-\bar{z}^3&=(z-\bar{z})^3+3z\bar{z}(z-\bar{z})\\&=(2i)^3+3(a^2+1)\times2i\\&=-8i+6(a^2+1)i=\{-8+6(a^2+1)\}i\\&=22i\end{aligned}$$

이때 복소수가 서로 같을 조건에 의하여
$-8+6(a^2+1)=22$, $6(a^2+1)=30$, $a^2+1=5$
$a^2=4$ $\quad\therefore a=2$ ($\because a>0$)
따라서 $z=2+i$이므로
$z^2-\bar{z}^2=(z+\bar{z})(z-\bar{z})=4\times2i=8i$

297 ······ 답 ⑤

$z=\frac{1+\sqrt{7}i}{2}$에서 $\bar{z}=\frac{1-\sqrt{7}i}{2}$이므로
$z+\bar{z}=1$, $z\bar{z}=2$
이때 $w=\frac{2z-1}{z+1}$이므로

$$\begin{aligned}w\bar{w}&=\frac{2z-1}{z+1}\times\frac{2\bar{z}-1}{\bar{z}+1}=\frac{4z\bar{z}-2(z+\bar{z})+1}{z\bar{z}+(z+\bar{z})+1}\\&=\frac{4\times2-2\times1+1}{2+1+1}=\frac{7}{4}\end{aligned}$$

298 ······ 답 8

$z^2=4\sqrt{3}+4i$이므로 $\bar{z}^2=4\sqrt{3}-4i$이다.

$$\begin{aligned}z^2\times\bar{z}^2&=(4\sqrt{3}+4i)(4\sqrt{3}-4i)\\&=48+16=64\end{aligned}$$

$\therefore z\bar{z}=8$ ($\because z\bar{z}\ge0$) ······ TIP

다른 풀이

$z=a+bi$ (a, b는 실수)라 하면
$z^2=a^2-b^2+2abi=4\sqrt{3}+4i$
이므로 복소수가 서로 같을 조건에 의하여
$a^2-b^2=4\sqrt{3}$, $ab=2$

$$\begin{aligned}(a^2+b^2)^2&=(a^2-b^2)^2+4a^2b^2\\&=(4\sqrt{3})^2+4\times2^2=64\end{aligned}$$

$\therefore z\bar{z}=a^2+b^2=8$ ($\because a$, b는 실수)

> **TIP**
> 복소수 $z=a+bi$ (a, b는 실수)에서 $\bar{z}=a-bi$이므로
> $z\bar{z}=(a+bi)(a-bi)=a^2+b^2\ge0$이다.
> 즉, 항상 $z\bar{z}\ge0$이 성립한다.

299 ······ 답 ②

$\bar{\alpha}\beta=4$에서 $\overline{\bar{\alpha}\beta}=\alpha\bar{\beta}=4$이므로

$\bar{\beta}=\frac{4}{\alpha}$, $\frac{4}{\bar{\beta}}=\alpha$

$$\therefore\left(\bar{\beta}+\frac{4}{\bar{\beta}}\right)^2=\left(\frac{4}{\alpha}+\alpha\right)^2=(5i)^2=-25$$

300 ······ 답 ④

$z+\frac{1}{z}$이 실수이므로 $z+\frac{1}{z}=\overline{z+\frac{1}{z}}$

$\overline{z+\frac{1}{z}}=\bar{z}+\frac{1}{\bar{z}}$이므로 $\bar{z}+\frac{1}{\bar{z}}=z+\frac{1}{z}$에서

$\bar{z}-z+\frac{1}{\bar{z}}-\frac{1}{z}=0$

$\bar{z}-z-\frac{\bar{z}-z}{z\bar{z}}=(\bar{z}-z)\left(1-\frac{1}{z\bar{z}}\right)=0$

$\therefore z=\bar{z}$ 또는 $z\bar{z}=1$

이때 $z=\bar{z}$이면 z는 실수이므로

$z\bar{z}=1$

다른 풀이

$z=a+bi$ (a, b는 실수, $b\neq0$)라 하면

$$\begin{aligned} z+\frac{1}{z}&=a+bi+\frac{1}{a+bi} \\ &=a+bi+\frac{a-bi}{(a+bi)(a-bi)} \\ &=a+bi+\frac{a-bi}{a^2+b^2} \\ &=\left(a+\frac{a}{a^2+b^2}\right)+\left(b-\frac{b}{a^2+b^2}\right)i \end{aligned}$$

이므로 $z+\frac{1}{z}$이 실수이기 위해서는 허수부분이 0이어야 한다.

즉, $b-\frac{b}{a^2+b^2}=0$에서 $b\left(1-\frac{1}{a^2+b^2}\right)=0$

$\therefore a^2+b^2=1$ ($\because b\neq0$)

$\therefore z\bar{z}=(a+bi)(a-bi)=a^2+b^2=1$

301 ······ 답 ①

$z=a+bi$ (a, b는 실수, $b\neq0$)라 하면 $\bar{z}=a-bi$

$$\begin{aligned} z\bar{z}+\frac{z}{\bar{z}}&=(a+bi)(a-bi)+\frac{a+bi}{a-bi} \\ &=(a^2+b^2)+\frac{a^2-b^2+2abi}{a^2+b^2} \\ &=\left(a^2+b^2+\frac{a^2-b^2}{a^2+b^2}\right)+\frac{2ab}{a^2+b^2}i=5 \end{aligned}$$ ······ ㉠

이때 복소수가 서로 같을 조건에 의하여

$\frac{2ab}{a^2+b^2}=0$에서 $a=0$ ($\because b\neq0$)

이를 ㉠에 대입하면

$b^2-1=5$이므로 $b^2=6$

$\therefore (z-\bar{z})^2=(2bi)^2=-4b^2=-24$

302 ······ 답 9

$$\begin{aligned} z&=(1+2i)x^2-2(1-i)x-3(1+4i) \\ &=(x^2-2x-3)+(2x^2+2x-12)i \\ &=(x+1)(x-3)+2(x+3)(x-2)i \end{aligned}$$

조건 (가)에서 $z\neq\bar{z}$이려면 z는 허수이어야 하므로 $a\neq-3$, $a\neq2$이다. ······ ㉠

조건 (나)에서 $z=a$, 즉 z가 실수이려면

$2(x+3)(x-2)=0$에서 $x=-3$ 또는 $x=2$이므로

$b=-3$ 또는 $b=2$이다.

이때 $b=2$이면 $a=-3$이므로 ㉠을 만족시키지 않고,

$b=-3$이면 $a=12$이므로 두 조건 (가), (나)를 모두 만족시킨다.

$\therefore a+b=12+(-3)=9$

303 ······ 답 ③

ㄱ. $z^4<0$이므로 z^2이 순허수이다.
$z^2=ki$ ($k\neq0$)라 하면
$\bar{z}^2=\overline{z^2}=-ki$이므로 $\bar{z}^2$은 순허수이다. (참)

ㄴ. $z=a+bi$ (a, b는 실수)에 대하여
$z^2=(a+bi)^2=a^2-b^2+2abi=(a+b)(a-b)+2abi$가
순허수이므로 $(a+b)(a-b)=0$, $2ab\neq0$이다.
즉, 0이 아닌 두 실수 a, b에 대하여
$a=b$ 또는 $a=-b$이어야 한다.
따라서 $z=a+ai$ 또는 $z=a-ai$이다. ······ ㉠
이때 $z=a+ai$인 경우 z의 실수부분과 허수부분은 같지만,
$z=a-ai$인 경우 z의 실수부분과 허수부분은 같지 않다. (거짓)

ㄷ. ㉠에서 $z=a\pm ai$ ($a\neq0$)라 하면 $\bar{z}=a\mp ai$ (복부호동순)이므로
$z+\bar{z}=4$에서 $2a=4$, $a=2$이다.
즉, $z=2\pm2i$, $\bar{z}=2\mp2i$ (복부호동순)이므로 $z\bar{z}=4+4=8$ (참)

따라서 옳은 것은 ㄱ, ㄷ이다.

304 ······ 답 25

$z=\frac{-1+i}{\sqrt{2}}$

$z^2=\left(\frac{-1+i}{\sqrt{2}}\right)^2=-i$

$z^4=(z^2)^2=(-i)^2=-1$

$z^8=(z^4)^2=(-1)^2=1$

이므로 복소수 z의 거듭제곱은 z, z^2, $\cdots$, z^8의 값이 반복된다.

따라서 $z^n=1$을 만족시키는 자연수 n은

$n=8k$ (k는 자연수) 꼴이므로 $1\le n\le200$을 만족시키는 자연수

n은 8×1, 8×2, $\cdots$, 8×25의 25개이다.

305 ······ 답 ②

$$\begin{aligned} &i-3i^2+5i^3-7i^4+\cdots-99i^{50}+101i^{51} \\ &=\{i-3\times(-1)+5\times(-i)-7\} \\ &\quad+\{9i-11\times(-1)+13\times(-i)-15\}+\cdots+97i^{49}-99i^{50}+101i^{51} \\ &=(-4i-4)\times12+97i+99-101i \\ &=-48i-48-4i+99 \\ &=51-52i \end{aligned}$$

306 ······ 답 ①

$f(n)=ni^n-(n+1)i^{n+1}$에서

$f(1)=i-2i^2$

$f(2)=2i^2-3i^3$

$f(3)=3i^3-4i^4$

$\vdots$

$f(16)=16i^{16}-17i^{17}$

$\therefore f(1)+f(2)+f(3)+\cdots+f(16)$
$=(i-2i^2)+(2i^2-3i^3)+(3i^3-4i^4)+\cdots+(16i^{16}-17i^{17})$
$=i-17i^{17}$
$=i-17i$
$=-16i$

307

답 ⑤

ㄱ. $f(2)=i^2+i^3+i^4=-1-i+1=-i$ (참)
ㄴ. $f(n+4)=i^{n+4}+i^{n+5}+i^{n+6}$
$=i^n+i^{n+1}+i^{n+2}$ ($\because i^4=1$)
$=f(n)$ (참)
ㄷ. $f(1)+f(2)+f(3)+f(4)=(-1)+(-i)+1+i=0$이므로
$f(1)+f(2)+f(3)+\cdots+f(98)$
$=\{f(1)+f(2)+f(3)+f(4)\}$
$+\cdots+\{f(93)+f(94)+f(95)+f(96)\}+f(97)+f(98)$
$=f(97)+f(98)=f(1)+f(2)=-1-i$ (참)
따라서 옳은 것은 ㄱ, ㄴ, ㄷ이다.

참고
자연수 n에 대하여 $i^n+i^{n+2}=0$이므로
$f(n)=i^{n+1}$이다.
이를 이용하여 문제를 풀 수도 있다.

308

답 13

8의 모든 양의 약수는 1, 2, 4, 8이므로
$f(8)=i^1+i^2+i^4+i^8=i-1+1+1=i+1$
2^m의 모든 양의 약수는 1, 2, 2^2, ⋯, 2^m이므로
$f(2^m)=i^1+i^2+i^{2^2}+\cdots+i^{2^m}$
이때 2^m의 모든 양의 약수의 개수는 $m+1$이고,
t가 2 이상의 자연수이면 $i^{2^t}=1$이므로
$f(2^m)=i-1+1+1+\cdots+1=i+m-2$
$f(2^m)-f(8)=10$에서
$(i+m-2)-(i+1)=10$
$\therefore m=13$

309

답 ④

두 실수 a, b ($b\neq0$)에 대하여
$z=a+bi$라 하면 $\overline{z}=a-bi$이므로
$z^2=\overline{z}$에서 $(a+bi)^2=a-bi$
$a^2-b^2+2abi=a-bi$
이때 복소수가 서로 같을 조건에 의하여
$a^2-b^2=a$ …… ㉠
$2ab=-b$ …… ㉡
㉡에서 $2ab+b=0$, $b(2a+1)=0$
$\therefore a=-\frac{1}{2}$ ($\because b\neq0$)
이를 ㉠에 대입하면 $b^2=\frac{3}{4}$
$\therefore z+\overline{z}=2a=-1$, $z\overline{z}=a^2+b^2=1$

한편, $z^2=\overline{z}$에서 $\overline{z}^2=z$이므로
$z^3=zz^2=z\overline{z}$, $z^4=zz^3=z^2\overline{z}=\overline{z}^2=z$
$z^5=zz^4=z^2=\overline{z}$, $z^6=zz^5=z\overline{z}$
$\therefore z^6+z^5+z^4+z^3+z^2+z+1$
$=z\overline{z}+\overline{z}+z+z\overline{z}+\overline{z}+z+1$
$=2(z+\overline{z})+2z\overline{z}+1$
$=2\times(-1)+2\times1+1$
$=1$

다른 풀이
$z^2=\overline{z}$이므로 $z^4=\overline{z}^2$
이때 $\overline{z}^2=\overline{z^2}=\overline{\overline{z}}=z$이므로
$z^4=z$에서 $z^4-z=0$
$z(z-1)(z^2+z+1)=0$
$\therefore z^2+z+1=0$ ($\because z\neq0$, $z\neq1$)
$\therefore z^6+z^5+z^4+z^3+z^2+z+1$
$=z^4(z^2+z+1)+z(z^2+z+1)+1$
$=0+0+1=1$

310

답 144

$(1+i)^2=2i$
$(1+i)^4=(2i)^2=-4$
$(1+i)^8=(-4)^2=16=2^4$
$(1+i)^{8k}=2^{4k}$ (k는 자연수)
따라서 $m=8k$, $n=4k$이므로 $m=2n$ …… ㉠
$m\leq100$, $n\leq100$이므로 m이 최댓값을 가질 때,
$m+n$이 최댓값을 갖는다.
100보다 작은 8의 배수 중 최댓값은 $8\times12=96$이므로
m의 최댓값은 96이고, 그때의 n의 값은 48이다. ($\because$ ㉠)
따라서 $m+n$의 최댓값은 $96+48=144$이다.

311

답 75

$\frac{1}{i}=-i$, $\frac{1}{i^2}=-1$, $\frac{1}{i^3}=i$, $\frac{1}{i^4}=1$이므로
$\frac{1}{i}-\frac{1}{i^2}+\frac{1}{i^3}-\frac{1}{i^4}+\cdots+\frac{(-1)^{n+1}}{i^n}$
$=(-i+1+i-1)+(-i+1+i-1)+\cdots+\frac{(-1)^{n+1}}{i^n}$
$=1-i$
가 되려면 $n=4k+2$ (k는 음이 아닌 정수) 꼴이므로
$1\leq n\leq300$에서 $1\leq4k+2\leq300$
$\therefore -\frac{1}{4}\leq k\leq\frac{149}{2}=74.5$
위 부등식을 만족시키는 음이 아닌 정수 k의 개수가 75이므로
구하는 자연수 n의 개수는 75이다.

312

답 24

$z^2=\left(\frac{\sqrt{2}}{1-i}\right)^2=\frac{2}{-2i}=i$
$z^4=i^2=-1$

$z^8=(-1)^2=1$이고,

$w^2=\left(\frac{-1+\sqrt{3}i}{2}\right)^2=\frac{-1-\sqrt{3}i}{2}$

$w^3=w\times w^2=\frac{-1+\sqrt{3}i}{2}\times\frac{-1-\sqrt{3}i}{2}=\frac{1+3}{4}=1$

이때 등식 $z^n=w^n$이 성립하려면

n은 3과 8의 공배수, 즉 24의 배수이어야 한다.

따라서 구하는 자연수 n의 최솟값은 24이다.

313 ········ 답 ③

$a>0$, $b<0$이므로

$\frac{\sqrt{25a^2}}{\sqrt{-a^2}}+2\sqrt{ab}\sqrt{ab}+\sqrt{(a+1)^2}\sqrt{-(a+1)^2}$

$=-\sqrt{\frac{25a^2}{-a^2}}-2\sqrt{(ab)^2}+(a+1)\times(a+1)i$

$=-5i+2ab+(a^2+2a+1)i$

$=2ab+(a^2+2a-4)i$

즉, $2ab+(a^2+2a-4)i=-24+4i$이므로

복소수가 서로 같을 조건에 의하여

$2ab=-24$에서 $ab=-12$ ······ ㉠

$a^2+2a-4=4$에서 $a^2+2a-8=0$, $(a+4)(a-2)=0$

$\therefore a=2$ ($\because a>0$), $b=-6$ ($\because$ ㉠)

$\therefore a+b=2+(-6)=-4$

314 ········ 답 ②

$\sqrt{x}\sqrt{y}=-\sqrt{xy}$에서 $x<0$, $y<0$이고,

$\frac{\sqrt{z}}{\sqrt{y}}=-\sqrt{\frac{z}{y}}$에서 $z>0$이다.

따라서 $x+y<0$, $z-y>0$, $x-z<0$이므로

$|x+y|+\sqrt{(z-y)^2}-|x-z|$

$=-(x+y)+(z-y)-\{-(x-z)\}$

$=-2y$

315 ········ 답 ④

$\sqrt{x}\sqrt{x+4}=-\sqrt{x^2+4x}$가 성립하려면

$x<0$, $x+4<0$을 동시에 만족시키거나

$x=0$ 또는 $x=-4$이므로 $x=0$, $x\le-4$ ······ ㉠

$\frac{\sqrt{x+6}}{\sqrt{x-5}}=-\sqrt{\frac{x+6}{x-5}}$이 성립하려면

$x+6>0$, $x-5<0$을 동시에 만족시키거나 $x=-6$이므로

$-6\le x<5$ ······ ㉡

㉠, ㉡을 동시에 만족시키는 x의 값의 범위는 $x=0$, $-6\le x\le-4$

이므로 이를 만족시키는 정수 x는 -6, -5, -4, 0의 4개이다.

316 ········ 답 ③

$\sqrt{\frac{ab}{c}}=-\frac{\sqrt{ab}}{\sqrt{c}}$에서 $c<0$, $ab>0$이고,

$\sqrt{b}\sqrt{c}=\sqrt{bc}$에서 $c<0$이므로 $b>0$이다.

$\therefore a>0$, $b>0$, $c<0$

ㄱ. $a>0$, $b>0$이므로 $|a+b|=a+b=|a|+|b|$ (참)

ㄴ. $a>0$, $b>0$, $c<0$이므로

$\frac{\sqrt{a}}{\sqrt{b}\sqrt{c}}=\frac{\sqrt{a}}{\sqrt{bc}}=-\sqrt{\frac{a}{bc}}$ (참)

ㄷ. $a>0$, $b>0$, $c<0$이므로

$\sqrt{-a}\sqrt{-b}\sqrt{-c}=-\sqrt{(-a)\times(-b)}\sqrt{-c}$

$=-\sqrt{-abc}$ (거짓)

따라서 옳은 것은 ㄱ, ㄴ이다.

317 ········ 답 7

두 실수 x, y의 곱이 양수이고 $x+3y<0$이므로

$x<0$, $y<0$이다.

$\therefore \sqrt{\frac{x}{3y}}+\sqrt{\frac{3y}{x}}=\frac{\sqrt{x}}{\sqrt{3y}}+\frac{\sqrt{3y}}{\sqrt{x}}$

$=\frac{\sqrt{x}\sqrt{x}+\sqrt{3y}\sqrt{3y}}{\sqrt{3y}\sqrt{x}}$

$=\frac{x+3y}{-\sqrt{3xy}}=\frac{-21}{-3}=7$

다른 풀이

$x+3y=-21$ ······ ㉠

$xy=3$ ······ ㉡

이므로 $x<0$, $y<0$

㉠에서 $x=-21-3y$이므로 ㉡에 대입하여 정리하면

$y^2+7y+1=0$

양변을 y로 나누면 $y+\frac{1}{y}=-7$ ······ ㉢

한편, ㉡에서 $x=\frac{3}{y}$이므로

$\sqrt{\frac{x}{3y}}+\sqrt{\frac{3y}{x}}=\sqrt{\frac{1}{y^2}}+\sqrt{y^2}$

$=-\frac{1}{y}-y$ ($\because y<0$)

$=-\left(y+\frac{1}{y}\right)=7$ ($\because$ ㉢)

318 ········ 답 ④

이차방정식 $x^2-2(k-a)x+k^2-4k+b=0$의 판별식을 D라 하면

중근을 가지므로

$\frac{D}{4}=(k-a)^2-(k^2-4k+b)$

$=2k(2-a)+a^2-b=0$

위 등식이 k의 값에 관계없이 항상 성립하므로

$2-a=0$에서 $a=2$

$a^2-b=0$에서 $4-b=0$이므로 $b=4$

$\therefore ab=2\times4=8$

319 ········ 답 ②

$x=\frac{b\pm\sqrt{b^2+ac}}{a}$로 잘못 구한 한 근이 $1+i$이므로

나머지 한 근은 $1-i$이다.

$\frac{b+\sqrt{b^2+ac}}{a}+\frac{b-\sqrt{b^2+ac}}{a}=(1+i)+(1-i)$에서

$\frac{2b}{a}=2 \quad \therefore b=a$

$\frac{b+\sqrt{b^2+ac}}{a}\times\frac{b-\sqrt{b^2+ac}}{a}=(1+i)\times(1-i)$에서

$\frac{b^2-(b^2+ac)}{a^2}=2 \quad \therefore c=-2a$

$\therefore ax^2+bx+c=ax^2+ax-2a$
$=a(x^2+x-2)$
$=a(x+2)(x-1)=0$

따라서 바르게 구한 두 근은 $\alpha=1$, $\beta=-2$ ($\because \alpha>\beta$)이므로

$\frac{\beta}{\alpha}=\frac{-2}{1}=-2$

320 답 $\alpha=\frac{3}{2}, \beta=-\frac{1}{2}$

이차방정식 $x^2-2px+q=0$의 판별식을 D라 하면 이 이차방정식이 중근을 가지므로

$\frac{D}{4}=p^2-q=0$, $q=p^2$ …… ㉠

이를 위의 이차방정식에 대입하면

$x^2-2px+p^2=(x-p)^2=0$에서 $\alpha=p$이다.

이차방정식 $3x^2-2px+q-5p+3=0$이 $\alpha=p$를 근으로 가지므로 이를 대입하면

$3p^2-2p\times p+p^2-5p+3=0$ ($\because$ ㉠)

$2p^2-5p+3=(2p-3)(p-1)=0$에서 $p=\frac{3}{2}$ 또는 $p=1$

이때 $p=1$이면 ㉠에서 $p=q=1$이므로 p, q가 서로 다른 실수라는 조건에 모순이다. 즉, $p=\frac{3}{2}$, $q=\frac{9}{4}$이다.

이를 방정식 $3x^2-2px+q-5p+3=0$에 대입하면

$3x^2-2\times\frac{3}{2}x+\frac{9}{4}-5\times\frac{3}{2}+3=0$

$3x^2-3x-\frac{9}{4}=0$, $4x^2-4x-3=0$

$(2x+1)(2x-3)=0$에서 $x=-\frac{1}{2}$ 또는 $x=\frac{3}{2}$

$\therefore \alpha=\frac{3}{2}, \beta=-\frac{1}{2}$

321 답 ③

x에 대한 방정식 $(1-n)x^2+2\sqrt{2}x-1=0$에 대하여

(i) $n=1$인 경우

주어진 방정식은 $2\sqrt{2}x-1=0$이므로 $x=\frac{1}{2\sqrt{2}}$이다.

$\therefore f(1)=1$

(ii) $n\neq1$인 경우

주어진 이차방정식의 판별식을 D라 하면

$\frac{D}{4}=(\sqrt{2})^2-(-1)\times(1-n)=3-n$이므로

$f(0)=f(2)=2$, $f(3)=1$, $f(4)=0$

(i), (ii)에 의하여

$f(0)+f(1)+f(2)+f(3)+f(4)$
$=2+1+2+1+0=6$

322 답 ④

이차방정식 $x^2+ax+b=0$의 판별식을 D라 할 때, 두 허근을 가지므로

$D=a^2-4b<0$

$\therefore b>\frac{a^2}{4}$ …… ㉠

ㄱ. 방정식 $x^2+2bx-a^2=0$의 판별식을 D_1이라 하면

$\frac{D_1}{4}=b^2+a^2>\frac{a^4}{16}+a^2$ ($\because$ ㉠)

이때 $\frac{a^4}{16}+a^2\geq0$이므로 $D_1>0$

즉, 서로 다른 두 실근을 갖는다.

ㄴ. 방정식 $x^2+ax+3b=0$의 판별식을 D_2라 하면

$D_2=a^2-12b<a^2-3a^2$ ($\because$ ㉠)
$=-2a^2\leq0$

즉, 서로 다른 두 허근을 갖는다.

ㄷ. 방정식 $x^2+2(a^2-4b)x-4b=0$의 판별식을 D_3이라 하면

$\frac{D_3}{4}=(a^2-4b)^2+4b>0$ ($\because$ $(a^2-4b)^2>0$이고 $b>0$)

즉, 서로 다른 두 실근을 갖는다.

따라서 항상 서로 다른 두 실근을 갖는 방정식은 ㄱ, ㄷ이다.

323 답 4

$|x^2-(2a+1)x+3a+1|=2$의 한 근이 a가 되려면

$|a^2-(2a+1)a+3a+1|=2$

$|a^2-2a-1|=2$에서

$a^2-2a-1=2$ 또는 $a^2-2a-1=-2$

$a^2-2a-3=0$ 또는 $a^2-2a+1=0$

$(a+1)(a-3)=0$ 또는 $(a-1)^2=0$

$\therefore a=-1$ 또는 $a=3$ 또는 $a=1$

따라서 구하는 모든 양수 a의 값의 합은

$3+1=4$

324 답 $-\sqrt{5}, 3$

방정식 $x^2+2|x|-7=2\sqrt{(x+1)^2}$에서

$x^2+2|x|-7=2|x+1|$

(i) $x<-1$일 때

$x^2-2x-7=-2(x+1)$에서 $x^2=5$

$\therefore x=-\sqrt{5}$ ($\because x<-1$)

(ii) $-1\leq x<0$일 때

$x^2-2x-7=2(x+1)$에서 $x^2-4x-9=0$

이때 이차방정식의 근의 공식에 의하여 $x=2\pm\sqrt{13}$이므로 $-1\leq x<0$을 만족시키는 값은 존재하지 않는다.

(iii) $x\geq0$일 때

$x^2+2x-7=2(x+1)$에서 $x^2=9 \quad \therefore x=3$ ($\because x\geq0$)

(i)~(iii)에 의하여 구하는 모든 근은 $-\sqrt{5}$, 3이다.

325 답 ②

이차방정식 $x^2+px+q=0$에서 근의 공식에 의하여

$x=\dfrac{-p\pm\sqrt{p^2-4q}}{2}$ ...... ㉠

이 이차방정식이 서로 다른 두 허근을 가지므로 $p^2-4q<0$이고,

α, β는 $\dfrac{-p\pm\sqrt{p^2-4q}}{2}=-\dfrac{p}{2}\pm\dfrac{\sqrt{4q-p^2}}{2}i$

이때 실수부분은 $-\dfrac{p}{2}$, 허수부분은 $\pm\dfrac{\sqrt{4q-p^2}}{2}$이다.

실수부분 $-\dfrac{p}{2}$가 정수가 되도록 하는 소수 p의 값은 2뿐이므로

$p=2$이다.

허수부분에 이를 대입하면 $\pm\dfrac{\sqrt{4q-p^2}}{2}=\pm\dfrac{\sqrt{4q-4}}{2}=\pm\sqrt{q-1}$

허수부분도 정수가 되려면 제곱근 안의 수가 제곱수가 되어야 하므로

$q-1=k^2$ (k는 자연수), $q=k^2+1$

이를 만족시키는 50 이하의 소수 q의 값은

$k=1$일 때 $q=2$, $k=2$일 때 $q=5$,

$k=4$일 때 $q=17$, $k=6$일 때 $q=37$

따라서 $p+q$의 최솟값은 $p=2$, $q=2$일 때 4이고,

최댓값은 $p=2$, $q=37$일 때 39이므로 구하는 합은

$4+39=43$

326

답 ③

이차방정식 $ax^2+bx+c=0$의 두 근이 α, β이므로

이차방정식의 근과 계수의 관계에 의하여

$\alpha+\beta=-\dfrac{b}{a}$, $\alpha\beta=\dfrac{c}{a}$

$c(x-2)^2+b(x-2)+a=0$에서 $t=x-2$라 하면 ...... ㉠

$ct^2+bt+a=0$은 t에 대한 이차방정식이고,

이차방정식 $ax^2+bx+c=0$의 두 근이 α, β이므로

이차방정식 $ct^2+bt+a=0$의 두 근은 $t=\dfrac{1}{\alpha}$ 또는 $t=\dfrac{1}{\beta}$이다.

㉠에서 $x=t+2$이므로

이차방정식 $c(x-2)^2+b(x-2)+a=0$의 두 근은

$\dfrac{1}{\alpha}+2$, $\dfrac{1}{\beta}+2$이다.

327

답 7

이차방정식 $x^2-2x-1=0$의 두 근이 α, β이므로

이차방정식의 근과 계수의 관계에 의하여

$\alpha+\beta=2$, $\alpha\beta=-1$

$\begin{cases} f(\alpha)=2\beta=4-2\alpha \\ f(\beta)=2\alpha=4-2\beta \end{cases}$에서

$f(\alpha)+2\alpha-4=0$, $f(\beta)+2\beta-4=0$이다.

즉, 방정식 $f(x)+2x-4=0$의 두 근이 α, β이고

$f(x)$의 이차항의 계수는 1이므로

$f(x)+2x-4=x^2-(\alpha+\beta)x+\alpha\beta=x^2-2x-1$

$\therefore f(x)=(x^2-2x-1)-2x+4$

$\qquad\quad =x^2-4x+3$

따라서 $a=-4$, $b=3$이므로

$b-a=3-(-4)=7$

328

답 $a\geq\dfrac{4}{3}$

이차방정식 $ax^2-5ax+a+4=0$ $(a>0)$의 판별식을 D라 하면

이 이차방정식이 서로 다른 두 실근을 가져야 하므로

$D=25a^2-4a(a+4)>0$에서

$21a^2-16a>0$, $a\left(a-\dfrac{16}{21}\right)>0$

$\therefore a>\dfrac{16}{21}$ $(\because a>0)$ ...... ㉠

주어진 이차방정식의 두 실근을 α, β라 하면

이차방정식의 근과 계수의 관계에 의하여

$\alpha+\beta=\dfrac{5a}{a}=5$, $\alpha\beta=\dfrac{a+4}{a}=1+\dfrac{4}{a}$

이때 $(\alpha-\beta)^2=(\alpha+\beta)^2-4\alpha\beta$이고 두 실근의 차가 3 이상이어야 하므로

$(\alpha-\beta)^2=5^2-4\times\left(1+\dfrac{4}{a}\right)\geq 9$

$12-\dfrac{16}{a}\geq 0$, $\dfrac{1}{a}\leq\dfrac{3}{4}$ $\quad\therefore a\geq\dfrac{4}{3}$ ...... ㉡

㉠, ㉡에서 구하는 양의 실수 a의 값의 범위는 $a\geq\dfrac{4}{3}$이다.

329

답 ④

이차방정식 $x^2-4x+5=0$의 판별식을 D라 하면

$\dfrac{D}{4}=(-2)^2-5<0$이므로 서로 다른 두 허근을 갖는다.

이때 두 근이 α, β이므로 $\overline{\alpha}=\beta$, $\overline{\beta}=\alpha$이다.

한편, 이차방정식의 근과 계수의 관계에 의하여

$\alpha+\beta=4$, $\alpha\beta=5$이므로

$\alpha^2\overline{\beta}+\overline{\alpha}\beta^2=\alpha^3+\beta^3$

$\qquad\qquad =(\alpha+\beta)^3-3\alpha\beta(\alpha+\beta)$

$\qquad\qquad =4^3-3\times5\times4$

$\qquad\qquad =4$

참고

이차방정식의 한 근 α가 허수가 아닌 실수이면 $\overline{\alpha}=\alpha$이므로

이차방정식의 두 근을 α, $\overline{\alpha}$라 할 수 없다.

따라서 판별식을 통해 방정식의 근이 허수인지를 파악할 필요가 있다.

330

답 ④

이차방정식 $x^2+px+q=0$의 두 근은 α, β이므로

이차방정식의 근과 계수의 관계에 의하여

$\alpha+\beta=-p$ ...... ㉠

$\alpha\beta=q$ ...... ㉡

이차방정식 $x^2+qx+r=0$의 두 근은 3α, 3β이므로

이차방정식의 근과 계수의 관계에 의하여

$3(\alpha+\beta)=-q$ ...... ㉢

$9\alpha\beta=r$ ...... ㉣

㉠을 ㉢에 대입하면 $-3p=-q$에서 $p=\dfrac{q}{3}$

㉡을 ㉣에 대입하면 $9q=r$

$\therefore \frac{p}{r}=\frac{\frac{q}{3}}{9q}=\frac{1}{27}$

다른 풀이

이차방정식 $x^2+px+q=0$의 두 근이 α, β이므로

$\left(\frac{x}{3}\right)^2+p\left(\frac{x}{3}\right)+q=0$, 즉 $x^2+3px+9q=0$의 두 근은 3α, 3β이다.

따라서 두 이차방정식 $x^2+3px+9q=0$,

$x^2+qx+r=0$의 좌변의 계수를 비교하면

$3p=q$, $9q=r$

즉, $p=\frac{q}{3}$, $r=9q$이므로

$\frac{p}{r}=\frac{\frac{q}{3}}{9q}=\frac{1}{27}$

331 답 13

$z=p+qi$ (p, q는 실수)라 하자.

$(2i+z)^2>0$에서 $2i+z$는 실수이어야 한다.

따라서 $q=-2$이므로 $z=p-2i$이다.

한편, z는 이차방정식 $x^2+6x+a=0$의 한 허근이므로

그 켤레복소수인 $\bar{z}=p+2i$를 나머지 한 근으로 갖는다.

따라서 이차방정식의 근과 계수의 관계에 의하여

$z+\bar{z}=-6$에서 $2p=-6$ $\quad\therefore p=-3$

따라서 $z=-3-2i$, $\bar{z}=-3+2i$이므로

$a=z\bar{z}=(-3-2i)(-3+2i)=9+4=13$

332 답 ④

이차방정식 $x^2-2x+3=0$의 판별식을 D라 하면

$\frac{D}{4}=(-1)^2-3<0$이므로 α는 허근이다.

따라서 이차방정식 $x^2-2x+3=0$의 두 근은

α, $\bar{\alpha}$ ($\bar{\alpha}$는 α의 켤레복소수)이므로 $\alpha+\bar{\alpha}=2$, $\alpha\bar{\alpha}=3$이다.

$$\begin{aligned}\therefore z+\bar{z}&=\frac{\alpha}{2\alpha-1}+\frac{\bar{\alpha}}{2\bar{\alpha}-1}\\&=\frac{\alpha(2\bar{\alpha}-1)+\bar{\alpha}(2\alpha-1)}{(2\alpha-1)(2\bar{\alpha}-1)}\\&=\frac{4\alpha\bar{\alpha}-(\alpha+\bar{\alpha})}{4\alpha\bar{\alpha}-2(\alpha+\bar{\alpha})+1}\\&=\frac{12-2}{12-4+1}=\frac{10}{9}\end{aligned}$$

333 답 ②

이차방정식 $x^2+3kx+6k=0$에서 근과 계수의 관계에 의하여

$\alpha+\beta=-3k$, $\alpha\beta=6k$ ...... ㉠

k가 양의 실수이므로 $\alpha+\beta<0$, $\alpha\beta>0$

$\therefore \alpha<0$, $\beta<0$

이때 $|\alpha|-|\beta|=3$에서 $-\alpha+\beta=3$이므로 $\beta=\alpha+3$이고,

β는 음수이므로 $\beta=\alpha+3<0$에서

$\alpha<-3$ ...... ㉡

㉠에서

$\alpha+\beta=\alpha+(\alpha+3)=-3k$

즉, $k=\frac{-2\alpha-3}{3}$이고 $\alpha\beta=\alpha(\alpha+3)=6k$이므로

$\alpha(\alpha+3)=2(-2\alpha-3)$, $\alpha^2+7\alpha+6=0$

$(\alpha+6)(\alpha+1)=0$에서 $\alpha=-6$ ($\because$ ㉡)이므로

$\beta=-3$, $k=3$

$\therefore k-\alpha-2\beta=3-(-6)-2\times(-3)=15$

다른 풀이

이차방정식 $x^2+3kx+6k=0$에서

이차방정식의 근과 계수의 관계에 의하여

$\alpha+\beta=-3k$, $\alpha\beta=6k$ ...... ㉠

이고, k가 양의 실수이므로

$\alpha+\beta<0$, $\alpha\beta>0$ $\quad\therefore \alpha<0$, $\beta<0$

이때 $|\alpha|-|\beta|=3$에서 $\beta-\alpha=3$ ...... ㉡

$(\alpha+\beta)^2=(\alpha-\beta)^2=4\alpha\beta$이므로 ㉠, ㉡에서

$(-3k)^2=3^2+4\times6k$, $9k^2-24k-9=0$

$(3k+1)(k-3)=0$ $\quad\therefore k=3$ ($\because k>0$)

이를 방정식에 대입하면

$x^2+9x+18=0$, $(x+3)(x+6)=0$

에서 $x=-3$ 또는 $x=-6$

즉, $\alpha=-6$, $\beta=-3$이다.

$\therefore k-\alpha-2\beta=3-(-6)-2\times(-3)=15$

334 답 ①

이차방정식의 계수가 모두 실수이므로

한 근이 $\frac{3}{1-\sqrt{3}i}=\frac{3(1+\sqrt{3}i)}{4}$이면

다른 한 근은 켤레복소수인 $\frac{3(1-\sqrt{3}i)}{4}$이다.

이차방정식의 근과 계수의 관계에 의하여 두 근의 합은

$\frac{3(1+\sqrt{3}i)}{4}+\frac{3(1-\sqrt{3}i)}{4}=-a$, $a=-\frac{3}{2}$ ...... ㉠

두 근의 곱은

$\frac{3(1+\sqrt{3}i)}{4}\times\frac{3(1-\sqrt{3}i)}{4}=b$, $b=\frac{9}{4}$ ...... ㉡

$\frac{3}{a+b}=\frac{3}{\left(-\frac{3}{2}\right)+\frac{9}{4}}=4$, $\frac{5}{a-b}=\frac{5}{\left(-\frac{3}{2}\right)-\frac{9}{4}}=-\frac{4}{3}$이므로

이차방정식의 근과 계수의 관계에 의하여

$\frac{3}{a+b}$, $\frac{5}{a-b}$를 두 근으로 하는 이차방정식은

(두 근의 합)$=\frac{3}{a+b}+\frac{5}{a-b}=4+\left(-\frac{4}{3}\right)=\frac{8}{3}$,

(두 근의 곱)$=\frac{3}{a+b}\times\frac{5}{a-b}=4\times\left(-\frac{4}{3}\right)=-\frac{16}{3}$

즉, $x^2-\frac{8}{3}x-\frac{16}{3}=0$에서 $3x^2-8x-16=0$이므로

$p=-8$, $q=-16$

$\therefore p+q=(-8)+(-16)=-24$

335 ······ 답 $-1+\sqrt{2}$

이차방정식 $x^2-(2+\sqrt{2})x+\sqrt{2}k-3=0$의 정수인 근을 m, 다른 한 근을 α라 하면 근과 계수의 관계에 의하여
두 근의 합은 $m+\alpha=2+\sqrt{2}$에서 $\alpha=2+\sqrt{2}-m$ ······ ㉠
두 근의 곱은 $m\alpha=\sqrt{2}k-3$ ······ ㉡
㉠을 ㉡에 대입하면
$m(2+\sqrt{2}-m)=\sqrt{2}k-3$
$\sqrt{2}m+(-m^2+2m)=\sqrt{2}k-3$
m은 정수, k는 자연수이므로 $m=k$이고,
$-m^2+2m=-3$에서 $m^2-2m-3=0$
$(m+1)(m-3)=0$
$\therefore m=-1$ 또는 $m=3$
이때 $m=k$이고 k가 자연수이므로 $m=3$
이를 ㉠에 대입하면 구하는 다른 한 근은
$2+\sqrt{2}-3$, 즉 $-1+\sqrt{2}$이다.

336 ······ 답 ⑤

$|x^2-2x-k|=3$에서 ······ ㉠
$x^2-2x-k=3$ 또는 $x^2-2x-k=-3$
$x^2-2x-k-3=0$ 또는 $x^2-2x-k+3=0$
각각의 판별식을 D_1, D_2라 하면 ㉠이 네 실근을 갖기 위해서 $D_1\ge0$, $D_2\ge0$이어야 한다.
$\frac{D_1}{4}=1+k+3\ge0$에서 $k\ge-4$
$\frac{D_2}{4}=1+k-3\ge0$에서 $k\ge2$
$\therefore k\ge2$ ······ ㉡
㉠의 네 실근의 곱이 16이므로
이차방정식의 근과 계수의 관계에 의하여
$(-k-3)(-k+3)=16$
$k^2-9=16$ $\quad\therefore k=5$ 또는 $k=-5$
$\therefore k=5$ ($\because$ ㉡)

참고

$k=-5$일 때에도 방정식 $|x^2-2x-k|=3$의 네 근의 곱은 16이지만 모두 허근이다.

337 ······ 답 ①

이차방정식 $ax^2+bx+c=0$의 두 근이 $\frac{1-\sqrt{2}i}{3}$, $\frac{1+\sqrt{2}i}{3}$이므로
이차방정식의 근과 계수의 관계에 의하여
(두 근의 합)$=-\frac{b}{a}=\frac{2}{3}$에서 $b=-\frac{2}{3}a$
(두 근의 곱)$=\frac{c}{a}=\frac{1}{3}$에서 $c=\frac{1}{3}a$
따라서 이차방정식 $cx^2+bx+a=0$에서 근과 계수의 관계에 의하여
$\alpha+\beta=-\frac{b}{c}=2$, $\alpha\beta=\frac{a}{c}=3$
$\therefore (\alpha-\beta)^2=(\alpha+\beta)^2-4\alpha\beta$
$=2^2-4\times3=-8$

다른 풀이

이차방정식 $ax^2+bx+c=0$의 두 근이 $\frac{1-\sqrt{2}i}{3}$, $\frac{1+\sqrt{2}i}{3}$이므로
이차방정식 $cx^2+bx+a=0$의 두 근 α, β는
$\frac{3}{1-\sqrt{2}i}=1+\sqrt{2}i$, $\frac{3}{1+\sqrt{2}i}=1-\sqrt{2}i$이다.
$\therefore (\alpha-\beta)^2=(2\sqrt{2}i)^2=-8$

338 ······ 답 ④

이차항의 계수를 0이 아닌 다른 실수로 잘못 보고 풀어서 $2+i$를 근으로 구했으므로 이때 구한 다른 한 근은 켤레복소수인 $2-i$이다.
이차항의 계수를 실수 p $(p\ne0)$로 잘못 보았다고 할 때,
이차방정식의 근과 계수의 관계에 의하여
$-\frac{b}{p}=(2+i)+(2-i)=4$에서 $p=-\frac{b}{4}$,
$\frac{c}{p}=(2+i)(2-i)=5$에서 $p=\frac{c}{5}$이므로
$-\frac{b}{4}=\frac{c}{5}$에서 $c=-\frac{5}{4}b$ ······ ㉠
상수항을 다른 실수로 잘못 보고 풀어서 $1+3i$를 근으로 구했으므로 이때 구한 다른 한 근은 켤레복소수인 $1-3i$이다.
이차방정식의 근과 계수의 관계에 의하여
$-\frac{b}{a}=(1+3i)+(1-3i)=2$에서 $a=-\frac{b}{2}$ ······ ㉡
㉠, ㉡에서 주어진 이차방정식 $ax^2+bx+c=0$은
$-\frac{b}{2}x^2+bx-\frac{5}{4}b=0$, 즉 $2x^2-4x+5=0$이다.
이 이차방정식의 서로 다른 두 근이 α, β이므로
근과 계수의 관계에 의하여
$\alpha+\beta=2$, $\alpha\beta=\frac{5}{2}$
$\therefore \alpha^2+\beta^2=(\alpha+\beta)^2-2\alpha\beta$
$=2^2-2\times\frac{5}{2}=-1$

339 ······ 답 5

두 실수 a, b $(b\ne0)$에 대하여 $\alpha=a+bi$라 하면 $\beta=a-bi$이다.
$2\alpha+\beta^2=1$에서 $2(a+bi)+(a-bi)^2=1$
$(a^2+2a-b^2)+2b(1-a)i=1$
이므로 복소수가 서로 같을 조건에 의하여
$a^2+2a-b^2=1$, $2b(1-a)=0$이어야 한다.
$2b(1-a)=0$에서 $a=1$ ($\because b\ne0$)이므로
$a^2+2a-b^2=1$에서 $b^2=2$
이차방정식의 근과 계수의 관계에 의하여
$p=-(\alpha+\beta)=-2a=-2$
$q=\alpha\beta=a^2+b^2=1+2=3$
$\therefore q-p=3-(-2)=5$

다른 풀이

이차방정식의 근과 계수의 관계에 의하여 $\alpha+\beta=-p$이므로
$\alpha=-p-\beta$

따라서 $2\alpha+\beta^2=2(-p-\beta)+\beta^2=1$이므로
$\beta^2-2\beta-2p-1=0$
즉, β는 x에 대한 방정식 $x^2-2x-2p-1=0$의 한 근이다.
이때 p는 실수이므로 방정식 $x^2-2x-2p-1=0$의 다른 한 근은 β의 켤레복소수인 α이다.
따라서 $x^2+px+q=x^2-2x-2p-1$에서 항등식의 성질에 의하여
$p=-2,\ q=-2p-1 \quad \therefore p=-2,\ q=3$
$\therefore q-p=3-(-2)=5$

참고
$b^2=2$에서 $b=-\sqrt{2}$ 또는 $b=\sqrt{2}$이므로
$\alpha=1+\sqrt{2}i,\ \beta=1-\sqrt{2}i$ 또는 $\alpha=1-\sqrt{2}i,\ \beta=1+\sqrt{2}i$이다.

340
답 풀이 참조

(1) 이차방정식 $x^2-2x-1=0$의 두 근이 $\alpha,\ \beta$이므로
이차방정식의 근과 계수의 관계에 의하여
$\alpha+\beta=2,\ \alpha\beta=-1$이다.

(2) $$\frac{\beta^2}{1+\alpha}+\frac{\alpha^2}{1+\beta}=\frac{\beta^2(1+\beta)+\alpha^2(1+\alpha)}{(1+\alpha)(1+\beta)}$$
$$=\frac{\alpha^3+\beta^3+\alpha^2+\beta^2}{1+\alpha+\beta+\alpha\beta}$$
$$=\frac{(\alpha+\beta)^3-3\alpha\beta(\alpha+\beta)+(\alpha+\beta)^2-2\alpha\beta}{1+(\alpha+\beta)+\alpha\beta}$$
$$=\frac{2^3-3\times(-1)\times2+2^2-2\times(-1)}{1+2+(-1)}$$
$$=10$$
$$\frac{\beta^2}{1+\alpha}\times\frac{\alpha^2}{1+\beta}=\frac{\alpha^2\beta^2}{(1+\alpha)(1+\beta)}$$
$$=\frac{(\alpha\beta)^2}{1+(\alpha+\beta)+\alpha\beta}$$
$$=\frac{(-1)^2}{1+2+(-1)}$$
$$=\frac{1}{2}$$

(3) $\dfrac{\beta^2}{1+\alpha},\ \dfrac{\alpha^2}{1+\beta}$을 두 근으로 하는 이차방정식의 두 근의 합은 10,
두 근의 곱은 $\dfrac{1}{2}$이고, x^2의 계수가 2이므로
$2\left(x^2-10x+\dfrac{1}{2}\right)=0$에서 $2x^2-20x+1=0$이다.

채점 요소	배점
$\alpha+\beta,\ \alpha\beta$의 값 구하기	20%
$\dfrac{\beta^2}{1+\alpha}+\dfrac{\alpha^2}{1+\beta},\ \dfrac{\beta^2}{1+\alpha}\times\dfrac{\alpha^2}{1+\beta}$의 값 구하기	40%
$\dfrac{\beta^2}{1+\alpha},\ \dfrac{\alpha^2}{1+\beta}$을 두 근으로 하고 x^2의 계수가 2인 이차방정식 구하기	40%

341
답 ⑤

이차방정식 $f(x)=0$의 두 근이 $\alpha,\ \beta$이므로
0이 아닌 실수 a에 대하여
$f(x)=a(x-\alpha)(x-\beta)$ …… ㉠
라 하자.
$f(2x-1)+4=a(2x-1-\alpha)(2x-1-\beta)+4$
$=a\{4x^2-2(\alpha+\beta+2)x+(\alpha\beta+\alpha+\beta+1)\}+4$
$=a(4x^2-8x+8)+4$
$=4ax^2-8ax+8a+4$
이므로 이차방정식 $f(2x-1)+4=0$의 두 근의 곱은
이차방정식의 근과 계수의 관계에 의하여
$\dfrac{8a+4}{4a}=1 \quad \therefore a=-1$
㉠에서
$f(x)=a\{x^2-(\alpha+\beta)x+\alpha\beta\}$
$=-(x^2-2x+5)$
$\therefore f(2)=-(4-4+5)=-5$

342
답 16

이차항의 계수가 1이므로 조건 (가)에 의하여
$f(x)=x^2+kx+8$ (k는 상수)
방정식 $x^2-3x+1=0$의 두 근이 $\alpha,\ \beta$이므로
이차방정식의 근과 계수의 관계에 의하여
$\alpha+\beta=3,\ \alpha\beta=1$
$\therefore \alpha^2+\beta^2=(\alpha+\beta)^2-2\alpha\beta$
$=3^2-2\times1=7$
조건 (나)에서
$f(\alpha)+f(\beta)=(\alpha^2+k\alpha+8)+(\beta^2+k\beta+8)$
$=(\alpha^2+\beta^2)+k(\alpha+\beta)+16$
$=7+3k+16$
$=3k+23=2$
이므로 $k=-7$이고, $f(x)=x^2-7x+8$
$\therefore f(8)=64-56+8=16$

343
답 ④

조건 (가)에서 $f\left(\dfrac{\alpha}{3}\right)-3=0,\ f\left(\dfrac{\beta}{3}\right)-3=0$이므로
이차방정식 $f\left(\dfrac{x}{3}\right)-3=0$의 두 근이 $\alpha,\ \beta$이다.
따라서 $f(x)$의 이차항의 계수를 a $(a\neq0)$라 하면
$f\left(\dfrac{x}{3}\right)-3=a\{x^2-(\alpha+\beta)x+\alpha\beta\}=a(x^2+2x-1)$
$f\left(\dfrac{x}{3}\right)=a(x^2+2x-1)+3$
이때 조건 (나)에서 $f(0)=1$이므로
$f(0)=a\times(-1)+3=1$에서 $a=2$
$\therefore f(1)=f\left(\dfrac{3}{3}\right)=2(3^2+2\times3-1)+3=31$

344
답 ③

두 실수 $a,\ b$ $(b\neq0)$에 대하여
$\alpha=a+bi$라 하면 $\overline{\alpha}=a-bi$이고, 이차방정식
$x^2+4x+k=0$ …… ㉠
의 두 근은 $\alpha,\ \overline{\alpha}$이다.

ㄱ. ㉠의 판별식을 D라 하면 ㉠은 허근을 가지므로

$\frac{D}{4}=2^2-k<0$

$\therefore k>4$ (참)

ㄴ. ㉠에서 이차방정식의 근과 계수의 관계에 의하여

$\alpha+\bar{\alpha}=(a+bi)+(a-bi)=2a=-4$

즉, $a=-2$이므로 α의 실수부분은 -2이다. (거짓)

ㄷ. ㄱ에서 $\alpha\bar{\alpha}=k>4$이고,

ㄴ에서 $\alpha+\bar{\alpha}=-4$이므로

$(1+\alpha)(1+\bar{\alpha})=(\alpha+\bar{\alpha})+\alpha\bar{\alpha}+1>(-4)+4+1=1$ (참)

따라서 옳은 것은 ㄱ, ㄷ이다.

345 ······ 답 ⑤

$x^2+px+1=0$에서 이차방정식의 근과 계수의 관계에 의하여

$\alpha+\beta=-p$ ······ ㉠

$\alpha\beta=1$ ······ ㉡

ㄱ. $\alpha\beta=1>0$이므로 α, β의 부호는 서로 같다.

(i) $\alpha>0$, $\beta>0$인 경우

$|\alpha+\beta|=\alpha+\beta$, $|\alpha|+|\beta|=\alpha+\beta$이므로

$|\alpha+\beta|=|\alpha|+|\beta|$이다.

(ii) $\alpha<0$, $\beta<0$인 경우

$|\alpha+\beta|=-(\alpha+\beta)$,

$|\alpha|+|\beta|=(-\alpha)+(-\beta)$이므로

$|\alpha+\beta|=|\alpha|+|\beta|$이다.

$\therefore |\alpha+\beta|=|\alpha|+|\beta|$ (참)

ㄴ. ㉡에서 $\beta=\frac{1}{\alpha}$이므로

$0<\alpha<1$이면 $\frac{1}{\alpha}>1$, 즉 $\beta>1$이다. (참)

ㄷ. 이차방정식 $x^2+px+1=0$은 서로 다른 두 실근을 가지므로

이 이차방정식의 판별식을 D라 하면

$D=p^2-4>0$ ······ ㉢

$\therefore \alpha^2+\beta^2=(\alpha+\beta)^2-2\alpha\beta$

$=p^2-2$ ($\because$ ㉠, ㉡)

$=(p^2-4)+2>2$ ($\because$ ㉢)

즉, $\alpha^2+\beta^2$의 값은 2보다 크다. (참)

따라서 옳은 것은 ㄱ, ㄴ, ㄷ이다.

346 ······ 답 ③

α, β를 두 근으로 하고 이차항의 계수가 1인 이차방정식은

$x^2-(\alpha+\beta)x+\alpha\beta=0$이고,

$\alpha+\beta=2$, $\alpha\beta=7$이므로 $x^2-2x+7=0$ ······ ㉠

이차방정식 ㉠의 판별식을 D라 하면

$\frac{D}{4}=(-1)^2-7=-6<0$

이므로 이차방정식 ㉠은 서로 다른 두 허근 α, β를 갖는다.

이때 두 허근은 서로 켤레복소수 관계이므로

$\alpha=\bar{\beta}$, $\bar{\alpha}=\beta$ ······ ㉡

ㄱ. ㉡에 의하여 $\alpha\bar{\alpha}=\beta\bar{\beta}$ (참)

ㄴ. ㉡에 의하여

$\alpha+\bar{\beta}=\alpha+\alpha=2\alpha$, $\bar{\alpha}+\beta=\beta+\beta=2\beta$이다.

이때 $\alpha\neq\beta$이므로 $\alpha+\bar{\beta}\neq\bar{\alpha}+\beta$ (거짓)

ㄷ. 이차방정식 ㉠의 한 근이 α이므로

$\alpha^2-2\alpha+7=0$에서 $\alpha^2=2\alpha-7=2\bar{\beta}-7$ ($\because$ ㉡) (참)

따라서 옳은 것은 ㄱ, ㄷ이다.

347 ······ 답 ①

복소수 z에 대하여 $z+\bar{z}=-1$, $z\bar{z}=1$이므로 ······ ㉠

z, $\bar{z}$는 이차방정식 $x^2+x+1=0$의 두 근이다.

양변에 $x-1$을 곱하면 $(x-1)(x^2+x+1)=0$, $x^3=1$이므로

$z^3=\bar{z}^3=1$이다. ······ ㉡

$$\therefore \frac{\bar{z}}{z^5}-\frac{2\bar{z}^2}{z^4}+\frac{3\bar{z}^3}{z^3}-\frac{4\bar{z}^4}{z^2}+\frac{5\bar{z}^5}{z}$$

$$=\frac{\bar{z}}{z^2}-\frac{2\bar{z}^2}{z}+\frac{3}{1}-\frac{4\bar{z}}{z^2}+\frac{5\bar{z}^2}{z}\ (\because ㉡)$$

$$=\frac{3\bar{z}^2}{z}-\frac{3\bar{z}}{z^2}+3=\frac{3z^2\bar{z}^2}{z^3}-\frac{3z\bar{z}}{z^3}+3$$

$$=3\ (\because ㉠, ㉡)$$

다른 풀이

복소수 z에 대하여 $z+\bar{z}=-1$, $z\bar{z}=1$이므로

z, $\bar{z}$는 이차방정식 $x^2+x+1=0$의 두 근이다.

양변에 $x-1$을 곱하면 $(x-1)(x^2+x+1)=0$, $x^3=1$이므로

$z^3=\bar{z}^3=1$이다. ······ ㉠

$$\frac{\bar{z}}{z^5}-\frac{2\bar{z}^2}{z^4}+\frac{3\bar{z}^3}{z^3}-\frac{4\bar{z}^4}{z^2}+\frac{5\bar{z}^5}{z}$$

$$=\frac{\bar{z}}{z^2}-\frac{2\bar{z}^2}{z}+\frac{3}{1}-\frac{4\bar{z}}{z^2}+\frac{5\bar{z}^2}{z}\ (\because ㉠)$$

$$=\frac{3\bar{z}^2}{z}-\frac{3\bar{z}}{z^2}+3$$

이때 $z\bar{z}=1$에서 $\frac{1}{z}=\bar{z}$이므로

$$\frac{3\bar{z}^2}{z}-\frac{3\bar{z}}{z^2}+3=3\bar{z}^2\times\bar{z}-3\bar{z}\times\bar{z}^2+3=3$$

348 ······ 답 ②

조건 ㈎에 의하여 삼각형 ABC는

$\overline{AB}=\overline{AC}$인 이등변삼각형이므로 $\angle ABC=\angle ACB$

조건 ㈏에 의하여 삼각형 CBD는

$\overline{BC}=\overline{CD}$인 이등변삼각형이므로 $\angle CBD=\angle CDB$

따라서 두 삼각형 ABC와 CBD는 서로 닮음이다.

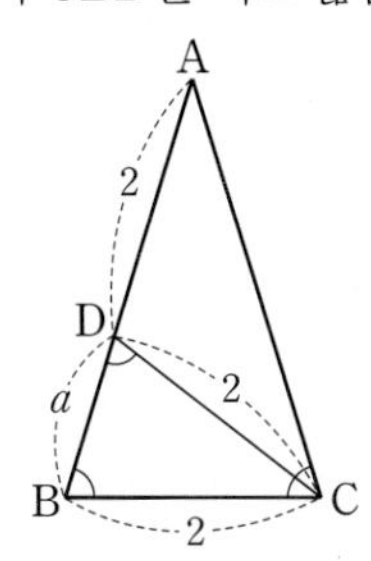

$\overline{BD}=a\ (a>0)$라 하면

조건 ㈏에 의하여 $\overline{AB}=a+2$이므로

$(a+2):2=2:a$, $a(a+2)=4$, $a^2+2a-4=0$

$\therefore a=-1+\sqrt{5}\ (\because a>0)$

$m=-(\overline{AB}+\overline{BC})=-a-4=-3-\sqrt{5}$

$n=\overline{AB}\times\overline{BC}=2(a+2)=2+2\sqrt{5}$

$\therefore m+n=(-3-\sqrt{5})+(2+2\sqrt{5})=-1+\sqrt{5}$

349 ····· 답 50

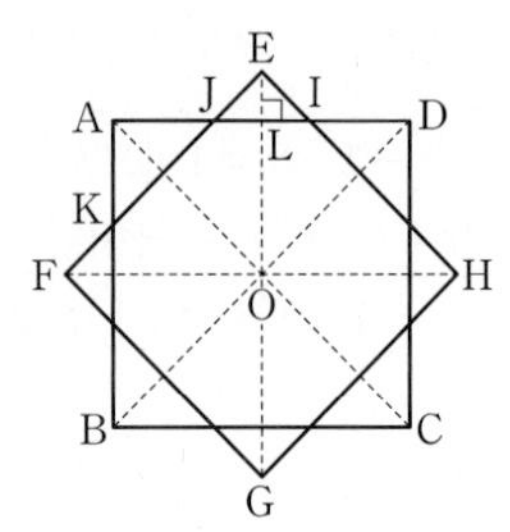

꼭짓점 E에서 변 AD에 내린 수선의 발을 L이라 하고 $\overline{JL}=x$라 하자.

삼각형 EJI는 직각이등변삼각형이므로 $\overline{EL}=x$이고,

삼각형 EJI의 넓이는 $\frac{1}{2}\times 2x\times x=x^2$이다.

$\overline{AJ}=1-x$이므로 삼각형 AKJ의 넓이는 $\frac{(1-x)^2}{2}$이다.

삼각형 AKJ의 넓이가 삼각형 EJI의 넓이의 $\frac{3}{2}$배이므로

$\frac{(1-x)^2}{2}=\frac{3}{2}x^2$, $2x^2+2x-1=0$이고, 이차방정식의 근의 공식에 의하여 $x=\frac{-1+\sqrt{3}}{2}\ (\because x>0)$이다.

$\overline{OE}=\sqrt{2}k$이고,

$\overline{OE}=\overline{OL}+\overline{EL}=1+\frac{-1+\sqrt{3}}{2}=\frac{1+\sqrt{3}}{2}$

이므로 $\sqrt{2}k=\frac{1+\sqrt{3}}{2}$이다.

$k=\frac{\sqrt{2}+\sqrt{6}}{4}$에서 $p=q=\frac{1}{4}$이므로

$100(p+q)=50$

350 ····· 답 102

$z=\frac{3+\sqrt{2}i}{\sqrt{2}-3i}=\frac{(3+\sqrt{2}i)(\sqrt{2}+3i)}{(\sqrt{2}-3i)(\sqrt{2}+3i)}=i$이므로

$z-2z^2+3z^3-4z^4+\cdots+(-1)^{n+1}nz^n$

$=(i+2-3i-4)+(5i+6-7i-8)+\cdots+(-1)^{n+1}ni^n$

$=(-2-2i)+(-2-2i)+\cdots+(-1)^{n+1}ni^n$

$=52+51i$

에서

$52+51i=25(-2-2i)+(101i+102)$

$\therefore n=102$

351 ····· 답 ⑤

$z=a+bi$, $w=c+di$ (a, b, c, d는 실수이고, $abcd\neq 0$)라 하자.

$z-w=(a-c)+(b-d)i$가 실수이므로 $b=d$

$zw=ac-b^2+(ab+bc)i$가 실수이므로 $b(a+c)=0$

따라서 $c=-a$이므로 $w=-a+bi$

ㄱ. $z+w=(a+bi)+(-a+bi)=2bi$ (참)

ㄴ. $zw=(a+bi)(-a+bi)=-a^2-b^2<0$ (참)

ㄷ. $z\bar{z}-w\bar{w}=(a+bi)(a-bi)-(-a+bi)(-a-bi)$
$=(a+bi)(a-bi)-(a-bi)(a+bi)$
$=0$ (참)

따라서 옳은 것은 ㄱ, ㄴ, ㄷ이다.

352 ····· 답 ②

$a_n+b_ni=\frac{1-ni}{1+ni}=\frac{(1-ni)^2}{(1+ni)(1-ni)}=\frac{1-n^2-2ni}{1+n^2}$
$=\frac{1-n^2}{1+n^2}-\frac{2n}{1+n^2}i$

이므로 복소수가 서로 같을 조건에 의하여

$a_n=\frac{1-n^2}{1+n^2}$, $b_n=-\frac{2n}{1+n^2}$

$(a_n)^2+(b_n)^2=\left(\frac{1-n^2}{1+n^2}\right)^2+\left(-\frac{2n}{1+n^2}\right)^2$
$=\frac{(1-2n^2+n^4)+4n^2}{(1+n^2)^2}$
$=\frac{(1+n^2)^2}{(1+n^2)^2}=1$

$\therefore \{(a_1)^2+(a_2)^2+(a_3)^2+\cdots+(a_{50})^2\}+\{(b_1)^2+(b_2)^2+(b_3)^2+\cdots+(b_{50})^2\}$
$=\{(a_1)^2+(b_1)^2\}+\{(a_2)^2+(b_2)^2\}+\{(a_3)^2+(b_3)^2\}+\cdots+\{(a_{50})^2+(b_{50})^2\}$
$=1+1+1+\cdots+1=50$

참고

임의의 두 실수 x, y $(x^2+y^2\neq 0)$에 대하여

$\frac{x-yi}{x+yi}=\frac{(x-yi)^2}{(x+yi)(x-yi)}$
$=\frac{x^2-y^2-2xyi}{x^2+y^2}$
$=\frac{x^2-y^2}{x^2+y^2}-\frac{2xy}{x^2+y^2}i$

이므로 실수부분은 $a=\frac{x^2-y^2}{x^2+y^2}$, 허수부분은 $b=-\frac{2xy}{x^2+y^2}$

이때

$a^2+b^2=\left(\frac{x^2-y^2}{x^2+y^2}\right)^2+\left(-\frac{2xy}{x^2+y^2}\right)^2$
$=\frac{(x^4-2x^2y^2+y^4)+4x^2y^2}{(x^2+y^2)^2}$
$=\frac{(x^2+y^2)^2}{(x^2+y^2)^2}=1$

이 성립한다.

353 ····· 답 3

$(-1)^2=1$, $i^2=-1$, $(1+i)^2=2i$이므로

a_1, a_2, a_3, $\cdots$, a_{30} 중 -1의 개수를 a, i의 개수를 b, $1+i$의 개수를 c라 하면

$a+b+c=30$ ······ ㉠

$(a_1)^2+(a_2)^2+(a_3)^2+\cdots+(a_{30})^2$
$=1\times a+(-1)\times b+2i\times c=(a-b)+2ci=7+10i$
이므로 $a-b=7$, $c=5$ …… ㉡
㉠, ㉡을 연립하여 풀면 $a=16$, $b=9$, $c=5$
따라서
$a_1+a_2+a_3+\cdots+a_{30}=(-1)\times 16+i\times 9+(1+i)\times 5$
$=-11+14i$
이므로 구하는 답은 $(-11)+14=3$이다.

354 ……… 답 ④

$(z-2)^2=2-2i$이므로 $\overline{(z-2)^2}=(\bar{z}-2)^2=2+2i$이고,
$(z-2)^2(\bar{z}-2)^2=\{(z-2)(\bar{z}-2)\}^2$
$=\{z\bar{z}-2(z+\bar{z})+4\}^2$
이므로
$\{z\bar{z}-2(z+\bar{z})+4\}^2=(2-2i)(2+2i)=8$ …… ㉠
이때 $z=a+bi$ (a, b는 실수)라 하면
$z\bar{z}-2(z+\bar{z})+4=(a+bi)(a-bi)-2(a+bi+a-bi)+4$
$=a^2+b^2-4a+4$
$=(a-2)^2+b^2\ge 0$ ($\because$ $(a-2)^2\ge 0$, $b^2\ge 0$)
…… ㉡
㉠에서 $\{z\bar{z}-2(z+\bar{z})+4\}^2=8$이므로
$z\bar{z}-2(z+\bar{z})+4=2\sqrt{2}$ ($\because$ ㉡)
$\therefore$ $z\bar{z}-2z-2\bar{z}=z\bar{z}-2(z+\bar{z})=2\sqrt{2}-4$

355 ……… 답 ⑤

ㄱ. $\dfrac{z^2}{1-z}$이 실수이므로 그 켤레복소수인
$\overline{\left(\dfrac{z^2}{1-z}\right)}=\dfrac{\bar{z}^2}{1-\bar{z}}$은 실수이다. (참)
ㄴ. $\dfrac{z^2}{1-z}=k$ (k는 실수)라 하면
$z^2=k(1-z)$에서 $z^2+kz-k=0$
즉, z는 x에 대한 이차방정식 $x^2+kx-k=0$의 한 근이다.
이때 z는 실수가 아닌 복소수이므로 이 이차방정식의 다른 한 실근은 $\bar{z}$이고, 이차방정식의 근과 계수의 관계에 의하여
$z+\bar{z}=-k$, $z\bar{z}=-k$
따라서 $z+\bar{z}=z\bar{z}$이다. (참)
ㄷ. 이차방정식 $x^2+kx-k=0$의 판별식을 D라 하면
이 이차방정식은 허근을 가지므로
$D=k^2-4(-k)<0$, $k^2+4k<0$
$\therefore$ $-4<k<0$
따라서 복소수 z의 실수부분은
$\dfrac{z+\bar{z}}{2}=-\dfrac{k}{2}<2$이다. (참)
따라서 옳은 것은 ㄱ, ㄴ, ㄷ이다.

356 ……… 답 ②

$z=a+bi$ (a, b는 실수)라 할 때, $z^4<0$을 만족시키려면
$z^2=(a+bi)^2=a^2-b^2+2abi$가 순허수가 되어야 하므로
z^2의 실수부분은 $a^2-b^2=0$이고, 허수부분은 $2ab\ne 0$이어야 한다.
즉, $a+b=0$ 또는 $a-b=0$이고, …… (i)
$a\ne 0$, $b\ne 0$이어야 한다. …… (ii)
주어진 복소수 z는
$(2+i)x^2+(3i-2)x-12+2i$
$=(2x^2-2x-12)+(x^2+3x+2)i$
$=2(x+2)(x-3)+(x+2)(x+1)i$
(i) $a+b=0$ 또는 $a-b=0$
$a+b=2(x+2)(x-3)+(x+2)(x+1)$
$=(x+2)(3x-5)=0$
이므로 $x=-2$ 또는 $x=\dfrac{5}{3}$
$a-b=2(x+2)(x-3)-(x+2)(x+1)$
$=(x+2)(x-7)=0$
이므로 $x=-2$ 또는 $x=7$
따라서 $x=-2$ 또는 $x=\dfrac{5}{3}$ 또는 $x=7$
(ii) $a=2x^2-2x-12=2(x+2)(x-3)\ne 0$과
$b=x^2+3x+2=(x+2)(x+1)\ne 0$에서
$x\ne -2$, $x\ne -1$, $x\ne 3$
(i), (ii)에 의하여 주어진 조건을 만족시키는 실수 x의 값은
$\dfrac{5}{3}$ 또는 7이므로 모든 실수 x의 값의 합은
$\dfrac{5}{3}+7=\dfrac{26}{3}$

357 ……… 답 ④

이차방정식 $x^2-ax+2p=0$의 두 근을 α, β라 할 때,
이차방정식의 근과 계수의 관계에 의하여
$\alpha+\beta=a$, $\alpha\beta=2p$ …… ㉠
조건 (나)에서 두 근이 서로 다른 자연수이고, 조건 (가)에서 p가 소수이므로 두 근의 곱이 $2p$이려면 두 근은 2, p 또는 1, $2p$이다.
(i) 두 근이 2, p인 경우
㉠에서 두 근의 합은 $2+p=a$이고, 조건 (가)에서 a가 9의 배수인 두 자리 자연수이므로 이를 만족시키는 순서쌍 (a, p)는
$(45, 43)$, $(63, 61)$, $(81, 79)$, $(99, 97)$의 4개이다.
(ii) 두 근이 1, $2p$인 경우
㉠에서 두 근의 합은 $1+2p=a$이고, 조건 (가)에서 a가 9의 배수인 두 자리 자연수이므로 이를 만족시키는 순서쌍 (a, p)는
$(27, 13)$, $(63, 31)$의 2개이다.
(i), (ii)에 의하여 순서쌍 (a, p)의 개수는 $4+2=6$이다.

358 ……… 답 4

조건 (가)에서 $f(n)=(1-i)^{2n}+2^n i$라 하면
$f(n)=(1-i)^{2n}+2^n i=\{(1-i)^2\}^n+2^n i$
$=(-2i)^n+2^n i$
$=(-2)^n i^n+2^n i$

이고, 음이 아닌 정수 k에 대하여
$n=4k+1$일 때, $f(n)=-2^{4k+1}i+2^{4k+1}i=0$
$n=4k+2$일 때, $f(n)=-2^{4k+2}+2^{4k+2}i$
$n=4k+3$일 때, $f(n)=2^{4k+3}i+2^{4k+3}i=2^{4k+4}i$
$n=4k+4$일 때, $f(n)=2^{4k+4}+2^{4k+4}i$
$\{(1-i)^{2n}+2^n i\}^2<0$을 만족시키려면 $f(n)$이 순허수가 되어야 하므로 $n=4k+3$이면서 동시에 조건 (나)에 의하여 n은 3의 배수이다.
따라서 조건 (가)를 만족시키는 40 이하의 자연수는 3, 7, 11, …, 39이고, 이 중 3의 배수는 3, 15, 27, 39의 4개이다.

359 답 ④

$\left(\frac{1+i}{\sqrt{2}}\right)^2=\frac{1+2i-1}{2}=i$, $\left(\frac{\sqrt{2}}{1+i}\right)^2=\frac{2}{1+2i-1}=-i$이므로
$z_n=\left(\frac{1+i}{\sqrt{2}}\right)^{2n}-\left(\frac{\sqrt{2}}{1+i}\right)^{2n}=\left\{\left(\frac{1+i}{\sqrt{2}}\right)^2\right\}^n-\left\{\left(\frac{\sqrt{2}}{1+i}\right)^2\right\}^n$
$=i^n-(-i)^n$
$\therefore z_{4k-3}=2i$, $z_{4k-2}=0$, $z_{4k-1}=-2i$, $z_{4k}=0$ (k는 자연수)
ㄱ. 서로 다른 z_n의 값은 $2i$, 0, $-2i$의 3개이다. (거짓)
ㄴ. $z_1+z_2+z_3+\cdots+z_{4k-3}=2i$
$z_1+z_2+z_3+\cdots+z_{4k-2}=2i$
$z_1+z_2+z_3+\cdots+z_{4k-1}=0$
$z_1+z_2+z_3+\cdots+z_{4k}=0$
즉, $z_1+z_2+z_3+\cdots+z_n$으로 가능한 서로 다른 값은 $2i$, 0이고 그 총합은 $2i$이다. (참)
ㄷ. $z_l\times z_m<0$을 만족시키기 위해선
$2i\times 2i$ 또는 $(-2i)\times(-2i)$이어야 한다.
(i) $2i\times 2i$인 경우
l과 m이 모두 $4k-3$ 꼴이어야 하므로
가능한 10보다 작은 자연수는 1, 5, 9이다.
따라서 순서쌍 (l, m)은
(1, 1), (1, 5), (5, 1), (5, 5), (1, 9), (9, 1), (9, 9), (5, 9), (9, 5)의 9개이다.
(ii) $(-2i)\times(-2i)$인 경우
l과 m이 모두 $4k-1$ 꼴이어야 하므로
가능한 10보다 작은 자연수는 3, 7이다.
따라서 순서쌍 (l, m)은
(3, 3), (3, 7), (7, 3), (7, 7)의 4개이다.
(i), (ii)에서 구하는 순서쌍 (l, m)의 개수는 13이다. (참)
따라서 옳은 것은 ㄴ, ㄷ이다.

360 답 ①

조건 (가)에서 $\frac{\sqrt{n-3}}{\sqrt{4-m}}=-\sqrt{\frac{n-3}{4-m}}$이므로
$m>4$, $n>3$이거나 $m\neq 4$, $n=3$이다.
조건 (나)에서 $\sqrt{m-8}\sqrt{n-6}=\sqrt{(m-8)(n-6)}$이므로
$m-8\geq 0$, $n-6\geq 0$에서 $m\geq 8$, $n\geq 6$이거나
$m-8\geq 0$, $n-6<0$에서 $m\geq 8$, $n<6$이거나
$m-8<0$, $n-6\geq 0$에서 $m<8$, $n\geq 6$이다.
따라서 조건 (가)와 조건 (나)를 모두 만족시키는 순서쌍 (m, n)의 개수는 다음과 같다.

(i) $m>4$, $n\geq 3$이고, $m\geq 8$, $n\geq 6$일 때
$m\geq 8$에서 m의 값은 3개이고, $n\geq 6$에서 n의 값은 5개이다.
즉, 순서쌍 (m, n)의 개수는 $3\times 5=15$
(ii) $m>4$, $n\geq 3$이고, $m\geq 8$, $n<6$일 때
$m\geq 8$이므로 m의 값은 3개이고, $3\leq n<6$이므로 n의 값은 3개이다.
즉, 순서쌍 (m, n)의 개수는 $3\times 3=9$
(iii) $m>4$, $n\geq 3$이고, $m<8$, $n\geq 6$일 때
$4<m<8$이므로 m의 값은 3개이고, $n\geq 6$이므로 n의 값은 5개이다.
즉, 순서쌍 (m, n)의 개수는 $3\times 5=15$
(i)~(iii)에 의하여 순서쌍 (m, n)의 개수는
$15+9+15=39$

361 답 ②

주어진 이차식을 x에 대하여 내림차순으로 정리하면
$x^2+(k-y)x-2y^2-3y+2$이다.
이때 x에 대한 이차방정식 $x^2+(k-y)x-2y^2-3y+2=0$의 근은
$x=\frac{-(k-y)\pm\sqrt{(k-y)^2+4(2y^2+3y-2)}}{2}$
이 이차방정식의 판별식을 D라 하면
$D=(k-y)^2+4(2y^2+3y-2)$이고
$x^2+(k-y)x-2y^2-3y+2$
$=\left\{x-\frac{-(k-y)+\sqrt{D}}{2}\right\}\left\{x-\frac{-(k-y)-\sqrt{D}}{2}\right\}$
이때 x, y에 대한 두 일차식의 곱으로 인수분해 되기 위해선 근호 안의 식 D가 완전제곱식이 되어야 하므로
$D=(k-y)^2+4(2y^2+3y-2)$
$=9y^2+(12-2k)y+k^2-8$
에서 y에 대한 이차방정식 $9y^2+(12-2k)y+k^2-8=0$의 판별식을 D_1이라 할 때, $D_1=0$을 만족시켜야 한다.
$\frac{D_1}{4}=(6-k)^2-9(k^2-8)=0$
$8k^2+12k-108=0$, $2k^2+3k-27=0$
$(2k+9)(k-3)=0$
$\therefore k=3$ ($\because k>0$)

362 답 ④

$z=\frac{1+i}{1-i}=\frac{(1+i)(1+i)}{(1-i)(1+i)}=i$
이므로
$z^n-z^{2n}+z^{3n}-z^{4n}+\cdots-z^{50n}$
$=i^n-(i^2)^n+(i^3)^n-(i^4)^n+\cdots-(i^{50})^n$
$=i^n-(-1)^n+(-i)^n-1^n+\cdots-(-1)^n$
음이 아닌 정수 k에 대하여
$n=4k+1$일 때
(i) $i^{4k+1}-(-1)^{4k+1}+(-i)^{4k+1}-1^{4k+1}+\cdots-(-1)^{4k+1}$
$=(i+1-i-1)+(i+1-i-1)+\cdots+i+1=i+1$
(ii) $n=4k+2$일 때
$i^{4k+2}-(-1)^{4k+2}+(-i)^{4k+2}-1^{4k+2}+\cdots-(-1)^{4k+2}$
$=(-1-1-1-1)+(-1-1-1-1)+\cdots-1-1=-50$

(iii) $n=4k+3$일 때

$i^{4k+3}-(-1)^{4k+3}+(-i)^{4k+3}-1^{4k+3}+\cdots-(-1)^{4k+3}$

$=(-i+1+i-1)+(-i+1+i-1)+\cdots-i+1=-i+1$

(iv) $n=4k+4$일 때

$i^{4k+4}-(-1)^{4k+4}+(-i)^{4k+4}-1^{4k+4}+\cdots-(-1)^{4k+4}$

$=(1-1+1-1)+(1-1+1-1)+\cdots+1-1=0$

(i)~(iv)에 의하여 $z^n-z^{2n}+z^{3n}-z^{4n}+\cdots-z^{50n}$의 값이 실수가 되려면 $n=4k+2$ 또는 $n=4k+4$이어야 한다.

$70=4\times17+2$이므로 $n=4k+2$를 만족시키는 자연수 n은 18개이고, $n=4k+4$를 만족시키는 자연수 n은 17개이다.

따라서 구하는 자연수 n의 개수는 $18+17=35$

다른 풀이

$z=\dfrac{1+i}{1-i}=\dfrac{(1+i)(1+i)}{(1-i)(1+i)}=i$

이므로 $z^2=-1$, $z^3=-i$, $z^4=1$이고

자연수 n에 대하여 z^n의 값은 실수 또는 순허수이다.

$z^n-z^{2n}+z^{3n}-z^{4n}+\cdots-z^{50n}$

$=(1-z^n)(z^n+z^{3n}+z^{5n}+\cdots+z^{49n})$

$=z^n(1-z^n)(1+z^{2n}+z^{4n}+\cdots+z^{48n})$

(i) z^n의 값이 실수인 경우

$1-z^n$의 값과 $1+z^{2n}+z^{4n}+\cdots+z^{48n}$의 값 모두 실수이므로

$z^n-z^{2n}+z^{3n}-z^{4n}+\cdots-z^{50n}$의 값은 실수이다.

(ii) z^n의 값이 순허수인 경우

z^{2n}의 값은 실수이므로 $1+z^{2n}+z^{4n}+\cdots+z^{48n}$의 값은 실수이다.

따라서 $z^n(1-z^n)$의 값이 실수이어야

$z^n-z^{2n}+z^{3n}-z^{4n}+\cdots-z^{50n}$의 값이 실수이다.

하지만 이 경우 $z^n(1-z^n)=z^n-z^{2n}$에서

$z^n(1-z^n)$의 값은 실수가 아닌 복소수이므로

$z^n-z^{2n}+z^{3n}-z^{4n}+\cdots-z^{50n}$의 값은 실수가 아니다.

(i), (ii)에서 $z^n-z^{2n}+z^{3n}-z^{4n}+\cdots-z^{50n}$의 값이 실수가 되기 위해서는 z^n의 값은 실수이어야 한다.

즉, n은 짝수이어야 하므로 구하는 자연수 n의 개수는

$\dfrac{70}{2}=35$이다.

363 ······ 답 풀이 참조

이차방정식 $x^2-ax+a=0$이 허근 z를 가지므로

판별식을 D라 하면

$D=a^2-4a<0$에서 $0<a<4$ ······ ㉠

$z^2-az+a=0$에서 $z^2=az-a$이므로

$z^3=z^2\times z=az^2-az=a(az-a)-az$

$=(a^2-a)z-a^2$

a는 실수이고 z는 허수이므로 복소수 z^3이 실수이기 위해선

$a^2-a=0$이어야 한다.

$a(a-1)=0$ $\quad\therefore a=1$ ($\because$ ㉠) ······ 참고

채점 요소	배점
z^3이 실수가 되기 위하여 $a^2-a=0$이어야 함을 구하기	70%
조건을 만족시키는 실수 a의 값 구하기	30%

다른 풀이

이차방정식 $x^2-ax+a=0$이 허근 z를 가지므로

판별식을 D라 하면

$D=a^2-4a<0$에서 $0<a<4$ ······ ㉠

두 실수 p, q $(q\neq0)$에 대하여 $z=p+qi$라 하면

$\overline{z}=p-qi$도 이차방정식 $x^2-ax+a=0$의 근이므로

이차방정식의 근과 계수의 관계에 의하여

$z+\overline{z}=a$에서 $2p=a$, $p=\dfrac{a}{2}$ ······ ㉡

$z\overline{z}=a$에서 $p^2+q^2=a$ ······ ㉢

$z^3=(p+qi)^3=p^3+3p^2qi-3pq^2-q^3i$

$=(p^3-3pq^2)+q(3p^2-q^2)i$

이므로 z^3이 실수가 되기 위해선

$q(3p^2-q^2)=0$, 즉 $3p^2-q^2=0$ ($\because q\neq0$)이어야 한다.

㉢을 대입하면 $3p^2-(a-p^2)=0$, $4p^2-a=0$

㉡을 대입하면 $4\times\left(\dfrac{a}{2}\right)^2-a=0$, $a^2-a=0$

$a(a-1)=0$ $\quad\therefore a=1$ ($\because$ ㉠)

참고

$a=0$이면 주어진 방정식 $x^2-ax+a=0$은 $x^2=0$이므로 허근이 아닌 실근 0을 갖는다.

364 ······ 답 ①

이차방정식의 두 실근을 α, β라 하면

두 근의 부호가 서로 다르므로 $\alpha\beta<0$이고,

양수인 근의 절댓값이 음수인 근의 절댓값보다 크므로

$\alpha+\beta>0$을 만족시켜야 한다.

$2(k-1)^2x^2+3(k-3)x-2k+1=0$이 x에 대한 이차방정식이므로

$2(k-1)^2\neq0$, 즉 $k\neq1$

한편, 이차방정식의 근과 계수의 관계에 의하여

$\alpha+\beta=\dfrac{-3(k-3)}{2(k-1)^2}>0$ ······ ㉠

$\alpha\beta=\dfrac{-2k+1}{2(k-1)^2}<0$ ······ ㉡

이때 $2(k-1)^2>0$이므로

㉠에서 $-3(k-3)>0$ $\quad\therefore k<3$

㉡에서 $-2k+1<0$ $\quad\therefore k>\dfrac{1}{2}$

따라서 $\dfrac{1}{2}<k<3$, $k\neq1$이므로

조건을 만족시키는 정수 k는 2의 1개이다.

365 ······ 답 ②

$g(n)=i-i^2+i^3-\cdots+(-1)^{n+1}i^n$이라 하면

$g(n)=(i+1-i-1)+(i+1-i-1)+\cdots+(-1)^{n+1}i^n$

이므로 음이 아닌 정수 m에 대하여

$n=4m+1$일 때, $g(n)=i$

$n=4m+2$일 때, $g(n)=i+1$

$n=4m+3$일 때, $g(n)=1$

$n=4m+4$일 때, $g(n)=0$

$h(n)=\frac{1}{i}-\frac{1}{i^2}+\frac{1}{i^3}-\cdots+\frac{(-1)^{n+1}}{i^n}$이라 하면

$h(n)=(-i+1+i-1)+(-i+1+i-1)+\cdots+\frac{(-1)^{n+1}}{i^n}$

이므로

$n=4m+1$일 때, $h(n)=-i$

$n=4m+2$일 때, $h(n)=-i+1$

$n=4m+3$일 때, $h(n)=1$

$n=4m+4$일 때, $h(n)=0$

따라서

$n=4m+1$일 때, $f(n)=i\times(-i)=1$

$n=4m+2$일 때, $f(n)=(i+1)\times(-i+1)=2$

$n=4m+3$일 때, $f(n)=1\times1=1$

$n=4m+4$일 때, $f(n)=0\times0=0$

즉, $f(k)+f(k+1)=1$이 되려면 $k=4m+3$ 또는 $k=4m+4$이어야 한다.

30 이하의 자연수 중 $k=4m+3$을 만족시키는 k는 3, 7, 11, $\cdots$, 27의 7개이고, $k=4m+4$를 만족시키는 k는 4, 8, 12, $\cdots$, 28의 7개이므로 구하는 자연수 k의 개수는

$7+7=14$이다.

366 답 32

다항식 $P_n(x)$를 x^2+x+1로 나눌 때 몫을 $A_n(x)$라 하면 다항식 $P_n(x)$가 x^2+x+1로 나누어떨어지므로

$(1+x)(1+x^2)(1+x^3)\cdots(1+x^{n-1})(1+x^n)-32$

$=(x^2+x+1)A_n(x)$ …… ㉠

이때 이차방정식 $x^2+x+1=0$의 근을 w라 하면

$w^2+w+1=0$이고, …… ㉡

양변에 $x-1$을 곱하면 $(x-1)(x^2+x+1)=0$, $x^3=1$에서

$w^3=1$이다. …… ㉢

㉠의 양변에 $x=w$를 대입하면

$(1+w)(1+w^2)(1+w^3)\cdots(1+w^{n-1})(1+w^n)-32=0$

즉, $(1+w)(1+w^2)(1+w^3)\cdots(1+w^{n-1})(1+w^n)=32$이므로

$Q(n)=(1+w)(1+w^2)(1+w^3)\cdots(1+w^{n-1})(1+w^n)$이라 하면

$Q(n)=32$가 되어야 한다.

음이 아닌 정수 k에 대하여

$n=3k+1$일 때, $1+w^n=1+w=-w^2$ ($\because$ ㉡)

$n=3k+2$일 때, $1+w^n=-w$ ($\because$ ㉡)

$n=3k+3$일 때, $1+w^n=2$ ($\because$ ㉢)

이므로

$Q(3k+1)=\{(-w^2)\times(-w)\times2\}\times\{(-w^2)\times(-w)\times2\}\times\cdots\times(-w^2)$

$=2^k\times(-w^2)$

$Q(3k+2)=\{(-w^2)\times(-w)\times2\}\times\{(-w^2)\times(-w)\times2\}\times\cdots\times(-w^2)\times(-w)$

$=2^k$

$Q(3k+3)=\{(-w^2)\times(-w)\times2\}\times\{(-w^2)\times(-w)\times2\}\times\cdots\times\{(-w^2)\times(-w)\times2\}$

$=2^{k+1}$

이때 $32=2^5$이므로 $Q(n)=32$를 만족시키는 n은 15 또는 17이다.

따라서 구하는 자연수 n의 값의 합은 $15+17=32$이다.

367 답 ③

이차방정식 $x^2+x+1=0$에서 이차방정식의 근과 계수의 관계에 의하여

$\alpha+\beta=-1$, $\alpha\beta=1$

$x^2+x+1=0$의 양변에 $x-1$을 곱하면

$(x-1)(x^2+x+1)=0$, $x^3-1=0$에서 $x^3=1$

즉, $\alpha^3=\beta^3=1$이다. …… ㉠

$\beta f(\alpha^5)=3\beta+1$에서 $\beta f(\alpha^2)=3\beta+1$ ($\because$ ㉠)

양변을 β로 나누면 $f(\alpha^2)=3+\frac{1}{\beta}$에서 $f(\alpha^2)=3+\alpha$ ($\because$ $\alpha\beta=1$)

$\alpha f(\beta^5)=3\alpha+1$에서 $\alpha f(\beta^2)=3\alpha+1$ ($\because$ ㉠)

양변을 α로 나누면 $f(\beta^2)=3+\frac{1}{\alpha}$에서 $f(\beta^2)=3+\beta$ ($\because$ $\alpha\beta=1$)

이때 α, β는 이차방정식 $x^2+x+1=0$의 두 근이므로

$\alpha^2+\alpha+1=0$, $\beta^2+\beta+1=0$에서 $\alpha^2=-\alpha-1$, $\beta^2=-\beta-1$이다.

따라서

$f(\alpha^2)=3+\alpha$에서 $f(-\alpha-1)=3+\alpha$, $f(\beta)=2-\beta$

$f(\beta^2)=3+\beta$에서 $f(-\beta-1)=3+\beta$, $f(\alpha)=2-\alpha$

즉, 이차방정식 $f(x)+x-2=0$의 두 근이 α, β이고,

$f(x)$의 최고차항의 계수가 1이므로

$f(x)+x-2=x^2+x+1$

$f(x)=x^2+3$

$\therefore a+b=0+3=3$

368 답 16

이차방정식 $x^2-x+1=0$의 판별식을 D라 하면

$D=(-1)^2-4<0$이므로

서로 다른 두 허근 z, $\bar{z}$ ($\bar{z}$는 z의 켤레복소수)를 갖는다.

이차방정식의 근과 계수의 관계에 의하여

$z+\bar{z}=1$ …… ㉠

$z\bar{z}=1$ …… ㉡

$\therefore z^n(1-z)^{2n+1}=z^n\times\bar{z}^{2n+1}$ ($\because$ ㉠)

$=(z\bar{z})^n\times\bar{z}^{n+1}=\bar{z}^{n+1}$ ($\because$ ㉡) …… ㉢

이때 $\bar{z}$는 방정식 $x^2-x+1=0$의 근이므로

$\bar{z}^2-\bar{z}+1=0$에서 $(\bar{z}+1)(\bar{z}^2-\bar{z}+1)=0$

$\therefore \bar{z}^3=-1$, $\bar{z}^6=1$

따라서 $z^n(1-z)^{2n+1}$의 값이 양의 실수이기 위해서는

㉢에서 $n+1=6k$ (k는 자연수), 즉 $n=6k-1$ 꼴이어야 한다.

주어진 조건에 의하여 $n\le100$이므로

이를 만족시키는 k는 1, 2, 3, $\cdots$, 16이다.

따라서 구하는 자연수 n의 개수는 16이다.

다른 풀이

이차방정식 $x^2-x+1=0$의 판별식을 D라 하면

$D=(-1)^2-4<0$이므로 z는 허수이다.

$z^2-z+1=0$에서 $1-z=-z^2$이고

$(z+1)(z^2-z+1)=0$에서 $z^3=-1$, $z^6=1$

$z^n(1-z)^{2n+1}=z^n\times(-z^2)^{2n+1}$

$=z^n\times(-1)^{2n+1}\times(z^2)^{2n+1}$

$=-z^{5n+2}$

이므로 $z^n(1-z)^{2n+1}$의 값이 양의 실수이기 위해서는
$5n+2$는 홀수인 3의 배수이어야 한다.
주어진 조건에 의하여 $n\le 100$이므로 이를 만족시키는 자연수 n은
5, 11, 17, $\cdots$, 95의 16개이다.

369 답 13

이차방정식 $x^2+\sqrt{2}x+1=0$의 두 근은 근의 공식에 의하여
$x=\frac{-\sqrt{2}\pm\sqrt{2}i}{2}=\frac{-1\pm i}{\sqrt{2}}$이므로 $\alpha=\frac{-1+i}{\sqrt{2}}$, $\beta=\frac{-1-i}{\sqrt{2}}$라 하자.

$\alpha^2=\left(\frac{-1+i}{\sqrt{2}}\right)^2=-i$, $\alpha^3=(-i)\times\frac{-1+i}{\sqrt{2}}=\frac{1+i}{\sqrt{2}}$,

$\alpha^4=\frac{1+i}{\sqrt{2}}\times\frac{-1+i}{\sqrt{2}}=-1$이므로

$\alpha^5=\alpha\times\alpha^4=-\alpha=\frac{1-i}{\sqrt{2}}$, $\alpha^6=\alpha^2\times\alpha^4=-\alpha^2=i$,

$\alpha^7=\alpha^3\times\alpha^4=-\alpha^3=\frac{-1-i}{\sqrt{2}}$, $\alpha^8=\alpha^4\times\alpha^4=1$

$\beta^2=\left(\frac{-1-i}{\sqrt{2}}\right)^2=i$, $\beta^3=i\times\frac{-1-i}{\sqrt{2}}=\frac{1-i}{\sqrt{2}}$,

$\beta^4=\frac{1-i}{\sqrt{2}}\times\frac{-1-i}{\sqrt{2}}=-1$이므로

$\beta^5=\beta\times\beta^4=-\beta=\frac{1+i}{\sqrt{2}}$, $\beta^6=\beta^2\times\beta^4=-\beta^2=-i$,

$\beta^7=\beta^3\times\beta^4=-\beta^3=\frac{-1+i}{\sqrt{2}}$, $\beta^8=\beta^4\times\beta^4=1$

이므로 $\alpha^n=\alpha^{n+8}$, $\beta^n=\beta^{n+8}$이다.
음이 아닌 정수 k에 대하여

$n=8k+1$일 때, $\alpha^n+\beta^n=\frac{-1+i}{\sqrt{2}}+\frac{-1-i}{\sqrt{2}}=-\sqrt{2}$

$n=8k+2$일 때, $\alpha^n+\beta^n=(-i)+i=0$

$n=8k+3$일 때, $\alpha^n+\beta^n=\frac{1+i}{\sqrt{2}}+\frac{1-i}{\sqrt{2}}=\sqrt{2}$

$n=8k+4$일 때, $\alpha^n+\beta^n=(-1)+(-1)=-2$

$n=8k+5$일 때, $\alpha^n+\beta^n=\frac{1-i}{\sqrt{2}}+\frac{1+i}{\sqrt{2}}=\sqrt{2}$

$n=8k+6$일 때, $\alpha^n+\beta^n=i+(-i)=0$

$n=8k+7$일 때, $\alpha^n+\beta^n=\frac{-1-i}{\sqrt{2}}+\frac{-1+i}{\sqrt{2}}=-\sqrt{2}$

$n=8k+8$일 때, $\alpha^n+\beta^n=1+1=2$

즉, $\alpha^n+\beta^n=0$을 만족시키는 경우는 $n=8k+2$ 또는 $n=8k+6$일 때이다.
따라서 50 이하의 자연수 중 $n=8k+2$인 것은 2, 10, 18, $\cdots$, 50의 7개이고 $n=8k+6$인 것은 6, 14, 22, $\cdots$, 46의 6개이므로
구하는 자연수 n의 개수는 $7+6=13$

다른 풀이

$x^2+\sqrt{2}x+1=0$에서 이차방정식의 근과 계수의 관계에 의하여
$\alpha+\beta=-\sqrt{2}$, $\alpha\beta=1$
이차방정식 $x^2+\sqrt{2}x+1=0$의 계수가 모두 실수이고, 서로 다른 두 허근을 가지므로 $\beta=\overline{\alpha}$ ($\overline{\alpha}$는 α의 켤레복소수)
즉, $\alpha^2+\beta^2=(\alpha+\beta)^2-2\alpha\beta=0$, $\alpha^2=-\overline{\alpha}^2$
$\alpha\beta=1$에서 $\alpha^2\beta^2=1$, $\alpha^4=-1$
$\alpha^3+\beta^3=(\alpha+\beta)^3-3\alpha\beta(\alpha+\beta)=\sqrt{2}$
$\alpha^4+\beta^4=-2$

이므로 음이 아닌 정수 k에 대하여 $\alpha^n+\beta^n=0$을 만족시키려면
$n=4k+2$이다.
따라서 50 이하의 자연수 중 $n=4k+2$를 만족하는 n은
2, 6, 10, $\cdots$, 50의 13개이다.

370 답 6

이차방정식 $x^2+ax+b=0$의 서로 다른 두 근이 α, β이므로 근과 계수의 관계에 의하여
$\alpha+\beta=-a$ …… ㉠
$\alpha\beta=b$ …… ㉡
이차방정식 $x^2+3ax+3b=0$의 서로 다른 두 근이
$\alpha+2$, $\beta+2$이므로 근과 계수의 관계에 의하여
$(\alpha+2)+(\beta+2)=-3a$ …… ㉢
$(\alpha+2)(\beta+2)=3b$ …… ㉣
㉠을 ㉢에 대입하면
$-a+4=-3a \quad \therefore a=-2$
㉠, ㉡을 ㉣에 대입하면
$b+2\times 2+4=3b \quad \therefore b=4$
따라서 $x^2-2x+4=0$에서 근과 계수의 관계에 의하여
$\alpha+\beta=2$, $\alpha\beta=4$이고,
$x^2-2x+4=0$에서 양변에 $(x+2)$를 곱하면
$(x+2)(x^2-2x+4)=0$, $x^3+8=0 \quad \therefore x^3=-8$
즉, $\alpha^3=-8$, $\beta^3=-8$이다.
따라서 $\alpha^n+\beta^n$의 값을 n의 값에 따라 차례대로 구하면 다음과 같다.
$\alpha+\beta=2$
$\alpha^2+\beta^2=(\alpha+\beta)^2-2\alpha\beta=2^2-2\times 4=-4$
$\alpha^3+\beta^3=(-8)+(-8)=-16$
$\alpha^4+\beta^4=\alpha^3\times\alpha+\beta^3\times\beta=-8(\alpha+\beta)=-16$
$\alpha^5+\beta^5=\alpha^3\times\alpha^2+\beta^3\times\beta^2=-8(\alpha^2+\beta^2)=32$
$\alpha^6+\beta^6=(\alpha^3)^2+(\beta^3)^2=(-8)^2+(-8)^2=128$
$\alpha^7+\beta^7=(\alpha^3)^2\times\alpha+(\beta^3)^2\times\beta=64(\alpha+\beta)=128$
따라서 $\alpha^6+\beta^6=\alpha^7+\beta^7=128$이므로
조건을 만족시키는 자연수 n의 최솟값은 6이다.

371 답 4

정삼각형의 외접원의 중심을 O, 두 선분 BC, MN의 중점을 각각 Q, R이라 하자.
다음과 같이 삼각형 QMN은 정삼각형 AMN과 합동이므로 세 점 A, O, Q는 한 직선 위에 있고 삼각형 BQO는 직각삼각형이다.

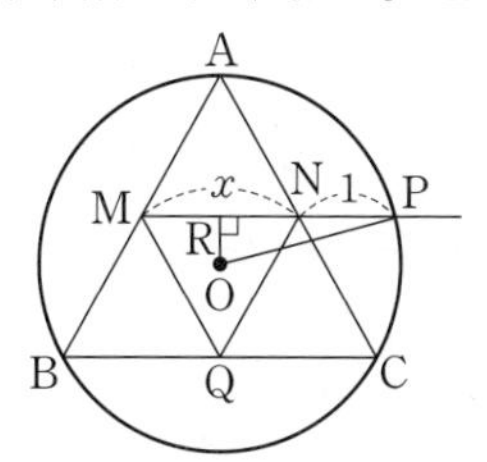

삼각형 ABC는 한 변의 길이가 $2x$인 정삼각형이고,
점 O는 정삼각형 ABC의 무게중심과 일치하므로
$\overline{AQ}=\sqrt{3}x$, $\overline{OQ}=\frac{\sqrt{3}}{3}x$

직각삼각형 BQO에서 피타고라스 정리에 의하여

$\overline{OB}^2=\left(\frac{\sqrt{3}}{3}x\right)^2+x^2=\frac{4}{3}x^2$, $\overline{OB}=\overline{OA}=\frac{2\sqrt{3}}{3}x$

이때 $\overline{NR}=\frac{x}{2}$이고,

$\overline{OR}=\overline{OA}-\overline{AR}=\frac{2\sqrt{3}}{3}x-\frac{\sqrt{3}}{2}x=\frac{\sqrt{3}}{6}x$

직각삼각형 PRO에서 피타고라스 정리에 의하여

$\overline{OP}^2=\overline{OR}^2+\overline{PR}^2=\left(\frac{\sqrt{3}}{6}x\right)^2+\left(\frac{x}{2}+1\right)^2$

이때 $\overline{OP}^2=\overline{OB}^2$이므로 $\overline{OB}^2=\left(\frac{\sqrt{3}}{6}x\right)^2+\left(\frac{x}{2}+1\right)^2$

$\frac{4}{3}x^2=\frac{1}{12}x^2+\frac{1}{4}x^2+x+1$, $x^2-x-1=0$

양변을 x로 나누면

$x-1-\frac{1}{x}=0$, $x-\frac{1}{x}=1$

$\therefore x^3-\frac{1}{x^3}=\left(x-\frac{1}{x}\right)^3+3\left(x-\frac{1}{x}\right)$

$=1^3+3\times1=4$

372 ········ 답 150

$\left\{i^n+\left(\frac{1}{i}\right)^{2n}\right\}^m=\left\{i^n+\left(\frac{1}{i^2}\right)^n\right\}^m=\{i^n+(-1)^n\}^m$

따라서 음이 아닌 정수 a에 대하여

$n=4a+1$일 때, $i^n+(-1)^n=i-1$

$n=4a+2$일 때, $i^n+(-1)^n=0$

$n=4a+3$일 때, $i^n+(-1)^n=-i-1$

$n=4a+4$일 때, $i^n+(-1)^n=2$

$\left\{i^n+\left(\frac{1}{i}\right)^{2n}\right\}^m$이 음의 실수가 되려면

$i^n+(-1)^n=i-1$ 또는 $i^n+(-1)^n=-i-1$인 경우만 가능하다.

(i) $i^n+(-1)^n=i-1$인 경우

$n=4a+1$일 때이므로 50 이하의 자연수 n은

1, 5, 9, ⋯, 49의 13개이다.

$m=2$일 때, $(i-1)^2=-1-2i+1=-2i$

$m=3$일 때, $(i-1)^3=-2i(i-1)=2+2i$

$m=4$일 때, $(i-1)^4=(-2i)^2=-4$

이므로 $(i-1)^m$이 음의 실수가 되는 경우는 음이 아닌 정수 b에 대하여 $m=8b+4$일 때이다.

따라서 50 이하의 자연수 m의 개수는 4, 12, 20, ⋯, 44의 6개이고, 순서쌍 (m, n)의 개수는 $6\times13=78$이다.

(ii) $i^n+(-1)^n=-i-1$인 경우

$n=4a+3$일 때이므로 50 이하의 자연수 n은

3, 7, 11, ⋯, 47의 12개이다.

$m=2$일 때, $(-i-1)^2=-1+2i+1=2i$

$m=3$일 때, $(-i-1)^3=2i\times(-i-1)=2-2i$

$m=4$일 때, $(-i-1)^4=(2i)^2=-4$

이므로 $(-i-1)^m$이 음의 실수가 되는 경우는 음이 아닌 정수 b에 대하여 $m=8b+4$일 때이다.

따라서 50 이하의 자연수 m의 개수는 4, 12, 20, ⋯, 44의 6개이고 순서쌍 (m, n)의 개수는 $6\times12=72$이다.

(i), (ii)에 의하여 구하는 순서쌍 (m, n)의 개수는

$78+72=150$이다.

373 ········ 답 ④

$(x-a)(x-b)+(x-b)(x-c)+(x-c)(x-a)=0$

$3x^2-2(a+b+c)x+ab+bc+ca=0$ ······ ㉠

이차방정식 ㉠의 판별식을 D라 하면

$\frac{D}{4}=(a+b+c)^2-3(ab+bc+ca)$

$=a^2+b^2+c^2-ab-bc-ca$

$=\frac{1}{2}\{(a-b)^2+(b-c)^2+(c-a)^2\}\geq0$

ㄱ. 임의의 세 양수 a, b, c에 대하여 $D\geq0$이므로 주어진 방정식은 항상 실근을 갖는다. (거짓)

ㄴ. 주어진 방정식이 중근을 가지면 $D=0$이므로 $a=b=c$이다. (참)

ㄷ. 정육면체가 아닐 때, $D>0$이므로 주어진 방정식은 서로 다른 두 실근을 갖는다. 이 두 실근을 α, β라 하면 ㉠에서 이차방정식의 근과 계수의 관계에 의하여

$\alpha+\beta=\frac{2(a+b+c)}{3}$, $\alpha\beta=\frac{ab+bc+ca}{3}$이고,

$a>0$, $b>0$, $c>0$이므로 $\alpha+\beta>0$, $\alpha\beta>0$이다.

따라서 두 근은 모두 양수이다. (참)

따라서 옳은 것은 ㄴ, ㄷ이다.

02 이차방정식과 이차함수

374 ⓐ ①

이차함수 $y=x^2+ax+b$의 그래프와 x축의 교점의 x좌표는
이차방정식 $x^2+ax+b=0$의 실근과 같다.
즉, 이차방정식 $x^2+ax+b=0$의 두 근이 -1, 2이므로
이차방정식의 근과 계수의 관계에 의하여
두 근의 합은 $-a=(-1)+2=1$이므로 $a=-1$
두 근의 곱은 $b=(-1)\times 2=-2$
$\therefore a+b=(-1)+(-2)=-3$

다른 풀이

이차함수 $y=x^2+ax+b$의 그래프가 두 점 $(-1,\ 0)$, $(2,\ 0)$을
지나므로
$0=1-a+b$, $0=4+2a+b$
두 식을 연립하여 풀면 $a=-1$, $b=-2$
$\therefore a+b=-3$

375 ⓐ ③

이차함수 $y=2x^2-4x-10$의 그래프가 x축과 만나는 두 점 A, B의
x좌표는 방정식 $2x^2-4x-10=0$의 두 실근이므로 방정식
$2x^2-4x-10=0$의 두 실근을 α, β라 하면 이차방정식의 근과
계수의 관계에 의하여
$\alpha+\beta=2$, $\alpha\beta=-5$
이때 두 점 A, B의 좌표는 각각 $(\alpha,\ 0)$, $(\beta,\ 0)$이므로
$\overline{AB}=|\alpha-\beta|$
$\therefore \overline{AB}^2=(\alpha-\beta)^2=(\alpha+\beta)^2-4\alpha\beta$
$=2^2-4\times(-5)=24$

376 ⓐ (1) $k<4$ (2) $k=4$ (3) $k>4$

이차함수 $y=x^2-4x+k$의 그래프와 x축의 교점의 개수는
이차방정식 $x^2-4x+k=0$의 서로 다른 실근의 개수와 같다.
이 이차방정식의 판별식을 D라 하면 다음을 만족시키면 된다.

(1) x축과 서로 다른 두 점에서 만나려면 방정식 $x^2-4x+k=0$이
서로 다른 두 실근을 가져야 하므로
$\frac{D}{4}=4-k>0$에서 $k<4$

(2) x축과 접하려면 방정식 $x^2-4x+k=0$이 중근을 가져야 하므로
$\frac{D}{4}=4-k=0$에서 $k=4$

(3) x축과 만나지 않으려면 방정식 $x^2-4x+k=0$이 허근을
가져야 하므로
$\frac{D}{4}=4-k<0$에서 $k>4$

377 ⓐ ⑤

이차함수 $y=-x^2+(2m-1)x-m^2+2$의 그래프가
x축과 만나지 않으려면 x에 대한 이차방정식
$-x^2+(2m-1)x-m^2+2=0$, 즉
$x^2-(2m-1)x+m^2-2=0$이 허근을 가져야 한다.
이 방정식의 판별식을 D라 하면
$D=(2m-1)^2-4(m^2-2)$
$=4m^2-4m+1-4m^2+8$
$=-4m+9<0$
이므로 $m>\frac{9}{4}$이다.
따라서 구하는 정수 m의 최솟값은 3이다.

378 ⓐ 20

이차함수 $y=2x^2+ax+b$의 그래프가 x축과 접하므로
방정식 $2x^2+ax+b=0$이 중근을 가져야 한다.
이 방정식의 판별식을 D라 하면
$D=a^2-8b=0$이므로 $b=\frac{a^2}{8}$
$y=2x^2+ax+b=2x^2+ax+\frac{a^2}{8}$
이 함수의 그래프가 점 $(1,\ 8)$을 지나므로 대입하면
$8=2+a+\frac{a^2}{8}$, $a^2+8a-48=0$, $(a+12)(a-4)=0$
이므로 $a=4$ ($\because a>0$), $b=2$이다.
$\therefore a^2+b^2=4^2+2^2=20$

다른 풀이

이차함수 $y=2x^2+ax+b$의 그래프가 x축과 접하므로
우변은 완전제곱식으로 표현가능하다.
$y=2(x-p)^2$이라 하면 $p=-\frac{a}{4}<0$이다.
이 이차함수의 그래프가 점 $(1,\ 8)$을 지나므로
$8=2(1-p)^2$, $(1-p)^2=4$, $1-p=\pm 2$
$\therefore p=-1$ ($\because p<0$)
따라서 $y=2(x+1)^2=2x^2+4x+2$이므로
$a=4$, $b=2$
$\therefore a^2+b^2=4^2+2^2=20$

379 ⓐ ④

① 이차함수 $y=f(x)$의 그래프가 위로 볼록하므로 $a<0$이다.
또한 축이 y축의 오른쪽에 존재하므로 $-\frac{b}{2a}>0$
$\therefore b>0$ (참)

② 이차함수 $y=f(x)$의 그래프의 y절편이 양수이므로
$f(0)=c>0$ (참)

③ 방정식 $ax^2+bx+c=0$의 판별식을 D라 하면 서로 다른 두
실근을 가져야 하므로
$D=b^2-4ac>0$
$\therefore b^2>4ac$ (참)

④ $a+\frac{1}{2}b+\frac{1}{4}c=\frac{1}{4}(4a+2b+c)$이고

$f(2)=4a+2b+c>0$이므로

$a+\frac{1}{2}b+\frac{1}{4}c>0$ (거짓)

⑤ $f(5)=0$이므로 $25a+5b+c=0$

$\therefore 25a+c=-5b<0$ ($\because b>0$) (참)

따라서 옳지 않은 것은 ④이다.

380 ······ 답 ②

이차방정식 $x^2+ax+4a-3=0$의 두 근 사이에 2가 있어야 하므로 $f(x)=x^2+ax+4a-3$이라 할 때, 이차함수 $y=f(x)$의 그래프의 개형은 다음 그림과 같다.

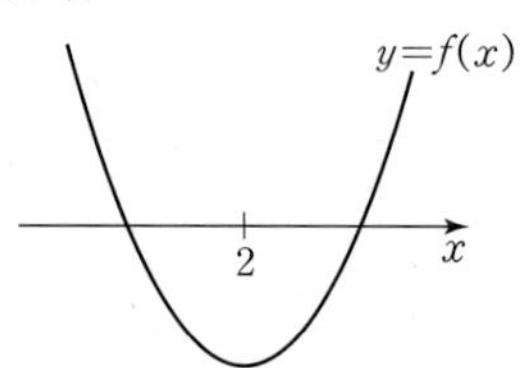

즉, $x=2$에서의 함숫값 $f(2)$가 음수이어야 하므로

$f(2)=4+2a+4a-3<0$에서 $a<-\frac{1}{6}$이다.

따라서 구하는 정수 a의 최댓값은 -1이다.

381 ······ 답 ⑤

이차함수 $y=2x^2-5x+3$의 그래프와 직선 $y=x+11$의 교점의 x좌표는 이차방정식 $2x^2-5x+3=x+11$의 실근과 같다.

$2x^2-6x-8=0$, $x^2-3x-4=0$ ······ TIP

$(x+1)(x-4)=0$에서 $x=-1$ 또는 $x=4$

따라서 구하는 값은 $(-1)+4=3$이다.

TIP

이차방정식의 근과 계수의 관계에 의하여 두 근의 합은 3임을 바로 구할 수도 있다.

382 ······ 답 ④

이차함수 $y=x^2-3x+a$의 그래프와 직선 $y=2x+1$이 서로 다른 두 점에서 만나므로 이차방정식

$x^2-3x+a=2x+1$, 즉 $x^2-5x+a-1=0$이

서로 다른 두 실근을 가져야 한다.

이 방정식의 판별식을 D라 하면

$D=5^2-4(a-1)=-4a+29>0$

이므로 $a<\frac{29}{4}$에서 구하는 정수 a의 최댓값은 7이다.

383 ······ 답 ①

이차함수 $f(x)=x^2-4x+6$의 그래프가 직선 $y=kx-5$와 서로 다른 두 점 $(x_1, f(x_1))$, $(x_2, f(x_2))$에서 만나므로 방정식 $f(x)=kx-5$에서 $f(x)-(kx-5)=0$의 서로 다른 두 실근이 x_1, x_2이다.

$x^2-4x+6-(kx-5)=0$에서 $x^2-(k+4)x+11=0$이고,

이차방정식의 근과 계수의 관계에 의하여

$x_1+x_2=k+4=7$

$\therefore k=3$

384 ······ 답 ②

이차함수 $y=x^2+(a-1)x-b+2$의 그래프가 점 $(2, -2)$를 지나므로

$-2=2^2+(a-1)\times2-b+2$, $2a-b=-6$

$\therefore b=2a+6$

이차함수 $y=x^2+(a-1)x-2a-4$의 그래프가 직선 $y=-2x+2$와 접하므로 방정식

$x^2+(a-1)x-2a-4=-2x+2$가 중근을 갖는다.

이차방정식 $x^2+(a+1)x-2a-6=0$의 판별식을 D라 할 때,

$D=(a+1)^2-4\times(-2a-6)=0$에서

$(a+1)^2+4\times(2a+6)=0$

$a^2+10a+25=0$, $(a+5)^2=0$ $\therefore a=-5$

㉠에서 $b=2\times(-5)+6=-4$

$\therefore a-b=(-5)-(-4)=-1$

385 ······ 답 ③

이차함수 $y=-x^2+3x+2$의 그래프와 직선 $y=x+k$의 교점의 개수는 이차방정식 $-x^2+3x+2=x+k$의 서로 다른 실근의 개수와 같다.

따라서 두 그래프가 적어도 한 점에서 만나려면 방정식 $-x^2+3x+2=x+k$가 실근을 가져야 하므로 방정식 $x^2-2x+k-2=0$의 판별식을 D라 하면

$\frac{D}{4}=1-(k-2)\geq0$

$\therefore k\leq3$

386 ······ 답 ④

직선의 방정식을 $y=ax+b$ (a, b는 상수)라 할 때, 이 직선이 점 $(-1, 1)$을 지나므로 $1=-a+b$, $b=a+1$에서 $y=ax+a+1$이다.

이차함수 $y=x^2-3x+1$의 그래프와 직선 $y=ax+a+1$이 접하면 방정식 $x^2-3x+1=ax+a+1$이 중근을 갖고 이때의 근이 접점의 x좌표이다.

$x^2-(a+3)x-a=0$ ······ ㉠

에서 이차방정식의 판별식을 D라 하면

$D=\{-(a+3)\}^2-4\times(-a)=0$, $a^2+10a+9=0$

$(a+9)(a+1)=0$ $\therefore a=-9$ 또는 $a=-1$

㉠에서

$a=-9$일 때, $x^2+6x+9=(x+3)^2=0$이므로

접점의 x좌표는 -3이다.

$a=-1$일 때, $x^2-2x+1=(x-1)^2=0$이므로

접점의 x좌표는 1이다.

따라서 두 접점의 x좌표의 합은 $(-3)+1=-2$

387 ··· 답 ③

방정식 $ax^2+(b-m)x+c-n=0$은 $ax^2+bx+c=mx+n$이므로
이 방정식의 실근은 이차함수 $y=ax^2+bx+c$의 그래프와
직선 $y=mx+n$의 교점의 x좌표와 같다.
주어진 그림에서 두 그래프의 두 교점의 x좌표는 각각 -3, 4이므로
구하는 값은
$(-3)\times4=-12$

388 ··· 답 ①

구하는 기울기가 2인 직선의 방정식을 $y=2x+k$ (k는 실수)라 하면
이 직선이 곡선 $y=x^2-3x+4$에 접해야 하므로
방정식 $x^2-3x+4=2x+k$, 즉 $x^2-5x+4-k=0$이 중근을
가져야 한다.
이 이차방정식의 판별식을 D라 하면
$D=25-4(4-k)=0$
$4k+9=0 \qquad \therefore k=-\dfrac{9}{4}$
따라서 구하는 직선의 방정식은 $y=2x-\dfrac{9}{4}$이다.

389 ··· 답 6

이차함수 $y=x^2+a$의 그래프와 직선 $y=bx+1$이 서로 다른 두
점에서 만나므로 방정식 $x^2+a=bx+1$, 즉 $x^2-bx+a-1=0$이
서로 다른 두 실근을 가지며 그 중 한 근이 $2+\sqrt{3}$이다.
이때 a, b가 유리수이므로 나머지 한 근은 $2-\sqrt{3}$이다.
이차방정식의 근과 계수의 관계에 의하여
$b=(2+\sqrt{3})+(2-\sqrt{3})=4$, $a-1=(2+\sqrt{3})(2-\sqrt{3})=1$
에서 $a=2$, $b=4$이다.
$\therefore a+b=2+4=6$

390 ··· 답 ②

$y=2x^2-8x+5$
$\quad=2(x^2-4x+4)-8+5$
$\quad=2(x-2)^2-3$
이므로 이 이차함수의 그래프는 꼭짓점의 좌표가 $(2,\ -3)$이고,
아래로 볼록하므로 다음 그림과 같다.

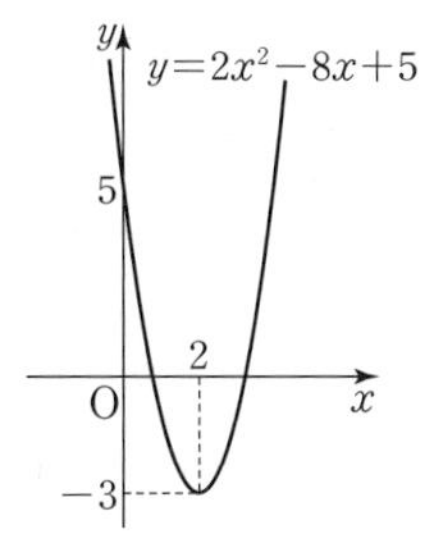

따라서 $x=2$일 때 최솟값 -3을 갖는다.
$\therefore a+b=2+(-3)=-1$

391 ··· 답 ③

$f(-5)=f(3)$이 성립하므로 이차함수 $f(x)=ax^2+bx+c$의 축은
$x=\dfrac{-5+3}{2}$, 즉 $x=-1$이다.
$a>0$이므로 $-5\le x\le2$에서 이차함수 $y=f(x)$의 그래프는 다음
그림과 같다.

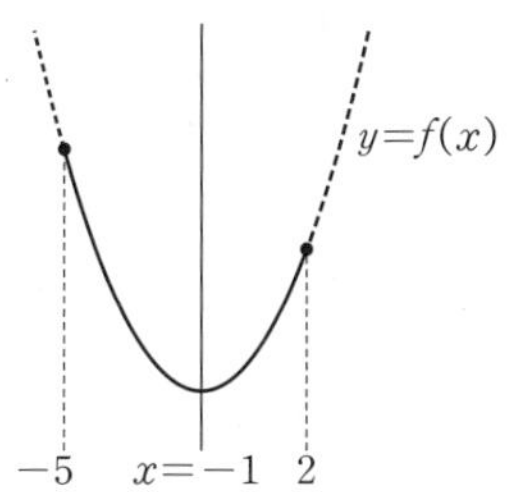

따라서 $-5\le x\le2$에서 함수 $f(x)$의 최댓값은 $f(-5)$, 최솟값은
$f(-1)$이다.

392 ··· 답 ①

$y=-x^2-4x+3=-(x^2+4x+4)+4+3$
$\quad=-(x+2)^2+7$
$-3\le x\le3$에서 함수 $y=-(x+2)^2+7$의 그래프는 다음 그림과
같다.

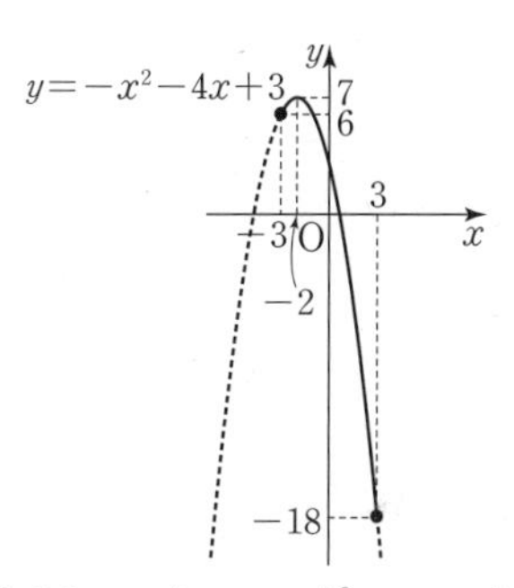

$x=-2$일 때 최댓값 $M=-(-2+2)^2+7=7$을 갖고,
$x=3$일 때 최솟값 $m=-(3+2)^2+7=-18$을 갖는다.
$\therefore M+m=7+(-18)=-11$

393 ··· 답 ②

$f(x)=x^2-2x+k=(x^2-2x+1)+k-1$
$\qquad=(x-1)^2+k-1$
$-2\le x\le3$에서 $x=1$일 때 최솟값 $f(1)=k-1$을 가지므로
$k-1=3$에서 $k=4$
$g(x)=-x^2+4x+3=-(x^2-4x+4)+7$
$\qquad=-(x-2)^2+7$
이므로 $1\le x\le5$에서 함수 $y=g(x)$의 그래프는 다음 그림과 같다.

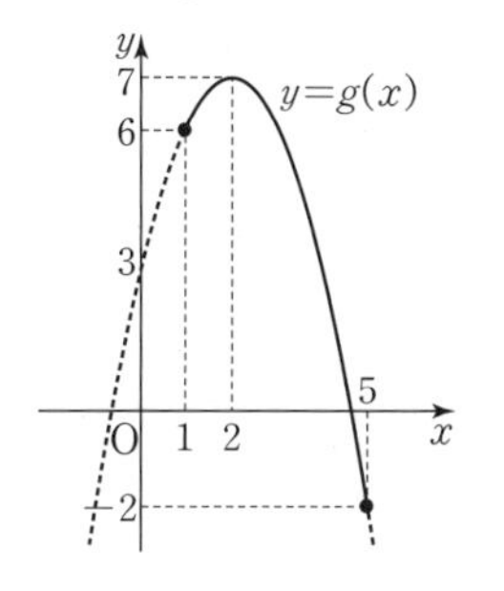

$x=2$일 때 최댓값 $g(2)=7$을 갖고,
$x=5$일 때 최솟값 $g(5)=-2$를 갖는다.
따라서 구하는 최댓값과 최솟값의 합은
$7+(-2)=5$

394 ······ 답 5

점 (a, b)가 이차함수 $y=x^2-2x-3$의 그래프 위의 점이므로
$b=a^2-2a-3$을 만족시킨다.
$2a^2-b+3=2a^2-(a^2-2a-3)+3$
$=a^2+2a+6=(a+1)^2+5$
따라서 $2a^2-b+3$은 $a=-1$일 때, 최솟값 5를 갖는다.

395 ······ 답 ⑤

$2x+y=3$, 즉 $y=-2x+3$에서
$2x^2+y^2=2x^2+(-2x+3)^2$
$=2x^2+(4x^2-12x+9)$
$=6(x-1)^2+3$
$-1\le x\le 2$에서 함수 $y=6(x-1)^2+3$의 그래프는 다음 그림과 같다.

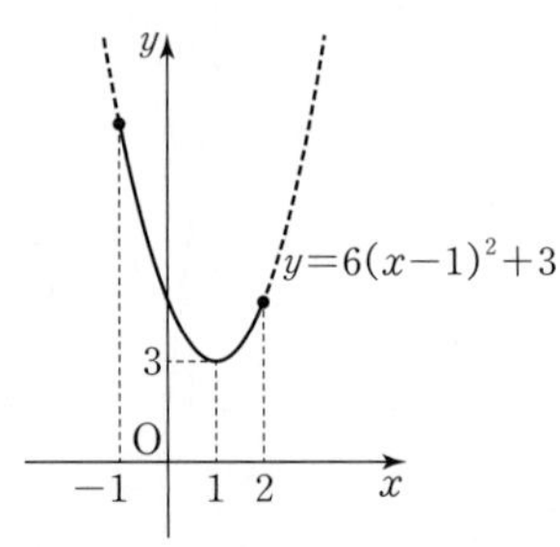

$x=-1$일 때 최댓값 $M=6\times(-2)^2+3=27$을 갖고,
$x=1$일 때 최솟값 $m=3$을 갖는다.
$\therefore M+m=27+3=30$

396 ······ 답 25

이차항의 계수가 -1이고 꼭짓점의 좌표가 $(2, k)$인 이차함수는 $f(x)=-(x-2)^2+k$이므로 $-2\le x\le 1$에서 함수 $y=f(x)$의 그래프의 개형은 다음 그림과 같다.

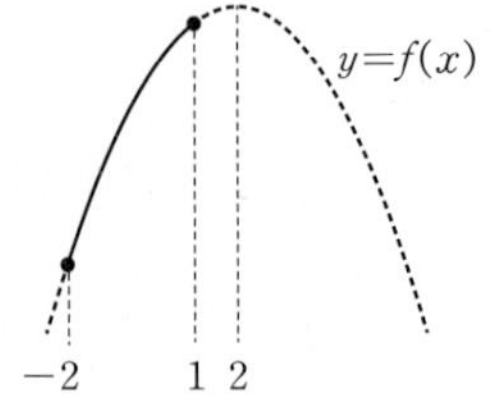

따라서 함수 $f(x)$는 $x=-2$일 때 최솟값을 갖고,
$x=1$일 때 최댓값을 갖는다.
$f(-2)=-16+k=-3$이므로 $k=13$
$M=f(1)=-1+k=12$
$\therefore k+M=13+12=25$

397 ······ 답 186

$y=-5t^2+60t=-5(t-6)^2+180$
에서 $t=6$일 때, 공의 높이가 180(m)로 가장 높이 올라가게 된다.
따라서 $a=6$, $b=180$이므로
$a+b=6+180=186$

398 ······ 답 20

$\overline{FB}=x\ (0<x<8)$라 하면 두 삼각형 ABC, AFE가 서로 닮음이므로
$\overline{FE}=\overline{AF}=8-\overline{FB}=8-x$이다.

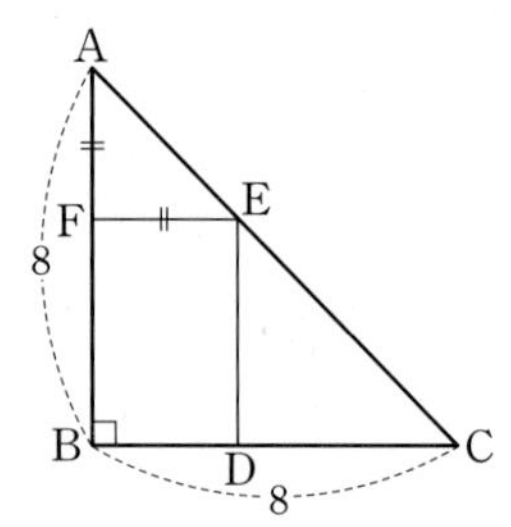

직사각형 BDEF의 넓이는
$\overline{FB}\times\overline{FE}=x(8-x)=-(x-4)^2+16$
이므로 $x=4$일 때, 최댓값 16을 갖는다.
따라서 $a=4$, $b=16$이므로
$a+b=4+16=20$

399 ······ 답 ④

두 정삼각형의 한 변의 길이를 각각 a, $b\ (a>0,\ b>0)$라 하면
$3a+3b=30$, $b=10-a$
두 정삼각형의 넓이의 합은
$\frac{\sqrt{3}}{4}a^2+\frac{\sqrt{3}}{4}b^2=\frac{\sqrt{3}}{4}\{a^2+(10-a)^2\}$
$=\frac{\sqrt{3}}{4}(2a^2-20a+100)$
$=\frac{\sqrt{3}}{2}(a-5)^2+\frac{25\sqrt{3}}{2}$
이므로 $a=5$일 때, 두 정삼각형의 넓이의 합은 최솟값 $\frac{25\sqrt{3}}{2}$을 갖는다.

400 ······ 답 ③

직사각형 모양의 닭장에서 닭장에 포함되는 벽을
가로로 하여 이 길이를 a(m)라 하고,
세로의 길이를 b(m)라 하면 두 양수 a, b에 대하여
$a+2b=20$이므로 $a=20-2b$
따라서 닭장의 바닥의 넓이는
$ab=(20-2b)b=-2(b^2-10b)$
$=-2(b-5)^2+50$
이므로 $b=5$일 때 닭장의 바닥의 넓이가 최댓값 50을 갖는다.
따라서 구하는 닭장에 포함되는 벽의 길이는 $a=10$(m)이다.

401 ········ 답 ④

입장료를 50원 올릴 때마다 입장객의 수가 10명씩 감소하므로
이 박물관의 1인당 입장료를 $(2000+50x)$원이라 하면
하루 입장객의 수는 $(500-10x)$명이다. (단, $0<x<50$)
하루 입장료의 총 판매액은
$(2000+50x)(500-10x)=-500x^2+5000x+1000000$
$=-500(x-5)^2+1012500$
이므로 $x=5$일 때 최대이다.
따라서 하루 입장료의 총 판매액이 최대가 되도록 하는
이 박물관의 1인당 입장료는 2250원이다.

402 ········ 답 ③

이차함수 $y=2x^2-4x+k$의 그래프가 x축과 만나는 두 점의 x좌표를 각각 α, β라 하면 두 점 사이의 거리는 $|\alpha-\beta|$와 같으므로
$|\alpha-\beta|=4$이다. ······ ㉠
또한 이차방정식 $2x^2-4x+k=0$의 두 실근이 α, β이므로
이차방정식의 근과 계수의 관계에 의하여
$\alpha+\beta=2$, $\alpha\beta=\frac{k}{2}$ ······ ㉡
$|\alpha-\beta|^2=(\alpha+\beta)^2-4\alpha\beta$이므로 ㉠, ㉡을 대입하면
$16=4-2k$
$\therefore k=-6$

403 ········ 답 ①

방정식 $x^2-2(a+2k)x+(a^2+4k^2+6k)=0$이 중근을 가지므로
이 방정식의 판별식을 D라 하면
$\frac{D}{4}=(a+2k)^2-(a^2+4k^2+6k)=0$이어야 한다.
$4ak-6k=0$, $2k(2a-3)=0$
이 등식이 k의 값에 관계없이 항상 성립하므로
$a=\frac{3}{2}$

404 ········ 답 2

이차함수 $y=f(x)$의 그래프가 x축과 만나는 두 점의 좌표를 각각 $(\alpha, 0)$, $(\beta, 0)$이라 하자.
α, β는 방정식 $f(x)=0$의 두 실근이고,
이차함수 $y=f(x)$의 그래프의 축이 직선 $x=2$이므로
$\frac{\alpha+\beta}{2}=2$에서 $\alpha+\beta=4$ ······ ㉠
방정식 $f(3x-1)=0$의 두 근을 각각 p, q라 하면
$(3p-1)+(3q-1)=\alpha+\beta$이므로 ㉠을 대입하면
$3(p+q)-2=4$, $3(p+q)=6$
$\therefore p+q=2$

405 ········ 답 ①

이차방정식 $x^2+3x+a=0$의 한 근은 -3보다 작고 다른 한 근은 1보다 크므로 $f(x)=x^2+3x+a$라 하면 함수 $y=f(x)$의 그래프가 x축과 만나는 두 교점의 x좌표 중 하나는 -3보다 작고 다른 하나는 1보다 커야 한다.
따라서 $f(-3)<0$이고, $f(1)<0$이다.
$f(x)=x^2+3x+a=\left(x+\frac{3}{2}\right)^2+a-\frac{9}{4}$이고,
이 이차함수의 그래프의 축이 직선 $x=-\frac{3}{2}$이므로
$f(1)<0$이면 반드시 $f(-3)<0$이다. ······ TIP
즉, 한 교점의 x좌표가 1보다 크면 다른 한 교점의 x좌표는 반드시 -3보다 작게 된다.
따라서 $f(1)<0$만 만족시키면 되므로
$f(1)=4+a<0$
$\therefore a<-4$

TIP

이차함수 $y=f(x)$의 그래프의 개형은 다음과 같다.

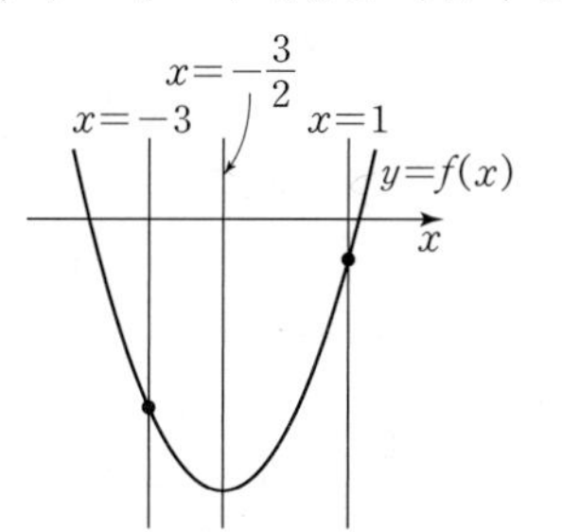

축과 더 멀리 떨어진 $x=1$에서의 함숫값이 음수이면
$x=-3$에서의 함숫값도 음수가 되므로 $f(1)<0$이면
$f(-3)<0$을 만족시킨다.

406 ········ 답 6

$f(x)=x^2-2x+k-3$이라 하면 $f(x)=(x-1)^2+k-4$이므로
이차함수 $y=f(x)$의 그래프의 축은 직선 $x=1$이다.
따라서 이차방정식 $x^2-2x+k-3=0$의 두 근이 모두 -1보다 크려면 다음 그림과 같이 이차함수 $y=f(x)$의 그래프와 x축의 교점의 x좌표가 모두 -1보다 커야 한다.

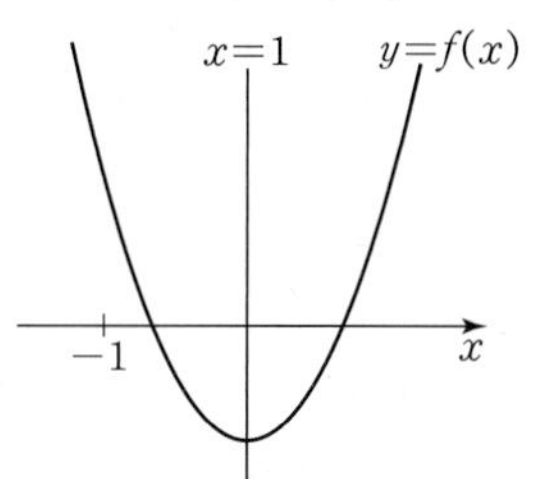

이차방정식 $x^2-2x+k-3=0$의 판별식을 D라 하면
$\frac{D}{4}=(-1)^2-(k-3)>0$에서 $k<4$ ······ ㉠
또한 $f(-1)>0$이므로
$f(-1)=1+2+k-3>0$에서 $k>0$ ······ ㉡
㉠, ㉡에서 $0<k<4$이므로 구하는 모든 정수 k의 값의 합은
$1+2+3=6$이다.

407 ········ 답 25

조건 (가)에서 $f(x)g(x)=x^4-9x^2+4x+12$에서
$f(-1)g(-1)=0$, $f(2)g(2)=0$이므로

조립제법을 이용하여 인수분해하면

-1	1	0	-9	4	12
		-1	1	8	-12
2	1	-1	-8	12	0
		2	2	-12	
	1	1	-6	0	

$f(x)g(x)=(x+1)(x-2)(x^2+x-6)$, 즉

$f(x)g(x)=(x+1)(x+3)(x-2)^2$이다.

조건 (나)에서 함수 $y=f(x)$의 그래프는 x축에 접하고 최고차항의 계수가 1인 이차함수이므로

$f(x)=(x-2)^2$, $g(x)=(x+1)(x+3)$이다.

$\therefore f(3)+g(3)=(3-2)^2+(3+1)\times(3+3)=25$

408

답 ⑤

세 이차함수의 최고차항의 계수의 절댓값이 모두 같으므로 아래로 볼록한 함수 $f(x)$의 최고차항의 계수를 a $(a>0)$라 하면 두 함수 $g(x)$, $h(x)$의 최고차항의 계수는 각각 $-a$, a이다.

함수 $y=f(x)$의 그래프는 x축과 $x=1$, $x=3$에서 만나므로

$f(x)=a(x-1)(x-3)$

함수 $y=g(x)$의 그래프는 위로 볼록하고 x축과 $x=-1$, $x=3$에서 만나므로

$g(x)=-a(x+1)(x-3)$

함수 $y=h(x)$의 그래프는 아래로 볼록하고 x축과 $x=3$, $x=4$에서 만나므로

$h(x)=a(x-3)(x-4)$

따라서 방정식 $f(x)+g(x)+h(x)=0$에서

$a(x-1)(x-3)-a(x+1)(x-3)+a(x-3)(x-4)=0$

$a(x-3)\{(x-1)-(x+1)+(x-4)\}=0$

$a(x-3)(x-6)=0$

즉, $x=3$ 또는 $x=6$이므로 방정식 $f(x)+g(x)+h(x)=0$의 모든 근의 합은 $3+6=9$이다.

409

답 ④

$f(x)=x^2+ax+b$, $g(x)=-x^2+cx+d$에서

$f(x)-g(x)=2x^2+(a-c)x+b-d$

ㄱ. 두 함수 $y=f(x)$, $y=g(x)$의 그래프가 서로 접하므로 방정식 $f(x)-g(x)=0$은 중근을 갖는다.

이차방정식 $2x^2+(a-c)x+b-d=0$의 판별식을 D라 하면

$D=(a-c)^2-4\times2(b-d)=0$

$\therefore (a-c)^2=8(b-d)$ (거짓)

ㄴ. 함수 $y=f(x)-g(x)$의 그래프가 직선 $x=-\dfrac{a-c}{4}$에 대하여 대칭이므로 $f(0)-g(0)$의 값은 $f\left(\dfrac{c-a}{2}\right)-g\left(\dfrac{c-a}{2}\right)$의 값과 같다.

이때 $f(0)=b$, $g(0)=d$에서 $f(0)-g(0)=b-d$이므로

$b-d=f\left(\dfrac{c-a}{2}\right)-g\left(\dfrac{c-a}{2}\right)$에서

$b-f\left(\dfrac{c-a}{2}\right)=d-g\left(\dfrac{c-a}{2}\right)$이다. (참)

ㄷ. 두 함수 $y=f(x)$, $y=g(x)$의 그래프가 제1사분면에서 접하므로 방정식 $f(x)-g(x)=0$은 0보다 큰 실근을 갖는다.

따라서 $f(-1)-g(-1)>0$이므로

$2\times(-1)^2+(a-c)\times(-1)+b-d>0$에서

$a-c-b+d<2$이다. (참)

따라서 옳은 것은 ㄴ, ㄷ이다.

410

답 ③

조건 (가)에서 이차함수 $y=f(x)$의 축이 $x=-1$이므로

$f(x)=(x+1)^2+k$ (k는 상수)

$=x^2+2x+1+k$ …… ㉠

에서 $a=2$, $b=1+k$

조건 (나)에서 이차방정식 $x^2-3x-2=0$의 두 근 α, β에 대하여 근과 계수의 관계에 의하여

$\alpha+\beta=3$, $\alpha\beta=-2$ …… ㉡

$f(\alpha)+f(\beta)=(\alpha^2+2\alpha+1+k)+(\beta^2+2\beta+1+k)$

$=(\alpha^2+\beta^2)+2(\alpha+\beta)+2(1+k)$

$=(\alpha+\beta)^2-2\alpha\beta+2(\alpha+\beta)+2(1+k)$

$=3^2-2\times(-2)+2\times3+2(1+k)$ ($\because$ ㉡)

$=21+2k$

$f(\alpha)+f(\beta)=5$에서 $21+2k=5$, $2k=-16$, 즉 $k=-8$

이를 ㉠에 대입하면 $f(x)=x^2+2x-7$이다.

$\therefore f(2)=2^2+2\times2-7=1$

411

답 $\dfrac{9}{4}$

이차방정식 $f(x)=0$의 판별식을 D_1이라 하면

$\dfrac{D_1}{4}=(k-1)^2-(k^2-5)=-2k+6$

이차방정식 $g(x)=0$의 판별식을 D_2라 하면

$D_2=3^2-4k=9-4k$

α, β는 음이 아닌 정수이므로 $\alpha^2+\beta^2=5$를 만족시키려면 $\alpha=2$, $\beta=1$ 또는 $\alpha=1$, $\beta=2$이어야 한다.

(i) $\alpha=2$, $\beta=1$일 때

함수 $y=f(x)$의 그래프가 x축과 두 점에서 만나므로

$\dfrac{D_1}{4}=-2k+6>0$에서 $k<3$

함수 $y=g(x)$의 그래프가 x축과 한 점에서 접하므로

$D_2=9-4k=0$에서 $k=\dfrac{9}{4}$

두 조건을 동시에 만족시키는 실수 k의 값은 $\dfrac{9}{4}$이다.

(ii) $\alpha=1$, $\beta=2$일 때

함수 $y=f(x)$의 그래프가 x축과 접하므로

$\dfrac{D_1}{4}=-2k+6=0$에서 $k=3$

함수 $y=g(x)$의 그래프가 x축과 두 점에서 만나므로

$D_2=9-4k>0$에서 $k<\dfrac{9}{4}$

두 조건을 동시에 만족시키는 실수 k의 값이 존재하지 않는다.

(i), (ii)에서 구하는 실수 k의 값은 $\dfrac{9}{4}$이다.

412 ······ 답 ③

이차함수 $y=x^2-2kx+k^2+4k$의 그래프와 직선 $y=ax+b$가 접하려면 방정식 $x^2-2kx+k^2+4k=ax+b$가 중근을 가져야 한다.
즉, 방정식 $x^2-(2k+a)x+k^2+4k-b=0$의 판별식을 D라 하면
$D=(2k+a)^2-4(k^2+4k-b)=0$에서 등식
$4ak+a^2-16k+4b=0$이 k의 값에 관계없이 항상 성립해야 한다.
$(4a-16)k+a^2+4b=0$에서 $4a-16=0$, $a^2+4b=0$
따라서 $a=4$, $b=-4$이므로 $a+b=0$

413 ······ 답 $a\le -\frac{3}{2}$

이차함수 $y=x^2+2ax+3$의 그래프와 직선 $y=2x-1$의 두 교점의 x좌표를 각각 α, β $(\alpha<\beta)$라 하면
방정식 $x^2+2ax+3=2x-1$, 즉 $x^2+(2a-2)x+4=0$의 서로 다른 두 실근이 α, β이고, 점 $(1, 1)$이 선분 AB 위에 있어야 하므로
$\alpha\le 1\le\beta$를 만족시켜야 한다. ······ TIP 1
따라서 $f(x)=x^2+(2a-2)x+4$라 하면 이차함수 $y=f(x)$의 그래프는 다음 그림과 같이 $x=1$에서의 함숫값이 0보다 작거나 같아야 한다.

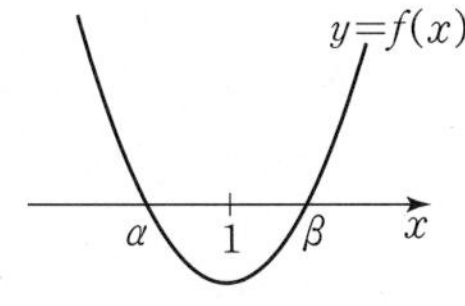

즉, $f(1)=1+2a-2+4\le 0$에서 $a\le -\frac{3}{2}$

TIP 1
점 $(1, 1)$이 선분 AB 위에 있으면 점 A 또는 B가 점 $(1, 1)$이 될 수 있으므로 $\alpha\le 1\le\beta$이다.

TIP 2
이차방정식의 근과 계수의 관계에 의하여 $\alpha\beta=4$이므로 $f(1)=0$이어도 $\alpha\ne\beta$이다.

414 ······ 답 ③

직선 $y=2x+a$가 이차함수 $y=x^2-3x+5$의 그래프와 만나지 않으므로 방정식 $x^2-3x+5=2x+a$, 즉 $x^2-5x+5-a=0$이 실근을 갖지 않는다.
이 이차방정식의 판별식을 D_1이라 하면
$D_1=(-5)^2-4\times(5-a)<0$ $\quad\therefore a<-\frac{5}{4}$ ······ ㉠
직선 $y=2x+a$가 이차함수 $y=x^2-2x-1$의 그래프와 서로 다른 두 점에서 만나므로 방정식 $x^2-2x-1=2x+a$,
즉 $x^2-4x-1-a=0$이 서로 다른 두 실근을 갖는다.
이 이차방정식의 판별식을 D_2라 하면
$\frac{D_2}{4}=(-2)^2-(-1-a)>0$ $\quad\therefore a>-5$ ······ ㉡
㉠, ㉡에서 $-5<a<-\frac{5}{4}$이므로 모든 정수 a는
-4, -3, -2의 3개이다.

415 ······ 답 ③

두 점 (a, b), (b, a)가 함수 $y=f(x)$의 그래프 위의 점이므로
$b=a^2-5a-8$, $a=b^2-5b-8$ ······ ㉠
위의 두 식을 변끼리 빼면
$b-a=a^2-b^2-5(a-b)$, $(a+b)(a-b)-4(a-b)=0$
$\therefore (a-b)(a+b-4)=0$
$a>b$이므로 $a+b=4$, $b=4-a$를 ㉠의 첫 번째 식에 대입하면
$4-a=a^2-5a-8$, $a^2-4a-12=0$
$(a+2)(a-6)=0$에서 $a=6$ ($\because a>b$)이고 $b=-2$이다.
이때 함수 $y=x^2+k$의 그래프와 직선 $y=6x-2$가 접하므로
이차방정식 $x^2+k=6x-2$, 즉 $x^2-6x+k+2=0$이 중근을 가진다.
이 이차방정식의 판별식을 D라 하면
$\frac{D}{4}=(-3)^2-(k+2)=0$
$\therefore k=7$

416 ······ 답 ④

두 함수 $f(x)=-x^2+5$, $g(x)=-2x+k$의 그래프가 접하면
방정식 $-x^2+5=-2x+k$, 즉 $x^2-2x+k-5=0$이 중근을 가지므로 이 이차방정식의 판별식을 D_1이라 하면
$\frac{D_1}{4}=(-1)^2-(k-5)=0$ $\quad\therefore k=k_1=6$
두 함수 $y=f(x)$, $y=g(x)$의 그래프가 서로 다른 두 점에서 만날 때, 두 점의 x좌표를 각각 α, β $(\alpha<\beta)$라 하면 α, β는 방정식 $x^2-2x+k-5=0$의 두 실근이므로 이차방정식의 근과 계수의 관계에 의하여
$\alpha+\beta=2$, $\alpha\beta=k-5$ ······ ㉠
이때 직선 $y=g(x)$의 기울기가 음수이므로 $g(\alpha)>g(\beta)$이고, 두 함수 $y=f(x)$, $y=g(x)$의 그래프가 만나는 두 점의 y좌표의 차가 8이려면 $g(\alpha)-g(\beta)=8$이어야 한다.
$(-2\alpha+k)-(-2\beta+k)=8$, $-2(\alpha-\beta)=8$
$\therefore \alpha-\beta=-4$ ······ ㉡
$(\alpha+\beta)^2=(\alpha-\beta)^2+4\alpha\beta$에서
$2^2=(-4)^2+4(k-5)$ ($\because$ ㉠, ㉡), 즉 $4k=8$이므로 $k=k_2=2$
$\therefore k_1+k_2=6+2=8$

417 ······ 답 -14

$g(x)=-x^2-2x+4$, $h(x)=x^2-4x-8$이라 하자.
$g(x)=-(x+1)^2+5$, $h(x)=(x-2)^2-12$이므로
두 함수의 꼭짓점의 좌표는 각각 $(-1, 5)$, $(2, -12)$이다.
$$g(x)-h(x)=-x^2-2x+4-(x^2-4x-8)=-2x^2+2x+12=-2(x+2)(x-3)$$
에서 방정식 $g(x)-h(x)=0$의 해가 $x=-2$ 또는 $x=3$이고,
$g(-2)=-(-2)^2-2(-2)+4=4$,
$g(3)=-3^2-2\times3+4=-11$이므로
두 함수 $y=g(x)$, $y=h(x)$의 그래프가 두 점
$(-2, 4)$, $(3, -11)$
에서 만난다.

따라서 $f(t)=3$에서 직선 $y=t$가 두 이차함수 $y=g(x)$, $y=h(x)$의 그래프와 만나는 서로 다른 점의 개수가 3인 경우는 다음 그림과 같다.

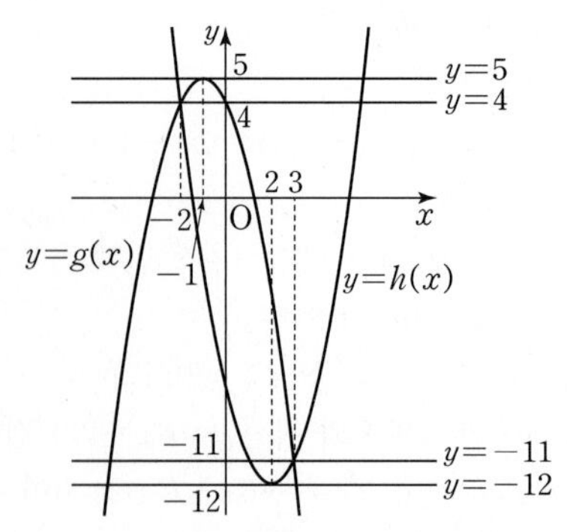

따라서 $f(t)=3$을 만족시키는 실수 t의 값의 합은

$5+4+(-11)+(-12)=-14$

418 ⓐ ①

이차항의 계수가 2인 이차함수 $y=f(x)$의 그래프가 x축과 두 점 $(\alpha,\ 0)$, $(\beta,\ 0)$에서 만나므로

$f(x)=2(x-\alpha)(x-\beta)$ …… ㉠

이차함수 $y=f(x)$의 그래프가 직선 $y=g(x)$와 두 점 $(\alpha,\ 0)$, $(\gamma,\ f(\gamma))$에서 만나므로

$f(x)-g(x)=2(x-\alpha)(x-\gamma)$ …… ㉡

이때 $\beta-\alpha=6$, $\gamma-\alpha=4$이므로 $\beta-\gamma=2$ …… ㉢

㉠에서 ㉡을 빼면

$$\begin{aligned}g(x)&=2(x-\alpha)(x-\beta)-2(x-\alpha)(x-\gamma)\\&=2(x-\alpha)\{(x-\beta)-(x-\gamma)\}\\&=2(x-\alpha)(\gamma-\beta)\\&=-4(x-\alpha)\ (\because ㉢)\end{aligned}$$

$g(-2)=4$이므로

$g(-2)=-4(-2-\alpha)=4$에서 $\alpha=-1$이고,

이를 ㉢에 대입하면 $\beta=5$, $\gamma=3$

따라서 $f(x)=2(x+1)(x-5)$, $g(x)=-4(x+1)$이다.

$$\begin{aligned}\therefore\ f(2\alpha)+g\left(\frac{\beta\gamma}{3}\right)&=f(-2)+g(5)\\&=2\times(-1)\times(-7)+(-4)\times6=-10\end{aligned}$$

419 ⓐ ③

두 점 A, B의 x좌표를 각각 α, β라 하면 $A(\alpha,\ \alpha^2)$, $B(\beta,\ \beta^2)$이고, α, β는 이차방정식 $x^2=x+k$, 즉 $x^2-x-k=0$의 두 실근이므로 이차방정식의 근과 계수의 관계에 의하여

$\alpha+\beta=1$, $\alpha\beta=-k$ …… ㉠

이때 $\alpha>0$, $\beta<0$이므로

$S_1=\frac{1}{2}\times\alpha\times\alpha^2=\frac{1}{2}\alpha^3$, $S_2=\frac{1}{2}\times(-\beta)\times\beta^2=-\frac{1}{2}\beta^3$

$$\begin{aligned}S_1-S_2&=\frac{1}{2}\alpha^3-\left(-\frac{1}{2}\beta^3\right)=\frac{1}{2}(\alpha^3+\beta^3)\\&=\frac{1}{2}\{(\alpha+\beta)^3-3\alpha\beta(\alpha+\beta)\}\\&=\frac{1}{2}\times\{1^3-3\times(-k)\times1\}\ (\because ㉠)\\&=\frac{1+3k}{2}\end{aligned}$$

$S_1-S_2=14$에서 $\frac{1+3k}{2}=14$, $3k=27$

$\therefore\ k=9$

420 ⓐ 풀이 참조

이차함수 $y=x^2+2(k+4)x+4$의 그래프와 x축이 접하므로 이차방정식 $x^2+2(k+4)x+4=0$이 중근을 갖는다.

이 방정식의 판별식을 D_1이라 하면

$\frac{D_1}{4}=(k+4)^2-4=0$

$k^2+8k+12=0$, $(k+6)(k+2)=0$

$\therefore\ k=-6$ 또는 $k=-2$ …… ㉠

이차함수 $y=x^2+2(k+4)x+4$의 그래프와 직선 $y=kx+3$이 접하므로 이차방정식 $x^2+2(k+4)x+4-kx-3=0$, 즉 $x^2+(k+8)x+1=0$이 중근을 갖는다.

이 방정식의 판별식을 D_2라 하면

$D_2=(k+8)^2-4=0$

$k^2+16k+60=0$, $(k+10)(k+6)=0$

$\therefore\ k=-10$ 또는 $k=-6$ …… ㉡

㉠, ㉡에서 구하는 실수 k의 값은 -6이다.

채점 요소	배점
이차함수 $y=x^2+2(k+4)x+4$의 그래프와 x축이 접하도록 하는 실수 k의 값 구하기	40%
이차함수 $y=x^2+2(k+4)x+4$의 그래프와 직선 $y=kx+3$이 접하도록 하는 실수 k의 값 구하기	40%
두 조건을 동시에 만족시키는 실수 k의 값 구하기	20%

421 ⓐ 14

두 이차함수 $y=x^2+2x+1$, $y=-(x-3)^2+k$의 그래프에 동시에 접하는 직선의 방정식을 $y=ax+b$ (a, b는 상수)라 하자.

이 직선이 이차함수 $y=x^2+2x+1$과 접하므로 이차방정식 $x^2+2x+1=ax+b$, 즉 $x^2+(2-a)x+1-b=0$이 중근을 갖는다.

이 이차방정식의 판별식을 D_1이라 하면

$D_1=(2-a)^2-4(1-b)=0$

$a^2-4a+4b=0$

$\therefore\ 4b=-a^2+4a$ …… ㉠

이차함수 $y=-(x-3)^2+k$와 직선이 접하므로 이차방정식 $-(x-3)^2+k=ax+b$, 즉 $x^2+(a-6)x+b-k+9=0$이 중근을 갖는다. 이 이차방정식의 판별식을 D_2라 하면

$D_2=(a-6)^2-4(b-k+9)=0$

$a^2-12a-4b+4k=0$

$2a^2-16a+4k=0\ (\because ㉠)$ $\quad\therefore\ a^2-8a+2k=0$

조건을 만족시키는 서로 다른 두 직선이 존재하려면 이 이차방정식이 서로 다른 두 실근을 가져야 하므로 이 이차방정식의 판별식을 D_3이라 하면

$\frac{D_3}{4}=(-4)^2-2k>0$, $2k<16$ $\quad\therefore\ k<8$

이때 정수 k의 최댓값이 7이고, 두 직선의 기울기의 곱은 이차방정식 $a^2-8a+2k=0$에서 이차방정식과 근과 계수의 관계에 의하여 $2k$이므로 최댓값은 $2k=2\times7=14$이다.

422 ··· 답 ②

$f(x)=-x^2+4x+4=-(x-2)^2+8$
$x\ge0$일 때, $g(x)=-(x-2)^2+8$이고,
$x<0$일 때, $g(x)=-(-x-2)^2+8=-(x+2)^2+8$이므로
함수 $g(x)=\begin{cases} f(x) & (x\ge0) \\ f(-x) & (x<0) \end{cases}$의 그래프는 다음 그림과 같다.

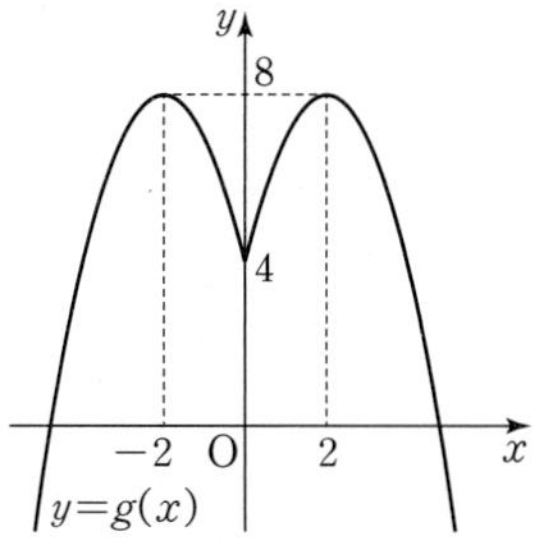

$h(t)=2$를 만족시키는 자연수 t의 값은 1, 2, 3, 8이므로
$\alpha=1+2+3+8=14$
$h(t)=4$를 만족시키는 자연수 t의 값은 5, 6, 7이므로
$\beta=5+6+7=18$
$\therefore \beta-\alpha=18-14=4$

423 ··· 답 −8

이차함수 $y=f(x)$의 그래프의 꼭짓점의 좌표가 $(0, -2)$이므로
$f(x)=kx^2-2$ (k는 0이 아닌 상수)라 하자.
함수 $y=f(x)$의 그래프가 점 $(a, 2)$를 지나므로
$f(a)=ka^2-2=2$에서 $k=\dfrac{4}{a^2}$
$\therefore f(x)=\dfrac{4}{a^2}x^2-2$
이때 직선 $y=g(x)$는 원점과 점 $(a, 2)$를 지나므로 $g(x)=\dfrac{2}{a}x$이다.

$$f(x)-g(x)=\frac{4}{a^2}x^2-2-\frac{2}{a}x=\frac{2}{a^2}(2x^2-ax-a^2)$$
$$=\frac{2}{a^2}(2x+a)(x-a)=0$$

이므로 $x=-\dfrac{a}{2}$ 또는 $x=a$
방정식 $f(x)=g(x)$의 두 근의 차가 6이므로
$a-\left(-\dfrac{a}{2}\right)=\dfrac{3}{2}a=6$ ($\because a>0$)에서 $a=4$, $k=\dfrac{1}{4}$
따라서 $f(x)=\dfrac{1}{4}x^2-2$이므로 방정식 $f(x)=0$, $\dfrac{1}{4}x^2-2=0$,
$x^2-8=0$의 두 근의 곱은 이차방정식의 근과 계수의 관계에 의하여 -8이다.

424 ··· 답 $\dfrac{33}{2}$

$f(x)=x^2-2x-8=(x+2)(x-4)$에서 함수 $y=f(x)$의 그래프가 x축과 $x=-2$, $x=4$에서 만나고 아래로 볼록하므로
$-2<x<4$일 때 $f(x)<0$이고, $x\le-2$ 또는 $x\ge4$일 때
$f(x)\ge0$이다.
따라서 $g(x)=\begin{cases} -f(x) & (-2<x<4) \\ f(x) & (x\le-2 \text{ 또는 } x\ge4) \end{cases}$이고 그 그래프는
다음 그림과 같다.

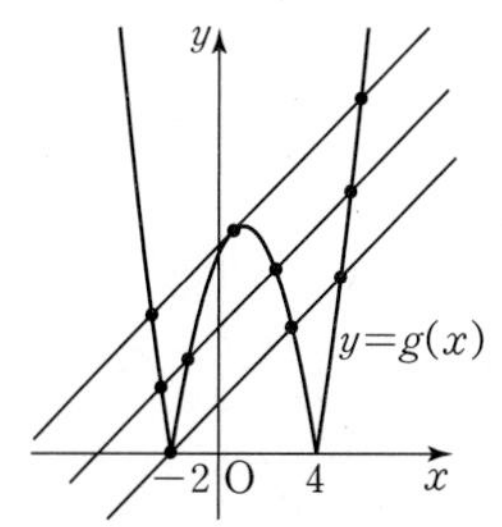

함수 $y=g(x)$의 그래프와 직선 $y=x+k$가 서로 다른 네 점에서 만나려면 직선이 $-2<x<4$에서 함수 $y=-f(x)$의 그래프와 접할 때보다는 아래쪽에, 점 $(-2, 0)$을 지날 때보다는 위쪽에 위치해야 한다.

(i) 직선 $y=x+k$가 $-2<x<4$에서 함수 $y=-f(x)$의 그래프와 접할 때
방정식 $-x^2+2x+8=x+k$, 즉 $x^2-x+k-8=0$이 중근을 가지므로 이차방정식의 판별식을 D라 하면
$D=(-1)^2-4(k-8)=0$, $4k=33$ $\quad\therefore k=\dfrac{33}{4}$

(ii) 직선 $y=x+k$가 점 $(-2, 0)$을 지날 때
직선 $y=x+k$에 점 $(-2, 0)$을 대입하면
$0=-2+k$ $\quad\therefore k=2$

(i), (ii)에 의하여 함수 $y=g(x)$의 그래프와 직선 $y=x+k$가 서로 다른 네 점에서 만나도록 하는 k의 값의 범위는 $2<k<\dfrac{33}{4}$이다.
$\therefore pq=2\times\dfrac{33}{4}=\dfrac{33}{2}$

425 ··· 답 ②

방정식 $2x+2=x^2+4x-1$, 즉 $x^2+2x-3=0$,
$(x+3)(x-1)=0$에서 $x=-3$ 또는 $x=1$이다.
따라서 직선 $y=2x+2$와 이차함수 $y=x^2+4x-1$의 그래프가 두 점 $(-3, -4)$, $(1, 4)$에서 만나고,
$y=x^2+4x-1=(x+2)^2-5$이므로 함수 $f(x)$는 $x=-2$일 때, 최솟값 -5를 갖는다.
따라서 함수 $y=f(x)$의 그래프는 다음 그림과 같다.

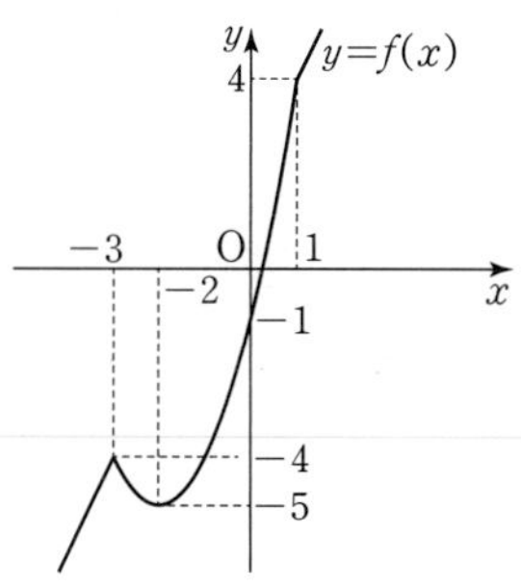

ㄱ. 위의 그래프에서 함수 $y=f(x)$와 직선 $y=k$가 한 점에서 만나도록 하는 실수 k의 값의 범위는 $k<-5$ 또는 $k>-4$ (참)
ㄴ. 함수 $y=f(x)$의 그래프와 직선 $y=x+a$가 서로 다른 세 점에서 만나려면 다음 그림과 같이 a의 값이 직선 $y=x+a$가 함수 $y=x^2+4x-1$의 그래프와 접할 때보다는 크고 점 $(-3, -4)$를 지날 때보다는 작아야 한다.

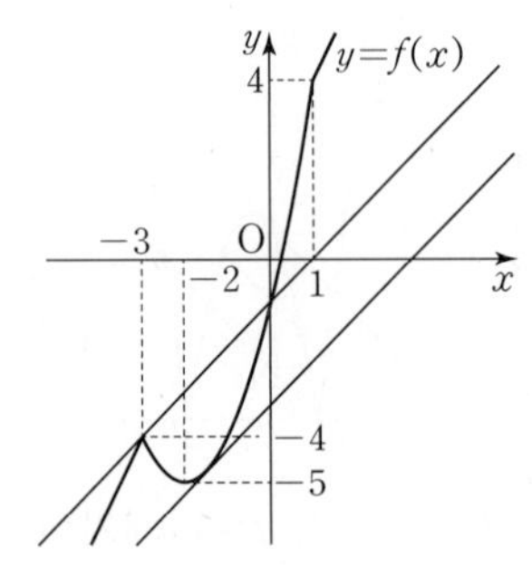

이차방정식 $x^2+4x-1=x+a$, 즉 $x^2+3x-1-a=0$이 중근을 가지므로 판별식을 D_1이라 하면

$D_1=3^2-4(-1-a)=0$, $4a=-13$

$\therefore a=-\frac{13}{4}$

직선 $y=x+a$에 점 $(-3, -4)$를 대입하면

$-4=-3+a \qquad \therefore a=-1$

따라서 함수 $y=f(x)$의 그래프와 직선 $y=x+a$가 서로 다른 세 점에서 만나도록 하는 실수 a의 값의 범위는

$-\frac{13}{4}<a<-1$ (참)

ㄷ. 함수 $y=f(x)$의 그래프와 직선 $y=-x+b$가 서로 다른 두 점에서 만나려면 다음 그림과 같이 직선 $y=-x+b$가 점 $(-3, -4)$를 지나거나 이차함수 $y=x^2+4x-1$의 그래프와 접해야 한다.

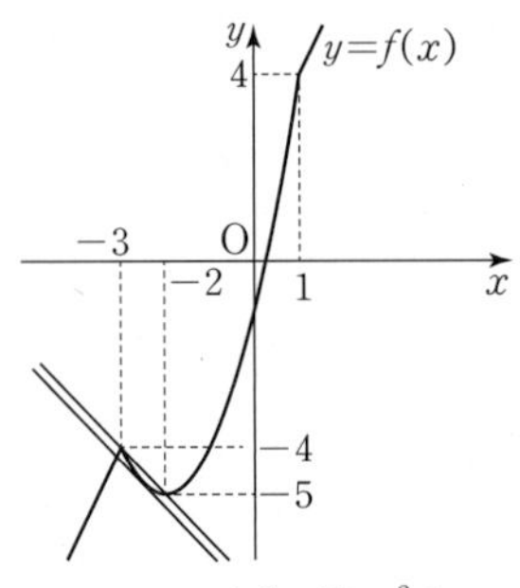

이차방정식 $x^2+4x-1=-x+b$, 즉 $x^2+5x-1-b=0$이 중근을 가지므로 판별식을 D_2라 하면

$D_2=5^2-4(-1-b)=0$, $4b=-29 \qquad \therefore b=-\frac{29}{4}$

직선 $y=-x+b$에 점 $(-3, -4)$를 대입하면

$-4=-(-3)+b \qquad \therefore b=-7$

따라서 함수 $y=f(x)$의 그래프와 직선 $y=-x+b$가 서로 다른 두 점에서 만나도록 하는 실수 b의 값은 $-\frac{29}{4}$ 또는 -7 (거짓)

따라서 옳은 것은 ㄱ, ㄴ이다.

426

답 ④

함수 $f(x)=-x^2+4x-6=-(x-2)^2-2$의 그래프는 다음 그림과 같다.

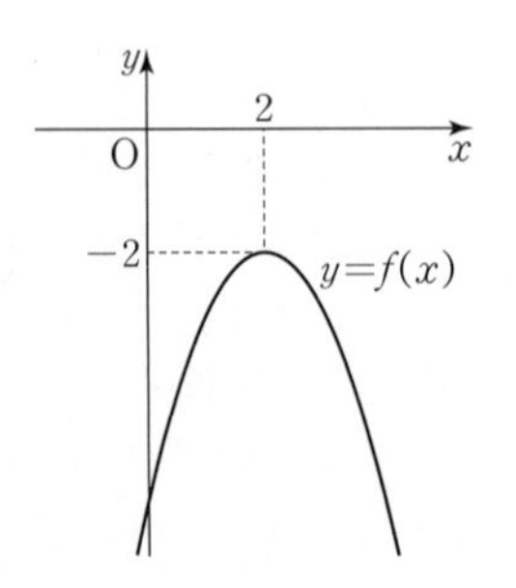

$a\leq 2$이면 $a\leq x\leq 5$에서 함수 $f(x)$의 최댓값은 $f(2)=-2$이므로 조건을 만족시키지 않는다.

$\therefore a>2$

이때 $a\leq x\leq 5$에서 함수 $f(x)$의 최댓값은 $f(a)$이므로 $f(a)=-3$이다.

$f(a)=-a^2+4a-6=-3$에서

$a^2-4a+3=0$, $(a-1)(a-3)=0$

$\therefore a=3$ ($\because a>2$)

427

답 29

$g(x)$는 일차식이고, $f(x)$는 최고차항의 계수가 2인 이차식이므로 $g(x)-f(x)$는 최고차항의 계수가 -2인 이차식이다.

이때 함수 $y=g(x)-f(x)$가 $x=3$에서 최댓값 4를 가지므로

$g(x)-f(x)=-2(x-3)^2+4$

$\qquad\qquad\quad =-2x^2+12x-14$

한편, 두 함수 $y=f(x)$, $y=g(x)$의 그래프가 $x=\alpha$, $x=\beta$에서 만나므로 방정식 $g(x)-f(x)=0$의 두 근이 α, β이다.

따라서 이차방정식 $-2x^2+12x-14=0$에서 이차방정식의 근과 계수의 관계에 의하여

$\alpha+\beta=6$, $\alpha\beta=7$

$\therefore \alpha^2+\alpha\beta+\beta^2=(\alpha+\beta)^2-\alpha\beta=36-7=29$

428

답 ④

조건 (가)에서 이차함수 $y=f(x)$의 그래프가 직선 $x=\frac{-1+3}{2}=1$에 대하여 대칭이므로 꼭짓점의 x좌표가 1이다.

$\therefore a=-2$

즉, $f(x)=x^2-2x+b$이고 함수 $y=f(x)$의 그래프의 개형은 다음 그림과 같다.

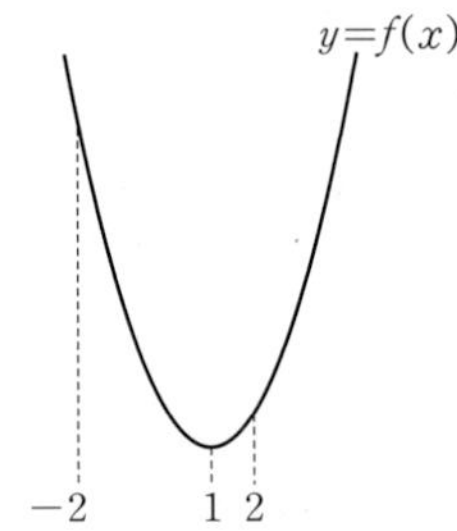

$-2\leq x\leq 2$에서 이차함수 $f(x)$는 x의 값이 1과 더 멀리 떨어졌을 때 최대가 되므로 $x=-2$일 때 최댓값을 갖는다.

$f(-2)=(-2)^2-2\times(-2)+b=12$이므로 $b=4$

따라서 $f(x)=x^2-2x+4$이므로

$f(3)=3^2-2\times 3+4=7$이다.

429

답 ④

이차방정식 $x^2+2(k+1)x+k^2-2k+5=0$이 두 실근을 가지므로 판별식을 D라 하면

$\frac{D}{4}=(k+1)^2-(k^2-2k+5)\geq 0$, $4k\geq 4$

$\therefore k\geq 1 \qquad \cdots\cdots$ ㉠

또한 이차방정식 $x^2+2(k+1)x+k^2-2k+5=0$에서 이차방정식의 근과 계수의 관계에 의하여

$\alpha+\beta=-2(k+1)=-2k-2$, $\alpha\beta=k^2-2k+5$
이때
$(\alpha-2)(\beta-2)=\alpha\beta-2(\alpha+\beta)+4$
$=k^2-2k+5-2(-2k-2)+4$
$=k^2+2k+13$
$=(k+1)^2+12$
이고, ㉠에서 $k\geq1$이므로
$(\alpha-2)(\beta-2)$는 $k=1$일 때, 최솟값 16을 갖는다.

430 ········ 답 45

조건 (가)에서 이차방정식 $f(x)=0$이 중근을 가지므로
이차방정식 $-x^2+ax-b=0$의 판별식을 D라 하면
$D=a^2-4(-1)(-b)=0$, $a^2=4b$ ······ ㉠
이때 $f(x)=-x^2+ax-b=-\left(x-\frac{a}{2}\right)^2+\frac{a^2}{4}-b$에서
$a>0$이고 함수 $y=f(x)$의 그래프는 위로 볼록하므로
$-a\leq x\leq a$에서 $x=\frac{a}{2}$일 때 최댓값을 가지고,
$x=-a$일 때 최솟값을 갖는다.
조건 (나)에서 최솟값이 -45이므로
$f(-a)=-(-a)^2+a(-a)-b$
$=-2a^2-b$
$=-2\times4b-b$ ($\because$ ㉠)
$=-9b$
에서 $-9b=-45$, 즉 $b=5$이고 $a^2=20$ ($\because$ ㉠)
$\therefore a^2+b^2=20+5^2=45$

431 ········ 답 ④

$f(-3)=f(9)$에서 이차함수 $y=f(x)$의 그래프의 축은 직선
$x=\frac{-3+9}{2}=3$이므로 $f(x)=x^2-6x+a$ (a는 상수)라 하자. ······ ㉠

ㄱ. $f(x)=(x-3)^2+a-9$이므로 $x=3$일 때 최솟값을 갖는다.
따라서 함수 $f(x)$의 최솟값은 $f(3)$이다. (참)
ㄴ. $1\leq x\leq6$에서 함수 $f(x)$는 $x=3$일 때 최솟값을 갖고,
$x=6$일 때 최댓값을 갖는다.
따라서 최댓값과 최솟값의 차는 ㉠에서
$f(6)-f(3)=(36-36+a)-(9-18+a)=9$ (거짓)
ㄷ. 함수 $y=f(x)$의 그래프가 x축과 만나지 않기 위한 조건은
방정식 $f(x)=0$의 판별식을 D라 하면
$\frac{D}{4}=9-a<0$ ($\because$ ㉠) $\therefore a>9$
즉, $f(0)=a>9$이면 함수 $y=f(x)$의 그래프는 x축과 만나지 않는다. (참)
따라서 옳은 것은 ㄱ, ㄷ이다.

432 ········ 답 5

$f(x)=-2x^2+4kx-2k^2-1$
$=-2(x-k)^2-1$
이므로 함수 $y=f(x)$의 그래프의 꼭짓점의 좌표는 $(k, -1)$이다.
k의 값의 범위에 따라 $2\leq x\leq3$에서 함수 $f(x)$의 최댓값을 구하면 다음과 같다.
(i) $k\leq2$일 때
$2\leq x\leq3$에서 함수 $f(x)$는 $x=2$에서 최댓값을 가지므로
$f(2)=-2\times2^2+4k\times2-2k^2-1=-2k^2+8k-9$
에서 $-2k^2+8k-9=-3$, $2k^2-8k+6=0$
$2(k-1)(k-3)=0$ $\therefore k=1$ ($\because k\leq2$)
(ii) $2<k<3$일 때
$2\leq x\leq3$에서 함수 $f(x)$는 꼭짓점에서 최댓값을 갖는다.
그러나 $f(k)=-1$이므로 최댓값이 -3이 되도록 하는 실수 k의 값이 존재하지 않는다.
(iii) $k\geq3$일 때
$2\leq x\leq3$에서 함수 $f(x)$는 $x=3$에서 최댓값을 가지므로
$f(3)=-2\times3^2+4k\times3-2k^2-1=-2k^2+12k-19$
에서 $-2k^2+12k-19=-3$, $2k^2-12k+16=0$
$2(x-2)(x-4)=0$ $\therefore k=4$ ($\because k\geq3$)
(i)~(iii)에서 모든 실수 k의 값의 합은
$1+4=5$

433 ········ 답 풀이 참조

함수 $y=(x^2-4x+3)^2-12(x^2-4x+3)+30$에서
$t=x^2-4x+3$으로 치환하면
$t=(x-2)^2-1$에서 $-1\leq x\leq3$이므로
$x=2$일 때 $t=-1$로 최솟값을 갖고,
$x=-1$일 때 $t=8$로 최댓값을 갖는다.
따라서 주어진 함수는
$y=(x^2-4x+3)^2-12(x^2-4x+3)+30$
$=t^2-12t+30$
$=(t-6)^2-6$
이므로 $-1\leq t\leq8$에서
$t=6$일 때 최솟값 -6을 갖고,
$t=-1$일 때 최댓값 43을 갖는다.

채점 요소	배점
$t=x^2-4x+3$으로 치환하여 t의 최댓값과 최솟값 구하기	40%
$-1\leq t\leq8$에서 함수 $y=t^2-12t+30$의 최댓값과 최솟값 구하기	60%

434 ········ 답 풀이 참조

방정식 $x^2-5x-6=0$, $(x+1)(x-6)=0$에서
$x=-1$ 또는 $x=6$이므로 $\mathrm{B}(-1, 0)$, $\mathrm{C}(6, 0)$이다.
점 P가 점 A에서 출발하여 점 C까지 움직이므로
$0\leq a\leq6$이고, 점 P가 곡선 $y=x^2-5x-6$ 위의 점이므로
$b=a^2-5a-6$
따라서 주어진 식은
$a^2+4b-1=a^2+4(a^2-5a-6)-1$
$=5a^2-20a-25$
$=5(a-2)^2-45$
이므로 $0\leq a\leq6$에서
$a=2$일 때 최솟값 -45를 갖고,
$a=6$일 때 최댓값 35를 갖는다.

채점 요소	배점
a의 값의 범위 구하기	20%
점 P가 곡선 $y=x^2-5x-6$ 위의 점이라는 것을 이용하여 a^2+4b-1을 a에 대한 식으로 나타내기	40%
a^2+4b-1의 최댓값과 최솟값 구하기	40%

435 ······ 답 ③

조건 (나)에서 함수 $f(x)$는 $x=-1$에서 최댓값을 가지므로 함수 $y=f(x)$의 그래프는 위로 볼록하고 축이 $x=-1$이다. ······ ㉠

$t\le x\le t+2$에서 함수 $f(x)$의 최솟값이 $g(t)$이므로 다음 그림과 같이 경우를 나누어 보자.

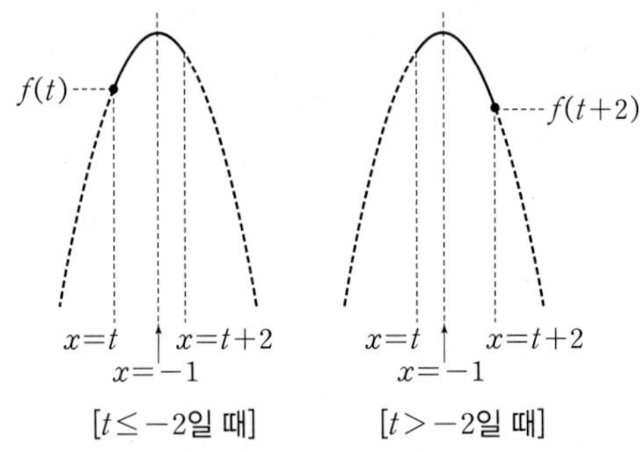

$t\le -2$일 때, $t\le x\le t+2$에서 함수 $f(x)$의 최솟값은 $f(t)$이므로 $g(t)=f(t)$

$t>-2$일 때, $t\le x\le t+2$에서 함수 $f(x)$의 최솟값은 $f(t+2)$이므로 $g(t)=f(t+2)$

따라서 함수 $g(t)=\begin{cases} f(t) & (t\le -2) \\ f(t+2) & (t>-2) \end{cases}$의 그래프는 다음 그림과 같다.

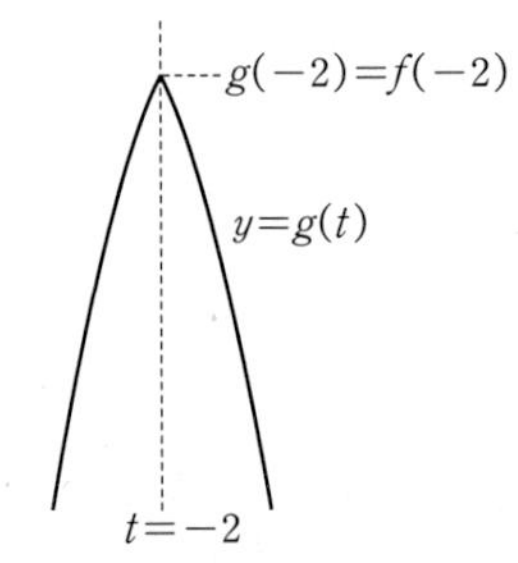

함수 $g(t)$의 최댓값이 4이므로 $g(-2)=4$이고,

㉠에서 $f(-2)=f(0)=4$이므로

$f(x)-4=ax(x+2)\ (a<0)$

조건 (가)에서 $f(-1)=7$이므로

$f(-1)-4=a\times(-1)\times(-1+2)$에서 $a=-3$

$\therefore f(x)=-3x(x+2)+4$

$\therefore f(-5)=-3\times(-5)\times(-5+2)+4=-41$

436 ······ 답 ②

조건 (가)에서 $f(-1)=f(3)$이므로 이차함수 $f(x)$의 축이 $x=\dfrac{-1+3}{2}=1$이다.

$f(x)=a(x-1)^2+b$ (a, b는 상수, $a\ne 0$)라 하자.

이차함수 $f(x)$의 축이 $x=1$이므로 $f(-1)\ne f(2)$

즉, 조건 (나)에서 $f(-1)+|f(2)|=0$이므로

$f(-1)=-|f(2)|<0$에서 $f(2)>0$이고,

$f(-1)+f(2)=0$이다. ······ ㉠

(i) $a>0$인 경우

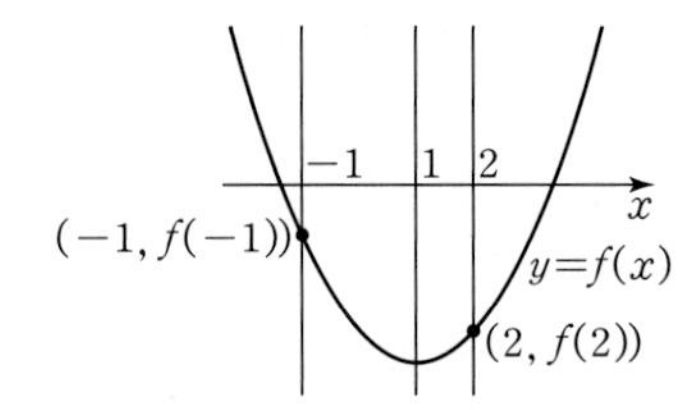

$f(2)<f(-1)<0$이 되어 ㉠을 만족시키지 않는다.

(ii) $a<0$인 경우

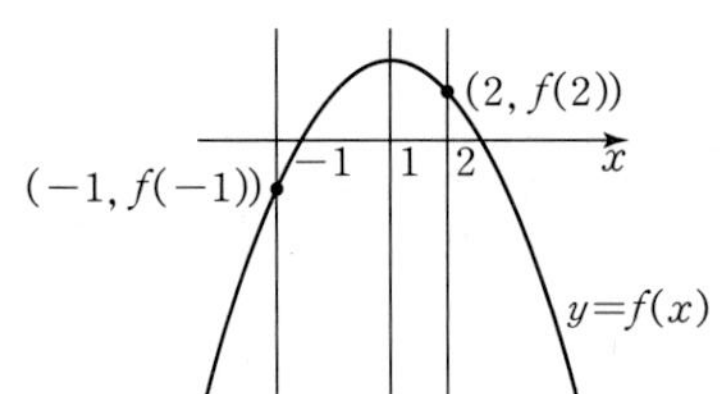

㉠에서

$f(-1)+f(2)=\{a\times(-2)^2+b\}+(a\times 1^2+b)$

$=(4a+b)+(a+b)=5a+2b=0$ ······ ㉡

(i), (ii)에 의하여 $a<0$이므로 이차함수 $f(x)$의 그래프는 위로 볼록하다.

따라서 조건 (다)에서 $-2\le x\le 2$일 때 함수 $f(x)$는 $x=-2$에서 최솟값 -26을 가진다.

$f(-2)=a\times(-3)^2+b=9a+b=-26$, $b=-26-9a$ ······ ㉢

㉡, ㉢을 연립하면 $a=-4$, $b=10$

따라서 $f(x)=-4(x-1)^2+10$이므로

$f(3)=-4\times(3-1)^2+10=-6$

437 ······ 답 ②

조건 (가)에서 이차함수 $y=f(x)$의 축은 직선 $x=2$이므로

$f(x)=ax^2-4ax+b$ (a, b는 상수, $a\ne 0$)라 하자. ······ ㉠

조건 (나)에서 이차방정식 $f(x)=4x-1$, 즉

$ax^2-2(2a+2)x+b+1=0$이 중근을 가지므로

판별식을 D라 하면

$\dfrac{D}{4}=(2a+2)^2-a(b+1)=0$ ······ ㉡

조건 (다)에서 $1\le x\le 4$일 때, 함수 $f(x)$의 최댓값은 5이고, 최솟값은 -3이므로 a의 값의 부호에 따라 경우를 나누면 다음과 같다.

(i) $a>0$일 때

이차함수 $y=f(x)$의 그래프가 아래로 볼록하므로

$f(4)$가 최댓값, $f(2)$가 최솟값이다.

$f(4)=a\times 4^2-4a\times 4+b=5$에서 $b=5$ ($\because$ ㉠)

$f(2)=a\times 2^2-4a\times 2+b=-3$에서 $-4a+b=-3$

즉, $-4a=-8$ ($\because b=5$)에서 $a=2$이므로

$f(x)=2x^2-8x+5$ 이다.

㉡에서 $a=2$, $b=5$일 때, $\dfrac{D}{4}=6^2-2(5+1)=24\ne 0$이므로

조건을 만족시키지 않는다.

(ii) $a<0$일 때

이차함수 $y=f(x)$의 그래프가 위로 볼록하므로

$f(2)$가 최댓값, $f(4)$가 최솟값이다.

$f(4)=b=-3$, $f(2)=-4a+b=5$에서 $-4a=8(\because b=-3)$
즉, $a=-2$이므로 $f(x)=-2x^2+8x-3$이다.
㉡에서 $a=-2$, $b=-3$일 때,
$\frac{D}{4}=(-2)^2+2(-3+1)=0$이므로 조건을 만족시킨다.
(i), (ii)에 의하여 $f(x)=-2x^2+8x-3$이고,
α, β가 방정식 $f(x)=3$의 두 실근이므로
$-2x^2+8x-3=3$, $x^2-4x+3=0$
$(x-3)(x-1)=0$ $\quad\therefore x=1$ 또는 $x=3$
$\therefore \alpha^2+\beta^2=1^2+3^2=10$

438

답 ⑤

네 꼭짓점 부분을 잘라내기 전의 직사각형의 가로와 세로의 길이를 각각 x, y라 하자.
종이를 잘라내고 남은 부분의 둘레의 길이는 종이를 자르기 전의 직사각형의 둘레의 길이와 같으므로
$2(x+y)=40$에서 $x+y=20$이다. ...... ㉠
남은 종이의 넓이는 직사각형의 넓이에서
한 변의 길이가 2인 정사각형 4개의 넓이를 뺀 것과 같으므로
$xy-4\times 2^2=xy-16$ ...... ㉡
㉡에 ㉠을 대입하면
$xy-16=x(20-x)-16=-x^2+20x-16$
$=-(x-10)^2+84\ (4<x<16)$
따라서 구하는 남은 종이의 넓이의 최댓값은 84이다.

439

답 16

다음과 같이 이등변삼각형의 꼭짓점을 A, B, C,
직사각형의 꼭짓점을 D, E, F, G, 선분 EF의 중점을 M이라 하자.

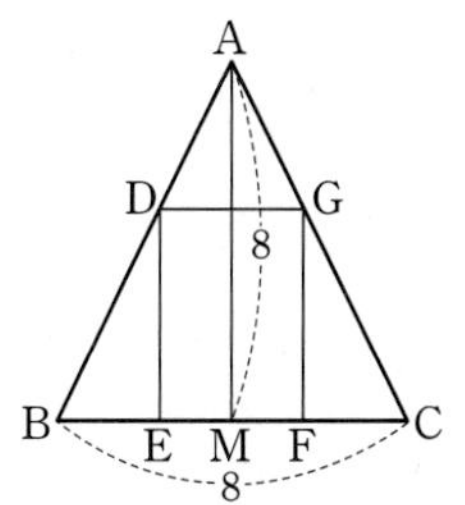

삼각형 ABM과 삼각형 DBE가 서로 닮음이고,
$\overline{BM}:\overline{AM}=1:2$이므로 $\overline{DE}=2\overline{BE}$이다.
$\overline{EM}=a\ (0<a<4)$라 하면
$\overline{BE}=4-a$, $\overline{DE}=2(4-a)$
이므로 직사각형 DEFG의 넓이는
$2a\times 2(4-a)=-4(a^2-4a)$
$=-4(a-2)^2+16$
따라서 $0<a<4$에서 $a=2$일 때,
직사각형의 넓이는 최댓값은 16을 갖는다.

440

답 ①

사각형 PQRS의 넓이는 직사각형 ABCD의 넓이에서 네 삼각형 SAP, PBQ, QCR, RDS의 넓이를 뺀 것과 같다.
직사각형 ABCD의 넓이는 15이고,
$\overline{AP}=\overline{BQ}=\overline{CR}=\overline{DS}=x$라 하면
두 삼각형 SAP, QCR의 넓이는 각각 $\frac{1}{2}x(5-x)$이고,
두 삼각형 PBQ, RDS의 넓이는 각각 $\frac{1}{2}x(3-x)$이다.
따라서 사각형 PQRS의 넓이는
$15-\{x(5-x)+x(3-x)\}=2x^2-8x+15$
$=2(x-2)^2+7$
이므로 $0<x<3$에서 $x=2$일 때, 최솟값 7을 갖는다.

441

답 ②

점 A에서 변 BC에 내린 수선의 발을 M이라 하면
$\overline{AM}=2\sqrt{3}$이다.

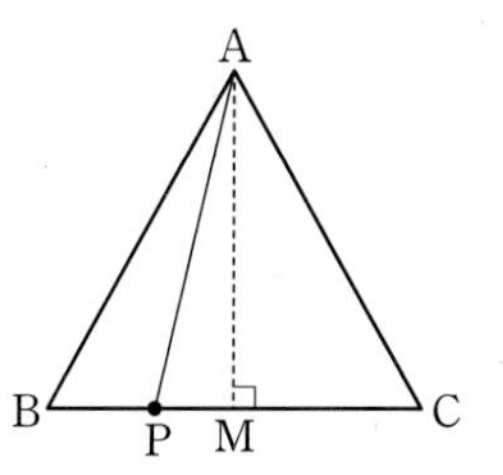

이때 $\overline{AP}^2+\overline{BP}^2$이 최소가 되려면 점 P가 선분 BM 위에 존재해야 한다. ...... 참고
$\overline{PM}=t\ (0\le t\le 2)$라 하면
$\overline{AP}^2+\overline{BP}^2=\overline{PM}^2+\overline{AM}^2+\overline{BP}^2$
$=t^2+(2\sqrt{3})^2+(2-t)^2$
$=2t^2-4t+16=2(t^2-2t+8)$
$=2(t-1)^2+14$
이므로 $t=1$일 때, 최솟값 14를 갖는다.

참고
점 P가 선분 CM 위에 존재할 경우
$\overline{AP}\ge\overline{AM}$, $\overline{BP}\ge\overline{BM}$이므로
$\overline{AP}^2+\overline{BP}^2\ge\overline{AM}^2+\overline{BM}^2$이 되어 점 P가 점 M일 때
$\overline{AP}^2+\overline{BP}^2$의 값이 최소이다.
따라서 $\overline{AP}^2+\overline{BP}^2$의 값이 최솟값을 갖도록 하는 점 P는 선분 BM 위에 존재해야 한다.

442

답 50

판매 금액이 $a\ \%$ 증가할 때, 판매 대수는 $2a$가 감소하므로
한 달 동안 총 판매 금액을 $f(a)$라 하면
$f(a)=100(1+0.01a)(300-2a)$
$=(100+a)(300-2a)$
$=-2a^2+100a+30000$
$=-2(a-25)^2+31250$
따라서 노트북의 이번 달의 판매 금액이 지난달의 판매 금액보다 25 % 증가할 때, 총 판매 금액이 31250(만 원)으로 최대가 된다.
$\therefore \frac{b}{a^2}=\frac{31250}{25^2}=50$

443 .... 답 ⑤

두 직선 $y=x+4$, $y=-2x+7$이 만나는 점의 좌표는
$x+4=-2x+7$에서 $x=1$이므로 $(1, 5)$이다.
이때 직선 $y=x+4$ 위에 있는 직사각형의 한 꼭짓점을
$A(a, a+4)$, 직선 $y=-2x+7$ 위에 있는 직사각형의 한 꼭짓점을
$B(b, -2b+7)$이라 하면 두 점의 y좌표가 서로 같으므로
$a+4=-2b+7$에서 $a=3-2b$ ...... ㉠
직사각형의 가로의 길이는 $b-a$, 세로의 길이는 $a+4$이므로
이 직사각형의 넓이는

$$\begin{aligned}(b-a)(a+4)&=\{b-(3-2b)\}\{(3-2b)+4\}\ (\because ㉠)\\&=(3b-3)(-2b+7)\\&=-6b^2+27b-21\\&=-6\left(b-\frac{9}{4}\right)^2+\frac{243}{8}-21\\&=-6\left(b-\frac{9}{4}\right)^2+\frac{75}{8}\end{aligned}$$

따라서 $b=\frac{9}{4}$일 때, 직사각형의 넓이는 최댓값 $\frac{75}{8}$를 갖는다.

444 .... 답 ①

네 점 $A(a, a^2-7)$, $B(a, -2a^2+5)$, $C(-a, -2a^2+5)$,
$D(-a, a^2-7)$에서
$\overline{AD}=\overline{BC}=a-(-a)=2a$
$\overline{BA}=\overline{CD}=(-2a^2+5)-(a^2-7)$
$=-3a^2+12$
이므로 직사각형 ABCD의 둘레의 길이를 $h(a)$라 하면

$$\begin{aligned}h(a)&=\overline{AD}+\overline{BC}+\overline{BA}+\overline{CD}\\&=2(\overline{AD}+\overline{BA})\\&=2(2a-3a^2+12)\\&=-6\left(a-\frac{1}{3}\right)^2+\frac{74}{3}\end{aligned}$$

따라서 직사각형 ABCD의 둘레의 길이는 $a=\frac{1}{3}$일 때 최대이다.

445 .... 답 ③

$y=-x^2+8x=-(x-4)^2+16$이므로 이 이차함수의 그래프는
직선 $x=4$에 대하여 대칭이다.
점 A의 좌표를 $(a, -a^2+8a)$ $(0<a<4)$라 하면
점 D의 x좌표는 $8-a$이므로 $\overline{AD}=8-2a$이다.
따라서 직사각형 ABCD의 둘레의 길이는

$$\begin{aligned}2(\overline{AB}+\overline{AD})&=2(-a^2+8a+8-2a)\\&=-2(a^2-6a-8)\\&=-2(a-3)^2+34\end{aligned}$$

이므로 $a=3$일 때, 최댓값 34를 갖는다.

446 .... 답 ②

점 P에서 y축에 평행한 직선을 그어 직선 $y=x+1$과 만나는 점을
R이라 하면 $\overline{PQ}=\overline{PR}$ ...... TIP
$P(a, b)$에서

$$\begin{aligned}\overline{PR}&=(a^2+3)-(a+1)\\&=a^2-a+2\\&=\left(a-\frac{1}{2}\right)^2+\frac{7}{4}\end{aligned}$$

이므로 $a=\frac{1}{2}$일 때, $\overline{PQ}$는 최솟값 $m=\frac{7}{4}$을 갖는다.
또한, 점 $P(a, b)$가 함수 $y=x^2+3$의 그래프 위의 점이므로
$b=a^2+3=\frac{1}{4}+3=\frac{13}{4}$

$$\therefore a+b+m=\frac{1}{2}+\frac{13}{4}+\frac{7}{4}=\frac{11}{2}$$

TIP

직선 RQ의 기울기는 $\frac{(y\text{의 증가량})}{(x\text{의 증가량})}=\frac{\overline{PR}}{\overline{PQ}}=1$
이므로 $\overline{PQ}=\overline{PR}$이다.

447 .... 답 ②

다음과 같이 지면을 x축, 가로등을 y축으로 하여 좌표평면 위에
놓으면 가로등 불빛은 점 $(0, 8)$이고, 포물선의 꼭짓점의 좌표는
$(3, 2)$이고, 점 $(1, 0)$을 지난다.

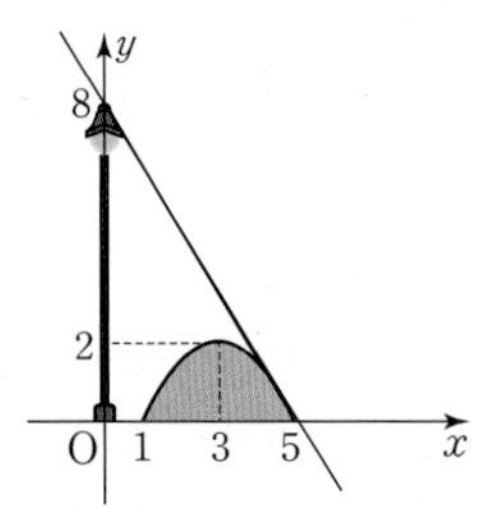

포물선의 방정식을 $y=k(x-3)^2+2$ $(k\neq0)$라 하고,
$x=1$, $y=0$을 대입하면 $k=-\frac{1}{2}$이므로
$y=-\frac{1}{2}(x-3)^2+2$
조형물의 그림자의 끝은 빛이 지나는 경로가 포물선에 접할 때를
기준으로 구할 수 있다.
점 $(0, 8)$을 지나는 직선을 $y=mx+8$ $(m<0)$이라 하면
이차방정식 $-\frac{1}{2}(x-3)^2+2=mx+8$, 즉
$x^2+(2m-6)x+21=0$의 판별식을 D라 할 때,
$\frac{D}{4}=(m-3)^2-21=0$, $m^2-6m-12=0$
$\therefore m=3-\sqrt{21}$ $(\because m<0)$
따라서 직선은 $y=(3-\sqrt{21})x+8$이고,
직선이 x축과 만나는 점의 x좌표는

$$\frac{8}{\sqrt{21}-3}=\frac{8(\sqrt{21}+3)}{12}=\frac{2(\sqrt{21}+3)}{3}$$

448 .... 답 ②

함수 $y=f(x)$의 그래프는 아래로 볼록하고, 꼭짓점의 좌표는
(a, b)이므로

$x=a$일 때 최솟값 b를 갖는다.

ㄱ. $a=\frac{1}{2}$일 때, $f(x)=\left(x-\frac{1}{2}\right)^2+b$이고 $x=\frac{1}{2}$에서 최솟값 3을 가지므로 $f\left(\frac{1}{2}\right)=b=3$이다. (참)

ㄴ. $a>2$일 때, 함수 $f(x)$는 $x=2$에서 최솟값을 가지므로 $f(2)=(2-a)^2+b=3$이고 $b=-a^2+4a-1$이다. (참)

ㄷ. (i) $a\le0$인 경우

함수 $f(x)$는 $x=0$에서 최솟값을 가지므로

$f(0)=a^2+b=3$, $b=-a^2+3$에서

$a+b=-a^2+a+3=-\left(a-\frac{1}{2}\right)^2+\frac{13}{4}$

따라서 $a+b$는 $a=0$에서 최댓값 3을 갖는다.

(ii) $0<a\le2$인 경우

$f(x)$는 $x=a$에서 최솟값 $b=3$을 가지므로

$3<a+b\le5$이고 $a+b$는 $a=2$에서 최댓값 5를 가진다.

(iii) $a>2$인 경우

ㄴ에서 $b=-a^2+4a-1$이고

$a+b=-a^2+5a-1=-\left(a-\frac{5}{2}\right)^2+\frac{21}{4}$이고

$a+b$는 $a=\frac{5}{2}$에서 최댓값 $\frac{21}{4}$을 가진다.

(i)~(iii)에 의하여 $a+b$의 최댓값은 $\frac{21}{4}$이다. (거짓)

따라서 옳은 것은 ㄱ, ㄴ이다.

449 .... 답 ④

이차함수 $y=x^2+2ax+a^2-12$의 그래프와 직선 $y=2x-n$이 서로 다른 두 점에서 만나므로

방정식 $x^2+2ax+a^2-12=2x-n$, 즉

$x^2+2(a-1)x+a^2+n-12=0$이 서로 다른 두 실근을 가진다.

이 방정식의 판별식을 D라 하면

$\frac{D}{4}=(a-1)^2-(a^2+n-12)$

$=-2a-n+13>0$

에서 $n<13-2a$ ...... ㉠

ㄱ. $a=2$를 ㉠에 대입하면 $n<13-4=9$이고, 이 부등식을 만족시키는 자연수 n의 개수는 8이므로 $f(2)=8$이다. (참)

ㄴ. $x_1=0.1$, $x_2=0.2$이면 ㉠에 대입했을 때,

$n<13-0.2=12.8$에서 $f(0.1)=12$이고

$n<13-0.4=12.6$에서 $f(0.2)=12$이다.

즉, $x_1<x_2$이지만 $f(x_1)=f(x_2)$이다. (거짓)

ㄷ. $a=0$일 때, $n<13$에서 $f(0)=12$

$a=1$일 때, $n<13-2=11$에서 $f(1)=10$

$a=2$일 때, $n<13-4=9$에서 $f(2)=8$

$a=3$일 때, $n<13-6=7$에서 $f(3)=6$

$a=4$일 때, $n<13-8=5$에서 $f(4)=4$

$a=5$일 때, $n<13-10=3$에서 $f(5)=2$

$a\ge6$일 때, $n<13-2a\le1$이므로 $f(a)=0$이다.

$\therefore f(0)+f(1)+f(2)+\cdots+f(100)=12+10+8+6+4+2$

$=42$ (참)

따라서 옳은 것은 ㄱ, ㄷ이다.

450 .... 답 ②

이차함수 $y=f(x)$의 그래프가 x축과 만나는 서로 다른 두 점의 x좌표를 각각 α, β $(\alpha<\beta)$라 하면 $\beta-\alpha=a$이고,

$f(x)=k(x-\alpha)(x-\beta)$ $(k\neq0)$이다.

이차함수 $y=f(x)$의 그래프가 직선 $y=2$와 만나는 두 점 사이의 거리가 $a+4$이므로 두 교점의 x좌표는 각각 $\alpha-2$, $\beta+2$이다.

즉, 방정식 $f(x)=2$의 두 실근이 $\alpha-2$, $\beta+2$이므로

$f(\beta+2)=2k(\beta-\alpha+2)=2$에서 $k(a+2)=1$ ...... ㉠

이차함수 $y=f(x)$의 그래프가 직선 $y=6$과 만나는 두 점 사이의 거리가 $a+8$이므로 두 교점의 x좌표는 각각 $\alpha-4$, $\beta+4$이다.

즉, 방정식 $f(x)=6$의 두 실근이 $\alpha-4$, $\beta+4$이므로

$f(\beta+4)=4k(\beta-\alpha+4)=6$에서 $2k(a+4)=3$ ...... ㉡

㉠, ㉡의 양변을 각각 나누면

$\frac{a+2}{2(a+4)}=\frac{1}{3}$, $3(a+2)=2(a+4)$

$\therefore a=2$

이를 ㉠에 대입하면 $k=\frac{1}{4}$

따라서 $f(x)=\frac{1}{4}(x-\alpha)(x-\beta)$이므로

$m=f\left(\frac{\alpha+\beta}{2}\right)=\frac{1}{4}\times\frac{\beta-\alpha}{2}\times\frac{\alpha-\beta}{2}$ ...... TIP

$=-\frac{1}{16}a^2=-\frac{1}{4}$

TIP

이차함수의 그래프가 x축과 만나는 두 점의 x좌표가 각각 α, β $(\alpha<\beta)$이면 이차함수의 그래프는 다음과 같다.

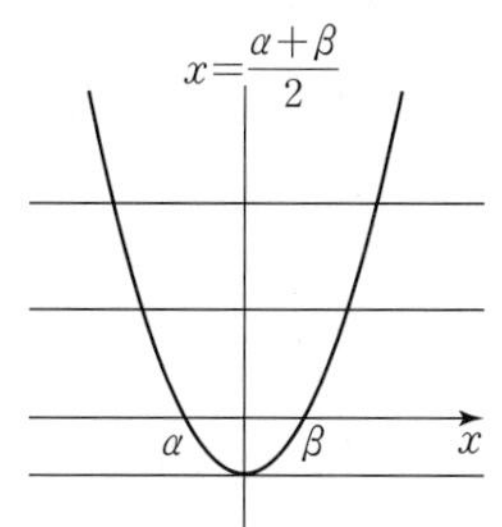

즉, 이 이차함수의 그래프는 직선 $x=\frac{\alpha+\beta}{2}$에 대하여 대칭이다.

451 .... 답 ③

조건 (가)에 의하여 $c=0$이므로 $f(x)=ax^2+bx$

조건 (나)에 의하여

$f(-2)+f(2)=(4a-2b)+(4a+2b)=8a<0$

이므로 $a<0$

이때 조건 (다)에 의하여 $-2\le x\le2$에서 x의 값이 커질수록

함숫값 $f(x)$는 작아져야 하고, 축이 직선 $x=-\frac{b}{2a}$이므로

$-\frac{b}{2a}\le-2$

ㄱ. $f(0)=0$이고, 조건 (다)에 의하여 $f(0)>f(1)$이므로 $f(1)<0$이다. (참)

ㄴ. $-\frac{b}{2a}\le-2$에서 $a<0$이므로 양변에 $-2a$를 곱하면

$b\le 4a$ ($\because -2a>0$)이다. (참)

ㄷ. 방정식 $f(x)=0$의 두 근의 합은 $-\frac{b}{a}$이고,

$-\frac{b}{2a}\le-2$에서 $-\frac{b}{a}\le-4$이다.

즉, 두 근의 합은 -4보다 작거나 같다. (거짓)

따라서 옳은 것은 ㄱ, ㄴ이다.

452

답 ④

조건 ㈎에서 함수 $y=f(x)$의 그래프의 꼭짓점의 좌표를 (p, kp)라 하면

$f(x)=(x-p)^2+kp$ …… ㉠

조건 ㈏에서 함수 $y=f(x)$의 그래프의 꼭짓점의 x좌표가 $\frac{1}{2}\left(\alpha+\beta-\frac{1}{2}\right)$이므로 ㉠에서

$p=\frac{1}{2}\left(\alpha+\beta-\frac{1}{2}\right)$ …… ㉡

이때 이차함수 $y=f(x)$의 그래프와 직선 $y=kx+5$의 서로 다른 두 교점의 x좌표가 각각 α, β이므로 방정식 $f(x)=kx+5$의 서로 다른 두 실근이 α, β이다.

$$\begin{aligned}f(x)-(kx+5)&=(x-p)^2+kp-(kx+5)\\&=x^2-(2p+k)x+p^2+kp-5\end{aligned}$$

방정식 $x^2-(2p+k)x+p^2+kp-5=0$에서 이차방정식의 근과 계수의 관계에 의하여 $\alpha+\beta=2p+k$이므로

$\alpha+\beta=\alpha+\beta-\frac{1}{2}+k$ ($\because$ ㉡) $\therefore k=\frac{1}{2}$

따라서 $\alpha+\beta=2p+\frac{1}{2}$, $\alpha\beta=p^2+\frac{1}{2}p-5$이므로

$$\begin{aligned}(\alpha-\beta)^2&=(\alpha+\beta)^2-4\alpha\beta\\&=\left(2p+\frac{1}{2}\right)^2-4\left(p^2+\frac{1}{2}p-5\right)\\&=\left(4p^2+2p+\frac{1}{4}\right)-4\left(p^2+\frac{1}{2}p-5\right)\\&=\frac{1}{4}+20=\frac{81}{4}\end{aligned}$$

$\therefore |\alpha-\beta|=\sqrt{\frac{81}{4}}=\frac{9}{2}$

453

답 24

최고차항의 계수가 -1인 이차함수 $y=f(x)$의 그래프가 두 점 A$(3, 0)$, B$(k, 0)$을 지나므로 $f(x)=-(x-3)(x-k)$라 하면

$$\begin{aligned}f(x)&=-\{x^2-(k+3)x+3k\}\\&=-\left(x-\frac{k+3}{2}\right)^2+\frac{(k+3)^2}{4}-3k\\&=-\left(x-\frac{k+3}{2}\right)^2+\frac{(k-3)^2}{4}\end{aligned}$$

이므로 꼭짓점의 좌표는 C$\left(\frac{k+3}{2}, \frac{(k-3)^2}{4}\right)$이다.

이때 직선 BD는 직선 AC와 기울기가 같고,

직선 AC의 기울기는 $\dfrac{\frac{(k-3)^2}{4}}{\frac{k+3}{2}-3}=\frac{k-3}{2}$이므로

직선 BD의 방정식은 $y=\frac{k-3}{2}(x-k)$이다.

함수 $y=f(x)$의 그래프와 직선 $y=\frac{k-3}{2}(x-k)$가 두 점 B, D에서 만나므로

$-(x-3)(x-k)=\frac{k-3}{2}(x-k)$, $(x-k)\left\{\frac{k-3}{2}+(x-3)\right\}=0$

$(x-k)\left(x+\frac{k-9}{2}\right)=0$에서 $x=k$ 또는 $x=\frac{9-k}{2}$

따라서 점 D의 x좌표는 $x=\frac{9-k}{2}$이고,

y좌표는 $y=\frac{k-3}{2}\left(\frac{9-k}{2}-k\right)=-\frac{3(k-3)^2}{4}$

삼각형 AED의 넓이가 12이므로

$\frac{1}{2}\times\left(3-\frac{9-k}{2}\right)\times\frac{3(k-3)^2}{4}=12$, $(k-3)(k-3)^2=64$

$(k-3)^3=4^3$이므로 $k-3=4$에서 $k=7$

이때 삼각형 ADB의 밑변의 길이는 $\overline{\text{AB}}=k-3=4$이고,

높이는 $\frac{3(k-3)^2}{4}=\frac{3}{4}\times4^2=12$이므로

넓이는 $\frac{1}{2}\times4\times12=24$이다.

454

답 ④

조건 ㈎에서 등식에 $x=0$을 대입하면 $f(0)=f(-4)$이므로 이차함수 $y=f(x)$의 그래프의 축은 직선 $x=-2$이고,

조건 ㈏에 의하여 함수 $y=f(x)$의 그래프는 위로 볼록하다.

따라서 조건을 만족시키는 이차함수는

$f(x)=a(x+2)^2+b$ (a, b는 실수, $a<0$)이다.

① 함수 $y=f(x)$의 그래프는 위로 볼록하다. (참)

② $f(x)=a(x+2)^2+b$ $(a<0)$이므로 $x=-2$에서 최댓값을 갖는다. (참)

③ 함수 $y=f(x)$의 그래프가 다음 그림과 같으므로 $f(-3)>f(0)>f(-5)$이다. (참)

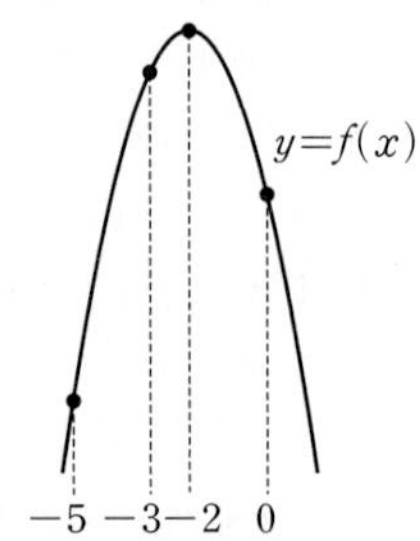

④ $f(x)=a(x+2)^2+b=ax^2+4ax+4a+b$에서 이차방정식의 근과 계수의 관계에 의하여 방정식 $f(x)=0$의 두 근의 합은 -4이다. (거짓)

⑤ $-4\le x<2$에서 함수 $y=f(x)$의 그래프가 다음과 같다.

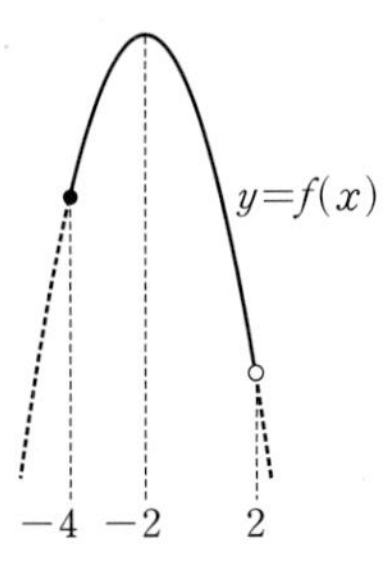

따라서 함수 $f(x)$의 최솟값은 존재하지 않는다. (참)
따라서 옳지 않은 것은 ④이다.

455 ······ 답 120

조건 (가)에서 $f(x)=ax^2$ $(a\neq0)$
조건 (나)를 만족시키려면 $f(x)+g(x)$는 일차식이어야 하므로
$g(x)=-ax^2+bx+c$ $(b\neq0)$으로 나타낼 수 있다.
$f(x)+g(x)=bx+c$이고 부등식 $bx+c\geq0$의 해가 $x\geq2$이므로
$b>0$, $-\frac{c}{b}=2$에서 $c=-2b$
조건 (다)를 만족시키려면 함수 $f(x)-g(x)=2ax^2-bx+2b$가
$x=1$에서 최솟값을 가지므로
$a>0$이고, $\frac{b}{4a}=1$에서 $b=4a$
조건 (나)에서 $c=-2b$이므로 $c=-8a$
즉, $g(x)=-a(x^2-4x+8)=-a(x-2)^2-4a$이다.
방정식 $\{f(x)-k\}\times\{g(x)-k\}=0$이 실근을 갖지 않기 위해서는
두 방정식 $f(x)-k=0$, $g(x)-k=0$은 모두 실근을 갖지 않아야 한다.
즉, 함수 $y=f(x)$의 그래프와 직선 $y=k$가 만나지 않고,
함수 $y=g(x)$의 그래프와 직선 $y=k$도 만나지 않아야 하므로
직선 $y=k$는 두 함수 $y=f(x)$, $y=g(x)$의 그래프 사이에 있다.

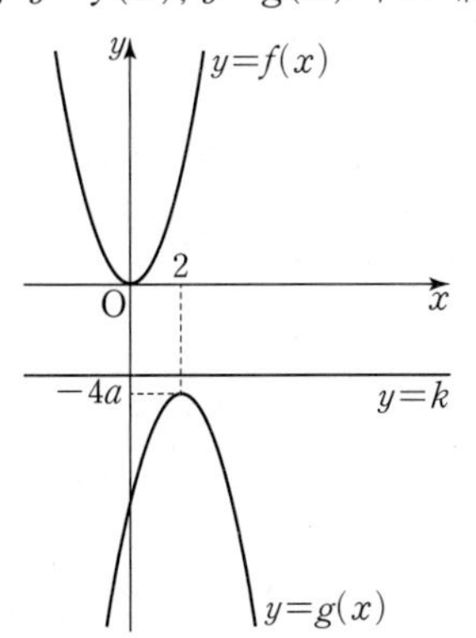

$-4a<k<0$을 만족시키는 정수 k의 개수가 5이므로
$-6\leq-4a<-5$에서
$\frac{5}{4}<a\leq\frac{3}{2}$
따라서 $f(22)+g(22)=4a(22-2)=80a$이므로
$f(22)+g(22)$의 최댓값은 120이다.

456 ······ 답 5

방정식 $f(x)=g(x)$에서 $x^2-2x-1=-x^2+3$, $2x^2-2x-4=0$
$2(x+1)(x-2)=0$에서 $x=-1$ 또는 $x=2$이므로 두 함수
$y=f(x)$, $y=g(x)$의 그래프가 두 점 $(-1, 2)$, $(2, -1)$에서 만난다.

따라서 함수 $h(x)=\begin{cases} f(x) & (x\leq-1 \text{ 또는 } x\geq2) \\ g(x) & (-1<x<2) \end{cases}$의 그래프는 다음 그림과 같다.

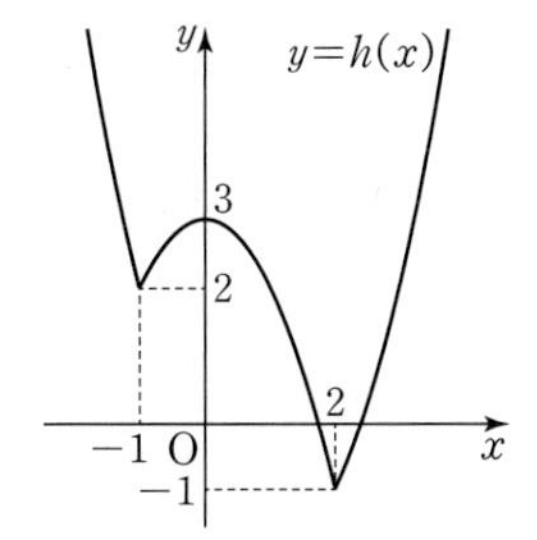

직선 $y=kx+4$는 점 $(0, 4)$를 지나는 직선이므로 함수 $y=h(x)$의 그래프와 직선 $y=kx+4$가 서로 다른 세 점에서 만나는 경우는 다음 그림과 같다.
(i) 직선 $y=kx+4$가 점 $(2, -1)$을 지나는 경우

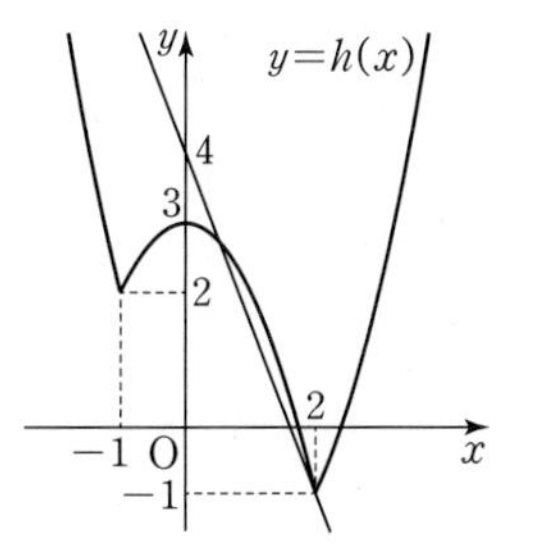

직선 $y=kx+4$에 점 $(2, -1)$을 대입하면
$-1=2k+4$ $\therefore k=-\frac{5}{2}$

(ii) 직선 $y=kx+4$가 함수 $y=g(x)$의 그래프에 접하는 경우
방정식 $g(x)=kx+4$가 중근을 가지므로 방정식
$x^2+kx+1=0$의 판별식을 D라 하면 $D=k^2-4=0$
$\therefore k=2$ 또는 $k=-2$
$k=2$일 때 직선은 $y=2x+4$이고, 방정식 $g(x)=2x+4$에서
$-x^2+3=2x+4$, $x^2+2x+1=0$, $(x+1)^2=0$이므로
$x=-1$이다.
즉, 접하는 점이 $(-1, 2)$이므로 다음 그림과 같이 함수
$y=h(x)$의 그래프와 직선 $y=2x+4$는 서로 다른 두 점에서 만난다.

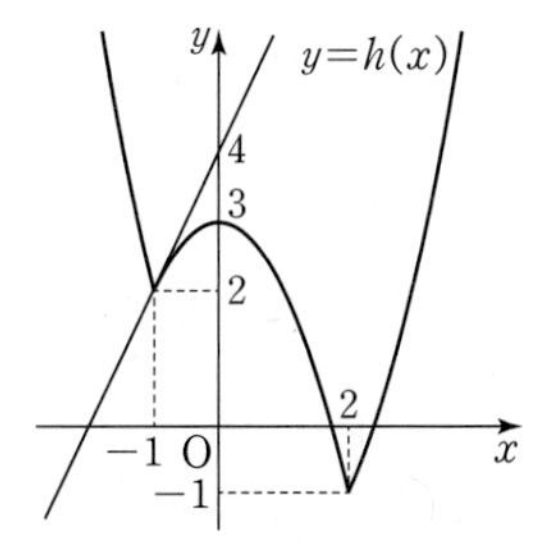

$k=-2$일 때 직선은 $y=-2x+4$이고, 방정식
$g(x)=-2x+4$에서 $-x^2+3=-2x+4$, $x^2-2x+1=0$,
$(x-1)^2=0$이므로 $x=1$이다.
즉, 접하는 점이 $(1, 2)$이므로 다음 그림과 같이 함수 $y=h(x)$의 그래프와 직선 $y=-2x+4$는 점 $(1, 2)$를 포함한 서로 다른 세 점에서 만난다.

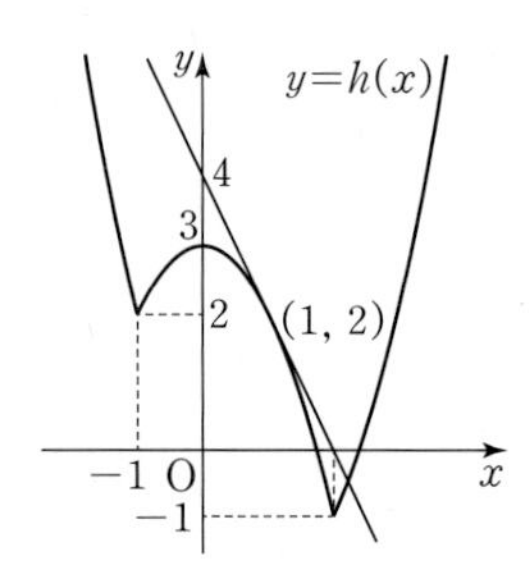

(i), (ii)에 의하여 모든 실수 k의 값의 곱은

$\left(-\frac{5}{2}\right)\times(-2)=5$

457 ······ 답 ③

조건 ㈎에서 $f(x)g(x)=(x+2)(x-2)(x+4)(x-4)$이고,
조건 ㈏에서 방정식 $f(x)=0$의 두 근의 차가 6이 되어야 하므로
0이 아닌 상수 a에 대하여

$f(x)=a(x+2)(x-4)$, $g(x)=\frac{1}{a}(x+4)(x-2)$ 또는

$f(x)=a(x+4)(x-2)$, $g(x)=\frac{1}{a}(x+2)(x-4)$이다.

ㄱ. $f(2)=0$이면 $f(x)=a(x+4)(x-2)$,

$g(x)=\frac{1}{a}(x+2)(x-4)$인 경우이므로 $g(4)=0$이다. (참)

ㄴ. $g(-2)>0$이면 $f(x)=a(x+2)(x-4)$,

$g(x)=\frac{1}{a}(x+4)(x-2)$이고,

함수 $y=g(x)$의 그래프가 위로 볼록해야 하므로 $a<0$이다.

함수 $f(x)=a(x+2)(x-4)$의 축은 $x=\frac{-2+4}{2}=1$이고,

$a<0$이므로 $-3\le x\le 3$에서 최솟값은 $f(-3)$이다. (거짓)

ㄷ. $f(x)=a(x+2)(x-4)$, $g(x)=\frac{1}{a}(x+4)(x-2)$인 경우

방정식 $f(x)-g(x)=0$에서

$\left(a-\frac{1}{a}\right)x^2-2\left(a+\frac{1}{a}\right)x-8\left(a-\frac{1}{a}\right)=0$ ······ ㉠

이 이차방정식이 서로 다른 두 정수 m, n을 근으로 가지므로

$a-\frac{1}{a}=\frac{a^2-1}{a}\ne 0$이다.

따라서 ㉠의 양변에 $\frac{a}{a^2-1}$를 곱하면

$x^2-\frac{2(a^2+1)}{a^2-1}x-8=0$ ······ ㉡

이때 $m+n=k$ (k는 정수)라 하면 이차방정식의 근과 계수의 관계에 의하여

$-\frac{2(a^2+1)}{a^2-1}=-k$, $2a^2+2=ka^2-k$

$(k-2)a^2=k+2$ $\quad\therefore a^2=\frac{k+2}{k-2}$

$a\ne 0$, 즉 $a^2>0$이므로

(i) $k-2<0$인 경우

$\frac{k+2}{k-2}>0$에서 $k+2<0$ $\quad\therefore k<-2$

(ii) $k-2>0$인 경우

$k+2>0$이므로 $\frac{k+2}{k-2}>0$

(i), (ii)에서 $k<-2$ 또는 $k>2$이다. ······ ㉢

한편, ㉡에서 이차방정식의 근과 계수의 관계에 의하여

$mn=-8$

따라서 가능한 순서쌍 (m, n)은

$(-1, 8)$, $(1, -8)$, $(8, -1)$, $(-8, 1)$, $(-2, 4)$, $(2, -4)$, $(4, -2)$, $(-4, 2)$의 8개이다.

이 8개의 순서쌍에 의하여 가능한 $m+n$의 값은 -7, -2, 2, 7의 4개이고, 이 중 ㉢을 만족시키는 $m+n$의 값은 -7, 7의 2개이다.

따라서 주어진 조건을 만족시킬 때, $|m+n|=7$이다.

$f(x)=a(x+4)(x-2)$, $g(x)=\frac{1}{a}(x+2)(x-4)$인 경우는

방정식 $f(x)-g(x)=0$에서 양변에 -1을 곱하여

$g(x)-f(x)=0$을 따질 때와 같으므로 앞과 동일한 결론을 얻을 수 있다. (참)

따라서 옳은 것은 ㄱ, ㄷ이다.

458 ······ 답 9

$f(x)=ax^2-2abx+3=a(x-b)^2+3-ab^2$이므로

이차함수 $y=f(x)$의 그래프의 꼭짓점의 좌표는 $(b, 3-ab^2)$이다.

a의 부호에 따라서 경우를 나누면 다음과 같다.

(i) $a>0$인 경우

함수 $y=f(x)$의 그래프는 아래로 볼록하고 b의 값의 범위에 따라 최솟값을 구하면 다음과 같다.

ⓐ $b<-2$인 경우

$x=-2$일 때 최솟값을 가지므로

$4a+4ab+3=-5$, $a(1+b)=-2$이다.

조건을 만족시키는 정수 a, b의 순서쌍은

$(1, -3)$의 1개이다.

ⓑ $-2\le b\le 2$인 경우

$x=b$일 때 최솟값을 가지므로

$3-ab^2=-5$, $ab^2=8$이다.

조건을 만족시키는 정수 a, b의 순서쌍은

$(8, 1)$, $(8, -1)$, $(2, 2)$, $(2, -2)$의 4개이다.

ⓒ $b>2$인 경우

$x=2$일 때 최솟값을 가지므로

$4a-4ab+3=-5$, $a(b-1)=2$이다.

조건을 만족시키는 정수 a, b의 순서쌍은

$(1, 3)$의 1개이다.

(ii) $a<0$인 경우

함수 $y=f(x)$의 그래프는 위로 볼록하고 b의 값의 범위에 따라 최솟값을 구하면 다음과 같다.

ⓐ $b<0$인 경우

$x=2$일 때 최솟값을 가지므로

$4a-4ab+3=-5$, $a(b-1)=2$이다.

조건을 만족시키는 정수 a, b의 순서쌍은

$(-1, -1)$의 1개이다.

ⓑ $b\ge 0$인 경우

$x=-2$일 때 최솟값을 가지므로

$4a+4ab+3=-5$, $a(1+b)=-2$이다.

조건을 만족시키는 정수 a, b의 순서쌍은

$(-2, 0)$, $(-1, 1)$의 2개이다.

(i), (ii)에 의하여 구하는 순서쌍 (a, b)의 개수는
$1+4+1+1+2=9$

TIP 1

① $a>0$일 때, 함수 $y=f(x)$의 그래프는 $-2\le b\le 2$인 경우 꼭짓점에서 최솟값을 갖고, $b>2$인 경우 대칭축과 가장 가까운 점인 $x=2$일 때 최솟값을 갖고, $b<-2$인 경우 대칭축과 가장 가까운 점인 $x=-2$일 때 최솟값을 갖는다.
② $a<0$일 때, 함수 $y=f(x)$의 그래프는 대칭축과 가장 멀리 떨어진 점에서 최솟값을 가지므로 $b\ge 0$인 경우 $x=-2$일 때 최솟값을 갖고, $b<0$인 경우 $x=2$일 때 최솟값을 갖는다.

TIP 2

① $a>0$인 경우 함수 $y=f(x)$의 그래프는 b의 값의 범위에 따라 다음과 같다.

ⓐ $b<-2$일 때

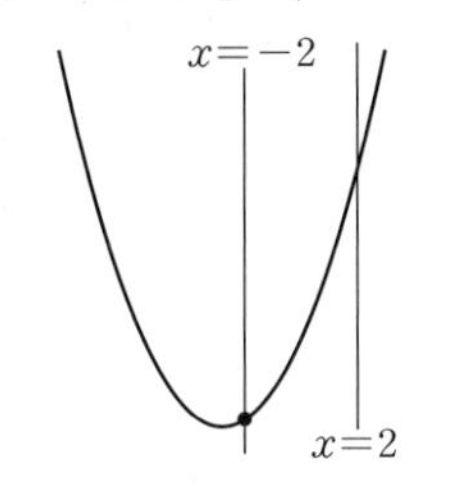

ⓑ $-2\le b\le 2$일 때

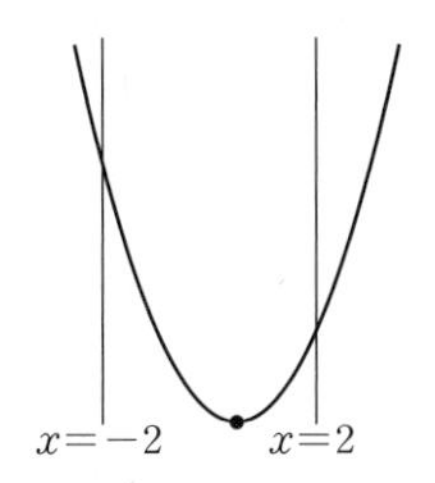

ⓒ $b>2$일 때

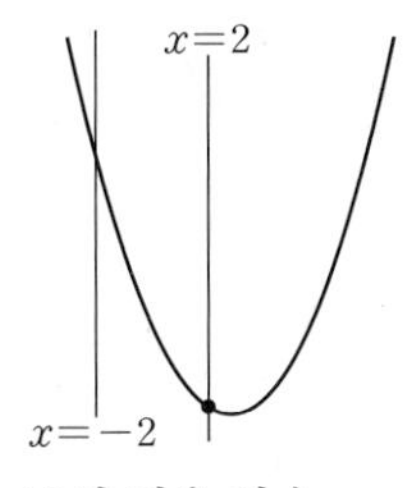

② $a<0$인 경우 함수 $y=f(x)$의 그래프는 b의 값의 범위에 따라 다음과 같다.

ⓐ $b<0$일 때

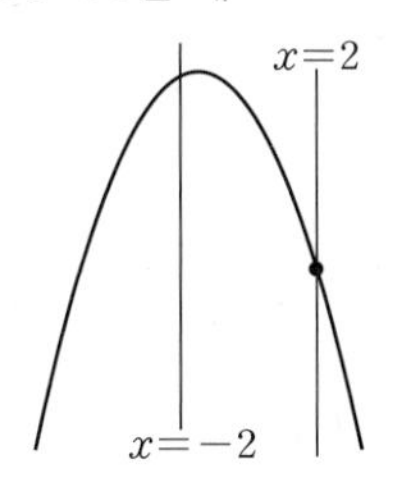

ⓑ $b\ge 0$일 때

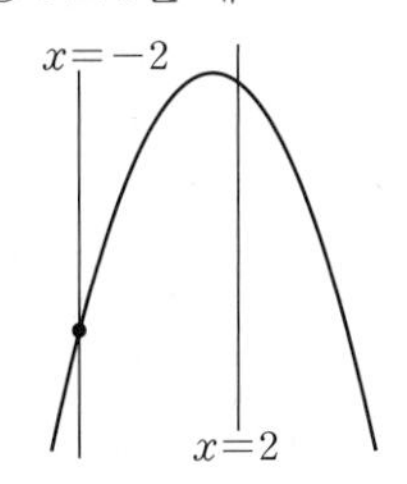

459
답 $-\dfrac{13}{3}$

조건 (나)에서 $f(x)-f(k)\ge h(x)-h(k)$이므로 양변을 $x-k$로 각각 나누면

$x>k$일 때 $\dfrac{f(x)-f(k)}{x-k}\ge\dfrac{h(x)-h(k)}{x-k}$이고,

$x<k$일 때 $\dfrac{f(x)-f(k)}{x-k}\le\dfrac{h(x)-h(k)}{x-k}$이다.

즉, $x>k$일 때 함수 $y=f(x)$의 그래프 위의 두 점 $(x, f(x))$, $(k, f(k))$를 지나는 직선의 기울기가 직선 $y=h(x)$의 기울기보다 항상 크거나 같고, $x<k$일 때 함수 $y=f(x)$의 그래프 위의 두 점 $(x, f(x))$, $(k, f(k))$를 지나는 직선의 기울기가 직선 $y=h(x)$의 기울기보다 항상 작거나 같다.

조건 (가)에서 이차함수 $y=f(x)$의 그래프는 직선 $y=h(x)$와 오직 한 점에서 만나므로 함수 $y=f(x)$의 그래프는 $x=k$에서 직선 $y=h(x)$와 접한다.
마찬가지로 $g(x)-g(2k)\ge h(x)-h(2k)$에서 함수 $y=g(x)$의 그래프는 $x=2k$에서 직선 $y=h(x)$와 접한다.
이차함수 $y=f(x)$, $y=g(x)$의 최고차항의 계수가 각각 1, 4이므로
$f(x)-h(x)=(x-k)^2$
$g(x)-h(x)=4(x-2k)^2=(2x-4k)^2$
이때 두 식의 양변을 각각 빼주면

$$\begin{aligned}f(x)-g(x)&=(x-k)^2-(2x-4k)^2\\&=\{(x-k)+(2x-4k)\}\{(x-k)-(2x-4k)\}\\&=(3x-5k)(-x+3k)\qquad\cdots\cdots\ ㉠\end{aligned}$$

따라서 두 함수 $y=f(x)$, $y=g(x)$의 그래프는
$x=\dfrac{5}{3}k$ 또는 $x=3k$에서 만난다.

조건 (다)에서 두 이차함수가 만나는 점의 x좌표 중 더 큰 값이 1이므로 $3k=1$ ($\because k>0$)에서 $k=\dfrac{1}{3}$이고, $\alpha=\dfrac{5}{3}\times\dfrac{1}{3}=\dfrac{5}{9}$이다.

이를 ㉠에 대입하면 $f(x)-g(x)=-\left(3x-\dfrac{5}{3}\right)(x-1)$

$$\begin{aligned}\therefore f(2)-g(2)&=-\left(3\times 2-\frac{5}{3}\right)(2-1)\\&=-\frac{13}{3}\end{aligned}$$

460
답 ⑤

ㄱ. $g(x)-f(x)=2x^2-8ax+b$이므로
$g(x)-f(x)=0$에서 $2x^2-8ax+b=0$
$\therefore x=\dfrac{4a\pm\sqrt{16a^2-2b}}{2}$
조건 (나)에 의하여 $\sqrt{16a^2-2b}=4$이므로 $16a^2-2b=16$
이때 $a=1$이면 $b=0$이다. (참)

ㄴ. $f(x)=-x^2+2ax=-x^2+2ax-a^2+a^2$
$\qquad=-(x-a)^2+a^2$,
$g(x)=x^2-6ax+b=x^2-6ax+9a^2+b-9a^2$
$\qquad=(x-3a)^2+b-9a^2$
$\qquad=(x-3a)^2-a^2-8$ ($\because$ ㄱ)
이므로 $f(a)-g(3a)$의 값은 함수 $f(x)$의 최댓값과 함수 $g(x)$의 최솟값의 차를 의미한다.
이때 $f(\beta)\le f(a)$, $g(\alpha)\ge g(3a)$이므로
$f(\beta)-g(\alpha)\le f(a)-g(3a)$ (참)

ㄷ. $b=8(a^2-1)$에서 $10a^2-b=2a^2+8$이고
ㄴ에서 $f(a)-g(3a)=a^2-(-a^2-8)=2a^2+8$
따라서 $f(\alpha)=g(\beta)+10a^2-b^2$, 즉 $f(\alpha)-g(\beta)=2a^2+8$이면 $f(\alpha)$는 함수 $f(x)$의 최댓값이고 $g(\beta)$는 함수 $g(x)$의 최솟값이어야 한다.
$\therefore \alpha=a,\ \beta=3a$
이때 조건 (나)에 의하여 $\beta-\alpha=4$이므로
$a=2$이고 $b=8(a^2-1)$에서 $b=24$
$\therefore a+b=26$ (참)

따라서 옳은 것은 ㄱ, ㄴ, ㄷ이다.

461 ·························· 답 243

방정식 $x^2-4x+2=-2x^2+2x+8$, $3x^2-6x-6=0$, 즉 $x^2-2x-2=0$의 두 근이 α, β이므로 근과 계수의 관계에 의하여
$\alpha+\beta=2$, $\alpha\beta=-2$
$|\alpha-\beta|^2=(\alpha+\beta)^2-4\alpha\beta=12$ $\quad\therefore |\alpha-\beta|=2\sqrt{3}$
(사각형 ADBC의 넓이)
=(삼각형 ADC의 넓이)+(삼각형 BCD의 넓이)이고,
삼각형 ADC의 밑변이 선분 CD일 때 높이를 h_1,
삼각형 BCD의 밑변이 선분 CD일 때 높이를 h_2라 하면

$$(\text{사각형 ADBC의 넓이})=\frac{1}{2}\times\overline{CD}\times h_1+\frac{1}{2}\times\overline{CD}\times h_2=\frac{1}{2}\times\overline{CD}\times(h_1+h_2)$$

이때 $h_1+h_2=|\alpha-\beta|=2\sqrt{3}$으로 일정하므로 $\overline{CD}$가 최대일 때, 사각형 ADBC의 넓이가 최대이다.
직선 CD의 방정식이 $x=m$ $(\alpha<m<\beta)$일 때,

$$\overline{CD}=(-2m^2+2m+8)-(m^2-4m+2)=-3m^2+6m+6=-3(m-1)^2+9$$

이므로 $\overline{CD}$의 최댓값은 9이고,
이때의 사각형 ADBC의 넓이의 최댓값은
$k=\frac{1}{2}\times9\times2\sqrt{3}=9\sqrt{3}$ $\quad\therefore k^2=(9\sqrt{3})^2=243$

462 ·························· 답 125

점 D에서 변 BC에 내린 수선의 발을 D′, 두 변 AB, DC 위에 존재하는 직사각형의 꼭짓점을 각각 E, F라 하고, 두 점 E, F에서 변 BC에 내린 수선의 발을 각각 E′, F′이라 하자.

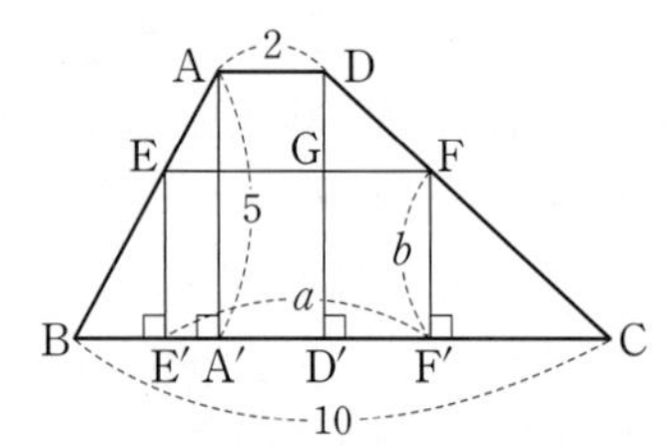

이 사다리꼴의 영역 안에 그린 직사각형 EE′F′F의 가로의 길이를 a, 세로의 길이를 b라 하면 직사각형의 넓이는 ab이다.
한편, $\overline{A'B}+\overline{D'C}=8$ ······ ㉠
두 삼각형 ABA′과 EBE′이 서로 닮음이고,
두 삼각형 DD′C와 FF′C가 서로 닮음이므로
$\overline{AA'}:\overline{A'B}=\overline{EE'}:\overline{E'B}$, $\overline{DD'}:\overline{D'C}=\overline{FF'}:\overline{F'C}$
이때 $\overline{AA'}=\overline{DD'}$, $\overline{EE'}=\overline{FF'}$이므로
$\overline{AA'}:(\overline{A'B}+\overline{D'C})=\overline{EE'}:(\overline{E'B}+\overline{F'C})$ ······ ㉡
㉠, ㉡에 의하여 $5:8=b:(10-a)$이므로
$b=\frac{5}{8}(10-a)$
따라서 구하는 직사각형의 넓이는
$ab=\frac{5}{8}a(10-a)=-\frac{5}{8}(a-5)^2+\frac{125}{8}$
이고, $a=5$일 때 최댓값 $S=\frac{125}{8}$를 갖는다.
$\therefore 8S=125$

다른 풀이

두 직선 AB, DC가 만나는 점을 E라 하고
점 E에서 직선 BC에 내린 수선의 발을 H라 하자.

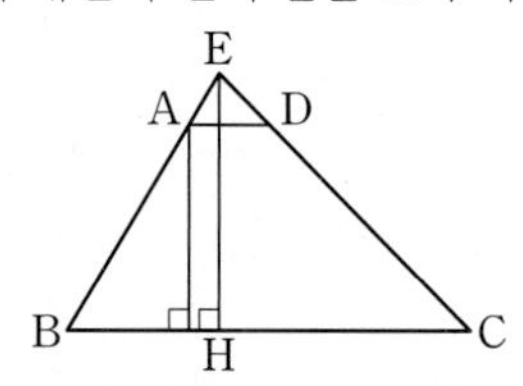

두 삼각형 EAD, EBC는 서로 닮음이고 닮음비는 $2:10$, 즉 $1:5$이므로
$1:5=(\overline{EH}-5):\overline{EH}$에서
$5(\overline{EH}-5)=\overline{EH}$, $4\overline{EH}=25$ $\quad\therefore \overline{EH}=\frac{25}{4}$
한편, 두 변 AB, DC 위에 존재하는 직사각형의 꼭짓점을 각각 X, Y라 하고, 점 Y를 지나고 직선 AB와 평행한 직선이 선분 BC와 만나는 점을 Z라 하면 구하는 직사각형의 넓이는 평행사변형 XBZY의 넓이와 같다.

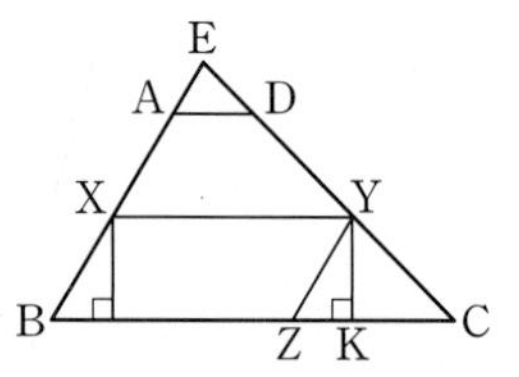

점 Y에서 직선 BC에 내린 수선의 발을 K라 하고
$\overline{ZC}=a$ $(0<a<10)$이라 하자.
두 삼각형 EBC, YZC는 서로 닮음이고 닮음비는 $10:a$이므로
$10:a=\frac{25}{4}:\overline{YK}$에서
$10\overline{YK}=\frac{25}{4}a$ $\quad\therefore \overline{YK}=\frac{5}{8}a$
이때 $\overline{BZ}=10-a$이므로 평행사변형 XBZY의 넓이는
$\overline{YK}\times\overline{BZ}=\frac{5}{8}a(10-a)=-\frac{5}{8}(a-5)^2+\frac{125}{8}$
이고, $a=5$일 때 최댓값 $S=\frac{125}{8}$를 갖는다.
$\therefore 8S=125$

TIP

$\overline{AA'}=\overline{DD'}$, $\overline{EE'}=\overline{FF'}$이고
$\overline{AA'}:\overline{A'B}=\overline{EE'}:\overline{E'B}$, $\overline{DD'}:\overline{D'C}=\overline{FF'}:\overline{F'C}$이므로
$\overline{AA'}:\overline{A'B}=\overline{EE'}:\overline{E'B}$, $\overline{AA'}:\overline{D'C}=\overline{EE'}:\overline{F'C}$
즉, $\frac{\overline{A'B}}{\overline{AA'}}=\frac{\overline{E'B}}{\overline{EE'}}$, $\frac{\overline{D'C}}{\overline{AA'}}=\frac{\overline{F'C}}{\overline{EE'}}$에서
$\frac{\overline{A'B}+\overline{D'C}}{\overline{AA'}}=\frac{\overline{E'B}+\overline{F'C}}{\overline{EE'}}$
$\therefore \overline{AA'}:(\overline{A'B}+\overline{D'C})=\overline{EE'}:(\overline{E'B}+\overline{F'C})$

03 여러 가지 방정식

463 답 ③

$x^3+8=(x+2)(x^2-2x+4)=0$에서
$x=-2$ 또는 $x^2-2x+4=0$이다.
이때 방정식 $x^2-2x+4=0$에서 $x=1\pm\sqrt{3}i$
ㄱ. 실근은 $x=-2$로 유일하다. (참)
ㄴ. 복소수 범위에서 실근 1개와 허근 2개를 가지므로 서로 다른 근의 개수는 3이다. (참)
ㄷ. 두 허근은 $x=1\pm\sqrt{3}i$이므로 합은 2이다. (거짓)
따라서 옳은 것은 ㄱ, ㄴ이다.

464 답 4

$f(x)=x^3+5x^2+10x+6$이라 하면
$f(-1)=-1+5-10+6=0$이므로
조립제법을 이용하여 $f(x)$를 인수분해하면

-1	1	5	10	6
		-1	-4	-6
	1	4	6	0

이므로 $f(x)=(x+1)(x^2+4x+6)$ …… ㉠
㉠에서 이차방정식 $x^2+4x+6=0$의 판별식을 D라 하면
$\frac{D}{4}=2^2-6=-2<0$이므로 서로 다른 두 허근을 가진다.
α, β는 방정식 $x^2+4x+6=0$의 두 근이므로 이차방정식의 근과 계수의 관계에 의하여
$\alpha+\beta=-4$, $\alpha\beta=6$
$\therefore \alpha^2+\beta^2=(\alpha+\beta)^2-2\alpha\beta=(-4)^2-12=4$

다른 풀이

$f(x)=x^3+5x^2+10x+6$이라 하면
$f(-1)=(-1)+5-10+6=0$이므로
삼차방정식 $x^3+5x^2+10x+6=0$의 세 근은 -1, α, β이다.
따라서 삼차방정식의 근과 계수의 관계에 의하여
$(-1)+\alpha+\beta=-5$, $(-1)\times\alpha\times\beta=-6$에서
$\alpha+\beta=-4$, $\alpha\beta=6$이다.
$\therefore \alpha^2+\beta^2=(\alpha+\beta)^2-2\alpha\beta=(-4)^2-12=4$

465 답 ④

사차방정식 $x^4+2x^3-x^2-2x-3=0$의 네 근이 α, β, γ, δ이므로
좌변을 복소수 범위에서 인수분해하면
$x^4+2x^3-x^2-2x-3=(x-\alpha)(x-\beta)(x-\gamma)(x-\delta)$
이고, 모든 실수 x에 대하여 등식이 성립하므로
양변에 $x=2$를 대입하면
$16+16-4-4-3=(2-\alpha)(2-\beta)(2-\gamma)(2-\delta)$
$\therefore (2-\alpha)(2-\beta)(2-\gamma)(2-\delta)=21$

466 답 ①

사차방정식 $x^4+ax^3+bx^2+cx+d=0$의 모든 계수가 유리수이고
두 근이 $1-i$, $1+\sqrt{2}$이므로 나머지 두 근은 $1+i$, $1-\sqrt{2}$이다.
최고차항의 계수가 1이고 두 근이 $1-i$, $1+i$인 이차방정식은
두 근의 합이 2이고 곱이 2이므로 $x^2-2x+2=0$이다.
또한 최고차항의 계수가 1이고 두 근이 $1-\sqrt{2}$, $1+\sqrt{2}$인
이차방정식은 두 근의 합이 2이고 곱이 -1이므로
$x^2-2x-1=0$이다.
$\therefore x^4+ax^3+bx^2+cx+d=(x^2-2x+2)(x^2-2x-1)$
$=x^4-4x^3+5x^2-2x-2$
따라서 $a=-4$, $b=5$, $c=-2$, $d=-2$이므로
$abcd=-80$이다.

467 답 -3

$x^4-2x^3-x+2=0$에서
$x^3(x-2)-(x-2)=0$
$(x-2)(x^3-1)=0$
$(x-2)(x-1)(x^2+x+1)=0$
이고, 방정식 $x^2+x+1=0$의 판별식을 D라 하면
$D=1^2-4=-3<0$
이므로 α, β는 방정식 $x^2+x+1=0$의 두 근이다.
이때 이차방정식의 근과 계수의 관계에 의하여
$\alpha+\beta=-1$, $\alpha\beta=1$이므로
$(\alpha-\beta)^2=(\alpha+\beta)^2-4\alpha\beta=(-1)^2-4=-3$

468 답 ①

$x(x+1)(x+2)(x+3)-15=0$에서
$x(x+3)\times(x+1)(x+2)-15=0$
$(x^2+3x)(x^2+3x+2)-15=0$
이때 $x^2+3x=t$로 치환하면
$t(t+2)-15=0$, $t^2+2t-15=0$
$(t+5)(t-3)=0$에서 $(x^2+3x+5)(x^2+3x-3)=0$이므로
$x^2+3x+5=0$ 또는 $x^2+3x-3=0$
이 중 허근을 갖는 방정식은 $x^2+3x+5=0$이므로 w는 이 방정식의 근이다.
따라서 $w^2+3w+5=0$이므로
$w^2+3w=-5$이다.

469 답 ④

$x^4-16x^2+36=0$에서 $x^4-12x^2+36-4x^2=0$
$(x^2-6)^2-(2x)^2=0$, 즉 $(x^2+2x-6)(x^2-2x-6)=0$에서
이차방정식 $x^2+2x-6=0$의 근은 $x=-1\pm\sqrt{7}$이고,
이차방정식 $x^2-2x-6=0$의 근은 $x=1\pm\sqrt{7}$이다.
따라서 $M=1+\sqrt{7}$, $m=-1-\sqrt{7}$에서
$M-m=2+2\sqrt{7}$

470 ············ 답 ①

주어진 방정식의 한 근이 -2이므로 이를 방정식에 대입하면
$16+32-4-32-a=0$에서 $a=12$
따라서 주어진 방정식은 $x^4-4x^3-x^2+16x-12=0$이고
$x=1$을 대입하면 등식을 만족시키며 주어진 조건에서 -2가 한 근이므로 조립제법을 이용하여 인수분해하면 다음과 같다.

-2	1	-4	-1	16	-12
		-2	12	-22	12
1	1	-6	11	-6	0
		1	-5	6	
	1	-5	6	0	

$x^4-4x^3-x^2+16x-12=(x+2)(x-1)(x^2-5x+6)$
$=(x+2)(x-1)(x-2)(x-3)$
따라서 -2를 제외한 나머지 세 근은 $1,\ 2,\ 3$이므로
구하는 나머지 세 근의 곱은
$1\times2\times3=6$이다.

471 ············ 답 $k>\frac{1}{4}$

$x^3+2kx^2+(k^2+2k-1)x+k^2=0$에 $x=-1$을 대입하면 등식이 성립하므로 조립제법을 이용하여 좌변을 인수분해하면

-1	1	$2k$	k^2+2k-1	k^2
		-1	$-2k+1$	$-k^2$
	1	$2k-1$	k^2	0

$(x+1)\{x^2+(2k-1)x+k^2\}=0$
이고, 방정식 $x^2+(2k-1)x+k^2=0$이 두 허근을 가져야 하므로
이 방정식의 판별식을 D라 하면
$D=(2k-1)^2-4k^2<0,\ -4k+1<0$
$\therefore k>\frac{1}{4}$

472 ············ 답 ②

삼차방정식 $x^3+kx-2=0$이 중근 α와 또 다른 실근 β를 가지므로
삼차방정식의 근과 계수의 관계에 의하여
$2\alpha+\beta=0$ ······ ㉠
$\alpha^2+2\alpha\beta=k$ ······ ㉡
$\alpha^2\beta=2$ ······ ㉢
㉢에 ㉠을 대입하면
$\alpha^2\times(-2\alpha)=2,\ \alpha^3=-1$
$\therefore \alpha=-1$
$\alpha=-1$을 ㉢에 대입하면 $\beta=2$
$\alpha=-1,\ \beta=2$를 ㉡에 대입하면 $k=-3$
$\therefore k+\alpha+\beta=-2$

473 ············ 답 (1) -25 (2) 28

(1) 삼차방정식 $x^3-2x^2+4x+3=0$에서 삼차방정식의 근과 계수의 관계에 의하여
$\alpha+\beta+\gamma=2,\ \alpha\beta+\beta\gamma+\gamma\alpha=4,\ \alpha\beta\gamma=-3$ ······ ㉠
이때 $(\alpha+\beta+\gamma)^2=\alpha^2+\beta^2+\gamma^2+2(\alpha\beta+\beta\gamma+\gamma\alpha)$에서
$\alpha^2+\beta^2+\gamma^2=2^2-2\times4=-4$ ······ ㉡
$\alpha^3+\beta^3+\gamma^3=(\alpha+\beta+\gamma)(\alpha^2+\beta^2+\gamma^2-\alpha\beta-\beta\gamma-\gamma\alpha)+3\alpha\beta\gamma$
이므로
$\alpha^3+\beta^3+\gamma^3=2\times(-4-4)+3\times(-3)$ ($\because$ ㉠, ㉡)
$=-16-9=-25$
(2) (1)에서 구한 값을 이용하면
$(\alpha\beta+\beta\gamma+\gamma\alpha)^2=\alpha^2\beta^2+\beta^2\gamma^2+\gamma^2\alpha^2+2\alpha\beta\gamma(\alpha+\beta+\gamma)$
$\therefore \alpha^2\beta^2+\beta^2\gamma^2+\gamma^2\alpha^2=4^2-2\times(-3)\times2=28$

474 ············ 답 ①

$x^3+y^3=(2-\sqrt{5})+(2+\sqrt{5})=4$
$x^3y^3=(2-\sqrt{5})(2+\sqrt{5})=-1$이므로 $xy=-1$ ($\because x,\ y$는 실수)
$x^3+y^3=(x+y)^3-3xy(x+y)$에서 $x+y=t$라 하면
$4=t^3+3t,\ t^3+3t-4=0,\ (t-1)(t^2+t+4)=0$
이므로 $t=1$ 또는 $t^2+t+4=0$
이때 방정식 $t^2+t+4=0$의 판별식을 D라 하면
$D=1-16=-15<0$이므로 두 허근을 갖는다.
따라서 두 실수 $x,\ y$에 대하여
$x+y=1$이다.

475 ············ 답 ③

두 근이 절댓값이 같고 부호가 서로 반대이므로
두 근의 합은 0이고 두 근의 곱은 음수이다.
이차방정식의 근과 계수의 관계에 의하여
두 근의 합은 $-(k^3-4k^2+k+6)$, 두 근의 곱은 $-k$
$k^3-4k^2+k+6=0$에서 $k=2$를 대입하면 등식이 성립하므로
조립제법을 이용하여 인수분해하면

2	1	-4	1	6
		2	-4	-6
	1	-2	-3	0

$k^3-4k^2+k+6=(k-2)(k^2-2k-3)=(k+1)(k-2)(k-3)$
$(k+1)(k-2)(k-3)=0$에서
$k=-1$ 또는 $k=2$ 또는 $k=3$
이때 두 근의 곱이 음수이므로 $-k<0$, 즉 $k>0$
따라서 구하는 모든 실수 k의 값의 합은 $2+3=5$이다.

476 ············ 답 ③

방정식 $x^3-3x^2+4x-2=0$에서 $x=1$을 대입하면 등식이 성립하므로 조립제법을 이용하여 인수분해하면

1	1	-3	4	-2
		1	-2	2
	1	-2	2	0

$x^3-3x^2+4x-2=(x-1)(x^2-2x+2)$
$(x-1)(x^2-2x+2)=0$에서 이차방정식 $x^2-2x+2=0$의
판별식을 D라 하면
$\frac{D}{4}=(-1)^2-2=-1<0$이므로

방정식 $x^2-2x+2=0$은 두 허근 α, $\overline{\alpha}$를 갖는다.
이차방정식의 근과 계수의 관계에 의하여
$\alpha+\overline{\alpha}=2$, $\alpha\overline{\alpha}=2$
$\therefore \left(\frac{\alpha+\overline{\alpha}+\alpha\overline{\alpha}i}{2}\right)^8=\{(1+i)^2\}^4=(2i)^4=16$

477 ············ 답 ②

삼차방정식 $x^3-1=0$의 한 허근이 ω이므로 $\omega^3=1$이고,
$x^3-1=0$, $(x-1)(x^2+x+1)=0$에서 이차방정식 $x^2+x+1=0$의 한 허근이 ω이므로
$\omega^2+\omega+1=0$
$\therefore \omega^5+\omega^4+\omega^3+\omega^2+\omega$
$=\omega^3(\omega^2+\omega+1)+(\omega^2+\omega+1)-1$
$=0+0-1=-1$

478 ············ 답 ②

삼차방정식 $x^3-1=0$의 한 허근이 ω이므로 $\omega^3=1$이고,
$x^3-1=0$, $(x-1)(x^2+x+1)=0$에서 이차방정식 $x^2+x+1=0$의 한 허근이 ω이므로 $\omega^2+\omega+1=0$이고, 다른 한 근은 $\overline{\omega}$이다.
이때 이차방정식의 근과 계수의 관계에 의하여
$\omega+\overline{\omega}=-1$이므로
$\omega^4+2\omega^3-2\omega^2+2\omega+1$
$=\omega+2-2\omega^2+2\omega+1$ ($\because \omega^3=1$)
$=3\omega+3-2(-\omega-1)$ ($\because \omega^2=-\omega-1$)
$=5(\omega+1)=-5\overline{\omega}$ ($\because -\overline{\omega}=\omega+1$)

479 ············ 답 ②

삼차방정식 $x^3+1=0$의 한 허근이 ω이므로 $\omega^3=-1$이다.
이때 $x^3+1=0$, $(x+1)(x^2-x+1)=0$에서 ω는 이차방정식 $x^2-x+1=0$의 한 근이고 나머지 한 근은 $\overline{\omega}$이므로
$\omega^3=-1$, $\overline{\omega}^3=-1$이고,
$\omega^2-\omega+1=0$, $\overline{\omega}^2-\overline{\omega}+1=0$
$\therefore \omega^2+\overline{\omega}^4+\omega^6+\overline{\omega}^8+\omega^{10}=\omega^2-\overline{\omega}+1+\overline{\omega}^2-\omega$
$=(\omega^2-\omega+1)+(\overline{\omega}^2-\overline{\omega}+1)-1$
$=0+0-1=-1$

480 ············ 답 ④

방정식 $x^3+1=0$의 한 허근이 ω이므로 $\omega^3=-1$이다. ······ ㉠
$x^3+1=0$, $(x+1)(x^2-x+1)=0$에서
이차방정식 $x^2-x+1=0$의 한 허근이 ω이고,
ω가 근이면 $\overline{\omega}$도 근이므로
$\omega^2-\omega+1=0$, $\overline{\omega}^2-\overline{\omega}+1=0$ ······ ㉡
이때 이차방정식의 근과 계수의 관계에 의하여
$\omega+\overline{\omega}=1$, $\omega\overline{\omega}=1$ ······ ㉢
ㄱ. ㉠에서 $\omega^9=(\omega^3)^3=(-1)^3=-1$ (참)
ㄴ. ㉡에서 $\omega^2-\omega+1=0$, $\omega=\omega^2+1$ (참)
ㄷ. $\frac{1}{\omega}+\frac{1}{\overline{\omega}}=\frac{\omega+\overline{\omega}}{\omega\overline{\omega}}=1$ ($\because$ ㉢) (참)
ㄹ. ㉡에서 $\overline{\omega}^2-\overline{\omega}+1=0$, $\overline{\omega}^2-\overline{\omega}=-1$ (거짓)
ㅁ. $(1-\omega)(1-\overline{\omega})=1-(\omega+\overline{\omega})+\omega\overline{\omega}$
$=1-1+1=1$ ($\because$ ㉢) (참)
ㅂ. $\frac{1}{1+\omega}+\frac{1}{1+\overline{\omega}}=\frac{2+\omega+\overline{\omega}}{(1+\omega)(1+\overline{\omega})}=\frac{2+\omega+\overline{\omega}}{1+(\omega+\overline{\omega})+\omega\overline{\omega}}$
$=\frac{2+1}{1+1+1}=1$ ($\because$ ㉢) (참)
따라서 옳은 것의 개수는 5이다.

481 ············ 답 2

$\begin{cases} x+2y=3 & \cdots\cdots ㉠ \\ x^2+xy+y^2=3 & \cdots\cdots ㉡ \end{cases}$
㉠에서 $x=3-2y$를 ㉡에 대입하면
$(3-2y)^2+(3-2y)y+y^2=3$
$y^2-3y+2=0$, $(y-1)(y-2)=0$
$\therefore y=1$ 또는 $y=2$
즉, $x=1$, $y=1$ 또는 $x=-1$, $y=2$이므로
$\alpha^2+\beta^2$의 값이 될 수 있는 것은 2 또는 5이다.
따라서 $\alpha^2+\beta^2$의 최솟값은 2이다.

482 ············ 답 풀이 참조

$\begin{cases} x^2-y^2=0 & \cdots\cdots ㉠ \\ x^2+2y^2-xy-8=0 & \cdots\cdots ㉡ \end{cases}$
㉠에서 $x^2-y^2=(x+y)(x-y)=0$이므로
$x=y$ 또는 $x=-y$
(i) $x=y$를 ㉡에 대입하면
$y^2+2y^2-y^2-8=0$, $y^2-4=0$에서
$y=2$ 또는 $y=-2$이므로
$x=2$, $y=2$ 또는 $x=-2$, $y=-2$
(ii) $x=-y$를 ㉡에 대입하면
$y^2+2y^2+y^2-8=0$, $y^2-2=0$에서
$y=\sqrt{2}$ 또는 $y=-\sqrt{2}$이므로
$x=-\sqrt{2}$, $y=\sqrt{2}$ 또는 $x=\sqrt{2}$, $y=-\sqrt{2}$
(i), (ii)에서 연립방정식의 해는
$\begin{cases} x=2 \\ y=2 \end{cases}$, $\begin{cases} x=-2 \\ y=-2 \end{cases}$, $\begin{cases} x=-\sqrt{2} \\ y=\sqrt{2} \end{cases}$, $\begin{cases} x=\sqrt{2} \\ y=-\sqrt{2} \end{cases}$

483 ············ 답 ④

$\begin{cases} x^2-3xy-4y^2=0 & \cdots\cdots ㉠ \\ x^2+2y^2=18 & \cdots\cdots ㉡ \end{cases}$
㉠에서 $x^2-3xy-4y^2=(x-4y)(x+y)=0$이므로
$x=4y$ 또는 $x=-y$
(i) $x=4y$를 ㉡에 대입하면
$(4y)^2+2y^2=18y^2=18$, $y^2=1$에서 $y=1$ 또는 $y=-1$이므로
$x=4$, $y=1$ 또는 $x=-4$, $y=-1$
따라서 $x+y$의 값은 5 또는 -5이다.

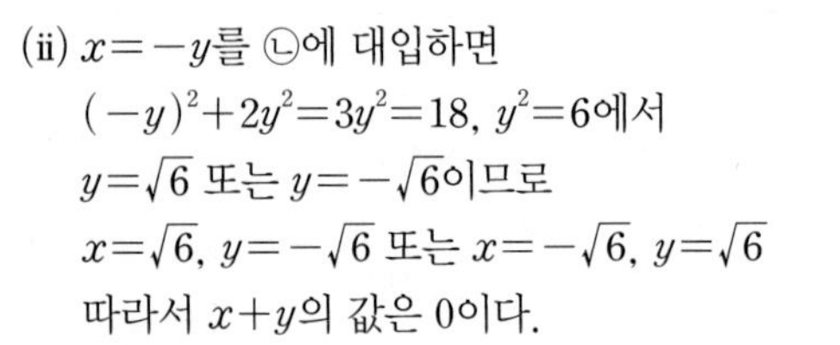

(ii) $x=-y$를 ㉡에 대입하면

$(-y)^2+2y^2=3y^2=18$, $y^2=6$에서

$y=\sqrt{6}$ 또는 $y=-\sqrt{6}$이므로

$x=\sqrt{6}$, $y=-\sqrt{6}$ 또는 $x=-\sqrt{6}$, $y=\sqrt{6}$

따라서 $x+y$의 값은 0이다.

(i), (ii)에서 $\alpha=4$, $\beta=1$일 때, $\alpha+\beta$의 최댓값은 5이다.

484 ……… 답 2

$$\begin{cases} x+y=2 & \cdots\cdots ㉠ \\ x^2+y^2=a & \cdots\cdots ㉡ \end{cases}$$

㉠에서 $y=2-x$를 ㉡에 대입하면

$x^2+(2-x)^2=a$, $2x^2-4x+4-a=0$

이 이차방정식이 실근을 가져야 하므로 판별식을 D라 하면

$\frac{D}{4}=4-2(4-a)=2a-4\geq 0$ $\quad\therefore a\geq 2$

따라서 구하는 양의 실수 a의 최솟값은 2이다.

485 ……… 답 −3

$\begin{cases} x+y=2k+8 \\ xy=k^2 \end{cases}$에서 x, y를 두 근으로 갖는 이차방정식은 두 근의 합이 $2k+8$, 두 근의 곱이 k^2이므로 방정식

$t^2-(2k+8)t+k^2=0$, $t^2-2(k+4)t+k^2=0$

이 실근을 갖지 않아야 하므로 판별식을 D라 하면

$\frac{D}{4}=(k+4)^2-k^2<0$, $8k+16<0$

$\therefore k<-2$

따라서 정수 k의 최댓값은 −3이다.

486 ……… 답 7

1, 2, 3학년 학생 수를 각각 x, y, z라 하자.

조건 (나)에서 $y=x-1=z+1$이므로 $z=x-2$ ⋯⋯ ㉠

조건 (가)에서 $xyz=210$이므로 ㉠을 대입하면

$x(x-1)(x-2)=210$

이때 x는 자연수이고 $210=5\times6\times7$이므로

$x=7$, $y=6$, $z=5$

따라서 1학년 학생 수는 7이다.

487 ……… 답 48

$\overline{AB}=x$, $\overline{CD}=y$라 하면

$x+y+3+7=30$이므로 $x+y=20$ ⋯⋯ ㉠

두 직각삼각형 BAD, BCD에서 피타고라스 정리에 의하여

$x^2+7^2=y^2+3^2$, $y^2-x^2=40$, $(y+x)(y-x)=40$이고,

㉠을 대입하면 $20(y-x)=40$이므로 $y-x=2$ ⋯⋯ ㉡

㉠, ㉡을 연립하여 풀면 $x=9$, $y=11$

따라서 사각형 ABCD의 넓이는 두 직각삼각형 BAD, BCD의 넓이의 합과 같으므로

$\frac{1}{2}\times9\times7+\frac{1}{2}\times3\times11=48$

488 ……… 답 2

정육면체 A의 한 모서리의 길이를 a라 하면 직육면체 B의 밑면의 가로와 세로의 길이는 모두 $a+2$이고 높이는 $a-1$이다.

직육면체 B의 부피가 정육면체 A의 부피의 2배이므로

$2a^3=(a+2)^2(a-1)$, $2a^3=a^3+3a^2-4$

$a^3-3a^2+4=0$에서 조립제법을 이용하여 좌변을 인수분해하면

−1	1	−3	0	4
		−1	4	−4
	1	−4	4	0

$a^3-3a^2+4=(a+1)(a^2-4a+4)=(a+1)(a-2)^2=0$

$\therefore a=2$ ($\because a>0$)

489 ……… 답 ③

철판 네 귀퉁이를 잘라낸 후 가로의 길이는 $10-2x$, 세로의 길이는 $6-2x$이므로 다음과 같다.

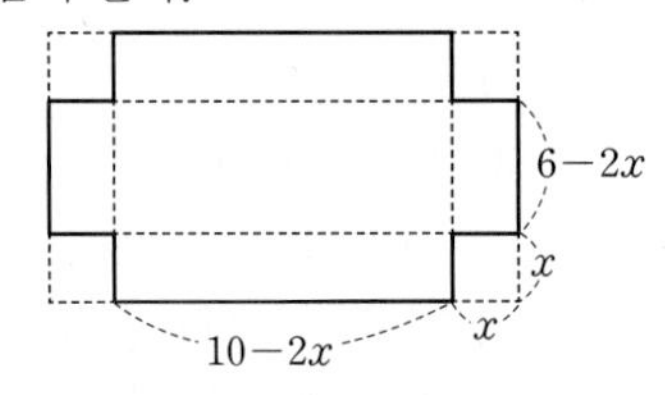

직육면체 모양의 상자의 부피는

$(10-2x)(6-2x)x=24$, $x^3-8x^2+15x-6=0$

조립제법을 이용하여 좌변을 인수분해하면

2	1	−8	15	−6
		2	−12	6
	1	−6	3	0

$x^3-8x^2+15x-6=(x-2)(x^2-6x+3)$

$(x-2)(x^2-6x+3)=0$

$\therefore x=2$ 또는 $x=3-\sqrt{6}$ ($\because 0<x<3$)

따라서 가능한 모든 x의 값의 합은

$2+(3-\sqrt{6})=5-\sqrt{6}$

490 ……… 답 5

문제의 조건에 의하여 a, b는 다음을 만족시킨다.

$$\begin{cases} a^2+b^2=\frac{25}{4} & \cdots\cdots ㉠ \\ 2\{(a+2)+(b+2)\}=15 & \cdots\cdots ㉡ \end{cases}$$

㉡에서 $b=\frac{7}{2}-a$를 ㉠에 대입하면

$a^2+\left(\frac{7}{2}-a\right)^2=\frac{25}{4}$, $2a^2-7a+6=0$, $(2a-3)(a-2)=0$

$\therefore a=2$, $b=\frac{3}{2}$ ($\because a>b$)

$\therefore a+2b=2+2\times\frac{3}{2}=5$

다른 풀이

위의 풀이의 연립방정식 중 ㉡에서 $a+b=\frac{7}{2}$이므로

$2ab=(a+b)^2-(a^2+b^2)=\left(\frac{7}{2}\right)^2-\frac{25}{4}=6$

$\therefore ab=3$

따라서 이차항의 계수가 1이고 a, b를 두 근으로 하는 이차방정식은

$x^2-\frac{7}{2}x+3=0$이므로

$2x^2-7x+6=0$, $(2x-3)(x-2)=0$

$\therefore a=2,\ b=\frac{3}{2}\ (\because a>b)$

491 답 14

a, x, y가 모두 자연수이므로

$ax-y-2$와 $x-y+3$은 모두 정수이고,

두 정수의 곱 $(ax-y-2)(x-y+3)$이 1이기 위해서는

$ax-y-2=x-y+3=1$이거나 $ax-y-2=x-y+3=-1$이어야 한다.

$ax-y-2=x-y+3$에서 $(a-1)x=5$

$\therefore a=2,\ x=5\ (\because a>1,\ x>1)$

$x-y+3=8-y=\pm1$이므로 $y=7$ 또는 $y=9$

따라서 구하는 $a+x+y$의 최솟값은

$2+5+7=14$이다.

492 답 ③

방정식 $x^3-4x^2+(m-14)x+2m-4=0$에 $x=-2$를 대입하면 등식이 성립하므로 조립제법을 이용하여 좌변을 인수분해하면

-2	1	-4	$m-14$	$2m-4$
		-2	12	$-2m+4$
	1	-6	$m-2$	0

$(x+2)(x^2-6x+m-2)=0$

이때 1보다 작거나 같은 근은 오직 한 개이므로 방정식

$x^2-6x+m-2=0$의 서로 다른 두 근은 모두 1보다 크다.

이 방정식의 판별식을 D라 하면

$\frac{D}{4}=9-(m-2)>0$에서 $m<11$ …… ㉠

이차함수 $y=x^2-6x+m-2$의 그래프의 축이 직선 $x=3$이므로 이 함수의 x절편이 모두 1보다 크려면 $x=1$일 때의 함숫값이 0보다 커야 한다.

$1-6+m-2>0$에서 $m>7$ …… ㉡

㉠, ㉡에서 m의 값의 범위가 $7<m<11$이므로

모든 정수 m의 값의 합은 $8+9+10=27$

493 답 풀이 참조

$x^3-kx^2+k-1=0$에서 $x=1$을 대입하면 등식이 성립하므로 조립제법을 이용하여 좌변을 인수분해하면

1	1	$-k$	0	$k-1$
		1	$-k+1$	$-k+1$
	1	$-k+1$	$-k+1$	0

$(x-1)\{x^2-(k-1)x-(k-1)\}=0$

이고, 이 방정식이 중근을 갖는 경우는 다음과 같다.

(i) 방정식 $x^2-(k-1)x-(k-1)=0$이 $x=1$을 근으로 갖는 경우

$x=1$을 대입하면

$1-(k-1)-(k-1)=0$에서 $2k=3$ $\quad\therefore k=\frac{3}{2}$

(ii) 방정식 $x^2-(k-1)x-(k-1)=0$이 중근을 갖는 경우

방정식 $x^2-(k-1)x-(k-1)=0$의 판별식을 D라 하면

$D=(k-1)^2+4(k-1)=0$

$(k-1)(k-1+4)=0$, $(k+3)(k-1)=0$

$\therefore k=-3$ 또는 $k=1$

(i), (ii)에서 모든 실수 k의 값의 합은

$\frac{3}{2}+(-3)+1=-\frac{1}{2}$

채점 요소	배점
인수 정리와 조립제법을 이용하여 $(x-1)\{x^2-(k-1)x-(k-1)\}=0$으로 인수분해하기	30%
방정식 $x^2-(k-1)x-(k-1)=0$이 $x=1$을 근으로 가질 때의 k의 값 구하기	30%
방정식 $x^2-(k-1)x-(k-1)=0$이 중근을 가질 때의 k의 값 구하기	30%
모든 실수 k의 값의 합 구하기	10%

494 답 ⑤

사차방정식 $(x^2-4x)^2+(x^2-4x)-20=0$에서

$x^2-4x=X$라 하면

$X^2+X-20=0$, $(X+5)(X-4)=0$

(i) $X=4$일 때

방정식 $x^2-4x=4$, 즉 $x^2-4x-4=0$의 판별식을 D_1이라 하면

$\frac{D_1}{4}=4+4>0$이므로 두 실근을 갖는다.

따라서 이차방정식의 근과 계수의 관계에 의하여 두 실근의 합은 4이다.

(ii) $X=-5$일 때

방정식 $x^2-4x=-5$, 즉 $x^2-4x+5=0$의 판별식을 D_2라 하면

$\frac{D_2}{4}=4-5<0$이므로 두 허근을 갖는다.

따라서 이차방정식의 근과 계수의 관계에 의하여 두 허근의 곱은 5이다.

(i), (ii)에서 $A=4$, $B=5$이므로

$A+B=4+5=9$

495 답 ④

사차방정식 $x^4-6x^2+a-5=0$에서 $x^2=X$라 하면

$X^2-6X+a-5=0$ …… ㉠

주어진 사차방정식의 근이 모두 실수가 되려면 이차방정식 ㉠이 음이 아닌 두 실근을 가져야 한다. …… TIP

방정식 ㉠의 판별식을 D라 하면

$\frac{D}{4}=9-(a-5)\ge0$ $\quad\therefore a\le14$ …… ㉡

이차방정식의 근과 계수의 관계에 의하여 두 근의 곱이 0보다 크거나 같으므로

$a-5\ge0$ $\quad\therefore a\ge5$ …… ㉢

㉡, ㉢에서 실수 a의 값의 범위는 $5\le a\le14$이므로

정수 a는 5, 6, 7, …, 14의 10개이다.

TIP

사차방정식 $ax^4+bx^2+c=0$ ($a\neq0$이고 a, b, c는 실수)에서 $x^2=X$라 할 때, X에 대한 이차방정식 $aX^2+bX+c=0$이 음이 아닌 두 실근 α, β를 가지면

(i) $x^2=\alpha$에서
$\alpha\neq0$인 경우 $x=\pm\sqrt{\alpha}$ (서로 다른 두 실근)이고,
$\alpha=0$인 경우 $x=0$을 중근으로 갖는다.

(ii) $x^2=\beta$에서
$\beta\neq0$인 경우 $x=\pm\sqrt{\beta}$ (서로 다른 두 실근)이고,
$\beta=0$인 경우 $x=0$을 중근으로 갖는다.

따라서 주어진 사차방정식의 근이 모두 실수이다.

496

답 ④

사차방정식 $x^4+(2-2a)x^2+10-5a=0$에서 $x^2=X$라 하면
$X^2+2(1-a)X+10-5a=0$ …… ㉠
주어진 사차방정식이 서로 다른 두 실근과 두 허근을 가지려면
이차방정식 ㉠이 서로 다른 부호의 두 실근을 가져야 한다. …… TIP
즉, ㉠의 두 근의 곱은 음수이어야 하므로
이차방정식의 근과 계수의 관계에 의하여
$10-5a<0$ $\quad\therefore a>2$
$\therefore p=2$

TIP

사차방정식 $ax^4+bx^2+c=0$ ($a\neq0$이고 a, b, c는 실수)에서 $x^2=X$라 할 때, X에 대한 이차방정식 $aX^2+bX+c=0$이 양의 실수 α와 음의 실수 β를 근으로 가지면
$x^2=\alpha$에서 $x=\pm\sqrt{\alpha}$ (서로 다른 두 실근),
$x^2=\beta$에서 $x=\pm\sqrt{-\beta}i$ (서로 다른 두 허근)
이므로 주어진 사차방정식은 서로 다른 두 실근과 서로 다른 두 허근을 가진다.

497

답 ①

방정식 $P(x)=0$의 한 실근을 α라 하고, 서로 다른 두 허근을 β, γ라 하면
조건 (가)에 의하여 $\beta\gamma=5$ …… ㉠
또한 방정식 $P(3x-1)=0$의 세 근은
$\frac{\alpha+1}{3}$, $\frac{\beta+1}{3}$, $\frac{\gamma+1}{3}$
이므로 조건 (나)에 의하여
$\frac{\alpha+1}{3}=0$이고 $\frac{\beta+1}{3}+\frac{\gamma+1}{3}=2$
$\therefore \alpha=-1$, $\beta+\gamma=4$ …… ㉡
㉠, ㉡에 의하여 α, β, γ를 세 근으로 하고 삼차항의 계수가 1인 삼차방정식은
$(x+1)(x^2-4x+5)=0$
$P(x)=(x+1)(x^2-4x+5)=x^3-3x^2+x+5$
따라서 $a=-3$, $b=1$, $c=5$이므로
$a+b+c=3$이다.

498

답 $x=\frac{1}{2}$

삼차방정식 $2x^3-(2k+1)x^2+(5k+2)x-2k-1=0$에서
$k(-2x^2+5x-2)+(2x^3-x^2+2x-1)=0$
이때 k의 값에 관계없이 항상 성립하려면
$-2x^2+5x-2=0$이고, $2x^3-x^2+2x-1=0$이어야 한다.
$-2x^2+5x-2=(-2x+1)(x-2)=0$에서
$x=\frac{1}{2}$ 또는 $x=2$ …… ㉠
$2x^3-x^2+2x-1=0$, $x^2(2x-1)+(2x-1)=0$
$(x^2+1)(2x-1)=0$에서
$x=\frac{1}{2}$ 또는 $x=\pm i$ …… ㉡
㉠, ㉡에서 구하는 근은 …… TIP
$x=\frac{1}{2}$

TIP

㉠에서 방정식 $-2x^2+5x-2=0$의 해가 $x=\frac{1}{2}$ 또는 $x=2$라는 것을 구했으므로 방정식 $2x^3-x^2+2x-1=0$에 대입하여 등식을 만족시키는 값 $x=\frac{1}{2}$을 바로 구할 수도 있다.

499

답 ①

$x^4+4x^3-7x^2+4x+1=0$에 $x=0$을 대입하면 등호가 성립하지 않으므로
$x^2+4x-7+\frac{4}{x}+\frac{1}{x^2}=0$
$\left(x^2+\frac{1}{x^2}\right)+4\left(x+\frac{1}{x}\right)-7=0$
$\left(x+\frac{1}{x}\right)^2+4\left(x+\frac{1}{x}\right)-9=0$
이때 $x+\frac{1}{x}=k$이므로 $k^2+4k-9=0$에서 이차방정식의 근과 계수의 관계에 의하여 구하는 모든 k의 값의 곱은 -9이다.

500

답 ⑤

$x^4-7x^2+1=0$에서
$(x^4+2x^2+1)-9x^2=0$, $(x^2+1)^2-(3x)^2=0$
$(x^2+3x+1)(x^2-3x+1)=0$
$x^2+3x+1=0$ 또는 $x^2-3x+1=0$이므로
$\alpha^2+3\alpha+1=0$ 또는 $\alpha^2-3\alpha+1=0$이다. …… ㉠
ㄱ. ㉠에 의하여 $\alpha^2+3\alpha=-1$ 또는 $\alpha^2-3\alpha=-1$이다. (참)
ㄴ. $x^4-7x^2+1=0$에 $x=0$을 대입하면 식을 만족시키지 못하므로 $\alpha\neq0$이다.
$\alpha^2-3\alpha+1=0$에서 양변을 각각 α로 나누면
$\alpha-3+\frac{1}{\alpha}=0$에서 $\alpha+\frac{1}{\alpha}=3$
이므로 만족시키는 α가 존재한다. (참)
ㄷ. 방정식 $x^2+3x+1=0$의 판별식 $D_1=9-4=5>0$이고
방정식 $x^2-3x+1=0$의 판별식 $D_2=9-4=5>0$이므로
두 방정식은 항상 서로 다른 두 실근을 갖는다.

즉, a는 항상 실수이다. (참)
따라서 옳은 것은 ㄱ, ㄴ, ㄷ이다.

501 ····· 답 10

$f(-2)=f(1)=f(3)=k$ (k는 상수)라 하면
방정식 $f(x)-k=0$의 세 근이 -2, 1, 3이므로
$f(x)-k=(x+2)(x-1)(x-3)$
이때 방정식 $f(x)=0$의 한 근이 $x=2$이므로 $f(2)=0$이고,
이를 위의 식에 대입하면
$f(2)-k=4\times1\times(-1)$ $\quad\therefore k=4$
$\therefore f(x)=(x+2)(x-1)(x-3)+4$
$=x^3-2x^2-5x+10$
$=(x-2)(x^2-5)$
$=(x-2)(x+\sqrt{5})(x-\sqrt{5})$
따라서 방정식 $f(x)=0$의 나머지 두 근은
$x=\sqrt{5}$ 또는 $x=-\sqrt{5}$이므로
$\alpha^2+\beta^2=5+5=10$

다른 풀이

$f(-2)=f(1)=f(3)=k$ (k는 상수)라 하면
방정식 $f(x)-k=0$의 세 근이 -2, 1, 3이므로
$f(x)-k=(x+2)(x-1)(x-3)$
$=x^3-2x^2-5x+6$
$\therefore f(x)=x^3-2x^2-5x+6+k$
방정식 $f(x)=0$의 세 근이 2, α, β이므로 삼차방정식의 근과 계수의 관계에 의하여
$2+\alpha+\beta=2$ ······ ㉠
$2\alpha+2\beta+\alpha\beta=-5$ ······ ㉡
㉠의 $\alpha+\beta=0$을 ㉡에 대입하면 $\alpha\beta=-5$
$\therefore \alpha^2+\beta^2=(\alpha+\beta)^2-2\alpha\beta$
$=0^2-2\times(-5)=10$

502 ····· 답 11

삼차방정식 $x^3+ax^2+bx+20=0$의 모든 항의 계수가 실수이고
한 근이 $2+i$이므로 $2-i$도 근이다.
이때 나머지 한 근을 α라 하면 삼차방정식의 근과 계수의 관계에 의하여
$(2+i)+(2-i)+\alpha=-a$ ······ ㉠
$(2+i)(2-i)+(2-i)\alpha+\alpha(2+i)=b$ ······ ㉡
$(2+i)(2-i)\alpha=-20$ ······ ㉢
㉢에서 $5\alpha=-20$ $\quad\therefore \alpha=-4$
㉠에서 $4-4=-a$ $\quad\therefore a=0$
㉡에서 $5-4\times4=b$ $\quad\therefore b=-11$
$\therefore a-b=11$

다른 풀이

삼차방정식 $x^3+ax^2+bx+20=0$의 모든 항의 계수가 실수이고
한 근이 $2+i$이므로 $2-i$도 근이다.
이때 나머지 한 근을 α라 하면
$x^3+ax^2+bx+20=(x-\alpha)\{x-(2+i)\}\{x-(2-i)\}$
$=(x-\alpha)(x^2-4x+5)$ ······ 참고
$=x^3+(-\alpha-4)x^2+(4\alpha+5)x-5\alpha$
위 식의 양변에 $x=0$을 대입하면
$20=-5\alpha$ $\quad\therefore \alpha=-4$ ······ ㉣
$x=-1$을 대입하면
$-1+a-b+20=-1-\alpha-4-4\alpha-5-5\alpha$
$\therefore a-b=-10\alpha-29$
$=-10\times(-4)-29=11$ ($\because$ ㉣)

참고
이차항의 계수가 1이고 두 근이 $2+i$, $2-i$인 이차방정식은
(두 근의 합)$=4$, (두 근의 곱)$=5$임을 이용하여
$x^2-4x+5=0$으로 식을 세울 수 있다.

503 ····· 답 ①

a, b, c가 실수이므로 조건 (가)에서 주어진 삼차방정식의
한 근이 $-1+\sqrt{2}i$이면 $-1-\sqrt{2}i$도 근이다.
이때 나머지 한 근을 p라 하면 삼차방정식의 근과 계수의 관계에 의하여
$(-1+\sqrt{2}i)+(-1-\sqrt{2}i)+p=-a$
$\therefore a=2-p$ ······ ㉠
이때 이차방정식이 허근을 가지면 이 허근의 켤레복소수 또한 근이 되므로 조건 (나)에서 이차방정식 $x^2+ax-8=0$의 한 근이 p가 되어야 한다. 따라서 $x=p$를 대입하면
$p^2+ap-8=p^2+(2-p)p-8=0$ ($\because$ ㉠)
$2p=8$ $\quad\therefore p=4$
따라서 삼차방정식의 세 근이
$-1+\sqrt{2}i$, $-1-\sqrt{2}i$, 4
이므로 구하는 값은 삼차방정식의 근과 계수의 관계에 의하여
$c=-(-1+\sqrt{2}i)\times(-1-\sqrt{2}i)\times4=-12$

504 ····· 답 $A=17$, $B=-6$

주어진 삼차방정식의 세 근이 α, β, γ이므로
$x^3-4x+2=(x-\alpha)(x-\beta)(x-\gamma)$
위 식의 양변에 $x=3$을 대입하면
$A=(3-\alpha)(3-\beta)(3-\gamma)=3^3-4\times3+2=17$
이때 $x^3=4x-2$이므로
$\alpha^3=4\alpha-2$
$\beta^3=4\beta-2$
$\gamma^3=4\gamma-2$
변끼리 더하면
$B=\alpha^3+\beta^3+\gamma^3=4(\alpha+\beta+\gamma)-6$
이고, 삼차방정식 $x^3-4x+2=0$의 근과 계수의 관계에 의하여
$\alpha+\beta+\gamma=0$이므로 $B=-6$
$\therefore A=17$, $B=-6$

505 ····· 답 ①

$f(1-\sqrt{2}i)=-1$, 즉 $f(1-\sqrt{2}i)+1=0$에서 방정식 $f(x)+1=0$의 한 근이 $1-\sqrt{2}i$이고, 모든 계수가 실수이므로 $1+\sqrt{2}i$도 이 방정식의 근이다.

사차식 $f(x)+1$이
$\{x-(1-\sqrt{2}i)\}\{x-(1+\sqrt{2}i)\}=x^2-2x+3$
을 인수로 가지므로
$f(x)+1=(x^2-2x+3)(x^2+px+q)$ (p, q는 실수)라 하면
$x^4+2x^3+ax^2+bx+6=(x^2-2x+3)(x^2+px+q)$
이 식은 x에 대한 항등식이므로 양변의 계수를 비교하면
$-2+p=2$에서 $p=4$, $3q=6$에서 $q=2$
$f(x)+1=(x^2-2x+3)(x^2+4x+2)$
$=x^4+2x^3-3x^2+8x+6$
$\therefore f(x)=x^4+2x^3-3x^2+8x+5$
$\therefore a+b=(-3)+8=5$

506
답 11

삼차방정식 $x^3+ax^2+bx+c=0$의 세 근이 α, β, γ이므로
삼차방정식의 근과 계수의 관계에 의하여
$\alpha+\beta+\gamma=-a$, $\alpha\beta+\beta\gamma+\gamma\alpha=b$, $\alpha\beta\gamma=-c$
$\frac{1}{\alpha\beta}$, $\frac{1}{\beta\gamma}$, $\frac{1}{\gamma\alpha}$을 세 근으로 하는 삼차방정식이
$x^3-x^2+3x-1=0$이므로
삼차방정식의 근과 계수의 관계에 의하여
$\frac{1}{\alpha\beta}+\frac{1}{\beta\gamma}+\frac{1}{\gamma\alpha}=\frac{\alpha+\beta+\gamma}{\alpha\beta\gamma}=\frac{-a}{-c}=\frac{a}{c}=1$ …… ㉠
$\frac{1}{\alpha\beta}\times\frac{1}{\beta\gamma}+\frac{1}{\beta\gamma}\times\frac{1}{\gamma\alpha}+\frac{1}{\gamma\alpha}\times\frac{1}{\alpha\beta}=\frac{1}{\alpha\beta\gamma}\left(\frac{1}{\alpha}+\frac{1}{\beta}+\frac{1}{\gamma}\right)$
$=\frac{1}{\alpha\beta\gamma}\times\frac{\alpha\beta+\beta\gamma+\gamma\alpha}{\alpha\beta\gamma}$
$=\frac{\alpha\beta+\beta\gamma+\gamma\alpha}{(\alpha\beta\gamma)^2}$
$=\frac{b}{c^2}=3$ …… ㉡
$\frac{1}{\alpha\beta}\times\frac{1}{\beta\gamma}\times\frac{1}{\gamma\alpha}=\frac{1}{(\alpha\beta\gamma)^2}=\frac{1}{c^2}=1$ …… ㉢
㉢에서 $c^2=1$이므로 ㉠에서 $a^2=1$
㉡에서 $\frac{b}{c^2}=b=3$이므로 $b^2=9$
$\therefore a^2+b^2+c^2=11$

507
답 ②

$3x^3+5x^2+(a+2)x+a=0$에 $x=-1$을 대입하면 등식이
성립하므로 조립제법을 이용하여 좌변을 인수분해하면

-1	3	5	$a+2$	a
		-3	-2	$-a$
	3	2	a	0

$(x+1)(3x^2+2x+a)=0$
이 삼차방정식이 $x=-1$을 근으로 가지므로 이차방정식
$3x^2+2x+a=0$이 양의 실근과 -1이 아닌 음의 실근을 각각
하나씩 가져야 한다.
이차방정식의 근과 계수의 관계에 의하여
두 근의 곱이 음수이어야 하므로
$\frac{a}{3}<0$ $\quad\therefore a<0$
이때 방정식 $3x^2+2x+a=0$에 $x=-1$을 대입하면
$3\times(-1)^2+2\times(-1)+a=0$에서 $a=-1$이고, 이차방정식이
-1이 아닌 음의 실근을 가져야 하므로 $a\neq-1$이어야 한다.
따라서 $a<0$, $a\neq-1$인 정수 a의 최댓값은 -2이다.

508
답 ③

삼차방정식 $ax^3+3x^2-3x-a=0$ $(a\neq0)$에 $x=1$을 대입하면
등식이 성립하므로 조립제법을 이용하여 좌변을 인수분해하면

1	a	3	-3	$-a$
		a	$a+3$	a
	a	$a+3$	a	0

$(x-1)\{ax^2+(a+3)x+a\}=0$
이때 $ax^2+(a+3)x+a=0$에 $x=1$을 대입하면
$a+(a+3)+a=0$, $3a+3=0$ $\quad\therefore a=-1$
$a=-1$이면 $ax^2+(a+3)x+a=-x^2+2x-1$이므로
삼차방정식 $ax^3+3x^2-3x-a=0$은 $x=1$만을 근으로 갖게 된다.
따라서 $a\neq-1$이고 …… ㉠
이차방정식 $ax^2+(a+3)x+a=0$은 중근을 갖는다.
이 이차방정식의 판별식을 D라 하면
$D=(a+3)^2-4a^2=0$, $\{(a+3)+2a\}\{(a+3)-2a\}=0$
$(3a+3)(-a+3)=0$, $3(a+1)(a-3)=0$에서
$a=-1$ 또는 $a=3$
㉠에 의하여 주어진 조건을 만족시키는 실수 a는 3이다.

509
답 ③

삼차방정식 $x^3=8$의 한 허근이 w이므로 $w^3=8$이다.
$x^3-8=(x-2)(x^2+2x+4)=0$에서
이차방정식 $x^2+2x+4=0$의 한 허근이 w이므로
다른 한 근은 $\overline{w}$이다.
이때 이차방정식의 근과 계수의 관계에 의하여
$w+\overline{w}=-2$, $w\overline{w}=4$
ㄱ. $\overline{w}^2+2\overline{w}+4=0$에서
$\overline{w}^2=-2\overline{w}-4$
$=-2(-2-w)-4$ ($\because w+\overline{w}=-2$)
$=2w$ (거짓)
ㄴ. $w^2+4=-2w$이고, ㄱ에서 $\overline{w}^2=2w$이므로
$\frac{\overline{w}^2}{w^2+4}=\frac{2w}{-2w}=-1$ (참)
ㄷ. $-w+\overline{w}+2=-w+(-2-w)+2=-2w$
이므로
$(-w+\overline{w}+2)^3=(-2w)^3=-8w^3$
$=(-8)\times8=-2^6$ (거짓)
ㄹ. $w^2-2w-4=w^2+w^2=2w^2$이므로
$(w^2-2w-4)^3=(2w^2)^3=8w^6$
$=8\times8^2=2^9$ (참)
따라서 옳은 것은 ㄴ, ㄹ의 2개이다.

510 ······ 답 ⑤

$x^4-2x^3-x+2=(x-1)(x-2)(x^2+x+1)$이므로

허근 ω는 방정식 $x^2+x+1=0$의 근이다.

즉, $\omega^2+\omega+1=0$이고 양변에 $\omega-1$을 곱하면

$(\omega-1)(\omega^2+\omega+1)=0$에서 $\omega^3-1=0$

$\therefore \omega^3=1$

$\therefore 1+\omega+\omega^2+\omega^3+\omega^4+\omega^5+\cdots+\omega^{100}$

$=(1+\omega+\omega^2)+\omega^3(1+\omega+\omega^2)+\omega^6(1+\omega+\omega^2)$
$+\cdots+\omega^{96}(1+\omega+\omega^2)+\omega^{99}(1+\omega)$

$=\omega^{99}(1+\omega)=(\omega^3)^{33}(1+\omega)$

$=1+\omega$

511 ······ 답 17

삼차방정식 $x^3-1=0$의 한 허근이 ω이므로 $\omega^3=1$이다.

$x^3-1=(x-1)(x^2+x+1)=0$에서 이차방정식 $x^2+x+1=0$의 한 허근이 ω이므로 $\omega^2+\omega+1=0$이다.

$\left(\dfrac{\omega^3+2\omega^2+\omega+1}{\omega^4+\omega^3-\omega}\right)^n$에서 분모를 정리하면

$\omega^4+\omega^3-\omega=\omega+1-\omega=1$

분자를 정리하면

$\omega^3+2\omega^2+\omega+1=1+\omega^2+(\omega^2+\omega+1)$
$=1+\omega^2=-\omega$

이므로

$\left(\dfrac{\omega^3+2\omega^2+\omega+1}{\omega^4+\omega^3-\omega}\right)^n=(-\omega)^n=(-1)^n\times\omega^n$

이고, 이 값이 음의 실수가 되려면 n은 홀수이면서 3의 배수가 되어야 한다.

따라서 n은 100 이하의 3의 배수 중 6의 배수를 제외해주면 되므로 구하는 자연수 n의 개수는 $33-16=17$이다.

512 ······ 답 ④

삼차방정식 $x^3-1=0$의 한 허근이 ω이므로 $\omega^3=1$이다.

$x^3-1=(x-1)(x^2+x+1)=0$에서 이차방정식 $x^2+x+1=0$의 한 허근이 ω이므로 $\omega^2+\omega+1=0$이다.

$f(1)=\dfrac{\omega}{1+\omega}=\dfrac{\omega}{-\omega^2}=-\dfrac{1}{\omega}$

$f(2)=\dfrac{\omega^2}{1+\omega^2}=\dfrac{\omega^2}{-\omega}=-\omega$

$f(3)=\dfrac{\omega^3}{1+\omega^3}=\dfrac{1}{1+1}=\dfrac{1}{2}$

$f(4)=\dfrac{\omega^4}{1+\omega^4}=\dfrac{\omega}{1+\omega}=f(1)$

⋮

$\therefore f(1)+f(2)+f(3)+\cdots+f(300)$

$=\left(-\dfrac{1}{\omega}-\omega+\dfrac{1}{2}\right)+\left(-\dfrac{1}{\omega}-\omega+\dfrac{1}{2}\right)+\cdots+\left(-\dfrac{1}{\omega}-\omega+\dfrac{1}{2}\right)$

$=100\times\left(-\dfrac{1}{\omega}-\omega+\dfrac{1}{2}\right)=100\times\left(-\dfrac{\omega^2+1}{\omega}+\dfrac{1}{2}\right)$

$=100\times\dfrac{3}{2}=150$

513 ······ 답 ④

$\begin{cases} x^2-xy=5 & \cdots\cdots ㉠ \\ xy-y^2=2 & \cdots\cdots ㉡ \end{cases}$

에서 $2\times$㉠$-5\times$㉡을 하면

$2x^2-7xy+5y^2=0$, $(2x-5y)(x-y)=0$

$\therefore 2x=5y$ 또는 $x=y$

(i) $2x=5y$일 때

㉠에 $y=\dfrac{2}{5}x$를 대입하면

$x^2-\dfrac{2}{5}x^2=5$, $\dfrac{3}{5}x^2=5$, $x^2=\dfrac{25}{3}$

$\therefore x=\dfrac{5}{\sqrt{3}}$, $y=\dfrac{2}{\sqrt{3}}$ 또는 $x=-\dfrac{5}{\sqrt{3}}$, $y=-\dfrac{2}{\sqrt{3}}$

(ii) $x=y$일 때

㉠에 $x=y$를 대입하면 $0=5$가 되므로 주어진 식을 만족시키지 못한다.

(i), (ii)에서 구하는 값은

$\alpha\beta=\dfrac{5}{\sqrt{3}}\times\dfrac{2}{\sqrt{3}}=\left(-\dfrac{5}{\sqrt{3}}\right)\times\left(-\dfrac{2}{\sqrt{3}}\right)=\dfrac{10}{3}$

다른 풀이 1

$\begin{cases} x^2-xy=5 & \cdots\cdots ㉠ \\ xy-y^2=2 & \cdots\cdots ㉡ \end{cases}$

㉠에서 ㉡을 빼면

$x^2-2xy+y^2=(x-y)^2=3$

에서 $|x-y|=\sqrt{3}$이므로

$x-y=\sqrt{3}$ 또는 $x-y=-\sqrt{3}$

㉠과 ㉡을 더하면

$x^2-y^2=7$ $\cdots\cdots$ ㉢

(i) $x-y=\sqrt{3}$인 경우

㉢에 대입하면 $x^2-(x-\sqrt{3})^2=7$, $2\sqrt{3}x=10$

$\therefore x=\dfrac{5}{\sqrt{3}}$이고 $y=\dfrac{2}{\sqrt{3}}$

(ii) $x-y=-\sqrt{3}$인 경우

㉢에 대입하면 $x^2-(x+\sqrt{3})^2=7$, $-2\sqrt{3}x=10$

$\therefore x=-\dfrac{5}{\sqrt{3}}$이고 $y=-\dfrac{2}{\sqrt{3}}$

(i), (ii)에서 구하는 값은 $\alpha\beta=\dfrac{10}{3}$

다른 풀이 2

$\begin{cases} x^2-xy=5 & \cdots\cdots ㉠ \\ xy-y^2=2 & \cdots\cdots ㉡ \end{cases}$

㉠에서 $x(x-y)=5$이고

㉡에서 $y(x-y)=2$이므로

x, y, $x-y$는 모두 0이 아니고

$x : y=5 : 2$ $\quad\therefore y=\dfrac{2}{5}x$

이를 ㉠에 대입하면

$x^2-\dfrac{2}{5}x^2=5$, $\dfrac{3}{5}x^2=5$ $\quad\therefore x^2=\dfrac{25}{3}$

$\therefore \alpha\beta=\dfrac{2}{5}\alpha^2=\dfrac{2}{5}\times\dfrac{25}{3}=\dfrac{10}{3}$

514 ······ 답 ③

$x+y=A$, $xy=B$라 하면 ······ TIP

$x+y+xy=A+B=-2$ ······ ㉠

$x^2y+y^2x=xy(x+y)=AB=-24$ ······ ㉡

㉠, ㉡에서 A, B를 두 근으로 하고

이차항의 계수가 1인 이차방정식은

$t^2+2t-24=0$, 즉 $(t+6)(t-4)=0$이므로

$A=-6$, $B=4$ 또는 $A=4$, $B=-6$이다.

따라서 xy의 값이 될 수 있는 것은 -6 또는 4이므로 구하는 합은 $(-6)+4=-2$이다.

TIP

주어진 연립방정식은 x, y에 대한 삼차식을 포함하고 있으므로 풀이가 어렵다.
따라서 x, y의 합과 곱을 치환해서 주어진 식을 간단하게 변형한 다음 x, y의 각각의 값을 구한다.

515 ······ 답 9

$\begin{cases}(x+2)(y+2)=a & \cdots\cdots ㉠\\(x-4)(y-4)=a & \cdots\cdots ㉡\end{cases}$

㉠에서 ㉡을 빼면

$(x+2)(y+2)-(x-4)(y-4)=0$

$xy+2(x+y)+4-\{xy-4(x+y)+16\}=0$

$6(x+y)=12$에서 $x+y=2$ ······ ㉢

㉠에 ㉢을 대입하면

$(x+2)(4-x)=a$, $x^2-2x+a-8=0$

이고, 주어진 연립방정식의 해가 오직 한 쌍만 존재하기 위해서는 이차방정식 $x^2-2x+a-8=0$이 중근을 가져야 한다.

이 방정식의 판별식을 D라 하면

$\frac{D}{4}=1-(a-8)=0$

$\therefore a=9$

516 ······ 답 45

$(x-y)^2-(x-y)-2=0$에서 $x-y=X$라 하면

$X^2-X-2=0$, $(X+1)(X-2)=0$

에서 $X=-1$ 또는 $X=2$이므로

$x-y=-1$ 또는 $x-y=2$

(i) $x-y=-1$인 경우

$x^2=y^2+5$에 대입하면

$x^2=(x+1)^2+5$, $2x+6=0$

$\therefore x=-3$, $y=-2$

이때 x, y는 양수이므로 조건을 만족시키지 않는다.

(ii) $x-y=2$인 경우

$x^2=y^2+5$에 대입하면

$x^2=(x-2)^2+5$, $-4x+9=0$

$\therefore x=\frac{9}{4}$, $y=\frac{1}{4}$

(i), (ii)에서 구하는 값은

$80xy=80\times\frac{9}{4}\times\frac{1}{4}=45$

517 ······ 답 ③

두 연립방정식 $\begin{cases}x+y=3\\x^2+py^2=15\end{cases}$, $\begin{cases}qx-y=5\\x^2+y^2=17\end{cases}$의 한 근이

$x=\alpha$, $y=\beta$이므로 이를 각각 대입하면

$\begin{cases}\alpha+\beta=3 & \cdots\cdots ㉠\\\alpha^2+p\beta^2=15 & \cdots\cdots ㉡\end{cases}$, $\begin{cases}q\alpha-\beta=5 & \cdots\cdots ㉢\\\alpha^2+\beta^2=17 & \cdots\cdots ㉣\end{cases}$

㉠, ㉣에서

$\alpha^2+(3-\alpha)^2=17$, $2\alpha^2-6\alpha-8=0$, $\alpha^2-3\alpha-4=0$,

$(\alpha+1)(\alpha-4)=0$

$\alpha=-1$일 때 $\beta=4$, $\alpha=4$일 때 $\beta=-1$

이때 $\alpha>\beta$이므로 $\alpha=4$, $\beta=-1$

따라서 ㉡에서 $4^2+p\times(-1)^2=15$, 즉 $p=-1$이고,

㉢에서 $4q-(-1)=5$, 즉 $q=1$이다.

$\therefore \alpha+\beta+p+q=4+(-1)+(-1)+1=3$

518 ······ 답 $10<k\le 11$

$\begin{cases}x^2+y^2+2(x+y)=k\\x^2+xy+y^2=5\end{cases}$에서 $x+y=A$, $xy=B$라 하면

$x^2+y^2=A^2-2B$이므로

$\begin{cases}A^2-2B+2A=k\\A^2-2B+B=5\end{cases}$, 즉 $\begin{cases}A^2-2B+2A=k & \cdots\cdots ㉠\\B=A^2-5 & \cdots\cdots ㉡\end{cases}$

㉡을 ㉠에 대입하면

$A^2-2(A^2-5)+2A=k$에서

$A^2-2A+k-10=0$

이 A에 대한 이차방정식이 실근을 가져야 하므로 판별식을 D라 하면

$\frac{D}{4}=(-1)^2-(k-10)\ge 0$에서 $k\le 11$

이때 $\alpha+\beta$의 값이 항상 양수가 되기 위해서는 이차방정식 $A^2-2A+k-10=0$의 두 근이 모두 양수이어야 하므로

이차방정식의 근과 계수의 관계에 의하여 두 근의 곱은

$k-10>0$에서 $k>10$

따라서 구하는 실수 k의 값의 범위는 $10<k\le 11$이다.

519 ······ 답 147

$\begin{cases}a+b+c=12 & \cdots\cdots ㉠\\2b=a+c & \cdots\cdots ㉡\\100c+10b+a=(100a+10b+c)+594 & \cdots\cdots ㉢\end{cases}$

㉢에서 $a-c=-6$ ······ ㉣

㉡을 ㉠에 대입하면

$b=4$, $a+c=8$ ······ ㉤

㉣, ㉤의 식을 연립하여 풀면 $a=1$, $c=7$

따라서 $N=147$이다.

520 ······ 답 $x=500, y=300, z=200$

X, Y, Z의 총 무게가 1 kg이므로

$x+y+z=1000$ ······ ㉠

조건 ㈎, ㈏에 의하여

$x\times\frac{1}{100}+y\times\frac{2}{100}+z\times\frac{3}{100}=17$

$x+2y+3z=1700$ ······ ㉡

조건 ㈐에 의하여

$x+y=4z$ ······ ㉢

㉠, ㉢에서 $5z=1000$이므로 $z=200$

㉠, ㉡에 $z=200$을 각각 대입한 후 연립하여 풀면

$x=500$, $y=300$

$\therefore x=500, y=300, z=200$

521 ······ 답 ②

갑의 속력을 x km/시, 을의 속력을 y km/시,

갑과 을이 만난 지점을 C라 하자.

갑과 을이 만날 때까지 걸린 시간을 t시간이라 하면

A 지점에서 C 지점까지 거리는 xt km

B 지점에서 C 지점까지 거리는 yt km

이때 두 사람이 만나고 난 후 갑이 1시간 후에 B 지점, 을이 4시간 후에 A 지점에 도착하므로 A 지점에서 C 지점까지 거리는 $4y$ km, B 지점에서 C 지점까지 거리는 x km이다.

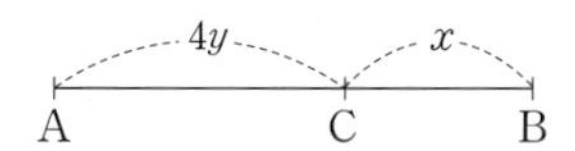

따라서

$xt=4y$ ······ ㉠

$yt=x$ ······ ㉡

㉡에서 $t=\frac{x}{y}$이고, 이를 ㉠에 대입하면

$\frac{x^2}{y}=4y$, $x^2=4y^2$이므로 $x=2y$ ($\because x>0, y>0$)

이때 C 지점까지 갈 때, 갑이 을보다 8 km를 더 걸었으므로

$4y-x=8$이고, $x=2y$를 대입하면 $2y=8$이므로

$x=8$, $y=4$

따라서 A 지점에서 B 지점까지의 거리 S는

$S=x+4y=8+4\times4=24$

$\therefore x+S=8+24=32$

522 ······ 답 ⑤

알약의 반구 부분의 반지름의 길이를 x mm라 하면

원기둥 부분의 높이는 $(x+6)$ mm이다.

알약의 전체 부피가 117π mm^{3}이므로

$\frac{4}{3}\pi x^3+\pi x^2(x+6)=117\pi$, $\frac{7}{3}x^3+6x^2-117=0$

이 방정식에 $x=3$을 대입하면 등식이 성립하므로 조립제법을 이용하여 인수분해하면

3	$\frac{7}{3}$	6	0	-117
		7	39	117
	$\frac{7}{3}$	13	39	0

$(x-3)\left(\frac{7}{3}x^2+13x+39\right)=0$

이차방정식 $\frac{7}{3}x^2+13x+39=0$의 판별식을 D라 하면

$D=13^2-4\times\frac{7}{3}\times39<0$이므로 이 방정식을 만족시키는 실수가 존재하지 않는다.

따라서 $x=3$이므로 알약의 겉넓이는

$4\pi\times3^2+2\pi\times3\times9=36\pi+54\pi=90\pi(\text{mm}^2)$

523 ······ 답 ⑤

이차방정식 $x^2+(m-1)x+2m+3=0$의 두 근을 α, β $(\alpha\le\beta)$라 하면 이차방정식의 근과 계수의 관계에 의하여

$\alpha+\beta=1-m$ ······ ㉠

$\alpha\beta=2m+3$ ······ ㉡

㉠$\times2+$㉡을 하면

$2\alpha+2\beta+\alpha\beta=5$, $(\alpha+2)(\beta+2)=9$

두 근 α, β는 모두 정수이므로

(i) $\alpha+2=1$, $\beta+2=9$일 때, $\alpha=-1$, $\beta=7$

(ii) $\alpha+2=3$, $\beta+2=3$일 때, $\alpha=1$, $\beta=1$

(iii) $\alpha+2=-3$, $\beta+2=-3$일 때, $\alpha=-5$, $\beta=-5$

(iv) $\alpha+2=-9$, $\beta+2=-1$일 때, $\alpha=-11$, $\beta=-3$

㉠에 의하여 $m=1-(\alpha+\beta)$이므로 (i)~(iv)에서

$m=-5$ 또는 $m=-1$ 또는 $m=11$ 또는 $m=15$

따라서 구하는 모든 실수 m의 값의 합은

$(-5)+(-1)+11+15=20$

524 ······ 답 ④

방정식 $2x^3-kx^2+49=0$의 한 근이 정수 α이므로 $x=\alpha$를 대입하면

$2\alpha^3-k\alpha^2+49=0$에서 $\alpha^2(2\alpha-k)=-49$이고, α와 k가 모두 정수이므로 α^2과 $2\alpha-k$도 정수이다.

$-49=(-1)\times7^2$이고, α는 1보다 큰 자연수이므로

$\alpha^2=7^2$, $2\alpha-k=-1$ $\quad\therefore \alpha=7, k=15$

따라서 방정식은 $2x^3-15x^2+49=0$이고 $x=7$을 대입하면 등식이 성립하므로 조립제법을 이용하여 인수분해하면

7	2	-15	0	49
		14	-7	-49
	2	-1	-7	0

$(x-7)(2x^2-x-7)=0$

이때 이차방정식 $2x^2-x-7=0$의 두 근이 β, γ이고 근과 계수의 관계에 의하여

$\beta+\gamma=\frac{1}{2}$, $\beta\gamma=-\frac{7}{2}$

$\beta^2+\gamma^2=(\beta+\gamma)^2-2\beta\gamma$

$=\left(\frac{1}{2}\right)^2-2\times\left(-\frac{7}{2}\right)$

$=\frac{1}{4}+7=\frac{29}{4}$

$\therefore\ 4(\beta^2+\gamma^2)-k=4\times\frac{29}{4}-15=14$

525 답 8

$x^2+y^2-2x+4y-8=0$에서

$(x^2-2x+1)+(y^2+4y+4)=13$

$(x-1)^2+(y+2)^2=13$이고 x, y가 정수이므로

(i) $(x-1)^2=2^2$, $(y+2)^2=3^2$인 경우

$x-1=2$ 또는 $x-1=-2$이므로

$x=3$ 또는 $x=-1$

$y+2=3$ 또는 $y+2=-3$이므로

$y=1$ 또는 $y=-5$

가능한 x, y의 순서쌍 (x, y)는

$(3, 1)$, $(3, -5)$, $(-1, 1)$, $(-1, -5)$이다.

(ii) $(x-1)^2=3^2$, $(y+2)^2=2^2$인 경우

$x-1=3$ 또는 $x-1=-3$이므로

$x=4$ 또는 $x=-2$

$y+2=2$ 또는 $y+2=-2$이므로

$y=0$ 또는 $y=-4$

가능한 x, y의 순서쌍 (x, y)는

$(4, 0)$, $(4, -4)$, $(-2, 0)$, $(-2, -4)$이다.

(i), (ii)에서 $x=-2$, $y=-4$일 때, xy는 최댓값 8을 갖는다.

526 답 42

방정식 $ax^3-2bx^2+4(a+b)x-16a=0$에서 $x=2$를 대입하면 등식이 성립하므로 조립제법을 이용하여 인수분해하면

$$\begin{array}{c|cccc} 2 & a & -2b & 4(a+b) & -16a \\ & & 2a & 4a-4b & 16a \\ \hline & a & 2a-2b & 8a & 0 \end{array}$$

$(x-2)\{ax^2+2(a-b)x+8a\}=0$

주어진 방정식이 서로 다른 세 정수를 근으로 가지므로 방정식 $ax^2+2(a-b)x+8a=0$은 $x=2$를 근으로 갖지 않아야 한다.

이차방정식 $ax^2+2(a-b)x+8a=0$이 …… ㉠

2가 아닌 서로 다른 정수근을 가져야 하므로

이차방정식의 근과 계수의 관계에 의하여

두 근의 합은 $\frac{-2(a-b)}{a}=\frac{2b}{a}-2$

두 근의 곱은 $\frac{8a}{a}=8$

따라서 방정식 ㉠의 2가 아닌 서로 다른 두 정수근은

1, 8 또는 -1, -8 또는 -2, -4이다.

(i) 방정식 ㉠의 두 근이 1, 8인 경우

두 근의 합은 $1+8=\frac{2b}{a}-2$에서 $b=\frac{11}{2}a$이므로

가능한 정수 a, b의 순서쌍은

$(2, 11)$, $(4, 22)$, $(-2, -11)$, $(-4, -22)$의 4개이다.

(ii) 방정식 ㉠의 두 근이 -1, -8인 경우

두 근의 합은 $-1-8=\frac{2b}{a}-2$에서 $b=-\frac{7}{2}a$이므로

가능한 정수 a, b의 순서쌍은

$(2, -7)$, $(4, -14)$, $(6, -21)$, $(8, -28)$,

$(-2, 7)$, $(-4, 14)$, $(-6, 21)$, $(-8, 28)$의 8개이다.

(iii) 방정식 ㉠의 두 근이 -2, -4인 경우

두 근의 합은 $-2-4=\frac{2b}{a}-2$에서 $b=-2a$이므로

가능한 정수 a, b의 순서쌍은

$(1, -2)$, $(2, -4)$, $(3, -6)$, $\cdots$, $(15, -30)$,

$(-1, 2)$, $(-2, 4)$, $(-3, 6)$, $\cdots$, $(-15, 30)$의 30개이다.

(i)~(iii)에서 순서쌍 (a, b)의 개수는 $4+8+30=42$이다.

527 답 9

$x=-1$, $x=k$를 대입하면 주어진 방정식을 만족시키므로 조립제법을 이용하여 좌변을 인수분해하면

$$\begin{array}{c|ccccc} -1 & 1 & -k & -(k+1) & k^2 & k^2 \\ & & -1 & k+1 & 0 & -k^2 \\ \hline k & 1 & -k-1 & 0 & k^2 & 0 \\ & & k & -k & -k^2 & \\ \hline & 1 & -1 & -k & 0 & \end{array}$$

$(x+1)(x-k)(x^2-x-k)=0$

이 방정식이 서로 다른 네 실근을 가지려면

$k\neq-1$ …… ㉠

이고, 방정식 $x^2-x-k=0$이 서로 다른 두 실근을 가져야 한다.

방정식 $x^2-x-k=0$의 판별식을 D라 하면

$D=1+4k>0$에서 $k>-\frac{1}{4}$ …… ㉡

이때 $x=-1$이 방정식 $x^2-x-k=0$의 근이 아니어야 하므로

$1+1-k\neq0$에서 $k\neq2$ …… ㉢

또한, $x=k$도 방정식 $x^2-x-k=0$의 근이 아니어야 하므로

$k^2-2k=k(k-2)\neq0$에서 $k\neq0$, $k\neq2$ …… ㉣

따라서 ㉠~㉣에서 조건을 만족시키는 10 이하의 정수 k는

1, 3, 4, 5, $\cdots$, 10의 9개이다.

528 답 ⑤

방정식 $x^3-2x^2+x=k^3-2k^2+k$에서

$x^3-2x^2+x-k^3+2k^2-k=0$이고, $x=k$를 대입하면 방정식을 만족시키므로 조립제법을 이용하여 인수분해하면

$$\begin{array}{c|cccc} k & 1 & -2 & 1 & -k^3+2k^2-k \\ & & k & k^2-2k & k^3-2k^2+k \\ \hline & 1 & k-2 & k^2-2k+1 & 0 \end{array}$$

$(x-k)\{x^2+(k-2)x+k^2-2k+1\}=0$

이 방정식이 중근을 가지려면 방정식

$x^2+(k-2)x+k^2-2k+1=0$이 $x=k$를 한 근으로 갖거나 중근을 가져야 한다.

(i) 방정식 $x^2+(k-2)x+k^2-2k+1=0$이 $x=k$를 한 근으로 갖는 경우

이 방정식에 $x=k$를 대입하면

$k^2+k(k-2)+k^2-2k+1=0$

$3k^2-4k+1=0$, $(3k-1)(k-1)=0$

$\therefore k=\frac{1}{3}$ 또는 $k=1$

(ii) 방정식 $x^2+(k-2)x+k^2-2k+1=0$이 중근을 갖는 경우

이 방정식의 판별식을 D라 하면

$D=(k-2)^2-4(k^2-2k+1)=0$

$-3k^2+4k=0$, $-k(3k-4)=0$

$\therefore k=0$ 또는 $k=\frac{4}{3}$

(i), (ii)에서 모든 실수 k의 값의 합은

$\frac{1}{3}+1+0+\frac{4}{3}=\frac{8}{3}$

529

답 6

삼차방정식 $x^3+ax^2+bx-2=0$의 계수가 모두 실수이므로 $\alpha=p+qi$ (p, q는 실수, $q\neq0$)라 할 때, α를 허근으로 가지면 켤레복소수 $\overline{\alpha}$도 근으로 갖는다.

$\frac{\alpha^2}{2}=\overline{\alpha}$에서 $\frac{(p+qi)^2}{2}=p-qi$

$p^2-q^2+2pqi=2p-2qi$

이때 복소수가 서로 같을 조건에 의하여

$2pq=-2q$ …… ㉠

$p^2-q^2=2p$ …… ㉡

㉠에서 $q(p+1)=0$이므로 $p=-1$ ($\because q\neq0$)

㉡에 $p=-1$을 대입하면 $q^2=3$에서

$q=\sqrt{3}$ 또는 $q=-\sqrt{3}$

따라서 삼차방정식 $x^3+ax^2+bx-2=0$의 두 허근은

$-1+\sqrt{3}i$, $-1-\sqrt{3}i$이다.

이 방정식의 나머지 한 실근을 k라 하면 삼차방정식의 근과 계수의 관계에 의하여

$k(-1+\sqrt{3}i)(-1-\sqrt{3}i)=4k=2$에서 $k=\frac{1}{2}$

두 근이 $-1+\sqrt{3}i$, $-1-\sqrt{3}i$인 이차방정식은 $x^2+2x+4=0$이고,

나머지 한 실근이 $x=\frac{1}{2}$이므로 주어진 삼차방정식은

$\left(x-\frac{1}{2}\right)(x^2+2x+4)=0$, $x^3+\frac{3}{2}x^2+3x-2=0$

에서 $a=\frac{3}{2}$, $b=3$

$\therefore 2a+b=6$

다른 풀이

삼차방정식 $x^3+ax^2+bx-2=0$의 계수가 모두 실수이므로 α를 허근으로 가지면 켤레복소수 $\overline{\alpha}$도 근으로 갖는다.

즉, $\frac{\alpha^2}{2}=\overline{\alpha}$이므로 $\alpha+\frac{\alpha^2}{2}$는 실수이다.

따라서 $\alpha+\frac{\alpha^2}{2}=\overline{\left(\alpha+\frac{\alpha^2}{2}\right)}=\overline{\alpha}+\frac{\overline{\alpha}^2}{2}$에서

$\alpha-\overline{\alpha}+\frac{1}{2}(\alpha-\overline{\alpha})(\alpha+\overline{\alpha})=0$

$\therefore \alpha+\overline{\alpha}=-2$ ($\because \alpha-\overline{\alpha}\neq0$) …… ㉠

한편, $\alpha-\frac{\alpha^2}{2}$는 순허수이므로

$\alpha-\frac{\alpha^2}{2}+\overline{\left(\alpha-\frac{\alpha^2}{2}\right)}=\alpha-\frac{\alpha^2}{2}+\overline{\alpha}-\frac{\overline{\alpha}^2}{2}=0$

$\alpha+\overline{\alpha}-\frac{1}{2}(\alpha^2+\overline{\alpha}^2)=0$

$\alpha+\overline{\alpha}-\frac{1}{2}\{(\alpha+\overline{\alpha})^2-2\alpha\overline{\alpha}\}=0$

$-2-\frac{1}{2}(4-2\alpha\overline{\alpha})=0$ ($\because$ ㉠)

$\therefore \alpha\overline{\alpha}=4$ …… ㉡

㉠, ㉡에 의하여 두 허수 α, $\overline{\alpha}=\frac{\alpha^2}{2}$을 근으로 갖고

최고차항의 계수가 1인 이차방정식은 $x^2+2x+4=0$이다.

따라서 x^3+ax^2+bx-2는 상수항이 -2이고,

x^2+2x+4를 인수로 가지므로

$x^3+ax^2+bx-2=\left(x-\frac{1}{2}\right)(x^2+2x+4)$

양변에 $x=2$를 대입하면

$4a+2b+6=18$

$\therefore 2a+b=6$

530

답 ①

삼차방정식 $x^3-1=0$의 한 허근이 ω이므로

$\omega^3=1$

$x^3-1=(x-1)(x^2+x+1)=0$에서

이차방정식 $x^2+x+1=0$의 한 허근이 ω이므로

$\omega^2+\omega+1=0$

ㄱ. $f(3)=\frac{1}{\omega}+\frac{1}{\omega^2}+\frac{1}{\omega^3}=\frac{\omega^2+\omega+1}{\omega^3}=\frac{0}{1}=0$ (참)

ㄴ. $f(3k-2)=\frac{1}{\omega}+\frac{1}{\omega^2}+\frac{1}{\omega^3}+\cdots+\frac{1}{\omega^{3k-2}}$

$=\left(\frac{1}{\omega}+\frac{1}{\omega^2}+\frac{1}{\omega^3}\right)+\frac{1}{\omega^3}\left(\frac{1}{\omega}+\frac{1}{\omega^2}+\frac{1}{\omega^3}\right)$

$+\cdots+\frac{1}{\omega^{3(k-2)}}\left(\frac{1}{\omega}+\frac{1}{\omega^2}+\frac{1}{\omega^3}\right)+\frac{1}{\omega^{3(k-1)}}\times\frac{1}{\omega}$

$=0+1\times0+\cdots+1\times0+1\times\frac{1}{\omega}=\frac{1}{\omega}$ (거짓)

ㄷ. 자연수 k에 대하여

(i) $n=3k$일 때

$f(3k)=0$이므로 $\{f(n)\}^2+f(n)=0+0=0$

(ii) $n=3k-1$일 때

$f(3k-1)=\frac{1}{\omega}+\frac{1}{\omega^2}+\frac{1}{\omega^3}+\cdots+\frac{1}{\omega^{3k-2}}+\frac{1}{\omega^{3k-1}}$

$=\frac{1}{\omega^{3(k-1)}}\times\left(\frac{1}{\omega}+\frac{1}{\omega^2}\right)$

$=\frac{\omega+1}{\omega^2}$

$=\frac{-\omega^2}{\omega^2}=-1$

이므로 $\{f(n)\}^2+f(n)=(-1)^2+(-1)=0$

(iii) $n=3k-2$일 때

ㄴ에서 $f(3k-2)=\frac{1}{\omega}$이므로

$\{f(n)\}^2+f(n)=\frac{1}{\omega^2}+\frac{1}{\omega}=-1\neq 0$

즉, (i), (ii)일 때 주어진 조건을 만족시키므로 구하는 값은

$90-30=60$ ($\because 10\leq 3k-2<100,\ 4\leq k<34$) (거짓)

따라서 옳은 것은 ㄱ이다.

참고

방정식 $x^2+x+1=0$의 한 근이 ω이므로
$\overline{\omega}$ ($\overline{\omega}$는 ω의 켤레복소수)도 이 방정식의 근이다.
이차방정식의 근과 계수의 관계에 의하여
$\omega\overline{\omega}=1$에서 $\overline{\omega}=\frac{1}{\omega}$
이를 $f(n)=\frac{1}{\omega}+\frac{1}{\omega^2}+\frac{1}{\omega^3}+\cdots+\frac{1}{\omega^n}$에 대입하면
$f(n)=\overline{\omega}+\overline{\omega}^2+\overline{\omega}^3+\cdots+\overline{\omega}^n$으로 해석하여 풀이할 수도 있다.

531 답 ⑤

$[x]^2+[x]-6=0$에서 $([x]+3)([x]-2)=0$

즉, $[x]=-3$ 또는 $[x]=2$이므로

$-3\leq x<-2$ 또는 $2\leq x<3$

$x+y=2$를 $x^2+2x+2y^2$에 대입하면

$x^2+2x+2(2-x)^2=3x^2-6x+8=3(x^2-2x+1)+5$
$=3(x-1)^2+5$

$f(x)=3(x-1)^2+5$라 하면 $-3\leq x<-2$ 또는 $2\leq x<3$에서 함수 $y=f(x)$의 그래프는 다음 그림과 같다.

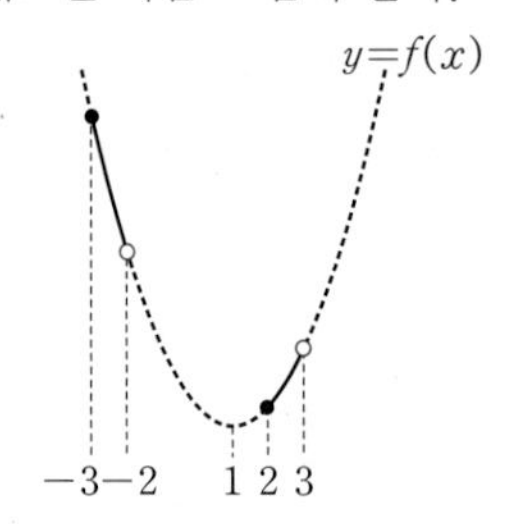

따라서 이차함수 $f(x)$는

$x=-3$일 때 최댓값 $M=f(-3)=48+5=53$을 갖고,

$x=2$일 때 최솟값 $m=f(2)=3+5=8$을 갖는다.

$\therefore M+m=53+8=61$

532 답 $\begin{cases}x=1\\y=1\end{cases}$, $\begin{cases}x=-\frac{3}{5}\\y=\frac{1}{5}\end{cases}$, $\begin{cases}x=0\\y=-1\end{cases}$

방정식 $2x^2+3xy+y^2-3x-y-2=0$의 좌변을 x에 대한 내림차순으로 정리하면

$2x^2+3(y-1)x+y^2-y-2=0$

$2x^2+3(y-1)x+(y+1)(y-2)=0$

$(x+y-2)(2x+y+1)=0$

$\therefore x+y-2=0$ 또는 $2x+y+1=0$ ...... ㉠

방정식 $2x^2-5xy+2y^2+x+y-1=0$의 좌변을 x에 대한 내림차순으로 정리하면

$2x^2+(1-5y)x+2y^2+y-1=0$

$2x^2+(1-5y)x+(y+1)(2y-1)=0$

$(x-2y+1)(2x-y-1)=0$

$\therefore x-2y+1=0$ 또는 $2x-y-1=0$ ...... ㉡

㉠, ㉡에서 다음과 같이 경우를 나누어 살펴보면

(i) $x+y-2=0$이고 $x-2y+1=0$인 경우
두 식을 연립하여 풀면 $x=1$, $y=1$

(ii) $x+y-2=0$이고 $2x-y-1=0$인 경우
두 식을 연립하여 풀면 $x=1$, $y=1$

(iii) $2x+y+1=0$이고 $x-2y+1=0$인 경우
두 식을 연립하여 풀면 $x=-\frac{3}{5}$, $y=\frac{1}{5}$

(iv) $2x+y+1=0$이고 $2x-y-1=0$인 경우
두 식을 연립하여 풀면 $x=0$, $y=-1$

(i)~(iv)에서 구하는 해는

$\begin{cases}x=1\\y=1\end{cases}$, $\begin{cases}x=-\frac{3}{5}\\y=\frac{1}{5}\end{cases}$, $\begin{cases}x=0\\y=-1\end{cases}$

533 답 3

이차함수 $y=f(x)$의 그래프와 직선 $y=2x+1$이 접하므로 방정식 $f(x)=2x+1$이 중근을 갖는다.

$\{f(x)-2x\}^3-2\{f(x)-2x\}^2-5\{f(x)-2x\}+6=0$에서

$f(x)-2x=t$라 하면

$t^3-2t^2-5t+6=0$

$t=1$을 대입하면 등식이 성립하므로 조립제법을 이용하여 좌변을 인수분해하면

1	1	−2	−5	6
		1	−1	−6
	1	−1	−6	0

$(t-1)(t^2-t-6)=0$

$(t+2)(t-1)(t-3)=0$

$\therefore t=-2$ 또는 $t=1$ 또는 $t=3$

즉, $f(x)-2x=-2$ 또는 $f(x)-2x=1$ 또는 $f(x)-2x=3$에서

$f(x)=2x-2$ 또는 $f(x)=2x+1$ 또는 $f(x)=2x+3$이다.

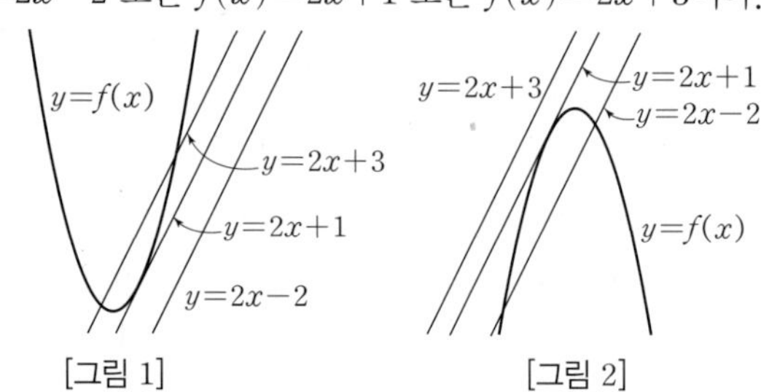

[그림 1] [그림 2]

이차함수 $y=f(x)$의 그래프는

[그림 1]과 같이 아래로 볼록한 경우와

[그림 2]와 같이 위로 볼록한 경우 모두 세 직선

$y=2x+1$, $y=2x+3$, $y=2x-2$와 만나는 점의 개수가 항상 3이다. ...... TIP

따라서 방정식 $f(x)=2x+1$ 또는 $f(x)=2x+3$ 또는 $f(x)=2x-2$의 서로 다른 실근의 개수는 3이다.

TIP

[그림 1]에서
함수 $y=f(x)$의 그래프가 아래로 볼록한 경우
직선 $y=2x+1$과 한 점에서 만나고,
직선 $y=2x+3$과 두 점에서 만나고,
직선 $y=2x-2$와 만나지 않는다.
[그림 2]에서
함수 $y=f(x)$의 그래프가 위로 볼록한 경우
직선 $y=2x+1$과 한 점에서 만나고,
직선 $y=2x-2$와 두 점에서 만나고,
직선 $y=2x+3$과 만나지 않는다.

534 답 ⑤

$x^4+2(1-a)x^2+a^2-2a-8=0$에서
$x^4+(2-2a)x^2+(a+2)(a-4)=0$
$(x^2-a+4)(x^2-a-2)=0 \quad \therefore x^2=a-4$ 또는 $x^2=a+2$

ㄱ. 방정식 $x^2=a-4$에서 $a-4\geq 0$이면 실근을 갖고, $a-4<0$이면 허근을 갖는다.
방정식 $x^2=a+2$에서 $a+2\geq 0$이면 실근을 갖고, $a+2<0$이면 허근을 갖는다.
방정식 $x^4+2(1-a)x^2+a^2-2a-8=0$이 실근과 허근을 모두 가지려면 $a+2\geq 0$, $a-4<0$이어야 한다.
이때 실근은 $x^2=a+2$에서 $x=\sqrt{a+2}$ 또는 $x=-\sqrt{a+2}$이고, 모든 실근의 곱이 -4이므로
$\sqrt{a+2}\times(-\sqrt{a+2})=-(a+2)=-4 \qquad \therefore a=2$
따라서 허근은 $x^2=a-4=-2$에서
$x=\sqrt{2}i$ 또는 $x=-\sqrt{2}i$이므로
모든 허근의 곱은 $\sqrt{2}i\times(-\sqrt{2}i)=2$ (참)

ㄴ. 방정식이 서로 다른 세 실근을 가지려면
두 이차방정식 $x^2=a-4$, $x^2=a+2$ 중 하나는 서로 다른 두 실근을 가지고 나머지 하나는 중근 0을 가져야 한다.
방정식 $x^2=a-4$가 중근 0을 가질 때 $a=4$이고, 이를 방정식 $x^2=a+2$에 대입하면 $x^2=6$에서 $x=\sqrt{6}$ 또는 $x=-\sqrt{6}$이므로 조건을 만족시킨다.
방정식 $x^2=a+2$이 중근 0을 가질 때 $a=-2$이고, 이를 방정식 $x^2=a-4$에 대입하면 $x^2=-6$에서 $x=\sqrt{6}i$ 또는 $x=-\sqrt{6}i$로 두 허근을 가지므로 조건을 만족시키지 않는다. 따라서 방정식의 실근의 개수가 3이 되도록 하는 실수 a는 4의 1개이다. (참)

ㄷ. 방정식이 정수인 근을 가지려면 $x^2=a-4$ 또는 $x^2=a+2$에서 $a-4$ 또는 $a+2$가 어떤 정수의 제곱이어야 한다. …… ㉠
이때 정수의 제곱을 크기가 작은 수부터 차례대로 나열하면
0, 1, 4, 9, 16, …
이고 10 이하의 자연수 a에 대하여 $-3\leq a-4\leq 6$, $3\leq a+2\leq 12$이므로
㉠을 만족시키려면 $a-4=0,\ 1,\ 4$ 또는 $a+2=4,\ 9$이어야 한다.
즉, $a=2,\ 4,\ 5,\ 7,\ 8$이므로
조건을 만족시키는 모든 자연수 a의 값의 합은
$2+4+5+7+8=26$이다. (참)

따라서 옳은 것은 ㄱ, ㄴ, ㄷ이다.

535 답 164

선분 AB를 지름으로 하는 원을 C_1, 선분 CD를 지름으로 하는 원을 C_2라 하자. 두 선분 AB, CD의 중점을 각각 M, N이라 하면 두 점 M, N은 각각 두 원 C_1, C_2의 중심이다. $\overline{AB}=\overline{CD}$이므로 두 원 C_1, C_2의 반지름의 길이가 서로 같고, 원 C_1과 원 C_2는 오직 한 점에서 만나므로 원 C_1과 원 C_2가 만나는 점은 선분 MN의 중점이다. 선분 MN의 중점을 P, 점 D에서 선분 BC에 내린 수선의 발을 H, 선분 DH와 선분 MN이 만나는 점을 Q라 하자.

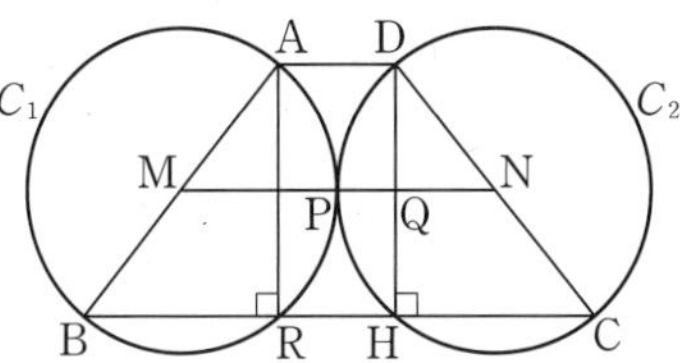

두 원 C_1, C_2의 반지름의 길이를 r이라 하면
$\overline{QN}=\overline{PN}-\overline{PQ}=r-2$에서 $\overline{HC}=2\times\overline{QN}=2r-4$이므로
$\overline{DH}^2=\overline{CD}^2-\overline{HC}^2=16r-16$ …… ㉠
점 A에서 선분 BC에 내린 수선의 발을 R이라 하면
$\overline{BR}=\overline{HC}=2r-4$, $\overline{RH}=4$이므로
$\overline{BC}=\overline{BR}+\overline{RH}+\overline{HC}=(2r-4)+4+(2r-4)=4r-4$ …… ㉡
㉠, ㉡에서
$$S^2=\left\{\frac{1}{2}\times(\overline{BC}+\overline{AD})\times\overline{DH}\right\}^2=\frac{1}{4}\times(\overline{BC}+\overline{AD})^2\times\overline{DH}^2$$
$$=\frac{1}{4}\times\{(4r-4)+4\}^2\times(16r-16)=64r^2(r-1)$$
$l=\overline{AB}+\overline{BC}+\overline{CD}+\overline{AD}=2r+(4r-4)+2r+4=8r$
$S^2+8l=6720$에서 $64r^2(r-1)+64r=6720$
$r^3-r^2+r-105=(r-5)(r^2+4r+21)=0$
$\therefore r=5$ 또는 $r^2+4r+21=0$
이때 이차방정식 $r^2+4r+21=0$의 판별식을 D라 하면
$\frac{D}{4}=2^2-21=-17<0$이므로 방정식 $r^2+4r+21=0$을 만족시키는 실수 r이 존재하지 않는다.
따라서 $r=5$이고, $\overline{BD}^2=\overline{BH}^2+\overline{DH}^2=100+64=164$

536 답 ④

방정식 $(x-p)(x-q)(x-r)=14$의 한 근이 정수 α이므로
$(\alpha-p)(\alpha-q)(\alpha-r)=14$
p, q, r이 정수이므로 $\alpha-p$, $\alpha-q$, $\alpha-r$도 정수이고,
$p<q<r$이므로 $\alpha-p>\alpha-q>\alpha-r$이다. …… ㉠
이때 세 정수를 곱해서 14가 되는 경우를 다음과 같이 나누어 보자.
(i) $1\times 2\times 7$인 경우
$\alpha-p=7$, $\alpha-q=2$, $\alpha-r=1$ ($\because$ ㉠)이고, 변끼리 더하면
$3\alpha-p-q-r=10$, $3\alpha=p+q+r+10$
$\therefore \alpha=\frac{p+q+r+10}{3}$
(ii) $(-1)\times(-2)\times 7$인 경우
$\alpha-p=7$, $\alpha-q=-1$, $\alpha-r=-2$ ($\because$ ㉠)이고, 변끼리 더하면
$3\alpha-p-q-r=4$, $3\alpha=p+q+r+4$
$\therefore \alpha=\frac{p+q+r+4}{3}$

(iii) $(-1)\times2\times(-7)$인 경우

$\alpha-p=2$, $\alpha-q=-1$, $\alpha-r=-7$ ($\because$ ㉠)이고, 변끼리 더하면

$3\alpha-p-q-r=-6$, $3\alpha=p+q+r-6$

$\therefore \alpha=\dfrac{p+q+r-6}{3}$

(iv) $1\times(-2)\times(-7)$인 경우

$\alpha-p=1$, $\alpha-q=-2$, $\alpha-r=-7$ ($\because$ ㉠)이고, 변끼리 더하면

$3\alpha-p-q-r=-8$, $3\alpha=p+q+r-8$

$\therefore \alpha=\dfrac{p+q+r-8}{3}$

(v) $1\times(-1)\times(-14)$인 경우

$\alpha-p=1$, $\alpha-q=-1$, $\alpha-r=-14$ ($\because$ ㉠)이고, 변끼리 더하면

$3\alpha-p-q-r=-14$, $3\alpha=p+q+r-14$

$\therefore \alpha=\dfrac{p+q+r-14}{3}$

(i)~(v)에서 α의 값이 될 수 없는 것은 ④이다.

537

답 $-\dfrac{1}{2}$

$x^7=1$에서

$x^7-1=(x-1)(x^6+x^5+x^4+x^3+x^2+x+1)=0$

이므로 $x=1$ 또는 $x^6+x^5+x^4+x^3+x^2+x+1=0$이다.

(i) $x=1$인 경우

$$\frac{x}{1+x^2}+\frac{x^2}{1+x^4}+\frac{x^3}{1+x^6}=\frac{1}{1+1}+\frac{1}{1+1}+\frac{1}{1+1}=\frac{3}{2}$$

(ii) $x^6+x^5+x^4+x^3+x^2+x+1=0$인 경우

$\dfrac{x}{1+x^2}+\dfrac{x^2}{1+x^4}+\dfrac{x^3}{1+x^6}$에서 분자는

$x(1+x^4)(1+x^6)+x^2(1+x^2)(1+x^6)+x^3(1+x^2)(1+x^4)$

$=x+x^5+x^7+x^{11}+x^2+x^4+x^8+x^{10}+x^3+x^5+x^7+x^9$

$=2+2x+2x^2+2x^3+2x^4+2x^5$ ($\because x^7=1$)

$=2(1+x+x^2+x^3+x^4+x^5)$

$=-2x^6$ ($\because x^6+x^5+x^4+x^3+x^2+x+1=0$)

이때 분모는

$(1+x^2)(1+x^4)(1+x^6)$

$=(1+x^2+x^4+x^6)(1+x^6)$

$=1+x^2+x^4+2x^6+x^8+x^{10}+x^{12}$

$=(1+x+x^2+x^3+x^4+x^5+x^6)+x^6$ ($\because x^7=1$)

$=x^6$ ($\because x^6+x^5+x^4+x^3+x^2+x+1=0$)

$\therefore \dfrac{x}{1+x^2}+\dfrac{x^2}{1+x^4}+\dfrac{x^3}{1+x^6}=\dfrac{-2x^6}{x^6}=-2$

(i), (ii)에서 구하는 값의 합은

$\dfrac{3}{2}+(-2)=-\dfrac{1}{2}$

538

답 3

삼차방정식의 근과 계수의 관계에 의하여

$\alpha+\beta+\gamma=1$, $\alpha\beta+\beta\gamma+\gamma\alpha=3$, $\alpha\beta\gamma=1$ ...... ㉠

이때 $f\left(\dfrac{2\beta+2\gamma}{\alpha}\right)=f\left(\dfrac{2\alpha+2\gamma}{\beta}\right)=f\left(\dfrac{2\alpha+2\beta}{\gamma}\right)=0$에서

$\dfrac{2(\beta+\gamma)}{\alpha}=\dfrac{2(1-\alpha)}{\alpha}=\dfrac{2}{\alpha}-2$, $\dfrac{2(\alpha+\gamma)}{\beta}=\dfrac{2(1-\beta)}{\beta}=\dfrac{2}{\beta}-2$

$\dfrac{2(\alpha+\beta)}{\gamma}=\dfrac{2(1-\gamma)}{\gamma}=\dfrac{2}{\gamma}-2$이므로

$f\left(\dfrac{2}{\alpha}-2\right)=f\left(\dfrac{2}{\beta}-2\right)=f\left(\dfrac{2}{\gamma}-2\right)=0$이다.

이를 삼차식 $f(x)=(x+2)^3+p(x+2)^2+q(x+2)+r$에 대입하면

$$\left(\frac{2}{\alpha}\right)^3+p\left(\frac{2}{\alpha}\right)^2+q\left(\frac{2}{\alpha}\right)+r=\left(\frac{2}{\beta}\right)^3+p\left(\frac{2}{\beta}\right)^2+q\left(\frac{2}{\beta}\right)+r$$
$$=\left(\frac{2}{\gamma}\right)^3+p\left(\frac{2}{\gamma}\right)^2+q\left(\frac{2}{\gamma}\right)+r=0$$

따라서 방정식 $x^3+px^2+qx+r=0$의 세 근은 $\dfrac{2}{\alpha}$, $\dfrac{2}{\beta}$, $\dfrac{2}{\gamma}$이다.

$\dfrac{2}{\alpha}+\dfrac{2}{\beta}+\dfrac{2}{\gamma}=\dfrac{2(\alpha\beta+\beta\gamma+\gamma\alpha)}{\alpha\beta\gamma}=\dfrac{2\times3}{1}=6$ ($\because$ ㉠)이므로

$-p=6$에서 $p=-6$

$$\frac{2}{\alpha}\times\frac{2}{\beta}+\frac{2}{\beta}\times\frac{2}{\gamma}+\frac{2}{\gamma}\times\frac{2}{\alpha}=\frac{4}{\alpha\beta}+\frac{4}{\beta\gamma}+\frac{4}{\gamma\alpha}$$
$$=\frac{4(\alpha+\beta+\gamma)}{\alpha\beta\gamma}$$
$$=\frac{4\times1}{1}=4$$

이므로 $q=4$

$\dfrac{2}{\alpha}\times\dfrac{2}{\beta}\times\dfrac{2}{\gamma}=\dfrac{8}{\alpha\beta\gamma}=\dfrac{8}{1}=8$이므로

$-r=8$에서 $r=-8$

$\therefore \dfrac{pq}{r}=\dfrac{(-6)\times4}{-8}=3$

다른 풀이

본풀이에서 방정식 $x^3+px^2+qx+r=0$의 세 근은

$\dfrac{2}{\alpha}$, $\dfrac{2}{\beta}$, $\dfrac{2}{\gamma}$이다.

방정식 $x^3-x^2+3x-1=0$의 세 근은 α, β, γ이므로

방정식 $-x^3+3x^2-x+1=0$, 즉

$x^3-3x^2+x-1=0$의 세 근은 $\dfrac{1}{\alpha}$, $\dfrac{1}{\beta}$, $\dfrac{1}{\gamma}$이다.

따라서 $\left(\dfrac{x}{2}\right)^3-3\left(\dfrac{x}{2}\right)^2+\dfrac{x}{2}-1=0$, 즉

$x^3-6x^2+4x-8=0$의 세 근은 $\dfrac{2}{\alpha}$, $\dfrac{2}{\beta}$, $\dfrac{2}{\gamma}$이다.

$\dfrac{pq}{r}=\dfrac{(-6)\times4}{-8}=3$

04 여러 가지 부등식

539 ············ 답 3

$|3x-1|<5$에서 $-5<3x-1<5$

$-4<3x<6$ $\quad\therefore -\frac{4}{3}<x<2$

따라서 주어진 부등식을 만족시키는 정수 x는

$-1, 0, 1$의 3개이다.

540 ············ 답 $x\le\frac{a+b}{2}$

$a<b$이므로 $|x-a|\le|x-b|$에서 x의 값의 범위에 따라 경우를 나누면 다음과 같다.

(i) $x<a$일 때

$-(x-a)\le-(x-b)$, $a\le b$이므로 부등식이 성립한다.

(ii) $a\le x<b$일 때

$x-a\le-(x-b)$, $2x\le a+b$, $x\le\frac{a+b}{2}$이므로

만족시키는 x의 값의 범위는 $a\le x\le\frac{a+b}{2}$이다.

(iii) $x\ge b$

$x-a\le x-b$, $a\ge b$이므로 부등식을 만족시키는 x의 값이 존재하지 않는다.

(i)~(iii)에서 부등식의 해는 $x\le\frac{a+b}{2}$이다.

541 ············ 답 ④

$|ax-b|\le3$에서 $-3\le ax-b\le3$

$-3+b\le ax\le3+b$

$\therefore \frac{-3+b}{a}\le x\le\frac{3+b}{a}$ ($\because a>0$)

이때 해가 $-1\le x\le2$이므로

$\frac{-3+b}{a}=-1$, $\frac{3+b}{a}=2$

에서 $a+b=3$, $2a-b=3$

두 식을 연립하여 풀면 $a=2$, $b=1$

$\therefore a-b=1$

542 ············ 답 ④

절댓값 기호 안의 식의 부호에 따라 경우를 나누면 다음과 같다.

(i) $x<-1$인 경우

$-(x+1)-(x-2)<9$, $2x>-8$에서 $x>-4$

이므로 x의 값의 범위는 $-4<x<-1$

(ii) $-1\le x<2$인 경우

$x+1-(x-2)=3<9$이므로

$-1\le x<2$에서 주어진 부등식을 항상 만족시킨다.

(iii) $x\ge2$인 경우

$x+1+x-2<9$, $2x<10$에서 $x<5$

이므로 x의 값의 범위는 $2\le x<5$

(i)~(iii)에서 부등식을 만족시키는 x의 값의 범위는

$-4<x<5$이므로 정수 x는 $-3, -2, -1, \cdots, 4$의 8개이다.

543 ············ 답 ①

ㄱ. $a<b$에서 양변에 각각 c를 더해도 부등식이 성립하므로

$a+c<b+c$ (참)

ㄴ. $a=-1$, $b=2$인 경우

$ab=-2\ne0$이고 $a<b$이지만 $-1<\frac{1}{2}$이므로 $\frac{1}{a}<\frac{1}{b}$이다. (거짓) ······ TIP 1

ㄷ. $a=1$, $b=-3$인 경우

$1^2<(-3)^2$이므로 $a^2<b^2$이지만 $a>b$이다. (거짓) ······ TIP 2

따라서 옳은 것은 ㄱ이다.

TIP 1

'$a<b$이면 $\frac{1}{a}>\frac{1}{b}$이다.'가 항상 성립하기 위해서는 두 실수 a, b의 부호가 서로 같으면 된다.

즉, $ab>0$이고 $a<b$이면 $\frac{1}{a}>\frac{1}{b}$이다.

TIP 2

a, b가 모두 양수일 때 $a^2<b^2$이면 $a<b$이다.

a, b가 모두 음수일 때 $a^2<b^2$이면 $a>b$이다.

544 ············ 답 9

$-11<2x-1<9$에서 $-10<2x<10$이므로 $-5<x<5$

연립부등식 $\begin{cases}-4\le x\le6\\-11<2x-1<9\end{cases}$, 즉 $\begin{cases}-4\le x\le6\\-5<x<5\end{cases}$를 동시에 만족시키는 x의 값의 범위는 $-4\le x<5$이다.

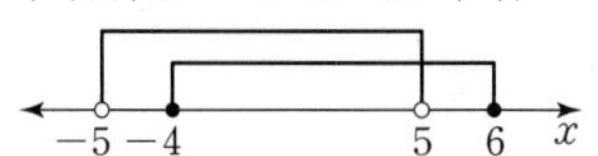

따라서 주어진 연립부등식을 만족시키는 정수 x는

$-4, -3, -2, \cdots, 3, 4$의 9개이다.

545 ············ 답 5

$-15<2x-3<x+8$에서

(i) $-15<2x-3$인 경우

$2x>-12$에서 $x>-6$

(ii) $2x-3<x+8$인 경우

$x<11$

(i), (ii)에서 주어진 연립부등식의 해는 $-6<x<11$이다.

따라서 $p=-6$, $q=11$이므로 $p+q=(-6)+11=5$

546 ············ 답 ④

① $x^2+4x+5>0$에서 $(x+2)^2+1>0$이므로 모든 실수 x에 대하여 $x^2+4x+5>0$이 성립한다. (참)

② $x^2+2x-8\le0$에서 $(x+4)(x-2)\le0$이므로

$-4\le x\le2$ (참)

③ $x^2+6x+10\le 0$에서 $(x+3)^2+1\le 0$
이때 모든 실수 x에 대하여 $x^2+6x+10>0$이므로 해는 없다. (참)

④ $-x^2+4x-4<0$의 양변에 -1을 곱하면
$x^2-4x+4>0$, $(x-2)^2>0$
따라서 해는 $x\ne 2$인 모든 실수이다. (거짓)

⑤ $3x^2-x-2>0$에서 $(3x+2)(x-1)>0$이므로
$x<-\frac{2}{3}$ 또는 $x>1$ (참)

따라서 해를 잘못 구한 것은 ④이다.

547 답 ③

이차항의 계수가 1이고, 해가 $-\frac{1}{2}<x<\frac{7}{3}$인 이차부등식은
$\left(x+\frac{1}{2}\right)\left(x-\frac{7}{3}\right)<0$
주어진 부등식에서 이차항의 계수가 6이므로 양변에 6을 곱하면
$6\left(x+\frac{1}{2}\right)\left(x-\frac{7}{3}\right)<0$, $(2x+1)(3x-7)<0$
$\therefore 6x^2-11x-7<0$
따라서 $a=11$, $b=-7$이므로
$a+b=11+(-7)=4$

548 답 ②

이차부등식 $x^2+(a+1)x+a\ge 0$이 모든 실수 x에 대하여 성립하려면 이차함수 $y=x^2+(a+1)x+a$의 그래프가 x축과 한 점에서 만나거나 x축과 만나지 않아야 한다.
방정식 $x^2+(a+1)x+a=0$의 판별식을 D라 하면
$D=(a+1)^2-4a\le 0$, $a^2-2a+1\le 0$, $(a-1)^2\le 0$
따라서 구하는 실수 a의 값은 1이다.

다른 풀이

이차부등식 $x^2+(a+1)x+a\ge 0$이 모든 실수 x에 대하여 성립하려면 이차함수 $y=x^2+(a+1)x+a$의 그래프가 x축과 한 점에서 만나거나 x축과 만나지 않아야 한다.
함수 $y=x^2+(a+1)x+a=(x+1)(x+a)$에서 이차함수의 그래프가 점 $(-1, 0)$을 반드시 지나므로 x축과 점 $(-1, 0)$에서 접해야 한다.
따라서 구하는 실수 a의 값은 1이다.

549 답 ③

이차부등식 $f(x)>0$의 해가 $-3<x<1$이므로 이차식 $f(x)$의 최고차항의 계수는 음수이고 방정식 $f(x)=0$의 두 근이 $x=-3$, $x=1$이다.
$f(x)=a(x+3)(x-1)\,(a<0)$
부등식 $f(2x-1)\ge f(2)$에서
$a\{(2x-1)+3\}\{(2x-1)-1\}\ge a\times 5\times 1$
$(2x+2)(2x-2)\le 5\ (\because a<0)$, $4x^2-9\le 0$,
$(2x+3)(2x-3)\le 0$에서 $-\frac{3}{2}\le x\le \frac{3}{2}$
따라서 부등식을 만족시키는 정수 x는 $-1, 0, 1$의 3개이다.

550 답 $-1\le x\le 5$

이차함수 $y=f(x)$의 그래프와 직선 $y=2x+1$이 만나는 두 점의 y좌표가 각각 -1, 11이므로 $y=2x+1$에
$y=-1$을 대입하면 $-1=2x+1$에서 $x=-1$
$y=11$을 대입하면 $11=2x+1$에서 $x=5$
즉, 두 교점의 좌표는 $(-1, -1)$, $(5, 11)$이고, 그래프는 다음 그림과 같다.

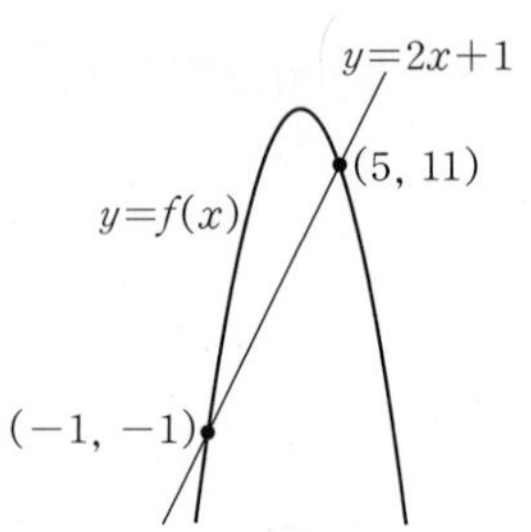

부등식 $f(x)-2x-1\ge 0$, 즉 $f(x)\ge 2x+1$을 만족시키려면 함수 $y=f(x)$의 함숫값이 함수 $y=2x+1$의 함숫값보다 크거나 같도록 하는 x의 값의 범위를 구하면 되므로 $-1\le x\le 5$이다.

551 답 ①

함수 $y=f(x)$의 그래프의 x절편이 -6, 2이므로 방정식 $f(x)=0$의 두 실근이 각각 -6, 2이다.
$f(x)=a(x+6)(x-2)\ (a>0)$ ...... ㉠
이때 함수 $f(x)$의 그래프의 y절편이 -12이므로
㉠에 $x=0$, $y=-12$를 대입하면
$-12=-12a$에서 $a=1$
즉, $f(x)=(x+6)(x-2)$이므로 부등식 $f(x)+7\ge 0$에서
$(x+6)(x-2)+7\ge 0$, $x^2+4x-5\ge 0$
$(x+5)(x-1)\ge 0$
$\therefore x\le -5$ 또는 $x\ge 1$

552 답 $\frac{5}{7}\le k\le 3$

$-2x^2+4kx-k+3>0$에서 $2x^2-4kx+k-3<0$
$f(x)=2x^2-4kx+k-3$이라 하면 $0<x<2$인 모든 실수 x에 대하여 부등식 $f(x)<0$을 만족시켜야 한다.
함수 $y=f(x)$의 그래프는 아래로 볼록하므로 $f(0)\le 0$, $f(2)\le 0$이어야 한다.

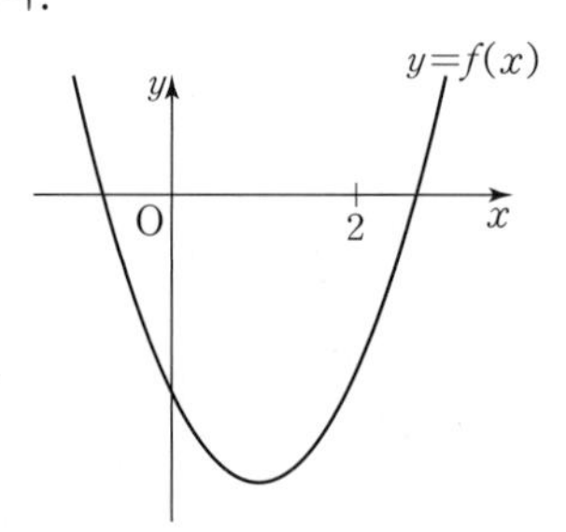

$f(0)=k-3\le 0$에서 $k\le 3$ ...... ㉠
$f(2)=8-8k+k-3\le 0$, $7k\ge 5$에서 $k\ge \frac{5}{7}$ ...... ㉡
따라서 ㉠, ㉡에서 구하는 실수 k의 값의 범위는
$\frac{5}{7}\le k\le 3$

553 답 (1) $2<x\le5$ (2) $2\le x<3$

(1) $\begin{cases} 2x-3>1 & \cdots\cdots ㉠ \\ x^2-6x+5\le0 & \cdots\cdots ㉡ \end{cases}$

㉠에서 $2x>4$이므로 $x>2$

㉡에서 $(x-1)(x-5)\le0$이므로 $1\le x\le5$

각각의 범위를 수직선에 나타내면 다음 그림과 같다.

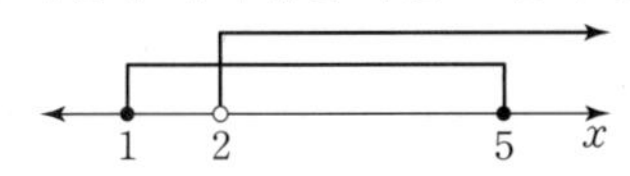

따라서 주어진 부등식의 해는 $2<x\le5$이다.

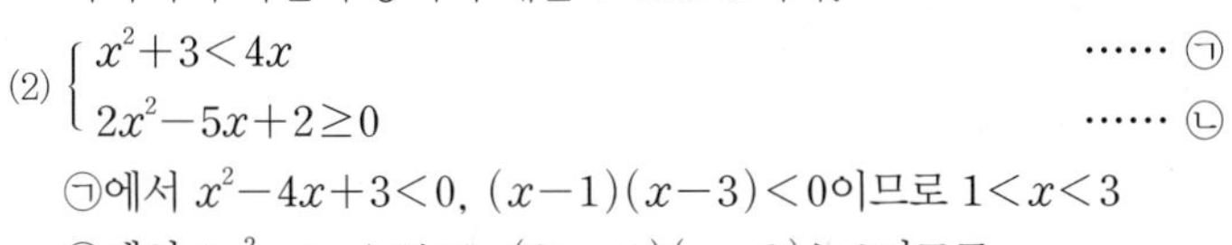

(2) $\begin{cases} x^2+3<4x & \cdots\cdots ㉠ \\ 2x^2-5x+2\ge0 & \cdots\cdots ㉡ \end{cases}$

㉠에서 $x^2-4x+3<0$, $(x-1)(x-3)<0$이므로 $1<x<3$

㉡에서 $2x^2-5x+2\ge0$, $(2x-1)(x-2)\ge0$이므로

$x\le\frac{1}{2}$ 또는 $x\ge2$

각각의 범위를 수직선에 나타내면 다음 그림과 같다.

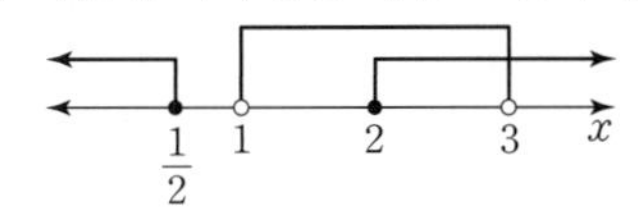

따라서 주어진 부등식의 해는 $2\le x<3$이다.

554 답 4

$x+2<x^2$에서

$x^2-x-2>0$, $(x+1)(x-2)>0$이므로

$x<-1$ 또는 $x>2$ $\cdots\cdots$ ㉠

$x^2\le3x+10$에서

$x^2-3x-10\le0$, $(x+2)(x-5)\le0$이므로 $-2\le x\le5$ $\cdots\cdots$ ㉡

㉠, ㉡을 수직선에 나타내면 다음 그림과 같다.

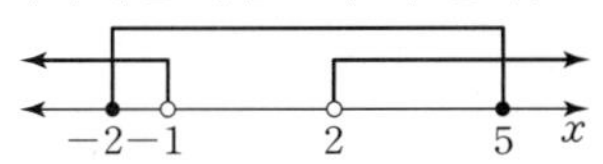

따라서 부등식의 해는 $-2\le x<-1$ 또는 $2<x\le5$이므로

정수 x는 -2, 3, 4, 5의 4개이다.

555 답 ③

$\begin{cases} |x-1|\le4 & \cdots\cdots ㉠ \\ x^2-2x-3<0 & \cdots\cdots ㉡ \end{cases}$

㉠에서 $-4\le x-1\le4$이므로 $-3\le x\le5$

㉡에서 $x^2-2x-3<0$, $(x+1)(x-3)<0$이므로 $-1<x<3$

각각의 범위를 수직선에 나타내면 다음 그림과 같다.

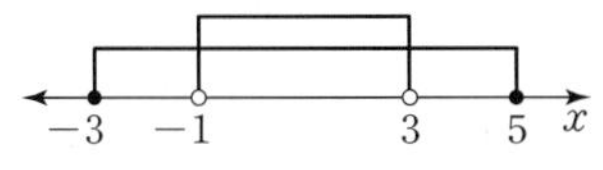

따라서 부등식의 해는 $-1<x<3$이므로

정수 x는 0, 1, 2의 3개이다.

556 답 ⑤

$x^2+6\le2x^2+x<x^2-2x+4$에서

(i) $x^2+6\le2x^2+x$일 때

$x^2+x-6\ge0$, $(x+3)(x-2)\ge0$, $x\le-3$ 또는 $x\ge2$

(ii) $2x^2+x<x^2-2x+4$

$x^2+3x-4<0$, $(x+4)(x-1)<0$, $-4<x<1$

(i), (ii)에서 각각의 범위를 수직선에 나타내면 다음과 같다.

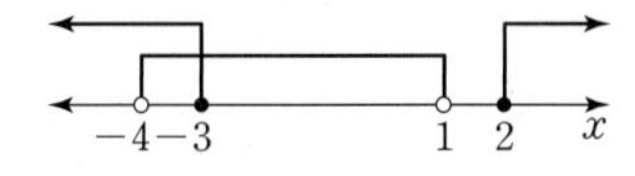

따라서 연립부등식의 해는 $-4<x\le-3$이다.

557 답 ③

$\begin{cases} x^2-x-12\le0 & \cdots\cdots ㉠ \\ x^2+(1-k)x-k<0 & \cdots\cdots ㉡ \end{cases}$

㉠에서 $(x+3)(x-4)\le0$이므로 $-3\le x\le4$

㉡에서 $(x+1)(x-k)<0$

이때 연립부등식의 해가 $-3\le x<-1$이어야 하므로 조건을 만족시키는 경우를 수직선에 나타내면 다음 그림과 같다.

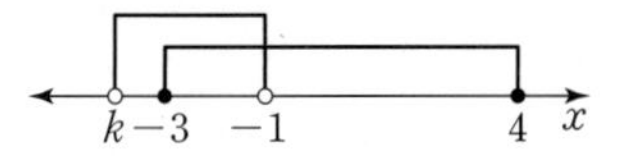

따라서 구하는 실수 k의 값의 범위는 $k<-3$이다.

558 답 ①

방정식 $x^2+(a-2)x+4=0$이 실근을 가져야 하므로

이 방정식의 판별식을 D라 하면

$D=(a-2)^2-16\ge0$, $a^2-4a-12\ge0$

$(a+2)(a-6)\ge0$이므로 $a\le-2$ 또는 $a\ge6$ $\cdots\cdots$ ㉠

이때 이 방정식의 두 근이 모두 양수이므로

이차방정식의 근과 계수의 관계에 의하여

$-(a-2)>0$ $\quad\therefore a<2$ $\cdots\cdots$ ㉡

㉠, ㉡을 동시에 만족시키는 실수 a의 값의 범위는 $a\le-2$이다.

559 답 $k<-\frac{1}{4}$

이차방정식 $x^2-4kx-4k-1=0$이 실근을 가져야 하므로 판별식 D에 대하여 $D\ge0$이어야 한다.

이때 두 근을 각각 α, β라 하면 $\alpha+\beta<0$, $\alpha\beta>0$을 만족시켜야 한다.

(i) $\frac{D}{4}=4k^2-(-4k-1)=(2k+1)^2\ge0$에서

모든 실수 k에 대하여 $(2k+1)^2\ge0$이 성립한다. $\cdots\cdots$ TIP

(ii) $\alpha+\beta=4k<0$, $\alpha\beta=-4k-1>0$에서

$k<0$, $k<-\frac{1}{4}$이므로 $k<-\frac{1}{4}$이다.

따라서 (i), (ii)에 의하여 실수 k의 값의 범위는 $k<-\frac{1}{4}$이다.

TIP

모든 실수는 제곱하면 항상 0보다 크거나 같다.
k가 실수이면 $2k+1$도 실수이므로
모든 실수 k에 대하여 $(2k+1)^2\ge0$이다.

560 ······ 답 ④

방정식의 두 근을 α, β라 할 때,
주어진 조건에서 두 근의 합과 곱이 모두 음수가 되어야 하므로 ······ TIP

$k^2-4k+3=(k-1)(k-3)<0$에서

$1<k<3$ ······ ㉠

$-k+2<0$에서 $k>2$ ······ ㉡

㉠, ㉡을 동시에 만족시키는 실수 k의 값의 범위는 $2<k<3$

TIP

이 문제에서 판별식 조건을 생각해 줄 필요가 없다.
왜냐하면 이차방정식 $ax^2+bx+c=0$의 두 근의 곱이 음수이면 이차방정식의 근과 계수의 관계에 의하여 $\frac{c}{a}<0$, 즉 $ac<0$이다.
이때 주어진 방정식의 판별식을 D라 하면 $D=b^2-4ac$에서 $b^2\geq0$이고 $-4ac>0$이므로 항상 $D>0$을 만족시킨다.
따라서 이차방정식 $ax^2+bx+c=0$에서 두 근의 곱이 음수인 것을 보이면 반드시 서로 다른 두 실근을 가지므로 판별식 조건을 따로 풀이해 주지 않아도 된다.

561 ······ 답 ②

물체를 위쪽으로 던지고 t초 후의 지면으로부터 이 물체의 높이가 $-5t^2+15t+50$이므로 물체의 지면으로부터의 높이가 건물의 높이보다 낮으려면 $0<-5t^2+15t+50<50$, 즉 $0<-t^2+3t+10<10$을 만족시켜야 한다.

(i) $0<-t^2+3t+10$인 경우

$t^2-3t-10=(t+2)(t-5)\leq0$

$\therefore 0<t<5\ (\because t>0)$

(ii) $-t^2+3t+10<10$인 경우

$t^2-3t=t(t-3)>0$

$\therefore t>3\ (\because t>0)$

(i), (ii)에서 이 물체가 움직이면서 지면으로부터의 높이가 건물의 높이보다 낮은 시간은 $3<t<5$에서 2초 동안이다.

562 ······ 답 ②

부등식 $|2-3x|+|x-4|\geq14$에서

(i) $x<\frac{2}{3}$일 때

$|2-3x|+|x-4|=2-3x-(x-4)$
$=-4x+6\geq14$

이므로 $x\leq-2$

(ii) $\frac{2}{3}\leq x<4$일 때

$|2-3x|+|x-4|=-(2-3x)-(x-4)$
$=2x+2\geq14$

이므로 $x\geq6$에서 조건을 만족시키는 실수 x의 값이 존재하지 않는다.

(iii) $x\geq4$일 때

$|2-3x|+|x-4|=-(2-3x)+(x-4)$
$=4x-6\geq14$

이므로 $x\geq5$

(i)~(iii)에서 주어진 부등식의 해는

$x\leq-2$ 또는 $x\geq5$

563 ······ 답 ⑤

이차방정식 $ax^2+b=0$이 서로 다른 두 실근을 가지므로
주어진 방정식의 판별식을 D라 하면

$D=-4ab>0$, 즉 $ab<0$

또한 $|ax+4|\geq b$에서 부등식의 해가
$x\geq6$ 또는 $x\leq-2$이므로 $a<0$이고 $b>0$이다. ······ TIP

$|ax+4|\geq b$에서 $ax+4\leq-b$ 또는 $ax+4\geq b$

$x\geq-\frac{b}{a}-\frac{4}{a}$ 또는 $x\leq\frac{b}{a}-\frac{4}{a}$

$-\frac{b}{a}-\frac{4}{a}=6$ ······ ㉠

$\frac{b}{a}-\frac{4}{a}=-2$ ······ ㉡

㉠+㉡에서 $-\frac{8}{a}=4$ $\quad\therefore a=-2$

이를 ㉠에 대입하면 $\frac{b}{2}=4$ $\quad\therefore b=8$

$\therefore a+b=-2+8=6$

TIP

절댓값의 성질에 의하여 실수 x의 값에 관계없이 $|ax+4|\geq0$이므로 만약 $b\leq0$이면 부등식 $|ax+4|\geq b$는 모든 실수 x에 대하여 성립한다.
즉, 해가 모든 실수가 되므로 문제에서 주어진 해를 만족시키지 못한다.

564 ······ 답 ①

주어진 조건에서

$|x-(-2)|+|x-5|\geq9$

$|x+2|+|x-5|\geq9$

이므로 범위를 나누어서 풀이하면 다음과 같다.

(i) $x<-2$인 경우

$-(x+2)-(x-5)\geq9$, $-2x\geq6$

이므로 $x\leq-3$

(ii) $-2\leq x<5$인 경우

$(x+2)-(x-5)\geq9$, $7\geq9$

이므로 조건을 만족시키는 실수 x가 존재하지 않는다.

(iii) $x\geq5$인 경우

$(x+2)+(x-5)\geq9$, $2x\geq12$

이므로 $x\geq6$

(i)~(iii)에서 구하는 실수 x의 값의 범위는

$x\leq-3$ 또는 $x\geq6$

565 ⋯⋯ 답 ④

ㄱ. $a<b$이고 $\frac{1}{a}<\frac{1}{b}$이면 $\frac{1}{a}-\frac{1}{b}<0$, $\frac{b-a}{ab}<0$

이때 $a<b$에서 $b-a>0$이므로 $ab<0$

$\therefore a<0, b>0$ (참)

ㄴ. $a^2+2ab>3b^2$에서 $a^2+2ab-3b^2=(a+3b)(a-b)$이고,

$0<a<b$에서 $a+3b>0$, $a-b<0$이므로 $(a+3b)(a-b)<0$

$\therefore a^2+2ab<3b^2$ (거짓)

ㄷ. $a+\frac{1}{a}>b+\frac{1}{b}$에서

$$a-b+\frac{1}{a}-\frac{1}{b}=a-b+\frac{b-a}{ab}$$
$$=(a-b)\left(1-\frac{1}{ab}\right)$$
$$=(a-b)\times\frac{ab-1}{ab}$$

이때 $0<a<b<1$에서 $a-b<0$, $ab>0$, $ab-1<0$이므로

$(a-b)\times\frac{ab-1}{ab}>0$ (참)

ㄹ. $a\ge0$, $b\ge0$이면 $|a|-|b|=a-b$이므로

$|a-b|\ge|a|-|b|$가 항상 성립한다. (참)

따라서 옳은 것은 ㄱ, ㄷ, ㄹ의 3개이다.

566 ⋯⋯ 답 ③

$|x+1|+|x-3|\le k$에서 $f(x)=|x+1|+|x-3|$이라 하면

(i) $x<-1$일 때

$f(x)=-(x+1)-(x-3)=-2x+2$

(ii) $-1\le x<3$일 때

$f(x)=(x+1)-(x-3)=4$

(iii) $x\ge3$일 때

$f(x)=(x+1)+(x-3)=2x-2$

(i)~(iii)에서 함수 $y=f(x)$의 그래프는 다음 그림과 같다.

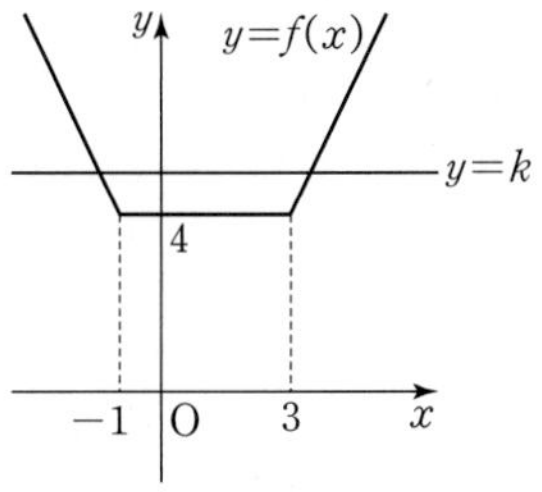

따라서 부등식 $|x+1|+|x-3|\le k$의 해가 존재하려면

$k\ge4$이어야 한다.

따라서 실수 k의 최솟값은 4이다.

567 ⋯⋯ 답 2

조건 (가)에서 $x-4\le0$, $-3-x\le0$이므로

$-3\le x\le4$ ⋯⋯ ㉠

조건 (나)에서 $x+5\ge0$, $x+1<0$이므로

$-5\le x<-1$ ⋯⋯ ㉡

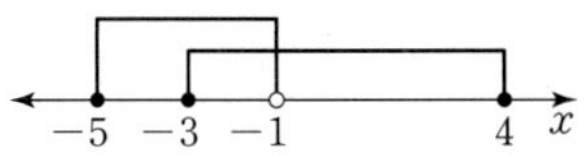

㉠, ㉡에서 x의 값의 범위는 $-3\le x<-1$이므로

정수 x는 -3, -2의 2개이다.

568 ⋯⋯ 답 ③

$x-1<|x+3|\le|x-5|$에서

(i) $x<-3$일 때

$x-1<-(x+3)<-(x-5)$

$x-1<-(x+3)$에서 $2x<-2$, $x<-1$

$-(x+3)\le-(x-5)$에서 $-3\le5$이므로 부등식을 만족시킨다.

$\therefore x<-3$

(ii) $-3\le x<5$일 때

$x-1<x+3\le-(x-5)$

$x-1<x+3$에서 $-1<3$이므로 부등식을 만족시킨다.

$x+3\le-(x-5)$에서 $2x\le2$, $x\le1$

$\therefore -3\le x\le1$

(iii) $x\ge5$일 때

$x-1<x+3\le x-5$

$x-1<x+3$에서 $-1<3$이므로 부등식을 만족시킨다.

$x+3\le x-5$에서 $3\le-5$이므로 부등식을 만족시키지 않는다.

(i)~(iii)에서 주어진 연립부등식의 해는 $x\le1$이다.

569 ⋯⋯ 답 $\frac{5}{3}<a\le5$

$4x+a>3x+5>5x-a$에서

(i) $4x+a>3x+5$일 때, $x>5-a$

(ii) $3x+5>5x-a$일 때, $2x<5+a$, $x<\frac{5+a}{2}$

(i), (ii)에서 주어진 연립부등식의 해는 $5-a<x<\frac{5+a}{2}$이다.

이 부등식의 해가 존재하려면

$5-a<\frac{5+a}{2}$에서 $10-2a<5+a$, $3a>5$, $a>\frac{5}{3}$이어야 하고,

해가 모두 양수이려면 $5-a\ge0$에서 $a\le5$이어야 한다.

따라서 구하는 실수 a의 값의 범위는 $\frac{5}{3}<a\le5$이다.

570 ⋯⋯ 답 5

이차부등식 $ax^2+bx+c>0$의 해가 $x<-\frac{1}{2}$ 또는 $x>\frac{1}{4}$이므로

$a>0$

$ax^2+bx+c>0$의 양변을 각각 a로 나누면

$x^2+\frac{b}{a}x+\frac{c}{a}>0$

이차방정식 $x^2+\frac{b}{a}x+\frac{c}{a}=0$의 두 근이 $x=-\frac{1}{2}$, $x=\frac{1}{4}$이므로

$x^2+\frac{b}{a}x+\frac{c}{a}>0$에서 $\left(x+\frac{1}{2}\right)\left(x-\frac{1}{4}\right)>0$

$\therefore \frac{b}{a}=\frac{1}{4}$, $\frac{c}{a}=-\frac{1}{8}$ ⋯⋯ ㉠

부등식 $cx^2+bx+a>0$에서 양변을 각각 a로 나누면

$\frac{c}{a}x^2+\frac{b}{a}x+1>0$에서 $-\frac{1}{8}x^2+\frac{1}{4}x+1>0$ ($\because$ ㉠)

위 식의 양변에 각각 -8을 곱하면

$x^2-2x-8<0$, $(x+2)(x-4)<0$ $\quad\therefore -2<x<4$

따라서 구하는 모든 정수 x의 값의 합은

$(-1)+0+1+2+3=5$

571 ········· 답 ③

ㄱ. $x=\frac{\alpha+\beta}{2}$일 때, 함수 $y=f(x)$의 그래프가 x축 아래쪽에 있으므로

$f\left(\frac{\alpha+\beta}{2}\right)<0$

$x=\gamma$일 때, 함수 $y=f(x)$의 그래프가 x축 위쪽에 있으므로

$f(\gamma)>0$

$\therefore f(\gamma)>f\left(\frac{\alpha+\beta}{2}\right)$ (참)

ㄴ. 방정식 $f(x)\{f(x)-g(x)\}=0$에서

$f(x)=0$ 또는 $f(x)-g(x)=0$

방정식 $f(x)=0$의 해는 $x=\alpha$ 또는 $x=\beta$이고,

방정식 $f(x)=g(x)$의 해는 $x=\beta$ 또는 $x=\gamma$이다.

즉, 방정식 $f(x)\{f(x)-g(x)\}=0$은 $x=\beta$를 중근으로 갖고 $x=\alpha$ 또는 $x=\gamma$를 근으로 가지므로 서로 다른 실근의 개수는 3이다. (참)

ㄷ. 부등식 $f(x)<g(x)$의 해는 함수 $y=f(x)$의 그래프보다 함수 $y=g(x)$의 그래프가 더 위쪽에 그려지는 x의 범위이다.

따라서 부등식 $f(x)<g(x)$의 해는 $\gamma<x<\beta$이다. (거짓)

따라서 옳은 것은 ㄱ, ㄴ이다.

572 ········· 답 ③

$x^2-6x+8<0$에서 $(x-2)(x-4)<0$이므로

$2<x<4$

$f(x)=x^2-2x+2k^2-6$이라 하면

$f(x)=x^2-2x+2k^2-6=(x-1)^2+2k^2-7$

이므로 $x=1$일 때 최소이고, 그래프는 다음 그림과 같다.

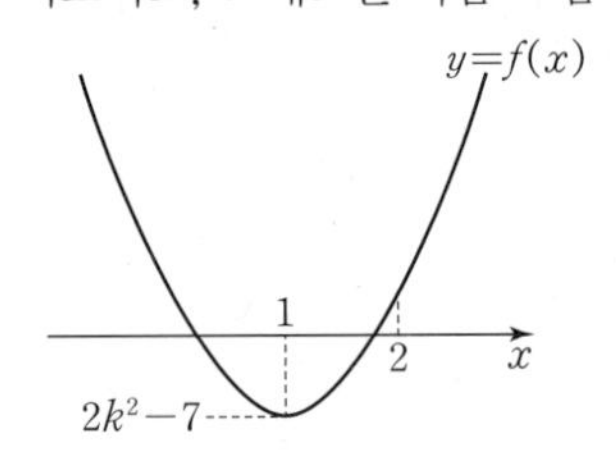

$2<x<4$인 모든 x에 대하여 이차부등식 $x^2-2x+2k^2-6>0$, 즉 $f(x)>0$이 성립하려면 $f(2)\geq 0$이어야 하므로

$f(2)=2k^2-6\geq 0$, $k^2\geq 3$

$\therefore k\geq\sqrt{3}$ 또는 $k\leq-\sqrt{3}$

따라서 $\alpha=\sqrt{3}$, $\beta=-\sqrt{3}$이므로

$\alpha\beta=-3$

573 ········· 답 ③

$(k+1)x^2+k-2\leq x^2-kx$에서

$kx^2+kx+k-2\leq 0$ ······ ㉠

(i) $k=0$일 때

㉠에 대입하면 $-2\leq 0$이므로 부등식을 만족시킨다.

(ii) $k>0$일 때

이차부등식 $kx^2+kx+k-2\leq 0$을 만족시키는 실수 x의 값이 존재하려면 이차함수 $y=kx^2+kx+k-2$의 그래프가 x축과 적어도 한 점에서 만나야 하므로 방정식 $kx^2+kx+k-2=0$의 판별식을 D라 하면

$D=k^2-4k(k-2)\geq 0$, $3k^2-8k\leq 0$, $k(3k-8)\leq 0$

$\therefore 0<k\leq\frac{8}{3}$

(i), (ii)에서 k의 값의 범위는 $0\leq k\leq\frac{8}{3}$이므로

정수 k는 0, 1, 2의 3개이다.

574 ········· 답 ③

부등식 $x^2-2yx+(3y^2+4ay+2)\geq 0$이 항상 성립하려면 이차방정식 $x^2-2yx+(3y^2+4ay+2)=0$의 판별식을 D_1이라 할 때, $D_1\leq 0$이어야 한다.

$\frac{D_1}{4}=y^2-(3y^2+4ay+2)\leq 0$, $2y^2+4ay+2\geq 0$

$\therefore y^2+2ay+1\geq 0$

이때 위 부등식 $y^2+2ay+1\geq 0$이 항상 성립하려면 이차방정식 $y^2+2ay+1=0$의 판별식을 D_2라 할 때, $D_2\leq 0$이어야 한다.

$\frac{D_2}{4}=a^2-1\leq 0$, $(a-1)(a+1)\leq 0$

$\therefore -1\leq a\leq 1$

따라서 주어진 부등식이 성립하도록 하는 정수 a는 -1, 0, 1의 3개이다.

다른 풀이

$x^2-2xy+3y^2+4ay+2\geq 0$에서 완전제곱식을 이용하면

$(x^2-2xy+y^2)+2(y^2+2ay+1)\geq 0$

$(x-y)^2+2(y^2+2ay+1)\geq 0$

이고, 두 실수 x, y의 값에 관계없이 $(x-y)^2\geq 0$이므로 $y^2+2ay+1\geq 0$이 성립하면 된다.

이차방정식 $y^2+2ay+1=0$의 판별식을 D라 하면

$\frac{D}{4}=a^2-1\leq 0$이므로 $(a+1)(a-1)\leq 0$

$\therefore -1\leq a\leq 1$

따라서 주어진 부등식이 성립하도록 하는 정수 a는 -1, 0, 1의 3개이다.

575 ········· 답 3

이차함수 $y=f(x)$의 그래프에서

부등식 $f(x)<0$의 해는 $x<-1$ 또는 $x>3$이므로

부등식 $f\left(\frac{x-a}{2}\right)<0$의 해는

$\frac{x-a}{2}<-1$ 또는 $\frac{x-a}{2}>3$

즉, $x<a-2$ 또는 $x>a+6$이다.

따라서 $a-2=1$, $a+6=9$이므로

$a=3$이다.

576
답 $2 \le m < 3$

(i) $m=2$일 때

$1>0$이므로 부등식을 만족시킨다.

(ii) $m \ne 2$일 때

부등식 $(m-2)x^2-(2m-4)x+1>0$이 모든 실수 x에 대하여 항상 성립하려면 함수 $y=(m-2)x^2-(2m-4)x+1$의 그래프가 항상 x축 위쪽에 위치해야 한다.

즉, 함수 $y=(m-2)x^2-(2m-4)x+1$의 그래프는 아래로 볼록하면서 x축과 만나지 않아야 하므로

$m-2>0$, 즉 $m>2$이고,

방정식 $(m-2)x^2-(2m-4)x+1=0$의 판별식을 D라 하면

$\frac{D}{4}=(m-2)^2-(m-2)<0$, $(m-2)\{(m-2)-1\}<0$

$(m-2)(m-3)<0$

$\therefore 2<m<3$

(i), (ii)에서 실수 m의 값의 범위는 $2 \le m < 3$이다.

577
답 4

부등식 $x^2+2|x-2| \ge 4$에서

(i) $x<2$인 경우

$x^2-2(x-2) \ge 4$, $x^2-2x \ge 0$

$x(x-2) \ge 0$에서 $x \le 0$ 또는 $x \ge 2$

$\therefore x \le 0$

(ii) $x \ge 2$인 경우

$x^2+2(x-2) \ge 4$, $x^2+2x-8 \ge 0$

$(x+4)(x-2) \ge 0$에서 $x \le -4$ 또는 $x \ge 2$

$\therefore x \ge 2$

(i), (ii)에서 부등식 $x^2+2|x-2| \ge 4$의 해는

$x \le 0$ 또는 $x \ge 2$ ...... ㉠

이때 부등식 $x^2+ax+b \ge 0$의 해가 ㉠과 같으므로 방정식 $x^2+ax+b=0$의 두 실근은 0, 2이다.

따라서 $x^2+ax+b=x(x-2)$에서 $a=-2$, $b=0$이므로

$a^2+b^2=4$

578
답 ⑤

조건 (가)에서

$f(x)=\frac{1}{2}(x-p)^2+a$, $g(x)=2(x-p)^2+b$ (a, b는 상수)라 하면

두 이차식 $f(x)$, $g(x)$의 최고차항의 계수가 각각 $\frac{1}{2}$, 2이므로

이차식 $f(x)-g(x)$의 최고차항의 계수는 $\frac{1}{2}-2=-\frac{3}{2}$이고,

조건 (나)에서 부등식 $f(x)-g(x) \ge 0$의 해가 $-2 \le x \le 3$이므로

$f(x)-g(x)=-\frac{3}{2}(x+2)(x-3)$ ...... ㉠

즉, $\frac{1}{2}(x-p)^2+a-\{2(x-p)^2+b\}=-\frac{3}{2}(x+2)(x-3)$에서

$-\frac{3}{2}x^2+3px-\frac{3}{2}p^2+a-b=-\frac{3}{2}(x^2-x-6)$

이 식이 x에 대한 항등식이므로 양변의 계수를 비교하면

$3p=\frac{3}{2}$에서 $p=\frac{1}{2}$이다.

$\therefore 4p \times \{f(2)-g(2)\}=4 \times \frac{1}{2} \times \left\{-\frac{3}{2}(2+2)(2-3)\right\}$ ($\because$ ㉠)

$=2 \times 6=12$

579
답 56

부등식 $f(x) \le g(x)$의 해가 $-2 \le x \le 3$이므로

$f(x)-g(x)=h(x)$라 하면 부등식 $h(x) \le 0$의 해가 $-2 \le x \le 3$이므로 함수 $h(x)$의 최고차항의 계수가 양수이고, 이차방정식 $h(x)=0$의 두 실근은 $x=-2$ 또는 $x=3$이다.

따라서 함수 $h(x)$를 구하면

$h(x)=a(x+2)(x-3)$ $(a>0)$

이때 $f(1)-g(1)=-24$이므로

$h(1)=a \times 3 \times (-2)=-24$에서 $a=4$

$\therefore h(x)=4(x+2)(x-3)$

$\therefore f(5)-g(5)=h(5)=4 \times 7 \times 2=56$

580
답 52

$f(x)=(x-3)(x+1)$이라 하면 $f(n)=(n-3)(n+1)$

함수 $y=f(x)$의 그래프를 나타내면 다음 그림과 같다.

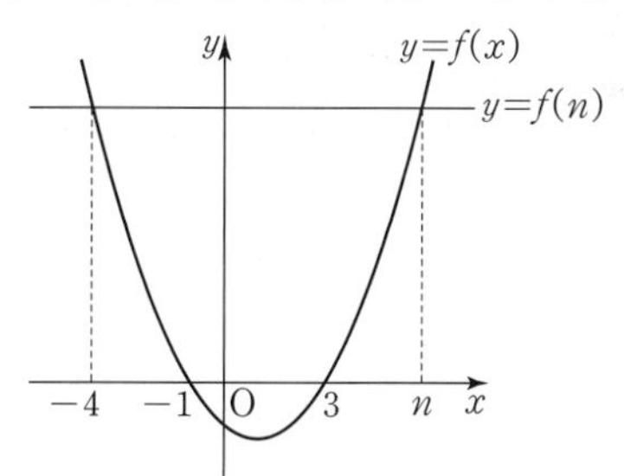

부등식 $(x-3)(x+1)<(n-3)(n+1)$의 해가 $-4<x<n$이므로

함수 $y=f(x)$의 그래프와 직선 $y=f(n)$의 두 교점의 x좌표가 -4, n이다.

이때 $(m-3)(m+1)=(n-3)(n+1)$에서 $f(m)=f(n)$이므로

$m=-4$ ($\because m<n$)이고, 함수 $y=f(x)$의 그래프가 직선 $x=\frac{(-1)+3}{2}=1$에 대하여 대칭이므로 $\frac{(-4)+n}{2}=1$에서 $n=6$

$\therefore m^2+n^2=(-4)^2+6^2=52$

581
답 $2 \le k < 6$

조건 (가)에서

$f(2)=4-2(2k+1)+k^2-14<0$

$k^2-4k-12<0$, $(k-6)(k+2)<0$

$\therefore -2<k<6$ ...... ㉠

이때 함수 $y=f(x)$의 그래프의 축이 $x=\frac{2k+1}{2}$이고, 이 축이 조건 (나)에서 직선 $x=\frac{1+4}{2}=\frac{5}{2}$와 같거나 오른쪽에 존재해야 하므로

$\frac{2k+1}{2} \ge \frac{5}{2}$, $2k+1 \ge 5$

$\therefore k \ge 2$ ...... ㉡

㉠, ㉡에서 구하는 실수 k의 값의 범위는

$2 \le k < 6$

582 .... 답 $\frac{13}{2}$

$f(x)=\frac{1}{2}x^2-x+a$, $g(x)=|x+3|+|x-1|$이라 하자.

$f(x)=\frac{1}{2}(x-1)^2+a-\frac{1}{2}$이고,

$x<-3$일 때, $g(x)=-(x+3)-(x-1)=-2x-2$
$-3\le x<1$일 때, $g(x)=(x+3)-(x-1)=4$
$x\ge 1$일 때, $g(x)=(x+3)+(x-1)=2x+2$

이므로 부등식 $\frac{1}{2}x^2-x+a\ge|x+3|+|x-1|$을 만족시키면서 실수 a의 값이 최소일 때는 다음과 같이 함수 $y=f(x)$의 그래프가 $x\ge 1$에서 함수 $y=g(x)$의 그래프에 접할 때이다.

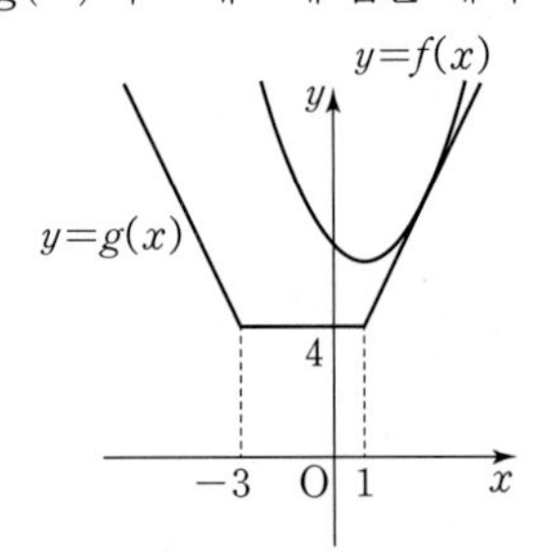

방정식 $\frac{1}{2}x^2-x+a=2x+2$, 즉 $x^2-6x+2a-4=0$의 판별식을 D라 하면

$\frac{D}{4}=(-3)^2-(2a-4)=0$, $2a=13$, $a=\frac{13}{2}$

따라서 구하는 실수 a의 최솟값은 $\frac{13}{2}$이다.

583 .... 답 ④

부등식 $0\le f(x)<g(x)$를 만족시키려면 함수 $f(x)$의 함숫값이 0보다 크거나 같아야 하므로 함수 $y=f(x)$의 그래프가 x축 또는 x축보다 위쪽에 있어야 한다.
즉, 부등식 $f(x)\ge 0$을 만족시키는 범위는
$x\le a$ 또는 $x\ge d$ ...... ㉠
또한 $f(x)$의 함숫값보다 $g(x)$의 함숫값이 더 커야 하므로 함수 $y=g(x)$의 그래프가 함수 $y=f(x)$의 그래프보다 더 위쪽에 있어야 한다.
즉, $f(x)<g(x)$를 만족시키는 범위는
$b<x<e$ ...... ㉡
㉠, ㉡을 동시에 만족시키는 범위는 $d\le x<e$이다.

584 .... 답 ③

$\begin{cases}|x+2|\le 5 & \cdots\cdots ㉠\\ [x]^2-2[x]-8<0 & \cdots\cdots ㉡\end{cases}$

㉠에서 $-5\le x+2\le 5$　　$\therefore -7\le x\le 3$
㉡에서 $([x]+2)([x]-4)<0$, $-2<[x]<4$　　$\therefore -1\le x<4$
이를 수직선에 나타내면 다음 그림과 같다.

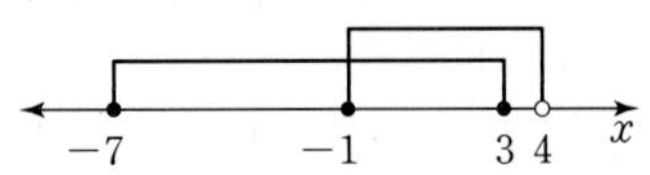

따라서 구하는 실수 x의 값의 범위는 $-1\le x\le 3$이다.

585 .... 답 ④

$\begin{cases}x^2-x-6\ge 0 & \cdots\cdots ㉠\\ 3x^2-(a+6)x+2a<0 & \cdots\cdots ㉡\end{cases}$

㉠에서 $(x+2)(x-3)\ge 0$　　$\therefore x\le -2$ 또는 $x\ge 3$
㉡에서 $(3x-a)(x-2)<0$
이므로 주어진 연립부등식을 만족시키는 정수 x가 3뿐인 경우는 다음 그림과 같다.

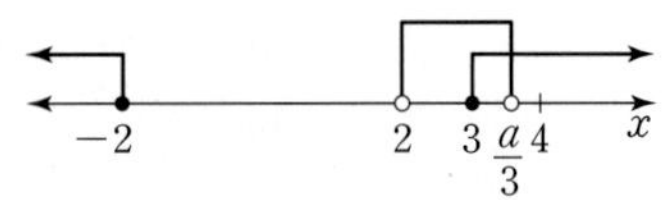

따라서 부등식 $(3x-a)(x-2)<0$의 해는

$2<x<\frac{a}{3}$이고, $3<\frac{a}{3}\le 4$이다.

따라서 구하는 실수 a의 값의 범위는 $9<a\le 12$이다.

586 .... 답 ⑤

$\begin{cases}x^2-2x-8\le 0 & \cdots\cdots ㉠\\ |x+1|<k & \cdots\cdots ㉡\end{cases}$

㉠에서 $(x+2)(x-4)\le 0$　　$\therefore -2\le x\le 4$
㉡에서 $-k<x+1<k$　　$\therefore -1-k<x<-1+k$
이때 조건을 만족시키도록 수직선에 나타내면 다음 그림과 같아야 한다.

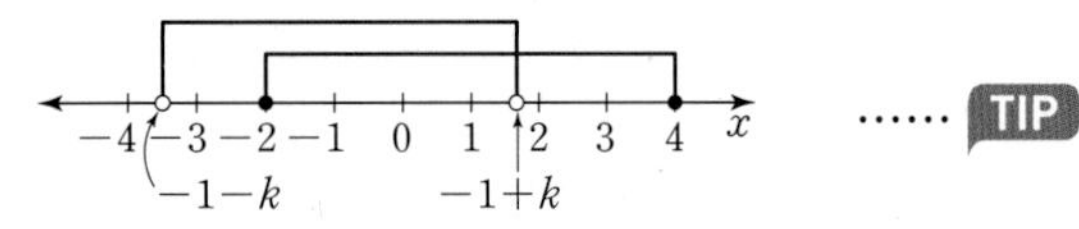

즉, 연립부등식을 만족시키는 정수 x가 -2, -1, 0, 1의 4개로 조건을 만족시키므로
$1<-1+k\le 2$
$\therefore 2<k\le 3$

TIP
부등식 $|x+1|<k$가 해를 가지려면 $k>0$이므로
$-1-k<-1$이다.
따라서 $-1-k<x<-1+k$에 -2, -1, 0, 1을 포함하도록 해야 한다.

587 .... 답 $k\ge 1$

$\begin{cases}3x-3k>2x-1 & \cdots\cdots ㉠\\ x^2-(k+2)x+2k\le 0 & \cdots\cdots ㉡\end{cases}$

㉠에서 $x>3k-1$
㉡에서 $(x-k)(x-2)\le 0$
이때 $k\le 2$이면 $k\le x\le 2$이고, $k>2$이면 $2\le x\le k$
따라서 연립부등식의 해가 존재하지 않는 경우는 다음과 같다.
(i) $k\le 2$일 때
　㉠, ㉡에서 각각의 부등식의 해가 $x>3k-1$, $k\le x\le 2$이므로 연립부등식의 해가 존재하지 않는 경우를 수직선에 나타내면 다음 그림과 같다.

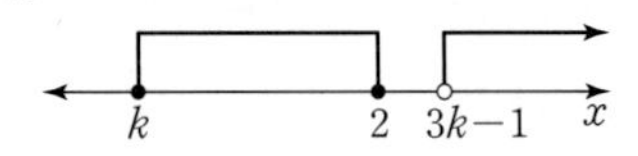

따라서 $2\le 3k-1$, 즉 $k\ge 1$이므로 실수 k의 값의 범위는 $1\le k\le 2$이다.

(ii) $k>2$일 때

㉠, ㉡에서 각각의 부등식의 해가 $x>3k-1$, $2\le x\le k$이므로 연립부등식의 해가 존재하지 않는 경우를 수직선에 나타내면 다음 그림과 같다.

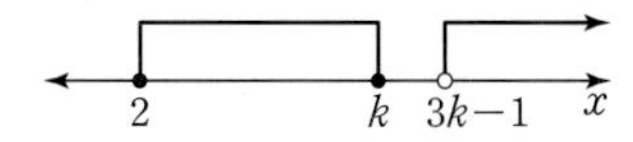

따라서 $k\le 3k-1$, 즉 $k\ge \frac{1}{2}$이므로 실수 k의 값의 범위는 $k>2$이다.

(i), (ii)에서 실수 k의 값의 범위는 $k\ge 1$이다.

588 ····· 답 ⑤

연립부등식 $\begin{cases} -3x^2+4x\le a \\ |2x-a|\ge 3-b \end{cases}$의 해가 모든 실수가 되려면 각각의 부등식의 해가 모든 실수이어야 한다.

(i) $-3x^2+4x\le a$의 해가 모든 실수일 때

$3x^2-4x+a\ge 0$에서 이차함수 $y=3x^2-4x+a$의 그래프가 x축과 만나거나 위쪽에 위치해야 하므로 이차방정식 $3x^2-4x+a=0$의 판별식을 D라 하면

$\frac{D}{4}=(-2)^2-3a\le 0$, $3a\ge 4$ $\quad\therefore a\ge \frac{4}{3}$

(ii) $|2x-a|\ge 3-b$의 해가 모든 실수일 때

좌변의 $|2x-a|$는 x의 값에 관계없이 항상 0보다 크거나 같으므로 부등식의 해가 모든 실수이려면 $3-b\le 0$이어야 한다.

$\therefore b\ge 3$

(i), (ii)에서 $a\ge \frac{4}{3}$, $b\ge 3$이므로 두 정수 a, b에 대하여 $a+b$의 최솟값은 $2+3=5$

589 ····· 답 ③

$\begin{cases} x^2-3x-4\ge 0 & \cdots\cdots ㉠ \\ x^2-2(k+1)x+(k+3)(k-1)\le 0 & \cdots\cdots ㉡ \end{cases}$

㉠에서 $(x-4)(x+1)\ge 0$

$\therefore x\ge 4$ 또는 $x\le -1$

㉡에서 $x^2-2(k+1)x+(k+3)(k-1)\le 0$

$\{x-(k+3)\}\{x-(k-1)\}\le 0$

$\therefore k-1\le x\le k+3$

(i) $k-1<-1$인 경우

$k<0$이고, 연립부등식의 해는 $k-1\le x\le -1$이므로 정수 x가 2개인 때를 수직선에 나타내면 다음 그림과 같다.

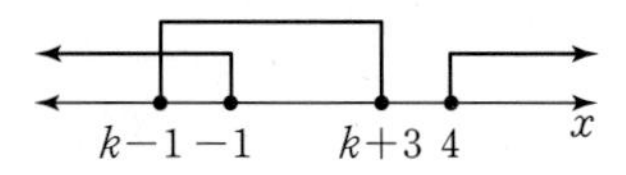

부등식을 만족시키는 정수인 x가 2개이려면

$k-1=-2$에서 $k=-1$

(ii) $k-1=-1$ 또는 $k+3=4$인 경우

$k-1=-1$, 즉 $k=0$일 때

연립부등식의 해는 $x=-1$의 1개이다.

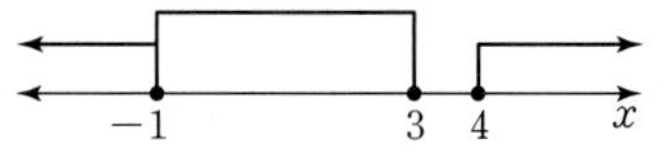

$k+3=4$, 즉 $k=1$일 때

연립부등식의 해는 $x=4$의 1개이다.

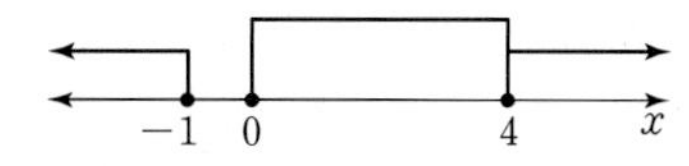

(iii) $k+3>4$, 즉 $k>1$인 경우

$k>1$이고, 연립부등식의 해는 $4\le x\le k+3$이므로 정수 x가 2개인 때를 수직선에 나타내면 다음 그림과 같다.

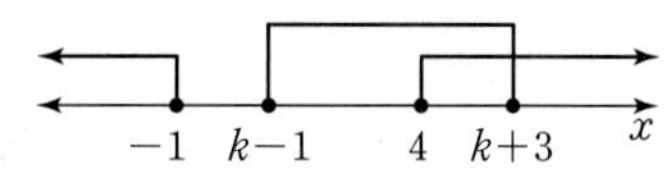

부등식을 만족시키는 정수인 x가 2개이려면

$k+3=5$에서 $k=2$

(i)~(iii)에서 조건을 만족시키는 모든 정수 k의 값의 합은

$(-1)+2=1$

590 ····· 답 2

연립부등식 $\begin{cases} x^2+ax+b\ge 0 \\ x^2+cx+d\le 0 \end{cases}$의 해가 $x=3$ 또는 $1\le x\le 2$이므로 각각의 부등식이 나타내는 범위가 다음과 같아야 한다.

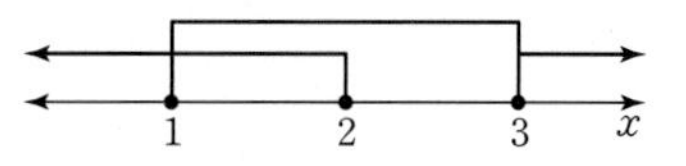

따라서 부등식 $x^2+ax+b\ge 0$의 해는

$x\le 2$ 또는 $x\ge 3$ $\cdots\cdots$ ㉠

부등식 $x^2+cx+d\le 0$의 해는

$1\le x\le 3$ $\cdots\cdots$ ㉡

㉠에서 방정식 $x^2+ax+b=0$의 두 실근이 $x=2$ 또는 $x=3$이므로

$x^2+ax+b=(x-2)(x-3)=x^2-5x+6$

$\therefore a=-5$, $b=6$

㉡에서 방정식 $x^2+cx+d=0$의 두 실근이 $x=1$ 또는 $x=3$이므로

$x^2+cx+d=(x-1)(x-3)=x^2-4x+3$

$\therefore c=-4$, $d=3$

$\therefore (a+b)-(c+d)=\{(-5)+6\}-\{(-4)+3\}=2$

591 ····· 답 5

$f(x)=-x^2+5x-2$, $g(x)=x^2-3x+6$이라 하면

방정식 $f(x)=g(x)$는

$-x^2+5x-2=x^2-3x+6$에서

$2x^2-8x+8=0$, $2(x-2)^2=0$

이므로 $x=2$를 중근으로 갖는다. 즉 $f(2)=g(2)=4$이므로 두 함수 $y=f(x)$, $y=g(x)$의 그래프가 점 $(2, 4)$에서 서로 접한다.

모든 실수 x에 대하여 부등식 $-x^2+5x-2\le mx+n\le x^2-3x+6$이 성립하려면 다음 그림과 같이 직선 $y=mx+n$이 점 $(2, 4)$에서 두 함수 $y=f(x)$, $y=g(x)$의 그래프와 동시에 접해야 한다.

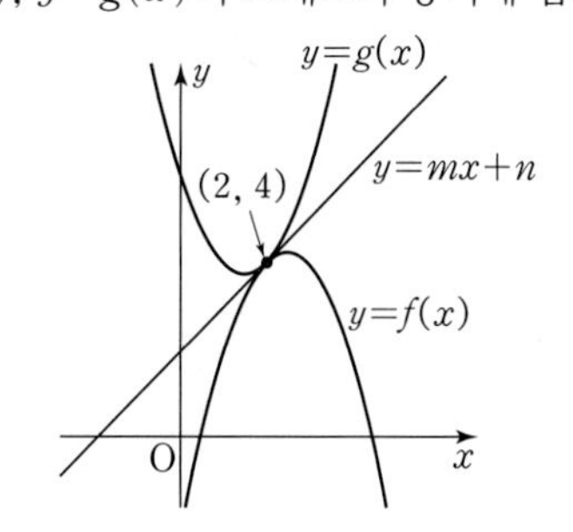

$y=mx+n$에 $x=2$, $y=4$를 대입하면

$4=2m+n$, $n=4-2m$ …… ㉠

함수 $f(x)=-x^2+5x-2$와 직선 $y=mx+4-2m$이 접하므로

이차방정식 $-x^2+5x-2=mx+4-2m$, 즉

$x^2+(m-5)x+6-2m=0$의 판별식을 D라 하면

$D=(m-5)^2-4(6-2m)=0$, $m^2-2m+1=0$, $(m-1)^2=0$

따라서 $m=1$이고 $n=2$ ($\because$ ㉠)이다.

$\therefore m^2+n^2=1^2+2^2=5$

592 ……… 답 ①

이차방정식 $kx^2+4x-5k=0$의 두 근을 α, β라 하고,

판별식을 D라 하면

$\frac{D}{4}=4+5k^2>0$

이므로 0이 아닌 모든 실수 k에 대하여 주어진 방정식이 항상 서로 다른 두 실근을 갖는다.

이차방정식의 근과 계수의 관계에 의하여

$\alpha+\beta=-\frac{4}{k}$, $\alpha\beta=-5$

이고, $|\alpha-\beta|\leq 6$이므로

$(\alpha-\beta)^2=(\alpha+\beta)^2-4\alpha\beta=\frac{16}{k^2}+20\leq 36$

$\frac{16}{k^2}\leq 16$, $\frac{1}{k^2}\leq 1$

$k^2-1\geq 0$, $(k+1)(k-1)\geq 0$

$\therefore k\leq -1$ 또는 $k\geq 1$

593 ……… 답 풀이 참조

주어진 방정식이 실근을 가져야 하므로 이 방정식의 판별식을 D_1이라 하면

$\frac{D_1}{4}=(2k-a)^2-(k^2+4k-a)\geq 0$

$4k^2-4ak+a^2-(k^2+4k-a)\geq 0$

$3k^2-2(2a+2)k+a^2+a\geq 0$

이때 모든 실수 k에 대하여 이 부등식이 항상 성립해야 하므로 방정식 $3k^2-2(2a+2)k+a^2+a=0$이 허근 또는 중근을 가져야 한다. 이 방정식의 판별식을 D_2라 하면

$\frac{D_2}{4}=(2a+2)^2-3(a^2+a)\leq 0$

$4a^2+8a+4-3(a^2+a)\leq 0$

$a^2+5a+4\leq 0$, $(a+4)(a+1)\leq 0$

따라서 구하는 실수 a의 값의 범위는

$-4\leq a\leq -1$

채점 요소	배점
주어진 방정식의 판별식 조건으로 부등식 세우기	40%
실수 k의 값에 관계없이 부등식이 성립하도록 하는 판별식 조건으로 부등식 세우기	40%
실수 a의 값의 범위 구하기	20%

594 ……… 답 ⑤

$f(x)=x^2+2kx-k$라 하면 이차방정식 $f(x)=0$의 두 근을 α, β $(\alpha<\beta)$라 할 때, $-1<\alpha<\beta<3$이어야 하므로 이차함수 $y=f(x)$의 그래프가 다음 그림과 같다.

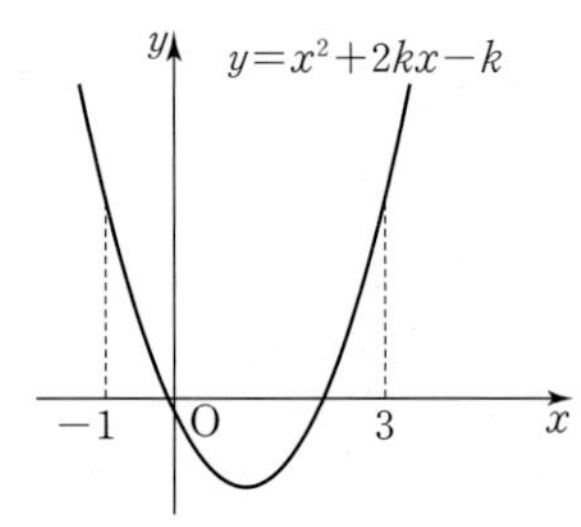

즉, $f(x)=(x+k)^2-k^2-k$에서 이차함수의 그래프의 축이 두 직선 $x=-1$, $x=3$ 사이에 있어야 한다.

또한 $f(-k)<0$이고, $f(-1)>0$, $f(3)>0$이어야 한다.

(i) $-1<-k<3$

$-3<k<1$

(ii) $f(-k)<0$

$-k^2-k<0$, $k(k+1)>0$ $\therefore k>0$ 또는 $k<-1$

(iii) $f(-1)>0$, $f(3)>0$

$1-2k-k>0$, $9+6k-k>0$에서 $k<\frac{1}{3}$, $k>-\frac{9}{5}$

$\therefore -\frac{9}{5}<k<\frac{1}{3}$

(i), (ii), (iii)을 모두 만족시키는 실수 k의 값의 범위는

$-\frac{9}{5}<k<-1$ 또는 $0<k<\frac{1}{3}$

595 ……… 답 5

이차방정식 $x^2+3x+2=0$, 즉 $(x+2)(x+1)=0$에서

$x=-2$ 또는 $x=-1$

이므로 이차방정식 $x^2+5x+k=0$의 한 근이 -2와 -1 사이에 존재해야 한다.

이때 이차함수 $y=x^2+5x+k=\left(x+\frac{5}{2}\right)^2+k-\frac{25}{4}$에서

축이 $x=-\frac{5}{2}$이므로 이 함수의 그래프는 다음 그림과 같다.

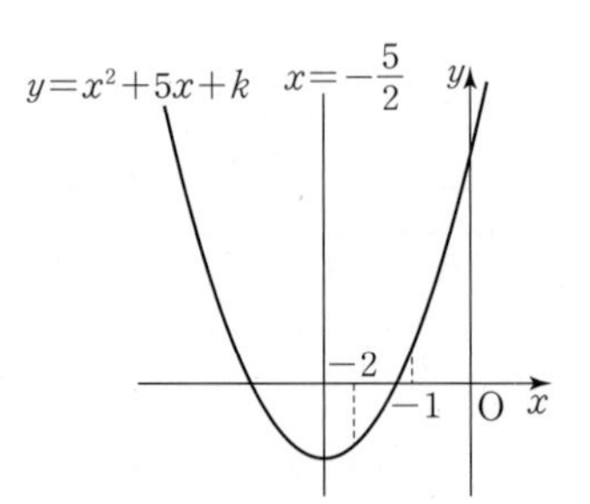

즉, $f(-2)<0$이고 $f(-1)>0$이므로

$f(-2)=4-10+k<0$에서 $k<6$

$f(-1)=1-5+k>0$에서 $k>4$

따라서 $4<k<6$에서 구하는 정수 k의 값은 5이다.

596 ······ 답 $\frac{1}{5}<a<\frac{13}{9}$

이차방정식 $x^2-2(a+1)x+a-2=0$에서
$f(x)=x^2-2(a+1)x+a-2$라 하면 함수 $y=f(x)$의 그래프의 개형은 다음 그림과 같다.

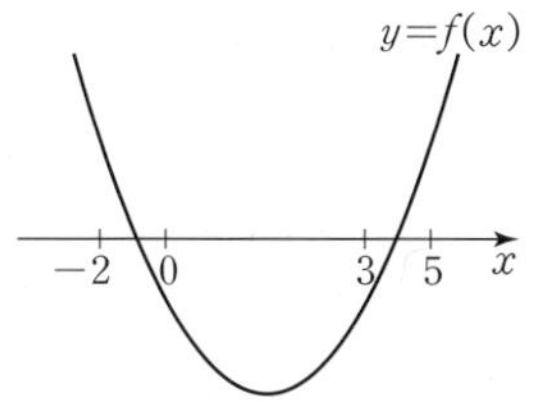

따라서 $f(-2)>0$, $f(0)<0$이고, $f(3)<0$, $f(5)>0$이다.

$f(-2)=4+4(a+1)+a-2=5a+6>0$에서 $a>-\frac{6}{5}$

$f(0)=a-2<0$에서 $a<2$

$f(3)=9-6(a+1)+a-2=-5a+1<0$에서 $a>\frac{1}{5}$

$f(5)=25-10(a+1)+a-2=-9a+13>0$에서 $a<\frac{13}{9}$

이므로 이 조건을 모두 만족시키는 범위를 수직선에 나타내면 다음 그림과 같다.

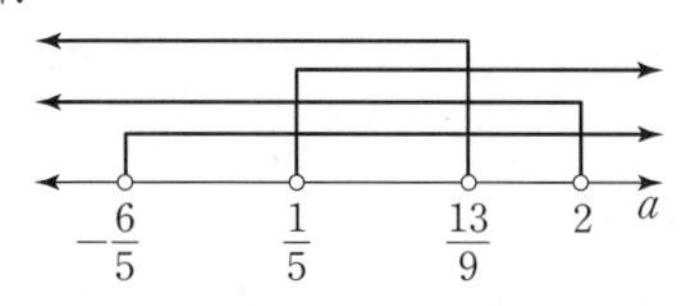

따라서 구하는 실수 a의 값의 범위는 $\frac{1}{5}<a<\frac{13}{9}$이다.

597 ······ 답 ④

테이블의 개수를 x, 이 특별활동 반 학생 수를 y라 하자.
3명씩 앉으면 2명이 앉지 못하므로
$y=3x+2$ ······ ㉠
5명씩 앉으면 테이블 2개가 비고, 마지막 학생이 앉은 테이블에는 학생이 1명 이상 5명 이하가 앉을 수 있으므로
$5(x-3)+1\le y\le 5(x-2)$에서
$5x-14\le 3x+2\le 5x-10$ ($\because$ ㉠)
(i) $5x-14\le 3x+2$에서 $2x\le 16$ $\therefore x\le 8$
(ii) $3x+2\le 5x-10$에서 $2x\ge 12$ $\therefore x\ge 6$
(i), (ii)에서 $6\le x\le 8$이므로 $20\le 3x+2\le 26$
따라서 이 반의 학생 수가 될 수 있는 가장 큰 수와 가장 작은 수의 합은 $20+26=46$

598 ······ 답 4

$a+1$, $a+2$, $a+4$는 각각 변의 길이이므로
$a+1>0$, $a+2>0$, $a+4>0$에서 $a>-1$ ······ ㉠
삼각형이 되려면 가장 긴 변의 길이가 나머지 두 변의 길이의 합보다 작아야 하므로
$(a+1)+(a+2)>a+4$에서 $a>1$ ······ ㉡
또한 둔각삼각형이 되기 위해서는
$(a+1)^2+(a+2)^2<(a+4)^2$
즉, $a^2-2a-11<0$이어야 하므로
$1-2\sqrt{3}<a<1+2\sqrt{3}$ ······ ㉢

㉠, ㉡, ㉢을 모두 만족시키는 실수 a의 값의 범위는
$1<a<1+2\sqrt{3}$
따라서 $p=1$, $q=1$, $r=2$이므로
$p+q+r=4$

599 ······ 답 ⑤

이 커피숍의 녹차라떼 가격을 a(원),
녹차라떼를 주문하는 사람의 수를 b(명)이라 하자.
가격을 x % 인상하면 $a\left(1+\frac{x}{100}\right)$(원)이고,
녹차라떼를 주문하는 사람의 수는 $b\left(1-\frac{x}{200}\right)$(명)이다.
녹차라떼의 총 판매액이 12 % 이상 증가해야 하므로
$a\left(1+\frac{x}{100}\right)\times b\left(1-\frac{x}{200}\right)\ge ab\left(1+\frac{12}{100}\right)$
$\frac{100+x}{100}\times\frac{200-x}{200}\ge\frac{112}{100}$
$(100+x)(200-x)\ge 22400$
$x^2-100x+2400\le 0$
$(x-60)(x-40)\le 0$
$\therefore 40\le x\le 60$
따라서 x의 최댓값은 60이다.

600 ······ 답 15

둘레의 길이가 60 m인 직사각형 모양의 화단의 짧은 변의 길이를 x(m)라 하면 긴 변의 길이는 $(30-x)$m이다.
$0<x<30-x$에서 $0<x<15$ ······ ㉠
이때 화단의 넓이가 125 m^2 이상 200 m^2 이하이므로
$125\le x(30-x)\le 200$
$125\le x(30-x)$에서
$x^2-30x+125\le 0$, $(x-5)(x-25)\le 0$
$\therefore 5\le x\le 25$ ······ ㉡
$x(30-x)\le 200$에서
$x^2-30x+200\ge 0$, $(x-10)(x-20)\ge 0$
$\therefore x\le 10$ 또는 $x\ge 20$ ······ ㉢

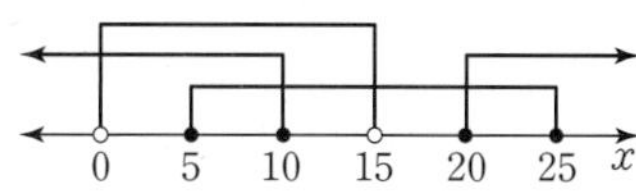

㉠~㉢에서 x의 값의 범위는
$5\le x\le 10$
따라서 x의 최댓값과 최솟값의 합은 $10+5=15$이다.

601 ······ 답 61

사차방정식 $(x^2+2ax+2a)(x^2+bx+4)=0$의 근 중 서로 다른 실근의 개수가 2인 경우는 다음과 같다.
(i) 두 이차방정식 $x^2+2ax+2a=0$, $x^2+bx+4=0$이 각각 중근을 가질 때
방정식 $x^2+2ax+2a=0$의 판별식을 D_1이라 하면

$\frac{D_1}{4}=a^2-2a=0$, $a(a-2)=0$에서 $a=0$ 또는 $a=2$

방정식 $x^2+bx+4=0$의 판별식을 D_2라 하면

$D_2=b^2-16=0$, $(b+4)(b-4)=0$에서 $b=4$ 또는 $b=-4$

이때 $a=2$, $b=4$인 경우 주어진 방정식은 $(x+2)^4=0$으로 서로 다른 실근의 개수는 1이다.

따라서 순서쌍 (a, b)의 개수는 $2\times2-1=3$이다.

(ii) 한 이차방정식은 서로 다른 두 실근을 갖고, 나머지 한 이차방정식은 두 허근을 가질 때

방정식 $x^2+2ax+2a=0$이 서로 다른 두 실근을 갖고, 방정식 $x^2+bx+4=0$이 두 허근을 갖는 경우는

$\frac{D_1}{4}=a(a-2)>0$에서 $a<0$ 또는 $a>2$

$D_2=(b-4)(b+4)<0$에서 $-4<b<4$

따라서 순서쌍 (a, b)의 개수는 $8\times7=56$이다.

방정식 $x^2+2ax+2a=0$이 두 허근을 갖고, 방정식 $x^2+bx+4=0$이 서로 다른 두 실근을 갖는 경우는

$\frac{D_1}{4}=a(a-2)<0$에서 $0<a<2$

$D_2=(b-4)(b+4)>0$에서 $b<-4$ 또는 $b>4$

따라서 순서쌍 (a, b)의 개수는 $1\times2=2$이다.

(i), (ii)에서 순서쌍 (a, b)의 개수는 $3+56+2=61$이다.

602 ……… 답 ③

$|2x-2|+|x+1|\le k$에서 $f(x)=|2x-2|+|x+1|$이라 하자.

(i) $x<-1$일 때

$f(x)=-(2x-2)-(x+1)=-3x+1$

(ii) $-1\le x<1$일 때

$f(x)=-(2x-2)+(x+1)=-x+3$

(iii) $x\ge1$일 때

$f(x)=(2x-2)+(x+1)=3x-1$

(i)~(iii)에서 함수 $y=f(x)$의 그래프는 다음 그림과 같다.

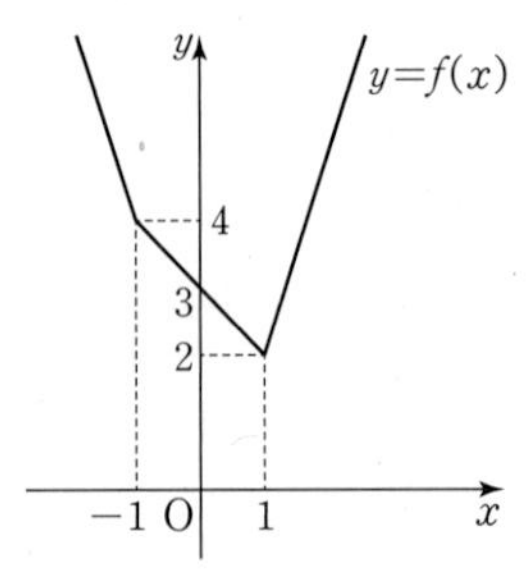

이때 부등식 $|2x-2|+|x+1|\le k$를 만족시키는 모든 정수 x의 값의 합이 0이 되려면 함수 $y=f(x)$의 그래프보다 직선 $y=k$가 더 위쪽에 위치할 때의 x의 값의 범위가 자연수 n에 대하여 $-n\le x\le n$이어야 한다.

$x=-n$일 때 $f(-n)=3n+1$이고,

$x=n+1$일 때 $f(n+1)=3(n+1)-1=3n+2$이므로

$3n+1\le k<3n+2$일 때 부등식 $|2x-2|+|x+1|\le k$의 해가 $-n\le x\le n$이 된다.

즉, k가 정수이므로 $k=3n+1$일 때 조건을 만족시킨다.

따라서 30 이하의 자연수 k는 4, 7, 10, ⋯, 28의 9개이다.

603 ……… 답 ①

$1<\alpha<2$, $5<\beta<6$ ⋯⋯ ㉠

에서 $6<\alpha+\beta<8$, $5<\alpha\beta<12$

이므로 이차방정식 $ax^2-bx+2c=0$에서 이차방정식의 근과 계수의 관계에 의하여 $6<\frac{b}{a}<8$, $5<\frac{2c}{a}<12$

이때 a, b, c는 10보다 작은 자연수이므로 $a=1$, $b=7$이고, $c=3$ 또는 $c=4$ 또는 $c=5$

(i) $c=3$일 때

$x^2-7x+6=0$이므로

$(x-1)(x-6)=0$에서 $x=1$ 또는 $x=6$

이는 조건 ㉠을 만족시키지 않는다.

(ii) $c=4$일 때

$x^2-7x+8=0$이므로 $x=\frac{7\pm\sqrt{17}}{2}$

이는 조건 ㉠을 만족시킨다.

(iii) $c=5$일 때

$x^2-7x+10=0$이므로 $(x-2)(x-5)=0$

이는 조건 ㉠을 만족시키지 않는다.

(i)~(iii)에서 $a=1$, $b=7$, $c=4$이므로 $f(x)=x^2-7x+8$

이차부등식 $f(x)<-2$는 $x^2-7x+8<-2$, $x^2-7x+10<0$

$(x-2)(x-5)<0$에서 $2<x<5$

따라서 부등식을 만족시키는 정수 x는 3, 4의 2개이다.

604 ……… 답 $1\le a<2$

$g(x)=\frac{|f(x)|+f(x)}{2}$라 할 때, $f(x)=(x+2)(x-4)$에서

$x<-2$ 또는 $x>4$일 때, $f(x)>0$이므로 $g(x)=\frac{2f(x)}{2}=f(x)$

$-2\le x\le4$일 때, $f(x)\le0$이므로 $g(x)=\frac{-f(x)+f(x)}{2}=0$

이때 $h(x)=a(x+2)$라 하면 직선 $y=h(x)$는 기울기가 a이고, 점 $(-2, 0)$을 반드시 지나므로 두 함수 $y=g(x)$, $y=h(x)$의 그래프는 오른쪽 그림과 같다.

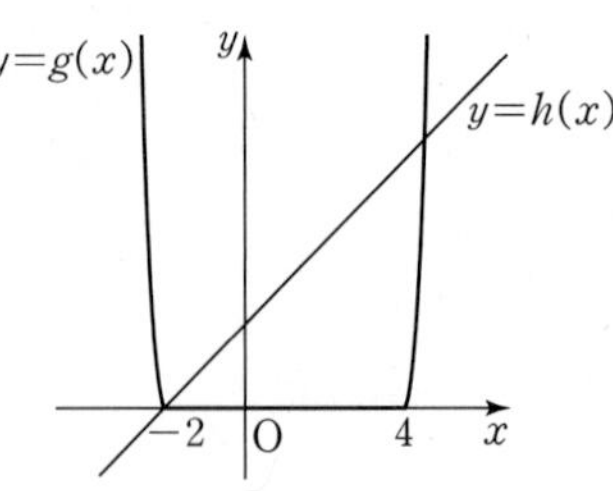

부등식 $\frac{|f(x)|+f(x)}{2}\le a(x+2)$를 만족시키는 정수 x의 개수가 8이 되려면

부등식의 해가 $-2\le x\le k$라 할 때, $5\le k<6$이어야 한다.

즉, 두 함수 $y=g(x)$, $y=h(x)$의 그래프가 만나는 점 중 $(-2, 0)$을 제외한 나머지 점의 x좌표가 5보다 크거나 같고 6보다 작아야 한다.

방정식 $x^2-2x-8=a(x+2)$이 $x=5$를 근으로 가질 때

$5^2-2\times5-8=a(5+2)$, $7a=7$ $\quad\therefore a=1$

방정식 $x^2-2x-8=a(x+2)$이 $x=6$을 근으로 가질 때

$6^2-2\times6-8=a(6+2)$, $8a=16$ $\quad\therefore a=2$

따라서 구하는 실수 a의 값의 범위는 $1\le a<2$이다.

605 ······ 답 ④

절댓값 안의 부호를 기준으로 경우를 나누면 다음과 같다.

(i) $x<0$일 때

$-2x-(2x-m)<n$, $4x>m-n$에서

$x>\frac{m-n}{4}$

(ii) $0\le x<\frac{m}{2}$일 때

$2x-(2x-m)<n$, $m<n$이므로

$0\le x<\frac{m}{2}$일 때 항상 주어진 부등식을 만족시킨다.

(iii) $x\ge\frac{m}{2}$일 때

$2x+2x-m<n$, $4x<m+n$에서

$x<\frac{m+n}{4}$

(i)~(iii)에서 부등식을 만족시키는 x의 값의 범위는

$\frac{m-n}{4}<x<\frac{m+n}{4}$ ······ ㉠

ㄱ. ㉠에 $m=5$, $n=7$을 대입하면

$-\frac{1}{2}<x<3$이므로 정수 x는 0, 1, 2의 3개이다.

$F(5, 7)=3$ (참)

ㄴ. ㉠에 $m=2a$, $n=6a+4$를 대입하면

$\frac{-4a-4}{4}<x<\frac{8a+4}{4}$, $-a-1<x<2a+1$이므로

정수 x의 개수는 $2a+1-(-a-1)-1=3a+1$

$F(2a, 6a+4)=3a+1$ (거짓)

ㄷ. $F(2a, 10a)>100$을 만족시키려면 ㉠에서

$\frac{2a+10a}{4}-\frac{2a-10a}{4}-1>100$, $5a>101$이므로

$a>\frac{101}{5}$

따라서 자연수 a의 최솟값은 21이다. (참)

따라서 옳은 것은 ㄱ, ㄷ이다.

606 ······ 답 14

임의의 두 실수 x_1, x_2에 대하여 부등식 $f(x_1)\ge g(x_1)$이 성립하기 위해서는 모든 실수 x에 대하여 부등식 $f(x)\ge g(x)$가 성립해야 한다.

$x^2+4x+6\ge -x^2-2ax-2$, $2x^2+2(a+2)x+8\ge 0$

$x^2+(a+2)x+4\ge 0$

이때 방정식 $x^2+(a+2)x+4=0$이 중근 또는 허근을 가져야 하므로 이 방정식의 판별식을 D라 하면

$D=(a+2)^2-16\le 0$, $a^2+4a-12\le 0$, $(a+6)(a-2)\le 0$

$\therefore -6\le a\le 2$

즉, 정수 a는 -6, -5, -4, $\cdots$, 2의 9개이므로

$p=9$

임의의 두 실수 x_1, x_2에 대하여 부등식 $f(x_1)\ge g(x_2)$가 성립하기 위해서는 함수 $y=f(x)$의 최솟값이 함수 $y=g(x)$의 최댓값보다 크거나 같아야 하므로 ······ TIP

$f(x)=(x+2)^2+2$, $g(x)=-(x+a)^2+a^2-2$

에서 $2\ge a^2-2$, $a^2-4\le 0$, $(a+2)(a-2)\le 0$

$\therefore -2\le a\le 2$

따라서 정수 a는 -2, -1, 0, 1, 2의 5개이므로

$q=5$

$\therefore p+q=9+5=14$

TIP

임의의 두 실수 x_1, x_2에 대하여 부등식 $f(x_1)\ge g(x_2)$가 성립하기 위해서는 x에 서로 다른 값을 대입해도 항상 $f(x)$의 함숫값이 $g(x)$의 함숫값보다 크거나 같아야 한다.

따라서 두 함수 $y=f(x)$, $y=g(x)$의 그래프의 개형은 다음 그림과 같아야 한다.

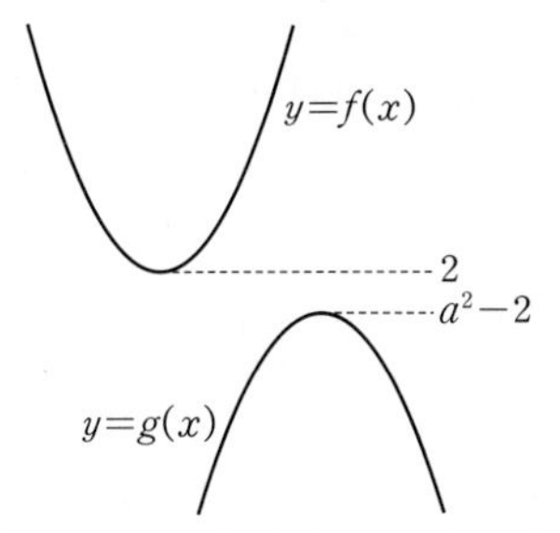

즉, 함수 $y=f(x)$의 최솟값이 함수 $y=g(x)$의 최댓값보다 크거나 같아야 한다.

607 ······ 답 ④

$\{f(x)\}^2>f(x)g(x)$에서 $f(x)\{f(x)-g(x)\}>0$

두 이차함수 $y=f(x)$, $y=g(x)$의 그래프가 만나는 점의 x좌표를 각각 α, β라 하면 $-3<\alpha<-2$, $1<\beta<2$이다.

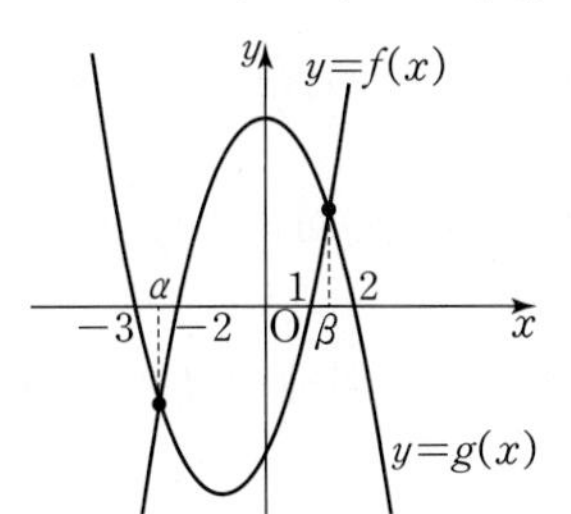

주어진 부등식을 만족시키는 경우는 다음과 같다.

(i) $f(x)>0$, $f(x)-g(x)>0$인 경우

$f(x)>0$에서 함수 $y=f(x)$의 그래프가 x축보다 위쪽에 있어야 하므로

$x<-3$ 또는 $x>1$ ······ ㉠

$f(x)>g(x)$에서 함수 $y=f(x)$의 그래프가 함수 $y=g(x)$의 그래프보다 더 위쪽에 있어야 하므로

$x<\alpha$ 또는 $x>\beta$ ······ ㉡

이때 ㉠, ㉡을 동시에 만족시키는 x의 값의 범위는 $x<-3$ 또는 $x>\beta$이므로 정수 x는 -5, -4, 2, 3, 4, 5의 6개이다.

(ii) $f(x)<0$, $f(x)-g(x)<0$인 경우

$f(x)<0$에서 함수 $y=f(x)$의 그래프가 x축보다 아래쪽에 있어야 하므로

$-3<x<1$ ······ ㉢

$f(x)<g(x)$에서 함수 $y=f(x)$의 그래프가 함수 $y=g(x)$의 그래프보다 더 아래쪽에 있어야 하므로

$\alpha<x<\beta$ ······ ㉣

이때 ㉢, ㉣을 동시에 만족시키는 x의 값의 범위는
$\alpha<x<1$이므로 정수 x는 -2, -1, 0으로 3개이다.
(i), (ii)에서 구하는 정수 x의 개수는 $6+3=9$이다.

608 ········· 답 ③

$\begin{cases} |2x-1|\ge 3 & \cdots\cdots ㉠ \\ x^2-(a+1)x+a<0 & \cdots\cdots ㉡ \end{cases}$

㉠에서 $x\ge\frac{1}{2}$일 때 $2x-1\ge3$, 즉 $x\ge2$이고

$x<\frac{1}{2}$일 때 $-(2x-1)\ge3$, $2x\le-2$, 즉 $x\le-1$이다.

따라서 ㉠의 해는 $x\le-1$ 또는 $x\ge2$

㉡에서 $x^2-(a+1)x+a=(x-1)(x-a)<0$이므로

$a>1$일 때 $1<x<a$이고, $a<1$일 때 $a<x<1$이고, $a=1$일 때 해가 없다.

ㄱ. $a=2$일 때 ㉡의 해는 $1<x<2$이므로 연립부등식의 해를 수직선에 나타내면 다음 그림과 같다.

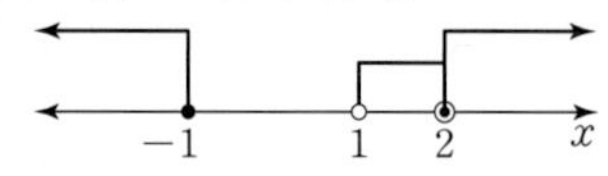

연립부등식의 해가 존재하지 않으므로 $f(2)=0$이다. (참)

ㄴ. $f(a)=1$이려면 다음과 같이 부등식 ㉡의 해가 -1을 포함하거나 2를 포함해야 한다.

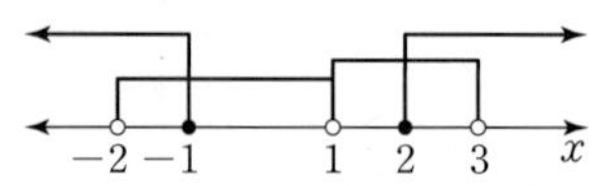

$a>1$일 때, ㉡의 해가 2를 포함해야 하므로 $2<a\le3$이다.
$a<1$일 때, ㉡의 해가 -1을 포함해야 하므로 $-2\le a<-1$이다.
따라서 모든 정수 a의 값의 곱은 $3\times(-2)=-6$이다. (참)

ㄷ. $f(a)\ge3$이려면
$a>1$일 때 ㉡의 해가 4 이상의 정수를 포함해야 하므로 $a>4$이고,
$a<1$일 때 ㉡의 해가 -3 이하의 정수를 포함해야 하므로 $a<-3$이다.
따라서 양의 정수 a의 최솟값은 $\alpha=5$이고, 음의 정수 a의 최댓값은 $\beta=-4$이므로 $\alpha-\beta=5-(-4)=9$이다. (거짓)

따라서 옳은 것은 ㄱ, ㄴ이다.

609 ········· 답 ③

$8x^2>2x+1$에서 $(4x+1)(2x-1)>0$

$\therefore x<-\frac{1}{4}$ 또는 $x>\frac{1}{2}$

$x^2-(2+a)x+2a<0$에서 $(x-a)(x-2)<0$ $\cdots\cdots$ ㉠

ㄱ. $a=2$일 때 ㉠에서 $(x-2)^2<0$이므로 ㉠을 만족시키는 x의 값이 존재하지 않는다. (참)

ㄴ. $4<a\le5$일 때 ㉠의 해는 $2<x<a$

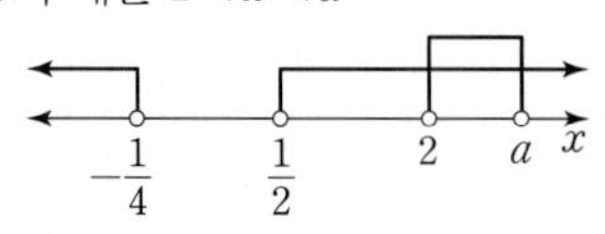

위의 그림에서 연립부등식을 만족시키는 정수 x의 값은 3, 4이다. (참)

ㄷ. 주어진 연립부등식을 만족시키는 정수 x의 값이 -1, 1만 존재하도록 하려면 다음 그림과 같아야 한다.

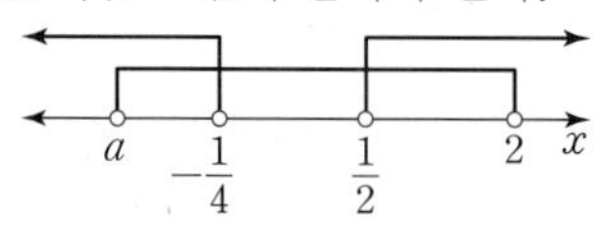

즉, 실수 a의 값의 범위는 $-2\le a<-1$이다. (거짓)

따라서 옳은 것은 ㄱ, ㄴ이다.

610 ········· 답 ④

주어진 연립부등식이 모든 실수 x에 대하여 성립하므로 두 부등식 $ax^2+bx+c>0$, $px^2+qx+r<0$이 각각 모든 실수 x에 대하여 성립해야 한다.

$ax^2+bx+c>0$에서 이차함수 $y=ax^2+bx+c$의 그래프가 아래로 볼록하고 x축과 만나지 않아야 하므로

$a>0$, $b^2-4ac<0$

$px^2+qx+r<0$에서 이차함수 $y=px^2+qx+r$의 그래프가 위로 볼록하고 x축과 만나지 않아야 하므로

$p<0$, $q^2-4pr<0$

ㄱ. $a>0$, $p<0$이므로 $a>p$에서 $a-p>0$이다. (참)

ㄴ. $b^2-q^2>4(ac-pr)$에서
$b^2-4ac>q^2-4pr$
이때 $b^2-4ac<0$이고 $q^2-4pr<0$이지만
$b^2-4ac>q^2-4pr$인지는 알 수 없다. (거짓) $\cdots\cdots$ TIP

ㄷ. $px^2+qx+r<0$이므로 양변에 각각 -1을 곱해주면
$-px^2-qx-r>0$이고, $ax^2+bx+c>0$이므로 모든 실수 x에 대하여
$(a-p)x^2+(b-q)x+(c-r)>0$이 성립한다.
방정식 $(a-p)x^2+(b-q)x+(c-r)=0$의 판별식을 D라 하면
$D=(b-q)^2-4(a-p)(c-r)<0$
이므로 $(b-q)^2<4(a-p)(c-r)$ (참)

따라서 옳은 것은 ㄱ, ㄷ이다.

TIP

ㄴ. $a=2$, $b=1$, $c=2$이고, $p=-1$, $q=1$, $r=-1$인 경우
$b^2-4ac=1-16=-15$이고, $q^2-4pr=1-4=-3$이므로
$b^2-4ac<q^2-4pr$이다.

611 ········· 답 ④

$\alpha<\beta$라 두고 $f(x)=x^2-(k+1)x+k-4$라 할 때, 경우를 나누어 보면 다음과 같다.

(i) $-1\le\alpha\le2<\beta$인 경우

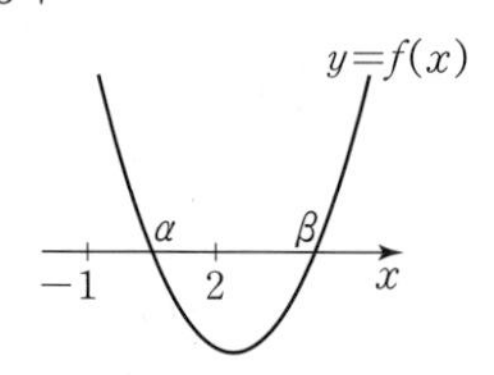

$f(-1)\ge0$, $f(2)\le0$이 되어야 하므로
$f(-1)=1+k+1+k-4=2k-2\ge0$에서 $k\ge1$
$f(2)=4-2k-2+k-4=-k-2\le0$에서 $k\ge-2$
따라서 실수 k의 값의 범위는 $k\ge1$

(ii) $\alpha<-1\le\beta\le2$인 경우

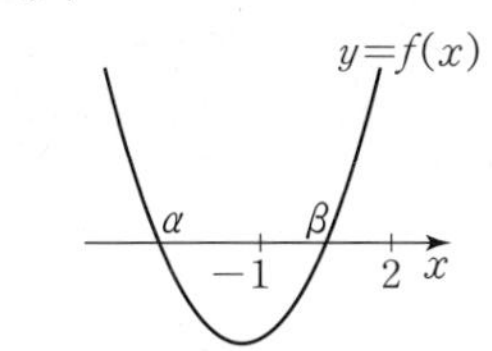

$f(-1)\le0$, $f(2)\ge0$이 되어야 하므로

$f(-1)=1+k+1+k-4=2k-2\le0$에서 $k\le1$

$f(2)=4-2k-2+k-4=-k-2\ge0$에서 $k\le-2$

따라서 실수 k의 값의 범위는 $k\le-2$

(iii) $-1\le\alpha<\beta\le2$인 경우

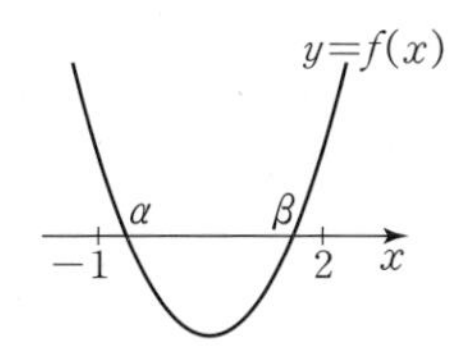

이차방정식 $x^2-(k+1)x+k-4=0$의 판별식을 D라 하면

$D=(k+1)^2-4(k-4)=k^2-2k+17=(k-1)^2+16>0$

이므로 주어진 방정식은 k의 값에 관계없이 항상 서로 다른 두 실근을 갖는다.

또한 $f(-1)\ge0$, $f(2)\ge0$이고, 이차함수 $y=f(x)$의 그래프의 축이 두 직선 $x=-1$, $x=2$ 사이에 존재해야 하므로

$f(-1)=1+k+1+k-4=2k-2\ge0$에서 $k\ge1$

$f(2)=4-2k-2+k-4=-k-2\ge0$에서 $k\le-2$

축이 $x=\frac{k+1}{2}$이므로 $-1<\frac{k+1}{2}<2$에서

$-3<k<3$

따라서 조건을 만족시키는 실수 k의 값이 존재하지 않는다.

(i)~(iii)에서 구하는 실수 k의 값의 범위는

$k\le-2$ 또는 $k\ge1$

612

답 ③

이차방정식 $x^2+(2k-1)x+k-3=0$의 두 근 α, β가 각각 $[\alpha]=-2$, $[\beta]=1$을 만족시키므로 $-2\le\alpha<-1$, $1\le\beta<2$이다.

$f(x)=x^2+(2k-1)x+k-3$이라 하면 이차함수 $y=f(x)$의 그래프는 다음 그림과 같다.

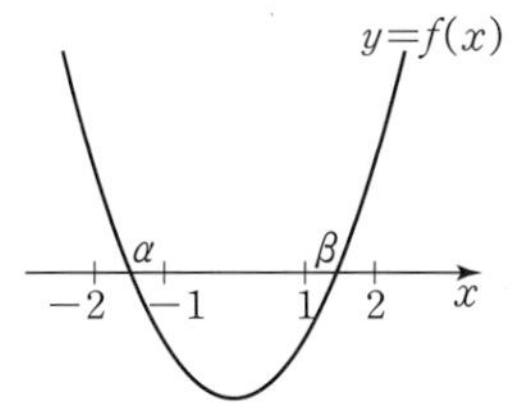

따라서 $f(-2)\ge0$, $f(-1)<0$, $f(1)\le0$, $f(2)>0$을 만족시켜야 한다.

(i) $f(-2)=4-4k+2+k-3=-3k+3\ge0$에서 $k\le1$

(ii) $f(-1)=1-2k+1+k-3=-k-1<0$에서 $k>-1$

(iii) $f(1)=1+2k-1+k-3=3k-3\le0$에서 $k\le1$

(iv) $f(2)=4+4k-2+k-3=5k-1>0$에서 $k>\frac{1}{5}$

(i)~(iv)에서 실수 k의 값의 범위는 $\frac{1}{5}<k\le1$이다.

$\therefore p+q=\frac{1}{5}+1=\frac{6}{5}$

613

답 -2

방정식 $(3x-k^2+3k)(3x-2k)=0$의 해가

$x=\frac{k^2-3k}{3}$ 또는 $x=\frac{2k}{3}$이므로

이차부등식 $(3x-k^2+3k)(3x-2k)\le0$의 해는

$\frac{2k}{3}\le\frac{k^2-3k}{3}$일 때 $\frac{2k}{3}\le x\le\frac{k^2-3k}{3}$이고,

$\frac{2k}{3}>\frac{k^2-3k}{3}$일 때 $\frac{k^2-3k}{3}\le x\le\frac{2k}{3}$이다.

조건 (가)에서 $\beta-\alpha$가 자연수이고, α, β가 정수가 아닌 실수이므로 조건 (나)에서 $\alpha\le x\le\beta$를 만족시키는 정수 x의 개수가 2이려면 $\beta-\alpha=2$이다.

(i) 이차부등식의 해가 $\frac{2k}{3}\le x\le\frac{k^2-3k}{3}$일 때

$\frac{k^2-3k}{3}-\frac{2k}{3}=2$에서 $k^2-5k-6=0$, $(k+1)(k-6)=0$

$\therefore k=-1$ 또는 $k=6$

$k=-1$일 때 $\frac{k^2-3k}{3}=\frac{4}{3}$, $\frac{2k}{3}=-\frac{2}{3}$이므로 두 근이 정수가 아니다.

$k=6$일 때 $\frac{k^2-3k}{3}=6$, $\frac{2k}{3}=4$이므로 두 근이 정수이다.

(ii) 이차부등식의 해가 $\frac{k^2-3k}{3}\le x\le\frac{2k}{3}$일 때

$\frac{2k}{3}-\frac{k^2-3k}{3}=2$에서 $k^2-5k+6=0$, $(k-2)(k-3)=0$

$\therefore k=2$ 또는 $k=3$

$k=2$일 때 $\frac{k^2-3k}{3}=-\frac{2}{3}$, $\frac{2k}{3}=\frac{4}{3}$이므로 두 근이 정수가 아니다.

$k=3$일 때 $\frac{k^2-3k}{3}=0$, $\frac{2k}{3}=2$이므로 두 근이 정수이다.

(i), (ii)에서 구하는 실수 k의 값은 $k=-1$ 또는 $k=2$이므로 모든 실수 k의 값의 곱은 $(-1)\times2=-2$

614

답 ②

부등식 $x^2-2x-8<0$에서 $(x+2)(x-4)<0$

$\therefore -2<x<4$ …… ㉠

부등식 $x^2-(3k+2)x+2k^2+7k-15\ge0$에서

$x^2-(3k+2)x+(k+5)(2k-3)\ge0$

$\{x-(k+5)\}\{x-(2k-3)\}\ge0$ …… ㉡

(i) $k+5\ge2k-3$, 즉 $k\le8$인 경우

㉡에서 $x\ge k+5$ 또는 $x\le2k-3$이다.

ⓐ 정수인 해가 $x=-1$만 존재하는 경우를 수직선에 나타내면 다음 그림과 같다.

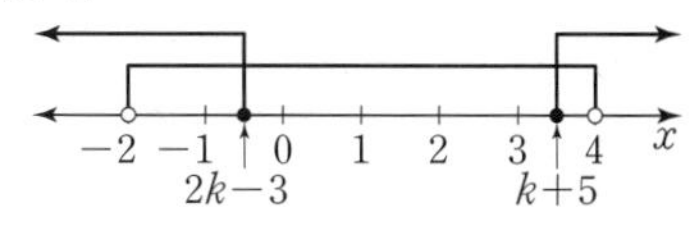

$-1\le2k-3<0$에서 $1\le k<\frac{3}{2}$이고,

$k+5>3$에서 $k>-2$이므로 정수 k의 값은 $k=1$이다.

ⓑ 정수인 해가 $x=3$만 존재하는 경우를 수직선에 나타내면 다음 그림과 같다.

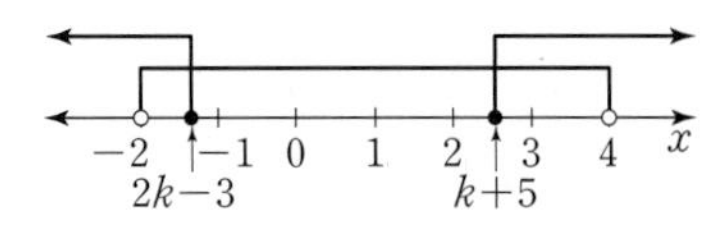

$2<k+5\leq3$에서 $-3<k\leq-2$이고,

$2k-3<-1$에서 $k<1$이므로 정수 k의 값은 $k=-2$이다.

(ii) $k+5<2k-3$, 즉 $k>8$인 경우

ⓛ에서 $x\geq2k-3$ 또는 $x\leq k+5$이다.

ⓐ 정수인 해가 $x=-1$만 존재하는 경우를 수직선에 나타내면 다음 그림과 같다.

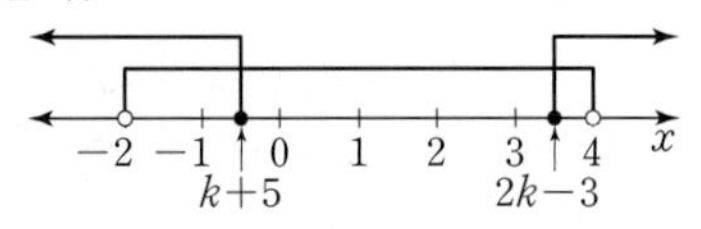

$-1\leq k+5<0$에서 $-6\leq k<-5$이고,

$2k-3>3$에서 $k>3$이므로

조건을 만족시키는 정수 k의 값이 존재하지 않는다.

ⓑ 정수인 해가 $x=3$만 존재하는 경우를 수직선에 나타내면 다음 그림과 같다.

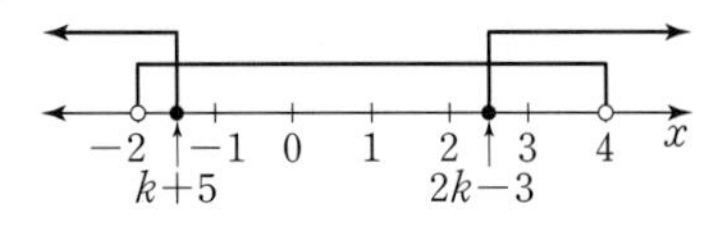

$2<2k-3\leq3$에서 $\frac{5}{2}<k\leq3$이고

$k+5<-1$에서 $k<-6$이므로

조건을 만족시키는 정수 k의 값이 존재하지 않는다.

(i), (ii)에서 정수 k는 1, -2이므로 구하는 합은

$1+(-2)=-1$이다.

Ⅲ 경우의 수

01 경우의 수

615 ········· 답 74

주어진 차림표에서 한 가지 음식을 택할 때

한식 5가지 메뉴 중 1가지를 고르는 방법의 수는 5이고,

한식을 제외한 중식 3가지, 일식 4가지 메뉴 중 1가지를 고르는 방법의 수는 7이므로 $a=5$, $b=7$

$\therefore a^2+b^2=25+49=74$

616 ········· 답 ④

나오는 두 눈의 수의 합의

최솟값은 $1+1=2$, 최댓값은 $6+6=12$이다.

2에서 12까지의 자연수 중 5의 배수는 5, 10이므로

두 주사위의 눈의 수를 각각 a, b라 하면

두 눈의 수의 합이 5 또는 10인 순서쌍 (a, b)는 다음과 같다.

(i) $a+b=5$인 경우

$(1, 4)$, $(2, 3)$, $(3, 2)$, $(4, 1)$

(ii) $a+b=10$인 경우

$(4, 6)$, $(5, 5)$, $(6, 4)$

(i), (ii)의 경우는 동시에 일어날 수 없으므로

구하는 경우의 수는 합의 법칙에 의하여

$4+3=7$이다.

617 ········· 답 ②

$2x+y<7$에서 x의 값에 따라 나누어 생각하면 다음과 같다.

(i) $x=1$인 경우

$2+y<7$, $y<5$이므로 순서쌍 (x, y)는

$(1, 1)$, $(1, 2)$, $(1, 3)$, $(1, 4)$

(ii) $x=2$인 경우

$4+y<7$, $y<3$이므로 순서쌍 (x, y)는

$(2, 1)$, $(2, 2)$

(iii) $x\geq3$인 경우

$6+y<7$을 만족시키는 자연수 y는 존재하지 않는다.

(i)~(iii)의 경우는 동시에 일어날 수 없으므로

구하는 모든 순서쌍 (x, y)의 개수는

$4+2=6$이다.

618 ········· 답 ②

n번째 자리에는 숫자 n이 적힌 카드가 오지 않도록 나열하는 방법은 다음과 같다.

	1번째	2번째	3번째
수	2	3	1
	3	1	2

따라서 구하는 방법의 수는 2이다.

619
답 17

주머니에서 꺼낸 두 공에 적힌 숫자를 각각 a, b $(a>b)$라 하면
두 수의 차가 3 미만인 경우의 순서쌍 (a, b)는 다음과 같다.
(i) $a-b=1$인 경우
$(2, 1), (3, 2), (4, 3), (5, 4), (6, 5),$
$(7, 6), (8, 7), (9, 8), (10, 9)$
(ii) $a-b=2$인 경우
$(3, 1), (4, 2), (5, 3), (6, 4), (7, 5), (8, 6), (9, 7), (10, 8)$
(i), (ii)의 경우는 동시에 일어날 수 없으므로
구하는 경우의 수는 합의 법칙에 의하여
$9+8=17$이다.

620
답 (1) 15 (2) 13

나오는 두 눈의 수의 합의
최솟값은 $1+1=2$, 최댓값은 $6+6=12$이다.
(1) 2에서 12까지의 자연수 중 소수는 2, 3, 5, 7, 11이다.
두 주사위의 눈의 수를 각각 a, b라 하면 두 눈의 수의 합이 소수인 순서쌍 (a, b)는 다음과 같다.
(i) 합이 2인 경우
$(1, 1)$의 1개이다.
(ii) 합이 3인 경우
$(1, 2), (2, 1)$의 2개이다.
(iii) 합이 5인 경우
$(1, 4), (2, 3), (3, 2), (4, 1)$의 4개이다.
(iv) 합이 7인 경우
$(1, 6), (2, 5), (3, 4), (4, 3), (5, 2), (6, 1)$의 6개이다.
(v) 합이 11인 경우
$(5, 6), (6, 5)$의 2개이다.
(i)~(v)의 경우는 동시에 일어날 수 없으므로 구하는 경우의 수는 합의 법칙에 의하여
$1+2+4+6+2=15$이다.
(2) 2에서 12까지의 자연수 중 8 이상의 합성수는 8, 9, 10, 12이다.
두 주사위의 눈의 수를 각각 a, b라 하면 두 눈의 수의 합이 8 이상의 합성수인 순서쌍 (a, b)는 다음과 같다.
(i) 합이 8인 경우
$(2, 6), (3, 5), (4, 4), (5, 3), (6, 2)$의 5개이다.
(ii) 합이 9인 경우
$(3, 6), (4, 5), (5, 4), (6, 3)$의 4개이다.
(iii) 합이 10인 경우
$(4, 6), (5, 5), (6, 4)$의 3개이다.
(iv) 합이 12인 경우
$(6, 6)$의 1개이다.
(i)~(iv)의 경우는 동시에 일어날 수 없으므로
구하는 경우의 수는 합의 법칙에 의하여
$5+4+3+1=13$이다.

621
답 6

0부터 9까지의 정수 중 곱해서 9가 되는 세 수는 1, 1, 9 또는
1, 3, 3이다.
따라서 세 자리 자연수의 백의 자리의 수를 a, 십의 자리의 수를 b, 일의 자리의 수를 c라 하면 순서쌍 (a, b, c)는 다음과 같다.
(i) 세 수가 1, 1, 9인 경우
$(1, 1, 9), (1, 9, 1), (9, 1, 1)$
(ii) 세 수가 1, 3, 3인 경우
$(1, 3, 3), (3, 1, 3), (3, 3, 1)$
(i), (ii)의 경우는 동시에 일어날 수 없으므로
구하는 자연수의 개수는 합의 법칙에 의하여
$3+3=6$이다.

622
답 ②

$40=2^3\times5$이므로 40과 서로소인 수는
2의 배수가 아니면서 5의 배수가 아니어야 한다.
100 이하의 자연수 중 2의 배수의 개수는 50이고
5의 배수의 개수는 20이다.
이때 2와 5의 최소공배수인 10의 배수의 개수는 10이므로
구하는 40과 서로소인 100 이하의 자연수의 개수는
$100-(50+20-10)=40$이다.

623
답 ③

A 지점에서 B 지점까지 도로를 따라 최단 거리로 이동하는 방법의 수를 일일이 세면 다음과 같다.

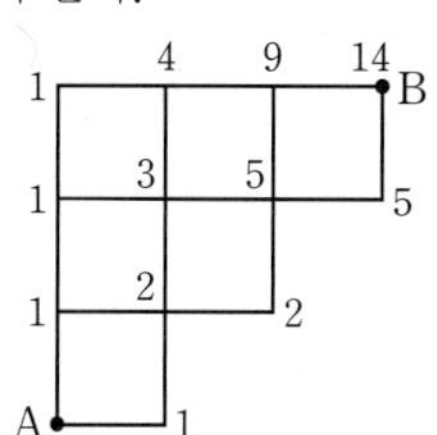

따라서 구하는 방법의 수는 14이다.

624
답 36

치즈의 유무에 따라 2가지, 매운 정도에 따라 6가지,
양에 따라 3가지 종류가 있으므로 떡볶이를 주문하는 방법의 수는
곱의 법칙에 의하여
$2\times6\times3=36$이다.

625
답 ③

P 지점에서 출발해서 R 지점에 도착하는 경로를 나누어 생각하면
다음과 같다.
(i) 중간에 Q 지점을 지나는 경우
P → Q로 이동하는 방법의 수는 3

Ⅲ
경우의 수

$Q \to R$로 이동하는 방법의 수는 2
이므로 $P \to Q \to R$의 순서로 이동하는 방법의 수는
$3\times2=6$이다.
(ii) 중간에 Q 지점을 지나지 않는 경우
$P \to R$로 바로 이동하는 방법의 수는 3이다.
(i), (ii)에서 구하는 방법의 수는 $6+3=9$이다.

626

답 ②

백의 자리의 숫자는 1, 2, 3, 4 중 하나이므로 4가지
십의 자리의 숫자는 백의 자리의 숫자를 제외하고 4가지
일의 자리의 숫자는 백의 자리와 십의 자리의 숫자를 제외하고 3가지
따라서 구하는 세 자리 자연수의 개수는 $4\times4\times3=48$이다.

627

답 (1) 100 (2) 90

(1) 백의 자리의 숫자는 2, 4, 6, 8 중 하나이고, 십의 자리와 일의 자리의 숫자는 각각 1, 3, 5, 7, 9 중 하나이다.
따라서 구하는 자연수의 개수는 $4\times5\times5=100$이다.
(2) 짝수가 되려면 일의 자리의 숫자가 0, 2, 4 중 하나가 되어야 하고 백의 자리의 숫자는 0이 될 수 없다.
따라서 구하는 짝수의 개수는 $5\times6\times3=90$이다.

628

답 25

상자 A에서 뽑은 공에 적힌 숫자가 짝수인 경우는
2, 4, 6, 8, 10의 5가지이고,
상자 B에서 뽑은 공에 적힌 숫자가 16 이상인 경우는
16, 17, 18, 19, 20의 5가지이므로
구하는 경우의 수는 곱의 법칙에 의하여
$5\times5=25$이다.

629

답 27

서로 다른 두 주사위를 던져서 나오는 두 눈의 수를 각각 a, b라 하면 ab가 짝수인 경우의 수는 순서쌍 (a, b)의 개수에서 ab가 홀수인 경우의 수를 제외하면 된다.
순서쌍 (a, b)의 개수는 $6\times6=36$이고,
ab가 홀수인 경우의 수는 a와 b가 모두 홀수이어야 하므로
$3\times3=9$이다.
따라서 구하는 경우의 수는 $36-9=27$이다.

다른 풀이

나오는 눈의 수의 곱이 짝수인 경우는 다음과 같다.
(i) (홀수, 짝수)가 나오는 경우
$3\times3=9$(가지)
(ii) (짝수, 홀수)가 나오는 경우
$3\times3=9$(가지)
(iii) (짝수, 짝수)가 나오는 경우
$3\times3=9$(가지)
(i)~(iii)에서 구하는 경우의 수는 $9+9+9=27$이다.

630

답 (1) 24 (2) 15

(1) $(x+y+z)(a+b+c+d)(p+q)(r+s)$의 전개식에서
s를 포함하는 항은 $(r+s)$에서 s를 선택하여 곱하는 경우이다.
즉, $(x+y+z)(a+b+c+d)(p+q)\times s$이므로
구하는 항의 개수는
$3\times4\times2\times1=24$이다.
(2) $(x+y)(p+q+r)$을 전개할 때
$(x+y)$와 $(p+q+r)$에서 각각 하나씩 항을 선택하여 곱하므로
구하는 항의 개수는 $2\times3=6$이다.
마찬가지 방법으로
$(x+y+z)(a+b+c)$의 전개식에서 항의 개수는
$3\times3=9$이다.
이때 $(x+y)(p+q+r)$과 $(x+y+z)(a+b+c)$의 전개식에서 동류항이 없으므로 구하는 항의 개수는
$6+9=15$이다.

631

답 18

남학생과 여학생을 교대로 나열하려면
여학생, 남학생, 여학생의 순서로 나열하거나
남학생, 여학생, 남학생의 순서로 나열해야 한다.
(i) 여학생, 남학생, 여학생의 순서로 나열하는 경우
$2\times3\times1=6$(가지)
(ii) 남학생, 여학생, 남학생의 순서로 나열하는 경우
$3\times2\times2=12$(가지)
(i), (ii)에서 구하는 경우의 수는
$6+12=18$이다.

632

답 ②

720을 소인수분해하면
$720=2^4\times3^2\times5$
이므로 양의 약수의 개수는
$(4+1)\times(2+1)\times(1+1)=30$

참고

약수와 배수는 일반적으로 자연수 범위에서 다루지만 그 의미가 좀 더 명확하도록 '양의 약수'라는 표현을 사용하였다.

633

답 ②

480과 864의 양의 공약수의 개수는 두 수의 최대공약수의 양의 약수의 개수와 같다.
$480=2^5\times3\times5$, $864=2^5\times3^3$이므로 480과 864의 최대공약수는 $2^5\times3$이다.
따라서 480과 864의 양의 공약수의 개수는
$(5+1)\times(1+1)=12$

634

답 ③

사용할 수 있는 색은 4가지이므로

A에 칠할 수 있는 색은 4가지
B에 칠할 수 있는 색은 A에 칠한 색을 제외한 3가지
C에 칠할 수 있는 색은 A, B에 칠한 색을 제외한 2가지
D에 칠할 수 있는 색은 A, C에 칠한 색을 제외한 2가지
따라서 구하는 방법의 수는
$4\times3\times2\times2=48$이다.

635 답 59

500원짜리 동전을 지불하는 방법은 0, 1, 2, 3개의 4가지
100원짜리 동전을 지불하는 방법은 0, 1, 2, 3, 4개의 5가지
50원짜리 동전을 지불하는 방법은 0, 1, 2개의 3가지
이때 0원을 지불하는 방법의 수는 1이므로
구하는 지불하는 방법의 수는
$4\times5\times3-1=59$이다.

636 답 ③

$x+3y\le10$에서 y의 값에 따라 나누어 생각하면 다음과 같다. …… TIP

(i) $y=1$인 경우
$x+3\le10$, $x\le7$이므로 순서쌍 (x, y)는
$(1, 1)$, $(2, 1)$, $(3, 1)$, $(4, 1)$, $(5, 1)$, $(6, 1)$의 6개이다.
(ii) $y=2$인 경우
$x+6\le10$, $x\le4$이므로 순서쌍 (x, y)는
$(1, 2)$, $(2, 2)$, $(3, 2)$, $(4, 2)$의 4개이다.
(iii) $y=3$인 경우
$x+9\le10$, $x\le1$이므로 순서쌍 (x, y)는
$(1, 3)$의 1개이다.
(iv) $y\ge4$인 경우
조건을 만족시키는 x의 값이 존재하지 않는다.
(i)~(iv)에서 구하는 순서쌍의 개수는
$6+4+1=11$이다.

TIP
경우를 나눌 때에는 계수가 가장 큰 항의 값을 기준으로 나누는 것이 계산에 편리하다.

637 답 ④

몇 자리 자연수를 만드는지에 따라 나누어 생각하면 다음과 같다.
(i) 두 자리 자연수인 경우
16, 25, 34, 43, 52, 61, 70의 7개
(ii) 세 자리 자연수인 경우
300 이하의 세 자리 자연수이므로 백의 자리의 숫자는 1 또는 2이다.
백의 자리의 숫자가 1인 경우 십의 자리의 숫자와 일의 자리의 숫자의 합이 6이므로
106, 115, 124, 133, 142, 151, 160의 7개
백의 자리의 숫자가 2인 경우 십의 자리의 숫자와 일의 자리의 숫자의 합이 5이므로
205, 214, 223, 232, 241, 250의 6개
따라서 세 자리 자연수의 개수는 $7+6=13$이다.
(i), (ii)에서 구하는 자연수의 개수는
$7+13=20$이다.

638 답 ②

이차함수 $y=x^2+ax+2b$의 그래프가 x축과 적어도 한 점에서 만나려면 이차방정식 $x^2+ax+2b=0$이 실근을 가져야 하므로
판별식을 D라 하면
$D=a^2-8b\ge0$, $a^2\ge8b$ …… ㉠
a, b의 값 중 ㉠을 만족시키는 경우는 다음과 같다.

$8b$ \ a^2	1	4	9	16	25	36
8			○	○	○	○
16				○	○	○
24					○	○
32						○
40						
48						

따라서 순서쌍 (a, b)는 $(3, 1)$, $(4, 1)$, $(4, 2)$, $(5, 1)$, $(5, 2)$ $(5, 3)$, $(6, 1)$, $(6, 2)$, $(6, 3)$, $(6, 4)$의 10개이다.

639 답 ⑤

$x+3y+2z=18$에서 y의 값에 따라 나누어 생각하면 다음과 같다.
(i) $y=1$인 경우
$x+3+2z=18$, $x+2z=15$이므로 순서쌍 (x, z)는
$(13, 1)$, $(11, 2)$, $(9, 3)$, $(7, 4)$, $(5, 5)$, $(3, 6)$, $(1, 7)$의 7개이다.
(ii) $y=2$인 경우
$x+6+2z=18$, $x+2z=12$이므로 순서쌍 (x, z)는
$(10, 1)$, $(8, 2)$, $(6, 3)$, $(4, 4)$, $(2, 5)$의 5개이다.
(iii) $y=3$인 경우
$x+9+2z=18$, $x+2z=9$이므로 순서쌍 (x, z)는
$(7, 1)$, $(5, 2)$, $(3, 3)$, $(1, 4)$의 4개이다.
(iv) $y=4$인 경우
$x+12+2z=18$, $x+2z=6$이므로 순서쌍 (x, z)는
$(4, 1)$, $(2, 2)$의 2개이다.
(v) $y=5$인 경우
$x+15+2z=18$, $x+2z=3$이므로 순서쌍 (x, z)는
$(1, 1)$의 1개이다.
(i)~(v)에서 구하는 모든 순서쌍의 개수는
$7+5+4+2+1=19$이다.

640 답 ②

$48x^2-14nx+n^2=0$에서 $(6x-n)(8x-n)=0$이므로
$x=\frac{n}{6}$ 또는 $x=\frac{n}{8}$이다.
따라서 이차방정식이 정수해를 갖기 위해서는
n이 6의 배수이거나 8의 배수이어야 한다.

Ⅲ 경우의 수

200 이하의 자연수 중 6의 배수의 개수는 33이고
8의 배수의 개수는 25이다.
이때 6과 8의 최소공배수인 24의 배수의 개수는 8이므로
구하는 자연수 n의 개수는
$33+25-8=50$이다.

641 답 ⑤

100원짜리 동전 x개, 500원짜리 동전 y개, 1000원짜리 지폐 z장을 합하여 3500원이 되도록 하면
$100x+500y+1000z=3500$
$x+5y+10z=35$
이고, z의 값에 따라 나누어 생각하면 다음과 같다.
(i) $z=0$인 경우
$x+5y+0=35$, $x+5y=35$이므로 순서쌍 (x, y)는
$(35, 0)$, $(30, 1)$, $(25, 2)$, $(20, 3)$, $(15, 4)$, $(10, 5)$, $(5, 6)$, $(0, 7)$의 8개이다.
(ii) $z=1$인 경우
$x+5y+10=35$, $x+5y=25$이므로 순서쌍 (x, y)는
$(25, 0)$, $(20, 1)$, $(15, 2)$, $(10, 3)$, $(5, 4)$, $(0, 5)$의 6개이다.
(iii) $z=2$인 경우
$x+5y+20=35$, $x+5y=15$이므로 순서쌍 (x, y)는
$(15, 0)$, $(10, 1)$, $(5, 2)$, $(0, 3)$의 4개이다.
(iv) $z=3$인 경우
$x+5y+30=35$, $x+5y=5$이므로 순서쌍 (x, y)는
$(5, 0)$, $(0, 1)$의 2개이다.
(i)~(iv)에서 구하는 방법의 수는
$8+6+4+2=20$이다.

642 답 9

5 g, 10 g, 20 g짜리의 세 종류의 저울추의 개수를 각각 x, y, z (x, y, z는 자연수)라 하면
$5x+10y+20z=80$
$x+2y+4z=16$
이고, z의 값에 따라 나누어 생각하면 다음과 같다.
(i) $z=1$인 경우
$x+2y+4=16$, $x+2y=12$이므로 순서쌍 (x, y)는
$(10, 1)$, $(8, 2)$, $(6, 3)$, $(4, 4)$, $(2, 5)$의 5개이다.
(ii) $z=2$인 경우
$x+2y+8=16$, $x+2y=8$이므로 순서쌍 (x, y)는
$(6, 1)$, $(4, 2)$, $(2, 3)$의 3개이다.
(iii) $z=3$인 경우
$x+2y+12=16$, $x+2y=4$이므로 순서쌍 (x, y)는
$(2, 1)$의 1개이다.
(i)~(iii)에서 구하는 경우의 수는
$5+3+1=9$이다.

643 답 24

선분 AB의 길이가 5보다 작기 위해서는
$\sqrt{a^2+b^2+c^2}<5$, 즉 $a^2+b^2+c^2<25$이어야 한다.
$c\le4$인 자연수 c의 값에 따라 나누어 생각하면 다음과 같다.
(i) $c=1$인 경우
$a^2+b^2+1<25$, $a^2+b^2<24$이므로 순서쌍 (a, b)는
$(1, 1)$, $(1, 2)$, $(1, 3)$, $(1, 4)$, $(2, 2)$, $(2, 3)$, $(2, 4)$, $(3, 3)$의 8개이다.
(ii) $c=2$인 경우
$a^2+b^2+4<25$, $a^2+b^2<21$이므로 순서쌍 (a, b)는
$(1, 1)$, $(1, 2)$, $(1, 3)$, $(1, 4)$, $(2, 2)$, $(2, 3)$, $(2, 4)$, $(3, 3)$의 8개이다.
(iii) $c=3$인 경우
$a^2+b^2+9<25$, $a^2+b^2<16$이므로 순서쌍 (a, b)는
$(1, 1)$, $(1, 2)$, $(1, 3)$, $(2, 2)$, $(2, 3)$의 5개이다.
(iv) $c=4$인 경우
$a^2+b^2+16<25$, $a^2+b^2<9$이므로 순서쌍 (a, b)는
$(1, 1)$, $(1, 2)$, $(2, 2)$의 3개이다.
(i)~(iv)에서 구하는 순서쌍의 개수는
$8+8+5+3=24$이다.

644 답 ④

$a\ge-1$, $c\ge4$에서 $a+c\ge(-1)+4=3$이므로
$a+c-2b=8$에서 $-2b\le5$, $b\ge-\frac{5}{2}$
또한 $b\le3$이므로 $-\frac{5}{2}\le b\le3$이다.
정수 b의 값에 따라 나누어 생각하면 다음과 같다.
(i) $b=3$인 경우
$a+c-6=8$, $a+c=14$이므로 순서쌍 (a, c)는
$(-1, 15)$, $(0, 14)$, $(1, 13)$, $\cdots$, $(10, 4)$의 12개이다.
(ii) $b=2$인 경우
$a+c-4=8$, $a+c=12$이므로 순서쌍 (a, c)는
$(-1, 13)$, $(0, 12)$, $(1, 11)$, $\cdots$, $(8, 4)$의 10개이다.
(iii) $b=1$인 경우
$a+c-2=8$, $a+c=10$이므로 순서쌍 (a, c)는
$(-1, 11)$, $(0, 10)$, $(1, 9)$, $\cdots$, $(6, 4)$의 8개이다.
(iv) $b=0$인 경우
$a+c-0=8$, $a+c=8$이므로 순서쌍 (a, c)는
$(-1, 9)$, $(0, 8)$, $(1, 7)$, $(2, 6)$, $(3, 5)$, $(4, 4)$의 6개이다.
(v) $b=-1$인 경우
$a+c+2=8$, $a+c=6$이므로 순서쌍 (a, c)는
$(-1, 7)$, $(0, 6)$, $(1, 5)$, $(2, 4)$의 4개이다.
(vi) $b=-2$인 경우
$a+c+4=8$, $a+c=4$이므로 순서쌍 (a, c)는
$(-1, 5)$, $(0, 4)$의 2개이다.
(i)~(vi)에서 구하는 순서쌍의 개수는
$12+10+8+6+4+2=42$이다.

645 답 11

밑면의 반지름의 길이가 4이고 높이가 5이므로 수조 전체의 부피는
$\pi\times4^2\times5=80\pi$

이 수조에 물이 $\frac{3}{4}$만큼 차 있으므로 $80\pi\times\frac{3}{4}=60\pi$에서

수조의 남은 부피는 20π이다.

수조에 넣는 부피가 각각 π, 3π, 4π인 돌의 개수를 각각 x, y, z (x, y, z는 자연수)라 하면

$x+3y+4z=20$

이고, z의 값에 따라 나누어 생각하면 다음과 같다.

(i) $z=1$인 경우

$x+3y+4=20$, $x+3y=16$

이므로 순서쌍 (x, y)는

$(13, 1)$, $(10, 2)$, $(7, 3)$, $(4, 4)$, $(1, 5)$의 5개이다.

(ii) $z=2$인 경우

$x+3y+8=20$, $x+3y=12$

이므로 순서쌍 (x, y)는

$(9, 1)$, $(6, 2)$, $(3, 3)$의 3개이다.

(iii) $z=3$인 경우

$x+3y+12=20$, $x+3y=8$

이므로 순서쌍 (x, y)는

$(5, 1)$, $(2, 2)$의 2개이다.

(iv) $z=4$인 경우

$x+3y+16=20$, $x+3y=4$

이므로 순서쌍 (x, y)는

$(1, 1)$의 1개이다.

(i)~(iv)에서 구하는 방법의 수는

$5+3+2+1=11$이다.

646

답 11

카드 뒷면에 적을 수 있는 문자를 수형도로 나타내면 다음 그림과 같다.

```
A   B   C   D   E
b ┬ c ─ a ─ e ─ d
  ├ d ─ a ─ e ─ c
  └ e ─ a ─ c ─ d

c ┬ d ─ a ─ e ─ b
  └ e ─ a ─ b ─ d

d ┬ c ─ a ─ e ─ b
  └ e ─ a ┬ b ─ c
          └ c ─ b

e ┬ c ─ a ─ b ─ d
  └ d ─ a ┬ b ─ c
          └ c ─ b
```

따라서 구하는 방법의 수는 11이다.

647

답 14

첫 경기부터 A가 이긴 횟수가 B가 이긴 횟수보다 항상 많거나 같으므로 첫 경기는 무조건 A가 이긴다.

주어진 상황을 수형도로 나타내면 다음 그림과 같다.

```
A ┬ A ┬ A ┬ A ─ B ─ B ─ B
  │   │   └ B ┬ A ─ B ─ B
  │   │       └ B ┬ A ─ B
  │   │           └ B ─ A
  │   └ B ┬ A ┬ A ─ B ─ B
  │       │   └ B ┬ A ─ B
  │       │       └ B ─ A
  │       └ B ─ A ┬ A ─ B
  │               └ B ─ A
  └ B ─ A ┬ A ┬ A ─ B ─ B
          │   └ B ┬ A ─ B
          │       └ B ─ A
          └ B ─ A ┬ A ─ B
                  └ B ─ A
```

따라서 구하는 경우의 수는 14이다.

648

답 24

회장, 부회장, 회원 3명이 가져온 책을 각각 a, b, c, d, e라 하자.

각자가 가져오지 않은 책으로 나누어 가지려면 각자 스스로 가져온 책을 제외하고, 회장과 부회장은 서로의 책이 아니어야 하므로 조건을 만족시키는 경우를 수형도로 나타내면 다음 그림과 같다.

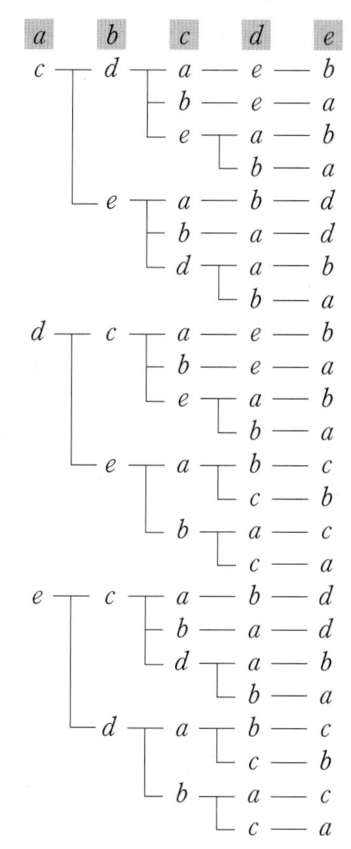

따라서 구하는 방법의 수는 24이다.

649

답 ⑤

공사로 인하여 진입이 제한된 길을 제외한 도로망에서 A 지점에서 출발하여 B 지점까지 도로를 따라 최단 거리로 이동하는 방법의 수를 일일이 세면 다음과 같다.

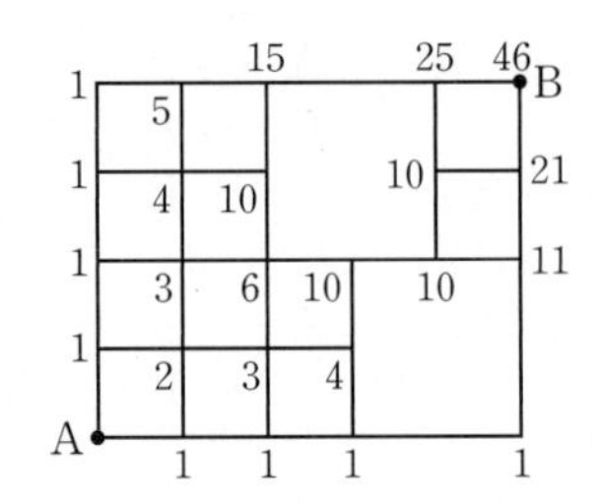

따라서 구하는 방법의 수는 46이다.

650

답 7

$a-1<b-3$을 정리하면 $b>a+2$이다.

(i) $a=2$인 경우
$b>2+2$, 즉 $b>4$이어야 하므로
조건을 만족시키는 순서쌍 (a, b)는
$(2, 6)$, $(2, 7)$, $(2, 8)$의 3개이다.

(ii) $a=3$인 경우
$b>3+2$, 즉 $b>5$이어야 하므로
조건을 만족시키는 순서쌍 (a, b)는
$(3, 6)$, $(3, 7)$, $(3, 8)$의 3개이다.

(iii) $a=5$인 경우
$b>5+2$, 즉 $b>7$이어야 하므로
조건을 만족시키는 순서쌍 (a, b)는
$(5, 8)$의 1개이다.

(iv) $a=6$인 경우
$b>6+2$, 즉 $b>8$이어야 하므로
조건을 만족시키는 순서쌍 (a, b)는 존재하지 않는다.

(i)~(iv)에서 구하는 경우의 수는
$3+3+1=7$이다.

651

답 24

$(x-y)^3=x^3-3x^2y+3xy^2-y^3$
$(a+b+c)^2=a^2+b^2+c^2+2ab+2bc+2ca$
이므로 $(x-y)^3(a+b+c)^2$의 전개식에서 서로 다른 항의 개수는
$4\times6=24$이다.

652

답 30

A 지점에서 출발해서 D 지점에 도착하는 경로를 나누어 생각하면 다음과 같다.

(i) 중간에 B 지점만 지나는 경우
A → B로 이동하는 방법의 수는 3
B → D로 이동하는 방법의 수는 2
이므로 A → B → D로 이동하는 방법의 수는 $3\times2=6$

(ii) 중간에 C 지점만 지나는 경우
A → C로 이동하는 방법의 수는 2
C → D로 이동하는 방법의 수는 4
이므로 A → C → D로 이동하는 방법의 수는 $2\times4=8$

(iii) 중간에 B, C 지점을 모두 지나는 경우
A → B → C → D의 순서로 이동하는 방법의 수는
$3\times1\times4=12$
A → C → B → D의 순서로 이동하는 방법의 수는
$2\times1\times2=4$
이므로 중간에 B, C지점을 모두 지나는 방법의 수는
$12+4=16$

(i)~(iii)에서 구하는 방법의 수는
$6+8+16=30$이다.

653

답 216

M은 54의 약수이고 $54=2\times3^3$이므로
M의 양의 약수의 개수가 6이 되기 위해서는
$M=2\times3^2$
즉, $n=2\times3^2\times k$ (k는 3의 배수가 아닌 자연수)이므로
가능한 n의 값은 18, 36, 72, 90의 4개이다. …… 참고
따라서 구하는 모든 자연수 n의 값의 합은
$18+36+72+90=216$이다.

참고

$54=3M$이고,
$18=M$, $36=2M$, $72=4M$, $90=5M$이므로
18, 36, 72, 90은 모두 54와의 최대공약수가 18이다.

654

답 353

네 자리 자연수에서 각 자릿수가 모두 달라야 하므로
천의 자리의 숫자는 0을 제외하고 9가지
백의 자리의 숫자는 천의 자리의 숫자를 제외하고 9가지
십의 자리의 숫자는 천의 자리와 백의 자리의 숫자를 제외하고 8가지
일의 자리의 숫자는 천의 자리와 백의 자리와 십의 자리의 숫자를 제외하고 7가지이므로
만들 수 있는 각 자리의 숫자가 모두 다른 네 자리 자연수의 개수는
$9\times9\times8\times7$ …… ㉠
이때 위에서 구한 네 자리 자연수 중 각 자리의 숫자에 6의 약수가 하나도 없는 자연수를 위와 같은 방법으로 구하면 그 개수는
$5\times5\times4\times3$ …… ㉡
㉠, ㉡에서 구하는 자연수의 개수는
$k=9\times9\times8\times7-5\times5\times4\times3$

$$\therefore \frac{k}{12}=\frac{9\times9\times8\times7-5\times5\times4\times3}{12}$$
$$=\frac{4\times3\times(3\times9\times2\times7-5\times5)}{12}$$
$$=378-25=353$$

655

답 9

$0, 1, 2, \cdots, k$의 $(k+1)$개의 숫자를 이용하여
중복을 허락하지 않고 만들어지는 세 자리 자연수의 개수는
$a=k\times k\times(k-1)$ …… ㉠
중복을 허락하여 만들어지는 세 자리 자연수의 개수는
$b=k\times(k+1)\times(k+1)$ …… ㉡
㉠, ㉡에서

$$\frac{b}{a}=\frac{k(k+1)^2}{k^2(k-1)}=\frac{(k+1)^2}{k(k-1)}=\frac{25}{18}$$

$25k(k-1)=18(k+1)^2$
$25k^2-25k=18k^2+36k+18$
$7k^2-61k-18=0$, $(7k+2)(k-9)=0$
$\therefore k=9$ ($\because k>0$)

656

답 ②

백의 자리 숫자에 따라 나누어 생각하면 다음과 같다.
(i) 백의 자리의 숫자가 1인 경우
일의 자리의 숫자는 3, 5, 7, 9의 4가지이고
십의 자리의 숫자는 0부터 9까지 10개의 정수 중 백의 자리의 숫자와 일의 자리의 숫자를 제외한 8가지이므로
$4\times8=32$
(ii) 백의 자리의 숫자가 2인 경우
일의 자리의 숫자는 1, 3, 5, 7, 9의 5가지이고
십의 자리의 숫자는 0부터 9까지 10개의 정수 중 백의 자리의 숫자와 일의 자리의 숫자를 제외한 8가지이므로
$5\times8=40$
(iii) 백의 자리의 숫자가 3인 경우
일의 자리의 숫자는 1, 5, 7, 9의 4가지이고
십의 자리의 숫자는 0부터 9까지 10개의 정수 중 백의 자리의 숫자와 일의 자리의 숫자를 제외한 8가지이므로
$4\times8=32$
(i)~(iii)에서 구하는 자연수의 개수는
$32+40+32=104$이다.

657

답 72

만들 수 있는 자연수는 1, 1, 2, 2, 3, 3, 5, 7, 7, 7 중
2개 이상의 숫자를 곱한 수이므로
구하는 자연수의 개수는 1, 1, 2, 2, 3, 3, 5, 7, 7, 7을 모두 곱한 수
$2^2\times3^2\times5\times7^3$의 양의 약수의 개수와 같다.
따라서 구하는 자연수의 개수는
$(2+1)\times(2+1)\times(1+1)\times(3+1)=72$이다.

658

답 72

주사위를 3번 던졌을 때 전체 경우의 수는
$6\times6\times6=216$
abc가 10의 배수가 되려면 주사위의 눈의 수는 5와 짝수가 꼭 포함되어야 한다.
이때 abc가 10의 배수가 되지 않는 경우를 나누어 생각하면 다음과 같다.
(i) 눈의 수에 5가 한 번도 포함되지 않을 때
5를 제외한 1, 2, 3, 4, 6 중에서만 나와야 하므로 경우의 수는
$5\times5\times5=125$
(ii) 눈의 수에 짝수가 한 번도 포함되지 않을 때
2, 4, 6을 제외한 1, 3, 5 중에서만 나와야 하므로 경우의 수는
$3\times3\times3=27$
(i), (ii)에서 눈의 수에 5와 짝수가 모두 포함되지 않을 때가
중복되고 1, 3 중에서만 나오는 경우의 수는 $2\times2\times2=8$
따라서 구하는 경우의 수는
$216-(125+27-8)=72$이다.

659

답 ④

540을 소인수분해하면 $540=2^2\times3^3\times5$
짝수인 양의 약수는 반드시 2를 인수로 가져야 한다.
따라서 구하는 약수의 개수는 전체 양의 약수의 개수에서
2를 인수로 갖지 않는, 홀수인 양의 약수의 개수를 빼면 된다.
$2^2\times3^3\times5$의 양의 약수 중 홀수의 개수는 $3^3\times5$의 양의 약수의 개수와 같으므로 구하는 약수의 개수는
$(2+1)\times(3+1)\times(1+1)-(3+1)\times(1+1)=16$이다.

다른 풀이

540을 소인수분해하면 $540=2^2\times3^3\times5$
짝수인 양의 약수는 반드시 2를 인수로 가져야 한다.
$2\times3^3\times5$의 양의 약수에 2를 곱한 수는 540의 약수인 동시에 짝수이므로 540의 양의 약수 중 짝수의 개수는 $2\times3^3\times5$의 양의 약수의 개수와 같다.
따라서 구하는 약수의 개수는
$(1+1)\times(3+1)\times(1+1)=16$이다.

660

답 ③

$a+b+c=X$, $abc=Y$라 하자.
$X+Y$의 값이 홀수이려면
X, Y 중 하나는 홀수이고 하나는 짝수이어야 한다.
(i) X는 짝수, Y는 홀수인 경우
a, b, c의 합은 짝수이고, 곱은 홀수이어야 한다.
이때 세 수의 곱이 홀수이면 세 수가 모두 홀수이어야 하고 세 홀수의 합은 반드시 홀수이므로 조건을 만족하는 경우는 없다.
(ii) X는 홀수, Y는 짝수인 경우
a, b, c의 합은 홀수이고, 곱은 짝수이어야 하므로 a, b, c 중 2개는 짝수이고 남은 1개는 홀수이어야 한다.
a, b, c 중 1개가 홀수인 경우의 수는 3
6 이하의 짝수와 홀수는 각각 모두 3개씩이므로 a, b, c의 수를 정하는 경우의 수는 $3\times3\times3=3^3$
따라서 a, b, c의 합은 홀수이고, 곱은 짝수인 경우의 수는
$3\times3^3=81$
(i), (ii)에서 구하는 경우의 수는 81이다.

661

답 풀이 참조

(i) 지불할 수 있는 방법의 수
10000원짜리 지폐 2장을 지불할 수 있는 방법은 3가지
5000원짜리 지폐 3장을 지불할 수 있는 방법은 4가지
1000원짜리 지폐 6장을 지불할 수 있는 방법은 7가지
이때 0원을 지불하는 경우를 제외해야 하므로
지불할 수 있는 방법의 수는
$a=3\times4\times7-1=84-1=83$이다.
(ii) 지불할 수 있는 금액의 수
10000원짜리 지폐 2장으로 지불할 수 있는 금액은
0원, 10000원, 20000원
5000원짜리 지폐 3장으로 지불할 수 있는 금액은
0원, 5000원, 10000원, 15000원
1000원짜리 지폐 6장으로 지불할 수 있는 금액은

Ⅲ 경우의 수

0원, 1000원, 2000원, 3000원, 4000원, 5000원, 6000원
이때 10000원짜리 지폐 1장으로 지불할 수 있는 금액과
5000원짜리 지폐 2장으로 지불할 수 있는 금액은 서로 같고,
5000원짜리 지폐 1장으로 지불할 수 있는 금액과
1000원짜리 지폐 5장으로 지불할 수 있는 금액이 서로 같으므로
10000원짜리 지폐 2장과 5000원짜리 지폐 3장을
모두 1000원짜리 지폐로 각각 20장, 15장으로 바꾸어 생각하면
구하는 지불할 수 있는 금액의 수는 1000원짜리 지폐
$20+15+6=41$(장)으로 지불할 수 있는 방법의 수와 같다.
따라서 1000원짜리 지폐 41장을 지불하는 방법의 수는
42가지이고 0원을 지불하는 경우를 제외해야 하므로
지불할 수 있는 금액의 수는
$b=42-1=41$이다.

(i), (ii)에서 $a+b=83+41=124$

채점 요소	배점
지불할 수 있는 방법의 수 구하기	40%
지불할 수 있는 금액의 수 구하기	50%
$a+b$의 값 구하기	10%

662 ······ 답 ④

다음과 같이 가로 방향으로 평행한 직선과 세로 방향으로 평행한 직선에 각각 번호를 붙이자.

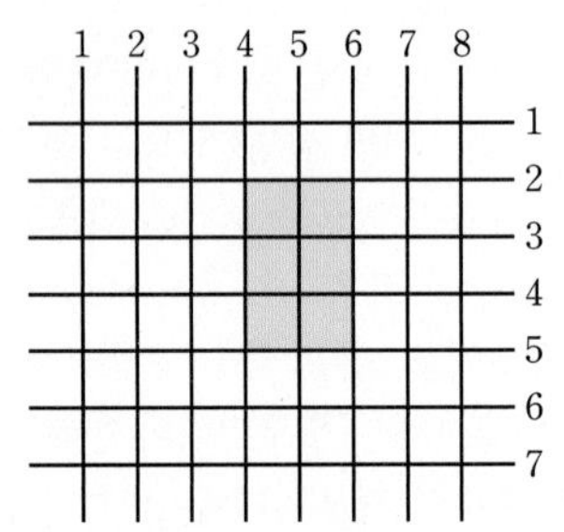

색칠된 부분을 모두 포함하도록 하려면
세로 방향으로 평행한 직선에서는 1, 2, 3, 4 중 한 개,
6, 7, 8 중 한 개를 선택하고
가로 방향으로 평행한 직선에서는 1, 2 중 한 개,
5, 6, 7 중 한 개를 선택해야 한다.
따라서 색칠된 사각형을 포함하는 사각형의 개수는
$4\times3\times2\times3=72$이다.

663 ······ 답 ③

외심이 삼각형의 외부에 존재하기 위해서는 만들어지는 삼각형이 둔각삼각형이어야 한다.
만들어질 수 있는 둔각삼각형은 다음과 같다.

(i) 이웃한 3개의 점으로 만들어지는 경우

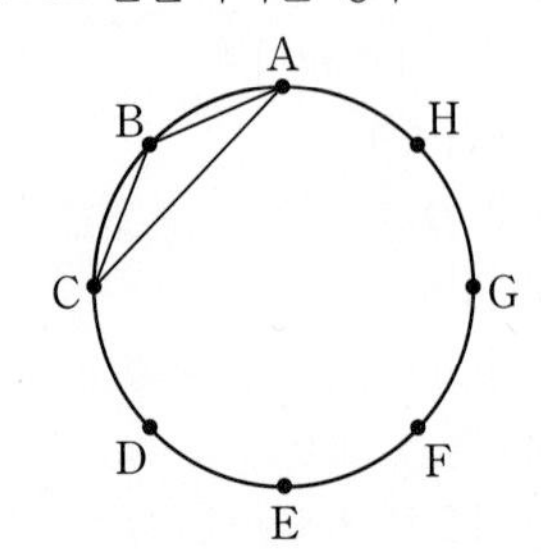

이러한 둔각삼각형은 원의 둘레의 8개의 점에 대해서
각각 1개씩 만들어지므로 개수는 8이다.

(ii) 이웃한 2개의 점과 이웃하지 않은 한 점으로 만들어지는 경우

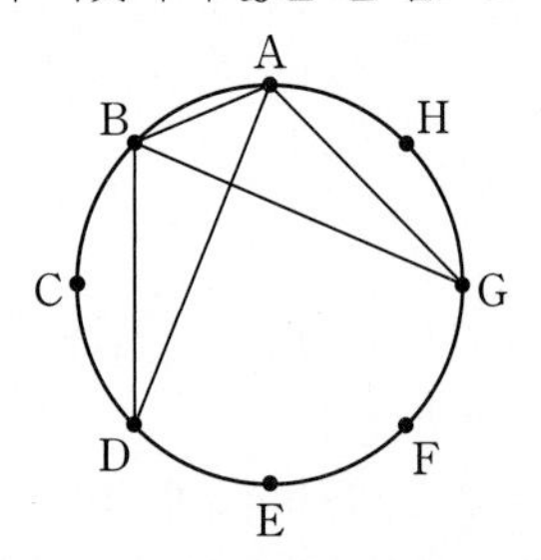

이러한 둔각삼각형은 원의 둘레의 이웃한 2개의 점에 대해서
각각 2개씩 만들어지므로 개수는
$2\times8=16$이다.

(i), (ii)에서 구하는 삼각형의 개수는
$8+16=24$이다.

664 ······ 답 380

조건을 만족시키는 세 자리 자연수를 작은 수부터 개수를 세어 보면 다음과 같다.

(i) 백의 자리의 숫자가 1인 경우
십의 자리의 숫자와 일의 자리의 숫자에 들어갈 수 있는 숫자는
1을 제외한 0부터 9까지의 음이 아닌 정수이므로 십의 자리와
일의 자리의 숫자를 결정하는 방법의 수는
$9\times8=72$

(ii) 백의 자리의 숫자가 2인 경우
(i)과 마찬가지이므로 이때의 방법의 수는
$9\times8=72$

(iii) 백의 자리의 숫자가 3인 경우
십의 자리의 숫자가 0, 1, 2, 4, 5, 6, 7인 수가 각각 8개씩
존재하므로 십의 자리의 숫자가 7이면서 가장 큰 수인 379가
200번째 수이다.

(i)~(iii)에서 각 자리의 숫자가 모두 다른 세 자리 자연수를 작은 수부터 크기 순서로 나열했을 때, 379가 200번째 수이므로 구하는 당첨번호는 380이다.

665 ······ 답 ③

숫자 1이 백의 자리 또는 십의 자리 또는 일의 자리에 있을 때
만들 수 있는 자연수의 개수는 다음과 같다.

(i) 숫자 1이 백의 자리의 숫자인 경우
십의 자리의 숫자와 일의 자리의 숫자는 각각 0, 1, 2, ⋯, 9 중
하나씩 선택하면 되므로 자연수의 개수는 $10\times10=100$

(ii) 숫자 1이 십의 자리의 숫자인 경우
백의 자리의 숫자는 0, 1, 2, 3, 4 중 하나이고
일의 자리의 숫자는 0, 1, 2, ⋯, 9 중 하나이므로 자연수의
개수는 $5\times10=50$

(iii) 숫자 1이 일의 자리의 숫자인 경우
백의 자리의 숫자는 0, 1, 2, 3, 4 중 하나이고
십의 자리의 숫자는 0, 1, 2, ⋯, 9 중 하나이므로 자연수의
개수는 $5\times10=50$

(i)~(iii)에서 숫자 1을 쓰는 횟수는
$100+50+50=200$이다.

다른 풀이

자연수의 자릿수에 따라서 숫자 1을 쓰는 횟수를 세어주면 다음과 같다.

(i) 한 자리의 자연수인 경우
숫자 1이 포함된 수는 1뿐이므로
이 경우 숫자 1을 쓰는 횟수는 1

(ii) 두 자리의 자연수인 경우
십의 자리의 숫자가 1인 수는 10, 11, 12, …, 19의
$1\times10=10$개
일의 자리의 숫자가 1인 수는 11, 21, 31, …, 91의
$9\times1=9$개
따라서 이 경우 숫자 1을 쓰는 횟수는
$10+9=19$

(iii) 세 자리의 자연수인 경우
백의 자리의 숫자가 1인 수는 100, 101, 102, …, 199의
$1\times10\times10=100$개
십의 자리의 숫자가 1인 수는 110, 111, 112, …, 419의
$4\times1\times10=40$개
일의 자리의 숫자가 1인 수는 101, 111, 121, …, 491의
$4\times10\times1=40$개
따라서 이 경우 숫자 1을 쓰는 횟수는
$100+40+40=180$

(i)~(iii)에서 숫자 1을 쓰는 횟수는
$1+19+180=200$이다.

TIP

본풀이의 (ii)에서 백의 자리의 숫자가 0이면 두 자리의 자연수가 만들어지고 (iii)에서 백의 자리의 숫자와 십의 자리의 숫자가 모두 0이면 한 자리의 자연수가 만들어진다.
예를 들어 (ii)에서 백의 자리의 숫자가 0, 일의 자리의 숫자가 4인 경우 014이고 이를 14로 생각할 수 있다.
또한 (iii)에서 백의 자리의 숫자와 십의 자리의 숫자가 모두 0이고 일의 자리의 숫자만 1이면 001이고 이는 1이다.
다른 풀이와 같이 자릿수에 따라서 경우를 나누어 세어줄 수도 있지만 0을 포함시켜서 세어주는 방법은 빠른 문제 해결로 이어지는 경우가 많으므로 두 방법을 서로 비교하여 익혀두도록 하자.

666

답 84

서로 인접하지 않은 두 영역 A, C를 칠하는 방법에 따라 나누어 생각하면 다음과 같다. …… **참고**

(i) A, C에 같은 색을 칠하는 경우
A에 칠할 수 있는 색은 4가지
C에 칠할 수 있는 색은 1가지
B, D에 칠할 수 있는 색은 각각 A, C에 칠한 색을 제외한 3가지이므로 이때의 방법의 수는
$4\times3\times3=36$이다.

(ii) A, C에 서로 다른 색을 칠하는 경우
A에 칠할 수 있는 색은 4가지
C에 칠할 수 있는 색은 A에 칠한 색을 제외한 3가지
B, D에 칠할 수 있는 색은 각각 A, C에 칠한 색을 제외한 2가지이므로 이때의 방법의 수는
$4\times3\times2\times2=48$이다.

(i), (ii)에서 구하는 방법의 수는
$36+48=84$이다.

참고

이웃하지 않은 두 영역 B, D를 칠하는 방법에 따라 나누어 생각해도 결과는 동일하다.

667

답 72

다음과 같이 작은 직각삼각형을 각각 a, b, c, d라 하자.

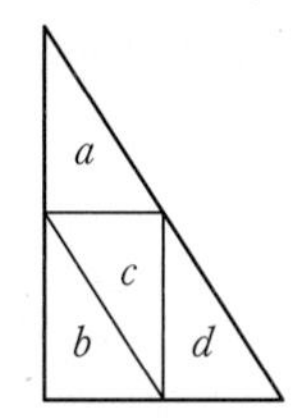

이때 c는 a, b, d와 각각 한 변을 공유하므로
c에 적는 수에 따라 경우를 나누어 생각하면 다음과 같다.

(i) c에 1을 적는 경우
a, b, d에는 각각 2가 아닌 수를 적어야 한다.
a에 적을 숫자를 선택하는 방법의 수는 4
b에 적을 숫자를 선택하는 방법의 수는 3
d에 적을 숫자를 선택하는 방법의 수는 2
따라서 이 경우의 수는
$4\times3\times2=24$이다.

(ii) c에 2 이상 5 이하의 수를 적는 경우
a, b, d에는 c에 적은 수와 연속하지 않는 수를 적어야 한다.
c에 적을 숫자를 선택하는 방법의 수는 4
a에 적을 숫자를 선택하는 방법의 수는 3
b에 적을 숫자를 선택하는 방법의 수는 2
d에 적을 숫자를 선택하는 방법의 수는 1
따라서 이 경우의 수는
$4\times3\times2\times1=24$이다.

(iii) c에 6을 적는 경우
(i)과 마찬가지로 생각하면 이 경우의 수는
$4\times3\times2=24$이다.

(i)~(iii)에서 구하는 경우의 수는
$24+24+24=72$이다.

668

답 ⑤

침수로 인해서 통행이 제한된 도로를 지우고 A 지점에서 B 지점까지 도로를 따라 최단 거리로 이동하는 방법의 수를 일일이 세면 다음과 같다.

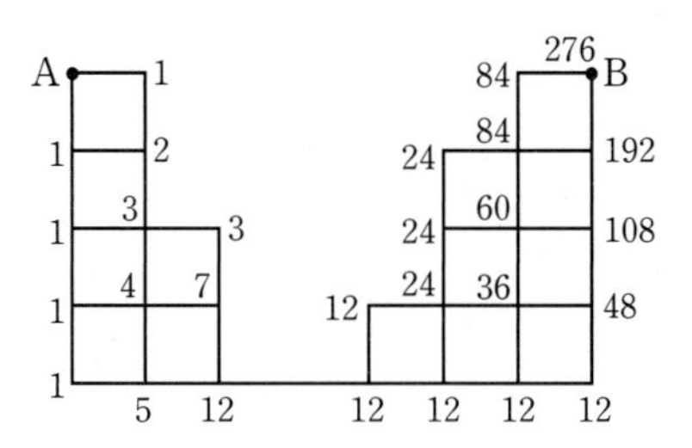

따라서 구하는 방법의 수는 276이다.

다른 풀이

침수로 인해서 통행이 제한된 도로를 지우고 다음과 같이 C, D 지점을 정하자.

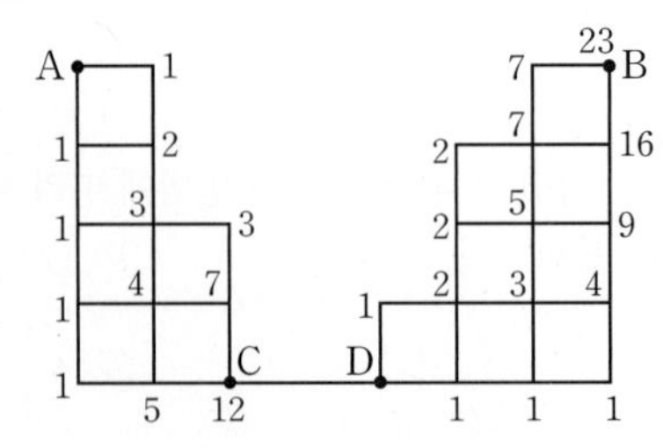

A 지점에서 C 지점까지 이동하는 방법의 수는 12
C 지점에서 D 지점까지 이동하는 방법의 수는 1
D 지점에서 B 지점까지 이동하는 방법의 수는 23
따라서 구하는 방법의 수는
$12\times1\times23=276$이다.

669 ··· 답 ②

주어진 직육면체의 꼭짓점 A를 출발하면 반드시 세 점 B, D, E 중 하나로 이동하게 된다.
꼭짓점 A에서 출발하여 모서리를 따라 꼭짓점 B를 지나 꼭짓점 G에 도착하는 경우를 수형도로 나타내면 다음 그림과 같다.

A — B — C — G
A — B — C — D — H — G
A — B — C — D — H — E — F — G
A — B — F — G
A — B — F — E — H — G
A — B — F — E — H — D — C — G

마찬가지로 꼭짓점 A에서 출발하여 모서리를 따라 꼭짓점 D 또는 꼭짓점 E를 지났을 때도 같은 방법으로 이동할 수 있으므로 구하는 방법의 수는 $6\times3=18$이다.

670 ··· 답 ③

주어진 규칙에 따라 만들 수 있는 문자열을 3자리까지만 수형도로 나타내면 다음 그림과 같다.

A — a — A, a
A — b — A, B, a
a — A — a, b
a — a — A, a
B — A — a, b
B — a — A, a
B — b — A, B, a
b — A — a, b
b — B — A, a, b
b — a — A, a

이때 A, a 뒤에 올 수 있는 문자는 각각 2가지이고,
B, b 뒤에 올 수 있는 문자는 각각 3가지이다.
문자열의 세 번째 자리에서 A 또는 a의 개수는 17이고,
B 또는 b의 개수는 6이므로 구하는 경우의 수는
$17\times2+6\times3=52$이다.

참고

주어진 규칙에 따라서 4개의 문자열을 만드는 경우를 수형도로 나타내면 다음 그림과 같다.

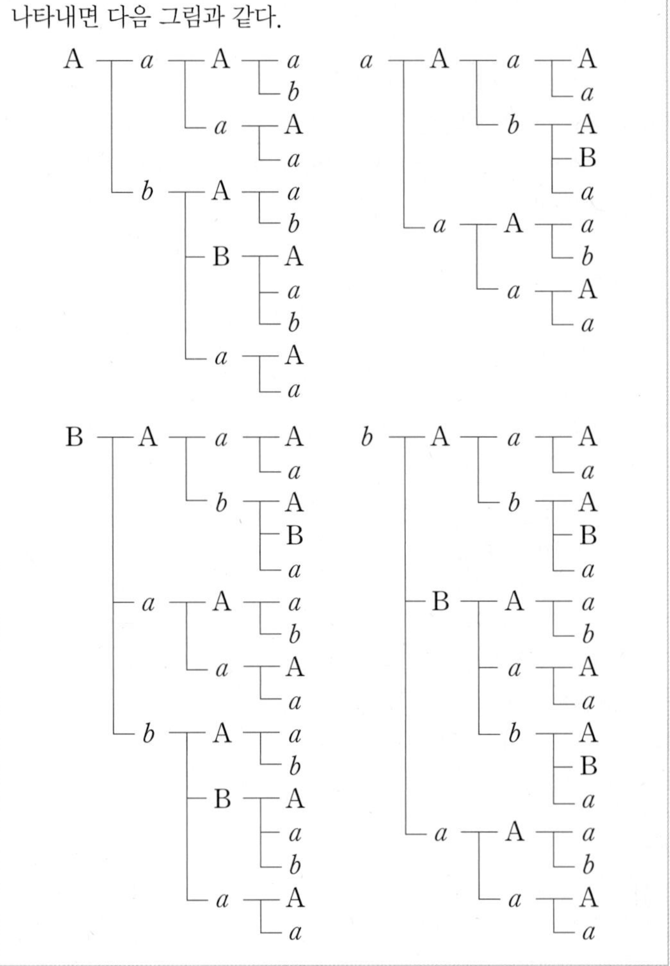

671 ··· 답 200

1부터 49까지의 수를 6으로 나눈 나머지는
1, 2, 3, 4, 5, 0 중의 하나이다.
이 중 홀수는 6으로 나눈 나머지가 1, 3, 5이고,
두 수의 합이 6의 배수가 되는 경우는 선택한 두 수를 6으로 나눈 나머지가 1, 5인 경우와 모두 3인 경우이다.

(i) a, b를 6으로 나눈 나머지가 1, 5인 경우
6으로 나눈 나머지가 1인 수는
1, 7, 13, $\cdots$, 49의 9개
6으로 나눈 나머지가 5인 수는
5, 11, 17, $\cdots$, 47의 8개
이때 서로 다른 두 수 a, b의 순서쌍 (a, b)의 개수는
$9\times8\times2=144$

(ii) a, b를 6으로 나눈 나머지가 모두 3인 경우
6으로 나눈 나머지가 3인 수는
3, 9, 15, $\cdots$, 45의 8개
서로 다른 두 수 a, b의 순서쌍 (a, b)의 개수는
$8\times7=56$

(i), (ii)에서 구하는 순서쌍 (a, b)의 개수는
$144+56=200$이다.

참고

홀수+홀수=짝수이므로 $a+b$가 3의 배수가 되도록 하는 a, b의 순서쌍 (a, b)의 개수를 세어주어도 그 결과는 같다.

672

답 19

조건 (가), (나)에 의하여
1교시부터 4교시에 국어, 영어를 연달아서 넣어야 하므로
경우를 나누어 생각하면 다음과 같다.

(i)

국어	영어				

조건 (다)에 의하여 과학은 3, 5교시 또는 3, 6교시 또는 4, 6교시에 넣어야 한다.
조건 (라)에 의하여 과학이 3, 6교시일 때,
나머지 교시에 수학, 체육 순서로 넣어야 하고
과학이 3, 5교시 또는 4, 6교시일 때,
나머지에 수학, 체육을 넣는 방법의 수는 2이다.
따라서 방법의 수는 $1+2\times2=5$

(ii)

	국어	영어			

조건 (다)에 의하여 과학은 1, 4교시 또는 1, 5교시 또는 1, 6교시 또는 4, 6교시에 넣어야 한다.
조건 (라)에 의하여 과학이 1, 4교시 또는 1, 6교시일 때,
나머지 교시에 수학, 체육 순서로 넣어야 하고
과학이 1, 5교시 또는 4, 6교시일 때,
나머지 교시에 수학, 체육을 넣는 방법의 수는 2이다.
따라서 방법의 수는 $2+2\times2=6$

(iii)

		국어	영어		

조건 (다)에 의하여 1, 2교시 중 하나에 과학을 넣고
5, 6교시 중 하나에 과학을 넣으면 된다.
과학을 넣는 방법의 수는 $2\times2=4$이고
조건 (라)에 의하여 나머지 교시에 수학, 체육을 넣는 방법의 수는 2이다.
따라서 방법의 수는 $4\times2=8$

(i)~(iii)에 의하여 구하는 방법의 수는
$5+6+8=19$이다.

673

답 16

하나의 가방에 축구공을 최대 4개 담을 수 있으므로 10개의 축구공을 모두 나누어 담으려면 적어도 3개 이상의 가방을 사용해야 한다.
사용하는 가방의 개수에 따라 나누어 생각하면 다음과 같다.

(i) 가방을 3개 사용하는 경우
$10=4+4+2$
$=4+3+3$
에서 2가지이다.

(ii) 가방을 4개 사용하는 경우
$10=4+4+1+1$
$=4+3+2+1$
$=4+2+2+2$
$=3+3+3+1$
$=3+3+2+2$
에서 5가지이다.

(iii) 가방을 5개 사용하는 경우
$10=4+3+1+1+1$
$=4+2+2+1+1$
$=3+3+2+1+1$
$=3+2+2+2+1$
$=2+2+2+2+2$
에서 5가지이다.

(iv) 가방을 6개 사용하는 경우
$10=4+2+1+1+1+1$
$=3+3+1+1+1+1$
$=3+2+2+1+1+1$
$=2+2+2+2+1+1$
에서 4가지이다.

(i)~(iv)에서 구하는 방법의 수는
$2+5+5+4=16$이다.

다른 풀이

10개의 축구공을 나누어 담을 때,
4개, 3개, 2개, 1개의 공을 담은 가방의 개수를 각각 x, y, z, w라 하면
$4x+3y+2z+w=10$이고 $x+y+z+w\le6$

(i) $x=2$일 때
$8+3y+2z+w=10$, $3y+2z+w=2$에서
가능한 y, z, w의 순서쌍 (y, z, w)는
$(0, 1, 0)$, $(0, 0, 2)$의 2개이다.

(ii) $x=1$일 때
$4+3y+2z+w=10$, $3y+2z+w=6$에서
가능한 y, z, w의 순서쌍 (y, z, w)는
$(2, 0, 0)$, $(1, 1, 1)$, $(1, 0, 3)$, $(0, 3, 0)$, $(0, 2, 2)$, $(0, 1, 4)$의 6개이다.

(iii) $x=0$일 때
$3y+2z+w=10$에서

ⓐ $y=3$일 때
$9+2z+w=10$, $2z+w=1$에서
가능한 z, w의 순서쌍 (z, w)는
$(0, 1)$의 1개이다.

ⓑ $y=2$일 때
$6+2z+w=10$, $2z+w=4$에서
가능한 z, w의 순서쌍 (z, w)는
$(2, 0)$, $(1, 2)$, $(0, 4)$의 3개이다.

ⓒ $y=1$일 때
$3+2z+w=10$, $2z+w=7$에서
가능한 z, w의 순서쌍 (z, w)는
$(3, 1)$, $(2, 3)$의 2개이다.

ⓓ $y=0$일 때
$2z+w=10$에서
가능한 z, w의 순서쌍 (z, w)는
$(5, 0)$, $(4, 2)$의 2개이다.

(i)~(iii)에서 구하는 방법의 수는
$2+6+(1+3+2+2)=16$이다.

674 ······ 답 96

(ⅰ) 삼각형이 정육면체의 한 모서리만을 공유하는 경우
정육면체의 모서리 중 하나를 선택하는 경우의 수는 12
다음과 같이 모서리 AD가 선택될 때 이 모서리만을 공유하는 삼각형은 ADF, ADG로 2개가 만들어진다.

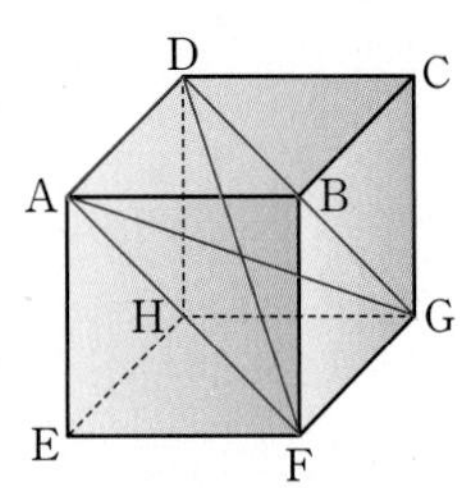

즉, 한 모서리를 선택할 때 이 모서리만을 공유하는 삼각형이 2개씩 만들어지므로 삼각형의 개수는
$a=12\times2=24$

(ⅱ) 삼각형이 정육면체의 두 모서리를 공유하는 경우
정육면체의 꼭짓점 중 하나를 선택하는 경우의 수는 8
정육면체의 각 꼭짓점에서 3개의 모서리가 만나고
이 중 2개를 선택하여 삼각형의 두 변으로 고정하면
삼각형이 하나로 결정된다.
다음과 같이 꼭짓점 A를 공유하는 두 모서리만을 선택하는 경우는 두 모서리 AD, AE 또는 두 모서리 AD, AB 또는 두 모서리 AB, AE로 3가지이고 각각의 경우에 삼각형은 1개씩 만들어진다.

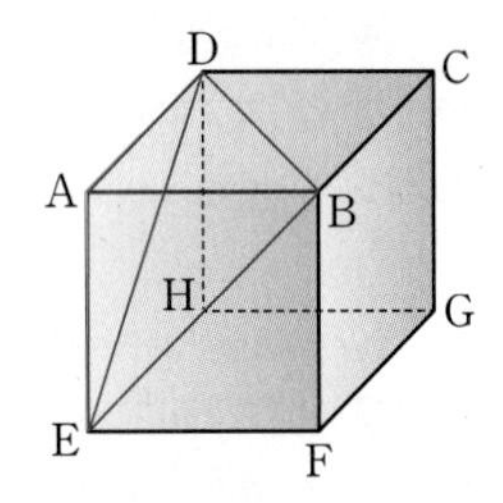

즉, 각 꼭짓점에 대하여 정육면체의 두 모서리를 공유하는 삼각형이 3개씩 만들어지므로 삼각형의 개수는
$b=8\times3=24$

(ⅲ) 삼각형이 정육면체의 어느 모서리도 공유하지 않는 경우
정육면체의 꼭짓점 중 하나를 선택하는 경우의 수는 8
정육면체의 한 꼭짓점에서 3개의 면이 만나고, 이 세 면의 대각선을 삼각형의 세 변이 되도록 하면 그 삼각형은 정육면체와 어느 모서리도 공유하지 않는다.
다음과 같이 꼭짓점 A를 공유하는 세 면은 면 ABCD, 면 AEFB, 면 AEHD이고 이 3개의 면의 대각선으로 삼각형 DBE가 만들어진다.

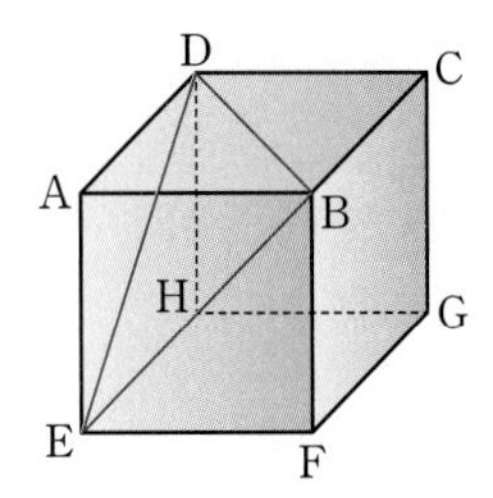

즉, 각 꼭짓점에 대하여 정육면체의 어느 모서리도 공유하지 않는 삼각형이 1개씩 만들어지므로 삼각형의 개수는
$c=8\times1=8$

(ⅰ)~(ⅲ)에서 $a+2b+3c=24+2\times24+3\times8=96$

675 ······ 답 ②

각 자리의 숫자는 3과 6을 제외한 0, 1, 2, 4, 5, 7, 8, 9의 8개의 숫자만 사용할 수 있고, 규칙대로 말했을 때 2000이 크기 순서대로 나열했을 때 몇 번째 자연수인지를 알아야 한다.
조건을 만족시키는 8개의 숫자로 만들 수 있는
0부터 999까지의 정수의 개수는 $8\times8\times8=512$
이때 모든 자리에 0이 오는 경우는 자연수가 아니므로 세 자리 이하의 자연수의 개수는 $512-1=511$이다.
천의 자리의 숫자가 1인 네 자리 자연수의 개수도 같은 방법으로
$8\times8\times8=512$ ······ TIP
따라서 2000보다 작은 자연수의 개수가 $511+512=1023$이므로 2000은 규칙대로 나열했을 때, 1024번째 자연수이다.
1번을 부여받은 학생부터 번호를 말하여 10명씩 돌아가면서 숫자를 말하게 되고, 1024는 10으로 나눈 나머지가 4이므로 2000을 말한 학생의 번호는 4이다.

TIP
천의 자리의 숫자가 1인 경우는 나머지 세 자리의 숫자가 모두 0이어도 1000이 되므로 자연수이다.

676 ······ 답 88

다음과 같이 가로 방향으로 평행한 직선과 세로 방향으로 평행한 직선에 각각 번호를 붙이고 가로선 중 2, 3 사이에 있는 별을 X, 4, 5 사이에 있는 별을 Y라 하자.

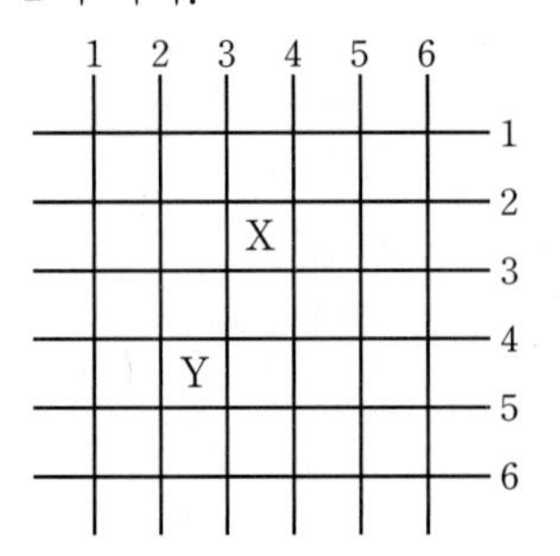

(ⅰ) X를 포함하는 직사각형의 개수는
두 가로선 중 하나를 1, 2 중에서 뽑고,
다른 하나를 3, 4, 5, 6 중에서 뽑고,
두 세로선 중 하나를 1, 2, 3 중에서 뽑고,
다른 하나를 4, 5, 6 중에서 뽑으면 되므로
$2\times4\times3\times3=72$

(ⅱ) Y를 포함하는 직사각형의 개수도 마찬가지로 구하면
$4\times2\times2\times4=64$

(ⅲ) X와 Y를 모두 포함하는 직사각형의 개수도 마찬가지로 구하면
$2\times2\times2\times3=24$

(ⅰ), (ⅱ)에 (ⅲ)의 경우가 모두 포함되어 있으므로 각각의 경우에서 (ⅲ)의 경우를 빼주면 된다.
따라서 구하는 직사각형의 개수는
$(72-24)+(64-24)=88$이다.

677 ········· 답 ③

D에 칠할 수 있는 색은 5가지
A에 칠할 수 있는 색은 4가지
B에 칠할 수 있는 색은 3가지
(i) D와 E에 서로 같은 색을 칠하는 경우
C에 칠할 수 있는 색은 3가지
F에 칠할 수 있는 색은 3가지
(ii) A와 E에 서로 같은 색을 칠하는 경우
C에 칠할 수 있는 색은 3가지
F에 칠할 수 있는 색은 2가지
(iii) B와 E에 서로 같은 색을 칠하는 경우
C에 칠할 수 있는 색은 2가지
F에 칠할 수 있는 색은 3가지
(iv) A, B, D에 칠한 색과 E에 칠할 색이 모두 다른 경우
E에 칠할 수 있는 색은 2가지
C에 칠할 수 있는 색은 2가지
F에 칠할 수 있는 색은 2가지
(i)~(iv)에서 구하는 방법의 수는
$5\times4\times3\times(3\times3+3\times2+2\times3+2\times2\times2)=1740$

다른 풀이

(i) C와 F에 같은 색을 칠하는 경우
C와 F에 칠할 수 있는 색은 5가지
D, E에 칠할 수 있는 색은 각각 C, F에 칠한 색을 제외한 4가지이므로
C, D, E, F에 색을 칠하는 경우의 수는 $5\times4\times4=80$
한편, A에 칠할 수 있는 색은 C, D에 칠한 색을 제외한 3가지
B에 칠할 수 있는 색은 A, D, F에 칠한 색을 제외한 2가지이므로
이 경우의 수는
$80\times3\times2=480$
(ii) C와 F에 다른 색을 칠하는 경우
C에 칠할 수 있는 색은 5가지
F에 칠할 수 있는 색은 4가지
D, E에 칠할 수 있는 색은 각각 C, F에 칠한 색을 제외한 3가지이므로
C, D, E, F에 색을 칠하는 경우의 수는 $5\times4\times3\times3=180$
한편, A, B에 칠할 수 있는 색은 다음과 같이 경우를 나누어 생각할 수 있다.
ⓐ A와 F에 같은 색을 칠하는 경우
B에 칠할 수 있는 색은 D, F에 칠한 색을 제외한 3가지
ⓑ A와 F에 다른 색을 칠하는 경우
A에 칠할 수 있는 색은 C, D, F에 칠한 색을 제외한 2가지
B에 칠할 수 있는 색은 A, D, F에 칠한 색을 제외한 2가지
ⓐ, ⓑ에 의하여 이 경우의 수는
$180\times(3+2\times2)=1260$
(i), (ii)에서 구하는 방법의 수는
$480+1260=1740$이다.

678 ········· 답 60

조건 ㈎에 의하여 A가 배정받는 사물함의 번호는 14 또는 15이고, B가 배정받는 사물함의 번호는 1 또는 2 또는 3 또는 4이다.
조건 ㈏에 의하여 옆쪽 또는 위쪽으로 이웃한 사물함을 배정받는 학생은 없다.
(i) A가 번호가 14인 사물함을 배정받는 경우

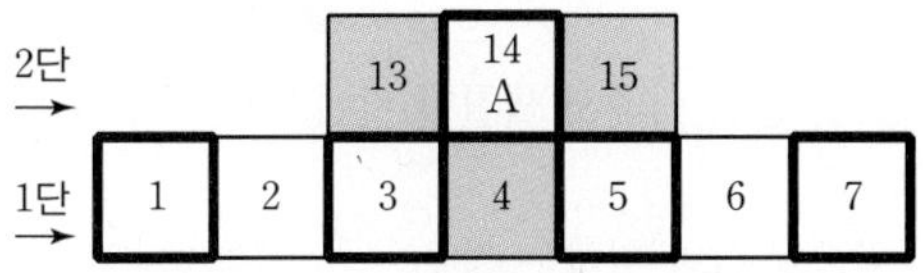

2단 →			13	14 A	15		
1단 →	1	2	3	4	5	6	7

A가 번호가 14인 사물함을 배정받으면 ㈏에 의하여 나머지 4명은 번호가 1, 3, 5, 7인 사물함을 배정받아야 한다.
이때 B는 조건 ㈎에 의하여 번호가 1 또는 3인 사물함을 배정받아야 하므로 B가 사물함을 배정받는 경우의 수는 2
나머지 3명이 남은 사물함을 배정받는 경우의 수는 $3\times2\times1=6$
따라서 5명의 학생이 사물함을 배정받는 경우의 수는 $2\times6=12$
(ii) A가 번호가 15인 사물함을 배정받는 경우

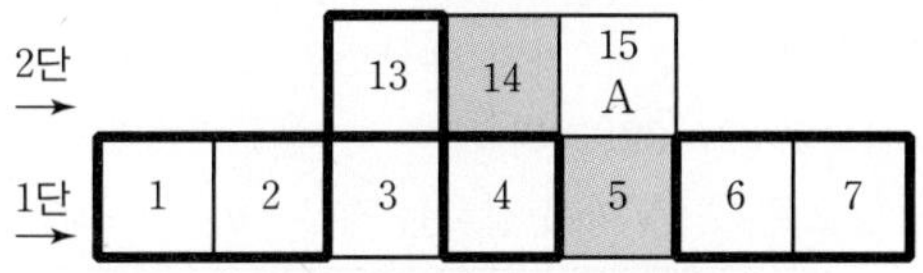

2단 →			13	14	15 A		
1단 →	1	2	3	4	5	6	7

A가 번호가 15인 사물함을 배정받으면 조건 ㈏에 의하여 나머지 4명은 번호가 1 또는 2인 사물함 중 하나, 번호가 6 또는 7인 사물함 중 하나, 번호가 4, 13인 사물함에 각각 하나씩 배정받아야 한다.
번호가 1 또는 2인 사물함 중에 1개를 배정받고 번호가 6 또는 7인 사물함 중 1개를 배정받는 경우의 수는 $2\times2=4$
이때 B는 조건 ㈏에 의하여 번호가 1 또는 2인 사물함 중 선택된 사물함 또는 번호가 4인 사물함 중 하나를 배정받아야 하므로 B가 사물함을 배정받는 경우의 수는 2
나머지 3명의 학생이 사물함을 배정받는 경우의 수는
$3\times2\times1=6$
따라서 5명의 학생이 사물함을 배정받는 경우의 수는
$4\times2\times6=48$
(i), (ii)에서 구하는 경우의 수는 $12+48=60$이다.

679 ········· 답 ③

a가 적힌 정사각형과 f가 적힌 정사각형에 같은 색을 칠해야 하고, 변을 공유하는 두 정사각형에는 서로 다른 색을 칠하므로
a, f, b, c, e, d가 적힌 정사각형의 순서로 색을 칠한다고 생각하자.
서로 다른 4가지 색의 일부 또는 전부를 사용하여 색을 칠하므로
a가 적힌 정사각형에 칠할 수 있는 색은 4가지
f가 적힌 정사각형에는 a가 적힌 정사각형에 칠한 색과 같은 색을 칠하므로 1가지
b가 적힌 정사각형에 칠할 수 있는 색은 a가 적힌 정사각형에 칠한 색을 제외한 3가지
c가 적힌 정사각형에 칠할 수 있는 색은 b, f가 적힌 정사각형에 칠한 색을 제외한 2가지
e가 적힌 정사각형에 칠할 수 있는 색은 b, f가 적힌 정사각형에 칠한 색을 제외한 2가지
d가 적힌 정사각형에 칠할 수 있는 색은 a, e가 적힌 정사각형에 칠한 색을 제외한 2가지
따라서 조건을 만족시키도록 색을 칠하는 경우의 수는
$4\times1\times3\times2\times2\times2=96$이다.

680 ······ 답 63

문자판에서 G는 오직 하나뿐이므로 반드시 칠해야 하고, G부터 거꾸로 N, I, R, P, S를 칠할 칸을 선택하면 된다.
이때 문자판이 좌우대칭의 모양으로 쓰여 있으므로 G부터 세로 방향의 칸을 몇 칸 선택해서 색칠할 지에 따라 나누어 생각하면 다음과 같다.

(i) 세로 방향으로 G만 칠하는 경우

S	P	R	I	N	G	N	I	R	P	S
	S	P	R	I	N	I	R	P	S	
		S	P	R	I	R	P	S		
			S	P	R	P	S			
				S	P	S				
					S					

N부터 순차적으로 색칠할 N, I, R, P, S가 적힌 칸을 결정하는 경우가 각각 2가지씩이므로
$2\times2\times2\times2\times2=32$(가지)

(ii) 세로 방향으로 G, N까지 칠하는 경우

S	P	R	I	N	G	N	I	R	P	S
	S	P	R	I	N	I	R	P	S	
		S	P	R	I	R	P	S		
			S	P	R	P	S			
				S	P	S				
					S					

I부터 순차적으로 색칠할 I, R, P, S가 적힌 칸을 결정하는 경우가 각각 2가지씩이므로
$2\times2\times2\times2=16$(가지)

(iii) 세로 방향으로 G, N, I까지 칠하는 경우

S	P	R	I	N	G	N	I	R	P	S
	S	P	R	I	N	I	R	P	S	
		S	P	R	I	R	P	S		
			S	P	R	P	S			
				S	P	S				
					S					

R부터 순차적으로 색칠할 R, P, S가 적힌 칸을 결정하는 경우가 각각 2가지씩이므로
$2\times2\times2=8$(가지)

(iv) 세로 방향으로 G, N, I, R까지 칠하는 경우

S	P	R	I	N	G	N	I	R	P	S
	S	P	R	I	N	I	R	P	S	
		S	P	R	I	R	P	S		
			S	P	R	P	S			
				S	P	S				
					S					

P부터 순차적으로 색칠할 P, S가 적힌 칸을 결정하는 경우가 각각 2가지씩이므로
$2\times2=4$(가지)

(v) 세로 방향으로 G, N, I, R, P까지 칠하는 경우

S	P	R	I	N	G	N	I	R	P	S
	S	P	R	I	N	I	R	P	S	
		S	P	R	I	R	P	S		
			S	P	R	P	S			
				S	P	S				
					S					

남은 S가 적힌 칸을 결정하는 경우의 수는 3이다.
(i)~(v)에서 구하는 방법의 수는
$32+16+8+4+3=63$이다.

681 ······ 답 108

1, 2, 3, 11, 12, 13, 21, 22, 23의 합은 108이고 $\frac{108}{3}=36$이므로
세 줄에 합이 서로 같도록 써 넣으려면 각 줄에 있는 세 수의 합은 36이어야 한다.
따라서 $k=36$
세 수의 합이 36이 되는 경우는
$1+12+23$, $1+13+22$, $2+11+23$, $2+13+21$, $3+11+22$, $3+12+21$, $2+12+22$
이때 1, 2, 3과 11, 12, 13과 21, 22, 23이 서로 다른 가로 줄에 각각 하나씩 나누어 들어가야 한다.
먼저 1, 2, 3이 들어갈 가로 줄을 하나씩 정하는 경우의 수는
$3\times2\times1=6$
1이 들어간 가로 줄에 12, 23 또는 13, 22 중 하나를 선택하여 써넣으면 주어진 규칙에 의하여 남은 칸들에 들어갈 수는 각각 유일하게 정해진다. 또한 1이 들어간 가로 줄의 세 칸에서 숫자들의 위치를 바꾸는 방법의 수는 $3\times2\times1=6$
따라서 숫자를 모두 써넣는 경우의 수는 $m=6\times2\times6=72$
$\therefore k+m=36+72=108$

682 ······ 답 70

(i) A → C → D → E → B의 순서로 이동하는 경우
A → C로 이동하는 방법의 수는 3
C → D로 이동하는 방법의 수는 1
다음 그림과 같이 세 지점 F, G, H를 생각하자.

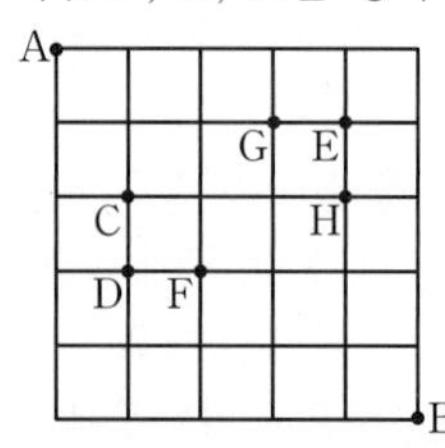

D → E로 이동할 때 지점 C는 지나지 않아야 하므로 반드시 D → F로 이동해야 한다. 이 방법의 수는 1
ⓐ F → G → E로 이동하는 방법의 수는 $3\times1=3$
E → B로 이동하는 방법의 수는 5
ⓑ F → H → E로 이동하는 방법의 수는 $3\times1=3$
E → B로 이동할 때 지점 H는 지나지 않아야 하므로 이 방법의 수는 1
따라서 이 경우의 최단 경로의 수는
$3\times1\times1\times(3\times5+3\times1)=54$

(ii) A → D → C → E → B의 순서로 이동하는 경우

A → D로 이동할 때 지점 C는 지나지 않아야 하므로 이 방법의 수는 1

D → C로 이동하는 방법의 수는 1

다음 그림과 같이 두 지점 G, H를 생각하자.

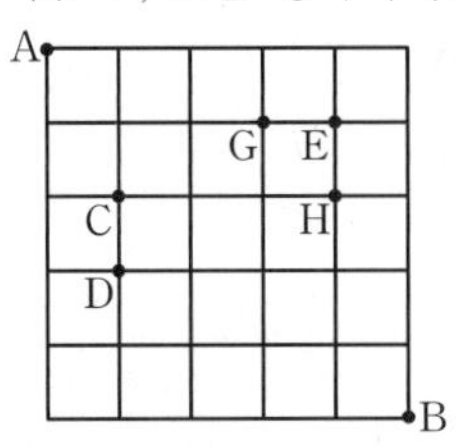

ⓐ C → G → E로 이동하는 방법의 수는 $3\times1=3$

E → B로 이동하는 방법의 수는 5

ⓑ C → H → E로 이동하는 방법의 수는 $1\times1=1$

E → B로 이동할 때 지점 H는 지나지 않아야 하므로 이 방법의 수는 1

따라서 이 경우의 최단 경로의 수는

$1\times1\times(3\times5+1\times1)=16$

(i), (ii)에서 구하는 최단 경로의 수는

$54+16=70$이다.

683 ······································· 답 20

선택한 4개의 점을 꼭짓점으로 하는 사각형은 사다리꼴이고 두 직선 l_1, l_2 사이의 거리가 1이므로 높이가 1이다.

따라서 사다리꼴의 넓이가 3이 되려면 윗변의 길이와 아랫변의 길이의 합이 6이 되어야 하므로 두 직선 l_1, l_2에서 각각 선택한 두 점 사이의 거리가 3, 3 또는 2, 4 또는 1, 5이고 다음 그림과 같다.

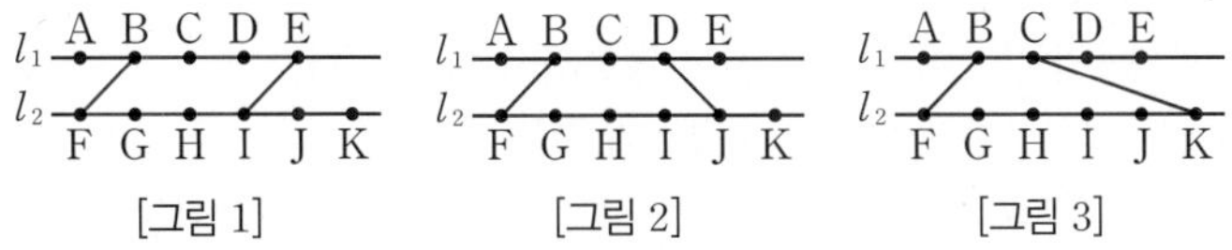

[그림 1] [그림 2] [그림 3]

(i) 윗변과 아랫변의 길이가 모두 3인 경우

직선 l_1에서 거리가 3인 두 점을 선택하는 경우는

(A, D), (B, E)의 2가지

직선 l_2에서 거리가 3인 두 점을 선택하는 경우는

(F, I), (G, J), (H, K)의 3가지

따라서 사각형의 개수는 $2\times3=6$

(ii) 평행한 두 변의 길이가 2, 4인 경우

ⓐ 직선 l_1에서 거리가 2인 두 점을 선택하는 경우는

(A, C), (B, D), (C, E)의 3가지

직선 l_2에서 거리가 4인 두 점을 선택하는 경우는

(F, J), (G, K)의 2가지

이므로 $3\times2=6$(가지)

ⓑ 직선 l_1에서 거리가 4인 두 점을 선택하는 경우는

(A, E)의 1가지

직선 l_2에서 거리가 2인 두 점을 선택하는 경우는

(F, H), (G, I), (H, J), (I, K)의 4가지

이므로 $1\times4=4$(가지)

따라서 사각형의 개수는 $6+4=10$

(iii) 평행한 두 변의 길이가 1, 5인 경우

직선 l_1에서 거리가 1인 두 점을 선택하는 경우는

(A, B), (B, C), (C, D), (D, E)의 4가지

직선 l_2에서 거리가 5인 두 점을 선택하는 경우는

(F, K)의 1가지

따라서 사각형의 개수는 $4\times1=4$

(i)~(iii)에서 구하는 사각형의 개수는

$6+10+4=20$이다.

02 순열과 조합

684
답 (1) 3 (2) 6

(1) $60=5\times4\times3$이므로 ${}_5P_r=60$을 만족시키는 r의 값은 $r=3$이다.

(2) ${}_nP_2$, ${}_nP_4$에서 $n\ge4$이고

$12\times{}_nP_2={}_nP_4$에서

$12\times n(n-1)=n(n-1)(n-2)(n-3)$

따라서 $12=(n-2)(n-3)$이고

$12=4\times3$이므로 $n-2=4$ …… TIP

$\therefore n=6$

TIP

$12=(n-2)(n-3)$에서

$n^2-5n-6=(n-6)(n+1)=0$

으로 식을 정리해도 $n=6$을 구할 수 있다.

참고

${}_nP_r$의 정의에 의하여 n은 자연수이고 $0\le r\le n$이다.

685
답 ③

① ${}_4P_0=1$ (참)

② ${}_nP_r=\dfrac{n!}{(n-r)!}$ (참)

③ ${}_4P_1=4$, ${}_4P_3=4\times3\times2=24$이므로 ${}_4P_1\ne{}_4P_3$ (거짓)

④ $0!=1$이므로 $3!\times0!=3!=3\times2\times1=6$ (참)

⑤ ${}_nP_r=\dfrac{n!}{(n-r)!}=n(n-1)(n-2)\times\cdots\times(n-r+1)$ (참)

따라서 옳지 않은 것은 ③이다.

686
답 ⑤

서로 다른 n개에서

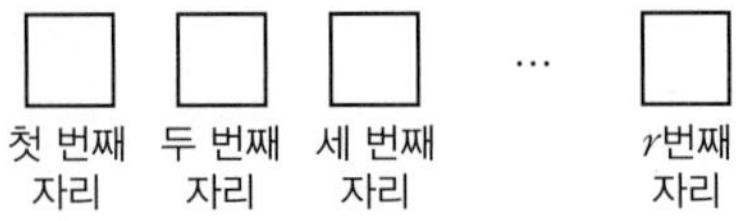

□ □ □ … □

첫 번째 자리 / 두 번째 자리 / 세 번째 자리 / r번째 자리

[그림 1]

[그림 1]의 첫 번째 자리에 올 대상을 정하는 방법은

$\boxed{n}$ 가지이다.

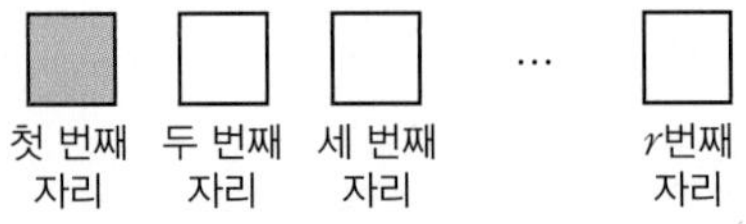

■ □ □ … □

첫 번째 자리 / 두 번째 자리 / 세 번째 자리 / r번째 자리

[그림 2]

이때 [그림 2]의 나머지 자리에 남은 것을 일렬로 배열하는 경우의 수는 $\boxed{{}_{n-1}P_{r-1}}$ 이다.

따라서 서로 다른 n개에서 r개를 택하여 일렬로 배열하는 순열의 수 ${}_nP_r$은 곱의 법칙에 의하여

${}_nP_r=\boxed{n}\times\boxed{{}_{n-1}P_{r-1}}$ 이다.

$\therefore$ (가) n, (나) ${}_{n-1}P_{r-1}$

참고

등식 ${}_nP_r=n\times{}_{n-1}P_{r-1}$의 증명은 다음과 같다.

$$n\times{}_{n-1}P_{r-1}=n\times\frac{(n-1)!}{\{n-1-(r-1)\}!}=\frac{n!}{(n-r)!}={}_nP_r$$

687
답 120

서로 다른 5개의 인형을 일렬로 나열하는 방법의 수는

$5!=5\times4\times3\times2\times1=120$

688
답 10

${}_nP_3=n(n-1)(n-2)$이므로

$n(n-1)(n-2)=720$에서

$720=10\times9\times8$ …… TIP

$\therefore n=10$

TIP

$n(n-1)(n-2)=720$에서

$n^3-3n^2+2n-720=0$, $(n-10)(n^2+7n+72)=0$

으로 식을 정리해도 $n=10$을 구할 수 있다.

689
답 ④

양 끝 적어도 한 자리에 남학생이 서는 경우의 수는 전체 6명이 일렬로 서는 경우의 수에서 양 끝에 모두 여학생이 서는 경우의 수를 뺀 것과 같다.

전체 6명의 학생이 일렬로 서는 경우의 수는 $6!$이다.

양 끝에 모두 여학생이 서는 경우의 수는

여학생 4명 중 2명을 뽑아 양 끝에 배열하는 경우의 수가 ${}_4P_2$이고, 이를 제외한 나머지 4명을 가운데 배열하는 경우의 수가 $4!$이므로

${}_4P_2\times4!$

따라서 구하는 경우의 수는

$6!-{}_4P_2\times4!=4!\times(6\times5-4\times3)=432$

690
답 ④

1등, 2등, 3등 중 2개의 순위에 A, B가 포함되어야 하므로

두 사람의 순위를 정하는 방법의 수는 ${}_3P_2=6$이고

나머지 4명을 나머지 등수로 정하면 되므로 구하는 경우의 수는

$6\times4!=144$

691
답 144

o와 a 사이에 나머지 4개의 문자 중 2개의 문자를 선택하여 나열하는 경우의 수는 ${}_4P_2=12$

o□□a를 한 문자로 생각하여 3개의 문자를 일렬로 나열하는 경우의 수는 $3!=6$

o와 a의 자리를 서로 바꾸는 경우의 수는 $2!=2$
따라서 구하는 경우의 수는
$12\times6\times2=144$이다.

692 ········· 답 72

노래 3팀과 춤 3팀이 각각 공연할 순서를 정하는 방법의 수는
$3!\times3!=6\times6=36$
가장 먼저 공연하는 팀이 노래 팀인지 춤 팀인지를 선택하는 방법의 수는 2이므로 구하는 방법의 수는
$36\times2=72$

693 ········· 답 ③

수학책은 5권이고 영어책은 4권, 즉 영어책이 수학책보다 1권 적으므로 수학책을 일렬로 나열한 후 영어책을 수학책 사이사이에 나열하면 된다.
수학책 5권을 일렬로 나열하는 경우의 수는 $5!=120$
5권의 수학책 사이사이에 영어책 4권을 나열하는 경우의 수는
$4!=24$
따라서 구하는 경우의 수는
$120\times24=2880$이다.

694 ········· 답 ③

힙합 4곡의 순서를 정하는 방법의 수는
$4!=24$

✓	힙합	✓	힙합	✓	힙합	✓	힙합	✓

이때 ✓의 5개의 자리 중 3개를 택하여 발라드 3곡의 순서를 정하는 방법의 수는
${}_5P_3=60$
따라서 구하는 경우의 수는
$24\times60=1440$이다.

695 ········· 답 96

$0+1+2+3+4+5=15$이므로 조건을 만족시키려면 양 끝의 두 수가 4, 5 또는 3, 5이어야 한다.
(i) 양 끝의 두 수가 4, 5인 경우
나머지 네 수 0, 1, 2, 3을 배열하는 방법의 수는 $4!=24$이고, 양 끝의 4, 5가 서로 자리를 바꿀 수 있으므로 숫자열의 개수는
$24\times2!=48$
(ii) 양 끝의 두 수가 3, 5인 경우
(i)과 마찬가지로 생각하면 숫자열의 개수는 48
(i), (ii)에서 구하는 경우의 수는
$48+48=96$이다.

696 ········· 답 ⑤

부모가 같은 열에 앉는 경우를 나누어 생각하면 다음과 같다.
(i) 부모가 1열에 앉는 경우
부모가 1열에 앉는 경우의 수는 $2!=2$
자녀 3명이 2열에 앉는 경우의 수는 $3!=6$
따라서 경우의 수는 $2\times6=12$이다.
(ii) 부모가 2열에 앉는 경우
부모가 2열에 앉는 경우의 수는 ${}_3P_2=6$
자녀 3명이 나머지 자리에 앉는 경우의 수는 $3!=6$
따라서 경우의 수는 $6\times6=36$이다.
(i), (ii)에서 구하는 경우의 수는
$12+36=48$이다.

697 ········· 답 ③

① ${}_nC_0=1$ (거짓)
② ${}_7C_4=\dfrac{{}_7P_4}{4!}$ (거짓)
③ ${}_6C_2={}_6C_4$ (참)
④ ${}_3P_2=6$, ${}_3C_2=3$이므로 ${}_3P_2={}_3C_2+3$ (거짓)
⑤ ${}_8P_7=8\times7\times6\times\cdots\times2=8!$ (거짓)
따라서 옳은 것은 ③이다.

698 ········· 답 11

${}_nP_2=n(n-1)$, ${}_nC_3=\dfrac{n(n-1)(n-2)}{3\times2\times1}$이므로
$3\times{}_nP_2=2\times{}_nC_3$에서
$3\times n(n-1)=2\times\dfrac{n(n-1)(n-2)}{3\times2\times1}$
$n-2=9$ ($\because n\geq3$)
$\therefore n=11$

참고
${}_nC_r$의 정의에 의하여 n은 자연수이고 $0\leq r\leq n$이다.

699 ········· 답 5

${}_{10}C_{r-2}$에서 $0\leq r-2\leq10$이므로 $2\leq r\leq12$
${}_{10}C_{2r-3}$에서 $0\leq 2r-3\leq10$이므로 $\dfrac{3}{2}\leq r\leq\dfrac{13}{2}$
따라서 $2\leq r\leq\dfrac{13}{2}$이다. ······ ㉠
또한 등식 ${}_{10}C_{r-2}={}_{10}C_{2r-3}$을 만족시키려면
$r-2=2r-3$ 또는 $(r-2)+(2r-3)=10$이어야 한다.
(i) $r-2=2r-3$인 경우
$r=1$이므로
㉠을 만족시키지 않는다.
(ii) $(r-2)+(2r-3)=10$인 경우
$3r=15$, $r=5$
주어진 등식은 ${}_{10}C_3={}_{10}C_7$이므로 성립한다.
(i), (ii)에서 $r=5$이다.

700 ········· 답 360

8 이하의 자연수 중 9의 약수는 1, 3이므로
2, 4, 5, 6, 7, 8의 6개의 자연수 중 4개를 선택하는 방법의 수는

${}_6C_4={}_6C_2=15$
선택한 4개의 수를 일렬로 나열하는 경우의 수는 $4!=24$
따라서 구하는 경우의 수는
$15\times24=360$이다.

701 ··· 답 ③

7개의 문자 중 a, c를 반드시 포함해야 하므로
b, d, e, f, g 중 3개를 선택하는 방법의 수는 ${}_5C_3=10$이다.
선택한 5개의 문자를 일렬로 나열하는 전체 경우의 수는 $5!$이고,
이 중 a와 c가 서로 이웃한 경우의 수는 $2!\times4!$이므로
구하는 문자열의 개수는
$10\times(5!-2!\times4!)=10\times4!\times(5-2)=720$이다.

다른 풀이

7개의 문자 중 a, c를 반드시 포함해야 하므로
b, d, e, f, g 중 3개를 선택하여 나열하는 방법의 수는
${}_5P_3=60$
이때 이 세 문자 사이와 양 끝을 포함한 총 4자리 중
2자리를 선택하여 a, c를 배열하는 방법의 수는
${}_4P_2=12$이므로 구하는 문자열의 개수는
$60\times12=720$이다.

702 ··· 답 ④

7개의 점 중 서로 다른 3개의 점을 선택하는 경우의 수는
${}_7C_3=35$
이때 지름 위의 3개의 점을 꼭짓점으로 하는 삼각형은 존재하지 않는다.
지름 위의 4개의 점 중 3개의 점을 선택하는 경우의 수는
${}_4C_3={}_4C_1=4$
따라서 구하는 삼각형의 개수는
$35-4=31$이다.

703 ··· 답 ④

가로 방향의 4개의 평행선 중 2개를 선택하고 세로 방향의 5개의 평행선 중 2개를 선택하면 선택한 4개의 평행선으로 둘러싸인 평행사변형이 만들어진다.
따라서 구하는 평행사변형의 개수는
${}_4C_2\times{}_5C_2=6\times10=60$이다.

704 ··· 답 ④

9명 중 회장 1명을 뽑는 경우의 수는
${}_9C_1=9$
나머지 8명 중 부회장 2명을 뽑는 경우의 수는
${}_8C_2=28$
따라서 구하는 경우의 수는
$9\times28=252$이다.

705 ··· 답 350

주재료의 5종류에서 2종류를 선택하는 경우의 수는
${}_5C_2=10$
계란은 반드시 선택하므로 나머지 부재료 7종류에서 3종류를 선택하는 경우의 수는
${}_7C_3=35$
따라서 구하는 방법의 수는
$10\times35=350$이다.

706 ··· 답 21

선택한 4명의 학년에 따라 나누어 생각하면 다음과 같다.
(i) 모두 1학년인 경우
 이 경우의 수는 ${}_4C_4=1$
(ii) 모두 2학년인 경우
 이 경우의 수는 ${}_5C_4={}_5C_1=5$
(iii) 모두 3학년인 경우
 이 경우의 수는 ${}_6C_4={}_6C_2=15$
(i)~(iii)에서 구하는 경우의 수는
$1+5+15=21$이다.

707 ··· 답 231

구하는 경우의 수는 간식 상자에 들어 있는 간식 중 5개를 선택하는 경우의 수에서 사탕을 선택하지 않는 경우의 수를 뺀 것과 같다.
간식 상자에 들어 있는 10개의 간식 중 5개를 선택하는 경우의 수는
${}_{10}C_5=252$
간식 상자에서 사탕을 제외하고 초콜릿과 젤리 중 5개를 선택하는 경우의 수는 ${}_7C_5=21$
따라서 구하는 경우의 수는
$252-21=231$이다.

708 ··· 답 44

1부터 9까지의 자연수 중에는 홀수가 5개, 짝수가 4개 포함되어 있다.
선택한 6장의 카드에 적힌 수의 합이 홀수가 되려면
6개의 숫자 중 홀수의 개수가 3 또는 5가 되어야 한다.
(i) 홀수의 개수가 3인 경우
 홀수 3개, 짝수 3개를 선택하는 방법의 수는
 ${}_5C_3\times{}_4C_3=10\times4=40$
(ii) 홀수의 개수가 5인 경우
 홀수 5개, 짝수 1개를 선택하는 방법의 수는
 ${}_5C_5\times{}_4C_1=1\times4=4$
(i), (ii)에서 구하는 경우의 수는
$40+4=44$이다.

참고

$1+2+3+\cdots+9=45$, 즉 홀수이므로 선택하지 않은 3장의 카드에 적혀 있는 수의 합이 짝수인 경우의 수를 세어주어도 된다.

709 ⋯⋯ 답 19

회원 n명이 서로 한 번씩 악수하는 방법의 수는 회원 n명 중 2명을 뽑는 방법의 수와 같으므로

${}_{n}C_{2}=\frac{n(n-1)}{2!}=171$

$n(n-1)=342=19\times18$

$\therefore n=19$ ($\because n\geq2$)

710 ⋯⋯ 답 ②

10개의 팀 중 경기를 할 서로 다른 두 팀을 선택하는 방법의 수는

${}_{10}C_{2}=45$

각 팀이 6회씩 경기를 하므로 구하는 총 경기의 수는

$6\times45=270$이다.

711 ⋯⋯ 답 ⑤

티셔츠 5벌 중 3벌을 선택하는 방법의 수는

${}_{5}C_{3}={}_{5}C_{2}=10$

원피스 4벌 중 2벌을 선택하는 방법의 수는

${}_{4}C_{2}=6$

선택된 티셔츠 3벌과 원피스 2벌을 합쳐 총 5벌을 일렬로 진열하는 방법의 수는 $5!$이므로 구하는 방법의 수는

$10\times6\times5!=7200$이다.

712 ⋯⋯ 답 ②

구하는 경우의 수는 전체 사탕 중 2개를 뽑는 경우의 수에서 같은 맛 사탕으로 2개를 꺼내는 경우를 제외시키면 된다.

전체 사탕 15개 중 2개의 사탕을 꺼내는 방법의 수는

${}_{15}C_{2}=105$

같은 맛 사탕으로 2개를 뽑는 방법의 수는

${}_{4}C_{2}+{}_{5}C_{2}+{}_{3}C_{2}+{}_{3}C_{2}=6+10+3+3=22$

따라서 구하는 경우의 수는

$105-22=83$이다.

713 ⋯⋯ 답 64

사용할 수 있는 쿠키는 7개이므로 세트 상품 안의 초콜릿의 개수는 3 이상 9 이하의 홀수이다.

세트 상품에 초콜릿을 각각 3개, 5개, 7개, 9개 넣을 때 쿠키를 각각 7개, 5개, 3개, 1개 넣어야 한다.

이때 초콜릿은 모두 서로 같은 제품이므로 쿠키를 먼저 고르고 나머지 개수를 초콜릿으로 채우면 된다.

따라서 만들 수 있는 세트 상품의 종류는

${}_{7}C_{7}+{}_{7}C_{5}+{}_{7}C_{3}+{}_{7}C_{1}=1+21+35+7=64$(가지)이다.

714 ⋯⋯ 답 ④

볼펜 8개를 4개씩 두 묶음으로 나누는 방법의 수는

${}_{8}C_{4}\times{}_{4}C_{4}\times\frac{1}{2!}=70\times1\times\frac{1}{2}=35$

이때 두 묶음을 두 사람에게 나누어주는 방법의 수는

$2!=2$

따라서 구하는 방법의 수는

$35\times2=70$이다.

715 ⋯⋯ 답 630

7명을 2명, 2명, 3명의 조로 나누는 방법의 수는

$${}_{7}C_{2}\times{}_{5}C_{2}\times{}_{3}C_{3}\times\frac{1}{2!}=21\times10\times1\times\frac{1}{2}=105$$

이때 세 개의 조를 서로 다른 3개의 방에 배정하는 방법의 수는

$3!=6$

따라서 구하는 방법의 수는

$105\times6=630$이다.

716 ⋯⋯ 답 ③

4인실과 6인실에 배정하는 사람 수는 각각 4명, 4명 또는 3명, 5명 또는 2명, 6명이다.

(i) 4인실과 6인실에 각각 4명, 4명 배정하는 경우

${}_{8}C_{4}\times{}_{4}C_{4}\times\frac{1}{2!}\times2!=70\times1\times\frac{1}{2}\times2=70$

(ii) 4인실과 6인실에 각각 3명, 5명 배정하는 경우

${}_{8}C_{3}\times{}_{5}C_{5}=56\times1=56$

(iii) 4인실과 6인실에 각각 2명, 6명 배정하는 경우

${}_{8}C_{2}\times{}_{6}C_{6}=28\times1=28$

(i)~(iii)에서 구하는 방법의 수는

$70+56+28=154$이다.

717 ⋯⋯ 답 ②

다음 그림과 같이 주어진 대진표에서 배정받을 수 있는 6개의 자리를 왼쪽에서부터 각각 a, b, c, d, e, f라 하자.

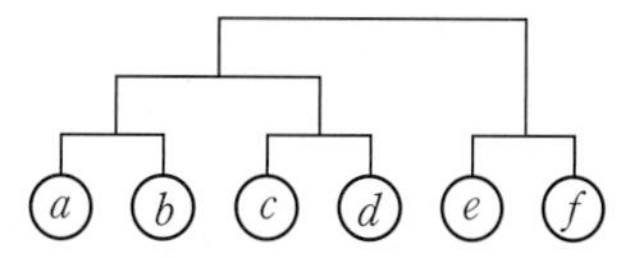

이와 같은 대진표에서 a, b끼리, c, d끼리, e, f끼리는 서로 구분이 없고, a와 b, c와 d의 두 조도 서로 구분이 없다.

e, f에 들어갈 반을 정하는 경우의 수는

${}_{6}C_{2}=15$

나머지 4개의 반을 a와 b, c와 d의 구분이 없는 두 조로 나누는 경우의 수는

${}_{4}C_{2}\times{}_{2}C_{2}\times\frac{1}{2!}=6\times1\times\frac{1}{2}=3$

따라서 구하는 방법의 수는

$15\times3=45$이다.

718 ··· 답 풀이 참조

$${}_{n-1}\mathrm{P}_r + r \times {}_{n-1}\mathrm{P}_{r-1} = \frac{(n-1)!}{(n-1-r)!} + \frac{r(n-1)!}{\{(n-1)-(r-1)\}!}$$
$$= \frac{(n-1)!}{(n-r)!}\{(n-r)+r\}$$
$$= \frac{n!}{(n-r)!}$$
$$= {}_n\mathrm{P}_r$$

따라서 등식 ${}_{n-1}\mathrm{P}_r + r \times {}_{n-1}\mathrm{P}_{r-1} = {}_n\mathrm{P}_r$이 성립한다.

채점 요소	배점
순열의 수를 계승을 이용하여 ${}_{n-1}\mathrm{P}_r = \frac{(n-1)!}{(n-1-r)!}$, $r \times {}_{n-1}\mathrm{P}_{r-1} = \frac{r(n-1)!}{\{(n-1)-(r-1)\}!}$ 로 나타내기	50%
좌변을 정리하여 등식이 성립함을 보이기	50%

719 ··· 답 ④

어른이 앉을 수 있는 자리는
A1, B1 또는 A1, B4 또는 A3, B1 또는 A3, B4의 4가지,
이 두 자리에 어른 2명이 앉는 방법의 수는 $2!=2$,
나머지 5개의 자리에 어린이가 앉는 방법의 수는 $5!=120$
따라서 구하는 방법의 수는
$4\times2\times120=960$이다.

720 ··· 답 ②

조건 (가)에서 3명은 5층부터 12층까지 8개의 층에서 내릴 수 있고,
조건 (나)에서 서로 연속하지 않는 3개의 층에서 한 명씩 내린다.
따라서 구하는 경우의 수는 8개의 의자에 3명이 서로 이웃하지 않게 자리를 정해 앉는 경우의 수와 같다.
즉, 다음과 같이 빈 의자 5개를 두고 빈 의자의 양 끝 또는 사이 6자리 중에서 3개의 자리를 정해서 앉는 경우의 수와 같다.

1	의자	2	의자	3	의자	4	의자	5	의자	6

따라서 구하는 경우의 수는
${}_6\mathrm{P}_3=6\times5\times4=120$이다.

721 ··· 답 ④

여학생 2명을 한 묶음으로 보고 이 한 묶음과 빈 의자 2개를
[여|여], ○, ○과 같이 나타내면 이를 나열하는 방법은 다음과 같이 3가지이다.
[여|여]○○, ○[여|여]○, ○○[여|여]
이때 남학생은 이웃하지 않아야 하므로 위에서 두 여학생의 묶음과 빈 의자 사이 또는 양 끝 자리에 앉아야 한다.
따라서 남학생 2명이 앉을 자리를 정하는 방법의 수는 ${}_4\mathrm{P}_2=12$
두 여학생이 서로 자리를 바꾸는 방법의 수는 $2!=2$
따라서 구하는 방법의 수는
$3\times12\times2=72$이다.

722 ··· 답 15

구하는 경우의 수는 4명이 박스에서 쪽지를 뽑는 경우의 수에서 a, b, c, d의 4명이 각각 다른 사람의 이름이 적힌 쪽지를 뽑는 경우의 수를 뺀 것과 같다.
4명이 박스에서 쪽지를 뽑는 경우의 수는 $4!=24$이고,
a, b, c, d의 4명이 각각 다른 사람의 이름이 적힌 쪽지를 뽑는 경우를 수형도로 나타내면 다음 그림과 같다.

a	b	c	d
b	a	d	c
	c	d	a
	d	a	c
c	a	d	b
	d	a	b
		b	a
d	a	b	c
	c	a	b
		b	a

따라서 구하는 경우의 수는
$24-9=15$이다.

723 ··· 답 ④

300보다 크고 4000보다 작은 자연수 중 세 자리 자연수와 네 자리 자연수로 나누어 생각하면 다음과 같다.

(i) 세 자리 자연수
백의 자리의 숫자는 3 또는 4로 2가지,
십의 자리, 일의 자리의 숫자는 1, 2, 3, 4 중 백의 자리의 숫자를 제외한 3개 중 2개를 뽑아 나열하면 되므로 ${}_3\mathrm{P}_2=6$(가지)
따라서 자연수의 개수는 $2\times6=12$

(ii) 네 자리 자연수
천의 자리의 숫자가 1 또는 2 또는 3으로 3가지,
백의 자리, 십의 자리, 일의 자리의 숫자는 1, 2, 3, 4 중 천의 자리의 숫자를 제외한 3개를 나열하면 되므로 ${}_3\mathrm{P}_3=6$(가지)
따라서 자연수의 개수는 $3\times6=18$

(i), (ii)에서 구하는 자연수의 개수는
$12+18=30$이다.

724 ··· 답 ④

조건 (가)에 의하여 이웃한 자리에 홀수와 짝수가 교대로 나타나야 하고
조건 (나)에 의하여 각 자리의 수 중 홀수는 홀수 개 있어야 한다.
따라서 만의 자리의 수부터 일의 자리의 수까지 다음과 같은 순서로 나타내야 한다.

홀수	짝수	홀수	짝수	홀수

9 이하의 자연수 중 홀수, 짝수는 각각 5개, 4개이므로 홀수 중 3개, 짝수 중 2개를 선택하여 나열하면 된다.
따라서 구하는 방법의 수는
${}_5\mathrm{P}_3\times{}_4\mathrm{P}_2=60\times12=720$이다.

725 ········· 답 ④

조건 (가)에 의하여 2, 4, 6이 서로 이웃하지 않아야 하고,
조건 (나)에 의하여 3, 5가 서로 이웃하지 않아야 한다.
6개의 숫자를 나열할 칸에 짝수가 들어갈 칸을 ●로 표현하면 서로 이웃하지 않는 경우는 다음과 같다.

(i)

●		●		●	

또는

	●		●		●

●에 2, 4, 6을 배열하는 경우의 수는 $3!=6$
나머지 칸에 1, 3, 5를 배열할 때 3, 5는 항상 이웃하지 않게 되므로 나머지 수를 배열하는 경우의 수는 $3!=6$
즉, 이 경우의 수는 $2\times6\times6=72$

(ii)

●		●	a	b	●

또는

●	a	b	●		●

●에 2, 4, 6을 배열하는 경우의 수는 $3!=6$
나머지 칸에 1, 3, 5를 배열하는 경우의 수는 $3!=6$이고,
이 중 a, b자리에 각각 3, 5 또는 5, 3이 오는 경우를 제외하는 경우의 수는 $6-2=4$
즉, 이 경우의 수는 $2\times6\times4=48$

(i), (ii)에서 구하는 방법의 수는
$72+48=120$이다.

726 ········· 답 ④

3의 배수이려면 각 자리의 수의 합이 3의 배수이어야 한다.
1, 2, 3, 4, 5, 6의 6개의 수 중 네 수의 합이 3의 배수가 되는 경우는 1, 2, 3, 6 또는 1, 2, 4, 5 또는 1, 3, 5, 6 또는 2, 3, 4, 6 또는 3, 4, 5, 6의 5가지이고,
이때 각각 네 수가 나오는 순서를 정하는 방법의 수는 $4!=24$이므로
$a=5\times24=120$
4의 배수이려면 일의 자리와 십의 자리까지 보았을 때 4의 배수이어야 하므로 가능한 경우는 12, 16, 24, 32, 36, 52, 56, 64의 8가지이고,
이때 각각 천의 자리의 수와 백의 자리의 수를 정하는 방법의 수는
${}_4P_2=12$이므로
$b=8\times12=96$
$\therefore a+b=120+96=216$

727 ········· 답 ④

숫자를 크기가 작은 수부터 차례대로 나열했을 때,
430번째에 가까워지도록 찾으면 다음과 같다.
1□□□□□인 자연수의 개수는 $5!=120$
2□□□□□인 자연수의 개수는 $5!=120$
3□□□□□인 자연수의 개수는 $5!=120$
41□□□□인 자연수의 개수는 $4!=24$
42□□□□인 자연수의 개수는 $4!=24$
431□□□인 자연수의 개수는 $3!=6$
432□□□인 자연수의 개수는 $3!=6$
435□□□인 자연수의 개수는 $3!=6$
4361□□인 자연수의 개수는 $2!=2$
4362□□인 자연수의 개수는 $2!=2$
이때 $120\times3+24\times2+6\times3+2\times2=430$이므로
430번째에 놓이는 자연수는 436251이다.

728 ········· 답 ③

조건 (나)에 의하여 파란 공 3개를 연속하지 않게 1개씩 뽑거나, 연속하게 2개, 연속하지 않게 1개로 나누어 뽑아야 한다.

(i) 파란 공을 연속하지 않게 1개씩 뽑는 경우
다음과 같이 파란 공부터 시작해서 파란 공과 빨간 공을 번갈아 5번 뽑아야 한다.

파란 공	빨간 공	파란 공	빨간 공	파란 공

이때 파란 공 3개와 빨간 공 2개를 나열해주면 되므로 방법의 수는
$3!\times2!=12$

(ii) 파란 공을 연속하게 2개, 연속하지 않게 1개로 나누어 뽑는 경우
다음과 같이 파란 공 3개를 연속하게 2개, 연속하지 않게 1개로 나누어 뽑는 경우는 4가지이다.

파란 공	파란 공	빨간 공	파란 공	빨간 공

빨간 공	파란 공	파란 공	빨간 공	파란 공

파란 공	빨간 공	파란 공	파란 공	빨간 공

빨간 공	파란 공	빨간 공	파란 공	파란 공

이때 각각의 경우에 파란 공 3개와 빨간 공 2개를 나열해주면 되므로 방법의 수는 $4\times3!\times2!=48$

(i), (ii)에서 주머니에서 5개의 공을 모두 꺼내는 방법의 수는
$12+48=60$이다.

729 ········· 답 ③

ㄱ. ${}_nP_n=n!$, ${}_nC_n=1$ $\quad\therefore {}_nP_n\neq{}_nC_n$ (거짓)

ㄴ. $(n+1){}_nP_r=(n+1)\times\dfrac{n!}{(n-r)!}=\dfrac{(n+1)!}{(n-r)!}={}_{n+1}P_{r+1}$ (참)

ㄷ. ${}_nP_r={}_nC_r\times r!$ (거짓)

ㄹ. ${}_{n+1}C_{r+1}={}_{n+1}C_{(n+1)-(r+1)}={}_{n+1}C_{n-r}$ (참)

ㅁ. ${}_nP_0=1$, ${}_nC_0=1$, $0!=1$ $\quad\therefore {}_nP_0={}_nC_0=0!$ (참)

따라서 옳은 것은 ㄴ, ㄹ, ㅁ의 3개이다.

730 ········· 답 풀이 참조

$$\begin{aligned}{}_{n-1}C_{r-1}+{}_{n-1}C_r&=\frac{(n-1)!}{(r-1)!(n-r)!}+\frac{(n-1)!}{r!(n-r-1)!}\\&=\frac{(n-1)!}{(r-1)!(n-r-1)!}\times\left(\frac{1}{n-r}+\frac{1}{r}\right)\\&=\frac{(n-1)!}{(r-1)!(n-r-1)!}\times\frac{n}{r(n-r)}\\&=\frac{n!}{r!(n-r)!}\\&={}_nC_r\end{aligned}$$

따라서 등식 ${}_{n-1}C_{r-1}+{}_{n-1}C_r={}_nC_r$이 성립한다.

채점 요소	배점
조합의 수를 계승을 이용하여 $_{n-1}C_{r-1}=\frac{(n-1)!}{(r-1)!(n-r)!}$, $_{n-1}C_r=\frac{(n-1)!}{r!(n-r-1)!}$ 로 나타내기	50%
좌변을 정리하여 등식이 성립함을 보이기	50%

731

답 10

$f(n)={}_nC_2+{}_nC_3$

$=\frac{n(n-1)}{2!}+\frac{n(n-1)(n-2)}{3!}$

$=\frac{n(n-1)}{2!}\left(1+\frac{n-2}{3}\right)$

$=\frac{n(n-1)(n+1)}{6}$

$=165$

$n(n-1)(n+1)=6\times165$

$n(n-1)(n+1)=2\times3^2\times5\times11$

$n(n-1)(n+1)=9\times10\times11$

$\therefore n=10$

다른 풀이

${}_nC_2+{}_nC_3={}_{n+1}C_3$이므로

$f(n)=\frac{(n+1)\times n\times(n-1)}{3!}$

$=\frac{n(n-1)(n+1)}{6}$

$f(n)=165$에서

$\frac{n(n-1)(n+1)}{6}=165$

$n(n-1)(n+1)=6\times165$

$n(n-1)(n+1)=2\times3^2\times5\times11$

$n(n-1)(n+1)=9\times10\times11$

$\therefore n=10$

732

답 ③

x에 대한 삼차방정식

$12x^3-9{}_nC_r x^2-2{}_nP_r x+144=0$

이 2와 -2를 근으로 가지므로

$12x^3-9{}_nC_r x^2-2{}_nP_r x+144$는 $x-2$와 $x+2$를 인수로 갖는다.

따라서 두 상수 a, b에 대하여

$12x^3-9{}_nC_r x^2-2{}_nP_r x+144=(x-2)(x+2)(ax+b)$

라 하면

$(x-2)(x+2)(ax+b)$

$=(x^2-4)(ax+b)$

$=ax^3+bx^2-4ax-4b$

이므로 항등식의 성질에 의하여

$12=a$, $-9{}_nC_r=b$, $-2{}_nP_r=-4a$, $144=-4b$

따라서 $a=12$, $b=-36$이고

${}_nC_r=4$, ${}_nP_r=24$ …… ㉠

이때 ${}_nP_r={}_nC_r\times r!$, 즉 $r!=\frac{{}_nP_r}{{}_nC_r}$이므로

㉠에 의하여 $r!=\frac{24}{4}=6=3\times2\times1$

$\therefore r=3$

또한 ${}_nP_3=n(n-1)(n-2)$이고 $24=4\times3\times2$이므로

㉠에서 $n(n-1)(n-2)=4\times3\times2$

$\therefore n=4$

$\therefore n+r=4+3=7$

733

답 ②

2310을 소인수분해하면 $2310=2\times3\times5\times7\times11$이다.

(i) 1보다 큰 세 자연수의 곱으로 나타내는 경우

2, 3, 5, 7, 11이 각각 모두 소수이므로

이 5개의 소수를 3개의 조로 나누어 각각의 조에 속한 수를 곱하여 세 자연수를 만들면 된다.

2, 3, 5, 7, 11을 3개/1개/1개로 나누는 경우

${}_5C_3\times{}_2C_1\times{}_1C_1\times\frac{1}{2!}=10\times2\times1\times\frac{1}{2}=10$

2, 3, 5, 7, 11을 2개/2개/1개로 나누는 경우

${}_5C_2\times{}_3C_2\times{}_1C_1\times\frac{1}{2!}=10\times3\times1\times\frac{1}{2}=15$

이므로 방법의 수는 $a=10+15=25$

(ii) 합성수만의 곱으로 나타내는 경우

합성수가 되려면 적어도 2개 이상의 소인수의 곱이어야 하므로

2, 3, 5, 7, 11을 3개/2개로 나누어서 각각을 곱하여 합성수를 만들면 된다.

따라서 방법의 수는 $b={}_5C_3\times{}_2C_2=10\times1=10$

(i), (ii)에서 $a+b=25+10=35$이다.

734

답 ③

각 자리의 수가 모두 다르면서 $a<b<c<d$를 만족시켜야 하므로 천의 자리의 수 a에 따라서 자연수의 개수를 차례로 세보면 다음과 같다.

(i) $a=1$인 경우

b, c, d는 1을 제외한 8개의 자연수 중에서 3개를 선택하면 작은 순서대로 b, c, d가 되어야 하므로 자연수의 개수는

${}_8C_3=56$

(ii) $a=2$인 경우

b, c, d는 1, 2를 제외한 7개의 자연수 중에서 3개를 선택하면 작은 순서대로 b, c, d가 되어야 하므로 자연수의 개수는

${}_7C_3=35$

(iii) $a=3$인 경우

b, c, d는 1, 2, 3을 제외한 6개의 자연수 중에서 3개를 선택하면 작은 순서대로 b, c, d가 되어야 하므로 자연수의 개수는

${}_6C_3=20$

(i)~(iii)에서 천의 자리의 수가 1 또는 2 또는 3인 자연수의 개수는 $56+35+20=111$이다.

천의 자리의 수가 4인 수 중 작은 순서대로 나열했을 때, 4번째 수가 115번째 자연수이다.

천의 자리의 수가 4, 백의 자리의 수가 5인 자연수를 작은 순서대로 나열하면

4567, 4568, 4569, 4578, ⋯
이므로 115번째 자연수는 4578이다.

735 ······ 답 130

그림과 같이 정삼각형에 적힌 수를 a, 정사각형에 적힌 수를 왼쪽부터 차례로 각각 b, c, d라 하자.

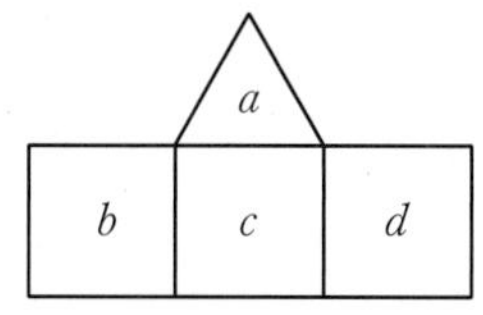

조건 (가)에 의하여 $a<b$, $a<c$, $a<d$이고,
조건 (나)에 의하여 $b\neq c$, $c\neq d$이다.

(i) $b\neq d$인 경우
a, b, c, d가 모두 다른 수이므로 6 이하의 자연수 중 서로 다른 4개의 수를 택하는 경우의 수는 ${}_6C_4={}_6C_2=15$
이 중 가장 작은 수가 a가 되고 나머지 3개의 수를 b, c, d로 정하면 되므로 이 경우의 수는 $1\times3!=6$
따라서 $b\neq d$인 경우의 수는 $15\times6=90$

(ii) $b=d$인 경우
$a<b=d$, $a<c$이므로 a, b, c, d 중에서 서로 다른 수의 개수는 3이다.
6 이하의 자연수 중에서 서로 다른 3개의 수를 택하는 경우의 수는 ${}_6C_3=20$
이 각각에 대하여 택한 3개의 수 중에서 가장 작은 수가 a가 되고 나머지 2개의 수를 $b(=d)$, c로 정하면 되므로 이 경우의 수는 $1\times2!=2$
따라서 $b=d$인 경우의 수는 $20\times2=40$

(i), (ii)에서 구하는 경우의 수는 $90+40=130$이다.

다른 풀이

조건 (가), (나)에서 a보다 큰 수가 적어도 2개 존재해야 하므로 $a\leq4$

(i) $a=4$인 경우
c는 5, 6 중 하나이다.
이 각각에 대하여 b, d는 5, 6 중 c가 아닌 수이면 되므로 $1\times1=1$
따라서 $a=4$인 경우의 수는 $2\times1=2$

(ii) $a=3$인 경우
c는 4, 5, 6 중 하나이다.
이 각각에 대하여 b, d는 4, 5, 6 중 c가 아닌 수이면 되므로 $2\times2=4$
따라서 $a=3$인 경우의 수는 $3\times4=12$

(iii) $a=2$인 경우
c는 3, 4, 5, 6 중 하나이다.
이 각각에 대하여 b, d는 3, 4, 5, 6 중 c가 아닌 수이면 되므로 $3\times3=9$
따라서 $a=2$인 경우의 수는 $4\times9=36$

(iv) $a=1$인 경우
c는 2, 3, 4, 5, 6 중 하나이다.
이 각각에 대하여 b, d는 2, 3, 4, 5, 6 중 c가 아닌 수이면 되므로 $4\times4=16$
따라서 $a=1$인 경우의 수는 $5\times16=80$

(i)~(iv)에서 구하는 경우의 수는 $2+12+36+80=130$이다.

736 ······ 답 ②

이 도형의 선분으로 둘러싸인 직사각형의 개수는
가로 선 4개 중 2개, 세로 선 5개 중 2개를 선택하면 선택한 4개의 선분으로 둘러싸인 직사각형이 만들어지므로
${}_4C_2\times{}_5C_2=6\times10=60$
이 중 정사각형인 것의 개수를 구하면
한 변의 길이가 1인 정사각형은 12개,
한 변의 길이가 2인 정사각형은 6개,
한 변의 길이가 3인 정사각형은 2개이다.
따라서 구하는 정사각형이 아닌 직사각형의 개수는
$60-(12+6+2)=40$이다.

737 ······ 답 ④

주어진 15개의 정사각형의 한 변의 길이를 1로 두면, 가장 윗줄에서 세로의 길이가 1인 직사각형의 개수는 다음과 같이 3개의 세로 줄 중 2개를 선택하는 경우의 수와 같다.

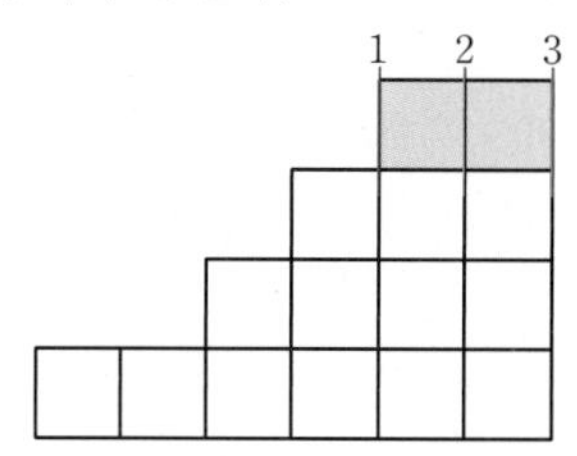

이와 같은 방법으로 세로의 길이가 1인 직사각형의 개수를 가장 윗줄에서부터 세면
${}_3C_2+{}_4C_2+{}_5C_2+{}_7C_2=3+6+10+21=40$
세로의 길이가 2인 직사각형의 개수를 가장 윗줄에서부터 세면
${}_3C_2+{}_4C_2+{}_5C_2=3+6+10=19$
세로의 길이가 3인 직사각형의 개수를 가장 윗줄에서부터 세면
${}_3C_2+{}_4C_2=3+6=9$
세로의 길이가 4인 직사각형의 개수를 가장 윗줄에서부터 세면
${}_3C_2=3$
따라서 구하는 직사각형의 개수는
$40+19+9+3=71$이다.

738 ······ 답 ①

12개의 점 중 3개의 점을 선택하는 경우의 수는
${}_{12}C_3=220$
이때 한 직선 위에 3개 이상의 점이 존재할 때, 그 직선에서 3개의 점을 선택하는 경우에는 삼각형이 만들어지지 않으므로 다음과 같은 경우를 제외한다.

(i) 4개의 점이 한 직선 위에 있는 경우

4개의 점 중 3개를 선택하는 경우의 수는 ${}_4C_3=4$이고 이러한 경우가 3가지이므로 $4\times3=12$

(ii) 3개의 점이 한 직선 위에 있는 경우

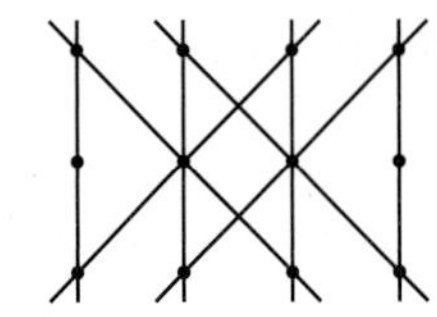

3개의 점만 한 직선 위에 있는 경우는 위의 그림과 같이 8가지이다.

(i), (ii)에 의하여 삼각형이 만들어지지 않는 경우의 수는 $12+8=20$ 이므로 구하는 삼각형의 개수는 $220-20=200$이다.

739 ······ 답 ⑤

12개의 꼭짓점 중 세 점을 연결하여 만들 수 있는 삼각형의 개수는
$_{12}C_3=220$

(i) 십이각형과 두 변을 공유하는 경우
각 꼭짓점마다 한 개씩 생기므로 12개이다.

(ii) 십이각형과 한 변만 공유하는 경우
각 변마다 8개씩 생기므로 $12\times8=96$개이다.

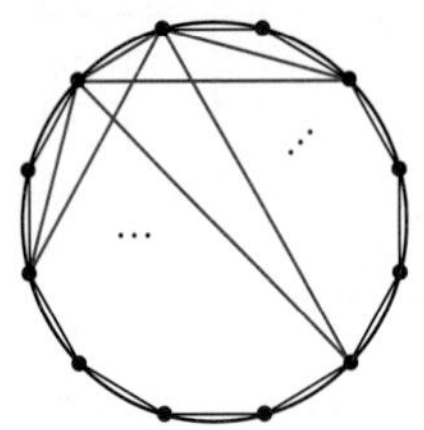

(i), (ii)에서 구하는 삼각형의 개수는
$220-(12+96)=112$이다.

740 ······ 답 ①

$0\le k\le n$인 정수 k에 대하여

$$_nC_k=\frac{n!}{(n-k)!k!}$$
$$=\frac{n!}{(n-k)!\{n-(n-k)\}!}$$
$$=\boxed{_nC_{n-k}}$$

이고

$$k\times{}_nC_k=k\times\frac{n!}{k!(n-k)!}$$
$$=\frac{n\times(n-1)!}{(k-1)!(n-k)!}$$
$$=\boxed{n}\times{}_{n-1}C_{k-1}$$

이므로

$k\times{}_{2n}C_{2n-k}=k\times{}_{2n}C_k=2n\times{}_{2n-1}C_{k-1}$

이다. 따라서

$1\times{}_{2n}C_{2n-1}+2\times{}_{2n}C_{2n-2}+3\times{}_{2n}C_{2n-3}+\cdots+2n\times{}_{2n}C_0$
$=1\times{}_{2n}C_1+2\times{}_{2n}C_2+3\times{}_{2n}C_3+\cdots+2n\times{}_{2n}C_{2n}$
$=2n\times{}_{2n-1}C_0+2n\times{}_{2n-1}C_1+2n\times{}_{2n-1}C_2+\cdots+2n\times{}_{2n-1}C_{2n-1}$
$=2n\times({}_{2n-1}C_0+{}_{2n-1}C_1+{}_{2n-1}C_2+\cdots+{}_{2n-1}C_{2n-1})$
$=2n\times\{({}_{2n-1}C_0+{}_{2n-1}C_{2n-1})+({}_{2n-1}C_1+{}_{2n-1}C_{2n-2})$
$+\cdots+({}_{2n-1}C_{n-1}+{}_{2n-1}C_n)\}$
$=2n\times2\times({}_{2n-1}C_0+{}_{2n-1}C_1+{}_{2n-1}C_2+\cdots+{}_{2n-1}C_{n-1})$
$=2a\times\boxed{2n}$

이다.

따라서 (가) $_nC_{n-k}$, (나) n, (다) $2n$이다.

741 ······ 답 ②

두 사람이 동시에 수강하는 수업의 개수에 따라서 경우를 나누면 다음과 같다.

(i) 동시에 수강하는 수업이 1개인 경우
두 사람이 동시에 수강하는 수업 1개를 고르는 경우의 수는
$_5C_1=5$이고
나머지 4개의 수업 중에서 A, B가 들을 수업 1개씩 더 고르는 경우의 수는 $_4C_1\times{}_3C_1=4\times3=12$이므로
이 경우의 수는
$5\times12=60$

(ii) 동시에 수강하는 수업이 없는 경우
5개의 수업 중에서 A가 들을 수업 2개를 고르는 경우의 수는
$_5C_2=10$이고
나머지 3개의 수업 중에서 B가 들을 수업 2개를 고르는 경우의 수는 $_3C_2=3$이므로
이 경우의 수는
$10\times3=30$

(i), (ii)에서 구하는 경우의 수는
$60+30=90$이다.

742 ······ 답 ③

카메라를 진열할 6개의 자리 중 2개의 자리를 골라 왼쪽에 크기가 가장 큰 A사 카메라를, 오른쪽에 크기가 가장 작은 B사 카메라를 나열하면 되므로 경우의 수는
$_6C_2=15$
나머지 4개의 자리에 나머지 4대의 카메라를 나열하는 방법의 수는
$4!=24$
따라서 구하는 방법의 수는
$15\times24=360$이다.

743 ······ 답 ⑤

7켤레 중 짝이 맞는 한 켤레를 선택하는 경우의 수는 $_7C_1=7$
나머지 6켤레 운동화 중 3종류를 선택하는 경우의 수는 $_6C_3=20$
이때 3종류의 운동화 중 종류별로 한 짝씩 선택하는 경우의 수는
$2\times2\times2=8$
따라서 구하는 경우의 수는
$7\times20\times8=1120$이다.

744 ······ 답 풀이 참조

남학생이 적어도 1명 포함되도록 선출하는 방법의 수는
전체 학생회 14명 중 3명을 뽑는 방법의 수에서 여학생만 3명을
뽑는 방법의 수를 빼주면 된다.
학생회 14명에서 3명의 대표를 선출하는 전체 방법의 수는
${}_{14}C_3=364$
학생회의 여학생 수를 n이라 할 때, 여학생 중 3명을 선출하는
방법의 수는 ${}_nC_3$이고, 문제의 조건에 의하여
$364-{}_nC_3=308$이므로 ${}_nC_3=56$이다.
${}_nC_3=\dfrac{n(n-1)(n-2)}{3!}=56$
$n(n-1)(n-2)=8\times7\times6$이므로 $n=8$
여학생 수가 8이므로 구하는 남학생 수는 $14-8=6$이다.

채점 요소	배점
여학생 수 또는 남학생 수를 미지수로 놓기	20%
남학생이 적어도 1명 포함되도록 선출하는 방법의 수에 대한 식 세우기	40%
남학생 수 구하기	40%

745 ······ 답 8

여자 선수를 n $(n>2)$명이라 하면 남자 선수는 $(n-2)$명이다.
이때 여자 복식팀을 만드는 방법의 수는
${}_nC_2=\dfrac{n(n-1)}{2!}$
혼성 복식팀을 만드는 방법의 수는
${}_nC_1\times{}_{n-2}C_1=n(n-2)$
여자 복식팀을 만드는 방법의 수가 혼성 복식팀을 만드는 방법의 수보다 20만큼 작으므로
$\dfrac{n(n-1)}{2!}=n(n-2)-20$
$n^2-3n-40=0$, $(n+5)(n-8)=0$
$\therefore n=8$ ($\because$ $n>2$)
따라서 구하는 여자 선수의 수는 8이다.

746 ······ 답 315

7명 중에서 자신이 제출한 과제를 다시 받을 학생 3명을 정하는
경우의 수는 ${}_7C_3=35$
나머지 4명의 학생은 모두 자신이 제출하지 않은 과제를 받아야
하므로 4명의 학생을 각각 a, b, c, d라 하면 자기 자신과 대응되지
않도록 배열하는 방법의 수를 수형도로 나타내면 다음 그림과 같다.

a	b	c	d
b	a	d	c
	c	d	a
	d	a	c
c	a	d	b
	d	a	b
		b	a
d	a	b	c
	c	a	b
		b	a

즉, $3\times3=9$
따라서 구하는 경우의 수는
$35\times9=315$이다.

747 ······ 답 ③

뽑은 카드에 적힌 수 중 가장 큰 수와 가장 작은 수의 합이 9 또는
10이므로 나누어 생각하면 다음과 같다.
(i) 가장 큰 수와 가장 작은 수의 합이 9인 경우
가장 큰 수와 가장 작은 수 사이에 적어도 2개의 자연수가 있어야
하므로 가장 큰 수와 가장 작은 수가 각각 6, 3 또는 7, 2 또는
8, 1이다.
가장 큰 수와 가장 작은 수가 각각 6, 3인 경우,
4, 5가 나머지 2개의 수가 되어야 하므로 1가지
가장 큰 수와 가장 작은 수가 각각 7, 2인 경우,
3, 4, 5, 6 중 2개의 수를 더 뽑으면 되므로 ${}_4C_2=6$
가장 큰 수와 가장 작은 수가 각각 8, 1인 경우,
2, 3, 4, 5, 6, 7 중 2개의 수를 더 뽑으면 되므로 ${}_6C_2=15$
따라서 이 경우의 수는 $1+6+15=22$
(ii) 가장 큰 수와 가장 작은 수의 합이 10인 경우
가장 큰 수와 가장 작은 수 사이에 적어도 2개의 자연수가 있어야
하므로 가장 큰 수와 가장 작은 수가 각각 7, 3 또는 8, 2이다.
가장 큰 수와 가장 작은 수가 각각 7, 3인 경우,
4, 5, 6 중 2개의 수를 더 뽑으면 되므로 ${}_3C_2=3$
가장 큰 수와 가장 작은 수가 각각 8, 2인 경우,
3, 4, 5, 6, 7 중 2개의 수를 더 뽑으면 되므로 ${}_5C_2=10$
따라서 이 경우의 수는 $3+10=13$
(i), (ii)에서 구하는 경우의 수는
$22+13=35$이다.

748 ······ 답 ③

1에서 20까지의 자연수 중 3으로 나눈 나머지가 0, 1, 2인 수는 각각
6개, 7개, 7개이다. 이 중 세 수를 더해서 3의 배수가 되는 경우는
다음과 같다.
(i) 세 수가 모두 3으로 나눈 나머지가 0인 경우
이 경우의 수는 ${}_6C_3=20$
(ii) 세 수가 모두 3으로 나눈 나머지가 1인 경우
이 경우의 수는 ${}_7C_3=35$
(iii) 세 수가 모두 3으로 나눈 나머지가 2인 경우
이 경우의 수는 ${}_7C_3=35$
(iv) 세 수를 3으로 나눈 나머지가 각각 0, 1, 2인 경우
이 경우의 수는
${}_6C_1\times{}_7C_1\times{}_7C_1=6\times7\times7=294$
(i)~(iv)에서 구하는 경우의 수는
$20+35+35+294=384$이다.

749 ······ 답 ①

처음 꺼내는 1개의 공의 색에 따라 나누어 생각하면 다음과 같다.
(i) 처음 꺼낸 공이 빨간색 공인 경우
빨간색 공 중 1개를 꺼내는 방법의 수는 ${}_3C_1=3$이고,
남은 공 중 파란색 공을 2개, 빨간색 공을 1개 꺼내거나

Ⅲ 경우의 수

파란색 공 3개를 꺼내는 방법의 수는

${}_3C_2\times{}_2C_1+{}_3C_3=3\times2+1=7$

이므로 $3\times7=21$

(ⅱ) 처음 꺼낸 공이 파란색 공인 경우

파란색 공 중 1개를 꺼내는 방법의 수는 ${}_3C_1=3$이고,

남은 공 중 파란색 공을 2개, 빨간색 공을 1개 꺼내는

방법의 수는

${}_2C_2\times{}_3C_1=1\times3=3$

이므로 $3\times3=9$

(ⅰ), (ⅱ)에서 구하는 방법의 수는

$21+9=30$이다.

750 ······ 답 18

길이가 19인 나무토막을 만들 때 사용되는 길이가 5인 나무토막의 개수와 길이가 2인 나무토막의 개수를 각각 x, y라 하면

$5x+2y=19$

이 등식을 만족시키는 x, y의 값은

$x=1$, $y=7$ 또는 $x=3$, $y=2$이다.

(ⅰ) $x=1$, $y=7$인 경우

총 8개의 나무토막 중 길이가 5인 나무토막 1개를 놓을 순서를 정하면 된다.

따라서 이 경우의 수는 ${}_8C_1=8$

(ⅱ) $x=3$, $y=2$인 경우

총 5개의 나무토막 중 길이가 5인 나무토막 3개를 놓을 순서를 정하면 된다.

따라서 이 경우의 수는 ${}_5C_3=10$

(ⅰ), (ⅱ)에서 구하는 방법의 수는

$8+10=18$이다.

751 ······ 답 ⑤

다음과 같이 주어진 대진표에서 배정받을 수 있는 7개의 자리를 왼쪽에서부터 각각 a, b, c, d, e, f, g라 하자.

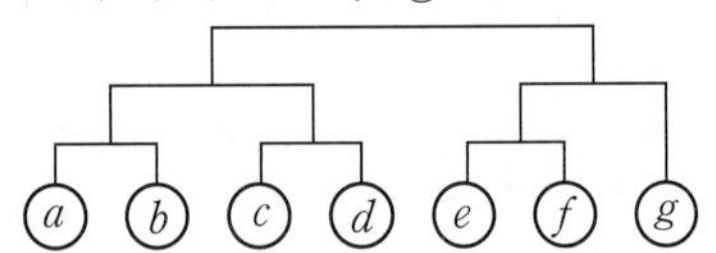

1반과 2반이 결승전 이전에 서로 대결하지 않도록 하려면 a, b, c, d와 e, f, g에 각각 한 반씩 배정되어야 한다.

1반과 2반을 a, b, c, d와 e, f, g 중에 한 반씩 배정하는 방법의 수는 2

1, 2반을 제외하고 a, b, c, d에 배정될 3개의 반과 e, f, g에 배정될 2개의 반을 고르는 방법의 수는

${}_5C_3\times{}_2C_2=10\times1=10$

a, b, c, d에 속한 3개의 반 중 1반 또는 2반과 대결할 반을 고르는 방법의 수는

${}_3C_1=3$

e, f, g에 배정된 반 중 g에 들어갈 반을 고르는 방법의 수는

${}_3C_1=3$

따라서 구하는 방법의 수는

$2\times10\times3\times3=180$이다.

752 ······ 답 90

조건을 만족시키도록 구슬을 담으려면 각 상자에 2개/2개/2개, 3개/2개/1개, 4개/1개/1개씩 나누어 넣어야 한다.

(ⅰ) 2개/2개/2개로 나누어 넣는 경우

${}_6C_2\times{}_4C_2\times{}_2C_2\times\frac{1}{3!}=15\times6\times1\times\frac{1}{6}=15$

(ⅱ) 3개/2개/1개로 나누어 넣는 경우

${}_6C_3\times{}_3C_2\times{}_1C_1=20\times3\times1=60$

(ⅲ) 4개/1개/1개로 나누어 넣는 경우

${}_6C_4\times{}_2C_1\times{}_1C_1\times\frac{1}{2!}=15\times2\times1\times\frac{1}{2}=15$

(ⅰ)~(ⅲ)에서 구하는 방법의 수는

$15+60+15=90$이다.

753 ······ 답 ③

가위바위보 게임에서 비기려면 모두 같은 것을 내거나 가위, 바위, 보를 적어도 하나씩 내야 한다.

(ⅰ) 모두 같은 것을 낸 경우

가위, 바위, 보 3가지 중 하나를 똑같이 내야 하므로 3가지

(ⅱ) 가위, 바위, 보를 적어도 하나씩 낸 경우

4명을 2명/1명/1명의 3개의 조로 나누는 경우의 수는

${}_4C_2\times{}_2C_1\times{}_1C_1\times\frac{1}{2!}=6\times2\times1\times\frac{1}{2}=6$

3개의 조에 가위, 바위, 보를 배분하는 방법의 수가 $3!=6$이므로

가위, 바위, 보를 적어도 하나씩 낸 경우의 수는

$6\times6=36$

(ⅰ), (ⅱ)에서 구하는 경우의 수는

$3+36=39$이다.

754 ······ 답 ④

4개의 수목원 A, B, C, D에 사전 답사를 갈 인원수에 따라 나누어 생각하면 다음과 같다.

(ⅰ) 3명/1명/1명/1명으로 나누어서 답사하는 경우

${}_6C_3\times{}_3C_1\times{}_2C_1\times{}_1C_1\times\frac{1}{3!}=20\times3\times2\times1\times\frac{1}{6}=20$

(ⅱ) 2명/2명/1명/1명으로 나누어서 답사하는 경우

${}_6C_2\times{}_4C_2\times{}_2C_1\times{}_1C_1\times\frac{1}{2!2!}=15\times6\times2\times1\times\frac{1}{4}=45$

(ⅰ), (ⅱ)에서 4개의 수목원에 배정하는 방법의 수는 $4!=24$이므로 구하는 방법의 수는

$(20+45)\times24=1560$이다.

755 ······ 답 132

운전면허를 가지고 있는 사람이 3명이므로 2대의 차에 운전자를 정하는 방법의 수는 ${}_3P_2=6$ ······ ㉠

A, B가 탈 차를 정하는 방법의 수는 ${}_2P_2=2$ ······ ㉡

운전자와 A, B를 제외한 나머지 4명이 차에 나누어 타는 방법을 나누어 생각하면 다음과 같다.

(ⅰ) 4인승, 7인승에 각각 2명/2명으로 나누어 타는 경우

${}_4C_2 \times {}_2C_2 \times \frac{1}{2!} \times 2! = 6 \times 1 \times \frac{1}{2} \times 2 = 6$

(ii) 4인승, 7인승에 각각 1명/3명으로 나누어 타는 경우

${}_4C_1 \times {}_3C_3 = 4 \times 1 = 4$

(iii) 7인승에 4명이 모두 타는 경우 1가지

㉠, ㉡과 (i)~(iii)에서 구하는 방법의 수는

$6 \times 2 \times (6+4+1) = 132$이다.

756 ……… 답 ③

7층에서 탔던 6명이 3번에 나누어서 내려야 하므로
6명을 3개의 조로 나누어야 한다.

(i) 4명/1명/1명으로 나누어 내리는 경우

${}_6C_4 \times {}_2C_1 \times {}_1C_1 \times \frac{1}{2!} = 15 \times 2 \times 1 \times \frac{1}{2} = 15$

(ii) 3명/2명/1명으로 나누어 내리는 경우

${}_6C_3 \times {}_3C_2 \times {}_1C_1 = 20 \times 3 \times 1 = 60$

(iii) 2명/2명/2명으로 나누어 내리는 경우

${}_6C_2 \times {}_4C_2 \times {}_2C_2 \times \frac{1}{3!} = 15 \times 6 \times 1 \times \frac{1}{6} = 15$

(i)~(iii)에서 6층, 5층, 3층에 나누어 내리는 방법의 수는
$3! = 6$이므로 구하는 방법의 수는
$(15+60+15) \times 6 = 540$이다.

757 ……… 답 960

과자 4봉지와 사탕 2개를 조건을 만족시키도록 5명의 어린이에게
나누어 주는 경우는 다음과 같다.

(i) 1명의 어린이가 사탕 2개를 받는 경우

사탕 2개를 받는 어린이를 정하는 경우의 수는 5이고,
나머지 4명의 어린이에게 과자를 각각 한 봉지씩 나누어 주는
경우의 수는 $4! = 24$이므로

$5 \times 24 = 120$

(ii) 1명의 어린이가 과자 2봉지를 받는 경우

과자 4봉지 중 2봉지를 고르는 경우의 수는

${}_4C_2 = 6$

과자 2봉지를 받는 어린이를 정하는 경우의 수는 5이고,
남은 과자 2봉지를 받을 어린이를 정하는 경우의 수는

${}_4P_2 = 12$

과자를 받지 못한 2명의 어린이에게 사탕을 각각 1개씩 주는
경우의 수가 1이므로

$6 \times 5 \times 12 \times 1 = 360$

(iii) 1명의 어린이가 과자 1봉지와 사탕 1개를 받는 경우

과자 4봉지를 4명의 어린이에게 각각 1봉지씩 나누어 주는
경우의 수는

${}_5P_4 = 120$

과자를 받지 못한 어린이에게 사탕 1개를 주고 과자를 받은
어린이 중 1명을 택해 남은 사탕 1개를 주는 경우의 수는

${}_4C_1 = 4$이므로

$120 \times 4 = 480$

(i)~(iii)에서 구하는 경우의 수는
$120+360+480 = 960$이다.

758 ……… 답 119

선택한 3개의 사물함에 적혀 있는 수를 각각 a, b, c $(a<b<c)$라
하자. 선택한 사물함 사이에 각각 n개 이상의 사물함이 있으려면
$b-a>n$, $c-b>n$을 만족시켜야 한다. …… ㉠
이때 세 자연수 a', b', c' $(a'<b'<c')$이 $a=a'$, $b=b'+n$,
$c=c'+2n$을 만족시키면 a, b, c는 ㉠을 항상 만족시킨다.
$c'+2n$이 15 이하의 자연수가 되어야 하므로
$c'+2n \le 15$에서 $c' \le 15-2n$이다.
즉, 선택한 사물함 사이에 빈 사물함의 개수가 모두 n 이상이 되도록
하는 경우의 수는 1부터 $15-2n$까지의 자연수 중 서로 다른 3개의
수를 선택하는 경우의 수와 같으므로
$f(n) = {}_{15-2n}C_3$이다.

$\therefore f(3)+f(4) = {}_9C_3 + {}_7C_3$
$= 84+35 = 119$

759 ……… 답 ②

먼저 1행에 1, 2, 3, 4가 적힌 4장의 카드를 배열하는 방법의 수는
$4! = 24$이고,
2행에 각 열마다 1행과 다른 숫자가 적힌 카드를 배열하는 방법의
수를 수형도로 나타내면 다음 그림과 같다.

```
1   2   3   4

2 ┬ 1 ─ 4 ─ 3
  ├ 3 ─ 4 ─ 1
  └ 4 ─ 1 ─ 3
3 ┬ 1 ─ 4 ─ 2
  └ 4 ┬ 1 ─ 2
      └ 2 ─ 1
4 ┬ 1 ─ 2 ─ 3
  └ 3 ┬ 1 ─ 2
      └ 2 ─ 1
```

즉, $3 \times 3 = 9$
이때 2행에 적은 숫자를 기준으로 3행에서 각 열마다 다른 숫자가
적힌 카드를 배열하는 방법의 수도 9이므로 구하는 방법의 수는
$24 \times 9 \times 9 = 1944$

760 ……… 답 ⑤

8 이하의 자연수 중 짝수의 개수는 4이므로
적어도 4장의 카드를 뽑아야 짝수가 적힌 카드를 모두 뽑을 수 있다.
따라서 $n \le 3$인 경우 $f(n)=0$이므로 $f(3)=0$

(i) $n=4$인 경우

4번째 뽑은 카드가 짝수가 적힌 마지막 카드이어야 하므로
짝수가 적힌 카드 4장이 연달아 뽑혀야 한다.

$f(4) = 4!$

(ii) $n=5$인 경우

5번째 뽑은 카드가 짝수가 적힌 마지막 카드이어야 하므로
4번째까지 짝수가 적힌 카드 3장과 홀수가 적힌 카드 1장이
뽑혀야 한다.
짝수 4개 중 3개를 선택하는 경우의 수는

${}_4C_3 = 4$

홀수 4개 중 1개를 선택하는 경우의 수는

$_4C_1=4$

남은 짝수가 적힌 카드를 마지막에 뽑으면 되므로

$f(5)=4\times4\times4!=16\times4!$

(iii) $n=6$인 경우

6번째 뽑은 카드가 짝수가 적힌 마지막 카드이어야 하므로

5번째까지 짝수가 적힌 카드 3장과 홀수가 적힌 카드 2장이

뽑혀야 한다.

짝수 4개 중 3개를 선택하는 경우의 수는

$_4C_3=4$

홀수 4개 중 2개를 선택하는 경우의 수는

$_4C_2=6$

남은 짝수가 적힌 카드를 마지막에 뽑으면 되므로

$f(6)=4\times6\times5!=24\times5!$

(i)~(iii)에서 구하는 값은

$$\frac{f(3)+f(4)+f(5)+f(6)}{4!}=\frac{0+4!+16\times4!+24\times5!}{4!}$$
$$=1+16+120=137$$

761 ······ 답 306

1, 2, ⋯, 9 중 세 숫자로 만들 수 있는 세 자리 자연수의 개수는

$_9P_3=9\times8\times7=504$

9 이하의 자연수 중 2개의 수를 더해서 7의 배수가 되려면 7로 나눈 나머지가 각각 1, 6 또는 2, 5 또는 3, 4인 두 수를 더해야 한다.

(i) 7로 나눈 나머지가 1, 6인 두 수가 포함되는 경우

7로 나눈 나머지가 1, 6인 두 수는 1, 6 또는 6, 8이다.

1, 6이 들어 있는 세 자리 자연수의 개수는

1, 6을 제외한 7개의 수 중 1개를 선택해서 나열하면 되므로

방법의 수는

$7\times3!=42$

6, 8이 들어 있는 세 자리 자연수의 개수는

6, 8을 제외한 7개의 수 중 1개를 선택해서 나열하면 되므로

방법의 수는

$7\times3!=42$

이 중 1, 6, 8이 동시에 들어 있는 세 자리 자연수의 개수

$3!=6$만큼이 겹치므로

1, 6 또는 6, 8이 들어 있는 세 자리 자연수의 개수는

$42+42-6=78$

(ii) 7로 나눈 나머지가 2, 5인 두 수가 포함되는 경우

7로 나눈 나머지가 2, 5인 두 수는 2, 5 또는 5, 9이다.

(i)과 마찬가지로 구하면 자연수의 개수는 78

(iii) 3, 4가 들어 있는 세 자리 자연수의 개수는

$7\times3!=42$

(i)~(iii)에서 구하는 자연수의 개수는

$504-(78\times2+42)=504-198=306$이다.

762 ······ 답 ④

조건 (가), (나)에서 X를 첫 번째에 쓰고 Y는 1개 이상 4개 이하로 쓸 수 있다.

(i) Y를 1개 쓰는 경우

첫 번째엔 X가 오고 나머지 7자리 중 Y를 쓸 자리를

선택하는 방법의 수는 $_7C_1=7$이고

나머지 자리는 모두 X를 쓰면 되므로 문자열의 개수는 7이다.

(ii) Y를 2개 쓰는 경우

X, Y를 각각 6개, 2개 써야 하므로

먼저 X를 6개 나열하고 다음과 같이 ㉠~㉥ 중 2개를 골라

그 자리에 Y를 쓰면 된다.

X	㉠	X	㉡	X	㉢	X	㉣	X	㉤	X	㉥

따라서 문자열의 개수는 $_6C_2=15$이다.

(iii) Y를 3개 쓰는 경우

X, Y를 각각 5개, 3개 써야 하므로

먼저 X를 5개 나열하고 다음과 같이 ㉠~㉤ 중 3개를 골라

그 자리에 Y를 쓰면 된다.

X	㉠	X	㉡	X	㉢	X	㉣	X	㉤

따라서 문자열의 개수는 $_5C_3=10$이다.

(iv) Y를 4개 쓰는 경우

X, Y를 각각 4개, 4개 써야 하므로

Y가 서로 이웃하지 않게 쓰는 방법은 다음과 같이 1가지이다.

X	Y	X	Y	X	Y	X	Y

따라서 문자열의 개수는 1이다.

(i)~(iv)에서 구하는 문자열의 개수는

$7+15+10+1=33$이다.

763 ······ 답 ④

천의 자리, 백의 자리, 십의 자리, 일의 자리에 대하여 각각 합을 구하면 다음과 같다.

(i) 천의 자리의 경우

천의 자리의 숫자가 1인 네 자리 자연수의 개수는 $_4P_3=24$이므로

1000은 24번 더해진다.

천의 자리의 숫자가 2, 3, 4일 때도 마찬가지이므로

2000, 3000, 4000도 각각 24번씩 더해진다.

$24\times(1000+2000+3000+4000)=240000$

(ii) 백의 자리의 경우

백의 자리의 숫자가 1인 네 자리 자연수의 개수는 $3\times3\times2=18$

이므로 100은 18번 더해진다.

백의 자리의 숫자가 2, 3, 4일 때도 마찬가지이므로

200, 300, 400도 각각 18번씩 더해진다.

$18\times(100+200+300+400)=18000$

(iii) 십의 자리의 경우

십의 자리의 숫자가 1인 네 자리 자연수의 개수는 $3\times3\times2=18$

이므로 10은 18번 더해진다.

십의 자리의 숫자가 2, 3, 4일 때도 마찬가지이므로

20, 30, 40도 각각 18번씩 더해진다.

$18\times(10+20+30+40)=1800$

(iv) 일의 자리의 경우

일의 자리의 숫자가 1인 네 자리 자연수의 개수는 $3\times3\times2=18$

이므로 1은 18번 더해진다.

일의 자리의 숫자가 2, 3, 4일 때도 마찬가지이므로

2, 3, 4도 각각 18번씩 더해진다.

$18\times(1+2+3+4)=180$
(i)~(iv)에서 구하는 모든 네 자리 자연수의 합은
$240000+18000+1800+180=259980$이다.

764 ······ 답 624

두 조건 (가), (나)를 모두 만족시키는 경우의 수는 조건 (나)를 만족시키는 모든 경우의 수에서 조건 (나)를 만족시키지만 조건 (가)를 만족시키지 않는 경우의 수를 뺀 것과 같다.

(i) E와 F가 같은 행에 있지 않은 경우
E를 써넣을 칸을 택하는 경우의 수는 8
F를 써넣을 칸을 택하는 경우의 수는 4
남은 6개의 문자를 각각 써넣을 칸을 택하는 경우의 수는 $6!$
따라서 이 경우의 수는 $8\times4\times6!$이다.

(ii) E와 F가 같은 행에 있지 않고, A와 C가 서로 이웃하는 경우
ⓐ A와 C가 세로로 이웃하는 경우
A와 C를 써넣을 열을 택하는 경우의 수는 4
A와 C가 자리를 서로 바꾸는 경우의 수는 2
E를 써넣을 칸을 택하는 경우의 수는 6
F를 써넣을 칸을 택하는 경우의 수는 3
남은 4개의 문자를 각각 써넣을 칸을 택하는 경우의 수는 $4!$
따라서 이 경우의 수는 $4\times2\times6\times3\times4!$이다.
ⓑ A와 C가 가로로 이웃하는 경우
A와 C를 써넣을 이웃한 2개의 칸을 택하는 경우의 수는 6
A와 C가 자리를 서로 바꾸는 경우의 수는 2
E, F 중 A, C와 같은 행에 적을 문자를 택하는 경우의 수는 2
E, F 중 A, C와 같은 행에 적을 문자를 써넣을 칸을 택하는 경우의 수는 2
E, F 중 A, C와 다른 행에 적을 문자를 써넣을 칸을 택하는 경우의 수는 4
남은 4개의 문자를 각각 써넣을 칸을 택하는 경우의 수는 $4!$
따라서 이 경우의 수는 $6\times2\times2\times2\times4\times4!$이다.

(i), (ii)에서 구하는 경우의 수는
$8\times4\times6!-4\times2\times6\times3\times4!-6\times2\times2\times2\times4\times4!$
$=4!\times(8\times4\times6\times5-4\times2\times6\times3-6\times2\times2\times2\times4)$
$=24\times624$
이므로 $24k=24\times624$에서 $k=624$이다.

765 ······ 답 16

시계 반대 방향으로 1만큼 이동하는 것은 시계 방향으로 3만큼 움직이는 것과 같다.
따라서 말은 한 번의 이동에서 정사각형의 변을 따라 시계 방향으로 1 또는 3만큼 움직이게 된다.
동전을 5번 던져서 말을 움직일 때, 말의 이동거리는 시계 방향을 기준으로 5 이상 15 이하이다.
이때 말이 점 A에서 출발하여 점 B에 도착하기 위해서는 시계 방향을 기준으로 이동거리가 7 또는 11 또는 15가 되어야 한다.
시계 방향으로 1만큼 움직인 횟수를 x, 3만큼 움직인 횟수를 y라 할 때, 이동거리가 7 또는 11 또는 15가 되는 경우로 나누어 생각하면 다음과 같다.

(i) 이동거리가 7인 경우
$x+y=5$, $x+3y=7$이므로 두 식을 연립하면 $x=4$, $y=1$
즉, 앞면이 4번 나오고 뒷면이 1번 나온 것이므로
5번 중 뒷면이 나오는 순서를 결정하는 방법의 수는 ${}_5C_1=5$이고
나머지 모두 앞면이 나오면 된다.

(ii) 이동거리가 11인 경우
$x+y=5$, $x+3y=11$이므로 두 식을 연립하면 $x=2$, $y=3$
즉, 앞면이 2번 나오고 뒷면이 3번 나온 것이므로
5번 중 뒷면이 나오는 순서를 결정하는 방법의 수는 ${}_5C_3=10$이고
나머지 모두 앞면이 나오면 된다.

(iii) 이동거리가 15인 경우
$x+y=5$, $x+3y=15$이므로 두 식을 연립하면 $x=0$, $y=5$
즉, 모두 뒷면이 나온 것이므로 방법의 수는 1이다.

(i)~(iii)에서 구하는 방법의 수는
$5+10+1=16$이다.

766 ······ 답 50

반지름의 길이가 가장 긴 원판을 A라 하면 A 위에 쌓는 원판 중 반지름의 길이가 가장 긴 원판을 가장 위에 쌓아야 한다.

(i) A를 가장 위에 쌓는 경우는 문제의 조건을 만족시키지 않는다.

(ii) A를 위에서 두 번째에 쌓는 경우
A 위에 쌓을 원판 1개를 선택하는 방법의 수는
${}_4C_1=4$
나머지 3개의 원판을 A의 아래에 쌓는 방법의 수는
$3!=6$
따라서 이 경우 원판 5개를 쌓는 방법의 수는
$4\times6=24$

(iii) A를 위에서 세 번째에 쌓는 경우
A 위에 쌓을 원판 2개를 선택하는 방법의 수는
${}_4C_2=6$
이때 선택한 2개의 원판을 쌓는 방법의 수는 1
한편, 나머지 2개의 원판을 A의 아래에 쌓는 방법의 수는
$2!=2$
따라서 이 경우 원판 5개를 쌓는 방법의 수는
$6\times1\times2=12$

(iv) A를 위에서 네 번째에 쌓는 경우
A 위에 쌓을 원판 3개를 선택하는 방법의 수는
${}_4C_3=4$
이때 선택한 3개의 원판을 쌓는 방법의 수는 $2!=2$
한편, 나머지 1개의 원판을 A의 아래에 쌓는 방법의 수는 1
따라서 이 경우 원판 5개를 쌓는 방법의 수는
$4\times2\times1=8$

(v) A를 위에서 다섯 번째에 쌓는 경우
4개의 원판 중 반지름의 길이가 긴 것을 가장 위로 쌓고 나머지 3개의 원판을 쌓는 방법의 수는
$3!=6$

(i)~(v)에서 구하는 방법의 수는
$24+12+8+6=50$이다.

IV 행렬

01 행렬의 뜻과 연산

767 ······ 답 -11

$a_{ij}=(-1)^i+3j-2ij$이므로

$a_{11}=(-1)+3\times1-2\times1\times1=0$

$a_{12}=(-1)+3\times2-2\times1\times2=1$

$a_{21}=(-1)^2+3\times1-2\times2\times1=0$

$a_{22}=(-1)^2+3\times2-2\times2\times2=-1$

$a_{31}=(-1)^3+3\times1-2\times3\times1=-4$

$a_{32}=(-1)^3+3\times2-2\times3\times2=-7$

$\therefore A=\begin{pmatrix} 0 & 1 \\ 0 & -1 \\ -4 & -7 \end{pmatrix}$

따라서 행렬 A의 모든 성분의 합은

$0+1+0+(-1)+(-4)+(-7)=-11$

768 ······ 답 $\begin{pmatrix} 0 & 4 & 12 \\ 4 & 0 & 3 \\ 12 & 3 & 0 \end{pmatrix}$

(i) $i=j$일 때, $a_{ij}=0$이므로 $a_{11}=a_{22}=a_{33}=0$

(ii) 구역 P_1과 구역 P_2 사이에 어도가 4개이므로 구역 P_1에서 구역 P_2로 가는 방법의 수와 구역 P_2에서 구역 P_1로 가는 방법의 수는 모두 4이다.

$\therefore a_{12}=a_{21}=4$

(iii) 구역 P_2와 구역 P_3 사이에 어도가 3개이므로 구역 P_2에서 구역 P_3으로 가는 방법의 수와 구역 P_3에서 구역 P_2로 가는 방법의 수는 모두 3이다.

$\therefore a_{23}=a_{32}=3$

(iv) 구역 P_1에서 구역 P_3으로 가려면 반드시 구역 P_2를 거쳐야 하므로 구역 P_1에서 구역 P_3으로 가는 방법의 수는 $4\times3=12$

$\therefore a_{13}=12$

마찬가지로 구역 P_3에서 구역 P_1로 가려면 반드시 구역 P_2를 거쳐야 하므로 구역 P_3에서 구역 P_1로 가는 방법의 수는

$3\times4=12$ $\quad\therefore a_{31}=12$

(i)~(iv)에서 $A=\begin{pmatrix} 0 & 4 & 12 \\ 4 & 0 & 3 \\ 12 & 3 & 0 \end{pmatrix}$

769 ······ 답 10

(i) $i>j$일 때, $a_{ij}=ij$이므로

$a_{21}=2\times1=2$, $a_{31}=3\times1=3$, $a_{32}=3\times2=6$

(ii) $i=j$일 때, $a_{ij}=2i^2-3j$이므로

$a_{11}=2\times1^2-3\times1=-1$, $a_{22}=2\times2^2-3\times2=2$,

$a_{33}=2\times3^2-3\times3=9$

(iii) $i<j$일 때, $a_{ij}=a_{ji}$이므로

$a_{12}=a_{21}=2$, $a_{13}=a_{31}=3$, $a_{23}=a_{32}=6$

(i)~(iii)에서 $A=\begin{pmatrix} -1 & 2 & 3 \\ 2 & 2 & 6 \\ 3 & 6 & 9 \end{pmatrix}$

따라서 행렬 A의 제2열의 모든 성분의 합은 $2+2+6=10$

770 ······ 답 14

$A=B$이므로

$\begin{pmatrix} x & y+3z \\ x+2y & 1 \end{pmatrix}=\begin{pmatrix} y+4 & 5 \\ 1 & x-z \end{pmatrix}$

두 행렬이 서로 같을 조건에 의하여

$x=y+4$에서 $x-y=4$ ······ ㉠

$y+3z=5$ ······ ㉡

$x+2y=1$ ······ ㉢

$1=x-z$ ······ ㉣

㉠, ㉢을 연립하여 풀면 $x=3$, $y=-1$

$x=3$을 ㉣에 대입하면 $1=3-z$

$\therefore z=2$

$y=-1$, $z=2$는 ㉡을 만족시킨다.

$\therefore x^2+y^2+z^2=3^2+(-1)^2+2^2=14$

771 ······ 답 28

$a_{12}=6$이므로 $a+2b+3=6$

$\therefore a+2b=3$ ······ ㉠

$a_{13}=8$이므로 $a+3b+3=8$

$\therefore a+3b=5$ ······ ㉡

㉠, ㉡을 연립하여 풀면 $a=-1$, $b=2$

따라서 $i\neq j$일 때, $a_{ij}=-i+2j+3$이므로

$x=a_{23}=-2+2\times3+3=7$

$y=a_{32}=-3+2\times2+3=4$

$\therefore xy=7\times4=28$

772 ······ 답 4

$A=B$이므로

$\begin{pmatrix} x^2-x & -4 \\ 3 & 3y-2 \end{pmatrix}=\begin{pmatrix} 6 & xy \\ 3 & y^2 \end{pmatrix}$

두 행렬이 서로 같을 조건에 의하여

$x^2-x=6$ ······ ㉠

$-4=xy$ ······ ㉡

$3y-2=y^2$ ······ ㉢

㉠에서 $x^2-x-6=0$

$(x+2)(x-3)=0$ $\quad\therefore x=-2$ 또는 $x=3$

㉢에서 $y^2-3y+2=0$

$(y-1)(y-2)=0$ $\quad\therefore y=1$ 또는 $y=2$

이때 ㉡에서 $xy=-4$이므로 $x=-2$, $y=2$

$\therefore y-x=2-(-2)=4$

773 ······ 답 ①

$\begin{pmatrix} a^3 & a-b \\ ab & b^3 \end{pmatrix}=\begin{pmatrix} 5\sqrt{2}+7 & 2 \\ k & 5\sqrt{2}-7 \end{pmatrix}$

이므로 두 행렬이 서로 같을 조건에 의하여

$a^3=5\sqrt{2}+7$ ······ ㉠

$a-b=2$ ······ ㉡

$ab=k$ ······ ㉢

$b^3=5\sqrt{2}-7$ ······ ㉣

$a^3-b^3=(a-b)^3+3ab(a-b)$이므로

이 식에 ㉠~㉣을 대입하면

$5\sqrt{2}+7-(5\sqrt{2}-7)=2^3+3\times k\times 2$

$14=8+6k$, $6k=6$

$\therefore k=1$

774 ······ 답 ③

$$3(A-2B)-\frac{1}{2}(5A-8B)=3A-6B-\frac{5}{2}A+4B$$
$$=\frac{1}{2}A-2B$$
$$=\frac{1}{2}\begin{pmatrix} -4 & 6 \\ 0 & 8 \end{pmatrix}-2\begin{pmatrix} 3 & -5 \\ 1 & -1 \end{pmatrix}$$
$$=\begin{pmatrix} -8 & 13 \\ -2 & 6 \end{pmatrix}$$

따라서 $3(A-2B)-\frac{1}{2}(5A-8B)$의 모든 성분의 합은

$(-8)+13+(-2)+6=9$

775 ······ 답 40

$2(A-2X)+8B=6(2B-X)$에서

$2A-4X+8B=12B-6X$

$2X=-2A+4B$

$\therefore X=-A+2B$

$=-\begin{pmatrix} 5 & 4 \\ 3 & 2 \end{pmatrix}+2\begin{pmatrix} 3 & -3 \\ 2 & -1 \end{pmatrix}=\begin{pmatrix} 1 & -10 \\ 1 & -4 \end{pmatrix}$

따라서 행렬 X의 모든 성분의 곱은

$1\times(-10)\times 1\times(-4)=40$

776 ······ 답 2

$xA+yB=C$이므로

$x\begin{pmatrix} 0 & 1 \\ -3 & 4 \end{pmatrix}+y\begin{pmatrix} 0 & k \\ -4 & 1 \end{pmatrix}=\begin{pmatrix} 0 & -7 \\ 6 & 5 \end{pmatrix}$

$\begin{pmatrix} 0 & x+ky \\ -3x-4y & 4x+y \end{pmatrix}=\begin{pmatrix} 0 & -7 \\ 6 & 5 \end{pmatrix}$

두 행렬이 서로 같을 조건에 의하여

$x+ky=-7$ ······ ㉠

$-3x-4y=6$ ······ ㉡

$4x+y=5$ ······ ㉢

㉡, ㉢을 연립하여 풀면 $x=2$, $y=-3$

$x=2$, $y=-3$을 ㉠에 대입하면

$2-3k=-7$

$-3k=-9$ $\quad\therefore k=3$

$\therefore k+x+y=3+2+(-3)=2$

777 ······ 답 풀이 참조

$2A-3B=\begin{pmatrix} -8 & 1 \\ 2 & 6 \end{pmatrix}$ ······ ㉠

$3A+2B=\begin{pmatrix} 1 & 8 \\ -10 & 9 \end{pmatrix}$ ······ ㉡

㉠$\times 2+$㉡$\times 3$을 하면

$13A=2\begin{pmatrix} -8 & 1 \\ 2 & 6 \end{pmatrix}+3\begin{pmatrix} 1 & 8 \\ -10 & 9 \end{pmatrix}=\begin{pmatrix} -13 & 26 \\ -26 & 39 \end{pmatrix}$

$\therefore A=\begin{pmatrix} -1 & 2 \\ -2 & 3 \end{pmatrix}$ ······ ㉢

㉢을 ㉠에 대입하면

$2\begin{pmatrix} -1 & 2 \\ -2 & 3 \end{pmatrix}-3B=\begin{pmatrix} -8 & 1 \\ 2 & 6 \end{pmatrix}$

$3B=2\begin{pmatrix} -1 & 2 \\ -2 & 3 \end{pmatrix}-\begin{pmatrix} -8 & 1 \\ 2 & 6 \end{pmatrix}=\begin{pmatrix} 6 & 3 \\ -6 & 0 \end{pmatrix}$

$\therefore B=\begin{pmatrix} 2 & 1 \\ -2 & 0 \end{pmatrix}$

$\therefore A+B=\begin{pmatrix} -1 & 2 \\ -2 & 3 \end{pmatrix}+\begin{pmatrix} 2 & 1 \\ -2 & 0 \end{pmatrix}=\begin{pmatrix} 1 & 3 \\ -4 & 3 \end{pmatrix}$

따라서 $a=1$, $b=3$, $c=-4$, $d=3$이므로

$ad-bc=1\times 3-3\times(-4)=15$

채점 요소	배점
행렬 A 구하기	30%
행렬 B 구하기	30%
행렬 $A+B$ 구하기	30%
$ad-bc$의 값 구하기	10%

778 ······ 답 ③

$x^2-ax+b^2=0$에서

이차방정식의 근과 계수의 관계에 의하여 ······ TIP

$\alpha+\beta=a$, $\alpha\beta=b^2$

$\alpha\begin{pmatrix} \alpha & 2 \\ \beta & 0 \end{pmatrix}+\beta\begin{pmatrix} \beta & 2 \\ \alpha & 0 \end{pmatrix}=\begin{pmatrix} 7 & 6 \\ 2\alpha\beta & 0 \end{pmatrix}$이므로

$\begin{pmatrix} \alpha^2+\beta^2 & 2(\alpha+\beta) \\ 2\alpha\beta & 0 \end{pmatrix}=\begin{pmatrix} 7 & 6 \\ 2\alpha\beta & 0 \end{pmatrix}$

두 행렬이 서로 같을 조건에 의하여

$\alpha^2+\beta^2=7$, $2(\alpha+\beta)=6$

$2(\alpha+\beta)=6$에서 $\alpha+\beta=3$이므로 $a=3$

$\alpha^2+\beta^2=7$이므로 $(\alpha+\beta)^2-2\alpha\beta=7$

$3^2-2\alpha\beta=7$ $\quad\therefore \alpha\beta=1$

즉, $b^2=1$이므로 $b=1$ ($\because b>0$)

$\therefore a+b=3+1=4$

TIP

이차방정식의 근과 계수의 관계

x에 대한 이차방정식 $ax^2+bx+c=0$의 두 근을 α, β라 하면

(1) $\alpha+\beta=-\frac{b}{a}$ (2) $\alpha\beta=\frac{c}{a}$

779 답 4

$a_{ij}=\begin{cases} i-3j & (i\neq j) \\ i+j & (i=j) \end{cases}$에서

$a_{11}=1+1=2$, $a_{12}=1-3\times2=-5$

$a_{21}=2-3\times1=-1$, $a_{22}=2+2=4$

이므로 $A=\begin{pmatrix} 2 & -5 \\ -1 & 4 \end{pmatrix}$

$c_{ij}=i^2-j$에서

$c_{11}=1^2-1=0$, $c_{12}=1^2-2=-1$

$c_{21}=2^2-1=3$, $c_{22}=2^2-2=2$

이므로 $B-2A=\begin{pmatrix} 0 & -1 \\ 3 & 2 \end{pmatrix}$

$\therefore B=2A+(B-2A)=2\begin{pmatrix} 2 & -5 \\ -1 & 4 \end{pmatrix}+\begin{pmatrix} 0 & -1 \\ 3 & 2 \end{pmatrix}=\begin{pmatrix} 4 & -11 \\ 1 & 10 \end{pmatrix}$

따라서 행렬 B의 모든 성분의 합은 $4+(-11)+1+10=4$

780 답 6

$A^2=\begin{pmatrix} 1 & 0 \\ 0 & 2 \end{pmatrix}\begin{pmatrix} 1 & 0 \\ 0 & 2 \end{pmatrix}=\begin{pmatrix} 1 & 0 \\ 0 & 2^2 \end{pmatrix}$

$A^3=A^2A=\begin{pmatrix} 1 & 0 \\ 0 & 2^2 \end{pmatrix}\begin{pmatrix} 1 & 0 \\ 0 & 2 \end{pmatrix}=\begin{pmatrix} 1 & 0 \\ 0 & 2^3 \end{pmatrix}$

$A^4=A^3A=\begin{pmatrix} 1 & 0 \\ 0 & 2^3 \end{pmatrix}\begin{pmatrix} 1 & 0 \\ 0 & 2 \end{pmatrix}=\begin{pmatrix} 1 & 0 \\ 0 & 2^4 \end{pmatrix}$

$\vdots$

$\therefore A^n=\begin{pmatrix} 1 & 0 \\ 0 & 2^n \end{pmatrix}$

이때 행렬 A^n의 모든 성분의 합이 65이므로

$1+0+0+2^n=65$

$2^n=64 \quad \therefore n=6$

781 답 13

$\begin{pmatrix} 5 & -2 \\ 4 & a \end{pmatrix}\begin{pmatrix} a \\ b \end{pmatrix}=\begin{pmatrix} 1 & 3 \\ -3 & 4 \end{pmatrix}\begin{pmatrix} -2 \\ a \end{pmatrix}$에서

$\begin{pmatrix} 5a-2b \\ 4a+ab \end{pmatrix}=\begin{pmatrix} -2+3a \\ 6+4a \end{pmatrix}$

두 행렬이 서로 같을 조건에 의하여

$5a-2b=-2+3a$이므로 $2a-2b=-2 \quad \therefore a-b=-1$

$4a+ab=6+4a$이므로 $ab=6$

$\therefore a^2+b^2=(a-b)^2+2ab$

$=(-1)^2+2\times6$

$=13$

782 답 13

$a_{ij}=i-j+1$에서

$a_{11}=1-1+1=1$, $a_{12}=1-2+1=0$,

$a_{21}=2-1+1=2$, $a_{22}=2-2+1=1$

이므로 $A=\begin{pmatrix} 1 & 0 \\ 2 & 1 \end{pmatrix}$

$b_{ij}=i+j+1$에서

$b_{11}=1+1+1=3$, $b_{12}=1+2+1=4$,

$b_{21}=2+1+1=4$, $b_{22}=2+2+1=5$

이므로 $B=\begin{pmatrix} 3 & 4 \\ 4 & 5 \end{pmatrix}$

$\therefore AB=\begin{pmatrix} 1 & 0 \\ 2 & 1 \end{pmatrix}\begin{pmatrix} 3 & 4 \\ 4 & 5 \end{pmatrix}=\begin{pmatrix} 3 & 4 \\ 10 & 13 \end{pmatrix}$

따라서 행렬 AB의 $(2, 2)$ 성분은 13이다.

783 답 ③

$A^2=AA=\begin{pmatrix} 1 & 0 \\ 3 & 1 \end{pmatrix}\begin{pmatrix} 1 & 0 \\ 3 & 1 \end{pmatrix}=\begin{pmatrix} 1 & 0 \\ 6 & 1 \end{pmatrix}$

$A^3=A^2A=\begin{pmatrix} 1 & 0 \\ 6 & 1 \end{pmatrix}\begin{pmatrix} 1 & 0 \\ 3 & 1 \end{pmatrix}=\begin{pmatrix} 1 & 0 \\ 9 & 1 \end{pmatrix}$

$A^4=A^3A=\begin{pmatrix} 1 & 0 \\ 9 & 1 \end{pmatrix}\begin{pmatrix} 1 & 0 \\ 3 & 1 \end{pmatrix}=\begin{pmatrix} 1 & 0 \\ 12 & 1 \end{pmatrix}$

$\vdots$

$\therefore A^n=\begin{pmatrix} 1 & 0 \\ 3n & 1 \end{pmatrix}$

이때 $S_n=1+0+3n+1=3n+2$이므로 $S_n>150$에서

$3n+2>150$, $3n>148 \quad \therefore n>\frac{148}{3}=49.333\cdots$

따라서 구하는 자연수 n의 최솟값은 50이다.

784 답 ②

$AB=\begin{pmatrix} a & b \\ c & d \end{pmatrix}\begin{pmatrix} e & f \\ g & h \end{pmatrix}=\begin{pmatrix} ae+bg & af+bh \\ ce+dg & cf+dh \end{pmatrix}$

민지가 마트에서 빵과 우유를 사고 지불해야 하는 금액은

$af+bh$(원) …… ㉠

지수가 편의점에서 빵과 우유를 사고 지불해야 하는 금액은

$ce+dg$(원) …… ㉡

㉠은 행렬 AB의 $(1, 2)$ 성분이고,

㉡은 행렬 AB의 $(2, 1)$ 성분이다.

따라서 구하는 금액의 합은 행렬 AB의 $(1, 2)$ 성분과 $(2, 1)$ 성분의 합과 같다.

785 답 ⑤

$A+2B=\begin{pmatrix} 3 & -1 \\ 1 & 6 \end{pmatrix}$ …… ㉠

$A-2B=\begin{pmatrix} -5 & 7 \\ 1 & -6 \end{pmatrix}$ …… ㉡

㉠, ㉡의 양변을 더하면 $2A=\begin{pmatrix} -2 & 6 \\ 2 & 0 \end{pmatrix}$

$\therefore A=\begin{pmatrix} -1 & 3 \\ 1 & 0 \end{pmatrix}$ …… ㉢

㉢을 ㉠에 대입하여 정리하면

$2B=\begin{pmatrix} 3 & -1 \\ 1 & 6 \end{pmatrix}-\begin{pmatrix} -1 & 3 \\ 1 & 0 \end{pmatrix}=\begin{pmatrix} 4 & -4 \\ 0 & 6 \end{pmatrix}$

$\therefore A^2-4B^2=A^2-(2B)^2$

$=\begin{pmatrix} -1 & 3 \\ 1 & 0 \end{pmatrix}\begin{pmatrix} -1 & 3 \\ 1 & 0 \end{pmatrix}-\begin{pmatrix} 4 & -4 \\ 0 & 6 \end{pmatrix}\begin{pmatrix} 4 & -4 \\ 0 & 6 \end{pmatrix}$

$=\begin{pmatrix} 4 & -3 \\ -1 & 3 \end{pmatrix}-\begin{pmatrix} 16 & -40 \\ 0 & 36 \end{pmatrix}=\begin{pmatrix} -12 & 37 \\ -1 & -33 \end{pmatrix}$

따라서 행렬 A^2-4B^2의 (1, 2) 성분은 37이다.

786 답 −96

$A^2=AA=\begin{pmatrix} 1 & -3 \\ 1 & -3 \end{pmatrix}\begin{pmatrix} 1 & -3 \\ 1 & -3 \end{pmatrix}=\begin{pmatrix} -2 & 6 \\ -2 & 6 \end{pmatrix}$

$=-2\begin{pmatrix} 1 & -3 \\ 1 & -3 \end{pmatrix}=-2A$

$A^3=A^2A=(-2A)A=-2A^2=-2(-2A)=4A$

$A^4=(A^2)^2=(-2A)^2=4A^2=4(-2A)=-8A$

⋮

$\therefore A^n=(-2)^{n-1}A$

$\therefore A^6+A^7+A^8=(-2)^5A+(-2)^6A+(-2)^7A$

$=-32A+64A-128A$

$=-96A$

$\therefore k=-96$

787 답 풀이 참조

$\begin{pmatrix} x & y \\ 1 & 1 \end{pmatrix}\begin{pmatrix} 2 & x \\ -1 & y \end{pmatrix}=\begin{pmatrix} 1 & 40 \\ 4 & x \end{pmatrix}+\begin{pmatrix} 4 & 10 \\ -3 & y \end{pmatrix}$에서

$\begin{pmatrix} 2x-y & x^2+y^2 \\ 1 & x+y \end{pmatrix}=\begin{pmatrix} 5 & 50 \\ 1 & x+y \end{pmatrix}$

두 행렬이 서로 같을 조건에 의하여

$2x-y=5$이므로 $y=2x-5$ …… ㉠

$x^2+y^2=50$ …… ㉡

㉠을 ㉡에 대입하면 $x^2+(2x-5)^2=50$

$5x^2-20x-25=0$, $x^2-4x-5=0$

$(x+1)(x-5)=0$ $\therefore x=-1$ 또는 $x=5$

이때 $y=2x-5$이므로

$x=-1$이면 $y=2x-5=2\times(-1)-5=-7$

$x=5$이면 $y=2x-5=2\times5-5=5$

따라서 xy의 값은 $(-1)\times(-7)=7$ 또는 $5\times5=25$이므로

구하는 xy의 최솟값은 7이다.

채점 요소	배점
두 행렬이 서로 같을 조건을 이용하여 x, y에 대한 식 세우기	25%
x의 값 구하기	40%
y의 값 구하기	20%
xy의 최솟값 구하기	15%

788 답 2

$(A-B)^2=A^2-AB-BA+B^2$이므로

$AB+BA=A^2+B^2-(A-B)^2$

$=\begin{pmatrix} 3 & 5 \\ 2 & 1 \end{pmatrix}-\begin{pmatrix} 1 & 0 \\ 3 & -2 \end{pmatrix}\begin{pmatrix} 1 & 0 \\ 3 & -2 \end{pmatrix}$

$=\begin{pmatrix} 3 & 5 \\ 2 & 1 \end{pmatrix}-\begin{pmatrix} 1 & 0 \\ -3 & 4 \end{pmatrix}$

$=\begin{pmatrix} 2 & 5 \\ 5 & -3 \end{pmatrix}$

따라서 행렬 $AB+BA$의 제2열의 모든 성분의 합은

$5+(-3)=2$

789 답 18

$A(2B+3C)-5AC=2AB+3AC-5AC$

$=2AB-2AC$

$=2A(B-C)$ …… ㉠

$\frac{1}{3}(B-C)=\begin{pmatrix} 2 & 1 \\ -1 & 0 \end{pmatrix}$에서

$B-C=3\begin{pmatrix} 2 & 1 \\ -1 & 0 \end{pmatrix}=\begin{pmatrix} 6 & 3 \\ -3 & 0 \end{pmatrix}$

이므로 ㉠에서

$A(2B+3C)-5AC=2A(B-C)$

$=2\begin{pmatrix} -1 & 0 \\ 3 & 1 \end{pmatrix}\begin{pmatrix} 6 & 3 \\ -3 & 0 \end{pmatrix}$

$=2\begin{pmatrix} -6 & -3 \\ 15 & 9 \end{pmatrix}$

$=\begin{pmatrix} -12 & -6 \\ 30 & 18 \end{pmatrix}$

따라서 행렬 $A(2B+3C)-5AC$의 가장 큰 성분은 30,

가장 작은 성분은 -12이므로 그 합은 $30+(-12)=18$

790 답 4

$(A+B)^2=A^2+AB+BA+B^2$이므로

$AB+BA=(A+B)^2-(A^2+B^2)$

$=\begin{pmatrix} 1 & 0 \\ 2 & 4 \end{pmatrix}-\begin{pmatrix} 1 & 0 \\ 0 & 4 \end{pmatrix}=\begin{pmatrix} 0 & 0 \\ 2 & 0 \end{pmatrix}$

$(A-B)^2=A^2+B^2-(AB+BA)$

$=\begin{pmatrix} 1 & 0 \\ 0 & 4 \end{pmatrix}-\begin{pmatrix} 0 & 0 \\ 2 & 0 \end{pmatrix}$

$=\begin{pmatrix} 1 & 0 \\ -2 & 4 \end{pmatrix}$

따라서 행렬 $(A-B)^2$의 가장 큰 성분은 4이다.

791 답 2

$(A-2B)^2=A^2-2AB-2BA+4B^2$이고

주어진 조건에서 $(A-2B)^2=A^2-4AB+4B^2$이므로

$-2AB-2BA=-4AB$

$2AB-2BA=0$ $\therefore AB=BA$

즉, $\begin{pmatrix} 2 & -2 \\ 3 & -1 \end{pmatrix}\begin{pmatrix} x & y \\ -3 & 4 \end{pmatrix}=\begin{pmatrix} x & y \\ -3 & 4 \end{pmatrix}\begin{pmatrix} 2 & -2 \\ 3 & -1 \end{pmatrix}$이므로

$\begin{pmatrix} 2x+6 & 2y-8 \\ 3x+3 & 3y-4 \end{pmatrix}=\begin{pmatrix} 2x+3y & -2x-y \\ 6 & 2 \end{pmatrix}$

두 행렬이 서로 같을 조건에 의하여

$3x+3=6$에서 $3x=3 \quad \therefore x=1$

$3y-4=2$에서 $3y=6 \quad \therefore y=2$

$x=1$, $y=2$이면 $2x+6=2x+3y$, $2y-8=-2x-y$도 만족시킨다.

$\therefore xy=1\times2=2$

792 ······ 답 ④

$(A-B)(A+B)=A^2+AB-BA-B^2$이므로

$$AB-BA=(A-B)(A+B)-(A^2-B^2)=\begin{pmatrix} 4 & 3 \\ 0 & 0 \end{pmatrix}-\begin{pmatrix} 3 & 4 \\ 1 & 1 \end{pmatrix}=\begin{pmatrix} 1 & -1 \\ -1 & -1 \end{pmatrix}$$

$$\therefore (A+B)(A-B)=A^2-AB+BA-B^2=(A^2-B^2)-(AB-BA)=\begin{pmatrix} 3 & 4 \\ 1 & 1 \end{pmatrix}-\begin{pmatrix} 1 & -1 \\ -1 & -1 \end{pmatrix}=\begin{pmatrix} 2 & 5 \\ 2 & 2 \end{pmatrix}$$

따라서 행렬 $(A+B)(A-B)$의 모든 성분의 합은

$2+5+2+2=11$

793 ······ 답 12

$(A+B)C+A(B-C)-(A-C)B$

$=AC+BC+AB-AC-AB+CB$

$=BC+CB$ ······ ㉠

이때

$BC=\begin{pmatrix} 1 & 3 \\ -1 & 0 \end{pmatrix}\begin{pmatrix} 0 & -1 \\ 1 & 2 \end{pmatrix}=\begin{pmatrix} 3 & 5 \\ 0 & 1 \end{pmatrix}$,

$CB=\begin{pmatrix} 0 & -1 \\ 1 & 2 \end{pmatrix}\begin{pmatrix} 1 & 3 \\ -1 & 0 \end{pmatrix}=\begin{pmatrix} 1 & 0 \\ -1 & 3 \end{pmatrix}$

이므로 ㉠에서

$(A+B)C+A(B-C)-(A-C)B$

$=BC+CB$

$=\begin{pmatrix} 3 & 5 \\ 0 & 1 \end{pmatrix}+\begin{pmatrix} 1 & 0 \\ -1 & 3 \end{pmatrix}$

$=\begin{pmatrix} 4 & 5 \\ -1 & 4 \end{pmatrix}$

따라서 구하는 행렬의 모든 성분의 합은

$4+5+(-1)+4=12$

794 ······ 답 4

$A^2+2AB-BA-2B^2=A(A+2B)-B(A+2B)$

$=(A-B)(A+2B)$ ······ ㉠

이때

$A-B=\begin{pmatrix} 2 & 1 \\ 0 & -3 \end{pmatrix}-\begin{pmatrix} 0 & -1 \\ 1 & 2 \end{pmatrix}=\begin{pmatrix} 2 & 2 \\ -1 & -5 \end{pmatrix}$,

$A+2B=\begin{pmatrix} 2 & 1 \\ 0 & -3 \end{pmatrix}+2\begin{pmatrix} 0 & -1 \\ 1 & 2 \end{pmatrix}=\begin{pmatrix} 2 & -1 \\ 2 & 1 \end{pmatrix}$

이므로 ㉠에서

$$A^2+2AB-BA-2B^2=(A-B)(A+2B)=\begin{pmatrix} 2 & 2 \\ -1 & -5 \end{pmatrix}\begin{pmatrix} 2 & -1 \\ 2 & 1 \end{pmatrix}=\begin{pmatrix} 8 & 0 \\ -12 & -4 \end{pmatrix}$$

따라서 구하는 행렬의 (1, 1) 성분은 8, (2, 2) 성분은 -4이므로 그 합은 $8+(-4)=4$

795 ······ 답 ③

$$(A+B)^2=(A^2+B^2)+(AB+BA)=\begin{pmatrix} \frac{1}{2} & 0 \\ -\frac{1}{2} & 5 \end{pmatrix}+\begin{pmatrix} \frac{1}{2} & 0 \\ \frac{5}{2} & -4 \end{pmatrix}=\begin{pmatrix} 1 & 0 \\ 2 & 1 \end{pmatrix}$$

$\begin{pmatrix} 1 & 0 \\ 2 & 1 \end{pmatrix}^2=\begin{pmatrix} 1 & 0 \\ 2 & 1 \end{pmatrix}\begin{pmatrix} 1 & 0 \\ 2 & 1 \end{pmatrix}=\begin{pmatrix} 1 & 0 \\ 4 & 1 \end{pmatrix}$

$\begin{pmatrix} 1 & 0 \\ 2 & 1 \end{pmatrix}^3=\begin{pmatrix} 1 & 0 \\ 2 & 1 \end{pmatrix}^2\begin{pmatrix} 1 & 0 \\ 2 & 1 \end{pmatrix}=\begin{pmatrix} 1 & 0 \\ 4 & 1 \end{pmatrix}\begin{pmatrix} 1 & 0 \\ 2 & 1 \end{pmatrix}=\begin{pmatrix} 1 & 0 \\ 6 & 1 \end{pmatrix}$

⋮

$\begin{pmatrix} 1 & 0 \\ 2 & 1 \end{pmatrix}^n=\begin{pmatrix} 1 & 0 \\ 2n & 1 \end{pmatrix}$

$\therefore (A+B)^{66}=\{(A+B)^2\}^{33}=\begin{pmatrix} 1 & 0 \\ 2 & 1 \end{pmatrix}^{33}=\begin{pmatrix} 1 & 0 \\ 66 & 1 \end{pmatrix}$

따라서 행렬 $(A+B)^{66}$의 모든 성분의 합은

$1+0+66+1=68$

796 ······ 답 12

$(A-3B)(A+3B)=A^2+3AB-3BA-9B^2$이고

주어진 조건에서 $(A-3B)(A+3B)=A^2-9B^2$이므로

$3AB-3BA=O \quad \therefore AB=BA$

즉, $\begin{pmatrix} x & 5 \\ 2x & -2 \end{pmatrix}\begin{pmatrix} -2 & -5 \\ y & 3 \end{pmatrix}=\begin{pmatrix} -2 & -5 \\ y & 3 \end{pmatrix}\begin{pmatrix} x & 5 \\ 2x & -2 \end{pmatrix}$이므로

$\begin{pmatrix} -2x+5y & -5x+15 \\ -4x-2y & -10x-6 \end{pmatrix}=\begin{pmatrix} -12x & 0 \\ xy+6x & 5y-6 \end{pmatrix}$

두 행렬이 서로 같을 조건에 의하여

$-2x+5y=-12x$ ······ ㉠

$-5x+15=0$이므로 $-5x=-15$

$\therefore x=3$ ······ ㉡

㉡을 ㉠에 대입하면 $-6+5y=-36$

$5y=-30 \quad \therefore y=-6$

$x=3$, $y=-6$이면 $-4x-2y=xy+6x$, $-10x-6=5y-6$도 만족시킨다.

따라서 행렬 $A-B$의 (2, 1) 성분은

$2x-y=2\times3-(-6)=12$

797 ··· 답 ⑤

$(A+B)^2=A^2+AB+BA+B^2$

주어진 조건에서 $(A+B)^2=A^2+2AB+B^2$이므로

$AB+BA=2AB \quad \therefore AB=BA$

즉, $\begin{pmatrix}1 & 2\\2 & -3x\end{pmatrix}\begin{pmatrix}y & 3\\3 & 4\end{pmatrix}=\begin{pmatrix}y & 3\\3 & 4\end{pmatrix}\begin{pmatrix}1 & 2\\2 & -3x\end{pmatrix}$

$\begin{pmatrix}y+6 & 11\\2y-9x & 6-12x\end{pmatrix}=\begin{pmatrix}y+6 & 2y-9x\\11 & 6-12x\end{pmatrix}$

두 행렬이 서로 같을 조건에 의하여

$2y-9x=11$

따라서 점 (x, y)가 나타내는 그래프는 직선 $y=\frac{9}{2}x+\frac{11}{2}$이고,

이 식에 $x=3$을 대입하면 $y=\frac{9}{2}\times3+\frac{11}{2}=19$이므로 이 직선은 점 $(3, 19)$를 지난다.

$\therefore k=19$

798 ··· 답 풀이 참조

$(A+2B)(A-B)=A^2-AB+2BA-2B^2$이고

주어진 조건에서 $(A+2B)(A-B)=A^2+AB-2B^2$이므로

$-AB+2BA=AB, \ -2AB+2BA=O$

$\therefore AB=BA$

즉, $\begin{pmatrix}6x & 1\\1 & x^2\end{pmatrix}\begin{pmatrix}y^2 & 1\\1 & 7\end{pmatrix}=\begin{pmatrix}y^2 & 1\\1 & 7\end{pmatrix}\begin{pmatrix}6x & 1\\1 & x^2\end{pmatrix}$이므로

$\begin{pmatrix}6xy^2+1 & 6x+7\\x^2+y^2 & 1+7x^2\end{pmatrix}=\begin{pmatrix}6xy^2+1 & x^2+y^2\\6x+7 & 1+7x^2\end{pmatrix}$

두 행렬이 서로 같을 조건에 의하여

$x^2+y^2=6x+7, \ x^2-6x+y^2=7$

$\therefore (x-3)^2+y^2=16$

이때 x, y는 정수이므로

$(x-3)^2=16, \ y^2=0$ 또는 $(x-3)^2=0, \ y^2=16$

(i) $(x-3)^2=16, \ y^2=0$일 때, $x-3=\pm4, \ y=0$

(ii) $(x-3)^2=0, \ y^2=16$일 때, $x-3=0, \ y=\pm4$

따라서 구하는 순서쌍 (x, y)는 $(7, 0)$, $(-1, 0)$, $(3, 4)$, $(3, -4)$의 4개이다.

채점 요소	배점
$AB=BA$임을 설명하기	20 %
두 행렬이 서로 같을 조건을 이용하여 x, y에 대한 식 구하기	40 %
순서쌍 (x, y)의 개수 구하기	40 %

799 ··· 답 ③

$A\begin{pmatrix}3a\\b\end{pmatrix}=\begin{pmatrix}4\\-1\end{pmatrix}$ ······ ㉠

$A\begin{pmatrix}3a\\5b\end{pmatrix}=\begin{pmatrix}2\\1\end{pmatrix}$ ······ ㉡

㉠, ㉡의 양변을 더하면 $A\begin{pmatrix}6a\\6b\end{pmatrix}=\begin{pmatrix}6\\0\end{pmatrix}$, $6A\begin{pmatrix}a\\b\end{pmatrix}=\begin{pmatrix}6\\0\end{pmatrix}$

$\therefore A\begin{pmatrix}a\\b\end{pmatrix}=\begin{pmatrix}1\\0\end{pmatrix}$

800 ··· 답 ②

$A\begin{pmatrix}p\\q\end{pmatrix}=\begin{pmatrix}r\\s\end{pmatrix}$의 양변의 왼쪽에 행렬 A를 곱하면

$A^2\begin{pmatrix}p\\q\end{pmatrix}=A\begin{pmatrix}r\\s\end{pmatrix}$이므로

$A\begin{pmatrix}r\\s\end{pmatrix}=\begin{pmatrix}1 & 0\\0 & 3\end{pmatrix}\begin{pmatrix}p\\q\end{pmatrix}=\begin{pmatrix}p\\3q\end{pmatrix}$

$\therefore A\begin{pmatrix}p-r\\q-s\end{pmatrix}=A\begin{pmatrix}p\\q\end{pmatrix}-A\begin{pmatrix}r\\s\end{pmatrix}=\begin{pmatrix}r\\s\end{pmatrix}-\begin{pmatrix}p\\3q\end{pmatrix}=\begin{pmatrix}-p+r\\-3q+s\end{pmatrix}$

801 ··· 답 4

두 실수 a, b에 대하여 $a\begin{pmatrix}1\\2\end{pmatrix}+b\begin{pmatrix}2\\-1\end{pmatrix}=\begin{pmatrix}1\\7\end{pmatrix}$로 놓으면

$a+2b=1, \ 2a-b=7$

위의 두 식을 연립하여 풀면 $a=3$, $b=-1$

즉, $\begin{pmatrix}1\\7\end{pmatrix}=3\begin{pmatrix}1\\2\end{pmatrix}-\begin{pmatrix}2\\-1\end{pmatrix}$이므로

이 식의 양변의 왼쪽에 행렬 A를 곱하면

$A\begin{pmatrix}1\\7\end{pmatrix}=A\left\{3\begin{pmatrix}1\\2\end{pmatrix}-\begin{pmatrix}2\\-1\end{pmatrix}\right\}$

$=3A\begin{pmatrix}1\\2\end{pmatrix}-A\begin{pmatrix}2\\-1\end{pmatrix}$

$=3\begin{pmatrix}3\\1\end{pmatrix}-\begin{pmatrix}2\\6\end{pmatrix}=\begin{pmatrix}7\\-3\end{pmatrix}$

따라서 $p=7$, $q=-3$이므로 $p+q=7+(-3)=4$

802 ··· 답 ③

$A^2=AA=\begin{pmatrix}1 & -1\\3 & -2\end{pmatrix}\begin{pmatrix}1 & -1\\3 & -2\end{pmatrix}=\begin{pmatrix}-2 & 1\\-3 & 1\end{pmatrix}$

$A^3=A^2A=\begin{pmatrix}-2 & 1\\-3 & 1\end{pmatrix}\begin{pmatrix}1 & -1\\3 & -2\end{pmatrix}=\begin{pmatrix}1 & 0\\0 & 1\end{pmatrix}=E$

$\therefore A^{1021}=(A^3)^{340}A=EA=A=\begin{pmatrix}1 & -1\\3 & -2\end{pmatrix}$

803 ··· 답 ③

$A^2=AA=\begin{pmatrix}1 & 2\\-1 & -1\end{pmatrix}\begin{pmatrix}1 & 2\\-1 & -1\end{pmatrix}=\begin{pmatrix}-1 & 0\\0 & -1\end{pmatrix}=-E$

$A^4=(A^2)^2=(-E)^2=E$

$\therefore A^{80}+A^{81}+A^{82}=(A^4)^{20}+(A^4)^{20}A+(A^4)^{20}A^2$

$=E+A+A^2$

$=E+A-E=A$

따라서 주어진 행렬과 같은 행렬은 ③이다.

804 ··· 답 96

$A^2=AA=\begin{pmatrix}-1 & -1\\2 & 1\end{pmatrix}\begin{pmatrix}-1 & -1\\2 & 1\end{pmatrix}=\begin{pmatrix}-1 & 0\\0 & -1\end{pmatrix}=-E$

$\therefore A^4=(-E)^2=E$

이때 $A^n=E$가 되는 경우는 $n=4k$ (k는 자연수)일 때이다.
$4\times24=96$, $4\times25=100$이므로 구하는 두 자리 자연수 n의 최댓값은 96이다.

805 ······ 답 16

$(A+E)(A^2-A+E)=A^3+E^3$
$=A^3+E$ ······ ㉠

이때

$$A^2=AA=\begin{pmatrix}1&-4\\2&-1\end{pmatrix}\begin{pmatrix}1&-4\\2&-1\end{pmatrix}=\begin{pmatrix}-7&0\\0&-7\end{pmatrix}=-7E$$

$$A^3=A^2A=(-7E)A=-7A=-7\begin{pmatrix}1&-4\\2&-1\end{pmatrix}=\begin{pmatrix}-7&28\\-14&7\end{pmatrix}$$

이므로 ㉠에서

$$(A+E)(A^2-A+E)=A^3+E=\begin{pmatrix}-7&28\\-14&7\end{pmatrix}+\begin{pmatrix}1&0\\0&1\end{pmatrix}=\begin{pmatrix}-6&28\\-14&8\end{pmatrix}$$

따라서 구하는 행렬의 모든 성분의 합은
$(-6)+28+(-14)+8=16$

806 ······ 답 128

$$A^2=AA=\begin{pmatrix}-1&3\\-1&-1\end{pmatrix}\begin{pmatrix}-1&3\\-1&-1\end{pmatrix}=\begin{pmatrix}-2&-6\\2&-2\end{pmatrix}$$

$$A^3=A^2A=\begin{pmatrix}-2&-6\\2&-2\end{pmatrix}\begin{pmatrix}-1&3\\-1&-1\end{pmatrix}=\begin{pmatrix}8&0\\0&8\end{pmatrix}=8E$$

$A^6=(A^3)^2=(8E)^2=64E$

$$\therefore A^6\begin{pmatrix}1\\1\end{pmatrix}=64E\begin{pmatrix}1\\1\end{pmatrix}=64\begin{pmatrix}1&0\\0&1\end{pmatrix}\begin{pmatrix}1\\1\end{pmatrix}=\begin{pmatrix}64\\64\end{pmatrix}$$

즉, $a=64$, $b=64$이므로
$a+b=64+64=128$

807 ······ 답 -12

$A^2B-AB^2=A(AB-B^2)$
$=A(A-B)B$ ······ ㉠

이때

$$A-B=\begin{pmatrix}1&-1\\2&3\end{pmatrix}-\begin{pmatrix}-2&-1\\2&0\end{pmatrix}=\begin{pmatrix}3&0\\0&3\end{pmatrix}=3E$$

이므로 ㉠에서

$$A^2B-AB^2=A(A-B)B=A(3E)B=3AB=3\begin{pmatrix}1&-1\\2&3\end{pmatrix}\begin{pmatrix}-2&-1\\2&0\end{pmatrix}=3\begin{pmatrix}-4&-1\\2&-2\end{pmatrix}=\begin{pmatrix}-12&-3\\6&-6\end{pmatrix}$$

따라서 행렬 A^2B-AB^2의 가장 작은 성분은 -12이다.

808 ······ 답 풀이 참조

$(A-2E)(A+2E)=E$이므로 $A^2-4E=E$
$\therefore A^2=5E$ ······ ㉠

이때

$$A^2=AA=\begin{pmatrix}x&-2\\2&-y\end{pmatrix}\begin{pmatrix}x&-2\\2&-y\end{pmatrix}=\begin{pmatrix}x^2-4&-2x+2y\\2x-2y&-4+y^2\end{pmatrix}$$

이므로 ㉠에서

$$\begin{pmatrix}x^2-4&-2x+2y\\2x-2y&-4+y^2\end{pmatrix}=\begin{pmatrix}5&0\\0&5\end{pmatrix}$$

두 행렬이 서로 같을 조건에 의하여
$x^2-4=5$에서 $x^2=9$ $\quad\therefore x=\pm3$
$-2x+2y=0$, $2x-2y=0$이므로 $y=x$
$-4+y^2=5$에서 $y^2=9$ $\quad\therefore y=\pm3$
$y=x$이므로 x와 y의 부호는 서로 같고 $x+y$가 최소이려면
$x=-3$, $y=-3$이어야 한다.
따라서 구하는 $x+y$의 최솟값은 $(-3)+(-3)=-6$

채점 요소	배점
$(A-2E)(A+2E)=E$를 간단히 나타내기	20 %
A^2 구하기	20 %
x, y의 값 구하기	50 %
$x+y$의 최솟값 구하기	10 %

809 ······ 답 ⑤

$A+B=O$에서 $B=-A$
이를 $AB=2E$에 대입하면 $-A^2=2E$
$\therefore A^2=-2E$
또한 $A+B=O$에서 $A=-B$
이를 $AB=2E$에 대입하면 $-B^2=2E$
$\therefore B^2=-2E$

$$\therefore A^4+B^4=(A^2)^2+(B^2)^2=(-2E)^2+(-2E)^2=4E+4E=8E=\begin{pmatrix}8&0\\0&8\end{pmatrix}$$

따라서 $a=8$, $b=0$, $c=0$, $d=8$이므로
$a+b+c+d=8+0+0+8=16$

810 ······ 답 ④

$A-B=E$의 양변의 왼쪽에 행렬 A를 곱하면
$A^2-AB=A$
즉, $A^2=A$ ($\because AB=O$)이므로
$A^8=(A^2)^4=A^4=(A^2)^2=A^2=A$
$A-B=E$의 양변의 오른쪽에 행렬 B를 곱하면
$AB-B^2=B$
즉, $B^2=-B$ ($\because AB=O$)이므로
$B^8=(B^2)^4=(-B)^4=B^4=(B^2)^2=(-B)^2=B^2=-B$
$\therefore A^8-B^8=A-(-B)=A+B$

811 답 7

$A+B=3E$의 양변의 왼쪽에 행렬 A를 곱하면

$A^2+AB=3A$, $A^2+E=3A$

$\therefore A^2=3A-E$

$A+B=3E$의 양변의 오른쪽에 행렬 B를 곱하면

$AB+B^2=3B$, $E+B^2=3B$

$\therefore B^2=3B-E$

$\therefore A^2+B^2=(3A-E)+(3B-E)$

$=3(A+B)-2E$

$=3\times3E-2E$

$=7E$

$\therefore k=7$

다른 풀이

$A+B=3E$이므로 $B=3E-A$ …… ㉠

㉠을 $AB=E$에 대입하면

$A(3E-A)=E$, $3A-A^2=E$

$\therefore A^2=3A-E$

같은 방법으로 하면 $B^2=3B-E$

$\therefore A^2+B^2=(3A-E)+(3B-E)$

$=3(A+B)-2E$

$=3\times3E-2E=7E$

$\therefore k=7$

812 답 5

$(A^2+A+E)(A^2-A+E)=A^4+A^2+E$ …… ㉠

이때

$$A^4=A^2A^2=\begin{pmatrix}1 & 2\\-1 & a\end{pmatrix}\begin{pmatrix}1 & 2\\-1 & a\end{pmatrix}=\begin{pmatrix}-1 & 2+2a\\-1-a & -2+a^2\end{pmatrix}$$

이므로 ㉠에서

$(A^2+A+E)(A^2-A+E)$

$=A^4+A^2+E$

$$=\begin{pmatrix}-1 & 2+2a\\-1-a & -2+a^2\end{pmatrix}+\begin{pmatrix}1 & 2\\-1 & a\end{pmatrix}+\begin{pmatrix}1 & 0\\0 & 1\end{pmatrix}$$

$$=\begin{pmatrix}1 & 2a+4\\-a-2 & a^2+a-1\end{pmatrix}$$

따라서

$1+(2a+4)+(-a-2)+(a^2+a-1)=a^2+2a+2=37$

$a^2+2a-35=0$, $(a+7)(a-5)=0$

$\therefore a=5$ $(\because a>0)$

813 답 ④

ㄱ. $a\triangle b=\begin{pmatrix}a & b\\b & a\end{pmatrix}$, $b\triangle a=\begin{pmatrix}b & a\\a & b\end{pmatrix}$이므로

$a\triangle b\neq b\triangle a$ (거짓)

ㄴ. $k(a\triangle b)=k\begin{pmatrix}a & b\\b & a\end{pmatrix}=\begin{pmatrix}ka & kb\\kb & ka\end{pmatrix}$, $ka\triangle kb=\begin{pmatrix}ka & kb\\kb & ka\end{pmatrix}$이므로

$k(a\triangle b)=ka\triangle kb$ (참)

ㄷ. $(a\triangle b)-(c\triangle d)=\begin{pmatrix}a & b\\b & a\end{pmatrix}-\begin{pmatrix}c & d\\d & c\end{pmatrix}=\begin{pmatrix}a-c & b-d\\b-d & a-c\end{pmatrix}$,

$(a-c)\triangle(b-d)=\begin{pmatrix}a-c & b-d\\b-d & a-c\end{pmatrix}$이므로

$(a\triangle b)-(c\triangle d)=(a-c)\triangle(b-d)$ (참)

따라서 옳은 것은 ㄴ, ㄷ이다.

814 답 ④

ㄱ. $A^5=A^3A^2$이므로 $E=A^3E$

$\therefore A^3=E$

$A^3=A^2A$이므로 $E=EA$

$\therefore A=E$ (참)

ㄴ. $A=\begin{pmatrix}2 & 2\\1 & 1\end{pmatrix}$, $B=\begin{pmatrix}1 & 1\\2 & 2\end{pmatrix}$이면

$A-B=\begin{pmatrix}2 & 2\\1 & 1\end{pmatrix}-\begin{pmatrix}1 & 1\\2 & 2\end{pmatrix}=\begin{pmatrix}1 & 1\\-1 & -1\end{pmatrix}$이므로

$(A-B)^2=\begin{pmatrix}1 & 1\\-1 & -1\end{pmatrix}\begin{pmatrix}1 & 1\\-1 & -1\end{pmatrix}=\begin{pmatrix}0 & 0\\0 & 0\end{pmatrix}$이지만

$A\neq B$이다. (거짓)

ㄷ. $A=3B^2$이므로

$AB=(3B^2)B=3B^3$, $BA=B(3B^2)=3B^3$

$\therefore AB=BA$ (참)

따라서 옳은 것은 ㄱ, ㄷ이다.

815 답 ③

$AB+BA=O$에서 $BA=-AB$

ㄱ. $A^2B=A(AB)=A(-BA)=(-AB)A=BAA$

$=BA^2$ (참)

ㄴ. $(A+B)^2=A^2+AB+BA+B^2$

$=A^2+AB-AB+B^2$

$=A^2+B^2$ (참)

ㄷ. $(A+B)(A-B)=A^2-AB+BA-B^2$

$=A^2-AB-AB-B^2$

$=A^2-2AB-B^2$ (거짓)

따라서 옳은 것은 ㄱ, ㄴ이다.

816 답 ①

ㄱ. $A◉B=AB+BA$, $B◉A=BA+AB$

$\therefore A◉B=B◉A$ (참)

ㄴ. $kA◉kB=(kA)(kB)+(kB)(kA)$

$=k^2AB+k^2BA$

$=k^2(AB+BA)=k^2(A◉B)$

$\therefore kA◉kB\neq k(A◉B)$ (거짓)

ㄷ. $(A◉B)◉C=(AB+BA)◉C$

$=(AB+BA)C+C(AB+BA)$

$=ABC+BAC+CAB+CBA$

$A◉(B◉C)=A◉(BC+CB)$

$=A(BC+CB)+(BC+CB)A$

$=ABC+ACB+BCA+CBA$

$\therefore (A◉B)◉C \neq A◉(B◉C)$ (거짓)
따라서 옳은 것은 ㄱ이다.

817

답 5

$B^2=\begin{pmatrix} -1 & 3 \\ -2 & 4 \end{pmatrix}\begin{pmatrix} -1 & 3 \\ -2 & 4 \end{pmatrix}=\begin{pmatrix} -5 & 9 \\ -6 & 10 \end{pmatrix}$이므로

$B^2-xE=\begin{pmatrix} -5 & 9 \\ -6 & 10 \end{pmatrix}-\begin{pmatrix} x & 0 \\ 0 & x \end{pmatrix}=\begin{pmatrix} -5-x & 9 \\ -6 & 10-x \end{pmatrix}$

이때 $f(B^2-xE)=0$은
$(-5-x)(10-x)+54=0$이므로
$x^2-5x+4=0$, $(x-1)(x-4)=0$
$\therefore x=1$ 또는 $x=4$
따라서 구하는 두 근의 합은 $1+4=5$

818

답 ③

ㄱ. $A+B=O$이면 $B=-A$이므로
$AB=A(-A)=-A^2$, $BA=(-A)A=-A^2$
$\therefore AB=BA$ (참)

ㄴ. $AB=A$에서 양변의 오른쪽에 A를 곱하면 $ABA=A^2$
$AB=A^2$ ($\because BA=B$)
$\therefore A=A^2$ ($\because AB=A$)
마찬가지 방법으로 $B^2=B$
$\therefore A^2+B^2=A+B$ (참)

ㄷ. $A=\begin{pmatrix} 0 & 1 \\ 0 & 0 \end{pmatrix}$, $B=\begin{pmatrix} 0 & 0 \\ 1 & 0 \end{pmatrix}$이면

$A^2=\begin{pmatrix} 0 & 1 \\ 0 & 0 \end{pmatrix}\begin{pmatrix} 0 & 1 \\ 0 & 0 \end{pmatrix}=\begin{pmatrix} 0 & 0 \\ 0 & 0 \end{pmatrix}$,

$B^2=\begin{pmatrix} 0 & 0 \\ 1 & 0 \end{pmatrix}\begin{pmatrix} 0 & 0 \\ 1 & 0 \end{pmatrix}=\begin{pmatrix} 0 & 0 \\ 0 & 0 \end{pmatrix}$이므로

$A^2-B^2=O$이지만 $A\neq B$, $A\neq -B$이다. (거짓)
따라서 옳은 것은 ㄱ, ㄴ이다.

819

답 -3

두 행렬이 서로 같을 조건에 의하여
$a+5=4$이므로 $a=-1$
$3=3b$이므로 $b=1$
$2c^2=3b+5c$ …… ㉠
$c^2+ac=6$ …… ㉡
(i) $a=-1$을 ㉡에 대입하면
$c^2-c=6$, $c^2-c-6=0$
$(c-3)(c+2)=0$
$\therefore c=-2$ 또는 $c=3$
(ii) $b=1$을 ㉠에 대입하면
$2c^2=3+5c$, $2c^2-5c-3=0$
$(2c+1)(c-3)=0$
$\therefore c=-\frac{1}{2}$ 또는 $c=3$
(i), (ii)에서 $c=3$
$\therefore abc=(-1)\times1\times3=-3$

820

답 ③

$a_{ij}=(i^2+1)(j^2-k)$이므로
$a_{11}=(1^2+1)(1^2-k)=2(1-k)$
$a_{12}=(1^2+1)(2^2-k)=2(4-k)$
$a_{13}=(1^2+1)(3^2-k)=2(9-k)$
$a_{21}=(2^2+1)(1^2-k)=5(1-k)$
$a_{22}=(2^2+1)(2^2-k)=5(4-k)$
$a_{23}=(2^2+1)(3^2-k)=5(9-k)$
이때 행렬 A의 모든 성분의 합이 14이므로
$7(1-k)+7(4-k)+7(9-k)=14$
$7(14-3k)=14$, $14-3k=2$
$\therefore k=4$

821

답 ④

$a_{ij}=pi+qj$에서
$a_{11}=p+q$, $a_{12}=p+2q$, $a_{21}=2p+q$, $a_{22}=2p+2q$
$\therefore A=\begin{pmatrix} p+q & p+2q \\ 2p+q & 2p+2q \end{pmatrix}$

$b_{ij}=\begin{cases} 2^i & (i+j\text{가 짝수인 경우}) \\ 3i-j & (i+j\text{가 홀수인 경우}) \end{cases}$에서

$b_{11}=2$, $b_{12}=3\times1-2=1$, $b_{21}=3\times2-1=5$, $b_{22}=2^2=4$
$\therefore B=\begin{pmatrix} 2 & 1 \\ 5 & 4 \end{pmatrix}$
$A=B$이므로 두 행렬이 서로 같을 조건에 의하여
$p+q=2$, $p+2q=1$
두 식을 연립하여 풀면
$p=3$, $q=-1$이고 $2p+q=5$, $2p+2q=4$도 만족시킨다.
$\therefore p^2+q^2=3^2+(-1)^2=10$

822

답 52

행렬 $S(a, b)$의 (i, j) 성분을 s_{ij} $(i, j=1, 2)$라 하고
$s_{11}=k$라 하면
$s_{12}=k+1$, $s_{21}=k+10$, $s_{22}=k+11$
이므로 행렬 $S(a, b)$의 모든 성분의 합은
$k+(k+1)+(k+10)+(k+11)=4k+22$
이때 주어진 조건에 의하여 행렬 $S(a, b)$의 모든 성분의 합이 282이므로
$4k+22=282$, $4k=260$ $\quad\therefore k=65$
따라서 $a=4$, $b=6$이므로
$a^2+b^2=4^2+6^2=52$이다.

823

답 6

두 행렬이 서로 같을 조건에 의하여
$x^2+y^2+z^2=xy+yz+zx$ …… ㉠
$xyz=-8$ …… ㉡
㉠에서 $x^2+y^2+z^2-xy-yz-zx=0$

$\frac{1}{2}(2x^2+2y^2+2z^2-2xy-2yz-2zx)=0$

$\frac{1}{2}\{(x^2-2xy+y^2)+(y^2-2yz+z^2)+(z^2-2zx+x^2)\}=0$

$\frac{1}{2}\{(x-y)^2+(y-z)^2+(z-x)^2\}=0$

이때 x, y, z는 실수이므로 $x-y=0$, $y-z=0$, $z-x=0$

$\therefore x=y=z$

ⓛ에서 $xyz=-8$이고, $x=y=z$이므로

$x^3=-8$ $\quad \therefore x=-2$

따라서 $x=y=z=-2$이므로

$x-3y-z=(-2)-3\times(-2)-(-2)=6$

824

답 $\begin{pmatrix} 0 & 1 \\ 1 & 2 \end{pmatrix}$

이차함수 $y=x^2-(2i+j)x+9$의 그래프와 직선 $y=jx$의 교점의 개수는 이차방정식 $x^2-(2i+j)x+9=jx$, 즉 $x^2-2(i+j)x+9=0$의 서로 다른 실근의 개수와 같다.

(i) $i=1$, $j=1$인 경우

이차방정식 $x^2-2\times(1+1)x+9=0$, 즉 $x^2-4x+9=0$의 판별식을 D_1이라 하면

$\frac{D_1}{4}=(-2)^2-1\times9=-5<0$

즉, 주어진 이차함수의 그래프와 직선의 교점의 개수는 0이므로 행렬 A의 $(1,\ 1)$ 성분은 0이다.

(ii) $i=1$, $j=2$인 경우

이차방정식 $x^2-2\times(1+2)x+9=0$, 즉 $x^2-6x+9=0$의 판별식을 D_2라 하면

$\frac{D_2}{4}=(-3)^2-1\times9=0$

즉, 주어진 이차함수의 그래프와 직선의 교점의 개수는 1이므로 행렬 A의 $(1,\ 2)$ 성분은 1이다.

(iii) $i=2$, $j=1$인 경우

이차방정식 $x^2-2\times(2+1)x+9=0$, 즉 $x^2-6x+9=0$의 판별식을 D_3이라 하면

$\frac{D_3}{4}=(-3)^2-1\times9=0$

즉, 주어진 이차함수의 그래프와 직선의 교점의 개수는 1이므로 행렬 A의 $(2,\ 1)$ 성분은 1이다.

(iv) $i=2$, $j=2$인 경우

이차방정식 $x^2-2\times(2+2)x+9=0$, 즉 $x^2-8x+9=0$의 판별식을 D_4라 하면

$\frac{D_4}{4}=(-4)^2-1\times9=7>0$

즉, 주어진 이차함수의 그래프와 직선의 교점의 개수는 2이므로 행렬 A의 $(2,\ 2)$ 성분은 2이다.

(i)~(iv)에서 $A=\begin{pmatrix} 0 & 1 \\ 1 & 2 \end{pmatrix}$

참고

이차함수 $y=ax^2+bx+c$의 그래프와 직선 $y=mx+n$의 교점의 x좌표는 이차방정식 $ax^2+(b-m)x+c-n=0$의 실근과 같다.

825

답 ③

$3(2A+B)-5(A-C+B)$

$=6A+3B-5A+5C-5B$

$=A-2B+5C$

$=\begin{pmatrix} -2 & 4 \\ 0 & -1 \end{pmatrix}-2\begin{pmatrix} -1 & 3 \\ 3 & -2 \end{pmatrix}+5\begin{pmatrix} 1 & 0 \\ -1 & 1 \end{pmatrix}$

$=\begin{pmatrix} 5 & -2 \\ -11 & 8 \end{pmatrix}$

따라서 $3(2A+B)-5(A-C+B)$의 가장 큰 성분은 8이고, 가장 작은 성분은 -11이므로 구하는 차는 $8-(-11)=19$

826

답 풀이 참조

$xA+yB=C$에서

$x\begin{pmatrix} a & 3 \\ b & 4 \end{pmatrix}+y\begin{pmatrix} b & 6 \\ a & -3 \end{pmatrix}=\begin{pmatrix} 8 & -3 \\ -7 & 18 \end{pmatrix}$이므로

$\begin{pmatrix} ax+by & 3x+6y \\ bx+ay & 4x-3y \end{pmatrix}=\begin{pmatrix} 8 & -3 \\ -7 & 18 \end{pmatrix}$

두 행렬이 서로 같을 조건에 의하여

$ax+by=8$ ...... ㉠

$3x+6y=-3$ ...... ㉡

$bx+ay=-7$ ...... ㉢

$4x-3y=18$ ...... ㉣

㉡, ㉣을 연립하여 풀면 $x=3$, $y=-2$

$x=3$, $y=-2$를 ㉠, ㉢에 대입하면

$3a-2b=8$, $-2a+3b=-7$

위의 두 식을 연립하여 풀면 $a=2$, $b=-1$

$\therefore abxy=2\times(-1)\times3\times(-2)=12$

채점 요소	배점
$xA+yB=C$임을 이용하여 4개의 등식 나타내기	30%
x, y의 값 구하기	30%
a, b의 값 구하기	30%
$abxy$의 값 구하기	10%

827

답 ②

$\begin{pmatrix} a & b \\ 3 & c \end{pmatrix}+\begin{pmatrix} b & c \\ 1 & a \end{pmatrix}=\begin{pmatrix} 7 & 2 \\ 2 & -1 \end{pmatrix}-\begin{pmatrix} -2 & -1 \\ d & -5 \end{pmatrix}$이므로

$\begin{pmatrix} a+b & b+c \\ 4 & c+a \end{pmatrix}=\begin{pmatrix} 9 & 3 \\ 2-d & 4 \end{pmatrix}$

두 행렬이 서로 같을 조건에 의하여

$a+b=9$ ...... ㉠

$b+c=3$ ...... ㉡

$4=2-d$이므로 $\quad \therefore d=-2$

$c+a=4$ ...... ㉢

㉠+㉡+㉢을 하면 $2(a+b+c)=16$

$\therefore a+b+c=8$ ...... ㉣

㉣−㉠을 하면 $c=-1$

㉣−㉡을 하면 $a=5$

㉣−㉢을 하면 $b=4$

$\therefore ab+cd=5\times4+(-1)\times(-2)=22$

IV 행렬

828 ⓓ 21

$X-5A=2(B-2A)$이므로

$X-5A=2B-4A$

$\therefore X=A+2B$ …… ㉠

$2A+B=\begin{pmatrix} 9 & 6 \\ 21 & -11 \end{pmatrix}$ …… ㉡

$A-3B=\begin{pmatrix} 1 & -4 \\ 0 & -2 \end{pmatrix}$ …… ㉢

㉡$-2\times$㉢을 하면 $7B=\begin{pmatrix} 7 & 14 \\ 21 & -7 \end{pmatrix}$

$\therefore B=\begin{pmatrix} 1 & 2 \\ 3 & -1 \end{pmatrix}$ …… ㉣

㉢에서 $A=3B+\begin{pmatrix} 1 & -4 \\ 0 & -2 \end{pmatrix}$이므로 ㉣을 대입하면

$A=3\begin{pmatrix} 1 & 2 \\ 3 & -1 \end{pmatrix}+\begin{pmatrix} 1 & -4 \\ 0 & -2 \end{pmatrix}=\begin{pmatrix} 4 & 2 \\ 9 & -5 \end{pmatrix}$

이때 ㉠에서 $X=A+2B=\begin{pmatrix} 4 & 2 \\ 9 & -5 \end{pmatrix}+2\begin{pmatrix} 1 & 2 \\ 3 & -1 \end{pmatrix}=\begin{pmatrix} 6 & 6 \\ 15 & -7 \end{pmatrix}$

따라서 행렬 X의 $(1, 2)$ 성분은 6이고 $(2, 1)$ 성분은 15이므로 그 합은 $6+15=21$

829 ⓓ 64

$\begin{pmatrix} x^2 & 0 \\ x & x^3 \end{pmatrix}-3\begin{pmatrix} a & 1 \\ 2 & b \end{pmatrix}+\begin{pmatrix} y^2 & xy \\ y & y^3 \end{pmatrix}=\begin{pmatrix} 0 & 0 \\ 0 & 0 \end{pmatrix}$에서

$\begin{pmatrix} x^2 & 0 \\ x & x^3 \end{pmatrix}+\begin{pmatrix} y^2 & xy \\ y & y^3 \end{pmatrix}=3\begin{pmatrix} a & 1 \\ 2 & b \end{pmatrix}$

$\begin{pmatrix} x^2+y^2 & xy \\ x+y & x^3+y^3 \end{pmatrix}=\begin{pmatrix} 3a & 3 \\ 6 & 3b \end{pmatrix}$

두 행렬이 서로 같을 조건에 의하여

$x^2+y^2=3a$, $xy=3$, $x+y=6$, $x^3+y^3=3b$

$3a=x^2+y^2=(x+y)^2-2xy=6^2-2\times3=30$

$\therefore a=10$

$3b=x^3+y^3=(x+y)^3-3xy(x+y)=6^3-3\times3\times6=162$

$\therefore b=54$

$\therefore a+b=10+54=64$

830 ⓓ 160

$x_{ij}=i+3j$이므로

$x_{11}=1+3\times1=4$, $x_{12}=1+3\times2=7$

$x_{21}=2+3\times1=5$, $x_{22}=2+3\times2=8$

$\therefore X=\begin{pmatrix} 4 & 7 \\ 5 & 8 \end{pmatrix}$

$y_{ij}=i^2+j^2$이므로

$y_{11}=1^2+1^2=2$, $y_{12}=1^2+2^2=5$

$y_{21}=2^2+1^2=5$, $y_{22}=2^2+2^2=8$

$\therefore Y=\begin{pmatrix} 2 & 5 \\ 5 & 8 \end{pmatrix}$

이때 $-A+B=X$, $3A-B=Y$이므로

$-A+B=\begin{pmatrix} 4 & 7 \\ 5 & 8 \end{pmatrix}$ …… ㉠

$3A-B=\begin{pmatrix} 2 & 5 \\ 5 & 8 \end{pmatrix}$ …… ㉡

㉠, ㉡의 양변을 더하면 $2A=\begin{pmatrix} 6 & 12 \\ 10 & 16 \end{pmatrix}$

$\therefore A=\begin{pmatrix} 3 & 6 \\ 5 & 8 \end{pmatrix}$ …… ㉢

㉢을 ㉠에 대입하여 정리하면

$B=A+\begin{pmatrix} 4 & 7 \\ 5 & 8 \end{pmatrix}=\begin{pmatrix} 3 & 6 \\ 5 & 8 \end{pmatrix}+\begin{pmatrix} 4 & 7 \\ 5 & 8 \end{pmatrix}=\begin{pmatrix} 7 & 13 \\ 10 & 16 \end{pmatrix}$

$\therefore 5A-2B=5\begin{pmatrix} 3 & 6 \\ 5 & 8 \end{pmatrix}-2\begin{pmatrix} 7 & 13 \\ 10 & 16 \end{pmatrix}=\begin{pmatrix} 1 & 4 \\ 5 & 8 \end{pmatrix}$

따라서 행렬 $5A-2B$의 모든 성분의 곱은

$1\times4\times5\times8=160$

831 ⓓ 2

$a_{ij}-a_{ji}=0$에서 $a_{ij}=a_{ji}$이므로

$a_{12}=a_{21}$

즉, $a_{11}=a$, $a_{12}=a_{21}=b$, $a_{22}=c$라 하면

$A=\begin{pmatrix} a & b \\ b & c \end{pmatrix}$

$b_{ij}+b_{ji}=0$에서 $b_{ij}=-b_{ji}$이므로

$b_{11}=-b_{11}$, $b_{22}=-b_{22}$

$\therefore b_{11}=0$, $b_{22}=0$

$b_{12}=-b_{21}$

즉, $b_{12}=x$라 하면 $B=\begin{pmatrix} 0 & x \\ -x & 0 \end{pmatrix}$

이때 $3A-2B=\begin{pmatrix} 6 & 19 \\ 11 & -3 \end{pmatrix}$이므로

$3\begin{pmatrix} a & b \\ b & c \end{pmatrix}-2\begin{pmatrix} 0 & x \\ -x & 0 \end{pmatrix}=\begin{pmatrix} 6 & 19 \\ 11 & -3 \end{pmatrix}$

$\begin{pmatrix} 3a & 3b-2x \\ 3b+2x & 3c \end{pmatrix}=\begin{pmatrix} 6 & 19 \\ 11 & -3 \end{pmatrix}$

두 행렬이 서로 같을 조건에 의하여

$3a=6$이므로 $a=2$

$3b-2x=19$ …… ㉠

$3b+2x=11$ …… ㉡

$3c=-3$이므로 $c=-1$

㉠, ㉡을 연립하여 풀면 $b=5$, $x=-2$

$\therefore a_{21}+a_{22}+b_{12}=b+c+x$

$=5+(-1)+(-2)=2$

832 ⓓ ⑤

$A^2=AA=\begin{pmatrix} 1 & 0 \\ -1 & 1 \end{pmatrix}\begin{pmatrix} 1 & 0 \\ -1 & 1 \end{pmatrix}=\begin{pmatrix} 1 & 0 \\ -2 & 1 \end{pmatrix}$

$A^3=A^2A=\begin{pmatrix} 1 & 0 \\ -2 & 1 \end{pmatrix}\begin{pmatrix} 1 & 0 \\ -1 & 1 \end{pmatrix}=\begin{pmatrix} 1 & 0 \\ -3 & 1 \end{pmatrix}$

$$A^4=A^3A=\begin{pmatrix}1&0\\-3&1\end{pmatrix}\begin{pmatrix}1&0\\-1&1\end{pmatrix}=\begin{pmatrix}1&0\\-4&1\end{pmatrix}$$

⋮

$$\therefore A^n=\begin{pmatrix}1&0\\-n&1\end{pmatrix}$$

$$\therefore A-A^2+A^3-A^4+\cdots+A^{999}-A^{1000}$$

$$=\begin{pmatrix}1&0\\-1&1\end{pmatrix}-\begin{pmatrix}1&0\\-2&1\end{pmatrix}+\begin{pmatrix}1&0\\-3&1\end{pmatrix}-\begin{pmatrix}1&0\\-4&1\end{pmatrix}+\cdots+\begin{pmatrix}1&0\\-999&1\end{pmatrix}-\begin{pmatrix}1&0\\-1000&1\end{pmatrix}$$

$$=\begin{pmatrix}0&0\\-1+2-3+4-\cdots-999+1000&0\end{pmatrix}$$

$$=\begin{pmatrix}0&0\\500&0\end{pmatrix}$$

따라서 구하는 행렬의 (2, 1) 성분은 500이다.

833 ········ 답 20

$$A^2=AA=\begin{pmatrix}5&0\\1&5\end{pmatrix}\begin{pmatrix}5&0\\1&5\end{pmatrix}=\begin{pmatrix}5^2&0\\5+5&5^2\end{pmatrix}=\begin{pmatrix}5^2&0\\2\times5&5^2\end{pmatrix}$$

$$A^3=A^2A=\begin{pmatrix}5^2&0\\2\times5&5^2\end{pmatrix}\begin{pmatrix}5&0\\1&5\end{pmatrix}=\begin{pmatrix}5^3&0\\3\times5^2&5^3\end{pmatrix}$$

$$A^4=A^3A=\begin{pmatrix}5^3&0\\3\times5^2&5^3\end{pmatrix}\begin{pmatrix}5&0\\1&5\end{pmatrix}=\begin{pmatrix}5^4&0\\4\times5^3&5^4\end{pmatrix}$$

⋮

$$A^n=\begin{pmatrix}5^n&0\\n\times5^{n-1}&5^n\end{pmatrix}$$

$$\therefore A^{100}=\begin{pmatrix}5^{100}&0\\100\times5^{99}&5^{100}\end{pmatrix}$$

따라서 $c=100\times5^{99}$, $d=5^{100}$이므로 $\dfrac{c}{d}=\dfrac{100\times5^{99}}{5^{100}}=20$

834 ········ 답 ④

$$YXZ=\frac{1}{2}(1\quad 1)\begin{pmatrix}x_1&y_1\\x_2&y_2\end{pmatrix}\begin{pmatrix}0\\1\end{pmatrix}$$

$$=\frac{1}{2}(x_1+x_2\quad y_1+y_2)\begin{pmatrix}0\\1\end{pmatrix}$$

$$=\frac{y_1+y_2}{2}$$

따라서 행렬 YXZ의 계산 결과로부터 얻을 수 있는 것은 두 과수원에서 9월에 수확한 사과의 개수의 평균이다.

835 ········ 답 풀이 참조

$$(x\quad y)\begin{pmatrix}2&3\\1&-2\end{pmatrix}\begin{pmatrix}x\\y\end{pmatrix}=(2x+y\quad 3x-2y)\begin{pmatrix}x\\y\end{pmatrix}$$

$$=2x^2+xy+3xy-2y^2$$

$$=2x^2+4xy-2y^2$$

이때 $2x-y+3=0$이므로 $y=2x+3$ ······ ㉠

$2x^2+4xy-2y^2$에 ㉠을 대입하면

$$2x^2+4xy-2y^2=2x^2+4x(2x+3)-2(2x+3)^2$$

$$=2x^2-12x-18$$

$$=2(x-3)^2-36$$

따라서 구하는 최솟값은 $x=3$일 때 -36이므로

$a=3$, $b=-36$

$\therefore a-b=3-(-36)=39$

채점 요소	배점
주어진 세 행렬의 곱을 계산하기	30 %
구하는 값을 x에 대한 식으로 정리하기	30 %
a, b의 값 구하기	30 %
$a-b$의 값 구하기	10 %

836 ········ 답 21

두 동호회 A, B의 2년 후의 회원 수를 각각 a''명, b''명이라 하면

$$\begin{pmatrix}a''\\b''\end{pmatrix}=\begin{pmatrix}0.6&0.4\\0.9&0.2\end{pmatrix}\begin{pmatrix}0.6&0.4\\0.9&0.2\end{pmatrix}\begin{pmatrix}a\\b\end{pmatrix}$$

$$=\begin{pmatrix}0.72a+0.32b\\0.72a+0.4b\end{pmatrix}$$

이때 $a:b=2:3$이므로 $a=2k$, $b=3k$ (k는 상수)라 하면

$a''=0.72\times2k+0.32\times3k=2.4k$

$b''=0.72\times2k+0.4\times3k=2.64k$

따라서 $a'':b''=2.4k:2.64k=10:11$

$\therefore m+n=10+11=21$

837 ········ 답 ②

$$A^2=\begin{pmatrix}3&-6\\-1&2\end{pmatrix}\begin{pmatrix}3&-6\\-1&2\end{pmatrix}$$

$$=\begin{pmatrix}15&-30\\-5&10\end{pmatrix}=5\begin{pmatrix}3&-6\\-1&2\end{pmatrix}$$

$$=5A$$

이므로

$A^3=A^2A=(5A)A=5A^2=5(5A)=5^2A$

$A^4=A^2A^2=(5A)(5A)=5^2A^2=5^2(5A)=5^3A$

⋮

$$\therefore A^n=5^{n-1}A$$

$$=5^{n-1}\begin{pmatrix}3&-6\\-1&2\end{pmatrix}$$

$$=\begin{pmatrix}3\times5^{n-1}&-6\times5^{n-1}\\-5^{n-1}&2\times5^{n-1}\end{pmatrix}$$

즉, $M(n)=3\times5^{n-1}$, $m(n)=-6\times5^{n-1}$이므로

$3\times5^{n-1}-(-6\times5^{n-1})>9000$

$9\times5^{n-1}>9000$ $\quad\therefore 5^{n-1}>1000$

이때 $5^4<1000$, $5^5>1000$이므로

구하는 자연수 n의 최솟값은 6이다.

838 ······ 답 −2

주어진 조건 ㈎, ㈏를 이용하여 A_2, A_3, A_4, …를 차례대로 구하면

$A_2=A_1P=\begin{pmatrix}2&3\\4&5\end{pmatrix}\begin{pmatrix}0&1\\1&0\end{pmatrix}=\begin{pmatrix}3&2\\5&4\end{pmatrix}$

$A_3=-PA_2=-\begin{pmatrix}0&1\\1&0\end{pmatrix}\begin{pmatrix}3&2\\5&4\end{pmatrix}=\begin{pmatrix}-5&-4\\-3&-2\end{pmatrix}$

$A_4=A_3P=\begin{pmatrix}-5&-4\\-3&-2\end{pmatrix}\begin{pmatrix}0&1\\1&0\end{pmatrix}=\begin{pmatrix}-4&-5\\-2&-3\end{pmatrix}$

$A_5=-PA_4=-\begin{pmatrix}0&1\\1&0\end{pmatrix}\begin{pmatrix}-4&-5\\-2&-3\end{pmatrix}=\begin{pmatrix}2&3\\4&5\end{pmatrix}=A_1$

$A_6=A_5P=A_1P=A_2$

⋮

모든 자연수 n에 대하여

$A_{4n-3}=A_1$, $A_{4n-2}=A_2$, $A_{4n-1}=A_3$, $A_{4n}=A_4$

$\therefore A_{111}=A_{28\times4-1}=A_3=\begin{pmatrix}-5&-4\\-3&-2\end{pmatrix}$

따라서 A_{111}의 (2, 2) 성분은 −2이다.

839 ······ 답 ③

$B=\begin{pmatrix}p&q\\r&s\end{pmatrix}$라 하면

조건 ㈎에서 $B\begin{pmatrix}1\\-1\end{pmatrix}=\begin{pmatrix}0\\0\end{pmatrix}$이므로

$\begin{pmatrix}p&q\\r&s\end{pmatrix}\begin{pmatrix}1\\-1\end{pmatrix}=\begin{pmatrix}p-q\\r-s\end{pmatrix}=\begin{pmatrix}0\\0\end{pmatrix}$

두 행렬이 서로 같을 조건에 의하여

$p-q=0,\ r-s=0 \qquad \therefore p=q,\ r=s$

$\therefore B=\begin{pmatrix}p&p\\r&r\end{pmatrix}$

이때 조건 ㈏에서 $AB=2A$이므로

$AB=\begin{pmatrix}1&1\\a&a\end{pmatrix}\begin{pmatrix}p&p\\r&r\end{pmatrix}=\begin{pmatrix}p+r&p+r\\a(p+r)&a(p+r)\end{pmatrix}=2\begin{pmatrix}1&1\\a&a\end{pmatrix}$

두 행렬이 서로 같을 조건에 의하여 $p+r=2$ ······ ㉠

$BA=\begin{pmatrix}p&p\\r&r\end{pmatrix}\begin{pmatrix}1&1\\a&a\end{pmatrix}=\begin{pmatrix}p(1+a)&p(1+a)\\r(1+a)&r(1+a)\end{pmatrix}=4\begin{pmatrix}p&p\\r&r\end{pmatrix}$

이므로 $1+a=4 \qquad \therefore a=3$

($\because$ $1+a\neq4$이면 $p=0$, $r=0$이므로 ㉠을 만족시키지 않는다.)

따라서 행렬 $A+B=\begin{pmatrix}1+p&1+p\\a+r&a+r\end{pmatrix}$의 (1, 2) 성분과

(2, 1) 성분의 합은

$1+p+a+r=1+a+(p+r)=1+3+2=6$

840 ······ 답 ④

$A^2-AB+BA-B^2=A(A-B)+B(A-B)$

$=(A+B)(A-B)$ ······ ㉠

이때

$A+B=\begin{pmatrix}2&0\\0&-3\end{pmatrix}+\begin{pmatrix}-1&x\\1&-4\end{pmatrix}=\begin{pmatrix}1&x\\1&-7\end{pmatrix}$

$A-B=\begin{pmatrix}2&0\\0&-3\end{pmatrix}-\begin{pmatrix}-1&x\\1&-4\end{pmatrix}=\begin{pmatrix}3&-x\\-1&1\end{pmatrix}$

이므로 ㉠에서

$A^2-AB+BA-B^2=(A+B)(A-B)$

$=\begin{pmatrix}1&x\\1&-7\end{pmatrix}\begin{pmatrix}3&-x\\-1&1\end{pmatrix}$

$=\begin{pmatrix}3-x&0\\10&-x-7\end{pmatrix}$

따라서 $(3-x)+0+10+(-x-7)=2$이므로

$-2x+6=2 \qquad \therefore x=2$

841 ······ 답 2

$(A-B)(A-2B)=A^2-2AB-BA+2B^2$이고

주어진 조건에서 $(A-B)(A-2B)=A^2-3AB+2B^2$이므로

$-2AB-BA=-3AB$, $AB-BA=O$

$\therefore AB=BA$

즉, $\begin{pmatrix}x^2&-1\\-1&1\end{pmatrix}\begin{pmatrix}y&4\\4&-y\end{pmatrix}=\begin{pmatrix}y&4\\4&-y\end{pmatrix}\begin{pmatrix}x^2&-1\\-1&1\end{pmatrix}$이므로

$\begin{pmatrix}x^2y-4&4x^2+y\\-y+4&-4-y\end{pmatrix}=\begin{pmatrix}x^2y-4&-y+4\\4x^2+y&-4-y\end{pmatrix}$

두 행렬이 서로 같을 조건에 의하여

$4x^2+y=-y+4$, $2y=-4x^2+4$

즉, $y=-2x^2+2$

따라서 점 (x, y)가 나타내는 그래프는 오른쪽 그림과 같으므로

삼각형 PQR의 넓이는

$\frac{1}{2}\times2\times2=2$

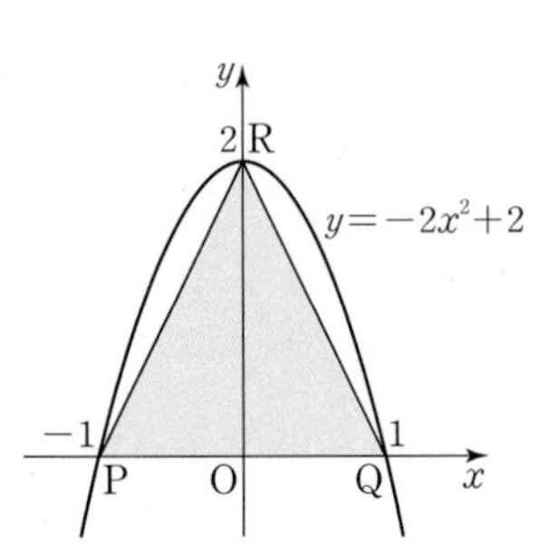

842 ······ 답 풀이 참조

$(A+B)^2=A^2+AB+BA+B^2$이므로

$\begin{pmatrix}1&-2\\3&0\end{pmatrix}\begin{pmatrix}1&-2\\3&0\end{pmatrix}=\begin{pmatrix}-a&4a\\-a&2a\end{pmatrix}+\begin{pmatrix}-3b&b\\b&-2b\end{pmatrix}$

$\begin{pmatrix}-5&-2\\3&-6\end{pmatrix}=\begin{pmatrix}-a-3b&4a+b\\-a+b&2a-2b\end{pmatrix}$

두 행렬이 서로 같을 조건에 의하여

$-a-3b=-5$, $-a+b=3$

위의 두 식을 연립하여 풀면 $a=-1$, $b=2$이고

$4a+b=-2$, $2a-2b=-6$도 만족시킨다.

즉, $A^2+B^2=\begin{pmatrix}1&-4\\1&-2\end{pmatrix}$, $AB+BA=\begin{pmatrix}-6&2\\2&-4\end{pmatrix}$이므로

$(A-B)^2=A^2-AB-BA+B^2$

$=A^2+B^2-(AB+BA)$

$=\begin{pmatrix}1&-4\\1&-2\end{pmatrix}-\begin{pmatrix}-6&2\\2&-4\end{pmatrix}$

$=\begin{pmatrix}7&-6\\-1&2\end{pmatrix}$

따라서 행렬 $(A-B)^2$의 (1, 2) 성분은 -6,
(2, 1) 성분은 -1이므로
그 곱은 $(-6)\times(-1)=6$

채점 요소	배점
a, b의 값 구하기	40%
행렬 $(A-B)^2$ 구하기	40%
행렬 $(A-B)^2$의 (1, 2) 성분과 (2, 1) 성분의 곱 구하기	20%

843

답 -5

$(A-B)(A-2B)=A^2-2AB-BA+2B^2$이고
주어진 조건에서 $(A-B)(A-2B)=A^2-3AB+2B^2$이므로
$-2AB-BA=-3AB$, $AB-BA=O$
$\therefore AB=BA$

즉, $\begin{pmatrix}\alpha & \beta \\ \beta & \alpha\end{pmatrix}\begin{pmatrix}\alpha & \beta \\ 3 & 4\end{pmatrix}=\begin{pmatrix}\alpha & \beta \\ 3 & 4\end{pmatrix}\begin{pmatrix}\alpha & \beta \\ \beta & \alpha\end{pmatrix}$이므로

$\begin{pmatrix}\alpha^2+3\beta & \alpha\beta+4\beta \\ \alpha\beta+3\alpha & \beta^2+4\alpha\end{pmatrix}=\begin{pmatrix}\alpha^2+\beta^2 & 2\alpha\beta \\ 3\alpha+4\beta & 4\alpha+3\beta\end{pmatrix}$

두 행렬이 서로 같을 조건에 의하여
$\alpha^2+3\beta=\alpha^2+\beta^2$ ...... ㉠
$\alpha\beta+4\beta=2\alpha\beta$ ...... ㉡
㉠에서 $3\beta=\beta^2$이고 $\beta\neq0$이므로 $\beta=3$
㉡에서 $4\beta=\alpha\beta$이고 $\beta\neq0$이므로 $\alpha=4$
이때 $x^2-ax+b=0$의 두 실근이 α, β이므로
이차방정식의 근과 계수의 관계에 의하여
$a=\alpha+\beta=4+3=7$
$b=\alpha\beta=4\times3=12$
따라서 $a-b$의 값은 $7-12=-5$

844

답 ⑤

$A^2+2AB-3BA-6B^2=A(A+2B)-3B(A+2B)$
$=(A-3B)(A+2B)$ ...... ㉠

이때

$A+2B=\begin{pmatrix}2 & 0 \\ -6 & 8\end{pmatrix}$ ...... ㉡

$A-2B=\begin{pmatrix}6 & 4 \\ 2 & 4\end{pmatrix}$ ...... ㉢

㉡$-$㉢을 하면 $4B=\begin{pmatrix}2 & 0 \\ -6 & 8\end{pmatrix}-\begin{pmatrix}6 & 4 \\ 2 & 4\end{pmatrix}=\begin{pmatrix}-4 & -4 \\ -8 & 4\end{pmatrix}$

$\therefore B=\begin{pmatrix}-1 & -1 \\ -2 & 1\end{pmatrix}$

즉, $A-3B=(A-2B)-B$
$=\begin{pmatrix}6 & 4 \\ 2 & 4\end{pmatrix}-\begin{pmatrix}-1 & -1 \\ -2 & 1\end{pmatrix}=\begin{pmatrix}7 & 5 \\ 4 & 3\end{pmatrix}$

이므로 ㉠에서

$A^2+2AB-3BA-6B^2=(A-3B)(A+2B)$
$=\begin{pmatrix}7 & 5 \\ 4 & 3\end{pmatrix}\begin{pmatrix}2 & 0 \\ -6 & 8\end{pmatrix}$
$=\begin{pmatrix}-16 & 40 \\ -10 & 24\end{pmatrix}$

따라서 구하는 행렬의 (1, 1) 성분은 -16, (2, 2) 성분은 24이므로
그 합은 $(-16)+24=8$

845

답 0

$x^2-4x-2=0$의 두 근이 α, β이므로
이차방정식의 근과 계수의 관계에 의하여
$\alpha+\beta=4$, $\alpha\beta=-2$

$(A+B)^2=\begin{pmatrix}\alpha+\beta & \alpha\beta \\ \frac{1}{\alpha}+\frac{1}{\beta} & \alpha^2+\beta^2\end{pmatrix}$
$=\begin{pmatrix}\alpha+\beta & \alpha\beta \\ \frac{\alpha+\beta}{\alpha\beta} & (\alpha+\beta)^2-2\alpha\beta\end{pmatrix}$
$=\begin{pmatrix}4 & -2 \\ -2 & 20\end{pmatrix}$

$AB+BA=\begin{pmatrix}\alpha & 2 \\ 2 & \alpha\end{pmatrix}\begin{pmatrix}\beta & 2 \\ 2 & \beta\end{pmatrix}$
$=\begin{pmatrix}\alpha\beta+4 & 2\alpha+2\beta \\ 2\alpha+2\beta & 4+\alpha\beta\end{pmatrix}$
$=\begin{pmatrix}2 & 8 \\ 8 & 2\end{pmatrix}$

$A^2+B^2=(A+B)^2-(AB+BA)$
$=\begin{pmatrix}4 & -2 \\ -2 & 20\end{pmatrix}-\begin{pmatrix}2 & 8 \\ 8 & 2\end{pmatrix}$
$=\begin{pmatrix}2 & -10 \\ -10 & 18\end{pmatrix}$

따라서 행렬 A^2+B^2의 모든 성분의 합은
$2+(-10)+(-10)+18=0$

846

답 -2

조건 ㈎에서 $(A+3B)(A-5B)=\begin{pmatrix}-8 & 0 \\ 16 & 0\end{pmatrix}$이므로

$A^2-5AB+3BA-15B^2=\begin{pmatrix}-8 & 0 \\ 16 & 0\end{pmatrix}$ ...... ㉠

이때 $A^2-15B^2=\begin{pmatrix}a & b \\ c & d\end{pmatrix}$로 놓으면 ㉠에서

$5AB-3BA=\begin{pmatrix}a & b \\ c & d\end{pmatrix}-\begin{pmatrix}-8 & 0 \\ 16 & 0\end{pmatrix}=\begin{pmatrix}a+8 & b \\ c-16 & d\end{pmatrix}$

또한 조건 ㈏에서 A^2-15B^2의 모든 성분의 합은 3이므로
$a+b+c+d=3$
$\therefore (A-3B)(A+5B)=A^2+5AB-3BA-15B^2$
$=A^2-15B^2+(5AB-3BA)$
$=\begin{pmatrix}a & b \\ c & d\end{pmatrix}+\begin{pmatrix}a+8 & b \\ c-16 & d\end{pmatrix}$
$=\begin{pmatrix}2a+8 & 2b \\ 2c-16 & 2d\end{pmatrix}$

따라서 행렬 $(A-3B)(A+5B)$의 모든 성분의 합은
$(2a+8)+2b+(2c-16)+2d$
$=2(a+b+c+d)-8$
$=2\times3-8=-2$

847 ······ 답 12

$xA^2+yB^2+yBA+xAB$
$=xA(A+B)+yB(B+A)$
$=(xA+yB)(A+B)$ ······ ㉠
이때
$xA+yB=x\begin{pmatrix}1&0\\1&1\end{pmatrix}+y\begin{pmatrix}0&0\\-1&-2\end{pmatrix}=\begin{pmatrix}x&0\\x-y&x-2y\end{pmatrix}$
$A+B=\begin{pmatrix}1&0\\1&1\end{pmatrix}+\begin{pmatrix}0&0\\-1&-2\end{pmatrix}=\begin{pmatrix}1&0\\0&-1\end{pmatrix}$
이므로 ㉠에서
$xA^2+yB^2+yBA+xAB=(xA+yB)(A+B)$
$=\begin{pmatrix}x&0\\x-y&x-2y\end{pmatrix}\begin{pmatrix}1&0\\0&-1\end{pmatrix}$
$=\begin{pmatrix}x&0\\x-y&-x+2y\end{pmatrix}$
따라서 $\begin{pmatrix}x&0\\x-y&-x+2y\end{pmatrix}=\begin{pmatrix}3&0\\-1&z\end{pmatrix}$이므로
두 행렬이 서로 같을 조건에 의하여
$x=3$
$x-y=-1$이므로 $3-y=-1$ $\quad\therefore y=4$
$z=-x+2y=-3+2\times4=5$
$\therefore x+y+z=3+4+5=12$

848 ······ 답 ④

$A^2=5A$이므로
$\begin{pmatrix}2&-3\\a&b\end{pmatrix}\begin{pmatrix}2&-3\\a&b\end{pmatrix}=5\begin{pmatrix}2&-3\\a&b\end{pmatrix}$
$\begin{pmatrix}4-3a&-6-3b\\2a+ab&-3a+b^2\end{pmatrix}=\begin{pmatrix}10&-15\\5a&5b\end{pmatrix}$
두 행렬이 서로 같을 조건에 의하여
$4-3a=10$이므로 $-3a=6$ $\quad\therefore a=-2$
$-6-3b=-15$이므로 $-3b=-9$ $\quad\therefore b=3$
$a=-2$, $b=3$이면 $2a+ab=5a$, $-3a+b^2=5b$도 만족시킨다.
또한, $(A+B)(A-B)=A^2-AB+BA-B^2$이고
주어진 조건에서 $(A+B)(A-B)=A^2-B^2$이므로
$-AB+BA=O$ $\quad\therefore AB=BA$
즉, $\begin{pmatrix}2&-3\\-2&3\end{pmatrix}\begin{pmatrix}x&3\\y&3\end{pmatrix}=\begin{pmatrix}x&3\\y&3\end{pmatrix}\begin{pmatrix}2&-3\\-2&3\end{pmatrix}$
$\begin{pmatrix}2x-3y&-3\\-2x+3y&3\end{pmatrix}=\begin{pmatrix}2x-6&-3x+9\\2y-6&-3y+9\end{pmatrix}$
두 행렬이 서로 같을 조건에 의하여
$-3x+9=-3$이므로 $-3x=-12$ $\quad\therefore x=4$
$-3y+9=3$이므로 $-3y=-6$ $\quad\therefore y=2$
$x=4$, $y=2$이면 $2x-3y=2x-6$, $-2x+3y=2y-6$도 만족시킨다.
$\therefore a+b+x+y=(-2)+3+4+2=7$

849 ······ 답 ②

$(A+B)^2=A^2+AB+BA+B^2$이고
주어진 조건에서 $(A+B)^2=A^2+2AB+B^2$이므로
$AB+BA=2AB$, $-AB+BA=O$
$\therefore AB=BA$
$AB=BA$이므로 $A^2-B^2=(A+B)(A-B)$이 성립하므로
$(A+B)(A-B)=\begin{pmatrix}5&7\\7&12\end{pmatrix}$ ······ ㉠
이때
$A+B=\begin{pmatrix}a&b\\c&d\end{pmatrix}+\begin{pmatrix}a&b-1\\c-1&d-1\end{pmatrix}=\begin{pmatrix}2a&2b-1\\2c-1&2d-1\end{pmatrix}$,
$A-B=\begin{pmatrix}a&b\\c&d\end{pmatrix}-\begin{pmatrix}a&b-1\\c-1&d-1\end{pmatrix}=\begin{pmatrix}0&1\\1&1\end{pmatrix}$
이므로 ㉠에서
$\begin{pmatrix}2a&2b-1\\2c-1&2d-1\end{pmatrix}\begin{pmatrix}0&1\\1&1\end{pmatrix}=\begin{pmatrix}5&7\\7&12\end{pmatrix}$
$\begin{pmatrix}2b-1&2a+2b-1\\2d-1&2c+2d-2\end{pmatrix}=\begin{pmatrix}5&7\\7&12\end{pmatrix}$
두 행렬이 서로 같을 조건에 의하여
$2b-1=5$이므로 $2b=6$ $\quad\therefore b=3$
$2d-1=7$이므로 $2d=8$ $\quad\therefore d=4$
$2a+2b-1=7$이므로 $2a+6-1=7$, $2a=2$ $\quad\therefore a=1$
$2c+2d-2=12$이므로 $2c+8-2=12$, $2c=6$ $\quad\therefore c=3$
따라서 행렬 A의 모든 성분의 합은
$a+b+c+d=1+3+3+4=11$

850 ······ 답 18

조건 (가)에서 $(A+B)(A-B)=A^2-B^2$이므로
$AB=BA$
즉, $(A+B)^3=A^3+B^3+3AB(A+B)$이므로
$A^3+B^3=(A+B)^3-3AB(A+B)$
이때
$(A+B)^2=\begin{pmatrix}2&1\\-4&-2\end{pmatrix}\begin{pmatrix}2&1\\-4&-2\end{pmatrix}=\begin{pmatrix}0&0\\0&0\end{pmatrix}$에서
$(A+B)^3=(A+B)^2(A+B)=\begin{pmatrix}0&0\\0&0\end{pmatrix}$이므로
$A^3+B^3=(A+B)^3-3AB(A+B)$
$=O-3(2E)(A+B)$
$=-6(A+B)$
$=-6\begin{pmatrix}2&1\\-4&-2\end{pmatrix}=\begin{pmatrix}-12&-6\\24&12\end{pmatrix}$
따라서 행렬 A^3+B^3의 모든 성분의 합은
$(-12)+(-6)+24+12=18$

851 ······ 답 $\begin{pmatrix}0&3\\0&0\end{pmatrix}$

$AB-BA=\begin{pmatrix}0&1\\0&0\end{pmatrix}$의 양변의 왼쪽에 행렬 A를 곱하면
$A^2B-ABA=A\begin{pmatrix}0&1\\0&0\end{pmatrix}$ ······ ㉠
$AB-BA=\begin{pmatrix}0&1\\0&0\end{pmatrix}$의 양변의 오른쪽에 행렬 A를 곱하면
$ABA-BA^2=\begin{pmatrix}0&1\\0&0\end{pmatrix}A$ ······ ㉡

㉠, ㉡의 양변을 더하면

$$A^2B-BA^2=A\begin{pmatrix}0&1\\0&0\end{pmatrix}+\begin{pmatrix}0&1\\0&0\end{pmatrix}A$$
$$=\begin{pmatrix}-5&3\\0&8\end{pmatrix}\begin{pmatrix}0&1\\0&0\end{pmatrix}+\begin{pmatrix}0&1\\0&0\end{pmatrix}\begin{pmatrix}-5&3\\0&8\end{pmatrix}$$
$$=\begin{pmatrix}0&-5\\0&0\end{pmatrix}+\begin{pmatrix}0&8\\0&0\end{pmatrix}=\begin{pmatrix}0&3\\0&0\end{pmatrix}$$

852

답 $\begin{pmatrix}6\\-9\end{pmatrix}$

$$A\begin{pmatrix}c\\-3d\end{pmatrix}=A\begin{pmatrix}2a+(-2a+c)\\-2b+(2b-3d)\end{pmatrix}$$
$$=2A\begin{pmatrix}a\\-b\end{pmatrix}+A\begin{pmatrix}-2a+c\\2b-3d\end{pmatrix}$$
$$=2\begin{pmatrix}3\\-5\end{pmatrix}+\begin{pmatrix}0\\1\end{pmatrix}=\begin{pmatrix}6\\-9\end{pmatrix}$$

853

답 ③

$A^2\begin{pmatrix}2\\5\end{pmatrix}=\begin{pmatrix}4\\-1\end{pmatrix}$에서 $AA\begin{pmatrix}2\\5\end{pmatrix}=\begin{pmatrix}4\\-1\end{pmatrix}$ $\quad\therefore A\begin{pmatrix}0\\2\end{pmatrix}=\begin{pmatrix}4\\-1\end{pmatrix}$

두 실수 a, b에 대하여

$a\begin{pmatrix}0\\2\end{pmatrix}+b\begin{pmatrix}4\\-1\end{pmatrix}=\begin{pmatrix}-12\\5\end{pmatrix}$로 놓으면

$4b=-12$, $2a-b=5$

위의 두 식을 연립하여 풀면 $a=1$, $b=-3$

$\therefore \begin{pmatrix}0\\2\end{pmatrix}-3\begin{pmatrix}4\\-1\end{pmatrix}=\begin{pmatrix}-12\\5\end{pmatrix}$

$A\begin{pmatrix}2\\5\end{pmatrix}-3A\begin{pmatrix}0\\2\end{pmatrix}=\begin{pmatrix}-12\\5\end{pmatrix}$이므로 $A\begin{pmatrix}2\\-1\end{pmatrix}=\begin{pmatrix}-12\\5\end{pmatrix}$

따라서 $x=2$, $y=-1$이므로 $x-y=2-(-1)=3$

854

답 45

조건 (가)에서 $A^2-2A+E=O$이므로

$A^2=2A-E$ ...... ㉠

조건 (나)에서 $A\begin{pmatrix}1\\1\end{pmatrix}=\begin{pmatrix}3\\5\end{pmatrix}$이므로

양변의 왼쪽에 행렬 A를 곱하면 $A^2\begin{pmatrix}1\\1\end{pmatrix}=A\begin{pmatrix}3\\5\end{pmatrix}$

이때 ㉠에서

$$A^2\begin{pmatrix}1\\1\end{pmatrix}=(2A-E)\begin{pmatrix}1\\1\end{pmatrix}$$
$$=2A\begin{pmatrix}1\\1\end{pmatrix}-E\begin{pmatrix}1\\1\end{pmatrix}$$
$$=2\begin{pmatrix}3\\5\end{pmatrix}-\begin{pmatrix}1\\1\end{pmatrix}=\begin{pmatrix}5\\9\end{pmatrix}$$

따라서 $A\begin{pmatrix}3\\5\end{pmatrix}=\begin{pmatrix}5\\9\end{pmatrix}$이므로 $A\begin{pmatrix}3\\5\end{pmatrix}$의 모든 성분의 곱은

$5\times9=45$

855

답 30

$$A\begin{pmatrix}2\\3\end{pmatrix}=\begin{pmatrix}a&b\\c&d\end{pmatrix}\begin{pmatrix}2\\3\end{pmatrix}=\begin{pmatrix}2a+3b\\2c+3d\end{pmatrix}=\begin{pmatrix}3\\4\end{pmatrix}$$

두 행렬이 서로 같을 조건에 의하여

$2a+3b=3$ ...... ㉠

$2c+3d=4$ ...... ㉡

$$A^2\begin{pmatrix}2\\3\end{pmatrix}=AA\begin{pmatrix}2\\3\end{pmatrix}=A\begin{pmatrix}3\\4\end{pmatrix}=\begin{pmatrix}a&b\\c&d\end{pmatrix}\begin{pmatrix}3\\4\end{pmatrix}=\begin{pmatrix}3a+4b\\3c+4d\end{pmatrix}=\begin{pmatrix}5\\7\end{pmatrix}$$

두 행렬이 서로 같을 조건에 의하여

$3a+4b=5$ ...... ㉢

$3c+4d=7$ ...... ㉣

㉠, ㉢을 연립하여 풀면 $a=3$, $b=-1$

㉡, ㉣을 연립하여 풀면 $c=5$, $d=-2$

$\therefore abcd=3\times(-1)\times5\times(-2)=30$

856

답 19

$A^2\begin{pmatrix}1\\2\end{pmatrix}=\begin{pmatrix}1\\2\end{pmatrix}$이므로 양변의 왼쪽에 행렬 A를 곱하면

$A^3\begin{pmatrix}1\\2\end{pmatrix}=A\begin{pmatrix}1\\2\end{pmatrix}$

이때 $A^3\begin{pmatrix}1\\2\end{pmatrix}=\begin{pmatrix}3\\2\end{pmatrix}$이므로 $A\begin{pmatrix}1\\2\end{pmatrix}=\begin{pmatrix}3\\2\end{pmatrix}$

이 식의 양변의 왼쪽에 행렬 A를 곱하면

$A^2\begin{pmatrix}1\\2\end{pmatrix}=A\begin{pmatrix}3\\2\end{pmatrix}$

이때 $A^2\begin{pmatrix}1\\2\end{pmatrix}=\begin{pmatrix}1\\2\end{pmatrix}$이므로 $A\begin{pmatrix}3\\2\end{pmatrix}=\begin{pmatrix}1\\2\end{pmatrix}$

두 실수 a, b에 대하여 $a\begin{pmatrix}1\\2\end{pmatrix}+b\begin{pmatrix}3\\2\end{pmatrix}=\begin{pmatrix}-1\\6\end{pmatrix}$으로 놓으면

$a+3b=-1$, $2a+2b=6$

위의 두 식을 연립하여 풀면 $a=5$, $b=-2$

$\therefore 5\begin{pmatrix}1\\2\end{pmatrix}-2\begin{pmatrix}3\\2\end{pmatrix}=\begin{pmatrix}-1\\6\end{pmatrix}$

위의 등식의 양변의 왼쪽에 행렬 A를 곱하면

$5A\begin{pmatrix}1\\2\end{pmatrix}-2A\begin{pmatrix}3\\2\end{pmatrix}=A\begin{pmatrix}-1\\6\end{pmatrix}$이므로

$A\begin{pmatrix}-1\\6\end{pmatrix}=5\begin{pmatrix}3\\2\end{pmatrix}-2\begin{pmatrix}1\\2\end{pmatrix}=\begin{pmatrix}13\\6\end{pmatrix}$

따라서 $x=13$, $y=6$이므로 $x+y=13+6=19$

857

답 -2

$$A\begin{pmatrix}0\\8\end{pmatrix}=A\left\{\begin{pmatrix}2\\-1\end{pmatrix}+\begin{pmatrix}-2\\9\end{pmatrix}\right\}$$
$$=A\begin{pmatrix}2\\-1\end{pmatrix}+A\begin{pmatrix}-2\\9\end{pmatrix}$$
$$=\begin{pmatrix}-4\\2\end{pmatrix}+\begin{pmatrix}0\\0\end{pmatrix}=-2\begin{pmatrix}2\\-1\end{pmatrix}$$

$$A^2\begin{pmatrix}0\\8\end{pmatrix}=AA\begin{pmatrix}0\\8\end{pmatrix}$$
$$=A\left\{-2\begin{pmatrix}2\\-1\end{pmatrix}\right\}$$
$$=-2A\begin{pmatrix}2\\-1\end{pmatrix}$$
$$=-2\begin{pmatrix}-4\\2\end{pmatrix}=(-2)^2\begin{pmatrix}2\\-1\end{pmatrix}$$
$$\vdots$$

즉, $A^n\begin{pmatrix}0\\8\end{pmatrix}=(-2)^n\begin{pmatrix}2\\-1\end{pmatrix}$이므로

$$A^{200}\begin{pmatrix}0\\8\end{pmatrix}=(-2)^{200}\begin{pmatrix}2\\-1\end{pmatrix}=2^{200}\begin{pmatrix}2\\-1\end{pmatrix}=\begin{pmatrix}2^{201}\\-2^{200}\end{pmatrix}$$

따라서 $x=2^{201}$, $y=-2^{200}$이므로

$$\frac{x}{y}=\frac{2^{201}}{-2^{200}}=-2$$

858 ········· 답 5

$$A^2=AA=\begin{pmatrix}3&7\\-1&-2\end{pmatrix}\begin{pmatrix}3&7\\-1&-2\end{pmatrix}=\begin{pmatrix}2&7\\-1&-3\end{pmatrix}$$
$$A^3=A^2A=\begin{pmatrix}2&7\\-1&-3\end{pmatrix}\begin{pmatrix}3&7\\-1&-2\end{pmatrix}=\begin{pmatrix}-1&0\\0&-1\end{pmatrix}=-E$$

이므로

$$A^{100}=(A^3)^{33}A=(-E)^{33}A=-EA=-A$$
$$\therefore A^{100}\begin{pmatrix}x\\y\end{pmatrix}=-A\begin{pmatrix}x\\y\end{pmatrix}=\begin{pmatrix}5\\-1\end{pmatrix}$$

$\begin{pmatrix}-3&-7\\1&2\end{pmatrix}\begin{pmatrix}x\\y\end{pmatrix}=\begin{pmatrix}5\\-1\end{pmatrix}$이므로 $\begin{pmatrix}-3x-7y\\x+2y\end{pmatrix}=\begin{pmatrix}5\\-1\end{pmatrix}$

두 행렬이 서로 같을 조건에 의하여

$-3x-7y=5$, $x+2y=-1$

위의 두 식을 연립하여 풀면 $x=3$, $y=-2$

$\therefore x-y=3-(-2)=5$

859 ········· 답 32

$A^6+A^7=-4A-4E$이므로

$$A^{12}+A^{13}=A^6(A^6+A^7)$$
$$=A^6(-4A-4E)$$
$$=-4(A^6+A^7)$$
$$=-4(-4A-4E)$$
$$=16A+16E$$

이때 행렬 A의 모든 성분의 합이 0이므로 행렬 $16A$의 모든 성분의 합도 0이 된다.

따라서 행렬 $A^{12}+A^{13}$의 모든 성분의 합은 행렬 $16A+16E$의 모든 성분의 합, 즉 행렬 $16E$의 모든 성분의 합과 같으므로

$16(1+0+0+1)=32$

860 ········· 답 2

$$A^2=\begin{pmatrix}1&1\\0&-1\end{pmatrix}\begin{pmatrix}1&1\\0&-1\end{pmatrix}=\begin{pmatrix}1&0\\0&1\end{pmatrix}=E$$

이므로 $A^{55}=(A^2)^{27}A=EA=A$

$$B^2=\begin{pmatrix}0&1\\1&0\end{pmatrix}\begin{pmatrix}0&1\\1&0\end{pmatrix}=\begin{pmatrix}1&0\\0&1\end{pmatrix}=E$$

이므로 $B^{55}=(B^2)^{27}B=EB=B$

$AB=\begin{pmatrix}1&1\\0&-1\end{pmatrix}\begin{pmatrix}0&1\\1&0\end{pmatrix}=\begin{pmatrix}1&1\\-1&0\end{pmatrix}$이므로

$$(AB)^2=\begin{pmatrix}1&1\\-1&0\end{pmatrix}\begin{pmatrix}1&1\\-1&0\end{pmatrix}=\begin{pmatrix}0&1\\-1&-1\end{pmatrix}$$
$$(AB)^3=\begin{pmatrix}0&1\\-1&-1\end{pmatrix}\begin{pmatrix}1&1\\-1&0\end{pmatrix}=\begin{pmatrix}-1&0\\0&-1\end{pmatrix}=-E$$
$$(AB)^{55}=\{(AB)^3\}^{18}AB=(-E)^{18}AB=AB$$
$$(AB)^{55}+B^{55}A^{55}=AB+BA$$
$$=\begin{pmatrix}1&1\\-1&0\end{pmatrix}+\begin{pmatrix}0&1\\1&0\end{pmatrix}\begin{pmatrix}1&1\\0&-1\end{pmatrix}$$
$$=\begin{pmatrix}1&1\\-1&0\end{pmatrix}+\begin{pmatrix}0&-1\\1&1\end{pmatrix}$$
$$=\begin{pmatrix}1&0\\0&1\end{pmatrix}$$

따라서 구하는 행렬의 모든 성분의 합은

$1+0+0+1=2$

861 ········· 답 ①

$(A-E)^2=2A-3E$이므로

$$A^2-2A+E=2A-3E$$
$$\therefore A^2=4A-4E=4(A-E)$$
$$\therefore (A-E)^3=(A-E)^2(A-E)$$
$$=(2A-3E)(A-E)$$
$$=2A^2-5A+3E$$
$$=2\times4(A-E)-5A+3E$$
$$=8A-8E-5A+3E$$
$$=3A-5E$$

따라서 $m=3$, $n=-5$이므로

$mn=3\times(-5)=-15$

862 ········· 답 2

조건 (가)에서 $A=\begin{pmatrix}a&1\\4&-1\end{pmatrix}$이므로

$$A^2=AA=\begin{pmatrix}a&1\\4&-1\end{pmatrix}\begin{pmatrix}a&1\\4&-1\end{pmatrix}=\begin{pmatrix}a^2+4&a-1\\4a-4&5\end{pmatrix}$$
$$\therefore (A+3E)(A-2E)$$
$$=A^2+A-6E$$
$$=\begin{pmatrix}a^2+4&a-1\\4a-4&5\end{pmatrix}+\begin{pmatrix}a&1\\4&-1\end{pmatrix}-6\begin{pmatrix}1&0\\0&1\end{pmatrix}$$
$$=\begin{pmatrix}a^2+a-2&a\\4a&-2\end{pmatrix}$$

이때 조건 (나)에서 행렬 $(A+3E)(A-2E)$의 모든 성분의 합이 12이므로

$(a^2+a-2)+a+4a+(-2)=12$

$a^2+6a-16=0$, $(a+8)(a-2)=0$

$\therefore a=2$ ($\because a>0$)

863 답 ①

$A^2-2A+4E=O$의 양변에 행렬 $(A+2E)$를 곱하면

$(A+2E)(A^2-2A+4E)=O$

$A^3+(2E)^3=O$, $A^3+8E=O$

$\therefore A^3=-8E$

따라서 $A^{15}=(A^3)^5=(-8E)^5=-8^5E=\begin{pmatrix} -8^5 & 0 \\ 0 & -8^5 \end{pmatrix}$이므로

행렬 A^{15}의 모든 성분의 합은

$2\times(-8^5)=2\times(-2^{15})=-2^{16}$

864 답 풀이 참조

$A^2=AA=\begin{pmatrix} 2 & -3 \\ 1 & -1 \end{pmatrix}\begin{pmatrix} 2 & -3 \\ 1 & -1 \end{pmatrix}=\begin{pmatrix} 1 & -3 \\ 1 & -2 \end{pmatrix}$

$A^3=A^2A=\begin{pmatrix} 1 & -3 \\ 1 & -2 \end{pmatrix}\begin{pmatrix} 2 & -3 \\ 1 & -1 \end{pmatrix}=\begin{pmatrix} -1 & 0 \\ 0 & -1 \end{pmatrix}=-E$

$A^4=A^3A=-EA=-A$

$A^5=A^3A^2=-EA^2=-A^2$

$A^6=(A^3)^2=(-E)^2=E$

$\therefore A+A^2+A^3+A^4+A^5+A^6=A+A^2-E-A-A^2+E=O$

이때 $1028=6\times171+2$이므로

$A+A^2+A^3+\cdots+A^{1028}$

$=(A+A^2+\cdots+A^6)+A^6(A+A^2+\cdots+A^6)$

$\quad+\cdots+A^{1020}(A+A^2+\cdots+A^6)+A^{1027}+A^{1028}$

$=A^{1027}+A^{1028}=A+A^2$

$=\begin{pmatrix} 2 & -3 \\ 1 & -1 \end{pmatrix}+\begin{pmatrix} 1 & -3 \\ 1 & -2 \end{pmatrix}=\begin{pmatrix} 3 & -6 \\ 2 & -3 \end{pmatrix}$

따라서 구하는 행렬의 모든 성분의 합은

$3+(-6)+2+(-3)=-4$

채점 요소	배점
A^2 구하기	20 %
A^3, A^4, A^5, A^6을 간단히 나타내기	30 %
$A+A^2+A^3+\cdots+A^{1028}$ 구하기	40 %
$A+A^2+A^3+\cdots+A^{1028}$의 모든 성분의 합 구하기	10 %

865 답 80

$3A+B=O$의 양변의 왼쪽에 행렬 A를 곱하면

$3A^2+AB=O$, $3A^2+3E=O$

$\therefore A^2=-E$

$3A+B=O$의 양변의 오른쪽에 행렬 B를 곱하면

$3AB+B^2=O$, $3(3E)+B^2=O$

$\therefore B^2=-9E$

따라서

$A^{10}+B^4=(A^2)^5+(B^2)^2$

$\quad=(-E)^5+(-9E)^2$

$\quad=-E+81E=80E$

$\therefore k=80$

866 답 ③

$A+B=2E$이므로 $B=2E-A$ …… ㉠

$AB=A(2E-A)=2A-A^2$

$BA=(2E-A)A=2A-A^2$

이므로 $AB=BA$

㉠을 $BA=O$에 대입하면

$(2E-A)A=O$, $2A-A^2=O$ $\quad\therefore A^2=2A$

$A^3=A^2A=2AA=2A^2=2^2A$

$A^4=A^3A=2^2AA=2^2A^2=2^3A$

$\vdots$

$\therefore A^n=2^{n-1}A$ (단, n은 자연수)

또한 $A+B=2E$이므로 $A=2E-B$ …… ㉡

㉡을 $BA=O$에 대입하면

$B(2E-B)=O$, $2B-B^2=O$ $\quad\therefore B^2=2B$

$B^3=B^2B=2BB=2B^2=2^2B$

$B^4=B^3B=2^2BB=2^2B^2=2^3B$

$\vdots$

$\therefore B^n=2^{n-1}B$ (단, n은 자연수)

한편, $AB=BA=O$이므로

$A^{50}+A^{49}B+A^{48}B^2+\cdots+AB^{49}+B^{50}$

$=2^{49}A+A^{48}(AB)+A^{47}(AB)B+\cdots+(AB)B^{48}+2^{49}B$

$=2^{49}A+2^{49}B$

$=2^{49}(A+B)$

$=2^{49}(2E)$

$=2^{50}E=\begin{pmatrix} 2^{50} & 0 \\ 0 & 2^{50} \end{pmatrix}$

따라서 구하는 행렬의 모든 성분의 합은

$2^{50}+2^{50}=2\times2^{50}=2^{51}$

867 답 6

$A+B=E$에서 $A=E-B$

$AB=(E-B)B=B-B^2$

$BA=B(E-B)=B-B^2$

즉, $AB=BA$이다.

$A^3+B^3=(A+B)^3-3AB(A+B)$

$\quad=E-3AB$ ($\because A+B=E$)

이때 $A^3+B^3=\begin{pmatrix} -5 & 9 \\ -3 & 4 \end{pmatrix}$이므로

$3AB=\begin{pmatrix} 1 & 0 \\ 0 & 1 \end{pmatrix}-\begin{pmatrix} -5 & 9 \\ -3 & 4 \end{pmatrix}=\begin{pmatrix} 6 & -9 \\ 3 & -3 \end{pmatrix}$

$AB=\frac{1}{3}\begin{pmatrix} 6 & -9 \\ 3 & -3 \end{pmatrix}=\begin{pmatrix} 2 & -3 \\ 1 & -1 \end{pmatrix}$

따라서 행렬 AB의 모든 성분의 곱은

$2\times(-3)\times1\times(-1)=6$

868 답 15

$A^2-3A-5E=O$이므로 $A^2=3A+5E$

$B=\begin{pmatrix} 2-a & -b \\ -c & 2-d \end{pmatrix}=\begin{pmatrix} 2 & 0 \\ 0 & 2 \end{pmatrix}-\begin{pmatrix} a & b \\ c & d \end{pmatrix}=2E-A$

$B^2=(2E-A)^2$
$=4E-4A+A^2$
$=4E-4A+(3A+5E)$
$=-A+9E$
$B^3=B^2B$
$=(-A+9E)(2E-A)$
$=A^2-11A+18E$
$=3A+5E-11A+18E$
$=-8A+23E$
따라서 $x=-8$, $y=23$이므로
$x+y=(-8)+23=15$

869 ······ 답 ⑤

$x^3=1$에서 $x^3-1=0$, 즉 $(x-1)(x^2+x+1)=0$이므로
ω는 $x^2+x+1=0$의 한 허근이다.
즉, $\omega^3=1$, $\omega^2+\omega+1=0$
$A^2=AA$

$$=\begin{pmatrix}\omega^2 & \omega \\ 1 & \omega+1\end{pmatrix}\begin{pmatrix}\omega^2 & \omega \\ 1 & \omega+1\end{pmatrix}$$
$$=\begin{pmatrix}\omega^4+\omega & \omega^3+\omega^2+\omega \\ \omega^2+\omega+1 & \omega^2+3\omega+1\end{pmatrix}$$
$$=\begin{pmatrix}\omega+\omega & \omega^2+\omega+1 \\ \omega^2+\omega+1 & (\omega^2+\omega+1)+2\omega\end{pmatrix}$$
$$=\begin{pmatrix}2\omega & 0 \\ 0 & 2\omega\end{pmatrix}=2\omega E$$

$\therefore A^{18}=(A^2)^9=(2\omega E)^9=2^9\omega^9E=2^9E$ $(\because \omega^3=1)$
$$=\begin{pmatrix}2^9 & 0 \\ 0 & 2^9\end{pmatrix}$$
따라서 A^{18}의 모든 성분의 합은
$2^9+0+0+2^9=2\times2^9=2^{10}$

870 ······ 답 0

$AB=A$의 양변의 오른쪽에 행렬 A를 곱하면
$ABA=A^2$ ······ ㉠
$BA=B$의 양변의 왼쪽에 행렬 A를 곱하면
$ABA=AB$ ······ ㉡
㉠, ㉡에서 $A^2=AB$이고 주어진 조건에서 $AB=A$이므로
$A^2=A$
$A^3=A^2A=AA=A^2=A$
$A^4=A^3A=AA=A^2=A$
⋮
$\therefore A^n=A$ (단, n은 자연수)
같은 방법으로 하면 $B^n=B$ (단, n은 자연수)
$\therefore A^{100}+B^{100}=A+B$
$$=\begin{pmatrix}4 & x+13 \\ y-5 & 2-z\end{pmatrix}+\begin{pmatrix}1 & 2-x \\ 4-y & z-5\end{pmatrix}$$
$$=\begin{pmatrix}5 & 15 \\ -1 & -3\end{pmatrix}$$
따라서 $a=5$, $b=15$, $c=-1$, $d=-3$이므로
$ad-bc=5\times(-3)-15\times(-1)=0$

871 ······ 답 ⑤

ㄱ. $A=\begin{pmatrix}0 & 0 \\ 1 & 0\end{pmatrix}$, $B=\begin{pmatrix}1 & 0 \\ 1 & 1\end{pmatrix}$이면
$AB=\begin{pmatrix}0 & 0 \\ 1 & 0\end{pmatrix}\begin{pmatrix}1 & 0 \\ 1 & 1\end{pmatrix}=\begin{pmatrix}0 & 0 \\ 1 & 0\end{pmatrix}=A$이지만
$B\neq E$이다. (거짓)
ㄴ. $(ABA)^2=(ABA)(ABA)$
$=ABA^2BA$
$=ABEBA$
$=AB^2A$
$=AEA$
$=A^2=E$ (참)
ㄷ. $A+E=(B+E)^2$이므로
$A+E=B^2+2B+E$
$\therefore A=B^2+2B$
$AB=(B^2+2B)B=B^3+2B^2$
$BA=B(B^2+2B)=B^3+2B^2$이므로
$AB=BA$ (참)
따라서 옳은 것은 ㄴ, ㄷ이다.

872 ······ 답 2

$f(A,\ B)=\begin{pmatrix}-1 & 2 \\ -3 & 1\end{pmatrix}$이므로 $AB-BA=\begin{pmatrix}-1 & 2 \\ -3 & 1\end{pmatrix}$
$\therefore f(A+B,\ A-B)$
$=(A+B)(A-B)-(A-B)(A+B)$
$=A^2-AB+BA-B^2-(A^2+AB-BA-B^2)$
$=-2AB+2BA=-2(AB-BA)$
$$=-2\begin{pmatrix}-1 & 2 \\ -3 & 1\end{pmatrix}$$
$$=\begin{pmatrix}2 & -4 \\ 6 & -2\end{pmatrix}$$
따라서 행렬 $f(A+B,\ A-B)$의 모든 성분의 합은
$2+(-4)+6+(-2)=2$

873 ······ 답 ②

ㄱ. $A*O=(A-O)(A+O)=A^2$
이때 $A=\begin{pmatrix}0 & 0 \\ 1 & 0\end{pmatrix}$이면 $A^2=O$이지만 $A\neq O$이다. (거짓)
ㄴ. $A*B=A*(-B)$이면
$(A-B)(A+B)=(A+B)(A-B)$이므로
$A^2+AB-BA-B^2=A^2-AB+BA-B^2$
$2AB=2BA$ $\quad\therefore AB=BA$
$(AB)^2=A(BA)B=A(AB)B=A^2B^2$ (참)
ㄷ. $A*E=E$이므로 $(A-E)(A+E)=E$
$A^2-E=E$ $\quad\therefore A^2=2E$
$\therefore A^6=(A^2)^3=(2E)^3=2^3E=8E$ (거짓)
따라서 옳은 것은 ㄴ이다.

874 ······ 답 1

$A^2=AA=\begin{pmatrix} x & 1 \\ -4 & 1 \end{pmatrix}\begin{pmatrix} x & 1 \\ -4 & 1 \end{pmatrix}=\begin{pmatrix} x^2-4 & x+1 \\ -4x-4 & -3 \end{pmatrix}$이므로

$f(A^2)=(x^2-4)\times(-3)-(x+1)\times(-4x-4)$
$=-3x^2+12+4x^2+8x+4$
$=x^2+8x+16$

$3A=\begin{pmatrix} 3x & 3 \\ -12 & 3 \end{pmatrix}$이므로

$f(3A)=3x\times3-3\times(-12)=9x+36$

이때 $f(A^2)=f(3A)$이므로

$x^2+8x+16=9x+36$, $x^2-x-20=0$

$(x+4)(x-5)=0$ $\quad\therefore x=-4$ 또는 $x=5$

따라서 구하는 모든 실수 x의 값의 합은 $(-4)+5=1$

875 ······ 답 ②

ㄱ. $A-B=5E$에서 $B=A-5E$
이를 $BA=4A$에 대입하면
$(A-5E)A=4A$, $A^2-5A=4A$
$\therefore A^2=9A$ (참)

ㄴ. $BA=4A$에 $A=B+5E$를 대입하면
$B(B+5E)=4(B+5E)$
$B^2+5B=4B+20E$
$\therefore B^2+B=20E$ (참)

ㄷ. $A=B+5E$, $BA=4A$이므로 $B\neq O$
$AB=(B+5E)B=B^2+5B$
$BA=B(B+5E)=B^2+5B$
즉, $AB=BA$
$A^2-B^2=(A+B)(A-B)$
$=(A+B)\times5E$
$=5(A+B)$
$\therefore A^2-B^2\neq5(A-B)$ ($\because B\neq O$) (거짓)

따라서 옳은 것은 ㄱ, ㄴ이다.

876 ······ 답 ③

ㄱ. $A^2-AB-BA+B^2=O$이면 $(A-B)^2=O$
$\therefore (A-B)^3=(A-B)^2(A-B)=O$ (참)

ㄴ. $A^2-A+E=O$의 양변에 $(A+E)$를 곱하면
$(A+E)(A^2-A+E)=O$, $A^3+E=O$
즉, $A^3=-E$
$\therefore A^6=(A^3)^2=(-E)^2=E$ (참)

ㄷ. $A=\begin{pmatrix} -1 & 0 \\ 0 & -1 \end{pmatrix}=-E$이면 $k=2$, $m=4$, $n=8$일 때,
$A^2=A^4=A^8=E$이지만 $A\neq E$이다. (거짓)

따라서 옳은 것은 ㄱ, ㄴ이다.

877 ······ 답 ④

ㄱ. $A=\begin{pmatrix} 0 & 1 \\ 0 & 0 \end{pmatrix}$, $B=\begin{pmatrix} 0 & 0 \\ 1 & 0 \end{pmatrix}$이면

$A^2=\begin{pmatrix} 0 & 1 \\ 0 & 0 \end{pmatrix}\begin{pmatrix} 0 & 1 \\ 0 & 0 \end{pmatrix}=\begin{pmatrix} 0 & 0 \\ 0 & 0 \end{pmatrix}$,

$B^2=\begin{pmatrix} 0 & 0 \\ 1 & 0 \end{pmatrix}\begin{pmatrix} 0 & 0 \\ 1 & 0 \end{pmatrix}=\begin{pmatrix} 0 & 0 \\ 0 & 0 \end{pmatrix}$이지만

$AB=\begin{pmatrix} 0 & 1 \\ 0 & 0 \end{pmatrix}\begin{pmatrix} 0 & 0 \\ 1 & 0 \end{pmatrix}=\begin{pmatrix} 1 & 0 \\ 0 & 0 \end{pmatrix}\neq O$이다. (거짓)

ㄴ. $A-2B=E$에서 $A=2B+E$이므로
$AB=(2B+E)B=2B^2+B$
$BA=B(2B+E)=2B^2+B$
$\therefore AB=BA$ (참)

ㄷ. $A^2+A-E=O$이므로 양변의 오른쪽에 행렬 B를 곱하면
$A^2B+AB-B=O$, $A(AB)+AB-B=O$
이때 $AB=-E$이므로 $A(-E)-E-B=O$
$-A-E-B=O$ $\quad\therefore B=-A-E$
$B^2=(-A-E)^2$
$=A^2+2A+E$
$=A^2+A-E+(A+2E)$
$=O+(A+2E)$
$=A+2E$ (참)

따라서 옳은 것은 ㄴ, ㄷ이다.

878 ······ 답 ⑤

$(A+B)^2=(A-B)^2$이므로

$A^2+AB+BA+B^2=A^2-AB-BA+B^2$

$AB+BA=-AB-BA$

$AB+BA=O$ $\quad\therefore BA=-AB$

ㄱ. $(AB)^2=ABAB=A(-AB)B=-A^2B^2$ (거짓)······ 참고

ㄴ. $(AB)^3=ABABAB$
$=A(-AB)BAB$
$=-AAB(-AB)B$
$=(-1)\times(-1)AABABB$
$=(-1)\times(-1)AA(-AB)BB$
$=(-1)\times(-1)^2A^3B^3$
$=(-1)^{1+2}A^3B^3$
$=-A^3B^3$ (참)

ㄷ. ㄱ, ㄴ에 의하여
$(AB)^7=(-1)^{1+2+3+\cdots+6}A^7B^7$
$=(-1)^{21}A^7B^7$
$=-A^7B^7$ (참)

따라서 옳은 것은 ㄴ, ㄷ이다.

참고

$A=\begin{pmatrix} 0 & 1 \\ 2 & 0 \end{pmatrix}$, $B=\begin{pmatrix} 1 & 1 \\ -2 & -1 \end{pmatrix}$이면

$AB=\begin{pmatrix} -2 & -1 \\ 2 & 2 \end{pmatrix}$, $BA=\begin{pmatrix} 2 & 1 \\ -2 & -2 \end{pmatrix}$이므로

$BA=-AB$이지만

$(AB)^2=\begin{pmatrix} 2 & 0 \\ 0 & 2 \end{pmatrix}$, $A^2B^2=\begin{pmatrix} -2 & 0 \\ 0 & -2 \end{pmatrix}$이므로

$(AB)^2\neq A^2B^2$이다.

879 .... 답 ③

$C=\begin{pmatrix} a & b \\ c & d \end{pmatrix}$라 하면

$A=C+E$, $B=C-E$에서

$AB=C^2-E$, $BA=C^2-E$이므로

$AB=BA$

$A^2-B^2=\begin{pmatrix} 4 & 7 \\ 8 & 9 \end{pmatrix}$에서

$(A+B)(A-B)=\begin{pmatrix} 4 & 7 \\ 8 & 9 \end{pmatrix}$ ...... ㉠

이때 $A+B=2C$, $A-B=2E$이므로 ㉠에서

$4C=\begin{pmatrix} 4a & 4b \\ 4c & 4d \end{pmatrix}=\begin{pmatrix} 4 & 7 \\ 8 & 9 \end{pmatrix}$

따라서 $4(a+b+c+d)=4+7+8+9=28$이므로

$a+b+c+d=7$

880 .... 답 ②

주어진 왼쪽의 도로망을 위, 아래로 붙인 것이 오른쪽의 도로망이다. R_1 지점에서 도로망을 따라 S_2 지점까지 최단 거리로 가는 방법은 다음과 같이 두 가지 방법이 있다.

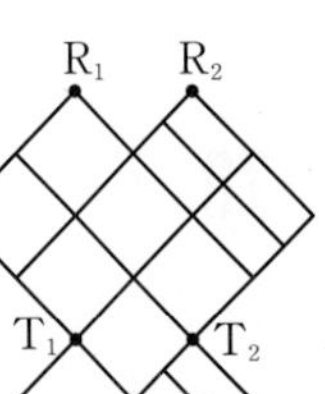

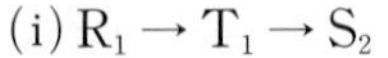

(i) $R_1 \to T_1 \to S_2$

T_1 지점을 거쳐 최단 거리로 가는 방법의 수는

$a_{11}\times a_{12}$

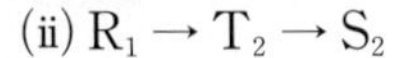

(ii) $R_1 \to T_2 \to S_2$

T_2 지점을 거쳐 최단 거리로 가는 방법의 수는

$a_{12}\times a_{22}$

(i), (ii)에 의하여 R_1 지점에서 도로망을 따라 S_2 지점까지 최단 거리로 가는 방법의 수는 $a_{11}\times a_{12}+a_{12}\times a_{22}$이므로 행렬 A^2의 $(1, 2)$ 성분과 같다.

881 .... 답 6

$A+kB=\begin{pmatrix} 3 & 3 \\ 2 & 4 \end{pmatrix}$ ...... ㉠

$A+B=E$ ...... ㉡

㉠$-$㉡을 하면 $(k-1)B=\begin{pmatrix} 2 & 3 \\ 2 & 3 \end{pmatrix}$

따라서 $k-1\neq 0$, $B\neq O$이고

$(k-1)^2B^2=\begin{pmatrix} 2 & 3 \\ 2 & 3 \end{pmatrix}\begin{pmatrix} 2 & 3 \\ 2 & 3 \end{pmatrix}=\begin{pmatrix} 10 & 15 \\ 10 & 15 \end{pmatrix}=5\begin{pmatrix} 2 & 3 \\ 2 & 3 \end{pmatrix}$

$=5(k-1)B$

이때 $B^2=B$이므로 $(k-1)^2B=5(k-1)B$

$(k-1)^2=5(k-1)$

$k-1=5$ ($\because k-1\neq 0$)

$\therefore k=6$

882 .... 답 ④

$A-2C=X$, $3B-2C=Y$라 하면

$A+3B-4C=X+Y$

$\therefore (A-2C)^2+(3B-2C)^2-\frac{1}{2}(A+3B-4C)^2$

$=X^2+Y^2-\frac{1}{2}(X+Y)^2$

$=X^2+Y^2-\frac{1}{2}(X^2+XY+YX+Y^2)$

$=\frac{1}{2}(X^2-XY-YX+Y^2)$

$=\frac{1}{2}(X-Y)^2$ ...... ㉠

이때

$X-Y=A-2C-(3B-2C)=A-3B$

$=\begin{pmatrix} 5 & -3 \\ -8 & 5 \end{pmatrix}-3\begin{pmatrix} 3 & -1 \\ -2 & 1 \end{pmatrix}=\begin{pmatrix} -4 & 0 \\ -2 & 2 \end{pmatrix}$

이므로 ㉠에서

$(A-2C)^2+(3B-2C)^2-\frac{1}{2}(A+3B-4C)^2$

$=\frac{1}{2}(X-Y)^2=\frac{1}{2}\begin{pmatrix} -4 & 0 \\ -2 & 2 \end{pmatrix}\begin{pmatrix} -4 & 0 \\ -2 & 2 \end{pmatrix}$

$=\frac{1}{2}\begin{pmatrix} 16 & 0 \\ 4 & 4 \end{pmatrix}=\begin{pmatrix} 8 & 0 \\ 2 & 2 \end{pmatrix}$

따라서 구하는 행렬의 모든 성분의 합은

$8+0+2+2=12$

883 .... 답 풀이 참조

$A+B=4E$이므로

$B=4E-A=4\begin{pmatrix} 1 & 0 \\ 0 & 1 \end{pmatrix}-\begin{pmatrix} x & 1 \\ y & z \end{pmatrix}=\begin{pmatrix} 4-x & -1 \\ -y & 4-z \end{pmatrix}$

이때 $AB=-E$이므로

$\begin{pmatrix} x & 1 \\ y & z \end{pmatrix}\begin{pmatrix} 4-x & -1 \\ -y & 4-z \end{pmatrix}=\begin{pmatrix} -1 & 0 \\ 0 & -1 \end{pmatrix}$

$\begin{pmatrix} 4x-x^2-y & -x+4-z \\ 4y-xy-yz & -y+4z-z^2 \end{pmatrix}=\begin{pmatrix} -1 & 0 \\ 0 & -1 \end{pmatrix}$

두 행렬이 서로 같을 조건에 의하여

$4x-x^2-y=-1$이므로

$x^2-4x+y-1=0$ ...... ㉠

$-x+4-z=0$이므로

$x+z=4$ ...... ㉡

$-y+4z-z^2=-1$이므로

$z^2-4z+y-1=0$ ...... ㉢

㉠, ㉢의 양변을 더하면 $x^2-4x+z^2-4z+2y-2=0$

$x^2+z^2-4(x+z)+2y-2=0$

㉡을 이 식에 대입하면

$x^2+z^2-16+2y-2=0$ $\quad\therefore x^2+z^2=-2y+18$

$\therefore x^2+y^2+z^2=y^2-2y+18$

$=(y-1)^2+17$

따라서 $y=1$일 때, $x^2+y^2+z^2$의 최솟값은 17이다.

채점 요소	배점
두 행렬 A, B에 대한 조건을 이용하여 x, y, z에 대한 관계식 구하기	40 %
$x^2+y^2+z^2$을 y에 관한 식으로 나타내기	40 %
$x^2+y^2+z^2$의 최솟값 구하기	20 %

884

답 ⑤

ㄱ. $B=E-A$이므로

$AB=A(E-A)=A-A^2=-E$에서

$A^2=A+E$ …… ㉠

마찬가지 방법으로 하면

$B^2=B+E$ …… ㉡

$\therefore A^2+B^2=A+E+B+E$

$=(A+B)+2E$

$=3E$ (참)

ㄴ. ㉠의 양변에 A^n을 곱하면

$A^{n+2}=A^{n+1}+A^n$ …… ㉢

㉡의 양변에 B^n을 곱하면

$B^{n+2}=B^{n+1}+B^n$ …… ㉣

㉢, ㉣의 양변을 더하면

$A^{n+2}+B^{n+2}=A^{n+1}+B^{n+1}+A^n+B^n$ (참)

ㄷ. ㄴ에서

$A^3+B^3=A^2+B^2+A+B=3E+E=4E$

$A^4+B^4=A^3+B^3+A^2+B^2=4E+3E=7E$

$A^5+B^5=A^4+B^4+A^3+B^3=7E+4E=11E$

⋮

$A^9+B^9=A^8+B^8+A^7+B^7=76E$ (참)

따라서 옳은 것은 ㄱ, ㄴ, ㄷ이다.

885

답 ②

ㄱ. $A^2=\begin{pmatrix}-3 & -a\\ a & 3\end{pmatrix}\begin{pmatrix}-3 & -a\\ a & 3\end{pmatrix}$

$=\begin{pmatrix}9-a^2 & 0\\ 0 & 9-a^2\end{pmatrix}=(9-a^2)E$

이때 $A^2=O$이면 $9-a^2=0$이므로 $a^2=9$

$\therefore a=\pm3$ (거짓)

ㄴ. $A^4=(A^2)^2=(9-a^2)^2E=E$이려면

$(9-a^2)^2=1$이어야 하므로 $9-a^2=\pm1$

$a^2=8$ 또는 $a^2=10$

$\therefore a=-2\sqrt{2}$ 또는 $a=2\sqrt{2}$

또는 $a=-\sqrt{10}$ 또는 $a=\sqrt{10}$

즉, $A^4=E$을 만족시키는 서로 다른 실수 a의 개수는 4이다. (참)

ㄷ. $n=1$일 때, $A\neq E$

$n=2k+1$ (단, k는 자연수)라 하면

$A^{2k+1}=(A^2)^kA=\{(9-a^2)E\}^kA=(9-a^2)^kA$

$9-a^2=0$이면 $A^{2k+1}=O$이므로 $A^{2k+1}\neq E$

$9-a^2\neq0$이면 $A^{2k+1}=\begin{pmatrix}-3(9-a^2)^k & -a(9-a^2)^k\\ a(9-a^2)^k & 3(9-a^2)^k\end{pmatrix}$에서

(1, 1) 성분과 (2, 2)의 성분이 다르므로

$A^{2k+1}\neq E$

따라서 자연수 n이 홀수일 때, $A^n=E$를 만족시키는 실수 a가 존재하지 않는다. (거짓)

따라서 옳은 것은 ㄴ이다.

886

답 30

조건 (가)에서 $i=j$일 때, $a_{ii}=-a_{ii}$이므로

$2a_{ii}=0$ $\quad\therefore a_{ii}=0$

조건 (나)에서 행렬 A의 모든 성분은 정수이므로

$a_{12}=x$, $a_{13}=y$, $a_{23}=z$ (x, y, z는 정수)라 하면

$a_{21}=-a_{12}=-x$, $a_{31}=-a_{13}=-y$, $a_{32}=-a_{23}=-z$

$\therefore A=\begin{pmatrix}0 & x & y\\ -x & 0 & z\\ -y & -z & 0\end{pmatrix}$

조건 (다)에서 행렬 A의 모든 성분의 제곱의 합은 18이므로

$x^2+y^2+(-x)^2+z^2+(-y)^2+(-z)^2=18$

$2(x^2+y^2+z^2)=18$

$\therefore x^2+y^2+z^2=9$ …… ㉠

이때 ㉠을 만족시키는 세 정수 x^2, y^2, z^2을 순서쌍 (x^2, y^2, z^2)으로 나타내면 (1, 4, 4), (4, 1, 4), (4, 4, 1), (0, 0, 9), (0, 9, 0), (9, 0, 0)의 6가지이다.

(i) $x^2=1$, $y^2=4$, $z^2=4$인 경우

$x=\pm1$, $y=\pm2$, $z=\pm2$이므로

조건을 만족시키는 행렬 A의 개수는

$2\times2\times2=8$

(ii) $x^2=4$, $y^2=1$, $z^2=4$인 경우

(i)과 마찬가지로 행렬 A의 개수는 8이다.

(iii) $x^2=4$, $y^2=4$, $z^2=1$인 경우

(i)과 마찬가지로 행렬 A의 개수는 8이다.

(iv) $x^2=0$, $y^2=0$, $z^2=9$인 경우

$x=0$, $y=0$, $z=\pm3$이므로

조건을 만족시키는 행렬 A의 개수는

$1\times1\times2=2$

(v) $x^2=0$, $y^2=9$, $z^2=0$인 경우

(iv)와 마찬가지로 행렬 A의 개수는 2이다.

(vi) $x^2=9$, $y^2=0$, $z^2=0$인 경우

(iv)와 마찬가지로 행렬 A의 개수는 2이다.

(i)~(vi)에서 구하는 행렬 A의 개수는 $8\times3+2\times3=30$

887

답 25

$A^2=AA=\begin{pmatrix}-1 & 2\\ -1 & 1\end{pmatrix}\begin{pmatrix}-1 & 2\\ -1 & 1\end{pmatrix}=\begin{pmatrix}-1 & 0\\ 0 & -1\end{pmatrix}=-E$

$A^3=A^2A=-EA=-A$

$A^4=(A^2)^2=(-E)^2=E$

이므로 $A^{4n+k}=A^k$ (단, n, k는 자연수)이고

$A+A^2+A^3+A^4=A-E-A+E=O$이다.

따라서

$A+A^2+A^3+A^4+\cdots+A^{110}$

$=(A+A^2+A^3+A^4)+A^4(A+A^2+A^3+A^4)$

$+\cdots+A^{104}(A+A^2+A^3+A^4)+A^{109}+A^{110}$

$=O+A^4\times O+\cdots+A^{104}\times O+(A^4)^{27}A+(A^4)^{27}A^2$
$=EA+EA^2=A+A^2=A-E$
$=\begin{pmatrix}-1&2\\-1&1\end{pmatrix}-\begin{pmatrix}1&0\\0&1\end{pmatrix}=\begin{pmatrix}-2&2\\-1&0\end{pmatrix}$
이므로
$A\begin{pmatrix}a\\b\end{pmatrix}+A^2\begin{pmatrix}a\\b\end{pmatrix}+A^3\begin{pmatrix}a\\b\end{pmatrix}+\cdots+A^{110}\begin{pmatrix}a\\b\end{pmatrix}=A\begin{pmatrix}8\\11\end{pmatrix}$
$(A+A^2+A^3+\cdots+A^{110})\begin{pmatrix}a\\b\end{pmatrix}=\begin{pmatrix}-1&2\\-1&1\end{pmatrix}\begin{pmatrix}8\\11\end{pmatrix}$
$\begin{pmatrix}-2&2\\-1&0\end{pmatrix}\begin{pmatrix}a\\b\end{pmatrix}=\begin{pmatrix}14\\3\end{pmatrix}$, $\begin{pmatrix}-2a+2b\\-a\end{pmatrix}=\begin{pmatrix}14\\3\end{pmatrix}$
두 행렬이 서로 같을 조건에 의하여
$-2a+2b=14$, $-a=3$
$\therefore a=-3$, $b=4$
$\therefore a^2+b^2=(-3)^2+4^2=25$

888 답 ③

ㄱ. $A^2=AA=\begin{pmatrix}-1&1\\-1&0\end{pmatrix}\begin{pmatrix}-1&1\\-1&0\end{pmatrix}=\begin{pmatrix}0&-1\\1&-1\end{pmatrix}$
$A^3=A^2A=\begin{pmatrix}0&-1\\1&-1\end{pmatrix}\begin{pmatrix}-1&1\\-1&0\end{pmatrix}=\begin{pmatrix}1&0\\0&1\end{pmatrix}=E$
$\therefore d(A)=3$ (참)
ㄴ. $A=\begin{pmatrix}1&1\\0&1\end{pmatrix}$이면 자연수 n에 대하여 $A^n=\begin{pmatrix}1&n\\0&1\end{pmatrix}$이므로
$A^n=E$를 만족시키는 자연수 n이 존재하지 않는다.
이때 $d(A)=0$이지만 $A\neq O$이다. (거짓)
ㄷ. $d(A)=2$이므로 $A\neq E$, $A^2=E$
$d(B)=3$이므로 $B\neq E$, $B^2\neq E$, $B^3=E$
이때 $AB=BA$에서 $(AB)^n=A^nB^n$이므로
$(AB)^2=A^2B^2=EB^2=B^2\neq E$
$(AB)^3=A^3B^3=A^2AB^3=EAE=A\neq E$
$(AB)^4=A^4B^4=(A^2)^2B^3B=E^3B=B\neq E$
$(AB)^5=A^5B^5=(A^2)^2AB^3B^2=E^2AEB^2=AB^2$ …… ㉠
이때 $AB^2=E$라 하고, 양변의 오른쪽에 행렬 B를 곱하면
$AB^3=B$, 즉 $A=B$이다.
그런데 $d(A)\neq d(B)$이므로 주어진 조건을 만족시키지 않는다.
즉, $(AB)^5=AB^2\neq E$ ($\because$ ㉠)
$(AB)^6=A^6B^6=(A^2)^3(B^3)^2=E^3E^2=E$
$\therefore d(AB)=6$ (참)
따라서 옳은 것은 ㄱ, ㄷ이다.

889 답 ④

$A^2=\begin{pmatrix}a&b\\-b&a\end{pmatrix}\begin{pmatrix}a&b\\-b&a\end{pmatrix}=\begin{pmatrix}a^2-b^2&2ab\\-2ab&a^2-b^2\end{pmatrix}$ …… ㉠
ㄱ. $A^2=O$이므로 ㉠에서
$\begin{pmatrix}a^2-b^2&2ab\\-2ab&a^2-b^2\end{pmatrix}=\begin{pmatrix}0&0\\0&0\end{pmatrix}$
두 행렬이 서로 같을 조건에 의하여
$a^2-b^2=0$, $2ab=0$ $\quad\therefore a=b=0$
$\therefore A=O$ (참)
ㄴ. $A^2+E=O$에서 $A^2=-E$이므로
㉠에서
$\begin{pmatrix}a^2-b^2&2ab\\-2ab&a^2-b^2\end{pmatrix}=\begin{pmatrix}-1&0\\0&-1\end{pmatrix}$
두 행렬이 서로 같을 조건에 의하여
$a^2-b^2=-1$, $2ab=0$
$b=0$이면 $a^2=-1$이 되고 이를 만족시키는 실수 a는 존재하지 않는다.
따라서 $a=0$, $b=-1$ 또는 $a=0$, $b=1$이므로
조건을 만족시키는 행렬 A는
$A=\begin{pmatrix}0&-1\\1&0\end{pmatrix}$ 또는 $A=\begin{pmatrix}0&1\\-1&0\end{pmatrix}$으로 2개이다. (거짓)
ㄷ. $A^2-A=O$에서 $A^2=A$이므로
㉠에서 $\begin{pmatrix}a^2-b^2&2ab\\-2ab&a^2-b^2\end{pmatrix}=\begin{pmatrix}a&b\\-b&a\end{pmatrix}$
두 행렬이 서로 같을 조건에 의하여
$a^2-b^2=a$, $2ab=b$
$b=0$이면 $a^2=a$에서 $a=0$ 또는 $a=1$
$b\neq0$이면 $a=\frac{1}{2}$이므로 $a^2-b^2=a$에서 $\frac{1}{4}-b^2=\frac{1}{2}$
즉, $b^2=-\frac{1}{4}$이 되고 이를 만족시키는 실수 b는 존재하지 않으므로 조건을 만족시키는 행렬 A는
$A=\begin{pmatrix}0&0\\0&0\end{pmatrix}$ 또는 $A=\begin{pmatrix}1&0\\0&1\end{pmatrix}$로 2개이다. (참)
따라서 옳은 것은 ㄱ, ㄷ이다.

890 답 ⑤

ㄱ. $A^2+B=3E$의 양변의 왼쪽과 오른쪽에 A를 곱하면
$A^3+AB=3A$ …… ㉠
$A^3+BA=3A$ …… ㉡
㉠－㉡을 하면 $AB-BA=O$
$\therefore AB=BA$ (참)
ㄴ. $A^2+B=3E$에서 $A^2=3E-B$
이것을 $A^4+B^2=7E$에 대입하면
$(3E-B)^2+B^2=7E$
$9E-6B+B^2+B^2=7E$
$2B^2-6B+2E=O$
$B^2-3B+E=O$
$\therefore B^2=3B-E$ (참)
ㄷ. $A^6+B^3=(3E-B)^3+B^3$
$=27E-27B+9B^2-B^3+B^3$
$=27E-27B+9(3B-E)$
$=27E-27B+27B-9E$
$=18E$ (참)
따라서 옳은 것은 ㄱ, ㄴ, ㄷ이다.

891 답 -52

$A=\begin{pmatrix}0&1\\-1&0\end{pmatrix}$에서

$A^2=AA=\begin{pmatrix} 0 & 1 \\ -1 & 0 \end{pmatrix}\begin{pmatrix} 0 & 1 \\ -1 & 0 \end{pmatrix}=\begin{pmatrix} -1 & 0 \\ 0 & -1 \end{pmatrix}=-E$

$A^4=(A^2)^2=(-E)^2=E$ …… ㉠

$B=\begin{pmatrix} -2 & 1 \\ -5 & 2 \end{pmatrix}$에서

$B^2=BB=\begin{pmatrix} -2 & 1 \\ -5 & 2 \end{pmatrix}\begin{pmatrix} -2 & 1 \\ -5 & 2 \end{pmatrix}=\begin{pmatrix} -1 & 0 \\ 0 & -1 \end{pmatrix}=-E$

$\therefore B^4=(B^2)^2=(-E)^2=E$ …… ㉡

㉠, ㉡에서 자연수 n에 대하여 $A^{4n}=E$, $B^{4n}=E$

이때

$$\begin{aligned} C_{4n-1}&=B(A^{4n-1}+B^{4n-1})A^5 \\ &=(BA^{4n-1}+B^{4n})A^5 \\ &=BA^{4n+4}+B^{4n}A^5 \\ &=BE+EA^5=B+A \\ &=\begin{pmatrix} -2 & 1 \\ -5 & 2 \end{pmatrix}+\begin{pmatrix} 0 & 1 \\ -1 & 0 \end{pmatrix}=\begin{pmatrix} -2 & 2 \\ -6 & 2 \end{pmatrix} \end{aligned}$$

이므로

$C_3+C_7+C_{11}+\cdots+C_{51}=13\begin{pmatrix} -2 & 2 \\ -6 & 2 \end{pmatrix}=\begin{pmatrix} -26 & 26 \\ -78 & 26 \end{pmatrix}$

따라서 구하는 행렬의 모든 성분의 합은

$(-26)+26+(-78)+26=-52$

892 ······ 답 ③

ㄱ. $ABA-A^2=E$에서

$(AB-A)A=E$, $A(BA-A)=E$

$(AB-A)A=E$의 양변의 오른쪽에 $BA-A$를 곱하면

$(AB-A)A(BA-A)=BA-A$

$AB-A=BA-A$ $\quad\therefore AB=BA$

$\therefore (A+B)^2=A^2+2AB+B^2$ (참)

ㄴ. $AB+B=A$의 양변의 오른쪽에 행렬 A를 곱하면

$ABA+BA=A^2$이므로 $ABA-A^2=-BA$

이때 $ABA-A^2=E$이므로

$-BA=E$, 즉 $BA=-E$

따라서 $AB=BA=-E$이므로

$A^5B^5=(AB)^5=(-E)^5=-E$ (거짓)

ㄷ. $BA=-E$이므로 $ABA-A^2=E$에서

$-A-A^2=E$ $\quad\therefore A^2+A+E=O$ …… ㉠

이 식의 양변에 $A-E$를 곱하면

$(A-E)(A^2+A+E)=A^3-E=O$

$\therefore A^3=E$

㉠에서 $A^2=-A-E$이므로

$$\begin{aligned} (A-E)^2&=A^2-2A+E \\ &=-A-E-2A+E=-3A \end{aligned}$$

$$\begin{aligned} \therefore (A-E)^{60}&=\{(A-E)^2\}^{30}=(-3A)^{30} \\ &=3^{30}A^{30}=3^{30}(A^3)^{10}=3^{30}E \text{ (참)} \end{aligned}$$

따라서 옳은 것은 ㄱ, ㄷ이다.

893 ······ 답 ⑤

ㄱ. $(A+B)^2=A^2+AB+BA+B^2=O+E+O=E$

$\therefore (A+B)^3=(A+B)^2(A+B)=E(A+B)=A+B$ (참)

ㄴ. $AB+BA=E$에서 $BA=E-AB$이므로

$$\begin{aligned} (AB)^2&=ABAB \\ &=A(E-AB)B \\ &=(A-A^2B)B \\ &=AB-A^2B^2 \\ &=AB-O=AB \end{aligned}$$

$$\begin{aligned} (AB)^3&=(AB)^2AB \\ &=(AB)^2=AB \end{aligned}$$

$$\begin{aligned} (AB)^4&=(AB)^3AB \\ &=(AB)^2=AB \\ &\ \vdots \end{aligned}$$

$\therefore (AB)^{50}=AB$ (참)

ㄷ. $(A+B)C=ABC$에서

$AC+BC=ABC$

양변의 왼쪽에 행렬 A를 곱하면

$A^2C+ABC=A^2BC$

$\therefore ABC=O$ ($\because A^2=O$)

즉, $(A+B)C=O$이므로

양변의 왼쪽에 행렬 $A+B$를 곱하면

$(A+B)^2C=O$, $EC=O$

$\therefore C=O$ (참)

따라서 옳은 것은 ㄱ, ㄴ, ㄷ이다.

894 ······ 답 $\begin{pmatrix} 0 & 1 \\ -1 & 0 \end{pmatrix}$

$A^2=\begin{pmatrix} 0 & -1 \\ 1 & 0 \end{pmatrix}\begin{pmatrix} 0 & -1 \\ 1 & 0 \end{pmatrix}=\begin{pmatrix} -1 & 0 \\ 0 & -1 \end{pmatrix}=-E$

$A^3=A^2A=-EA=-A$

$A^4=(A^2)^2=(-E)^2=E$

$\therefore A^{4n+k}=A^k$ (단, n, k는 자연수)

조건 (가)에서 $B_1=A$이므로 두 조건 (나), (다)에 의하여

$B_2=A^2B_1=A^3=-A$

$B_3=B_2A^3=(-A)A^3=-A^4=-E$

$B_4=A^4B_3=A^4(-E)=-A^4=-E$

$B_5=B_4A^5=(-E)A^5=-A^5=-A$

$B_6=A^6B_5=A^6(-A)=-A^7=A$

$B_7=B_6A^7=AA^7=A^8=E$

$B_8=A^8B_7=A^8E=A^8=E$

$B_9=B_8A^9=EA^9=A^9=A$

$B_{10}=A^{10}B_9=A^{11}=-A$

$B_{11}=B_{10}A^{11}=(-A)A^{11}=-A^{12}=-E$

$\vdots$

$\therefore B_{8n+k}=B_k$ (n, k는 자연수)

$\therefore B_{1970}=B_{246\times8+2}=B_2=-A=\begin{pmatrix} 0 & 1 \\ -1 & 0 \end{pmatrix}$

895 ······ 답 2

$A=\begin{pmatrix} -1 & 3 \\ -1 & 2 \end{pmatrix}$에서

$A^2=AA=\begin{pmatrix} -1 & 3 \\ -1 & 2 \end{pmatrix}\begin{pmatrix} -1 & 3 \\ -1 & 2 \end{pmatrix}=\begin{pmatrix} -2 & 3 \\ -1 & 1 \end{pmatrix}$

$A^3=A^2A=\begin{pmatrix} -2 & 3 \\ -1 & 1 \end{pmatrix}\begin{pmatrix} -1 & 3 \\ -1 & 2 \end{pmatrix}=\begin{pmatrix} -1 & 0 \\ 0 & -1 \end{pmatrix}=-E$

$B=\begin{pmatrix} -2 & 3 \\ -1 & 1 \end{pmatrix}$에서

$B^2=BB=\begin{pmatrix} -2 & 3 \\ -1 & 1 \end{pmatrix}\begin{pmatrix} -2 & 3 \\ -1 & 1 \end{pmatrix}=\begin{pmatrix} 1 & -3 \\ 1 & -2 \end{pmatrix}$

$B^3=B^2B=\begin{pmatrix} 1 & -3 \\ 1 & -2 \end{pmatrix}\begin{pmatrix} -2 & 3 \\ -1 & 1 \end{pmatrix}=\begin{pmatrix} 1 & 0 \\ 0 & 1 \end{pmatrix}=E$

이때

$AB=\begin{pmatrix} -1 & 3 \\ -1 & 2 \end{pmatrix}\begin{pmatrix} -2 & 3 \\ -1 & 1 \end{pmatrix}=\begin{pmatrix} -1 & 0 \\ 0 & -1 \end{pmatrix}=-E$,

$BA=\begin{pmatrix} -2 & 3 \\ -1 & 1 \end{pmatrix}\begin{pmatrix} -1 & 3 \\ -1 & 2 \end{pmatrix}=\begin{pmatrix} -1 & 0 \\ 0 & -1 \end{pmatrix}=-E$

이므로 $AB=BA$

$A-B=E$이므로

$A^{100}+A^{99}B+A^{98}B^2+\cdots+AB^{99}+B^{100}$

$=(A-B)(A^{100}+A^{99}B+A^{98}B^2+\cdots+AB^{99}+B^{100})$

$=A^{101}-B^{101}$

$(A^3)^{33}A^2-(B^3)^{33}B^2$

$=(-E)^{33}A^2-E^{33}B^2$

$=-A^2-B^2$

$=-\begin{pmatrix} -2 & 3 \\ -1 & 1 \end{pmatrix}-\begin{pmatrix} 1 & -3 \\ 1 & -2 \end{pmatrix}$

$=\begin{pmatrix} 1 & 0 \\ 0 & 1 \end{pmatrix}$

따라서 구하는 행렬의 모든 성분의 합은 2이다.

MEMO

MEMO

MEMO

MEMO

MEMO

MEMO